Leonhard Euler 1707–1783
Beiträge zu Leben und Werk

Leonhard Euler 1707-1783

Beiträge zu Leben und Werk

Gedenkband des Kantons Basel-Stadt

1983
Birkhäuser Verlag Basel

Frontispiz (Abb. 1)
Leonhard Euler. Pastellbild von Emanuel Handmann (1753).

Zum Geleit

Leonhard Euler bewarb sich als Zwanzigjähriger um den Lehrstuhl für Physik an der Universität Basel, doch wurde ihm ein anderer Bewerber vorgezogen.

Ist es dieser Sachverhalt, der einen Nachholbedarf an Würdigung auslöst und die Heimatstadt veranlasst, die Nichtwahl zu Lebzeiten, die sich in der Rückschau als bedauerlich darstellt, mit einer Festschrift zweihundert Jahre nach dem Tode auszugleichen?

Dazu ist vorweg zu bemerken, dass man Euler, als er in Berlin weilte, erfolglos einen Basler Lehrstuhl anbot. Die Basler Obrigkeit hielt schon kurz nach dem Ableben Eulers eine Gedenkbüste für angemessen. Peter Ochs berichtet in seiner Basler Stadtgeschichte von 1821:

> «1785. Den 18ten April trug der Grosse Rath der Haushaltung auf, zu Ehren des verewigten Professor Leonhard Eulers, sein Bildniss von Marmor aufstellen zu lassen. Er lehrte zwar nicht hier, und verliess uns sogar im 20ten Jahr seines Alters. Er war aber ein geborner Bürger und wurde hier gebildet.»

Später nahm man in Basel von Eulers Wirken auch dadurch Kenntnis, dass eine Strasse nach ihm benannt wurde.

Es kann nicht der Zweck dieses Gedenkbandes sein, Euler für lokale Ruhmbedürfnisse zu beanspruchen. Leonhard Euler gehört, wie die auf den folgenden Seiten ausgebreitete Vielfalt seines Denkens und Wirkens zeigt, der Welt. Kosmopolit ist er nicht nur in seinem Lebenslauf, sondern auch in der Weite seines geistigen Horizontes, der sich von den unendlich kleinen Zahlen zum unendlich Grossen, zum Kosmos, erstreckt. Zwischen diesen Grenzen zum Unfassbaren, an denen sich Euler als Pionier bewegte, liegen unzählige Dinge der Welt, wie Schiffe, optische Geräte, hydraulische Vorrichtungen, die sein theoretisches Interesse weckten und über deren praktische Verbesserung er nachdachte. Als Experimentalwissenschafter neuen Zuschnittes, als Mathematiker und Physiker, trug Euler Massgebendes zum intellektuellen Fundament des kommenden Industriezeitalters bei.

Eulers Werk in seiner ganzen Bedeutung aus der Sicht der heutigen Wissenschaft zu vergegenwärtigen, ist der Sinn des vorliegenden Gedenkbandes. Es kann als gutes Zeichen gelten, dass Gelehrte aus zehn Nationen und vier Kontinenten, die in verdankenswerter Weise zu diesem Bande beigetragen haben, in der Gestalt und im Opus Leonhard Eulers Anregung zu gemeinsamem Nachdenken über das Verbindende der Wissenschaft finden.

Arnold Schneider
Vorsteher des Erziehungsdepartementes
des Kantons Basel-Stadt

Buchkonzept und Realisation: Marcel Jenni, Basel
Typografie: Albert Gomm, Basel

Satz und Druck:
Birkhäuser AG, Graphisches Unternehmen, Basel
Lithos: Steiner + Co AG, Basel

© 1983 Birkhäuser Verlag, Basel · Boston · Stuttgart
ISBN 3-7643-1343-9

CIP-Kurztitelaufnahme der Deutschen Bibliothek

[Leonhard Euler siebzehnhundertsieben bis sieb-
zehnhundertdreiundachtzig]
Leonhard Euler 1707-1783 : Beiträge zu Leben u.
Werk ; Gedenkbd. d. Kantons Basel-Stadt / [Buch-
konzept u. Realisation: Marcel Jenni]. –
Basel ; Boston ; Stuttgart : Birkhäuser, 1983.
  ISBN 3-7643-1343-9
NE: Basel

Vorwort

Das vorliegende Buch ist keine «Festschrift» im gewohnten Sinne, d. h. keine mehr oder weniger willkürliche Sammlung von Fachabhandlungen ohne wechselseitigen inneren Zusammenhang, sondern es unterliegt einer ganz bestimmten Konzeption: Die hier vereinigten Beiträge sollen Leben und Werk Leonhard Eulers etwa im Maßstab seiner breitgefächerten Aktivitäten in synoptischer Sicht abdecken und die nachhaltige Wirkung seines wissenschaftlichen Schaffens auf die heutige Zeit aufzeigen. Das Inhaltsverzeichnis lässt leicht folgende Gliederung des Buches erkennen: Der erste Beitrag steht für sich allein und soll unter Berücksichtigung der neuen Forschungen einen Überblick über Leben und Wirken Eulers bieten, der einen weiteren Leserkreis ansprechen möge. Die nächsten neun Aufsätze (Gelfond bis Schoenberg) umspannen die Gebiete Zahlentheorie, Algebra und Analysis, während die nachfolgenden sechs Beiträge (Speiser bis Fellmann) der Physik gewidmet sind. Den drei Arbeiten zur Astronomie (Cross, Volk, Nevskaja) schliessen sich sechs über Eulers Beziehungen zu Akademien und markanten Einzelpersönlichkeiten an (Kopelevič bis Jaquel), gefolgt von drei Beiträgen zur Philosophie, Theologie und Biographie Eulers (Breidert, Raith, Bernoulli). Den Abschluss bilden drei Darstellungen zur Editionsgeschichte der *Opera omnia* und zur Bibliographie (Biermann, Burckhardt). Jeder Beitrag kann unabhängig von der getroffenen Reihenfolge gelesen werden.

Einheitlich im ganzen Band werden die Bezüge auf die Werke Eulers abgekürzt zitiert, und zwar in der Reihenfolge: Nummer des Eneström-Verzeichnisses, Serie der *Opera omnia*, Band, evtl. Seitenangabe. Ein Beispiel möge dies verdeutlichen: E. 65/O. I, 24, p. 231 f., verweist auf Eulers *Methodus inveniendi lineas curvas ...* im Band 24 der *Series prima*, Seiten 231 f. Hinweise auf Briefe von und an Euler, die in der neuen *Series quarta A* noch nicht erschienen sind, werden durch ihre *Résumé-Nummer* im ersten Band gekennzeichnet. Beispiel: O. IV A, 1, R. 1530 bezeichnet den Brief Eulers an Maupertuis vom 26. April 1748 (auf p. 264 des ersten Bandes der vierten Serie; einen Überblick über das bis heute gedruckt vorliegende Werk Eulers findet der Leser auf p. 508 des vorliegenden Gedenkbandes sowie im Verlagsprospekt von Birkhäuser, der jedem Band separat beigegeben wird). Eine Tabelle zur Auffindung der Abhandlungen und Bücher Eulers in den *Opera omnia* bei bekannter Eneström-Nummer ist in den beiden bis heute erschienenen Bänden O. IV A, 1 (p. 559 ff.) und O. IV A, 5 (p. 525 f.) leicht zugänglich. Verweise auf Sekundärliteratur bezüglich Euler sind fast durchwegs auf den letzten Beitrag, auf das «Burckhardt-Verzeichnis», bezogen und werden sowohl im Text als auch in den Anmerkungen abgekürzt wiedergegeben (Beispiel: *BV* Spiess 1929 verweist auf Otto Spiess, *Leonhard Euler*, Huber, Frauenfeld–Leipzig 1929). Andere häufig vorkommende Abkürzungen beziehen sich einerseits auf das heute für jeden Wissenschaftshistoriker unentbehrliche sechzehnbändige Standardwerk *Dictionary of Scientific Biography,* New York 1970–1980, zitiert als *DSB* mit nachfolgender Bandziffer, andererseits auf die wichtige Reihe *Istoriko-Matematičeskie Issledovanija,* Moskau–Leningrad 1948f., die hier bloss mit *IMI* angeführt wird (bis heute sind 25 Bände erschienen). Die Anmerkungen sind jedem Beitrag individuell angefügt.

Vielfältig und tief empfunden ist der Dank, welchen wir im Zusammenhang mit der Ermöglichung dieses Buches abzustatten haben. Er gilt in erster Linie zu gleichen Teilen Volk und Regierung des Kantons Basel-Stadt für die grosszügige Finanzierung dieses Unternehmens wie auch allen Mitautoren. Dann einer Reihe von Institutionen, ohne deren Unterstützung unser Werk zu Ehren Leonhard Eulers kaum oder gar nicht zustande gekommen wäre: dem Mathematischen Institut der Universität Basel, der Basler Universitätsbibliothek, der Zentralbibliothek in Zürich, der Bibliothek der ETHZ sowie dem Institut für Geschichte der Naturwissenschaften und der Technik der Akademie der Wissenschaften der UdSSR in Moskau und Leningrad, dessen Archive den Grossteil der Eulermanuskripte beherbergen. Ferner gilt unser Dank folgenden Persönlichkeiten: Marcel Jenni (Basel) für das gestalterische Konzept und die technische Realisation, Carl Einsele (Verleger), Albert Gomm und August Looser. Sie haben in bestem Teamgeist mit unserem bevollmächtigten Redaktor Dr. E.A. Fellmann in vorbildlicher Weise zusammengearbeitet und sich stets erfolgreich bemüht, die anfallenden, vielfältigen Probleme kulant und rasch zu lösen. Gedankt sei schliesslich Beatrice Bosshart (Basel), Eugen M. Dombois (Arlesheim), Marlise Forster (Basel), Dr. Julia Gauss (Basel), Prof. A.P. Juškevič (Moskau), Dr. Herbert Oettel (München) und Benno Zimmermann (Basel) für Mitarbeit und Hilfeleistungen verschiedener Art.

Basel, im Februar 1983   Das Redaktionskomitee:
                             J.J. Burckhardt   E.A. Fellmann   W. Habicht

Inhalt

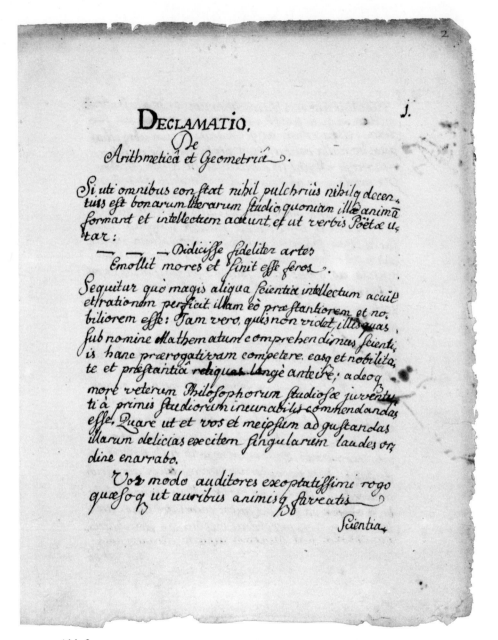

Abb. 2

Autograph des vierzehnjährigen Leonhard Euler: erste Seite einer vor seinen Kommilitonen gehaltenen lateinischen Rede.

Emil A. Fellmann

Leonhard Euler – Ein Essay über Leben und Werk

Übersicht

Prolog

Die vorliegende Darstellung will und kann keine Biographie, sondern sie soll - wie ihr Titel verrät - ein Essay sein. Dieser ist zweiteilig: der erste Teil bezieht sich mehr auf den äusseren Lebenslauf und den Charakter Eulers, der zweite auf sein wissenschaftliches Werk. Die Trennung beider Sphären ist nicht mehr als ein systematischer Behelf.

Leonhard Euler war nicht nur der produktivste Mathematiker der Menschheitsgeschichte, sondern auch einer der grössten Gelehrten aller Zeiten. Das Verzeichnis der von ihm verfassten Bücher und Abhandlungen zählt rund 900 Posten, und seine *Opera omnia,* deren Edition seit 1907 von der Eulerkommission der Schweizerischen Naturforschenden Gesellschaft in Zusammenarbeit mit zahlreichen erstrangigen Fachgelehrten auf internationaler Ebene realisiert wird, umfassen bis heute an die 70 Quartbände - die rund 3000 bis zur Stunde bekannten Briefe wissenschaftlichen Inhalts, die Euler mit den hervorragendsten Fachgenossen seiner Zeit gewechselt hat, nicht gerechnet. Seine Produktivität erstaunt um so mehr, als der Mathematiker 1738 des rechten Auges verlustig ging und 1771 das Augenlicht gänzlich verlor. Dennoch datiert gut die Hälfte des gewaltigen Werkes aus dem Zeitraum 1765–1783. Euler war Mitglied aller grossen Akademien seiner Zeit und erwarb an die zwanzig Akademiepreise.

Zur Erleichterung der Übersicht und Entlastung des Essays von biographischen Daten tabellieren wir hier in aller Kürze die

Hauptstationen in Eulers Leben

1707   Am 15. April in Basel als Sohn des reformierten Pfarrers zu St. Jakob an der Birs, Paulus Euler-Brucker, geboren.

1708   Umzug der Familie nach Riehen, wo Paulus Euler das Pfarramt übernahm.

1720   Leonhard bezieht die Basler Universität. Anfänglich Studium der Theologie, orientalischer Sprachen und der Geschichte, bald jedoch der Mathematik bei Johann Bernoulli (1667–1748), der nach dem Tod von Isaac Newton (1643–1727) zum weltgrössten Mathematiker avancierte. Bernoulli erkannte im jungen Euler schon früh den künftigen *«Princeps mathematicorum»* und förderte ihn entscheidend durch Hinweise auf die Werke der Meister, vor allem jedoch durch seine persönliche Unterweisung in den damaligen Frontgebieten mathematischer Forschung.

1727   Euler bewirbt sich mit einer Dissertation über den Schall um die vakante Physikprofessur in Basel, kam jedoch als erst Zwanzigjähriger verständlicherweise nicht in die Ränge. So folgt er einem durch die Bernoullis vermittelten Ruf an die 1725 von Peter dem Grossen gegründete Petersburger Akademie der Wissenschaften. Hier wirkt er zunächst als Adjunkt, dann 1731 als Professor (ohne Lehrverpflichtung, wenn man von der Autorschaft elementarmathematischer Unterrichtsmittel absieht).

Den Zeitraum 1727–1741 pflegt man in der Eulerforschung als *Erste Petersburger Periode* zu bezeichnen. Die Hauptwerke dieses Zeitabschnittes sind die zweibändige *Mechanik,* die *Musiktheorie* und die ebenfalls doppelbändige *Schiffstheorie.*

1741   Im Hinblick auf die politischen Wirren im Russischen Reich akzeptiert Euler einen Ruf Friedrichs des Grossen an die neu zu gründende Preussische Akademie («Berliner Akademie») und siedelt mit seiner Familie nach Berlin über. Dort amtiert er als Präsident der Mathematischen Klasse. Maupertuis wird Präsident der Akademie.

In dieser 25 Jahre dauernden *Berliner Periode* entstehen neben Hunderten von Abhandlungen die Hauptwerke zur *Variationsrechnung,* zur *Funktionentheorie,* zur *Differentialrechnung,* die sogenannte *Zweite Mechanik* sowie die *Philosophischen Briefe* in drei Bänden. Während dieser Periode unterhielt Euler aktive Beziehungen zu Petersburg und wirkte als «goldene Brücke» zweier Akademien mit Weltgeltung.

1766   Das Unverständnis und Fehlverhalten Friedrichs des Grossen erleichtert Euler die Annahme eines Rufes der russischen Kaiserin Katharina II. nach Petersburg, wo er bis zu seinem Tod verbleiben sollte. In dieser *Zweiten Petersburger Periode* erscheinen unter anderem die Mammutwerke *Integralrechnung,* die *Dioptrik* sowie die *Algebra.*

1783   Am 18. September stirbt Euler an den Folgen eines Schlaganfalles rasch und schmerzlos.

16

PROSPECT DER RHEINBRÜCKE ZU BASEL.
VON SEITEN DER KLEINEN STADT.
Em. Büchel del. 1761.

VUE DU PONT DU RHIN DE BASLE
DU CÔTÉ DE LA PETITE VILLE.
(D. Herrliberger exc. Cum Priv.)

Abb. 3
Ansicht der Stadt Basel im Zeitalter Eulers.

Erster Teil: Zur Vita

Die Epoche des Spätbarock, in die Leonhard Euler hineingeboren wurde, ist besonders dadurch gekennzeichnet, dass die Mathematik noch keine eigentliche Fachdisziplin im modernen Sinn, sondern als kardinale Wissenschaft geradezu eine Philosophie, ein Weltbekenntnis repräsentierte. Eine von der philosophischen getrennte «mathematisch-naturwissenschaftliche Fakultät» gab es an den Universitäten damals noch nicht, und die Beziehungen etwa zwischen der Mathematik und der Theologie waren bis tief ins 18. Jahrhundert hinein noch recht eng. Seit dem gewaltigen, von Giordano Bruno auf kopernikanischer Grundlage angekündigten, von Männern wie Bacon, Galilei, Kepler, Descartes und Hobbes vorbereiteten und von Gestalten vom Format eines Newton, Leibniz, Huygens, Locke, Spinoza kühn vollzogenen Umbruch standen sich – auf einem breiteren Frontabschnitt wenigstens – nunmehr Empiristen und Rationalisten unversöhnlich gegenüber, und auch der dialektische Vollzug des Überganges von der statischen Naturauffassung scholastischer Prägung zu einem in allen Bereichen des Geistes, naturgemäss jedoch primär in den mathematischen Wissenschaften realisierten, dynamischen Funktionalismus von Galilei bis Newton und Leibniz vermochte die Brücke nicht zu schlagen.

Mit der ersten formalen Ausgestaltung, Hand in Hand gehend mit steter substantieller Bereicherung des von den grossen Antagonisten in grandiosem Wurf konzipierten Infinitesimalkalküls, der die Naturvorgänge nun in ihrem Bewegungsablauf zu erfassen gestattete, entdeckten ein paar Forscher – mit in der vordersten Front das Basler Brüderpaar Jakob (Abb. 5) und Johann Bernoulli (Abb. 6) – ein neues, unermessliches Reich, das es nun zu kolonisieren galt[1]. Die Rolle des ersten Kolonisators grossen Stils – den Konquistadoren nach Columbus vergleichbar – sollte dem Basler Leonhard Euler zufallen.

Er war durchaus kein Wunderkind, etwa im Sinne Mozarts oder Albrecht von Hallers, doch entwickelte sich seine aussergewöhnliche Erfindungskraft und -kunst schon früh, und als er, dreizehnjährig, die Universität bezog, war es ihm dank seinem hartnäckigen, mit einem phänomenalen Gedächtnis gepaarten Arbeitswillen ein leichtes, sich in der Arena der freien Künste und der Wissenschaften zurechtzufinden. Das Gymnasium, das sich damals in einem besonders kläglichen Zustand befand, bot dem Knaben *in mathematicis* soviel wie nichts, hingegen geriet er durch seinen Vater, der immerhin einige mathematische Vorlesungen bei Jakob Bernoulli gehört hatte, wie auch durch den Privatunterricht des jungen Theologen Johannes Burckhardt schon als Kind in den Bannkreis der Mathematik. Doch zur Flamme entfacht wurde die Glut erst durch den besten Lehrer, den die mathematische Welt Euler damals zu stellen vermochte: durch Johann Bernoulli[2]. Dieser – nach dem Tod von Leibniz (1716) (Abb. 7) und seit Newtons (Abb. 8) altersbe-

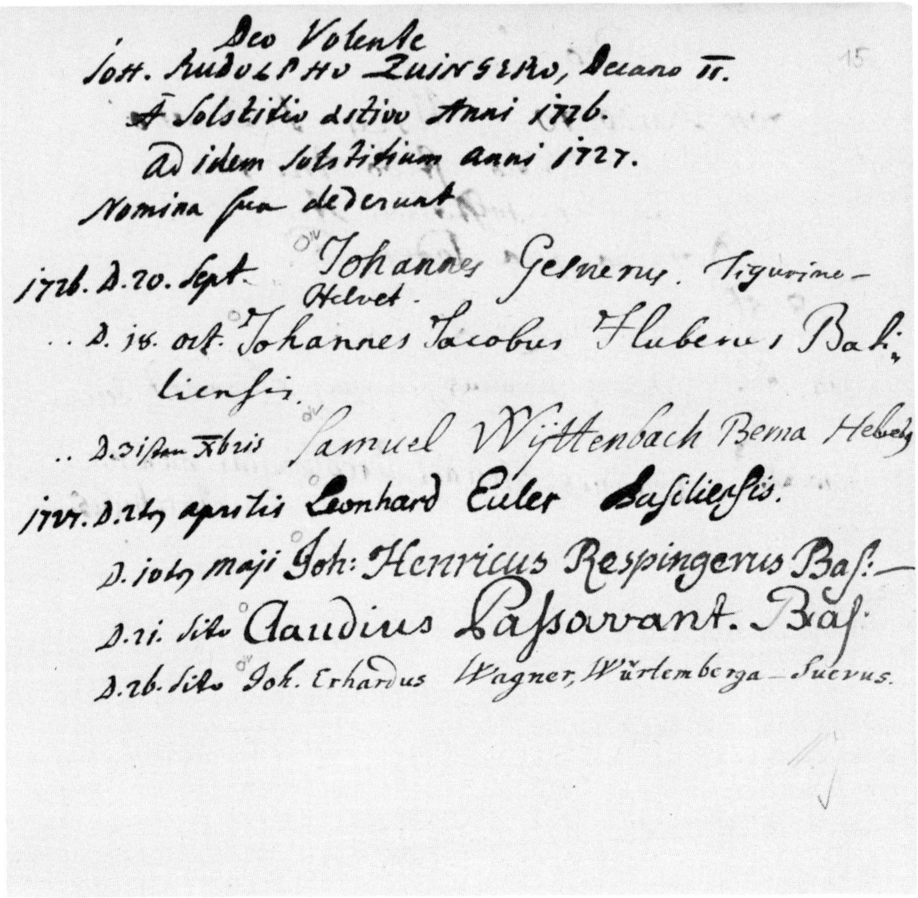
Deo Volente
Joh. Rudolpho Zuingero, Decano II.
A Solstitio aestivo Anni 1726.
Ad idem Solstitium anni 1727.
Nomina sua dederunt
1726. d. 20. Sept. Johannes Gesnerus. Tigurino-Helvet.
.. d. 18. oct. Johannes Jacobus Huberus, Basiliensis.
.. d. 31sten Xbris Samuel Wyttenbach Berna Helvet.
1727. d. 2do aprilis Leonhard Euler Basiliensis.
d. 10to maji Joh: Henricus Respingerus Bas:
d. 21. dito Claudius Passavant. Bas:
d. 26. dito Joh. Erhardus Wagner, Würtemberga-Suevus.

Abb. 4
Aus der Basler Universitätsmatrikel (AN II 22). Der handschriftliche Eintrag von Leonhard Euler (vierte Zeile von unten) macht kundig, dass dieser sich am 2. April 1727 für das Sommersemester beim Dekan der medizinischen Fakultät, Johann Rudolf Zwinger, eingeschrieben hat. Dies ist insofern überraschend, als Euler schon drei Tage später nach St. Petersburg abreiste! Tatsächlich hatte Daniel Bernoulli seinem jungen Freund Leonhard schon im Herbst des Vorjahres brieflich nahegelegt, sich im Hinblick auf den Stellenantritt in Russland noch «etwas mit Physiologie und Anatomie» zu befassen. Ging es Euler bei seiner Immatrikulation als Mediziner etwa bloss um den offiziellen Nachweis entsprechender Studien? In seinem Brief vom November 1734 an Daniel Bernoulli schrieb Euler: «Da Ew. Hochedelgeb. nunmehr Professor Medicinae sind, so möchte ich gern mit der Zeit einmal, wann es nicht zuviel kosten sollte, in dieser Facultät Doctor werden; indem ich schon immatriculirt bin, und mich ins künftige etwas mehr auf dieses Studium appliciren werde». (Eine Würdigung Eulers als Physiologe findet sich in *BV* Kunze 1981, Diss.) – Noch in anderer Hinsicht ist das Dokument von Interesse: Wir begegnen in dieser Matrikel fast ausschliesslich den Namen von Leuten, die sich später als Wissenschafter besonders hervorgetan haben wie: J. Gessner, J. H. Huber, S. Wyttenbach, J. H. Respinger und C. Passavant (cf. *BV* Wolf 1858–1862, Anhang).

Abb. 5
Jakob Bernoulli (1655 n. St.–1705).

Abb. 6
Johann Bernoulli (1667–1748).

dingtem Rückzug aus der Domäne der Mathematik unumstrittener *Princeps mathematicorum* – entdeckte frühzeitig die genialen Anlagen des jungen Euler und förderte diesen zunächst dadurch, dass er ihm die Werke der alten und der neuen Meister in die Hand gab, später jedoch direkt durch die berühmt gewordenen samstäglichen *Privatissima*, in deren Verlauf der Altmeister bald einmal den werdenden grösseren entdecken sollte. Tatsächlich müssen die Fortschritte und Studienerfolge Eulers hinreissend gewesen sein. Noch nicht fünfzehnjährig, tritt er als Respondent eines Logikprofessur-Aspiranten (des oben erwähnten Johannes Burckhardt) auf, und kaum ein Jahr später vergleicht er anlässlich seines Magisterexamens in seinem ersten öffentlichen Vortrag die Systeme von Descartes und Newton – ein auch später noch lange im Brennpunkt der grossen Diskussionen liegendes Thema. Eulers erste mathematische Abhandlungen (E.1 und 3/O.II,6, und I,27) – er schrieb sie mit 18 bzw. 19 Jahren, und sie wurden gleich 1726 bzw. 1727 in den *Acta eruditorum*[3] gedruckt – schliessen an die aktuellen Forschungen seines grossen Lehrers über die reziproken Trajektorien an und bieten diesem in einer seiner langjährigen wissenschaftlichen Fehden mit den Engländern wertvolle Schützenhilfe. Diese quittierte Bernoulli im Schluss-Scholium seiner letzten diesem Gegenstand gewidmeten Abhandlung mit einer geradezu prophetisch anmutenden Erwähnung des jungen Euler, «von dessen Scharfsinn wir uns das Höchste versprechen, nachdem wir gesehen haben, mit welcher Leichtigkeit und Erfindungsgabe er in das innerste Wesen der Mathematik unter unseren Auspizien eingedrungen ist[4]». Dieses öffentliche Urteil des Sechzigjährigen über den zwanzigjährigen Euler ist im Hinblick auf den Charakter und die gewohnten Verhaltensweisen Bernoullis gegenüber fast allen seinen Zeitgenossen, seine Söhne nicht ausgenommen, überraschend. Ja es muss scheinen, dass Bernoulli schon damals begonnen hat, Euler als seine eigene Reinkarnation zu betrachten. Die Anreden in den Briefen Bernoullis an Euler sind kennzeichnend für den – proportional zu Eulers wissenschaftlichen Leistungen – wachsenden Respekt, ja für die grenzenlose Verehrung des alten Meisters für seinen Schüler:
1728 (noch «väterlich wohlwollend»): «Dem hochgelehrten und ingeniosen jungen Mann[5]»;
1729: «Dem hochberühmten und gelehrten Mann[6]»;
1737 (nachdem Euler Probleme gelöst hatte, mit denen beide älteren Bernoullis trotz grösster Anstrengungen nicht fertig wurden): «Dem hochberühmten und weitaus scharfsinnigsten Mathematiker[7]»; und zuletzt
1745: «Dem unvergleichlichen Leonhard Euler, dem Füsten unter den Mathematikern[8]».

Mögen die «flandrische Rauflust» und der ausgeprägte Ehrgeiz des oft bissigen, missgünstigen und neidischen Johann Bernoulli auch manch hässliche Blüte getrieben haben, so muss ihm doch das hohe historische Verdienst zugesprochen werden, Euler entdeckt und entscheidend gefördert, protegiert und – vor allem! – über sich geduldet zu haben.

Allerdings war mit Euler dank seinem vorzüglichen Charakter auch leicht auszukommen: er war ein Sonnenkind, wie die Astrologen sagen würden, von offenem und heiterem Gemüt, unkompliziert, humorvoll und gesellig. Persönlich war er bescheiden und frei von jeglichem Dünkel, niemals nachtragend, dabei selbstbewusst, kritisch und draufgängerisch. Zuweilen konnte er leicht aufbrausen, um sich jedoch sogleich wieder zu beruhigen, ja über seinen eigenen Ausbruch zu lachen. In *einem* Punkt aber verstand er keinen Spass: in der Frage der Religion und des christlichen Glaubens. Eulers Strenggläubigkeit wird uns später noch beschäftigen; sie ist nämlich der Schlüssel zum Verständnis vieler wichtiger Fakten in seinem Leben.

Die Frühperiode in Eulers Schaffen – seine einzige Basler Zeit[9] – ist gekennzeichnet durch zwei Arbeiten, die wegen ihrer Signifikanz nicht unerwähnt bleiben sollen. Er besass die Kühnheit, die von der Pariser Akademie 1726 gestellte Preisfrage nach der günstigsten Bemastung eines Schiffes mit einer Abhandlung[10] zu beantworten – er, der «jugendliche Bewohner der Alpen» (Condorcet), der ausser den Fracht- und Fährschiffen auf dem Rhein und den einfachen Fischerbooten noch nie ein Schiff zu Gesicht bekommen hatte! Der Preis wurde ihm zwar nicht zugesprochen[11], doch die Abhandlung erschien (anonym) 1728 in Paris bei Jombert als Monographie im Druck. Höchst bezeichnend für Eulers Einstellung zur Natur ist der Schlussparagraph dieser Arbeit: «Ich habe nicht für nötig gehalten, diese meine Theorie durch das Experiment zu bestätigen, denn sie ist ganz aus den sichersten und unangreifbarsten Prinzipien der Mechanik abgeleitet, weshalb der Zweifel, ob sie wahr sei und in der Praxis statt habe, in keiner Weise aufgeworfen werden kann[12].» Dieses fast blinde Vertrauen in die Stringenz der Prinzipien und apriorischen Deduktionen begleitete Euler bis in sein hohes Alter.

Mit seiner Dissertation über den Schall[13] bewarb sich Euler 1727 um die eben freigewordene Physikprofessur in Basel, kam aber, wohl seiner Jugend wegen, nicht ins Los[14], obwohl er vom einflussreichen Johann Bernoulli empfohlen worden war. Dieser Misserfolg war das grosse Glück, denn nur dadurch konnte Euler erreichen, was seinem Lehrmeister zeitlebens versagt blieb: ein seinem Genius und seinem Tatendrang adäquates Wirkungsfeld in der grossen Welt – und genau das fand er in der aufstrebenden Stadt Peters des Grossen.

Sankt Petersburg (Abb. 48), den Sümpfen der Nevamündung am finnischen Meerbusen entwachsen und *more geometrico* nach den grosszügigen Plänen Peters und seiner Architekten erbaut, war damals nicht nur Reichshauptstadt und Brennpunkt des russischen Aussenhandels, sondern auch geistiges Zentrum der russischen Aufklärung im Sinne ihres Gründers. Als Zar Peter die – übrigens bereits von Leibniz angeregte – Akademie der Wissenschaften ins Leben rief und, nicht zuletzt über den einflussreichen Philosophen Christian Wolff (Abb. 11), die bedeutendsten ausländischen Fachgelehrten zu gewinnen suchte, waren die Brüder Niklaus II (Abb. 9) und Daniel Bernoulli (Abb. 10) mit ihrem älteren Basler Kollegen Jakob Hermann (Abb. 47) die

Abb. 7
Gottfried Wilhelm Leibniz (1646–1716).

Abb. 8
Isaac Newton (1643 n. St.–1727).

Abb. 9
Niklaus II Bernoulli (1695–1726).

Abb. 10
Daniel Bernoulli (1700–1782).

Abb. 11
Christian Wolff (1679–1754).

Abb. 12
Friedrich der Zweite (1712–1786),
König von Preussen.

Abb. 13
Prospekt des Gebäudes der Berliner Akademie der Wissenschaften (1752).

ersten am Platze, und gewissermassen in ihrem Kielwasser rückte Euler nach.
Etwa zum Zeitpunkt von Newtons Tod gelangte er, rheinabwärts fahrend,
nach Mainz und marschierte nach Lübeck, nicht ohne dem berühmten Wolff,
dessen Pseudo-Monadenlehre er später heftig entgegentreten sollte, in Marburg einen Besuch abgestattet zu haben. In Lübeck schiffte sich Euler zunächst
nach Reval, dem heutigen Tallinn, ein und erreichte Ende Mai die russische
Kapitale – eine Woche nach dem Tod der Kaiserin Katharina I. Niklaus,
Johann I Bernoullis Lieblingssohn, war zwar bereits im Vorjahr verstorben,
dafür fand Euler in Daniel, der zum ersten Physiker seines Jahrhunderts
aufrücken sollte, den Freund fürs Leben. Auch den vielgereisten, universell
gebildeten Diplomaten und Mathematiker Christian Goldbach[15], den ersten
ständigen Sekretär der von Laurentius Blumentrost präsidierten Akademie,
dürfte er in Petersburg kennengelernt haben[16]. «So sah sich denn Euler, kaum
zwanzig Jahre alt, in der sagenhaften Hauptstadt des nordischen Reiches als
Mitarbeiter bedeutender Menschen, denen die Aufgabe zufiel, einer aus der
Barbarei sich aufringenden Nation die Wissenschaft des Westens zu vermitteln[17].»

Von den heissen Kämpfen um die Toleranz in Russland, die unmittelbar nach dem Tod Peters des Grossen einsetzten, blieb natürlich auch die
junge Akademie nicht ganz verschont; die Gegensätze unter den aufgeklärten
Professoren selbst traten allerdings – nach westeuropäischem Vorbild –
vorwiegend im Spannungsfeld zwischen dem Leibnizschen Rationalismus
Wolffscher Prägung einerseits und dem englischen Empirismus Newton-
Lockescher Observanz andererseits offen zutage. Wortführer der Rationalisten
in St. Petersburg war der Logiker und Physiker Georg Bernhard Bülfinger, und
auf Newtons Seite kämpfte Euler mit Daniel Bernoulli. Der brave Jakob
Hermann allerdings hielt dem alten Bernoulli die Treue. Während des Regie-
rungstrienniums des Knaben Peter der Zweite dürften sich die meisten Akademiker in St. Petersburg nicht sonderlich wohl gefühlt haben, denn die Partei
der konservativen Altrussen hatte den jugendlichen Regenten fest in der Hand
und erreichte, dass der Hof – und mit diesem natürlich auch dessen *Medicus*,
der Akademiepräsident Blumentrost – nach Moskau verlegt wurde. Dadurch
fiel, nicht *de jure*, aber *de facto*, die Leitung der Akademie in die Hände des
charakterlich recht schwierigen, bürokratischen Kanzleichefs Johann Daniel
Schumacher, mit dem niemand auf die Dauer auskommen konnte. Dieser
administrativ talentierte und politisch erfahrene Opportunist verschuldete
direkt den Abgang einiger der bedeutendsten Akademiker wie Daniel Bernoulli, Hermann und Bülfinger, doch am meisten zu leiden hatte unter diesem
kleinen Despoten der grosse Lomonosov, wie dessen Briefwechsel mit Euler in
erschütternder Weise dokumentiert. Das darauffolgende Dezennium der Herr-
schaft Anna Ivanovnas (1730–1740) brachte zwar den Akademikern insofern
eine Erleichterung, als die neue Zarin eine Restauration im Sinne Peters des
Grossen an die Hand nahm und die Residenz wieder nach Norden verlegte,
doch blieb in der Akademie, trotz fleissigen Präsidentenwechsels, Schumacher
der starke Mann.

Sogar von seinem erstaunlichen mathematischen Opus in dieser Periode abgesehen, war Eulers Anteil am Aufbau der Akademie unschätzbar gross[18]. Er war seit 1735 Mitglied des geographischen Departementes, in welcher Eigenschaft er eine Generalkarte des gesamten russischen Reiches vorzubereiten hatte. Zudem war er massgeblich an den Vorbereitungen der denkwürdigen Kamtschatka-Expedition (1733–1743) beteiligt[19]. Schliesslich oblag ihm noch die Abfassung elementarmathematischer Lehrmittel für das Gymnasium. Dennoch ist Eulers rein wissenschaftliche Produktion in der ersten Petersburger Periode gewaltig: bis zu seinem Weggang nach Berlin (1741) verfasste er allein an die hundert Arbeiten, darunter die 1736 gedruckte zweibändige «Mechanik», die als Hauptwerk dieser Frühperiode angesprochen werden kann und nach Inhalt und Form einen Markstein in der Geschichte der Wissenschaft darstellt. Signifikant für den kometenhaften Aufstieg Eulers am mathematischen Firmament ist der Petersburger Akademieband des Jahres 1736 (Abb. 14): Von den dreizehn darin enthaltenen mathematischen Abhandlungen entfallen deren zwei auf Daniel Bernoulli, der als *Socius* der Akademie auch nach seinem Weggang nach Basel (1733) regelmässig etwas einsandte, und die restlichen elf entstammen der Feder Eulers. Seine Schaffenskraft erstaunt um so mehr, wenn man bedenkt, dass der Mathematiker 1738 infolge einer lebensgefährlichen Krankheit sein rechtes Auge durch einen Abszess verlieren musste[20]. Gut dreissig Jahre später, zu Beginn der zweiten Petersburger Periode, sollte sich erweisen, dass derartige Schicksalsschläge einem Euler nichts anhaben konnten. Er erblindete nun auch am linken Auge. Dennoch steigerte er seine wissenschaftliche Produktion ins Unvorstellbare: Von seinen rund 900 Abhandlungen und Büchern stammt etwa die Hälfte aus der zweiten Petersburger Zeit von 1766 bis zu seinem Tod.

Wahrscheinlich hat Euler klug gehandelt, als er nach dem Tod der Kaiserin Anna und dem kurzen Interregnum Ivans IV. seinen Platz mit Berlin vertauschte. Seine offizielle Begründung, er könne in Deutschland für die Aufklärung Russlands mehr tun als in St. Petersburg, nahm ihm wohl schon damals niemand ernstlich ab. Bereits einige Monate vor dem Dezemberputsch des Jahres 1741, der Elisabeth Petrovna, die Tochter Peters des Grossen, für zwanzig Jahre auf den russischen Thron bringen sollte, weilte Euler mit Frau und Kind in Berlin, wo es eine neue Akademie aus dem Boden zu stampfen galt: bei Friedrich dem Zweiten (Abb. 12). Als Friedrich, dem man später das *epitheton ornans* «der Grosse» zubilligen sollte, im Sommer 1740 den Thron Preussens bestieg, stand sein ehrgeiziger, doch rühmlicher (und kostspieliger!) Plan bereits fest, seinen «aufgeklärten» Staat mit einer Institution nach dem Vorbild der Pariser Akademie zu schmücken. Die alte, noch von Leibniz gegründete, unter dem Soldatenkönig jedoch völlig verkümmerte Brandenburgische Sozietät hatte kaum noch irgendwelche praktische Bedeutung. Der junge König hatte zwar noch schnell die beiden Schlesischen Kriege hinter sich zu bringen (was die Grundlage zum späteren deutschen Dualismus abgeben sollte), bevor er die Akademie in Funktion setzen konnte[21], doch

Euler nutzte die Musse der ersten Berliner Jahre trefflich: Er verfasste sein eigentliches mathematisches Meisterwerk, die *Variationsrechnung*, sowie die berühmt gewordene zweiteilige *Introductio*, die «Einführung in die Analysis des Unendlichen». In die gleiche Zeit fällt Eulers deutsche Übersetzung und – was wesentlich ist – Überarbeitung samt mathematischer Kommentierung des 1742 erschienenen Artilleriebuchs *New Principles of Gunnery* von Benjamin Robins, die er sozusagen als «Nützlichkeitsnachweis» der mathematischen Wissenschaften seinem neuen Herrn vorlegte. Dieses Buch (Abb. 15) erlangte in der ihm von Euler verliehenen Form – der Umfang war verfünffacht! – eine derartige Wichtigkeit, dass es vierzig Jahre später ins Französische und dann wieder ins Englische übertragen wurde und für Jahrzehnte als massgebliches Standardwerk an allen Artillerieschulen galt[22]. Auch die *Scientia navalis*, das bis weit ins 19.Jahrhundert vorgreifende Hauptwerk über das Schiffsingenieurwesen, erschien während der ersten Berliner Jahre[23].

Friedrich II. suchte nun also einen Akademiepräsidenten mit folgenden Eigenschaften: a) sollte er Franzose sein, b) dem höheren Adel entstammen, c) als bestreputierter und berühmter Gelehrter gelten, d) ein tüchtiger Organisator von weltmännischem Schliff und Repräsentationsvermögen und schliesslich noch e) ein *homme plein d'esprit* sein, mit dem man sich an der königlichen Runde sehen und hören lassen durfte. Diesen Mann fand der König in Pierre-Louis Moreau de Maupertuis (Abb. 17). Dessen wissenschaftlicher Ruhm gründete sich auf die spektakuläre Lapplandexpedition von 1736 – auch der geniale Mathematiker A.C. Clairaut (Abb. 44) und der schwedische Physiker A. Celsius waren mit von der Partie –, deren mittels einer Gradmessung gewonnenes Hauptresultat in der Entscheidung der alten Streitfrage bestand, ob die Erde an den Polen zugespitzt (Cassini) oder abgeplattet (Newton) sei. Die Messung gab Newton recht, die Geometrie wurde in die Salons getragen und populär wie noch nie zuvor, und der Expeditionsleiter Maupertuis, der es sich nicht verkneifen konnte, als Souvenir zwei nette junge Lappinnen mitzunehmen, avancierte für einige Zeit zum gefeiertsten Mann in Paris. Das alles verdrehte ihm allzusehr den Kopf, und zwanzig Jahre später sollte er das bedauernswerte Opfer seiner übersteigerten Eitelkeit werden, nämlich in der Kontroverse um das *Prinzip der kleinsten Aktion* mit dem Schweizer Johann Samuel Koenig (Abb. 18) (cf. Kap. 8, «Mechanik»).

Einem Charaktervergleich mit Euler – vom wissenschaftlichen Werk ganz zu schweigen – hält Maupertuis in keiner Weise stand. Der Gegensatz ist nahezu kontradiktorisch: Euler war sehr bescheiden und kannte nie Prioritätshändel, ja er verschenkte zuweilen generös neue Entdeckungen und Erkenntnisse. In seinen Werken versteckt er nichts, sondern legt die Karten stets offen auf den Tisch und bietet dem Leser die gleichen Voraussetzungen und Chancen, Neues zu finden, ja er führt den Leser oft bis dicht an die Entdeckung hinan und überlässt ihm die Entdeckerfreuden – die einzig wahre Pädagogik[24]. Das macht Eulers Bücher dem Lernenden zum Erlebnis, unterhaltsam und spannend zugleich. Das Gefühl des Neides muss diesem erstaunlichen Menschen absolut fremd gewesen sein. Er gönnte jedem alles und freute sich stets auch an neuen Entdeckungen anderer. Dies alles war ihm nur möglich, weil er selbst geistig so unermesslich reich und psychisch in selten anzutreffendem Masse ausgeglichen war.

Der einzige bekannte schwarze Fleck auf Eulers sonst blendendweisser Weste ist seine völlig unverständliche, will heissen: bis heute nicht hinreichend erklärte Haltung gegen seinen schon oben erwähnten sympathischen Landsmann Johann Samuel Koenig im Streit um das Leibniz–Eulersche beziehungsweise Euler–Maupertuissche *Prinzip der kleinsten Aktion*, in dessen Verlauf Euler mit Maupertuis, einzig gestützt von Friedrich II. – und desavouiert von seinen Schweizer Akademiekollegen! –, sozusagen allein in ungerechter Sache gegen die ganze, von Voltaire (Abb. 19) angeführte Gelehrtenrepublik stehen zu müssen glaubte. Dieser wohl hässlichste und spektakulärste Streit in der Geschichte der exakten Wissenschaften wirkte sich zwar auf Eulers Leben nicht nennenswert aus, doch den Akademiepräsidenten Maupertuis sollte das von Voltaire in seinem *Diatribe du Docteur Akakia, médecin du Pape* (1753) verspritzte Gift an den Rand des Grabes bringen[25]. Maupertuis starb 1759 – mitten im Siebenjährigen Krieg – im Haus seines Freundes Johann II Bernoulli am Nadelberg in Basel und wurde im nahen (katholischen) Dornach beigesetzt (cf. *BV* Spiess, 1938).

Euler amtete zwanzig Jahre lang als Direktor der mathematischen Klasse, und seit Maupertuis' Tod oblag ihm gar die Leitung der ganzen Akademie (Abb. 13) – nicht nominell zwar, aber substantiell –, ohne jedoch von Friedrich je zum Präsidenten ernannt worden zu sein. Hierin den Hauptgrund von Eulers schliesslich erfolgter Rückkehr nach St. Petersburg zu sehen, wäre verfehlt[26]. Auch die allzu simple Erklärung für diesen Weggang, «Euler habe am Hofe Friedrichs des Zweiten infolge seines positiven Christentums, das er verteidigte, nicht die ihm gebührende Anerkennung gefunden[27]», trifft nicht ins Schwarze. Das entscheidende Motiv war vielmehr das grundsätzlich gestörte Verhältnis Friedrichs zu Euler und – vor allem sogar – zur Mathematik überhaupt. Es ist penibel, ja erschütternd, im Briefwechsel, in Billets und Gedichten Friedrichs nachlesen zu müssen, mit welchem Unverstand dieser aufgeklärteste aller Despoten sich über die mathematischen Wissenschaften (sofern sie nicht französischer Provenienz sind, natürlich) auslässt und sich offensichtlich geistreich vorkommt, wenn er das körperliche Gebrechen des weltgrössten Mathematikers seiner Zeit geschmacklos bewitzelt («... einen einäugigen Geometer durch einen zweiäugigen zu ersetzen»). Gewiss konnte sich ein Aufklärer enzyklopädistischer Observanz im 18. Jahrhundert von Eulers ewigen bieder-protestantischen Anwürfen gegen die *esprits forts*, die «elenden Freygeister[28]», mit der Zeit enerviert fühlen, und auch wir sehen – im Gegensatz zu dem hochverdienten Eulerforscher Andreas Speiser – Eulers weltgeschichtliche Leistung nicht unbedingt in der «kraftvollen Verteidigung des damals tief verachteten Christentums» (*BV* Speiser, 1939, p. 41), doch auch daraus durfte der im andern philosophischen Lager stehende König nicht das

COMMENTARII
ACADEMIAE
SCIENTIARVM
IMPERIALIS
PETROPOLITANAE.

TOMVS VIII.

AD ANNVM MDCCXXXVI.

PETROPOLI,
TYPIS ACADEMIAE cIɔIɔccxLI.

Abb. 14
Titelblatt des 8. Bandes der «Petersburger Kommentare» (1736) 1741.

Neue Grundsätze
der
ARTILLERIE
enthaltend
die Bestimmung der Gewalt des Pulvers
nebst
einer Untersuchung
über den Unterscheid des Wiederstands der Luft in schnellen und
langsamen Bewegungen

aus dem Englischen des Hrn. Benjamin Robins
übersetzt und mit den nöthigen Erläuterungen und
vielen Anmerkungen versehen
von

Leonhard Euler
Königlichem Professor in Berlin.

Berlin bey A. Haude
Königl. und der Academie der Wissenschaften
privil. Buchhändler. 1745.

Abb. 15
Titelblatt von Euler–Robins'
Artilleriebuch. Berlin 1745.

Abb. 16
Leonhard Eulers Haus in St. Petersburg (heute Leningrad). Hier lebte
der grosse Gelehrte von 1766 bis 1783. Ursprünglich war das Haus
zweigeschossig; das Obergeschoss wurde erst im 19. Jahrhundert im
Rahmen einer Erweiterung des Gebäudes errichtet.

Abb. 17
Pierre-Louis Moreau de Maupertuis
(1698–1759).

Abb. 18
Johann Samuel Koenig (1712–1757).

Abb. 19
Voltaire (François-Marie Arouet)
(1694–1778).

Abb. 20
Johann Heinrich Lambert (1728–1777).

Recht ableiten, Leonhard Euler zunächst die Annahme des Petersburger Rufes zu verweigern («und sei es mit Gewalt ...»), dessen jüngsten, in königlichen Diensten stehenden Sohn während eines ganzen Jahres festzuhalten und sich über den von Euler auf der Reise nach St. Petersburg erlittenen Schiffbruch in frivolster Weise lustig zu machen[29].

Als Euler im Juli 1766 – exakt zu dem Zeitpunkt, zu welchem Joseph Louis Lagrange (Abb. 50) seine Nachfolge in Berlin antrat – in St. Petersburg mit seiner Familie ankam, wurde ihm ein geradezu triumphaler Empfang bereitet. Katharina II. schenkte ihm 10800 Rubel zum Ankauf eines Hauses (Abb. 16) samt Mobiliar, und der Jahresetat der Akademie von 60000 Rubeln war höchst grosszügig zu nennen, gemessen an den 13000 Talern, mit denen Euler in Berlin auszukommen hatte[30]. Zwar fand er die wenigsten alten Freunde noch vor – Goldbach war 1764 gestorben, und Müller wirkte seit einem Jahr in Moskau –, doch hatte Euler die väterliche Genugtuung, seine fünf ihm verbliebenen Kinder bestens versorgt zu wissen. In seiner ersten Aufgabe, der Reorganisation der Akademie[31], sowie bei seiner schier ins Unglaubliche anwachsenden wissenschaftlichen Tätigkeit stand ihm eine Handvoll junger, tüchtiger Leute zu Gebote. Da ist zunächst sein ältester Sohn Johann Albrecht Euler (Abb. 54) zu nennen. Dann Wolfgang Ludwig Krafft, der Sohn von Eulers Kollegen aus der ersten Petersburger Zeit. Ferner der originelle schwedische Astronom und Mathematiker Anders Johan Lexell[32] und schliesslich der von Daniel Bernoulli empfohlene Nicolaus Fuss[33], der während Eulers letztem Lebensjahrzehnt über dreihundert Abhandlungen des blinden Meisters redigierte und bei diesem «die Rolle eines Eckermann» übernehmen sollte.

Otto Spiess hatte recht mit der Feststellung, dass zu Eulers Glück die dramatischen Akzente in dessen Leben fehlen, wenn man von einigen durch politische Krisen verursachten Unterbrechungen absieht und vielleicht ein paar gefährliche Händel ausklammert. Doch sollte es an einzelnen Schicksalsschlägen auch nicht fehlen: seine gänzliche Erblindung wurde bereits erwähnt, und 1773 starb seine Frau Katharina. Von seinen dreizehn Kindern überlebten ihn nur drei, doch hinterliessen diese ihm sechsundzwanzig Enkel. In der Petersburger Feuersbrunst vom Mai 1771, der etwa fünfhundert Häuser und viele Menschen zum Opfer fielen, wäre der blinde Mathmatiker lebendigen Leibes verbrannt, wenn ihn nicht Peter Grimm, ein Basler Handwerker, unter Einsatz seines eigenen Lebens aus dem brennenden Haus gerettet hätte. Im grossen und ganzen jedoch verlief Eulers Leben, dem ein schneller, schmerzloser Tod ein Ende setzte, in ruhiger, steter Arbeit, deren Summe erst in unseren Tagen einigermassen vollständig überblickt werden kann, deren Früchte aber bei weitem noch nicht alle eingebracht sind.

Allein schon im Hinblick auf seine Produktivität ist Leonhard Euler ein einmaliges Phänomen. Das 1910–1913 erschienene Verzeichnis Gustaf Eneströms (Abb. 61) von Eulers damals gedruckt vorliegenden Schriften – selbst ein stattlicher Band – weist 866 Nummern auf, und die grosse Eulerausgabe, an der seit der Jahrhundertwende kompetente Fachleute verschiedener Nationen unter dem Patronat der Schweizerischen Naturforschenden Gesellschaft gearbeitet haben und noch immer arbeiten, umfasst bis heute rund 70 Quartbände, denen noch mindestens 14 Bände «Briefe und Manuskripte» – textkritisch ediert – folgen sollen (cf. den Prospekt Birkhäuser, 1982: Leonhard Euler, *Opera omnia*). Rein vom Umfang seiner Arbeitsleistung her gesehen bleibt Euler nicht hinter den produktivsten Vertretern des Menschengeschlechts wie etwa Voltaire, Goethe, Leibniz oder Telemann zurück. Hier sei eine nach Dekaden geordnete tabellarische Übersicht über die Quantität der von Euler druckfertig gemachten Schriften wiedergegeben, allerdings ohne Berücksichtigung einiger Dutzend Arbeiten, die noch nicht datiert werden konnten:

Jahre	Arbeiten	Prozent	Jahre	Arbeiten	Prozent
1725–1734	35	4	1755–1764	110	14
1735–1744	50	10	1765–1774	145	18
1745–1754	150	19	1775–1783	270	34

Auf die Fachdisziplinen bezogen ergibt sich der jeweilige prozentuale Anteil etwa folgendermassen:

	Prozent
Algebra, Zahlentheorie, Analysis	40
Mechanik, übrige Physik	28
Geometrie, einschliesslich Trigonometrie	18
Astronomie	11
Schiffswesen, Architektur, Artilleristik	2
Philosophie, Musiktheorie, Theologie und oben nicht Einbezogenes	1

In dieser Aufstellung sind die ca. 3000 bis heute bekannten Briefstücke sowie die noch unedierten Manuskripte nicht berücksichtigt.

Das Phänomen Euler ist wesentlich an drei Faktoren gebunden: erstens an die Gabe eines wohl einmaligen Gedächtnisses. Was Euler je gehört, gesehen oder geschrieben hatte, scheint sich ihm für immer fest eingeprägt zu haben. Davon gibt es unzählige zeitgenössische Zeugnisse. Noch in hohem Alter soll er beispielsweise seine Familienangehörigen, Freunde und Gesellschaften mit der wortgetreuen Rezitation jedes beliebigen Gesanges aus Vergils *Aeneis* entzückt haben, und Protokolle der Akademiesitzungen kannte er nach Jahrzehnten (!) noch auswendig – von seinem Gedächtnis für mathematische Belange ganz zu schweigen. Zweitens war seine gewaltige Gedächtniskraft gepaart mit einer seltenen Konzentrationsfähigkeit. Lärm und Betrieb in seiner unmittelbaren Umgebung störten in kaum in seiner Gedankenarbeit. «Ein Kind auf den Knien, eine Katze auf dem Rücken, so schrieb er seine unsterblichen Werke», berichtet Dieudonné Thiébault[34]. Der dritte Schlüssel zum Mysterium Euler besteht ganz einfach in steter, ruhiger Arbeit.

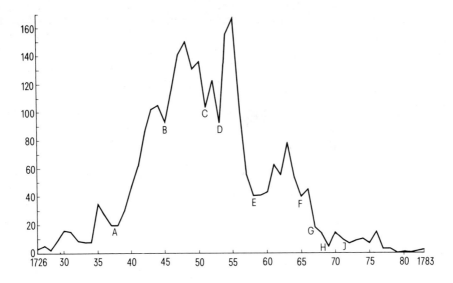

Fig. 1

Die Kurve stellt quantitativ die heute bekannte Korrespondenz Eulers im Umfang von rund 3000 Briefen dar. Die Abszisse ist die Zeitachse. Sie beginnt mit dem Jahr 1726 und endet mit dem Todesjahr Eulers. Die Ordinate zeigt jeweils die Anzahl der jährlich gewechselten Briefe. Diese Angaben stützen sich auf das chronologische Verzeichnis der Briefe in O. IV A, 1, p. 513–554. (Christine Schmidli-Würfel, Basel, danke ich für die Erstellung des Graphs. E.A.F.). Die *gesamte* Korrespondenz Eulers dürfte sich nach vorsichtiger Schätzung auf etwa das Doppelte belaufen.

Hier soll versucht werden, die auffälligsten Abweichungen von der Glockenkurve (hypothetisch) zu deuten. Die markantesten Tiefpunkte sind alphabetisch mit den Buchstaben A bis J gekennzeichnet:

A   1738 erkrankte Euler schwer und verlor sein rechtes Auge.

B   Im Januar 1745 wurde die Berliner Akademie eröffnet, und Euler, der seit 1741 in Berlin weilte, hatte als Direktor der Mathematischen Klasse viele administrative Arbeiten zu erledigen. Zudem erkrankte er in diesem Jahr ernsthaft.

C   In die Jahre 1751/52 fällt die aufreibende Kontroverse Maupertuis' mit J. S. Koenig, die den hässlichen Akademiestreit zur Folge hatte.

D   1753 lässt sich Maupertuis beurlauben und reist nach Frankreich. Euler obliegt – inoffiziell zwar, aber de facto – die Leitung der Akademie.

E   Der Siebenjährige Krieg (1756–1763) unterbindet – in der ersten Hälfte wenigstens – weitgehend den Postverkehr.

F   Eulers Zerwürfnis mit Friedrich II., das schliesslich

G   1766 zur Abreise Eulers nach Petersburg führt.

H   Euler hat sich neu zu installieren, stark behindert durch den sich verschlimmernden Star am linken Auge.

J   1771 gänzlicher Verlust des linken Auges.

Diese aufgelisteten «numerischen Tiefpunkte» werden hier bloss durch *Negativa* gedeutet. Tatsächlich hängen sie jedoch auch mit *Positiva* zusammen, etwa mit besonders produktiven Phasen in Zeiten der Abfassung der grossen Hauptwerke Eulers. Insofern kommt diesem Aspekt indes kein allzugrosses Gewicht zu, als Eulers Produktivität – global gesehen – keinen starken Schwankungen zu unterliegen pflegte.

Eulers Ansehen und Einfluss waren schon zu seinen Lebzeiten beeindruckend. Während etwa zwei Dezennien war er der geistige Führer der gebildeten Kreise im protestantischen Teil Deutschlands. Unschätzbare Dienste leistete er als «goldene Brücke zwischen zwei Akademien» (cf. den Beitrag von Ju. Kh. Kopelevič), wovon seine Korrespondenzen (Fig. 1) ein ebenso eindrückliches Zeugnis ablegen wie die Tatsache, dass während seiner Berliner Zeit 1741–1766 in den Petersburger Akten (den Zeitschriftenbänden der Akademie) 109 Publikationen aus seiner Feder stammten, gegenüber 119 in den *Mémoires* der Preussischen Akademie. Insgesamt hat Euler zwölf internationale Akademiepreise gewonnen, die acht Preise seiner Söhne Johann Albrecht (7) und Karl (1), die man *substantialiter* ruhig auch auf sein Konto buchen kann, nicht mitgerechnet, Louis XVI schenkte ihm für seine «zweite Schiffstheorie» 1000 Rubel, und Katharina II., die sich nicht lumpen lassen wollte, bescherte ihn mit dem doppelten Betrag.

Einhellig ist das Urteil der bedeutendsten Mathematiker *nach* Euler. Laplace[35] pflegte seinen Studenten zu sagen: «Lisez Euler, c'est notre maître à tous», und Gauss erklärte klar und deutlich: «Das Studium der Werke Eulers bleibt die beste Schule in den verschiedenen Gebieten der Mathematik und kann durch nichts anderes ersetzt werden.» In der Tat wurde Euler durch seine Bücher, die sich durchweg durch höchstes Streben nach Klarheit und Einfachheit auszeichnen und die ersten eigentlichen Lehrbücher im modernen Sinne darstellen, nicht nur zum Lehrer Europas seiner Zeit, sondern blieb dies bis tief ins 19. Jahrhundert hinein: die Werke Bernhard Riemanns[36], eines der bedeutendsten Vertreter der *ars inveniendi* grössten Stils, tragen unverkennbare Eulersche Züge. Gotthelf Abraham Kästner, dem wir die erste deutsche Mathematikgeschichte[37] verdanken, prägte den treffenden Vergleich, dass im mathematischen Stil d'Alembert der Deutsche sei und Euler der Franzose, und Carl Gustav Jacob Jacobi[38] schloss sich diesem Urteil an. Henri Poincaré[39] berichtet, dass nach Theodore Strong «Euler der Gott der Mathematik sei, dessen Tod den Niedergang der mathematischen Wissenschaften markiere». Und wirklich waren Euler, d'Alembert (Abb. 45) und Lagrange, die im letzten Drittel ihres Jahrhunderts gewissermassen ein mathematisches Triumvirat bildeten, unleugbar von dem Gefühl einer hereinbrechenden *décadence* touchiert, wie man aus ihren Korrespondenzen ersehen kann[40]. Wenn sie glaubten, keine geistigen Erben zu haben, so hängt dies wohl damit zusammen, dass man «auf den Gipfeln alleine ist». Doch auch prominente Zeitgenossen scheinen ähnlich empfunden zu haben. So schrieb Denis Diderot, das Haupt der *Encyclopédie*, in seinen «Gedanken zur Interpretation der Natur» (1754):

«Wir stehen vor einer grossen Umwälzung in den Wissenschaften. Bei der Neigung, die die Geister jetzt, wie mir scheint, zur Moral, zur schönen Literatur, zur Naturgeschichte und zur experimentellen Physik haben, möchte ich fast versichern, dass man in Europa vor Ablauf eines Jahrhunderts nicht drei grosse Mathematiker zählen wird. Diese Wissenschaft wird plötzlich dort stehenbleiben, wo die Bernoulli, Euler, Maupertuis, Clairaut, Fontaine, d'Alembert und Lagrange sie verlassen haben. Sie werden die Säulen des Herkules errichtet haben. Man wird nicht darüber hinausgehen. Ihre Werke werden in den kommenden Jahrhunderten fortbestehen wie jene ägyptischen Pyramiden, deren hieroglyphenbedeckte Steinmassen bei uns eine erschreckende Idee von der Macht und den Hilfsmitteln der Menschen hervorrufen, die sie erbaut haben.»

Nun – die Geschichte hat derlei Ressentiments schlagend widerlegt, denn nirgends treffender als im Reich des Mathematischen gilt das Wort Johannis: *Der Geist weht, wo er will.*

Gewiss hat man oftmals – fast immer zu Unrecht – auf vermeintlich eindeutige Schwächen im Werk Eulers hingewiesen, hauptsächlich auf das angeblich unzulässige Umspringen mit dem Begriff des Unendlichen, sei es im Grossen (Reihentheorie) wie auch im Kleinen. Um Konvergenz- und Stetigkeitskriterien im modernen Sinne wie auch um die logisch exakte und geschlossene Fundierung der Analysis im Sinne der *ars demonstrandi* eines Cauchy, Bolzano oder Weierstrass *konnte* er sich gar nicht kümmern, da ein (im heutigen Sinne) strenger Beweis etwa für das Cauchysche Konvergenzkriterium erst nach einer Definition der reellen Zahlen – also frühestens 1870 – ermöglicht wurde[41]. Euler verliess sich – nur vereinzelt erfolglos – auf seine erstaunliche Instinktsicherheit und algorithmische Kraft. Und hat nicht gerade Euler, der mehr als jeder andere Sterbliche geforscht und gesucht hat, einen unbedingten Anspruch auf die Worte von Karl Weierstrass, des «Meisters der Strenge»: «Dass dem Forscher, solange er sucht, jeder Weg gestattet ist, versteht sich von selbst», um so mehr als Georg Cantor, der Schöpfer der (nicht «naiven»!) Mengenlehre, das Wesen der Mathematik gerade in der Freiheit erblickt? Gewiss ist Eulers analytisch-algorithmischer Funktionsbegriff[42] – ein Bernoullisches Erbstück – zu eng und zu speziell und *erfordert* geradezu naheliegende, aber aus heutiger Sicht «verbotene» Verallgemeinerungen, deren gefährliche Klippen Euler jedoch zu umschiffen vermochte mit seiner grenzenlosen Phantasie – *conditio sine qua non* für einen schöpferischen Mathematiker – und einer kaum fassbaren algorithmischen Virtuosität, die es ihm erlaubte, die gestellten Probleme von den verschiedensten Seiten anzugreifen, die gewonnenen Resultate zu kontrollieren und nötigenfalls zu berichtigen[43].

Andreas Speiser, der einen grossen Teil seines Lebens Eulers Werk gewidmet hat, betonte wieder und wieder: «Noch viele Schätze sind in Eulers Werk zu heben, und wer Prioritäten jagen will, findet kein dankbareres Gefilde.» Tatsächlich wird noch einige Zeit verstreichen, bis das gewaltige Werk vollständig im Druck zugänglich sein wird, und eine Werkbiographie des prominentesten Auslandschweizers steht noch aus. Freilich – ein solches Unterfangen wäre gleichbedeutend mit der Abfassung einer Geschichte der mathematischen Wissenschaften des 18. Jahrhunderts.

Zweiter Teil: Zum Werk

A   REINE MATHEMATIK

1   **Zahlentheorie**

In der Zahlentheorie führt eine direkte Linie von Diophant (um 250) über Fermat (1601–1665) (Abb.33) zu Euler. Fermat hinterliess seinen nach ihm benannten «kleinen Satz», dass für irgendeine Primzahl p und jede natürliche Zahl n die Zahl $n^{p-1}-1$ durch p teilbar sei, ohne Beweis. Eulers Beschäftigung mit diesem Satz, die mit einem eleganten Beweis gekrönt wurde, führte schliesslich zur Theorie der Reste nach einem Modul und gipfelte in Eulers wohl bedeutsamster Entdeckung auf diesem Gebiet: im Gesetz der quadratischen Reziprozität. Euler selbst vermochte zwar das Gesetz nicht zu beweisen, und auch A.-M. Legendre (1752–1833) gab 1785 bloss einen unvollständigen Beweis. Erst C.F. Gauss (1777–1855) (Abb.35) gelang 1801 der völlige Durchbruch, und eine Ausdehnung des Gesetzes auf andere Zahlbereiche und höhere Potenzreste bewerkstelligten Ernst Kummer (1810–1893), David Hilbert (1862–1943) und Emil Artin (1898–1962)[44]. Von ungewöhnlicher Fruchtbarkeit war eine weitere, noch berühmtere von Fermat hinterlassene Behauptung, der sogenannte «grosse Fermatsche Satz», der sich – ebenfalls ohne Beweis – als Marginalie in Fermats Handexemplar der Diophantausgabe von Bachet de Méziriac (1581–1638) vorfindet. Es ist die Behauptung (oder Vermutung), dass die Gleichung

$$x^n + y^n = z^n$$

für kein natürliches $n > 2$ eine Lösung in von Null verschiedenen ganzrationalen Zahlen x,y,z besitzt (für $n = 2$ entsprechen die Lösungen nach dem Satz des Pythagoras den rechtwinkligen Dreiecken mit kommensurabeln Seiten; es gibt unendlich viele ganzzahlige Lösungstripel). Euler beweist 1753 unter Verwendung komplexer Zahlen von der Form

$$z = u + v\sqrt{-3}$$

die Unmöglichkeit für den Fall $n = 4$, später für weitere natürliche Exponenten. Für den allgemeinen Fall war der Unmöglichkeitsbeweis trotz bedeutender theoretischer Fortschritte bis in unsere Tage nicht zu erbringen.

Im Anschluss an die zahlentheoretischen Überlegungen von Marin Mersenne (1588–1648) gelangte Fermat zur weiteren Vermutung, dass alle Zahlen von der Form

$$p = 2^{2^k} + 1$$

prim seien. Dies stimmt zwar für die Werte von $k=0,1,2,3,4$, doch schon für $k=5$ ergibt sich die Zahl $p=4294967297$, von welcher Euler nachwies, dass sie den Teiler 641 besitzt und folglich keine Primzahl ist.

Ebenfalls von Fermat behauptet, aber erst durch Euler bewiesen[45], ist der wahrhaft schöne Satz, dass alle Primzahlen von der Form $p=4n+1$ in eine Summe von zwei Quadratzahlen zerlegt werden können, dass also immer gilt

$$p=4n+1=x^2+y^2. \tag{1}$$

Der Satz gilt in einer Umkehrung: Jede ganze Zahl, die auf eine *einzige* Weise als Summe zweier teilerfremder Quadrate darstellbar ist, ist prim. Mit dieser Einsicht gewinnt Euler ein wirksames Hilfsmittel zur Charakterisierung grosser Zahlen. Ein Beispiel möge dies verdeutlichen: Die Zahl 2232037 ist prim, da nur die Zerlegung $2232037=1^2+1494^2$ nach obiger Vorschrift möglich ist. Hingegen ist die Zahl 1000009 nicht prim, da sie auf *zwei* Arten in eine Quadratsumme zerlegbar ist, nämlich[46]

$$1000009=3^2+1000^2=972^2+235^2.$$

Von hier aus gelangt Euler über die allgemeinere Darstellung von Primzahlen der Struktur

$$p=mx^2+ny^2 \tag{2}$$

zur Entwicklung von wirksamen Methoden zur Entscheidung über den allfälligen Primcharakter grosser Zahlen, was schliesslich die Grundlage für die allgemeine Theorie der binären quadratischen Formen abgab, die in der Folge von Lagrange und Gauss entwickelt und ausgebaut werden sollte. Für $m=1$ ergibt sich aus (2) die Gleichung

$$p=x^2+ny^2, \tag{3}$$

und Euler formulierte daraus das Problem, alle natürlichen Zahlen n anzugeben, für welche gilt: Wenn eine Zahl p auf nur eine einzige Weise in der Form (3) bei teilerfremden x und y darstellbar ist, dann ist sie prim. Beispielsweise erfüllen die Zahlen $n=1,2,3,5$ unter den angegebenen Voraussetzungen die Gleichung (3), nicht aber die Zahl $n=11$ (Gegenbeispiel: $15=2^2+11\cdot1^2$). Euler nannte solche Zahlen *numeri idonei* («passende» oder «taugliche» Zahlen) und suchte nach einer Methode, sie zu bestimmen. Um nicht für jedes n unendlich viele Zahlen p auf ihre Darstellbarkeit gemäss Gleichung (3) prüfen zu müssen, stützte Euler die Untersuchung auf folgendes Resultat seiner Überlegungen ab: Für jedes n, das *nicht* «tauglich» ist, gibt es ein natürliches $m<4n$, das nur auf eine einzige Weise durch x^2+ny^2 darstellbar ist, obwohl m *keine* Primzahl ist[47]. Mit diesem Kriterium rechnete Euler sukzessive bis $n = 1000$ und mehr durch und machte dabei die unerwartete Entdeckung, dass *nach* $n = 1848$ keine *numeri idonei* mehr auftauchen! Insgesamt existieren deren nur 65, und Euler gab sie vollständig an:

1	2	3	4	5	6	7	8	9	10
12	13	15	16	18	21	22	24	25	28
30	33	37	40	42	45	48	57	58	60
70	72	78	85	88	93	102	105	112	120
130	133	165	168	177	190	210	232	240	253
273	280	312	330	345	357	385	408	462	520
760	840	1320	1365	1848					

Es ist heute klar, dass Euler – und auch noch später Gauss – mit den ihnen zur Verfügung stehenden Hilfsmitteln den *Beweis* für die Endlichkeit der *numeri idonei* nicht erbringen konnten. Dies wurde erst 1934 durch Heilbronn und Chowla geleistet.

Bei all diesen Untersuchungen operierte Euler mit elementaren arithmetischen und algebraischen Methoden, doch war er auch der Erste, der *analytische Methoden* in die Zahlentheorie eingeführt hat. So arbeitete er bereits während der ersten Petersburger Periode mit der Beziehung

$$\frac{1}{1^k} + \frac{1}{2^k} + \frac{1}{3^k} + \cdots = \frac{1}{\left(1 - \frac{1}{2^k}\right)\left(1 - \frac{1}{3^k}\right)\left(1 - \frac{1}{5^k}\right)\cdots},$$

kürzer geschrieben

$$\sum_{n=1}^{\infty} \frac{1}{n^k} = \prod_{p} \left[1 : \left(1 - \frac{1}{p^k}\right) \right],$$

wobei die linke Seite die *Riemannsche Zetafunktion* $\zeta(k)$ darstellt und p die Reihe der Primzahlen durchläuft. In diesem Zusammenhang stellt und studiert Euler bereits Probleme, die sich für die Theorie der transzendenten Zahlen als wichtig erweisen sollten. Seine von 1744 datierende Kettenbruchentwicklung der fundamentalen Transzendenten

$$e = \lim_{n \to \infty} \left(1 + \frac{1}{n}\right)^n = 2{,}71828...,$$

der Basis der natürlichen Logarithmen, wurde 1768 von Johann Heinrich Lambert (1728–1777) (Abb. 20) für die Irrationalitätsbeweise der Zahlen π und e aufgegriffen, und Lindemann (1852–1939) benützte für seinen Transzendenzbeweis von π die von Euler 1728 gefundene Gleichung $\lg(-1) = \pi i$, wobei i die imaginäre Einheit $\sqrt{-1}$ bedeutet.

Schliesslich verwendete Euler für die Lösung des 1740 von dem in Berlin lebenden französischen Mathematiker Philippe Naudé (1684–1745) gestellten Partitionsproblems die Koeffizienten gewisser Potenzreihen vom Typus

$$\prod_{s=1}^{\infty} (1-x^s) = \sum_{k=-\infty}^{\infty} (-1)^k x^{k(3k-1)/2},$$

worin die rechte Seite eine spezielle Thetafunktion darstellt, wie sie später C.G.J. Jacobi in seiner Theorie der elliptischen Funktionen eingeführt hat[48].

Heute heisst diese Gleichung *Eulersche Identität;* in ihr begegnen wir erstmals in der Geschichte der Mathematik einer Thetafunktion.

Wir können dieses Kapitel nicht beenden, ohne noch einen Forschungsgegenstand wenigstens zu erwähnen, den Euler offensichtlich besonders geliebt und welchem er einen kräftigen Impuls zur Weiterentwicklung verliehen hat: die sogenannten *befreundeten Zahlen.* Insofern dürfen wir uns hier kurz fassen, als seit kurzem eine wunderschöne einführende Studie von Walter Borho zur Verfügung steht, in welcher Eulers Verdienste auf diesem Sektor treffend gewürdigt werden (cf. *BV* Borho, 1981).

Zwei Zahlen heissen *befreundet,* wenn je die Summe der echten Teiler einer Zahl gleich der anderen Zahl ist. So sind beispielsweise (dies ist der einfachste Fall) die Zahlen 220 und 284 *befreundet,* denn 220 hat die echten Teiler 1, 2, 4, 5, 10, 11, 20, 22, 44, 55, 110, und ihre Summe ist 284. Die echten Teiler von 284 sind 1, 2, 4, 71, 142, und deren Summe ergibt 220. Dieses Paar von befreundeten Zahlen war höchstwahrscheinlich schon den Pythagoreern bekannt, wie der Neuplatoniker Jamblichos (ca. 250 bis ca. 330 n.Chr.) berichtet. Zur Entdeckung zweier weiterer Paare befreundeter Zahlen kam es erst im Anschluss an Thâbit ibn Qurra (836–901) durch Ibn al-Bannā (1265–1321), Fermat (1636) und Descartes (1638). Zur Bildung befreundeter Zahlen formulierte Thâbit (modern geschrieben) folgende Regel:

Sind (für natürliches $n \geq 2$) die drei Zahlen

$$p = 3 \cdot 2^{n-1} - 1, \quad q = 3 \cdot 2^n - 1, \quad r = 9 \cdot 2^{2n-1} - 1$$

Primzahlen, so sind die beiden Zahlen

$$A = 2^n \cdot p \cdot q \quad \text{und} \quad B = 2^n \cdot r$$

miteinander befreundet. Für $n=2$ ergibt sich das «pythagoreische» befreundete Zahlenpaar {220; 284}, für $n=4$ dasjenige von Ibn al-Bannā bzw. Fermat {17296; 18416} und für $n=7$ das «cartesische» {9363584; 9437056}. (Aus $n=3$ resultieren keine befreundeten Zahlen, da $r=287$ wird, was nicht prim ist.)

So beschränkte sich das gesamte Inventar an befreundeten Zahlen *vor* Euler auf ganze drei Stück. Diesem Gegenstand widmete Euler in der Folge (ab 1747) eine Reihe von Abhandlungen (E. 100, 152, 798/O. I, 2, 5). Mit dem oben skizzierten Ansatz von Thâbit, der allerdings weder Fermat noch Descartes noch Euler bekannt war (Thâbit ibn Qurras Buch wurde erst im 19. Jahrhundert wiederentdeckt), fand er (E. 100) als Meister im Umgang mit grossen Primzahlen zunächst 18 befreundete Zahlenpaare von der Thâbitschen Gestalt, die natürlich allesamt *gerade* sind. Mit einem anderen Ansatz suchte er nun auch *ungerade* befreundete Zahlen A und B von der Gestalt

$$A = 3^n \cdot p \cdot q, \quad B = 3^n \cdot r \quad (p, q, r \text{ prim} > 3)$$

und bestimmte so zwölf weitere Paare; das kleinste davon ist $A = 3^3 \cdot 5 \cdot 7 \cdot 71 = 67095$, $B = 3^3 \cdot 5 \cdot 17 \cdot 31 = 71145$. Durch Verallgemeinerung und Entwicklung von drei völlig anderen Methoden (cf. *BV* Dickson, 1919, Bd. 1) gelang es ihm schliesslich, insgesamt 59 (!) bislang unbekannte befreundete Zahlenpaare aufzulisten, und in den seit Eulers Tod verflossenen hundert Jahren konnte diese Liste um bloss zwei Paare (Legendre/Čebišev 1830/1851; Paganini 1866) vermehrt werden. Bis heute sind über 1100 befreundete Zahlenpaare bekannt, deren grösstes je 152 Stellen aufweist (H. te Riele 1972); ob die Anzahl der befreundeten Zahlenpaare endlich oder unendlich ist, weiss man nicht.

2   Algebra

Als die Mathematiker des frühen 17. Jahrhunderts auf den fundamentalen Satz stiessen, dass eine algebraische Gleichung n-ten Grades

$$a_0 x^n + a_1 x^{n-1} + a_2 x^{n-2} + \cdots + a_n = 0$$

im allgemeinen n verschiedene Wurzeln bzw. Lösungen hat (die auch «imaginär» sein können), war es eine noch durchaus offene Frage, ob das Gebiet der imaginären Wurzeln beschränkt ist auf die Zahlen von der Form $a + bi$, die man (nach Gauss) komplexe Zahlen nennt. Viele namhafte Mathematiker schlossen damals die Existenzmöglichkeit andersartiger imaginärer Zahlen nicht aus. Euler hingegen glaubte seit spätestens 1743, dass *alle* Wurzeln einer algebraischen Gleichung von dieser Form $a + bi$ sind. D'Alembert (1748) und Euler (1751) führten je einen lückenhaften Beweis an, doch sollte es noch über ein halbes Jahrhundert dauern, bis dafür ein vollständiger Beweis erbracht werden konnte. In diesem Kontext formulierte Euler erstmals streng den *Fundamentalsatz der Algebra*, dass ein Polynom n-ten Grades als Produkt von n Linearfaktoren darstellbar ist:

$$x^n + a_1 x^{n-1} + a_2 x^{n-2} + \cdots + a_n = (x - x_1)(x - x_2) \cdots (x - x_n),$$

wo die x_ν die Nullstellen des Polynoms sind. Einen allgemeinen Beweis dieses für die Algebra sehr wichtigen Satzes gab allerdings erst Gauss in seiner Doktordissertation von 1799.

Mitte der dreissiger Jahre versuchte Euler – wie wir seit N.H. Abel (1802–1829) und E. Galois (1811–1832) wissen, aus theoretischen Gründen vergeblich – die allgemeine Lösung einer algebraischen Gleichung von höherem als dem vierten Grad durch Radikale darzustellen. Denn wie alle seine Zeitgenossen war er von der Möglichkeit der Auflösung solcher Gleichungen überzeugt, und er schrieb es nur der vermeintlich mangelhaften Entwicklung der zeitgenössischen Algebra zu, dass die Auflösung nicht gelingen wollte. Dennoch gelangte er zu bemerkenswerten Teilresultaten: in einer relativ späten Arbeit (1762; E.282/O.I,6), in welcher er versuchte, Gleichungen höheren Grades mittels der Substitution

$$x = \sum_{k=1}^{n-1} \sqrt[n]{z_k}$$

aufzulösen, fand er spezielle Formen der Gleichung 5. Grades, deren Wurzeln durch Radikale darstellbar sind.

Euler arbeitete Näherungsmethoden für die Lösung *numerischer Gleichungen* aus und bearbeitete ferner – wahrscheinlich von Daniel Bernoulli angeregt – das Eliminationsproblem. So gelang ihm ein Beweis des bereits Newton (1643–1727) bekannten Satzes, dass zwei algebraische Kurven vom Grad m bzw. n höchstens $m \cdot n$ Schnittpunkte haben können. In diesem Zusammenhang gelangte er zum wichtigen Begriff der *Resultante.* In den beiden Abhandlungen E.147 und E.148 vom Jahre (1748) 1750 gab Euler eine stichhaltige Erklärung des sogenannten *Cramerschen Paradoxons,* dass eine Kurve n-ter Ordnung (C_n) nicht immer durch $n(n+3)/2$ ihrer Punkte bestimmt zu sein braucht, da diese Zahl für $n \geq 3$ nicht grösser wird als n^2, d.h. als die Anzahl der Schnittpunkte der C_n mit einer anderen Kurve gleicher Ordnung[49]. Der Bedeutungsgehalt dieses Paradoxons wurde allerdings erst viel später erkannt, nämlich 1818 von G. Lamé (1794–1870), 1827 von J.D. Gergonne (1771–1859) und 1828 von J. Plücker (1801–1868).

Noch in seiner letzten Berliner Zeit – wahrscheinlich[50] 1765 – ging Euler an die Abfassung seiner zweibändigen *Vollständigen Anleitung zur Algebra* (Abb.21), die er seinem Gehilfen, einem ehemaligen Schneidergesellen, in die Feder diktiert haben soll. Dieses Buch – besonders bemerkenswert im Hinblick auf Eulers meisterhaftes didaktisches Geschick – wurde ein Bestseller. Es erschien 1768/69 zuerst in russischer Übersetzung, 1770 in der deutschen Originalfassung und schliesslich in englischer, französischer und holländischer Sprache in vielen Auflagen. Die «Algebra», wie man das Buch kurz nennt, führt den absoluten Anfänger Schritt um Schritt von den natürlichen Zahlen über die arithmetischen und algebraischen Grundsätze und

Praktiken bis in die sublimsten Details der unbestimmten Analytik ein; sie gilt – nach dem Urteil heutiger erstrangiger Mathematiker – noch immer als die beste Einführung in die Algebra für einen «mathematischen Säugling». Sinnigerweise wurde die grosse Euler-Ausgabe 1911 mit diesem Band eröffnet (E.387/O.I,1). Kein geringerer als Lagrange, Eulers Nachfolger an der Berliner Akademie, versah das Buch mit wertvollen Zusätzen. In dieser Form ist es den romanischen Lesern in den Ausgaben von Johann III Bernoulli noch immer zugänglich, für den deutschen Sprachkreis am ehesten in der verbreiteten Reclam-Ausgabe, wo es als einziges (!) mathematisches Buch figuriert[51].

3   Reihen

Den unendlichen Reihen kam schon in der zweiten Hälfte des 17. Jahrhunderts eine stets wachsende Bedeutung zu, und im anbrechenden «goldenen Zeitalter der Analysis» wurde ihre Theorie zum schlechthin unentbehrlichen Hilfsmittel zur Lösung vieler einschlägiger Probleme der mathematischen Wissenschaften. Man dürfte erwarten, dass Eulers reihentheoretische Untersuchungen an die berühmten fünf *Reihendissertationen* Jakob Bernoullis[52] anknüpfen, doch ist dies keineswegs der Fall. Abgesehen von dem Umstand, dass Jakobs Stil – im Gegensatz zur flüssigen und eleganten Ausdrucksweise des jüngeren Bruders Johann – von Eulers Zeitgenossen als wenig durchsichtig und schwer verständlich empfunden werden musste, hatte der noch immer nicht gänzlich überwundene Groll Johanns gegen den längst verstorbenen grossen Bruder leider zur Folge, dass Jakobs grösste Leistung, die *Ars conjectandi*, nicht einmal im Schülerkreis Johann Bernoullis, zu dem ja auch Euler gehörte, hinlänglich bekannt war. Dieses Buch fehlte an vielen Bibliotheken – auch in St. Petersburg –, und Euler scheint es nicht dorthin mitgebracht zu haben. Eine reiche mathematische Bibliothek hat ihn dort nicht empfangen, wie wir aus den Briefwechseln erfahren können. Zwar fand Euler an Zeitschriften sowohl die Londoner *Philosophical Transactions* als auch die Leipziger *Acta eruditorum*[53] vor, hingegen fehlten die Pariser Akademieschriften ab Jahrgang 1719 gänzlich. Vielmehr scheint sich Euler an den in St. Petersburg präsenten *Opera mathematica* von John Wallis (1616–1703), an Fermats *Varia opera* und – was einigermassen verwunderlich ist – am *Opus geometricum* des Jesuiten Gregorius a S. Vincentio (1584–1667) orientiert zu haben.

Über die ersten Reihenstudien Eulers informiert uns glänzend J.E. Hofmann (1900–1973) (*BV* Sammelband Schröder, Hofmann, 1959). Eulers Studien über die bereits oben erwähnte Zetafunktion nehmen ihren Anfang beim «Baslerproblem» (*BV* Spiess, 1945), die Summe der nichtabbrechenden Folge der reziproken Quadratzahlen zu bestimmen, also den Summenwert

$$S_2 = \frac{1}{1^2} + \frac{1}{2^2} + \frac{1}{3^2} + \frac{1}{4^2} + \cdots = 1 + \frac{1}{4} + \frac{1}{9} + \frac{1}{16} + \cdots = \sum_{k=1}^{\infty} \frac{1}{k^2}$$

zu berechnen. Dass diese Summe endlich ist, d.h. dass die Reihe konvergiert, ergibt sich sofort durch Vergleich mit einer bekannten geometrischen Reihe. Das Problem wurde bereits 1650 von Pietro Mengoli (1625–1686) erwähnt und war spätestens 1673 auch in England bekannt, doch trat es erst durch Jakob Bernoullis nachdrückliche Formulierung[54] in der ersten Reihendissertation (1689) ins Bewusstsein der Mathematiker. Weder Jakob noch Johann gelang die Lösung – trotz grösster Anstrengungen –, und in der Folge bemühten sich auch Niklaus I und Daniel Bernoulli mehr oder weniger erfolgreich um das Problem, doch den Vogel schoss erst Euler ab, indem er 1735 das überraschende Resultat

$$S_2 = \frac{\pi^2}{6}$$

durch die Bewältigung eines viel allgemeineren Problems als Spezialfall erhielt. Dieses Problem war die Bestimmung der Summe S_{2k}, das heisst der Summe der reziproken Potenzen der natürlichen Zahlen mit geradzahligen Exponenten. Euler erhielt

$$\sum_{n=1}^{\infty} \frac{1}{n^{2k}} = \zeta(2k) = a_{2k}\pi^{2k},$$

wo a_{2k} die Koeffizienten der «Euler–Maclaurinschen Summenformel[55]» darstellen. Etwas später gelang ihm derselbe Nachweis mit Hilfe der sogenannten Bernoullischen Zahlen (cf. *infra*). Die reizvollen Teilresultate

$$S_2 = \frac{\pi^2}{6} \quad \text{und} \quad S_4 = \frac{\pi^4}{90}$$

meldete Euler 1736 Daniel Bernoulli nach Basel, dem Eulers Verfahren undurchsichtig blieb, doch erriet der alte Fuchs Johann eine Variante der Eulerschen Methode, meldete seine Nachentdeckung nach St.Petersburg[56] sowie an seine nächsten Freunde und liess 1742 die ganze Sache seinen *Opera* (Bd.4, p.20–25) einverleiben, ohne seinen Lieblings- und Meisterschüler auch nur mit einer Silbe zu erwähnen. – Die Geschichte hat eben nie ihr letztes Wort gesprochen.

Im Zusammenhang mit der Zetafunktion – das Problem der Bestimmung von $\zeta(2k+1)$ ist bis heute ungelöst[57] – findet Euler die heute nach ihm benannte Konstante $C = 0.577215644...$, die in der asymptotischen Formel

$$C = \lim_{n \to \infty} \left\{ \sum \frac{1}{n} - \lg n \right\} = \lim_{n \to \infty} \left\{ \left[\frac{1}{1} + \frac{1}{2} + \frac{1}{3} - \cdots + \frac{1}{n} \right] - \lg n \right\}$$

als «Schlüssellimes» auftritt und für die Theorie der Gammafunktionen, der

Riemannschen Zetafunktion und für den Integrallogarithmus von grösster Bedeutung ist. Obwohl man die Zahl C auf Hunderte, ja Tausende von Dezimalen kennt, ist es bis heute unbekannt, ob sie rational, irrational oder transzendent ist.

Von grosser Tragweite sind Eulers schon 1734 aufgenommene Studien (E.43/O.I,14) über die *harmonischen Reihen,* die 35 Jahre später mit einer weiteren Abhandlung (E.393/O.I,14) gekrönt wurden. Solche Reihen haben die Form

$$\frac{a}{b}, \quad \frac{a}{b+c}, \quad \frac{a}{b+2c}, \ldots, \quad \frac{a}{b+kc}.$$

Man nennt sie *harmonisch,* weil das n-te Glied A_n das harmonische Mittel des $(n-1)$-ten und $(n+1)$-ten Gliedes ist, weil also gilt

$$\frac{A_{n-1}-A_n}{A_n-A_{n+1}} = \frac{A_{n-1}}{A_{n+1}}.$$

Als Spezialfall ($a=b=c=1$) ergibt sich die bekannte Folge der reziproken natürlichen Zahlen

$$\frac{1}{1}, \quad \frac{1}{2}, \quad \frac{1}{3}, \ldots, \quad \frac{1}{n},$$

die man schlechthin als «die harmonische Reihe» bezeichnet. Dass sie divergiert, hatte schon Nicole d'Oresme (1323?–1382) gezeigt, und Johann Bernoulli mühte sich nicht ohne Erfolg damit ab, die Summe ihrer ersten hundert Millionen (!) Glieder methodisch zu berechnen[58]. Euler allerdings hatte bereits 1734 den Zusammenhang zwischen der harmonischen Reihe und dem (natürlichen) Logarithmus mittels seiner (oben erwähnten) Konstanten C herausgefunden, nämlich

$$\frac{1}{1} + \frac{1}{2} + \frac{1}{3} + \cdots + \frac{1}{k} = \lg(k+1) + C + r(k), \qquad \text{mit} \quad |r(k)| < \frac{1}{2k}.$$

In der angeführten späteren Abhandlung gab Euler der harmonischen Reihe die Gestalt folgender asymptotischer Entwicklung:

$$1 + \frac{1}{2} + \frac{1}{3} + \cdots + \frac{1}{x} - \lg x = C + \frac{1}{2x} - \frac{B_1}{2x^2} + \frac{B_2}{4x^4} - \frac{B_3}{6x^6} + - \cdots,$$

wo die B_i die vorerwähnten *Bernoullischen Zahlen* bedeuten, denen Euler in seiner *«Differentialrechnung»* von 1755 (E.212/O.I.10, p.325) im Zusammenhang mit der Potenzreihenentwicklung für den Cotangens den Namen gab[59].

Im gleichen Werk (p.419) tauchen auch erstmals im Druck die *Eulerschen Zahlen* als Koeffizienten der Secansreihe auf. Diese Zahlen erwiesen sich als sehr nützlich zur Summation von Reihen aus den Potenzen der natürlichen Zahlen und ihrer Reziproken. Dabei erzeigten sich in der Folge die *Eulerschen Zahlen* für die Rechnung als vorteilhafter als die *Bernoullischen*, wie E. Lucas (*BV* 1876) und E. Catalan (*BV* 1869) nachgewiesen haben.

Die im 18.Jahrhundert studierten Funktionen waren mit wenigen Ausnahmen *analytisch*, weshalb sich Euler vorwiegend der Potenzreihen[60] bediente. Ein ganz spezielles Verdienst Eulers besteht nun in der Einführung einer besonders wichtigen Klasse von trigonometrischen Progressionen, die man heute *Fourier-Reihen* nennt[61] und denen heute grundlegende Bedeutung in der Mathematik sowie in der gesamten Physik, insbesondere auch in der Elektrotechnik, zukommt. In seinem Brief[62] an Goldbach vom 4.Juli 1744 drückte Euler erstmals eine algebraische Funktion durch eine solche Reihe aus, nämlich

$$\frac{\pi}{2} - \frac{x}{2} = \sin x + \frac{\sin 2x}{2} + \frac{\sin 3x}{3} + \cdots = \sum_{k=1}^{\infty} \frac{\sin kx}{k} \qquad (0 < x < \pi).$$

Im Druck erschien dieses historische Beispiel einer *Fourier-Reihe* erstmals in Eulers «*Differentialrechnung*» von 1755 (*op.cit.*, p.297). Dieser Umwandlung von Potenzreihen in unendliche Produkte[63] kam später grosse Wichtigkeit für die Theorie der analytischen Funktionen zu, wie aus dem Beispiel der vorhin erwähnten *Eulerschen Zahlen*, also den Koeffizienten der Entwicklung

$$\sec z = \frac{1}{\cos z} = \sum_{n=0}^{\infty} (-1)^n \frac{E_{2n}}{(2n)!} z^{2n},$$

ersichtlich ist. (Die ersten vier Eulerschen Zahlen sind: $E_0 = 1$, $E_2 = -1$, $E_4 = 5$, $E_6 = -61$. Die Eulerschen Zahlen mit ungeraden Indices sind sämtlich Null[64]).

Die Meinungen der Mathematiker des 18.Jahrhunderts über die Zulässigkeit *divergenter Reihen*, d.h. von Reihen, die keinen endlichen Summenwert aufweisen (ein Beispiel ist uns oben bereits begegnet), gingen stark auseinander. Viele Mathematiker wandten sich grundsätzlich *gegen* jede Verwendung divergenter Reihen, doch Euler, der sich auch davon zuverlässige Resultate versprach, stellte ihre Anwendung ausser jeden Zweifel. Wenn er jedoch in einzelnen Fällen divergente Reihen heranzog, pflegte er sich darüber deutlich auszusprechen. Die einzige Angriffsfläche für seine Kritiker war seine Meinung, dass jede «vernünftige» Summationsmethode für eine divergente Reihe zum gleichen Resultat führen müsse. Natürlich besass Euler kein Kriterium für eine solche «Vernünftigkeit», was er jedoch mit einer immensen Erfahrung in derartigen Dingen und einer bewundernswerten Intuition kompensieren konnte. Das befähigte ihn, über die damals bekannten Konvergenzkriterien hinaus eine neue, erweiterte Definition einer Reihensumme vorzuschlagen und zwei Summationsmethoden zu skizzieren, deren exakte Begründung und Festigung erst um die letzte Jahrhundertwende geleistet werden konnte[65]. Auch hier hat Euler eine Pionierleistung ersten Ranges vollbracht.

4   Funktionentheorie, Analysis

Die Funktionentheorie beginnt eigentlich erst mit Euler. Seine grosse Trilogie – *Introductio*[66] (Abb.24), *Differentialrechnung*[67] (Abb.25) und *Integralrechnung*[68] (Abb.26) ist eine grossartige Synopsis der wichtigsten mathematischen Entdeckungen in der Analysis bis zur Mitte des 18.Jahrhunderts. Von besonderer Bedeutung ist hier die Ausarbeitung des analytischen Funktionsbegriffs sowie die klare Feststellung, dass die mathematische Analysis als eine *Wissenschaft von Funktionen* aufzufassen ist, und geradezu eine mathematikhistorische Zäsur ist Eulers Begriffskonzeption der *komplexen Funktionen*.

Am Beispiel des damals hochaktuellen Problems der schwingenden Saite[69] erwies sich die Klasse der analytischen Funktionen für die mathematische Behandlung vieler Anwendungen als unzureichend. Euler behalf sich sofort mit sogenannten «willkürlichen», d.h. nichtanalytischen Funktionen, die sich stückweise geometrisch annähern liessen. Über die Möglichkeit der analytischen Darstellung solcher nichtanalytischer Funktionen stritten sich damals viele Mathematiker – nicht zuletzt Euler, d'Alembert und Daniel Bernoulli. Ein Resultat der Kontroverse um die Theorie der schwingenden Saite war Eulers allgemeine Definition einer Funktion als Grösse, deren Werte sich irgendwie mit den *Änderungen* der unabhängigen Variablen ändern.

Der grösste Teil des ersten Bandes der *Introductio* ist der Theorie der elementaren Funktionen gewidmet (cf. den Beitrag von A.O. Gelfond in diesem Band), ohne dass jedoch von der Infinitesimalrechnung Gebrauch gemacht wird. Euler skizziert hier erstmals die analytische Theorie der trigonometrischen Funktionen und gibt 1743 eine einfache, wenn auch nicht ganz strenge Herleitung der «de Moivreschen Formel»

$$e^{\pm ix} = \cos x \pm i \sin x,$$

die sich substantiell 1716 auch schon beim jungen, genialen Roger Cotes[70] findet, jedoch erst von Euler vielseitig verwendet und in der Analysis eingebürgert worden ist. (Diese Formel ziert übrigens die schweizerische Jubiläumsbriefmarke von 1957.) Aus dieser Beziehung liess sich dann als Spezialfall ($x = \pi$) sehr leicht eine schöne Formel finden, nämlich

$$e^{i\pi} + 1 = 0,$$

besonders schön deswegen, weil sie lediglich aus den Hauptsymbolen e, π, i und den Fundamentalziffern 0 und 1 besteht und sich zudem durch grösstmögliche Einfachheit auszeichnet. Sie ist gewissermassen das «Freimaurerabzeichen» des Elementarmathematikers. Transponiert man in dieser Gleichung die Eins nach rechts und nimmt beidseitig die natürlichen Logarithmen, so erhält man

$$\lg(-1) = i\pi.$$

Auf diese Gleichung stiess Euler schon früher im Verlauf seiner Korrespondenz mit Johann Bernoulli, als beide Briefpartner die Funktion $y = (-1)^x$ diskutierten. Das war in den Jahren 1728/29, worauf Bernoulli vom Problem abliess, als Euler gerade auf dem Sprung war, die Unendlichvieldeutigkeit der Logarithmen zu entdecken. Merkwürdigerweise scheint auch Euler die Sache für einige Jahre beiseite gelegt zu haben, bis ihm dann als erstem der völlige Durchbruch gelang. Das früheste Zeugnis für diesen entscheidenden Schritt findet sich wohl in Eulers Brief[71] an Gabriel Cramer vom 24. September 1746, dem dann die diesbezügliche Korrespondenz mit d'Alembert ab Dezember 1746 folgt[72]. Eulers Theorie der Logarithmen[73] gipfelte schliesslich in einer speziellen Abhandlung (E. 168/O.I, 17) *De la controverse entre Mrs. Leibniz et Bernoulli sur les logarithmes des nombres négatifs et imaginaires.* Bemerkenswert ist in diesem Kontext der Brief[74] Eulers an Goldbach vom 4. Juni 1746, in welchem Euler bemerkt, er habe gefunden, dass der Ausdruck $(\sqrt{-1})^{\sqrt{-1}}$ einen reellen Wert habe, nämlich 0.2078795763, und dies erscheine ihm merkwürdig. In der Tat hat i^i unendlich viele reelle Werte, denn es ist

$$i^i = e^{i\lg i} = e^{\left(\frac{\pi i}{2} + 2k\pi i\right)} = e^{-\frac{\pi}{2} - 2k\pi} \qquad (k = 0;\ \pm 1;\ \pm 2;\ ...).$$

Was Euler gefunden hatte, war offensichtlich der Hauptwert ($k = 0$) von i^i, und von hier aus dürfte er wenig später zur Einsicht von

$$\lg i = \frac{\pi i}{2} + 2k\pi i$$

durchgedrungen sein.

Schliesslich gelangte Euler im Kontext mit seinen Studien über *Funktionen einer komplexen Variablen,* die teilweise von d'Alembert antizipiert wurden, mittels der schon von Johann Bernoulli verwendeten Substitution $z = x + iy$ zum imponierenden Resultat

$$\int_0^{\infty} \frac{\sin x}{x}\, dx = \frac{\pi}{2}.$$

In diesem Zusammenhang sei erwähnt, dass Euler mittels mehrfacher Anwendung der elementaren Formel

$$\sin x = 2\sin\frac{x}{2}\cos\frac{x}{2}$$

auf die Funktionen

$$y = \sin\frac{x}{2^k} \qquad (k = 1,2,3,\ldots)$$

zu der sehr eleganten und fruchtbaren Darstellung

$$\frac{\sin x}{x} = \cos\frac{x}{2}\cos\frac{x}{4}\cos\frac{x}{8}\cdots = \prod_{k=1}^{\infty}\cos\frac{x}{2^k}$$

gelangte.

Beide Gebiete, die Differential- wie die Integralrechnung, wurden von Euler enorm bereichert. Seine *Differentialrechnung* (cf. Anm. 67) enthält neben zahlreichen neuen Sätzen und Details eine Grundlegung der *Differenzenrechnung*. In der *Integralrechnung* (cf. Anm. 68) finden sich die Methoden der unbestimmten Integration in moderner Form erschöpfend dargestellt für die Fälle, in denen die Integration auf elementare Funktionen führt. Viele Methoden sind erst von Euler entwickelt worden, und noch heute kennt jeder Mathematiker die «Eulersche Substitution», mit deren Hilfe gewisse irrationale Differentiale rationalisiert werden können. Bereits als Zweiundzwanzigjähriger führt er die – wie sie heute genannt werden – «Eulerschen Integrale erster und zweiter Art» (Beta- und Gammafunktion) im Kontext mit seinen Studien über die Interpolation der Fakultäten ein. Diese Funktionstypen bildeten zusammen mit den Zeta- und den Bessel-Funktionen die wichtigsten transzendenten Funktionen im Eulerschen Zeitalter.

Eulers Hauptbeitrag zur Theorie der *elliptischen Integrale* – einem der Schwerpunkte mathematischer Forschung des nachfolgenden Jahrhunderts – war zweifellos die Entdeckung des allgemeinen *Additionstheorems*. Die sachliche und historische Relevanz dieses Forschungszweiges möge ein näheres Eingehen rechtfertigen.

Die *elliptischen Integrale* verdanken bekanntlich ihren Namen dem Umstand, dass die Rektifikation der Ellipse auf diesen Typus führt. Das Bogenintegral der Ellipse

$$\frac{x^2}{a^2} + \frac{y^2}{b^2} = 1 \quad \text{oder} \quad y = \frac{b}{a}\sqrt{a^2 - x^2}$$

(Halbachsen a und b, lineare Exzentrizität $c = \sqrt{a^2 - b^2}$) ergibt sich nämlich durch Einsetzen von

$$\frac{dy}{dx} = y' = \frac{-bx}{a\sqrt{a^2 - x^2}}$$

in das allgemeine Bogenintegral $\int dx \sqrt{1 + y'^2}$ als

$$\int \frac{(a^4 - c^2 x^2)dx}{a\sqrt{(a^2 - x^2)(a^4 - c^2 x^2)}},$$

welches durch geeignete Substitution auf die klassische Form

$$\int \frac{dz}{\sqrt{(1 - z^2)(1 - k^2 z^2)}}$$

gebracht werden kann. Auf derartige Integrale – hier handelt es sich nach der Klassifikation von Legendre um ein elliptisches Integral erster Gattung – waren die Mathematiker des ausgehenden 17. Jahrhunderts beim Versuch, in gewissen Differentialgleichungen die Variablen zu trennen, schon mehrfach gestossen und daran gescheitert. Euler widmete diesen Problemen schon früh seine Aufmerksamkeit und reichte 1732 eine Arbeit (E.28) ein, in welcher ihm mit Hilfe der Ellipsenrektifikation eine Lösungskonstruktion der Differential-gleichung

$$y' = \frac{x}{x^2 - 1} - \frac{y^2}{x}$$

gelang. Mit derselben Methode bewältigte er zwei Jahre später (E.52) das Problem, auf einer Schar von Ellipsen mit je einer gleichen Halbachse und einem gemeinsamen Scheitel von diesem aus bogengleiche Stücke abzuschnei-den. Ausgehend von elliptischen Integralen von der Form $\int \varphi(b, x)dx$, leitete er mittels der sogenannten Modulargleichungen gewöhnliche Differentialglei-chungen zweiter Ordnung her, deren Lösungen auf die gegebenen Integrale reduziert werden können. Anschliessend löste er einige geometrische Proble-me, deren Behandlung Spezialfälle der hergeleiteten Differentialgleichungen erfordert.

Nach dieser bedeutsamen Abhandlung legte Euler in diesem Problem-kontext eine längere Pause ein; erst 1749 gab er (E.154) auf vier verschiedene Arten eine Reihenentwicklung für den Umfang der Ellipse[75]. Im Dezember 1751 (cf. *BV* Winter, 1957, Registres, p.170) wurde Euler von der Berliner Akademie mit der Begutachtung des zweibändigen Hauptwerkes[76] von Giulio Carlo Fagnano (1682–1766) beauftragt, und schon fünf Wochen später präsen-tierte er der Akademie eine starke Abhandlung (E.252), in welcher er die auf die Ellipse und die Hyperbel bezüglichen Ergebnisse Fagnanos einfacher herleitet und die die *Bernoullische Lemniskate* betreffenden Resultate wesentlich erweitert. Im Anschluss an diese Studien, in welchen er sofort deren grosse Bedeutung für die Integralrechnung erkannte, formuliert er in aller Klarheit das für diese vorliegende Problem in seiner Allgemeinheit, zu zwei gegebenen, einzeln nicht integrierbaren Integralen $\int X dx$ und $\int Y dy$ eine derartige algebraische Beziehung zwischen den Argumenten x und y zu finden, mittels welcher die beiden Integrale einander gleich werden oder sich nur durch eine angebbare Grösse unterscheiden. Dabei verfällt Euler auf die glänzende Idee, das Problem umzukehren: er geht von einer algebraischen Gleichung zwischen x und y aus und stellt die Frage nach den Integralen, die durch diese Gleichung miteinander vergleichbar *(comparabiles)* sind. Damit bricht Euler zu einer seiner mathematischen Hauptleistungen durch, zum *Additionstheorem der elliptischen Integrale*, das sich (etwas modernisiert) so schreiben lässt:

$$\int_0^x \frac{dz}{\sqrt{(1-z^2)(1-k^2z^2)}} + \int_0^y \frac{dz}{\sqrt{(1-z^2)(1-k^2z^2)}} = \int_0^c \frac{dz}{\sqrt{(1-z^2)(1-k^2z^2)}} \,,$$

wo

$$c = \frac{x\sqrt{(1-y^2)(1-k^2y^2)} + y\sqrt{(1-x^2)(1-k^2x^2)}}{1-k^2x^2y^2} . \qquad (*)$$

Anders ausgedrückt heisst das, dass das allgemeine Integral der Differentialgleichung

$$\frac{dx}{\sqrt{(1-x^2)(1-k^2x^2)}} + \frac{dy}{\sqrt{(1-y^2)(1-k^2y^2)}} = 0$$

auf die Form

$$\int_0^c \frac{dz}{\sqrt{(1-z^2)(1-k^2z^2)}} = \text{const.}$$

gebracht werden kann, wo c durch $(*)$ gegeben ist.

In einer späteren Schrift (E.345) zeigte Euler, wie die noch allgemeinere Differentialgleichung

$$\frac{dx}{\sqrt{A+Bx+Cx^2+Dx^3+Ex^4}} = \frac{dy}{\sqrt{A+By+Cy^2+Dy^3+Ey^4}}$$

integriert werden kann. Zunächst müssen die ungeraden Potenzen von x und y weggeschafft werden, worauf die Gleichung die Form

$$\frac{dx}{\sqrt{A+Cx^2+Ex^4}} = \frac{dy}{\sqrt{A+Cy^2+Ey^4}}$$

annimmt. Mittels der Substitutionen

$$x=\sqrt{pq}\ ;\quad y=\sqrt{\frac{p}{q}}\ ;\quad q=u+\sqrt{u^2-1}\ ;\quad u=\frac{A+Dp^2}{4A\,Dp}\left(s\sqrt{4A\,D-C^2}-C\right)$$

erhält Euler schliesslich die durch elementare Funktionen integrierbare Gleichung

$$\frac{ds}{\sqrt{1+s^2}}=2\sqrt{A\,D}\ \frac{dp}{A-Dp^2}\ .$$

Dies als Beispiel von Eulers Substitutionskunst. Später hat er dieses Verfahren noch verallgemeinert. Doch als er dann von den Methoden erfuhr, die Lagrange schon vor geraumer Zeit zur *direkten* Integration seiner Differentialgleichungen entwickelt hatte, sattelte er sogleich um (1777), wandte diese neuen Methoden auf seine früheren Gleichungstypen an (E.506,676) und nannte Lagrange ehrenvoll im Titel seiner Abhandlung.

Mit innerer Notwendigkeit waren die Anfänge der Theorie der elliptischen Funktionen an geometrische Vorstellungen geknüpft, doch gerade dieser Umstand verhinderte ausgerechnet den *Analytiker* Euler am Vollzug des nächsten grossen Schrittes: der Zurückführung der elliptischen Integrale auf bestimmte «Urformen». Diesen Schritt vollzog erst der grosse französische Mathematiker A.-M. Legendre (1752–1833) mit seiner tiefgreifenden Klassifizierung der elliptischen Integrale in drei Gattungen[77]. Hiezu musste allerdings der Boden geometrisierbarer Modelle verlassen und der Flug in lichte Höhen der «Analysis an sich» angetreten werden. Den Weg in diese Höhen hat Euler nachdrücklich gewiesen.

Auch die Theorie der mehrfachen Integrale geht auf Euler zurück. Er hat erstmals systematisch Doppelintegrale ($\iint$) eingeführt und durch seine fruchtbare Notationsweise – ein nicht zu unterschätzendes Mittel der *ars inveniendi*, wie das eindrückliche Beispiel von Leibniz zeigt – das Werkzeug geliefert, um Räume höherer Dimensionen analytisch in den Griff zu bekommen.

Zwei weitere bedeutsame Dinge sollen nicht unerwähnt bleiben: einmal Eulers Beschäftigung mit der *Riccatischen Differentialgleichung*

$$y'=f_0(x)+f_1(x)\cdot y+f_2(x)\cdot y^2,$$

deren Zusammenhang mit den Kettenbrüchen ihm aufzuzeigen gelang, dann die Tatsache, dass die Methode der *Variation der Konstanten* zur Auflösung gewisser Differentialgleichungen – Lagrange hat sie später zur Theorie ausgebildet – bis zu Daniel Bernoulli und Euler zurückverfolgt werden kann. In seiner *Integralrechnung* brachte Euler eine Reihe von Neuentdeckungen auf

dem Gebiet sowohl der gewöhnlichen als auch der partiellen Differentialgleichungen, die speziell für die Mechanik und die Physik im allgemeinen von
grosser Bedeutung werden sollten.

Ein neues und weites Feld tat sich auf, als Daniel Bernoulli behauptete,
dass die Lösung irgendeiner beliebigen Wellengleichung durch trigonometrische Funktionen ausdrückbar sei. Zu Unrecht bestritten Euler und d'Alembert
diese bedeutungsvolle Einsicht, und die später von Lagrange, Laplace und
anderen weitergeführte Diskussion wurde erst durch die epochemachenden
Arbeiten von Fourier (cf. hier Anm. 61) im ersten Jahrzehnt des 19. Jahrhunderts zugunsten Bernoullis entschieden. Mathematisch endgültig begründet
wurde dieser Problemkomplex allerdings erst gegen die Jahrhundertmitte von
G. P. L. Dirichlet (1805–1859) und B. Riemann (cf. hier Anm. 69).

5   Variationsrechnung

An verschiedene Problemstellungen und Ideen von Jakob und Johann
Bernoulli anknüpfend[78], formulierte Euler schon sehr früh – zunächst in einer
grossen Abhandlung[79], dann in seiner so berühmt gewordenen *Methodus*[80]
(Abb. 23) von 1744 – die Hauptprobleme der *Variationsrechnung* und entwik-
kelte allgemeine Methoden zu deren Lösung. Diese Spezialdisziplin – von den
Brüdern Bernoulli ansatzweise initiiert, von Euler erstmals konzipiert und
systematisiert – beschäftigt sich mit Extremalproblemen allgemeinster Art.
Behandelt man in der Differentialrechnung unter anderem die Aufgabe,
diejenigen Werte einer oder mehrerer Variablen zu bestimmen, für welche
eine gegebene Funktion maximal oder minimal wird, so ist die Variationsrechnung durch Probleme charakterisiert, bei welchen eine oder mehrere unbekannte *Funktionen* derart zu bestimmen sind, dass ein gegebenes, von diesen
Funktionen abhängiges *bestimmtes Integral* extremale Werte anzunehmen hat.
Beim einfachsten Problemtypus handelt es sich darum, ein Integral von der
Form

$$J = \int_a^b f(x,y,y')dx \qquad \left(y' = \frac{dy}{dx}\right)$$

durch geeignete Wahl der unbekannten Funktion y(x) zu einem Extremum zu
machen. Im allgemeinen führt die Lösung des Problems auf eine *Eulersche
Differentialgleichung*. – Wohl selten ist ein Buch geschrieben worden, dessen
Inhalt sich so exakt in seinem Titel ausdrückt, wie das bei Eulers *Methodus*
zutrifft (cf. hier Anm. 80). Die Methode ist primär geometrisch, doch entdeckte
Euler durch sie die sogenannte *isoperimetrische Regel*, in welcher bereits der
Keim liegt zur Generalisierung und zur einer Neubildung gleichkommenden
formalistischen Straffung, welche die Variationsrechnung Anfang der sechzi-
ger Jahre durch den kongenialen Lagrange erfahren hat[81]. Euler schloss sich

dem bedeutsamen, ihn selbst überholenden Schritt sofort an, gab seine alte Methode auf und entwickelte auf der Basis des äusserst präzisen Lagrange-schen Algorithmus die Prinzipien der neuen Methode[82], die – typisch für Euler – an zahlreichen Anwendungen erläutert wird.

«Lagrange hat im zweiten Bande der Turiner Memoiren die ganze Variationsrechnung mit einem Schlage geschaffen. Es ist dies eine der schönsten Abhandlungen, die je geschrieben sind. Die Gedanken folgen wie Blitze mit der grössten Schnelle aufeinander und mit der grössten Kürze.» Diese enthusiastischen Worte von Jacobi scheinen in einem merkwürdigen Gegensatz zu jenen zu stehen, mit welchen er in der gleichen Vorlesung[83] Eulers *Methodus* so kühl gekennzeichnet hat:

«Das Wichtigste an der *Methodus inveniendi* ist ein kleiner Anhang, in welchem gezeigt wird, wie bei gewissen Problemen der Mechanik die Kurve, die der Körper beschreibt, ein Minimum gibt; es wird indes nur ein Körper angenommen, der sich in einer Ebene bewegt. Allein aus diesem Anhang ist die ganze analytische Mechanik entsprungen. Denn bald nach seiner Erscheinung trat Lagrange, nach Archimedes vielleicht das grösste mathematische Genie, 20 Jahre alt, mit seiner analytischen Mechanik auf ... Indem er Eulers Methode verallgemeinerte, kam er auf seine merkwürdigen Formeln, wo in einer einzigen Zeile die Auflösung aller Probleme der analytischen Mechanik enthalten ist.»

Diese Charakterisierung soll und darf nicht als Herabwürdigung von Eulers Leistungen aufgefasst werden, sondern vielmehr belegt sie die tiefe Wesensverwandtschaft Jacobis mit dem reinen Algorithmiker Lagrange, während Euler seine fruchtbaren Erfolge mit einer eher gegenständlich orientierten, geometrischen Methode erzielt, die ihn jedoch selbst deren Insuffizienz empfinden lässt, indem sie – nach der Formulierung von Lagrange – den Mechanismus der Infinitesimalrechnung zerstört. Schliesslich hat Jacobi das Eulersche Werk über alles hochgeschätzt und sich um die Werkausgabe nach Kräften bemüht (cf. den Beitrag von K.-R. Biermann in diesem Band), und er meint es ernst mit seinem Wort: «Es ist immer ein Fortschritt, wenn man den Beispielen Eulers ein wirklich neues hinzuzufügen weiss.» Diese Äusserung bezieht sich auf die Tatsache, dass Euler in seiner *Methodus* mit ihren 66seitigen *Additamenta* viele, beinahe alle dem Forschungsstand seiner Zeit angemessenen Anwendungsbeispiele (*Elastica*, Balkenbiegung, Ballistik usw.) durchgerechnet hat.

6   Geometrie

Die Mehrzahl seiner Entdeckungen in der Geometrie gelangen Euler durch die Anwendung algebraischer und analytischer Methoden. Das Lehrgebäude sowohl der ebenen wie auch der sphärischen Trigonometrie verdankt seine heutige Form – einschliesslich der Notationsweise – Leonhard Euler.

Seine – von Johann Bernoulli angeregten – Studien über geodätische Linien auf einer Fläche waren richtungsweisend für die später einsetzende Entwicklung der Differentialgeometrie. Von noch grösserer Bedeutung waren seine Entdeckungen in der Flächentheorie, von welcher Gaspard Monge (1746–1818) und andere Forscher in der Folge ausgehen sollten. In seinen späten Jahren schliesslich nahm Euler seine Arbeiten über die allgemeine Theorie der Raumkurven exakt dort wieder auf, wo Clairaut 1731 aufgehört hatte – allerdings wurden sie erst postum gedruckt.

Im zweiten Band der *Introductio* (cf. hier Anm. 66) gab Euler eine methodisch geschlossene Darstellung der analytischen Geometrie der Ebene wie auch des Raumes sowie die vollständige Durcharbeitung und Ausdehnung der Descartesschen Koordinatenmethode auf den dreidimensionalen Raum. Im Anhang findet sich erstmalig die Einteilung der Flächen zweiten Grades in fünf Geschlechter sowie die *Eulerschen Formeln* zur Koordinatentransformation. Durch die Einteilung der Kurven dritten Grades wie auch durch seine Lehre von den Asymptoten algebraischer Kurven wurde Euler zum Vorläufer Julius Plückers (1801–1868).

Anlässlich einer Konstruktion des Integrals der Differentialgleichung

$$\frac{ds}{dz} + s^2 = f(z)$$

führte Euler schon 1736 in seiner Arbeit (E.51/O.I,22) die sogenannten *natürlichen Koordinaten* einer Kurve (s/ρ) ein, d.h. er gab die *natürliche Gleichung* einer Kurve mittels des Bogens s und des Krümmungsradius ρ an, nachdem er 1732 bereits in einer Tautochronenabhandlung (E.24/O.II,6) die *Bogenkoordinaten (x/s)* eingeführt hatte. Mittels natürlicher Koordinaten löste Euler 1739 auch das Problem der Kurven mit gleichartigen höheren Evoluten (E.129/O.I,27), und in einer Anschlussarbeit (E.611/O.I,29) über *Pseudozykloiden* benützte er erstmals die *Entwicklungskoordinaten* (φ/ρ) (Richtungswinkel und Krümmungsradius). In einer späteren Periode lieferte Euler den ersten Beweis des Satzes von Johann Bernoulli, dass ein beliebiger, konvexer Kurvenbogen durch unendlich oft wiederholte Abwicklung in einen Zykloiden- bzw. Epi- oder Hypozykloidenbogen übergeführt werden kann, je nachdem die Tangenten in den Endpunkten des Kurvenbogens aufeinander senkrecht stehen oder nicht. Diese Abhandlung (E.300/O.I,27) zeichnet sich aus durch ausserordentliche Schönheit, aber auch durch halsbrecherische Kühnheit, die man Euler (meist in epsilontesker Überheblichkeit) als «Unstrenge» auszulegen pflegt. Heinrich Burkhardt (1861–1914) hat den obigen Satz nach Poisson (1781–1840) und Puiseux (1820–1883) bewiesen[84], doch erweist sich das Verfahren als derart kompliziert, dass man sich gerne wieder bei Euler erholt.

Es ist bekannt, dass Euler rein mathematisch die zuerst von Jakob Bernoulli und Christiaan Huygens (1629–1695) studierte[85] *Kreisevolvente*

$$x = a(\cos\varphi + \varphi\sin\varphi); \qquad y = a(\sin\varphi - \varphi\cos\varphi)$$

als günstigste Profilform der Flanken bei Zahnrädern eruiert hat[86]. Diese Kurve liefert – sinnvoll verwendet – optimale mechanische Eigenschaften bezüglich Reibungsverlust, Geräuscharmut und Kraftübertragung. (Technisch realisiert wurde diese Entdeckung bzw. Erfindung Eulers erst im letzten Jahrhundert mit der *Evolventenverzahnung.*) Weniger bekannt ist aber, dass Euler in dieser bereits 1762 entstandenen Arbeit (E.330/O.II,17) die heute nach Felix Savary (1797–1841) benannte Gleichung antizipiert hat. Sie dient zur Bestimmung des Krümmungsradius einer Rollkurve und ermöglicht eine elegante Konstruktion deren Krümmungszentren.

In diesen gedanklichen Zusammenhang gehört schliesslich noch Eulers Spätmiszelle (E.767/O.I,29) aus dem Jahre 1781. Mittels Einführung sogenannter «uneigentlicher Koordinaten» (ρ/r) suchte (und fand) er eine heute nach ihm benannte Kurve, deren Krümmungsradius ρ in jedem Punkt der Kurve proportional dem Quadrat des zugehörigen Nullpunktsabstandes r ist. Ihre Gleichung in diesen Koordinaten ist also

$$\rho = ar^2.$$

Diese *Eulersche Kurve* steht in einem interessanten Zusammenhang mit dem zuerst von Jacopo Riccati (1676–1754) gelösten allgemeinen Problem, eine Kurve aus $\rho = f(r)$ zu bestimmen, das mittels des «goldenen Theorems» von Jakob Bernoulli auf eine Differentialgleichung zweiter Ordnung führt. Der spezielle Fall $f(r) = r(=\rho)$ führt auf die *Spirale von Sturm* (1857); er beschäftigte in der Folge J. Sylvester und O. Schlömilch.

Aus der Fülle der Eulerschen Entdeckungen in der *elementaren Geometrie* sollen nur einige der wichtigsten und schönsten genannt werden.

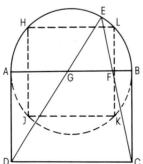

Fig. 2

1. Anlässlich seiner Pappus-Studien überlieferte P. Fermat den folgenden Kreissatz (sogenanntes *erstes Porisma*): Gegeben sei der Halbkreis (Fig. 2) über dem Durchmesser $\overline{AB}$. Unter diesem konstruiere man das Rechteck,

dessen kleinere Seite $\overline{AD}$ gleich der Seite $\overline{HJ}$ des dem Kreis eingeschriebenen Quadrates $HJKL$ ist. Zieht man nun von einem beliebigen Punkt E des Halbkreises Transversalen nach den Ecken C, D, und sind F, G deren Schnittpunkte mit $\overline{AB}$, so gilt stets

$$\overline{AF}^2 + \overline{BG}^2 = \overline{AB}^2.$$

(Der entsprechende Satz gilt übrigens auch für eine Halbellipse über $\overline{AB}$ als grosser Achse, wenn man $AD = b\sqrt{2}$ wählt, wo b die kleine Halbachse bezeichnet.) Zum Beweis dieses Kreissatzes[87] zieht Euler (E.135/O.I,26) ein *Lemma* heran, das er auch sofort beweist: Sind A, B, C, D in dieser Reihenfolge vier Punkte auf einer Geraden, so gilt stets

$$\overline{AD} \cdot \overline{BC} + \overline{AB} \cdot \overline{CD} = \overline{AC} \cdot \overline{BD}.$$

In dieser einfachen Aussage liegt nichts Geringeres vor als eine der Fundamentalgleichungen für das *Doppelverhältnis*. Dieses wurde von A.F. Moebius (1790–1868) im Jahre 1827 in die Mathematik eingeführt und diente dem grossen Schweizer Mathematiker Jakob Steiner (1796–1863) als Fundamentalbegriff der neueren Geometrie.

2. In der gleichen Abhandlung (E.135) findet sich Eulers Beweis des bekannten Vierecksatzes: Seien a, b, c, d die Seiten eines (konvexen) Vierecks, e und f seine Diagonalen und m die Verbindungsstrecke deren Mittelpunkte, so gilt

$$a^2 + b^2 + c^2 + d^2 = e^2 + f^2 + 4m^2.$$

Den Beweis dieses Satzes teilte Euler am 13. Februar 1748 seinem Freund Goldbach brieflich mit[88].

3. In einer Arbeit von 1763 (E.325/O.I,26) begegnen wir dem aus der Schulmathematik wohlbekannten und berühmten Satz, dass in einem beliebigen ebenen Dreieck der Höhenschnittpunkt (H), der Umkreismittelpunkt (U) und der Schwerpunkt (S) auf einer Geraden liegen *(Eulersche Gerade)*. Und zwar sind die Punkte, wie Euler nachweist, auf der Geraden so verteilt, dass immer gilt $\overline{SH} = 2\overline{SU}$.

4. Eine späte Arbeit (E.543/O.I,26) bringt eine Lösung des von Pappus überlieferten Problems, einem gegebenen Kreis ein Dreieck einzubeschreiben, dessen Seiten bzw. deren Verlängerungen durch drei vorgegebene Punkte gehen. Bemerkenswert ist Eulers Verallgemeinerung dieses Problems auf die Kugel.

5. In einer 1763 verfassten Studie (E.324/O.I,26) fand Euler die Beziehung zwischen den Seiten eines Dreiecks, von welchem zwei Winkel ein

vorgeschriebenes Verhältnis haben. Diese Relationen, für welche Euler unter Benutzung der Formel

$$\cos na \pm i\sin na = (\cos a \pm i\sin a)^n$$

eine rekurrente Reihe fand, sollten später auf die *Kreisteilungsgleichung* (Gauss) führen.

6. Zwei zeitlich weit auseinanderliegende Abhandlungen, nämlich (E.73/O.I,26) und (E.423/O.I,28) aus den Jahren 1737 bzw. 1771, haben das berühmte Problem der Kreisbogenzweiecke *(Lunulae)* zum Gegenstand. Es besteht darin, solche «Möndchen» – Differenzen von Kreissektoren – anzugeben, die elementar quadrierbar sind, deren Flächeninhalt also mit Zirkel und Lineal konstruierbar ist. Von Hippokrates von Chios (ca. 440 v.Chr.) sind drei solcher Möndchen überliefert[89]; sie sind unter dem Namen *Lunulae Hippocratis* in die Geschichte eingegangen. Das einfachste von ihnen (Fig.3) wird von einem Viertelkreis und dem Halbkreis über dessen Sehne gebildet; seine Fläche ist dem rechtwinklig-gleichschenkligen Dreieck über der Sehne inhaltsgleich.

Eulers erste, diesem Problem gewidmete Arbeit wurde von Daniel Bernoulli und Christian Goldbach angeregt und ist eine rein analytische Untersuchung, die zu keinem nennenswerten Erfolg führte – will heissen, die

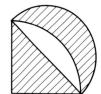

Fig. 3

nicht zur Entdeckung eines neuen quadrierbaren Möndchens führte. Die zweite Studie hingegen ist tiefschürfend, und erst noch einfach dazu. Euler legt die Bedingungen fest, unter denen eine Mondquadratur überhaupt erst möglich ist:

1. Der *Meniskus* muss konkav-konvex sein, d.h. die Zentren der Kreise, zu welchen die das Möndchen bildenden Sektoren gehören, müssen auf derselben Seite der gemeinsamen Sehne liegen.

2. Die zu den beiden Kreisbögen gehörenden Zentriwinkel müssen kommensurabel sein, so dass (Fig.4) $a = m\varphi$ und $\beta = n\varphi$ gesetzt werden kann, wobei die natürlichen Zahlen m und n als teilerfremd angenommen werden dürfen.

3. Die sich aus $\sin^2 a : \sin^2 \beta = m:n$ ergebende algebraische Gleichung in $x = \cos\varphi$ und $y = \sin\varphi$ muss für passende m und n allein mit Zirkel und Lineal lösbar sein.

Euler zeigt die *fünf* von seinen insgesamt neun untersuchten Fällen auf:

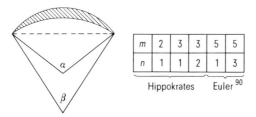

m	2	3	3	5	5
n	1	1	2	1	3

Hippokrates   Euler [90]

Fig. 4

und gibt die entsprechenden Winkel an. Dann spricht er die *Vermutung* aus, dass diese fünf Fälle die einzig möglichen sind. Diese Vermutung wurde erst in unserem Jahrhundert von Čebaratov (1933) und Dorodnov (1947) bewiesen, nachdem E. Landau (1903) der Beweis für einige Sonderfälle gelungen war.

7. Die *Fragmenta ex Adversariis mathematicis depromta* (E. 806), die erst 1862 in den *Opera postuma* veröffentlicht wurden, bilden eine Sammlung von Aufgaben und Problemen, die Euler vorwiegend durch seine Schüler zusammenstellen und teilweise auch lösen liess. Diese *Fragmenta* sind eine wahre Fundgrube im besten Sinne der *récréation mathématique*. Ein besonders reizvolles Beispiel[91] sei herausgegriffen:

Problem: Ein beliebig vorgegebener Winkel soll näherungsweise in n gleiche Teile zerlegt werden.

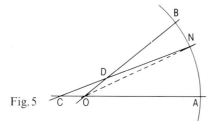

Fig. 5

Lösung (von J.A. Euler?): Sei (Fig.5) $\overline{OA} = \overline{OB} = r$ und der zu teilende Bogen $\overset{\frown}{AB}$. Man trage vom Scheitelpunkt aus auf einem Schenkel des Winkels die Strecke

$$\overline{OD} = \frac{n-2}{n+1}\,r$$

und auf der rückwärtigen Verlängerung des andern die Strecke

$$\overline{OC} = \frac{n-2}{2n-1}\,r$$

ab. Die Gerade durch die Punkte C und D schneidet den Bogen $\overset{\frown}{AB}$ in N so, dass

$$\overset{\frown}{BN} \sim \frac{\overset{\frown}{AB}}{n}.$$

(Unsere Figur ist für $n=3$ gezeichnet. Somit wird $\overline{OD}=r/4$ und $\overline{OC}=r/5$. Die Gerade ON drittelt den Winkel AOB näherungsweise.) Die Näherungen erweisen sich als erstaunlich gut.

8. In einer kurzen Abhandlung (E.648/O.I,26) aus dem Jahre 1779 behandelt und löst Euler das bekannte *Taktionsproblem des Apollonius.* Dies verlangt die (elementar stets mögliche!) Konstruktion eines (vierten) Kreises, der drei beliebig gegebene Kreise in der Ebene berühren soll. Dieses Problem wurde *vor* Euler von François Viète (1540–1603), Isaac Newton (1643–1727) und anderen gelöst. Eulers Lösung in allen acht lageverschiedenen Fällen ist relativ kurz und äusserst transparent.

Kurz darauf verallgemeinerte er das Problem auf den dreidimensionalen Raum und fand (E.733/O.I,26) die Konstruktion der Berührungskugel zu vier beliebig gegebenen Kugeln. Auch diese Konstruktion führt bloss auf eine quadratische Gleichung und kann somit elementar geleistet werden.

9. Die sicher populärste Entdeckung Eulers im Gebiet der Elementargeometrie ist der nach ihm benannte *Polyedersatz.* Sei bei einem beliebigen, durch lauter ebene Vielecke begrenzten, konvexen Körper die Flächenanzahl f, die Eckenzahl e und die Kantenzahl k, so gilt stets

$$e+f-k=2.$$

Dieser verblüffende Satz war zwar schon Descartes[92] (1596–1650) in etwa bekannt, doch hatte Euler davon keine Kenntnis, und ein Beweis wurde von Descartes nicht gegeben. Euler teilte zunächst das wunderhübsche Resultat seinem Freund Goldbach am 14. November 1750 brieflich mit[93] samt einer (induktiven) Herleitung, hingegen fügte er hinzu, dass er dafür noch keinen strengen Beweis erbringen könne: «... Dieses ist klar, weil keine *hedra* aus weniger als 3 Seiten und kein *angulus solidus* aus weniger als 3 *angulis planis* bestehen kann. Folgende Proposition aber kann ich noch nicht recht *rigorose* demonstrieren: 6. *In omni solido hedris planis incluso aggregatum ex numero hedrarum et numero angulorum solidorum binario superat numerum acierum, seu est H + S = A + 2, ...*»

Eine in diesem Sinne abgefasste Abhandlung präsentierte Euler bereits am 26. November 1750 (E.230/O.I,26), der er – nachdem er den Beweis für die Formel gefunden hatte – im September 1751 eine zweite, entscheidende folgen liess[94] (E.231/O.I,26).

Tatsächlich gehört der Eulersche *Polyedersatz* aus heutiger Sicht in einen viel allgemeineren Zusammenhang. Ist nämlich a^r die Anzahl der *r*-dimensionalen Zellen eines endlichen Komplexes *K,* so heisst die Zahl $\chi(K)=\sum(-1)^r a^r$ die «Eulersche Charakteristik von K». Die «Formel von Euler–Schläfli–Poincaré»

$$\chi(K)=\sum(-1)^r p^r(K)$$

vermittelt die Beziehung zwischen $\chi(K)$ und den sogenannten «Bettischen Zahlen» $p^r(K)$. Der *Eulersche Polyedersatz* kann somit folgendermassen formuliert werden: *Ein konvexes Polyeder im dreidimensionalen euklidischen Raum hat stets die Charakteristik 2.*

10. In seinem Brief vom 8. September 1679 an Huygens hatte Leibniz die Idee zu einer neuen geometrischen Analysis angeregt, die «uns unmittelbar den *situs* ausdrückt, wie die Algebra die *magnitudo*[95]». Huygens scheint sich nichts von dieser neuen *charakteristica geometrica* versprochen zu haben, und Leibniz liess dann diesen Gedanken wieder fallen. Euler griff – nach seinen eigenen Worten – unter Beibehaltung des Namens auf diese *analysis situs* zurück[96].

In der als «Königsberger Brückenproblem» überlieferten Aufgabe in seiner Studie (E.53/O.I,7) liegen die ersten systematischen Ansätze zur *Topologie* vor, einer Disziplin, die heute eine Hauptrolle in der mathematischen Forschung spielt und der J.B. Listing 1847 den Namen gegeben hat. Es handelte sich bei Euler um die Frage, ob die Stadt Königsberg durchwandert werden könne, wenn jede der sieben Brücken über den Pregel (Fig.6) genau einmal überschritten werden soll. Euler fand 1735, dass diese Forderung unerfüllbar ist, unabhängig davon, ob an den Ausgangspunkt zurückgekehrt werden soll oder nicht. Die Beschäftigung mit diesem Problem führte Euler zu wichtigen Sätzen der Graphentheorie[97].

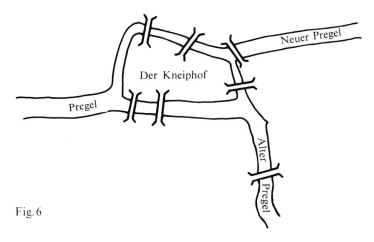

Fig.6

Vollſtändige
Anleitung
zur
Algebra
von
Hrn. Leonhard Euler.

Erſter Theil.
Von den verſchiedenen Rechnungs = Arten,
Verhältnißen und Proportionen.

St. Petersburg,
gedruckt bey der Kayſ. Acad. der Wiſſenſchaften 1770.

Abb. 21
Titelblatt der «Algebra»,
St. Petersburg 1770.

TENTAMEN
NOVAE THEORIAE
MVSICAE
EX
CERTISSIMIS
HARMONIAE PRINCIPIIS
DILVCIDE EXPOSITAE.
AVCTORE
LEONHARDO EVLERO.

PETROPOLI, EX TYPOGRAPHIA ACADEMIAE SCIENTIARVM.
cIↄ Iↄ ccxxxix.

Abb. 22
Titelblatt der «Musiktheorie»,
St. Petersburg 1739.

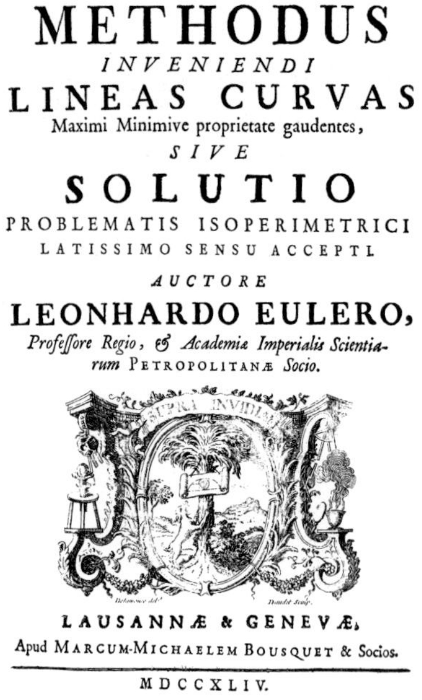

METHODUS
INVENIENDI
LINEAS CURVAS
Maximi Minimive proprietate gaudentes,
SIVE
SOLUTIO
PROBLEMATIS ISOPERIMETRICI
LATISSIMO SENSU ACCEPTI
AUCTORE
LEONHARDO EULERO,
Profeſſore Regio, & Academiæ Imperialis Scientiarum Petropolitanæ Socio.

LAUSANNÆ & GENEVÆ,
Apud Marcum-Michaelem Bousquet & Socios.
MDCCXLIV.

Abb. 23
Titelblatt der «Variationsrechnung»,
Lausanne und Genf 1744.

INTRODUCTIO
IN ANALYSIN
INFINITORUM.
AUCTORE
LEONHARDO EULERO,
Profeſſore Regio Berolinensi, & Academiæ Imperialis Scientiarum Petropolitanæ Socio.

TOMUS PRIMUS.

LAUSANNÆ,
Apud Marcum-Michaelem Bousquet & Socios.
MDCCXLVIII

Abb. 24
Titelblatt der «Introductio», Lausanne 1748.

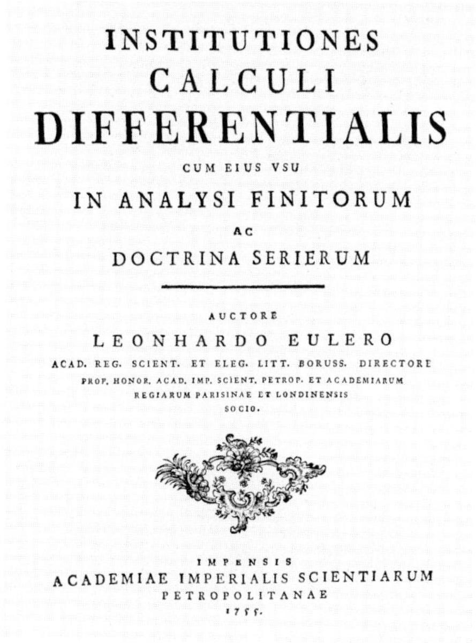

INSTITUTIONES
CALCULI
DIFFERENTIALIS
CUM EIUS VSU
IN ANALYSI FINITORUM
AC
DOCTRINA SERIERUM

AUCTORE
LEONHARDO EULERO
ACAD. REG. SCIENT. ET ELEG. LITT. BORUSS. DIRECTORE
PROF. HONOR. ACAD. IMP. SCIENT. PETROP. ET ACADEMIARUM
REGIARUM PARISINAE ET LONDINENSIS
SOCIO.

IMPENSIS
ACADEMIAE IMPERIALIS SCIENTIARUM
PETROPOLITANAE
1755.

Abb. 25
Titelblatt der «Differentialrechnung»,
St. Petersburg 1755.

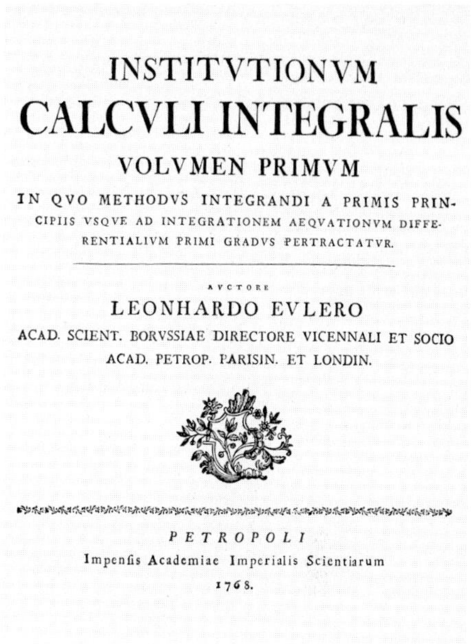

INSTITVTIONVM
CALCVLI INTEGRALIS
VOLVMEN PRIMVM
IN QVO METHODVS INTEGRANDI A PRIMIS PRIN-
CIPIIS VSQVE AD INTEGRATIONEM AEQVATIONVM DIFFE-
RENTIALIVM PRIMI GRADVS PERTRACTATVR.

AVCTORE
LEONHARDO EVLERO
ACAD. SCIENT. BORVSSIAE DIRECTORE VICENNALI ET SOCIO
ACAD. PETROP. PARISIN. ET LONDIN.

PETROPOLI
Impensis Academiae Imperialis Scientiarum
1768.

Abb. 26
Titelblatt der «Integralrechnung»,
St. Petersburg 1768.

MECHANICA
SIVE
MOTVS
SCIENTIA
ANALYTICE
EXPOSITA
AVCTORE
LEONHARDO EVLERO
ACADEMIAE IMPER. SCIENTIARVM MEMBRO ET
MATHESEOS SVBLIMIORIS PROFESSORE.

TOMVS I.
INSTAR SVPPLEMENTI AD COMMENTAR.
ACAD. SCIENT. IMPER.

PETROPOLI
EX TYPOGRAPHIA ACADEMIAE SCIENTIARVM.
A. 1736.

Abb. 27
Titelblatt der «Mechanik»,
St. Petersburg 1736.

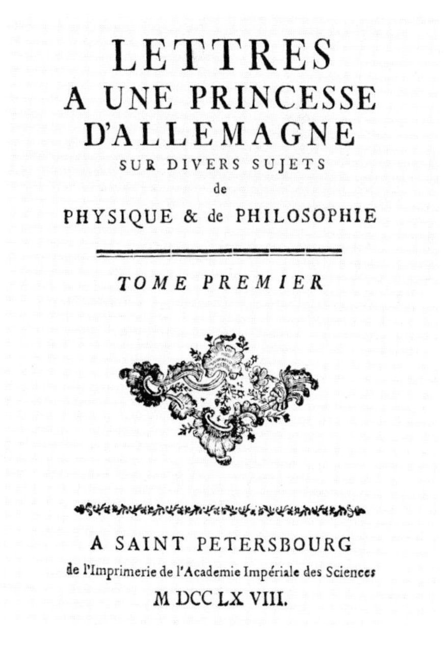

LETTRES
A UNE PRINCESSE
D'ALLEMAGNE
SUR DIVERS SUJETS
de
PHYSIQUE & de PHILOSOPHIE

TOME PREMIER

A SAINT PETERSBOURG
de l'Imprimerie de l'Academie Impériale des Sciences
M DCC LX VIII.

Abb. 28
Titelblatt der «Philosophischen Briefe»,
St. Petersburg 1768.

7   Schach

On ne saurait donc étendre les bornes de l'Analyse sans qu'on ait raison de s'en promettre de très grands avantages.

L. Euler in (E. 309/O. I, 7)

Leonhard Euler hat auch Schach gespielt, und wahrscheinlich nicht schlecht. Dafür gibt es einige Hinweise im Briefwechsel. Im bereits früher beigezogenen Brief an Goldbach vom 4. Juli 1744 schreibt Euler aus Berlin nach Moskau:

«Allhier wird stark Schach gespielt: es befindet sich unter andern ein Jud hier, welcher ungemein gut spielt, ich habe einige Zeit bei ihm Lektionen genommen und es jetzt so weit gebracht, dass ich ihm die meisten Partien abgewinne.»

Am 15. Juni 1751 berichtet beispielsweise Goldbach an Euler: «Ich habe schon längst in den Zeitungen gelesen, dass der Herr Philidor[98] sich in Berlin bei den grössesten Schachspielern fürchterlich gemachet, woraus ich vermute, dass er Euer Hochedelgeb. auch nicht unbekannt sein wird.» In Eulers Antwort vom 3. Juli 1751 finden wir eine der pikanten Quellen für eine bekannte – ausnahmsweise wahre – Anekdote:

«Den grossen Schachspieler Philidor habe ich nicht gesehen, weil er sich mehrenteils in Potsdam aufhielte. Er soll noch ein sehr junger Mensch sein, führte aber eine Maîtresse mit sich, wegen welcher er mit einigen Officiers in Potsdam Verdrüsslichkeiten bekommen, welche ihn genötiget, unvermutet wegzureisen, sonsten würde ich wohl Gelegenheit gefunden haben, mit ihm zu spielen. Er hat aber ein Buch vom Schachspiel in Engelland[99] drucken lassen, welches ich habe, und darin gewiss sehr schöne Arten zu spielen enthalten sind. Seine grösste Stärke bestehet in Verteidigung und guter Führung seiner Bauern, um dieselben zu Königinnen zu machen, da er dann, wann die Anstalten dazu gemacht, piece für piece wegnimmt, um seine Absicht zu erreichen und dadurch das Spiel zu gewinnen.»

Doch wenden wir uns der mathematischen Seite zu, die Euler dem Schachbrett abgewonnen hat: dem *Rösselsprungproblem*. Lassen wir unsern Mathematiker ausnahmsweise selbst das Problem skizzieren, wie er es in seinem Brief vom 26. April 1757 an Goldbach formuliert hat:

«... Die Erinnerung einer mir vormals vorgelegten Aufgabe hat mir neulich zu artigen Untersuchungen Anlass gegeben, auf welche sonsten die Analysis keinen Einfluss zu haben scheinen möchte. Die Frage war: man soll mit einem Springer alle 64 Felder auf einem Schachbrett dergestalt durchlaufen, dass derselbe keines mehr als einmal betrete. Zu diesem Ende wurden alle Plätze mit Marquen belegt, welche bei der Berührung des Springers weggenommen wurden. Es wurde noch hinzugesetzt, dass man von einem gegebenen Platz den Anfang machen soll. Diese letztere Bedingung schien mir die Frage höchst schwer zu machen, denn ich hatte bald einige Marschrouten gefunden, bei welchen mir aber der Anfang musste freigelassen werden. Ich sahe aber, wann die Marschroute *in se rediens* wäre, also, dass der Springer von dem letzten Platz wieder auf den ersten springen könnte, alsdann auch diese Schwierigkeit wegfallen würde. Nach einigen hierüber angestellten Versuchen habe ich endlich eine sichere Methode gefunden, ohne zu probieren, soviel dergleichen Marschrouten ausfindig zu machen als man will (doch ist die Zahl aller möglichen nicht unendlich); eine solche wird in beistehender Figur (Fig. 7) vorgestellt:

Fig. 7

54	49	40	35	56	47	42	33
39	36	55	48	41	34	59	46
50	53	38	57	62	45	32	43
37	12	29	52	31	58	19	60
28	51	26	63	20	61	44	5
11	64	13	30	25	6	21	18
14	27	2	9	16	23	4	7
1	10	15	24	3	8	17	22

Fig. 8

50	11	24	63	14	37	26	35	260
23	62	51	12	25	34	15	38	260
10	48	64	21	40	13	36	27	260
61	22	9	52	33	28	39	16	260
48	7	60	1	20	41	54	29	260
59	4	45	8	53	32	17	42	260
6	47	2	57	44	19	50	55	260
3	58	3	46	51	56	43	16	260
260	260	260	260	260	260	260	260	

Der Springer springt nämlich nach der Ordnung der Zahlen. Weil vom letzten 64 auf Nr. 1 ein Springerzug ist, so ist diese Marschroute *in se rediens*. Hier ist noch diese Eigenschaft angebracht, dass in *arealis oppositis*[100] die *differentia numerorum* allenthalben 32 ist.»

Soweit Euler. Neu war das Problem keineswegs – seine Anfänge reichen mindestens bis in die erste Hälfte des 14. Jahrhunderts zurück –, jedoch neu für Euler und den betreffenden Gesellschaftskreis. Rösselsprungprobleme waren damals sogar schon des öftern in Schriften und Briefwechseln bedeutender Mathematiker behandelt worden[101]. Euler hingegen systematisiert und verallgemeinert das Problem 1759 in einer ernsthaften Abhandlung (E.309/O.I,7) und löst darin eines der ersten Probleme der kombinatorischen Topologie. Man kann sich vorstellen, wie entzückt Euler gewesen sein müsste vom berühmten «magischen Rösselsprung» (Fig. 8) des russischen Schachtheoretikers K.F. Jänisch[102] (1859), in dem die Sprungzahlen die konstante Quer- und Längssumme

$$S = \frac{1}{8} \sum_{1}^{64} k = 260$$

aufweisen! Dazu muss bemerkt werden, dass dieser Rösselsprung nur «semimagisch» ist, denn die Diagonalensumme ist nicht auch 260. (Bis heute kennt man 242 derartige «magische Sprünge», die teils offen, teils geschlossen sind.) Dafür hat er den Vorzug, «symmetrisch» zu sein, da die Kette 1–32 durch eine Drehung des Brettes um 180° in diejenige von 33 bis 64 übergeht. Der von

Euler mitgeteilte Rösselsprung (Fig. 7) ist auch symmetrisch, und Euler war sich dessen bewusst.

Nachbemerkung

Nicht oder kaum berührt wurden in diesem Längsschnitt Eulers Leistungen auf den Gebieten der Kettenbrüche, der magischen Quadrate, der Kombinatorik, der Wahrscheinlichkeitsrechnung, der Versicherungsmathematik und des Lotteriewesens. Eine summarische Darstellung der meisten dieser Gebiete findet der interessierte Leser in den folgenden Büchern:
1. *BV* Müller Felix, Festschrift 1907.
2. *BV* Cantor Moritz, 1901.
3. Spezialliteratur nach *BV* sowie in den entsprechenden Einleitungen in den *Opera omnia.*

B   ANDERE DISZIPLINEN

8   Mechanik

Der Beginn der Hauptstudien Eulers zur Mechanik lässt sich bereits in der ersten Petersburger Periode ansetzen. In der Einleitung zum ersten Band seiner 1736 erschienenen *Mechanica* (E. 15, 16 / O. II, 1, 2) (Abb. 27) entwirft Euler ein umfassendes Programm dieser Wissenschaft, das als Hauptmerkmal die systematische und fruchtbare Anwendung der Analysis auf die damals aktuellen sowie auf neue Probleme der Mechanik trägt. Die Vorgänger Eulers verfuhren – summarisch gesprochen – synthetisch-geometrisch, wozu die unsterblichen *Principia mathematica* Newtons als prägnantes Beispiel dienen können, und auch der Basler Jakob Hermann, Eulers Kollege in Petersburg, vermochte sich trotz seiner angestrebten Modernität in der *Phoronomia* von 1716 vom barocken Stil *à la* Jakob Bernoulli, seinem einstigen Lehrer, nicht zu lösen[103]. Euler verfährt auch hier – wie später in der Optik – analytisch und fordert für die Mechanik einheitliche, *analytische* Methoden, die zu klaren und direkten Darstellungen und Lösungen der einschlägigen Probleme führen sollen. Ähnlich wie später in der *Methodus*[104]
«... steckt des Buches Geist und Mittel gänzlich schon in seinem Titel»:

Mechanik oder die Wissenschaft von der Bewegung, analytisch dargestellt.

Euler beginnt mit der Kinematik und der Dynamik[105] eines Massenpunktes und behandelt im ersten Band die freie Bewegung eines Massenpunktes im Vakuum und im widerstehenden Mittel. Der Abschnitt über die Bewegung eines Massenpunktes unter der Einwirkung einer nach einem festen Punkt gerichteten Kraft ist eine brillante analytische Um- und Neuformulierung der entsprechenden Kapitel in Newtons *Principia* und war ursprünglich als Einleitung zu Eulers bereits früher geplanten Himmelsmechanik gedacht. Im zweiten Band studiert er die erzwungene Bewegung eines Massenpunktes und löst im Kontext mit den Gleichungen für die Bewegung eines Punktes auf einer vorgegebenen Fläche eine Reihe von differentialgeometrischen Problemen der Flächentheorie und der Theorie der geodätischen Linien. Fast dreissig Jahre später gab Euler in der *Theoria motus* von 1765, der sogenannten «zweiten Mechanik», eine neue Darstellung der Punktmechanik[106], indem er nach dem Vorbild von Maclaurin (1742) die Kraftvektoren auf ein festes, rechtwinkliges Koordinatensystem in drei Dimensionen projizierte. Er stellte im Zusammenhang mit den Untersuchungen der Rotationsbewegung die auf die Hauptträgheitsachse bezogenen Differentialgleichungen der Dynamik auf, die diese Bewegung charakterisieren. Er formulierte ferner das durch elliptische Integrale ausdrückbare Gesetz der Bewegung eines starren Körpers um einen festen Punkt («Eulersche Winkel»), auf das er anlässlich des Studiums der Präzession der Äquinoktien und der Nutation der Erdachse geführt wurde. Andere Fälle der Kreiseltheorie, in denen die Differentialgleichungen integrierbar sind, wurden später von Lagrange (1788) und von der Weierstrass-Schülerin S. V. Kovalevskaja (1888) entdeckt und behandelt[107].

In einem der beiden Anhänge der bereits oben im Zusammenhang mit der Variationsrechnung erwähnten *Methodus* regte Euler eine Formulierung des berühmt-berüchtigten *Prinzips der kleinsten Aktion* an für den Fall der Bewegung eines Massenpunktes unter der Einwirkung einer Zentralkraft: die entsprechende Bahnkurve minimiert das Aktionsintegral $\int m\,v\,ds$, während Maupertuis das erwähnte Prinzip fast zur gleichen Zeit für einen viel spezielleren Fall aufstellte.

Im zweiten Anhang der *Methodus* wandte Euler – auf Anregung Daniel Bernoullis – die Variationsrechnung auf die Theorie der Balkenbiegung an, die er bereits seit 1727 studierte, und gelangte über die Proportionalität

$$\int \frac{ds}{R^2} \cong \int \frac{y''^2 dx}{\sqrt{(1+y'^2)^5}}$$

zur wahrhaft spektakulären, aus den Ingenieurwissenschaften bis zum heutigen Tag nicht wegzudenkenden *Eulerschen Knickungsformel* für die Kraft P

$$P = \frac{\pi^2 E k^2}{4 f^2},$$

worin Ek^2 die «absolute Elastizität» (Steifigkeit) und $2f$ die Länge eines beidseitig gelenkig gelagerten Stabes ist. Neben dieser ersten Berechnung eines *elastostatischen Eigenwertes* war Euler auch der erste, der in den Eigenfrequenzen des transversal schwingenden Balkens *elastokinetische Eigenwerte* berechnet hat.

In der Domäne der *Hydromechanik* war Eulers erste grössere Arbeit sein umfassendes Opus über das «Schiffswesen», die *Scientia navalis* (Abb.41). Im ersten Band behandelt er die allgemeine Gleichgewichtstheorie schwimmender Körper und studiert – damals ein *novum* – Stabilitätsprobleme sowie kleine Schwingungen (Schwankungen) in der Nachbarschaft des Gleichgewichtszustandes. In diesem Zusammenhang definiert Euler über den (richtungsunabhängigen) Flüssigkeitsdruck die «ideale Flüssigkeit», was später zweifellos Cauchy für die Definition des *Spannungstensors* als Vorlage diente.

Der zweite Band bringt Anwendungen der allgemeinen Theorie auf den Spezialfall des Schiffes[108]. Mit der *Scientia navalis* hat Euler eine neue Wissenschaft begründet und auf die Entwicklung der Seefahrt sowie des Schiffsingenieurwesens nachhaltig eingewirkt, und nur wenigen Spezialisten ist die Tatsache bewusst, dass wir das technisch realisierbare Prinzip des Flügelradantriebs und der Schiffsschraube keinem anderen zu verdanken haben als Leonhard Euler. Natürlich waren diese kühnen Projekte zu Eulers Zeit dazu verurteilt, im Theoretischen stecken zu bleiben, da die zur Realisierung nötigen Antriebsenergien noch nicht zur Verfügung standen[109]. In der Technikgeschichte wohlbekannt sind hingegen Eulers Versuche über die Segnersche Wasserkraftmaschine und seine daran anknüpfende Theorie der Wasserturbine. Jakob Ackeret (†1981) hat eine solche Turbine nach Eulers Vorschriften anfertigen lassen und festgestellt, dass der Wirkungsgrad der Eulerschen Maschine über 71% liegt[110] – ein sensationelles Resultat, wenn man bedenkt, dass man heute mit den modernsten Mitteln und vergleichbaren Dimensionen den Wirkungsgrad einer solchen Turbine mit wenig über 80% ansetzen muss.

In die frühen fünfziger Jahre fällt die Abfassung einiger wahrhaft klassischer Abhandlungen über eine analytische Theorie der Fluidmechanik, in welchen Euler ein System von grundlegenden Formeln zur Hydrostatik wie auch der -dynamik entwickelt. Darunter finden sich die Kontinuitätsgleichung für Flüssigkeiten konstanter Dichte, die – gewöhnlich nach Laplace benannte – Gleichung für das Geschwindigkeitspotential sowie die allgemeinen «Eulerschen Gleichungen» für die Bewegung idealer (also reibungsfrei strömender) kompressibler oder inkompressibler Flüssigkeiten. Kennzeichnend auch für diese Gruppe von Arbeiten ist die Anwendung gewisser partieller Differentialgleichungen auf die anfallenden Probleme. Auf diese Dinge war Euler, wie wir aus Selbstzeugnissen wissen, besonders stolz – und das mit Recht[111].

9   Optik

Vorbemerkung

Da der Optik Eulers in diesem Band zwei Spezialbeiträge (W. Habicht und E.A. Fellmann) mit ausführlichen Literaturverzeichnissen gewidmet sind, wird dieses Kapitel kurz gehalten und auf die Anführung von Belegstellen weitgehend verzichtet.

Mit Fragen der Optik beschäftigte sich Euler während seines ganzen Lebens, und nirgends deutlicher als in dieser Wissenschaft zeigte sich sein Gegensatz zur Schule Newtons. Es ist nicht leicht zu entscheiden, in welchem Masse diese Tatsache das so überaus günstige Urteil Goethes beeinflusst haben mag: «Euler, einer von denjenigen Männern, die bestimmt sind, wieder von vorn anzufangen, wenn sie auch in eine noch so reiche Ernte ihrer Vorgänger gerathen ...[112].» In einer seiner ersten Schriften zur Optik[113] tritt Euler der Newtonschen Korpuskulartheorie, deren Hauptvertreter in Paris in der ersten nacheulerschen Generation Laplace und Jean Baptiste Biot werden sollten, mit einer Wellentheorie Huygensscher Prägung entgegen, doch die Opposition gegen die Emissionstheorie in England selbst liess auf sich warten: mit der Ausnahme von Robert Hooke, dem älteren Zeitgenossen Newtons, trat als erster englischer Physiker von Grossformat erst Thomas Young in seiner *Bakerian Lecture* offen gegen die Emissionstheorie auf – allerdings mit dem gewichtigsten Argument, das Euler noch nicht zur Verfügung stand: einer Theorie der Interferenz[114]. In der Tat lassen sich die Interferenz-, Beugungs- und Polarisationserscheinungen mit einer bloss longitudinal orientierten Undulationstheorie nicht voll befriedigend, ja die letzteren überhaupt nicht erklären, und Euler kam – merkwürdigerweise – trotz seiner intensiven Beschäftigung mit der schwingenden Saite nicht auf die Idee der Transversalschwingungen des Lichts.

Seit der Verwendung des Linsenfernrohrs (Refraktors) durch Galilei und Thomas Harriot zu Beginn des 17.Jahrhunderts erwiesen sich die damals unvermeidbaren Farbringe im Bildfeld als sehr störend, weshalb auch David Gregory und Newton auf das in dieser Hinsicht günstigere Spiegelfernrohr (Reflektor) auswichen. Dieser Farbfehler, die *chromatische Aberration*, ist eine direkte Folge des Umstandes, dass Licht verschiedener Wellenlängen – das heisst verschiedener Farben – vom gleichen Mittel ungleich gebrochen wird. Erst auf der Grundlage von Newtons Untersuchungen der *Dispersion* des Lichtes im Prisma konnte die Möglichkeit der Farbfehlerhebung ins Auge gefasst werden. Newton selbst hielt die Erzielung von *Achromasie* mittels brechungsvariabler Medien aufgrund unzureichender Experimente ursprünglich für unmöglich[115], und der in der Technikgeschichte wohlbekannte Londoner Optiker John Dollond anfänglich auch, bis ihm nach Verfolgung etwelcher Irrwege der Bau eines Achromaten mittels Kombination von Kron- und Flintglaslinsen gelang.

Der Anteil Eulers an dieser famosen Entdeckung ist beträchtlich, denn Dollond wurde entscheidend beeinflusst von einer 1749 gedruckten Arbeit Eulers sowie von einer Abhandlung des Schweden Samuel Klingenstjerna, die ihrerseits unmittelbar von der Studie Eulers angeregt worden war. Höchst bemerkenswert hingegen ist Eulers (falsches) Hauptargument, auf welches sich sein Glaube an die Möglichkeit der Achromasie stützte: die vermeintliche Farbfehlerfreiheit des menschlichen Auges; der fromme Euler sah darin sogar ein sicheres Indiz für die Existenz Gottes. Die öfters anzutreffende Äusserung,

Euler habe das achromatische Fernrohr erfunden, ist unrichtig. Den ersten Achromaten verdankt man Chester Moor Hall, der seine Entdeckung gegen 1729 gemacht haben dürfte, und Dollond gelang die Nacherfindung im Jahre 1758 – ob und wie unabhängig von seinem Vorgänger Hall, ist bis heute nicht bekannt. Es ist erwiesen, dass Euler damals nur mit den optischen Medien Glas (gewöhnliches Kron) und Wasser, nicht aber mit Kron- und Flintglas gerechnet hat, und diesbezügliche praktische Experimente scheint er überhaupt nicht selbst durchgeführt zu haben. Dennoch muss ihm das Verdienst zugesprochen werden, mit seinen Veröffentlichungen die Wiederholung der Newtonschen Prismenversuche durch Dollond bewirkt und dadurch den Bann der Autorität «Sir Isaacs» gebrochen zu haben.

Was hinsichtlich der Methode von der Mechanik gesagt wurde, gilt nicht minder für das dreibändige Gewaltswerk *Dioptrica* (1769–1771) (Abb. 43), das lange Zeit *das* Lehrbuch der geometrischen Optik und Eulers eigene Synopsis war. Im Gegensatz zu seinen Vorgängern, die sämtlich synthetisch verfuhren, behandelte Euler die Optik analytisch. Freilich beschränkte er sich in seiner Abbildungstheorie stets auf Achsenpunkte, doch für diese behandelte er die Öffnungs- und Farbvergrösserungsfehler so gründlich und vollständig wie kein anderer, und so wurde wenigstens die Theorie des astronomischen Fernrohrs zu einem vorläufigen Abschluss gebracht. Euler unterlag jedoch einem grundsätzlichen und verhängnisvollen Irrtum mit der Annahme, dass der Aberrationseffekt bei achsenschiefem Lichteinfall (Aplanasie- und Komafehler) gegenüber dem Öffnungsfehler (Sphärische Aberration) vernachlässigt werden dürfe. Das ist nämlich keineswegs der Fall, da alle diese Fehler von derselben Grössenordnung sind. Dies wurde auch von Clairaut und d'Alembert klar erkannt, was ihnen gegenüber Euler in diesem Forschungszweig einen bedeutsamen Vorsprung verschaffte, den der inzwischen erblindete Mathematiker nicht mehr auszugleichen bemüht war. Dennoch sind die Erkenntnisse Eulers erstaunlich, selbst wenn man nur – im Vergleich mit der berühmten Optik von Gauss – seine etwa 1765 entstandene *Théorie générale de la dioptrique* betrachtet, deren mathematische Substanz Walter Habicht für den modernen Leser so schön gestrafft und schöpferisch weiterentwickelt hat[116].

Nicht zu vergessen ist dabei auch, dass sich in den Arbeiten Eulers sehr oft abseits des eigentlichen Themas liegende Bemerkungen finden, die nicht selten spätere Arbeiten anderer Forscher befruchtet oder gar antizipiert haben. Man denke etwa an die Unterscheidung von *Lichtstärke* und *Beleuchtungsstärke,* wie wir sie etwas später in Lamberts *Photometria* antreffen. William Herschel setzte mit seinen Berechnungen von Dupletten und Teleskopokularen in gewissem Sinne Eulers dioptrische Bemühungen fort. Erstaunlich bleiben auch im Gebiet der Optik Eulers Tiefgang und Fülle – die *Optica* nehmen in der Gesamtausgabe sieben Quartbände ein –, und beinahe unglaublich ist die Tatsache, dass Eulers Hauptwerk über das Licht die Arbeit eines Blinden war.

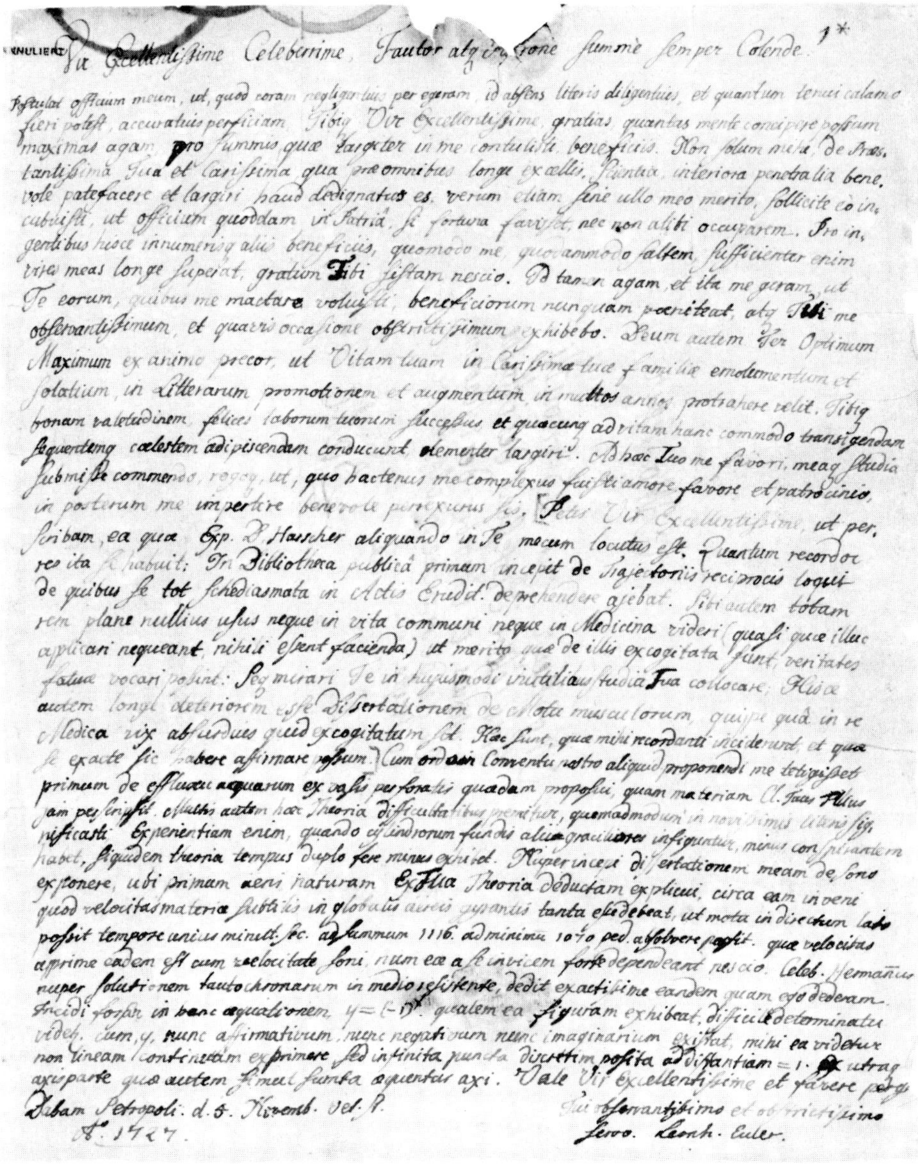

Vir Excellentissime Celeberrime, Fautor atque Patrone summè semper Colende. 1*

Postulat officium meum, ut, quod coram negligentius per egeram, id absens litteris diligentius, et quantum tenui calamo fieri potest, accuratius perficiam. Tibi Vir Excellentissime, gratias, quantas mente concipere possum maximas agam pro summis quae largiter in me contulisti beneficiis. Non solum mihi, de Praestantissima Tua et Carissima qua prae omnibus longe excellis, Scientia interiora penetralia benevole patefacere et largiri haud dedignatus es, verum etiam sine ullo meo merito, sollicite eo incubuisti, ut officium quoddam in Patria, si fortuna favisset, nec non aliti occuparem. Pro ingentibus hisce innumerisque aliis beneficiis, quomodo me, quoquomodo saltem, sufficienter enim vires meas longe superat, gratum Tibi sistam nescio. Id tamen agam, et ita me geram, ut Te eorum, quibus me mactare voluisti, beneficiorum nunquam poeniteat, atque Tibi me observantissimum, et quavis occasione obstrictissimum exhibebo. Deum autem Ter Optimum Maximum ex animo precor, ut Vitam tuam in Carissimae tuae familiae emolumentum et solatium, in Litterarum promotionem et augmentum in multos annos protrahere velit, Tibique bonam valetudinem, felices laborum tuorum successus et quaecunque ad vitam hanc commodo transigendam sequentemque caelestem adipiscendam conducunt, clementer largiri. Ad haec Tuo me favori, meaque studia submisse commendo, rogoque, ut, quo hactenus me complexus fuisti amore, favore et patrocinio, in posterum me impertire benevole pergere velis. Petis Vir Excellentissime, ut perscribam, ea quae Exp. D. Hascher aliquando in Te mecum locutus est. Quantum recordor res ita se habuit: In Bibliotheca publica primum incepit de Trajectoriis reciprocis loqui de quibus se tot schediasmata in Actis Erudit. deprehendere aiebat. Sibi autem totam rem plane nullius usus neque in vita communi neque in Medicina videri (quasi quae illuc applicari nequeant, nihili essent facienda) et merito quae de illis excogitata sunt, veritates fatuae vocari posse: Seque mirari Te in hujusmodi inutilibus studia Tua collocare; Illius autem longe deteriorem esse dissertationem de Motu musculorum, quippe qua in re Medica vix absurdius quid excogitatum sit. Haec sunt, quae mihi recordanti inciderunt, et quae se exacte sic habere affirmare possum. Cum ordo in Conventu nostro aliquid proponendi me tetigisset primum de effluxu aquarum ex vasis perforatis quaedam proposui, quam materiam Cl. Filius Tuus jam perscripsit. Multis autem haec Theoria difficultatibus premitur, quemadmodum in novissimis literis significasti. Experientiam enim, quando cylindrorum fundis alia graciliora infiguntur, minus consentaneam habet, siquidem theoria tempus duplo fere minus exhibet. Nuper incepi dissertationem meam de sono exponere, ubi primum aeris naturam ex Tua Theoria deductam explicui, circa eam inveni quod velocitas materiae subtilis in globulis aereis gyrantis tanta esse debeat, ut mota in directum lato posset tempore unius minuti sec. ad summum 1116 ad minimum 1070 ped. absolvere spatium. quae velocitas exprime eadem est cum velocitate soni, num eae a se invicem forte dependeant nescio. Celeb. Hermannus nuper solutionem tautochronarum in medio resistente dedit exactissime eandem quam ego dederam. Incidi forsan in hanc aequationem $y = (-1)^x$ qualem ea figuram exhibeat, difficile determinatu videtur, cum, y, nunc affirmativum, nunc negativum nunc imaginarium existat, mihi ea videtur non lineam continuam exprimere sed infinita puncta discretim posita ad distantiam = 1. ab utraque axis parte quae autem simul sumta aequentur axi. Vale Vir Excellentissime et favere perge.

Dabam Petropoli: d. 5. Novemb. Vet. St.
A°. 1727.

Tui observantissimo et obstrictissimo
servo. Leonh. Euler.

Abb. 29
Diesen Brief schrieb Leonhard Euler am 5. November 1727 an Johann Bernoulli. Es ist der erste Brief einer Korrespondenz, die sich bis 1746 hinzog.

10   Astronomie

Eulers Arbeiten zur Astronomie weisen ein erstaunlich breites Spektrum auf: Bahnbestimmungen von Planeten und Kometen mittels weniger Beobachtungen, Methoden zur Berechnung der Sonnenparallaxe, Theorie der atmosphärischen Strahlenbrechung, ohne die die sphärische Astronomie nie auf eine sichere Basis hätte gestellt werden können, wechseln mit Betrachtungen über die physikalische Natur der Kometen sowie über die Verlangsamung der Planetenbewegung infolge des (hypothetischen) Ätherwiderstandes. Seine bedeutendsten Abhandlungen, mit denen er eine stattliche Reihe von Pariser Akademiepreisen einheimste, stehen direkt oder indirekt mit der damals besonders aktuellen Himmelsmechanik, der theoretischen Astronomie, in Zusammenhang – einem Wissenschaftszweig, der den grössten Mathematikern ihrer Zeit die höchsten Anstrengungen abverlangte.

Schon bald nach Newtons Tod musste man feststellen, dass die beobachteten Bahnen – vor allem des Jupiter, des Saturn und des Mondes – von den nach der Newtonschen Gravitationstheorie berechneten Werten erheblich abwichen. Beispielsweise lieferten die entsprechenden Berechnungen von Clairaut und d'Alembert (1745) für das Mondperigäum eine Periode von 18 Jahren, während die Beobachtung eine solche von nur 9 Jahren ergab. Dieser missliche Umstand stellte die Newtonsche Theorie als Ganzes in Frage. Während längerer Zeit war Euler – und nicht nur er allein – der Meinung, dass das Newtonsche Gravitationsgesetz einiger Korrekturen bedürfe. Clairaut hingegen suchte die Diskrepanz zwischen Theorie und Praxis dadurch zu erklären, dass man bisher die entsprechende Differentialgleichung nur in erster Näherung berücksichtigt hatte, und er meinte (richtig!), dass die Berücksichtigung nach der *zweiten Näherung* die Differenz ausgleichen würde. Euler stimmte nicht sogleich zu, sondern liess von der Petersburger Akademie ein entsprechendes Preisausschreiben lancieren. In der Folge musste Euler einsehen, dass Clairaut doch recht gehabt hatte, und empfahl ihn für den Preis, der dem Franzosen 1752 auch zugesprochen wurde. Noch aber war Euler – hartnäckig wie immer – nicht ganz zufrieden. Er schrieb seine erste Mondtheorie[117], in welcher er eine grundlegende Methode zur näherungsweisen Lösung des Dreikörperproblems darlegte. Mit diesem Problem – es handelt sich dabei um die Aufgabe, die Bewegung dreier (punktförmig gedachter) gravitierender Massen mathematisch zu beschreiben – kam Euler schon sehr früh, noch in der Basler Periode, in Berührung. Er erkannte bald die immensen Schwierigkeiten einer Lösung (eine allgemeine Lösung ist unmöglich) und versuchte es zunächst an Spezialfällen, die er tatsächlich mittels einer Methode lösen konnte, die man heute mit *Regularisation*[118] bezeichnet. In einer 1747 eingereichten Abhandlung[119] formalisierte er das «eingeschränkte Dreikörperproblem» *(problème restraint),* was gewöhnlich C.G.J. Jacobi und Henri Poincaré zugeschrieben wird, und griff somit als erster das allgemeine Störungsproblem analytisch an. Diese Tatsachen scheinen von unsern Astronomen und Astronomiehistorikern noch nicht zur Kenntnis genommen worden zu sein[120].

Eulers erste Mondtheorie hatte übrigens eine nicht zu unterschätzende praktische Konsequenz: der bekannte Göttinger Astronom Tobias Mayer[121] stellte 1755 nach Eulers Formeln Mondtafeln zusammen, die gestatteten, die Position des Erdtrabanten und damit die geographische Länge eines Schiffes auf hoher See mit einer damals in der Navigationslehre noch nie erreichten Exaktheit zu bestimmen. Das britische Parlament hatte 1714 einen beachtlichen Geldpreis für die Längenbestimmung auf hoher See unterhalb einer Fehlergrenze von einem halben Grad ausgesetzt. Dieser Preis wurde erstmals 1765 vergeben: die Witwe Mayers erhielt 3000 Pfund, und Euler für die den Mayerschen Tafeln zugrunde gelegte Theorie 300 Pfund. Diese Mondtafeln wurden in alle Navigationsalmanache aufgenommen, und mit dieser Methode wurde während mehr als eines Jahrhunderts seegefahren.

In den Jahren 1770–1772 arbeitete Euler seine zweite Mondtheorie[122] aus, deren Vorzüge gegenüber der ersten allerdings erst nach der Entwicklung der grossartigen Ideen von G.W. Hill[123] richtig eingeschätzt werden konnten, die ihrerseits die Eulersche Mondtheorie als Startrampe benötigten. Wenn er in diesem Zusammenhang auch einmal in Überschätzung der Tragweite seiner Methoden eine vermeintliche Lösung des Dreikörperproblems verkündet hat – und das in einer preisgekrönten Schrift! –, so muss in Betracht gezogen werden, dass damals der Unmöglichkeitsbeweis für die Lösung noch nicht zu erbringen war. Euler erweist sich auch für die Wissenschaft von den Sternen als Stern erster Grösse.

11   Philosophie[124]

Eulers philosophisches Vermächtnis bilden die *Briefe an eine deutsche Prinzessin*[125], die 1760–1762 an die Markgräfin Sophie Charlotte von Brandenburg[126] im Auftrag von deren Vater geschrieben wurden und deren erster von drei Bänden 1768 im Druck erschien. Das Werk war ein Schlager: Es wurde sogleich in alle Kultursprachen übersetzt und war lange die meistverbreitete Synopsis populärer naturwissenschaftlicher und philosophischer Bildung (das Eneström-Verzeichnis weist 111 verschiedene Editionen der *Lettres* (Abb. 28) auf). Diese «Briefe» umspannen Musiktheorie, Philosophie, Physik, Ethik und Theologie fast gleichermassen und gipfeln im berühmt gewordenen Widerlegungsversuch des «Berkeleyschen» absoluten Idealismus (Brief 117) und der Konzeptionen Humes sowie in einer grossangelegten Attacke gegen die damals stark verbreitete Monadenlehre Wolffscher Prägung (Briefe 122–132), die leider allzuoft mit derjenigen von Leibniz identifiziert wird.

Eulers Stellung in der Geschichte der Philosophie ist bis in unsere Tage umstritten[124], und es ist vielleicht gar nicht so zufällig, dass die extremsten Positionen in dieser Problematik ausgerechnet von zwei Basler Mathematikern, nämlich von Otto Spiess (1878–1966) und Andreas Speiser (1885–1970), eingenommen worden sind. Ersterer schliesst sich vehement dem – auch von Adolf von Harnack unterzeichneten – Urteil der prominentesten Zeitgenossen Eulers an, gemäss welchem «es unglaublich ist, dass ein so grosses Genie in der Geometrie und der Analysis in der Metaphysik noch unter dem kleinsten Schüler steht, um nicht von so viel Plattheit und Absurdität zu sprechen. Es lässt sich wohl sagen: *non omnia eidem dii dedere*» (d'Alembert an Lagrange). Lagrange stimmte zu, und Euler musste sich von seinem besten Freund, Daniel Bernoulli, sagen lassen: «Sie sollten sich nicht über dergleichen Materien einlassen, denn von Ihnen erwartet man nichts als sublime Sachen, und es ist nicht möglich, in jenen zu excellieren.»

Spiess sieht den tieferen Grund von Eulers Parteinahme gegen die Wolffianer nicht in einer verstandesmässigen, sondern in einer emotional bedingten Motivation: die vehementen Angriffe des von lauter «Freigeistern» à la Voltaire, d'Argens und Lammetrie umgebenen strenggläubigen und frommen Mathematikers gegen die Monadologie, die selbst die moralischen Entscheidungsfragen der *Ratio* zu unterwerfen drohte, sind als Apologie des Christentums aufzufassen; mit seiner Schrift (1747) *Rettung der göttlichen Offenbarung gegen die Einwürfe der Freygeister* (E, 392/O.III, 12) doppelte Euler im Anschluss an das berühmt-berüchtigte akademische Preisausschreiben über die Monadologie von 1747 tatsächlich nach.

Speiser hingegen lässt mit Euler geradezu die moderne Philosophie beginnen, indem er Kant mit der Eulerschen Schrift *Réflexions sur l'espace et le tems*[127] und den *Lettres* in direkter Abhängigkeit sehen möchte[128]. Gestützt auf Alois Riehl und Heinrich Emil Timerding[129] sind sich die meisten Philosophen immerhin darin einig, dass ein direkter Einfluss Eulers auf Kant wenigstens in zweifacher Hinsicht nicht geleugnet werden kann: erstens im Hinblick auf Eulers These, dass Raum und Zeit keine Abstraktionen aus der Sinneswelt darstellen, worauf Kant seine «Transzendentale Ästhetik» wesentlich gestützt hat, zweitens im Hinblick auf den von Euler 1750 postulierten und von Kant annektierten Satz von der Impenetrabilität (Undurchdringlichkeit) der Materie, mit dem Euler gewisse Naturkräfte als «Nahkräfte» (kartesisch) im Gegensatz zur Hypothese der «Fernkräfte» (Newton) zu erklären versuchte. In diesem Punkt dürfte übrigens Euler seinerseits von Baumgartens *Metaphysik* (1739), die nachweisbar ihre starke Wirkung auf Kant ausgeübt hat, nicht unabhängig sein[130]. Schliesslich erkennt Euler insgeheim in seiner Stärke die Hauptschwäche seiner eigenen Philosophie: Es bleibt das Dilemma zwischen der unendlichen Teilbarkeit des Raumes und der endlichen Teilbarkeit der Materie.

Spiess deutete es als einen Mangel an erkenntnistheoretischem Tiefgang, dass Euler sich an den Auseinandersetzungen um das *Parallelenpostulat*, die im Anschluss an den unfreiwilligen Wurf des Girolamo Saccheri[131] schliesslich zur Begründung der *nichteuklidischen Geometrien* führen sollten, nicht beteiligt hat – im Gegensatz etwa zu Lambert –, und tatsächlich handelt es sich hier um das einzige fundamentale mathematische Problem seiner Zeit, zu welchem Euler nie öffentlich Stellung bezogen hat. Diese Aussage wird zwar etwas relativiert durch die beiden Arbeiten von J.A. Belyj aus den Jahren 1961 und 1973 (*BV* Belyj, 1961, 1973), die sich auf unveröffentlichte Manuskripte stützen, und schliesslich weist auch das Standardwerk zur Geschichte der Theorie der Parallellinien (Stäckel/Engel, 2 Bände, Leipzig 1895) auf einen direkten Einfluss Eulers auf Lambert hin. Wie dem auch sein mag: es muss dem Mathematiker Euler allein schon als hohes Verdienst angerechnet werden, aus Anlass des Monadenstreites durch Provokation der Diskussion die Philosophie um die Mitte des 18. Jahrhunderts mitentscheidend aus einer Sackgasse gestossen zu haben – ein wahrhaft wichtiger Beitrag zur Geistesgeschichte des Abendlandes*.

12   Musik

Dieses Kapitel wurde unter Mitwirkung von Beatrice Bosshart und Eugen Dombois abgefasst.

Zur Musiktheorie verfasste Euler schon während seiner Jugendzeit einen stattlichen Band[132] und später drei weitere, hauptsächlich der Naturseptime gewidmete Abhandlungen[133]. Im *Tentamen* behandelt Euler nicht nur die mathematischen Gesetze der Konsonanz, sondern auch Aspekte der Kompositionslehre. Auf dem Boden altpythagoreischer Harmonieprinzipien, gemäss welcher der subjektiv empfundene Schönheitsgrad eines Intervalls von der numerischen Einfachheit des Frequenzverhältnisses abhängt, operiert Euler – im ersten Ansatz zweifellos beeinflusst von seinen Vorgängern Mersenne, Descartes und Leibniz – mit seinem zahlentheoretisch konzipierten Begriff des *Konsonanzgrades*[134]. Es ist sicher nicht nur der sich schon zu jener Zeit ausbreitenden, gewissen Praktikern entgegenkommenden gleichschwebenden Temperatur[135] zuzuschreiben, dass sich Eulers deduktive Theorie im Gegensatz zu Rameau in ihrer Konsequenz nicht durchzusetzen vermochte, sondern vielmehr dem Umstand, dass das Eulersche Tonsystem nicht einmal «wohltemperiert» etwa im Sinne Werckmeisters war und den Bedürfnissen zeitgenössischer Musikpraxis zuwenig entsprach. Dazu kam, dass Eulers *Tentamen* «den Musikern zu mathematisch und den Mathematikern zu musikalisch» erschienen sein mag.

Als zweiten Pfeiler stellt Euler seine *Substitutionstheorie* neben die *Gradustheorie*. Es handelt sich dabei um eine Art von «Theorie des Zurechthörens» als Antwort auf die Frage, welche Modifikationen sich im wahrnehmen-

---

* Eulers geometrische Darstellung der logischen Schlussweisen, die Entwicklung der sogenannten *Euler-Venn-Diagramme*, wurde hier übergangen. Es sei auf die Originalliteratur (*Lettres* ..., E.343, 344/O.III, 11, 12) sowie auf die Sekundärliteratur (*BV* Baron, Dürr, Holenstein, Hubig) verwiesen.

den Subjekt ereignen, wenn es anders empfindet, als es eigentlich den objektiven, d.h. den physikalischen Bedingungen gemäss empfinden müsste. Nach dieser Konzeption gewähren die natürlichen Schranken der Sinnesaffektion dem aktiven Bewusstsein einen Spielraum, innerhalb dessen die simultanen oder sukzessive gewonnenen akustischen Eindrücke zu Strukturen zusammengefasst werden, die von den in der Partitur aufgezeichneten oder vom Instrument realisierten mehr oder weniger differieren. H.R. Busch (*BV* 1970) hat gezeigt, dass dieser «Idealisierungsprozess» eine Erklärung für die bekannten Phänomene wie Auffassungsdissonanz, Funktionsumdeutung und enharmonische Verwechslung impliziert. In diesem Sinne verwendet Euler später die Naturseptime (4:7) zur Erklärung der überraschenden Konsonanz des Dominantseptakkordes. Nach Vogel[136] sollen moderne experimentelle Untersuchungen von neun Forschern die relativ hohe Konsonanz und Verschmelzbarkeit der Siebenergruppe klar erwiesen haben.

Das Tonsystem Eulers läuft etwa parallel mit der Temperatur Kirnbergers mit dem Ziel, die natürlich-harmonische Basis bzw. das *genus diatonicum* möglichst rein zu erhalten. Es möge hier mit Eulers eigenen Worten in einem an Johann I Bernoulli gerichteten Brief[137] vorgestellt werden (cf. Abb. 30):

«... Anfangs des nächsten Jahres wird nun auch meine Abhandlung über die Musik[138], die ich vor einigen Jahren geschrieben hatte, in Druck gegeben, in der, wie ich meine, die wahren und eigentlichen Prinzipien der Harmonie aufgedeckt werden. Diese Theorie zeigt nämlich ganz besonders die Übereinstimmung der Musik der Alten mit der heutigen. Es soll nämlich gezeigt werden, wie ein System aller verschiedener, verwandter Töne, die eine bestimmte Harmonie hervorbringen, unter einen gewissen allgemeinen Term gebracht werden kann, dessen einzelne Teiler die Töne des Systems selbst erzeugen. So ist der allgemeine Term $2^n \cdot 3^3 \cdot 5$ der ‹Exponent› des ptolemäischen Tonsystems, denn alle seine Teiler innerhalb des Verhältnisses 1:2 ergeben die Töne dieser Art und erfüllen das Intervall einer einzigen Oktave. Die einfachen Teiler – unter Vernachlässigung der Zweierpotenzen, welche die Töne ja nur um eine oder mehrere Oktaven erhöhen – sind die folgenden:

$$1; \ 3; \ 3^2; \ 5; \ 3 \cdot 5; \ 3^2 \cdot 5; \ 3^3 \cdot 5.$$

Die einzelnen Terme, solcherart mit den Zweierpotenzen multipliziert, dass sie in die nächste Oktave fallen, ergeben für die nachfolgenden Töne des diatonischen Systems[139] die Zahlen

$$96:108:120:128:135:144:160:180:192$$

$$C : D : E : F : Fs : G : A : H : c.$$

Dieses System weicht vom gebräuchlichen nur ab durch den hier eingeführten Ton *Fs*, durch dessen alleiniger Auslassung die Theorie in keiner Weise gestört

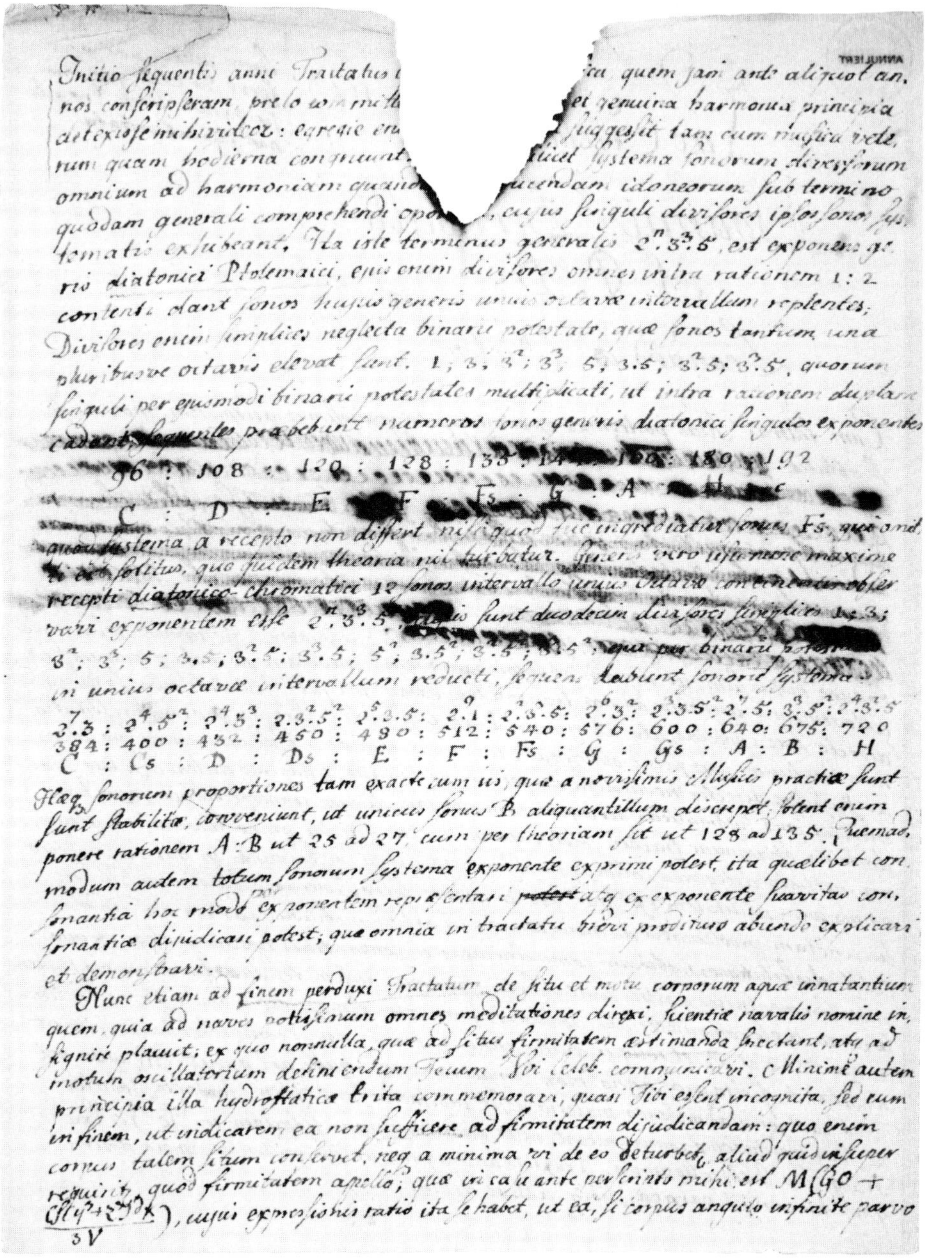

Abb. 30
Zweite Seite des Briefes Eulers vom 20. Dezember 1738 an Johann Bernoulli. Der die Musik betreffende Textteil ist hier p. 74/76 ins Deutsche übersetzt. Das Manuskript ist oben beschädigt, doch konnte der Text aus Eulers Konzept in Leningrad rekonstruiert werden. (Man beachte: Euler datierte stets nach dem damals in Petersburg gebräuchlichen Julianischen Kalender, welcher gegenüber dem seit 1701 in Basel verwendeten «neuen Stil», dem Gregorianischen Kalender, im 18. Jahrhundert um 11 Tage nachhinkte.)

wird. Der Exponent des heute hauptsächlich verwendeten diatonisch-chromatischen Systems von 12 Tönen innerhalb einer Oktave ist, wie ich bemerkt habe, $2^n \cdot 3^3 \cdot 5^2$, und seine 12 einfachen Teiler sind

$$1;\ 3;\ 3^2;\ 3^3;\ 5;\ 3 \cdot 5;\ 3^2 \cdot 5;\ 5^2;\ 3 \cdot 5^2;\ 3^2 \cdot 5^2;\ 3^3 \cdot 5^2.$$

Führt man sie mittels der Zweierpotenzen auf das Intervall einer einzigen Oktave zurück, so ergeben sie das folgende Tonsystem:

$$2^7 \cdot 3{:}2^4 \cdot 5^2{:}2^4 \cdot 3^3{:}2 \cdot 3^2 \cdot 5^2{:}2^5 \cdot 3 \cdot 5{:}2^9 \cdot 1{:}2^2 \cdot 3^3 \cdot 5{:}2^6 \cdot 3^2{:}2^9 \cdot 3 \cdot 5^2{:}2^7 \cdot 5{:}3^3 \cdot 5^2{:}2^4 \cdot 3^2 \cdot 5$$

$$384 : 400 : 432 : \quad 450 \quad : \ 480 \quad :512 : \quad 540 \quad : 576 : \quad 600 \quad :640 : 675 : \ 720$$

$$C\ :\ Cs\ :\ D\ :\quad Ds\quad :\quad E\quad :\ F\ :\quad Fs\quad :\ G\ :\quad Gs\quad :\ A\ :\ B\ :\ H\quad.$$

Und diese Tonverhältnisse stimmen genauso exakt mit denen überein, die von den Musikern fest eingeführt worden sind, nur dass der Ton B als einziger ein klein wenig abweicht. Sie pflegen nämlich das Verhältnis $A{:}B = 25{:}27$ zu setzen, währenddessen die Theorie dafür $128{:}135$ liefert[140]. Wie sich aber das ganze Tonsystem durch einen ‹Exponenten› ausdrücken lässt, so kann auf diese Weise eine beliebige Konsonanz mittels des Exponenten dargestellt und durch ihn die Wohlgefälligkeit der Konsonanz entschieden werden. Dies alles habe ich in dem kurzen Traktat, der bald herauskommen wird, ausführlich dargestellt und bewiesen.»

Johann Bernoulli liess sich auf keine Diskussion ein und schrieb am 7. März 1739 diesbezüglich nur ein paar unverbindliche Worte (übersetzt aus dem Lateinischen):

«... In der Musik bin ich nicht sehr bewandert, und die Grundlagen dieser Wissenschaft sind mir zuwenig vertraut, als dass ich Ihre diesbezüglichen Entdeckungen beurteilen könnte. Das, was Sie in Ihrem Brief – wenngleich nur flüchtig – berühren, scheint wirklich hervorragend zu sein. Doch wenn ich Ihre Abhandlung selbst gesehen haben werde, die Sie über die Prinzipien der Harmonie veröffentlichen wollen, hoffe ich, dass mir daraus ein helleres Licht aufleuchtet zu tieferer Einsicht in die Vortrefflichkeit Ihrer Entdeckungen ...»

Allerdings hat sich Johann auch später nicht mehr dazu geäussert. Daniel hingegen, der Eulers Brief an den Vater natürlich auch gelesen hat, schrieb seinem Freund (mit der väterlichen Post) recht offen mit einem Schuss Skepsis («Originaldeutsch» von Daniel Bernoulli):

«... Dero *opus musicum* wird auch sehr curios sejn: doch aber zweiffle ich daran, ob die *musici* dero temperatur wurden annemmen; dass der *terminus generalis* $2^n \times 3^m \times 5^p$ alle *tonos fere, ut sunt recepti*, gebe, ist vielleicht nicht anderst als eine observation zu betrachten. In der music glaub ich nicht dass am meisten auff eine *harmonia perfectissima* reflectiert werde, weilen man doch mit dem gehör ein comma nicht distinguieren kan. Gesetzt die *progressio geometrica*[141] gebe die *tonos* so accurat, dass dieselbe eine *proportionem simplicem* nicht zwar accurat sondern nur *quoad sensum* accurat geben, so wurde dieselbe zu praeferieren [sejn], wegen der transposition und anderen vortheilen.»

Euler fühlt sich aber seiner Sache sicher und repliziert (5. Mai 1739):

«... Meine Theoria ist durch den Druck schon fast zu Ende gebracht; was ich von dem *Termino Generali* $2^n \cdot 3^3 \cdot 5^2$ gemeldet, ist nicht nur eine Observation, sondern kommt mit der neuesten und probatesten Temperatur so genau überein, dass nur der Clavis *B* ein wenig different ist ... Wann also in der recipierten Art nur der Ton *B in ratione* 128:125 tiefer gemacht wird, so komt dieselbe mit der wahren Harmonie überein. Dadurch wird zugleich das vom Mattheson angeführte *inconveniens*[142] völlig gehoben, und das *intervallum Cs:B* in eine *Sextam majorem* verwandelt, welches sonsten einer *septimae minori* näher käme. Übrigens ist die Eintheilung *secundum progressionem geometricam* schon ausgemustert, weil sie alzuviel abweicht von den wahren Consonantien ...»

Doch Daniel ist zäh, und es zeugt von echt wissenschaftlichem Geist im besten Sinne des Wortes, wenn er (28. Januar 1741) nach St. Petersburg meldet:

«... Ich habe mir vorgenommen mit dem hiesigen Hr. Pfaff[143] (der ein vortrefflicher Musikus ist) einen flügel so ich habe auff dero vorgeschriebene manier stimmen zu lassen: er aber zweiffelt dass solches einen guten effect thun werde, und müsse man nicht, sagt er, auff die harmonie allein achtung geben, sonderlich wan es *de differentiis sonorum imperceptibilibus* zu thun ist.»

Bedauerlicherweise haben wir keine Kunde vom Ausgang dieses Experiments – Daniel Bernoulli hat sich im Verlauf des Briefwechsels nicht mehr zu diesem Stimmungsproblem geäussert. Diese Lücke versucht hier nun Beatrice Bosshart zu schliessen, indem sie die von Daniel Bernoulli versprochenen «Experimente» auf ihrem Cembalo ausgeführt hat und dem strittigen Sachverhalt auch theoretisch auf den Grund gegangen ist. Hier ihr Rapport:

Wenn D. Bernoulli der Stimmung Eulers die Funktion einer Wohltemperierung etwa im Sinne Werckmeisters, d.h. als einer Fixstimmung des Clavirs, zugeschrieben hätte, die

«ein kleiner Abschnitt [Verminderung] von der Vollkommenheit des Verhalts im Zusammen-Klange, wodurch die Fortschreitung von einer Stuffe auf die andre füglich eingerichtet und das Ohr vergnüget wird»

sein soll, so «täte diese wahrlich einen schlechten effect», wie der praktische Musiker Pfaff zu Recht feststellt. Denn die Quinte *D–A* vom Wert 40:27 ist um ein syntonisches Komma 81:80 zu klein, was vor allem im Zusammenklang trotz der vielfach seit Ptolemäus überlieferten, von Mattheson und Rameau zwar richtiggestellten Meinung, «dass man ein Komma nicht unterscheiden könne», für praktische Zwecke bei Quinten unerträglich ist. Versucht man etwa ein in *C-Dur* geschriebenes Stück aus der Zeit Eulers in dessen Stimmung zu spielen, so wird man spätestens am Ende des ersten Abschnitts,

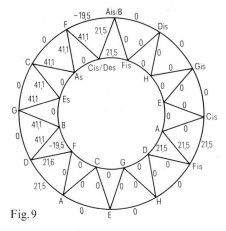

Fig. 9

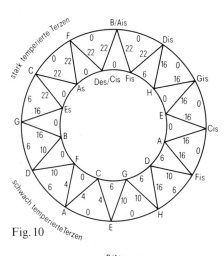

Fig. 10

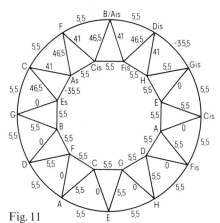

Fig. 11

Fig. 9–11
Abweichungen von den reinen Intervallen in Cent. Positive Werte für zu grosse grosse Terzen, zu kleine Quinten, zu kleine kleine Terzen.

Fig. 9
zeigt die mitteltönige Stimmung der Renaissance, die lange Zeit – für Orgeln manchmal bis ins 19. Jahrhundert hinein – mit Abwandlungen die gebräuchliche Temperatur für Tasteninstrumente war. Sie entsteht durch die Abfolge von elf um $\frac{1}{4}$ des syntonischen Komma (5,5 Cent) verminderte im Quintenzirkel angeordnete Quinten, so dass acht reine grosse Terzen entstehen. Die letzte Quinte, die Wolfsquinte, ist um 35,5 Cent zu gross. Die mitteltönige Stimmung hat acht aufeinanderfolgende gut klingende Dur-Dreiklänge (Dreiecke mit Grundlinie auf dem inneren Kreis) bzw. sieben ebensolche Moll-Dreiklänge (Dreiecke mit Grundlinie auf dem äusseren Kreis). Die übrigen Dreiklänge mit ihren viel zu grossen grossen Terzen sind nicht mehr brauchbar.

Fig. 10
zeigt die in der Orgeltemperatur Werckmeisters deutliche Tendenz, entsprechend den neuen Bedürfnissen der Barockmusik möglichst alle Dreiklänge – wenn auch nur bedingt – spielbar zu machen und den Wolf zu beseitigen. Dies geht auf Kosten der Reinheit der grossen Terzen der guten Tonarten der mitteltönigen Stimmung. Noch gibt es Dreiklänge verschiedener Reinheit.

Fig. 11
stellt das *genus diatonico-chromaticum* L. Eulers dar, welches zwölf reine und zwölf stark unreine Dreiklänge besitzt. Man vergleiche deren Lage mit den unreinen Dreiklängen der Temperatur Werckmeisters. Doch wäre vor allem die um 21,5 Cent zu kleine Quinte *D–A*, welche die Reihe der reinen Dreiklänge empfindlich stört, der Musikpraxis hinderlich.

der auf der Dominante *G-Dur* kadenziert, auf einen unerträglichen *D-Dur*-Akkord fallen.

Um die Stimmung Eulers übersichtlich im Hinblick auf die zeitgenössische Musikpraxis mit anderen vergleichen zu können, sei sie mit dem folgenden Quinten-Terzen-Zirkel (Fig. 11) wiedergegeben:

Die Dreiecke mit der Basis auf dem inneren Kreis und der Spitze auf dem äussern stellen die im gewöhnlichen Quintenzirkel angeordneten Dur-Dreiklänge dar, die komplementären mit der Basis auf dem äusseren Kreis die Dreiklänge der jeweils dazu parallelen Molltonarten. Zwischen den einzelnen Tönen sind die Abweichungen von den entsprechenden reinen Intervallen in Centwerten angegeben (100 Cent entsprechen einem gleichschwebend temperierten Halbtonintervall). Sie sind hier positiv für zu kleine Quinten, zu grosse grosse Terzen und zu kleine kleine Terzen. Für die gleichschwebend temperierte Stimmung sind diese in der obenstehenden Reihenfolge 2, 14 und 16 Cent. Werckmeisters Temperatur (Fig. 10) – als paradigmatisches Beispiel einer Wohltemperierung – zeigt die Terzencharakteristik der praktischen, nicht gleichschwebenden, im 18. Jahrhundert üblichen Temperaturen. Betrachtet man die mitteltönigen Quinten (696.6 Cent) und die gleichschwebend temperierten grossen Terzen (400 Cent) als Richtwerte des noch Erträglichen, so schneidet die Stimmung Eulers hinsichtlich der Anzahl der brauchbaren Dur/Moll-Dreiklänge noch schlechter ab als die mitteltönige Stimmung (Fig. 9). Doch vor allem ist es die Lage der unreinen Quinte *D–A* im Zirkel, die die Bewegungsfreiheit durch abrupten Übergang von reinen zu stark unrein klingenden benachbarten Dreiklängen einengen.

Nun ist die Stimmung Eulers nicht als Wohltemperierung für praktische Zwecke gedacht, sondern als das einfachste *genus musicum* unter anderen, besseren, aber komplizierteren, mit Hilfe dessen Strukturen zeitgenössischer Musik aus den «wahren (harmonikalen) Prinzipien» der Musik einigermassen unter Einbeziehung einer Toleranzgrenze der Sinneswahrnehmung (1 Komma) in einer Art «musikalischer Naturwissenschaft» erklärt, illustriert und eventuell sogar verbessert werden sollen. (Soweit Beatrice Bosshart.)

Hinzuzufügen wäre, dass der Ton *B* Eulers in seiner chromatischen Skala (cf. den Brieftext *supra* und Anm. 140) besser mit *Ais* benannt würde. Dadurch ergäbe sich auch – wie es sein muss – die Übereinstimmung mit dem Quintenzirkel: zu *A–E–H–Fis* gehören die reinen grossen Terzen *Cis–Gis–Dis–Ais*, und nur damit ist die Folge der reinen Quinten stringent, denn *Ais–F* ist keine Quinte mehr. Somit gibt es bei Euler nur zwei falsche Quinten, nämlich *D–A* und *Fis–Cis* (mit 680 Cent), und es erhellt, warum bei Euler beispielsweise *B-Dur* nicht spielbar ist: weil es gar keinen Ton *B* gibt und somit von *C* aus auch keine kleine Septime.

Zusammenfassend lässt sich feststellen, dass Eulers Tonsystem recht ähnlich demjenigen Keplers[144] ist, doch sei dahingestellt, ob der grosse Basler «sich aus heutiger Sicht quasi als Goetheaner erweist», nur weil er stets vehementer Gegner der gleichschwebenden Temperatur geblieben ist[145]. Vielmehr – so scheint es uns – entsprang die Idee zu einem neuen Tonsystem einem metaphysisch-mathematischen Bedürfnis, das heisst Eulers Liebe zur Zahl – und zur Musik!

Anmerkungen

1   Über den Anteil von Jakob Bernoulli an der Mitentdeckung und Ausgestaltung der Infinitesimalrechnung cf. J.E. Hofmann, *Über Jakob Bernoullis Beiträge zur Infinitesimalmathematik*, Monographies de *L'Enseignement mathématique*, no 3, Genève 1956.
Johann Bernoullis entsprechende Verdienste sind gewürdigt etwa in O. Spiess, *Der Briefwechsel von Johann Bernoulli*, Bd.1, Basel 1955, speziell in der Einleitung; ferner im *Dictionary of Scientific Biography* (hier und im folgenden mit *DSB* abgekürzt), New York 1970ff., Vol.II, p.51–55, Artikel *Johann Bernoulli* (von E.A. Fellmann und J.O. Fleckenstein).

2   Ein Stammbaum der *Mathematiker* Bernoulli soll die Lektüre erleichtern. Biographische Hinweise auf die diversen Bernoulli finden sich in den in Anm. 1 angegebenen Werken.

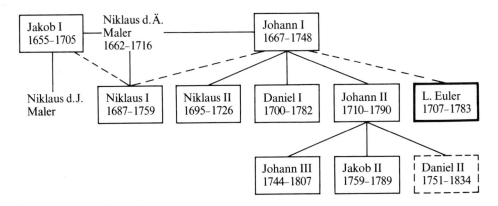

3   Die *Acta eruditorum* (kurz als *AE* zitiert) sind nach dem Vorbild des französischen *Journal des Sçavans* und der englischen *Philosophical Transactions* (beide 1665 gegründet) konzipiert und sind für die Geschichte der Wissenschaften von grosser Wichtigkeit. Die Zeitschrift wurde von Otto Mencke 1682 gegründet und von G.W. Leibniz wesentlich gestützt. Sie erschien ab 1732 als *Nova acta eruditorum (NAE)* bis 1776 und umfasst mit allen Supplementen 117 Bände. Ausser Leibniz zählten viele andere berühmte Mathematiker zu ihren Mitarbeitern wie Jakob und Johann Bernoulli, Huygens, Tschirnhaus, de L'Hôpital, Varignon, Ch. Wolff, Daniel und Niklaus I Bernoulli, Lalande, Riccati, Kästner, Lambert und Tetens. Auch Euler hat einige Abhandlungen in den *AE* bzw. *NAE* publiziert.

4   «... *a cuius sagacitate et acumine maxima quaeque nobis pollicemur, postquam vidimus quanta facilitate et solertia in adyta sublimioris Geometriae nostro auspicio penetravit.*» (Johann Bernoulli, *Opera*, Lausanne und Genf 1742, Bd.II, p.616.)

5   *Doctissimo atque ingeniosissimo Viro Juveni Leonhardo Eulero.* Brief vom 9.Januar 1728 (R.191).

6   *Clarissimo atque doctissimo Viro Leonhardo Eulero.* Brief vom 18.April 1729 (R.194).

7   *Viro Clarissimo ac Mathematico longe acutissimo Leonhardo Eulero.* Brief vom 2. April 1737 (R. 201).

8   *Viro incomparabili Leonhardo Eulero Mathematicorum Principi.* Brief vom 23. September 1745 (R. 226).

9   Euler scheint sich in Russland rasch und gut eingelebt zu haben und nicht so sehr – wie etwa Jakob Hermann – dem Basler Heimweh unterworfen gewesen zu sein. In seinem Brief, den er am 25. Mai 1734 an seinen Vater nach Basel schrieb, ist sogar ein gewisser Groll nicht zu überhören (die Orthographie ist beibehalten):

«... Sollten wir allhier Kinder bekommen, so werden dieselben gleich als Bürger des hiesigen Reiches angesehen. Und würden schwerlich jemals werden Lust haben noch Erlaubnuss bekommen sich in Basel zu etablieren. Dann Leute so hier aufgezogen worden, können sich unmöglich an einen andern Ort am allerwenigsten aber nach Basel schicken. Hieher sucht man mit allem Fleisse Leute herzuziehen, und thut ihnen allen Vorschub zu einem ehrlichen auskommen. Wer wollte dann noch Gelt geben, dass er in Basel frey darben dorfte ...»

Dennoch bemühte sich Euler später stets (sein erster Sohn Johann Albrecht wurde am 27. November 1734 geboren), alle seine Kinder in Basel einbürgern zu lassen. Übrigens zeigte sich die Stadt Basel ihrem grossen Sohn gegenüber schon damals keineswegs so gleichgültig: nach Johann Bernoullis Tod (1748) berief man ihn als dessen Nachfolger auf den mathematischen Lehrstuhl. Dass Euler ablehnte, ist angesichts seiner hohen Position in der Preussischen Akademie und seines Wirkungskreises in der «grossen Welt» verständlich. Auch der Verlockung, seine Eltern, den verehrten greisen Lehrer Johann und den Freund Daniel Bernoulli, in Basel zu besuchen, musste er widerstehen. Johann Bernoulli schrieb Euler am 1. September 1741, nachdem dieser sein neues Domizil in Berlin bezogen hatte (Übersetzung aus dem Lateinischen): «... Übrigens war es höchst erfreulich, Ihrem neuesten, von Berlin datierten und vorgestern erhaltenen Brief entnehmen zu können, dass Sie mit Ihrer Familie am neuen Domizil sehr glücklich angekommen sind. Dazu gratuliere ich Ihnen herzlich und wünsche sehr, dass alles ganz nach Ihrem Sinn herauskommen wird. Aber ich beglückwünsche auch mich selbst, dass Sie uns näher gekommen sind und dadurch die künftige Hoffnung aufleuchtet, dass Sie irgend einmal einen Ausflug hierher machen, um die Eltern und die Freunde zu begrüssen. Dass dies noch vor meinem Tod geschehen möge, ist mein brennendster Wunsch ... Nun bleibt mir für diesmal nichts weiter übrig, als Sie, höchst ersehnter Freund, aus der Ferne im Geiste zu küssen, bis ich dies – wenn es Gott gefällt – aus der Nähe tun kann. Leben Sie wohl, wieder und wieder.» Euler konnte nicht kommen, und als er 1751 – nach dem Tod seines Vaters – die Mutter nach Berlin nahm und sie in Frankfurt abholte, verzichtete er auch auf einen Abstecher nach Basel.

10 *Meditationes super problemate nautico ...*, Paris 1728 (E. 4/O. II, 20).

11 Die weitverbreitete (auch von mir früher kolportierte) Meinung, dass Eulers Arbeit von der Akademie mit einem *Accessit* (was dem 2. Preis entspricht) bedacht worden sei, ist falsch. Sie geht auf die berühmte Lobrede auf Euler von N. Fuss (*BV* Fuss, 1783) zurück. Das *Accessit* wurde der Arbeit von Ch. E. L. Camus, *De la mâture des vaisseaux*, zugesprochen. Den ersten Preis erhielt der Physiker Pierre Bouguer (1698–1758), später ein Korrespondent Eulers.

12 Übersetzung nach O. Spiess (*BV* Spiess, 1929).

13 *Dissertatio physica de sono ...*, Basel 1727 (E. 2/O. III, 1).

14 Die Besetzung einer Professur ging damals etwa folgendermassen vor sich: Die Anwärter hatten eine Dissertation – wir würden heute Habilitationsschrift sagen – einzureichen und in öffentlicher Disputation eine oder mehrere Thesen zu verteidigen. Durch ein recht umständliches Eliminationsverfahren wurden dann drei Kandidaten ermittelt, zwischen denen schliesslich das Los entschied. Auf diese Weise sollte dem Nepotismus vorgebeugt werden. Dieses Prozedere ist gar nicht so übel, wie es auf den ersten Blick scheinen könnte, denn die Behörden brauchten sich in Ausnahmefällen nicht daran zu halten.

15   Christian Goldbach (1690–1764) stammte aus Königsberg und wurde Diplomat am Hof Peters des Grossen. Von ihm stammt die berühmt gewordene, 1742 ausgesprochene, bis heute jedoch unbewiesene Vermutung, dass jede gerade natürliche Zahl $n > 4$ als Summe zweier ungerader Primzahlen darstellbar ist. Mit Goldbach pflegte Euler während 35 Jahren einen äusserst regen und fruchtbaren Briefwechsel. Cf. *BV* Juškevič und Kopelevič, 1983.

16   Cf. *Leonhard Euler und Christian Goldbach, Briefwechsel 1729–1764,* ed. A.P. Juškevič und E. Winter, Berlin 1965, p. 4.

17   Cf. *BV* Spiess, 1929, p. 54.

18   Cf. *BV* Winter, 1958.

19   Cf. *BV* Juškevič/Winter, 1959, Briefwechsel I.

20   Cf. den Beitrag von René Bernoulli im vorliegenden Band.

21   Die Akademie wurde während des Zweiten Schlesischen Krieges am 24. Januar 1744 – an Friedrichs Geburtstag – offiziell eröffnet.

22   Cf. István Szabó, *Geschichte der mechanischen Prinzipien und ihrer wichtigsten Anwendungen,* 2. Aufl., Basel 1979, p. 211ff.

23   Euler hatte dieses Werk bereits 1739 in Petersburg beendet.

24   Im Gegensatz etwa zum kongenialen C.F. Gauss (1777–1855), der die Pointen seiner grossen Entdeckungen gemäss seiner Maxime *pauca sed matura* in konzentrierter, brillanter Klarheit formuliert, jedoch die Papierkörbe voller Skizzenblätter den Leser höchstens erahnen lässt.

25   Der Streit ist schon des öftern meisterlich geschildert worden, so in J.H. Graf, *Geschichte der Mathematik und der Naturwissenschaften in Bernischen Landen,* 3. Heft, 1. Abt., Bern, Basel 1889, speziell p. 35ff.; J.O. Fleckenstein in O. II, 5, p. VII–XLVI, sowie in I. Szabó (cf. op. cit., Anm. 22), p. 86ff.

26   Cf. *BV* Spiess, 1929, p. 164ff.

27   Iso Müller, *Geschichte des Abendlandes,* Bd. 2, Zürich, Köln [8]1966, p. 201.

28   Euler verfasste 1747 eine theologische Streitschrift mit dem Titel *Rettung der göttlichen Offenbarung gegen die Einwürfe der Freygeister* (E. 92/O. III. 12).

29   Brief Friedrichs an d'Alembert vom 26. Juli 1766: «... und Ihren Bemühungen sowie Ihrer Empfehlung verdanke ich es, dass bei meiner Akademie der einäugige Messkünstler durch einen andern, der seine zwei Augen hat, ist ersetzt worden: welches besonders der anatomischen Klasse sehr behagen wird. ... Herr Euler, der in den grossen und den kleinen Bären ganz verliebt ist, hat sich näher nach Norden hinverfügt, um sie mit mehr Gemächlichkeit zu beobachten. Ein Schiff, das seine $x - z$ und seine kk geladen hatte, hat Schiffbruch gelitten; alles ist verloren gegangen: welches zu beklagen steht, weil daraus sechs Folianten mit Abhandlungen, voll von Zahlen von Anfang bis zu Ende, hätten können angefüllt werden, und itzt wahrscheinlich Europa dieser anmutigen Lektur wird beraubt bleiben.» (Friedrichs des Zweiten[,] Königs von Preussen[,] hinterlassene Werke, Bd. 11, Berlin 1789, p. 13f.)

30   Währungsmässig war das Verhältnis Taler zu Rubel etwa 16:5.

31   Cf. *BV* Pekarskij, 1870–1873 (Anhang).

32   Anders Johan Lexell (1740–1784), schwedischer Astronom und Mathematiker, trat 1783 Eulers Nachfolge als Professor der Mathematik an (cf. *DSB* 8, p. 294f.).

33   Nicolaus Fuss (1755–1826), Mathematiker, war seit 1776 ordentliches Mitglied und ab 1800 ständiger Sekretär der Petersburger Akademie. Auf ihn geht die in Anm. 11 angeführte «Lobrede auf Herrn Leonhard Euler» zurück. Sie ist abgedruckt in O. I, 1.

34   Dieudonné Thiébault (1733–1807), Professor der allgemeinen Grammatik und Mitglied der Berliner Akademie, kehrte 1785 nach Frankreich zurück.

35   Pierre Simon (de) Laplace (1749–1827) war einer der wichtigsten Mathematiker und Physiker nach Euler. Auf dessen Grundlagen schuf er mit Gauss die Potentialtheo-

rie. Sein *Traité de mécanique celeste* (Bd. 1 erschien 1799, Bd. 5 1825) gilt noch heute als vollendete Darstellung der klassischen Himmelsmechanik (Störungstheorie). Die partiellen Differentialgleichungen, deren Lösungen Potentialfunktionen sind, tragen Laplaces Namen. Eine bekannte kosmogonische Theorie wird mit Kant-Laplace-Theorie bezeichnet; durch diese «unglückliche Heirat» wurde dem grossen Königs-berger Philosophen zuviel der Ehre angetan, und Laplace hätte sich vermutlich von dieser postum vollzogenen Liaison deutlich distanziert.

36 Bernhard Riemann (1826–1866) erwies sich durch seine Hauptwerke über die Grundlagen der komplexen Funktionentheorie, über die Darstellbarkeit von Funk-tionen mittels trigonometrischer Reihen, über die partiellen Differentialgleichungen der Physik und über die Grundlagen der Geometrie als Stern erster Grösse nach Gauss. Sein Einfluss auf die Entwicklung des mathematischen Denkens der Folge-zeit kann nicht überschätzt werden; er ist heute noch spürbar, nicht zuletzt durch Riemanns Arbeiten über Abelsche Funktionen, über die hypergeometrische Reihe sowie über analytische Zahlentheorie.

37 G. A. Kästner, *Geschichte der Mathematik*, 4 Bände, Göttingen 1796–1800; neu ediert von J. E. Hofmann, Hildesheim 1970 (mit Vorwort und Register). – Kästner (1719–1800) wurde 1746 auf den Lehrstuhl für Mathematik in Leipzig berufen und folgte 1756 einem Ruf nach Göttingen, wo er auch die Sternwarte, die später Gauss übernehmen sollte, leitete.

38 C. G. J. Jacobi (1804–1851) hat fast in allen mathematischen Forschungsgebieten Bedeutendes vollbracht. An analytischer Kraft, Gewandtheit und Ideenreichtum ist er Euler vergleichbar. Seine Hauptleistung war die Begründung der Theorie der elliptischen Funktionen im moderneren Sinne (cf. Ch. J. Scriba in *DSB* 7, p. 50–55).

39 Henri Poincaré (1854–1912) galt um die Jahrhundertwende als unbestrittener Hauptrepräsentant der französischen Mathematik. Neben der reinen Mathematik befasste er sich intensiv mit Astronomie, Kosmogonie und den meisten Gebieten der theoretischen Physik. In der (speziellen) Relativitätstheorie ist Poincaré einer der Vorgänger Albert Einsteins.

40 Der Briefwechselband Euler–Clairaut, d'Alembert, Lagrange liegt seit 1980 gedruckt vor in O. IV A, 5.

41 Cf. den Beitrag von D. Laugwitz in diesem Band sowie *BV* Laugwitz, 1976 und 1978.

42 Cf. *BV* Juškevič, 1966, deutsch 1972, p. 22 ff.

43 Überzeugende Beispiele dafür finden sich in der vorzüglichen Arbeit von J. E. Hofmann, *Um Eulers erste Reihenstudien* (*BV* Sammelband Schröder, 1959).

44 P. L. Čebyšev (1821–1894), der Begründer der russischen Mathematikerschule, schreibt 1849 Euler die Priorität zu. In diesem Zusammenhang verweise ich auf die hervorragende Studie von A. Weil, *Two Lectures on Number Theory*, L'Enseigne-ment Mathématique 20, fasc. 1–2, p. 105. – Diese Entwicklungen gipfelten in der Klassenkörpertheorie. Für die allgemeine Form des Reziprozitätsgesetzes der höhe-ren Potenzreste gab I. R. Šafarevič (1950) eine gültige Darstellung. Cf. S. J. Borevič, I. R. Šafarevič, *Zahlentheorie*, übersetzt von H. Koch, Basel 1966, Kap. V, Schluss.

45 O. I, 2, p. 314.

46 O. I, 4, p. 245.

47 Cf. Brief Eulers an Béguelin vom Mai 1778, auszugsweise abgedruckt in O. I, 3, p. 418–420. Hier legte Euler das Problem der *numeri idonei* (ohne Beweise) klar und ausführlich dar.

48 *Fundamenta nova theoriae functionum ellipticarum*, Königsberg 1829.

49 G. Cramer, *Introduction à l'analyse des courbes algébriques*, Genève 1750. – Das Paradoxon findet sich schon bei Colin Maclaurin, *Geometria organica sive descriptio linearum curvarum universalis*, London 1720, p. 135–137. (Cf. den Beitrag von P. Speziali im vorliegenden Band.)

50 Es ist ein weitverbreitetes Märchen, Euler habe die «Algebra» unmittelbar nach seiner Erblindung in St. Petersburg zur Selbstkontrolle verfasst bzw. seinem *Adlato*

in die Feder diktiert. Erstens hatte Euler eine solche «Selbstkontrolle» in keiner Weise nötig, und zweitens erblindete er völlig erst nach der Staroperation 1771 (cf. den Beitrag von R. Bernoulli im vorliegenden Band), als das Buch schon mehrfach gedruckt war. Drittens finden sich im Text der «Algebra» einige Stellen, die als Hinweise auf die Abfassungszeit gedeutet werden können:
1. Im Kapitel 23 (1. Teil, 1. Abschn.), *Von der Art die Logarithmen vorzustellen*, wird im § 243 die Dezimalschreibweise anhand des Zahlenbeispiels **1765** erläutert. Diese Zahl schreibt Euler am Schluss des Paragraphen in Worten aus (cf. O. I, 1, p. 87).
2. Im Kapitel 4 (1. Teil, 3. Abschn.), *Von der Summation der arithmetischen Progressionen*, wird im § 421 die Summe der ersten n natürlichen Zahlen $S_n = n(n+1)/2$ berechnet. Als Zahlenbeispiel wählt Euler $n = $ **1766** (cf. O. I, 1, p. 158).

51   Ansprechend für den modernen Leser ist die sprachlich revidierte Reclam-Ausgabe: L. Euler, *Vollständige Anleitung zur Algebra*, ed. von J. E. Hofmann, Stuttgart 1959 (Reclams Universalbibliothek 1802–06/06 a–c).

52   Sie erschienen in den Jahren 1689–1704 in Basel als selbständige Schriften und wurden 1744 in Jakob Bernoullis *Opera* wieder abgedruckt (cf. hier Anm. 54). Leicht zugänglich sind sie in der deutschen Übersetzung von G. Kowaleski (*Ostwalds Klassiker der exakten Wissenschaften*, Nr. 171, Leipzig 1909).

53   Cf. Anm. 3.

54   Jakob Bernoulli, *Opera*, Genf 1744, Bd. 1, p. 398.

55   In ihrer einfachsten Gestalt heisst sie

$$\sum_0^n f(v) = \int_0^n f(x)\,dx + \frac{1}{2}\left(f(0)+f(n)\right) + \int_0^n \left(x-[x]-\frac{1}{2}\right)f'(x)\,dx\,.$$

Colin Maclaurin fand die Formel wenige Jahre später unabhängig von Euler.

56   Mit nicht geringem Stolz teilt Bernoulli in seinem Brief vom 2. April 1737 Euler die Resultate

$$S_4 = \frac{\pi^4}{90} \quad\text{und}\quad S_6 = \frac{\pi^6}{945}$$

mit, was Euler freundlich mit der Korrektur eines Schreibfehlers (Bernoulli schrieb bei S_6 im Nenner 940) und mit weiterführenden Resultaten quittierte:

$$S_8 = \frac{\pi^8}{9450}\,, \qquad S_{10} = \frac{\pi^{10}}{93555}\,, \qquad S_{12} = \frac{691\,\pi^{12}}{N}\,,$$

wobei er den Nenner der letzten Summe nicht mehr ausschreibt, jedoch nachdrücklich darauf hinweist, dass «die Nenner zwar einem gewissen Gesetz zu folgen scheinen, die Zähler jedoch bis dahin [gemeint ist bis S_{10}] nur zufällig $= 1$ gewesen» seien, «denn die Summe S_{12} hat 691 im Zähler». – Eulers verschiedene Methoden zur Bestimmung von S_2 sind übersichtlich dargestellt in der Arbeit von O. Spiess (*BV* Spiess, 1945). In diesem Zusammenhang sei vermerkt, dass sich Euler natürlich auch an der Zetafunktion ungerader Argumente versucht hat, doch gestand er Bernoulli im oben zitierten Brief schlicht: «... Die ungeraden Potenzen kann ich nicht summieren, und ich glaube nicht, dass ihre Summe von der Kreisquadratur abhängt» (Übersetzung EAF).

57   Erst in jüngster Zeit wurde der Irrationalitätsbeweis von ζ (3) geleistet (R. Apéry, H. Cohen, F. Beukers u. a.). – In diesem Zusammenhang danke ich Herrn Prof. Werner Schaal, Marburg, für bibliographische Angaben (cf. *BV* Poorten, v. d. 1979).

58   In seinem Brief vom 31. August 1740 an Euler gelangte Bernoulli (mittels eines Theorems, über das er schon Jahrzehnte zuvor mit Leibniz korrespondiert hatte) zu den beachtlichen Teilresultaten

$$\sum_{1}^{10^6} \frac{1}{x} \cong 14.392\,726\,722\,865\,723, \qquad \sum_{1}^{10^7} \frac{1}{x} \sim 16\,\frac{2}{3} \quad \text{und} \quad \sum_{1}^{10^8} \frac{1}{x} \sim 19,$$

woraus das Wachstumsgesetz bereits ersichtlich ist: Wächst die Gliederzahl um das Zehnfache, so nimmt die Summe um den natürlichen Logarithmus von 10 zu.

59   Diese Zahlen sind nach Jakob Bernoulli benannt. Erstmals treten sie in dessen *Ars conjectandi* (1713), p. 97, auf. Bernoulli führte sie zur Bestimmung von

$$\sum_{k=1}^{n} k^p$$

in die Analysis ein, berechnete jedoch bloss die ersten fünf. Modern ausgedrückt, doch im Sinne Bernoullis, handelt es sich dabei um die eindeutig bestimmten, von k und m unabhängigen Zahlen B_v derart, dass

$$\sum_{q=1}^{m-1} q^k = \frac{1}{k+1} \sum_{p=0}^{k} \binom{k+1}{p} B_p\, m^{k+1-p} \qquad (k=0,1,2,\dots;\; m=1,2,\dots).$$

Da diese B_v durch die Gleichungen

$$B_0 = 1\,; \qquad \sum_{v=0}^{n-1} \binom{n}{v} B_v = 0 \qquad (n \geq 2)$$

rekursiv definiert werden können, sind sie sämtlich rational. Ferner ergeben sich alle B.Z. mit ungeradem Index als Null, d.h. $B_{2n+1} = 0$ für $n \geq 1$, wie man aus dem Ansatz der *erzeugenden Funktion*

$$\frac{x\,e^x}{e^x - 1} = \sum_{v=0}^{\infty} B_v \frac{x^v}{v!} = B_0 + B_1 x + B_2 \frac{x^2}{2!} + B_3 \frac{x^3}{3!} + \cdots \qquad (0 < |x| < 2\pi)$$

entnehmen kann. Es gehört zu Eulers Glanzleistungen, den Zusammenhang der speziellen Riemannschen Zetafunktion mit den *Bernoullischen Zahlen*, der sich in der Gleichung

$$\zeta(2n) = \sum_{k=1}^{\infty} \frac{1}{k^{2n}} = \sum_{k=1}^{\infty} \left(\frac{1}{k}\right)^{2n} = \frac{(-1)^{n+1}(2\pi)^{2n}}{2\,(2n)!} B_{2n} \qquad (n=1,2,\dots)$$

ausdrückt, aufgespürt zu haben. Euler berechnete die ersten fünfzehn nicht verschwindenden *Bernoullischen Zahlen*, die er sämtlich positiv angab:

$$\left[1, \frac{1}{2}\right], \frac{1}{6}, \frac{1}{30}, \frac{1}{42}, \frac{1}{30}, \frac{5}{66}, \frac{691}{2730} \quad \text{usw.}$$

Die 15. B.Z. hat einen 13stelligen Zähler und einen 5stelligen Nenner. (Cf. L. Saalschütz, *Vorlesungen über die Bernoullischen Zahlen*, Berlin 1893, p. 207, Tabelle.) In diesem Zusammenhang sei darauf hingewiesen, dass in der Literatur – so auch bei Saalschütz – häufig B_n statt $(-1)^{n-1} B_{2n}$ geschrieben wird, so dass nach der ersteren Schreibweise alle B.Z. (nach Jakob Bernoullis Ansatz) positiv erscheinen. Auch Euler ist dieser Praxis gefolgt.

60   Einige der bekanntesten und einfachsten Potenzreihen sind die folgenden:

$$e^x = 1 + \frac{x^1}{1!} + \frac{x^2}{2!} + \frac{x^3}{3!} + \frac{x^4}{4!} + \cdots$$

Diese Reihe liefert als Spezialfall für $x = 1$ den bekannten Wert für $e = 2,71828\ldots$;

$$\sin x = x - \frac{x^3}{3!} + \frac{x^5}{5!} - \frac{x^7}{7!} + \frac{x^9}{9!} - + \cdots \ ;$$

$$\cos x = 1 - \frac{x^2}{2!} + \frac{x^4}{4!} - \frac{x^6}{6!} + \frac{x^8}{8!} - + \cdots \ ;$$

$$\operatorname{arc\,tg} x = x - \frac{x^3}{3} + \frac{x^5}{5} - \frac{x^7}{7} + - \cdots \qquad (|x| \leq 1),$$

und als Spezialfall ($x = 1$) erhält man die «Leibniz-Gregory-Reihe»

$$\frac{\pi}{4} = 1 - \frac{1}{3} + \frac{1}{5} - \frac{1}{7} + \frac{1}{9} - + \cdots \ ;$$

$$\ln(1+x) = x - \frac{x^2}{2} + \frac{x^3}{3} - \frac{x^4}{4} + \frac{x^5}{5} - + \cdots \qquad (-1 < x \leq 1).$$

61   So benannt nach dem Mathematiker Jean Baptiste Joseph Fourier (1768–1830). Er war zunächst Professor für Mathematik an der Kriegsschule von Auxerre, seit 1795 an der *Ecole Polytechnique* in Paris. 1795 begleitete er Napoleon Bonaparte nach Ägypten und leitete als Sekretär das neugegründete wissenschaftliche Institut in Kairo. Nach der Rückkehr in die Heimat wurde er 1802 Präfekt des Departements Isère. Dieses Amt bekleidete er bis 1815. Da er sich dem zurückgekehrten Napoleon gegenüber loyal verhielt, fiel er nach dessen Verbannung bei den Bourbonen in Ungnade. Erst 1822 erhielt er wieder ein öffentliches Amt, wurde Sekretär der Akademie und 1827 der Nachfolger von Laplace als Präsident des Rats der *Ecole Polytechnique*. Sein grösstes wissenschaftliches Verdienst erwarb er sich auf dem Gebiet der Physik mit einer analytischen Theorie der Wärmeausbreitung (*Théorie analytique de la chaleur*, 1822), wobei er als mathematisches Hilfsmittel die oben erwähnten trigonometrischen Reihen entwickelte und benutzte, anscheinend ohne von Eulers Arbeiten auf diesem Gebiet Kenntnis gehabt zu haben. (Cf. *DSB* 5, p. 93ff., sowie den Beitrag von I. Grattan-Guinness im vorliegenden Band.)

62   Cf. Briefwechsel Euler-Goldbach (hier Anm. 16), p. 95 und 200 FN 2.

63   Als Beispiele von konvergenten unendlichen Produkten seien hier angeführt:

$$\frac{\pi}{2} = \frac{2}{1} \cdot \frac{2}{3} \cdot \frac{4}{3} \cdot \frac{4}{5} \cdot \frac{6}{5} \cdot \frac{6}{7} \cdots \qquad \text{(Wallis)}$$

$$\frac{2}{\pi} = \sqrt{\frac{1}{2}} \ \sqrt{\frac{1}{2} + \frac{1}{2}\sqrt{\frac{1}{2}}} \ \sqrt{\frac{1}{2} + \frac{1}{2}\sqrt{\frac{1}{2} + \frac{1}{2}\sqrt{\frac{1}{2}}}} \cdots \qquad \text{(Viète)}.$$

Dieses Produkt ist übrigens der älteste bis heute bekannte rein analytische Ausdruck für π, wenigstens was die abendländische Mathematik anbelangt. François Viète kam spätestens 1590 im Zusammenhang mit der Kreisberechnung auf diese Produktformel.

64 Euler selbst berechnete die ersten zehn «seiner» Zahlen in der oben zitierten *Differentialrechnung* (O.I,10, p.419), wo sie auch erstmals im Druck erschienen. Die 10. Eulersche Zahl ist 13stellig, nämlich 2 404 879 675 441. Euler gab sie (auf acht Stellen genau) an mit 2 404 879 661 671.

65 Cf. G. H. Hardy, *Divergent Series*, Oxford 1949.

66 *Introductio in analysin infinitorum*, Lausanne 1748 (2 Bände), (E. 101 und 102/O. I, 8 und 9). Deutsche Übersetzung von J. A. C. Michelsen; *Leonhard Eulers Einleitung in die Analysis des Unendlichen*, Berlin 1788 (2 Bände).

67 *Institutiones calculi differentialis*, o.O. 1755 (2 Bände), (E.212/O.I,10). Euler verfasste das Werk 1744–1748. Der Druckort ist höchstwahrscheinlich Berlin. Deutsche Übersetzung von J. A. C. Michelsen, *Leonhard Eulers Vollständige Anleitung zur Differential-Rechnung*, Berlin und Libau 1790 (Teile I und II), Berlin 1793 (Teil III).

68 *Institutiones calculi integralis**, Petersburg 1768 (Teil I), 1769 (Teil II), 1770 (Teil III), 1794 (Teil IV), (E.342, 366, 385, 660/O.I, 11–13). Deutsche Übersetzung von J. Salomon, *Leonhard Eulers Vollständige Anleitung zur Integralrechnung*, Wien 1828 (Teil I), 1829 (Teil II), 1830 (Teile III und IV).
* Diesen Kurztitel hat seinerzeit Eneström eingeführt, und so ist er auch in die *Opera omnia* eingegangen. Der Originaltitel des ersten Bandes heisst: *Institutionum calculi integralis volumen primum in quo methodus integrandi a primis principiis usque ad integrationem aequationum differentialium primi gradus pertractatur.*

69 Cf. I. Szabó (hier Anm.22), p.315–350.

70 Roger Cotes (1682–1716), Physiker und Mathematiker, seit 1706 Professor für Astronomie in Cambridge und seit 1711 Mitglied der *Royal Society*, ist hauptsächlich bekannt als der Herausgeber der 2. Auflage von Newtons *Principia mathematica* (1713).

71 Cf. O. IV A, 1, R. 469, sowie den Beitrag von P. Speziali im vorliegenden Band.

72 Cf. O. IV A, 5, p. 252 ff.

73 Deren Genesis ist von A. P. Juškevič und R. Taton treffend geschildert in der Einleitung des Briefbandes O. IV A, 5, p. 15 ff.

74 Brief Nr. 106, p. 253, der hier in Anm. 62 zitierten Ausgabe.

75 Die hier erwähnten Arbeiten finden sich alle – einschliesslich der in diesem Zusammenhang genannten Abhandlungen Eulers – in den Bänden O. I, 20 und 21. Ihre Substanz wurde in der *Integralrechnung III* (cf. hier Anm. 68) von Euler verarbeitet.

76 *Produzioni matematiche*, Pesaro 1750.

77 *Traité des fonctions elliptiques*, 3 Bände, Paris 1825–1828. In diesem gewaltigen Werk legte Legendre das Wissen seiner Zeit – zu dem er selbst das meiste beigetragen hat – über elliptische Integrale (er nennt sie «elliptische *Funktionen*») nieder. Das, was man heute mit «elliptischen Funktionen» bezeichnet, wurde von ihm nicht behandelt, insbesondere auch nicht die *Umkehrfunktion z(u)* des Integrals erster Gattung

$$u = \int_{z_0}^{z} \frac{dz}{\sqrt{f(z)}},$$

deren weittragende Bedeutung und wichtigsten Eigenschaften (doppelte Periodizität usw.) N. H. Abel (1802–1829) entdeckt und dadurch erst einen einheitlichen und übersichtlichen Aufbau des Lehrgebäudes ermöglicht hat. Der weitere Ausbau der Theorie – Multiplikation, Division und Transformation der elliptischen Funktionen – vollzog sich im «edlen Wettstreit» Abels mit Jacobi (cf. hier Anm.38), welch letzterem wir die theoretische Ausgestaltung der von Abel eingeführten *Thetafunktionen* sowie die Darstellung der elliptischen Integrale zweiter und dritter Gattung als Funktionen der ersten verdanken. Die weitere Entwicklung führte aus dem

Schwerpunktsbereich des Reellen hinaus mit der komplexen Funktionentheorie, vor allem durch den Integralsatz von Cauchy (1789–1857) und den Begriff der *Riemannschen Fläche*. Schliesslich erlebte die Theorie ihre formale Krönung durch Einführung neuer Reihen, der Produkt- und Partialbruchdarstellungen von Karl Weierstrass (1815–1897).

78   Zur Geschichte der Variationsrechnung vergleiche man etwa:
F. Giesel, *Geschichte der Variationsrechnung*, Torgau 1857;
C. Caratheodory, *Basel und der Beginn der Variationsrechnung*, Festschrift A. Speiser, Zürich 1945; *BV* Kneser, 1907;
H. H. Goldstine, *A History of the Calculus of Variations from the 17th through the 19th Century*, Springer, Berlin, Heidelberg, New York 1980.

79   E. 27/O. I, 25.

80   *Methodus inveniendi lineas curvas maximi minimive proprietate gaudentes, sive solutio problematis isoperimetrici latissimo sensu accepti*, Lausanne, Genf 1744 (E. 65/O. I, 24). Deutsche Übersetzung von P. Stäckel (nur der Kapitel I, II, V, VI und ohne die beiden Anhänge), *LEONHARD EULER, Methode Curven zu finden, denen eine Eigenschaft im höchsten oder geringsten Grade zukommt, oder Lösung des isoperimetrischen Problems, wenn es im weitesten Sinne des Wortes aufgefasst wird*, Leipzig 1894, Ostwald's Klassiker der exakten Wissenschaften, Nr. 46, p. 21–132, Anmerkungen Stäckels, p. 133–143.

81   Cf. Briefwechsel Euler-Lagrange, O. IV A, 5, *Introduction* und p. 359 ff.

82   L. Euler, *Elementa calculi variationum* (E. 296/O. I, 25). Die Abhandlung wurde am 1. Dezember 1760 der Petersburger Akademie vorgelegt, erschien jedoch erst 1766 im Druck.

83   *Vorlesungen von Jacobi über Variationsrechnung 1837/38*, ausgearbeitet von Rosenhain. Unveröffentlichtes Manuskript Preuss. Akad. Wiss.

84   *Encyklopädie der Mathematischen Wissenschaften*, Bd. II, Teil I, p. 1353 ff.

85   Cf. etwa E. A. Fellmann, *Christiaan Huygens*, Berlin 1979, Humanismus und Technik 22, 3.

86   Cf. O. II, 17.

87   Cf. *BV* Grunert, 1856.

88   Cf. Briefwechsel Euler-Goldbach (hier Anm. 16), p. 287. Dieselbe Mitteilung machte Euler in seinem (verlorengegangenen) Brief vom 17. Februar 1748 an G. W. Krafft.

89   Gewöhnlich zirkuliert unter diesem Namen der wunderhübsche Satz, dass die Summe der Möndchen in nebenstehender Figur inhaltsgleich dem rechtwinkligen

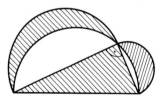

Dreieck ist (was sich sehr einfach beweisen lässt). Diese Zuschreibung ist jedoch historisch nicht belegbar: der Satz taucht m. W. erstmals auf bei Ibn Al-Haytham (965–1040?), bekannt auch unter dem Namen Alhazen.

90   Wie ich von Dr. W. Contro, Hannover, gelernt habe (Oberwolfach 1978), wurden diese zwei quadrierbaren Möndchen bereits 1766 von M. J. Wallenius und D. Wijnquist gefunden. Euler wusste davon allerdings ebensowenig wie Th. Clausen (1801–1885) von Eulers Ergebnissen. Clausen fand 1840 – historisch unbelastet – vier der fünf möglichen Möndchen. Er war ein hervorragender Mathematiker und Astronom und eine faszinierende Persönlichkeit (cf. *DSB* III, Artikel von K.-R. Biermann, p. 302 f.).

In diesem Zusammenhang mag es interessieren, dass sich auch J. A. Segner mit dem Problem der *lunulae* befasst hat, wenn auch – wie es scheint – mit kaum mehr Erfolg als Euler in seiner ersten Möndchenabhandlung. In einem noch unedierten Brief Eulers an Maupertuis vom 26. April 1748 (cf. O. IV A, 1, R. 1530) findet sich der Passus: « ... J'ai l'honneur de Vous envoier, Monsieur, ces deux pieces cy-jointes, que je viens de recevoir de M^r. Segner de Gottingue, la premiere qui est latine roule sur les lunettes [sic] quadrables et ne fait voir que la bonne attention de l'Auteur pour l'Academie ...» Aus den *Registres* (*BV* Winter, 1957, p. 125) wissen wir, dass Euler in der Akademiesitzung vom 2. Mai 1748 über dieses Segnersche Manuskript *Infinitae lunae quadrabiles* berichtet hat, hingegen wurde es nicht veröffentlicht. (Auf diesen Umstand stützt sich das oben ausgesprochene Urteil.) Vom Verbleib des Segner-Manuskripts ist mir nichts bekannt.

91 Op. cit. I, p. 504.

92 Descartes' Manuskript ging verloren, jedoch fand Foucher de Careil die entsprechenden Skizzenblätter aus der Hand von Leibniz, die sich dieser anlässlich seines Pariser Aufenthaltes von 1672 bis 1676 angefertigt hatte. So wurde die den Satz enthaltende Abhandlung von Descartes, *De solidorum elementis*, erstmals 1860 publiziert. Heute ist sie leicht greifbar in *Œuvres de Descartes*, ed. Adam-Tannery, tome X, p. 257–276.

93 Loc. cit., Anm. 16, p. 332f.

94 In seiner Einleitung zum Band O. I, 26, p. XVI, stellte Andreas Speiser die Schlüssigkeit des Eulerschen Beweises in Frage. Seitdem (1953) sind viele Kommentatoren und Geschichtsschreiber der Mathematik dieser Meinung gefolgt. Allem Anschein nach wurde Speiser durch ein Urteil von Lebesgue (*BV* 1924) beeinflusst, das jedoch von letzterem selbst wieder relativiert worden ist. Der erste, der Speiser öffentlich widersprochen hat, war Delone in seiner Arbeit *BV* Delone (Delaunay), 1958. Cf. auch *BV* Lakatos, (im Anhang).

95 Cf. *Œuvres de Chr. Huygens*, Bd. VIII, 1899, p. 219–224.

96 Der Mathematiker und Mathematikhistoriker Hans Freudenthal vertritt sehr überzeugend die Ansicht, dass Eulers topologische Ansätze nichts mit dem zu tun haben, was Leibniz unter seiner *Analysis situs* verstanden hat. Cf. Hans Freudenthal, *Leibniz und die Analysis situs*, Studia Leibnitiana, Bd. IV, Heft 1, 1972, p. 61–69.

97 Cf. D. König, *Theorie der endlichen und unendlichen Graphen*, Leipzig 1936.

98 François André Danican Philidor (1726–1795) war ursprünglich Musiker und galt ab 1760 als der Hauptrepräsentant der komischen Oper in Frankreich. Bereits mit 20 Jahren war er der stärkste Schachspieler seiner Zeit; in der heutigen Schachliteratur gilt er als der erste «inoffizielle Weltmeister». Philidor – einer der ersten Blindspieler – begründete mit seinem Grundsatz, die Bauern seien die Seele des Spiels, eine neue Ära des Schachspiels. Auf ihn geht das Positionsspiel im modernen Sinne zurück.

99 *L'Analyse du jeu des Echecs*, London 1749. – In diesem Buch legte Philidor seine fundamentalen Erkenntnisse über die Schachstrategie nieder. Seinen Zeitgenossen war er darin so weit voraus, dass er erst ein Jahrhundert später von Wilhelm Steinitz, Weltmeister 1886–1894, verstanden wurde. Steinitz verfeinerte die Thesen Philidors, von dessen Endspielanalysen einige noch heute nicht überholt sind.

100 «Gegenüberliegende Felder» sind längs der Diagonale zu verstehen, also 33 – 1, 59 – 27, 45 – 13, 54 – 22 usw., aber auch zentralsymmetrisch orientierte Felder wie 58 – 26 usw. fallen unter diesen Begriff.

101 Cf. W. Ahrens, *Mathematische Unterhaltungen und Spiele*, Leipzig, Berlin ³1921, Bd. 1, p. 319ff.; A. v. d. Linde, *Geschichte und Literatur des Schachspiels*, Berlin 1874, Bd. 2, p. 101.

102 Carl Friedrich von Jänisch (1813–1872), Professor der Mechanik in St. Petersburg, war der bedeutendste Schachtheoretiker des 19. Jahrhunderts und der Begründer der «Russischen Schachschule». Er verfasste ein dreibändiges Werk, *Traité des applica-*

tions de l'analyse mathématique au jeu des échecs, St. Petersburg 1862/63, dessen zweiter Band dem Rösselsprung gewidmet ist. (Ein vierter Band blieb unvollendet, da Jänisch 1872 vom Tod überrascht wurde.)

103   J. Hermann, *Phoronomia, sive de viribus et motibus corporum solidorum et fluidorum libri duo,* Amsterdam 1716. Jakob Hermann (1678–1733) war Professor in Padua, St. Petersburg und Basel. Er gab (unter anderem) das erste Lehrbuch der höheren Mathematik in Russland heraus, das *Compendium matheseos.* (Cf. *DSB* VI, p. 304 f., Artikel von E. A. Fellmann.)

104   Cf. Anm. 80.

105   Zur Präzisierung der Einteilung der Mechanik verweise ich auf G. Hamel, *Elementare Mechanik,* Leipzig 1912, p. 9 f., sowie auf das moderne Werk von I. Szabó, *Einführung in die Technische Mechanik,* Berlin, Heidelberg, Wien 1975, 8. Aufl., p. 3. Demgemäss ist die Mechanik folgendermassen einzuteilen:

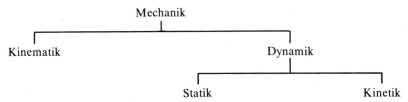

106   István Szabó (1906–1980), ehemals Professor an der Technischen Universität Berlin und ein vorzüglicher Kenner von Eulers *Mechanica,* wies mich seinerzeit darauf hin, dass Euler die «vektorische Darstellung der Kinetik» bereits 1752 in seiner Abhandlung, *Découverte d'un nouveau principe de méchanique* (E. 177/O. II, 5), gegeben hat. Cf. I. Szabó, *Bemerkungen zu den Grundgleichungen der Mechanik,* Humanismus und Technik 11/2, 1967, p. 58 ff., sowie C. A. Truesdell, *Eulers Leistungen in der Mechanik,* L'Enseignement Mathématique 3, 1957, p. 251 ff.

107   J. L. Lagrange, *Mécanique analytique,* in: *Œuvres,* tome 12, Paris 1889; S. V. Kovalevskaja in *Acta mathematica* 12, 1889, p. 177–232.

108   E. 110 und 111/O. II, 18 und 19, ed. C. A. Truesdell. Cf. ferner die 200seitige *Einleitung* von W. Habicht zu diesen zwei Bänden im Band O. II, 21, ed. W. Habicht.

109   Cf. Walter Habicht, *Einleitung zu O. II, 20,* p. 50. – Eines der ersten mit Dampf betriebenen Schiffe, die *Perseverance,* die ab 1787 auf dem Delaware verkehrte, hatte keinen Schaufelrad-, sondern einen Schraubenantrieb, der von dem Kupfer- und Silberschmied John Fitch (1743–1798) konstruiert worden war. Bereits 1785 war dem englischen Ingenieur und Erfinder Joseph Bramah (1749–1814) das Patent auf einen «Schiffspropeller» erteilt worden. Das Prinzip des Schaufelradantriebs erwies sich indes zunächst als überlegen, bis es 1826 dem österreichischen Marine-Forstintendanten Joseph Ressel (1793–1857) gelang, die erste brauchbare Schiffsschraube auf mathematischer Grundlage zu entwickeln, die 1829 in Triest in den Dampfer *Civetta* eingebaut wurde. Zum endgültigen Durchbruch verhalfen der Schiffsschraube jedoch erst 1836/37 die Konstruktionen des Engländers Francis Pettit Smith (1808–1874) in England und des Schweden John Ericsson (1803–1889) in den USA.

110   Cf. J. Ackeret, *Untersuchung einer nach den Eulerschen Vorschlägen (1754) gebauten Wasserturbine,* Schweizerische Bauzeitung 123, 1944, p. 9–15 (*BV,* 1944).

111   Eulers Leistungen auf dem Gebiet der Hydromechanik sind sowohl sachlich als auch historisch auf kompetente Weise gewürdigt worden von C. A. Truesdell in den Bänden der Eulerausgabe O. II, 11/2, 12 und 13 sowie von I. Szabó (cf. hier Anm. 22), p. 225–257.

112   J. W. Goethe, *Materialien zur Geschichte der Farbenlehre, 18. Jahrhundert, zweite Epoche,* Artikel *Achromasie.* (In der Artemis-Ausgabe, Bd. 16, p. 646.)

113 *Nova theoria lucis et colorum,* Berlin 1746 (E.88/O.II,5, ed. D. Speiser). In dieser Schrift versuchte Euler einen Isomorphismus zwischen Licht- und Schallwellen. So dürften Goethe vor allem Eulers Ideen einer «Resonanz der Farben» bestochen haben.

114 Thomas Young (1773–1829) hatte in Göttingen Medizin studiert und war 1801–1804 Professor der Physik an der *Royal Institution,* danach als praktischer Arzt tätig und von 1814 an Berater der Admiralität. Durch Versuche in der Wellenwanne wies er Interferenzphänomene nach, die auch beim Licht auftreten und die mit der Korpuskulartheorie Newtons nicht erklärbar sind. Nach seiner Hypothese breitet sich das Licht in Form von Transversalwellen im Äther aus. Young mass auch erstmals Wellenlängen des Lichts, vertrat eine Dreifarbentheorie des Sehens, auf welcher Hermann Helmholtz aufbaute. Auch war er an der Entzifferung des berühmten *Steins von Rosetta* massgeblich beteiligt (cf. J. Tyndall, *Fragmente,* N.F., übersetzt von Anna v. Helmholtz und Estelle Du Bois-Reymond, Braunschweig 1895, p.324ff.).

115 Neueste Untersuchungen zeigen allerdings, dass sich Newton auch in positivem Sinne mit der Achromasie auseinandergesetzt hat.

116 In der Einleitung zum Band O.III,9, p.IX–XLVIII, sowie in seinem dioptrischen Beitrag im vorliegenden Band.

117 *Theoria motus lunae,* Berlin 1753 (E.187/O.II,23).

118 Cf. den Beitrag von O. Volk in diesem Band sowie E. Stiefel, *Die Renaissance der Himmelsmechanik,* Elemente der Mathematik 19/5, 1964, p.97–106.

119 *Recherches sur le mouvement des corps célestes en général* (E.112/O.II,25).

120 Der Würzburger Astronom und Mathematiker Otto Volk bildet eine rühmliche Ausnahme. Cf. O. Volk, *Zur Geschichte der Himmelsmechanik: Johannes Kepler, Leonhard Euler und die Regularisierung,* Preprint Nr.4, 1975, Math. Inst. Univ. Würzburg (*BV* Volk, 1975). Cf. auch seinen Spezialbeitrag im vorliegenden Band.

121 Johann Tobias Mayer (1723–1762), Sohn eines Wagners und Brunnenmeisters in Esslingen, bildete sich autodidaktisch als Zeichner und Kartograph, verdiente seinen Lebensunterhalt mit Privatstunden in Mathematik, verfasste zwei elementarmathematische Unterrichtsbücher und wurde 1751 als Professor nach Göttingen berufen, wo er 1754 die Leitung der neuerrichteten Sternwarte übernahm. Er führte ausserordentlich exakte astronomische Messungen durch, womit es ihm 1760 gelang, die Eigenbewegung einiger Fixsterne nachzuweisen. Mit der Optik befasste er sich vor allem hinsichtlich der Berechnung systematischer Instrumentenfehler. Neben den hier erwähnten Mondtafeln bearbeitete Mayer auch Sonnentafeln sowie einen Katalog von 997 Zodiakalsternen, der 1894 von A. von Auers reduziert neu ediert wurde. (Cf. *DSB* IX, p.232–235, Artikel von E.G. Forbes.)

122 *Theoria motuum lunae, nova methodo pertractata …* (E.418/O.II,22).

123 George William Hill (1838–1914) ist den Mathematikern und Astronomen vor allem bekannt durch die nach ihm benannten Differentialgleichungen, die *Hillsche Determinante* und durch die *Hillschen Grenzkurven.* (Cf. *DSB* VI, p.398ff., Artikel von Carolyn Eisele.)

124 Cf. den Spezialbeitrag von W. Breidert im vorliegenden Band.

125 *Lettres à une Princesse d'Allemagne sur divers sujets de physique et de philosophie,* Bände I–III, St.Petersburg 1768–1772 (E.343, 344, 417/O.III,11 und 12).

126 Sophie Friederieke Charlotte Leopoldine von Brandenburg (1745–1808) war die Tochter des Markgrafen Friedrich Heinrich von Brandenburg. Sie war ab 1765 Äbtissin des Stiftes von Herford, wozu sie schon zehnjährig als Koadjutorin bestimmt war. Sie war eine Cousine zweiten Grades Friedrichs II.

127 Berlin 1748 (E.149/O.III,2).

128 Cf. A. Speiser, *Leonhard Euler und die deutsche Philosophie,* Zürich 1934; J.J. Burckhardt in O.III,2, p.X–XVII. – In diesem Zusammenhang sei darauf hingewie-

sen, dass sich Eulers beste Analyse des Raumproblems in seiner «Zweiten Mechanik» findet (E.289/O.II,3).

129 Cf. A. Riehl, *Der philosophische Kritizismus,* Leipzig [2]1908, Bd.1; H.E. Timerding, *Kant und Euler,* Kantstudien 23, 1919, p.18–64.

130 Alexander Gottlieb Baumgarten (1714–1762), ein Schüler von Christian Wolff, war seit 1738 Professor in Halle und seit 1740 in Frankfurt (Oder). Er führte in Deutschland die Ästhetik – im Sinne einer Theorie der sinnlichen Wahrnehmung – als Disziplin der Philosophie ein. Baumgarten ist ein wichtiges Glied der Entwicklung der Philosophie der Sinneserkenntnis zwischen Wolff und Kant.

131 Giovanni Girolamo Saccheri (1667–1733), Geometer und Professor der Mathematik an der Universität Pavia, veröffentlichte 1733 sein Hauptwerk *Euclides ab omni naevo vindicatus,* das durch Eugenio Beltrami (1835–1900) «wiederentdeckt» wurde. (Cf. *DSB* XII, p.55–57, Artikel von D. Struik.)

132 *Tentamen novae theoriae musicae ...,* Petersburg 1739, (E.33/O.III,1).

133 E.314,315,457/O.III,1. – Diese Arbeiten wurden in den Jahren 1760, 1764 und 1773 eingereicht, während die Frühstudien zum *Tentamen* (E.33) in die ersten Petersburger Jahre fallen. Alle Schriften zur Musiktheorie erschienen erstmals zusammen in einer französischen Ausgabe: *L. Euler, Musique mathématique,* Paris 1865 (E.33Aa). Eine englische Übersetzung mit Kommentar liegt in *BV* Smith, Ch.S., 1960, vor.

134 Beispiele findet man in der Sekundärliteratur etwa in H. von Helmholtz, Die Lehre von den Tonempfindungen, Braunschweig [6]1913, p.377; *BV* Vogel, M., 1955; *BV* Busch, H.R., 1970; Ed. Bernoulli im Vorwort zu O.III,1.

135 Mir ist kein physikalisches Lehrbuch bekannt, in welchem nicht Andreas Werckmeister (*Musicalische Temperatur,* Frankfurt a.M. und Leipzig [2]1691) die Erfindung und Verwendung der «gleichschwebenden Temperatur» mit dem konstanten Halbtonintervall $i = \sqrt[12]{2}$ zugeschrieben wird. Diese Attribution ist grundfalsch und wird dem tüchtigen Musiker und feinsinnigen Theoretiker Werckmeister keineswegs gerecht (cf. Anm.141, insbesondere das Werk *BV* Kelletat, H., 1960).

136 Op.cit. *BV* Vogel, 1955.

137 Brief Eulers an Johann Bernoulli vom 20.Dezember 1738 (O.IV A,1, R210). Die deutsche Übersetzung aus dem Lateinischen erscheint hier erstmals im Druck. Die Manuskriptseite ist in Faksimile abgebildet (Abb.30).

138 Das in Anm.132 zitierte *Tentamen.*

139 Es ist $96 = 2^5 \cdot 3$; $108 = 2^2 \cdot 3^3$; $120 = 2^3 \cdot 3 \cdot 5$; $128 = 1 \cdot 2^7$; $135 = 3^3 \cdot 5$; $144 = 2^4 \cdot 3^2$; $160 = 2^5 \cdot 5$; $180 = 2^2 \cdot 3^2 \cdot 5$; $192 = 2^6 \cdot 3$. In der Tat hat man so – abgesehen vom Ton Fs – die reinen Dur-Intervalle $24:27:30:32:36:40:45:48$. Der Halbtonschritt $G:Fs$ ist somit gleich dem «natürlichen» Wert $F:E = 16:15 = 1.06$, das Halbtonintervall $Fs:F$ hingegen wird zu 1.0546875, etwas kleiner als der Halbtonschritt in der gleichschwebend temperierten Stimmung $\sqrt[12]{2} = 1.05946$. – Zu Eulers Musiktheorie vergleiche man die Einleitung von O.III,1, sowie die in Anm.34 angeführte Dissertation von H.R. Busch.

140 Nach dem System von Mattheson ist das Intervall $B:A$ mit dem Wert $27:25 = 1.08$ (133 Cent) ein diatonischer Halbton, nach dem Eulerschen hingegen ist $B:A = Fs:F$ mit dem Wert $135:128 = 1.0546875$ (92 Cent) ein chromatischer Halbton.

141 Mit der *progressio geometrica* ist die gleichschwebende Temperatur gemeint. In ihr bilden bekanntlich die Schwingungszahlen der aufeinanderfolgenden (Halb)töne eine geometrische Folge. Diese Stimmung scheint bereits im 16.Jahrhundert bei den Lautenspielern üblich gewesen zu sein, doch für Tasteninstrumente setzte sie sich erst im 18.Jahrhundert langsam durch, und bei den grossen Orgelmeistern – inklusive J.S. Bach – überhaupt nie. Herbert Kelletat (op.cit.) weist überzeugend nach, dass Bachs «Wohltemperiertes Klavier» nicht die gleichschwebende, sondern eine ungleichschwebende Temperatur voraussetzt. Die gegenteilige Meinung – offenbar ein *inexstirpabile* in der Historiographie der Musik – wurde seit 1776 (Fr.

W. Marpurg, *Versuch über die musikalische Temperatur*, Breslau 1776, p.212) ungeprüft kolportiert – leider auch vom hochverdienten Albert Schweitzer in seinem weitverbreiteten und berühmten Buch *J. S. Bach*, Wiesbaden ³1963, p.291.

142 J. Mattheson, *Grosse Generalbass-Schule*, Hamburg 1731, p.139.

143 Wahrscheinlich handelt es sich um Emanuel Pfaff (1701–1755), den damaligen Leiter des *Collegium Musicum* in Basel.

144 Cf. Kelletat, op.cit., p.32f., sowie die Tabellen im Anhang. (In diesem Zusammenhang sei die Berichtigung eines Fehlers angebracht: In der 4.Reihe, 3.Kolonne der Euler-Tabelle 6, steht *F* 8:9 statt *F* 225:256.)

145 *BV* Fellmann, 1975.

Abb. 31 (S. 94–97)   ▶

Diesen Brief schrieb Leonhard Euler am 20. Juni 1740 (a. St.) in St. Petersburg an seinen alten Lehrer Johann I Bernoulli (1667–1748) in Basel. Er handelt u. a. von der Ernennung Breverns zum Präsidenten der Petersburger Akademie der Wissenschaften – zur Hauptsache jedoch von damals akuten wissenschaftlichen Gegenständen. Der erste betrifft die Bestimmung der Reihensumme

$$\sum_{n=1}^{\infty} \frac{1}{n^2 \pm m},$$

von der ein Spezialfall ($m = 0$) als «Baslerproblem» in die Mathematikgeschichte eingegangen ist, nämlich die Bestimmung der Summe der reziproken Quadratzahlen. Dieses Problem, das bereits P. Mengoli (1625–1686) bekannt und von Jakob Bernoulli 1689 öffentlich gestellt wurde, konnte auch vorerst von keinem der Bernoullis gelöst werden. Erst Euler gab die Lösungen

$$S_2 = \sum \frac{1}{n^2} = \frac{\pi^2}{6}, \qquad S_4 = \sum \frac{1}{n^4} = \frac{\pi^4}{90} \quad \text{und allgemein}$$

$$S_{2k} = \zeta(2k) = \sum \frac{1}{n^{2k}} = a_{2k}\,\pi^{2k},$$

wo a_{2k} die Koeffizienten der «Euler-Maclaurinschen Summenformel» darstellen. Später gelang ihm die Bewältigung dieses Spezialfalles der Zetafunktion mittels der sogenannten «Bernoullischen Zahlen». All diese Dinge bilden ein Hauptsujet der Korrespondenz Eulers mit den Bernoullis in den dreissiger Jahren.

Im Zusammenhang mit seiner Beschäftigung mit der Zetafunktion fand Euler bereits 1734 oder früher die heute nach ihm benannte, wichtige Konstante

$$C = \lim_{n \to \infty} \left\{ \sum 1/n - \lg n \right\},$$

die er hier auf 17 Dezimalen angibt, von denen die ersten 15 richtig sind (Ms.-Seite 3, 19. Zeile von oben).

Es folgen Ausführungen über homogene lineare Differentialgleichungen sowie über Oszillationen schwimmender Körper. Am Schluss (Ms.-Seite 4) wird die Gleichung

$$a\,\frac{d^2 y}{dx^2} + x^2 y = 0$$

auf eine *Riccatische Differentialgleichung* zurückgeführt.

(Die Notiz oben rechts auf Blatt 1 «Empfangen d. 27. Julij 1740» stammt von Johann I Bernoulli, und die Durchstreichung der Zeilen 5–8 wahrscheinlich von dessen Sohn Johann II.)

ANNULIERT

27. Julij 1740.

Viro Excellentissimo et Celeberrimo 15.*

Johanni Bernoulli

S. P. D.

Leonh. Euler

Jam fortasse certior es factus de collata Praesidi nostro Illustri
Korffio Legatione Danica, et quemadmodum Augustissima
Nostra Imperatrix Academiae Praesidem praefecerit Illustrissi.
mum Consiliarium Status atque Equitem Alexandrini Ordinis
a Brevern, ~~curandum~~ ~~...~~ ~~...~~ ~~...~~ ~~...~~ ~~...~~ ~~...~~ ~~...~~ ~~...~~ ~~...~~ ~~...~~. Interim vehementer doleo, valetudinem Tuam
tantopere labefactari, Deumque T. O. M. precor, ut Te adhuc
complures annos ad patriae carissimae splendorem, Academiae nostrae
ornamentum ac Tuae familiae salutem salvum sospitemque con-
servare velit.

Quod ad summam hujus seriei $\frac{1}{1+n} + \frac{1}{4+n} + \frac{1}{9+n} + \frac{1}{16+n} + $ etc.
attinet, quia ex Tuis litteris intellexi, Te hanc investigationem non solum
probare, sed etiam methodum, qua usus sum, videre cupere, eam Tibi
Vir Celeb. perscribam. Posita hujus seriei, quam quaero, summa = s.
singulisque terminis methodo consueta in series geometricas conversis
habebitur.

$$s = +1\left(1 + \tfrac{1}{2^2} + \tfrac{1}{3^2} + \tfrac{1}{4^2} + \tfrac{1}{5^2} + \text{etc.}\right) = 1 \cdot \alpha \pi^2$$
$$-n\left(1 + \tfrac{1}{2^4} + \tfrac{1}{3^4} + \tfrac{1}{4^4} + \tfrac{1}{5^4} + \text{etc.}\right) = -n \cdot \beta \pi^4$$
$$+n^2\left(1 + \tfrac{1}{2^6} + \tfrac{1}{3^6} + \tfrac{1}{4^6} + \tfrac{1}{5^6} + \text{etc.}\right) = +n^2 \cdot \gamma \pi^6$$
$$-n^3\left(1 + \tfrac{1}{2^8} + \tfrac{1}{3^8} + \tfrac{1}{4^8} + \tfrac{1}{5^8} + \text{etc.}\right) = -n^3 \cdot \delta \pi^8$$

etc.

Pervenitur scilicet ad series eas, quas jam pridem per potestates peripheriae circuli π diametro existente $= 1$. summare docui. Coefficientes autem harum potestatum, quos hic brevitatis ergo litteris α. β. γ. δ. etc. indicari hanc tenent legem ut sit $\alpha = \frac{1}{6}$; $\beta = \frac{2\alpha^2}{5}$; $\gamma = \frac{4\alpha\beta}{7}$; $\delta = \frac{4\alpha\gamma + 2\beta\beta}{9}$; $\varepsilon = \frac{4\alpha\delta + 4\beta\gamma}{11}$; $\zeta = \frac{4\alpha\varepsilon + 4\beta\delta + 2\gamma\gamma}{13}$, etc. qua propterea progressionis lex a forma quadrati hujus seriei $\alpha + \beta + \gamma + \delta + \varepsilon + $ etc. pendere intelligitur. Erit ergo $s = \alpha\pi^2 - \beta n\pi^4 + \gamma n^2\pi^6 - \delta n^3\pi^8 + $ etc. atque hinc fiet: $s^2 = \alpha^2\pi^4 - 2\alpha\beta n\pi^6 + 2\alpha\gamma n^2\pi^8 - 2\alpha\delta n^3\pi^{10} + $ etc.
$\qquad\qquad\qquad\qquad\qquad + \beta\beta n^2\pi^8 - 2\beta\gamma$

multiplicetur haec series per $2d\pi$. tantisper enim π tanquam quantitatem variabilem tractare licet. et singulis terminis integratis erit $\int 2s^2 d\pi = \frac{2\alpha^2}{5}\pi^5 - \frac{4\alpha\beta}{7}n\pi^7 + \frac{2\alpha\gamma + 2\beta\beta}{9}n^2\pi^9 - \frac{(4\alpha\delta + 4\beta\gamma)}{11}n^3\pi^{11} + $ etc. hoc est lege determinationis, quam coefficientes α. β. γ. etc. tenent, in subsidium vocata: $\int 2s^2 d\pi = \beta\pi^5 - \gamma n\pi^7 + \delta n^2\pi^9 - \varepsilon n^3\pi^{11} + $ etc. Abeum sit $s = \alpha\pi^2 - \beta n\pi^4 + \gamma n^2\pi^6 - \delta n^3\pi^8 + $ etc. erit $\frac{\alpha\pi^5}{n} - \pi s = \beta\pi^5 - \gamma n\pi^7 + \delta n^2\pi^9 - \varepsilon n^2\pi^{11} + $ etc. $= 2\int s s d\pi$.

Quare ob $\alpha = \frac{1}{6}$ habebitur ista aequatio $\frac{1}{6}\pi^5 - \pi s = 2n\int ss d\pi$, quae differentiata dat $\frac{1}{2}\pi^2 d\pi - \pi ds - s d\pi = 2n ss d\pi$. haecque aequatio tam casu quo n est numerus affirmativus quam negativus integrata, praebebit valorem definitum pro s hoc est pro summa seriei $\frac{1}{1 \pm n} + \frac{1}{4 \pm n} + \frac{1}{9 \pm n} + $ etc. eae ipsae scilicet expressiones resultant, quas Tibi Vir Celeb. ante perscripsi.

Nisi ratio quam tenent inter se series $1 + \frac{1}{2^n} + \frac{1}{3^n} + \frac{1}{4^n} + \frac{1}{5^n} + $ etc. et $1 - \frac{1}{2^n} + \frac{1}{3^n} - \frac{1}{4^n} + \frac{1}{5^n} - $ etc. mihi jam pridem constitisset, non potuissem utriusque seriei summam, casibus quibus n est numerus, assignare ut feci. Quodsi enim prior series multiplicetur per $\frac{1}{2^n}$ prodit $\frac{1}{2^n} + \frac{1}{4^n} + \frac{1}{6^n} + \frac{1}{8^n} + $ etc. cujus duplum ab illa ipsa serie subtractum relinquet alteram seriem, unde ratio prodit ut 2^n ad $2^n - 2$.

Qua de summis serierum $1 \pm \frac{1}{2} + \frac{1}{3^3} \pm \frac{1}{4^4} + \frac{1}{5^5} \pm \frac{1}{6^6} +$ etc. jam dudum eliui huc redeunt ut sit generaliter hujus seriei $\frac{1}{n+1} - \frac{m}{(n+2)^2} + \frac{m^2}{(n+3)^3} - \frac{m^3}{(n+4)^4} + \frac{m^4}{(n+5)^5} - \frac{m^5}{(n+6)^6} +$ etc. summa $= \int x^{mx} x^n \, dx$ posito post integrationem $x=1$.

Quodsi jam ponatur $n=0$, erit $\frac{1}{1} - \frac{m}{2^2} + \frac{m^2}{3^3} - \frac{m^3}{4^4} +$ etc. $= \int x^{mx} \, dx$.

hincque fiet cum $\frac{1}{1} - \frac{1}{2^2} + \frac{1}{3^3} - \frac{1}{4^4} + \frac{1}{5^5} -$ etc. $= \int x^x \, dx$; uti Ipse olim invenisti, tum etiam $\frac{1}{1} + \frac{1}{2^2} + \frac{1}{3^3} + \frac{1}{4^4} + \frac{1}{5^5} +$ etc. $= \int x^{-x} \, dx = \int \frac{dx}{x^x}$.

Expressio, quam aequivalere invenisti Vir Celeb. huic seriei $1 + \frac{1}{2} + \frac{1}{3} + \frac{1}{4} + \cdots \cdots \frac{1}{x}$ est admodum concinna et elegans: dubito autem an sit apta ad quotuis assignatorum terminorum summam proxime exhibendam: quemadmodum ego per methodum meam series summandi universalem, quotcunque terminorum summam in fractionibus decimalibus ad plures quam 16 figuras expedite assignare possum. Inveni scilicet esse hujus seriei summam $1 + \frac{1}{2} + \frac{1}{3} + \frac{1}{4} + \frac{1}{5} + \cdots \cdots + \frac{1}{x}$

$= \mathrm{Const.} + lx + \frac{1}{2x} - \frac{1}{2.3.2x^2} + \frac{1}{4.5.6x^4} - \frac{3}{6.7.6x^6} + \frac{5}{8.9.10x^8} - \frac{5}{10.11.6x^{10}}$

$+ \frac{691}{12.13.210x^{12}} - \frac{35}{14.15.2x^{14}} +$ etc. quae quidem series maxime convergit: constantem autem tantam accipi oportet ut satisfiat uni casui, veluti si est $x=10$, et decem seriei primos termini actu addantur: qui valor semel inventus pro omnibus casibus valebit. deinceps autem notandum est esse lx logarithmum hyperbolicum ipsius x, cum sit $lx = \int \frac{dx}{x}$. Erit autem illa constans

$0,5772156649015325\overset{0}{5}2$. et quia est $l10 = 2,302585092994045684$

erit verbi gratia summa millies mille terminorum $1 + \frac{1}{2} + \frac{1}{3} + \frac{1}{4} + \cdots \cdots \frac{1}{1000000}$

$= 14,392726722865772329$.

Qua de integratione aequationum differentialium indefiniti gradus mihi rescribis mirifice mihi placent. methodus quidem, qua uteris Vir Exall. in aequatione

$0 = y + \frac{ady}{dx} + \frac{bddy}{dx^2} + \frac{cd^3y}{dx^3} +$ etc. fere congruit cum mea. altera autem quam praebes pro aequatione $0 = y + \frac{axdy}{dx} + \frac{bxxddy}{dx^2} + \frac{cx^3d^3y}{dx^3} +$ etc. a mea maxime discrepat, mihique compendia nonnulla patefecit, quae ex mea methodo non tam sponte manarent. Ceterum mea methodus hoc praecipue discrepat, quod semper aequationem realem ex ulsu imaginariis praebeat: id quod hic ad quantitates vel exponentiales vel a circuli quadratura pendentes confugere velimus, effici omnino nequit.

Quas annotationes de motu oscillatorio corporum aquae innatantium mecum communicare voluisti, summa attentione, prout merentur, perpendi: primo autem videre non possum, cur neges motum centri gravitatis durante motu oscillatorio ab intervallo inter rectas verticales binas, quarum altera per centrum gravitatis totius corporis, altera per centrum gravitatis sectionis aquae transeat, pendere multo minus cur statuas loco huius posterioris rectae verticalis substitui oportere eam, quae per centrum gravitatis portionis corporis aquae submersae transeat: hae duae enim rectae in situ aequilibrii, quem ego perpetuo contemplor, ex eo motum oscillatorium definio, necessario invicem incidere debent, ita ut intervallum absolute foret nullum. Deinde quod scribis durante motu oscillatorio centrum gravitatis moveri posse tam horizontaliter quam verticaliter, nullo modo cum mea theoria conciliare queo: mihi enim certum est, centrum gravitatis in motu oscillatorio ad motum horizontalem impelli omnino non posse: propterea quod virium sollicitantium media directio, a qua motus centri gravitatis pendet, perpetuo est in recta verticali posita. Quod denique attinet ad dubia, quae circa formulam meam $M(g\vartheta + \int (y^2 + z^3)\partial z)$, qua firmitatem definio, profers, quantum memini, jam dudum Tibi Vir Excell. perscripsi, me ea formula momentum absolutum indicare, quod semper ex primitur facto ex potentia in lineam quandam rectam. Scilicet corpore ex situ aequilibrii per angulum infinite parvum $d\omega$ declinato, investigari momentum virium corpus in situm aequilibrii restituentium, hocque momentum inveni esse $= M d\omega (g\vartheta + \int (y^2 + z^3)\partial z)$, ex quo momentum absolutum ita definivi ut sit $= M (g\vartheta + \int (y^2 + z^3)\partial z)$; ex hoc enim cognito facile intelligere licet, quanta vi corpus ex situ aequilibrii deturbatum sese restituere conetur, in quo ipso ideam firmitatis constituo.

Aequatio differentialis secundi gradus $yx^2\partial x^2 + a\partial\partial y = 0$, posito ∂x constante integrationem quidem non admittit veruntamen ad aequationem simpliciter differentialem reduci potest ope huius substitutionis $y = e^{\int z}$; prodibit enim $x^2\partial x + a\partial z + az z \partial x = 0$. quae utique nec integrari nec construi potest nisi per eam methodum, qua jam pridem aequationem Riccatianam, $\partial y = yy\partial x + ax^m\partial x$, cuius illa est casus, constructam dedi.

Vale Vir celeberrime mihique favere perge. Dabam Petropoli
d. 20. Jun. St. vet. 1740.

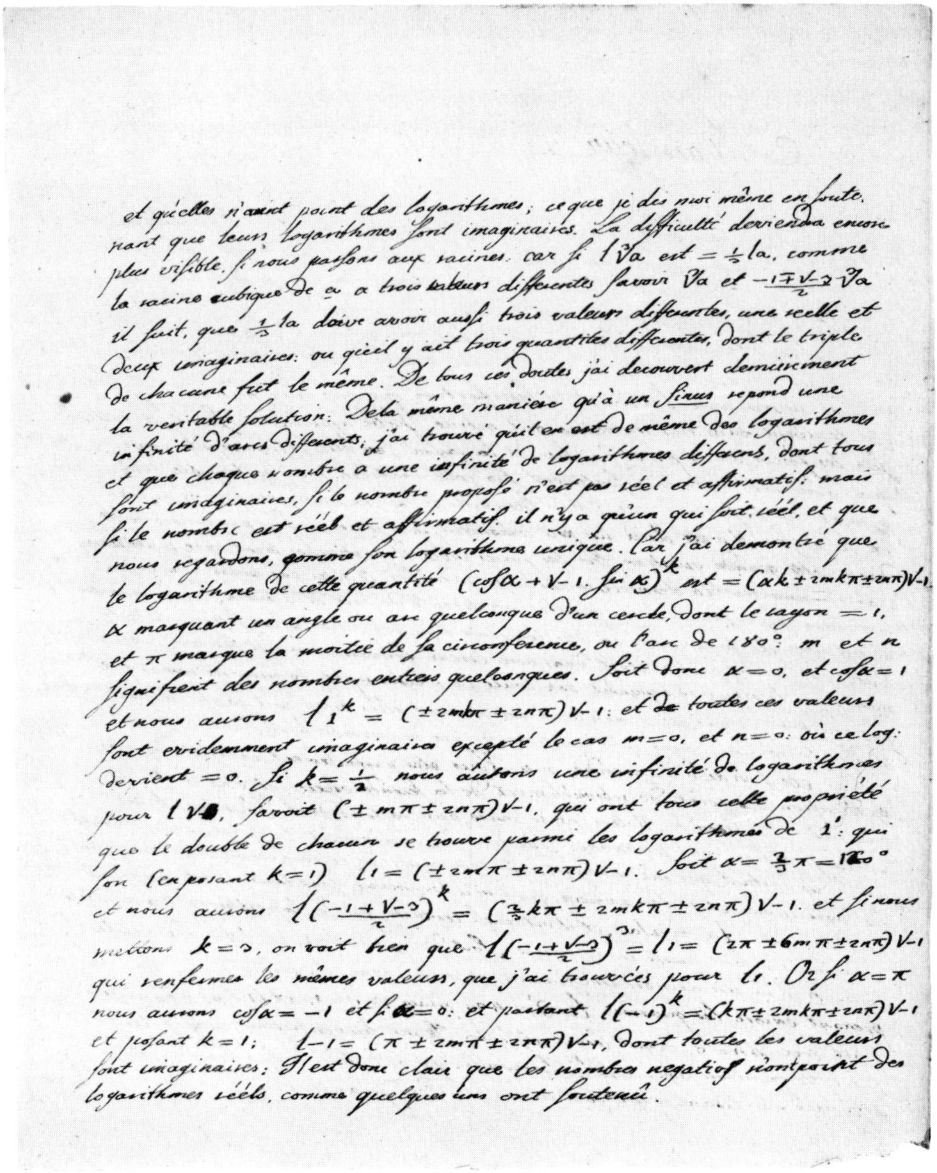

et qu'elles n'aient point des logarithmes; ce que je dis moi même en soutenant que leurs logarithmes sont imaginaires. La difficulté deviendra encore plus visible, si nous passons aux racines. car si $l\sqrt{a}$ est $= \frac{1}{2} la$, comme la racine cubique de a a trois valeurs différentes, savoir $\sqrt[3]{a}$ et $\frac{-1 \mp \sqrt{-3}}{2} \sqrt[3]{a}$ il suit, que $\frac{1}{3} la$ doive avoir aussi trois valeurs différentes, une réelle et deux imaginaires: ou qu'il y ait trois quantités différentes, dont le triple de chacune fût le même. De tous ces doutes j'ai découvert déminément la véritable solution: De la même manière qu'à un sinus répond une infinité d'arcs différents, j'ai trouvé qu'il en est de même des logarithmes et que chaque nombre a une infinité de logarithmes différents, dont tous sont imaginaires, si le nombre proposé n'est pas réel et affirmatif: mais si le nombre est réel et affirmatif, il n'y a qu'un qui soit réel, et que nous regardons, comme son logarithme unique. Car j'ai démontré que le logarithme de cette quantité $(\cos\alpha + \sqrt{-1}\cdot \sin\alpha)^k$ est $= (\alpha k \pm 2mk\pi \pm 2n\pi)\sqrt{-1}$, α marquant un angle ou arc quelconque d'un cercle, dont le rayon $= 1$. et π marque la moitié de la circonférence, ou l'arc de $180°$: m et n signifient des nombres entiers quelconques. Soit donc $\alpha = 0$, et $\cos\alpha = 1$ et nous aurons $l 1^k = (\pm 2mk\pi \pm 2n\pi)\sqrt{-1}$. et de toutes ces valeurs sont évidemment imaginaires excepté le cas $m = 0$, et $n = 0$: où ce log: devient $= 0$. Si $k = \frac{1}{2}$ nous aurons une infinité de logarithmes pour $l\sqrt{1}$, savoir $(\pm m\pi \pm 2n\pi)\sqrt{-1}$. qui ont tous cette propriété que le double de chacun se trouve parmi les logarithmes de 1: qui sont (en posant $k = 1$) $l 1 = (\pm 2m\pi \pm 2n\pi)\sqrt{-1}$. Soit $\alpha = \frac{2}{3}\pi = 120°$ et nous aurons $l\left(\frac{-1+\sqrt{-3}}{2}\right)^k = \left(\frac{2}{3}k\pi \pm 2mk\pi \pm 2n\pi\right)\sqrt{-1}$. et si nous mettons $k = 3$, on voit bien que $l\left(\frac{-1+\sqrt{-3}}{2}\right)^3 = l 1 = (2\pi \pm 6m\pi \pm 2n\pi)\sqrt{-1}$ qui renferme les mêmes valeurs, que j'ai trouvées pour $l 1$. Or si $\alpha = \pi$ nous aurons $\cos\alpha = -1$ et $\sin\alpha = 0$: et partant $l(-1)^k = (k\pi \pm 2mk\pi \pm 2n\pi)\sqrt{-1}$ et posant $k = 1$; $l-1 = (\pi \pm 2m\pi \pm 2n\pi)\sqrt{-1}$, dont toutes les valeurs sont imaginaires; Il est donc clair que les nombres négatifs n'ont point des logarithmes réels, comme quelques uns ont soutenu.

Abb. 32
Seite aus dem französischen Brief Eulers vom 24. September 1746 an Gabriel Cramer.

Aleksander O. Gelfond (1906–1968)

Über einige charakteristische Züge in den Ideen L. Eulers auf dem Gebiet der mathematischen Analysis und seiner «Einführung in die Analysis des Unendlichen»

Aus dem Russischen* übersetzt von Dr. Herbert Oettel, München, und cand.phil. Benno Zimmermann, Basel. Prof. A.P. Juškevič, Moskau, hat den deutschen Text kurz vor dem Satz kritisch gelesen und einige Verbesserungen angebracht.

Beim Studium der neuen Ideen und Methoden, die der geniale Mathematiker L. Euler im Gebiet der unendlichkleinen Grössen wie auch in vielen anderen Richtungen der mathematischen Analysis eingeführt hat, heben sich unserer Meinung nach zwei allgemeine Fakten heraus. Das erste besteht im dominierenden algebraischen Charakter der Eulerschen Ideen auf dem Gebiet der Analysis. Das zweite betrifft die Verwendung von Variationsideen oder Extremalprinzipien zur Lösung verschiedenster mathematischer Aufgaben. Diesen beiden charakteristischen Zügen von Eulers Methoden und seines Zuganges zu vielen mathematischen Problemen ist im wesentlichen die vorliegende Arbeit gewidmet. Diese Züge im Schaffen von L. Euler bestimmten – wie uns scheint – in bedeutendem Masse auch die Richtung der Methoden und Ideen der sogenannten «Petersburger mathematischen Schule», obwohl auch hier die unmittelbare Kontinuität der mathematischen Traditionen schwer festzulegen ist. Natürlich werden wir bei der ersten Frage, der unsere Arbeit gewidmet ist, im folgenden bedeutend länger verweilen als bei der zweiten.

* А.О. Гельфонд, *О некоторых характерных чертах идей Л. Эйлера в области математического анализа и его «Введении в анализ бесконечно малых»*, Успехи математических наук, XII, 4 (76), 1957.
Den zuständigen sowjetischen Instanzen danken wir für die Erlaubnis zur Übernahme dieser Arbeit.

Die Rolle der algebraischen Methoden und der Algorithmen in der Analysis im Sinne von Euler tritt am deutlichsten hervor in seinem Buch *Einführung in die Analysis des Unendlichen (Introductio in analysin infinitorum)*, das 1748 in Lausanne erschienen ist[1]. Die russische Übersetzung des ersten Teils wurde erstmals 1936 herausgegeben. Daher wird dieses Werk L. Eulers im folgenden besondere Beachtung verdienen. Ferner werden wir noch die Ansichten L. Eulers über einige grundlegende Begriffe streifen, die mit dem Unendlichen verknüpft sind.

Für Leonhard Euler, einen Gelehrten mit ungewöhnlicher Spannweite wissenschaftlicher Interessen, der in fast allen Zweigen der Wissenschaft und Technik seiner Zeit, in denen die Mathematik eine der führenden Rollen spielte, fundamentale Resultate erzielte – z.B. in der Mechanik, der Astronomie, der physikalischen Optik und der Demographie –, war die Mathematik unzertrennlich mit ihren Anwendungen verbunden. Dies bestimmte jene Anforderungen, die L. Euler an die mathematischen Untersuchungen stellte, sein Bemühen, einen hinreichend einfachen Algorithmus zur Lösung der sich ihm stellenden Aufgaben zu erhalten, die Lösung an Beispielen bis zu numerischen Resultaten zu führen und Tabellen zu geben, welche die Anwendung der von ihm erhaltenen Sätze erleichterten. Zahlreiche Tabellen und Beispiele begleiten auch seine Untersuchungen auf dem Gebiet der Zahlentheorie, die – wenigstens zu seiner Zeit – offensichtlich nicht die geringste Anwendung zuliessen. Die Vorstellung von der Mathematik als einem mächtigen Hilfsmittel, das zum Aufsuchen von Lösungsalgorithmen unumgänglich ist, stand bei Euler im Vordergrund und bestimmte nach unserer Meinung die algebraische und konstruktive Färbung sowie die Richtung der Mehrzahl der neuen Ideen und Methoden, die Euler in die Analysis einführte. Bei der Suche nach einem Algorithmus zur Lösung von Aufgaben stehen an erster Stelle Methoden, die mit bequemsten, praktischen und einfachsten Operationen zum Ziel führten.

Bedeutend weniger Aufmerksamkeit widmete L. Euler in seinen Untersuchungen der Frage nach einer exakten Definition der Begriffe der mathematischen Analysis, die mit dem Begriff des Unendlichen verbunden sind. Im 3. Kapitel seiner *Differentialrechnung*[2] mit dem Titel *Vom Unendlichen und dem Unendlichkleinen*, in welchem er alle Unklarheiten beseitigen will, die mit dem Begriff des Unendlichen verbunden sind, führt er statt irgendwelchen exakten Definitionen lange philosophische Erörterungen durch, die das Wesen der Frage nicht erhellen. Er macht im Umgang mit unendlich wachsenden oder abnehmenden Grössen keine Fehler, weil er stets die Schnelligkeit des Anwachsens oder Abnehmens dieser Grössen beachtet, wenn sie ihm z.B. in Form von Verhältnissen begegnen. An verschiedenen Stellen spricht er auch über das Unendliche unendlichgrosser Ordnung im Vergleich zu einem andern Unendlich. So sagt er beispielsweise in der Arbeit *De summa seriei ex numeris primis formatae* ... (E.596/O.I,4, §1), dass das Unendliche, das durch die Reihe $\sum 1/p$ (summiert über 1 bis ∞) für alle primen p dargestellt wird, der Logarithmus desjenigen Unendlichen ist, das durch die harmonische

Reihe $\sum 1/n$ (summiert über 1 bis ∞) repräsentiert wird. Somit ist die zweite Unendlichkeit von unendlich höherer Ordnung als die erstere. Natürlich sicherte sich Euler durch die Berücksichtigung seiner Schlussfolgerungen ab für den Fall, dass er es mit dem Verhältnis von zwei Unendlichen zu tun hatte, deren Ordnung definiert ist und die einen Vergleich zulassen. In den Fällen eines zweiten Typus, etwa bei der Summierung von unendlichen Reihen, erwuchsen Euler Schwierigkeiten, die mit dem Fehlen einer exakten Definition einer konvergenten Reihe zusammenhängen und welche erst ermöglicht, eine Reihensumme mit beliebiger Genauigkeit zu bestimmen. Solche Schwierigkeiten umgeht er in vielen Fällen, indem er die sogenannte Abelsche Summationsmethode verwendet, die er somit um ein Jahrhundert vorweggenommen hat. Euler fasst die Summe der Reihe $\sum a_n$ ($n = 1$ bis ∞) mit alternierendem Vorzeichen auf als die Funktion

$$f(x) = \sum_{n=1}^{\infty} a_n x^n$$

für $x = 1$, natürlich nur in den Fällen, wo dieser Wert endlich ist. Ein solcher Zugang zur Bestimmung der numerischen Werte der Summe von unendlichen Reihen erlaubte ihm z.B., die Funktion

$$\zeta(s) = \sum_{n=1}^{\infty} \frac{1}{n^s}$$

auf alle negativen Werte von s analytisch fortzusetzen und die bemerkenswerte Beziehung zwischen $\zeta(s)$ und $\zeta(1-s)$ zu finden – freilich ohne exakten Beweis (cf. *Remarques sur un beau rapport entre les séries des puissances tant directes que réciproques* (E.352/O.I, 15)).

In den Fällen, wo die Konvergenz der Zahlenreihe in unserem Sinne gegeben und offensichtlich ist, berechnet Euler diese Summe mit beliebiger Genauigkeit mit Hilfe ihrer Teilsummen und benützt – mit andern Worten – bereits die heutige Definition der Konvergenz.

L. Euler sprach als erster die tiefliegende algebraische Idee von der Möglichkeit der Zerlegung eines Polynoms einer Variablen in lineare Faktoren aus. Im 2. Kapitel des ersten Bandes der *Introductio* spricht er die Behauptung aus, dass jedes Polynom einer Variablen in Form eines Produktes linearer Faktoren dargestellt werden kann – mit andern Worten: den Fundamentalsatz der Algebra – und benützt sodann dieses Ergebnis weitgehend. In einer anderen Arbeit, die den linearen Differentialgleichungen gewidmet ist (*Integralrechnung*[3], Bd.3, Kap.IV), zerlegt er den linearen Differentialoperator 2. Ordnung in ein Produkt linearer Differentialoperatoren 1. Ordnung.

Im 9. Kapitel der *Introductio* überträgt er den Gedanken der Zerlegung eines Polynoms in Linearfaktoren auf das Gebiet der analytischen Funktionen und gibt mit Hilfe rein algebraischer Überlegungen die Darstellung von $\sin x$,

$\cos x$ und deren Kombinationen aus der Exponentialfunktion in der Form unendlicher Produkte.

Im 16. Kapitel dieser «Einführung» beweist er, dass die Funktion

$$\zeta(s) = \sum_{1}^{\infty} \frac{1}{n^s} \quad \text{in der Form} \quad \prod_{p}(1-p^{-s})^{-1}$$

dargestellt werden kann, wo das Produkt über alle Primzahlen zu nehmen ist – mit andern Worten, in Form eines Produktes von – in gewissem Sinn – einfachsten Faktoren.

In seinen Untersuchungen benützt Euler weitgehend Variationsmethoden. Vor allem ist er bekanntlich der Schöpfer der Variationsrechnung, deren Grundgleichungen seinen Namen tragen. Aber zu den Variationsideen können auch solche Ideen gerechnet werden, die er zur Lösung zahlentheoretischer Aufgaben geschaffen hat und die den verschiedenen Varianten «der Methode der unbegrenzten Abnahme» (descente infinie) zugrunde liegen. In wohlbekannten Arbeiten befasst sich Euler mit der Lösung des «Grossen Fermatschen Satzes». Dieser besagt, dass die Gleichung $x^n + y^n = z^n$ für $n > 2$ keine nichttriviale ganzzahlige Lösung besitzt. Euler konstruiert unter der Annahme einer (sehr grossen) Lösung x_0, y_0, z_0 eine andere Lösung in ganzen Zahlen x_1, y_1, z_1, die viel kleiner als die vorangehenden ist ($x_1 y_1 z_1 = 0$). Dies gelingt ihm für die Werte $n = 3$ und $n = 4$. Euler sagt zu diesem Verfahren in seiner «Algebra[4]»: «Wenn dahero zwey Biquadrate als x^4 und y^4 auch in den grössten Zahlen vorhanden seyn sollten, deren Summ ein Quadrat wäre, so könnte man daraus eine Summ von zwey weit kleineren Biquadraten herleiten, welche ebenfalls ein Quadrat wäre; und aus diesen könnte nachmahlen noch eine kleinere dergleichen Summe geschlossen werden und so weiter, bis man endlich auf sehr kleine Zahlen käme: da nun aber in kleinen Zahlen keine solche Summe möglich ist, so folgt daraus offenbar dass es auch in den grössten Zahlen dergleichen nicht gebe.»

In der Arbeit *De variis modis numeros praegrandes examinandi, utrum sint primi nec ne?* (E.715/O.I, 4) beschäftigt sich Euler mit «tauglichen Zahlen» *(numeri idonei)*. Es handelt sich um diejenigen Zahlen n, für welche die quadratische Form $L = nx^2 + y^2$ jede durch sie darstellbare Primzahl eindeutig, eine zusammengesetzte Zahl jedoch nicht eindeutig darstellt. Euler findet eine der *descente infinie* analoge Methode zur Lösung dieser Frage. Wenn nämlich eine zusammengesetzte Zahl N $[N \geq 4n]$ auf eine einzige Weise durch die Form L dargestellt wird, so zeigt er, dass es eine kleinere zusammengesetzte Zahl N_1 gibt, die ebenfalls eindeutig durch die Form L dargestellt wird. Mit der Methode der *descente infinie* findet man so ein Kriterium zur Entscheidung, wann die Zahlen n «untauglich» sind: n ist «untauglich», wenn es eine zusammengesetzte Zahl N kleiner als $4n$ gibt, die sich durch die Form $L = nx^2 + y^2$ auf nur eine einzige Art darstellen lässt, wobei $N = 2p, p^2, 2^k$ ist. Eine derartige Zurückführung einer zusammengesetzten Zahl N, die auf eine einzige Art in der Form *L* darstellbar ist, auf eine kleinere, erlaubt hinreichend einfach zu entscheiden, ob eine Zahl «tauglich» oder «untauglich» ist.

Diese beiden Beispiele aus der Zahlentheorie, die – mindestens in ihrem arithmetischen Teil – weit von der Analysis des Unendlichen entfernt liegen, haben wir angeführt, um zu zeigen, wie weitgehend Euler Extremalideen und -methoden benützte. Man könnte die Zahl passender Beispiele vermehren, doch wollen wir bloss noch ein Beispiel anführen, das sich auf die gemeinsame Grenze von Zahlentheorie und kombinatorischer Topologie bezieht. Es handelt sich dabei um die Frage nach den Zügen eines Springers auf dem Schachbrett, wobei sämtliche Felder des Brettes nur ein einziges Mal besprungen werden dürfen[5]. Nachdem Euler erstmals eine Lösung dieser Aufgabe gegeben hatte, stellte er ein allgemeines Extremalprinzip auf. Dieses verlangt, die Züge so auszuführen, dass der Springer jedesmal auf ein solches Feld kommen soll, von welchem aus die Anzahl der möglichen Sprünge ein Minimum wird.

Einen besonders wichtigen und allgemeinen Gedanken über die Möglichkeit der Darstellung einer funktionalen Abhängigkeit in Parameterform entwickelte Euler für die Lösung algebraischer Aufgaben, die Anwendung in der Analysis des Unendlichen finden.

Im 3. Kapitel der *Introductio* führte er neben allgemeinen Vorstellungen insbesondere die seinen Namen tragenden Substitutionen ein, die erlauben, die Integration der Quadratwurzel aus einem Trinom zweiten Grades auf diejenige einer gebrochenen rationalen Funktion zurückzuführen (cf. § 51). Den algebraischen Charakter seiner Ideen über die Möglichkeit der parametrischen Darstellung einer funktionalen Abhängigkeit, speziell der Umkehrung von Funktionen, unterstreicht L. Euler in § 17 des 1. Kapitels.

Er spricht die Behauptung aus: «Wenn *x* und *y* Funktionen von *z* sind, so ist auch *y* eine Funktion von *x*, und umgekehrt wird *x* eine Funktion von *y*.» Weiter schreibt er: «Oft ist man freilich wegen der noch unvollkommenen Entwicklung der Algebra nicht imstande, diese Funktionen entwickelt darzustellen; indessen leuchtet doch zur Genüge ein, dass eine solche Umkehrung des Abhängigkeitsverhältnisses stattfindet, gerade wie wenn sämtliche Gleichungen aufgelöst werden könnten.»

Euler wünscht, eine vollständige und logisch aufgebaute Darlegung der Analysis des Unendlichen zu geben und schickt dem fünfbändigen Werk[6] die zweibändige *Introductio* voraus.

Im ersten Band vereinigte er – im wesentlichen algebraische – Hilfsmethoden und Resultate, welche für das – von seinem Standpunkt aus – richtige und vollkommene Verständnis der Analysis des Unendlichen unumgänglich sind.

Der zweite Band ist Fragen der analytischen Geometrie gewidmet, wobei Euler die geometrischen Eigenschaften von Kurven und Flächen herleitet, indem er von den sie repräsentierenden Gleichungen ausgeht und nicht von der geometrischen Charakteristik der betrachteten Objekte.

Wir besprechen im folgenden ausgewählte Teile des ersten Bandes der *Introductio.* Dabei geben wir Hinweise auf die weitere Entwicklung der Eulerschen Ideen, die in diesem Buch dargelegt werden. Euler betont die seiner Meinung nach führende Rolle der algebraischen Ideen in der Analysis des Unendlichen und schreibt im Vorwort: «Nun setzt zwar die Analysis des Unendlichen nicht gerade eine vollkommene Kenntnis der niederen Algebra und aller bisher gefundenen Kunstgriffe voraus; indessen gibt es in der letzteren doch so manche Fragen, deren gründliche Beantwortung den Anfänger auf jene höhere Wissenschaft vorzubereiten geeignet ist und die trotzdem in den gewöhnlichen Lehrbüchern der Algebra entweder ganz und gar übergangen oder doch nur obenhin behandelt werden. Was ich in dem vorliegenden Werk zusammengestellt habe, dürfte dem erwähnten Mangel, wie ich glaube, vollständig abzuhelfen imstande sein. Denn ich habe nicht nur das, was die Analysis des Unendlichen durchaus voraussetzen muss, zwar weitläufiger, aber strenger, als dies gewöhnlich geschieht, zu begründen gesucht, sondern auch viele Fragen erledigt, durch welche der Leser mit dem Begriff des Unendlichen allmählich, und ohne es selbst zu merken, vertraut wird. Überdies habe ich, um die grosse Übereinstimmung der beiden Wege leichter kenntlich zu machen, mehrere Gegenstände, die man sonst in der Analysis des Unendlichen zu behandeln pflegt, nach den Regeln untersucht, welche die niedere Algebra an die Hand gibt.»

Das Buch des genialen Mathematikers Leonhard Euler, eines der Schöpfer der heutigen klassischen Analysis, enthält umfangreiches Material, das weit über die Grenzen des Fragenkreises hinausgeht, den wir heute gewöhnlich unter dem Namen «Einführung in die Analysis des Unendlichen» zusammenfassen. Viele Fragen, die in diesem Buch ausgeführt worden sind, haben sich in heutiger Zeit zu selbständigen mathematischen Disziplinen entwickelt. Eulers Buch zerfällt in 18 Kapitel:

Im 1. Kapitel «Über Funktionen überhaupt» wird die allgemeine Definition einer Funktion sowie die Klassifikation der Funktionen gegeben, und es werden die Eigenschaften gerader und ungerader Funktionen entwickelt. Hier gibt Euler die erste allgemeine Definition einer Funktion (unabhängig von der geometrischen Interpretation der funktionalen Abhängigkeit) im Sinne Johann Bernoullis: Eine Funktion ist ein analytischer Ausdruck, der aus veränderlichen und konstanten Grössen zusammengesetzt ist. Die Verbindung des Funktionsbegriffs mit den veränderlichen Grössen selbst war zu Eulers Zeit noch unklar. Daher gibt er in §26 die Definition der ähnlichen Funktionen (beim heutigen Verständnis der funktionalen Abhängigkeit entfällt diese Unterscheidung). Die Klassifikation der Funktionen ist auch bis in die Gegenwart unverändert geblieben, nur wird x^a (für irrationale a) heute zu den transzendenten Funktionen gerechnet.

Im 2. Kapitel «Von der Umformung der Funktionen» wird meist ohne Beweis (in Analogie zu den Gleichungen ersten bis dritten Grades) der Fundamentalsatz der höheren Algebra gegeben, der erst 50 Jahre später von

Gauss bewiesen wurde. Ferner beweist Euler eine Reihe von Sätzen über reelle und komplexe Wurzeln algebraischer Gleichungen. Er erörtert ausführlich die Frage nach der Zerlegung einer gebrochenen Funktion in die Summe einfacherer Brüche, d.h. Brüche, deren Nenner Potenzen linearer oder quadratischer Funktionen sind. Dabei beschränkt er sich in diesem Kapitel auf Brüche, deren Nenner lineare Funktionen oder Potenzen von solchen sind.

Im 3. Kapitel «Von der Umformung der Funktionen durch Substitution» behandelt Euler die sehr wichtige Frage nach der Möglichkeit des Ersatzes einer impliziten Form einer funktionalen Abhängigkeit durch eine entsprechende Parameterform. Insbesondere enthält dieses Kapitel Substitutionen, die einen rationalen Ausdruck für die Quadratwurzel aus einem quadratischen Trinom geben, die heute in den Vorlesungen über Analysis «Eulersche Substitutionen» genannt werden. Über diese allgemeine Idee Eulers der Ersetzung einer nichtexpliziten funktionalen Abhängigkeit durch eine parametrische, die eine so grosse Rolle in der weiteren Entwicklung der Analysis spielte, haben wir bereits oben gesprochen.

Im 4. Kapitel «Von der Darstellung der Funktionen durch unendliche Reihen» wird die Entwicklung rationaler Funktionen in unendliche Reihen betrachtet, wobei einige Eigenschaften rekurrenter Reihen gegeben werden, d.h. von Reihen, deren Glieder durch lineare Beziehungen untereinander verbunden sind.

Im 5. Kapitel «Von den Funktionen zweier oder mehrerer Veränderlichen» wird der Begriff der Funktionen mehrerer Variablen eingeführt; sie werden klassifiziert, und ausserdem werden die Eigenschaften homogener Funktionen ausführlich studiert.

Im 6. Kapitel «Von den Exponentialgrössen und den Logarithmen» gibt L. Euler eine strenge Theorie der Logarithmen und studiert den Verlauf der Exponentialfunktionen. Er betrachtet die arithmetische Natur der Logarithmen rationaler Zahlen mit rationaler Basis und behauptet, dass diese Logarithmen rational oder transzendent sein können. (Es ist bemerkenswert, dass dieser Satz erst heute bewiesen worden ist – 200 Jahre nach dem Erscheinen von Eulers Arbeit.)

Im 7. Kapitel «Von der Darstellung der Exponentialgrössen und der Logarithmen durch Reihen» wird die Entwicklung der Exponentialfunktion und des Logarithmus in eine Potenzreihe gegeben, wobei alle Beweise im rechnerischen Sinne Eulers exakt sind, jedoch heutiger Auffassung gemäss nicht als streng angesehen werden können. Hier wird auch die Zahl e eingeführt. Euler betrachtet die Entwicklung von $\lg 10$ in die Reihe

$$\lg 10 = 9 - \frac{9^2}{2} + \frac{9^3}{3} - + \dots,$$

die aus der Entwicklung von $\lg(1+x)$ erhalten wird. Diese ist für Werte von $-1 < x \leqq 1$ richtig. Es sei aber – so bemerkt Euler – schwer zu verstehen, dass die Reihe gleich der endlichen Zahl $\lg 10$ ist, wo doch die Summe einiger erster

Glieder weit von lg 10 entfernt ist. Hier kann man annehmen, dass die bemerkenswerte Intuition Eulers ihm die ganze Tiefe und Wichtigkeit dieser Frage eröffnet hat (in unserer Terminologie ist das die Frage nach der Konvergenz einer Reihe und des Zusammenhangs zwischen den Funktionen und ihrer Reihendarstellung ausserhalb des Konvergenzkreises). Im weiteren gibt Euler eine andere Entwicklung der logarithmischen Funktion in eine Reihe, die auch zur Berechnung von lg 10 durchaus geeignet ist.

Im 8. Kapitel «Von den transzendenten Grössen, welche aus dem Kreis entspringen» wird vor allem eine Reihe von Grundformeln der Trigonometrie hergeleitet. Euler benützt die Additionsformeln der trigonometrischen Funktionen und gibt als erster einen einfachen und klaren Beweis der bekannten Formel von Moivre. Dieser Beweis ist auch in unserem Sinne streng, falls man davon absieht, dass die vollständige Induktion formal nicht abgeschlossen ist. Euler erhält aus diesen Formeln die Entwicklung der trigonometrischen Funktionen in Potenzreihen, indem er dasselbe Verfahren wie im Falle der Exponentialfunktion benützt. Schliesslich beweist Euler mit Hilfe der Formeln Moivres seine bemerkenswerten Formeln, welche die trigonometrischen Funktionen mit der Exponentialfunktion verbinden.

Im 9. Kapitel «Von der Aufsuchung der trinomischen Faktoren» werden die komplexen Wurzeln binomischer Gleichungen und einiger anderer Gleichungen gefunden, die unmittelbar auf sie führen. Aufgrund dieser Untersuchungen erhält Euler formal die Entwicklungen der trigonometrischen Funktionen in unendliche Produkte. Dieser algebraische Zugang zum Unendlichkleinen schafft freilich eine Schwierigkeit bei der Entwicklung von $\sin z$ in ein unendliches Produkt. Ausser diesen einfacheren Entwicklungen gibt Euler eine Reihe von Entwicklungen komplizierterer Kombinationen von Exponentialfunktionen.

Im 10. Kapitel «Vom Gebrauch der gefundenen Produkte bei der Bestimmung der Summen unendlicher Reihen» findet Euler durch den Vergleich der Koeffizienten, die er aus der unmittelbaren Entwicklung in eine Potenzreihe oder in ein unendliches Produkt für die Funktionen erhält, die im vorhergehenden Kapitel betrachtet wurden, die Werte der Summen einiger unendlicher Reihen, wie z. B. der reziproken geraden Potenzen der natürlichen Zahlen. Er betrachtet hier auch die Zahlen, die später *Eulersche Zahlen* genannt wurden.

Im 11. Kapitel «Von andern unendlichen Ausdrücken für die Bogen und die Sinus» setzt Euler diese Untersuchungen fort und erhält insbesondere die (Wallissche) Entwicklung der Zahl π in ein unendliches Produkt. Er gibt hier auch Formeln, die zur Berechnung der natürlichen Logarithmen trigonometrischer Funktionen geeignet sind, wobei Formeln hergeleitet werden, deren Koeffizienten ausserordentlich genau berechnet sind.

Im 12. Kapitel «Von der Entwicklung der gebrochenen Funktionen in reeller Form» kehrt Euler zur Aufgabe zurück, die er im 2. Kapitel gestellt und zum Teil gelöst hat und deren vollständige Lösung er nun bietet.

Im 13. Kapitel «Von den rekurrenten Reihen» bestimmt Euler die Koeffizienten der Entwicklung einer beliebigen rationalen Funktion in eine Potenzreihe. Er benützt dabei die Möglichkeit der Zerlegung einer rationalen Funktion in Partialbrüche und entwickelt jeden dieser Brüche einzeln in eine Reihe. Er fand auch Formeln, die die Summe einer endlichen Anzahl von Gliedern einer rekurrenten Reihe angeben und zeigt, wie (in den einfachsten Fällen) die Glieder einer rekurrenten Reihe gefunden werden können, wenn eine gewisse Anzahl von ihnen gegeben ist. Dieses Kapitel, wie auch das 10. und 11., enthält Material, das heute zur Theorie der endlichen Differenzen gehört.

Im 14. Kapitel «Von der Vervielfachung und Teilung der Winkel» gibt Euler eine Reihe von Darstellungen trigonometrischer Funktionen mehrfachen Argumentes durch Summen oder Produkte trigonometrischer Funktionen des einfachen Argumentes. Insbesondere bestimmt er die Summe der Sinus der Glieder einer arithmetischen Folge.

Im 15. Kapitel gibt Euler seine bekannte Formel

$$\sum_{n=1}^{\infty} \frac{1}{n^x} = \prod_p \frac{1}{1 - p^{-x}},$$

in der die Summe über alle ganzen Zahlen und das Produkt über alle Primzahlen zu nehmen ist. Mit dieser Formel erhält er den Wert der Summe einiger Zahlenreihen, deren Glieder mit Primzahlen verbunden sind, sowie einiger unendlicher Produkte. Diese Arbeit Eulers diente den sehr wichtigen Untersuchungen Riemanns über die Verteilung der Primzahlen als Ausgangspunkt.

Im 16. Kapitel «Von der Zerlegung der Zahlen in Teile» löst Euler eine Reihe von Problemen der additiven Zahlentheorie. Die von ihm entwickelte Methode, die in der Konstruktion und Untersuchung der einer gewissen gegebenen Aufgabe entsprechenden Potenzreihe oder eines endlichen Produktes besteht, wurde in den Arbeiten unserer zeitgenössischen Mathematiker (Ramanujan, Hardy und Littlewood) weiterentwickelt und ist eine der fruchtbarsten Methoden der additiven Zahlentheorie. Bei der Lösung einer dieser additiven Aufgaben führt Euler erstmalig eine Funktion in die Betrachtung ein, die später Jacobi zur Konstruktion der allgemeinen Theorie der elliptischen Funktionen benützte und die dann «Thetafunktion» genannt wurde.

Im 17. Kapitel «Vom Gebrauch der rekurrenten Reihen bei der Berechnung der Wurzeln der Gleichungen» entwickelt und vertieft Euler den Gedanken von Daniel Bernoulli, dass die kleinste Wurzel eines algebraischen Polynoms $f(x)$ als Limes der Quotienten benachbarter Koeffizienten einer Potenzreihe gefunden werden kann, in die man die Funktion $1/f(x)$ entwickelt. Diese Idee kann in allgemeinerer Form als Bestimmung der Pole einer meromorphen Funktion aus den Koeffizienten ihrer Taylor-Entwicklung formuliert werden. Sie ist eine der interessantesten Aufgaben der Theorie der meromorphen Funktionen und wurde erst Ende des 19. Jahrhunderts von J. Hadamard gelöst[7].

Eulers Buch ist durchaus nicht nur eine Systematisierung der schon zu seiner Zeit bekannten Tatsachen, sondern es besteht in bedeutendem Masse aus eigenen Untersuchungen. «Im übrigen glaube ich sagen zu dürfen, dass dieses Buch nicht allein manches vollständig Neue enthält, sondern dass es auch die Quellen aufdeckt, aus denen man noch sehr viele merkwürdige Entdeckungen wird ableiten können», schreibt Euler im Vorwort. Die tiefen Ideen Eulers, die die mathematische Analysis in allen Richtungen durchdringen, haben ihren schöpferischen Wert auch heute noch nicht verloren. Unter ihnen kommt den Ideen, die in der «Einführung in die Analysis des Unendlichen» enthalten sind, bei weitem nicht die letzte Stelle zu.

Doch das Buch Eulers sollte seinem Plan nach nicht bloss eine Monographie sein, deren Studium das schöpferische Denken anregen und zu neuen Entdeckungen führen sollte. Es sollte auch ein Lehrbuch sein, wie man aus den im Vorwort angeführten Hinweisen ersieht. Euler ist es gelungen, diese Aufgabe glänzend zu lösen. Die *Introductio* Eulers ist auch heute noch von grossem Interesse. Der mathematische Forscher kann in diesem Buch die Entstehung einer Reihe fruchtbarer Methoden der Analysis verfolgen und beim Studium des Eulerschen Werkes die Methodik seiner persönlichen wissenschaftlichen Arbeit vertiefen. Andererseits sind viele Fragen, die in diesem Buch enthalten sind, heute schon so weit entwickelt, dass die Bekanntschaft mit ihnen in moderner Darstellung nur einem relativ engen Kreis von Spezialisten zugänglich ist.

Man wirft Euler oft die mangelnde Strenge der Beweise für die von ihm gefundenen neuen Tatsachen vor und stellt ihm in dieser Hinsicht z. B. C. F. Gauss gegenüber. Doch Euler, der mit konstantem Erfolg neue und wirksame Methoden zur Lösung zahlreicher Aufgaben suchte und fand, wurde durch seine riesige und äusserst angespannte wissenschaftliche Tätigkeit vor die Notwendigkeit gestellt, nicht so lange bei den Beweisen der von ihm entdeckten Fakten zu verweilen, wenn diese den Rahmen der zeitgenössischen Mathematik sprengten und die nur unter einem neuen, bedeutend weiteren Gesichtsfeld als einfach hätten erscheinen können.

Zu den Fakten, die Euler zwar entdeckte, aber nicht bewies, gehören beispielsweise das quadratische Reziprozitätsgesetz oder die Symmetriegleichung, die Gleichung Riemanns für $\zeta(s)$. Der Beweis der ersten Tatsache erforderte von Gauss längjährige Bemühungen, und die zweite kann relativ unkompliziert erst mit Hilfe allgemeiner Vorstellungen und Methoden der modernen Theorie der Funktionen einer komplexen Veränderlichen bewiesen werden, zu der die Untersuchungen Eulers ebenfalls die Grundlage abgaben. Der einzige einigermassen begründete Vorwurf mangelnder Strenge liegt in dem Umstand, dass L. Euler es nicht für unumgänglich notwendig hielt, eine exakte Definition der Konvergenz einer Reihe zu geben. Man könnte sich auch denken, dass ihn die formale Tautologie und Ineffizienz der Definition der Konvergenz einer Reihe abschreckte, welche sich auf die Möglichkeit stützt, den Reihenwert mit Hilfe der Teilsummenwerte beliebig genau zu berechnen, falls die Reihe konvergiert. Die Aufgabe einer strengen Begründung der mathematischen Methoden und einer genauen Definition der Objekte mathematischer Untersuchungen erhob sich in ihrem ganzen Umfang vor den Mathematikern der zweiten Hälfte des 19. und zu Anfang des 20. Jahrhunderts und wurde von ihnen weitgehend gelöst. Insbesondere wurde damals die axiomatische Methode geschaffen. Der riesige Vorrat streng begründeter Kenntnisse auf den verschiedensten Gebieten der Mathematik, der in den beiden vergangenen Jahrhunderten angehäuft worden war, war den Bedürfnissen der Physik und der Technik weit voraus, da diese die Einstellung zu ihren Forschungsobjekten viel langsamer änderten. Noch vor 20 Jahren konnte die Physik bedeutend früher entwickelte und formulierte mathematische Methoden mit Erfolg benützen. Die stürmische Entwicklung der Kernphysik und der Teilchenphysik in Verbindung mit der Feldtheorie wurde in bedeutendem Masse durch die Aufgaben der neuen Technik angeregt. Die Physik, zusammen mit neuen technischen Entwicklungen wie Automation oder elektronische Datenverarbeitung, die man in den letzten Jahrzehnten beobachten konnte, stellt den Mathematikern wieder Aufgaben, die nicht zum Kreis der früher geschaffenen Vorstellungen und Methoden gehören.

In Verbindung damit beobachten wir erneut eine bedeutende Verstärkung der Rolle der Algebra in der heutigen Analysis – der Funktionalanalysis –, wo die algebraischen Ideen bekanntlich die führende Rolle spielen. In den allerletzten Jahren wurde die mathematische Logik bedeutend entwickelt, mit andern Worten, die allgemeine Theorie der Algorithmen, einer der modernen Zweige der Algebra. Diese Entwicklung der mathematischen Logik ist nicht nur mit der Notwendigkeit verbunden, die Frage nach der möglichen Entscheidbarkeit einzelner Grundprobleme der Mengen- oder Gruppentheorie zu beantworten. Sie ist auch stark durch die Anforderungen bedingt, welche die Maschinenmathematik stellt, für welche die Theorie der Algorithmen eine der fundamentalen Stützen ist. Einer der interessantesten Zweige der heutigen Geometrie – die kombinatorische Topologie – hat sich in den beiden letzten Jahrzehnten sehr stark entwickelt und hat zahlreiche Anwendungen erhalten. Sie leitet ihren Ursprung von den ersten Arbeiten L. Eulers her und ist eng mit der Algebra durch ihre Ideen und Methoden verbunden. Man kann ferner die für die heutige Mathematik charakteristische Entwicklung der Variationsmethoden und -ideen anführen. Neben verschiedenen Problemen auf dem Gebiet der Differentialgleichungen werden sie heute z. B. weitgehend in der Differentialgeometrie oder in der Funktionentheorie benützt, sowohl im Reellen als auch im Komplexen. Die mangelnde Strenge in der Begründung der mathematischen Methoden, die in der heutigen theoretischen Physik angewandt werden, und besonders bei Untersuchungen in der Elementarteilchen- und in der Feldtheorie, ist für viele Arbeiten selbst der hervorragendsten Forscher auf diesen Gebieten charakteristisch. Diese mangelnde Strenge ist natürlich in erster Linie mit der unzureichenden Kenntnis über den Bau der Dinge im Kleinen verbunden wie auch damit, dass die Resultate der Experimente in vielen Fällen bis jetzt nicht widerspruchsfrei mit Hilfe der existierenden Vorstellungen über die Struktur des Mikrokosmos beschrieben werden können. Es ist gut möglich, dass eine solche Beschreibung überhaupt irgendeine neue Mathematik erfordert, weil z.B. der Versuch, die Erscheinungen in sehr grosser Nähe der Elementarteilchen zu beschreiben, heutzutage auf die Unmöglichkeit stösst, den Raum zu metrisieren.

Mangelnde Strenge ist zum Teil auch bezeichnend für die eilig geschaffenen neuen Methoden, die mit der Ausnutzung und Anwendung der modernen Rechenmaschinen verbunden sind. Man kann auch bemerken, dass die algebraischen Ideen und Methoden, sowohl die algorithmischen wie die von Gruppencharakter, eng mit den Symmetrien (im weitesten Sinn des Wortes) beim Bau der Dinge und in der Struktur der Prozesse der uns umgebenden Welt verbunden sind, die ihre Stabilität bestimmen. Sie haben bei weitem grössere Breite und Allgemeinheit als die sehr fruchtbare, aber spezielle Idee der Linearisierung der Prozesse im Kleinen, die der Anwendung der Analysis des Unendlichen zugrunde liegt. Diese stützt sich auf die Stetigkeit der Prozesse und die langsame Veränderung ihres Charakters mit der Zeit oder im Raum und verliert ihre Kraft dort, wo die Voraussetzungen der Stetigkeit oder andere analoge Voraussetzungen dem realen Gang der Prozesse nicht mehr entsprechen.

Alles eben Gesagte zeigt, dass der Charakter der Forderungen, die sich infolge der raschen Entwicklung von Physik und Technik heute vor der Mathematik erheben, zu einer Situation führt, analog derjenigen im 18. Jahrhundert – einer Epoche, in der neue Fakten akkumuliert wurden, ohne sie zu einem harmonischen Ganzen verbinden zu können. Daher hat man von unserem Standpunkt aus allen Grund anzunehmen, dass ein Zusammenhang besteht zwischen der damaligen wissenschaftlichen Situation und einigen grundlegenden Zügen der Ideen und Methoden Eulers. Darunter zählen wir Eulers algebraische Methoden, seine Bemühungen um die Auffindung algorithmischer Verfahren, seine etwa mangelnde Strenge beim Beweis neuer Zusammenhänge. Die Mathematik war für Euler untrennbar mit ihren Anwendungen verbunden – dies war, mit andern Worten, seine naturwissenschaftliche Weltanschauung.

Anmerkungen

1 E. 101, 102/O. I, 8, 9.
2 E. 212/O. I, 10.
3 E. 385/O. I, 13.
4 E. 387/O. I, 1, p. 439.
5 Cf. das Kapitel 7 (Schach) im Längsschnitt-Essay von E. A. Fellmann im vorliegenden Band.
6 Gemeint sind die oben unter Anm. 2 und 3 angegebenen Werke Eulers.
7 Hier wurden drei Zeilen der russichen Vorlage übergangen; sie beziehen sich auf die russische Ausgabe der *Introductio* von 1936.

André Weil

L'œuvre arithmétique d'Euler*

Toute sa vie Euler, à l'exemple de Fermat au siècle précédent, porta un intérêt passionné à la théorie des nombres; ne nous eût-il rien laissé que ses écrits sur cette matière, il occuperait encore une place d'honneur dans l'histoire des mathématiques. Mais, tout comme Fermat, il se heurta à l'indifférence de ses contemporains à l'égard de ce qu'ils regardaient comme une spéculation inutile. «Nous avons mieux à faire», avait écrit Huygens à Wallis à l'occasion des défis lancés par Fermat en 1657. «Je n'ai jamais entendu parler des Theoremes de Fermat ni de ce que peuvent être devenus ses papiers», écrit Clairaut à Euler en 1742 (O.IVA, 5, p.129) en réponse à une lettre où celui-ci parle avec quelque enthousiasme de ses recherches d'arithmétique et s'enquiert des manuscrits inédits de Fermat (O.IVA, 5, p.124); sur quoi Euler fait part de sa déception à son ami Goldbach (*Corr.* I.168): «Ich habe an Mr. Clairaut geschrieben, ob die Manuscripte von Fermat noch zu finden wären. Da aber der goût für dergleichen Sachen bei den Meisten erloschen ist, so ist auch die Hoffnung verschwunden.»

Encore en 1778, alors que le jeune Nicolas Fuss, devenu l'assistant d'Euler âgé et aveugle, avait envoyé à Daniel Bernoulli les nouveaux résultats de son maître sur la théorie des nombres premiers, ce vieil ami d'Euler ne dissimule pas sa désapprobation (*Corr.* II.676): «... ne trouvez-vous pas que c'est presque faire trop d'honneur aux nombres premiers que d'y répandre tant de richesses, et ne doit-on aucun égard au goût raffiné de notre siècle?»

Aussi voyons-nous Euler faire précéder presque chacun de ses mémoires d'arithmétique par une apologie passionnée dont il ne se lasse pas de répéter les termes. Peu lui chaut, écrit-il, que ce genre de recherche soit délaissé et même méprisé par la plupart des mathématiciens et par les plus considérables d'entre eux. Non seulement cette étude, selon lui, est une source de grandes joies, mais surtout la vérité est une, nulle vérité n'est inutile, nulle vérité n'est bonne à négliger. Force est de constater que pendant longtemps ces exhortations n'eurent aucun succès.

---

* Le présent article – un essai d'analyse thématique – est adapté d'un chapitre d'un ouvrage en préparation sur l'histoire de la théorie des nombres, à paraître chez Birkhäuser. Il sera référé comme suit aux écrits d'Euler: p. ex. O.I, 2, p.376, renvoie aux *Opera omnia*, Series I, vol.2, p.376; *Corr.* renvoie à la *Correspondance Mathématique et Physique* ... publiée par P.-H. Fuss, 2 volumes, St-Pétersbourg 1843 (repr. Johnson Reprint Corp. 1968); p. ex. *Corr.* I.168 renvoie au tome I de cet ouvrage, p.168.

Du moins, plus heureux que Fermat, Euler eut-il la bonne fortune de susciter de son vivant un disciple digne de lui en la personne de Lagrange. Ils ne se rencontrèrent jamais; mais il serait visible, même si Lagrange ne le soulignait pas expressément, que celui-ci a constamment trouvé dans l'œuvre d'Euler sa principale source d'inspiration.

Grande dut donc être la satisfaction d'Euler en 1769 lorsque Lagrange, avec lequel il correspondait depuis quinze ans, commença à lui adresser des travaux de théorie des nombres, brillante continuation des siens propres sur les mêmes thèmes. Aux chaleureuses félicitations du maître après ce premier envoi, assorties d'ailleurs de commentaires détaillés, Lagrange répond en ces termes (O.IVA, 5, p.471):

«Je suis très charmé que mes recherches sur les problemes indeterminés aient pu meriter votre attention; le suffrage d'un savant de votre rang est extrêmement flatteur pour moi, surtout dans une matiere, dont vous êtes le seul juge compétent que je connoisse. Il me semble qu'il n'y a encore que Fermat et vous qui se soient occupés avec succès de ces sortes de recherches, et si j'ai été assés heureux pour ajouter quelque chose à vos decouvertes je ne le dois qu'à l'étude que j'ai faite de vos excellens ouvrages.»

Mais, avant de trouver un continuateur dans cette voie, Euler avait dû attendre quarante ans. C'est en 1730 en effet qu'une remarque fortuite de Goldbach l'avait amené à s'intéresser à l'arithmétique, et c'est avec Goldbach seulement, jusqu'à la mort de celui-ci en 1764, qu'il put échanger des idées sur ce sujet; d'ailleurs, dès 1756, la guerre de Sept Ans avait interrompu leur correspondance, qui ne reprit, bien au ralenti, qu'en 1762. En tout cas c'est principalement grâce à cette correspondance que nous devons de pouvoir suivre, presque jour par jour quelquefois, les progrès d'Euler en théorie des nombres. (Elle forme le tome I de la *Correspondance Mathématique et Physique* citée ci-dessus, note *; pour une publication un peu plus complète et munie d'une annotation abondante, voir L. Euler et Chr. Goldbach, *Briefwechsel*, ed. A.P. Juškevič et E. Winter, Berlin 1965.) Il convient d'y joindre un important ouvrage, certainement rédigé aux environs de 1750, laissé inachevé par Euler, publié en 1849 sous le titre *Tractatus de doctrina numerorum* (O.I, 5, p.182–283), et qui à bien des égards fait pressentir les *Disquisitiones* de Gauss ou du moins les trois premières sections de celles-ci. Le *Tractatus* et la correspondance avec Goldbach constituent, avec les mémoires d'Euler sur la théorie des nombres (presque tous parus dans les publications de l'Académie de Saint-Pétersbourg), la source principale de l'exposé ci-dessous, où l'on va s'efforcer d'énumérer, dans l'ordre chronologique de leur apparition, les thèmes divers qui tour à tour interviennent dans cette œuvre. Nous en distinguerons dix; parmi eux, quelques-uns auraient été regardés par Euler comme appartenant à la théorie des séries ou au calcul intégral; mais comme il dit, dans un travail où il démontre un théorème d'arithmétique au moyen de séries formelles de puissances (O.I, 2, p.376; cf. sect.8 ci-dessous): «Ex hoc casu intelligere licet, quam arcto et mirifico nexu Analysis infinitorum non solum cum Analysi vulgari, sed etiam cum doctrina numerorum, quae ab hoc sublimi calculi genere abhorrere videtur, sit coniuncta.» [«On peut voir par-là combien étroit et merveilleux est le lien qui unit l'analyse infinitésimale, non seulement avec l'algèbre ordinaire, mais même avec la théorie des nombres, qui pourtant semble répugner à ce genre de traitement.»]

1   Le théorème de Fermat; ses généralisations; groupes commutatifs et corps finis

A propos de la recherche de nombres «parfaits», «amiables», etc., Fermat avait été conduit à examiner les facteurs premiers des nombres de la forme $2^n \pm 1$, $3^n \pm 1$, etc. Il est visible par exemple que $2^n + 1$ ne peut être premier si n a des diviseurs impairs; Fermat, trompé par les cas $n = 1, 2, 4, 8, 16$, et peut-être par une faute de calcul commise pour $n = 32$, avait conjecturé que tous les nombres $2^{2^m} + 1$ sont premiers; mais en même temps, à l'occasion de cette recherche, il avait découvert le théorème auquel son nom est resté attaché: si p est premier, $a^p - a$ est multiple de p quel que soit a; ou encore: si p est premier, et si a est premier à p, $a^{p-1} - 1$ est multiple de p.

Comme beaucoup de mathématiciens amateurs, Goldbach aimait «les nombres». Il n'avait pas lu Fermat (*Corr.* I.26) mais connaissait par ouï-dire quelques-uns de ses résultats et conjectures qui faisaient partie du folklore mathématique de son époque (cf. *Corr.* II.161 et O.I, 2, p.38). A la fin de 1729 il mentionne à Euler la conjecture sur $2^{2^m} + 1$ (*Corr.* I.10). A bon droit Euler se montre sceptique, mais bientôt, devant l'insistance de Goldbach, il prend en mains les écrits de Fermat (*Corr.* I.24).

Il est curieux de constater qu'il n'y rencontre pas d'abord le «théorème de Fermat»; il s'y trouve pourtant à deux reprises (p.163 et 177 des *Varia Opera*), et chaque fois Fermat ajoute qu'il en possède la démonstration (obtenue «non sans peine», dit-il, p.177). En 1755 Euler le cite comme un théorème remarquable («theorema eximium») autrefois découvert par Fermat (O.I, 2, p.510; cf. O.II, 5, p.141); mais à ses débuts il ne fait que suivre pas à pas, sans s'en apercevoir, le chemin même que Fermat avait parcouru un siècle plus tôt. D'abord il découvre «par induction» (c'est-à-dire expérimentalement) que, pour tout p premier impair, $2^{p-1} - 1$ est multiple de p (*Corr.* I.60), et en déduit d'ailleurs presque aussitôt que $2^{32} + 1$ admet le facteur 641 (O.I, 2, p.3); expérimentalement aussi il redécouvre le théorème de Fermat (O.I, 2, p.3–4). Après quoi il le démontre, d'abord dans le cas $a = 2$, par la formule du binôme (O.I, 2, p.33–37).

En fait, le théorème de Fermat est un cas particulier du théorème selon lequel l'ordre de tout sous-groupe d'un groupe fini divise l'ordre du groupe; il suffit pour l'obtenir d'appliquer ce dernier résultat au groupe multiplicatif $G_p = (\mathbf{Z}/p\mathbf{Z})^\times$ des entiers premiers à p modulo p et au sous-groupe engendré par un élément quelconque de G_p; en procédant de même avec le groupe multiplicatif G_N des entiers premiers à N modulo N, où N est un entier quelconque, on obtient le théorème d'Euler: quel que soit a premier à N, $a^{\varphi(N)} - 1$ est multiple de N, $\varphi(N)$ désignant l'ordre du groupe G_N.

Ce théorème célèbre, avec une démonstration substantiellement identique à celle qui est esquissée ci-dessus, figure en bonne place dans le *Tractatus* (Chap.7, O.I, 5, p.214); il ne fut publié qu'en 1763 à Saint-Pétersbourg dans le cadre d'un mémoire caractéristiquement intitulé *Theoremata arithmetica nova methodo demonstrata* qui avait été lu à l'Académie de Berlin en 1758 (O.I, 2, p.531–555). Il fait partie d'une longue suite de recherches consacrées principalement au groupe multiplicatif G_p pour p premier, et occasionnellement à G_N pour N quelconque. Peut-être faut-il en voir l'origine dans la découverte faite empiriquement par Euler en 1742 à propos de formes quadratiques binaires (cf. sect.9 ci-dessous) de sous-groupes d'indice 2 de groupes tels que G_N (*Corr.* I.148; cf. O.I, 2, p.208, 217, et O.I, 5, p.229, no 296). En tout cas, à partir de 1747, les écrits d'Euler, et même sa terminologie, reflètent une nette évolution vers une vue de plus en plus conceptuelle de la théorie des nombres et vers un degré d'abstraction toujours croissant, et cela jusqu'à la fin de sa vie (cf. surtout ses trois mémoires de 1772, O.I, 3, p.240–281, 497–512, 513–543). Déjà le *Tractatus* n'est pas autre chose qu'une exploration des groupes additif et multiplicatif modulo un nombre premier, ou plus généralement modulo un entier quelconque, du point de vue de leurs ordres, de leurs sous-groupes, et des groupes quotients correspondants. Si Euler le laissa inachevé, c'est que, faute d'avoir pu démontrer l'existence de racines primitives modulo un nombre premier quelconque, il avait dû laisser bien des questions en suspens. Néanmoins il y trouva la matière de plusieurs mémoires importants rédigés de 1750 à 1758 (O.I, 2, p.330–365, 493–518, 531–555). C'est là que figure par exemple la démonstration déjà mentionnée du théorème de Fermat (O.I, 2, p.509–510) et de sa généralisation (O.I, 2, p.554–555; cf. *Tractatus*, O.I, 2, p.214), ainsi que la détermination du caractère quadratique de -1 modulo p premier (O.I, 2, p.331–337; cf. *Corr.* I.493–495 et *Tractatus*, O.I, 5, p.222–223), le «critère d'Euler» pour les résidus de puissance n-ième modulo p premier (si $p-1 = mn$, a est résidu de puissance n-ième modulo p si et seulement si $a^m - 1$ est multiple de p: O.I, 2, p.516; cf., pour $n=2$, *Tractatus*, O.I, 5, p.233, no 320 add.)

Il manquait encore à Euler un maillon essentiel de la chaîne; Lagrange y suppléa en montrant, à propos d'équations indéterminées, qu'une congruence de degré n modulo p premier possède au plus n solutions. En langage moderne il s'agit simplement du fait que dans un corps, et en particulier dans le corps premier $F_p = Z/pZ$, une équation de degré n a au plus n racines. Lagrange démontrait son résultat au moyen de formules d'interpolation (voir ses *Œuvres*, vol.II, p.667–669). Euler en prit connaissance en 1770 ou 1771 (cf. O.IVA, 5, p.483, 488); dès l'année suivante il en donna en substance la démonstration moderne (O.I, 3, p.249), puis, après avoir procédé à la construction des «polynomes cyclotomiques» (O.I, 3, p.250–251), tira de là l'existence de $\varphi(p-1)$ racines primitives modulo p (O.I, 3, p.256–257). Il est même permis, lorsqu'il emploie les termes de «réel» et «imaginaire» à propos de solutions de congruences modulo p (O.I, 3, p.249, 252), de voir là un premier pressentiment des «imaginaires de Galois» et de la théorie des corps finis.

2   Sommes de carrés; formes quadratiques élémentaires

On ne saurait guère douter que Fermat n'ait développé la théorie complète de la représentation des entiers, d'abord par des sommes de deux carrés, puis par les formes quadratiques «élémentaires» $X^2 \pm 2Y^2$ et $X^2 + 3Y^2$; ce succès peut s'expliquer en langage moderne par le fait que les corps quadratiques $Q(\sqrt{-1})$, $Q(\sqrt{\pm 2})$, $Q(\sqrt{-3})$ admettent un «algorithme d'Euclide».

Fermat affirme aussi à plusieurs reprises que tout entier est somme de quatre carrés au plus; cet énoncé figure deux fois dans les écrits de Fermat qu'Euler a pu consulter. Il se trouve d'une part dans l'observation de Fermat, p.180–181, du Diophante de 1670 (cf. ses Œuvres, tome I, p.305, Obs. XVIII), et aussi dans la lettre XLVI du Commercium Epistolicum de 1658, réimprimé en 1693 dans le tome II des Œuvres de Wallis. En ces deux occasions Fermat affirme (à tort ou à raison) qu'il possède de ce résultat une démonstration complète.

Lorsqu'Euler, en 1730, se mit à lire ou sans doute plutôt à feuilleter les écrits de Fermat, ce fut l'énoncé relatif aux sommes de quatre carrés qui le frappa d'abord (Corr. I.24). Chose curieuse, il se persuada, non seulement (Corr. I.35) que Fermat n'avait pas démontré son théorème (ce qui est possible), mais même (ce qui est inexplicable) que Fermat n'avait jamais dit l'avoir démontré (Corr. I.30); ce n'est qu'en 1748 qu'il revient sur ce point et copie pour Goldbach le texte de l'observation de Fermat (Corr. I.455).

Euler demeura fasciné par ce sujet toute sa vie; mais il a dû comprendre de bonne heure qu'avant d'aborder les sommes de quatre carrés il convenait de retrouver les résultats de Fermat sur les sommes de deux carrés. C'est là un thème que nous voyons apparaître dans sa correspondance peu après son arrivée à Berlin en 1741 (Corr. I.107, 114, 116–117; O.IVA, 5, p.124) et qu'il poursuivit inlassablement jusqu'à en avoir obtenu en 1749 une première démonstration complète («Nunmehr habe ich endlich einen bündigen Beweis gefunden ...»: Corr. I.493) et bien au-delà.

Dans sa démonstration de 1749, dont il est permis de supposer qu'elle ne diffère pas substantiellement de celle que Fermat disait avoir trouvée un siècle plus tôt, on peut distinguer deux parties. L'une consiste à déterminer, pour p premier impair, le caractère quadratique de -1, c'est-à-dire, dans la notation de Legendre, $(-1/p)$. Le théorème de Fermat suffit à faire voir que $(-1/p) = -1$ si $p \equiv 3 \pmod 4$ (*Corr.* I.116–117); ce même théorème, joint à un argument ingénieux qu'Euler tire du calcul des différences (*Corr.* I.494), montre que $(-1/p) = +1$ si $p \equiv 1 \pmod 4$. C'est là le point dont Euler, toute sa vie, cherchera et trouvera d'autres démonstrations plus naturelles à son gré et au nôtre (cf. O.I, 2, p.365; O.I, 3, p.262–266, 507, 525); dans le langage d'Euler il s'exprime en disant que les diviseurs premiers impairs de l'expression $X^2 + Y^2$ (c'est-à-dire les diviseurs premiers impairs de nombres de la forme $a^2 + b^2$ avec a premier à b) sont précisément les nombres premiers de la forme $4n + 1$.

A cela il faut adjoindre le fait qu'un tel «diviseur premier» est nécessairement lui-même somme de deux carrés; c'est ce qu'Euler démontre par un argument de «descente» (*Corr.* I.416–418) basé sur l'identité classique sur les produits de sommes de deux carrés. Cet argument, qui est bien dans l'esprit de Fermat, correspond à l'emploi de l'algorithme d'Euclide dans l'étude du corps $Q(\sqrt{-1})$.

De même que l'algorithme d'Euclide s'applique aussi aux corps $Q(\sqrt{\pm 2})$, $Q(\sqrt{-3})$, l'argument de descente s'applique presque sans changement aux forms $X^2 \pm 2Y^2$, $X^2 + 3Y^2$, et Euler ne fut pas long à s'en apercevoir (voir O.I, 2, p.236 pour le cas de $X^2 - 2Y^2$, p.459–492 pour $X^2 + 2Y^2$, p.481–482 et 556–575 pour $X^2 + 3Y^2$; cf. aussi O.I, 3, p.224–229). Il ne tarda guère non plus à déterminer $(3/p)$, ou autrement dit le caractère quadratique de 3 modulo p, pour tout nombre premier p (O.I, 2, p.575; cf. *Corr.* I.622). Il mit beaucoup plus longtemps, en revanche, à déterminer $(2/p)$ (cf. *Corr.* I.597, 628, et O.I, 2, p.575) et n'y parvint même en 1772 qu'avec l'aide d'un ami, sans doute Lexell (O.I, 3, p.275). Avec ce dernier résultat il avait complété la démonstration de tous les énoncés de Fermat sur les formes en question.

Quant aux sommes de quatre carrés, c'était là, sinon «le rêve de jeunesse» d'Euler, du moins l'un de ses nombreux rêves de jeunesse, et nous voyons reparaître les sommes de trois et de quatre carrés dans sa correspondance, ainsi que les groupes orthogonaux à trois et quatre variables, à partir de 1747, c'est-à-dire dès que ses progrès dans l'étude des sommes de deux carrés lui eurent inspiré confiance dans ses méthodes (cf. p.ex. *Corr.* I.440 et 515–521). En 1748, il communique à Goldbach une découverte décisive (*Corr.* I.452): c'est l'identité célèbre sur les produits de sommes de quatre carrés qui est à la base du calcul des quaternions. Dès l'année suivante, et dans la même lettre où il annonce son succès définitif au sujet des sommes de deux carrés, il montre comment l'identité en question permet «presque», au moyen d'un raisonnement analogue, de traiter le problème de la décomposition en quatre carrés (*Corr.* I.495–497) en faisant voir du moins que tout entier est somme de quatre carrés rationnels (cf. O.I, 2, p.367–372).

Cette fois encore c'est de Lagrange que lui vint, quelque vingt ans plus tard, l'impulsion nécessaire pour aller plus loin. En 1772 parut à Berlin le mémoire de Lagrange où celui-ci achève de démontrer l'énoncé de Fermat; peut-être deux lettres d'Euler de 1770, où il était question des groupes orthogonaux à trois et à quatre variables (O.IVA, 5, p.468, 480) avaient-elles contribué à diriger son attention vers ce problème (voir ses *Œuvres*, tome III, p.189-201). Euler, tout en couvrant Lagrange d'éloges, critique à bon droit sa démonstration comme détournée et compliquée à l'excès (O.I, 3, p.218, 221); après quoi, dans un mémoire rédigé en 1772, puis retiré et retouché en 1773 et 1774, il montre qu'en fait une variante de l'argument de descente dont il s'était servi pour les formes $X^2 + Y^2$, $X^2 + 2Y^2$, $X^2 + 3Y^2$, peut être adaptée à la forme $X^2 + Y^2 + Z^2 + T^2$ (O.I, 3, p.218-239); c'est en somme la démonstration que Hurwitz devait transcrire un siècle plus tard dans le langage des quaternions en montrant que ceux-ci admettent un algorithme d'Euclide (voir ses *Math. Werke*, Bd.II, p.312-315, 320-323). Sans doute Euler eût-il pu s'en apercevoir bien plus tôt; mais, sans Lagrange, aurait-il composé ce beau travail, où il mettait si brillamment le point final à une question qui l'avait hanté pendant quarante ans?

3   Equations indéterminées du second degré

Si peu que l'apprentissage d'Euler auprès de Johann Bernoulli l'eût préparé à s'occuper d'arithmétique, il avait dû cependant y acquérir quelques notions sur les «méthodes de Diophante», dont Johann soulignait volontiers la valeur pour le calcul intégral (cf. A. Weil, *Comp. Math.* 44 (1981), p.395-406; cf. aussi les lettres de Daniel Bernoulli à Goldbach, *Corr.* II.190, 202-203). Ces mêmes questions reparaissent en 1730 dans la correspondance de Goldbach avec Daniel Bernoulli et avec Euler (*Corr.* II.351, 356; *Corr.* I.27, 30-31, 34, 36-37); là encore, c'est Goldbach qui prend l'initiative. En cette matière il convient de distinguer entre les équations de genre 0, c'est-à-dire avant tout les équations du second degré à deux inconnues, et les équations ou systèmes d'équations de genre 1 dont il sera question au §IV.

Quant aux premières, Euler considère d'abord les équations de la forme $y^2 = ax^2 + bx + c$ à résoudre en nombres entiers ou bien en nombres rationnels (*Corr.* I.36-37, puis O.I, 2, p.6-17, 576-598; O.I, 3, p.74-77; cf. O.I, 1, p.349-360); en 1772, il considère plus généralement les équations

$$Ax^2 + 2Bxy + Cy^2 + 2Dx + 2Ey + F = 0$$

(O.I, 3, p.297-309). A plusieurs reprises, en liaison avec ses recherches sur les formes $mX^2 + nY^2$, il s'est demandé comment reconnaître si de telles équations ont une solution, et plus particulièrement si un nombre donné peut s'écrire sous la forme $y^2 - ax^2$, soit en nombres entiers, soit en nombres rationnels, lorsque *a* est donné. C'est à ce propos qu'il écrit l'identité («theorema eximium», O.I, 2, p.600):

$$(y^2 - ax^2)(t^2 - az^2) = (yt \pm axz)^2 - a(yz \pm xt)^2.$$

Mais la réponse définitive à cette question, en ce qui concerne les solutions rationnelles, ne devait être donnée que par Legendre en 1785, à la suite de la solution partielle donnée par Lagrange en 1768. Aussi Euler se voit-il toujours obligé, avant d'aborder un problème de ce genre, de supposer qu'il en connaît déjà une solution, après quoi il se propose, soit de les trouver toutes (s'il s'agit de solutions rationnelles), soit du moins d'en trouver une infinité (s'il s'agit de solutions entières). Bien entendu le premier point ne fait pas difficulté; il n'est que de prendre l'intersection de la conique représentée par l'équation proposée et d'une droite passant par le point connu (voir O.I, 2, p.578–579; O.I, 3, p.298–299). En principe cette méthode, dont Euler ne donne d'ailleurs pas l'interprétation géométrique, était celle même de Diophante.

Quant aux solutions entières, Euler avait reconnu dès 1730 qu'on en obtient une infinité, pour l'équation $y^2 = ax^2 + bx + c$, dès qu'on en connaît une et qu'on sait résoudre l'équation dite de Pell, $y^2 = ax^2 + 1$, où il faut naturellement supposer que *a* est positif et non carré. Dès 1730 aussi il observe que les solutions ainsi obtenues forment des suites récurrentes et s'expriment par des formules explicites dans le corps $Q(\sqrt{a})$ (*Corr.* I.36–37); par la suite ces observations sont présentées d'une manière plus complète et plus détaillée (O.I, 2, p.580–611; O.I, 3, p.74–77), puis étendues à l'équation générale du second degré à deux variables (O.I, 3, p.300–309), sans qu'à cela près il s'y ajoute rien de substantiel. En ce qui concerne plus particulièrement l'équation de Pell $y^2 - ax^2 = 1$, Euler se contenta toujours, à des variantes près, de la méthode de solution offerte en 1657 par Wallis d'après Brouncker en réponse au défi de Fermat (méthode qu'à tort il attribuait à Pell). Pas plus que Brouncker et Wallis il ne se préoccupa de démontrer que cette méthode aboutit nécessairement à une solution; du moins fit-il faire un progrès décisif à cette question en 1759 en interprétant la méthode de Brouncker au moyen du développement de $\sqrt{a}$ en fraction continue (O.I, 3, p.78–111; cf. sect.6 ci-dessous); c'est à partir de cette interprétation, comme on sait, que Lagrange obtint la solution définitive du problème.

4   Equations indéterminées de genre 1 et autres problèmes diophantiens

De tels problèmes ont été discutés de bonne heure entre Euler, Goldbach et Daniel Bernoulli (*Corr.* I.24, 30–31, 34, 37; *Corr.* II.351, 356). Sans doute savaient-ils que Fermat s'en était occupé; mais pendant longtemps Euler ne semble pas avoir eu connaissance des écrits de Fermat sur ce sujet, et en particulier de sa démonstration de l'impossibilité de l'équation

$X^4 - Y^4 = Z^2$, seule parmi les démonstrations de Fermat par «descente» à s'être conservée. Celle-ci avait paru dans le *Diophante* de 1670, p.338–339 (*Œuvres de Fermat*, tome I, p.340–341, Obs.XLV), et Frenicle en avait donné une paraphrase assez confuse dans son *Traité des triangles*, ouvrage posthume réimprimé dans les *Mémoires de l'Académie des Sciences de Paris* en 1729. C'est apparemment cette dernière publication, lorsqu'elle parvint à Euler, qui l'incita à reprendre la question en 1738 (O.I, 2, p.38–58; cf. *Corr.* II.451) et à traiter de l'équation ci-dessus, de plusieurs autres du même type, et aussi de l'équation

$$\frac{1}{2} m(m+1) = n^4$$

à résoudre en nombres entiers, équation qui avait donné à Goldbach l'occasion d'une faute assez grossière (cf. *Corr.* I.34, 36). Il est à croire que sur ce sujet Euler n'a fait que retrouver les démonstrations de Fermat.

C'est peut-être seulement une dizaine d'années plus tard qu'Euler aborda sérieusement la lecture des observations de Fermat sur Diophante, qu'il cite trois fois en 1748 (*Corr.* I.445, 455, et O.I, 2, p.224; cf. *Corr.* I.618, 623), puis du texte même de Diophante, qu'il cite en 1753 et 1754 (O.I, 2, p.402–404, 431). Une fois devenu aveugle, après 1771, il finit par trouver dans les «problèmes diophantiens» l'une de ses distractions favorites (cf. O.I, 3, p.174) et y consacra plus de 30 notes ou mémoires dont la plupart ne parurent qu'après sa mort. Beaucoup de ceux-ci ne présentent guère d'intérêt théorique; c'est assez vainement que parfois Euler tenta de mettre un peu d'ordre dans cette matière (voir O.I, 2, p.399–427, et O.I, 5, p.284–285). S'il convient d'admirer la virtuosité qu'il y déploie (avec évidemment l'aide de ses assistants), il n'y a pas lieu de s'y attarder ici.

Il en est tout autrement des équations ou systèmes d'équations définissant des courbes de genre 1 sur lesquelles il s'agit de rechercher les points rationnels; c'est peut-être là, avec la question de l'existence de nombres parfaits impairs (qui ne nous intéresse plus guère) le seul problème hérité des Grecs qui demeure ouvert et d'actualité aujourd'hui. Il remonte à Diophante; Fermat en fit l'un de ses sujets d'étude favoris. Euler y a consacré une dizaine de mémoires, et plusieurs chapitres de sa grande *Algèbre* de 1770 (O.I, 1).

Chez Diophante et chez Fermat, les courbes de genre 1 se présentent généralement sous la forme, soit d'une équation $P(x) = u^2$ où P est un polynôme du 3e ou 4e degré, soit d'une équation $P(x) = u^3$ où P est du 3e degré, soit d'une «double équation» $F(x) = u^2$, $G(x) = v^2$, où F et G sont du second degré; bien entendu, une telle équation, à résoudre en nombres rationnels, équivaut à une équation homogène à résoudre en nombres entiers, et par exemple l'équation $x^4 - 1 = u^2$ équivaut à $X^4 - Y^4 = Z^2$. Aux problèmes ainsi posés, Euler ajouta, vers la fin de sa vie, les équations $F(x,y) = 0$, où F est du second degré en x et du second degré en y (O.I, 5, p.82–93; cf. O.I, 5, p.77–81, 146–156, 157–181).

Dès qu'on connaît au moins deux points rationnels sur une courbe de genre 1 dans un espace projectif, on peut en déduire d'autres, et en général une infinité. Il en est ainsi pour une équation $P(x)=u^2$ si le terme constant de P, ou bien le coefficient de x^4, est un carré non nul, et de même, pour une double équation $F(x)=u^2$, $G(x)=v^2$, si les termes constants de F et G, ou bien les coefficients de x^2, sont des carrés non nuls. Ce qu'on trouve chez Diophante (et c'est déjà beaucoup), ce sont des procédés systématiques pour traiter chacun des cas ci-dessus; mais pour lui il ne s'agissait jamais que d'obtenir une seule solution du problème une fois posé, les solutions négatives étant exclues. Fermat, qui n'était plus soumis à cette limitation, étendit beaucoup la portée des procédés de Diophante, et fut suivi en cela par Euler; celui-ci ajouta seulement, pour obtenir de nouvelles solutions à partir de solutions déjà connues, une méthode particulièrement simple et efficace qui s'applique à toute équation $F(x,y)=0$ du second degré en x et du second degré en y. En effet, si dans ce cas (a,b) est une solution, on en tire aussitôt une autre solution de la forme (a,b'), et une autre encore de la forme (a',b), d'où en général, en alternant ces procédés, une infinité de solutions (O.I, 5, p.82–93).

En fait les «méthodes de Diophante», ainsi que leurs extensions aux mains de Fermat et d'Euler, étaient de nature purement algébrique et n'avaient d'arithmétique que le nom. Il n'en était pas de même des démonstrations d'impossibilité par «descente», sans doute la contribution la plus originale de Fermat à cette matière, et Euler, comme on a vu, s'y était attaqué dès 1738. En 1748, il prit connaissance (cf. *Corr.* I.445–446) de l'observation de Fermat sur l'impossibilité de $X^n+Y^n=Z^n$ pour $n>2$; le cas $n=4$ était déjà tranché pour lui par son travail de 1738. En 1753, il annonce à Goldbach qu'il sait traiter aussi le cas $n=3$, mais qu'il a peu d'espoir d'aller plus loin (*Corr.* I.618, 623); cette démonstration pour $n=3$ était certainement celle qu'il inséra dans son *Algèbre* de 1770 (O.I, 1, p.486–489), à cela près que dans celle-ci il fait usage du corps $Q(\sqrt{-3})$ des racines cubiques de l'unité, alors qu'en 1753 il s'était servi de la théorie de la forme X^2+3Y^2 (cf. O.I, 2, p.557), ce qui en fait revient au même. Cette idée d'employer, comme il dit, «les nombres irrationnels et même les imaginaires» en théorie des nombres («qui est uniquement attachée aux nombres rationnels») était venue aussi à Lagrange, ce dont Euler le félicite en 1770 (O.IVA, 5, p.467). Qui reprochera à Euler de l'avoir mise en œuvre d'une manière bien imprudente, et sans prendre la peine d'en justifier l'emploi pas à pas?

A la fin de sa vie Euler s'intéressa de nouveau aux questions d'impossibilité, principalement en ce qui concerne les équations $x^4+mx^2+1=u^2$ (O.I, 4, p.235-244; O.I, 5, p.35-47) et les doubles équations $x^2+m=u^2$, $x^2+n=v^2$ (O.I, 4, p.255-268; O.I, 5, p.48-60); appliquant avec virtuosité diverses variantes de la méthode de descente, il réussit à traiter nombre de cas particuliers (voir p.ex. O.I, 5, p.48-60), mais échoua dans la recherche de critères pour qu'un problème de l'une ou l'autre des formes ci-dessus n'ait qu'un nombre fini de solutions. Cela n'est pas pour nous surprendre; cette question reste ouverte jusqu'à présent.

5   Intégrales elliptiques

Ce thème, qui du point de vue d'Euler relève du calcul intégral, et du nôtre de la géométrie algébrique, est trop étroitement lié au précédent pour être passé sous silence ici. Les intégrales que depuis Legendre on nomme elliptiques avaient déjà figuré en bonne place dans les recherches des frères Bernoulli; la «courbe élastique» et la lemniscate étaient de leur invention. La première, introduite par Jacob Bernoulli à propos de mathématique appliquée, est donnée par l'équation

$$y = \int_0^x \frac{x^2\,dx}{\sqrt{a^4 - x^4}}$$

et son arc est donné par

$$ds = \sqrt{dx^2 + dy^2} = \frac{a^2\,dx}{\sqrt{a^4 - x^4}};$$

cette même différentielle exprime l'arc de la lemniscate quand celle-ci est paramétrée convenablement. Quant à l'arc d'ellipse et à l'arc d'hyperbole, déjà Leibniz savait qu'ils s'expriment par des différentielles de la forme

$$ds = \sqrt{\frac{1 - ax^2}{1 - bx^2}}\,dx.$$

Dès le XVIIe siècle les géomètres avaient conjecturé que ces différentielles ne peuvent pas s'intégrer par les fonctions trigonométriques inverses et logarithmiques. Euler aussi s'en était persuadé de bonne heure; en 1730, il mentionne à Goldbach ses efforts inutiles pour effectuer de telles intégrations (*Corr.* I.47, 51).

Dans les années qui suivirent, Euler ne perdit jamais de vue les intégrales elliptiques (cf. O.I, 20, p.1–55); c'est avec une satisfaction visible, par exemple, qu'en 1738 il envoie à son maître Johann Bernoulli sa dernière découverte sur la «courbe élastique»:

$$\int_0^a \frac{x^2\,dx}{\sqrt{a^4 - x^4}} \cdot \int_0^a \frac{a^2\,dx}{\sqrt{a^4 - x^4}} = \frac{1}{4}\,\pi a^2$$

(*Bibl. Math.* (III) 5 (1904), p.291; cf. O.I, 14, p.268; O.I, 17, p.34; O.IVA, 5, p.114). Il suivait attentivement aussi les publications contemporaines sur le même sujet, et en particulier celles de MacLaurin et d'Alembert (cf. O.IVA, 5, p.252, et p.ex. A. Enneper, *Elliptische Functionen*, Halle 1876, p.471). Mais c'est seulement en 1751 qu'Euler eut connaissance des travaux de Fagnano, parus entre 1714 et 1720 dans un obscur journal italien et reproduits en 1750 au second volume de ses *Produzioni Matematiche* (cf. A. Enneper, *loc.cit.*, p.456-479). Une fois de plus Euler prit feu à cette lecture (cf. O.I, 20, p.82; O.IVA, 5, p.220, et *Corr.* I.567-568). C'est de là que date la longue suite de mémoires (O.I, 20, p.58-200, 302-317, etc.) où, dépassant de loin Fagnano, mais toujours rendant hommage à celui-ci (cf. p.ex. O.I, 20, p.110), il établit les théorèmes d'addition et de multiplication, d'abord pour les intégrales «de première espèce» $\int \omega$ avec

$$\omega = \frac{dx}{\sqrt{A + Bx + Cx^2 + Dx^3 + Ex^4}},$$

puis aussi pour les intégrales $\int F(x)\omega$ où F est un polynôme ou même une fraction rationnelle.

A nos yeux, l'essentiel dans ces travaux, c'est la structure naturelle de groupe exprimée par les théorèmes d'addition sur une courbe de genre 1 dès qu'on y a choisi un point comme origine. Cette même structure, comme on a vu, est à la base des «méthodes de Diophante» en ce qui concerne ces mêmes courbes (cf. sect.4 ci-dessus). En fait, comme l'observa Jacobi en attirant l'attention sur cette coïncidence («consensum illum memorabilem»: voir ses *Ges. Werke*, Bd.II, p.53), les formules explicites d'addition et de multiplication obtenues par Euler (p.ex. O.I, 20, p.161-163) montrent d'une manière évidente comment par exemple, à partir d'une ou plusieurs solutions rationnelles de $y^2 = A + Cx^2 + Ex^4$, on peut, lorsque A est un carré, en obtenir une infinité d'autres, ce qui fait précisément l'objet de la «méthode de Diophante» dans le traitement de cette équation. Sans doute aussi Euler n'avait-il pu ignorer, lorsqu'en 1738 il traitait de l'équation $X^4 - Y^4 = Z^2$, qu'une substitution qui aurait ramené à une intégration de fonction rationnelle celle de l'arc de lemniscate $dx/\sqrt{1-x^4}$ aurait du même coup fourni une infinité de solutions rationnelles de l'équation de Fermat. Lorsqu'il reçut les écrits de Fagnano, reconnut-il, dans les calculs de celui-ci sur la lemniscate, des formules étroitement apparentées à celles de la descente dont il avait fait usage dans l'étude de l'équation de Fermat? Ce n'est pas impossible; dans l'un et l'autre cas il s'agit à nos yeux de la transformation d'ordre 2 ou plus précisément de la multiplication complexe par $1 \pm i$ sur la courbe $y^2 = 1 - x^4$. En tout cas il est frappant de voir que l'essentiel de sa méthode pour établir les formules d'addition tient dans la considération d'intégrales premières de la forme $F(x,y) = 0$, où F est du second degré en x et du second degré en y (voir p.ex. O.I, 20, p.63, 155, 311, 321), et que ce sont les équations de cette forme qui font principalement l'objet des travaux de la fin de sa vie sur les équations diophantiennes (voir O.I, 5, p.82-93, 146-181). La seule différence consiste en ce que, dans la théorie des intégrales elliptiques, l'équation $F(x,y) = 0$ (dite par lui «canonique»: O.I, 20, p.155, 321) est supposée symétrique en x et en y, tandis que lorsqu'il s'agit d'équations diophantiennes il ne fait pas cette restriction.

Ce sont justement ces derniers écrits, parus seulement en 1830, qui donnèrent à Jacobi l'occasion de noter le lien entre les deux sujets. «Bien qu'Euler n'en dise rien», conclut-il avec raison, «il est probable que ce lien n'aura pas échappé à l'auteur commun de ces deux séries de travaux.»

6   Fractions continues

Chez Euler les fractions continues font leur première apparition en 1731 et 1732, d'abord à propos de l'équation différentielle dite de Riccati (*Corr.* I.58–59, 63), mais bientôt aussi à propos d'arithmétique (*Corr.* I.68); dès cette époque il note le lien entre fractions continues, irrationnelles quadratiques et «séries récurrentes»; ce sont les suites (p_n) telles que $p_{n+1} = ap_n + bp_{n-1}$, et Daniel Bernoulli s'en était occupé aussi (*Corr.* II.271–279). Par la suite Euler ne cessa de s'intéresser à ces questions (cf. O.I, 14, p.187–215, 291–349, et le chap.XVIII de l'*Introductio in analysin infinitorum* de 1748, O.I, 8, p.362–390). Mais c'est seulement en 1759 qu'il s'aperçut du rôle joué par les fractions continues dans la solution de l'équation dite de Pell (cf. sect.3 ci-dessus). On notera aussi l'emploi des fractions continues d'irrationnelles quadratiques dans le mémoire de 1772 sur le minimum des formes quadratiques binaires indéfinies (O.I, 3, p.310–334).

7   Nombres de Bernoulli, fonction zêta et autres séries de Dirichlet

$$\left(\text{Pour abréger, on posera } \zeta(s) = \sum_{1}^{\infty} n^{-s}, \qquad L(s) = \sum_{0}^{\infty} (-1)^n (2n+1)^{-s}. \right)$$

Au temps de la jeunesse d'Euler, le calcul des «sommes de puissances réciproques d'entiers», c'est-à-dire des nombres $\zeta(m)$ pour m entier > 1, était un problème célèbre, posé pour la première fois, semble-t-il, par P. Mengoli en 1650 et sur lequel Leibniz et les Bernoulli s'étaient vainement exercés. Il n'est donc pas étonnant qu'Euler s'y soit attaqué de bonne heure et d'abord par la voie du calcul numérique, ce qui n'allait pas de soi, vu la lenteur avec laquelle converge par exemple la série $\zeta(2)$. C'est sans doute entre autres pour cette raison qu'en 1732 il imagina la formule sommatoire, dite d'Euler-MacLaurin pour avoir été retrouvée par MacLaurin en 1742. Au détail près des notations, il l'écrit comme suit:

$$f(1) + f(2) + \cdots + f(n) = \int_0^n f(x)dx + \sum_{m=0}^{\infty} a_m [f^{(m)}(n) - f^{(m)}(0)],$$

où les a_m sont des coefficients numériques calculables par récurrence, et où l'on a posé

$$f^{(m)}(x) = \frac{d^m f}{dx^m} \quad \text{pour} \quad m = 0, 1, 2, \ldots$$

(cf. O.I, 14, p.43, 113, 126, et les *Institutiones Calculi Differentialis* de 1755, Pars II, chap.V, O.I, 10, p.309–336). Comme le note Euler (O.I, 14, p.115), la formule est exacte en toute rigueur quand f est un polynôme; en particulier elle donne les valeurs des sommes

$$S_m(n) = 1 + 2^m + 3^m + \cdots + n^m$$

sous forme de polynômes en n à coefficients rationnels. Il retrouvait ainsi, apparemment sans s'en rendre compte tout d'abord, un résultat, obtenu autrefois par Fermat (cf. ses *Œuvres*, tome II, p.69), et qui en tout cas avait été publié en 1713 dans l'*Ars Conjectandi* de Jacob Bernoulli. Si l'on pose $b_m = S'_m(0)$ pour $m > 1$, on a $b_m = 0$ pour tout m impair,

$$a_{m-1} = \frac{1}{m!} b_m \quad \text{pour} \quad m > 1,$$

et les b_m, pour m pair ≥ 2, sont les «nombres de Bernoulli»; c'est ainsi du reste qu'Euler finit par les désigner (cf. O.I, 10, p.321, etc.).

En revanche, dans les cas où Euler désirait le plus se servir de sa formule sommatoire, le second membre est une «série asymptotique» divergente, et il devait s'en apercevoir par la suite (cf. O.I, 14, p.357). C'est donc à son flair en la matière qu'il faut avant tout attribuer l'excellence des valeurs approchées qu'il en tire dès le début pour $\zeta(2)$, $\zeta(3)$, $\zeta(4)$ (O.I, 14, p.107, 120–122).

Fort peu de temps après il lui vint brusquement («inopinato»: O.I, 14, p.74) une idée audacieuse qui allait lui donner d'abord la valeur exacte de $\zeta(2)$, puis celle de $\zeta(n)$ pour tout n pair et de $L(n)$ pour tout n impair. Elle consistait à appliquer à l'équation «de degré infini»

$$0 = 1 - \sin x = 1 - x + \frac{x^3}{6} - \frac{x^5}{120} + \text{etc.}$$

les théorèmes de Newton sur les sommes de puissances des racines d'une équation de degré fini. Les racines, ou du moins les racines visibles, de l'équation ci-dessus sont

$$\frac{\pi}{2}, \quad -\frac{3\pi}{2}, \quad \frac{5\pi}{2}, \quad -\frac{7\pi}{2}, \quad \text{etc.,}$$

et ce sont des racines doubles. Admettant qu'il n'y en avait pas d'autre, et appliquant sans hésiter les théorèmes de Newton à ce cas pour lequel ils n'étaient pas faits, Euler obtenait ainsi la valeur des sommes

$$\sum_{n=0}^{\infty} (-1)^{nv} (2n+1)^{-v}$$

pour $v = 1,2,3$, etc., d'où aisément celle de $\zeta(2)$ pour $v = 2$, puis celle de $\zeta(4)$, etc. (cf. O.I, 14, p.80, 81, 85).

Cette découverte fut communiquée à l'Académie de Saint-Pétersbourg le 5 décembre 1735; Goldbach, qui se trouvait alors à Saint-Pétersbourg, avait dû en être informé tout le premier. Le mémoire d'Euler (O.I, 14, p.73–86) ne parut qu'en 1740; mais, dès 1736, Euler s'était empressé d'en faire part de tous côtés (voir *Corr.* II.15, 435, et O.IVA, 1, R.590, 1998, 2621, etc.), et sa trouvaille fit l'objet d'un abondant échange de lettres dans les années qui suivirent (cf. *Corr.* II.445, 477, 497, 681–694; O.IVA, 5, p.115–116, 118, 120–124; Euler, *Opera postuma*, tome I, p.522–526, etc.).

Euler n'était pas sans avoir conscience des points faibles de sa méthode (cf. O.I, 14, p.79, 139), et ses correspondants ne manquèrent pas de les souligner (*Corr.* II.16, 477, 683, et O.IVA, 5, p.121). Aussi, tout en affirmant son entière confiance dans ses résultats (confiance justifiée selon lui par le calcul numérique, et aussi par le fait que la valeur trouvée pour $L(1)$ était celle même obtenue autrefois par Leibniz; cf. O.I, 14, p.139–140), ne cessa-t-il d'élargir le champ de ses recherches en ce domaine jusqu'à en tirer une théorie complète des fonctions trigonométriques et de leurs développements en séries et produits infinis (cf. O.I, 14, p.407–462, 138–155) pour aboutir à l'exposé magistral contenu dans les chapitres X, XI et XV de son *Introductio in analysin infinitorum* de 1748 (O.I, 8, p.177–212, 284–312). Là il s'agit avant tout du produit

$$\sin x = x \prod_{n=1}^{\infty} \left(1 - \frac{x^2}{n^2 \pi^2} \right),$$

du produit analogue pour $\cos x$, de la série

$$\frac{\cos x}{\sin x} = \frac{1}{x} + \sum_{n=1}^{\infty} \left(\frac{1}{x + n\pi} + \frac{1}{x - n\pi} \right)$$

et de la série analogue pour $1/\sin x$ (celles-ci pouvant se déduire des produits précédents par différentiation logarithmique, comme Nicolas Bernoulli le fit observer à Euler; cf. *Corr.* II.689, 694). De ces séries on déduit par différentiations successives, non seulement les valeurs de $\zeta(n)$ pour n pair et de $L(n)$ pour n impair, mais aussi celles d'une infinité d'autres «séries de Dirichlet», comme on dirait aujourd'hui (O.I, 8, p.188–192; cf. O.I, 14, p.415, et *Corr.* I.576–578). Dans tout cela, à vrai dire, les questions de convergence restaient dans l'ombre. Mais Abel et Cauchy n'étaient pas encore nés, et la parfaite cohérence des résultats d'Euler ne laissait aucune place au doute dans son esprit sur leur validité.

A première vue il n'y avait pas de lien entre les «nombres de Bernoulli» et la formule d'Euler-MacLaurin d'une part, et les valeurs de ζ de l'autre.

En fait on a, pour $n \geq 1$:

$$\zeta(2n) = \frac{1}{2} (-1)^{n-1} a_{2n-1} (2\pi)^{2n} = \frac{1}{2} (-1)^{n-1} \frac{b_{2n}}{(2n)!} (2\pi)^{2n},$$

et cette coïncidence dut attirer l'attention d'Euler de bonne heure (cf. O.I, 14, p.434); en particulier l'apparition du nombre premier 691 dans $\zeta(12)$ tout comme dans a_{11} et b_{12} (cf. O.I, 14, p.85, 114) dut le frapper; ce nombre, comme on sait, est une sorte de signature des nombres de Bernoulli. Une fois ce phénomène observé, Euler ne trouva pas de difficulté à le vérifier en toute généralité (O.I, 14, p.434-439).

Restait le mystère des valeurs de $\zeta(n)$ pour n impair, mystère qui demeure entier aujourd'hui. Euler crut pouvoir l'aborder en recherchant d'abord la valeur à attribuer, selon ses vues, aux séries divergentes

$$\sigma_m = 1 - 2^m + 3^m - 4^m + \cdots$$

pour m impair. Il savait que, pour m entier positif, la série

$$1 - 2^m x + 3^m x^2 - 4^m x^3 + \cdots$$

représente une fraction $R_m(x) = P_m(x) \cdot (1+x)^{-m-1}$, où P est un polynôme de degré $m-1$, facilement calculable par récurrence; il était donc conduit à poser $\sigma_m = R_m(1)$, ce qui lui donnait $\sigma_0 = 1/2$, et $\sigma_m = 0$ pour m pair >0. Par cette voie ou autrement il ne tarda pas à se convaincre, d'abord pour les petites valeurs de m (O.I, 14, p.443), puis en général (O.I, 15, p.72, 77; cf. O.I, 10, p.384), que les valeurs σ_m qu'il obtenait ainsi satisfont pour m impair à la relation

$$\sigma_{2n-1} = (2^{2n} - 1) \frac{b_{2n}}{2n}.$$

Si donc on pose, pour $s \geq 1$:

$$\varphi(s) = 1 - 2^{-s} + 3^{-s} - 4^{-s} + \cdots = (1 - 2^{1-s}) \zeta(s)$$

et qu'avec Euler on attribue à la fonction φ les valeurs $\varphi(-m) = \sigma_m$ pour m entier positif, on aura, pour tout entier pair $m > 0$:

$$\frac{\varphi(1-m)}{\varphi(m)} = -C_m \frac{1 \cdot 2 \cdot 3 \cdots (m-1)(2^m - 1)}{(2^{m-1} - 1) \pi^m}$$

avec $C_{2n} = (-1)^n$ pour n entier positif. Le premier membre s'annule pour m entier impair > 1; d'autre part Euler était, à la notation près, l'inventeur de la fonction gamma (cf. *Corr*. I.3–7). Il était donc en droit de conclure, en substance, que la formule ci-dessus reste exacte pour tout m entier si on y remplace C_m par $\cos(m\pi)/2$ et $1 \cdot 2 \cdots (m-1)$ par $\Gamma(m)$, et même qu'elle l'est aussi pour $m = 1/2$; d'où il n'hésita pas à postuler son universelle validité pour tout m réel. En substance c'était déjà la formule célèbre depuis Riemann sous le nom d'«équation fonctionnelle de la fonction zêta» (cf. O.I, 14, p.443; O.I, 15, p.70–90, 131–167; O.I, 10, p.384). L'équation fonctionnelle de $L(s)$ s'ensuivit aussi d'une manière analogue (O.I, 15, p.89–90).

Cette découverte, présagée déjà en 1739 (O.I, 14, p.434), date de 1749; mais auparavant, en 1737, Euler avait découvert une propriété bien moins cachée, mais non moins capitale, de la série $\zeta(s)$; c'est l'identité de celle-ci avec le «produit eulérien»

$$\prod_p \frac{p^s}{p^s - 1}$$

où le produit est étendu à tous les nombres premiers p (O.I, 14, p.230). Il fait suivre ce résultat du produit eulérien pour

$$\frac{\pi}{4} = L(1) = \prod_p \frac{p}{p \pm 1}$$

où cette fois le produit est étendu aux nombres premiers p impairs, et où le signe est déterminé par $p \pm 1 \equiv 0 \pmod 4$ (O.I, 14, p.233; cf. *Corr*. I.577–578). Du premier résultat il conclut que la somme $\sum 1/p$ est infinie «mais seulement comme le logarithme de la série harmonique $\sum 1/n$». Du second il devait conclure par la suite que la somme $\sum \pm 1/p$ étendue aux nombres premiers impairs (le signe étant comme ci-dessus) a une valeur finie voisine de 0,334980 (*Corr*. I.587; cf. O.I, 4, p.146–153). Jointes ensemble, ces observations entraînent évidemment que les sommes $\sum 1/p$ étendues, l'une aux nombres premiers de la forme $4n + 1$, l'autre aux nombres premiers de la forme $4n - 1$, sont infinies toutes deux. Quelques années plus tard Euler consacra tout un chapitre de son *Introductio* (chap.XV, O.I, 8, p.284–312) aux «produits eulériens», non seulement ceux de $\zeta(s)$ et de $L(s)$, mais aussi ceux de séries L formées avec des «caractères de Dirichlet» modulo 3 et modulo 8 (*loc.cit.*, p.308–311). Ainsi naquit la théorie analytique des nombres.

8   «Partitio numerorum» et séries formelles

En septembre 1740, Euler, qui préparait déjà son départ de Saint-Pétersbourg, reçut de Philippe Naudé, son futur collègue à Berlin, une lettre (O.IVA, 1, R.1903) où celui-ci lui posait entre autre un problème combinatoire: en combien de manières peut-on représenter un entier donné m comme somme d'un nombre donné μ d'entiers tous inégaux? Naudé proposait pour exemple le cas $m=50$, $\mu=7$; il posait aussi la même question au sujet du partage de m en μ termes égaux ou inégaux. Tout autre qu'Euler n'aurait vu là qu'une curiosité peu digne d'attention sérieuse. Euler y prit l'occasion de créer une nouvelle branche de la théorie des nombres à laquelle il donna le nom de «partitio numerorum» qui lui est resté.

Comme il le vit aussitôt, l'outil essentiel pour aborder les questions de cet ordre est fourni par les séries formelles à une ou plusieurs indéterminées. Par exemple les réponses aux questions de Naudé sont données par les coefficients de $x^m z^\mu$ dans le développement en série des deux produits infinis

$$\prod_{i=1}^{\infty}(1+x^i z), \qquad \prod_{i=1}^{\infty}(1-x^i z)^{-1}$$

(voir O.IVA, 1, R.1904, et L. Euler, *Pis'ma k Učĕnym*, Ak. Nauk 1963, p.203–204; cf. *Corr.* II.467). C'est ce qui est exposé dans le dernier des mémoires présentés par lui en personne à l'Académie de Saint-Pétersbourg avant son départ pour Berlin en 1741 (O.I, 2, p.163–193). Le même sujet est traité à nouveau, plus amplement, au chapitre XVI de l'*Introductio in analysin infinitorum* (O.I, 8, p.313–338), puis dans deux mémoires composés, l'un à Berlin en 1750 (O.I, 2, p.254–294) et l'autre sans doute de nouveau à Saint-Pétersbourg en 1768 (O.I, 3, p.131–147).

De produits finis tels que

$$\prod_{i=1}^{n}(1-x^i)$$

et leurs inverses, auxquels conduisaient les problèmes de Naudé, au produit infini

$$\prod_{i=1}^{\infty}(1-x^i)$$

et à son inverse, il n'y avait qu'un pas vite franchi par Euler. Le résultat

$$\prod_{i=1}^{\infty}(1-x^i)=1-x-x^2+x^5+x^7-x^{12}-x^{15}+x^{22}+x^{26}-x^{35}-x^{40}+x^{51}$$
$$+ \text{etc.}$$

(O.I, 2, p.191; cf. *Corr.* II.467, 695–698, *Corr.* I.265) avait de quoi surprendre; mais il ne tarda pas à reconnaître dans les exposants les «nombres pentagonaux»

$$\frac{1}{2}n(3n\pm 1),$$

le signe étant chaque fois $(-1)^n$. Dans notre langage, il venait de découvrir expérimentalement le produit infini pour la forme modulaire

$$\sum_{n=-\infty}^{+\infty} (-1)^n x^{n(3n+1)/2}$$

qui devait devenir au siècle suivant l'une des pièces maîtresses des *Fundamenta Nova* de Jacobi («das wichtigste und fruchtbarste ... was ich ... erfunden habe», écrivait celui-ci à P.-H. Fuss en 1848; cf. O.I, 2, p.191–192, note 1). Naturellement le pouvoir de divination d'Euler ne pouvait aller si loin; pour lui la série en question restait une série formelle, et l'identité qu'il venait de découvrir était un théorème d'arithmétique, que d'ailleurs il transforma en 1747 en un théorème sur la fonction arithmétique

$$\int n = \sum_{d/n} d$$

(aujourd'hui notée $\sigma_1(n)$; c'est la somme des diviseurs de n y compris 1 et n); Euler avait déjà eu l'occasion de s'y intéresser à propos de nombres «amiables» (O.I, 2, p.86–162). Ce dernier théorème, qui lui aussi le surprit beaucoup («une loi tout extraordinaire», dit-il: O.I, 2, p.241; cf. *Corr.* I.407–410) s'écrit:

$$\int n = \int(n-1) + \int(n-2) - \int(n-5) - \int(n-7) + \int(n-12) + \text{etc.}$$

où figurent à nouveau les nombres pentagonaux. Cette loi, dit-il en 1747, «appartient à ce genre dont nous pouvons nous assurer de la vérité, sans en donner une démonstration parfaite», ce qui ne l'empêcha pas d'en rechercher la démonstration ni de la trouver quelques années plus tard (*Corr.* I.522–524; O.I, 2, p.390–398).

Sur un autre point encore il semble annoncer Jacobi, lorsqu'en 1750 il écrit à Goldbach (*Corr.* I.531–532) que «la démonstration la plus naturelle» du théorème de Fermat sur les sommes de quatre carrés serait par le calcul de la série s^4, où s est défini par

$$s = 1 + x + x^4 + x^9 + x^{25} + \text{etc.}$$

(et de même, dit-il, pour les sommes de trois nombres triangulaires, de cinq pentagonaux, etc.); c'est bien ainsi que procéda Jacobi, à cela près qu'au lieu de s il se servit de $2s-1$ qui est une «série thêta». Non content du reste de considérer s comme série formelle, Euler prit la peine de l'étudier numérique-ment au voisinage de $x = -1$ (*Corr.* I.529–531); il serait bien désirable, dit-il, d'avoir une méthode pour faire ce calcul quand $x = -(1-\omega)$ avec ω très petit. L'équation fonctionnelle des séries thêta devait donner la réponse à sa question.

9   Loi de réciprocité quadratique

Dès ses premiers efforts pour traiter des sommes de deux carrés (cf. §II ci-dessus), Euler avait été conduit à considérer «les diviseurs premiers de la forme» (ou «de la formule») $X^2 + Y^2$, ou plus généralement d'une forme $X^2 + N Y^2$, N étant un entier positif ou négatif; ce sont les nombres premiers impairs p, premiers à N, qui divisent un entier de la forme $a^2 + Nb^2$ avec a premier à b (*Corr.* I.107); le cas où $-N$ est un carré est à écarter comme trivial. Comme il devait s'en apercevoir par la suite, p a cette propriété si et seulement si $-N$ est reste quadratique modulo p (ce qui revient à dire, de notre point de vue, que p se décompose dans $Q(\sqrt{-N})$ en deux facteurs idéaux premiers distincts). Dès son arrivée à Berlin en 1741, Euler, qui pendant quelque temps y disposa d'amples loisirs (cf. O.IVA, 5, p.110), commença à amasser des données expérimentales sur cette question, et, dès l'année suivante, se trouva en état de communiquer à Goldbach une série de «magnifiques propriétés» («herrliche proprietates»: *Corr.* I.150) qui, exprimées dans notre langage, constituent l'essentiel de la théorie du «symbole de Legendre» (n/p), ou, ce qui revient au même, des lois de décomposition des nombres premiers rationnels dans les corps quadratiques. Ces résultats expérimentaux, quelque peu amplifiés et complétés, ainsi que les conclusions théoriques conjecturales auxquelles ils donnent lieu, sont rassemblés dans un mémoire envoyé à Saint-Pétersbourg en 1744 (cf. *Corr.* I.279) mais qui parut seulement en 1751 (O.I, 2, p.194–222). En particulier il s'aperçut du rôle essentiel que joue le groupe multiplicatif modulo $4N$ dans la formulation de ses résultats (cf. *Corr.* I.148).

Il est à croire que ce fut là le point de départ des recherches dont l'exposé forme le principal contenu du *Tractatus* inachevé de 1750 et de plusieurs des mémoires qui lui font suite (cf. §§I–II ci-dessus). Non seulement on y trouve déjà une bonne partie de la théorie des résidus quadratiques, mais Euler y abordait aussi la question des résidus cubiques et biquadratiques, formulant à ce sujet des conjectures que ses successeurs mirent près d'un siècle à vérifier (voir O.I, 5, p.251, 258–259, et O.I, 5, p.XXII–XXIV).

Une fois admis les résultats de cette dernière série de travaux, toutes les conjectures formulées par Euler en 1744 peuvent se ramener à l'unique «loi de réciprocité quadratique» qui elle-même y est implicitement contenue; c'est ce qu'Euler semble suggérer lui-même dans une lettre à Lagrange de 1773 (O.IVA, 5, p.497–498) et plus clairement encore dans un mémoire de 1772, publié en 1783 peu avant ou peu après sa mort (O.I, 3, p.497–512; voir en particulier p.512). Ayant reçu en 1775 les *Recherches d'Arithmétique* de Lagrange, où celui-ci exposait sa théorie de la réduction des formes quadratiques binaires, et vivement frappé de la beauté et de la fécondité de ce travail, il chercha à en tirer la démonstration de ses vieilles conjectures et l'obtint même dans divers cas particuliers (O.I, 4, p.163–196); mais le cas général lui échappa encore. «Il n'y a pas de doute», ajoutait-il dans ce mémoire paru seulement après sa mort (*ibidem*, p.195), «que ce qui manque encore à la démonstration de mes anciens théorèmes ne doive bientôt être complètement éclairci». Il ne se trompait pas de beaucoup; Legendre était sur le point de publier ses *Recherches d'Analyse Indéterminée*, qui allaient contenir une démonstration partielle de la loi de réciprocité quadratique; et Gauss était déjà né.

10   Décomposition de grands nombres en facteurs premiers

Logiquement parlant la décomposition d'un entier N en facteurs premiers ne soulève pas de difficulté; on recherche le premier entier $p > 1$ qui divise N, et pour cela on sait même qu'on n'a pas plus de $\sqrt{N}$ essais à faire; après quoi on recommence sur N/p, etc. En particulier, si l'on recherche un nombre premier plus grand qu'un entier n donné, il n'y a qu'à procéder ainsi sur $N = n! + 1$; c'est à peu près ainsi qu'Euclide démontrait l'existence d'une infinité de nombres premiers.

Par malheur, si logiquement il y a une grande différence entre un procédé qui exige 10^{1000} essais et un autre qui en exige une infinité, du point de vue humain il n'y en a guère; c'est là un paradoxe dont les mathématiciens qui se sont intéressés aux nombres premiers ont toujours eu plus ou moins conscience. Aujourd'hui encore, en dépit des ordinateurs, la décomposition d'un très grand nombre en ses facteurs premiers reste un problème pratiquement insoluble, et c'est, théoriquement du moins, sur ce fait que s'appuient les spécialistes du chiffre pour imaginer des codes indéchiffrables.

Fermat avait cru du moins posséder une formule définissant une suite infinie de nombres premiers; c'était $2^{2^n} + 1$, mais Euler avait ruiné cette conjecture par son contre-exemple $2^{32} + 1$ (cf. sect.1). Cela ne fait qu'accroître le paradoxe; il n'y a pas de plus grand nombre premier, mais à chaque moment de l'histoire il y a un plus grand nombre premier connu.

La conjecture de Fermat sur $2^{2^n} + 1$ s'était présentée à lui à propos des nombres «parfaits», «amiables», etc., et c'est à ce propos aussi, semble-t-il, qu'Euler, vers 1747, commença à s'intéresser aux grands nombres premiers en constatant que les tables dont il disposait n'allaient pas au delà de 100000 (cf. O.I, 2, p.60) et ne suffisaient pas à ce qu'il se proposait d'en faire. Le plus nécessaire pour son objet était d'obtenir des «critères de primalité» permettant de décider si un nombre donné est premier ou non.

Un premier critère s'était offert à lui en 1742 à propos de $2^{32} + 1$ (*Corr.* I.134) alors qu'il cherchait à retrouver les théorèmes de Fermat sur les sommes de deux carrés (cf. sect.2 ci-dessus): pour qu'un entier de la forme $4n + 1$ soit premier il faut et il suffit qu'il soit somme de deux carrés premiers entre eux et qu'il ne puisse s'écrire comme somme de deux carrés que d'une seule manière. En 1742, il avait donné comme exemple à Goldbach le nombre

$$2^{32} + 1 = 62264^2 + 20449^2;$$

en 1749, il inséra son critère, avec plusieurs autres exemples, dans son premier mémoire sur les sommes de deux carrés (O.I, 2, p.318–327).

Bientôt, comme on a vu (cf. sect.2 ci-dessus), il étendit aux formes $X^2 + 2Y^2$, $X^2 + 3Y^2$ sa théorie des sommes de deux carrés; cela fournissait des critères de primalité analogues au précédent (cf. O.I, 2, p.490–491). En fait, la même démonstration dont il s'était servi pour traiter de ces formes fait voir aussi qu'un entier qui s'écrit de deux manières différentes sous la forme $ma^2 + nb^2$, avec m, n donnés, ne peut être premier, et Euler a pu s'en être aperçu depuis longtemps (pour une démonstration, maladroitement rédigée en 1778 par son assistant N. Fuss, voir O.I, 3, p.422–423; cf. O.I, 4, p.271, etc.). Depuis longtemps aussi il s'intéressait au cas général de la représentation des entiers par les formes $mX^2 + nY^2$. Il n'est donc pas étonnant qu'il ait recherché celles de ces formes qui donnent lieu à un critère de primalité. La question était de savoir quels doivent être m et n pour que tout nombre qui s'écrit d'une manière et d'une seule sous la forme $ma^2 + nb^2$, et qui s'écrit ainsi avec a premier à b, soit premier.

Dans les dernières années de sa vie, et avec l'aide de ses assistants, Euler découvrit une liste de 65 nombres allant de 1 à 1848 (nombres baptisés par lui *numeri idonei*) tels que la forme $mX^2 + nY^2$ ait, sinon exactement la propriété ci-dessus, du moins une propriété très voisine, si et seulement si mn appartient à la liste en question (O.I, 3, p.418–428; O.I, 4, p.269–289, 303–328, 360–394, 395–398). Ce n'est pas sans quelque satisfaction sans doute qu'il obtint ainsi par exemple le nombre premier

$$18518809 = 197^2 + 1848 \times 100^2$$

dont il fit part à son ancien collègue de Berlin, Nicolas Béguelin, en 1778 (O.I, 3, p.420; cf. O.I, 4, p.385–391). Ce nombre, et quelques autres obtenus par la même méthode (O.I, 4, p.359), étaient encore assez loin du «nombre de Mersenne» $2^{31} - 1$ qu'Euler avait reconnu pour être premier avant 1774 (O.I, 3, p.336; cf. *Corr.* I.590); néanmoins, à cette exception près, c'étaient de loin les plus grands nombres premiers connus à la date en question.

Ainsi s'établit notre liste, incomplète et approximative sans doute, et qui ne peut représenter qu'un premier essai de classification. Notons seulement, en manière de conclusion, quelques caractéristiques des méthodes de travail d'Euler, telles qu'elles se dégagent de ce qui précède.

Ce qui frappe d'abord chez lui, c'est son extraordinaire promptitude à se saisir de toute suggestion, d'où qu'elle vienne: une question de Goldbach sur les nombres $2^{2^n} + 1$ (cf. sect.1); une phrase de Fermat, que d'abord il n'avait même pas lue jusqu'au bout, sur les sommes de quatre carrés (cf. sect.2); un théorème de Lagrange (cf. sect.1 et 2); un problème de Naudé (cf. sect.8); un théorème de Fagnano sur la lemniscate (cf. sect.5). Il n'est pas une de ces suggestions qui, entre les mains d'Euler, ne soit devenue le point de départ d'une impressionnante série de recherches.

Ce qui n'est pas moins frappant, c'est qu'Euler n'abandonne jamais un sujet de recherche une fois que celui-ci a excité sa curiosité, mais bien au contraire qu'il y revient sans relâche pour l'approfondir et l'élargir à chaque nouvelle occasion. Même lorsque tous les problèmes que pose un tel sujet semblent résolus, il n'a de cesse jusqu'à la fin de sa vie (cf. sect. 1 et 2 ci-dessus) qu'il n'ait trouvé des démonstrations «plus naturelles» (O.I, 2, p.510), «plus faciles» (O.I, 3, p.504), «plus directes» (O.I, 2, p.365).

S'il est vrai, comme on l'a dit, qu'il faille, parmi les mathématiciens tout comme parmi les physiciens, distinguer les «théoriciens» des «expérimentateurs», cette préoccupation constante tendrait à faire ranger Euler parmi les premiers. Mais à voir son amour du calcul numérique, sa perpétuelle insistance sur «l'induction» comme source principale de la découverte des vérités arithmétiques (cf. p.ex. O.I, 2, p.459–461) son zèle inlassable à procéder par cette méthode et par l'examen de nombreux cas particuliers avant d'aborder toute question générale, on ne serait pas moins tenté de voir en lui avant tout un expérimentateur génial. Que conclure, sinon que «ce diable d'homme» (comme le désignait d'Alembert, écrivant à Lagrange en 1769) échappe à nos classifications?

Abb. 33
Pierre de Fermat (1601–1665).

Abb. 34
Leonhard Euler. Ölgemälde von Emanuel Handmann (1756).

Winfried Scharlau

Eulers Beiträge
zur *partitio numerorum*
und zur Theorie
der erzeugenden Funktionen

1. In dem Jahrzehnt zwischen 1740 und 1750 schuf Leonhard Euler die Grundlagen einer neuen mathematischen Theorie, die sich bis heute in ihrem Charakter nicht wesentlich verändert hat. Ihre zentrale Idee besteht darin, die vielfältigen Instrumente der Analysis auf zahlentheoretische Probleme, insbesondere auf Fragen über die additive Zerlegung der Zahlen – die *partitio numerorum* –, anzuwenden. Der Zusammenhang zwischen Zahlentheorie und Analysis wird dadurch hergestellt, dass einer zahlentheoretischen Funktion ihre erzeugende Funktion zugeordnet wird; diese wird dann mit analytischen Methoden untersucht. Euler erkannte offenbar sofort die Bedeutung seiner Entdeckung: Obwohl er Beweise für einige zentrale Sätze seiner Theorie noch nicht gefunden hatte, nahm er ihre Grundgedanken zusammen mit einigen elementaren, aber höchst bemerkenswerten Einzelresultaten in sein grundlegendes Analysis-Lehrbuch *Introductio in analysin infinitorum* (E.101/O.I, 8) auf. Dies verdeutlicht zugleich, wie er selbst seine Theorie einordnete, nämlich als eine Anwendung der Analysis auf die Zahlentheorie. Selbstverständlich ist der Übergang zwischen rein formalen algebraischen Manipulationen der Potenzreihe, die die erzeugende Funktion darstellt, und der Anwendung wirklich analytischer Methoden fliessend. Wir würden vielleicht die meisten Rechnungen Eulers in diesem Zusammenhang als formal ansehen. Aber für ihn und seine Zeit waren die in der *partitio numerorum* verwandten Reihen- und Produktentwicklungen und die Umformungen solcher Entwicklungen – z.B. durch logarithmische Differentiation – Methoden der Analysis, und zwar Methoden, die in anderen Zusammenhängen zu spektakulären Erfolgen geführt hatten, wie etwa zu Eulers berühmter Summation der Reihen

$$\sum_{n=1}^{\infty} \frac{1}{n^{2k}}.$$

2. Weil die nachfolgende Diskussion der historischen Entwicklung dadurch erleichtert und vorbereitet wird und es – auch ganz abgesehen

davon – interessant ist, Eulers Ergebnisse im Zusammenhang zu sehen, wird zunächst eine kurze Darstellung seiner wichtigsten Resultate gegeben; auf die Einzelheiten einiger Beweise wird dabei verzichtet. Unter einer zahlentheoretischen Funktion soll eine Folge a_n, $n \geqq 0$, ganzer Zahlen verstanden werden; gelegentlich ist es zweckmässig, $a_n = 0$ für negatives n zu vereinbaren. Zu einer solchen zahlentheoretischen Funktion gehört als *erzeugende Funktion* (eine Bezeichnung, die wohl Laplace [9] eingeführt hat) die Potenzreihe

$$f(x) = \sum_{n=0}^{\infty} a_n x^n.$$

In allen vorkommenden Beispielen wird diese einen Konvergenzradius >0 haben, so dass alle durchgeführten Umformungen von $f(x)$ in geeigneten Umgebungen des Nullpunktes zulässig sind; es wird auf derartige Konvergenzfragen aber nicht näher eingegangen.

2.1. Ist $a_{n_i} = 1$ für $0 = n_0 < n_1 < n_2 < \cdots$ und sonst $a_n = 0$ und setzt man

$$f(x)^k = \sum_{n=0}^{\infty} b_n x^n = g(x),$$

so ist offenbar b_n die Anzahl der Darstellungen von n als Summe von k (gleichen oder verschiedenen) Summanden n_i. Durch logarithmische Differentiation erhält man die Gleichung

$$kf'(x)g(x) = g'(x)f(x)$$

und dann durch Ausmultiplikation und Koeffizientenvergleich die Rekursionsformel

$$b_{n+1} = (kn_1 - 1)b_{n+1-n_1} + (kn_2 - 1)b_{n+1-n_2} + \cdots$$

Euler gibt diese Formel in speziellen Situationen an und wählt für die n_i insbesondere die Folge der Quadratzahlen $1, 4, 9, 16, \ldots$ mit $k = 2$ oder 4 und die Folge der m-ten Polygonalzahlen

$$n_i = \binom{i}{2} m - i^2 + 1;$$

er kommt aber zu keinen Ergebnissen (cf. E.394/O.I, 3, p. 131–147).

2.2. Ist $a_n = p(n)$ die Zahl der Partitionen von n, also die Zahl der Darstellungen von n als Summen natürlicher Zahlen, so hat die erzeugende Funktion offenbar folgende Produktdarstellung

$$f(x) = (1 + x + x^2 + \cdots)(1 + x^2 + x^4 + \cdots)(1 + x^3 + x^6 + \cdots) \cdots$$

$$= \prod_{i=1}^{\infty} \frac{1}{1 - x^i}.$$

Die Koeffizienten der inversen Funktion

$$h(x) = \prod_{i=1}^{\infty} (1 - x^i) = \sum_{n=0}^{\infty} c_n x^n$$

berechnet Euler in nichttrivialer Weise durch Koeffizientenvergleich und Induktion zu

$$c_n = (-1)^m \quad \text{für} \quad n = \frac{3m^2 \pm m}{2}, \quad \text{sonst} \quad = 0.$$

Es ist also

$$h(x) = 1 - x - x^2 + x^5 + x^7 - x^{12} - x^{15} + x^{22} + x^{26} - - + + \cdots$$

Die hier auftretenden Exponenten hängen eng mit den Pentagonalzahlen zusammen. Dieses Ergebnis ist grundlegend für weitere Resultate. Aus

$$h(x) \left(\sum_{n=0}^{\infty} p(n) x^n \right) = 1$$

ergibt sich durch Ausmultiplizieren und Koeffizientenvergleich folgende Rekursionsformel für die $p(n)$:

$$p(n) = p(n-1) + p(n-2) - p(n-5) - p(n-7) + + - - \cdots$$

(cf. E.158/O.I, 2, p.163–193; E.191/O.I, 2, p.254–294; E.244/O.I, 2, p.390–398).

2.3. Euler betrachtet ähnliche zahlentheoretische Funktionen wie $p(n)$. Zum Beispiel sei $q(n)$ die Zahl der Darstellungen von n durch verschiedene Summanden und $u(n)$ die Zahl der Darstellungen von n durch ungerade Summanden. Die erzeugende Funktion von $q(n)$ hat offenbar die Produktentwicklung

$$(1 + x)(1 + x^2)(1 + x^3)...,$$

diejenige von $u(n)$ hat die Entwicklung

$$(1 + x + x^2 + \cdots)(1 + x^3 + x^6 + \cdots)(1 + x^5 + x^{10} + \cdots) = \prod_{i=1}^{\infty} \frac{1}{1 - x^{2i-1}}.$$

Nun gilt

$$(1+x)(1+x^2)(1+x^3)\cdots = \frac{1-x^2}{1-x}\cdot\frac{1-x^4}{1-x^2}\cdot\frac{1-x^6}{1-x^3}\cdots$$

$$= \frac{1}{(1-x)(1-x^3)(1-x^5)\cdots}.$$

Beide erzeugenden Funktionen sind also gleich, also $q(n)=u(n)$ für alle n. Dieses Resultat ist a priori in keiner Weise offensichtlich (cf. [5], Kap. 16, §326 und E. 191/O. I, 2, p. 254–294).

2.4. Es sei $s(n)$ die Summe der Teiler von n (einschliesslich 1 und n) und $g(x)=\sum s(n)x^n$ die zugehörige erzeugende Funktion. Aus der Produktentwicklung der schon betrachteten Funktion $h(x)$ ergibt sich durch logarithmische Differentiation und Multiplikation mit $-x$

$$-x\frac{h'(x)}{h(x)} = \sum_{i=1}^{\infty}\frac{ix^i}{1-x^i} = \sum_{i=1}^{\infty}i(x^i+x^{2i}+x^{3i}+\cdots)=g(x).$$

Andererseits ist nach 2.2

$$h'(x)=\sum_{m=1}^{\infty}(-1)^m\frac{3m^2\pm m}{2}x^{(3m^2\pm m-2)/2}$$

$$= -(1+2x-5x^4-7x^6++--).$$

Aus

$$-xh'(x)=h(x)\sum_{n=1}^{\infty}s(n)x^n$$

ergibt sich dann durch Ausmultiplizieren und Koeffizientenvergleich

$$s(n)=s(n-1)+s(n-2)-s(n-5)-s(n-7)++\cdots,$$

falls $\quad n\neq\frac{1}{2}(3m^2\pm m)$,

$$s(n)=s(n-1)+s(n-2)-s(n-5)-++\cdots+(-1)^{m+1}n,$$

falls $\quad n=\frac{1}{2}(3m^2\pm m)$

(cf. E. 175/O. I, 2, p. 241–253).

2.5. Euler betrachtet auch mehrfach erzeugende Funktionen in zwei Variablen, z.B.

$$A(x,z) = \prod_{i=1}^{\infty}(1+x^i z) = \sum_{m,k} a(m,k) x^m z^k = \sum_{k=0}^{\infty} A_k(x) z^k.$$

Hier ist $a(m,k)$ die Anzahl der Darstellungen von m durch k verschiedene Summanden. Ersetzt man z durch xz, so ergeben sich sukzessive folgende Gleichungen:

$$\frac{A(x,z)}{1+xz} = \prod_{i=2}^{\infty}(1+x^i z) = \sum_{k=0}^{\infty} x^k A_k(x) z^k$$

$$A(x,z) = \sum_{k=0}^{\infty} \left(x^k A_k(x) + x^k A_{k-1}(x) \right) z^k$$

$$A_k(x) = \frac{x^k}{1-x^k} A_{k-1}(x) = \cdots = x^{1+2+\cdots+k} \frac{1}{(1-x)(1-x^2)\cdots(1-x^k)}$$

$$A_k(x) = x^{(k+1)k/2}(1+x+x^2\cdots)(1+x^2+x^4+\cdots)\cdots(1+x^k+x^{2k}+\cdots)$$

$$A_k(x) = x^{(k+1)k/2} \sum_{j=0}^{\infty} b(j,k) x^j,$$

wobei $b(j,k)$ die Anzahl der Darstellungen von j durch Summanden $\leq k$ ist. Durch Vergleich mit der ersten Gleichung ergibt sich

$$b(j,k) = a\left(j + \frac{1}{2}(k+1)k, k \right).$$

(Dieses Resultat lässt sich einfacher direkt kombinatorisch einsehen.) Durch Betrachtung ähnlicher Funktionen leitet Euler weitere Resultate dieser Art ab (cf. E.158/O.I, 2 und [5], §§ 309–318).

Nach dieser Übersicht über Eulers Resultate soll jetzt die Entstehung und die zeitliche Entwicklung seiner Gedanken zur *partitio numerorum* dargestellt werden.

3. Zu Beginn des 18.Jahrhunderts – fünfzig Jahre nach Fermats Tod – waren dessen zahlentheoretische Resultate und Probleme praktisch wieder vergessen. Was noch wie eine vage Erinnerung im Bewusstsein dieser Zeit geblieben war, war weit entfernt von der Präzision und der Tiefe seiner Ideen; es handelte sich meistens mehr um zahlentheoretische Spielereien, wie vollkommene und befreundete Zahlen oder magische Quadrate. Kein bedeutender Mathematiker hatte die Anregungen Fermats zur Zahlentheorie aufge-

nommen; kein einziges zahlentheoretisches Problem wurde ernsthaft diskutiert; kaum ein einziger zahlentheoretischer Satz war bekannt. Analysis und Anwendungen der Analysis auf physikalische und naturwissenschaftliche Fragen standen ganz im Vordergrund des Interesses der Mathematiker.

Auch Euler beschäftigte sich zu Beginn seiner Laufbahn, ganz in der Tradition dieser Epoche stehend, fast ausschliesslich mit Problemen der Analysis, der angewandten Mathematik und der Naturwissenschaften. Soweit es durch die Veröffentlichungen und den vorhandenen Briefwechsel nachweisbar ist, erhielt Euler einen ersten Hinweis auf eines der zahlentheoretischen Probleme Fermats in dem Brief von Goldbach* vom 1.Dezember 1729, wo es in einem *post scriptum* heisst: «*Notane Tibi est Fermatii observatio omnes numeros hujus formulae 2   + 1, nempe 3,5,17, etc. esse primos, quam tamen ipse fatebatur se demonstrare non posse et post eum nemo, quod sciam, demonstravit.*» Es ist wohl kein Zufall, dass gerade dieses Problem als erstes auftaucht, denn die Suche nach einer allgemeinen Primzahlformel war eine der wenigen zahlentheoretischen Fragen, die die Mathematiker auch noch nach Fermat – wenn auch nicht sehr intensiv – beschäftigt hatte.

Der Hinweis auf dieses Problem war anscheinend für Euler der Anlass, Fermats Werke selbst zur Hand zu nehmen. Mit einer gewissen Überraschung liest er dessen Behauptungen über die Zerlegung der Zahlen; Behauptungen, die in ihrer Art sehr verschieden waren von der Mathematik, die Euler bis dahin kennengelernt und selbst betrieben hatte. Am 4.Juni 1730 schreibt er an Goldbach: «*Incidi numper, Opera Fermatii legens, in aliud quoddam non inelegans theorema: Numerum quemcunque esse summam quatuor quadratorum, ... Alia ibi habentur theoremata de resolutione cujusvis numeri in trigonales, pentagonales, cubos etc., quorum demonstratio magnum afferet incrementum analysis.*»

In diesen Zeilen findet man eine erste kleine Spur selbständiger Überlegungen Eulers zu diesen Problemen: die Frage nach der Zerlegung natürlicher Zahlen in Kuben wird bei Fermat nirgends gestellt, und die Pentagonalzahlen spielen bei Fermat keine besonders hervorgehobene Rolle. Auch das «etc.», wobei Euler vielleicht an die Zerlegung von Zahlen in höhere Potenzen *(Waringsches Problem)* denkt, deutet an, dass Euler das Problem der verschiedenartigen additiven Zerlegung der Zahlen grundsätzlich und allgemein erkannt hat.

In dem Briefwechsel mit Goldbach aus der folgenden Zeit werden die Fermatschen Probleme verschiedentlich diskutiert; auch werden einige der weniger schwierigen dieser Probleme (z.B. der *kleine Fermatsche Satz*) in Abhandlungen behandelt, die Euler der Petersburger Akademie vorlegt. Gegen Ende der dreissiger Jahre scheint aber sein Interesse an diesen Fragen eher

---

* Die Korrespondenz mit Goldbach befindet sich in [6], Band 1, und [7]; es wird im folgenden immer nur das Datum des entsprechenden Briefes angegeben und nach [6] zitiert.

wieder zurückzugehen, und wir haben keinerlei Hinweise, dass er sich bis zu diesem Zeitpunkt mit einem der vielen Probleme der *partitio numerorum* ernsthaft beschäftigt hatte. Dazu bedurfte es eines erneuten Anstosses.

4. Dieser kam durch einen Brief des Berliner Akademikers Naudé vom 4.September 1740, in dem unter anderem das Problem der additiven Zerlegung natürlicher Zahlen in eine vorgegebene Zahl von Summanden gestellt wurde:

«Problema: Proposita aliqua summa pecuniae b; quaeritur, quot variis modis illa inter personarum c posset distribui, ita, ut ipsorum partes sint ex solis numeris integris constantes.»

Aus Eulers nur eine Woche später verfasstem Antwortschreiben an Naudé vom 12.September 1740 und seinen noch weitgehend unveröffentlichten Notizbüchern geht hervor, dass er die gestellten Probleme auf Anhieb mittels der Methode der erzeugenden Funktionen lösen konnte und dass er sofort begann, sich intensiver mit ähnlichen Fragen zu beschäftigen (cf. [8, 11]).

In seinen späteren Abhandlungen erwähnt Euler wiederholt diese Anregung Naudés, so dass kaum ein Zweifel daran bestehen kann, dass sie für seine Beschäftigung mit diesem Gegenstand entscheidend war. Dies ist insofern bemerkenswert und etwas überraschend, als Naudé im historischen Zusammenhang nur die Rolle eines Mittelsmannes spielte.

Das von ihm gestellte Problem war nämlich nicht neu oder besonders originell, sondern es existierte ganz im Gegenteil schon eine verhältnismässig umfangreiche Literatur zu kombinatorischen Fragen dieser Art, und es gab Ansätze zu allgemeinen Lösungsverfahren (erzeugende Funktionen, rekurrente Reihen). Das Gebiet, in dem derartige Untersuchungen angestellt wurden, war aber weder die Zahlentheorie noch «reine» Kombinatorik noch überhaupt ein Gebiet der reinen Mathematik, sondern die Wahrscheinlichkeitsrechnung. Bei der Untersuchung von Glücksspielen waren viele Fragen ähnlicher Art aufgetreten; z.B. hängen die von Naudé gestellten Probleme eng zusammen mit der Frage nach der Wahrscheinlichkeit, mit einer bestimmten Zahl von Würfen eine gegebene Augenzahl zu würfeln. Als Naudé Euler dieses Problem vorlegte, existieren schon mindestens drei Bücher über dieses Gebiet, nämlich Montmorts *Essay d'Analyse sur les Jeux de Hazards* von 1707, Jacob Bernoullis *Ars conjectandi* von 1713 und de Moivres *The Doctrine of Chances*, 1.Aufl. 1718.

Von besonderer Bedeutung ist das Werk de Moivres [10], das in mancher Beziehung Eulers Gedanken vorwegnimmt. De Moivres Arbeiten waren Naudé wohlbekannt; seine Abhandlung *Miscellanea Analytica* hatte er sogar der Berliner Akademie vorgelegt; in seinem Brief an Euler erwähnt er auch de Moivre in anderem Zusammenhang. In seinen Arbeiten kommt de Moivre an verschiedenen Stellen der Verwendung erzeugender Funktionen zumindest sehr nahe. Das Problem der Zerlegung von Zahlen in n Summanden $\leq m$, mit dem sich auch schon Montmort beschäftigt hatte, löst er in den *Miscellanea Analytica* durch Betrachtung der Koeffizienten des Polynomes

$$(1+x+\cdots+x^m)^n = \left(\frac{1-x^{m+1}}{1-x}\right)^n,$$

also genau in der Weise, in der Euler dieses und ähnliche Probleme behandelte (cf. E.101, 394/O.I, 8, 3). De Moivre hatte auch die Möglichkeiten und die Vorteile der Verwendung unendlicher Reihen klar erkannt. Was er in seinem Vorwort darüber schreibt, hat er zwar in seinem Buch nur an einigen Stellen – und nicht sehr systematisch – ausgeführt, aber es liest sich wie eine Ankündigung und Zusammenfassung der Arbeiten Eulers:

"Another Method I have made use of, is that of Infinite Series, which in many cases will solve the Problems of Chance more naturally than Combinations ... Another Advantage of the Method of Infinite Series is, that every Term of the Series includes some particular Circumstance wherein the Gamesters may be found, which the other Methods do not, and that a few of its Steps are sufficient to discover the Law of its Process. ... A Third Advantage of the Method of Infinite Series is, that the Solutions derived from it have a certain Generality and Elegance, which scarce any other Method can attain to; ..."

Zweifellos hat Euler die Methode der erzeugenden Funktionen unabhängig von de Moivre entdeckt und auf die Naudéschen Probleme angewandt. Andererseits erscheint es kaum glaubhaft, dass er die Arbeiten de Moivres auch später überhaupt nicht kennengelernt haben sollte. Dass er sie nirgends in seinen diesbezüglichen Arbeiten erwähnt, liegt vielleicht daran, dass die wahrscheinlichkeitstheoretische und kombinatorische Seite dieser Probleme für ihn nicht das wichtigste war. Sein Hauptinteresse galt immer den erzeugenden Funktionen selbst, ihren analytischen Eigenschaften und den verschiedenen Möglichkeiten, sie in Reihen und Produkte zu entwickeln. Verstärkt wurde diese Haltung vielleicht noch dadurch, dass er ganz am Anfang seiner Untersuchungen auf diesem Gebiet auf ein schwieriges Problem dieser Art stiess, dessen zentrale Bedeutung im Laufe der Zeit immer deutlicher wurde.

5. Zu diesem Problem kam Euler, als er nach Lösung der Naudéschen Probleme sofort einen wesentlichen Schritt weiterging. In naheliegender Verallgemeinerung seiner schon durchgeführten Überlegungen erkannte er, dass die erzeugende Funktion zu $p(n)$ – der Zahl aller Partitionen von n (cf. 2.2) – die Produktentwicklung

$$\frac{1}{1-x} \cdot \frac{1}{1-x^2} \cdot \frac{1}{1-x^3} \cdots$$

hat; und dann stellte sich völlig unabhängig von allen zahlentheoretischen und kombinatorischen Problemen und Anwendungen dem Analytiker Euler eine natürliche Aufgabe, nämlich die Potenzreihenentwicklung der inversen Funktion zu berechnen. Fragen dieser Art hatte er bei seinen früheren Untersuchungen spezieller transzendenter Funktionen oft genug behandelt. Aus seinen Briefen an verschiedene Korrespondenten (Goldbach, Nicolaus Bernoulli, d'Alembert) und seinen Arbeiten geht hervor, wie sehr ihn dieses Problem faszinierte. Dafür gab es sicher viele Gründe: einmal die reine Schwierigkeit dieser Aufgabe, dann das interessante und auf tiefere Zusammenhänge hindeutende Ergebnis (das er natürlich sofort erriet)

$$\prod_{i=0}^{\infty}(1-x^i) = 1 + \sum_{m=1}^{\infty}(-1)^m x^{(3m^2 \pm m)/2}$$

und schliesslich vor allem die erst allmählich und im Verlauf weiterer Untersuchungen klarer werdende Tatsache, dass dieses Resultat einen zentralen Punkt für weitere Ergebnisse in der *partitio numerorum* darstellte. (In seiner ersten Arbeit (E.158/O.I, 2), in der er diese Reihenentwicklung angab, vollzog er allerdings nicht einmal mehr den trivialen Schritt, aus dieser Formel die Rekursionsformel für $p(n)$ abzuleiten: Die kombinatorische Bedeutung dieser Formel erschien ihm zunächst ganz nebensächlich!)

6. In der Arbeit E.158, die die Lösung der Naudéschen Probleme, die Beschreibung der erzeugenden Funktion zu $p(n)$ als $\prod(1-x^i)^{-1}$ und die Berechnung des Inversen dieser Funktion (ohne Beweis) enthält, hatte Euler das Grundprinzip der Theorie der erzeugenden Funktionen erkannt, und in den folgenden Jahren entwickelte er daraus eine ganze Theorie. Seine nächste Arbeit zu diesem Thema ist das Kapitel 16 der *Introductio in analysin infinitorum*, die zwar erst 1748 erschien, aber schon Anfang 1744 abgeschlossen war (cf. Brief an Goldbach vom 14./25.April 1744). Noch heute kann man sich kaum eine überzeugendere und interessantere elementare Einführung in diese Theorie vorstellen. In ihren Resultaten geht sie nicht wesentlich über die frühere Arbeit E.158 hinaus, aber die Darstellung ist klarer und abgerundeter.

Euler betrachtet die Potenzreihenentwicklungen verschiedener Funktionen (in einer oder zwei Variablen), die als unendliche Produkte definiert sind, und interpretiert die Koeffizienten als Darstellungsanzahlen für Zerlegungen natürlicher Zahlen mit den verschiedensten Nebenbedingungen. Durch Rechnen mit diesen Funktionen erhält er mühelos Beziehungen zwischen solchen Darstellungsanzahlen. Es ist ganz offensichtlich, dass diese Sätze nicht durch systematische zielgerichtete Untersuchungen gefunden werden, sondern dass sie als das Ergebnis beinahe spielerischer Beschäftigung mit den erzeugenden Funktionen erscheinen. Die von Euler gefundene Methode verselbständigt sich gewissermassen, die neu entstehende Theorie entwickelt aus sich heraus neue Fragen, Probleme und Ergebnisse. Mit diesen Methoden und Resultaten lag zum ersten Mal in der Geschichte der Mathematik ein Teilgebiet der Zahlentheorie in Form einer systematisch aufgebauten und sich entwickelnden Theorie vor. (Noch immer waren ja die meisten Behauptungen Fermats unbewiesen, und von der Theorie der binären quadratischen Formen, zu der Euler und Lagrange später so bedeutende Beiträge liefern sollten, zeichneten sich erst allererste Anfänge ab.)

7. Nach dem Erfolg seiner ersten Untersuchungen versuchte Euler schon bald, die neu entdeckte Methode auch auf andere zahlentheoretische Probleme anzuwenden. Eines der naheliegendsten, aber zugleich auch unangreifbarsten dieser Probleme war die Frage nach der Natur der Primzahlen, z.B. das schon angesprochene Problem einer allgemeinen Primzahlformel. «Les Mathematiciens ont taché jusqu'ici en vain à decouvrir quelque ordre dans la progression des nombres premiers, et on a lieu de croire que c'est un mystère auquel l'esprit humain ne sauroit jamais pénétrer.» Dies ist der erste Satz der jetzt zu besprechenden Arbeit E.175/O.I, 2, die nach Eneström im Jahre 1747 entstanden ist.

Eine aussichtsreiche Möglichkeit, die Primzahlen zu charakterisieren, sah Euler in der Betrachtung der Teilersummenfunktion $s(n)$ (Euler bezeichnete sie mit $\int n$): Eine Zahl p ist Primzahl genau dann, wenn $s(p)=p+1$ gilt. Im Zusammenhang mit der Suche nach vollkommenen und befreundeten Zahlen hatten sich schon viele Mathematiker (sogar Fermat) und auch Euler selbst implizit mit dieser Funktion beschäftigt (cf. z.B. E.152/O.I, 2). Natürlich kam Euler auf diese Weise nicht zu neuen Einsichten in die Natur der Primzahlen, aber im Verlauf seiner Untersuchungen der zahlentheoretischen Funktion $s(n)$ entdeckt und beweist er die in 2.4 beschriebene Rekursionsformel. Es ist dies wohl das tiefliegendste und schwierigste Ergebnis, das er in der Theorie der erzeugenden Funktionen gefunden hat. Mit der logarithmischen Differentiation benutzt er in seinem Beweis auch zum ersten Mal wesentlich Methoden der Analysis des Unendlichen, eine Tatsache, die er ausdrücklich hervorhebt. Seine Arbeits- und Denkweise und auch seine Art der Darstellung, die es dem Leser so leichtmacht, seine Gedanken nachzuvollziehen, werden in dieser Arbeit in exemplarischer Weise deutlich.

Als erstes gibt er die offensichtlichen Formeln für $s(n)$ bezüglich multiplikativer Zerlegung von n an: $s(ab)=s(a)\,s(b)$ für teilerfremde a,b und

$$s(p^n)=\frac{p^{n+1}-1}{p-1}$$

für eine Primzahlpotenz. Dies ermöglicht mit Leichtigkeit die Berechnung von $s(n)$, und es folgt jetzt eine solche Tabelle für $s(n)$ für $n=1,...,100$. Die Unregelmässigkeit dieser Folge scheint jede Hoffnung auf ein allgemeines Bildungsgesetz zunichte zu machen: «Je ne doute pas que, pour peu qu'on regarde la progression de ces nombres, on ne désespère presque d'y découvrir le moindre ordre, vu que l'irrégularité de la suite des nombres premiers s'y trouve entremêlée tellement, qu'il semblera d'abord impossible d'indiquer quelque loi que ces nombres observent entre eux, sans qu'on sache celle des nombres premiers. Il semble même qu'il y a ici beaucoup plus de bizarrerie que dans les nombres premiers.»

In der Tat scheint es ohne weitere Anhaltspunkte kaum möglich zu sein, das in 2.4 angegebene Rekursionsgesetz zu finden, selbst bei systematischer Suche nach dem Gesetz einer rekurrenten Reihe. Aber dann heisst es doch: «Néan-moins, j'ai remarqué que cette progression suit une loi bien réglée et qu'elle est même comprise dans l'ordre des progressions que les Géomètres nomment recurrentes, de sorte qu'on peut toujours former chacun de ces termes par quelques-uns des précédents, suivant une règle constante.»

Es ist für Euler bezeichnend, dass er etwas später auch erklärt, dass es für ihn gar nicht so schwer war, die gesuchte Formel zu finden, indem er sich durch die Analogie zur Funktion $p(n)$ leiten liess: «J'avoue aussi que ce n'a pas été par un pur hazard que je suis tombé sur cette découverte; mais une autre proposition d'une pareille nature qui doit être jugée vraie, quoique je n'en puisse donner une démonstration, m'a ouvert le chemin de parvenir à cette belle propriété. Et bien que cette chose ne roule que sur la nature des nombres à laquelle l'analyse des infinis ne paroit pas être applicable; c'est pourtant par le moyen des différentiations et plusieurs autres détours que j'ai été conduit a cette conclusion. Je souhaiterois qu'on trouvât un chemin plus court est plus naturel d'y parvenir, et peut-être que la considération de la route que j'ai suivie y pourra conduire.»

Tatsächlich ist es leicht vorstellbar, dass Euler durch die Analogie zur Rekursionsformel für $p(n)$ die ganz ähnlich gebaute Rekursionsformel für $s(n)$ induktiv entdeckte. Es bestand dann aber immer noch das Problem, den Zusammenhang zwischen den erzeugenden Funktionen herzustellen. Dass Euler dies offenbar sofort und ohne lange Suche durch logarithmische Differentiation bewerkstelligte (so wie in 2.4 beschrieben), verdient auch heute noch unsere Bewunderung.

8. Alle diese Resultate konnte Euler etwa 1750 zu einem gewissen Abschluss bringen, indem er endlich die Identität

$$\prod_{i=1}^{\infty}(1-x^i)=1+\sum_{m=1}^{\infty}(-1)^m\left(x^{(3m^2-m)/2}+x^{(3m^2+m)/2}\right),$$

die der Eckstein aller seiner Resultate war, bewies. Sein Beweis findet sich in einem Brief an Goldbach vom 9. Juni 1750; später hat er ihn fast wörtlich in seine Arbeit E.244/O.I, 2, übernommen, die 1760 erschien und in der er den Beweis zum ersten Mal publizierte. Der Beweis erfolgt durch etwas mühsame Rechnungen, indem das unendliche Produkt in geeigneter Weise umgeformt wird. Aus den ersten Schritten erkennt man, wie sich induktiv die Exponenten $(3m^2\pm m)/2$ ergeben. Den Induktionsschritt führt Euler aber nicht wirklich allgemein durch; tatsächlich scheint bis heute kein wirklich einfacher Beweis bekannt zu sein. Zum Schluss der Arbeit leitet Euler noch einmal die Rekursionsformel für $s(n)$ ab, die mit dieser Arbeit vollständig bewiesen ist, und hebt im letzten Satz der Arbeit noch einmal die Verwendung analytischer Methoden hervor: «... *sicque habetur plena ac perfecta demonstratio theorematis propositi, quae, cum praeter tractationem serierum infinitarum per logarithmos et differentialia procedat, minus quidem naturalis, sed ob hoc ipsum multo magis notabilis est aestimanda.*»

9. Parallel zu seinen bisher geschilderten Untersuchungen beschäftigte sich Euler immer wieder mit den Fermatschen Sätzen über die Darstellung von Zahlen als Summen von Quadraten oder Polygonalzahlen. Seine Korrespondenz mit Goldbach aus dieser Zeit gibt ein lebendiges Bild seiner vielfältigen und nie nachlassenden Bemühungen um diese Sätze. Es musste für ihn ein naheliegender Gedanke sein, zu versuchen, die Methode der erzeugenden Funktionen auf die Fermatschen Probleme anzuwenden. Zum ersten Mal formulierte er diese Idee in seinem Brief vom 4. Mai 1748: «Meines Erachtens ist also nicht leicht eine Demonstration von dergleichen Fermatianischen theorematibus zu erwarten .... Ich habe mir zu diesem Ende die Sach folgendergestalt vorgestellt:

$$\text{Es sey} \quad s = 1 + x^1 + x^3 + x^6 + x^{10} + x^{15} + x^{21} + x^{28} + \text{etc.},$$

wo keine andere potestates ipsius x vorkommen, als deren exponentes sind $= \Delta$. ... Wenn man nun beweisen könnte, dass in der serie s^3 alle potestates ipsius x vorkommen, so wäre dieses ein Beweis omnem numerum integrum esse summam trium trigonalium. ... Auf gleiche Weise kann auch die Composition numerorum ex quadratis vorgestellt werden; denn ich setze zu diesem Ende

$$s = 1 + x^1 + x^4 + x^9 + x^{16} + x^{25} + x^{36} + x^{49} + \text{etc.}$$

und

$$s^n = 1 + Ax + Bx^2 + Cx^3 + Dx^4 + Ex^5 + Fx^6 + \text{etc.}$$

..., in der serie $n = 4$ aber kommt keine 0 mehr vor. Dahero müsste nur dieses bewiesen werden können.»

In seinem Brief vom 17. August 1750 (also kurz nachdem er Goldbach den Beweis für die Reihenentwicklung von $\prod(1 - x^i)$ geschildert hatte) wiederholt er denselben Gedanken und macht noch einen bemerkenswerten Zusatz:

«In diesen seriebus pro s assumtis habe ich alle coefficientes gleich 1 gesetzt. Der Beweis aber wird einerley seyn, wenn man quosvis coefficientes affirmativos annimmt, und es käme darauf an, solche coefficientes zu erwählen, dass der Beweis erleichtert würde. Dieser Weg däucht mir noch der natürlichste zu seyn, um zum Beweis der theorematum Fermatianorum zu gelangen.»

Aus dieser Bemerkung spricht ganz der Analytiker Euler; ihm schwebt vor, durch geeignete Wahl *positiver* Koeffizienten eine passende analytische Funktion s zu finden, so dass die Potenzreihenentwicklung der entsprechenden Potenz s^n möglichst einfach zu berechnen ist und das gewünschte Resultat ergibt. Eine derartige Betrachtung könnte natürlich nicht im Ring der formalen Potenzreihen durchgeführt werden. Bekanntlich hat Jacobi den Vier-Quadrate-Satz durch Betrachtung der Thetafunktion $1 + 2x + 2x^4 + 2x^9 + \cdots$ bewiesen, aber es ist mir nicht bekannt, ob diese Eulersche Idee über die passende Wahl positiver Koeffizienten jemals weiter verfolgt worden ist. In gleicher Weise ist mir unklar, ob ein Beweis der Fermatschen Sätze über Summen von Polygonalzahlen mittels erzeugender Funktionen geführt worden ist, obwohl sich ein solcher Beweis sicherlich in ähnlicher Weise wie der Jacobische finden liesse.

Es war für Euler eine naheliegende Aufgabe, das Verhalten einer Potenzreihe am Rand des Konvergenzkreises zu untersuchen. In demselben Brief an Goldbach führt er eine solche Untersuchung für die Reihe $s(x) = 1 + x + x^4 + x^9 + \cdots$ an und kommt durch numerische Rechnungen zu dem Ergebnis, dass für $x \to -1$ die Funktion $s(x)$ gegen $1/2$ konvergiert. Er gibt als ungefähren Wert an

$$s\left(-1 + \frac{1}{n}\right) \approx \frac{1}{2} + \frac{5}{10^n},$$

wobei aber unklar bleibt, wie er zu dieser Approximation kommt, und er sagt: «Es wäre also eine Methode hoch zu schätzen, vermittelst welcher man im Stande wäre, den Werth von s proxime zu bestimmen, wenn ω ein sehr kleiner Bruch ist.» Auch in diesen Überlegungen wird ganz deutlich, wie sehr sich Euler immer auch für die analytischen Eigenschaften seiner erzeugenden Funktionen interessiert. (Wie A. Weil in seinem Beitrag in diesem Band bemerkt, kann die Untersuchung von $s(x)$ für $x \to -1$ mittels der Funktionalgleichung der Thetafunktion geführt werden. Es ergibt sich

$$s\left(-1 + \frac{1}{n}\right) = \frac{1}{2} + \sqrt{n\pi}\, e^{-\frac{\pi^2 n}{4}} \left(1 + O\left(\frac{1}{n}\right)\right),$$

so dass Eulers Approximation zwar qualitativ richtig ist, aber quantitativ nicht ganz zutrifft.)

In einem weiteren, kurze Zeit später an Goldbach geschriebenen Brief wird in ganz anderem Zusammenhang deutlich, dass Euler die Betrachtung erzeugender Funktionen schon fast zur Gewohnheit wurde. Er untersucht, auf wieviel verschiedene Weisen ein n-Eck durch Diagonalen in Dreiecke zerlegt werden kann, und findet für $n = 3,4,5,6,7,...$ die folgenden Zahlen $1,2,5,14,42,132,...$ und schreibt: «über die Progression der Zahlen $1,2,5,14,42,132$, etc. habe ich auch diese Eigenschaft angemerkt, dass

$$1 + 2a + 5a^2 + 14a^3 + 42a^4 + 132a^5 + \text{etc.} = \frac{1 - 2a - \sqrt{1 - 4a}}{2aa} \text{ ».}$$

10. Nach 1750 hat Euler anscheinend keine wesentlichen Entdeckungen über erzeugende Funktionen und die Zerlegung der Zahlen mehr gemacht. Er hat noch eine Reihe von Arbeiten veröffentlicht, die aber nur Umarbeitungen früherer Arbeiten sind und keine bedeutenden neuen Resultate enthalten (E.244/O.I, 2; E.394, E.541, E.542/O.I, 3). In der zuletzt genannten Arbeit beschäftigt er sich insbesondere mit den Nullstellen der Funktion

$$\prod (1 - x^i) = 1 - x - x^2 + x^5 + x^7 - - \cdots$$

Jede Einheitswurzel ist eine Nullstelle der Vielfachheit ∞, also auch Nullstelle aller Ableitungen dieser Reihe. Er erhält dadurch eine Anzahl von Reihen, die vielleicht mehr in das Euler so sehr interessierende Gebiet der Summierung divergenter Reihen als in die Theorie der erzeugenden Funktionen gehören. Er kommt zu keinen abschliessenden Ergebnissen, und es finden sich auch keine numerischen Rechnungen oder Konvergenzbetrachtungen. Gelegentliche Versuche, zahlentheoretische Probleme mittels erzeugender Funktionen zu untersuchen, kommen über den Ansatz nicht hinaus. In E.564/O.I, 4, p.114–115, betrachtet er die erzeugende Funktion der von ihm früher eingeführten und untersuchten φ-Funktion

$$\sum_{n=1}^{\infty} \varphi(n) x^{n-1}.$$

Er bemerkt, dass in der sich durch Integration ergebenden Reihe

$$\sum_{n=1}^{\infty} \frac{\varphi(n)}{n} x^n \quad \text{zwei Koeffizienten} \quad \frac{\varphi(n)}{n} = \frac{\varphi(m)}{m}$$

übereinstimmen, wenn m und n dieselben Primteiler haben, kann daraus jedoch keine weiteren Resultate ableiten. Auch diese Idee Eulers ist später wohl nie wieder aufgegriffen worden.

Eine interessante Verwendung erzeugender Funktionen findet sich in verschiedenen Untersuchungen Eulers zur «Populationsdynamik», die teilweise erst aus seinen Notizbüchern veröffentlicht worden sind und aus den Jahren 1750–1755 stammen dürften (cf. *Préface de l'éditeur* des Bandes O.I, 7). Unter bestimmten Annahmen über Geburts- und Todesraten wird das Wachstum der Bevölkerung durch eine rekursive Folge a_n beschrieben. Euler gibt die erzeugende Funktion dieser Folge an und benutzt einen bekannten Satz von de Moivre und Daniel Bernoulli über den Grenzwert $\lim(a_{n+1}/a_n)$, um das durchschnittliche (exponentielle) Wachstum der Bevölkerung zu berechnen (cf. O.I, 7, p.545–552).

11. Aus unserer heutigen Sicht ist es vielleicht nicht überraschend, dass Euler keine weiteren Sätze über erzeugende Funktionen gefunden hat, denn nachdem er sein Werk abgeschlossen hatte, hat es Jahrzehnte, beinahe Jahrhunderte gedauert, bis seine Resultate wesentlich erweitert wurden. Es ist erstaunlich, wie wenig Notiz die Mathematiker des 18. und 19.Jahrhunderts von den Eulerschen Ideen nahmen. Zwar entwickelte Laplace in seinen Werken über Wahrscheinlichkeitstheorie die Theorie der erzeugenden Funktionen in aller Ausführlichkeit, aber die attraktive Verbindung zu zahlentheoretischen Problemen fehlt bei ihm. Wie schon bemerkt, hat Jacobi dann die Berechnung von $(1 + 2x + 2x^4 + 2x^9 + \cdots)^4$ auf analytischem Wege durchgeführt und damit den 4-Quadrate-Satz aufs neue und zugleich die bekannte Formel für die Darstellungszahlen bewiesen. Aber die grossen Zahlentheoretiker und Algebraiker des 19.Jahrhunderts beschäftigten sich kaum mit der *partitio numerorum*; nur Sylvester hat diese Theorie wesentlich bereichert. Erst in diesem Jahrhundert hat Euler auf diesem Gebiet in dem Werk von Ramanujan, Hardy, Rogers und anderen wirkliche Nachfolger gefunden, und bei vielen Arbeiten noch aus den letzten Jahren hat man den Eindruck, dass sie dort ansetzen, wo Euler die Feder aus der Hand gelegt hat (cf. z.B. die zusammenfassenden Darstellungen [1, 2]).

Es gibt sicher nur wenige mathematische Theorien, die sich seit Eulers Zeit so wenig in ihrem Charakter geändert haben wie die Theorie der erzeugenden Funktionen und der Zerlegung der Zahlen. Auch dies zeigt, wie weit Euler seiner Zeit voraus war.

Literatur

[1]   Alder, H. L., *Partition identities – from Euler to the present*, Amer. Math. Monthly 76, 1969, p. 733–746.

[2]   Andrews, G. E., *The theory of partitions*, Encyclopedia of mathematics and its applications, Addison-Wesley, 1976.

[3]   Eneström, G., *Verzeichnis der Schriften Leonhard Eulers*, Jber. Dt. Math. Ver., Leipzig 1910–1913.

[4]   Euler, L., *Opera omnia*, insbesondere die Bände I, 2, I, 3, I, 4.

[5]   Euler, L., *Introductio in analysin infinitorum* (E. 101, 102/O. I, 8, 9).

[6]   Fuss, P. H., *Correspondence mathématique et physique ...*, 2 Bände, St. Petersburg 1843 (Nachdruck Johnson Reprint Corp., New York, London 1968).

[7]   Juškevič, A. P., Winter, E. (Hrsg.), *Leonhard Euler und Christian Goldbach. Briefwechsel 1729–1764*, Abh. Dt. Akad. Wiss. Berlin, Akademie-Verlag, Berlin 1965.

[8]   Kiselev, A. A., Matvievskaja, G. P., *Euler's unveröffentlichte Arbeiten über die «partitio numerorum»* (russisch), Istor.-Mat. Issled. 16, 1965, p. 145–180.

[9]   Laplace, P. S., *Théorie analytique des probabilités*, Paris 1812.

[10] Moivre, A. de, *The doctrine of chances*, 3. Aufl., London 1736 (Nachdruck Chelsea Publishing Comp., New York 1967).

[11] *Леонгард Эйлер, Письма к Ученым*, Москва, Ленинград 1963, p. 179–206 (russisch und lateinisch).

Abb. 35
Carl Friedrich Gauss (1777–1855).

Galina P. Matvievskaja, Elena P. Ožigova

Leonhard Eulers handschriftlicher Nachlass zur Zahlentheorie

In Eulers Forschungsarbeit nimmt die Zahlentheorie einen grossen Platz ein. Etwa ein Sechstel seiner veröffentlichten Schriften ist den Ergebnissen, Methoden und Anwendungen der Zahlentheorie gewidmet. Dasselbe gilt auch für seinen handschriftlichen Nachlass.

Eulers Nachlass erweckte schon im 18. Jahrhundert das Interesse der Petersburger Wissenschaftler. Auch nach dem Tode des grossen Forschers wurde die Veröffentlichung seiner Werke fortgesetzt. Abgesehen von der Herausgabe einzelner Artikel wurden 11 seiner Schriften zur Zahlentheorie in die *Opuscula analytica* [1] aufgenommen, 7 weitere erschienen im XI. Band der *Mémoires de l'Académie des sciences de St.-Pétersbourg* [2]. Einen grossen Platz nimmt die Zahlentheorie auch in der 1843 veröffentlichten *Correspondance mathématique et physique de quelques célèbres géomètres du XVIII siècle* [3] ein; insbesondere gilt das für Eulers Briefwechsel mit Christian Goldbach. Bald nach dem Erscheinen dieser Publikation verwendete C.G.J. Jacobi die in Eulers Briefwechsel enthaltenen Ergebnisse in seinen Arbeiten [4, 5]. Eulers Urenkel, der Ständige Sekretär der Petersburger Akademie der Wissenschaften P.H. Fuss, sein Bruder N. Fuss und andere Petersburger Mathematiker – V.Ja. Bunjakovski, P.L. Čebyšev – bewerkstelligten 1849 die Herausgabe einer zweibändigen Sammlung der zahlentheoretischen Untersuchungen von L. Euler, der *Commentationes arithmeticae collectae* [6], wo neben einer Neuausgabe von schon veröffentlichten Schriften auch solche enthalten waren, die hier erstmalig im Druck erschienen; darunter befand sich auch der *Tractatus de numerorum doctrina* (E.792). Die Idee dieser Veröffentlichung wurde auch von den Mathematikern im Ausland eifrig unterstützt. Die in Petersburg geplante Veröffentlichung der Eulerschen Werke veranlasste C.G.J. Jacobi, die im Berliner Akademie-Archiv vorhandenen Eulerschen Materialien zu studieren und wichtige Ratschläge betreffs des verlegerischen Vorhabens zu geben [7].

V.Ja. Bunjakovski und der damals am Anfang seiner wissenschaftlichen Laufbahn stehende P.L. Čebyšev waren für die Auswahl und Redaktion der arithmetischen Arbeiten Eulers zuständig. Sie stellten von diesen auch ein systematisches Verzeichnis zusammen [8], wobei sie die betreffenden Schriften erstmals systematisierten und mit kurzen Anmerkungen versahen. Alle in [6] enthaltenen arithmetischen Schriften verteilten sie auf vier Abteilungen: 1. Teilbarkeit der Zahlen, 2. Zerlegung der Zahlen in Summen verschiedener Art, 3. Diophantische Analysis, 4. Verschiedene Aufgaben. Der Kommentar war sehr knapp gehalten und bestand aus Verweisen auf andere, in derselben Ausgabe befindliche Schriften.

1862 erschien in Petersburg eine weitere Ausgabe von Eulers Schriften – die *Opera postuma* [9], wo neben einigen schon in [6] veröffentlichten Arbeiten auch Fragmente aus Eulers zahlentheoretischen Schriften Aufnahme fanden. An der Vorbereitung dieser Ausgabe nahmen auch Bunjakovski, Čebyšev und die Brüder P.H. († 1855) und N.N. Fuss teil.

Ein lebhaftes Interesse für Eulers Nachlass entstand wieder bei dem Herannahen seines 200. Geburtstages, indem der Internationale Mathematikerkongress 1908 den Beschluss fasste, eine Gesamtausgabe von Eulers Schriften zu bewerkstelligen; deren Kosten sollten durch eine internationale Subskription bestritten werden. 1910 wurden Eulers Manuskripte aus dem Petersburger Archiv der Akademie der Wissenschaften [10] von der Petersburger Akademie der Schweizerischen Naturforschenden Gesellschaft zur Verfügung gestellt, die die Herausgabe der *Opera omnia* übernommen hatte. Der schwedische Historiker der Mathematik G. Eneström, der ein vollständiges Register von Eulers Schriften [11] geschaffen hat, welches, um mit F. Rudio zu sprechen, «das Rückgrat der ganzen Euler-Ausgabe» darstellt, studierte die in die Schweiz geschickten handschriftlichen Materialien und berichtete 1913 über die Ergebnisse seines Studiums [12]. Für die ersten drei Serien der *Opera omnia* wurden jedoch nur die Manuskripte der schon veröffentlichten Arbeiten (zum Vergleich und für etwaige Textberichtigungen) herangezogen; die Erforschung von Eulers handschriftlichem Nachlass blieb auch weiterhin eine dringende Aufgabe, deren Lösung für ein umfassendes Studium von Eulers Werk unumgänglich war.

Nachdem 1947/48 die Materialien aus der Schweiz nach Leningrad zurückgekommen waren, wurde auf Veranlassung des Akademiemitglieds V.I. Smirnov und unter seiner Leitung mit einem planmässigen Studium des im Archiv der Akademie der Wissenschaften der UdSSR (heute: Leningrader Abteilung des Archivs der Akademie der Wissenschaften der UdSSR; gekürzt: LO AAN) befindlichen handschriftlichen Nachlasses Eulers begonnen. Über die vorläufigen Ergebnisse dieser Arbeit berichtete V.I. Smirnov am 16. April 1957 auf der Tagung der Akademie der Wissenschaften der UdSSR, die der 250. Wiederkehr von Eulers Geburtstag gewidmet war; später wurden diese Resultate in einem Artikel von V.I. Smirnov und G.K. Mikhailov veröffentlicht [13]. Es gibt auch andere Veröffentlichungen, die dem Studium von Eulers handschriftlichem Nachlass auf den Gebieten der Algebra, Geometrie, Physik und Zahlentheorie gewidmet sind [14–25], sowie solche, in denen seine veröffentlichten Werke auf dem Gebiet der Zahlentheorie und Algebra erörtert werden [31–43].

1965 erschien eine neue Ausgabe «Briefwechsel Euler–Goldbach» [26], die von den Akademien der Wissenschaften der Sowjetunion und der DDR in Zusammenarbeit vorbereitet wurde. Dieses Werk bringt einen ausführlichen Kommentar insbesondere zu den im Briefwechsel enthaltenen Problemen der Zahlentheorie (A. A. Kisselev, I. G. Mel'nikov); die Kommentatoren benutzten bei ihrer Arbeit auch handschriftliche Materialien aus Eulers Notizbüchern.

Neuerdings ist das Interesse für den handschriftlichen Nachlass Eulers wieder besonders rege geworden, was mit der Herausgabe der *Series IV* der *Opera omnia* zusammenhängt, da die *Series IV B* gerade die handschriftlichen Materialien des Forschers beinhalten soll. Im Rahmen dieser Arbeit beschäftigen sich sowjetische Historiker der Mathematik schon seit mehreren Jahren mit Eulers handschriftlichem Nachlass auf dem Gebiet der Zahlentheorie.

Eulers handschriftliche Materialien (die zu den Problemen der Zahlentheorie gehörenden mit inbegriffen) lassen sich in drei Gruppen einteilen: 1. Handschriften von bereits veröffentlichten Arbeiten; 2. Fragmente, deren Inhalt schon völlig oder zum Teil veröffentlicht ist, und 3. unveröffentlichte Fragmente, die daher von besonderem Interesse sind. Bei der Erforschung der handschriftlichen Materialien lassen sich mehrere Stufen unterscheiden. Die Arbeit beginnt mit der Sichtung des gesamten in der LO AAN befindlichen handschriftlichen Nachlasses Eulers, dem Aussondern von Fragmenten zahlentheoretischen Inhalts. Dann werden die Texte entziffert, aus dem Lateinischen übersetzt und auf ihren mathematischen Inhalt hin erörtert. Hernach wird das ausgesonderte Material nach Themen systematisiert, die Fragmente werden mit Eulers veröffentlichten Arbeiten verglichen, um festzustellen, ob sie bereits publiziert sind und ob der Inhalt dabei richtig wiedergegeben wurde. Nach der Vergleichung des handschriftlichen Materials mit den gedruckten Werken werden Kommentare zu einzelnen Fragmenten oder mehreren thematisch zusammenhängenden Notizen erarbeitet.

Eulers handschriftliche Materialien sind hauptsächlich in seinen Notizbüchern enthalten [24]. Diese sind gebunden und stellen Bände von verschiedenem Format und Umfang dar; die Seitenzahl schwankt zwischen 152 (N 130) und 544 (N 131). Insgesamt sind sie 3000 Seiten stark, die Eintragungen sind meistens lateinisch, seltener deutsch, vereinzelt kommen französische vor. Die Notizbücher zeigen Eulers Arbeit an den Problemen, die ihn interessierten, in ihrem chronologischen Ablauf. Sie zeugen von dem weiten Umfang seines Interessenkreises, von der Leichtigkeit, mit welcher er von einem Gegenstand zu einem anderen wechselte. Probleme der Mechanik werden von geometrischen abgelöst, nach algebraischen oder zahlentheoretischen tauchen Probleme der mathematischen Analysis auf, musiktheoretische Notizen erscheinen neben Eintragungen über Differentialgleichungen oder Physik. Diese Materialien sind für die Geschichtsschreibung der Eulerschen Entdeckungen äusserst wichtig und ermöglichen einen tieferen Einblick in Eulers Schaffen.

Über 1000 Seiten der Notizbücher enthalten Eintragungen zur Zahlentheorie. Diese Eintragungen pflegen neben anderen zu stehen, die mit der

Zahlentheorie nichts zu tun haben; es gibt aber auch ganze Seiten, die ausschliesslich der Zahlentheorie gewidmet sind. Nach eingehendem Studium der
Notizbücher erwies sich, dass in Eulers Wirksamkeit die Perioden der intensiv-
sten Beschäftigung mit der Zahlentheorie auf die Jahre 1736–1744 und 1767–
1783 entfallen, aber auch in solchen Jahren, wo Euler kaum etwas über die
Zahlentheorie veröffentlichte, beschäftigte er sich aufs eindringlichste mit
diesem Themenkreis. Zu vielen seiner bekannten Ergebnisse war er schon
mehrere Jahre vor ihrer Publikation gekommen. Manchmal beschäftigte sich
Euler jahrelang mit einem Problem. Oft traf er seine Schlussfolgerungen auf
Grund der an Zahlen angestellten Beobachtungen, nach vielen Rechnungen,
nach Aufstellung von Tabellen. Indem er auf eine mathematische Tatsache
aufmerksam geworden war, machte er zuerst die entsprechende Feststellung.
Dann kam er später auf diese Frage zurück, versuchte wiederholt einen Beweis
für seine empirische Feststellung aufzubauen, bis endlich eine strenge Beweis-
führung erreicht war; erst dann war die Frage für ihn erschöpft. Diese Eigen-
tümlichkeit seiner schöpferischen Arbeitsweise spürt man auch bei der Lektüre
von Eulers veröffentlichten Werken; in seinen handschriftlichen Materialien
wird sie aber besonders deutlich. Ein und dieselbe Aufgabe löste Euler auf
verschiedene Weisen, dieselbe Methode wandte er auf verschiedene Probleme
an. Er bediente sich der mathematischen Analysis bei der Lösung zahlentheoretischer Probleme und verwendete die Zahlentheorie in seinen Untersuchungen auf dem Gebiet der Differential- und Integralrechnung. In den Handschriften sieht man nicht nur den Gang seiner Untersuchungen, sondern auch
die Zweifel, von denen er befallen wurde, und schliesslich ihre Überwindung.

Ähnlich wie in der Ausgabe [6] wurden alle handschriftlichen zahlentheoretischen Materialien nach folgenden Abteilungen geordnet: 1. Teilbarkeit
der Zahlen, 2. Zerlegung der Zahlen in Summen verschiedener Art, 3. Diophantische Analysis, 4. Anwendung der Zahlentheorie auf die Analysis und
umgekehrt, 5. Andere Probleme. Diese Abteilungen sind weiter unterteilt, z.B.
die Abteilung «Teilbarkeit der Zahlen» enthält folgende Abschnitte: «Die
Teiler», «Kleiner Fermatscher Satz und der Eulersche Satz», «Die Eulersche
Funktion», «Die Reste», «Die Primzahlen». Diese Unterabteilungen sind
wiederum in verschiedene Abschnitte unterteilt. So enthält die Abteilung «Die
Reste» folgende engere Abschnitte: «Quadratische Reste», «Potenzreste»,
«Primitivwurzeln», «Reziprozitätsgesetz».

Die die Diophantische Analysis betreffenden Eintragungen, die mehr
als die Hälfte aller zahlentheoretischen Fragmente Eulers betragen, werden
unterteilt in: 1. Polygonalzahlen, 2. Die Gleichung $ax^2 + bx + c = y^2$; die
Pellsche Gleichung, 3. Aufgaben über die Dreiecke, 4. Einzelne quadratische
Gleichungen, 5. Unbestimmte Gleichungen und Systeme von Gleichungen
dritten Grades, 6. Quadrate in der arithmetischen Progression, 7. Der grosse
Fermatsche Satz, 8. Ganzzahlige Lösungen der Gleichung $x^y = y^x$. Jede dieser
Abteilungen enthält wieder eine Unterteilung. Dem Studium der Eulerschen
Handschriften, die die diophantische Analysis betreffen, sind die Beiträge von
G.P. Matvievskaja gewidmet [16, 18].

Wir geben einige Beispiele.

Das Blatt 18 in dem Notizbuch N 131 ist vollständig der Zahlentheorie gewidmet. Es beginnt mit der Formulierung der Aufgabe: es gilt festzustellen, ob eine gegebene Zahl eine Primzahl ist. Euler nimmt die Zahl $2^{n-1}-1$ und dividiert sie durch n. Falls der Rest bei der Division gleich Null ist, so ist, seines Erachtens, die Zahl n eine Primzahl; wenn dagegen der Rest nicht gleich Null ist, so ist n eine zusammengesetzte Zahl. Auf diese Methode, die Zahl auf ihre «Primhaftigkeit» (d.h. danach, ob sie eine Primzahl oder eine zusammengesetzte Zahl ist) zu prüfen, scheint Euler gekommen zu sein, nachdem er den «kleinen Fermatschen Satz» kennengelernt hatte («Wenn p eine Primzahl ist und a sich durch p nicht dividieren lässt, so lässt sich $a^{p-1}-1$ durch p teilen»). Euler erwähnt diesen Satz in seiner ersten veröffentlichten zahlentheoretischen Arbeit E. 26 (O. I, 2). Später gab er vier Beweise dieses Satzes (in E. 54, E. 134, E. 262, E. 271, alles in O. I, 2) und stellte den Satz auf, der nach ihm der Eulersche heisst und der eine Verallgemeinerung des kleinen Fermatschen Satzes darstellt (E. 271). Über Eulers diesbezügliche Publikationen schrieben F. Rudio [28], L. Dickson [29], die Verfasser des Kommentars zu «Briefwechsel Euler–Goldbach» [26] und andere.

Zu der auf Blatt 18 formulierten Behauptung hat Euler keinen Beweis erbracht. Er versucht sie anhand von Beispielen zu prüfen. Es entsteht dabei aber gleich die Frage danach, was zu tun sei, wenn die nach ihrer Primhaftigkeit zu prüfenden Zahlen sehr gross sind. In diesem Fall schlägt Euler vor, den bei der Division von 2^{n-1} durch n sich ergebenden Rest festzustellen. Der Rest ist gleich 1, wenn die Zahl n eine Primzahl ist. Euler formuliert hier gleich einen zweiten Satz: Wenn bei der Division von 2^m durch n der Rest gleich p ist, ergibt die Division von 2^{m+1} durch n den Rest $2p$, und bei der Division von 2^{2m} durch n ist der Rest gleich p^2.

Euler prüft die aufgestellte Behauptung anhand von Beispielen (er untersucht die Zahlen 61 und 35), indem er das im 2. Satz formulierte Verfahren anwendet. Wenn man die Teilbarkeit von 2^m-p durch n als eine Kongruenz darstellt: $2^m \equiv p \pmod{n}$, so ist $2^{m+1} \equiv 2p \pmod{n}$, und $2^{2m} \equiv p^2 \pmod{n}$. Bekanntlich erhielt die Kongruenztheorie ihre endgültige Form durch Gauss, aber Euler waren diese Eigenschaften der Kongruenzen schon lange vor Gauss bekannt, also noch vor dem Entstehen der Kongruenztheorie; er kannte sie schon, als er mit seiner Arbeit an der Zahlentheorie begann, denn das Notizbuch N 131 stammt aus den Jahren 1736–1740, und der Beginn dieser Arbeit fällt in das Jahr 1736. In einer verallgemeinerten Form veröffentlichte er die im 2. Satz enthaltene Behauptung im Jahre 1761 in E. 262 (O. I, 2, p. 496): «Wenn a^μ bei der Division durch p den Rest r ergibt, so ergibt $a^{2\mu}$ bei der Division durch p den Rest r^2, $a^{3\mu}$ ergibt bei der Division durch p den Rest r^3 usw.» Diese Behauptung führt Euler zu folgender Feststellung: Falls a^μ bei der Division durch p den Rest 1 ergibt, so ergeben $a^{2\mu}, a^{3\mu}, a^{4\mu}, \dots$ bei der Division durch p den Rest 1 (ibidem).

Doch wir wollen wieder zum Blatt 18 des Notizbuches N 131 zurück-

kehren. Euler hegt noch Zweifel, ob der von ihm formulierte Satz (das Prim-
zahlkriterium) richtig ist. Deshalb schreibt er auf der Rückseite desselben
Blattes 18, dass diese Regel nicht immer gilt. Nimmt man z. B. die Zahl
$n = 2^{32} + 1$, so ist sie durch 641 teilbar, ist also eine zusammengesetzte Zahl;
dabei lässt sich $2^{2^{32}} - 1$ durch die Zahl $2^{32} + 1$ restlos dividieren. Somit ist die
angeführte Regel zur Ermittlung der Primzahlen ungeeignet. Euler folgert
daraus, dass, falls eine restlose Division unmöglich ist, nur eines feststeht: dass
nämlich die Zahl n keine Primzahl sein kann. Falls aber die Division möglich
ist, so lässt sich daraus nicht bestimmen, ob der Teiler eine Primzahl oder eine
zusammengesetzte Zahl ist. Doch solche Fragen interessierten Euler schon
früher, bevor er das Heft N 131 begonnen hatte. Er berührte die Frage nach
der Teilbarkeit der Zahlen $2^n - 1, 2^n + 1$, und zwar über die Teilbarkeit der
Zahl $2^{2^5} + 1$ durch 641, in seinen Briefen an Goldbach (1730); über die Teilbarkeit der Zahlen $2^n + 1, 2^n - 1$ schrieb er in E. 134, E. 271; abschliessend für
dieses Problem wurde sein Artikel E. 271.

In demselben Notizbuch N 131 (fol. 4 mit Rückseite) gibt es eine
Eintragung, die zur Vorgeschichte der berühmten Gleichung für die ζ-Funk-
tion gehört; sie zeugt davon, dass Euler sich gleich von dem Beginn seiner
zahlentheoretischen Untersuchungen an für die Reihe

$$\sum_{m=1}^{\infty} \frac{1}{m^s},$$

wo s eine natürliche Zahl ist, interessiert hatte; diese Reihe hat heute die
Bezeichnung $\zeta(s)$ und heisst die Riemannsche ζ-Funktion. Euler betrachtet
hier $\zeta(2)$ und $\zeta(n)$. Unter den ersten Aufzeichungen gibt es in demselben
Notizbuch (N 131, fol. 21–21v) die folgende: «Es gilt zu bestimmen, wievielmal
die gegebene Zahl A unter allen Polygonalzahlen vorkommt.» Euler nennt
diese Aufgabe die «Aufgabe von Bachet» und löst sie hier auf seine eigene
Weise. 16 Jahre später legt er in einem Brief an Goldbach ihre Lösung dar
([26], p. 369).

Im Notizbuch N 132, fol. 110, untersucht Euler das Problem des Auffin-
dens von Fünfeckzahlen, die gleichzeitig Quadratzahlen sind. Diese Aufgabe
löste er in seiner *Vollständigen Anleitung zur Algebra* (E. 388/O. I, 1, 2. Teil,
§ 89, p. 374); im Notizbuch wurde diese Aufgabe auf eine andere Weise gelöst.

Die erste Notiz über den Satz von der Darstellung einer natürlichen
Zahl als Summe von vier Quadraten befindet sich im Notizbuch N 131 (fol. 61–
62v). Euler stellt die Behauptung auf, jede Zahl von der Art $8n - 1$ liesse sich
in vier Quadrate zerlegen, und er gibt die Regel für diese Zerlegung, die er
durch Beispiele illustriert. Doch es finden sich Beispiele, die diese Behauptung
widerlegen. Euler scheint solche Beispiele bemerkt und daher diese Behauptung nicht in seine Veröffentlichungen aufgenommen zu haben. An dieser
Stelle behandelt Euler das Problem der Zerlegung von Zahlen von der Art

$$(a^2+b^2+c^2+d^2)(p^2+q^2), \qquad (a^2+b^2+c^2+d^2)(p^2+q^2+r^2),$$
$$(a^2+b^2+c^2+d^2)(p^2+q^2+r^2+s^2)$$

in eine Summe von vier Quadraten. Indem er die Möglichkeit dieser Zerlegung in jedem Fall feststellt, gibt er den Wert der Wurzeln dieser Quadrate an (die Zahl a ist die «Wurzel» des Quadrats a^2) und gelangt beim letzten Fall zu seiner berühmten Formel:

$$(a^2+b^2+c^2+d^2)(p^2+q^2+r^2+s^2) = (ap+bq+cr+ds)^2$$
$$+ (bp-aq+dr+cs)^2$$
$$+ (cp-dq-ar+bs)^2$$
$$+ (dp+cq-br-as)^2.$$

In dieser Notiz wird Eulers Gedankengang deutlich, der sich in seinen veröffentlichten Arbeiten weniger sicher beurteilen lässt. Dabei stammt die Eintragung im Notizbuch aus einer viel früheren Zeit (1736–1740) als seine Mitteilung an Goldbach (1748). Euler kehrte mehrmals zu diesem Problem zurück.

Im Notizbuch N 132 (fol. 142v) ist die Formulierung wie auch der Beweis des folgenden Satzes enthalten: Ist eine Zahl a gegeben, die sich nicht in vier Quadrate zerlegen lässt, die aber Teiler der Zahl $P = A^2 + B^2 + C^2 + D^2$ ist, so gibt es eine Zahl $b < a$, die sich auch nicht in vier Quadrate zerlegen lässt und die den Teiler der Summe $Q < P$ von vier Quadraten darstellt. Nach dem Beweis des Satzes ist seine Folgerung niedergelegt: Es gibt keine (natürliche) Zahl, die nicht in vier Quadrate zu zerlegen wäre, die aber Teiler einer Zahl ist, die sich in vier Quadrate zerlegen lässt (d.h. jede Zahl, die ein Teiler der Summe von vier Quadraten ist, ist auch selbst eine Summe von vier Quadraten). Diese Folgerung und ihr Beweis stimmen mit dem 4. Satz aus der Arbeit E. 445 (O.I, 3) überein, auf dem sich der in diesem Artikel enthaltene Beweis des Theorems über die vier Quadrate gründet. Der Artikel E. 445 stammt aus dem Jahre 1773; er wurde 1777 veröffentlicht. In einer etwas abgewandelten Form steht dieser Satz auch in [9]; sein Beweis ist in diesem veröffentlichten Fragment aus Eulers Notizbuch enthalten. Die Eintragungen in N 132 stammen aus den Jahren 1740–1744.

Somit kann man behaupten, dass Euler schon in den 1750er Jahren im Besitz des Beweises zu diesem wichtigen Theorem war, also etwa 30 Jahre vor dessen Veröffentlichung. Doch dieser Beweis war damals noch nicht zu Ende geführt. Nachdem Lagrange seinen eigenen Beweis des Theorems über die vier Quadrate veröffentlicht hatte, nahm Euler seinen vor Jahren begonnenen Beweis wieder auf und bewies das Theorem auf demselben Wege, den er auch in N 132 gebraucht hatte. Dieser Beweis war einfacher als derjenige Lagranges. Auf dieses Problem beziehen sich auch andere Eintragungen in den Notizbüchern.

In den Notizbüchern wurden zwei Fragmente gefunden, die davon zeugen, dass Euler hundert Jahre vor Bertrand das sogenannte Bertrandsche Postulat formuliert hat [20]. Beide Fragmente befinden sich im Notizbuch N 134 und können in die Jahre 1752–1755 datiert werden.

Auf fol. 120 in N 134 stellt Euler den Satz auf: Im Intervall zwischen einer beliebigen Zahl a und deren Doppeltem $2a$ ist mindestens eine Primzahl enthalten (Euler scheint unter der Zahl a eine natürliche Zahl grösser als 1 zu verstehen). Um diese Feststellung zu prüfen, untersucht Euler im Intervall zwischen einer ganzen Zahl a und $2a$ alle Zahlen, die sich durch eine Primzahl, welche kleiner als a ist, teilen lassen; die übrigen Zahlen in diesem Intervall sind Primzahlen. Er benutzt also für die Lösung dieser Aufgabe das Sieb des Eratosthenes. Als Beispiel nimmt er die Zahl $a = 24$. Unter den im Intervall zwischen 24 und 48 enthaltenen Zahlen gibt es zwölf solche, die durch 2 teilbar sind, acht Zahlen sind durch 3 teilbar (darunter vier gerade Zahlen, die schon bei der Division durch 2 erfasst worden sind), fünf Zahlen lassen sich durch 5 dividieren (drei davon sind schon bei der Division durch 2 und 3 erfasst), drei Zahlen lassen sich durch 7 dividieren (letztere kamen schon bei den obenerwähnten Divisionen vor), durch 11 lassen sich zwei Zahlen teilen (die auch schon bei den obigen Divisionen erfasst worden sind). Die Gesamtanzahl der zusammengesetzten Zahlen im Intervall zwischen 24 und 48 beträgt 18: $12 + 8 - 4 + 5 - 3 = 18$. Folglich gibt es im untersuchten Intervall sechs Primzahlen: das sind 29, 31, 37, 41, 43, 47.

Das zweite Fragment nehmen fol. 205–206 ein. Euler wiederholt seine Feststellung, dass zwischen n und $2n$ wenigstens eine Primzahl enthalten sein muss, und untersucht zwei Beispiele: die Anzahl von Primzahlen und zusammengesetzten Zahlen zwischen 30 und 60 und zwischen 50 und 100. Die Ergebnisse schreibt er in Tabellenform nieder.

In seinen weiteren Ausführungen versucht Euler ein verallgemeinertes Verfahren zur Ausrechnung der Primzahlen im erwähnten Intervall zu geben und eine Gesetzmässigkeit in der Verteilung der Primzahlen (auf Grund der angeführten Tabellen) nachzuweisen, was ihm aber nicht gelingt. Darauf betrachtet er einen Sonderfall $n = 2p^2$, d.h. ein Intervall zwischen $2p^2$ und $4p^2$. Euler nimmt an, dass zwischen $\sqrt{2n}$ und n dieselbe Anzahl von Primzahlen enthalten ist, wie zwischen n und $2n$; um es anders zu formulieren: dass die Anzahl von Primzahlen zwischen $2p$ und $2p^2$ der Anzahl von Primzahlen zwischen $2p^2$ und $4p^2$ gleich ist. Indem er aber diese Annahme an Beispielen nachprüft, erweist sich diese bereits bei $p = 5$ als falsch.

Die handschriftlichen Materialien ermöglichen es, unsere Vorstellungen von Eulers Wirksamkeit auf dem Gebiet der Zahlentheorie zu erweitern. Dasselbe gilt auch für die anderen Richtungen seiner Forschungsarbeit. Die handschriftlichen Materialien lassen uns die Quellen seiner mathematischen Werke erkennen.

Literatur

[1] *Opuscula analytica*, tomus I, Petropoli 1783, tomus II, 1785; E.531/O.I, 3.

[2] *Mémoires de l'Académie des sciences de St.-Pétersbourg*, tome XI, St-Pétersbourg 1830.

[3] *Correspondance mathématique et physique de quelques célèbres géomètres du XVIII siècle*, tomes I, II, St-Pétersbourg 1843.

[4] Jacobi, C.G.J., *Beweis des Satzes, dass jede nicht fünfeckige Zahl eben so oft in eine gerade als ungerade Anzahl verschiedener Zahlen zerlegt werden kann*, Math. Werke I, Berlin 1846, p.345–356.

[5] Jacobi, C.G.J., *Über einige der Binomialreihen*, Math. Werke I, Berlin 1846, p.375–382.

[6] Euler, L., *Commentationes arithmeticae collectae*, tomi I, II, Petropoli 1849 (E.791).

[7] *Briefwechsel zwischen C.G.J. Jacobi und P.-H. Fuss*, Leipzig 1908 (cf. den Beitrag von K.-R. Biermann im vorliegenden Band).

[8] *Index systématique et raisonné des mémoires arithmétiques de L. Euler, contenus dans les deux volumes de cette collection, par V. Bouniakovsky et P. Tchébychef*, in: Commentationes arithmeticae collectae, tomus I, Petropoli 1849, p. LI–LXXX.

[9] Euler L., *Opera postuma mathematica et physica*, tomi I, II, Petropoli 1862.

[10] Archiv AN SSSR, *Obozrenije arkhivnykh materialov*, Vypusk I, Leningrad 1933, p.73–74.

[11] Eneström, G., Verzeichnis der Schriften L. Euler, Jahresber. Deutsch. Mathem. Vereinigung, 1910–1913 (*BV* Eneström, 1910–1913).

[12] Eneström, G., *Bericht an die Euler Kommission der Schweizerischen Naturforschenden Gesellschaft über die Eulerschen Manuskripte der Petersburger Akademie*, Jahresber. Deutsch. Mathem. Vereinigung 22, 1913, Nrn. 11–12, II.Abt., p.191–205.

[13] Smirnov, V.I., Mikhailov, G.K., *Neopublikovannyje materialy Leonharda Eulera v Archive Akademii nauk SSSR* (*BV* Sammelband Lavrent'ev, p.47–79).

[14] Mikhailov, G.K., *Zapisnyje knižki Leonharda Eulera v Arkhive AN SSSR*, IMI X, 1957, p.67–94.

[15] Mikhailov, G.K., *Notizen über die unveröffentlichten Manuscripte von Leonhard Euler* (*BV* Sammelband Schröder, 1959, p.256–280).

[16] Matvievskaja, G.P., *Neopublikovannyje rukopisi L. Eulera po diofantovu analizu*, Trudy Instituta istorii jestestvoznanija i tekhniki AN SSSR 22, Moskva 1959, p.240–250.

[17] Matvievskaja, G.P., *Istorija publikacij L. Eulera po teorii čisel*, Sbornik dokladov III naučnoj konferencii aspirantov i mladšikh naučnykh sotrudnikov Instituta istorii jestestvosnanija i tekhniki AN SSSR, Moskva 1957.

[18] Matvievskaja, G.P., *O neopublikovannykh rukopis'akh po diofantovu analizu*, IMI XIII, 1960, p.107–186.

[19] Matvievskaja, G.P., *Zametki o soveršennykh čislakh v zapisnykh kni`akh Eulera*, Trudy Instituta istorii jestestvoznanija i tekhniki AN SSSR 34, Moskva 1960, p.415–427.

[20] Matvievskaja, G.P., *Postulat Bertrana v zapis'akh Eulera*, IMI XIV, 1961, p.285–288.

[21] Kiselev, A.A., Matvievskaja, G.P., *Neopublikovannyje zapisi Eulera po partitio numerorum*, IMI XVI, 1965, p.145–180.

[22] Galčenkova, R.I., *Algebra v neopublikovannykh rukopis'akh Eulera*, V sbornike: Istorija i metodologija jestestv. nauk., Moskva 1966, p.45–61.

[23] Minčenko, L.S., *Fizika Eulera*, Trudy Instituta istorii jestestvoznanija i tekhniki AN SSSR 19, Moskva 1957.

[24] *Rukopisnyje materialy Leonharda Eulera v Arkhive Akademii nauk SSSR*, tom I: Naučnoje opisanije; tom II: Trudy po mekhanike. Moskva, Leningrad 1962. Sostaviteli: Ju.Kh. Kopelevič, M.V. Krutikova, G.K. Mikhailov, N.M. Raskin.

Redakcionnaja kollegija: G.A. Kn'azev, G.K. Mikhailov, N.M. Raskin, V.I. Smirnov, A.P. Juškevič.

[25] Belyi, Ju.A., *Ob učebnike L. Eulera po elementarnoj geometrii*, IMI XIV, 1961, p.237-284.

[26] *Leonhard Euler und Christian Goldbach, Briefwechsel 1729-1764*, hrsg. und eingeleitet von A.P. Juškevič und E. Winter, Berlin 1965.

[27] Leningradskoje otdelenije Arkhiva Akademii nauk SSSR, fond 136, opis'1, NN 129-140.

[28] Rudio, F., *Leonhardi Euleri opera omnia*, O.I, 1, Vorwort, 1911; O.I, 2, Vorwort. 1915.

[29] Dickson, L.-E., *History of the Theory of Numbers*, Vol.I-III, Washington 1919-1923; 2nd ed. New York 1934.

[30] Cantor, M., *Vorlesungen über Geschichte der Mathematik*, Bände III und IV, Leipzig 1897-1908.

[31] Venkov, B.A., *O rabotakh Leonharda Eulera po teorii čisel*, Sbornik statej i materialov k 150-letiju so dn'a smerti Eulera, Moskva 1935.

[32] Gel'fond, A.O., *Rol' rabot L. Eulera v razvitii teorii čisel* (*BV* Sammelband Lavrent-'ev, 1958, p.80-97).

[33] Bašmakova, I.G., *O dokazatelstve osnovnoj teoremy algebry*, IMI X, 1957, p.257-304.

[34] Kiselev, A.A., *Nekotoryje voprosy teorii čisel iz perepiski Eulera s Goldbakhom*, V sbornike: Istorija i metodologija jestestvosnanija nauk. Vypusk V, Moskva 1966, p.31-34.

[35] Mel'nikov, I.G., *Euler i jego arifmetičeskije raboty*, IMI X, 1957, p.211-228.

[36] Mel'nikov, I.G., *Otkrytije Eulerom udobnykh čisel*, IMI XIII, 1960, p.187-216.

[37] Mel'nikov, I.G., *O nekotorykh voprosakh teorii čisel v perepiske Eulera s Goldbakhom*, loc.cit. [34], p.15-30.

[38] Mel'nikov, I.G., Kiselev, A.A., *K voprosu o dokazatelstve Eulerom teoremy o suščestvovanii pervoobraznogo korn'a*, IMI X, 1957, p.229-256.

[39] Khovanskij, A.N., *Raboty L. Eulera po teorii cepnykh drobej*, IMI X, 1957, p.305-327.

[40] Juškevič, A.P., *Leonard Euler i kvadratura kruga*, IMI X, 1957, p.159-210.

[41] Juškevič, A.P., *Istorija matematiki v Rossii*, Moskva 1968.

[42] Ožigova, E.P., *Razvitije teorii čisel v Rossii*, Leningrad 1972.

[43] Ožigova, E.P., *Matematika v Peterburgskoj akademii nauk v konce XVIII – pervoj polovine XIX v.*, Leningrad 1980.

Adolf P. Juškevič

L. Euler's unpublished manuscript *Calculus Differentialis*

L. Euler's Latin manuscript *Calculus Differentialis* is preserved at the Leningrad branch of the Archive of the USSR Academy of Sciences (f. 136, op. 1, No. 183, 15 leaves). This is a fair copy quite carefully written on both sides of each of the 15 leaves[1]. It is subdivided into four chapters: chapter 1, *De Calculo Differentiarum Finitarum* (§§ 1–16); chapter 2, *De Calculo Differentiali in Genere* (§§ 1–12); chapter 3, *De Differentiatione Functionum Algebraicarum* (§§ 1–20) and chapter 4, *De Differentiatione Quantitatum Logarithmicalium et Exponentialium* (§§ 1–20). Describing Euler's scientific manuscripts, preserved at the said Archive, G. K. Mikhailov supposes that the manuscript "evidently" (offenbar) dates back to the 1730s ([1], p. 264). Nevertheless, bearing in mind its contents, as well as the terminology and notation used, I believe that the manuscript was most likely written somewhat earlier, ca. 1727. Presumably, it was intended for the purpose of instruction, e. g. for the students of the University at the Petersburg Academy of Sciences.

The main idea adhered to in the manuscript was subsequently but into practice in Euler's classical *Institutiones calculi differentialis* which he began writing even before moving from Petersburg to Berlin in 1741, completing the work in 1750 and publishing it in 1755 in Berlin at the expense of the Petersburg Academy ([2], p. 13–14). Besides this, the manuscript is to a certain extent connected with the first volume of Euler's no less classical *Introductio in analysin infinitorum* (E. 101, 102/O. I, 8, 9) completed before 1744 and published in 1748 in Switzerland. However, taken as a whole, the manuscript is inconceivably meagre, not standing up to the *Institutiones*, and differing from latter in several principal points.

Euler begins his manuscript by introducing the concept of function (L. 1):

"A quantity composed somehow from one or a greater number of quantities is called its, or their, function." *(«Quantitas quomodocunque ex una vel pluribus quantitatibus composita appellatur ejus unius vel plurium functio.»)*

This definition goes back to Johann I Bernoulli (1718)[2] differing from the latter in that Euler says nothing about the variable nature of the argument(s). He offers examples of functions, viz, $\sqrt[3]{(xx+yy)}$ and $ab^c +$

$\sqrt{(ac+\lg b)}$. Only in chapter 2 Euler explains the difference between variables designated by the last letters of the alphabet and constant quantities for which the first letters are used. Variables, Euler indicates, can assume increments while constants are "remaining in their initial state" (*immutatae manere ponuntur*, cf. L. 5v).

Thus, from the very beginning Euler introduced functions of many variables. He then points out that functions may be composed by means of addition, subtraction, multiplication, division, involution, taking of logarithmes, or combination of these operations. Quantities forming the function are called "radical" (*quantitates radicales*, cf. L. 1). It seems that no other scholar used this term in Euler's meaning.

Later on, in the *Introductio,* Euler explained the difference between constants and variable quantities right away and defined a function (at first, a function of one variable) as "an analytic expression composed in any way from this variable quantity and numbers or constant quantities" ([4], p. 18). (*«Functio quantitatis variabilis est expressio analytica quomodocunque composita ex illa quantitate variabili et numeris seu quantitatibus constantibus.»*)

Here, analytic expressions are actually those constituting the broader class of algebraic and elementary transcendental functions and, also, higher transcendental functions arrived at in the integral calculus; again, functions defined by unsolved equations, or implicit functions, are also included.

Still later, in his *Institutiones calculi differentialis,* Euler advocated for a more general concept of a function ([5], p. 4) thus anticipating definitions which are due to subsequent authors of the end of the 18th and the beginning of the 19th century and usually attributed to N. I. Lobačevskij and P. Lejeune-Dirichlet [6], p. 69–79.

As mentioned above, Euler formally distinguished between variables and constants, bringing into use the now generally accepted notation for these quantities, only in chapter 2 of the manuscript; still, already in chapter 1, Euler next introduced the notion of the increment of a function which the latter gets when all, or some, of the radical quantities increase or decrease. The determination of these increments is the subject of the calculus of differences *(calculus differentiarum)* which can also be called the calculus of increments (*calculus incrementorum,* L. 1). Euler denotes the increments of quantities $a, b, c, ..., x$ by the corresponding Greek letters $a, \beta, \gamma, ..., \xi$ (LL. 2 and 4v); at the time, other authors did not use this notation.

The third article of chapter 1 is of special importance and I quote it in full (L. 1v):

"If radical quantities increase by finite quantities, the calculus might be called the *calculus of finite differences* or *finite increments.* It should not be confounded with the calculus in which radical quantities can assume infinitely small increments. This case will be discussed later on, after the exposition of the calculus of finite differences. To the best of my knowledge nobody yet has developed the latter, so that it might seem unnecessary to use it for the study of the rules of differential calculus. However, when I saw that quite a lot scholars, including those not unexperienced in this higher analysis, do not have a quite correct, or even frequently possess a false, idea about the calculus of finite differences I thought it inappropriate to omit this calculus and decided to explicate it before going over to the differential calculus." *(«Si quantitates radicales augeantur quantitatibus finitis, calculus hic vocari potest **calculus differentiarum finitarum** vel **incrementorum finitorum**. Ne cum eo calculo confundatur, quo quantitates radicales augmenta infinite parva accipere ponuntur. De quo in sequentibus agere propositum est, exposito **calculo differentiarum finitarum**. Hic quidem calculus a nemine adhuc, quod sciam, fuit excultus, et ideo superfluum videri posset, eum ad tradenda calculi differentialis praecepta uti. Sed cum vidissem permultos eosque in hoc sublimiori analysi non hospites, notionemque minus idoneam et saepe prorsus perversam habere, hoc vero incommodum praemittendo calculum differentiarum finitarum tolli existimassem, eum ante exponere statui, quam ad calculum differentialem perveniam.»)*

Euler's remark to the effect that "nobody yet has developed" the calculus of finite differences should not be explained away by his failure to known his predecessors, I. Newton (1711), B. Taylor (1715), F. Nicole (1720), P. de Montmort (1720) and others. Even during his years of study under Johann I Bernoulli in Basle, i.e. before his departure for Petersburg in April 1727, Euler got used to keep a close watch on all the available mathematical literature, and the works of the above-mentioned savants should have been known to him. However, these savants applied the method of finite differences to the theory of interpolation, to the calculation of differences and sums of the generalized power $x(x+h)(x+2h)\cdots(x+(n-1)h)$ and its reciprocal quantity, and, later on, to recurrent series introduced at the time by A. de Moivre, etc., whereas Euler, in his manuscript, wanted to describe the algorithm of the calculus of finite differences so as to use it for the most simple classes of functions which he enumerated in the beginning of this work. Exactly the lack of such a system of rules in the available literature is what Euler is speaking about in the passage just quoted.

Quite appropriately, in the subsequent articles of chapter 1 Euler goes on to deduce the rules for calculating finite differences for the sum and the difference of several radical quantities; of their products[3] and quotients; of powers with any exponents (here, among other mathematical tools, he uses Newtons general binomial theorem, § 13); and, finally, for the exponential and logarithmic functions. However, in the last cases Euler restricted himself by writing the difference, as, for example, $\lg(a+a)-\lg a$, since, as he expressed himself (L.4v), "there is no short method of calculating their increments" *(«ad earum incrementa inveniendo [sic] compendium non datur»).*

In the end of chapter 1 Euler adduces an example of a function which is a "root" *(radix)* of an unsolved equation, e.g. equation $x^3 = a^2 x - b^3$. Changing x, a and b by corresponding increments ξ, α and β, Euler gets a new equation $(x+\xi)^3 = (a+\alpha)^2(x+\xi) - (b+\beta)^3$. It is possible, says Euler, using the two equations to eliminate x and to express ξ in terms of a, b, α and β (L.4v). We stress that in his manuscript Euler considers only differences of the first order.

According to Euler's intention, the calculus of finite differences should serve to lay the foundation of differential calculus. In chapter 2 he begins to put this principle in practice (L.5), remarking that:

"The *differential calculus* teaches us to determine the increment of any function given the infinitely small increments of the quantities composing it. These infinitely small increments are called *differentials*. To *differentiate* a quantity means determine its differentials." (*«Docet igitur **Calculus differentialis** functionis cujuscunque incrementum invenire ex datis quantitatum eam ingredientium incrementis infinite parvis. Haec incrementa infinite parva vocantur **differentialia**. Et quantitatem **differentiare** significat ejus differentiale invenire.»*)

And, Euler continues after a few lines:

"It is evident that the differential calculus is a special case of the calculus which I have enunciated above, since what was before assumed arbitrary is now taken to be infinitely small." (*«Perspicuum est Calculum differentialem, ejus, quem ante exposui, calculi esse casum specialem: nam, quod ibi quantumvis erat assumtum, hic ponetur infinite parvum.»*)

Therefore, Euler indicates, previously established rules should now be combined with the specific properties of infinitesimals. We stress, that Euler, just as Leibniz and his first adherent Jacob and Johann I Bernoulli, understood the differentiation as being the calculation of differentials rather than derivatives, or "fluxions", as Newton did.

Euler retained the same approach to the subject in his *Institutiones calculi differentialis*. Chapter 1 of the first part of this treatise, just as chapter 1 of the manuscript under discussion, treats the calculus of finite differences. The former is, however, much more valuable. In the treatise, Euler introduces differences of higher orders, applies expansions into series in powers of the argument's difference[4], this being his general method for expressing the difference of a function, considers, along with the calculation of differences, the operation of summation, etc. He often designates the increment of the argument by ω and he introduces and systematically uses the symbols of differences $\varDelta y$, $\varDelta^2 y$, $\varDelta^3 y$, etc., and the sign $\sum$ for summation. In chapter 2 of the same part of the treatise which directly borders upon chapter 1, Euler uses finite differences to sum up arithmetical series of various orders and, also, some other series with a given rational general term[5].

The interpretation of the connection between the calculus of finite differences and the differential calculus, characteristic of the manuscript, is also given quite lucidly in the *Institutiones calculi differentialis*. In chapter 4 of part 1 of this treatise Euler stated ([5], p.84):

"Thus, the analysis of infinitesimals, the exposition of which we commence now, is none other than a particular instance of the method of differences, enunciated in the first chapter, an instance taking place when the differences which we previously thought to be finite, are assumed infinitely small. In order to distinguish this case, which contains the whole analysis of infinitesimals from the method of differences, it is expedient to designate the infinitely small differences both by special names and special symbols."(«*Erit ergo analysis infinitorum, quam hic tractare coepimus, nil aliud nisi casus particularis methodi differentiarum in capito primo expositae, qui oritur, dum differentiae, quae ante finitae erant assumtae, statuantur infinite parvae. Quo igitur iste casus, quo universa analysis infinitorum continetur, a methodo differentiarum distinguatur, cum peculiaribus nominibus tum etiam signis ad differentias istas infinite parvas denotandas uti conveniet.»*)

Then Euler goes on to explain Leibniz's terminology and notation comparing them with those used by Newton.

Now I return to the manuscript. Euler indicates (L.6) that the rules of differential calculus may be deduced from the corresponding rules of the calculus of finite differences. "... connecting in addition that which is due to the properties of infinitely small increments ... As to the general principle which follows from infinite smallness, it is this. Any quantity, upon adding to, or subtracting from it, a quantity infinitely small in comparison, does not increase or decrease. For, had these quantities increased or decreased, those which are added to, or subtracted from, them would have possessed a significant and therefore finite relation to them which is contrary to the hypothesis assumed. Hence infinitely small quantities can be omitted in comparison with finite ones. If, therefore, o is infinitely small as compared with x, then $x \mp o = x$." («... *alia vero insuper adjicienda esse, que* [sic] *ex conditione incrementorum infinite parvorum fluant ... Eorum autem, quae ex incrementorum infinitam parvitate oriuntur, commune principium hoc est. Quantitas quaecunque additione vel subtractione aliorum quantitatum quae respectu ipsius sunt infinite parvae, neque augetur, neque minuitur: Nam si augeretur vel minueretur, eae quantitates, quae additae vel ablatae sunt, ad eam rationem assignabilem haberent, adeoque finitam quod esse contra hypothesin. Unde sequitur, quantitates infinite parvas respectu finitarum rejici posse. Erit ergo* $x \mp o = x$ *si o fuerit infinito parvum ratione ipsius x.»*)[6]

At the same time Euler (L.6) warned against errors which may happen when the differentials or infinitesimals are omitted before the given expression "is completely prepared" («*quam expressio penitus est adornata*»). He also explained the rules for the omission of infinitely small of all higher orders from expressions containing infinitely small of various orders, and introduced infinitely large quantities of various orders (reciprocals of corresponding infinitely small). Euler accompanies all this by numerous examples.

In the chapter 2 of the manuscript Euler shows himself as a true disciple of Johann I Bernoulli. The main principle of omission of infinitely small terms is formulated in the manuscript almost in the same expressions as in the lectures of differential calculus which the latter privately delivered in 1691/92 for the use of marquis G.F. de L'Hôpital and which reached us through notes taken by Nicolaus I Bernoulli, likely in 1705, from the original since lost[7]. This course begins by setting forth three postulates the first of which runs thus ([8], p.3):

"A quantity which decreases or increases by an infinitely small quantity does not decrease or increase." *(«Quantitas diminuta vel aucta quantitate infinities minore neque diminuitur neque augetur.»)*

The principle of omission infinitely small terms invariably applied in the 17th and 18th centuries (and, in a more precise form, used until this very day) is also formulated in the *Institutiones.* In chapter 3 of the first part of this work Euler states ([5], p.71):

"Infinitely small vanish in regard to finite quantities and may be omitted in comparison with the latter." *(«Hinc sequitur canon ille maxime receptus, quod **infinite parva prae finitis evanescant atque adeo horum respectu reiici queant**.»)*

Euler then consistently applies this principle for the deduction of all the rules for differentiating various functions. However, Euler gave much more consideration to the study of the concept of infinitely small or differentials in his treatise of 1755 than in his manuscript. As is generally known, a number of scholars were quick to level criticisms against the new Leibniz's differential calculus and Newton's method of fluxions, pointing out the logical difficulties inherent in those times in the formulation of the concept of an infinitely small quantity and the substantiation of the principle of omission of infinitely small terms. G. Berkeley made an especially powerful impression by his objection raised in his famous and witty "Analyst" (1734) which provoked an animated discussion. In the preface to the *Institutiones calculi differentialis* Euler explicated his considerations regarding this debate and the problem of substantiating analysis. In order to negotiate all the difficulties he suggested to treat both infinitely small quantities and differentials $(dx, dy$ and so on) as absolute zeros whose addition to (or subtraction from) finite terms does not change the latter but who may assume quite definite geometric relations in regard to each others (as $dy:dx$ and so on). Being extended to include infinitely small and differentials of higher orders, Euler's "calculus of zeros" might be interpreted quite rationally in the light of the theory of limits [10][8]. Still, this "calculus of zeros" met with no sympathy on the part of most mathematicians who understood it literally. There is no mention of the "calculus of zeros" in the manuscript under consideration.

Euler ends chapter 2 of his manuscript pointing out that the rules for differentiating various functions differ from one another and he again subdivides all the functions into algebraic and transcendental, attributing only exponential and logarithmic functions to the latter class. Euler also adds (L.7v) that functions are sometimes defined not directly *(absolute)* but by means of equations which he once more subdivides into algebraic and transcendental. Later on, in his *Introductio in analysin infinitorum,* Euler brought into use the relevant terms, "explicit" and "implicit" functions ([4], §8).

As I noticed in the beginning of this article, chapters 3 and 4 of the manuscript are devoted to the differentiation of algebraic and transcendental functions, respectively. The corresponding portions of *Institutiones calculi differentialis* are chapters 5 and 6 of part 1.

The restriction of the class of transcendental functions in the manuscript is likely explained by pedagogic reasons. It is impossible to imagine that, compiling the manuscript, Euler was unable, for example, to differentiate trigonometrical functions. It is worth noting that Johann I Bernoulli, in his lectures mentioned above, offered rules only for differentiating algebraic functions. Perhaps Euler to a certain extent followed the example of his distinguished teacher.

The deduction of the rules for differentiating functions in chapters 3 and 4 of the manuscript is not really interesting, though some details deserve attention. Thus, the rule for differentiating quotients is obtained by means of the formula

$$\frac{x+dx}{y+dy} - \frac{x}{y} = \frac{y\,dx - x\,dy}{yy + y\,dy},$$

where, on the right-hand side, the term $y\,dy$ in the denominator is rejected.

In his treatise of 1755 where he widely used expansions into series, the differential of p/q is, as a matter of fact, deduced in a more complicated way: Euler presents $(p+dp)/(q+dq)$ as

$$(p+dp)\left(\frac{1}{q} - \frac{dq}{q^2}\right) = \frac{p}{q} - \frac{p\,dq}{q^2} + \frac{dp}{q} - \frac{dp\,dq}{q^2},$$

where the term $dp\,dq/q^2$ "vanishes" ([5], p. 109) (*«ob evanescentem terminum dp dq/qq»*). It may be explained by the absence in chapter 1 of the formula for the finite difference of the quotient p/q.

In his manuscript Euler pays much attention to the differentials of functions such as x^z or x^{y^z} (L. 15–15v). The same problem is treated in the *Institutiones calculi differentialis*, in chapter 7 of part 1 devoted to the differentiation of functions of two and more variables ([5], §229).

The deduction, in the manuscript, of the rule for the differentiation of the logarithmic function seems peculiar. The very notion of the logarithm is introduced here in the traditional way, by a comparison of the corresponding terms of a geometric and an arithmetical progressions while the hyperbolic logarithms are defined by equalities $\lg 1 = 0$ and, for an infinitely small ω, $\lg(1+\omega) = \omega$. This allows Euler (L. 13–13v) to determine immediately the differential of the function $y = \lg x$:

$$dy = \lg\left(1 + \frac{dx}{x}\right) = \frac{dx}{x}.$$

In the *Introductio* ([4], § 102) Euler already defines the logarithmic function as the inverse of the exponential function, and he deduces the equality $\lg(1+\omega)=\omega$ from a (not strictly substantiated) equality $a^{\omega}=1+k\omega$ assuming $k=1$ ([4], §§ 114 and 122).

In 1755 ([5], § 180), referring to the *Introductio* ([4], § 123), Euler derived the differential of the hyperbolic logarithm by expanding $\lg(1+z)$ into an infinite power series.

I may now terminate my study of Euler's manuscript. It deserved attention mainly because it contained some basic ideas which Euler used much later when writing his *Institutiones calculi differentialis*.

The question of why Euler left the manuscript unfinished remains open. It is difficult, if not impossible, to agree that the manuscript is a "complete work" ([11], p. 50).

O. B. Šejnin translated the original Russian version of this paper into English.

Bibliography

[1] Mikhailov, G.K., *Notizen über die unveröffentlichten Manuskripte von Leonhard Euler* (*BV* Mikhailov, 1959, Sammelband Schröder, p. 256-280).
[2] *Die Berliner und die Petersburger Akademie der Wissenschaften im Briefwechsel Leonhard Eulers,* Teil 2 (*BV* Juškevič/Winter, eds., 1961, Teil 2).
[3] Bernoulli, Johann, *Opera omnia,* vol. 2, Lausannae, Genevae 1742.
[4] O. I, 8.
[5] O. I, 10.
[6] *BV* Juškevič, 1976, *The concept of function ...*
[7] Юшкевич, А.П., Копелевич, Ю.Х., *Христиан Гольдбах,* Москва, «Наука», 1982.
[8] Bernoulli, Johann, *Lectiones de calculo differentialium,* Verhandlungen der Naturforschenden Gesellschaft in Basel 34, 1922, p. 1-12.
[9] Bernoulli, Johann, *Die Differentialrechnung.* Übersetzung, Vorwort und Anmerkungen von P. Schafheitlin. Ostwalds Klassiker der exakten Wissenschaften, Nr. 211, Leipzig 1924.
[10] Juškevič, A.P., *Euler und Lagrange über die Grundlagen der Analysis* (*BV* Juškevič, 1959, Sammelband Schröder, p. 224-244).
[11] Михайлов, Г.К., Смирнов, В.И., *Неопубликованные материалы Леонарда Эйлера в Архиве АН СССР* (*BV* Sammelband Lavrent'ev).

Notes

1 Referring to the manuscript, I shall indicate its leaves; for example, "L. 3" will mean leaf 3, recto, and "L. 1v" will stand for leaf 1, verso.
2 «On appelle ici *fonction* d'une grandeur variable une quantité composée de quelque manière que ce soit de cette grandeur variable et de constantes» ([3], p. 241). Here is in view a function of only one variable.
3 Euler deduced the differences for the products of two, three and four factors. On L. 3 he formulates the general rule by analogy. He did just the same in 1755, in his treatise on differential calculus ([5], § 163).

4 Including expansions of the logarithmic and exponential functions, as well as of $\sin x$ and of $\cos x$. In these instances Euler used the corresponding expansions into power series from first volume of his *Introductio in analysin infinitorum.*

5 Euler's familiarity with articles on the summation of series (1720) and on the general terms of series (1728, publ. in 1732) due to Chr. Goldbach is distinctly reflected by the subject matter of this chapter of the *Institutiones.* For more detail see [7], chap. 7.

6 It is interesting to note that in the final wording of the general principle of the differential calculus Euler designated an infinitely small quantity by the symbol o invariably used by Newton, though not by Leibniz or his followers.

7 P. Schafheitlin published the original Latin text of the *Lectiones de calculo differentialium* [8]. There also exists a German translation [9].

8 In this contribution ([10], p. 226–227) I have already availed myself of the opportunity to touch Euler's manuscript.

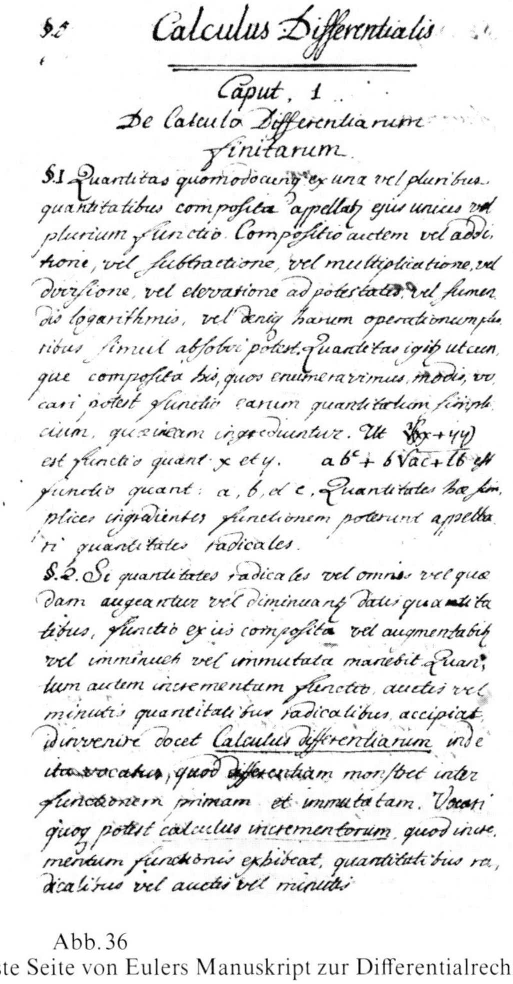
Calculus Differentialis

Caput, 1

De Calculo Differentiarum finitarum.

§.1 Quantitas quomodocunque ex una vel pluribus quantitatibus composita appellatur ejus unius vel plurium functio. Compositio autem vel additione, vel subtractione, vel multiplicatione, vel divisione, vel elevatione ad potestates, vel sumendis logarithmis, vel denique harum operationum pluribus simul absolvi potest. Quantitas igitur utcunque, quae compositis his, quos enumeravimus, modis, vocari potest functio earum quantitatum simplicium, quae in eam ingrediuntur. Ut $\sqrt[3]{(xx+yy)}$ est functio quant. x et y. $ab^c + b\sqrt{ac} + lb$ est functio quant: a, b, et c. Quantitates hae simplices ingredientes functionem poterunt appellari quantitates radicales.

§.2. Si quantitates radicales vel omnes vel quaedam augeantur vel diminuantur datis quantitatibus, functio ex iis composita vel augmentabitur vel imminuetur vel immutata manebit. Quantum autem incrementum functio, auctis vel minutis quantitatibus radicalibus, accipiat, invenire docet Calculus differentiarum inde ita vocatus, quod differentiam monstret inter functionem primam et immutatam. Vocari quoque potest calculus incrementorum, quod incrementum functionis exhibeat, quantitatibus radicalibus vel auctis vel minutis

Abb. 36
Erste Seite von Eulers Manuskript zur Differentialrechnung.

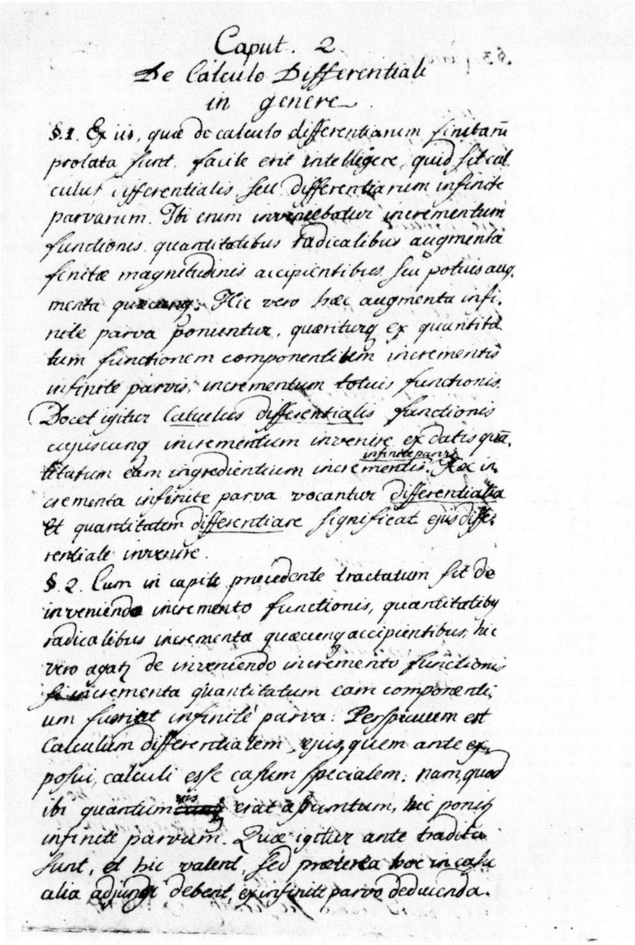

Caput. 2
De Calculo Differentiali
in genere.

§. 1. Ex iis, quæ de calculo differentiarum finitarum prolata sunt, facile erit intelligere, quid sit calculus differentialis seu differentiarum infinite parvarum. Ibi enim inveniebatur incrementum functionis quantitatibus radicalibus augmenta finitæ magnitudinis accipientibus, seu potius augmenta quæcunque. Hic vero hæc augmenta infinite parva ponuntur, quæriturque ex quantitatum functionem componentium incrementis infinite parvis, incrementum totius functionis. Docet igitur Calculus differentialis functionis cujuscunque incrementum invenire ex datis quantitatum eam ingredientium incrementis infinite parvis. Hæc incrementa infinite parva vocantur differentialia et quantitatem differentiare significat ejus differentiale invenire.

§. 2. Cum in capite præcedente tractatum sit de inveniendo incremento functionis, quantitatibus radicalibus incrementa quæcunque accipientibus, hic vero agatur de inveniendo incremento functionis si incrementa quantitatum eam componentium fuerint infinite parva: Perspicuum est Calculum differentialem, ejus, quem ante exposui, calculi esse casum specialem: namque quod ibi quantum vis erat assumtum, hic ponetur infinite parvum. Quæ igitur ante tradita sunt, et hic valent, sed præterea hoc in casu alia adjungi debent, ex infinite parvo deducenda.

Abb. 37
Erste Seite des zweiten Kapitels von Eulers Manuskript zur Differentialrechnung.

Pierre Dugac

Euler, d'Alembert et les fondements de l'analyse

Le but de cet article est de livrer aux lecteurs quelques réflexions sur le rôle que ces deux mathématiciens ont joué dans le développement des fondements de l'analyse au XVIIIe siècle et sur l'orientation qu'ils ont imprimé aux recherches relatives aux bases de l'analyse. Il ne s'agit nullement de comparer l'importance de leurs apports respectifs aux mathématiques, Léonard Euler dominant l'horizon mathématique de ce siècle et dont la contribution à cette science peut être comparée, à notre avis, aux créations de Joseph Haydn en musique.

Nous ne prétendons pas non plus être exhaustifs sur notre sujet, et nous renvoyons aux travaux très riches d'idées et très stimulants de Dieudonné [22], Houzel [35], Markouchevitch [45] et Youchkevitch [51]. De même, l'édition particulièrement remarquable de la correspondance d'Euler avec d'Alembert, publiée par Youchkevitch et Taton [34], contient une foule de renseignements sur les relations difficiles de ces deux mathématiciens.

1.

Les travaux d'Euler et de d'Alembert sur les équations aux dérivées partielles sont à l'origine des plus importantes questions sur la notion de fonction, questions qui ont été au cœur des préoccupations des mathématiciens du XIXe siècle.

Mais avant que n'éclate la fameuse polémique sur la notion de fonction arbitraire, Euler avait déjà apporté une contribution importante aux fondements de l'analyse. Nous allons fixer notre attention seulement sur deux points.

Le premier concerne le premier énoncé, incomplet, par Euler, en 1740, du critère dit de Cauchy, permettant de conclure, d'après Euler ([24], p.88), si une «série quelconque» est convergente ou non. Bien que ce critère d'Euler n'est pas une condition suffisante de convergence, car, comme l'a montré Pringsheim ([47], p.252), la série divergente de terme général $1/n \operatorname{Log} n$ le vérifie, il a été le premier à mettre en valeur le rôle que ce critère joue en analyse.

Le second point est lié à la place très importante qu'Euler accorde à la notion de fonction dans son *Introduction à l'analyse infinitésimale* publiée en 1748, mais déjà prête pour l'impression en 1746 (E.101, 102/O.I, 8, 9).

C'est le premier d'une suite de traités d'Euler qui, d'une part, fixeront pour la première fois le cadre dans lequel vont se développer les cours d'analyse jusqu'à nos jours et qui, d'autre part, formeront un ensemble permettant d'avoir une idée du développement des mathématiques de son temps.

A propos de ce premier livre de cette série, Poisson écrivait en 1834 ([46], p.217):

«A mon sens, le plus bel ouvrage d'Euler est le premier volume de l'*Introduction à l'analyse des infiniment petits*, dans lequel il ne traite que des questions de pure analyse.»

Euler est donc le mathématicien qui met à la base de l'analyse la notion de fonction, comme il le précise lui-même dans sa *Préface* ([27], tome I, p.VI):

«Je me suis surtout étendu dans le premier livre sur les fonctions de variables, parce qu'elles sont l'objet de l'analyse infinitésimale.»

Euler y donne aussi sa fameuse définition d'une fonction ([27], tome I, p.2):

«Une fonction de quantité variable est une expression analytique composée, de quelque manière que ce soit, de cette même quantité et de nombres, ou de quantités constantes.»

Cette définition reprend celle donnée en 1718 par Jean Bernoulli ([53], p.60) en la complétant essentiellement par les mots «expression analytique», soulignant la caractéristique qui semble essentielle pour Euler, à savoir que toute fonction soit exprimable analytiquement.

Euler classe ([27], tome II, p.4) les fonctions en «continues», c'est-à-dire les fonctions analytiques exprimées par une seule expression, et «discontinues, ou mixtes et irrégulières», c'est-à-dire les fonctions continues réunion d'un nombre fini de fonctions analytiques exprimées chacune par une équation donnée.

On peut noter qu'Euler manie aussi, sur des exemples, la notion de fonction continue au sens actuel (dans un esprit voisin de celui de Bolzano) dans ses *Institutiones calculi differentialis,* publiées en 1755 ([30], p.15).

2.

Les premières recherches de d'Alembert aboutissant aux équations aux dérivées partielles d'ordre deux, et introduisant les solutions arbitraires ([21], p.94–104), sont ses *Réflexions sur la cause générale des vents*, mémoire qui a remporté le prix de l'Académie des Sciences de Berlin pour l'année 1746 et qui a été publié en 1747.

Dès son *Introduction* ([2], p.VII–VIII), d'Alembert pose clairement le problème de la physique mathématique et de son développement: «la plupart des questions physico-mathématiques sont si compliquées, qu'il est nécessaire de les envisager d'abord d'une manière générale et abstraite», et «une théorie complète» sur ces questions «est peut-être l'ouvrage de plusieurs siècles». De plus, il est conscient d'ouvrir «l'entrée d'une route peu frayée jusqu'ici».

Mais son langage mathématique et la précision de sa pensée évoluent beaucoup entre 1746 et 1749, l'année où il publie ses *Recherches sur la courbe que forme une corde tendue mise en vibration*.

Ainsi, nous y trouvons dès le début ([3], p.214) un des moments capitaux de l'histoire des mathématiques, lorsque d'Alembert annonce qu'il fera «voir dans ce mémoire, qu'il y a une infinité» de courbes «qui satisfont au problème dont il s'agit». Nous allons voir que le nom d'Euler est lié indissolublement à ce moment capital.

D'Alembert considère une corde vibrante fixée à ses extrémités A et B. La corde étant écartée en AMB, à l'instant t, de sa position initiale APB, il pose $AP = s$, $PM = y = \varphi(t,s)$, et il écrit ([3], p.215) que «$d[\varphi(t,s)] = p\,dt + q\,ds$», où «$p$ et q étant pareillement des fonctions inconnues de t et de s». (Pour l'étude physico-mathématique du phénomène, son analyse détaillée et l'historique de cette question nous renvoyons aux admirables études de Burkhardt [17] et Truesdell [50]; nous nous intéressons ici aux développements des concepts mathématiques.) D'Alembert a alors besoin d'un résultat publié par Euler en 1740, à savoir que, en utilisant nos notations d'aujourd'hui, $\partial^2\varphi/\partial s\,\partial t = \partial^2\varphi/\partial t\,\partial s$. Cette proposition a été énoncée par Euler ([25], p.37) pour les fonctions définies par une «équation algébrique». Ce mémoire d'Euler, dont le titre est significatif: *Sur une infinité de courbes de même genre*, est un moment important d'histoire des mathématiques, qui a permis à d'Alembert d'aboutir à ses solutions arbitraires de l'équation des cordes vibrantes. D'autant plus que dans son *Supplément* à ce mémoire, considérant ([26], p.57) une fonction de deux variables $z = z(x,a)$ et sa différentielle «$dz = P\,dx + Q\,da$», Euler obtient ([26], p.59) que, «si

$$f\left(\frac{x}{a} + c\right)$$

désigne une fonction quelconque de $x/a + c$», alors on a

$$\text{«}P = \frac{1}{a} f\left(\frac{x}{a} + c\right) \quad \text{et} \quad Q = -\frac{Px}{a}\text{».}$$

Ainsi, Euler obtient déjà des fonctions arbitraires, et qui n'interviennent pas dans un problème de physique. Remarquons également qu'en 1740 Euler utilise la notation

$$f\left(\frac{x}{a} + c\right),$$

tandis que la fonction arbitraire sera notée en 1750

$$f : \left(\frac{x}{a} + c \right).$$

Finalement, d'Alembert obtient l'équation des cordes vibrantes sous la forme $\partial^2 y / \partial s^2 = \partial^2 y / \partial t^2$ (où il note $\partial^2 y / \partial s^2$ par ddy/ds^2), et il conclut ([3], p.216): «$\Psi(t+s)$ et $\Gamma(t-s)$ exprimant des fonctions encore inconnues de $t+s$ et $t-s$, l'équation générale de la courbe est donc $y = \Psi(t+s) + \Gamma(t-s)$.»

Il tient alors compte des conditions initiales ([3], p.217) et montre que l'équation des cordes vibrantes «renferme une infinité de courbes» sous la forme «$y = \Psi(t+s) - \Gamma(t-s)$». Enfin ([4], p.220), «la courbe que forme la corde tendue» est composée «d'une infinité de portions semblables et égales», c'est-à-dire qu'elle représente une fonction périodique.

Ce mémoire de d'Alembert va provoquer toute une série de recherches où s'engageront les plus grands mathématiciens du XVIIIe siècle et qui aboutiront, entre autres, à la notion actuelle de fonction.

3.

Euler reprend dans le volume suivant des *Mémoires de l'Académie des Sciences de Berlin,* paru en 1750, le problème des cordes vibrantes en précisant le concept des solutions arbitraires. Il remarque d'abord ([28], p.64) que «l'état des vibrations suivantes dépend des précédentes». Comme «la première vibration dépend de notre bon plaisir», il en résulte «que le mouvement vibratoire de la corde peut varier à l'infini, suivant qu'on donne à la corde telle ou telle figure au commencement du mouvement». Euler obtient ensuite l'équation des cordes vibrantes sous la forme

$$\frac{\partial^2 y}{\partial x^2} = \frac{1}{b} \frac{\partial^2 y}{\partial t^2}$$

(d'Alembert avait pris $b = 1$ et $x = s$), où $b = Fa/2M$, a étant la longueur de la corde, M son poids et F la force avec laquelle la corde est tendue.

Si la figure initiale ([28], p.72) est une «courbe anguiforme, soit régulière, soit irrégulière, ou mécanique» (fonctions qui rentrent dans la classification d'Euler dont nous avons déjà parlé), alors les solutions de l'équation seront de la forme

$$\text{«} y = \frac{1}{2} f : \left(x + t \sqrt{b} \right) + \frac{1}{2} f : \left(x - t \sqrt{b} \right) \text{»} ,$$

la notation f suivie de deux points représentant «les fonctions quelconques des quantités devant lesquelles on les met».

Il est toutefois important de noter pour la suite qu'Euler n'admet pas ([28], p.74) «que les vibrations de la corde, quelque irrégulières qu'elles aient été d'abord, rentrent aussitôt après dans l'uniformité» (ce qui l'empêchera d'admettre, comme nous allons le voir, qu'une solution arbitraire de l'équations des cordes vibrantes, «irrégulière», puisse être représentée par une série trigonométrique qui devait représenter une fonction «uniforme» aux yeux d'Euler; d'ailleurs, il admet ([28], p.76) qu'une série trigonométrique «fournit une courbe requise» pour la solution du problème des cordes vibrantes).

Or, au contraire, Daniel Bernoulli va postuler que toute fonction arbitraire peut être représentée par une série trigonométrique, ouvrant ainsi la voie aux recherches auxquelles seront associés, au XIXe siècle, les noms de Fourier, Dirichlet, Riemann et Cantor.

En effet, dans le tome de 1755 des *Mémoires de l'Académie des Sciences de Berlin*, D. Bernoulli se dit ([15], p.148) «surpris» que d'Alembert et Euler admettent «une infinité» de solutions qui ne sont pas «l'agrégation» de fonctions trigonométriques, et il ajoute:

«Il me semble à moi, qu'il n'y avait qu'à faire attention à la nature des vibrations simples des cordes, pour prévoir sans aucun calcul tout ce que ces deux grands géomètres ont trouvé par les calculs les plus épineux et les plus abstraits, dont l'esprit analytique se soit encore avisé.»

D. Bernoulli conclut qu'en «combinant» les fonctions trigonométriques, on obtient les solutions sous la forme

$$\text{«}y = a \, \sin \frac{\pi x}{a} + \beta \, \sin \frac{2\pi x}{a} + \gamma \, \sin \frac{3\pi x}{a} + \delta \, \sin \frac{4\pi x}{a} + \text{etc.}$$

dans laquelle les quantités a, β, γ, δ, etc. sont arbitraires affirmatives ou négatives».

Dans le même volume des *Mémoires*, il exprime sa profonde conviction mathématique dont la portée sera immense ([16], p.195):

«Je me contenterai donc d'avoir bien établi cette nouvelle vérité de la physique mécanique, que dans tout système les mouvements réciproques [[périodiques]] des corps sont toujours un mélange de vibrations simples, régulières et permanentes de différentes espèces.»

Cependant, dans le même tome des *Mémoires de l'Académie des Sciences de Berlin*, Euler n'admet pas ([29], p.234) que «toutes les courbes» soient représentables par une série trigonométrique, qui contient un nombre infini de termes, et «le nombre infini semble détruire la nature d'une telle composition».

De plus ([29], p.235), si Euler lui-même a donné une série trigonométrique «comme une solution particulière», il y a «une infinité d'autres courbes» qui ne peuvent pas être représentées par une telle série.

L'argument principal d'Euler est le suivant, avec lequel d'ailleurs d'Alembert n'est pas d'accord ([29], p.237):

«Puisque la première courbe, qu'on donne à la corde, est absolument arbitraire, il peut arriver, et il arrivera même le plus souvent, que cette première courbure n'est expressible par aucune équation, soit algébrique, soit transcendente, et qu'elle n'est renfermée dans aucune loi de continuité. Une telle courbe ne sera donc à plus forte raison comprise dans l'équation alléguée.»

4.

Pendant que se déroule la discussion sur la notion de fonction arbitraire, d'Alembert participe activement à l'édition de l'*Encyclopédie*, dont le rôle fut important dans le développement des fondements de l'analyse. Il rédige, entre autres, plusieurs articles précisant les notions de base [5, 6, 8, 9].

C'est dans l'article *Limite* qu'il proclame que «la théorie des *limites* est la base de la vraie métaphysique du calcul différentiel», si l'on entend par le mot métaphysique, comme d'Alembert ([11], p.294), «les principes généraux sur lesquels une science est appuyée».

Il est également à noter que dans son article *Série ou suite* il considère ([10], p.29) aussi les suites qui «procèdent» par «des additions et des soustractions alternatives», c'est-à-dire qu'elles ne sont pas monotones.

D'Alembert reprend la question des fonctions arbitraires dans son mémoire publié en 1761 sur les *Recherches sur les vibrations des cordes sonores*. Il affirme ([7], p.15) que les solutions arbitraires doivent être «liées par une même équation et assujetties à la loi de continuité». Toutefois, le point crucial de son opposition aux solutions d'Euler est basé sur une «raison métaphysique» ([7], p.22):

«Le mouvement de la corde ne peut être soumis à aucun calcul analytique, ni représenté par aucune construction, quand la courbure fait saut en quelque point.»

Donc, si les dérivées partielles secondes n'existent pas, même si la courbe est continue (au sens d'aujourd'hui, et Euler admettait des courbes qui sauf en un nombre fini de points étaient analytiques, partout continues au sens actuel du mot et aux points où elles n'étaient pas analytiques elles admettaient une dérivée à gauche et une dérivée à droite), une solution du problème est impossible.

A la question d'Euler: «quelle doit être en général la loi du mouvement de la corde, lorsqu'elle aura au commencement une figure quelconque», d'Alembert répond avec raison que «dans plusieurs cas le problème ne pourra être résolu, et surpassera les forces de l'analyse connue».

Remarquons qu'entre 1759 et 1761 Lagrange intervient aussi dans ce débat sur les solutions de l'équation des cordes vibrantes.

Il commence d'abord par admettre l'exactitude de la théorie eulérienne ([37], p.107), mais admet ensuite ([39], p.331-332) que la dérivée seconde ne doit pas faire de sauts.

Lagrange se range encore plus résolument au côté de d'Alembert dans ses *Solutions de différents problèmes de calcul intégral.* C'est d'ailleurs là, dans ce mémoire et à propos du problème des cordes vibrantes, qu'est né probablement la conception lagrangienne de fonction et c'est peut-être ce problème qui lui a montré l'importance du rôle de la dérivée en analyse.

Il exige ([40], p.506) que la solution soit développable en série entière, ce qui n'est le cas que lorsque la fonction «est connue analytiquement, et nullement lorsque cette fonction n'est donnée que mécaniquement, c'est-à-dire par le moyen d'une courbe». Il admet enfin ([40], p.554) que tel sera le cas «si $d^m y/dx^m$ ne fait de saut nul part dans la courbe initiale», quel que soit m, c'est-à-dire qu'une fonction de classe C^∞ est analytique.

Cet article, publié en 1765, est en accord avec les idées exprimées par d'Alembert dans sa lettre à Lagrange du 12 janvier 1765 ([41], p.24) qui écrit qu'il faut s'assurer que «$d^n y/dx^n$ ne fait de sauts en aucun endroit», ce qui nécessite «que la corde ait pour équation $y = ax + bx^2 + cx^3 + ex^4 + \cdots$».

5.

C'est dans le quatrième tome de ses *Opuscules mathématiques,* parus en 1768, que d'Alembert développera en détail ses objections contre la solution d'Euler et contre celle de D. Bernoulli, objections qu'il résume dans son *Avertissement* ([12], p.X):

«Il me semble que M. Euler l'a trop étendue, et que M. Bernoulli l'a trop restreinte.»

Ce résumé pose deux questions auxquelles ont répondu les mathématiciens du XIXe siècle: toute fonction continue est-elle dérivable et toute fonction est-elle développable en série trigonométrique?

D'Alembert développe ses idées dans ses *Nouvelles réflexions sur les vibrations des cordes sonores* ([12], p.128–155), *Premier supplément* ([12], p.156–179), *Second supplément* ([12], p.180–199) et *Troisième supplément* ([12], p.200–224).

Nous allons insister seulement sur quelques points qui annoncent des futures recherches.

D'Alembert commence par s'intéresser à la série de terme général x^n, et il considère le cas $x = -1$. Il remarque ([12], p.134) que la valeur de $1/(1-x)$ est $1/2$, tandis que la série «$1 + x + x^2 + x^3 + $ etc.» est égale à «0 ou 1», mettant ainsi en évidence les valeurs d'adhérence de la suite $u_n = 1 - 1 + \cdots + (-1)^n$. Il met également en garde les mathématiciens qui utilisent les séries divergentes:

«En général, tout raisonnement fondé sur des séries divergentes, qu'on suppose égales à des quantités finies, me paraît très sujet à erreur.»

Il revient dans son *Premier supplément* sur ces questions et, considérant la partie réelle des expressions $1 + x + x^2 + \cdots + x^n + \cdots$ et $1/(1-x)$ lorsqu'on y remplace x par e^{ix}, il s'ensurge contre l'affirmation qu'il en résulte que la série $\cos x + \cdots + \cos nx + \cdots$ a pour valeur $-1/2$. Mais, comme l'a noté Lebesgue ([44], p.201), d'Alembert démontre ici ([12], p.157–160), «à peu près rigoureusement», que $\cos x + \cos 2x + \cdots + \cos nx + \cdots$ a pour somme $-1/2$, si $x \neq 2k\pi$, «quand on lui applique le procédé de la moyenne arithmétique», c'est-à-dire que

$$\lim_{n \to +\infty} \frac{\cos x + \cos 2x + \cdots + \cos nx}{n} = -\frac{1}{2}.$$

Mais le sujet principal du mémoire est de contester les affirmations d'Euler et de Bernoulli sur les solutions arbitraires de l'équation des cordes vibrantes. Il est d'accord avec Euler pour ne pas admettre, comme le fait D. Bernoulli, que toute solution peut être représentée par une série trigono-métrique, mais il n'est pas d'accord avec lui pour prendre comme solutions arbitraires des fonctions «discontinues» et «mécaniques».

Euler a eu l'occasion, en 1767 – une année avant la parution de ce mémoire de d'Alembert – d'exposer ses idées sur «l'utilisation des fonctions discontinues en analyse».

Les fonctions continues sont celles ([31], p.75) «dont la formation est liée à une certaine loi», c'est-à-dire, en langage d'aujourd'hui, des fonctions analytiques données par une expression unique. Mais ([31], p.76), il y a aussi des fonctions qui sont «discontinues», c'est-à-dire «privées de la loi de continuité», qui «sont formées par le tracé libre de la main». Ces fonctions s'appellent «mécaniques» ou «discontinues» non pas «parce que leurs parties ne sont pas liées entre elles, mais parce qu'elles ne sont déterminées par aucune équation». Finalement, ce sont des fonctions continues, analytiques par morceaux sur un intervalle fini. Comme d'ailleurs les fonctions «mixtes», qui sont composées de «diverses courbes reliées entre elles». En effet, Euler est convaincu ([31], p.77) que de telles courbes sont exprimables par morceaux «par une loi et une équation».

Euler précise dans ce mémoire que sa réflexion sur la notion de fonction arbitraire a été provoquée par les travaux de d'Alembert. Mais il a été le premier à voir, comme il l'écrivait à d'Alembert le 20 décembre 1763 ([34], p.327), sa portée en mathématiques:

«Il me semble que la considération de telles fonctions, qui ne sont assujetties à aucune loi de continuité, nous ouvre une carrière tout à fait nouvelle en analyse.»

Il va même plus loin dans ce mémoire sur les «fonctions discontinues», car il affirme ([31], p.78):

«Mais toute la puissance de l'analyse infinitésimale s'explique de façon la plus cohérente par la notion et la nature des fonctions.»

Euler donne également dans cet article une définition d'une fonction continue au sens actuel (il est convaincu, et cette conviction persistera jusqu'au milieu du XIXe siècle, que toute fonction continue est monotone par morceaux) ([31], p.80): «lorsque la quantité x subit un accroissement quelconque», la fonction y «croît ou décroît». Cet «accroissement peut être considéré de façon continue», et s'il «tend vers zéro», alors «aussi l'accroissement de la fonction tendra vers zéro». Il explicite également sur un exemple cette notion de continuité, de même ([31], p.81) que celle de dérivabilité.

Mais revenons au mémoire de d'Alembert. Celui-ci tente d'expliquer à Euler, semble-t-il en vain, où gît le noyau de leur différend ([12], p.135):

«Lorsqu'on est une fois arrivé à l'équation $ddy/dx^2 = ddy/dt^2$, il faut alors regarder le problème comme purement algébrique, faire abstraction du mouvement de la corde, et intégrer ou construire l'équation proposée comme si elle n'y avait aucun rapport. Or l'équation étant considérée sous ce point de vue, il est évident que la construction ne s'y prête pas lorsque ddy/dx^2 fait des sauts.»

C'est pourquoi d'Alembert n'admet que des solutions «continues», c'est-à-dire des fonctions analytiques définies par une seule expression. Lorsqu'il écrivait cet article, d'Alembert était encore convaincu qu'une fonction ne pouvait pas être deux fois dérivable, que si elle était «continue». Mais déjà à l'époque de la publication de ce mémoire il a dû, à notre avis, commencer à évoluer sur ce point de «continuité».

6.

Déjà en 1765, Condorcet, qu'une grande amitié liera à d'Alembert, publie son livre *Du calcul intégral* (avec l'approbation de d'Alembert ([18], VII)), où il aborde le problème des solutions des équations différentielles aux dérivées partielles.

Ainsi, traitant des équations du second ordre ([18], p.93), il exige que les fonctions qui y interviennent soient continues, au sens actuel, et admettent des dérivées partielles du premier ordre continues, sans être données par une seule expression.

Il reprend cette théorie en 1768 dans ses *Essais d'analyse* qui constituent ([19], XLIV) une *Lettre à M. d'Alembert* intitulée ([19], p.3) *Sur le système du monde et sur le calcul intégral*. Condorcet exprime dans sa *Préface* sa philosophie des mathématiques qui est aussi, à notre avis, celle de d'Alembert ([19], XXVI):

«Il me semble qu'il est plus naturel de perfectionner, autant que l'on peut, l'instrument dont on veut se servir, et l'employer ensuite, que de se proposer un objet particulier, et préparer l'instrument pour ce seul objet.»

Il admet ([19], p.61) que les fonctions arbitraires, solutions des équations aux dérivées partielles peuvent, «pour différentes valeurs» de la variable, avoir «différentes expressions», et il ajoute:

«Dans ce cas, il faudra les déterminer autant de fois que ce changement peut avoir lieu, et, par conséquent, pour que la détermination soit complète, il faut que ces changements soient eux-mêmes assujettis à l'indéfini à de certaines conditions.»

En 1772, Condorcet reçoit une lettre de Monge écrite le 14 février dans laquelle, utilisant ses résultats «sur la détermination des fonctions arbitraires dans les intégrales de quelques équations aux différences partielles», il veut prouver à Condorcet ([48], p.983) – ami de d'Alembert – «de la manière la plus claire», que les fonctions arbitraires solutions des équations aux dérivées partielles «peuvent être continues ou discontinues» (et en particulier admettre des points où la fonction est seulement continue, au sens actuel, ayant une dérivée à droite et une dérivée au gauche). La démonstration de Monge suppose finalement ce qu'elle veut démontrer: l'existence des dérivées.

Mais ce qui est particulièrement intéressant dans les lettres de Monge à Condorcet, c'est qu'on y pose pour la première fois clairement la question de l'existence des fonctions continues qui n'ont de dérivée en aucun point. En effet, Monge écrit le 26 mai 1772 ([48], p.989) qu'il ne peut pas concevoir «qu'une courbe puisse avoir dans toute son étendue à chaque point deux rayons de courbure», c'est-à-dire qu'une fonction qui serait continûment dérivable sur un intervalle I (ce qui semble implicite dans cette lettre) doit être deux fois dérivable dans I. Ainsi les questions posées par d'Alembert et Euler à propos des solutions des équations aux dérivées partielles conduiront également au problème de l'existence des dérivées des fonctions continues, problème auquel Weierstrass donnera sa fameuse réponse en 1872, en donnant le premier exemple publié d'une fonction continue sur toute la droite et qui n'est dérivable en aucun point de la droite.

D'Alembert revient sur ce problème dans le dernier volume publié de ses *Opuscules mathématiques*, paru en 1870.

Il écrit ([13], p.302) qu'il avait prouvé, «ce lui semble», que «les fonctions discontinues ne satisfont pas (au moins toujours) à l'intégration des équations aux différences partielles». Ce qui est intéressant à noter, ce sont les mots «au moins toujours» que d'Alembert emploie ici pour la première fois. Ce qui va le conduire à affirmer ([13], p.306):

«Au reste, il y a des cas où la fonction, quoique discontinue, satisfait à l'équation.»

Mais ce qui est fondamental ici, c'est que d'Alembert pose le problème rigoureusement et donne ([13], p.307) «la règle» sur «les fonctions discontinues qui peuvent entrer dans l'intégration des équations aux différences partielles», qui est la suivante:

«La fonction discontinue ne pourra entrer dans l'intégrale que dans le cas où, pour toutes les valeurs possibles de z, l'équation différentielle aura rigoureusement lieu.»

C'est pourquoi, dans le cas d'une équation d'ordre n, si la fonction est «discontinue» au point $z = a$, et qu'elle soit représentée d'abord par la fonction

φ et ensuite par la fonction $\varDelta$, «il faut que cette fonction soit telle que $d^n\varphi z/dz^n$ soit $= d^n\varDelta z/dz^n$, lorsque $z = a$, et qu'il en soit de même de $d^{n-1}\varphi z/dz^{n-1}$, et de $d^{n-1}\varDelta z/dz^{n-1}$, lorsque $z = a$, et ainsi de suite».

D'ailleurs, d'Alembert donne ([13], p.308) un exemple où φ et $\varDelta$ sont des fonctions polynômes vérifiant les conditions exigées.

Cette même année 1780, Euler publie un très intéressant mémoire sur la rapidité de croissance des fonctions lorsque la variable tend vers l'infini, travail qui sera à l'origine de celui de du Bois-Reymond paru en 1871 [23] et qui aboutira à la notion du transfini [32].

7.

Laplace reprend en 1782 les idées de Condorcet dans ses recherches sur les équations aux dérivées partielles ([42], p.80). Il nous semble intéressant de noter à ce propos que les études de Laplace sur les suites ont été inspirées par le mémoire de Lagrange de 1759 *Sur l'intégration d'une équation différentielle à différences finies, qui contient la théorie des suites récurrentes*. Ce mémoire est aussi important pour la raison suivante: on y trouve ([36], p.27) pour la première fois, à notre connaissance, la notation y_m pour le terme général d'une suite, où ([36], p.32) «$y_1, y_2, y_3, \ldots$ expriment des termes consécutifs de la suite des y».

D'Alembert a été bien au courant de ces recherches de Laplace, comme en témoigne la lettre que celui-ci lui écrit le 10 mars 1782 ([43], p.351–354). Mais d'Alembert n'a pas dû être convaincu par les raisonnements de Laplace, car dans le tome IX, inédit, de ses *Opuscules mathématiques*, préparé pour l'édition jusqu'à sa mort en 1783, il maintient toujours ([52], p.229–230) que la dérivée seconde ne doit pas faire de sauts.

Euler publie en 1783, également l'année de sa mort, un mémoire qui contient en germe la notion de convergence uniforme. Il s'agit du développement de la fonction périodique de période 2π définie par $\varphi/2$ dans l'intervalle $[-\pi,\pi]$ ([33], p.449–450), et qui fait «naître le doute» à propos de sa valeur aux points multiples impairs de π. C'est d'ailleurs cet exemple qu'utilisera Abel ([1], p.224) en 1826 comme contre-exemple pour le théorème inexact de Cauchy sur la continuité de la somme d'une série convergente de fonctions continues, dans son mémoire sur la série du binôme, lieu de naissance de la convergence uniforme.

Une mise au point intéressante sur la question des fonctions arbitraires par Arbogast se trouve dans son *Mémoire sur la nature des fonctions arbitraires qui entrent dans les intégrales des équations aux différentielles partielles*, publié en 1791 et qui a obtenu en 1790 le prix de l'Académie des Sciences de Saint-Pétersbourg.

Arbogast épouse la thèse d'Euler, mais son livre apporte quelques précisions et surtout quelques définitions qui seront très utiles pour le développement futur des fondements de l'analyse. Il a bien pris conscience ([14], p.6) que le problème des cordes vibrantes, discuté par «les plus grands géomètres de ce siècle», est «de la plus grande importance dans les sciences physico-mathématiques, où la plupart des problèmes ne peuvent être censés complètement résolus, qu'autant que cette question l'aura été préalablement».

Lorsqu'Arbogast tente de préciser la notion de «continuité» au sens d'Euler, il donne une définition qui sera précisée au XIXe siècle ([14], p.9): «lorsque l'abscisse x varie», il ne peut pas y «avoir de saut d'une ordonnée à une autre qui en diffère d'une quantité assignable». La continuité au sens d'Euler «peut être détruite» dans deux cas:

«1. La fonction peut changer de forme, c'est-à-dire la loi, suivant laquelle la fonction dépend de la variable, peut changer tout-à-coup.»

Arbogast a même à cette occasion l'intuition d'une courbe continue qui n'est dérivable en aucun point (il n'est pas impossible que ce passage ait pu inspirer Bolzano) ([14], p.10):

«Il n'est pas même nécessaire que la fonction y soit exprimée, pour un certain intervalle PQ, par une équation; elle peut continuellement changer de forme, et la ligne $ABCD$, au lieu d'être un assemblage de courbes régulières, peut être telle, qu'à chacun de ses points elle devienne une courbe différente; c'est-à-dire, elle peut être entièrement irrégulière et ne suivre aucune loi pour aucun intervalle, quelque petit qu'il soit.»

Arbogast appelle ([14], p.11) ces courbes «discontinues». Dans le deuxième cas, «la loi de continuité est encore rompue, lorsque les différentes parties d'une courbe ne tiennent pas les unes aux autres»: ce sont les fonctions que nous appelons continues par morceaux et qu'Arbogast est le premier à étudier systématiquement (il faudra ensuite attendre Dirichlet pour qu'elles soient étudiées avec cette netteté). Il appelle ces courbes «discontiguës».

Ces brèves indications montrent qu'Euler et d'Alembert ont été les instigateurs des plus importantes recherches sur les fondements de l'analyse au XIXe siècle.

Bibliographie

[1] Abel, N.H., *Recherches sur la série* $1 + \dfrac{m}{1}x + \dfrac{m(m-1)}{1.2}x^2 + \dfrac{m(m-1)(m-2)}{1.2.3}x^3$ $+ \cdots$, Journal f. reine u. angew. Math. 1, 1826, p.311–339; *Œuvres complètes*, tome I, Kristiania 1881, p.219–250.

[2] Alembert, J.d', *Réflexions sur la cause générale des vents*, Paris 1747.

[3] Alembert, J.d', *Recherches sur la courbe que forme une corde tendue mise en vibration*, Histoire Acad. r. Sci., Mémoires 3 (1747), 1749, p.214–219.

[4] Alembert, J.d', *Suite des recherches sur la courbe que forme une corde tendue mise en vibration*, Histoire Acad. r. Sci., Mémoires 3 (1747), 1749, p.220–249.

[5] Alembert, J.d', *Différentiel*, dans: *Encyclopédie*, tome IV, 1754, p.985–989; *Encyclopédie méthodique*, tome I, Paris 1784, p.520–524.

[6] Alembert, J. d', *Fluxion*, dans: *Encyclopédie*, tome VI, 1756, p. 922–923; *Encyclopédie méthodique*, tome II, Paris 1785, p. 77–78.

[7] Alembert, J. d', *Recherches sur les vibrations des cordes sonores*, dans: *Opuscules mathématiques*, tome I, Paris 1761, p. 1–73.

[8] Alembert, J. d', *Infiniment petit*, dans: *Encyclopédie*, tome VIII, 1765, p. 703–704; *Encyclopédie méthodique*, tome II, Paris 1785, p. 208–209.

[9] Alembert, J. d', *Limite*, dans: *Encyclopédie*, tome IX, 1765, p. 542; *Encyclopédie méthodique*, tome II, Paris 1785, p. 310.

[10] Alembert, J. d', *Série*, dans: *Encyclopédie*, tome XV, 1765, p. 93–96; *Encyclopédie méthodique*, tome III, Paris 1789, p. 29–32.

[11] Alembert, J. d', *Eclaircissement sur l'usage et sur l'abus de la métaphysique en géométrie, et en général dans les sciences mathématiques*, dans: *Essai sur les éléments de philosophie*, tome V, 1767; *Œuvres*, tome I, Paris 1821, p. 294–299.

[12] Alembert, J. d', *Opuscules mathématiques*, tome IV, Paris 1768.

[13] Alembert, J. d', *Sur les fonctions discontinues*, dans: *Opuscules mathématiques*, tome VIII, Paris 1780, p. 302–308.

[14] Arbogast, L., *Mémoire sur la nature des fonctions arbitraires qui entrent dans les intégrales des équations aux différentielles partielles*, Saint-Pétersbourg 1791.

[15] Bernoulli, D., *Réflexions et éclaircissements sur les nouvelles vibrations des cordes exposées dans les Mémoires de l'Académie de 1747 et 1748*, Histoire Acad. r. Sci., Mémoires 9 (1753) 1755, p. 147–172.

[16] Bernoulli, D., *Sur le mélange de plusieurs espèces de vibrations simples isochrones, qui peuvent coexister dans un même système de corps*, Histoire Acad. r. Sci., Mémoires 9 (1753) 1755, p. 173–195.

[17] Burkhardt, H., *Entwicklungen nach oscillirenden Functionen und Integration der Differentialgleichungen der mathematischen Physik*, Jahresber. D. Math.-Verein. 10, 1908, 2. Heft, p. 1–1804.

[18] Condorcet, M. J. A. N., *Du calcul intégral*, Paris 1765.

[19] Condorcet, M. J. A. N., *Essais d'analyse*, Paris 1768.

[20] Condorcet, M. J. A. N., *Sur la détermination des fonctions arbitraires qui entrent dans les intégrales des équations aux différences partielles*, Mémoires Math. Phys., Histoire Acad. r. Sci. Paris 1771, p. 49–74.

[21] Демидов, С. С., *Дифференциалые уравнения с частными производными в работах Ж. Даламбера*, Ист.-мат. исслед. 19, 1974, p. 94–124.

[22] Dieudonné, J., *L'analyse mathématique au dix-huitième siècle*, dans: *Abrégé d'histoire des mathématiques*, tome I, Paris 1978, p. 19–53.

[23] Du Bois-Reymond, P., *Sur la grandeur relative des infinis de fonctions*, Annali mat. pura appl. 4, 1870–1871, p. 338–353.

[24] Euler, L., *De progressionibus harmonicis observationes*, Comm. acad. sci. Petropolitanae 7 (1734–1735), 1740, p. 150–161; E. 43/O. I, 14, p. 87–100.

[25] Euler, L., *De infinitis curvis eiusdem generis seu methodus inveniendi aequationes pro infinitis curvis eiusdem generis*, Comm. acad. sci. Petropolitanae 7 (1734–1735), 1740, p. 174–189, 180–183; E. 44/O. I, 22, p. 36–56.

[26] Euler, L., *Additamentum ad dissertationem de infinitis curvis eiusdem generis*, Comm. acad. sci. Petropolitanae 7 (1734–1735), 1740, p. 184–200; E. 45/O. I, 22, p. 57–75.

[27] Euler, L., *Introductio in analysin infinitorum*, Lausanne 1748; E. 101, 102/O. I, 8, 9; *Introduction à l'analyse infinitésimale*, traduite par J. B. Labey, Paris 1835.

[28] Euler, L., *Sur la vibration des cordes*, Histoire Acad. r. Sci., Mémoires 4 (1748), 1750, p. 69–85; E. 140/O. II, 10, p. 63–77.

[29] Euler, L., *Remarques sur les mémoires précédents de M. Bernoulli*, Histoire Acad. r. Sci., Mémoires 9 (1753), 1755, p. 196–222; E. 213/O. II, 10, p. 233–254.

[30] Euler, L., *Institutiones calculi differentialis*, Saint-Pétersbourg 1755; E. 212/O. I, 10.

[31] Euler, L., *De usu functionum discontinuarum in analysi*, Novi Comm. acad. sci. Petropolitanae 11 (1765), 1767, p. 67–102; E. 322/O. I, 23, p. 74–91.

184   Pierre Dugac

[32] Euler, L., *De infinities infinitis gradibus tam infinite magnorum quam infinite parvorum*, Acta acad. sci. Petropolitanae 2 I (1778: I), 1780, p. 102–118; E. 507/O. I, 14, p. 298–313.

[33] Euler, L., *De eximio usu methodi interpolationum in serierum doctrina*, Opuscula anal. 1, 1783, p. 157–210; E. 555/O. I, 15, p. 435–497.

[34] Euler, L., *Correspondance avec A. C. Clairaut, J. d'Alembert et J. L. Lagrange*, publiée par A. P. Juškevič et R. Taton; O. IV A, 5, Basel 1980.

[35] Houzel, C., *Euler et l'apparition du formalisme*, dans: *Philosophie et calcul de l'infini*, Paris 1976, p. 123–156.

[36] Lagrange, J. L., *Sur l'intégration d'une équation différentielle à différences finies, qui contient la théorie des suites récurrentes*, Miscell. Taurin. 1, 1759; *Œuvres*, tome I, Paris 1867, p. 23–36.

[37] Lagrange, J. L., *Recherches sur la nature et la propagation du son*, Miscell. Taurin. 1, 1759; *Œuvres*, tome I, Paris 1867, p. 37–148.

[38] Lagrange, J. L., *Nouvelles recherches sur la nature et la propagation du son*, Miscell. Taurin. 2, 1760–1761; *Œuvres*, tome I, Paris 1867, p. 149–316.

[39] Lagrange, J. L., *Addition aux premières recherches sur la nature et la propagation du son*, Miscell. Taurin. 2, 1760–1761; *Œuvres*, tome I, Paris 1867, p. 317–332.

[40] Lagrange, J. L., *Solutions de différents problèmes de calcul intégral*, Miscell. Taurin. 3, 1762–1765; *Œuvres*, tome I, Paris 1867, p. 469–668.

[41] Lagrange, J. L., *Correspondance avec d'Alembert*, dans: *Œuvres*, tome XIII, Paris 1882.

[42] Laplace, P. S., *Mémoire sur les suites*, Mémoires Acad. r. Sci. Paris (1779), 1782, p. 207–309; *Œuvres complètes*, tome X, Paris 1894, p. 1–89.

[43] Laplace, P. S., *Lettres inédites*, dans: *Œuvres complètes*, tome XIV, Paris 1912, p. 341–354.

[44] Lebesgue, H., *Recherches sur la convergence des séries de Fourier*, Math. Annalen 61, 1905, p. 251–280; *Œuvres scientifiques*, tome III, Genève 1972, p. 181–210.

[45] Маркушевич, А. И.,*Основные понятия математического анализа и теории функций в трудах Эйлера*, dans: *Леонард Эйлер, Сборник статей в честь 250-летия со дня рождения*, Moscou 1958, p. 98–132.

[46] Poisson, S. D., *Mémoire sur le mouvement d'un corps solide*, L'Institut 2, 1834, p. 215–218.

[47] Pringsheim, A., *Über ein Eulersches Konvergenzkriterium*, Bibl. Math. (3), 6, 1905, p. 252–256.

[48] Taton, R., *Une correspondance mathématique inédite de Monge*, La Revue sci. 85, 1947, p. 963–989.

[49] Taton, R., *Les mathématiques selon l'Encyclopédie*, Revue Hist. Sci. 4, 1951, p. 255–266.

[50] Truesdell, C. A., *The Rational Mechanics of Flexible or Elastic Bodies*, dans: Euler, L., O. II, 11/2 (1960).

[51] Юшкевич, А. П., *Дифференциальное и интегральное исчисление*, dans: *История математики с древнейших времен до начала XIX столетия*, tome III, Moscou 1972, p. 241–368.

[52] Юшкевич, А. П., *К истории спора о колеблющейся струне*, Ист.-мат. исслед. 20, 1975, p. 221–231.

[53] Youschkevitch, A. P., *The Concept of Function up to the Middle of the 19th Century*, Archive His. Exact Sci. 16, 1976, p. 37–85; *Le concept de fonction jusqu'au milieu du XIXe siècle*, traduit par J. M. Bellemin, *Fragments d'histoire des mathématiques*, Paris 1981, p. 7–68.

Detlef Laugwitz

Die Nichtstandard-Analysis: Eine Wiederaufnahme der Ideen und Methoden von Leibniz und Euler

1 Vorbemerkungen und Beispiele

Euler hat die von Leibniz entworfenen Werkzeuge der Infinitesimal-mathematik verfeinert und in vielfältiger Weise erfolgreich verwendet. Manche Nachfolger, in deren ungeschickten Händen solche Geräte stumpf und unbrauchbar wurden, schalten nicht ihr eigenes Unvermögen, sondern die Werkzeuge und deren geniale Erfinder. Narrensichere Rezepte zum Gebrauch unendlich kleiner und unendlich grosser Zahlen sucht man bei Euler freilich vergeblich; man muss ihm zusehen, wie er diese Hilfsmittel verwendet. Wir betrachten es als legitim, wenigstens manche seiner Werkzeuge mit heute verfügbaren Materialien nachzubauen und mit Gebrauchs-anweisungen zu versehen, und wir versuchen, der 1945 von Andreas Speiser[1] aufgestellten Forderung wenigstens in Teilen nachzukommen: «Dass nur konvergente Reihen überhaupt einen Sinn haben, ist eine unmathematische Behauptung, vielmehr sollte das gewaltige Eulersche Problem wieder aufgenommen werden. Unsere Zeit, die sich wieder wie das achtzehnte Jahrhundert höheren philosophischen Fragen zugewandt hat, sollte die Kraft dazu aufbringen.»

Man kann an Leibniz anknüpfen, um den Umgang mit dem unendlich Grossen und dem unendlich Kleinen von der Mathematik des Endlichen her zu erklären; man sagt Leibniz nach, dass er sich unklar und popularisierend über die Grundlagen der Infinitesimalrechnung geäussert habe. In seiner Korrespondenz richtet er sich aber nach den Möglichkeiten und Kenntnissen der Partner, und so ist sein Brief vom 2.Februar 1702 an den Mathematiker Pierre Varignon eine für uns zuverlässige Quelle. Hier beruft sich Leibniz auf sein Kontinuitätsgesetz: Die Regeln des Endlichen sollen im Unendlichen Geltung behalten. Zudem werden die unendlichen und unendlich kleinen Strecken «unbedenklich als ideale Begriffe» zu gebrauchen sein, ähnlich den sogenannten imaginären Wurzeln.

Curt Schmieden hat bereits in den frühen fünfziger Jahren bemerkt, dass es genügt, zu den endlichen Zahlen eine einzige weitere, geschrieben Ω, hinzuzunehmen und auf sie das Leibnizsche Prinzip anzuwenden: Was für alle sehr grossen natürlichen Zahlen gilt, das gilt auch für Ω^2. Das Zeichen Ω wurde übrigens in Anlehnung an Euler gewählt, bei dem im Druck gelegentlich ein «numerus infinitus» durch ein liegendes S bezeichnet wird (cf. *Institutiones calculi differentialis*, E.212/O.I, 10, §82, p.69). Zum Beispiel: Jede sehr grosse natürliche Zahl ist grösser als 10^{10}, also ist Ω grösser als 10^{10}. Und da man statt 10^{10} jede andere feste natürliche Zahl setzen kann, ist Ω unendlich gross, das soll heissen, grösser als jede endliche natürliche Zahl. Die Aussage «jede natürliche Zahl ist endlich» lässt sich aber offenbar unserer Intention nach nicht auf Ω übertragen. Wir sind also gezwungen, das Prinzip von Leibniz und Schmieden genauer zu fassen.

Wir können uns vom Beispiel $\Omega > 10^{10}$ leiten lassen: Weil fast alle Aussagen der Folge $1 > 10^{10}, 2 > 10^{10}, 3 > 10^{10}, ..., n > 10^{10}, ...$ wahr sind, das heisst alle mit höchstens endlich vielen Ausnahmen, soll $\Omega > 10^{10}$ *per definitionem* wahr sein. Um das Beispiel der Aussagenfolge «n ist endlich» auszuschliessen, müssen wir uns einer in der Mathematik üblichen Formalisierung der Sprache bedienen. Es sei T eine mathematische Theorie, das soll heissen, eine Sammlung von mathematischen Sätzen; für unsere Zwecke soll T reichhaltig genug sein, jedenfalls mindestens eine elementare Theorie der natürlichen und rationalen Zahlen umfassen. Für die Sprache von T sei ein Alphabet verwendet, welches enthalten soll: Das Gleichheitszeichen $=$; Zeichen für Konstante wie 1, $-1/2$, aber auch für Relationen, Operationen, Funktionen, wie $>$, $+$, $\sqrt{}$; Zeichen für entsprechende Variable, wie m, x, $f(\ )$; die logischen Junktoren $\wedge$, $\vee$, $-$, $\Rightarrow$, $\Leftrightarrow$ und Quantoren $\bigvee$ (es gibt), $\bigwedge$ (für alle); Interpunktionszeichen wie Klammern; und schliesslich, falls erforderlich, die Zeichen der Mengensprache $\in$, $\cup$, $\cap$, $\bigcup$,... und Zeichen für feste Mengen wie $\emptyset$, $\mathbf{N}$, $\mathbf{Q}$ und für Mengenvariable M, S, E.

Damit können wir formulieren: Es sei T eine Theorie, die in dieser Sprache formuliert ist und mindestens eine elementare Theorie der natürlichen Zahl enthält; man gewinnt daraus eine neue Theorie, wenn man die Sprache um ein neues Symbol Ω für eine Konstante erweitert. Ist $P(.)$ ein Prädikat, so dass für fast alle n die Aussage $P(n)$ zu T gehört (oder in T «gilt»), so gehört $P(\Omega)$ zur neuen Theorie $T\langle\Omega\rangle$. Wir schreiben kurz: Wenn (fan) $P(n)$, so gilt $P(\Omega)$. Das Kürzel (fan) soll ausführlich heissen «für fast alle natürlichen Zahlen n gilt ... in T».

Sind a, b Zahlfolgen und haben wir (fan) $a(n) = b(n)$, so gilt $a(\Omega) = b(\Omega)$, und für das Gleichheitszeichen in der neuen Theorie gelten die Eigenschaften einer Äquivalenzrelation. Auf diese Weise erhalten wir die Zahlen der neuen Theorie, die wir kürzer mit den entsprechenden griechischen Buchstaben bezeichnen wollen. Wir schreiben also α für die durch $a(\Omega)$ definierte Zahl. Ist (fan) $a(n) = n$, so haben wir $a(\Omega) = \Omega$, das Zeichen Ω steht also für die durch die Folge der natürlichen Zahlen n selbst erzeugte Zahl; eine weitere

Ausnahme von der Bezeichnungsregel wird $\omega = 1/\Omega$ sein, ebenfalls in An-lehnung an eine von Euler gern benutzte Bezeichnung für eine unendlich kleine Zahl (cf. etwa *Introductio in analysin infinitorum*, Vol. I, E. 101/O. I, 14, § 114, p. 122f., oder E. 168/O. I, 17, p. 155f.). Ist eine Folge fast konstant, (fan) $c(n) = c$, so gilt $c(\Omega) = c$ oder $\gamma = c$; die alten Zahlen sind in den neuen Bereich eingebettet.

Wir haben soeben schon die Division und den Begriff «unendlich klein» benutzt. Operationen und Relationen übertragen sich nach T in nahe-liegender Weise, zum Beispiel:

Wenn   (fan) $a(n) > b(n)$,   so gilt $\alpha > \beta$.
Wenn   (fan) $a(n) + b(n) = c(n)$,   so gilt $\alpha + \beta = \gamma$.

Gilt für ein a jede der unendlich vielen Aussagen $a > n_0$ ($|a| < 1/n_0$) für jede feste natürliche Zahl n_0, so heisst a unendlich gross (unendlich klein), in Zeichen $a \gg 1$ ($a \approx 0$). Die Zeichen $\gg$ und $\approx$ sind in T nicht erklärt und damit auch nicht Bestandteil von $T\langle \Omega \rangle$, so wie wir die neue Theorie definiert haben. Man kann aber $T\langle \Omega \rangle$ «von aussen» betrachten, $\gg$ und $\approx$ sind *extern* und *nicht intern*. Gerade die Betrachtung externer Objekte bringt uns weiter, denn die Definition von $T\langle \Omega \rangle$ aus T ist so trivial, dass man von ihr allein keine tiefsinnigeren Resultate erwarten kann. Ehe wir auf solche Feinheiten näher eingehen, sollten aber Beispiele dazu dienen, den Kalkül mit Ω zu erläutern[3].

Euler benutzte gern für die Exponentialfunktion die Darstellung

$$\left(1 + \frac{\xi}{\Omega}\right)^\Omega;$$

ich verwende jetzt die hier eingeführten Bezeichnungen und nicht das i des frühen Euler für eine unendlich grosse Zahl. Ist ξ endlich, gilt also für eine endliche natürliche Zahl M die Ungleichung $|\xi| \leq M$, so hat man aus den in jedem guten Lehrbuch zu findenden Abschätzungen

$$\sum_{k=0}^{\Omega} \frac{\xi^k}{k!} \approx \left(1 + \frac{\xi}{\Omega}\right)^\Omega.$$

Euler schreibt leider $=$ statt unserem $\approx$, wenn die beiden Seiten infinitesi-male Differenz haben, und das hat zu mancher Kritik Anlass gegeben. Aus der Fülle der Beispiele bei Euler führe ich nur einige kürzere an. In seinen frühen Jahren pflegt er unendliche Reihen oft bei einem unendlichsten Gliede abzubrechen. So 1734 in der Arbeit *De progressionibus harmonicis obser-vationes* (E. 43/O. I, 14, p. 88–100), in der übrigens seine Fassung des «Cauchyschen» Konvergenzkriteriums steht und verwendet wird: Eine Reihe konvergiert, d.h. hat einen endlichen Wert, wenn sie nach einem unend-lichsten Glied keinen, d.h. nur einen unendlich kleinen, Zuwachs annimmt[4].

Ich komme darauf mit etwas stärkeren Beweismitteln noch zurück. Hier erinnere ich an seine bekannte Formel

$$1+\frac{1}{2}+\frac{1}{3}+\cdots+\frac{1}{\Omega} \approx \lg(\Omega+1)+C \approx \lg\Omega + C$$

und an die damit bewerkstelligte Reihensummation (p. 100)

$$S = 1 - \frac{1}{2} + \frac{1}{3} + \frac{1}{4} - \frac{2}{5} + \frac{1}{6} + \frac{1}{7} + \frac{1}{8} - \frac{3}{9} + \text{etc.}$$

In diesem Beispiel kommen wieder explizit unendlich grosse Indizes vor; Euler fasst die Reihe als Differenz der divergenten Reihen auf,

$$1+\frac{1}{2}+\frac{1}{3}+\frac{1}{4}+\cdots+\frac{1}{\Omega \cdot \dfrac{\Omega+3}{2}} \approx \lg(\Omega+3)+\lg\Omega-\lg2+C$$

und der durch Partialbruchzerlegung umgeformten

$$\frac{2}{2}+\frac{3}{5}+\frac{4}{9}+\frac{5}{14}+\cdots+\frac{\Omega+1}{\Omega \cdot \dfrac{\Omega+3}{2}} = \frac{2}{3}\left(1+\frac{1}{2}+\frac{1}{3}+\cdots+\frac{1}{\Omega}\right)$$

$$+\frac{4}{3}\left(\frac{1}{4}+\frac{1}{5}+\frac{1}{6}+\cdots+\frac{1}{\Omega+3}\right)$$

$$\approx \frac{2}{3}\left(\lg\Omega+C\right)+\frac{4}{3}\left(\lg(\Omega+3)+C-1-\frac{1}{2}-\frac{1}{3}\right)$$

und daraus[5]

$$S = \frac{22}{9} - C - \lg2.$$

Zu meiner Lieblingslektüre gehört der Aufsatz von 1749 über die Kontroverse zwischen Leibniz und Johann Bernoulli über die Logarithmen (E. 168/O.I, 17, p. 195–232), in welchem erstmals die unendliche Vieldeutigkeit des Logarithmus aus seiner direkten Bedeutung als Umkehrung der Exponentialfunktion und nicht etwa indirekt über das komplexe Integral: Ist

$$\xi = \left(1+\frac{\eta}{\Omega}\right)^{\Omega},$$

so gilt $\eta \approx \lg\xi$. (Bei uns übertragen sich reelle Funktionen f auf Ω-Zahlen natürlich so: Gilt (fan) $y_n = f(x_n)$, so gilt $\eta = f(\xi)$.)

Euler löst auf, $\eta = (\xi^{1/\Omega} - 1)\Omega$ und schliesst: Ein Polynom vom Grade Ω wird Ω Wurzeln haben, so wie ein Polynom n-ten Grades n Wurzeln hat, also ist mit unendlich vielen Werten des Logarithmus zu rechnen. Es genügt, $\lg 1$ zu untersuchen und die Eulersche Formel für die Ω-ten Einheitswurzeln hinzu-schreiben:

$$\eta = \Omega\,(\xi^{1/\Omega} - 1) = \Omega \left(\cos \frac{2\pi k}{\Omega} + i \sin \frac{2\pi k}{\Omega} - 1 \right)$$

$$= \Omega \left(1 - \frac{1}{2!} \left(\frac{2\pi k}{\Omega} \right)^2 + i\,\frac{2\pi k}{\Omega} + \frac{1}{\Omega^3}\,(...) - 1 \right)$$

$$\approx 2\pi k i, \qquad \text{falls } k \text{ endlich ist.}$$

Der Einwand, man könne das alles – wenn auch umständlicher – mit Grenz-wertanalysis machen, trifft nicht, denn so macht es Euler eben nicht. Ehe wir kompliziertere Fragen behandeln, bei denen die Grenzwertübersetzung nicht so einfach ist, brauchen wir einige kleinere Hilfssätze.

2   Begriffe und Hilfssätze

So wie wir unsere verallgemeinerten Zahlen aus Zahlfolgen erhalten haben, lassen sich auch andere «interne» Objekte von $T\langle \Omega \rangle$ erhalten, insbe-sondere Mengen und Funktionen:

Ist   (fan) $x_n \in S_n$, so gilt $x_\Omega \in S_\Omega$, anders geschrieben $\xi \in \Sigma$.
Ist   (fan) $y_n = f_n(x_n)$, so gilt $y_\Omega = f_\Omega(x_\Omega)$, anders geschrieben $\eta = \varphi(\xi)$.

Beispiele: Das Intervall Σ: $-\Omega \leq \xi \leq +\Omega$ ist intern, mit der Folge der S_n: $-n \leq x \leq +n$. Die Eulersche Exponentialfunktion

$$\eta = \left(1 + \frac{\xi}{\Omega} \right)^\Omega$$

ist intern, mit der Folge

$$f_n(x) = \left(1 + \frac{x}{n} \right)^n.$$

Es kann vorkommen, dass alle S_n oder alle f_n untereinander gleich sind, wie oben schon $f_n = \lg$ oder $f_n = \cos$ für alle n. Bei Mengen muss man beachten, dass dann die Menge Σ in $T\langle \Omega \rangle$ im allgemeinen grösser sein wird als die Mengen $S_n = S$ in T, man denke an das Intervall $0 \leq x \leq 1$, das in $T\langle \Omega \rangle$ ja auch Ω-Zahlen enthält. Manchmal bezeichnet man die erweiterte Menge dann

durch einen vorgestellten Stern, etwa *[0,1], oder, wenn K der Grund-
körper ist, die Menge aller Ω-Zahlen mit *K, die Menge aller natürlichen
Ω-Zahlen – also derer, deren definierende Folge aus natürlichen Zahlen
bestehen kann – mit *$\mathbf{N}$.

Zuerst übertragen wir eine der wichtigsten Eigenschaften der natürlichen Zahlen: Jede nicht-leere Menge enthält ein kleinstes Element. Formali-
siert sieht das umständlich so aus:

$$\text{(fan)} \quad \bigvee_{m_n} (m_n \in S_n) \Rightarrow \left[\bigvee_{r_n} \bigwedge_{s_n} (r_n \in S_n \wedge s_n \in S_n) \Rightarrow r_n \leqq s_n \right],$$

und das gibt den

Hilfssatz 1: Sei Σ eine interne Menge von natürlichen Ω-Zahlen; dann
gilt

$$\bigvee_{\mu} (\mu \in \Sigma) \Rightarrow \left[\bigvee_{\rho} \bigwedge_{\sigma} \left(\rho \in \Sigma \wedge \sigma \in \Sigma \right) \Rightarrow \rho \leqq \sigma \right].$$

Eine einfache Folgerung ist, dass die Menge der unendlich grossen natürlichen
Zahlen extern sein muss, denn sie enthält kein kleinstes Element. Sind alle
anderen natürlichen Zahlen endlich? Das folgt aus der linearen Ordnung,
welche wir später für alle Ω-Zahlen beweisen werden (Hilfssatz 2). Zunächst
aber wollen wir aus Hilfssatz 1 die Eulersche Version des Konvergenzkriteriums beweisen, wobei wir an zwei Stellen, welche durch (!) gekennzeichnet sind, Beweismittel verwenden, die auch im Zusammenhang mit
Hilfssatz 2 nachgetragen werden.

Konvergenzkriterium von Euler: Eine reellwertige Folge $a(m)$ konvergiert genau dann gegen eine reelle Zahl, wenn $a(\mu) \approx a(v)$ für alle $\mu, v \gg 1$.

Beweis: Wenn für ein $a \in \mathbf{R}$ gilt, dass $|a(n) - a| < \varepsilon$ für $n \geqq N(\varepsilon)$ und
wenn μ unendlich gross ist, verwenden wir (fan) $m(n) \geqq N(\varepsilon)$ – es ist leicht zu
zeigen, dass die Repräsentantenfolge $m(n)$ so gewählt werden kann – und
erhalten $|a(\mu) - a| < \varepsilon$, also $|a(\mu) - a(v)| < 2\varepsilon$. Da das für jedes reelle positive
ε gilt, haben wir $a(\mu) \approx a(v)$.

Sei umgekehrt $a(\mu) \approx a(\Omega)$ für alle $\mu \gg 1$. Wir betrachten für reelles
$\varepsilon > 0$ die interne Menge von natürlichen Ω-Zahlen,

$$\Sigma_\varepsilon = \left\{ \mu \,\middle|\, \bigwedge_{\varkappa} \varkappa \geqq \mu \Rightarrow \Big| a(\varkappa) - a(\mu) \Big| < \varepsilon \right\},$$

die nach Voraussetzung alle unendlich grossen μ enthält. Das nach Hilfssatz 1
existierende kleinste Element $N(\varepsilon)$ ist endlich (!) und sorgt dafür, dass gilt:

Für $m \geqq N(\varepsilon)$ ist $|a(m) - a(\Omega)| < \varepsilon$. Da die $a(m)$ für endliche m endliche reelle Zahlen sind, ist auch $a(\Omega)$ endlich, und die eindeutig bestimmte, zu $a(\Omega)$ infinitesimal benachbarte reelle Zahl $a(!)$ erfüllt dann auch $|a(m) - a| < \varepsilon$ für $m \geqq N(\varepsilon)$.   □

In diesem Beweis haben wir einmal die lineare Ordnung der Zahlen in $*K$ benutzt, als wir sagten, eine Zahl $N > 0$ sei entweder endlich oder unendlich gross, und dann noch einmal, wenn wir sagten, ein endliches a liege infinitesimal nahe bei einer reellen Zahl a. Letzteres folgt leicht aus der linearen Ordnung, denn in ihr erzeugt a einen Dedekindschen Schnitt in $\mathbf{Q}$, und zu diesem gehört das gesuchte a, welches man manchmal als *Standard-Anteil* von a bezeichnet, $a = sta$. Wir brauchen also den

Hilfssatz 2: Ist K ein angeordneter Körper (z.B. $K = \mathbf{Q},\mathbf{R}$), so gilt für je zwei a,β aus $*K$: $a < \beta \vee a = \beta \vee a > \beta$. Der *Beweis* ergibt sich nach dem Leibnizschen Prinzip sofort aus der linearen Ordnung in K, denn man hat (fan) $a(n) < b(n) \vee a(n) = b(n) \vee a(n) > b(n)$.   □

Nun hat man es hier mit einer ungewohnten Bedeutung des logischen «oder» $\vee$ zu tun, denn im Einzelfall kann es möglich sein, dass keine der drei Relationen $a < \beta$, $a = \beta$, $a > \beta$ aus unserem Prinzip einzeln beweisbar ist, obwohl die Disjunktion in Hilfssatz 2 gilt. So hat man wohl $(-1)^\Omega = +1 \vee (-1)^\Omega = -1$, aber es gilt ja weder (fan) $(-1)^n = +1$ noch (fan) $(-1)^n = -1$.

Ich finde, dass man sich mit dieser Situation abfinden kann: Wenn wir $A(\Omega) \vee B(\Omega)$ nach unserer Regel hergeleitet haben und etwa weiterschliessen können, dass sowohl aus $A(\Omega)$ als auch aus $B(\Omega)$ die Aussage $C(\Omega)$ folgt - möglicherweise mittels verschiedener Schlussketten -, so gilt $C(\Omega)$, obwohl wir nichts über die Gültigkeit von $A(\Omega)$, $B(\Omega)$ je für sich allein gesagt haben. Die Erfahrung hat gezeigt, dass man mit dieser Auffassung gut arbeiten kann; und ausserdem ist $T\langle \Omega \rangle$ relativ widerspruchsfrei, weil jeder Widerspruch nur aus einem Widerspruch in T folgen könnte.

Aber seit etwa 100 Jahren begründet man mathematische Theorien vorzugsweise aus der Mengenlehre und nicht wie zuvor aus Beweisregeln. Für die Nichtstandard-Analysis verwendet man daher auch mengentheoretische Modelle, welche sogenannte «Ultraprodukte» sind. Dort bedeutet die Gültigkeit von $A(\Omega) \vee B(\Omega)$ tatsächlich, dass wenigstens eine der beiden Einzelaussagen gilt; welche das ist, das hängt aber vom Modell ab, und damit ist man in konkreten Fällen wie bei $(-1)^\Omega$ auch nicht weitergekommen. Man weiss nicht, ob man durch die Zahl $1 + (-1)^\Omega$ dividieren darf oder nicht, das hängt vom konstruktiv nicht zu erhaltenden Modell ab[6].

Für welche Deutung man sich auch entscheiden mag, die folgenden Resultate sind davon unabhängig. Insbesondere gilt

Hilfssatz 3: Gelten für K in T die Axiome eines angeordneten Körpers, so auch für $*K$ in $T\langle \Omega \rangle$. (Wir beweisen nur die Ausführbarkeit der Division:

Wegen

$$(\text{fan}) \quad [a(n)=0] \vee \left[\bigvee_{b(n)} a(n) \cdot b(n) = 1 \right]$$

gilt in $T\langle \Omega \rangle$ die Aussage $\alpha = 0 \vee \bigvee_{\beta} \alpha \cdot \beta = 1$.)

3   Das Vernachlässigen von infinitesimalen Grössen

Von Anfang an wurde der Kalkül wegen eines Verfahrens kritisiert, welches bei Leibniz und seinen Nachfolgern so auftrat: Ist dx unendlich klein und $dy=f(x+dx)-f(x)$, so kann im Differentialquotienten dy/dx ein infinitesimales Glied gegen ein endliches, später y' geschrieben, vernachlässigt werden. Wir definieren heute: Wenn es eine reelle Zahl, geschrieben $f'(x)$, gibt, so dass für alle $dx \approx 0$ gilt $dy/dx \approx f'(x)$, so heisst f an der Stelle x differenzierbar mit der Ableitung $f'(x)$. Anders formuliert, hat man

$$dy = f'(x)dx + \varphi \cdot dx \quad \text{mit} \quad \varphi \approx 0. \tag{*}$$

Einen solchen Vorschlag findet man bei Carnot 1797[7]. In der Tat sind frühere Formulierungen angreifbar; für $f(x)=x^2$ folgt $dy/dx = 2x + dx$, und im Falle $x=0$ wäre dx nicht mehr unendlich klein gegen einen Summanden, könnte also nicht weggelassen werden. Die Gleichung ($*$) ist korrekt und beweistechnisch günstig.

Der Mangel eines Zeichens wie $\approx$ statt $=$ hat den Verfechtern des Kalküls sehr geschadet, wenn auch die «Gleichheit» unter den Händen Eulers und anderer richtig verwendet und von Euler sogar auch sauber begründet wurde. Im Kapitel I.3 *De infinitis atque infinite parvis* der *Institutiones* von 1755 (E.212/O.I, 10, p.65ff.) werden nämlich, nach einer längeren Diskussion infiniter Grössen, die Infinitesimalen behandelt und insbesondere zwei Gleichheitsbegriffe – also in heutiger Sprache Äquivalenzrelationen – betrachtet. Zwei Zahlen oder Grössen a,b stehen im *arithmetischen* Verhältnis der Gleichheit, wenn $a \approx b$, bei Euler: Wenn ihre Differenz nichts ist. Sie stehen im *geometrischen* Verhältnis der Gleichheit, wenn $a/b \approx 1$. Dabei habe ich mir erlaubt, der Kürze halber unser Zeichen $\approx$ zu schreiben. Zwei Differentiale stehen im arithmetischen Verhältnis der Gleichheit, $dy \approx dx$, aber es braucht darum nicht auch $dy/dx \approx 1$ zu gelten. Bei numerischen Rechnungen ändert das Hinzufügen oder Weglassen einer Infinitesimalzahl am Zahlenwert nichts, aber deshalb ist jene doch nicht gleich der absoluten Null. Daraus lässt sich, wenn man Äquivalenzklassen bildet, eine brauchbare Begründung für weite Teile des Kalküls ableiten.

Schwieriger aber wird es, wenn Euler in ein und derselben Rechnung unendlich viele unendlich kleine Vernachlässigungen vornimmt. Ein ganz einfaches, aber typisches Beispiel ist die Herleitung der Reihe für die Exponentialfunktion (*Introductio* von 1748, E.101, 102/O.I, 8 und 9, §§114–116). Hier muss man zeigen

$$\left(1+\frac{x}{\Omega}\right)^{\Omega} = \sum_{k=0}^{\Omega} \binom{\Omega}{k} \frac{x^k}{\Omega^k} = \sum_{k=0}^{\Omega} \frac{x^k}{k!} \left(1-\frac{1}{\Omega}\right)\left(1-\frac{2}{\Omega}\right)\cdots\left(1-\frac{k-1}{\Omega}\right)$$

$$\approx \sum_{k=0}^{\Omega} \frac{x^k}{k!} \approx \sum_{k=0}^{\infty} \frac{x^k}{k!}.$$

Der letzte Schluss ist nach dem Konvergenzkriterium richtig, der vorletzte aber ist problematisch. Für endliches m gilt tatsächlich

$$a_m = a_m(\Omega) = \sum_{k=0}^{m} \frac{x^k}{k!} - \sum_{k=0}^{m} \binom{\Omega}{k} \frac{x^k}{\Omega^k} \approx 0.$$

Die a_m bilden eine interne Folge, und man wird vermuten, dass ihre Werte für $m \gg 1$ nicht «sofort» endlich werden können. Was wir hier brauchen, ist $a_{\Omega} \approx 0$. Man hat nun den wichtigen

Hilfssatz 4 (Folgenlemma von Robinson): Ist für eine interne Folge $a_m \approx 0$ für alle endlichen m, so gibt es ein $\rho \gg 1$ mit $a_{\mu} \approx 0$ für alle $\mu < \rho$.

Beweis: Die Menge der μ mit $\mu |a_{\mu}| \geq 1$ ist intern und enthält kein endliches Element. Falls sie leer ist, gilt $a_{\mu} \approx 0$ sogar für alle μ; sonst enthält sie nach Hilfssatz 1 ein kleinstes Element ρ, welches das Gewünschte leistet.   □

Damit kehren wir zurück zu Eulers Herleitung: Wegen des Konvergenzkriteriums ist, falls nicht schon $\Omega < \rho$,

$$0 < \left| \sum_{k=\rho}^{\Omega} \binom{\Omega}{k} \frac{x^k}{k!} \right| < \sum_{k=\rho}^{\Omega} \frac{|x|^k}{k!} \approx 0,$$

also ist $a_{\Omega} \approx a_{\rho-1} \approx 0$, und wir sind fertig.

Wir zeigen noch, wie sich Eulers Herleitung des Sinusprodukts hier darstellt, die ihm ja wegen der Summen

$$\sum_n \frac{1}{n^{2k}}$$

besonders wichtig war[8]. Für endliche x und ein $\mu \gg 1$, das wir der Einfachheit halber ungerade annehmen, $\mu = 2v + 1$, wird für

$$2\sinh x \approx \left(1+\frac{x}{\mu}\right)^{\mu} - \left(1-\frac{x}{\mu}\right)^{\mu}$$

die Aufspaltung von $a^\mu - b^\mu$ mit Hilfe der μ-ten Einheitswurzeln in Faktoren $a^2 + b^2 - 2ab\cos(2k\pi/\mu)$ benutzt, welche nach elementaren Umformungen ergibt:

$$\frac{\sinh x}{x} \approx F \prod_{k=1}^{v} \left[1 + \frac{x^2}{\mu^2 \tan^2 \dfrac{k\pi}{\mu}} \right].$$

Hierin ist F ein komplizierter, aber konstanter Faktor, und $x = 0$ zeigt $F \approx 1$. Euler benutzt $\tan(k\pi/\mu) \approx k\pi/\mu$ für endliche k und ist fertig, wenn er x durch $x\sqrt{-1}$ ersetzt. Wir haben jedenfalls

$$P_n = \prod_{k=1}^{n} \left[1 + \frac{x^2}{\mu^2 \tan^2 \dfrac{k\pi}{\mu}} \right] \approx Q_n = \prod_{k=1}^{n} \left[1 + \frac{x^2}{k^2 \pi^2} \right]$$

für alle endlichen n, also nach Hilfssatz 4 auch noch für $n < \rho$ mit $\rho \gg 1$. Wegen der Konvergenz des Produktes Q_n ist $Q_{\rho-1} \approx Q_v$ und ausserdem

$$1 \leq \prod_{k=\rho}^{v} \left[1 + \frac{x^2}{\mu^2 \tan^2 \dfrac{k\pi}{\mu}} \right] < \prod_{k=\rho}^{v} \left[1 + \frac{x^2}{k^2 \pi^2} \right] \approx 1,$$

letzteres wieder wegen der Konvergenz der Q_n. Daraus folgt $P_v \approx Q_v$.

4   Infinitesimale Intervallteilungen

Von Leibniz bis Cauchy wird das Integral – wenn es nicht durch die Umkehrung der Differentiation erklärt ist – vielfach aufgefasst als unendliche Summe zu einer unendlich feinen Intervallverteilung.

$$\int_a^b f(x)dx \approx \sum_{k=1}^{v} f(\tilde{\xi}_k)d\xi_k \quad \text{mit} \quad d\xi_k = \xi_{k-1} - \xi_k, \qquad \xi_0 = a, \qquad \xi_v = b,$$

$$\xi_{k-1} \leq \tilde{\xi}_k \leq \xi_k.$$

Man kann versucht sein, auch Eulers Polygonzugmethode für Differential-gleichungen $y' = f(x,y)$, welche später als Existenzbeweis interessierte und von Peano zu einem solchen umgewandelt wurde, mit infinitesimalen Intervall-teilungen durchzuführen, und das gelingt auch[9]; Euler selbst spricht beim Zuwachs ω des Arguments von *particula minima* oder *quantitas valde parva*.

Wir wollen die Methode hier zum Beweis einiger Sätze anwenden, die allerdings erst nach Eulers Zeit als beweisbedürftig galten. Mit Cauchy nennen
wir dabei eine reelle Funktion f *stetig* bei x, wenn aus $\xi \approx x$ folgt $f(\xi) \approx f(x)$,
und sodann *gleichmässig stetig* in einem endlichen Intervall, wenn aus $\xi_1 \approx \xi_2$
folgt $f(\xi_1) \approx f(\xi_2)$ für alle, auch nicht-reellen ξ_k des Intervalls. So ist $f(x) = 1/x$
für $0 < x \leq 1$ stetig, aber nicht gleichmässig stetig, wie man für $\xi_1 = 1/\Omega$,
$\xi_2 = 1/2\Omega$ sieht. Ein Intervall $a \leq x \leq b$ enthält mit jedem ξ auch den Standard-
Anteil $st\,\xi$; daher folgt aus der Stetigkeit von f die gleichmässige Stetigkeit:

$$\xi_1 \approx st\,\xi_1 = x = st\,\xi_2 \approx \xi_2, \qquad \text{also} \quad f(\xi_1) \approx f(x) \approx f(\xi_2).$$

Sei nun I das Intervall $0 \leq x \leq 1$, f auf diesem Intervall stetig, und die Intervall-
einteilung sei $\xi_\nu = \nu \cdot \omega$ mit $\omega = 1/\Omega$, $\nu = 0,1,2,3,\dots,\Omega$. Der *Zwischenwertsatz*
folgt so: Es sei $f(0) < 0 < f(1)$. Die interne Menge der ν mit $f(\nu \cdot \omega) > 0$ ist nicht
leer, denn sie enthält Ω. Nach Hilfssatz 1 gibt es in ihr ein kleinstes Element ρ;
wegen $f(0) < 0$ ist $\rho > 0$, also gehört $\xi_{\rho-1}$ zum Intervall. Nun ist $f(\xi_{\rho-1}) \leq 0$
$< f(\xi_\rho)$, wegen der Stetigkeit aber $f(\xi_{\rho-1}) \approx f(\xi_\rho)$, also bleibt für den gemeinsamen Standard-Anteil x_0 von $\xi_{\rho-1}, \xi_\rho$ nur $f(x_0) = 0$. Zum Beweis der Existenz
und Annahme eines *Maximums* betrachten wir die Menge der ν, so dass
$f(\xi_\varkappa) \leq f(\xi_\nu)$ für alle $\varkappa \geq \nu$. Sie ist intern, enthält Ω, also nach Hilfssatz 1 ein
kleinstes μ. Dann ist $f(\xi_\mu) \geq f(\xi_\varkappa)$ für alle $\varkappa$, $0 \leq \varkappa \leq \Omega$, und die reelle Zahl
$x_0 = st(\xi_\mu)$ führt auf einen maximalen Funktionswert.

   Wir beschliessen diese Auswahl von Existenzsätzen mit der Integrier-
barkeit stetiger Funktionen zwischen reellen Grenzen $a < b$; es ist also zu
zeigen, dass alle unendlich feinen Intervallteilungen auf Näherungssummen
führen, welche sämtlich den gleichen Standard-Anteil haben, und *per definitionem* ist dieser das bestimmte Integral. Wegen der Annahme von Maximum
und Minimum ist die stetige Funktion f auf dem Intervall $[a,b]$ jedenfalls beschränkt, jede Näherungssumme ist daher endlich und hat mithin einen
Standard-Anteil. Zu zwei gegebenen unendlich feinen Einteilungen des Intervalls kann man in naheliegender Weise ihre gemeinsame Verfeinerung bilden,
die hier sogleich betrachtet sei. Die Differenz der beiden Näherungssummen
schreibt sich dann

$$D = \sum_k [f(\xi_k') - f(\xi_k'')] d\xi_k;$$

hier brauchen, weil wir die gemeinsame Verfeinerung gebildet haben, die
ξ_k', ξ_k'' zwar nicht zwischen ξ_{k-1} und ξ_k zu liegen, sind aber jedenfalls unendlich
nahe bei ξ_k. Wegen der gleichmässigen Stetigkeit ist somit $f(\xi_k') - f(\xi_k'')$ infinitesimal, und dann nach einer einfachen Hilfsüberlegung auch $\delta = \max$
$|f(\xi_k') - f(\xi_k'')|$, also $|D| \leq (b-a)\,\delta \approx 0$.

   Die Hilfsüberlegung, welche auch sonst nützlich ist, besagt: *Es sei* (a_k)
für $k = 1,2,3,\dots,\mu$ *ein Abschnitt einer internen Zahlfolge;* man nennt das

manchmal auch ein μ-tupel. *Dann gibt es unter diesen a_k ein maximales und ein minimales.* Damit kann man auch einen noch anschaulicheren Beweis für die Annahme der Extremwerte bei einer stetigen Funktion f auf $[a,b]$ erhalten, wenn man $a_k = f(a + k\varepsilon)$ setzt mit $\varepsilon = (b - a)/\mu$.

Anmerkungen

1   Vorwort in O. I, 9, p. X.

2   Vorträge im Philosophisch-Naturwissenschaftlichen Kolloquium Darmstadt, Rektoratsrede, Darmstadt 1957. C. Schmieden, D. Laugwitz, *Eine Erweiterung der Infinitesimalrechnung*, Math. Zeitschr. 69, 1958, p. 1–39. Die Bezeichnung Nonstandard Analysis ist erst später üblich geworden (A. Robinson, *Non-Standard Analysis*, Nederl. Akad. Wetensch. Proc. Ser. A 64, 1961, p. 432–440. *Non-Standard Analysis*, 2. Aufl. 1974, Amsterdam 1966). In Analogie zu Skolems Nichtstandard-Modellen für die Arithmetik ging Robinson von der Modelltheorie aus; die Bezeichnungsweise wurde aber auch für den mengentheoretischen Zugang übernommen, zuerst bei W. A. J. Luxemburg, *Nonstandard Analysis*, Lecture Notes, CalTech, Pasadena, seit 1962. Uns scheint die Bezeichnung Infinitesimalkalkül angemessener; so ist auch der Titel meines Buches (Mannheim 1978).

3   Dass die Hinzunahme eines einzigen neuen Symbols Ω ausreicht, ist aus Eulers Arbeiten zu vermuten gewesen, wird allerdings sonst in der *Nonstandard-Analysis* nicht beachtet. Im Prinzip geht man schon bei der einfachen Erweiterung angeordneter Körper durch Adjunktion von Ω nach dem Leibnizschen Prinzip vor, verwendet es allerdings nur für die rationalen Operationen und für die Anordnung; so kann man durch $q(\Omega)$ dividieren, wenn q ein Polynom vom Grade ≥ 1 ist, weil $q(n) \neq 0$ für hinreichend grosse n. In unserer Arbeit von 1958, loc. cit.[1], wurde das Leibnizsche Prinzip für alle endlichstelligen *Relationen* verwendet. Erst neuerdings haben wir Schmiedens ursprüngliche Idee in der hier vorgestellten Fassung ausgearbeitet und beliebige *Aussageformen* berücksichtigt. Dazu mein Vortrag: *Ω-Calculus as a generalization of field extension. An alternative approach to Nonstandard Analysis*, 2nd Victoria Symposium on Nonstandard Analysis, 1980. Springer Lecture Notes (to appear). Preprint 589, Fachb. Math., Darmstadt, März 1981.

4   Übrigens formuliert auch Cauchy durchaus infinitesimalmathematisch, so in *Cours d'Analyse* (1821), *Œuvres complètes* (2) 10, p. 115, mit s_n als Partialsummen einer Reihe: «... il est nécessaire et il suffit que, pour des valeurs infiniment grandes du nombre n, les sommes $s_n, s_{n+1}, s_{n+2}, \ldots$ diffèrent de la limite s, et par conséquent entre elles, de quantités infiniment petites.»

5   Hier und im folgenden muss ich mich aus Platzgründen leider auf ziemlich einfache Beispiele beschränken, die aber typisch sind.

6   Ist U ein freier Ultrafilter auf $\mathbf{N}$, so erhält man eine Theorie $T_U \langle \Omega \rangle$, in welcher $P(\Omega)$ genau dann gilt, wenn $\{n \mid P(n)$ gilt in $T\} \in U$. Das enthält eine Umkehrung des Leibnizschen Prinzips. Bei uns hat die Umkehrung folgende Fassung: Wenn $P(\Omega)$ in $T \langle \Omega \rangle$ gilt, so gilt $P(n)$ in T für unendlich viele n. Denn anderenfalls hätte man (fan) $\neg P(n)$, also $\neg P(\Omega)$, entgegen der Annahme. Als Beweismittel sind die Umkehrungen des Leibnizschen Prinzips in $T_U \langle \Omega \rangle$ und der (eindeutig bestimmten) Theorie $T \langle \Omega \rangle$ in gleicher Weise brauchbar, wie die Erfahrung zeigt. Im Beweis des Euler-Kriteriums haben wir eine andere Umkehrung benutzt, die sich mit einem zweistelligen Prädikat $P(.,.)$ so schreiben lässt: Wenn $P(\Omega, \mu)$ für alle $\mu \gg 1$ gilt, so gilt $P(\Omega, m)$ für fast alle endlichen m. (Das folgt aus Hilfssatz 1, angewendet auf die interne Menge $M_P = \{\mu \mid \bigwedge \lambda \geq \mu \Rightarrow P(\Omega, \lambda)\}$; im Beweis des Kriteriums war

$P(\Omega,\mu)$ gleich $|a(\mu)-a(\Omega)|<\varepsilon$). Diese Umkehrung ist noch näher an Leibniz' Formulierung in dem Brief an Varignon: «... die Regeln des Endlichen behalten im Unendlichen Geltung ..., und umgekehrt gelten die Regeln des Unendlichen für das Endliche ...»

7 Lazare N. M. Carnot, *Réflexions sur la métaphysique du calcul infinitésimal*, Paris 1797, p. 39. Das Bändchen ist sehr lesenswert, da es die verschiedenen bis dahin versuchten Begründungen des Kalküls vergleichend darstellt. Leider werden brauchbare Vorschläge Carnots, wie der hier zitierte, in der Sekundärliteratur fast durchweg ignoriert, und man gibt stattdessen nur das «Prinzip der Kompensation der (infinitesimalen) Fehler» an. (An dieser Stelle verweisen wir auf das Buch von Ch. C. Gillispie, A. P. Juškevič, *Lazare Carnot Savant et sa contribution à la théorie de l'infini mathématique*, Paris (Vrin) 1979.)

8 Euler hat bereits 1734 (E. 41/O. I, 14, p. 73 ff.) aus den Nullstellen des Sinus auf die Produktdarstellung geschlossen und diese der Reihe gleichgesetzt – typisch für seine Auffassung von Polynomen unendlichen Grades; die Zeitgenossen haben diese Methode nicht bemängelt, wohl aber, dass er stillschweigend voraussetzt, der Sinus habe nur reelle Nullstellen. Man vergleiche dazu G. Fabers Vorrede zu O. I, 14. – Der hier untersuchte Beweis steht in der *Introductio* von 1748 (§ 156); ich habe Luxemburgs Darstellung leicht vereinfacht: K. D. Stroyan, W. A. J. Luxemburg, *Introduction to the Theory of Infinitesimals*, Acad. Press 1976, p. 147–150.

9 Zum Beispiel mit Hinweisen auf Euler in meinem *Infinitesimalkalkül*, loc. cit.[2], p. 152–154.

Abb. 38
Darstellung nach der Euler-Medaille von Abraham Abramson (1777?).

Abb. 39
Leonhard Euler. Kupferstich von Bartholomaeus Hübner (1786), signiert als von
Christian v. Mechel. Man beachte auf dem Bildsockel das Familienwappen der Euler:
ein springendes Reh. Dieser Kupferstich ziert den ersten Band der Eulerausgabe (O. I, 1).

Isaac J. Schoenberg

Euler's contribution to cardinal spline interpolation: The exponential Euler splines

Introduction

In my monograph [8] of 1973, dedicated to Euler, I already discussed the subjects of the title. On the occasion of the bicentenial of Leonhard Euler we present here an outline of these results, which seem to fit well in what we think of as Eulerian Mathematics.

Our main subject are the *exponential Euler splines*. In §1 we define them, and §2 shows their close connection with the Eulerian polynomials. In §3 we derive in a simpler way a recursive construction already described in [10]. §§4 and 5 show that the exponential Euler splines of base t converge to the exponential function t^x as their degree tends to infinity. §6 presents an application to the computation of $f(x) = 2^x$. Finally, in §7 we sketch the role of the exponential splines in the problem of cardinal spline interpolation.

1   The exponential Euler splines

We need a few definitions. Let $\mathscr{S}_n = S_n(x)$ denote the class of cardinal splines $S_n(x)$ of degree $n (\geq 1)$. This means that $S_n(x)$ reduces to a polynomial of degree $\leq n$ in each unit interval $(v, v+1)$ $(v \in \mathbf{Z})$, with the strong restriction that

$$S_n(x) \in C^{n-1}(\mathbf{R}). \tag{1.1}$$

In particular $S_1(x) \in \mathscr{S}_1$ means that $S_1(x)$ is a continuous piecewise linear function with possible vertices (or "knots") at the integers. Early in this century it was found convenient to represent $S_1(x)$ as a linear combination of shifted versions of the "roof-function"

$$Q_2(x) = x \quad \text{in } (0,1), \qquad = 2-x \quad \text{in } (1,2), \qquad = 0 \quad \text{elsewhere,}$$

so that

$$S_1(x) = \sum_{-\infty}^{\infty} c_j Q_2(x-j)$$

represents uniquely every element of $\mathscr{S}_1$.

This extends to the class $\mathscr{S}_n$ in terms of the forward B-spline

$$Q_{n+1}(x) = \frac{1}{n!} \sum_{v=0}^{n+1} (-1)^v \binom{n+1}{v} (x-v)_+^n, \tag{1.2}$$

where $u_+ = \max(0,u)$. Like $Q_2(x)$, the B-spline $Q_{n+1}(x)$ has remarkable properties:

$$Q_{n+1}(x) > 0 \quad \text{in} \quad (0,n+1), \qquad = 0 \quad \text{outside} \quad (0,n+1). \tag{1.3}$$

Moreover, it is bell-shaped in $(0,n+1)$ and symmetric in its midpoint, i.e.

$$Q_{n+1}(n+1-x) = Q_{n+1}(x). \tag{1.4}$$

Clearly $Q_{n+1}(x-j) \in \mathscr{S}_n$ for all integers j, and these are the elements of $\mathscr{S}_n$ of least support. Again, every element $S(x) \in \mathscr{S}_n$ admits a unique "standard" representation of the form

$$S(x) = \sum_{-\infty}^{\infty} c_j Q_{n+1}(x-j). \tag{1.5}$$

Definition 1: The exponential splines of base t. Let t be a real or complex number $\neq 0$, and let

$$\Phi_n(x;t) = \sum_{-\infty}^{\infty} t^j Q_{n+1}(x-j). \tag{1.6}$$

We call this function the exponential spline of degree n and base t.

Clearly

$$\Phi_n(x+1;t) = \sum t^j Q_{n+1}(x+1-j) = \sum t^{j+1} Q_{n+1}(x-j) = t\Phi_n(x;t).$$

Using the representation (1.5) and its unicity, it is easily shown ([7], Lemma 2) that the most general solution of the functional equation

$$S(x+1) = tS(x), \qquad \text{where} \quad S(x) \in \mathscr{S}_n \tag{1.7}$$

is given by

$$S(x) = C \cdot \Phi_n(x;t), \qquad (C \text{ is a constant}). \tag{1.8}$$

If

$$t = |t|e^{ia}, \qquad -\pi < a \leq \pi, \qquad t \neq 0, \tag{1.9}$$

let us try to interpolate the exponential function

$$t^x = |t|^x e^{iax} \tag{1.10}$$

at the integers by the function (1.8) so that

$$S(v) = t^v \quad \text{for all integers} \quad v. \tag{1.11}$$

Because of (1.7) it suffices to determine the constant C in (1.8) so that $S(0) = 1$. The answer is clearly

$$S(x) = \frac{\Phi_n(x;t)}{\Phi_n(0;t)}, \tag{1.12}$$

but this is possible if and only if $\Phi_n(0;t) \neq 0$. When this holds is easily decided, for by (1.6) and (1.4) we have

$$\Phi_n(0;t) = \sum t^j Q_{n+1}(-j) = \sum t^j Q_{n+1}(n+1+j),$$

and setting $n+j = v$ we find that

$$\Phi_n(0;t) = \sum_v t^{v-n} Q_{n+1}(v+1) = t^{-n} \sum_{v=0}^{n-1} Q_{n+1}(v+1)t^v. \tag{1.13}$$

The result: The interpolation (1.11) with $S(x)$ of the form (1.8) is possible if and only if

$$\Pi_n(t) = n! \sum_{0}^{n-1} Q_{n+1}(j+1)t^j \neq 0. \tag{1.14}$$

The polynomial $\Pi_n(t)$ defined by (1.14) is called the *Euler-Frobenius polynomial*. It is a reciprocal monic polynomial having integer coefficients and having only negative and simple zeros λ_i:

$$\lambda_{n-1} < \lambda_{n-2} < \cdots < \lambda_2 < \lambda_1, \qquad (<0). \tag{1.15}$$

Definition 2: The exponential Euler splines $S_n(x;t)$. Assuming that $\Pi_n(t) \neq 0$, hence that

$$\Phi_n(0;t) \neq 0, \tag{1.16}$$

we define

$$S_n(x;t) = \frac{\Phi_n(x;t)}{\Phi_n(0;t)}.$$ (1.17)

To summarize: $S_n(x;t)$ is the unique cardinal spline interpolant of the exponential t^x satisfying the functional equation

$$S_n(x+1;t) = t S_n(x;t), \qquad (x \in \mathbf{R}).$$ (1.18)

2   The construction of $S_n(x;t)$ in terms of Eulerian polynomials

How do we construct $S_n(x;t)$? Clearly, its expression by (1.17) is too laborious. This is where Euler comes in. Following Euler, we define the $a_n(t)$ by the expansion

$$\frac{t-1}{t-e^z} = \sum_0^\infty \frac{a_n(t)}{n!} z^n.$$ (2.1)

The $a_n(t)$ are rational functions of the form

$$a_n(t) = \frac{\Pi_n(t)}{(t-1)^n},$$ (2.2)

where $\Pi_n(t)$ are the polynomials (1.14). For a proof see [7], Lemma 7, p.391. The $\Pi_n(t)$ may also be defined by Euler's expansions

$$\frac{\Pi_n(t)}{(1-t)^{n+1}} = \sum_{v=0}^\infty (v+1)^n t^v.$$ (2.3)

We find that

$$\Pi_0(t) = \Pi_1(t) = 1, \quad \Pi_2(t) = t+1, \quad \Pi_3(t) = t^2 + 4t + 1,$$
$$\Pi_4(t) = t^3 + 11t^2 + 11t + 1, \quad \Pi_5(t) = t^4 + 26t^3 + 66t^2 + 26t + 1.$$

On multiplying (2.1) by e^{xz} we obtain Euler's generating function

$$\frac{t-1}{t-e^z} e^{xz} = \sum_0^\infty \frac{A_n(x;t)}{n!} z^n$$ (2.4)

of the *exponential Euler polynomials*

$$A_n(x;t) = x^n + \binom{n}{1} a_1(t) x^{n-1} + \binom{n}{2} a_2(t) x^{n-2} + \cdots + a_n(t),$$ (2.5)

which evidently form an *Appell sequence* (see [2], Chap. VII, p. 178). Carlitz [1] writes $A_n(x;t) = H_n(x|t)$ and calls them *Eulerian polynomials*. See also [1] for extensive references.

The coefficients $a_n(t)$ admit a recursive computation: Multiplying (2.1) by $t - e^z$ we obtain

$$t - 1 = \sum_{0}^{\infty} \frac{t a_n(t)}{n!} z^n - \sum_{0}^{\infty} \frac{1 + \binom{n}{1} a_1(t) + \cdots + a_n(t)}{n!} z^n$$

and by identifying coefficients of z^n we obtain

$$1 + \binom{n}{1} a_1(t) + \binom{n}{2} a_2(t) + \cdots + a_n(t) = t a_n(t), \qquad (n = 1, 2, \ldots), \qquad (2.6)$$

which shows that

$$a_n(t) = \frac{1}{t-1} \left\{ 1 + \binom{n}{1} a_1(t) + \cdots + \binom{n}{n-1} a_{n-1}(t) \right\},$$

$$(n = 1, 2, \ldots). \tag{2.7}$$

Let us remember that we wish to construct $S_n(x;t)$, and that we may exclude the trivial case when $t = 1$, because evidently $S_n(x; 1) = 1$ for all x. We ask: What can we say about the function $F(x)$ defined by

$$F(x) = A_n(x;t) \quad \text{if} \quad 0 \le x < 1, \tag{2.8}$$

and satisfying

$$F(x+1) = t F(x) \quad \text{for all } x? \tag{2.9}$$

We claim that

$$F(x) \in C^{n-1}(\mathbf{R}). \tag{2.10}$$

Indeed, from (2.10), and using (2.9) and (2.8), we obtain by differentiation of (2.9) and setting $x = 0$, that we must have that

$$A_n^{(v)}(1;t) = t A_n^{(v)}(0;t), \qquad (v = 1, \ldots, n-1) \quad \text{for} \quad n \ge 1. \tag{2.11}$$

However, these relations, together with the fact that $A_n(x;t)$ is monic, are known characteristic properties of $A_n(x;t)$, which are derived from (2.4) by v differentiations with respect to x, subsequently setting $x = 0$ and $x = 1$ in the result. By our result (1.8) concerning (1.7), it follows that

$$F(x) = C \Phi_n(x;t). \tag{2.12}$$

Assuming (1.14), this proves that $S_n(x;t)=A_n(x;t)/A_n(0;t)$ in $(0,1)$, hence that

$$S_n(x;t)=\left\{x^n+\binom{n}{1}a_1(t)x^{n-1}+\cdots+a_n(t)\right\}/a_n(t),\quad\text{if}\quad 0\leq x\leq 1.\quad(2.13)$$

Remarks: 1. In [1], p.256, (4.5), Carlitz already defined the cardinal spline $F(x)$ satisfying (2.8) and (2.9).

2. The continuity requirement (2.11) has been recently stated as a general principle concerning the solutions of certain functional equations in the paper [3].

3   A recursive construction of the exponential Euler spline $S_n(x;t)$

This is the subject of my recent paper [10], with the modification that there the sequence

$$S_1(x;t),\qquad \frac{S_2\left(x+\dfrac{1}{2};t\right)}{S_2\left(\dfrac{1}{2};t\right)},\qquad S_3(x;t),\qquad \frac{S_4\left(x+\dfrac{1}{2};t\right)}{S_4\left(\dfrac{1}{2};t\right)},\ldots\qquad(3.1)$$

is recursively constructed. *We assume t to be non-negative, $t\neq 0$.* For the B-spline

$$Q_n(x)=\frac{1}{(n-1)!}\sum_0^n(-1)^v\binom{n}{v}(x-v)_+^{n-1}\qquad(3.2)$$

we easily verify by integration and summation by parts the relation

$$\int_x^{x+1}Q_n(u)du=Q_{n+1}(x+1).\qquad(3.3)$$

For the exponential spline (1.6) this implies that

$$\int_x^{x+1}\Phi_{n-1}(u;t)du=\sum_j t^j\int_x^{x+1}Q_n(u-j)du=\sum_j t^j\int_{x-j}^{x-j+1}Q_n(u)du$$

$$=\sum_j t^jQ_{n+1}(x-j+1)=t\sum_j t^jQ_{n+1}(x-j)$$

and therefore

$$\int_x^{x+1}\Phi_{n-1}(u;t)du=t\Phi_n(x;t).\qquad(3.4)$$

For the exponential Euler spline this implies our first proposition.

I. *If t is not negative, then*

$$S_n(x;t) = \int_x^{x+1} S_{n-1}(u;t)\,du \Big/ \int_0^1 S_{n-1}(u;t)\,du, \qquad (n=2,3...). \tag{3.5}$$

This is a remarkable recursive construction: Starting from the linear Euler spline $S_1(x;t)$, (3.5) recursively furnishes all higher degree $S_n(x;t)$. Also notice that (3.5) does not depend on t explicitly.

We also need the following result established in [8], Lecture 2, p.5:

II. *If*

$$t = |t|e^{ia}, \qquad -\pi < a < \pi, \qquad t \neq 0, \qquad t \neq 1, \tag{3.6}$$

which implies that negative values of t are excluded, then

$$\Phi_n(x;t) \neq 0 \quad \text{for all real} \quad x. \tag{3.7}$$

The reason given in [8], *loc.cit.*, is as follows: 1. If $t > 0$, then the curve of the complex plane

$$\Gamma : z = \Phi_n(x;t) \qquad (-\infty < x < +\infty) \tag{3.8}$$

is clearly contained within the positive half of the real axis. 2. If in (3.6) we have $0 < a < \pi$, say, then the curve (3.8) spirals convexly about the origin, never assuming the value $z = 0$. This is shown by induction in n.

4   A series expansion of $S_n(x;t)$

Again we assume that (3.6) holds. Already in [7], §7, we derived by means of residue theory the following proposition

III. *Let*

$$\gamma = \log t = \log|t| + ia, \qquad \text{hence} \quad t = e^\gamma, \tag{4.1}$$

and let (3.6) *hold. Then*

$$S_n(x;t) = \sum_{-\infty}^{\infty} \frac{1}{(\gamma + 2\pi ik)^{n+1}} e^{(\gamma + 2\pi ik)x} \Big/ \sum_{-\infty}^{\infty} \frac{1}{(\gamma + 2\pi ik)^{n+1}}. \tag{4.2}$$

An alternative derivation of (4.2) uses the recursive relation (3.5) and proceeds as follows. To simplify notations we write

$$S_n(x) = S_n(x;t). \tag{4.3}$$

Observe that $S_1(x)$ is the linear spline that interpolates the sequence (t^k), and so

$$S_1(x) = 1 + (t-1)x \quad \text{if} \quad 0 \leq x \leq 1.$$

However $S_1(x)t^{-x}$ is periodic with period 1, because $S_1(x+1)t^{-x-1} = tS_1(x)t^{-x-1} = S_1(x)t^{-x} = S_1(x)e^{-\gamma x}$. Let its Fourier series be

$$S_1(x)e^{-\gamma x} = \sum_k a_k e^{2\pi ikx}.$$

For its coefficients we find by an integration by parts (see [10], §5) that

$$a_k = \frac{(t-1)^2}{2\pi t} \frac{1}{(\gamma + 2\pi ik)^2}$$

and therefore

$$S_1(x) = \frac{(t-1)^2}{2\pi t} \sum_{-\infty}^{\infty} \frac{e^{(\gamma + 2\pi ik)x}}{(\gamma + 2\pi ik)^2}. \tag{4.4}$$

Since $S_1(x)$ is up to a non-vanishing factor identical with $\Phi_1(x;t)$, it suffices, by (3.5), to perform the operation

$$\int_x^{x+1} (\cdot)du \quad \text{on} \quad S_1(x)$$

a total of $n-1$ times, and to divide the final result by its value at $x=0$. However

$$\int_x^{x+1} e^{(\gamma + 2\pi ik)u} du = \frac{e^\gamma - 1}{\gamma + 2\pi ik} e^{(\gamma + 2\pi ik)x}.$$

Performing the operations as described on (4.4), we obtain the fraction (4.2).

5 $S_n(x;t) \to t^x$ as $n \to \infty$ for non-negative t

Let us assume (3.6), so that t is non-negative, and write (4.2) as

$$S_n(x;t)t^{-x} = \sum_{-\infty}^{\infty} \frac{1}{(\gamma + 2\pi ik)^{n+1}} e^{2\pi ikx} \bigg/ \sum_{-\infty}^{\infty} \frac{1}{(\gamma + 2\pi ik)^{n+1}}. \tag{5.1}$$

We multiply each of the two series of this fraction by γ^{n+1}; except for the two terms for $k=0$, which are $=1$ in both series, the k-th terms in both series are in absolute value $=|\gamma/(\gamma+2\pi ik)|^{n+1}$. Writing

$$p=\log|t|, \quad \text{hence} \quad \gamma=\log t=p+ia, \tag{5.2}$$

we find that

$$|\gamma/(\gamma+2\pi ik)|^2 = |(p+ia)|^2/|p+i(a+2\pi ik)|^2 = \frac{p^2+a^2}{p^2+(a+2\pi k)^2}.$$

From $-\pi<a<\pi$ we find that

$$|a+2\pi k|\geq 2\pi-|a|>|a| \tag{5.3}$$

and therefore

$$\max_k|\gamma/(\gamma+2\pi ik)| = \left(\frac{p^2+a^2}{p^2+(2\pi-|a|)^2}\right)^{1/2}=\delta_t<1 \tag{5.4}$$

by (5.3). Moreover $\delta_t>0$, because p and a can not both vanish, as we assume that $t\neq 1$.

Now it should be clear that the right side of (5.1) is $=1+0(\delta_t^{n+1})$ and that we may write

$$\frac{S_n(x;t)}{t^x}-1=0(\delta_t^{n+1}) \quad \text{uniformly for} \quad x\in\mathbf{R}. \tag{5.5}$$

Notice that the approximation (5.5) deteriorates as a approaches $\pm\pi$ because δ_t approaches 1. As the constant in front of the 0-term of (5.5) depends on t, but not on x and not on n, we have established the proposition

  IV. *If t is not negative, then*

$$\lim_{n\to\infty} S_n(x;t)=t^x=|t|^x e^{iax} \quad \text{for all real} \quad x. \tag{5.6}$$

6   The computation of the exponential function $f(x)=2^x$

Can the approximation (2.13), for $t=2$, be used to compute 2^x in view of the convergence theorem (5.6)? In [7], §11, and again in [10], §5, I stated that this seems practicable. Actually we find that this method does not compete in accuracy with the modern approximations of 2^x in $[0,1]$ by appropriate *rational functions* (see [5]). However, we will show that by appropriate binary subdivisions of $[0,1]$ our approach becomes competitive.

We introduce the natural number r and change variables by

$$x = \frac{1}{2^r} z,$$ (6.1)

defining $F(z)$ by

$$F(z) = 2^{z/2^r} = 2^x = f(x).$$ (6.2)

For the base

$$t = 2^{1/2^r}$$ (6.3)

we have $F(z) = t^z$, and this we can approximate, in view of (5.6), by

$$F(z) \approx S_n(z; 2^{1/2^r}).$$ (6.4)

Setting

$$z = 2^r x = [2^r x] + \vartheta = v + \vartheta, \qquad (0 \le \vartheta < 1),$$ (6.5)

where $[\cdot]$ has its usual meaning, and

$$v = [2^r x].$$ (6.6)

However

$$S_n(z; 2^{1/2^r}) = S_n(v + \vartheta; t) = t^v S_n(\vartheta; t) = 2^{v/2^r} S_n(\vartheta; 2^{1/2^r}),$$ (6.7)

and by (6.2) and (6.4) we have

$$2^x \approx 2^{v/2^r} S_n(\vartheta; 2^{1/2^r}).$$ (6.8)

We recall that by (2.13) we have

$$S_n(\vartheta; t) = P_{n,r}(\vartheta), \qquad (0 \le \vartheta < 1),$$ (6.9)

where $P_{n,r}(u)$ is the polynomial

$$P_{n,r}(u) = \left\{ u^n + \binom{n}{1} a_1(t) u^{n-1} + \cdots + a_n(t) \right\} \Big/ a_n(t)$$
$$= 1 + c_{1,r}^{(n)} u + \cdots + c_{n,r}^{(n)} u^n,$$ (6.10)

whose coefficients are computed by Euler's algorithm (2.7).

How close does $S_n(\vartheta;t)$ approximate t^ϑ? In (5.4) we have, by (6.3) and (5.2), that $a=0$ and $p=\log|t|=(\log 2)/2^r$, and so, dropping the term $=1$ in the denominator, we have

$$\delta_{t,r}=\left(\frac{1}{1+\left(\dfrac{2^r 2\pi}{\log 2}\right)^2}\right)^{1/2}<\frac{\log 2}{2\pi 2^r} \tag{6.11}$$

and (5.5) shows that

$$\frac{S_n(\vartheta;t)}{t^\vartheta}-1=0\left(\frac{\log 2}{2\pi 2^r}\right)^{n+1} \tag{6.12}$$

We conclude that the approximation (6.8) will be close, provided that either n or r, or both, are of some size.

We need the numerical values of the coefficients of the polynomial (6.10). I am indebted to Fred Sauer, of the MRC Computing Staff, for a 30 place table of the coefficients

$$c_{i,r}^{(n)} \quad\text{for}\quad i=1,...,n; \quad n=3,...,20; \quad r=0,1,...,16. \tag{6.13}$$

Computing with a hand-held calculator, we record here only their values for $r=4$ and $n=3$ to 12 decimal places:

$$c_{1,4}^{(3)}=0.04332\ 16979\ 37, \qquad c_{2,4}^{(3)}=0.00093\ 82380\ 41,$$
$$c_{3,4}^{(3)}=0.00001\ 38464\ 49. \tag{6.14}$$

These should give in (6.8) about eight decimal places of accuracy.

As an example we compute $f(\pi)=2^\pi$. Here $x=\pi, z=2^r x=16\pi = 50.26548\ 246$, and so $v=50$, $\vartheta=0.26548\ 24574$. Since $50/16=(2^5+2^4+2)/2^4 = 2+1+2^{-3}=3+1/8$, (6.8) becomes

$$2^\pi=2^{50/16}\ F(\vartheta)\approx 8\cdot 2^{1/8}\ P_{3,4}(\vartheta).$$

We find from (6.14) that $P_{3,4}(\vartheta)=1.01156\ 7538$, and finally

$$2^\pi\approx 8.82497\ 7778$$

which is accurate to seven decimals. *In this computation we have approximated 2^x by the interpolating cubic spline $S_n(16x;2^{1/16})$ having $2^4=16$ components in the interval* $[0,1]$. In implementing (6.8) it is important to represent the integer $v=[2^r x]$ in binary notation, as we have done above. In this way $2^{v/2^r}$ appears as a polynomial in $2^{1/2^r}$ having only coefficients 0 or 1. For $r=4$ and $n=9$ Sauer's table of (6.13) gives a result accurate to 21 decimals.

7   Cardinal spline interpolation

In this last section we sketch a solution of the problem of cardinal spline interpolation [8], Lecture 4:
  The (y_j) being prescribed, we wish to find

$$S(x) \in \mathscr{S}_n \tag{7.1}$$

such that

$$S(j) = y_j \quad \text{for all integers } j. \tag{7.2}$$

This problem is trivial if $n = 1$ and we may assume $n \geq 2$. We further restrict the discussion to the case when

the data (y_j) and the solutions $S(x)$ are of power growth, $\tag{7.3}$

meaning that $|y_j| = 0|j|^\gamma$ as $j \to \pm \infty$ for some $\gamma \geq 0$, and that $|S(x)| = 0|x|^\delta$ as $x \to \pm \infty$, for some $\delta \geq 0$. We shall deal only with the *question of uniqueness* of the solution, because the exponential splines $\Phi_n(x;t)$ play a decisive role.
  We need the *null-space*

$$\mathscr{S}_n^0 = \{ S(x); \quad S(x) \in \mathscr{S}_n, \quad S(j) = 0 \quad \text{for all integers } j \} \tag{7.4}$$

and state

  Lemma 1: The linear subspace $\mathscr{S}_n^0$ of $\mathscr{S}_n$ has the dimension $n - 1$ and is spanned by the $n - 1$ exponential splines

$$S_\nu(x) = \Phi_n(x; \lambda_\nu) \quad (\nu = 1, \dots, n - 1), \tag{7.5}$$

where the λ_ν are the zeros (1.15) of the polynomial

$$\Pi_n(t) = n! \sum_0^{n-1} Q_{n+1}(j+1) t^j. \tag{7.6}$$

That the $S_\nu(x)$, called the *eigensplines of $\mathscr{S}_n$*, are elements of $\mathscr{S}_n^0$ follows from (1.13) and the functional equations

$$S_\nu(x+1) = \lambda_\nu S_\nu(x), \quad (\nu = 1, \dots, n - 1). \tag{7.7}$$

Indeed, $S_\nu(0) = 0$ implies that $S_\nu(j) = 0$ for all j. For a proof of Lemma 1 see [8], Lecture 4, §3.

The polynomial $\Pi_n(t)$ being reciprocal, we have

$$\lambda_{n-1}\lambda_1 = \lambda_{n-2}\lambda_2 = \cdots = 1 \tag{7.8}$$

and there is an important distinction depending on the parity of n.

    1. $n = 2m - 1$ *is odd*. From the simplicity of the λ_v it follows that

$$\lambda_{2m-2} < \cdots < \lambda_m < -1 < \lambda_{m-1} < \cdots < \lambda_1 < 0. \tag{7.9}$$

By Lemma 1 $S(x) \in \mathscr{S}_n^0$ implies that

$$S(x) = \sum_1^{n-1} c_v S_v(x). \tag{7.10}$$

The inequalities (7.9) and the behavior of the splines (7.5) at $+\infty$ and $-\infty$ implies that (7.10) *is of power growth if and only if all* $c_v = 0$. This is the basis of our first result

    V. *If* $n = 2m - 1$ *is odd, and the* (y_j) *are of power growth, then there exists a unique* $S(x) \in \mathscr{S}_n$ *of power growth satisfying* (7.2).

    2. $n = 2m$ *is even*. Now we find by (7.8) that the λ_v satisfy

$$\lambda_{2m-1} < \cdots < \lambda_{m+1} < \lambda_m = -1 < \lambda_{m-1} < \cdots < \lambda_1 < 0, \tag{7.11}$$

so that

$$S_m(x) = \Phi_n(x; -1) \tag{7.12}$$

is one of the eigensplines. It satisfies $S_m(x+1) = -S_m(x)$, hence has period $= 2$; Nörlund [6], Chap.2, §16, attributes it to Hermite and Sonine. The *bounded* $S_m(x)$ is a counter-example to the proposition V for even n.

    We now abandon the class $\mathscr{S}_n$ and consider the new class

$$\mathscr{S}_n^* = \left\{ S(x); \ S\left(x + \frac{1}{2}\right) \in \mathscr{S}_n \right\}. \tag{7.13}$$

This is the class of *midpoint cardinal splines* having their knots at $x = j + 1/2$. Within $\mathscr{S}_n^*$ we have the *midpoint exponential splines* defined by

$$\Phi_n^*(x; t) = \Phi_n\left(x + \frac{1}{2}; t\right). \tag{7.14}$$

When are these elements of the null-space

$$\mathscr{S}_n^{*0} = \{ S(x); \ S(x) \in \mathscr{S}_n^*; \ S(j) = 0 \quad \text{for all} \quad j \}? \tag{7.15}$$

This depends on the vanishing of

$$\Phi_n^*(0;t)=\Phi_n\left(\frac{1}{2};t\right)=\sum t^j Q_{n+1}\left(\frac{1}{2}-j\right)=\sum t^j Q_{n+1}\left(n+1-\frac{1}{2}+j\right)$$

$$=\sum t^{j-n} Q_{n+1}\left(j+\frac{1}{2}\right)=t^{-n}\sum_0^n Q_{n+1}\left(j+\frac{1}{2}\right)t^j$$

which follows from (1.3). This shows that the eigensplines of $\mathscr{S}_n^*$ depend on the zeros of the polynomial

$$\Pi_n^*(t)=2^n n!\sum_0^n Q_{n+1}\left(j+\frac{1}{2}\right)t^j, \tag{7.16}$$

which is called the *midpoint Euler-Frobenius polynomial*. Again it is monic and reciprocal having n simple and negative zeros μ_v:

$$\mu_n<\mu_{n-1}<\cdots<\mu_2<\mu_1<0. \tag{7.17}$$

The analogue of Lemma 1 is
    Lemma 2: The linear subspace $\mathscr{S}_n^{*0}$, of $\mathscr{S}_n^*$, is of dimension n and it is spanned by the n midpoint exponential splines

$$S_v^*(x)=\Phi_n^*(x;\mu_v)=\Phi_n\left(x+\frac{1}{2};\mu_v\right), \qquad (v=1,...,n). \tag{7.18}$$

It follows that the general element of $\mathscr{S}_n^{*0}$ is

$$S(x)=\sum_1^n c_v S_v^*(x). \tag{7.19}$$

The role of the parity of n is now reversed, because again we have

$$\mu_n\mu_1=\mu_{n-1}\mu_2=\cdots=1. \tag{7.20}$$

1. $n=2m-1$ *is odd.* Now (7.17) and (7.20) show that

$$\mu_{2m-1}<\cdots<\mu_{m+1}<\mu_m=-1<\mu_{m-1}<\cdots<\mu_1<0, \tag{7.21}$$

so that $\mathscr{S}_n^{*0}$ contains the periodic, hence *bounded*, element

$$S_m^*(x)=\Phi_n\left(x+\frac{1}{2};-1\right) \tag{7.22}$$

and there can be *no unicity* for the problem (7.2) within the subclass of $\mathscr{S}_n^*$ of power growth.

2. $n = 2m$ is even. Now (7.17) becomes

$$\mu_{2m} < \cdots < \mu_{m+1} < -1 < \mu_m < \cdots < \mu_1 < 0 \tag{7.23}$$

and these inequalities allow us to show that if (7.19) is of power growth, then all $c_v = 0$. These results lead to the analogue of proposition V:

VI. *If $n = 2m$ is even, and (y_j) are of power growth, then there exists a unique $S(x) \in \mathscr{S}_n^*$ of power growth satisfying (7.2).*

Concluding remarks

1. The special case when the data (y_j) are *bounded*, and the solution $S(x)$ is to be *bounded*, the propositions V and VI were first established by Subbotin [11]. 2. If in (7.2) we have $y_j = (-1)^j$ for all j, then the solution of (7.2) is the function

$$\mathscr{E}_n(x) = \begin{cases} \Phi_n(x; -1) \big/ \Phi_n(0; -1) & \text{if } n \text{ is odd}, \\ \Phi_n\left(x + \frac{1}{2}; -1\right) \big/ \Phi_n\left(\frac{1}{2}; -1\right) & \text{if } n \text{ is even}. \end{cases} \tag{7.24}$$

It is called *the Euler spline of degree n*, and it is the solution of the famous Landau-Kolmogorov extremum problem (see [9] for references).

Bibliography

[1]   Carlitz, L., *Eulerian numbers and polynomials*, Mathematics Magazine 33, 1959, p. 247–260.
[2]   Euler, L., *Institutiones calculi differentialis*, vol. II, 1755 (E. 212/O. I, 10).
[3]   Goodman, T. N. T., Schoenberg, I. J., Sharma, A., *High order continuity implies good approximations to solutions of certain functional equations*, submitted to Comment. Math. Helvet.
[4]   Greville, T. N. E., Schoenberg, I. J., Sharma, A., *The behavior of the exponential Euler spline $S_n(x; t)$ as $n \to \infty$ for negative values of the base t*, to be submitted for publication.
[5]   Hart, J. F., et al., *Computer Approximations*, John Wiley, New York 1968.
[6]   Nörlund, N. E., *Vorlesungen über Differenzenrechnung*, Springer, Berlin 1924.
[7]   Schoenberg, I. J., *Cardinal interpolation and spline functions IV. The exponential Euler splines*, ISNM 20, 1972, p. 382–404, Birkhäuser Verlag.
[8]   Schoenberg, I. J., *Cardinal spline interpolation*, CBMS Monograph No. 12, 1973, SIAM, Philadelphia, Pa.
[9]   Schoenberg, I. J., *The elementary cases of Landau's problem of inequalities between derivatives*, Amer. Math. Monthly 80, 1973, p. 121–148.
[10] Schoenberg, I. J., *A new approach to Euler splines*, to appear in Journal of Approximation Theory.
[11] Subbotin, J. N., *On the relations between finite differences and the corresponding derivatives*, Proc. Steklov Inst. Math. 78. 1965, p. 24–42; Amer. Math. Soc. Transl., 1967, p. 23–42.

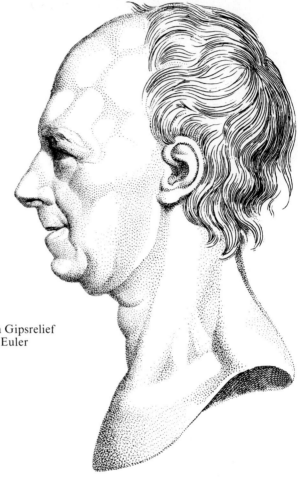

Abb. 40
Gestochene Umsetzung nach dem Gipsrelief
von J. Rachette (1781), Leonhard Euler
darstellend.

David Speiser

Eulers Schriften zur Optik, zur Elektrizität und zum Magnetismus

Wir kommen nun zu einem der merkwürdigsten Männer, welche die Geschichte kennt.
                                                                  Andreas Speiser

Andreas Speiser schrieb über Eulers Forschungsweise: «Es ist also keineswegs wie bei Leibniz ein Nebeneinander verschiedener Wissenschaften, sondern von einem Hauptgebiet aus, der Mathematik, machte er Streifzüge in entferntere Regionen; die ganze Kette vom *mundus intelligibilis* bis zur Materie, von der Philosophie über die Mathematik bis in die Technik, durchläuft er, andere Ketten lässt er mit bewusster Beschränkung beiseite[1].»

Tatsächlich wird Euler heute vor allem als Mathematiker angesehen, ungeachtet der Tatsache, dass seine Schriften zur Mechanik und zur Physik einschliesslich der Astronomie weit mehr als die Hälfte seiner Werke ausmachen. Aber in der Zeit, da die Pläne zur Gesamtausgabe erstellt wurden, war die Mechanik allgemein von der eigentlichen Physik abgetrennt worden, und man sah sie als eine Art Zwischengebiet zwischen Mathematik und Physik an, der Geometrie näherstehend als dieser. Relativitätstheorie und Quantentheorie haben uns eines Besseren belehrt, ein Punkt, den z.B. Speiser mit Nachdruck betonte, wenn er in seinen Kollegien auf die allgemeine Relativitätstheorie zu sprechen kam.

Wir wissen von Riemann[2], dass man früher Euler anders gelesen hatte, aber in den letzten Jahrzehnten sind Eulers Originalität und seine Bedeutung für die Mechanik wohl wieder durch die «Einleitungen» von C.A. Truesdell völlig ins rechte Licht gesetzt worden[3]. Wir sehen heute deutlich, dass das Bestreben, die Welt *more mechanico* zu verstehen, ein Hauptmotiv der Arbeit Eulers war, das ihn während seines ganzen Lebens vorantrieb und das seine rein mathematische Arbeit dauernd durchaus gleichwertig begleitete.

Auf das Verhältnis Mathematik-Naturwissenschaft komme ich am Ende dieses Aufsatzes zurück. Klar ist, dass das Programm, die Welt von der Mechanik aus zu verstehen, sich vor allem auch auf den neuen Gebieten, die sich der Physik eröffnet hatten (Optik, Elektrizität und Magnetismus), bewähren musste[4]. Zu zeigen, wie Euler sein Programm realisieren wollte und wie weit er dabei vordrang, ist das Ziel dieses Aufsatzes.

Physikalische Optik*

Zu Fragen der physikalischen Optik hat Euler etwa so viele Arbeiten geschrieben wie zu den beiden übrigen in diesem Aufsatz behandelten Gebieten zusammengenommen. Dieser Bericht muss also knapp sein, und für manche Einzelheiten muss ich auf meine Einleitung zum Band O.III, 5, verweisen.

Euler hat sein Programm für die Optik, von dem er später kaum abgewichen ist, in seiner *Nova theoria lucis et colorum* (E.88/O.III, 5) aus dem Jahre (1744) 1746 formuliert. Die Arbeit richtet sich auf alle damals bekannten Phänomene; einerseits auf diejenigen des Lichts: das Sehen im allgemeinen, Entstehung und Ausbreitung des Lichts, Folgen von Stössen und Lichtstrahlen, Reflexion und Brechung; anderseits auf die optischen Eigenschaften der Materie: leuchtende, reflektierende, das Licht brechende und undurchsichtige Körper.

Vor allem setzt sich Euler mit Newtons Korpuskeloptik auseinander, der er nun seine eigene Wellentheorie entgegenstellt. Seine *eigene* Wellentheorie? Seine *Wellentheorie?* Verdanken wir eine Wellentheorie nicht Huygens? Huygens Ideen haben, wie oft bemerkt wurde, ihre adäquate Formulierung in der geometrischen Optik Hamiltons gefunden, und in ihr, nicht in der Wellenoptik, kommt das «Huygenssche Prinzip» zu seinem vollen Recht. Aber mit welchem Recht nun Eulers *Wellentheorie?* Eine Wellengleichung wurde bekanntlich für die Akustik, die Euler für die Optik wegweisend war, erst viel später von Lagrange und von ihm selbst formuliert und für das Licht überhaupt erst im 19. Jahrhundert.

Die Antwort lautet: Die optischen Phänomene werden mit der Theorie vor allem durch den Begriff der *Periodizität* verknüpft. Ein solcher findet sich nun nicht bei Huygens, wohl aber bei Hooke und bei Newton. Allein die Periodizität gewisser optischer Phänomene ist nach Newton mehr durch die Struktur der verschiedenen Stoffe als durch das Licht bedingt. Was jene betrifft, so handelt es sich aber um eine *räumliche* Periodizität, d.h. die *Wellenlänge*, wenn man so will, ist der angemessene Begriff. Einfarbige Lichtwellen sind aber durch ihre *Frequenz*, die längs deren Bahn dieselbe bleibt, charakterisiert, und Euler hat dies in der *Nova theoria* wohl als erster klar ausgesprochen. Diese Erkenntnis erlaubte es auch – mindestens im Prinzip –, eine Theorie mit den Beobachtungen zu konfrontieren. Deshalb kann man bei ihm mit Recht von einer Wellentheorie sprechen.

Von seinen zahlreichen Einwänden gegen Newtons Theorie wollen wir hier nur einen erwähnen, weil er ins Zentrum trifft: Lichtstrahlen können sich ungehindert durchdringen. Mit anderen Worten: Euler macht das Superpositionsprinzip zur Grundlage seiner Optik, etwa wie später Dirac dies für die Quantenmechanik tun wird.

---

* Ich behandle hier Fragen der Wellenoptik, solche der geometrischen Optik nur, insofern die Anwendung auf die Physik im Zentrum der Frage steht.

Nun ist kurz darauf im Rahmen der grossen Diskussion um die Lösung d'Alemberts Wellengleichung das Superpositionsprinzip von Daniel Bernoulli für die kleinen Schwingungen aller mechanischen Systeme in voller Allgemeinheit ausgesprochen worden. Bernoulli erwähnt dabei auch kurz Newtons *Opticks* (1704), nicht aber Eulers Theorie: auch sonst hat er sich von der Optik ferngehalten. Euler anderseits fand, dass Bernoullis Lösung der Wellengleichung durch trigonometrische Reihen zu wenig allgemein seien, und versäumte es damals, auf optische Anwendungen zurückzukommen. Man muss also feststellen: Beide sprachen, zum eigenen Schaden, aneinander vorbei!

Was aber ist das Medium, in dem das Licht sich wie der Schall in der Luft fortpflanzt? Die Lichtwellen bewegen sich nach Euler im *Äther,* einem überaus dünnen, aber äusserst elastischen Medium, fort. Es gilt deshalb – nach Euler –, eine Mechanik des Lichtäthers zu entwickeln; solange diese aber noch nicht vorliegt, muss die Analogie mit dem Schall, so gut es geht, weiterhelfen.

Euler wusste aus seinen Untersuchungen zur Akustik, dass einem Wellenfeld nicht nur eine Energiedichte zukommt, sondern dass es auch einen Druck ausüben kann. Er schloss daraus auf die Existenz eines Lichtdrucks und benützte ihn zur Erklärung zweier unter sich höchst verschiedener Phänomene. Der Engländer Wilson hatte die Phosphoreszenz entdeckt, und Euler führt aus[5], dass eine Korpuskeltheorie diese nie erklären kann:

«Voyons à présent, quel effet les rayons violets doivent produire sur ce même corps phosphorique rouge, et d'abord il est évident qu'ils ne sauroient porter ses moindres particules à un mouvement de vibration à cause de la contrariété qui regne entre les vibrations des rayons violets et celles que les propres particules du corps sont disposées à recevoir. Par cette raison tout l'effet de ces rayons violets se réduira à pousser les particules du corps à un certain degré de tension sans leur imprimer un mouvement actuel. Donc aussitôt que le corps sera retiré de l'action de ces rayons, ses moindres particules commenceront à se dégager de leur état de tension et recevront le même mouvement de vibration qui est propre à leur nature, et partant elles repandront des rayons rouges qui seront même d'autant plus forts, à cause du haut degré de tension, que si le même corps avoit été exposé aux rayons rouges.»

Erst die Quantentheorie hat die Phosphoreszenz wirklich erklären können, aber der Kern von Eulers Idee ist richtig. Die andere, berühmtere Anwendung ist seine Erklärung von Keplers Beobachtung, dass der Kometenschweif wegen des Lichtdrucks stets von der Sonne abgewandt ist[6]. Diese Entdeckung ist heute sogar auf der Schweizer Zehnfrankennote gefeiert, doch hat der Künstler die Originalzeichnung «ästhetisch verbessert» und damit die Pointe verpatzt.

Wie fügt sich aber diese Lichtäthertheorie in die allgemeine Mechanik ein? Schon in einer seiner allerersten diesbezüglichen Arbeiten[7] aus dem Jahre 1739 sieht Euler sich, anscheinend selbst überrascht, vor diese Frage gestellt. Er versucht, die Aberration, die Bradley ca. 20 Jahre vorher entdeckt hatte, aus seiner Wellentheorie zu berechnen. Zunächst behandelt er den einfacheren

Fall: Ein ruhender Beobachter sieht eine sich bewegende Lichtquelle, um dann den schwierigeren – der sich bewegende Beobachter (Erde) sieht eine ruhende Lichtquelle (Fixstern) – mittels einer einfachen Transformation auf ihn zurückzuführen. Allein, es zeigt sich nun, dass das Licht sich nicht mehr mit derselben Geschwindigkeit ausbreitet, wie das die Hypothese des ruhenden Lichtäthers verlangt. Woher kommt dieser Widerspruch? Einfach daher, so Euler, dass die angewandte Transformation nur erlaubt wäre, wenn man auch dem Äther eine Geschwindigkeit erteilen könnte, was aber ausgeschlossen ist. Der Äther zeichnet, wie wir heute sagen, ein absolutes Bezugssystem aus. Anderseits *gilt* aber in einer Korpuskeltheorie das Relativitätsprinzip; Euler: *«motus compositionem recipit[8]»*. Die Rechnungen ergeben, dass die Aberrationen je nach der zugrundeliegenden Annahme verschieden sind: Das Experiment erlaubt also, zwischen beiden Annahmen zu unterscheiden! Wiederum aber müssen wir hinzufügen: «im Prinzip», denn der Unterschied ist bloss von der Ordnung $v^2/c^2 \sim 10^{-8}$ und entzieht sich deshalb einer Beobachtung. Aber dennoch: Die Frage nach der Natur des Lichts steht also mit den Grundlagen der Mechanik in engstem Zusammenhang!

Fast die Mehrzahl von Eulers Schriften zur Optik, im ganzen sieben aus fünfzehn, sind Fragen der Dispersion gewidmet. Hier möchte ich jedoch nur auf zwei Punkte eingehen. Erstens hat ihn die Frage, hat Rot oder Violett die grössere Frequenz, immer wieder beschäftigt, und er hat seine Ansicht dreimal gewechselt, jedesmal auf Grund einer theoretischen Betrachtung, zu der ihn ein neues Experiment, von dem er hörte, veranlasst hatte. In der *Nova theoria* hatte noch Rot die grösste Frequenz, in zwei späteren Arbeiten korrigiert er diese Ansicht u.a. auf Grund seiner Theorie der Beobachtungen von Farben dünner Schichten. Dann aber wird er durch eine Betrachtung über die Elastizität von Metallamellen wiederum auf die erste falsche Ansicht zurückgeführt, um dann schliesslich zur richtigen zurückzukehren. Man sieht, auf welch schmaler experimenteller Basis man damals stand und wie unsicher die Schlüsse waren. Man sieht aber auch, mit welcher Beständigkeit Euler die Fragen nach der Natur des Lichts dauernd verfolgte.

Ich kann es mir nicht versagen, hier auf eine besondere Leistung Eulers hinzuweisen[9]. Es handelt sich zwar nicht um eine physikalische, wohl aber um eine mathematische, zu der er aber durch eine optische Vermutung veranlasst worden war, die sich später allerdings als falsch herausstellte. Euler war überzeugt, dass für die Lichtberechnung ein universelles Dispersionsgesetz gelte, das etwa folgendes besagt: Kennen wir die Brechungsindices für rotes und violettes Licht r bzw. v beim Übergang vom Medium a zum Medium b sowie den Brechungsindex R für rotes Licht beim Übergang vom Medium A zum Medium B, so können wir daraus den Brechungsindex V für violettes Licht bei diesem selben Übergang berechnen. Laut Euler arbeitete Dollond bei der Herstellung seiner Instrumente nach dem Newtonschen (?) Gesetz

$$\frac{r-1}{v-1} = \frac{R-1}{V-1}.$$

Euler zeigt nun, dass man auf einen Widerspruch stösst, wenn man für R und V die Werte r^{-1} und v^{-1}, die dem Übergang $b \rightarrow a$ entsprechen, einsetzt.

Wendet man nun ein, das Gesetz sei nur für Übergänge von einem dünneren in ein dichteres Medium gültig, für den Übergang vom dichteren ins dünnere Medium müsse man jedoch die reziproken Werte einsetzen, so genügt es, die Formeln für zwei Übergänge $a \rightarrow b$ und $b \rightarrow c$ zusammenzusetzen und das Resultat mit der Formel für den Direktübergang $a \rightarrow c$ vergleichen: Man erhält wiederum einen Widerspruch! Und er fügt hinzu:

«Et pour peu qu'on fasse attention à ces conditions, que la nature de la réfraction exige, on s'appercevra aisément qu'aucune autre proportion que celle du logarithmes ne sauroit leur satisfaire.»

Mit anderen Worten: Euler formuliert ausdrücklich zwei Gruppenaxiome (wie wir heute sagen) und benützt sie, um die Einzigartigkeit des darausfolgenden Gesetzes

$$\frac{\log r}{\log v} = \frac{\log R}{\log V}$$

zu beweisen*.

Schliesslich muss auch Euler als *Experimentator* erwähnt werden. Selbst Experimente durchzuführen, wie er das in seiner Jugend offenbar getan hatte, erlaubten ihm Zeit und Gesundheit nicht mehr: er hatte ja erst das eine, dann das zweite Auge verloren.

Wohl aber erfand er Maschinen und optische Geräte, und was die Optik selbst betrifft, so ersann er ein Messgerät zur genauen Bestimmung von Brechungsindices von Flüssigkeiten[10]. Der Apparat war einfach genug: die Flüssigkeit wurde in den linsenförmigen Hohlraum zwischen zwei Glaslinsen eingefüllt. Dabei berechnet und diskutiert Euler aber äusserst sorgfältig die Bedingungen, unter denen die gewünschte Brechung möglichst gross wird. Eine genaue Kenntnis der Geometrie dieses Linsensystems erlaubte dann eine ziemlich genaue Messung des Brechungsindex. Mit diesem Apparat führte sein Sohn, Johann Albrecht, dann Messungen durch.

Liest man die Reihe der fünf Arbeiten J.A. Eulers durch, so ist man zunächst höchst verblüfft: Dieser arbeitet zum Teil mit so undefinierbaren Flüssigkeiten wie dem «Aufguss von Nußschalen oder von Pfirsichblättern» oder einfach «französischem Wein» usw.! Man darf nicht vergessen: die Chemie stand erst an ihrem Anfang, ja die Arbeiten zeigen, dass es damals neben Wasser kaum eine auch nur einigermassen wohldefinierte Substanz gab. Ausser Wasser war Alkohol («esprit de vin») noch mit Abstand die beste. Was also tun bzw. messen?

---

* Für Einzelheiten verweise ich auf meine Besprechung in O.III, 5, p.XLff., wobei ich bemerke, dass ich einzelne Punkte heute anders formulieren würde.

Es ist ein Wunder, dass Johann Albrecht (oder der Vater?) dennoch sinnvolle Messungen erdachte: Er misst, wie sich der Brechungsindex einer Salzlösung ändert, wenn man die Konzentration des Salzes erhöht, und ebenso, wie sich der Brechungsindex von Wasser ändert, wenn man dieses erwärmt. Das ist zwar ein bescheidener und wenig exakter, aber doch bedeutungsvoller Anfang einer Forschungsweise, die dann im 19.Jahrhundert ungeheure Bedeutung erlangen sollte. Eulers Apparat wurde noch um 1900 verwendet[11].

Elektrizität

Zur Theorie der Elektrizität hat Euler, abgesehen von einer Buchbesprechung, keine Arbeit geschrieben, wohl aber hat er sich in den *Lettres* ausführlich dazu geäussert. Ausserdem besitzen wir Arbeiten seines Sohnes Johann Albrecht.

Die Einführung in das neue Gebiet am Anfang der 17 Briefe (CXXXVIII–CLIV) gibt nicht nur ein gutes und oft überraschendes Bild vom Eindruck, den die zahlreichen neuen Entdeckungen auf die damaligen Forscher machten, sondern sie zeigt auch die Wichtigkeit, die Euler diesen Fragen zumass. Im 138.Brief sagt er:

«La matière sur laquelle je voudrais à présent entretenir V.A., me fait presque peur. La variété en est surprenante et le dénombrement des faits sert plutôt à nous éblouir qu'à nous éclairer. C'est de l'électricité dont je parle, et qui depuis quelque tems est devenue un article si important dans la Physique, qu'il n'est presque plus permis à personne d'en ignorer les effets.

Je ne doute pas que V.A. n'en ait déjà entendu parler très-souvent; quoique je ne sache pas si elle en a aussi vu faire les expériences. Tous les Physiciens en parlent aujourd'hui avec le plus grand empressement, et on y découvre presque tous les jours de nouveaux phénomènes, dont la seule description remplirait plusieurs containes de lettres; et peut-être ne finirais-je jamais ... Je ne voudrais pas laisser ignorer à V.A. une partie si essentielle à la Physique; ...»

Und schon im folgenden Brief (CXXXIX) führt er seine zentrale Idee ein:

«Il n'y a aucun doute qu'il ne faille chercher la source de tous les phénomènes de l'électricité dans une certaine matière fluide et subtile; mais nous n'avons pas besoin d'en feindre une dans notre imagination. Cette même matière subtile qu'on nomme l'*éther*, et dont j'ai déjà eu l'honneur de prouver la réalité à V.A., est suffisante pour expliquer très-naturellement tous les effets étranges que nous observons dans l'électricité. J'espère mettre V.A. si bien au fait de cette matière, qu'il ne restera plus aucun phénomène électrique, quelque bizarre qu'il puisse paraître, sur l'explication duquel elle puisse être embarrassée. Il ne s'agit que de bien connaître la nature de l'éther.»

Das heisst: derselbe Äther, in dem sich die Lichtwellen fortbewegen, ist auch für die elektrischen Phänomene verantwortlich: die optischen und die elektrischen Eigenschaften sind also eng verknüpft. Whittaker sagt[12]:

"Euler, who remained at Berlin from 1741 to 1766, numbered among his pupils a niece of Frederic, the Princess of Anhalt-Dessau, to whom in 1760–1 he wrote a series of letters setting forth his views on natural philosophy. He anticipated Maxwell in asserting that the source of all electrical phenomena is the same aether that propagates light: electricity is nothing but a derangement of the equilibrium of the aether."

Wie dachte Euler sich die Wechselwirkung zwischen diesem Äther und der gewöhnlichen Materie? Hier sei eine kurze Warnung vorausgeschickt, da man Euler leicht von einem falschen Gesichtspunkt aus liest. Er sagt selbst im CXXXIX. Brief:

«La plupart des physiciens avouent là-dessus leur ignorance. Ils paraissent si éblouis de la variété infinie qu'ils découvrent tous les jours, et par les circonstances tout-à-fait merveilleuses qui accompagnent ces phénomènes, qu'ils perdent tout le courage d'en oser approfondir la véritable cause. Ils y reconnaissent bien une matière subtile, qui en est le premier agent, et qu'ils nomment la *matière électrique,* mais ils sont si embarrassés d'en déterminer la nature et les propriétés, que cette grande partie de la Physique en devient plutôt embrouillée qu'éclaircie.»

Die meisten dieser «elektrischen Materien» waren einfach als eine neue, von allen bekannten, verschiedene Substanz vorgeschlagen worden, um die Experimente, die man mit geladenen Körpern angestellt hatte, erklären zu können, oft jedoch, ohne dass der Autor dabei an die mechanischen Gesetze dachte, denen sie gehorchen mussten. Die wichtigste dieser Erklärungen war wohl die Franklins, dem man die Entdeckung der Erhaltung der Ladung verdankt. Franklins Schrift[13], seine Briefe an P. Collinson (1747), war Euler wohl durch Aepinus bekannt geworden, der 1759 in seinem Buch[14] eine eingehende Theorie der Elektrizität und des Magnetismus veröffentlichte, und Euler hatte Aepinus' Theorie in einer kurzen Besprechung dargestellt und kritisiert. Eulers Hauptziel dagegen war auch hier ein Verständnis der elektrischen Kräfte im Rahmen der von ihm geschaffenen Theorie der Mechanik der Kontinua, genauer der Hydrodynamik und der Akustik. Dies muss man sich immer vor Augen halten, wenn er vom Äther spricht.

Was nun die Wechselwirkung des Äthers mit der Materie betrifft, so sagt Euler: Alle Körper sind in allen Richtungen mit Poren durchzogen, die im gewöhnlichen Zustand mit Äther gefüllt sind. Die elektrischen Eigenschaften eines Körpers hängen davon ab, wie leicht bzw. wie schwer die Poren zu öffnen sind. In die Leiter (Metalle usw.) dringt der Äther leicht ein und fliesst leicht hinaus; denn die Poren sind sozusagen immer offen. Bei andern Stoffen dagegen braucht es eine gewisse Kraft, die Poren durch Reibung zu öffnen: dies sind die Isolatoren. Dabei wird entweder Äther aus den Poren heraus oder in sie hineingepresst, d.h. es gibt positiv und negativ geladene Körper. Euler gehört somit zu denen, die zwei Elektrizitätsarten ablehnten. Allein diese, wie die spätere Entwicklung gezeigt hat, nur scheinbar fundamentale Frage hat ihn nicht primär interessiert. Modern ausgedrückt: Er interessierte sich in erster Linie für das elektrische Feld, nicht für die Ladung. Denn da sein Äther eine kompressible Flüssigkeit war, erfüllte er automatisch, wie Euler wusste, eine Kontinuitätsgleichung und damit einen Erhaltungssatz. Aus diesen Grundideen erklärt er qualitativ eine ganze Reihe von Erscheinungen und Experimenten, u.a. auch die von Muesschenbroek entdeckte Leydener Flasche.

Magnetismus

Zu Fragen des Magnetismus schrieb Euler eine ganze Reihe von Arbeiten; dazu sind nicht weniger als 19 (CLXIX–CLXXXVII) der *Lettres à une Princesse d'Allemagne* (E.343/O.III, 11, 12), d.h. etwa ein Zwölftel, diesem Gegenstand gewidmet, zwei mehr als der Elektrizität.

Verfolgen wir die Geschichte des Magnetismus in Europa seit ihren Anfängen im 13.Jahrhundert, so sehen wir, dass von den Elementen, deren sich die heutige Physik zu dessen Beschreibung bedient, nicht die Kraft, sondern die Feldlinie das älteste ist. Tatsächlich können wir sie bis auf Petrus Peregrinus (1269) zurückverfolgen[15].

Lesen wir Eulers Ideen zum Magnetismus in den *Lettres,* so fällt zunächst auf, dass er das Thema von einer Aufgabe der Praxis aus einführt, nämlich als ein Mittel, um den Längengrad, auf dem sich ein Schiff befindet, mit dem Kompass zu bestimmen; eine Idee, die als erster Henry Oldenburg im Jahre 1667 vorgeschlagen hatte[16]. Tatsächlich hatte sich die Wissenschaft vom Magnetismus zu jener Zeit deutlich in zwei Zweige getrennt, einerseits in die Kunde vom Erdmagnetismus, deren Ziel eine möglichst exakte Beschreibung des magnetischen Erdfeldes (wie wir heute sagen) war, und anderseits in die eigentliche Theorie des Magnetismus, die Magnetodynamik.

Erstere hatte nach der Entdeckung der Deklination, der Entdeckung von deren zeitlichen Schwankungen und der Entdeckung der Inklination zur Erstellung magnetischer Erdkarten geführt. Ein Höhepunkt dieser Entwicklung war Edmund Halleys berühmte magnetische Karte, auf der die Linien, auf denen man dieselbe Deklination findet, eingetragen sind[17]. All dies erklärt Euler seiner fürstlichen Schülerin in seiner bekannten, luziden Art, die zudem eine eingehende Kenntnis der technischen Probleme verrät. Die Aufgabe, die sich Halley stellte, war in der Tat eine verwickelte: Aus einzelnen Messungen der Deklination, die aber durchaus nicht die ganze Erde dicht umspannten, wollte er die «Isodeclinen» finden und daraus indirekt die Natur des Erdmagneten, d.h. vor allem die Zahl und die Lage seiner Pole, bestimmen. Halley glaubte, die einfache Annahme eines magnetischen Dipols reiche nicht aus, seine Kurven zu erklären, und schlug vor, vier bewegliche Pole anzunehmen. Hier setzte nun Euler ein, und er hat dieser Frage mehrere Arbeiten gewidmet.

Halleys Vorschlag schien ihm unnötig kompliziert und voreilig. Er zeigte – genau wie dies die Physiker heute noch tun, wenn sie die Messungen kritisch zu verstehen suchen, um von ihnen aus zu den Gesetzen vorzudringen –, dass man mit zwei Polen auskommt, wenn man annimmt, dass sie weit genug von den geographischen Polen entfernt und beweglich sind. Er hat das magnetische Feld, das aus dieser Annahme resultiert, berechnet und die Feldlinien angegeben. Auf dem Gebiet des Magnetismus ist dies das erste Beispiel eines mathematisch definierten Feldes.

Die erste (nicht triviale) mathematische Formulierung eines Feldes verdankt man (gemäss C. A. Truesdell) – nach ersten Schritten von Euler selbst – d'Alembert[18]; und dann hat Euler den Feldbegriff in völliger Allgemeinheit in seinen hydrodynamischen Schriften entwickelt und ausgeführt. Das Beispiel zeigt, wie seine Ideen über das Wesen des Magnetismus sich aus denen der Hydrodynamik entwickelt haben. «Man versucht immer, mit Ideen zu arbeiten, mit denen man früher Erfolg gehabt hat», sagte einmal Wolfgang Pauli.

Wiederum ist es also ein Fluidum, das im Zentrum von Eulers Denken steht, und seinen Ideen über die Dynamik des Magnetismus müssen wir uns nun zuwenden.

Äusserlich fügt sich Eulers Lehre durchaus in die traditionelle Cartesische ein, die Huygens ausgebaut hatte und die u. a. auch Daniel Bernoulli fortsetzte. Der Äther durchdringt und umgibt die Erde in einem grossen Wirbelstrom. Speziell kann er durch die Poren des Eisens dringen, und wenn diese Poren parallel gerichtet sind, so ist das Eisen ein Magnet. Aus diesen Grundannahmen gelingt es ihm dann, auch hier die Beobachtungen qualitativ zu erklären. Euler hat im allgemeinen, wie Frau P. Radelet zeigte[19], diese Lehre bloss verfeinert; aber in einem wesentlichen Punkt hat er sie vertieft! Wie Daniel Bernoulli interessierte er sich für die Frage: Wie hat sich der Wirbel überhaupt gebildet? Modern ausgedrückt heisst dies, dass Euler klar sah, dass dem Äther kinetische und elastische Energie zukommt.

Darüber hinaus verdienen aber noch zwei weitere Punkte Beachtung, die für die spätere Wirkung seiner Lehre, auf die ich gleich zurückkommen werde, wichtig sind. Erstens haben sich Eulers Anschauungen, im Gegensatz zu seinen Vorgängern, sichtlich im Hinblick auf die von ihm formulierte Hydrodynamik gebildet. Sein Bemühen ist immer die Formulierung einer «Magnetodynamik» in der Fortsetzung von Newtons Mechanik, und der Entdecker der Hydrodynamik wusste besser als jeder andere, was das bedeutete.

Zweitens der Äther. Ursprünglich, und dies ist auch in der *Anleitung zur Natur-Lehre*[26] (E.842/O.III, 1) Eulers Ansicht, sollte derselbe Äther für Schwerkraft, Magnetismus, Elektrizität und Licht verantwortlich sein. Dass der Lichtäther auch für die elektrischen Phänomene verantwortlich sei, daran hat er offenbar nie gezweifelt. Was den Magnetismus betrifft, so hat er geschwankt. In den *Lettres* ist er der Ansicht, dass das elastische Medium, das die magnetischen Kräfte überträgt, viel dünner sein müsse als der Lichtäther. Offenbar haben die Resultate neuer Experimente, wie wir dies bei der Frage der Frequenz der Lichtstrahlen sahen, veranlasst, seine Meinung zu ändern. Für immer? Ich vermag dies nicht zu beantworten; die Datierung der *Anleitung* ist bekanntlich unsicher[20], und dieser Umstand erschwert es, Eulers Ideen chronologisch zu verfolgen. Eine Untersuchung würde sich aber lohnen.

Es scheint, dass von den drei hier besprochenen Gebieten Eulers Ideen über den Magnetismus den längsten und bemerkenswertesten Widerhall gefunden haben, und ich erlaube mir deshalb, einen Irrtum in meiner *Einleitung zu den Commentationes Opticae* in O.III, 5, zu korrigieren. Betreffend Faraday hatte ich geschrieben: «Seine physikalischen Anschauungen sind den Eulerschen unstreitig eng verwandt, doch scheint ein Einfluss Eulers auf Faraday unwahrscheinlich.» Dabei hatte ich an Eulers wissenschaftliche Arbeiten gedacht, aber die *Lettres à une Princesse d'Allemagne* vergessen! Die *Lettres* wurden laut dem Verzeichnis in O.III, 12, bis 1872 in insgesamt neun Sprachen ungefähr 110mal aufgelegt (!), und Faraday hat die *Lettres* gekannt und sie verschiedentlich erwähnt. So sagt er an einer Stelle[21]:

"There are at present two, or rather three general hypotheses of the physical nature of magnetic action. First, that of aethers, carrying with it the idea of fluxes or currents, and this Euler has set forth in a simple manner to the unmathematical philosopher in his Letters; in that hypothesis the magnetic fluid or aether is supposed to move in streams through magnets, and also the space and substances around them ... Then there is the hypothesis of two magnetic fluids, which being present in all magnetic bodies, and accumulated at the poles of a magnet, exert attractions and repulsions upon portions of both fluids at a distance, and so cause the attractions and repulsions of the distant bodies containing them. Lastly, there is the hypothesis of Ampère, which assumes the existence of electrical currents round the particles of magnets, which currents, acting at a distance upon other particles having like currents, arranges them in the masses to which they belong, and so renders such masses subject to the magnetic action. Each of these ideas is varied more or less by different philosophers, but the three distinct expressions of them which I have just given will suffice for my present purpose. My physico-hypothetical notion does not go so far in assumption as the second and third of these ideas, for it does not profess to say how the magnetic force is originated or sustained in a magnet; it falls in rather with the first view, yet does not assume so much."

Und in der Fussnote findet sich:

"Euler's *letters,* translated, 1802, vol.i, p.214; vol.ii, p.240, 242, 244."

Schlussbemerkungen

Die Ausführungen über Eulers Arbeiten in den drei besprochenen Gebieten müssen noch in zwei Richtungen ergänzt werden.

Zunächst wäre, wie immer bei Euler, das Bild unvollständig, wenn man nicht sein intensives Interesse an technischen Fragen erwähnte. Im Fall des Magnetismus habe ich darauf hingewiesen, aber genau wie auch für die Mechanik und die geometrische Optik gilt dies für alle hier besprochenen Gebiete. Dieses Interesse tritt fast in jeder der *Lettres* hervor. Euler war alles andere als ein nur in der Formelwelt lebender Mathematiker. Die *Lettres* vermitteln ein eindrückliches Bild von seinen umfassenden technischen Kenntnissen, und viele mathematische Untersuchungen sind durch diese angeregt worden.

Auf den anderen Punkt werden wir geführt, wenn wir uns fragen, was war denn Eulers Wirkung auf die Physik nach ihm? Hier ist nicht der Ort, auf diese Wirkung im einzelnen einzugehen. Man müsste dazu auch einmal dem Einfluss der *Lettres* nachspüren; denn dieser war, wie das Beispiel Faradays zeigt, wesentlich weitreichender, als man erwarten könnte. Aber folgendes in der späteren Entwicklung der Physik ist beachtenswert.

Bloss eine kleine Zahl von Forschern, unter ihnen Johann II Bernoulli[22], haben sich Newtons Korpuskularoptik *nicht* angeschlossen. Selbst Lambert, der zwar Eulers Theorie den Vorzug gab[23], wollte sich nicht definitiv entscheiden. Der Entscheid zugunsten der Wellentheorie kam erst später durch die Entdeckungen von Young und Fresnel, die beide mit Eulers Arbeiten vertraut waren. Aber im neuen Jahrhundert übernahm dann die experimentelle Forschung die Führung auf diesem Gebiet.

Was Elektrizität und Magnetismus betrifft, so war schon von Daniel Bernoulli und F.Th. Aepinus und dann entscheidend von Coulomb an der elastische Äther durch die Fernkräfte verdrängt worden. Sommerfeld hat diese Entwicklung aufgezeichnet[24], und ihre klassische Formulierung, die wohl das Denken, mindestens der Physiker in Deutschland, weitgehend beherrschte, findet sich in Helmholtz' *Von der Erhaltung der Kraft*[25] aus dem Jahre 1847.

Auf allen drei Gebieten wandte sich also die Entwicklung zunächst von Eulers Ideen ab und kam *erst später,* zur Zeit Faradays und Riemanns, in einem gewissen Sinn zu ihm zurück. Fast dasselbe hat Truesdell mit Bezug auf die Nachwirkung von Eulers mechanischen Arbeiten festgestellt. Wie kam das?

Wenn wir heute – fast am Ende des 20. Jahrhunderts, in dem die Physik einen so andern Charakter annahm als den, den sie im 19. hatte, ja in vielem mit der Physik des 18. mehr gemeinsam hat – Eulers Stellung in der Geschichte zu bestimmen suchen, so sehen wir die Entwicklung der letzten 300 Jahre deutlicher. Was war denn Eulers Äther, der im Zentrum seiner physikalischen Ideen steht? Er war, wie gesagt, nicht eine weitere unter vielen andern Substanzen, wie sie damals schnell vorgeschlagen wurden, um dann wiederum ebenso schnell von der Bildfläche zu verschwinden. Eulers Äther ist der Träger des *Kraftfelds.* Der *Feldbegriff,* dessen Formulierung auf d'Alembert und Euler zurückgeht, ist der grosse Schritt, den wir dem 18. Jahrhundert verdanken. Die Gesetze der Punktmechanik beschreiben unendlich kleine Änderungen in einem unendlich kleinen Zeitabschnitt, so hatte Newton gelehrt. Die Gesetze ausgedehnter Körper beschreiben unendlich kleine Änderungen in einem unendlich kleinen Zeit- *und* Raumabschnitt. Euler hatte dies vor allem in seinen grossen Arbeiten zur Hydrodynamik ausgeführt. Von ihm ist der Feldbegriff zuerst zur französischen Schule und dann wohl durch Cauchy zu Stokes und Maxwell gelangt. Wie dem auch immer im einzelnen sei, das Programm, das sich an den Begriff der Zentralkräfte knüpfte, der die Physik des 19.Jahrhunderts beherrschte, wurde – zu wie grossartigen Resultaten er auch geführt hatte – schon von Cauchy, Faraday und Maxwell an, langsam, aber sicher durch das Programm der Feldphysik, dem ja auch Newton im geheimen huldigte, verdrängt. Der physikalische Träger aber des mathematischen Feldes blieb bis Anfang dieses Jahrhunderts der *elastische Äther*.

Hier muss nun endlich auch Eulers postum erschienene Schrift *Anleitung zur Natur-Lehre*[26] erwähnt werden. Diese ist einerseits eine eingehende und kritische Darstellung der ganzen Grundlagen der Mechanik, ihrer wichtigsten Begriffe und Resultate, vor allem auch des («klassischen») Relativitätsprinzips, anderseits eine kühne Spekulation, deren Ziel es ist, eine zusammenhängende einheitliche Naturlehre als Programm zu skizzieren. Euler glaubt, alle Erscheinungen auf die Wechselwirkung nur zweier Materien zurückführen zu können: einer «groben» und einer «subtilen». Die schwere Materie erscheint uns dank der Verschiedenheit ihrer möglichen geometrischen Strukturen in Form der diversen Stoffe. Vermutlich hat Euler ihre Erforschung der Chemie überlassen, eine der «Ketten, die er mit bewusster Beschränkung beiseite lässt». Die «subtile» Materie, eben der Äther, ist für Schwerkraft, Elektrizität, Magnetismus und Optik verantwortlich. In der *Anleitung* finden wir in systematischer Form das Programm, das er im einzelnen in den Arbeiten und den *Lettres* konkret auszuarbeiten versuchte.

Dem 19.Jahrhundert waren solche Spekulationen fremd, ja zuwider, und sie haben denn auch kaum Anklang gefunden. Immerhin ist es möglich – es spricht sogar einiges dafür –, dass Riemann die *Anleitung* gekannt, dass er sie studiert hat und von ihr beeinflusst war. Wie dem auch sei, im 20.Jahrhundert haben wir gelernt, anders zu denken. Spekulationen mit dem Ziel, die Physik durch *ein* zusammenhängendes Gleichungssystem, einer «einheitlichen Feldtheorie», wie wir sagen, zu begründen, erscheint uns heute als eine völlig legitime, ja sogar nötige Forschungsweise. Wir können heute Euler besser verstehen.

Faraday und Maxwell haben mit Hilfe des Äthers Optik, Elektrizität und Magnetismus für immer zusammengefügt, und der Feldbegriff, der den Äther überlebt hat, steht heute im Zentrum der Physik. Radikal verschieden sind die heutigen Versuche einer «einheitlichen Feldtheorie» nicht; einiges verstehen wir dank der Quantentheorie besser, was anderes betrifft, so stehen wir im Grunde heute noch vor denselben Rätseln.

Kehren wir zum Ausgangspunkt zurück. Eulers Arbeit wurde, wie A. Speiser bemerkte, unverkennbar von der Mathematik vorangetrieben. Sie war die Quelle seiner Phantasie und der Motor in all diesen vielfältigen Untersuchungen. Euler hatte offenbar ein unbegrenztes Vertrauen in die Kraft der mathematischen Denkweise. Das bedeutet nicht, dass für ihn die Kenntnis der Natur von zweitrangigem Interesse war; im Gegenteil, die Natur war dauernd Gegenstand seines Nachdenkens und Forschens. Ein grosser, vielleicht der überwiegende Teil seiner Resultate auf dem Gebiet der Analysis ist der Ertrag seiner Bemühungen, die Naturgesetze zu erkennen und adäquat zu formulieren.

Fragen wir: Wie und wo treffen sich die mathematischen Deduktionen mit den empirischen Beobachtungen und Experimenten der Physik? Wie verhält sich die Geometrie zur Mechanik und diese zur Physik? So lautet Eulers Antwort: Die Geometrie, d.h. die Kenntnis vom Raum, in dem wir leben, ist *ein Teil* der Mechanik, diese *ein Teil* der Physik. Seine Lehre deckt sich mit der Newtons, Riemanns und Einsteins.

P. Radelet-de Grave bin ich für Diskussionen und ihre Hilfe bei der Erstellung der Quellennachweise zu Dank verpflichtet. Meine Frau und Frl. H. Speiser haben mich bei der Erstellung des Manuskripts unterstützt; auch ihnen gilt mein herzlichster Dank.

Anmerkungen

1   *Die Basler Mathematiker*, von Andreas Speiser. 117. Neujahrsblatt, herausgegeben von der Gesellschaft zur Beförderung des Guten und Gemeinnützigen, Basel 1939. Das dem Artikel vorangestellte Zitat findet sich dort p. 39.

2   B. Riemann, in: *Gesammelte Mathematische Werke*, Heinrich Weber (ed.), Dover publications, Inc., New York, p. 507.

3   O. II, 11–13.

4   Für die Schriften zur Optik cf. O. III, 5. Die Edition der Schriften zur Elektrizität und zum Magnetismus stehen vor der Herausgabe in O. III, 10.

5   E. 487/O. III, 5, p. 354.

6   E. 67 und 68/O. II, 31 (in Vorbereitung).

7   E. 127/O. III, 5, p. 78; cf. auch D. Speiser, *L. Euler, the principle of relativity and the fundamentals of classical mechanics*, Nature 190, No. 4778, May 27, 1961, p. 757.

8   Cf. note 7.

9   E. 16/O. III, 5, p. 172, und insbesondere p. 175 ff.

10 E. 234/O. III, p. 239 ff.; A. 28/O. III, 5, p. 300 ff.

11 Cf. C. Pulfrich, in: *Handbuch der physikalischen Optik I*, E. Gehrke (ed.).

12 E. Whittaker, *A history of the theory of Aether and Electricity*, London 1951, p. 98.

13 B. Franklin, *Letters from Mr. Benjamin Franklin of Philadelphia to Mr. Peter Collinson, F.R.S.*, London 1747.

14 F.U.Th. Aepinus, *Tentamen theoriae Electricitatis et Magnetismi*, St. Petersburg 1759.

15 D. Speiser, P. Radelet-de Grave, *Epistola Petri Peregrini de Maricourt ad sygerum de Foucaucourt militem: De Magnete*, Revue d'histoire des sciences XXVIII/3, 1975, p. 193.

16 H. Oldenburg, *To observe the Declinations and the Variations of the compass or Needle from the Meridian exactly*, …, Phil. Trans., Vol. II, 1667.

17 *A theory of the Variation of the Magnetical Compass by the most ingeneous Mr. Ed. Halley*, Phil. Trans., Vol. XIV, 1683, p. 197. "The description and Uses of a New and Correct Sea-chart of the whole World, shewing the Variations of the Compass." This

Chart is sold by Thomas Page and William Mount in Postern-Row, Tower-Hill. Cf. auch G. Hellmann, *Neudrucke von Schriften und Karten über Meteorologie und Erdmagnetismus*, Vol. 4, Berlin 1898.

18 J. d'Alembert, *Essai d'une nouvelle théorie de la résistance des fluides*, David l'aîné, Paris 1752.

19 P. Radelet, *Les lignes magnétiques du XIIIe au milieu du XVIIIe siècle*, Cahiers d'histoire et de philosophie des Sciences, nouvelle série no 1, 1982, Centre de Documentation Sciences Humaines.

20 Zu ihrer Datierung cf. O. II, 12, p. C. – Truesdell hat dort eine Reihe von Argumenten, die für eine späte Datierung der *Anleitung* sprechen, angegeben; dazu möchte ich noch auf die Verwandtschaft gewisser Ausführungen dieser Schrift mit den analogen in der *Theoria motus corporum* ... (E. 289/O. II, 3) hinweisen.

21 M. Faraday, *Experimental Researches on Electricity* (1854). Ein (kaum vollständiges) Verzeichnis von Faradays Zitationen Eulers findet sich in D. Speiser, *L'œuvre d'Euler en optique physique*, L'Histoire des Sciences, Textes et Etudes, Vrin, Paris 1978, p. 218.

22 Johannes II Bernoulli, Basel 1710–1790.

23 J. H. Lambert, *Photometria, sive de mensura et gradibus luminis, colorum et umbrae*, Augsburg 1759.

24 A. Sommerfeld, R. Reiff, *Standpunkt der Fernwirkung. Die Elementargesetze*, Encyklopädie der Mathematischen Wissenschaften, Bd. 5, p. 3.

25 Ostwalds Klassiker der exakten Wissenschaften, 26 *Anleitung zur Natur-Lehre, worin die Gründe zu[r] Erklärung aller in der Natur sich ereignenden Begebenheiten und Veränderungen festgesetzet werden*, E. 842/O. III, 1, p. 16–178. – Während der Fahnenkorrektur der vorliegenden Arbeit erhielt ich den Artikel von Herrn R. Halleux (Liège), *Huygens et la théorie de la matière*, in: *Huygens et la France*, Vrin, Paris 1981, p. 187–196, aus dem ich ersehe, dass Huygens ähnliche Ideen aussprach, die vermutlich Euler beeinflusst haben. Es muss einer anderen Arbeit vorbehalten bleiben, den Sprung, den Eulers Ideen bedeuten, im einzelnen zu untersuchen.

Gleb K. Mikhailov

Leonhard Euler und die Entwicklung der theoretischen Hydraulik im zweiten Viertel des 18. Jahrhunderts

Die Geschichte der Strömungslehre im 18. Jahrhundert wurde eingehend von Clifford Truesdell erforscht. Seine als klassisch anerkannten Untersuchungen auf diesem Gebiet bilden seine umfangreichen Einleitungen zu den Euler-Bänden O. II, 12 und 13; sie sind seinen vielen folgenden Abhandlungen zugrunde gelegt. Es ist allgemein bekannt, dass die Schaffung der Grundlagen der modernen Hydrodynamik idealer (inkompressibler und z. T. auch kompressibler) Flüssigkeiten eine Frucht von Leonhard Eulers wissenschaftlicher Tätigkeit ist. Weniger bekannt ist jedoch seine Rolle in der Entwicklung der theoretischen Hydraulik, worunter man gewöhnlich die hydrodynamische Theorie der Flüssigkeitsbewegungen unter der eindimensionalen Strömungsmodellierung versteht. Traditionell und mit guten Gründen ist man der Ansicht, dass die Grundlagen der Hydraulik von Daniel und Johann Bernoulli in ihren zwischen 1729 und 1743 publizierten Werken geschaffen wurden. Tatsächlich hat Euler im zweiten Viertel des 18. Jahrhunderts keinen einzigen Artikel über die Elemente der Hydraulik veröffentlicht. Das zentrale Thema der meisten neueren historisch-kritischen Studien über den Stand der Prinzipien der Hydraulik in jenem Zeitabschnitt ist die Erörterung der betreffenden Beiträge von Daniel und Johann Bernoulli. Doch stand Euler stets hinter dem Vorhang der Bühne, auf welcher sich die Ereignisse abspielten, und kaum ein Zeitgenosse war imstande, deren Spannung mitzuerleben.

Der vorliegende Artikel ist gerade den nicht veröffentlichten und nicht geschriebenen Werken von Euler über theoretische Hydraulik und seiner Rolle für die hydraulischen Studien von Daniel und teilweise auch von Johann Bernoulli gewidmet (weshalb die letzteren hier auch in gehöriger Weise geprüft werden).

Es lassen sich vier prinzipielle Probleme der Hydraulik unterscheiden, die im fraglichen Zeitabschnitt erfolgreich behandelt bzw. gelöst wurden: die Berechnung der Wasserbewegung mit Hilfe des Prinzips der Erhaltung der lebendigen Kräfte, die Bestimmung des Rückstosses beim Ausfluss aus Gefässen, die Einführung des Begriffs des Druckes in Flüssigkeitsströmungen und schliesslich die direkte Anwendung des Impulssatzes (Newtons *lex II*) für Fluidbewegungen. Alle diese Probleme werden im vorliegenden Artikel mehr oder weniger berührt, obwohl sie schon früher von verschiedenen Gesichtspunkten aus gründlich diskutiert worden sind, und zwar von C. Truesdell, I. Szabó sowie auch teilweise vom Verfasser selbst.

Daniel Bernoulli und Leonhard Euler bekundeten ihr Interesse für hydraulische Probleme um die Mitte der zwanziger Jahre. Es ist selbstverständlich, dass beide – Schüler von Johann Bernoulli – in ihren damaligen Untersuchungen das Prinzip der lebendigen Kräfte anwandten – jenes Prinzip, für welches sich ihr Lehrer damals so begeisterte.

Das früheste Zeugnis für Daniel Bernoullis hydraulische Interessen bilden seine 1724 in Venedig publizierten *Exercitationes quaedam mathematicae*. Darin finden sich allerdings noch keinerlei Berechnungsmethoden und keine Erwähnung irgendeiner Anwendungsmöglichkeit des Prinzips der lebendigen Kräfte. Der hydraulische Teil der *Exercitationes,* beinahe die Hälfte des ganzen Büchleins bildend, ist gänzlich der Reaktionskraft beim Ausfluss aus Gefässen gewidmet.

Bekanntlich bestimmte Isaac Newton in der ersten Auflage der *Principia* (1687) die Reaktionskraft ausfliessender Wasserstrahlen falsch, nämlich als gleich dem Gewicht einer Wassersäule, deren Querschnitt und Höhe mit der Gefässöffnung und dem Niveau übereinstimmten. Dies entsprach der irrigen Bestimmung der Geschwindigkeitshöhe des ausfliessenden Wassers, die Newton damals – im Gegensatz zur korrekten Torricellischen Formel – auf die Hälfte reduzierte. Diese Fehler wurden sofort entdeckt, und die richtigen Berechnungen – unter anderem die zu verdoppelnde Reaktionskraft – wurden in den Christiaan Huygens zugeschriebenen (grösstenteils jedoch anderen Forschern gehörenden) *Annotata postuma* (1701) veröffentlicht. In der zweiten Auflage der *Principia* (1713) hat Newton seine Fehler denn auch verbessert. Merkwürdigerweise versuchte Daniel Bernoulli, die berichtigte Lösung in seinen *Exercitationes* zu widerlegen und Newtons erste, irrige Lösung zu bestätigen – gegen Newton und die Autorität von Huygens. Und dies, obwohl Jacopo Riccati, mit dem er darüber stritt, ihm sehr deutlich das Wesen des Problems mittels der Berechnung der Änderung der Bewegungsgrösse erklärt hatte. Später wird sich Daniel nur nebenbei in seiner *Hydrodynamica* daran erinnern (cf. §9, 13.Teil).

Im Sommer 1725 stattete Daniel Bernoulli seiner Vaterstadt Basel einen Besuch ab: Er befand sich auf seinem Wege nach Petersburg und kam von Italien, wo er zwei fruchtbare Jahre verbracht hatte. In Basel sollte er nach einer langen Trennung verschiedene Fragen mit seinem Vater Johann besprechen und den inzwischen – mindestens akademisch – erwachsenen Leonhard Euler wiedersehen. Leider wissen wir gar nichts über die von ihnen geführten wissenschaftlichen Gespräche aus jener Zeit. Im Herbst verliess Daniel die Schweiz und kam nach Petersburg. Erst hier, vermutlich im folgenden Jahr, begann er seine systematischen Untersuchungen zur Hydraulik.

Über die wissenschaftlichen Interessen des jungen Euler gibt es zuverlässige Zeugnisse: sein dickes Notizbuch aus den Jahren 1725–1727 (cf. *BV* Mikhailov, 1959, p.269ff.). Es zeigt, dass damals sein Hauptinteresse auf dem Gebiet der Mechanik lag und dass er noch in Basel Ausflussprobleme mittels des Prinzips der lebendigen Kräfte löste. In diese Zeit gehören zwei Entwürfe zu hydraulischen Forschungsplänen Eulers. Der erste (grössere) erörtert 37 Punkte und beinhaltet: Wasserabstieg und Anstieg in zylindrischen und ungleichförmigen Röhren, Ausfluss aus ständig vollen Gefässen, Wasserschwingungen in gekrümmten Röhren und Gefässen, Ausfluss komprimierter und elastischer Flüssigkeiten unter verschiedenen Bedingungen, Ausfluss durch zwei Öffnungen (inklusive unter dem Wasserspiegel), Flußströme, Zirkular- und Wirbelbewegungen der Fluide, Gestalt der rotierenden Flüssigkeiten, Wasserwiderstand, Wasserstrahlen, Wasserwellen (cf. *BV* Mikhailov, 1959, p.259f.).

Am 5.April[1] 1727 reiste Leonhard Euler von Basel ab und gelangte nach einer dreiwöchigen Schiffsreise am 24.Mai nach Petersburg. An diesem Tag speiste er bei Jakob Hermann zu Mittag, und am Abend besuchte er Daniel Bernoulli. Nach erster Regelung seiner Lebens- und Wohnungsfragen sollte Euler mit Bernoulli wissenschaftliche Probleme diskutieren. Schon damals durfte es klar geworden sein, dass Leonhard und Daniel in der Hydraulik zu denselben Resultaten gelangt waren. Beide berechneten den Ausfluss aus Gefässen mittels des Prinzips der Erhaltung der lebendigen Kräfte. – Wie sollten sie sich in die Resultate teilen? Darüber haben wir keinerlei Information.

Die knappen Zeilen der Protokolle bescheinigen, dass Bernoulli am 18. und 22.Juli 1727 in der Petersburger Akademischen Konferenz einen Vortrag über die Quantität des aus einem Gefäss mit bestimmter Öffnung ausfliessenden Wassers gehalten hat. Zwei Wochen später, am 5. und 8.August, las Euler einen ähnlichen Vortrag. Derjenige Bernoullis wurde im 2.Band der Petersburger Kommentare für 1727 (Comm. Acad. Petrop. 2 (1727), 1729, p.111–125) als kurzer Artikel unter dem Titel *De motu aquarum* [...] publiziert. Er enthält sechs[2] Propositionen einschliesslich der Lösung von drei Problemen, nämlich die Bestimmung der Ausflussgeschwindigkeit bei sich entleerenden unregelmässigen Gefässen mit beliebig grosser Öffnung mit Beispielen des senkrechten zylindrischen Gefässes und eines solchen mit am Boden angeschlossenem zylindrischem Rohr. In der Einleitung erklärt Bernoulli, dass er hier das Prinzip der Erhaltung der lebendigen Kräfte, das früher von seinem Vater in der Mechanik vielfach benutzt wurde, jetzt für die Wasserbewegung verwendet (selbstverständlich macht Daniel dabei auch von dem zu jener Zeit bereits traditionellen hydraulischen Prinzip der Kontinuität Gebrauch). Zum Schluss sagt Bernoulli, dass man dazu noch mehr Probleme mit derselben Methode untersuchen sollte, und zwar die Bewegung der elastischen Flüssigkeiten und den Ausfluss durch zwei Öffnungen.

Kehren wir jetzt wieder zurück zu Leonhard Euler. Zuerst erteilen wir das Wort dem Konkurrenten. Einige Tage nach Eulers Vortrag, am 13. August[3] 1727, schreibt Bernoulli an seinen paduanischen Kollegen Giovanni Poleni:

«J'aurai cependent l'honneur de vous dire que je suis enfin heureusement tombé sur la véritable théorie du mouvement des eaux, qui est très générale et peut être appliquée à tous les cas possibles. Vous savez, avec quel soin elle a été recherchée par les plus habiles géomètres, mais en vain, car je puis dire que tous ceux, qui ont voulu pousser leurs recherches par dessus l'hypothèse du trou infiniment petit, s'y sont trompez. Mais ce qui est encore plus remarquable est que dans le même tems cette théorie a été trouvée par une méthode différente par Mr. Euler de Bâle, élève de mon père, qui lui fera bien de l'honneur ...

Notre théorie n'a jamais été démentie par aucune expérience, mais comme il est difficile d'observer les vitesses à chaque moment, lorsque le trou n'est pas infiniment petit, nous avons calculé par le moyen de certaines séries les tems requis pour l'écoulement de toute la quantité d'eau; or il est impossible de determiner ces tems sans la connaissance des vitesses ...»

Man richte die Aufmerksamkeit besonders auf die Worte Bernoullis «notre solution», «notre théorie» und andere ähnliche Wendungen! Doch wurden in jener Zeit keine hydraulischen Abhandlungen von Euler veröffentlicht, und bis in unsere Zeiten wussten wir nichts über seine Tätigkeit auf diesem Gebiet. Erst vor etwa 30 Jahren hat der Verfasser – während der Sichtung und Ordnung der *Euleriana* im Archiv der Akademie der Wissenschaften in Leningrad – ein Manuskript von Euler *De effluxu aquae ex tubis cylindricis utcunque inclinatis et inflexis* gefunden, das wahrscheinlich im Sommer oder Herbst 1727 geschrieben wurde. Zweifellos liegt in dieser Abhandlung das Material des oben erwähnten Vortrags von Euler vor[4]. Er löst darin das Problem des Gefässausflusses mit Hilfe des Prinzips der lebendigen Kräfte. Zuerst untersucht Euler schiefe Röhren, danach[5] den Ausfluss aus senkrechten zylindrischen Gefässen und schliesslich aus solchen mit kegelförmigen Stutzen, deren äusseres Ende partiell mit Klappen verschliessbar ist.

Für ein zylindrisches Gefäss findet Euler die Geschwindigkeit des Niveauabstiegs als Funktion der Niveauhöhe, die maximale Geschwindigkeit während der Entleerung des Gefässes sowie die Zeit der Entleerung (die letztere mittels Integration verschiedener Reihenentwicklungen für das Differential der Abstiegszeit). Speziell werden die Fälle der Querschnittsverhältnisse $n \equiv \Omega / \omega = 1$ (Gefäss ohne Boden), $n = \infty$ (unendlichkleine Öffnung) und $n^2 = 2$ (Ausartung der allgemeinen Differentialgleichung) untersucht. Ähnlich behandelt Euler den Fall des kegelförmigen Stutzens.

In dieser Abhandlung findet sich keine Lösung für den allgemeinen Fall des Ausflusses aus unregelmässigen Gefässen, jedoch führt Euler bei der Untersuchung von Gefässen mit Stutzen zuerst das Theorem zur Berechnung des Inkrements der lebendigen Kraft während des infinitesimalen Abstiegs des Wassers in einem beliebig geformten Gefäss an. Er findet dieses Inkrement gleich dem dreifachen Produkt aus dem Wasserspiegelquerschnitt, dessen Höhe über der Öffnung und dem Niveauabstieg. Dann fügt Euler hinzu (§ 56): «Kaum hatte der berühmte D. Bernoulli das Theorem gesehen, hat er es sofort mit einem eigenen Beweis aus der Natur des Schwerpunktes untermauert und diesen Beweis unlängst vor der hohen Versammlung [der Akademie] dargelegt.» Dieses Theorem bildet die zweite Proposition des von Bernoulli publizierten Vortrags.

Vergleicht man diesen mit Eulers unveröffentlichter Abhandlung, so wird ohnehin klar, dass Daniels Brief an Poleni keinerlei Übertreibung enthielt, als er von der mit Euler gemeinsamen Theorie sprach. In einigen Details ist die Abhandlung Eulers sogar ausführlicher als diejenige Bernoullis (z. B. in der Bestimmung der Entleerungszeiten). Dennoch findet sich in der letzteren keinerlei Erwähnung Eulers, der allerdings die Publikation seiner Abhandlung nie zum Vorschlag gebracht hatte.

Dies konnte sicher nur als Resultat einer gegenseitigen Vereinbarung geschehen, die bereits Anfang Herbst 1727 getroffen worden sein muss. Dafür spricht auch der Umstand, dass es keiner von beiden für nötig hielt, Johann Bernoulli über Eulers hydraulische Erfolge und alle damit verbundenen Dinge zu informieren.

Übrigens plante Euler im August 1727 eine Erweiterung seiner hydraulischen Untersuchungen. Um Eulers und Bernoullis wissenschaftliche Interessen in jener Zeit zu charakterisieren, können wir uns an einem Bericht der Petersburger Akademie vom 7. September 1727 orientieren, der für den Obersten Geheimen Staatsrat verfasst wurde[6]. Dort sind 13 Themata erwähnt, von denen Euler «einige bereits zur Untersuchung durch die Professoren vorgeschlagen hat und die restlichen zukünftig vorschlagen wird», und zwar:

«Neue Theorie des Wasserausflusses aus Gefässen und deren Anwendung zur Bestimmung der Wasserbewegung beim Ausfluss aus einzelnen Zylindern und aus Zylindern, an die ein Gefäss oder Rohr beliebiger Form angeschlossen ist, die mit dafür eingerichteten Experimenten wohl übereinstimmt.

Über den Wasserausfluss aus ständig vollen Gefässen, wobei die Wasserbewegung in Fontänen und anderen Wasseranlagen behandelt wird.

Wasserausfluss aus partiell ins Wasser getauchten Gefässen, wobei die Schwingungen beim Auf- und Abstieg des Wassers bestimmt werden.

Untersuchung über Wasserschwingungen in gekrümmten Röhren beliebiger Form.»

Vier weitere Themata waren der Theorie des Schalles, drei der Bewegung der Körper in widerstehenden Medien und zwei den reziproken Trajektorien gewidmet. Das erhaltene Manuskript *De effluxu aquae* entspricht gänzlich dem ersterwähnten Thema.

Was Bernoulli anbelangt, so figurieren in demselben Bericht 11 Punkte: sechs davon über Physiologie, je einer über Gravitation, Winddruck auf Segel und Navigation. Lediglich zwei betreffen die Hydraulik:

«Es wird gezeigt, dass die Vermutungen der berühmtesten Gelehrten dieses Jahrhunderts über die Bewegung des durch Röhren fliessenden Wassers weder mit der Vernunft noch mit dem Experiment übereinstimmen. – Diese Probleme sind mittels geometrischer Beweise endgültig gelöst und durch mehrere vor der Akademie durchgeführte Experimente bestätigt worden.»

Daraus wird eher verständlich, dass Bernoulli damals – im Gegensatz zu Euler – seine hydraulischen Studien bereits für abgeschlossen hielt. In jener Zeit sollte jedes Akademiemitglied einen Kursus oder ein Traktat in irgendeinem wissenschaftlichen Gebiet vorbereiten; gemäss dem erwähnten Bericht wurde Daniel Bernoulli ein Traktat über Physiologie aufgetragen.

Leider stehen uns nur indirekte und unsichere Zeugnisse über die Gespräche hinsichtlich Eulers Absage an die Akademie, seinen Vortrag über die Wasserbewegung zu publizieren, zur Verfügung. Im Jahre 1729 brach zwischen D. Bernoulli und G. B. Bilfinger eine Zankerei[7] aus, die recht wenig mit wissenschaftlichen Fragen zu tun hatte, die jedoch von Bilfinger dazu ausgenutzt wurde, Bernoulli als Gelehrten zu diskriminieren. Unter anderem erhob er grob und unsinnig die Beschuldigung, «dass herr Bernoulli alles herrn Eulern, herrn Meyern und seinem vater abgestohlen, was er bey der academie gutes proponiret habe» (p. 556). Derartige absurde Anklagen sollte Daniel Bernoulli schriftlich widerlegen! Eine einzige dieser Beschuldigungen wollen wir hier anführen (p. 572):

«Das *principium virium vivarum* ist, soviel bekannt, zuerst von hrn. Eulern *ad motum aquarum e foramine finito* appliciret worden, da vorhero Bernoulli in seinen *dissertationibus geometricis* gantz andere *principia* gebrauchet; noch dazu hat Bulfinger dieser application in der conferentz widersprochen, und niemahls keine specielle antwort, vielweniger satisfaction darüber erhalten.»

Darauf antwortete Bernoulli kategorisch, aber doch etwas ausweichend (ibidem):

«Dieses *principium* habe ich gewust, ehe und bevor hr. Euler an die mathematic gedacht, und auch auf *problemata* appliciret; zu dem *motum aquarum* gehören 2 *principia*, an welche beyde ich zuerst gedacht; und ist dieses *problema* zuerst recht von mir solviret worden, welche solution der hr. Euler hernach auch gefunden. Sonst ist sehr ridicul, dass man mir objicirt, ich habe vorher in meinen dissertationen gantz andere *principia* gebraucht, als welche mit diesen *principiis* gar kein rapport haben.»

In einer besonderen schriftlichen Erklärung (vom August 1729), die im Archiv der Akademie unter den Kopien der Akten über den Streit der Professoren aufbewahrt wird, musste Euler bezeugen: «Dass auch H. Prof. Bernoulli das geringste, was Er bisher in den Conferentzen vorgelesen, sollte von mir genommen haben, das sage ich nicht und werde es auch niemahlen sagen mit einigem Grund der Wahrheit» (Archiv, R.I.64.11). Selbstverständlich muss man solche Erklärungen durch die Brille des akademischen Streites besehen und entsprechende Korrekturen vornehmen.

Der einzige wesentliche Verstoss in der angeführten Antwort Bernoullis ist sein Anspruch auf die Priorität hinsichtlich der Verwendung des sogenannten zweiten Prinzips der Hydraulik, d.h. des hydraulischen Prinzips der Kontinuität, gemäss welchem die Geschwindigkeiten der Flüssigkeit in jedem Querschnitt reziprok zur zugehörigen Querschnittsfläche sind. Es ist hier nicht der Ort, die lange Geschichte des hydraulischen Kontinuitätsprinzips zu erörtern; wir wollen als einziges Beispiel nur die Abhandlung von J. Jurin (1718) nennen, die Bernoulli kannte und in der die Gleichung für die Form des Newtonschen Kataraktes ($xy^4 = 1$) mit Hilfe dieses Prinzips gefunden worden ist.

Es macht den Anschein, dass Bernoulli 1728 hinsichtlich seiner hydraulischen Studien inaktiv war. Im September wandte sich Daniel, dessen Vertrag mit der Akademie in zwei Jahren ablaufen sollte, an den Präsidenten mit der Anfrage nach dem Sujet seines Pflichttraktates. Die Arbeit an Bernoullis Abhandlung über die Wasserbewegung wurde dann erst im Winter 1728/29 begonnen, und im Juni 1729 schrieb Bernoulli an den Bibliothekar und Kanzleichef der Akademie, Schumacher, zur Weiterleitung an den Präsidenten:

«Je vous prie, Monsieur, ... de lui marquer, que j'ai entrepris depuis 6 mois un traité fort complet sur les loix du mouvement des eaux, qui sera d'environ 40 feuilles; que cet ouvrage m'occupera presque jour et nuit pour tout le tems qui me reste sur mon engagement, parceque je ne trouve aucun secours dans les autheurs, qui n'avoient pû avant le nouveau principe de la conservation des forces vives reduire les dites loix à la pure Géométrie. Une autre raison qui retardera la fin de cet ouvrage c'est le grand nombre d'expérience qu'il me faudra faire ... Mais je n'en saurois venir à bout en si peu de tems, je promets pourtant, en cas que Mr. le Président approuve ces vues, d'y travailler sans cesse, quand je serai de retour dans ma Patrie, et de l'envoyer à cette Académie, quand il sera fini» (Archiv, F.1.3.17, B.16–17r).

Daniel Bernoulli verliess Petersburg erst im Sommer 1733. Er hinterliess der Akademie ein grosses, ca. 400seitiges Manuskript[8] *De motu et actione fluidorum liber primus* und eine daran anschliessende Schrift *Commentariorum de fluidorum aequilibrio et motu sectio praeliminaris*. Das Manuskript sollte später vernichtet werden, indem Bernoulli versprach, dessen Schlussredaktion in Basel vorzunehmen. Schliesslich wurde die *Hydrodynamica* 1738 in Strassburg veröffentlicht. Abgesehen von beträchtlichen redaktionellen Verbesserungen unterscheidet sie sich vom Petersburger Manuskript durch Beifügung des letzten Abschnitts *(Sectio 13)* über die Reaktion der aus Gefässen fliessenden Flüssigkeiten und deren Druck auf ebene Flächen nach ihrem Ausfluss.

Wenn wir uns an den Inhalt der anderen Sektionen der *Hydrodynamica*[9] erinnern und ihn mit den oben angeführten Plänen Eulers vergleichen, so springt sofort eine gewisse Ähnlichkeit in die Augen. Dies erscheint uns ganz natürlich, denn beide Forscher hatten eine relativ gute Vorstellung des Gegenstandes und seinen Möglichkeiten. Wir dürfen wohl mit Sicherheit annehmen, dass Euler sein eigenes Traktat über die Wasserbewegung erfolgreich verfasst hätte, wenn er damals dieses Gebiet nicht ausgeklammert hätte. In Eulers bereits erwähntem ersten Notizbuch finden sich Pläne dreier grösserer Werke, welche der Punktmechanik, der Musiktheorie und der Hydraulik gewidmet sind. Die beiden erstgenannten Projekte wurden realisiert in der zweibändigen *Mechanica* (1736) und dem *Tentamen novae theoriae musicae* (1739), nur die Hydraulik blieb völlig unberührt.

Doch hat Daniel Bernoulli einen grossen, völlig eigenständigen Beitrag zur Hydraulik geleistet, nämlich das von ihm entdeckte Verfahren, den Druck der bewegten Flüssigkeiten auf die Wände der Röhren zu bestimmen. Wir wissen nicht genau, wann Bernoulli auf seine Idee gekommen ist, diesen Druck durch die Beschleunigung der Flüssigkeit im jäh zerschnittenen Rohr zu berechnen. Ihre erste schriftliche Erwähnung findet sich im Brief von D. Bernoulli an Ch. Goldbach vom 17. Juli 1730[10]. Die entsprechende Abhandlung Bernoullis über die Experimente und deren Vergleich mit der theoretischen Formel wurde im 4. Band der Petersburger Kommentare (1729) 1735 publiziert, enthält jedoch die Theorie selbst nicht. Der offizielle «Rapport» der Akademie über die Aktivität ihrer Mitglieder in den Jahren 1728 und 1729 erwähnt keine Vorträge Bernoullis über Hydraulik. Wahrscheinlich wurden die Experimente ausserhalb des Vortragsplanes in der Akademie gegen Jahresende 1729 ausgeführt. Die Theorie des Wasserdruckes in Rohrleitungen bildet die berühmte *Sectio 12* der *Hydrodynamica* Bernoullis.

Der letzte Abschnitt dieses Buches verdient besondere Beachtung. Hier zeigt Bernoulli unter anderem, dass die Reaktion des Wasserstrahls beim Ausfluss aus einem an ein Gefäss angesetzten Rohr gleich dem Gewicht der Wassersäule ist, deren Höhe gleich der Summe der Wasserspiegelhöhe und der Ausflussgeschwindigkeitshöhe ist. Deshalb – so Bernoulli – entspricht die Reaktionskraft zu Beginn des Ausfliessens, wenn noch keine Bewegung stattfindet[11], der Wasserspiegelhöhe selbst, und beim stationären Ausfluss, der sich nach einer gewissen (theoretisch unendlichen) Zeit einstellt, ihrem Doppelten. So schien die Diskussion über die Ausflussreaktion endgültig abgeschlossen zu sein, doch konnten bei weitem nicht alle – sogar sehr bedeutenden – Gelehrten sofort darauf eingehen. Ferner untersuchte Daniel Bernoulli in diesem letzten Abschnitt seines Buches die Stosskraft der Wasserstrahlen, deren Bestimmung ihm in seiner früheren *Dissertatio de actione fluidorum* (1729) noch nicht exakt gelungen war[12]. Bemerken wir noch, dass diese *Sectio 13* auch eine Berechnung der Bewegung des von Bernoulli vorgeschlagenen *Reaktionsschiffes* enthält – die erste Lösung einer Aufgabe über die Bewegung eines Körpers von variabler Masse!

Euler hat Bernoullis Traktat, dessen erste Fassung er natürlich auch kannte, hochgeschätzt und aufmerksam studiert. Am 16. Mai 1739 schrieb er seinem Freund Daniel: «Seit der Zeit habe Dero unvergleichliches Werck mit aller Attention durchgelesen und daraus einen ungemeinen Nutzen geschöpfet, weswegen Ew. Hochedelgeb. so wohl zu der glücklichen Ausführung

dieser so schweren und dunckeln materie, als des dadurch erworbenen unsterblichen Ruhms von Hertzen gratulire. Diese gantze Ausführung verdienet
um so viel mehr alle ersinnliche Aufmercksahmkeit, je weniger die rigoureuse
Geometrie dazu hinlänglich ist, sondern der Hülfe einiger wichtiger *Principio-*
rum physicorum bedarf, welche Dieselben mit unbeschreiblichem Vortheil
anzubringen gewust haben» (Archiv, F.1.3.27, B.138r). Dann betont Euler
speziell die von Bernoulli untersuchten Aufgaben, bei welchen ein Verlust der
lebendigen Kräfte eintritt. «Was übrigens die *Calculos* anbelangt», fügt Euler
hinzu, «so habe [ich] die meisten nachgerechnet und richtig befunden[13],
ausgenommen pag.156 da sich Ew. Hochedelgeb. in der Integration [einiger]
formularum verstossen haben; inzwischen aber ist doch die Application richtig,
da nur die Differentz dieser Integration angebracht wird.» (Darauf gibt Euler
die berichtigte Integration an.)

Die *Hydrodynamica* Daniel Bernoullis erschien im Frühjahr 1738 in
Strassburg. Bekanntlich hat Johann Bernoulli sofort danach seine eigene
Abhandlung über die Grundlagen der Hydraulik zur Publikation vorbereitet.
Die erste Erwähnung dieser Abhandlung findet sich in seinem Brief an Euler
vom 11.Oktober 1738 (cf. O.IVA, 1, R.209). Im folgenden Frühjahr sandte
Johann Bernoulli den ersten Teil seiner *Dissertatio hydraulica* nach Petersburg,
absichtlich ohne ihn vorher seinem Sohn Daniel gezeigt zu haben.

Die komplizierte Wechselbeziehung der hydraulischen Untersuchungen Johanns mit dem Buch seines Sohnes wurde eingehend von C. Truesdell
(1954) und I. Szabó studiert. Gemäss Truesdell «it was the father who plagiari-
zed the son» (p.xxxii), «... his miserable attempt to steal his sons masterpiece,
set forth in ugly boasting, met the reverse of his wish, and his work has been
undeservedly neglected as mere plagiarism» (p.xxxvii). Demgegenüber betont
I. Szabó die Verdienste des Vaters um die moderne Begründung der Hydraulik[14]. Es ist hier unmöglich, diese beiden Standpunkte ausführlich zu analysie-
ren, doch scheint es mir passend, dazu einige Worte hinzuzufügen, weil sich
Euler an der Diskussion und am Streit zwischen Vater und Sohn nicht nur
passiv, sondern auch schöpferisch beteiligt hat.

Vor allem muss man die beiden Teile der *Hydraulica* Johann Bernoullis
streng auseinanderhalten. Der erste Teil wurde mit dem Brief vom 7.März
1739 (cf. O.IVA, 1, R.211) an Euler geschickt. Die zentrale Idee des ersten
Teils besteht in der Betrachtung der *«gurgites»*, d.h. der «kehlenförmigen»
Übergänge in der Strömung bei plötzlicher Verengung oder Ausweitung des
Rohrquerschnittes. Im §8 schreibt J. Bernoulli, er sei schon 1729 auf die Idee
der *«gurgites»* gekommen. Das erscheint glaubwürdig, da er in jenem Jahr von
Daniel die Formel kennenlernte, aus welcher folgt, dass der Druck in einer
Rohrströmung nur an Stellen der Rohrquerschnittsänderung variiert. Ebenso
klar ist aber, dass Johann damals keine Folgerungen daraus ziehen konnte.

Das Wichtigste im ersten Teil der *Hydraulica* ist der Versuch, die
Flüssigkeitsbewegung in Röhren durch die Anwendung des Impulssatzes,
anstatt des Prinzips der lebendigen Kräfte, zu berechnen, indem Bernoulli eine

künstliche Zerlegung der wirkenden Kraft in Druck- und Gravitationskräfte vornahm. Diese Anwendung wurde jedoch damals nicht unmittelbar voll realisiert; es ist wahrscheinlich, dass der Vater die exakten Resultate seines Sohnes brauchte, um seine eigenen zu prüfcn, ehe er diese veröffentlichte.

Dieser erste Teil der *Hydraulica* enthielt die Untersuchung spezieller Fälle, hauptsächlich von zylindrischen Röhren. Als Johann Bernoulli ihn nach Petersburg sandte, versprach er sofort nach Eingang der Antwort Eulers, ihm den zweiten Teil, der die allgemeine Theorie enthalten sollte, zukommen zu lassen. Euler verstand die Problematik des Standpunktes von Johann Bernoulli wohl besser als dieser selbst, und er drückte dem alten Lehrer seine Hochachtung im Brief vom 16. Mai 1739 aus[15]. Nach dem Ausdruck seiner Bewunderung konnte Euler nicht umhin, den allgemeinen Fall des Ausflusses aus unregelmässigen Gefässen in seinem Brief *ohne «gurgites»* zu berechnen. Im Dezember 1739 beklagte sich Johann Bernoulli (wie in vielen Briefen an Euler) über seine angeschlagene Gesundheit und Altersbeschwerden sowie über andere Umstände, die den Versand des zweiten Teils der *Hydraulica* verzögerten, ohne auch nur ein Wort über die hydraulischen Überlegungen, die ihm Euler vor einem halben Jahr mitgeteilt hatte, zu verlieren. Erst am 31. August 1740 wurde der schon seit langem erwartete zweite Teil von Basel aus abgeschickt. «In der grundlegenden Erklärung habe ich auf den Begriff des *gurges* verzichtet, damit die Engländer mir nicht etwa unterstellen können, ich hätte meinen Ansatz zur Idee des *gurges* mittels des Newtonschen Kataraktes gefunden, ihn gewissermassen von dort entlehnt, obwohl doch zwischen beiden Begriffen ein himmelweiter Unterschied besteht», schrieb Johann Bernoulli in seinem Begleitbrief[16].

Das Hinausziehen der Absendung der «*Hydraulica II*» veranlasst uns zur Annahme, dass Bernoulli nach dem Empfang des Maibriefes Eulers diesen zweiten Teil wesentlich überarbeiten musste, ehe er ihn nach Petersburg absenden konnte. Euler seinerseits hat die Vollendung der *Hydraulica* begeistert aufgenommen[17], gleichzeitig jedoch machte er seinen alten Lehrer auf die Fehlerhaftigkeit der dort enthaltenen Lösung zur Berechnung der Reaktionskraft des ausfliessenden Wassers aufmerksam. Erst nach sehr langer Diskussion ordnete Johann Bernoulli an, den der Reaktionskraft gewidmeten Abschnitt seiner Abhandlung durchzustreichen.

Der inständigen Bitte Bernoullis entsprechend, hat die Petersburger Akademie die beiden Teile der *Hydraulica* ausserplanmässig noch in die *Commentarii* für 1737 und 1738 aufgenommen, doch erschienen diese Bände erst 1744 bzw. 1747. Inzwischen veranstaltete Johann Bernoulli eine vierbändige Ausgabe seiner *Opera omnia*, die 1742 in Lausanne gedruckt wurde. Es ist sehr bemerkenswert, dass Johann Bernoulli die Veröffentlichung der *Hydraulica* quasi hinter dem Rücken von Daniel vorbereitete. Der zwar 1742 gedruckte, jedoch erst 1743 in den Handel gebrachte Band IV der *Opera* enthielt das Werk, dem Bernoulli hier einen sehr eigentümlichen Titel gab, welchen er Euler vorzuschlagen sich nicht getraut hatte: «Johann Bernoullis Hydraulik, die erst jetzt aufgedeckt und auf rein mechanischen Grundlagen direkt bewiesen wird. Aus dem Jahr 1732 [!].» Wir haben nicht den geringsten Anlass, diese Datierung in irgendeinem Sinne zu akzeptieren. Gerade sie erwies sich als Hauptgrund der emotionellen Aussprüche Daniels gegen seinen Vater – und zum Teil auch gegen Euler, aus dessen Brief vom 29. Oktober 1740 Johann Bernoulli eine Lobeshymne über seine *Hydraulica* in den *Opera* vorangestellt hatte.

Ganz unbestreitbar übte die *Hydraulica* – und in erster Linie auf Euler – einen grossen Einfluss aus: ihr zweiter Teil hat die Strömungstheorie stark gefördert. Um so merkwürdiger ist es, dass J. Bernoulli, nachdem er – durch die Intervention Eulers gezwungen – seine irrigen Überlegungen bezüglich der Reaktionskraft aus seinem zweiten Teil zu eliminieren, seiner Schweizer Werkausgabe im letzten Moment wieder einen speziellen Zusatz über die Reaktionskraft einverleibt hat. In diesem (in der Petersburger Ausgabe fehlenden) Zusatz versucht Bernoulli – in frappantem Gegensatz zum § 30 der *«Hydraulica I»* – zu beweisen, dass die Reaktionskraft des aus einem ständig vollen Gefäss ausfliessenden Wassers stets konstant sei und der Wasserspiegelhöhe entspräche, so wie es Newton in der ersten Auflage der *Principia* behauptet hatte. Zu diesem falschen Schluss – dies festzuhalten ist wichtig – gelangte Johann Bernoulli mittels seiner allgemeinen Theorie, und daraus muss gefolgert werden, dass der Altmeister diese selbst nicht völlig begriffen hatte.

So erreichte die dramatische Entwicklung der theoretischen Hydraulik in der ersten Hälfte des 18. Jahrhunderts ihren Abschluss. Der nächste wesentliche Schritt in der Strömungslehre wurde erst zehn Jahre später getan, und zwar von Leonhard Euler.

Der Verfasser hält es für seine angenehme Pflicht, Herrn Dr. E. A. Fellmann für die radikale stilistische Umschrift dieses Artikels innig zu danken.

G. K. M.

Anmerkungen

1 Alle Daten in diesem Artikel sind im neuen (Gregorianischen) Stil angegeben.
2 Die letzte Proposition des Artikels ist Nr. 5, doch infolge eines Schreibfehlers sind zwei Propositionen mit Nr. 4 bezeichnet.
3 Hinsichtlich des Datierungsstils dieses Briefes verfüge ich über keine exakte Information. Das Original befindet sich in der *Biblioteca Marciana* in Venedig. Wenn hier der damals in Russland übliche alte (Julianische) Stil verwendet wurde, würde es nach dem neuen Stil der 24. August sein.
4 Die Abhandlung wurde vom Verf. 1965 herausgegeben.
5 Im Manuskript Eulers fehlen hier zwei Bogen (§§ 7–18), die wahrscheinlich die allgemeine Formulierung des Ausflussproblems enthielten.
6 Der Bericht ist in einer altertümlichen russischen Kanzleisprache mit unsicherer wissenschaftlicher Terminologie abgefasst (cf. *Materialien* im Literaturverzeichnis hinten, Bd. 1, 1885, p. 271–286).

7 Einige diesbezügliche Dokumente aus dem Archiv der Akademie der Wissenschaften der UdSSR sind in den bereits erwähnten *Materialien* publiziert (cf. Bd. 1, 1885, p. 501–587). Sie werden auch im folgenden zitiert werden.

8 Das Manuskript befindet sich im Archiv der Akademie der Wissenschaften der UdSSR in Leningrad. Eine Photokopie, die in den fünfziger Jahren vom Verf. an Prof. Otto Spiess gesandt wurde, wird heute im Bernoulli-Archiv der Basler Universitätsbibliothek aufbewahrt.

9 1. Einleitung. 2. Gleichgewicht der Flüssigkeiten. 3. Geschwindigkeit der aus Gefässen ausfliessenden Flüssigkeiten. 4. Ausflussdauer. 5. Ausfluss aus ständig vollen Gefässen. 6. Wasserbewegung in Röhren ohne Ausfluss und Schwingungen der Flüssigkeit in denselben. 7. Wasserschwingungen beim Ausfluss aus Gefässen unter dem Niveau (unter Berücksichtigung des Verlustes der lebendigen Kraft). 8. Ausfluss aus Gefässen mit aufeinanderfolgenden Öffnungen. 9. Hydraulische Maschinen. 10. Bewegung elastischer Flüssigkeiten, besonders der Luft. 11. Zirkulationsbewegung der Flüssigkeiten und Ausfluss aus sich bewegenden Gefässen. 12. Druck bewegter Flüssigkeiten auf die Wände der Röhren.

10 Der Brief wurde von P. H. Fuss (1843) in der *Correspondance,* Bd. 2, p. 373–375, publiziert. Seine Photokopie ist in den *Essays* von C. Truesdell (1968), p. 220–221, wiedergegeben.

11 Im 18. Jahrhundert war es für Euler und Bernoulli ganz klar, dass die Ausflussgeschwindigkeit zu Beginn des Ausfliessens gleich Null ist. Fast 200 Jahre später hat der tüchtige Mathematiker T. Levi-Civita (1913) irrigerweise zu beweisen versucht, dass die Ausflussgeschwindigkeit beim Ausfluss momentan ihre Endgrösse erlange.

12 Im Zusammenhang mit dieser Abhandlung findet sich die folgende, etwas dunkle, aber doch interessante Bemerkung Bernoullis in seiner oben erwähnten Erklärung anlässlich des Streites mit Bilfinger: «Il y a un fait dans l'hydrostatique qui semble entièrement détruire la théorie la mieux fondée. Mr. Newton, mon père et mr. Euler ont été les seuls, qui en ont parlé sans que je l'eusse suivi. Je trouvois par une méthode tout à fait particulière la même chose que les trois géomètres, et j'avoue, que je n'ai pu, non plus qu'eux, comprendre le mystère; aussi est-ce le sujet, depuis 3 ans, d'un entretien entre mon père et moi» (*Materialien,* Bd. 1, 1885, p. 512).

13 Um so erstaunlicher ist es, dass Euler 12 Jahre später bei der Berechnung der Bewegung des Reaktionsschiffes in seiner Pariser Preisschrift (1753/1771; E.413/ O. II, 20) – im Gegensatz zu Bernoulli! – ein Fehler unterlaufen ist: er hat die Verminderung der Bewegungskraft infolge der Wasseraufnahme des Schiffes nicht berücksichtigt (cf. Mikhailov, 1976/77, p. 768).

14 In einer Rezension des Buches von I. Szabó anerkannte C. Truesdell seine eben angeführten Worte als «unjustified general statements» (*Centaurus,* 1980, vol. 23, no. 2, p. 168), fügt jedoch hinzu: "I am not sure that Szabó's arguments absolve the old father entirely, but certainly they make me wish I could soften those two statements."

15 Der Brief ist veröffentlicht worden von G. Eneström (1905), p. 24–33; O. IV A, 1, R. 212.

16 Cf. G. Eneström, 1905, p. 67–73; O. IV A, 1, R. 218.

17 Cf. den Brief von Euler an Johann Bernoulli vom 29. Oktober 1740: G. Eneström, 1905, p. 73–77; O. IV A, 1, R. 219.

Literatur

Bernoulli, D. (1724), *Exercitationes quaedam mathematicae,* Venetiis.
Bernoulli, D. (1729), *Theoria nova de motu aquarum per canales quoscunque fluentium.* – Comm. Acad. sci. Imp. Petrop. *2* (1727), p. 111–125.

Bernoulli, D. (1729), *Dissertatio de actione fluidorum in corpora solida et motu solidorum in fluidis.* – Ibidem, p. 304–342.

Bernoulli, D. (1738), *Hydrodynamica, sive de viribus et motibus fluidorum commentarii,* Argentorati.

Bernoulli, J. (1742), *Hydraulica, nunc primum detecta ac demonstrata directe ex fundamentis pure mechanicis. Anno 1732.* – In: *Opera omnia,* t. 4, p. 387–488 (der Band erschien erst 1743).

Bernoulli, J. (1744), *Dissertatio hydraulica de motu aquarum per vasa aut per canales quamcunque figuram habentes fluentium. Praefatio et pars prima.* – Comm. Acad. sci. Imp. Petrop. *9* (1737), p. 3–49.

Bernoulli, J. (1747), *Dissertationis hydraulicae pars secunda, continens methodum directam et universalem solvendi omnia problemata hydraulica.* – Ibidem *10* (1738), p. 207–260.

Eneström, G. (1905), *Der Briefwechsel zwischen Leonhard Euler und Johann I Bernoulli, III.* – Bibl. math. (3) *6,* 1, p. 16–87.

Euler, L. (1771), *De promotione navium sine vi venti.* – Rec. pièces remp. prix Acad. sci., t. 8, Paris (O. II, 20, p. 190–228).

Euler, L. (1965), *De effluxu aquae ex tubis cylindricis utcunque inclinatis et inflexis.* – In: *Handschriftliche Materialien L. Eulers im Archiv der Akademie der Wissenschaften der UdSSR (Рукописные материалы Л. Эйлера в Архиве Академии наук СССР),* Bd. 2, p. 253–280.

Fuss, P. H. (1843), *Correspondance mathématique et physique de quelques célèbres géomètres du XVIIIème siècle,* t. 2, St-Pétersbourg.

Huygens, Ch. (1701), *Annotata in Newtoni «Philosophiae naturalis principia mathematica».* – In: Gröning, J., *Historia cycloeidis,* Hamburg, p. 105–128.

Jurin, J. (1718), *De motu aquarum fluentium.* – Phil. Trans. Roy. Soc. London *30,* 355, p. 748–766.

Levi-Civita, T. (1913), *Théorème de Torricelli et début de l'écoulement.* – C. r. Acad. sci. Paris *157,* 12, p. 481–484 (*Opere matematiche,* v. 3 (1957), p. 385–388).

Materialien zur Geschichte der K. Akademie der Wissenschaften, 10 Bände, St. Petersburg 1885–1900 (der Titel der Bände ist in Russisch nach alter Orthographie gedruckt: *Матеріалы для исторіи Имп. Академіи наукъ,* während die Eintragungen in den Originalsprachen, d. h. Russisch, Deutsch, Französisch oder Lateinisch, veröffentlicht sind. Eine komplette Sammlung der *Materialien* wurde seinerzeit vom Verf. der Basler Universitätsbibliothek durch Vermittlung von Otto Spiess überreicht.)

Mikhailov, G. K. (1959), *Notizen über die unveröffentlichten Manuskripte von Leonhard Euler.* – *BV* Sammelband Schröder, p. 256–280.

Mikhailov, G. K. (1976/77), *Early stages in the development of rocket propulsion and the dynamics of rockets.* – Cosmic Research (transl. of *Kosmičeskie Issledovanija*) *14,* 6, p. 764–774.

Szabó, I. (1979), *Geschichte der mechanischen Prinzipien und ihrer wichtigsten Anwendungen,* 2. Aufl., Birkhäuser, Basel.

Truesdell, C. (1954), *Rational fluid mechanics 1687–1765,* in: O. II, 12, p. VII–CXXV.

Truesdell, C. (1968), *Essays in the history of mechanics,* Springer, Berlin et al.

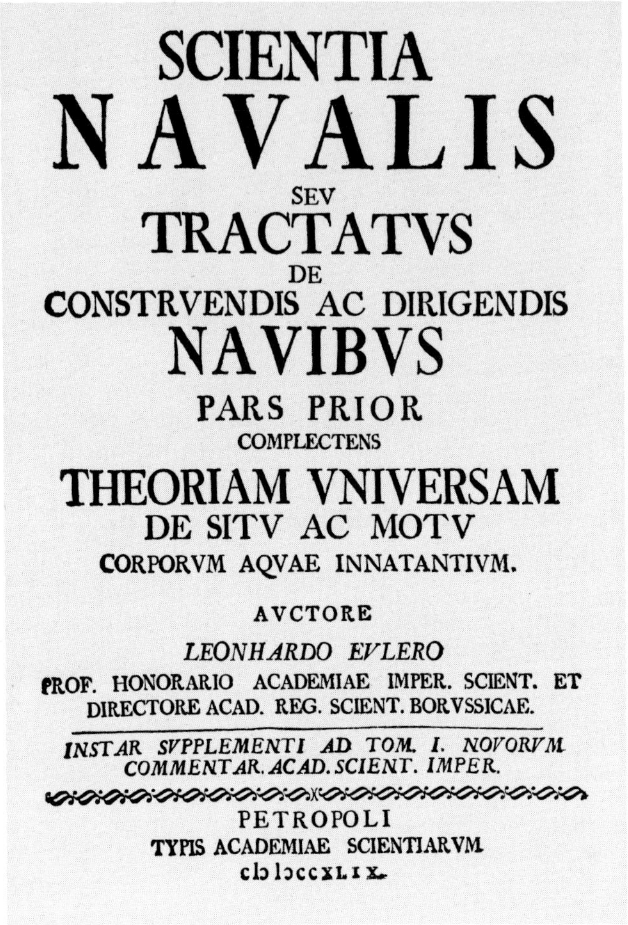

SCIENTIA
NAVALIS

SEV
TRACTATVS

DE
CONSTRVENDIS AC DIRIGENDIS

NAVIBVS

PARS PRIOR
COMPLECTENS

THEORIAM VNIVERSAM
DE SITV AC MOTV
CORPORVM AQVAE INNATANTIVM.

AVCTORE

LEONHARDO EVLERO
PROF. HONORARIO ACADEMIAE IMPER. SCIENT. ET
DIRECTORE ACAD. REG. SCIENT. BORVSSICAE.

INSTAR SVPPLEMENTI AD TOM. I. NOVORVM
COMMENTAR. ACAD. SCIENT. IMPER.

PETROPOLI
TYPIS ACADEMIAE SCIENTIARVM
cIↄ Iↄ cc XL I X.

Abb. 41
Titelblatt von Eulers
«Schiffstheorie»,
St. Petersburg 1749.

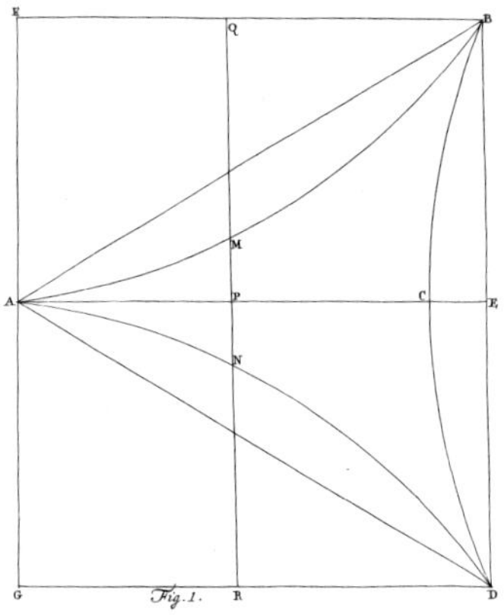

Abb. 42
Dreiseitige Hypozykloide
(zum Text p. 247 unten).

Walter Habicht

Einige grundlegende Themen in Leonhard Eulers Schiffstheorie

Im Jahre 1749 erschien Leonhard Eulers grosses Werk über die Schiffe, die *Scientia navalis seu tractatus de construendis ac dirigendis navibus*[1]. Dieses Werk stellt nach der *Mechanica sive motus scientia analytice exposita* vom Jahre 1736[2] den zweiten Markstein in der Entwicklung der rationalen Mechanik dar und hat an Bedeutung bis in unsere Tage nichts eingebüsst. Nicht nur werden nämlich hier zum erstenmal die Prinzipien der Hydrostatik in vollendeter Klarheit aufgestellt und darauf basierend eine wissenschaftliche Grundlegung der Theorie des Schiffsbaus gegeben, sondern die hier aufgegriffenen Themenkreise erlauben uns einen Überblick über fast alle relevanten Entwicklungslinien der Mechanik im 18.Jahrhundert. Wir wollen im folgenden zur Illustration drei solche Themen herausgreifen:

1. Die Anwendung von Variationsprinzipien zur Bestimmung optimaler Schiffsprofile.

2. Die Herleitung der hydrodynamischen Grundgleichung und ihre Anwendung zur Berechnung des Rückstossantriebs eines Schiffes.

3. Die aus der Untersuchung von Schaukelbewegungen schwimmender Körper sich entwickelnde Kinematik und Dynamik starrer Körper.

1   Optimale Schiffsprofile

Es handelt sich um das Problem, dem Vorderteil eines Schiffes bei Einhaltung gewisser Nebenbedingungen eine solche Gestalt zu geben, dass es dem Wasser bei direktem Kurs möglichst wenig Widerstand entgegensetzt. Das Thema wird in der *Scientia navalis* an verschiedenen Stellen aufgenommen, wovon wir zwei herausgreifen.

Im ersten Fall ist der Bugteil des Schiffsrumpfs pontonförmig nach vorn gewölbt, d.h. der Boden des Schiffs ist in der Querrichtung flach und die vertikalen Längsschnitte sind alle untereinander kongruent, so dass das Problem als ebenes in einem solchen Längsschnitt behandelt werden kann. Im zweiten Fall werden dann differenziertere Annahmen über die Oberflächengestalt des Schiffsrumpfs gemacht. Es sei hier sogleich angemerkt, dass wir uns nicht mit der Problematik des auf Isaac Newton und Daniel Bernoulli zurückgehenden differentiellen Ansatzes für den Wasserwiderstand befassen wollen[3]. Euler war sich wohl bewusst, dass die Integration dieses Ansatzes über den der Strömung ausgesetzten Teil der Oberfläche des Schiffsrumpfs nicht zur genauen Bestimmung des Gesamtwiderstandes führt, da das Wasser durch die Fortbewegung des Schiffs selbst auch in Bewegung gerät und um den Schiffskörper herumfliesst, wodurch Sogwirkungen und Turbulenzen am Heckteil entstehen, die einen wesentlichen Einfluss auf die Schiffsbewegung ausüben können. Euler ging es vielmehr bei den Betrachtungen über optimale Profile um die Anwendung seiner Methode der *Variationsrechnung*[4], deren Entstehung mit der Abfassung der *Scientia* zeitlich zusammenfällt.

Den allgemeinen Rahmen für die zu behandelnde Fragestellung bildet das Grundproblem der Variationsrechnung, unter allen Kurven, die gewissen Nebenbedingungen genügen, diejenigen herauszufinden, die ein vorgegebenes Integral zum Minimum machen. In einem Lemma gibt Euler zunächst die allgemeine Lösung des Problems: Gegeben seien eine Funktion $F(x,y,p,q,...)$ und eine Reihe weiterer Funktionen $G_j(x,y,p,q,...)$ der Variablen x,y,p,q und Konstanten c_j $(j=1,2,...,n)$. Unter den Kurven

$$\begin{pmatrix} x \\ y(x) \end{pmatrix}$$

mit festem Anfangs- und Endpunkt, längs deren die Nebenbedingungen

$$\int G_j(x,y,y',y'',...)\cdot dx = c_j \tag{1}$$
$$(j=1,2,...,n)$$

gelten, sind diejenigen gesucht, für welche das Integral

$$I = \int F(x,y,y',y'',...)\cdot dx$$

extremal wird. Hierzu bildet man zu jeder Kurve $\begin{pmatrix} x \\ y(x) \end{pmatrix}$ die Funktionen

$$W_j(x) = \frac{\partial G_j}{\partial y}(x,y,y',...) - \frac{d}{dx}\frac{\partial G_j}{\partial p}(x,y,y',...) + \frac{d^2}{dx^2}\frac{\partial G_j}{\partial q}(x,y,y',...) - + \cdots$$

$$V(x) = \frac{\partial F}{\partial y}(x,y,y',...) - \frac{d}{dx}\frac{\partial F}{\partial p}(x,y,y',...) + \frac{d^2}{dx^2}\frac{\partial F}{\partial q}(x,y,y',...) - + \cdots$$

und fordert, dass bei jeder Wahl einer in Anfangs- und Endpunkt verschwindenden Testfunktion $v(x)$, für welche

$$(W_j,v) = \int W_j v \cdot dx = 0 \qquad (j=1,2,...,n)$$

gilt, auch

$$(V,v)=\int Vv\cdot dx=0$$

wird. Daraus folgt, dass es Konstanten λ_j gibt ($j=1,2,...,n$), so dass

$$V=\sum_{j=1}^{n}\lambda_j W_j \qquad (2)$$

gilt. Aus dieser Differentialgleichung ergeben sich die Lösungen $y(x,\lambda_1,...,\lambda_n)$, wobei dann die Parameter λ_j aus (2) mittels (1) zu eliminieren sind.

Euler formuliert also hier sehr klar die nach ihm und Lagrange benannten Differentialgleichungen, und zwar sofort für Variationsprobleme mit Nebenbedingungen, wobei er auch schon die sogenannte Methode der Lagrangeschen Multiplikatoren auf derartige Probleme verallgemeinert. Interessant ist in diesem Zusammenhang, dass er nicht auf sein berühmtes Werk (cf. Anm. 4) hinweist; unsere Textstelle scheint also bereits vor dessen Drucklegung niedergeschrieben worden zu sein.

Diese Methode wird nun im *ersten Fall*, den wir betrachten wollen, auf den Spezialfall angewandt, wo F nur von p abhängt (wobei wir F vorläufig noch nicht spezifizieren) und wo als einzige Nebenbedingung die Konstanz der von der Kurve $\left(\begin{smallmatrix}x\\y(x)\end{smallmatrix}\right)$, den Ordinaten in den Endpunkten und der x-Achse eingeschlossenen Fläche gefordert wird. Die Eulersche Differentialgleichung (2) nimmt dann die Gestalt

$$\frac{d}{dx}\frac{\partial F}{\partial p}(y')=\frac{1}{\lambda}$$

an, wobei der Parameter λ, wie wir noch genauer sehen werden, die erwähnte Fläche bestimmt. Aus dieser Gleichung folgt

$$\frac{\partial F}{\partial p}(y')=\frac{1}{\lambda}(x+b)$$

mit einer Integrationskonstanten b. Damit ist die Abszisse als Funktion der Steigung y' bekannt. Wählt man nun $y'=p$ als unabhängige Veränderliche, so wird $x=x(p)$, und der zum Wert p gehörige y-Wert folgt aus

$$\frac{dy}{dp}=p\,\frac{dx}{dp}$$

zu

$$y+c=p(x+b)-\int(x+b)dp$$

mit einer zweiten Integrationskonstanten c. Damit erhalten wir für die gesuchten Lösungskurven die parametrische Darstellung

$$x+b=\lambda\,\frac{\partial F}{\partial p}, \qquad y+c=\lambda\Big(p\,\frac{\partial F}{\partial p}-F\Big). \tag{3}$$

Die Lösungskurven der Eulerschen Differentialgleichung gehen also durch Translation und Ähnlichkeitstransformation auseinander hervor. Setzen wir voraus, dass F in einem Intervall um $p=0$ definiert und differenzierbar ist, und wählen

$$b=\lambda\,\frac{\partial F}{\partial p}\,(0), \qquad c=-\lambda F(0), \tag{4}$$

so erhalten wir diejenigen Lösungskurven $y(x)$ mit $y(0)=0$, $y'(0)=0$. Wir bilden nun zu einem Parameterintervall $0\le p\le p_0$, in welchem

$$\frac{dx}{dp}\ge 0$$

bleibt, die zu einem festen λ gehörige dieser Lösungskurven

$$\begin{pmatrix}\xi\\y(\xi)\end{pmatrix} \qquad \big(0\le\xi\le x,\quad x=x(p)\big)$$

und geben eine einfache geometrische Deutung des zu optimierenden Funktionals I. Betrachten wir nämlich das Integral

$$I(x)=\int_0^x F\big(y'(\xi)\big)\cdot d\xi$$

als Funktion der oberen Grenze, so erhalten wir für deren Ableitung an der Stelle x gemäss (3) den Ausdruck

$$I'=F=\frac{1}{\lambda}\,\big(y'\cdot(x+b)-(y+c)\big),$$

also durch partielle Integration

$$I=\frac{1}{\lambda}\left[y(x+b)-2\int_0^x y(\xi)d\xi-cx\right].$$

Man bilde die beiden Vektoren, die vom Punkt $-\begin{pmatrix}b\\c\end{pmatrix}$ der xy-Ebene nach den Endpunkten $\begin{pmatrix} 0 \\ 0 \end{pmatrix}$ und $\begin{pmatrix} x \\ y \end{pmatrix}$ des Kurvenbogens weisen. Dann ist also

$$I = \frac{2}{\lambda} \, \Phi, \tag{5}$$

($\Phi =$ Fläche des Sektors, gebildet von den beiden Vektoren und dem Kurvenbogen).

Dasselbe gilt nun auch für einen beliebigen Bogen der Lösungskurve, solange man im zulässigen Parameterintervall bleibt.

Euler wendet nun die Formel (3) auf den Fall an, wo das zu optimierende Funktional

$$I(y) = \int \frac{y'^3 \, dx}{1 + y'^2}$$

der Wasserwiderstandskoeffizient für das betrachtete ebene Problem ist. Hier ist also

$$F = \frac{p^3}{1 + p^2}, \qquad \frac{\partial F}{\partial p} = \frac{3p^2 + p^4}{(1 + p^2)^2}, \qquad b = c = 0.$$

Es erweist sich dann als vorteilhaft, den Faktor $\lambda = 4$ zu wählen und den Nullpunkt des Koordinatensystems in den Punkt $\begin{pmatrix} 3 \\ 0 \end{pmatrix}$ zu verlegen. Man erhält für die so normierte Lösungskurve nach (3) mit $p = \operatorname{tg} \dfrac{\varphi}{2}$

$$x = 4\cos^4 \frac{\varphi}{2} \left(3 \operatorname{tg}^2 \frac{\varphi}{2} + \operatorname{tg}^4 \frac{\varphi}{2} \right) - 3 = 3\sin^2 \varphi + (1 - \cos\varphi)^2 - 3,$$

$$y = 8\sin^3 \frac{\varphi}{2} \cos \frac{\varphi}{2} = 2\sin\varphi \, (1 - \cos\varphi),$$

also

$$x = -(2\cos\varphi + \cos 2\varphi); \qquad y = 2\sin\varphi - \sin 2\varphi. \tag{6}$$

Die so entstehende *Normalkurve* ist also die *dreiseitige Hypozykloide* vom Radius 3 um den Nullpunkt mit einer Spitze im Punkt $\begin{pmatrix} -3 \\ 0 \end{pmatrix}$. Sie wird erzeugt durch Abrollen eines Kreises vom Radius 1 im Kreis vom Radius 3. Wir geben hierzu die Originalfigur aus der *Scientia navalis* wieder (Fig. 1).

Der Widerstandskoeffizient gegen den Kurvenbogen zwischen den Parameterwerten 0 und φ ergibt sich jetzt nach (5) als Fläche des Zweiecks, gebildet aus dem Bogen und der Verbindungssehne der Endpunkte, multipliziert mit dem Faktor $1/2$. Durch eine elementare Rechnung findet man aus (6):

$$I(\varphi) = \frac{1}{2} \left(-\varphi + 3\sin\varphi - \frac{3}{2}\sin 2\varphi + \frac{1}{3}\sin 3\varphi \right) \qquad (0 \leq \varphi \leq 2\pi/3).$$

Wählt man auf der Normalkurve irgendwelche zwei Punkte A,B zu den Parameterwerten φ_1, φ_2 $(0 \leq \varphi_1 \leq \varphi_2 \leq 2\pi/3)$, so wird der Widerstandskoeffizient gegeben durch

$$I(A,B) = I(\varphi_2) - I(\varphi_1).$$

Man überlegt sich leicht, dass dies auch richtig bleibt, wenn A,B auf dem Ast der Hypozykloide gewählt werden, welcher die x-Achse senkrecht schneidet.

Sei nun in einer xy-Ebene ein rechtwinkliges Dreieck mit achsenparallelen Katheten vorgegeben, etwa $\triangle = (A,B,C)$ mit

$$A = \begin{pmatrix} 0 \\ 0 \end{pmatrix}, \quad B = \begin{pmatrix} 0 \\ b \end{pmatrix}, \quad C = \begin{pmatrix} a \\ b \end{pmatrix} \quad (a > 0,\ b > 0); \quad \Delta = \text{Fläche von } \triangle .$$

Es soll zwischen A und C ein Kurvenbogen k eingespannt werden, so dass die Fläche G des von den Katheten und dem Bogen eingeschlossenen Gebiets einen vorgeschriebenen Wert hat:

$$G = \rho\Delta, \qquad (\rho \geq 1)$$

und so, dass der Widerstand I bei Bewegung des Profils $BAkC$ in x-Richtung extremal wird.

Hierzu übe man auf das Dreieck eine solche Homothetie $ABC \to A'B'C'$ mit Ähnlichkeitsfaktor $1/\lambda$ aus, dass A',C' auf die Normalkurve zu liegen kommen, der zwischen ihnen liegende Bogen ganz auf einem Ast derselben liegt und für das von den Katheten $A'B', B'C'$ und dem Bogen k' begrenzte Gebiet G' gilt

$$G' = \rho\Delta'.$$

Übt man jetzt auf $G' = B'A'k'C'$ die inverse Homothetie aus, so erhält man das gesuchte optimale Profil.

Euler untersucht insbesondere den Fall, wo ρ einen möglichst grossen Wert hat; dies tritt dann ein, wenn A',C' zu Spitzen der Hypozykloide werden.

Für den Widerstand erhalten wir dann

$$I = \frac{9}{8}\sqrt{3} - \frac{\pi}{3},$$

und die Fläche des dem Profil eingeschriebenen Dreiecks $\triangle'$ ist

$$\Delta' = \frac{27}{8}\sqrt{3}\,,$$

woraus nach der geometrischen Deutung von I folgt

$$\rho = \frac{5}{3} - \frac{16\pi}{81\sqrt{3}} = 1{,}3084.$$

Die Lösung des soeben behandelten Problems ist nicht neu; schon Newton hatte sie gefunden[5]. Dies war ihm allerdings nur dank seiner genialen geometrischen Intuition möglich. Sein Resultat steht denn auch isoliert da, ähnlich wie die Lösungen anderer Optimierungsaufgaben, etwa der Brachystochrone, durch Jakob und Johann Bernoulli. Völlig neu ist hingegen die analytische Methode Eulers, die sich nicht nur auf den Einzelfall anwenden lässt und zur eleganten Lösung zahlreicher anderer Variationsprobleme führt. Hierzu geben wir nun ein *zweites Beispiel* aus der *Scientia navalis*.

Wir setzen vom Vorderteil des Schiffsrumpfs voraus, dass alle Profile senkrecht zur Längsachse untereinander ähnlich sind; wir wählen diese als x-Achse und können dann die Begrenzungsfläche gegen das Wasser folgendermassen parametrisieren:

$$\begin{aligned}
x &= a \cdot u, & (0 \le u \le 1) \\
y &= b \cdot s(u)\eta(v) & \\
z &= c \cdot s(u)\zeta(v) & (-1 \le v \le 1)
\end{aligned}$$

mit den Symmetrie- und Randbedingungen

$$\begin{aligned}
\eta(-v) &= -\eta(v), & \zeta(-v) &= \zeta(v), & s(0) &= 0, & s(1) &= 1, \\
\eta(0) &= 0, & \eta(1) &= 1, & \zeta(0) &= 1, & \zeta(1) &= 0.
\end{aligned}$$

Gegeben seien $\eta(v)$, $\zeta(v)$; gesucht wird die Gleichung der Kiellinie, d.h. die Funktion $s(u)$, die bei vorgeschriebenem Volumen des Vorderteils und gegebener Fahrgeschwindigkeit den vom Wasser ausgeübten Rücktrieb zu einem Minimum macht.

Setzen wir

$$\rho = \begin{vmatrix} \eta & \dot\eta \\ \zeta & \dot\zeta \end{vmatrix}, \qquad h^2 = \frac{a^2}{\rho^2}\left(\frac{\dot\eta^2}{c^2} + \frac{\dot\zeta^2}{b^2}\right)$$

(ein übergesetzter Punkt bedeutet die Ableitung nach dem Parameter), so erhalten wir für das Volumen

$$V = \frac{abc}{2} \int\limits_{-1}^{1} \rho \, dv \cdot \int\limits_{0}^{1} s^2 \, du$$

und für den Rücktrieb nach Euler bis auf eine nur von der Fahrgeschwindigkeit abhängige Konstante k

$$W = k \int\limits_{0}^{1} \left[s\dot{s}^3 \int\limits_{0}^{1} \frac{\rho \, dv}{\dot{s}^2 + h^2} \right] du.$$

Wir sind damit auf folgendes Variationsproblem geführt:
    Gegeben sind zwei Funktionen $\rho(v), h(v)$ einer Variablen v. Mit ihnen bilde man die Funktion zweier Variablen s, t:

$$F(s,t) = st^3 \cdot \int\limits_{0}^{1} \frac{\rho \, dv}{t^2 + h^2} \cdot \tag{7}$$

Ferner sei gegeben die Funktion

$$G(s) = s^2.$$

Gesucht sind Funktionen $s(u)$ mit $s(0) = 0$, $s(1) = 1$, welche das Integral

$$\int F(s, \dot{s}) \, du$$

unter der Nebenbedingung

$$\int G(s) \, du = \text{const.}$$

zu einem Extremum machen.
    Die Eulersche Differentialgleichung (3) für dieses Variationsproblem lautet

$$\frac{\partial F}{\partial s} - \frac{d}{du} \frac{\partial F}{\partial t} = -\frac{s}{\lambda} \qquad (\lambda = \text{const.}).$$

Euler wählt nun die Ordinate s als unabhängige Veränderliche, wodurch die Differentialgleichung übergeht in

$$\frac{\partial F}{\partial s} - t \frac{d}{ds} \frac{\partial F}{\partial t} = -\frac{s}{\lambda};$$

diese Gleichung lässt sich aber sofort integrieren; schreiben wir sie nämlich in der Form

$$\frac{\partial F}{\partial s} + \frac{\partial F}{\partial t}\frac{dt}{ds} - \frac{d}{ds}\left(t\frac{\partial F}{\partial t}\right) = -\frac{s}{\lambda},$$

so folgt

$$s^2 = -\lambda\left(F - t\frac{\partial F}{\partial t}\right) + \lambda^2 s_0^2 \tag{8}$$

mit einer Integrationskonstanten s_0.

Jetzt berechnen wir $F - t\dfrac{\partial F}{\partial t}$ aus (7):

$$-\left(F - t\frac{\partial F}{\partial t}\right) = 2sf(t) = 2st^3\int_0^1\frac{\rho h^2}{(t^2 + h^2)^2}\,dv. \tag{9}$$

Damit können wir jetzt die Lösungskurven wieder parametrisch darstellen mit der Steigung t als Parameter. Zunächst erhalten wir für die Ordinate s aus (8), (9):

$$s = \lambda\left[f(t) \pm \sqrt{f(t)^2 + s_0^2}\,\right]. \tag{10}$$

Durch nochmalige Integration bekommt man dann auch die Abszisse u als Funktion der Steigung. Aus $du/ds = 1/t$ folgt nämlich

$$u = \int_0^t\frac{\dot{s}(\tau)}{\tau}\,d\tau + u_0 \tag{11}$$

mit einer Integrationskonstanten u_0, wobei $s(t)$ aus (10) zu berechnen ist.

Um die Lösungskurven zu diskutieren, betrachten wir zuerst die Funktion $f(t)$. Sie ist ungerade, und es ist $f(0) = 0$, $f(t) \to 0$ für $t \to \infty$. Für ihre Ableitung finden wir

$$\dot{f}(t) = t^2\int_0^1\frac{(3h^2 - t^2)}{(t^2 + h^2)^3}\,\rho h^2\cdot dv, \tag{12}$$

woraus folgt, dass das Integral (11) sowohl für $t \to 0$ als auch für $t \to \infty$ konvergiert.

Offenbar haben die Lösungskurven Spitzen für den ersten Parameterwert $t_1 > 0$, für den $f(t)$ maximal wird. Wir wählen dann in (11) für die untere Integrationsgrenze diesen Wert und setzen $u_0 = 0$. Ohne Einschränkung der Allgemeinheit wählen wir in (10) das positive Vorzeichen, d.h. wir betrachten nur die Kurven oberhalb der u-Achse. Lässt man nun den Parameterwert t von t_1 an nach ∞ wachsen und dann von $-\infty$ bis $-t_1$ zunehmen, so durchläuft der Punkt $\begin{pmatrix} u \\ s \end{pmatrix}$ eine Kurve, die eventuell von weiteren Spitzen unterbrochen wird. Unter gewissen Voraussetzungen über die Funktion h kann man zeigen, dass $f(t)$ von t_1 an monoton abnimmt; dann erhält man einen glatten, nach links gewölbten Kurvenbogen, der die Horizontale $s = s_0$ vertikal schneidet. Er endet bei $t = -t_1$ wieder in einer Spitze. Er besitzt aber, wie aus der zweiten Variation zu ersehen ist, Maximaleigenschaft bezüglich des zu extremierenden Funktionals, ist also für unsere Zwecke nicht geeignet.

Lässt man hingegen t von t_1 an gegen Null abnehmen, so folgt

$$s \to s_0, \qquad u \to -u_0,$$

und ebenso, wenn t von $-t_1$ gegen Null strebt. Man erhält also zwei glatte Kurvenbogen, die sich auf der Horizontalen $s = s_0$ in einer Spitze mit horizontaler Tangente begegnen.

Um nun im Fall der gegebenen Randpunkte $\begin{pmatrix} 0 \\ 0 \end{pmatrix}$, $\begin{pmatrix} 1 \\ 1 \end{pmatrix}$ das Minimumproblem zu lösen, muss man offenbar $s_0 = 0$ wählen; der zweite der genannten Bogen degeneriert dann zu einer Strecke auf der u-Achse. Der erste hingegen kann wieder, wie bei der Hypozykloide, zur Lösung des Randwertproblems herangezogen werden, da er Minimaleigenschaft besitzt.

Eine Lösung existiert genau dann, wenn die Verbindungssehne der Randpunkte dieses Kurvenbogens eine Steigung ≥ 1 besitzt. Man suche dann den ersten t-Wert > 0, für welchen die Steigung der zwischen den Punkten zu den Parameterwerten 0 und t genommenen Sehne 1 wird. Er ergibt sich aus der Gleichung

$$f(t) = \int_0^t \frac{\dot{f}(\tau)}{\tau} \, d\tau,$$

also nach (12)

$$\int_0^t \left[\tau(1-\tau) \int_0^1 \frac{(3h^2 - \tau^2)}{(\tau^2 + h^2)^3} \, \rho \, h^2 \, dv \right] d\tau = 0.$$

Man bekommt dann die gesuchte Lösung, indem man in (10): $\lambda = 1/t^*$ setzt, wo t^* die kleinste positive Lösung dieser Gleichung ist.

2   Hydrodynamische Grundgleichung und Berechnung des Rückstossantriebs

In die Zeit der Abfassung der *Scientia navalis* fällt auch Eulers intensive Beschäftigung mit den Problemen des Schiffsantriebs. Einige seiner Resultate, so z.B. die Theorie des Schaufelradantriebs, haben ihren Niederschlag bereits in diesem Werk gefunden. Eine umfangreiche Darstellung seiner Resultate gab Euler sodann in der Preisschrift der Pariser Akademie *De promotione navium sine vi venti* (E.413/O.II, 21) aus dem Jahre 1753. In dieser Arbeit findet sich unter vielem anderem eine ausführliche Analyse und verbesserte Konstruktion des von Daniel Bernoulli zuerst vorgeschlagenen hydraulischen Strahlantriebs[6]. Euler benutzt diese Gelegenheit dazu, seine eigene Herleitung der Grundprinzipien der Hydrodynamik am besonders einfachen Beispiel der Strömung durch ein gebogenes rohrförmiges Gefäss variablen Durchmessers klarzumachen. Er bemerkt, dass das Rohr bei der folgenden Untersuchung «gleichsam als unendlich dünn» betrachtet werden kann, d.h. er behandelt die Frage als eindimensionales Problem und führt die Bogenlänge längs der Mittellinie des Rohrs als unabhängige Veränderliche ein. Bezüglich dieser Voraussetzung schreibt er selbst, dass die Weite des Gefässes am Schluss ganz aus der Rechnung herausfällt, so dass die Resultate auch für weite Gefässe gelten. Er denkt sich also die laminar strömende Flüssigkeit in ihre zeitlich konstanten «Flüssigkeitsfäden» zerlegt, die er als dünne Röhren auffasst. Zweitens setzt Euler voraus, dass das Rohr in einer vertikalen xy-Ebene liegt. Die folgenden Überlegungen zeigen aber, dass diese Voraussetzung ganz unwesentlich ist; er hätte ebensogut ein räumlich gekrümmtes Rohr annehmen können.

Wir geben die Gedanken Eulers in moderner Notation wieder. Sei $x = \begin{pmatrix} x \\ y \end{pmatrix}$ der Ortsvektor eines variablen Punktes, wobei die x-Achse horizontal, die y-Achse vertikal nach unten gerichtet sei. Die Mittellinie des Rohrs sei parametrisch gegeben durch $x = x(s)$, wo s die Bogenlänge längs des Rohrs bedeutet; die Gesamtlänge desselben sei L.

Seien $x(0) = 0$ der Ortsvektor des Eintrittspunktes,
$x(L) = x$ der Ortsvektor des Austrittspunktes,
$F(s)$ die Fläche des Querschnitts an der Stelle s,
also $F(L) = F$ die Fläche des Austrittsquerschnitts.

Auch bei den folgenden Grössen wird das Argument $s = L$ an der Austrittsstelle gewöhnlich weggelassen. Im übrigen geben wir die Argumentation Eulers bis auf eine kleine Umstellung getreu wieder. Wir können sie in drei Teile gliedern:

1   Kinematischer Teil

Setzen wir zur Abkürzung

$$\lambda(s) = \frac{F}{F(s)} \tag{13}$$

und bezeichnen die skalare Ausflussgeschwindigkeit der Flüssigkeit als Funktion der Zeit t mit $v(t)$, so muss wegen der Inkompressibilität der Flüssigkeit für deren *Geschwindigkeitsfeld* $\boldsymbol{v}(t,s)$ als Funktion der Zeit und Ort gelten

$$\boldsymbol{v}(t,s) = \lambda(s)v(t)\boldsymbol{h}(s), \tag{14}$$

wobei $\boldsymbol{h}(s)$ den Einheitsvektor in Richtung der Tangente an die Kurve $\boldsymbol{x}(s)$ im Sinne eines wachsenden s bedeutet, das heisst also

$$\boldsymbol{h}(s) = \frac{d\boldsymbol{x}(s)}{ds}.$$

Die Gleichung (14) wird heute als Kontinuitätsbedingung bezeichnet.

Euler berechnet nun das *Beschleunigungsfeld* $\boldsymbol{b}(t,s)$. Eine Partikel, die zur Zeit $t = t_0$ den Weg s zurückgelegt hat, möge zur Zeit t den Weg $f(t,s)$ zurückgelegt haben. Dann ist ihre Geschwindigkeit zur Zeit t gegeben durch

$$\boldsymbol{w}(t,s) = \boldsymbol{v}\big(t, f(t,s)\big),$$

also ihre Beschleunigung zur Zeit t_0 an der Stelle s:

$$\boldsymbol{b}(t_0,s) = \frac{d\boldsymbol{w}}{dt}(t_0,s) = \frac{\partial \boldsymbol{v}(t_0,s)}{\partial t} + \frac{\partial \boldsymbol{v}}{\partial s}\frac{\partial f}{\partial t}(t_0,s)$$

oder kurz (mit $v = |\boldsymbol{v}|$)

$$\boldsymbol{b} = \frac{\partial \boldsymbol{v}}{\partial t} + v\frac{\partial \boldsymbol{v}}{\partial s}. \tag{15}$$

In unserm Fall der inkompressiblen Flüssigkeit folgt aus (14), (15) (wir schreiben wieder t statt t_0):

$$\boldsymbol{b}(t,s) = \lambda(s)\left[\dot{v}(t)\boldsymbol{h}(s) + v^2(t)\frac{d(\lambda\boldsymbol{h})}{ds}\right]. \tag{16}$$

2   Dynamischer Teil A: Bestimmung von v(t)

Hier wendet nun Euler die von ihm zum erstenmal als Differential-gleichung erkannte und formulierte hydrodynamische Grundgleichung, die sog. Bernoullische Gleichung, an, indem er die physikalische Grösse $p(t,s)$, den *hydraulischen Druck*, in die Betrachtung einführt. Dies ist die Kraft pro Flächeneinheit, die im Querschnitt an der Stelle $x(s)$ vom oberhalb liegenden Teil des Flüssigkeitsfadens auf den unterhalb liegenden Teil in der Tangential-richtung ausgeübt wird.

Ist n die spezifische Masse der Flüssigkeit, k der Einheitsvektor in der y-Richtung und g die Erdbeschleunigung (also gk das Schwerefeld), so folgt nun durch Anwendung der Newtonschen Grundgleichung der Mechanik auf eine Flüssigkeitspartikel der Masse $nF(s)\Delta s$ und anschliessenden Grenz-übergang $\Delta s \to 0$ die *hydrodynamische Grundgleichung*

$$n \cdot (b,h) = ng \cdot (k,h) - \frac{\partial p}{\partial s} \tag{17}$$

(die Klammern bedeuten Skalarprodukte). Führt man (16) in (17) ein und integriert nach der Bogenlänge von s bis L, so folgt nach Umkehrung des Vorzeichens, da nach Definition des hydraulischen Drucks offenbar $p(L)=0$ ist:

$$p(t,s) = n\left[g\big(y(s) - y(L)\big) + \dot{v}(t) \cdot \int_S^L \lambda(\sigma)d\sigma + \frac{1}{2} v^2(t)\big(1 - \lambda^2(s)\big) \right]. \tag{18}$$

Wenn nun der «Anfangsdruck» $p(t,0)$, der zum Beispiel von dem Stempel einer Pumpe auf die Eintrittsöffnung ausgeübt wird, vorgeschrieben ist und wenn zur Abkürzung noch die folgenden, durch die Geometrie des Rohrs gegebenen Konstanten eingeführt werden:

$a = y(L) =$ Niveauunterschied zwischen Eintritts- und Austrittsöffnung,

$$S = \int_0^L \lambda(\sigma)d\sigma,$$

$$\lambda = \lambda(0) = \frac{\text{Austrittsquerschnitt}}{\text{Eintrittsquerschnitt}},$$

so liefert (18) eine Differentialgleichung für die Ausflussgeschwindigkeit als Funktion der Zeit:

$$n\left(\dot{v}S + \frac{1}{2} v^2(1-\lambda^2) \right) = p(t,0) + nga. \tag{19}$$

Dies ist eine spezielle Differentialgleichung vom Riccatischen Typus. Nicht von ungefähr hat sich Euler mit der Riccatischen Differentialgleichung in seinen mathematischen Abhandlungen und in seiner Briefkorrespondenz intensiv auseinandergesetzt. Die Gleichung (19) ist bekanntlich schon bei einfachen «Störfunktionen» $p(t) = p(t,0)$ nicht elementar integrierbar.

Ist hingegen $p(t,0) = p$ zeitlich konstant und $\lambda < 1$, so kann man die allgemeine Lösung leicht angeben, indem man mit dem Ansatz

$$v = c \cdot \mathrm{Tgh}\,\mu(t - t_0) \tag{20}$$

in die Gleichung (19) geht. Man findet

$$c = \sqrt{\frac{2(p + nga)}{n(1 - \lambda^2)}},$$

$$\mu = (1 - \lambda^2)\frac{c}{2S}.$$

Die Austrittsgeschwindigkeit wird also nach kurzer Zeit konstant, und zwar um so schneller, je grösser der ausgeübte Druck und je kleiner λ ist. Schreiben wir für die stationäre Endgeschwindigkeit wieder v statt c, so haben wir für diese

$$n \cdot v^2 = 2\frac{p + nga}{1 - \lambda^2}. \tag{21}$$

Hiermit kann man jetzt rückwärts den in dem Rohr sich einstellenden stationären hydraulischen Druck $p(s)$ berechnen, indem man (21) in (18) einsetzt:

$$p(s) = ngy(s) + nga\frac{\lambda^2 - \lambda^2(s)}{1 - \lambda^2} + \frac{1 - \lambda^2(s)}{1 - \lambda^2}\,p.$$

Man erkennt hieraus die von Daniel Bernoulli schon in seinen frühen Arbeiten anschaulich beschriebene Sogwirkung.

3   Dynamischer Teil B: Bestimmung des Rückstosses

Sei P die Gesamtkraft, welche von aussen auf die Flüssigkeit im Rohr einwirkt; dann ergibt sich, wiederum nach den Grundprinzipien der Dynamik, der Rückstoss R der Flüssigkeit auf die Gefässwände aus

$$P - R = n\int_0^L F(s)\,b(t,s)\,ds. \tag{22}$$

Wegen $\lambda(s)F(s)=F$ folgt jetzt aus (16)

$$\boldsymbol{P}-\boldsymbol{R}=nFv^2[\boldsymbol{h}(L)-\lambda\boldsymbol{h}(0)]+nF\dot{v}\boldsymbol{x} \qquad (23)$$

($\boldsymbol{x}=$ Ortsvektor der Austrittsöffnung).
Nachdem die Ausflussgeschwindigkeit stationär geworden ist, wird also

$$\boldsymbol{R}=\boldsymbol{P}-nFv^2[\boldsymbol{h}(L)-\lambda\boldsymbol{h}(0)].$$

Wegen der Rückwirkung der Flüssigkeit in der Eintrittsöffnung auf den Druckstempel wird das Schiff aber effektiv nur von der Horizontalkomponente der Kraft

$$\boldsymbol{K}=-nFv^2[\boldsymbol{h}(L)-\lambda\boldsymbol{h}(0)] \qquad (24)$$

vorangetrieben. Für die Anwendung auf den Schiffsantrieb betrachten wir folgenden Spezialfall: das Rohr sei am Anfang und Ende U-förmig nach hinten gebogen, so dass Eintritts- und Austrittsöffnung vertikal stehen, der Druckstempel nach vorne, d.h. in der Fahrtrichtung, wirkt und der Wasserstrahl nach hinten ausgestossen wird. Wir haben dann

$$\boldsymbol{h}(0)=-\boldsymbol{h}(L)=\boldsymbol{h},$$

wo $\boldsymbol{h}$ den Einheitsvektor in der Fahrtrichtung bezeichnet. Es folgt

$$\boldsymbol{K}=nFv^2(1+\lambda)\boldsymbol{h}.$$

Sei nun

$$D=p\,\frac{F}{\lambda}=\text{Druckkraft des Stempels beim Ausstossvorgang,}$$

$$G=nga\,\frac{F}{\lambda}=\text{Gewicht einer Flüssigkeitssäule der Höhe } a \text{ und der Basis } F/\lambda;$$

dann folgt aus (21)

$$\boldsymbol{K}=2\,\frac{\lambda}{1-\lambda}\,(D+G)\boldsymbol{h}. \qquad (25)$$

4   Anwendung auf Strahlantriebe

Euler bleibt nicht bei der Theorie stehen, sondern er konzipiert ein Pumpenaggregat für den Strahlantrieb, das bei gegebener Leistung einen möglichst hohen Wirkungsgrad hat.

Die einzelne Pumpe besteht aus einem Rohr am Heck des Schiffs, das senkrecht ins Wasser taucht und sich nach unten ausweitet, im oberen Teil aber nach hinten zurückgebogen ist. Im unteren Teil ist ein dünnes Rohr angebracht, das sich nach hinten öffnet. Ein Stempel am oberen Rohrende wird z.B. durch einen Kurbelwellenantrieb hin und her bewegt; zwei Ventile sorgen dafür, dass beim Zurückziehen des Stempels (Ansaugvorgang) kein Wasser durch das dünne Rohr nach hinten, beim Vorstossen des Stempels (Ausstossvorgang) kein Wasser durch das senkrechte Rohr nach unten entweichen kann.

Ist nun in Analogie zu Abschnitt 3

$$\mu = \frac{\text{Ansaugöffnung}}{\text{Stempelquerschnitt}},$$

Z = Betrag der vom Stempel ausgeübten Zugkraft,

G_1 = Gewicht der Wassersäule von der Höhe h des Stempels über der Ansaugöffnung und der Basis F/λ,

so setzt Euler zur Vereinfachung der Rechnung zum vornherein voraus, dass $\mu \gg 1$ ist; er erhält für den während des Ansaugvorgangs wirkenden Vortrieb in Analogie zu (25) wegen $\mu/(1-\mu) \approx -1$:

$$K_1 = 2(Z - G_1)h.$$

Den besten Wirkungsgrad erhält man, falls $Z = D$ ist und die dadurch bestimmten Stempelgeschwindigkeiten beim Ansaug- und Ausstossvorgang gleich sind. Nun sind diese beiden Geschwindigkeiten wegen (21) gegeben durch

$$nu^2 = 2 \frac{\lambda^2}{1-\lambda^2} \frac{\lambda}{F}(G+D), \qquad nu_1^2 = 2 \frac{\lambda}{F}(D-G_1).$$

Durch Gleichsetzen dieser Ausdrücke kann man D eliminieren:

$$(1-2\lambda^2)D = \lambda^2 G + (1-\lambda^2)G_1,$$

also

$$(1-2\lambda^2)(D+G) = (1-\lambda^2)(G_1+G)$$

$$(1-2\lambda^2)(D-G_1) = \lambda^2(G_1+G),$$

$$nu^2 = 2 \frac{\lambda^2}{1-2\lambda^2} \frac{\lambda}{F}(G_1+G),$$

$$K+K_1 = \frac{2\lambda}{1-2\lambda^2}(1+2\lambda)(G_1+G)h.$$

Ist k^2 der Widerstandskoeffizient des Wassers gegen das Schiff, so gilt für die stationäre Endgeschwindigkeit des Schiffs unter der Einwirkung dieser Kraft ($K = |\boldsymbol{K}|, K_1 = |\boldsymbol{K}_1|$)

$$c^2 = \frac{K + K_1}{k^2}.$$

Bei vorgegebenem c^2 wird also die aufzubringende Gesamtleistung $L = uD$ der Pumpe am kleinsten, wenn $G_1 \approx G$ ist, d.h. wenn der Strahl möglichst nahe am Wasserspiegel austritt. Ausserdem muss $\lambda \ll 1$ sein, damit die stationäre Stempelgeschwindigkeit schnell erreicht wird. Unter diesen vereinfachten Annahmen folgt

$$D = G, \qquad u = 2\lambda \sqrt{\frac{\lambda G}{nF}}, \qquad c^2 = \frac{4\lambda G}{k^2}.$$

Mit $G = ngaF/\lambda$ erhalten wir also

$$u = 2\lambda \sqrt{ga}, \qquad L = 2n(ga)^{3/2}F,$$

und damit

$$2\lambda G = \frac{L}{\sqrt{ga}}.$$

Das Quadrat der stationären Schiffsgeschwindigkeit wächst also beim Strahlantrieb *linear* mit der aufgebrachten Gesamtleistung. Euler hatte bei allen andern von ihm durchgerechneten Antriebsarten gefunden, dass das Quadrat der stationären Schiffsgeschwindigkeit mit der Potenz $L^{2/3}$ wächst. Er rechnete deshalb ein numerisches Beispiel durch, bei dem 100 Männer das Pumpenaggregat antreiben. Das Resultat war enttäuschend, indem der Effekt beim Strahlantrieb immer noch wesentlich geringer war als beim Schaufelradantrieb. Erst bei Anwendung sehr viel grösserer Kräfte, als sie damals zur Verfügung standen, macht sich der Vorteil des Strahlantriebs bemerkbar.

3   Die Kinematik und Dynamik starrer Körper

Diese Theorie, die zu Eulers bedeutendsten Leistungen auf dem Gebiet der rationalen Mechanik zählt, hat ihren Ursprung ebenfalls in Problemen, die sich im Zusammenhang mit dem Schiffswesen stellten; wir finden sie im zweiten Kapitel des ersten Bandes der *Scientia navalis* dargestellt. Es lohnt sich, auf sie etwas näher einzugehen, da sie uns den Weg zeigen, der Euler später zur Aufstellung der Differentialgleichungen für die Bewegungen eines starren Körpers, der nach ihm benannten Kreiselgleichungen, führte. Der Anknüpfungspunkt ist die Behandlung der Rotation eines starren Körpers um eine feste Achse.

Diese Bewegung kann vollständig beschrieben werden durch den Drehwinkel als Funktion der Zeit; hierzu hat man zuerst die Winkelgeschwindigkeit ω als Funktion der Zeit zu berechnen. Es genügt, das Problem als ein ebenes zu behandeln, indem man den rotierenden Körper in dünne Scheiben senkrecht zur Drehachse zerschnitten denkt. In einer solchen sei dann

O der Ursprung des Koordinatensystems auf der Drehachse,
x der Ortsvektor eines Massenpunktes,
v die Geschwindigkeit, b die Beschleunigung dieses Punktes,
$\bar{x}$ der Vektor, der aus x durch Drehung um $90°$ entsteht, und
$\dot{\omega}$ bedeute die Ableitung von ω nach der Zeit.

Euler berechnet nun das Beschleunigungsfeld:

$$v = \bar{x}\,\omega,$$
$$b = \bar{x}\,\dot{\omega} - x\,\omega^2.$$

Jetzt bildet er das *Moment der Beschleunigungskräfte* durch Integration der Beschleunigungsmomente über die Massenverteilung $d\mu$ des Körpers:

$$\int \det(x,b)\,d\mu = \int \det(x,\bar{x})\,d\mu \cdot \dot{\omega} = \Theta\,\dot{\omega},$$

mit

$$\Theta = \int \rho^2\,d\mu, \qquad \rho = \text{Achsenabstand des Massenelements } d\mu.$$

Er erhält also rechts einen Differentialausdruck, der nur noch die einzige Variable ω enthält, während Θ nur von der Massenverteilung abhängig ist. Euler führt dafür den Namen *Trägheitsmoment* ein.

Die *Dynamik* bzw. die Differentialgleichung für ω erhält Euler jetzt, indem er, Newton folgend, die Beschleunigungskräfte von aussen einwirkenden Kräften gleichsetzt und über deren Momente integriert, wobei er stillschweigend annimmt, dass die inneren Spannungskräfte keinen Beitrag zum Gesamtmoment liefern. Wird letzteres mit m bezeichnet, so folgt

$$\Theta\,\dot{\omega} = m,$$

woraus man die Rotationsbewegung durch Integration erhält.

Euler wendet sich jetzt der Bewegung eines starren Körpers um den Schwerpunkt zu, wobei also keine feste Drehachse mehr vorgeschrieben ist.

Er beginnt mit einer Hypothese für schwimmende Körper mit vertikaler Symmetrieebene, die besagt, dass es in solchen drei zueinander senkrechte Achsen gebe, um welche der Körper, wie Euler sagt, «frei rotieren kann, und zwar so, dass die von einem Moment hervorgerufene Bewegung um eine dieser Achsen unabhängig von zugleich stattfindenden Bewegungen um die andern Achsen ist». In einem anschliessenden *Scholion* erläutert er die Hypothese folgendermassen:

a) «frei rotieren» bedeutet: Denkt man sich in einem Zeitmoment die Rotationsachse durch Lager festgehalten, so müssen sich bei einer ohne Einwirkung äusserer Kräfte stattfindenden Rotation die Momente der Reaktionskräfte in den Achsenlagern bezüglich des Schwerpunktes aufheben. Die mechanische Modellvorstellung ist dabei, dass die den Reaktionskräften entgegengesetzten Zentrifugalkräfte die feste Achse aus ihrer Lage zu zerren tendieren.

b) Der zweite Teil der Hypothese enthält eine kinematische Unklarheit. Hier wird nämlich postuliert, dass sich eine Bewegung um den Schwerpunkt nach den Gesetzen der Vektoraddition in drei Rotationen um drei zueinander senkrechte Achsen «auflösen» lasse. Für eine infinitesimale Bewegung, d.h. für den Vektor $\omega = (\omega_1, \omega_2, \omega_3)$ der momentanen Winkelgeschwindigkeit, ist dies tatsächlich der Fall. Weiter wird in der Hypothese postuliert, dass ein Drehmoment um eine dieser drei Achsen nur die Bewegung um diese Achse beeinflusst; differentiell ausgedrückt, in Koordinaten bezüglich dieser drei Achsen mit den betreffenden Winkelgeschwindigkeiten $\omega_1, \omega_2, \omega_3$:

$$\Theta_1 \dot{\omega}_1 = m_1, \qquad \dot{\omega}_2 = \dot{\omega}_3 = 0.$$

Auch dies ist nur näherungsweise richtig. Bei kleinen Schaukelbewegungen des Schiffs um die Gleichgewichtslage stimmt die Hypothese in erster Näherung, und man kann dann die ganze Bewegung in drei solche um die Achsen zerlegen.

Wir verlassen damit die *Scientia navalis*. Jahrelang bemühte sich nun Euler um die Bewegung des starren Körpers, bis ihm stufenweise die Erleuchtung kam. Erinnern wir uns nochmals an die erste Schwierigkeit, die zu überwinden war: zwar besitzt der rotierende Körper in jedem Zeitmoment eine «momentane Drehachse», um die er sich mit einer «momentanen Winkelgeschwindigkeit» dreht. Dieser Vektor ist aber sowohl nach Länge als auch nach Richtung mit der Zeit variabel, und zwar sowohl im Raum als auch im Körper selbst. Man musste also den Gedanken aufgeben, die räumliche Bewegung durch Festhaltung der Drehachse irgendwie auf den ebenen Fall zurückführen zu wollen, und die Kinematik der räumlichen Bewegung ganz von neuem aufbauen. Nachdem dies Euler am Anfang der fünfziger Jahre gelungen war und die Differentialgleichungen für den Vektor ω aufgestellt waren, schienen sich einer Integration unüberwindliche Schwierigkeiten entgegenzustellen, bis Euler etwa um 1755 der geniale Schritt durch die

Einführung der *Hauptträgheitsachsen* gelang. Dadurch erhielt er ein wunderbar einfaches Differentialgleichungssystem für die Komponenten des Vektors ω im mitgeführten Koordinatensystem der drei Hauptträgheitsachsen. Der dritte Schritt ist dann die volle Integration der Bewegungsgleichungen. Diese gelingt Euler vollständig im Fall des kräftefreien Kreisels durch Verwendung elliptischer Funktionen. J.L. Lagrange hat das Problem später aufgegriffen und eine elegante Darstellung gegeben, die auch den Fall des schweren symmetrischen Kreisels umfasst.

Euler hat seine Theorie in ihrer endgültigen Form zum erstenmal im Jahre 1761 veröffentlicht (E.257/O.II, 8). Wir können ihre Hauptzüge in moderner Notation folgendermassen wiedergeben:

1   Kinematischer Teil

Seien

> $\omega = $ Vektor der Winkelgeschwindigkeit,
> $x = $ Ortsvektor eines Massenpunktes des Körpers,
> $v = $ Geschwindigkeitsfeld des Körpers

als Funktionen der Zeit t. Dann gilt (Punkt = Zeitableitung)

$$v = \omega \times x,$$

also

$$\dot{v} = \dot{\omega} \times x + \omega \times (\omega \times x)$$

und daraus unter Benutzung der Jacobischen Identität für das Vektorprodukt

$$x \times \dot{v} = x \times (\dot{\omega} \times x) + x \times (\omega \times (\omega \times x))$$
$$= -x \times (x \times \dot{\omega}) - \omega \times (x \times (x \times \omega)).$$

Stellen wir die Vektoren durch ihre einspaltigen Matrizen bezüglich des raumfesten Koordinatensystems dar und verwenden für diese dieselben Buchstaben, aber nicht halbfett, und führen wir noch die beiden schiefsymmetrischen Matrizen

$$\Omega = \begin{pmatrix} 0 & -\omega_3 & \omega_2 \\ \omega_3 & 0 & -\omega_1 \\ -\omega_2 & \omega_1 & 0 \end{pmatrix}, \qquad X = \begin{pmatrix} 0 & -x_3 & x_2 \\ x_3 & 0 & -x_1 \\ -x_2 & x_1 & 0 \end{pmatrix}$$

ein, so lautet diese Gleichung in Matrizenschreibweise

$$X\dot{v} = -X^2 \dot{\omega} - \Omega X^2 \omega.$$

Diese Gleichung integriere man über die Massenverteilung des starren Körpers. Ist dann

$$T = (t_{ij}),$$

$$t_{ij} = \int x_i x_j d\mu$$

die Matrix des *Trägheitstensors* und τ die Spur von T, E die Einheitsmatrix, so folgt für die einspaltige Matrix des *Momentes der Zentripetalkräfte* bezüglich des Schwerpunktes

$$\int X\dot{v} \cdot d\mu = (\tau E - T)\dot{\omega} - \Omega T\omega. \tag{26}$$

Bei Einwirkung eines äusseren Kraftfeldes k auf den starren Körper gilt nun in jedem Punkt das dynamische Grundgesetz. Damit leiten wir zum dynamischen Teil über.

2   Dynamischer Teil A: die Eulerschen Kreiselgleichungen

Für jedes Massenelement $d\mu$ des starren Körpers gilt das Grundgesetz

$$k dV = \dot{v} d\mu$$

(dV = Volumenelement), also folgt durch Übergang zum Moment bezüglich G und Integration

$$\int X\dot{v}d\mu = m, \tag{27}$$

wobei m die Matrix des Gesamtmomentes m der äusseren Kräfte bedeutet; denn die im starren Körper auftretenden inneren Spannungskräfte liefern keinen Beitrag zu diesem Moment[7]. Hiermit lautet also die dynamische Grundgleichung für die Bewegung der Rotationsachse des starren Körpers

$$m = (\tau E - T)\dot{\omega} - \Omega T\omega. \tag{28}$$

Diese grundlegende Formel setzt uns instand, den Gedankengang Eulers zu verfolgen. Wird nämlich die Rotationsachse durch Achsenlager festgehalten, so dass die Rotationsbewegung stationär bleibt, d.h. $\dot{\omega} = 0$ ist, so entstehen in den Achsenlagern Reaktionskräfte, deren Gesamtmoment bezüglich G (wenn sonst keine andern äusseren Kräfte wirken) sich nach (28) zu

$$m = -\Omega T\omega \tag{29}$$

berechnet. Euler nennt nun *Hauptachse* eine solche Achse ω, um die eine freie Rotation möglich ist, d.h. für welche in (29) die rechte Seite verschwindet. Den Ausdruck $\Omega T \omega$ leitet er mit den Mitteln der sphärischen Trigonometrie her.

Nun ist aber die Gleichung

$$\Omega T \omega = 0 \tag{30}$$

für ω gleichbedeutend mit $T\omega = \lambda\omega$ für einen geeigneten Skalar λ; die Lösungsvektoren ω sind also gerade die *Eigenvektoren* des symmetrischen Tensors T und bestimmen dessen Hauptachsen. Zugleich liefert (30) eine allgemeine Methode zu deren Bestimmung: Euler setzt nämlich ω als Einheitsvektor in Polarkoordinaten an,

$$\omega = \begin{pmatrix} \cos\varphi\cos\vartheta \\ \sin\varphi\cos\vartheta \\ \sin\vartheta \end{pmatrix}$$

und bestimmt die Durchstosspunkte der Hauptachsen mit der Einheitskugel aus (30).

Wählt man nun das Koordinatensystem so, dass dessen Achsen für $t=0$ mit den Hauptachsen des Trägheitstensors zusammenfallen, so nimmt dessen Matrix folgende Gestalt an:

$$T = \begin{pmatrix} \Theta_1 & & \\ & \Theta_2 & \\ & & \Theta_3 \end{pmatrix};$$

die Grössen

$$\Theta_i = \int x_i^2 d\mu \qquad (i = 1,2,3)$$

heissen die *Hauptträgheitsmomente*. Weiter wird dann

$$\tau E - T = \begin{pmatrix} \Theta_2 + \Theta_3 & & \\ & \Theta_3 + \Theta_1 & \\ & & \Theta_1 + \Theta_2 \end{pmatrix}.$$

Die Diagonalelemente heissen die *axialen Trägheitsmomente*.

Wählt man nun das Koordinatensystem so, dass dessen Achsen für $t=0$ mit den Hauptachsen des Trägheitstensors zusammenfallen, und ist wieder m das Moment der auf den starren Körper einwirkenden Kräfte, so folgen aus (28) die *Eulerschen Gleichungen*

$$m_1 = (\Theta_2 + \Theta_3)\dot{\omega}_1 + (\Theta_2 - \Theta_3)\omega_2\omega_3,$$
$$m_2 = (\Theta_3 + \Theta_1)\dot{\omega}_2 + (\Theta_3 - \Theta_1)\omega_3\omega_1,$$
$$m_3 = (\Theta_1 + \Theta_2)\dot{\omega}_3 + (\Theta_1 - \Theta_2)\omega_1\omega_2. \tag{31}$$

Diese Gleichungen gelten im raumfesten Koordinatensystem nur für $t = 0$. Denkt man sich nun aber ein mit dem Körper mitbewegtes Koordinatensystem, das zur Zeit $t = 0$ mit dem raumfesten zusammenfällt, und drückt ω in diesem durch die Matrix ω^* aus, so gilt, wenn die mitbewegten Basisvektoren im raumfesten Koordinatensystem durch die Spalten der Matrix $A(t)$ dargestellt werden:

$$\omega = A\omega^*,$$

also zur Zeit $t = 0$, da dann $\omega = \omega^*$, $\dot{A} = \Omega$ wird:

$$\dot{\omega} = \dot{\omega}^*.$$

Führt man dies in (31) ein, so bekommt man Differentialgleichungen für ω^*, die jetzt natürlich, da die Hauptachsen und Hauptträgheitsmomente zeitunabhängig sind, für beliebiges t gelten (wobei m jetzt in Komponenten bezüglich des mitbewegten Koordinatensystems zu zerlegen ist). Die Darstellung der Vektorfunktion $\omega(t)$ im mitbewegten Koordinatensystem gehört sicher zu den schönsten Ideen Eulers.

Wir lassen im folgenden den Stern bei der Matrixfunktion $\omega^*(t)$ und der zugehörigen schiefsymmetrischen Matrixfunktion $\Omega^*(t)$ wieder weg. Nachdem diese bekannt sind, ist es leicht, das volle System der Differentialgleichungen für die Bewegung des starren Körpers, d.h. für die Matrix $A = A(t)$, aufzustellen. Euler macht dies wieder sphärisch trigonometrisch. Man gelangt dazu aber auch leicht algebraisch. Sind nämlich x, x^* die Darstellungsmatrizen des Ortsvektors eines beliebigen Massenpunktes des starren Körpers im raumfesten und im mitbewegten Koordinatensystem, so gilt $x = A x^*$, also $v = \dot{x} = \dot{A} x^*$, d.h. $A v^* = \dot{A} x^*$, woraus wegen $v^* = \Omega x^*$ folgt

$$\dot{A} = A\Omega. \tag{32}$$

3   Dynamischer Teil B: Integration der Kreiselgleichungen

Euler behandelt jetzt den Fall des *kräftefreien Kreisels*. Die Methode ist durch die Differentialgleichungen (31) und (32) vorgezeichnet, wobei in (31) die linken Seiten verschwinden.

Zuerst werden die Gleichungen (31) integriert, d.h. momentane Drehachse und Winkelgeschwindigkeit im mitbewegten Koordinatensystem bestimmt. Hierfür wird an Stelle der Zeit eine neue Variable u durch $\dot{u} = \omega_1\omega_2\omega_3$ eingeführt. Aus (31) folgt $\omega_i\dot{\omega}_i = \mu_i\omega_1\omega_2\omega_3$, also $\omega_i^2 = 2\mu_i u + c_i$ $(i = 1,2,3)$, wobei $\mu_i = \dfrac{\Theta_3 - \Theta_2}{\Theta_3 + \Theta_2}$ usw. zyklisch gesetzt ist. Also folgt

$$\dot{u}^2 = \prod_{i=1}^{3}(2\mu_i u + c_i),$$

d.h. u wird eine elliptische Funktion von t. Die Konstanten c_i sind aus den Anfangsbedingungen zu bestimmen. Dies gibt bereits ein qualitatives Bild von der Bewegung des Vektors im mitbewegten Koordinatensystem. Ist nämlich etwa $\Theta_1 \leqq \Theta_2 \leqq \Theta_3$ und wählt man $u(0) = 0$, so gilt offenbar

$$-\frac{c_1}{2\mu_1} < 0, \qquad -\frac{c_2}{2\mu_2} > 0, \qquad -\frac{c_3}{2\mu_3} < 0.$$

Ist nun der Anfangszustand etwa so, dass

$$-\frac{c_3}{2\mu_3} < -\frac{c_1}{2\mu_1}$$

gilt, so schwankt u zwischen den Werten

$$-\frac{c_1}{2\mu_1} < 0 \quad \text{und} \quad -\frac{c_2}{2\mu_2} > 0,$$

woraus folgt, dass die Projektion der Spitze des Vektors ω in die x_1x_2-Ebene mit derselben Periode wie u eine einfach geschlossene Kurve um den Null-punkt beschreibt, während die Projektion auf die x_3-Achse mit derselben Periode zwischen zwei positiven Werten hin und her pendelt.

Der nächste Schritt besteht in der Wahl eines geeigneten raumfesten Koordinatensystems (von dem jetzt nicht mehr vorausgesetzt zu werden braucht, dass es am Anfang mit dem körperfesten Koordinatensystem zusammenfällt) und der Bestimmung der dritten Komponente des Vektors ω, d.h. um das Skalarprodukt (ω, e_3) von ω mit dem dritten Basisvektor dieses raumfesten Koordinatensystems. Die Rechnung verläuft immer noch im mitbewegten Koordinatensystem. Man bemerke, dass alle Skalarprodukte beim Übergang vom einen ins andere Koordinatensystem invariant sind. Ferner war die Matrix $A(t)$ definiert als die Matrix des mitbewegten Systems, ausgedrückt im raumfesten System; wegen der Orthogonalität sind also ihre Zeilen die Matrizen der Basisvektoren des raumfesten Systems, ausgedrückt im mitbewegten System.

Euler führt nun für die axialen Trägheitsmomente die Abkürzungen a_i ein und bildet den Vektor d, dessen Komponenten im bewegten System gegeben sind durch $a_i \omega_i$ ($i = 1,2,3$). Er berechnet sein Skalarprodukt mit einem raumfesten Vektor und zeigt, dass dieses von u unabhängig, also zeitlich konstant ist; dies folgt nämlich aus (32) und (31) wegen

$$(A d)\dot{} = A \Omega d + A \dot{d} = 0.$$

Dies läuft darauf hinaus, dass der Vektor d selbst zeitlich konstant ist[8]. Euler schlägt einen komplizierten Weg ein und bemerkt am Schluss seiner Abhandlung, dass eine grosse Vereinfachung erzielt wird, wenn man den Basisvektor $e_3 = e$ des raumfesten Systems als Einheitsvektor in der Richtung von d wählt. Setzen wir dies voraus, so erhalten wir für die Komponenten von e im mitbewegten System, d.h. für die dritte Zeile von A:

$$e_i = \frac{a_i \omega_i}{\sqrt{G}} \qquad (i = 1,2,3), \tag{33}$$

wobei wir gesetzt haben $(d,d) = G$.

Weiter rechnet Euler aus, dass auch $(\omega,d) = F$ zeitlich konstant ist; dies folgt unmittelbar aus den drei Gleichungen (31) durch Multiplikation der i-ten Gleichung mit ω_i ($i = 1,2,3$) und Addition[9]. Daraus folgt jetzt, dass auch die dritte Komponente von ω im raumfesten System zeitlich konstant ist:

$$v = (\omega,e) = \frac{F}{\sqrt{G}}. \tag{34}$$

Der Hauptschritt von Eulers Überlegung ist nun die Bestimmung der Bewegung der momentanen Drehachse im Raum. Dazu ist es zweckmässig, diese Bewegung durch diejenige des Durchstosspunktes J von ω mit der Einheitskugel um den Nullpunkt zu verfolgen. Als Pol P bezeichnen wir die Spitze von e. Das raumfeste Koordinatensystem ist dann dadurch festgelegt, dass ein Meridian, d.h. ein Grosskreis durch P, als Nullmeridian ausgezeichnet wird. Die Spitze von e_1 liege auf dem Nullmeridian; sie sei mit Q bezeichnet.

Zunächst ist es leicht, den Polabstand von J als Funktion von u (und damit von t) zu bestimmen. Hierzu berechnet man zuerst

$$\begin{aligned}
&(\omega,\omega) = \mu u + E \\
&(\mu = 2(\mu_1 + \mu_2 + \mu_3) = -2\mu_1 \mu_2 \mu_3; \quad E = c_1 + c_2 + c_3)
\end{aligned} \tag{35}$$

und findet mit (34)

$$\cos PJ = \frac{v}{|\boldsymbol{\omega}|} = \frac{F}{\sqrt{G(\mu u + E)}} \cdot$$

Zur Festlegung von J muss jetzt noch der *Präzessionswinkel* $\varphi = QPJ$ bestimmt werden. Euler berechnet dessen Zeitableitung durch virtuose Handhabung der sphärischen Trigonometrie; wir wollen zeigen, wie das Resultat auch leicht mit Matrizenrechnung erhalten werden kann. Sei

$$\begin{pmatrix} v_1 \\ v_2 \\ v_3 \end{pmatrix} = A \begin{pmatrix} \omega_1 \\ \omega_2 \\ \omega_3 \end{pmatrix}$$

die Matrix von ω im raumfesten Koordinatensystem (dabei ist $v_3 = v$ unser oben bestimmtes v).

Wegen

$$\dot{\varphi} = \frac{(\mathrm{tg}\varphi)^{\cdot}}{1 + \mathrm{tg}^2\varphi}$$

folgt

$$\dot{\varphi} = \frac{v_1 \dot{v}_2 - v_2 \dot{v}_1}{v_1^2 + v_2^2} = \frac{v_1 \dot{v}_2 - v_2 \dot{v}_1}{(\omega, \omega) - v^2} \cdot$$

Nun ist aber

$$\begin{pmatrix} v_1 & \dot{v}_1 \\ v_2 & \dot{v}_2 \\ v_3 & \dot{v}_3 \end{pmatrix} = A \begin{pmatrix} \omega_1 & \dot{\omega}_1 \\ \omega_2 & \dot{\omega}_2 \\ \omega_3 & \dot{\omega}_3 \end{pmatrix} = A \begin{pmatrix} \omega_1 & \mu_1 \omega_2 \omega_3 \\ \omega_2 & \mu_2 \omega_3 \omega_1 \\ \omega_3 & \mu_3 \omega_1 \omega_2 \end{pmatrix},$$

also nach der Lagrangeschen Identität, da man in ihr die zweireihigen Minoren der beiden ersten Zeilen von A wegen der Orthogonalität dieser Matrix durch die entsprechenden Elemente der letzten Zeile ersetzen kann:

$$\begin{vmatrix} v_1 & \dot{v}_1 \\ v_2 & \dot{v}_2 \end{vmatrix} = \begin{vmatrix} e_1 & e_2 & e_3 \\ \omega_1 & \omega_2 & \omega_3 \\ \mu_1 \omega_2 \omega_3 & \mu_2 \omega_3 \omega_1 & \mu_3 \omega_1 \omega_2 \end{vmatrix} \cdot$$

Entwickelt man nach der letzten Zeile, so erhält man hierfür wegen (33)

$$\frac{1}{\sqrt{G}} (\mu_1^2 a_1 \omega_2^2 \omega_3^2 + \mu_2^2 a_2 \omega_3^2 \omega_1^2 + \mu_3^2 a_3 \omega_1^2 \omega_2^2).$$

Setzt man hierin die Ausdrücke $\omega_i^2 = 2\mu_i u + c_i$ ($i = 1,2,3$) ein, so stellt sich heraus, dass die quadratischen Glieder wegfallen, und man erhält

$$\begin{vmatrix} v_1 & \dot{v}_1 \\ v_2 & \dot{v}_2 \end{vmatrix} = \frac{1}{\sqrt{G}} \, (\mu F u + H).$$

Andererseits ist

$$(\omega, \omega) - v^2 = \frac{1}{G} \, (\mu G u + K),$$

mit $K = EG - F^2$; also folgt

$$\dot{\varphi} = \sqrt{G} \, \frac{\mu F u + H}{\mu G u + K}.$$

Damit ergibt sich φ als elliptisches Integral von u.

Nachdem man die Lage des Punktes J als Funktion der Zeit (oder von u) kennt, ist es leicht, die Bewegung der Hauptaxen des starren Körpers, also die Spalten der Matrix A, auszurechnen. Nehmen wir z.B. die erste Spalte, dann ist, wenn $A = (a_{ij})$ gesetzt ist, das Element $a_{31} = e_1$ bereits bekannt:

$$a_{31} = \frac{a_1 \omega_1}{\sqrt{G}}.$$

Ist also a_{21} bekannt, so bis aufs Vorzeichen auch a_{11}. Das Vorzeichen ergibt sich nachträglich aus der Anfangslage der ersten Hauptachse im raumfesten System.

Euler bemerkt nun, dass es nur auf den Meridian*unterschied* $\sphericalangle JPR$ zwischen dem Meridian durch J und durch R ankommt, wo R den Durchstosspunkt der ersten Hauptachse mit der Kugel bedeutet. Um ihn zu berechnen, dreht er das raumfeste Koordinatensystem so um den Pol P, dass J auf den Nullmeridian zu liegen kommt. Das neue a_{21} ergibt sich nun aus

$$\begin{pmatrix} \omega_1 & e_1 \\ \omega_2 & e_2 \\ \omega_3 & e_3 \end{pmatrix} = A^t \begin{pmatrix} v_1 & 0 \\ 0 & 0 \\ v & 1 \end{pmatrix}$$

($A^t = A^{-1} =$ Transponierte von A) wieder nach der Lagrangeschen Identität:

$$-\begin{vmatrix} \omega_2 & e_2 \\ \omega_3 & e_3 \end{vmatrix} = a_{21} \cdot v_1 = \frac{a_{21}}{\sqrt{G}} \sqrt{\mu G u + K},$$

d.h. wegen

$$a_2 - a_3 = \mu_1 a_1:$$

$$a_{21} = \frac{\sqrt{G}\,\mu_1 a_1 \omega_2 \omega_3}{\sqrt{\mu G u + k}}.$$

Damit erhalten wir

$$\sin JPR = \frac{a_{21}}{\sqrt{1-e_1^2}} = G\,\frac{\mu_1 a_1 \omega_2 \omega_3}{\sqrt{(G-a_1^2\omega_1^2)(\mu G u + K)}}.$$

Anmerkungen

1   *Scientia navalis*, Petersburg 1749, konnte erst mit fast zehnjähriger Verspätung im Druck erscheinen, 2 Bände (E.110, 111/O.II, 18, 19). Cf. W. Habicht, *Leonhard Eulers Schiffstheorie*, Einleitung und Kommentar zu den Bänden O.II, 18 und 19, p. VII–CXCVI.

2   *Mechanica sive motus ...*, Petersburg 1736, 2 Bände (E.15, 16/O.II, 1, 2).

3   Newton, *Philosophiae naturalis principia mathematica*, London [1]1687, [2]1713, [3]1726. Daniel Bernoulli, *Dissertatio de actione fluidorum ...*, Comm. acad. Petrop. 2 (1727) 1729, 3 (1728) 1732; *Hydrodynamica, sive de viribus et motibus fluidorum commentarii*, Strassburg 1738, insbes. Kapitel XIII.

4   *Methodus inveniendi lineas curvas ...*, Lausanne, Genf 1744 (E.65/O.I, 24).

5   Cf. D.T. Whiteside (ed.), *The Mathematical Papers of Isaac Newton*, Vol. VI, Cambridge 1974, p.456–468, Text und Anmerkungen 1–24. Ferner E.A. Fellmann, *Newtons Principia*, Jber. Deutsch. Math.-Verein. 77, Heft 3, 1975, p.128–130; *Über eine Bemerkung von G.W. Leibniz zu einem Theorem in Newtons «Principia mathematica»*, Verhandl. Naturf. Ges. Basel, Band 87/88, 1978, p.21–28.

6   Cf. D. Bernoulli, *Hydrodynamica*, Kapitel XIII. Die Berechnung des Strahlantriebs findet sich auch in Eulers Abhandlung *Sur le mouvement de l'eau par des tuyaux de conduite*, Mém. Berlin 8 (1752) 1754 (E.206/O.II, 15); Eneström datiert die Entstehung auf 1749. – Zur Geschichte des Problems cf. C.A. Truesdells Einleitung zu O.II, 12: *Rational fluid mechanics 1687–1765*.

7   Offenbar gilt in jedem Punkt $\dot{X}v=0$, so dass (27) auch in der Form $\dot{d}=m$ (27a) geschrieben werden kann, wo d die Matrix des Drehimpulses oder Dralls d bezeichnet. (27a) heisst der Drehimpulssatz. Euler hat später bei der Herleitung seiner Gleichungen diesen Satz angewandt. Er hat bemerkt, dass dieser Satz für jede Massenverteilung, gleichgültig ob gasförmig, flüssig, elastisch oder starr, gültig ist. Nirgends erwähnt er dabei innere Spannungskräfte; tatsächlich treten sie ja bei der Herleitung der Gleichungen gar nicht auf. In einer späteren Arbeit aus dem Jahre 1776 hat Euler deshalb den Drehimpulssatz gleichwertig neben den Impulssatz als ein allgemeines Prinzip der Mechanik gestellt. Man vergleiche zu dieser Frage etwa C.A. Truesdell, *A program toward rediscovering the rational mechanics of the age of reason*, Arch. Hist. of Exact Sciences 1, 1, 1960, sowie den Beitrag von B.L. van der Waerden in diesem Band.

8   Wegen $\int X v\, d\mu = \int X^2 \omega\, d\mu$ ist d der Drallvektor. Da keine äusseren Kräfte wirken, ist dieser zeitlich konstant; cf. Anm. 7.

9   Wegen $\omega^t X v = v^t v$ ist F die doppelte kinetische Energie des Kreisels. Euler hätte sich also hier auf den Satz von der Erhaltung der lebendigen Kraft berufen können.

Bartel L. van der Waerden

Eulers Herleitung des Drehimpulssatzes

Die vorliegende Arbeit ist aus einem Briefwechsel mit Clifford Truesdell hervorgegangen. Zur weiteren Klärung der in diesem Briefwechsel angeschnittenen Fragen hat Truesdell sehr viel beigetragen, indem er in einem publizierten Vortrag[1] die Geschichte des Drehimpulssatzes eingehend untersucht hat. Sowohl im Briefwechsel als auch im Vortrag von Truesdell sind aber noch Fragen offengeblieben. Eine dieser Fragen war: Was meinte Euler, als er sagte, dass bei der Berechnung des Gesamtmomentes aller Kräfte die inneren Kräfte ausser Betracht bleiben können, weil «les forces internes se détruisent mutuellement»? Diese Frage soll jetzt untersucht werden.

1   Punktmechanik und Kontinuumsmechanik

Die Punktmechanik, d.h. die Mechanik der Systeme von Massenpunkten, wurde von Newton begründet, von Lagrange fortgeführt und von Poisson, wie wir sehen werden, in der heute noch üblichen Form dargestellt.

Der Begründer der Kontinuumsmechanik ist Euler. Er begründete nacheinander die Hydrodynamik, die Dynamik der starren Körper und die Elastizitätstheorie.

Die gemeinsamen Prinzipien der Punktmechanik und der Kontinuumsmechanik kann man nach Truesdell[1] so formulieren:

$$F = \dot{I} \quad \text{und} \quad L = \dot{H}. \tag{1}$$

Dabei ist F die Resultante aller äusseren Kräfte, die auf einen Körper wirken, I der gesamte Impuls, L das gesamte Drehmoment der äusseren Kräfte und H der Drehimpuls.

In der Punktmechanik sind alle eben genannten Grössen Summen über die einzelnen Massenpunkte, in der Kontinuumsmechanik sind es Integrale. Betrachten wir zum Beispiel den Begriff der Masse. In der Punktmechanik ist die Masse eines Körpers die Summe der Massen der einzelnen Massenpunkte. Bei Euler aber ist die Masse $M = \int dM$ das Integral der Massendichte ρ über das Volumen des Körpers. Ebenso ist der Impuls I das Integral von $\jmath v$. Ähnlich verhält es sich mit der Kraft F, dem Drehimpuls H und dem Drehmoment L.

Truesdell propagiert in seinen Veröffentlichungen eine allgemeine Mechanik, die die Punktmechanik und die Kontinuumsmechanik als Spezialfälle enthält. In seiner Besprechung des Buches von Istvan Szabó[2] formulierte Truesdell seinen Standpunkt so: "... Now, with a firmer grasp upon what a mathematical theory of physics can and should do, I prefer to think of mass as being a Lebesgue-Stieltjes measure which may be singular at points, lines, and surfaces, and I think this idea renders concrete and rigorous what Lagrange in his vague and formal way tried to represent with his famous symbol S ..."

Die Frage, mit der wir uns hier zu beschäftigen haben, ist: Wie hat Euler die Sache aufgefasst? Euler kannte keine Stieltjesintegrale. Für ihn ist die Masse eines Körpers entweder eine Summe über einzelne Massenpunkte oder ein Raumintegral. In seiner grundlegenden Arbeit *Découverte d'un nouveau principe de mécanique*[3] lässt Euler beide Möglichkeiten offen. Er schreibt nämlich: «Soit un corps infiniment petit, ou dont toute la masse soit réunie dans un seul point ...»

Nach der Auffassung der heutigen Physiker, die vermutlich von Poisson zuerst in voller Klarheit formuliert wurde, ist die Punktmechanik die Grundlage der klassischen Mechanik. In der Punktmechanik, so wie Poisson sie auffasst, sind die Prinzipien (1) beweisbare Sätze. Die Kontinuumsmechanik ist nach der vorherrschenden Auffassung nur eine brauchbare Näherung. Die Masse eines Körpers ist exakt gleich der Summe der Massen der einzelnen Teilchen, aber sie kann in einer brauchbaren Näherung dargestellt werden als Integral einer stückweise stetigen Massendichte. Analog für den Impuls, den Drehimpuls usw. Da die Gesetze (1) in der Punktmechanik exakt gelten, ist es vernünftig, sie in der Kontinuumsmechanik ebenfalls als gültig anzunehmen. (Im Abschnitt 3 soll das näher ausgeführt werden.) Will man aber die Kontinuumsmechanik als unabhängige mathematische Wissenschaft axiomatisch aufbauen, so muss man die Prinzipien (1) als unabhängige Axiome zugrunde legen, wie Truesdell[4] es tut.

Der erste, der die beiden Prinzipien (1) klar formuliert hat, war Euler[3]. Wie hat er die Sache aufgefasst? Waren für ihn die Prinzipien beweisbare Sätze oder unabhängige Axiome? Hat er die Körper als Systeme von Massenpunkten aufgefasst oder als echte Kontinua? Oder vollführte er, wie Truesdell meint, eine Art Gratwanderung, ohne herunterzufallen? – Ich werde versuchen, diese Fragen auf Grund des Euler-Textes zu beantworten. Zunächst soll jedoch Poisson zu Worte kommen.

2   Poissons *Traité de Mécanique*

In den heutigen Lehrbüchern der Mechanik findet man Beweise der beiden Grundsätze (1) für Systeme von Massenpunkten, die anziehende und abstossende Kräfte aufeinander ausüben können. Die Crux in diesen Beweisen ist die Feststellung, dass man bei der Summation der Kräfte und der Momente die inneren Kräfte weglassen kann, weil sie zur Gesamtkraft F und zum Gesamtmoment L den Beitrag Null liefern.

In der unter 1 zitierten Arbeit hat Truesdell den Ursprung der Überlieferung dieses Beweises erforscht. Die älteste Quelle, die er hat finden können, war die zweite Auflage von Poissons *Traité de Mécanique*[5]. Das entscheidende Hilfsmittel in Poissons Beweis ist «la loi générale de l'action égale à la réaction», die er so formuliert:

«Si un point matériel situé en M agit sur un autre point situé en M', et lui imprime ou tend à lui imprimer, dans un instant, une quantité de mouvement infiniment petite, que je représenterai par μ, on observe toujours:

1. Que cette action est dirigée suivant la droite menée du point M' vers le point M, ou suivant son prolongement au-delà de M'.

2. Qu'en même temps le point situé en M' réagit sur le point situé en M, suivant la droite qui va de M vers M', ou suivant son prolongement au-delà de M.

3. Que cette réaction communique ou tend à communiquer au point situé en M une quantité de mouvement précisément égale à μ.»

Poisson erwähnt Newton nicht, aber es scheint mir ganz klar, dass die Worte *loi, action, égale, réaction* einfach französische Übersetzungen der Worte *lex, actio, aequalis, reactio* sind, die Newton selbst in der Formulierung seiner *Lex tertia* in den *Principia* benutzt:

«**Actioni** contrariam semper et **aequalem** esse **reactionem**: sive corporum duorum actiones in se mutuo semper esse aequales et in partes contrarias dirigi.»

Was Poisson an der zitierten Stelle deutlich und klar formuliert, ist also seine Interpretation der *Lex tertia*.

Wenn das Gesetz *Actio = Reactio* in der Fassung Poissons angenommen wird, so ist es nicht schwer, zu beweisen, dass die inneren Kräfte zu der Gesamtkraft F und zum Drehmoment L den Beitrag Null liefern. Im Fall des Drehmomentes argumentiert Poisson so:

«En appelant ρ la distance de ces deux points, les cosinus des angles que fait la droite mm', avec des parallèles aux axes des x, y, z, menées par le point m, seront

$$\frac{x'-x}{\rho}, \quad \frac{y'-y}{\rho}, \quad \frac{z'-z}{\rho};$$

relativement à la force F, on aura donc

$$mX = \frac{(x'-x)F}{\rho}, \quad mY = \frac{(y'-y)F}{\rho}, \quad mZ = \frac{(z'-z)F}{\rho},$$

pour les composantes de la force motrice du point m; et l'on trouvera de même

$$m'X' = \frac{(x-x')F}{\rho}, \quad m'Y' = \frac{(y-y')F}{\rho}, \quad m'Z' = \frac{(z-z')F}{\rho},$$

pour les composantes de la force motrice de m', provenant de cette force F. Or, d'après ces valeurs, nous aurons

$$m(xY - yX) + m'(x'Y' - y'X') = 0,$$

$$m(zX - xZ) + m'(z'X' - x'Z') = 0,$$

$$m(yZ - zY) + m'(y'Z' - z'Y') = 0;$$

par conséquent, les termes provenant de l'action mutuelle des points du système, se détruisent deux à deux dans les seconds membres des équations (9) du no 539.»

Das ist derselbe Beweis, den man in den heutigen Lehrbüchern findet. Er beruht auf dem Gesetz *Actio = Reactio* in der Formulierung von Poisson und auf dem Kraftgesetz

$$F_k = m_k \dot{v}_k, \tag{2}$$

wobei F_k die Resultante aller Kräfte ist, die auf den k-ten Massenpunkt wirken.

3   Von der Punktmechanik zur Kontinuumsmechanik

Die beiden Prinzipien (1), die man in der Punktmechanik nach dem Vorbild von Poisson beweisen kann, werden in den heutigen Lehrbüchern ohne weiteres auf die Kontinuumsmechanik übertragen. Ist das berechtigt? Ich meine, ja. Unsere Physiker wissen sehr wohl, dass die Materie aus Atomen besteht und dass der Begriff «Massendichte», strenggenommen, keinen Sinn hat. Aber in der Hydrodynamik und Elastizitätstheorie arbeitet man mit einer Näherung, indem man die Masse eines Körpers als Integral einer stückweise stetigen Massendichte annimmt. Diese Näherung ist vernünftig und bequem.

Ebenso verhält es sich mit dem Begriff der Geschwindigkeit einer Flüssigkeitsströmung. Die Moleküle einer Flüssigkeit oder eines Gases fliegen wild durcheinander: Jedes Teilchen hat in jedem Augenblick eine eigene Geschwindigkeit, die sich bei einem Zusammenstoss sprunghaft ändert. Trotzdem bildet man den Begriff «Geschwindigkeit einer Strömung in einem Punkt P». Man nimmt etwa eine Kugel um den Punkt P herum, die so gross ist, dass sie sehr viele Moleküle enthält, aber so klein, dass die mittleren Geschwindigkeiten der Moleküle in verschiedenen Teilgebieten der Kugel sich nicht allzustark unterscheiden. Man nimmt etwa an, dass der Durchmesser der Kugel klein ist gegen die Amplitude der Schallwellen. In dieser Kugel nun definiert man eine mittlere Geschwindigkeit der Moleküle. Diese nicht genau definierte mittlere Geschwindigkeit v in einer Umgebung des Punktes P heisst

«Strömungsgeschwindigkeit im Punkte *P*». Der Impuls eines Teilvolumens innerhalb der Strömung ist genähert gleich dem Integral

$$I^* = \int \rho v \, dV \tag{3}$$

über das Teilvolumen, wo ρ die Massendichte und v die Strömungsgeschwindigkeit ist.

Das alles steht nicht in den meisten Lehrbüchern, aber ich meine, wenn man einen guten theoretischen Physiker fragen würde, was er unter der Massendichte ρ oder der Strömungsgeschwindigkeit v versteht, so würde er eine ähnliche Antwort geben.

Für den exakten Impuls

$$I = \sum m v$$

und die exakte Gesamtkraft F gilt nach (1) die Differentialgleichung

$$F = \dot{I},$$

die man nach Integration über eine Zeit Δt auch als

$$\int F \, dt = \Delta I \tag{4}$$

schreiben kann. Nun wird F durch ein Integral F^* und I durch ein Integral I^* approximiert. Also ist es vernünftig,

$$\int F^* \, dt = \Delta I^* \tag{5}$$

anzunehmen.

Man kann das noch etwas genauer begründen. In (4) sind die beiden Seiten exakt gleich. Würde man nun die linke Seite von (5) als grösser oder kleiner als die rechte Seite annehmen, so würde man entweder auf der linken oder auf der rechten Seite von (5) oder auf beiden Seiten zusätzlich zum unvermeidlichen Fehler der Näherung einen systematischen Fehler erhalten. Um das zu vermeiden, muss man in (5) Gleichheit annehmen.

Differenziert man (5), so erhält man

$$F^* = \dot{I}^*, \tag{6}$$

die erste Grundgleichung der Kontinuumsmechanik. Analog erhält man die zweite Grundgleichung

$$L^* = \dot{H}^*. \tag{7}$$

Soviel zur Rechtfertigung des heutigen Standpunktes. Wir wenden uns jetzt wieder der Geschichte zu.

4   Newton und Poisson

In der Präzisierung, die Poisson der *Lex tertia* gibt, fallen zunächst zwei Unterschiede zu Newton auf. Poisson spricht von *Massenpunkten* (points matériels), während Newton in seiner Erläuterung *Körper* betrachtet, die Kräfte aufeinander ausüben. Zweitens präzisiert Poisson, dass die beiden Wirkungen (actions) entlang der Verbindungslinie der beiden Punkte stattfinden. Die beiden Änderungen der Terminologie hängen logisch miteinander zusammen, denn wenn man zwei ausgedehnte Körper hat, kann man nicht von einer «Verbindungslinie» sprechen.

Ich frage nun: Sind das wirkliche Neuerungen oder nur Präzisierungen von Begriffen, die, im Keim etwas weniger genau formuliert, bei Newton schon vorhanden sind? Schauen wir uns den Text der *Principia* etwas genauer an. Im *Corrolarium I* zu den *Leges motus* wird ein Körper betrachtet, der sich zu einer gegebenen Zeit im Punkte *A* («*in loco A*») befindet. Newton betrachtet also, ebenso wie Poisson, punktförmige oder nahezu punktförmige Körper.

Auch bei Euler und Lagrange ist der Begriff Massenpunkt vorhanden. Eulers Worte «un corps ... dont toute la masse soit réunie dans un seul point» wurden vorhin schon zitiert, und Lagrange schreibt auf Seite 231 der dritten Auflage seiner *Mécanique analytique*:

«Ces notions préliminaires supposées, considérons un système de corps disposés les uns par rapport aux autres, comme on voudra, et animés par des forces accélératrices quelconques.

Soit *m* la masse de l'un quelconque de ces corps, regardé comme un point; rapportons, pour la plus grande simplicité, à trois coordonnées rectangles *x, y, z* la position absolue du même corps au bout d'un temps quelconque *t*.»

Der Faktor $1/r^2$ im Newtonschen Gravitationsgesetz hat, genau genommen, nur dann einen Sinn, wenn der anziehende und der angezogene Körper Massenpunkte oder unendlich kleine Teile von Körpern sind. Um bei ausgedehnten Körpern die Anziehung zu berechnen, zerlegt Newton sie in so kleine Teile, dass die Entfernungen *r* einen Sinn haben, und integriert sie dann über die einzelnen Teile. Die von Euler und Lagrange systematisch angewandte Methode der Summation über Massenpunkte oder der Integration über unendlich kleine Elemente ist also bei Newton schon nachweisbar.

Zusammenfassend können wir sagen: Die Verwendung der Massenpunkte im Beweis des Drehimpulssatzes bei Poisson ist keine Neuerung, sondern die Fortsetzung einer Tradition, die bei Newton anfängt und von Euler und Lagrange präziser formuliert wurde.

Was Poisson anscheinend zum ersten Male ganz allgemein formuliert hat, ist die Annahme, dass die entgegengesetzten Kräfte, die zwei Massenpunkte aufeinander ausüben, immer längs der Verbindungslinie gerichtet sind. Aber im Fall der Gravitationskräfte hat Newton dieselbe Annahme ganz ausdrücklich gemacht. Auch hier handelt es sich also nur um eine Präzisierung und Verallgemeinerung der Gedanken Newtons.

5   Eulers Begründung der mechanischen Prinzipien

Das zweite Gesetz Newtons lautet: «Die Änderung der Bewegungsgrösse ist proportional zur eingeprägten Kraft, und sie ist längs der geraden Linie dieser Kraft gerichtet.»

Newton denkt sich offenbar einen Zeitraum Δt, während dessen die Kraft F praktisch konstant bleibt. Die Bewegungsgrösse *(motus)* ist das, was Poisson «quantité de mouvement» nennt und was wir Impuls nennen. Die Änderung ΔI dieser Bewegungsgrösse ist nach Newton proportional zu F. Änderungen während aufeinanderfolgender Zeitintervalle Δt summieren sich, also ist die Änderung ΔI auch proportional zu Δt. Bei geeigneter Wahl der Masseinheiten kann man also schreiben

$$\Delta I = F \Delta t. \tag{6}$$

Ist die Kraft F mit der Zeit veränderlich, so hat man (6) durch die Differentialgleichung

$$\dot{I} = F \tag{7}$$

zu ersetzen. In dieser Form wird die Gleichung von Newton selbst in der Planetentheorie benutzt, und von dieser Form der Grundgleichung geht auch Euler aus.

Es scheint, dass Euler der erste war, der die Grundgleichung (7) nicht nur auf ganze Körper, sondern auch auf deren unendlich kleine Teile angewandt hat. In der grundlegenden Arbeit *Découverte* ...[3] schreibt er die Bewegungsgleichungen der einzelnen «Elemente» des Körpers als

$$2M\,ddx = P\,dt^2, \qquad 2M\,ddy = Q\,dt^2, \qquad 2M\,ddz = R\,dt^2. \tag{8}$$

Der Faktor 2 ist durch eine andere Wahl der Masseinheiten zu erklären. Modern würde man schreiben

$$M\ddot{x} = P, \qquad M\ddot{y} = Q, \qquad M\ddot{z} = R. \tag{9}$$

Euler schreibt zunächst nur die erste der drei Formeln (8) auf und sagt: «Et c'est cette formule seule, qui renferme tous les principes de la Mécanique» (O.II, 5, p.89).

Er wendet die Gleichungen (8) in der erwähnten Abhandlung zunächst auf die Bewegung eines festen Körpers an. Die Rechnungen sind etwas kompliziert, aber das Prinzip ist klar: Durch Summation über alle Massenpunkte oder durch Integration über alle Volumenelemente erhält Euler aus den Gleichungen (8) den Impulssatz. Andererseits bildet er aus den Kraftkomponenten P, Q, R die Momente in bezug auf die drei Achsen des Koordinatensystems und findet wieder durch Summation oder Integration den Satz vom Drehimpuls.

Der wichtigste Punkt in dieser Herleitung ist das Weglassen der inneren Kräfte bei der Berechnung der Gesamtkraft und des gesamten Drehmomentes. Euler schreibt dazu: «Ces forces renferment en soi tant les forces externes, dont le corps peut être sollicité par dehors, que les forces internes, dont les parties du corps sont liées entr'elles, afin qu'elles ne changent pas leur situation relative. Or il est à remarquer que les forces internes se détruisent mutuellement, de sorte que la continuation du mouvement ne demande des forces externes, qu'entant que ces forces ne se détruisent pas mutuellement.»

Was meint Euler, wenn er sagt, dass die inneren Kräfte «se détruisent mutuellement»? Meine Hypothese ist, dass er dasselbe meint wie Poisson, nämlich eine Berufung auf das Gesetz *Actio = Reactio*. Poisson rechnet ausführlich vor, dass die Momente der inneren Kräfte «se détruisent deux à deux», während Euler nur ganz lakonisch darauf hinweist, dass die inneren Kräfte sich gegenseitig vernichten. Die Ausdrucksweise «se détruisent» ist beiden gemeinsam.

Euler wusste natürlich, dass das Moment einer Kraft in bezug auf irgendeine Achse sich nicht ändert, wenn die Kraft in ihrer eigenen Wirkungslinie verschoben wird. Sind nun A und B zwei Massenpunkte, die einander anziehen oder abstossen, so kann man die Kraft, die A auf B ausübt, entlang der Verbindungslinie so verschieben, dass ihr Angriffspunkt mit dem Punkt A zusammenfällt. Die beiden Kräfte haben jetzt denselben Angriffspunkt und sind nach der *Lex tertia* entgegengesetzt gleich, also sind auch ihre Momente entgegengesetzt gleich. Man kann sie also bei der Addition der Momente weglassen. Das, so nehme ich an, war Eulers Überlegung. Die ausführliche Rechnung, die Poisson durchführte, brauchte Euler nicht.

In der Punktmechanik ist der Satz vom Drehimpuls, wie wir eben gesehen haben, ein beweisbarer Satz, sofern man die *Lex tertia* so interpretiert, wie Poisson es tut. In der Kontinuumsmechanik ist der Drehimpulssatz nicht beweisbar, es sei denn, man nimmt noch besondere Annahmen wie die Symmetrie des Spannungstensors hinzu, wie István Szabó[6] es unter Hinweis auf Boltzmann tut.

Nun ist es Euler aber in der Arbeit[3] offensichtlich darum zu tun, den Satz vom Drehmoment zu *beweisen*. Er sagt ja ausdrücklich, dass die Formel (8) «renferme tous les principes de la Mécanique»: Er betrachtet also den Drehimpulssatz nicht als neues, unabhängiges Prinzip. Er gibt auch einen Grund an, warum man die Drehmomente der internen Kräfte weglassen kann, nämlich weil «les forces internes se détruisent mutuellement». Diesen Grund betrachtet er offenbar als beweiskräftig.

In einer späteren Arbeit[7] formuliert Euler den Impuls- und Drehimpulssatz für feste Körper noch einmal. Als Begründung sagt er nur: *«per principia motus necesse est ...»* In den Anwendungen des Drehimpulssatzes lässt er die inneren Kräfte, die den Körper zusammenhalten, immer weg. Ein neues, unabhängiges Prinzip formuliert er nicht.

Euler war ein logisch denkender Mensch. Wenn er seinen Beweis für stichhaltig hielt, so muss man das ernst nehmen. Ich kenne aber nur einen stichhaltigen Beweis für die Behauptung, dass die Drehmomente der inneren Kräfte zum gesamten Drehmoment den Beitrag Null liefern, nämlich den Beweis von Poisson auf Grund seiner Interpretation der *Lex tertia.* Dieser Beweis von Poisson passt in der Tat genau zu den lakonischen Worten Eulers: «Les forces internes se détruisent mutuellement.» Daher nehme ich an, dass Euler es genauso gemeint hat wie Poisson.

Ich halte es für möglich, dass Poisson durch die eben zitierten Worte Eulers zu seiner ausführlichen Darstellung des Beweises angeregt wurde.

6   Ein Einwand

Wenn meine Hypothese zutrifft, so muss Euler ebenso wie Poisson den starren Körper nicht als Kontinuum, sondern als System von Massenpunkten aufgefasst haben, die solche Kräfte aufeinander ausüben, dass ihre Abstände konstant oder nahezu konstant bleiben. Hätte er nämlich den Körper als echtes Kontinuum aufgefasst, so könnte er den Beweis der Formeln (1) logischerweise nicht führen. Dagegen könnte man einwenden, dass Euler die Masse eines festen Körpers nicht als Summe, sondern als Integral schreibt. Er benutzt zwar das Wort Summe, schreibt aber $\int dM$. Seine eigenen Worte sind:

«Pour réduire ces expressions dans une somme, ou pour trouver les forces totales, il faut remarquer que dans ces intégrations on n'aura d'autres variables, que l'élément dM et les coordonnées x, y, z, qui déterminent le lieu de cet élément, et que dM doit successivement passer par tous les élémens du corps, de sorte que l'intégrale $\int dM$ rende la masse du corps entier M ...»

Um das zu erklären, frage ich zunächst: Hat Euler die festen Körper, Flüssigkeiten und Gase als echte Kontinua aufgefasst oder als Aggregate von sehr kleinen Teilchen? Die Antwort finden wir in den *Lettres à une Princesse d'Allemagne*[8]. In *Lettre 69* bemerkt Euler: «Quand on passe la main par l'eau, les particules de l'eau cèdent à la main.» Noch deutlicher wird er in *Lettre 70:*

«Il faut encore lever une autre difficulté qu'on fait contre l'impénétrabilité des corps. Il y a, dit-on, des corps qui se laissent comprimer dans un moindre espace, comme par exemple la laine, et sur tout l'air, duquel nous savons, qu'il se laisse comprimer dans un espace jusqu'à mille fois plus petit. Il semble donc, que les diverses particules d'air sont réduites dans le même lieu, et qu'elles se pénetrent par conséquent mutuellement: rien de cela cependant, car l'air est aussi un corps, ou une matiere remplie de pores, qui sont ou vuides, ou pleins de ce fluide incomparablement plus subtil, qu'on nomme l'éther.»

Euler betrachtet also das Wasser, die Wolle und die Luft nicht als echte Kontinua, sondern er nimmt an, dass sie aus einzelnen Partikeln bestehen, die im Falle der Luft sogar so weit voneinander entfernt sind, dass man die Luft tausendfach komprimieren kann. Nun besteht Eis offensichtlich aus denselben Partikeln wie Wasser oder Wasserdampf, also ist anzunehmen, dass auch feste Körper nach Euler aus einzelnen Teilchen bestehen und keine echten Kontinua sind. Die Massendichte des Eises ist sogar kleiner als die des Wassers, also sind die Wasserteilchen im Eiskristall noch weiter voneinander entfernt als im Wasser.

Jedoch in der Hydrodynamik behandelt Euler die Flüssigkeiten und Gase so, als ob sie Kontinua wären. Er berechnet die Masse als Integral der Massendichte und den Impuls als Integral der Impulsdichte. Er weiss aber sehr wohl, dass das *nur eine Näherung* ist. Wenn man exakte Beweise führen will, wie bei der Herleitung des Drehimpulssatzes, darf man die Körper nicht als echte Kontinua betrachten.

Meine Hypothese, dass Euler bei der Herleitung des Drehimpulssatzes die Körper als Systeme von Massenpunkten betrachtet hat, wird also durch Eulers Gebrauch des Wortes «Intégrale» nicht widerlegt. Die Integration, die Euler vornimmt, ist meines Erachtens nur als eine praktische Näherung zu betrachten.

7   Rückblick und Ausblick

Wenn meine Hypothese zutrifft, so gibt es eine kontinuierliche Tradition, die mit Newton anfängt und über Euler und Lagrange bis zu Poisson und den heutigen Lehrbüchern der Mechanik weitergeht. Jeder der Pioniere hat die Theorien seiner Vorgänger neu durchdacht und weiterentwickelt. Eine ganz natürliche Interpretation und Präzisierung der *Lex tertia* Newtons führte Euler und Poisson ganz von selbst zum Beweis des Drehimpulssatzes.

Truesdell meint, dass Euler bei seiner Herleitung des Drehimpulssatzes eine Art Gratwanderung über einem Abgrund vollführte. Truesdell schreibt auf Seite 250 der Abhandlung[1]: "The modern theorist of mechanics, who has constantly in mind the general case of a deformabel body, where $\dot{H} = L$ does not follow from the principle of linear momentum, sees the ridgepole that Euler walked here; as usual, he did not slip off."

Mein *Concise Oxford Dictionary* gibt als Bedeutung des Wortes Ridgepole «horizontal pole of a long tent». Truesdells Bildsprache ist sehr schön, aber sie gibt keine konkrete Auskunft über die Bedeutung des Ausspruchs «les forces se détruisent», der sowohl bei Euler als auch bei Poisson vorkommt.

Nimmt man aber meine Hypothese an, so bewegten Euler und Poisson sich beide auf dem festen Boden der drei Newtonschen *Leges*, die Euler vermutlich ebenso interpretierte wie Poisson und wie die heutigen Lehrbuchschreiber es tun.

Der erste, der diesen festen Boden etwas gelockert hat, scheint Cauchy zu sein. Nach einer Mitteilung von Truesdell[1] (p.270) hat Cauchy 1850 ein System von Massenpunkten betrachtet, dessen potentielle Energie eine beliebige Funktion der Positionen aller Massen ist. Wenn man Newtons *Lex tertia* ernst nimmt, nach der immer nur zwei Körper entgegengesetzte Kräfte aufeinander ausüben können, müsste die Potentialfunktion eine Summe von Paarpotentialen sein. Das aber nimmt Cauchy anscheinend nicht an.

Der Ansatz von Cauchy nähert sich dem Standpunkt der heutigen Physiker an. Nach der heute herrschenden Auffassung kann man die klassische Mechanik zwar nicht auf Elektronen anwenden, wohl aber in einer recht guten Näherung auf Atomkerne, die mehr als tausendmal grössere Massen haben. Betrachtet man etwa ein dreiatomiges Molekül, so kann man auf die drei Kerne die Hamilton-Jacobischen Bewegungsgleichungen anwenden, wobei die potentielle Energie durch den Zustand der Elektronenhülle bestimmt wird. Das Potential ist nicht notwendigerweise eine Summe von Paarpotentialen.

In der Quantenmechanik der Atome und Moleküle ist der Satz von der Erhaltung des Drehimpulses exakt richtig, sofern man die Drehimpulse der Atomkerne, Elektronen und Lichtquanten mit in Rechnung stellt. Der Beweis von Poisson aber lässt sich nicht aufrechterhalten: Er beruht auf zu engen Annahmen über die inneren Kräfte.

Anmerkungen

1 C. Truesdell, *Essays in the History of Mechanics*, Springer-Verlag, Berlin, Heidelberg, New York 1968, Essay V: *Whence the Law of Moment of Momentum?* Auch in: *Mélanges Alexandre Koyré*, Hermann, Paris 1964, p.149-158.
2 C. Truesdell, *Essay Review of I. Szabó, «Geschichte der mechanischen Prinzipien …»*, Centaurus 23, 1980, p.163-175.
3 L. Euler, *Découverte d'un nouveau principe de mécanique*, Mém. Acad. Sci. Berlin 6 (1750) 1752, p.185-217; E.177/O.II, 5, p.81-108.
4 C. Truesdell, *The Principles of Continuum Mechanics*, Socony Mobil Oil Colloquium Lectures 5, 1960. Siehe auch C. Truesdell, *A First Course in Rational Continuum Mechanics*, Vol.1, Academic Press, New York 1977.
5 S.D. Poisson, *Traité de Mécanique*, 2e éd., Paris 1833, § 552-554.
6 I. Szabó, *Geschichte der mechanischen Prinzipien*, 2.Aufl., Birkhäuser, Basel 1979, p.27-28.
7 L. Euler, *Nova methodus motum corporum rigidorum determinandi*, Novi Comment. Acad. sc. Petrop. 20 (1775) 1776; E.479/O.II, 9, p.99-125.
8 L. Euler, *Lettres à une Princesse d'Allemagne …*, E.343/O.III, 11.
9 A. Cauchy, *Mémoire sur les systèmes isotropes des points matériels*, Mém. Acad. Sci. Paris 22, 1850, p.615-654 = *Œuvres* (1) 2, p.351-386.

DIOPTRICAE

PARS PRIMA

CONTINENS

LIBRVM PRIMVM,

DE

EXPLICATIONE

PRINCIPIORVM,

EX QVIBVS

CONSTRVCTIO TAM TELESCOPIORVM

QVAM

MICROSCOPIORVM

EST PETENDA.

AVCTORE

LEONHARDO EVLERO

ACAD. SCIENT. BORVSSIAE DIRECTORE VICENNALI ET SOCIO
ACAD. PETROP. PARISIN. ET LOND.

PETROPOLI

Impenſis Academiae Imperialis Scientiarum

1 7 6 9.

Abb. 43
Titelblatt von Eulers «Dioptrik», St. Petersburg 1769.

Walter Habicht

Betrachtungen zu Eulers Dioptrik

Leonhard Euler beschäftigte sich vor allem in seiner zweiten Lebens-
hälfte, d.h. ab 1750 und dann durch die ganzen sechziger Jahre hindurch, sehr
intensiv mit den Problemen der geometrischen Optik. Sein Ziel war dabei die
Verbesserung der optischen Instrumente, vor allem der Teleskope und
Mikroskope, in verschiedener Hinsicht: ausser der Bestimmung der Vergrösserung, der Lichtstärke und des Gesichtsfeldes interessieren ihn vor allem
die Abweichungen von der streng punktförmigen Abbildung der Objekte,
welche durch die Farbenbrechung des Lichtes beim Durchgang durch ein
System von Linsen bedingt sind, sowie die noch schwieriger zu behandelnden
Abweichungen, welche durch die sphärische Form der Linsen entstehen. Euler
widmete diesen Problemen, deren rechnerische Erfassung er selbst als sehr
schwierig erklärte, eine grosse Reihe von Abhandlungen vor allem in den
Memoiren der Berliner Akademie[1]. Er gab seinen Überlegungen dann eine
elegantere Form in der in den Memoiren der Pariser Akademie 1768 erschienenen Abhandlung E.363[2] sowie in einer Arbeit *Théorie Générale de la
Dioptrique* (E.844[3]), die erst 1862 in den *Opera postuma* veröffentlicht wurde.
Nach seiner Gewohnheit fasste er dann seine Ergebnisse in Lehrbuchform
zusammen in dem grossangelegten Werk *Dioptrica* (1769–1771)[4].

Wir wollen in dem vorliegenden Beitrag einige wesentliche Gesichtspunkte von Eulers Dioptrik betrachten und kommentieren. Diese beschäftigt
sich mit der Bestimmung des Weges eines Lichtstrahls durch ein System
brechender Kugelflächen, deren Krümmungszentren sich auf einer Achse, der
optischen Achse, befinden (Fig.1). In erster Annäherung erhält Euler die

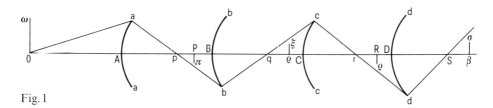

Fig. 1

bekannten Formeln der elementaren Optik; in zweiter Annäherung berücksichtigt er sodann die sphärische und die chromatische Aberration. Nach
Durchgang eines von einem Punkt auf der optischen Achse ausgehenden

Strahlenbündels durch eine brechende Fläche überstreichen die gebrochenen Strahlen ein Unschärfeintervall auf der optischen Achse, das wir als «longitudinale Aberration» bezeichnen können; Euler verwendet dafür den Ausdruck «espace de diffusion». Beim Durchgang des Lichtes durch mehrere brechende Flächen bestimmt er den «espace de diffusion» nach einem Superpositionsprinzip.

Euler setzte grosse Hoffnungen auf seine Theorie und glaubte, dass nach seinen Rezepten die optischen Instrumente «auf den höchsten Grad der Vollkommenheit» gebracht werden könnten. Leider erreichte er bei der praktischen Erprobung seiner Linsensysteme nicht den gewünschten Erfolg. Er suchte die Ursache dafür in der schlechten Ausführung der Linsen einerseits, in grundlegenden Fehlern der auf experimentellem Wege erworbenen, theoretisch völlig unzureichend begründeten Dispersionsgesetze andererseits. Eulers Dioptrik wurde deshalb oft nicht in ihrer vollen Bedeutung geschätzt.

Ein Hauptziel unserer Betrachtung ist zu zeigen, wie der Anschluss von Eulers Theorie an die im Laufe des 19.Jahrhunderts entwickelten allgemeinen Abbildungstheorien durch Hinzufügung einer naheliegenden Idee leicht hergestellt werden kann. Mehrere Forscher haben darauf hingewiesen[5], dass die entscheidende Lücke bei Euler in der Vernachlässigung derjenigen Aberrationseffekte besteht, die vom Abstand des Objekts und seiner sukzessiven Bilder von der optischen Achse herrühren. Wir werden sehen, wie man unmittelbar anschliessend an Eulers Formel zur Bestimmung der sphärischen Abbildungsfehler dritter Ordnung gelangen kann. Vorher geben wir eine Zusammenfassung seiner Formeln für den Strahlengang in erster Annäherung sowie seiner Hauptergebnisse über die Gesichtsfeldbegrenzung sowie über die chromatische Aberration.

1   Der Strahlengang in erster Annäherung

Ein punktförmiges Objekt befinde sich im Abstand a vor der brechenden Fläche F auf der optischen Achse und sende einen (monochromatisch gedachten) Lichtstrahl aus, der F im Abstand x von der optischen Achse trifft. Der gebrochene Strahl trifft dann die Achse wieder im Abstand $b-y$ von F, wobei b, der *Hauptbildabstand,* von x unabhängig ist, und y, die longitudinale *sphärische Aberration* («espace de diffusion»), in eine mit dem quadratischen Glied beginnende Reihe nach Potenzen von x^2 entwickelt werden kann. Wir kommen auf die Aberration in Kapitel 4 zurück.

Der Abstand b wird durch Euler in bekannter Weise durch den Radius r der brechenden Fläche und den Brechungsindex v am Durchtrittspunkt des Strahls durch die Fläche bestimmt:

$$\frac{1}{va} + \frac{1}{b} = \frac{v-1}{vr} = \frac{1}{\rho},$$

(1)

wobei ρ den Abstand des Punktes angibt, in dem sich die parallel zur optischen Achse einfallenden Strahlen nach der Refraktion in erster Näherung treffen; ρ ist demnach die *Brennweite* von F. Der Radius r ist positiv oder negativ zu nehmen, je nachdem die brechende Fläche gegen das Objekt zu konvex oder konkav ist.

Ist b bzw. ρ positiv, so treffen sich die gebrochenen Strahlen auf der objektabgewandten Seite der Fläche (reelles Bild), für negatives b bzw. ρ auf der Seite des Objekts (virtuelles Bild). Um die Abbildung achsennaher Objekte zu untersuchen, denkt man sich durch den Objektpunkt und Bildpunkt je eine Ebene senkrecht zur optischen Achse gelegt, die *Objektebene* und die *Hauptbildebene*. Euler behandelt nun die Abbildung immer als ebenes Problem. Er zieht demnach keine Strahlengänge in Betracht, die windschief zur optischen Achse verlaufen. Befindet sich nun ein Objekt im Abstand ω von der optischen Achse, sein Bildpunkt im Abstand ω_1, so gilt

$$\omega_1 = -\frac{b}{va}\,\omega, \tag{2}$$

wobei das Vorzeichen von ω_1 positiv oder negativ ist, je nachdem das Bild gegenüber dem Objekt aufrecht oder um $180°$ gedreht erscheint.

Nun sei $F_0 = F, F_1, \dots F_k$ ein System von $k+1$ brechenden Flächen mit Brechungsindices v_j, die sich in den Abständen σ_j folgen, r_j, ρ_j die Krümmungsradien und Brennweiten, a_j, b_j die Abstände der Hauptbildebenen H_j, H_{j+1} von F_j $(j=0,1,\dots;$ den Index 0 lassen wir gewöhnlich weg). Wir setzen

$$e_k = (-1)^{k+1} \prod_{j=0}^{k} \frac{a_j}{b_j}, \qquad \varepsilon_k = a_{k+1}\, e_k = -b_{k+1}\, e_{k+1}, \qquad n_k = \prod_{j=0}^{k} v_j \tag{3}$$

$(k=0,1,\dots)$.

Dann ergibt sich zunächst für die Vergrösserung des $(k+1)$-ten Hauptbildes gegenüber dem Objekt aus (2) die einfache Formel

$$\omega_{k+1} = \frac{\omega}{n_k e_k} \qquad (k=0,1,\dots). \tag{4}$$

Setzen wir weiter

$$u_k = \frac{-n_k}{\rho_k}, \qquad v_k = \frac{\sigma_k}{n_k} \qquad (k=0,1,\dots), \tag{5}$$

so ergeben sich aus dem Abbildungsgesetz (1) und der Bedeutung der Abstände a_k, b_k die Rekursionsformeln zur Bestimmung der e_k, ε_k:

$$n_k e_k - n_{k-1} e_{k-1} = u_k \cdot \varepsilon_{k-1},$$
$$\varepsilon_k - \varepsilon_{k-1} = v_k n_k e_k \tag{6}$$

$$(k = 0, 1, \ldots; \; n_{-1} = e_{-1} = 1, \varepsilon_{-1} = a).$$

Daraus folgt rekursiv, dass die e_k, ε_k linear von a abhängen:

$$e_k = c_k + a \cdot d_k, \qquad \varepsilon_k = \gamma_k + a \cdot \delta_k \qquad (k = 0, 1, \ldots) \tag{7}$$

mit Koeffizienten $c_k, d_k, \gamma_k, \delta_k$, die vom Objektabstand a unabhängig sind. Durch Koeffizientenvergleich ergeben sich aus (6) Rekursionsformeln für die Paare c_k, γ_k bzw. d_k, δ_k, die sich matriziell folgendermassen zusammenfassen lassen:

$$\begin{pmatrix} n_k c_k & n_k d_k \\ \gamma_k & \delta_k \end{pmatrix} = \begin{pmatrix} 1 & 0 \\ v_k & 1 \end{pmatrix} \cdot \begin{pmatrix} n_k c_k & n_k d_k \\ \gamma_{k-1} & \delta_{k-1} \end{pmatrix}$$

$$\begin{pmatrix} n_k c_k & n_k d_k \\ \gamma_{k-1} & \delta_{k-1} \end{pmatrix} = \begin{pmatrix} 1 & u_k \\ 0 & 1 \end{pmatrix} \cdot \begin{pmatrix} n_{k-1} c_{k-1} & n_{k-1} d_{k-1} \\ \gamma_{k-1} & \delta_{k-1} \end{pmatrix}. \tag{8}$$

Damit erhalten wir die *Abbildungsmatrix*

$$\begin{pmatrix} n_k c_k & n_k d_k \\ \gamma_k & \delta_k \end{pmatrix} = \prod_{j=0}^{k} \begin{pmatrix} 1 & u_j \\ v_j & 1 + u_j v_j \end{pmatrix} \qquad (k = 0, 1, \ldots). \tag{I}$$

Dies ist das Hauptergebnis über die Abbildung. Euler führt in seinen Rechnungen die Grössen e_k ein und berechnet daraus und z.B. aus gegebenen Brechungsindices und Brennweiten die Dimensionierung eines optischen Instruments. Bevor wir auf die verschiedenen Bestimmungsarten eines derartigen optischen Systems etwas systematischer eingehen, ziehen wir einige Folgerungen aus (8).

    1. Zunächst eine Bemerkung, von der wir keinen weiteren Gebrauch machen. Schreiben wir die Abbildungsmatrix in der Gestalt

$$\begin{pmatrix} n_k c_k & n_k d_k \\ \gamma_k & \delta_k \end{pmatrix} = \begin{pmatrix} p_{2k} & q_{2k} \\ p_{2k+1} & q_{2k+1} \end{pmatrix} \qquad (k = 0, 1, \ldots),$$

so zeigen die Formeln (8), dass die Brüche

$$\frac{p}{q}, \qquad \frac{p_1}{q_1}, \qquad \frac{p_2}{q_2}, \ldots$$

die sukzessiven Teilbrüche des Kettenbruchs

$$u + 1\big/{v + 1\big/{u_1 + 1\big/{v_1 + \cdots}}}$$

sind; denn diese erfüllen die gleichen Rekursionsformeln und Anfangsbedingungen.

2. Sei y der Tangens des Neigungswinkels zur optischen Achse, unter welchem ein Lichtstrahl in die erste brechende Fläche eintritt und x der (mit Vorzeichen versehene) Abstand des Eintrittspunktes von der Achse. Durchläuft nun der Strahl das System $F, F_1, \ldots$ und sind die sukzessiven Tangenten der Neigungswinkel sowie die Abstände der Durchtrittspunkte mit $y, y_1, \ldots$ bzw. $x, x_1, \ldots$ bezeichnet, so erfüllen die Reihen $n_{k+1} y_{k+1}$ und x_{k+1} ($k = 0, 1, \ldots; y_0 = y, x_0 = x$) ebenfalls die Rekursionsformeln (6); man sieht dies geometrisch unmittelbar ein. Also folgt

$$\begin{pmatrix} y_{k+1} \\ x_{k+1} \end{pmatrix} = \begin{pmatrix} c_k & d_k \\ \gamma_k & \delta_k \end{pmatrix} \cdot \begin{pmatrix} y \\ x \end{pmatrix}. \tag{9}$$

Daraus ergibt sich die physikalische Bedeutung der Grössen $c_k, d_k, \gamma_k, \delta_k$, wenn wir als *ersten Hauptstrahl* L_1 den Strahl mit $y = 1, x = 0$, als *zweiten Hauptstrahl* L_2 denjenigen mit $y = 0, x = 1$ bezeichnen:

$$
\begin{aligned}
c_k &= y_{k+1}(L_1) && \text{(Vergrösserungsfaktor)}, \\
\gamma_k &= x_{k+1}(L_1) && \text{(Gesichtsfeldfaktor)}, \\
d_k &= y_{k+1}(L_2), \delta_k = x_{k+1}(L_2) && \text{(Helligkeitsfaktoren)}.
\end{aligned}
$$

Auch die Gleichungen (7) können in der Form (9) geschrieben werden:

$$e_k \begin{pmatrix} 1 \\ a_{k+1} \end{pmatrix} = \begin{pmatrix} c_k & d_k \\ \gamma_k & \delta_k \end{pmatrix} \begin{pmatrix} 1 \\ a \end{pmatrix}, \tag{9a}$$

und aus (5) und (6) folgt

$$\frac{1 - v_k}{v_k} \left(\frac{\varepsilon_{k-1}}{r_k} + e_{k-1} \right) = e_k - e_{k-1}.$$

Durch Koeffizientenvergleich und Einsetzen in die für den Index $k-1$ gebildeten Matrizen in (9) und (9a) folgt nach Quotientenbildung

$$\frac{a_k r_k}{a_k + r_k} \left(y_k + \frac{x_k}{r_k} \right) = \varepsilon_{k-1} \left(\frac{c_k - c_{k-1}}{e_k - e_{k-1}} y + \frac{d_k - d_{k-1}}{e_k - e_{k-1}} x \right). \tag{10}$$

(Wir werden diese Formel später benützen.)

3. Da in (8) alle Matrizen die Determinante 1 haben, ergibt die Multiplikation mit den Inversen der rechtsstehenden Matrizen die Formelgruppen

$$c_k \delta_{k+i} - d_k \gamma_{k+i} = \frac{1}{n_k} \qquad (i = -1, 0, 1), \tag{11}$$

$$\left. \begin{array}{l} c_k d_{k-1} - d_k c_{k-1} = \dfrac{-u_k}{n_k n_{k-1}} = \dfrac{1}{n_{k-1} \rho_k}, \\[3mm] \gamma_k \delta_{k-1} - \delta_k \gamma_{k-1} = \dfrac{\sigma_k}{n_k}. \end{array} \right\} \tag{12}$$

Natürlich gelten diese Formeln auch, wenn man die c_k, γ_k oder die d_k, δ_k durch e_k, ε_k ersetzt und im zweiten Fall rechts den Faktor a hinzufügt. Beispielsweise folgen aus (11) die Beziehungen

$$\left. \begin{array}{l} n_k c_k e_k + \dfrac{a}{b_k} = \dfrac{e_k}{\varepsilon_{k-1}} \, (n_k c_k \varepsilon_{k-1} - a) = \dfrac{\gamma_{k-1}}{\varepsilon_{k-1}} \, n_k e_k^2, \\[4mm] n_{k-1} c_{k-1} e_{k-1} - \dfrac{a}{a_k} = \dfrac{e_{k-1}}{\varepsilon_{k-1}} \, (n_{k-1} c_{k-1} \varepsilon_{k-1} - a) = \dfrac{\gamma_{k-1}}{\varepsilon_{k-1}} \, n_{k-1} e_{k-1}^2. \end{array} \right\} \tag{13}$$

4. Die hergeleiteten Formeln zeigen, dass es viele Bestimmungsarten eines optischen Instruments gibt. Denken wir uns die Brechungsindices gegeben, so kann man nämlich von den 6 Reihen von Grössen

$$c_k, \qquad d_k, \qquad u_k,$$
$$\gamma_k, \qquad \delta_k, \qquad v_k$$

unter Verwendung der Formeln (8), (I), (11) und (12) die übrigen entweder explizit oder rekursiv bestimmen. Jede der Bestimmungsarten hat dabei gewisse Vorteile und Nachteile, die man gegeneinander abwägen muss. Wenn z.B. die Daten eines optischen Instruments vorgeschrieben werden und man seine Leistungsfähigkeit prüfen will, wird man (8) oder (I) anwenden. Wenn man hingegen ein Instrument mit bestimmten Eigenschaften (z.B. Vergrösserung, Gesichtsfeld, minimale sphärische und chromatische Fehler) konstruieren will, wendet man mit Vorteil die Formeln (8), (11) und (12) an.

2   Das Gesichtsfeld

Als Beispiel zu dem Gesagten folgen wir Euler bei der Konstruktion eines optischen Instruments mit optimalem Gesichtsfeld (Fig.2). Ist nämlich y

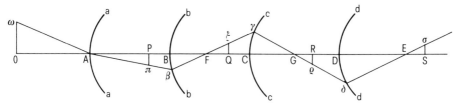

Fig. 2

der Tangens des Neigungswinkels eines in der Mitte des Objektivs einfallen-den Strahls (Euler nennt einen solchen «rayon moyen»), so ist nach (9) $\gamma_{k-1} \cdot y$ die Ordinate des Durchtrittspunktes des gebrochenen «rayon moyen» durch die Fläche F_k. Schreibt man nun für die Öffnungsverhältnisse der Flächen (d.h. für die Verhältnisse Blendenöffnung : Krümmungsradius) eine obere Schranke C vor und verwendet als Parameter zur Beschreibung des optischen Systems die Grössen

$$\frac{\gamma_{k-1}}{r_k} \quad (k = 1, 2, \ldots),$$

so sind diese offenbar klein für objektivnahe Flächen, während das von Euler so benannte «mittlere Gesichtsfeld» y_0 der grösste Wert von y ist, für den der gebrochene «rayon moyen» alle Blenden passiert. Das heisst, es ist

$$y_0 = \min_k \left| \frac{r_k}{\gamma_{k-1}} \right| \cdot C.$$

Nun entnehmen wir der zweiten Formel (8):

$$-n_k c_k = \sum_{j=0}^{k} n_j \frac{\gamma_{j-1}}{\rho_j} + 1 = \sum_{j=0}^{k} (n_j - n_{j-1}) \frac{\gamma_{j-1}}{r_j} + 1. \tag{14}$$

Hat also ein optisches Instrument $m + 1$ refrangierende Flächen und ist die Endvergrösserung c_m vorgeschrieben, so ist es für die Erzielung eines möglichst grossen Gesichtsfeldes zweckmässig, denjenigen der Grössen

$$\frac{\gamma_{j-1}}{r_j},$$

die überhaupt wesentlich an die Grösse c_m beitragen, das heisst, die zu «ob-jektivfernen» Flächen (wir nennen sie kurz Okulare) gehören, solche Werte zu erteilen, dass die lineare Relation (14) erfüllt ist und der grösste Betrag

$$\max_j \left| \frac{\gamma_{j-1}}{r_j} \right|$$

möglichst klein ausfällt. Schreiben wir (12) in der Form

$$\sum_{j=j_0}^{k} (n_j - n_{j-1}) \frac{\gamma_{j-1}}{r_j} = k,$$

wo die Summe jetzt nur noch über die Indices der Okularflächen läuft und die Konstante k nur unwesentlich von $-(n_m c_m + 1)$ abweicht, so wird diese Maximierung erreicht, wenn man

$$\frac{\gamma_{j-1}}{r_j} = \operatorname{sgn}(n_j - n_{j-1}) \frac{k}{\lambda} \qquad (j = j_0, j_0 + 1, \ldots)$$

mit

$$\lambda = \sum_{j=j_0}^{k} |n_j - n_{j-1}|$$

wählt; das Gesichtsfeld ist dann gegeben durch

$$y_0 = \frac{\lambda C}{|k|}.$$

Nachdem die γ_k, c_k bestimmt sind (die Brennweiten und Glassorten der objektivnahen Flächen sind dabei noch frei wählbar), hat man noch eine weitere Reihe von Daten, z.B. die sukzessiven Abstände $\sigma, \sigma_1, \ldots$ der brechenden Flächen voneinander, zur Wahl zur Verfügung. Die noch fehlenden Grössen d_k, δ_k $(k = 0, 1, \ldots)$ lassen sich dann rekursiv aus (11) oder (12) bestimmen. Im Falle eines für visuelle Beobachtungen bestimmten Instruments ist noch der folgende Umstand zu beachten: die Distanz h, aus welcher das Auge von seinem günstigsten Ort aus (d.i. der Punkt, in welchem der vom Objekt ausgehende «rayon moyen» die optische Achse nach Durchgang durch alle Flächen schneidet, von wo aus also das volle Gesichtsfeld erblickt wird) das letzte (virtuelle) Hauptbild sieht, muss mindestens 30 cm betragen. Wegen (4) und

$$y_{m+1} = c_m \cdot y = -c_m \frac{\omega}{a}$$

ergibt sich nun

$$h = \frac{\omega_{m+1}}{y_{m+1}} = \frac{a}{n_m c_m e_m}. \tag{15}$$

3   Die chromatische Aberration

Wir lehnen uns hier eng an Eulers Darstellung an. Es handelt sich um die Auffächerung eines Lichtstrahls unter dem Einfluss der mit der Wellenlänge variablen Brechungsindices in die Farben des Regenbogens. Geht der Strahl von einem Objekt im Abstand a von der Fläche F aus, so werden die sukzessiven Abstände a_j, b_j sowie die Ordinaten ω_j der Bildpunkte zu Funktionen der Brechungsindices. Ausgehend vom Abbildungsgesetz (1) und von der Konstanz der Flächenabstände erhält Euler zunächst Rekursionsformeln für die infinitesimalen Änderungen der Hauptbildebenen durch Differentiation:

$$\frac{da_j}{a_j^2} + v_j \frac{db_j}{b_j^2} = -\left(\frac{1}{a_j} + \frac{1}{b_j}\right) \frac{dv_j}{v_j - 1}, \quad da_j = -db_{j-1} \quad (j = 0, 1, \ldots). \tag{16}$$

Daraus ergibt sich

$$n_j e_j^2 db_j - n_{j-1} e_{j-1}^2 db_{j-1} = n_{j-1}(e_j - e_{j-1})\varepsilon_{j-1} \frac{dv_j}{v_j - 1}, \tag{17}$$

also durch Aufsummieren

$$n_k e_k^2 db_k = \sum_{j=0}^{k} n_{j-1}(e_j - e_{j-1})\varepsilon_{j-1} \frac{dv_j}{v_j - 1}. \tag{18}$$

Als *erste Bedingung* für Achromasie eines aus $m+1$ refrangierenden Flächen bestehenden Systems erhält man also, dass die rechtsstehende Summe für $k = m$ verschwinden muss. Um *zweitens* die Änderung der Bildgrösse (lateraler Farbenfehler, farbiger Rand) zu untersuchen, ist es zweckmässig, die logarithmischen Differentiale der Grössen ω_j zu betrachten. Wir erhalten hierfür eine Rekursionsformel aus der Beziehung (4), nämlich

$$\frac{d\omega_{j+1}}{\omega_{j+1}} - \frac{d\omega_j}{\omega_j} = \frac{db_j}{b_j} + \frac{db_{j-1}}{a_j} - \frac{dv_j}{v_j}. \tag{19}$$

Euler wendet nun zu Behandlung des «zweiten chromatischen Fehlers» eine Methode an, auf die er durch eine geometrische Betrachtung geführt wird. Stellt man nämlich zunächst nur die Forderung, dass das Auge von seinem «günstigsten Ort» (Euler nennt diesen auch «vue du champ», *vide supra*) aus die verschiedenfarbigen Bilder des Objekts in derselben Richtung erblickt, d.h. so, dass sich deren Bilder auf der Netzhaut decken, so heisst das

$$\frac{d\omega_{m+1}}{db_m} = y_{m+1}(L),$$

wo L den durch das Objekt ω gehenden «rayon moyen» bezeichnet. Euler bildet nun die Differentialformen

$$W_{k+1} = -\frac{ay_{k+1}}{\omega_{k+1}} db_k + a \frac{d\omega_{k+1}}{\omega_{k+1}} \qquad (k=0,1,\dots);$$

die genannte Forderung ist dann gleichbedeutend mit $W_{m+1}=0$. Aus (15), (19) folgt unter Verwendung von (13) für $j=0,1,\dots$:

$$W_{j+1} - W_j = \left(n_j c_j e_j + \frac{a}{b_j}\right) db_j - \left(n_{j-1} c_{j-1} e_{j-1} - \frac{a}{a_j}\right) db_{j-1} - a \frac{dv_j}{v_j}$$

$$= \frac{\gamma_{j-1}}{\varepsilon_{j-1}} (n_j e_j^2 db_j - n_{j-1} e_{j-1}^2 db_{j-1}) - a \frac{dv_j}{v_j},$$

also wegen (17):

$$W_{j+1} - W_j = n_{j-1}(e_j - e_{j-1})\gamma_{j-1} \frac{dv_j}{v_j - 1} - a \frac{dv_j}{v_j}.$$

Aus (11) folgt aber

$$n_{j-1}(e_j - e_{j-1})\gamma_{j-1} = n_{j-1}(c_j - c_{j-1})\varepsilon_{j-1} + a \frac{v_j - 1}{v_j};$$

also erhalten wir

$$W_{j+1} - W_j = n_{j-1}(c_j - c_{j-1})\varepsilon_{j-1} \frac{dv_j}{v_j - 1} \qquad (j=0,1,\dots)$$

und daraus durch Aufsummieren

$$W_{k+1} = \sum_{j=0}^{k} n_{j-1}(c_j - c_{j-1})\varepsilon_{j-1} \frac{dv_j}{v_j - 1}. \tag{20}$$

Dies ist, in etwas anderer Notation, Eulers Hauptergebnis für den zweiten chromatischen Fehler. Damit in einem Wellenlängenbereich alle chromatischen Fehler verschwinden, müssen die Ausdrücke (18) und (20) für $k=m$ Null werden. Subtrahiert man die mit a multiplizierte Gleichung (20) von (18), so sieht man, dass (18) durch die Differentialform

$$V_{k+1} = \sum_{j=0}^{k} n_{j-1}(d_j - d_{j-1})\varepsilon_{j-1} \frac{dv_j}{v_j - 1} \tag{21}$$

ersetzt werden kann.

Euler war auf die Entdeckung der Formeln für die chromatische Aberration und insbesondere der Differentialformen W_{k+1} sehr stolz und legte ihr sicher zu Recht eine grosse Bedeutung für die gesamte Dioptrik bei. Dies geht aus verschiedenen Stellen seines optischen Gesamtwerks hervor. Hier sei nur ein Satz aus dem postum veröffentlichten Manuskript *Sept chapitres d'un ouvrage de dioptrique* (E.845/O.III, 9, p.110) zitiert: «Mais il arrive ici très heureusement, ce qu'il était presque impossible de prévoir, qu'en identifiant ces lieux trouvés pour l'œil [d'où il voit les objets sans aucune confusion de couleur] avec ceux que la vision du champ exige, on parvient contre toute attente à des équations très simples, dont on pourra se promettre de très grands avantages.»

In einer sehr ausführlichen Abhandlung *Construction des objectifs composés de deux différentes sortes de verre* ... (E.359/O.III, 7, p.104–144), die um 1760 entstanden ist, macht Euler einen ersten Ansatz zur Theorie der aus zwei verschiedenen Glassorten zusammengesetzten Objektivlinsen. Angeregt hierzu wurde er durch die praktischen Erfolge, zu denen der Engländer John Dollond auf experimentellem Wege mit solchen Linsen gelangt war. Euler erkennt, dass eine achromatische Kombination möglich wird, sobald für die beiden Glassorten die Differentialausdrücke

$$\frac{dv_1}{v_1 - 1}, \quad \frac{dv_2}{v_2 - 1}$$

(die immer als Mittelwerte über das ganze Spektrum verstanden werden) stark voneinander abweichen, und korrigiert damit eine frühere falsche Ansicht. Dass dieser Differentialausdruck für ein und dasselbe Medium farbabhängig ist, wurde ungefähr zur gleichen Zeit von A. Clairaut entdeckt. Um also das sogenannte sekundäre Spektrum zum Verschwinden zu bringen, müssten die Differentialformen (20), (21) für alle Farben annulliert werden. (Für nähere Angaben über die Geschichte der Achromaten sei auf den Bericht von E.A. Fellmann in diesem Band verwiesen, cf. *supra*).

4   Die sphärische Aberration

Wiederum folgen wir hierbei ein Stück weit Eulers Argumentation und beginnen mit dem Fall einer einzigen brechenden Fläche. Durch eine einfache geometrische Überlegung erhält Euler für den «espace de diffusion» mit den Bezeichnungen von Kapitel 1.

$$y = \frac{(a+b)^2 (v \cdot b + a)}{2(v-1)^2 a^3 b} \cdot x^2. \tag{22}$$

Für die Aberration nach dem Durchgang durch mehrere Flächen leitet Euler dann ein Superpositionsprinzip her: wegen $\omega = 0$ folgt zunächst nach (9) für die Fläche F_j

$$ax_j = \varepsilon_{j-1} x,$$

also ist der Anteil am «espace de diffusion», der vom j-ten Hauptbild und der Fläche F_j herrührt, gegeben durch y_j mit

$$a^2 n_j e_j^2 y_j = n_j \frac{1}{2(v_j - 1)^2} (e_j - e_{j-1})^2 (v_j e_{j-1} - e_j) \varepsilon_{j-1} \cdot x^2.$$

Ist Y_j der *totale* «espace de diffusion» nach dem Durchgang des Strahls durch $F, F_1, \ldots, F_j$, so liefert die Verschiebung der j-ten Hauptbildebene um Y_{j-1} an Y_j den Beitrag

$$\frac{b_j^2}{v_j a_j^2} Y_{j-1},$$

wie man mittels Differentiation des Abbildungsgesetzes (1) sofort sieht. Durch Superposition ergibt sich

$$n_j e_j^2 Y_j = n_j e_j^2 y_j + n_{j-1} e_{j-1}^2 Y_{j-1},$$

also

$$a^2 n_k e_k^2 Y_k = \sum_{j=0}^{k} \frac{n_j}{2(v_j - 1)^2} (e_j - e_{j-1})^2 (v_j e_{j-1} - e_j) \varepsilon_{j-1} \cdot x^2 \quad (k = 0, 1, \ldots). \quad (23)$$

Dies ist Eulers Hauptergebnis. Da es ihm immer auch um die praktische Anwendung ging, hat er ausgehend von dieser, sowie der Formeln für chromatische Aberration und Gesichtsfeld, in seinen vielen Abhandlungen und im monumentalen Werk *Dioptrica* beinahe unzählige Linsenkombinationen für die verschiedensten Zwecke durchgerechnet.

5   Berücksichtigung des Objektabstandes von der optischen Achse

Wie bereits erwähnt, waren die praktischen Ergebnisse von Eulers Bemühungen enttäuschend; und zwar ist der Grund hierfür nicht in der schlechten Ausführung der Gläser nach seinen Vorschriften zu suchen, sondern darin, dass er die Auswirkung derjenigen sphärischen Fehler unterschätzt hat, die vom Abstand der Objekte von der optischen Achse herrühren. Wir wollen zeigen, wie sich Eulers Ergebnis auf diesen Fall verallgemeinern lässt. Hierzu ist es zweckmässig, statt der *longitudinalen* die *laterale* Aberration zu untersuchen. Nennen wir diese Z_k, so ist im Eulerschen Fall ($\omega = 0$)

$$Z_k = e_k \frac{x}{a} Y_k,$$

also

$$a^3 n_k e_k Z_k = R_k \cdot x^3, \tag{24}$$

wo R_k die Summe auf der rechten Seite von (23) bedeutet.

Wir betrachten jetzt die räumliche Situation und behandeln zuerst wieder den Fall einer einzigen Fläche (Fig.3). Für einen beliebigen Objektpunkt ω legen wir eine (ξ,ζ)-Ebene durch ω und die optische Achse g; g sei die ζ-Achse dieses Koordinatensystems. In jeder Normalebene zur optischen Achse fassen wir die cartesischen Koordinaten ξ,η zur komplexen Koordinate $x = \xi + i\eta$ zusammen.

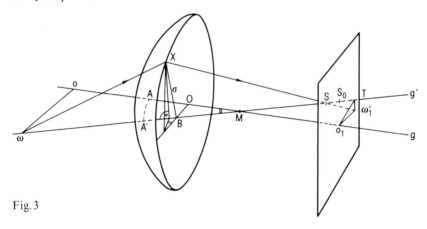

Fig.3

Wir verfolgen den Gang eines Lichtstrahls, der von ω ausgehend die Fläche im Punkt mit der Ordinate x trifft. Dreht man die optische Achse um den Mittelpunkt M der Kugelfläche F in die Lage $g' = (\omega, M)$, so trifft der gebrochene Strahl die Gerade g' wieder in einem Punkt S. Ist S_0 die Grenzlage von S, falls man den Neigungswinkel des Strahls gegen g' nach Null streben lässt, so berechnet sich SS_0 nach der Eulerschen Formel (22); dabei sind a und b durch a', b' mit $a' + r = \omega M$, $b' - r = MS_0$ sowie x durch den Abstand des Durchtrittspunktes von der Geraden g' zu ersetzen.

Nehmen wir nun an, dass $\omega/(a+r)$ und x/r dem Betrage nach klein von derselben Grössenordnung sind, so ist dieser Abstand in erster Näherung gegeben durch

$$\left| x - \frac{r}{a+r} \omega \right|,$$

während man a', b' in erster Näherung wieder durch a, b ersetzen kann. Also ist in zweiter Näherung

$$SS_0 = \frac{(a+b)^2(vb+a)}{2(v-1)^2a^3b} \left| x - \frac{r}{a+r}\,\omega \right|^2.$$

Ist weiter T der Durchstosspunkt von g' durch die Hauptbildebene mit der Ordinate ω_1 (das «Hauptbild» des Objektpunktes ω), so ergibt sich durch eine leichte Näherungsrechnung ebenfalls in zweiter Näherung:

$$S_0 T = \frac{b}{2v\rho} \left| \frac{\omega}{a} \right|^2.$$

Ist nun ω_1' die (komplexe) Ordinate des Durchstosspunktes des gebrochenen Strahls durch die Hauptbildebene, so bezeichnen wir als *laterale Aberration* die komplexe Zahl

$$z = \omega_1' - \omega_1.$$

Man erhält sie offenbar durch Multiplikation der longitudinalen Aberration $SS_0 + S_0 T$ mit der komplexen Zahl

$$-\frac{x - \dfrac{r}{a+r}\,\omega}{b}.$$

Also folgt

$$z = -\left(\frac{(a+b)^2(vb+a)}{2(v-1)^2a^3b^2} \left| x - \frac{r}{a+r}\,\omega \right|^2 + \frac{1}{2v\rho} \left| \frac{\omega}{a} \right|^2 \right) \left(x - \frac{r}{a+r}\,\omega \right). \quad (25)$$

Wenn nun $k+1$ brechende Flächen gegeben sind, kann man genau so, wie Euler dies für seinen «espace de diffusion» getan hat, das folgende Superpositionsprinzip begründen: wenn Z_{j-1} die gesamte laterale Aberration des j-mal gebrochenen Strahls in der Hauptbildebene H_j ist und wenn mit z_j der von der Fläche F_j allein herrührende Anteil an der lateralen Aberration in der Hauptbildebene H_{j+1} bezeichnet wird, so gilt für die gesamte Aberration in H_{j+1}:

$$n_j e_j Z_j = n_j e_j z_j + n_{j-1} e_{j-1} Z_{j-1} \qquad (j = 0, 1, \ldots; \ Z_{-1} = 0, \ z_0 = z),$$

also durch Summation von $j = 0$ bis $j = k$

$$n_k e_k Z_k = \sum_{j=0}^{k} n_j e_j z_j. \quad (26)$$

Zur weiteren Auswertung dieser Formel kann man alle auftretenden Koeffizienten durch die $c_j, d_j, \gamma_j, \delta_j$ ausdrücken und erhält dann für $n_k e_k Z_k$ eine Form dritten Grades in x, ω und den Komplex-Konjugierten $\bar{x}, \bar{\omega}$ (wegen der Rotationssymmetrie des Systems kann man in (25) auch ω als komplexe Zahl auffassen). Es erweist sich, dass die Formeln etwas einfacher werden, wenn man anstelle von x, ω die Grössen $x, y = (x - \omega)/a$ als Parameter zur Beschreibung des Strahlengangs einführt. Wir bilden hierzu den Ausdruck (25) für den Index j und erhalten nach (10)

$$x_j - \frac{r_j}{a_j + r_j}\,\omega_j = \frac{a_j r_j}{a_j + r_j}\left(y_j + \frac{x_j}{r_j}\right) = \varepsilon_{j-1}\left(\frac{c_j - c_{j-1}}{e_j - e_{j-1}}\,y + \frac{d_j - d_{j-1}}{e_j - e_{j-1}}\,x\right)$$

und nach (3), (4)

$$\frac{\omega_j}{a_j} = \frac{\omega}{n_{j-1}\varepsilon_{j-1}} = \frac{1}{n_{j-1}\varepsilon_{j-1}}\,(x - ay).$$

Durch Einsetzen in (25) und (26) ergibt sich

$$n_j e_j z_j = \left(\mu_j(v_j e_{j-1} - e_j)\varepsilon_{j-1}|C_j y + D_j x|^2 + \frac{|x - ay|^2}{2n_{j-1}\rho_j}\right)\cdot\left(\frac{C_j}{E_j}\,y + \frac{D_j}{E_j}\,x\right)$$

$$(j = 0, 1, \ldots) \tag{27}$$

mit den Abkürzungen

$$\mu_j = \frac{n_j}{2(v_j - 1)^2}, \qquad C_j = c_j - c_{j-1}, \qquad D_j = d_j - d_{j-1}, \qquad E_j = e_j - e_{j-1}. \tag{28}$$

Zur Auswertung von (27) führen wir bei festem j folgende, nur von dem System brechender Flächen abhängige Konstanten ein:

$$\left.\begin{aligned}
&A_0 = \mu_j C_j^2, \qquad A_1 = \mu_j C_j D_j, \qquad A_2 = \mu_j D_j^2, \\
&B_0 = (v_j c_{j-1} - c_j)\gamma_{j-1}, \qquad B_1' = (v_j c_{j-1} - c_j)\delta_{j-1}, \\
&B_1'' = (v_j d_{j-1} - d_j)\gamma_{j-1}, \qquad B_2 = (v_j d_{j-1} - d_j)\delta_{j-1}, \\
&B_1 = B_1' + B_1'',
\end{aligned}\right\} \tag{29}$$

und leiten eine Reihe von Beziehungen zwischen diesen Grössen her. Wegen (11) ist

$$D_j \gamma_{j-1} - C_j \delta_{j-1} = \frac{v_j - 1}{n_j},$$

also

$$2(A_1 B_0 - A_0 B_1') = \frac{1}{v_j - 1} \, C_j(v_j c_{j-1} - c_j),$$

$$2(A_1 B_1'' - A_0 B_2) = \frac{1}{v_j - 1} \, C_j(v_j d_{j-1} - d_j),$$

$$2(A_2 B_0 - A_1 B_1') = \frac{1}{v_j - 1} \, D_j(v_j c_{j-1} - c_j),$$

$$2(A_2 B_1'' - A_1 B_2) = \frac{1}{v_j - 1} \, D_j(v_j d_{j-1} - d_j).$$

$$(30)$$

Weiter ist, ebenfalls nach (11),

$$(v_j c_{j-1} - c_j)\delta_{j-1} - (v_j d_{j-1} - d_j)\gamma_{j-1} = \frac{v_j^2 - 1}{n_j},$$

also

$$A_0(B_1' - B_1'') = \frac{1}{2} \frac{v_j + 1}{v_j - 1} \, C_j^2, \qquad A_1(B_1' - B_1'') = \frac{1}{2} \frac{v_j + 1}{v_j - 1} \, C_j D_j,$$

$$A_2(B_1' - B_1'') = \frac{1}{2} \frac{v_j + 1}{v_j - 1} \, D_j^2.$$

$$(31)$$

Wir bilden nun die 9 Konstanten

$$r_{\lambda,\mu} = A_\lambda B_\mu \qquad (\lambda,\mu = 0,1,2).$$

$$(32)$$

Addieren wir je die ersten, mittleren und letzten der Formeln (30), (31) und beachten (12), so erhalten wir die angekündigten Beziehungen:

$$2r_{10} - r_{01} = \frac{1}{2} \, (c_j^2 - c_{j-1}^2),$$

$$r_{11} - 2r_{02} = \frac{1}{2} \, (c_j - c_{j-1})(d_j + d_{j-1}) = \frac{1}{2} \, (c_j d_j - c_{j-1} d_{j-1}) + \frac{1}{2n_{j-1}\rho_j},$$

$$2r_{20} - r_{11} = \frac{1}{2} \, (c_j + c_{j-1})(d_j - d_{j-1}) = \frac{1}{2} \, (c_j d_j - c_{j-1} d_{j-1}) - \frac{1}{2n_{j-1}\rho_j},$$

$$r_{21} - 2r_{12} = \frac{1}{2} \, (d_j^2 - d_{j-1}^2).$$

$$(33)$$

Insbesondere folgt aus den beiden mittleren dieser Formeln

$$\frac{1}{2n_{j-1}\rho_j} = -r_{02} + r_{11} - r_{20}. \tag{34}$$

Nun kann der erste Faktor auf der rechten Seite von (27) geschrieben werden

$$(r_{00} + ar_{01} + a^2 r_{02})y\bar{y} + (r_{10} + ar_{11} + a^2 r_{12})(y\bar{x} + \bar{y}x) + (r_{20} + ar_{21} + a^2 r_{22})x\bar{x}$$
$$+ (-r_{02} + r_{11} - r_{20})\left(a^2 y\bar{y} - a(y\bar{x} + \bar{y}x) + x\bar{x}\right)$$
$$= \left((r_{00} + ar_{10}) + a\left((r_{01} - r_{10}) + a(r_{11} - r_{20})\right)\right)y\bar{y}$$
$$+ \left((r_{10} + ar_{20}) + a(r_{02} + ar_{12})\right)(y\bar{x} + \bar{y}x)$$
$$+ \left(\left((r_{11} - r_{02}) + a(r_{21} - r_{12})\right) + a(r_{12} + ar_{22})\right)x\bar{x}.$$

Daraus ergibt sich das bemerkenswerte Resultat, dass in (27) alle Terme den Faktor $E_j = C_j + aD_j$ abspalten. Multipliziert man jetzt mit dem zweiten Faktor, so heben sich die Nenner weg, und man erhält

$$\begin{aligned}
n_j e_j z_j = &\left(r_{00} + a(r_{01} - r_{10})\right)y^2\bar{y} + \left(r_{10} + a(r_{11} - r_{20})\right)y\bar{y}x \\
&+ (r_{10} + ar_{02})(y\bar{x} + \bar{y}x)y + (r_{20} + ar_{12})(y\bar{x} + \bar{y}x)x \\
&+ \left((r_{11} - r_{02}) + ar_{12}\right)x\bar{x}y + \left((r_{21} - r_{12}) + ar_{22}\right)x^2\bar{x}.
\end{aligned} \tag{35}$$

Wir denken uns jetzt überall wieder den Index j ausgeschrieben und führen (unter Weglassung des Indexes k) die folgenden, durch das optische System unabhängig vom Objektabstand gegebenen Grössen ein:

$$\begin{aligned}
R_{\lambda,\mu} &= \sum_{j=0}^{k} r_{j,\lambda,\mu} \qquad (\lambda,\mu = 0,1,2), \\
S &= -R_{02} + R_{11} - R_{20} = \sum_{j=0}^{k} \frac{1}{2n_{j-1}\rho_j}.
\end{aligned} \tag{36}$$

Mit diesen Grössen bilden wir die in a linearen Polynome

$$\begin{aligned}
L_0 &= R_{00} + a(R_{01} - R_{10}), & L_2 &= R_{20} + a \cdot R_{12}, \\
L_1 &= R_{10} + a \cdot R_{02}, & L_3 &= (R_{21} - R_{12}) + aR_{22}.
\end{aligned} \tag{37}$$

Durch Einsetzen in (35) und (26) ergibt sich (unter Weglassung des Indexes k):

$$\begin{aligned}
neZ = &L_0 y^2\bar{y} + L_1 y^2\bar{x} + (2L_1 + aS)y\bar{y}x + (S + 2L_2)y\bar{x}x \\
&+ L_2\bar{y}x^2 + L_3\bar{x}x^2.
\end{aligned} \tag{38}$$

Für Teleskope erhält man nach Division durch a und Grenzübergang $a \to \infty$ die einfachere Formel

$$nd \cdot Z = (R_{01} - R_{10})y^2\bar{y} + R_{02}y^2\bar{x} + (2R_{12} + S)y\bar{y}x + 2R_{12}y\bar{x}x + R_{12}\bar{y}x^2$$
$$+ R_{22}\bar{x}x^2. \tag{39}$$

Aus (33) erhält man durch Summation über j:

$$2R_{10} - R_{01} = \frac{1}{2}(c^2 - 1), \quad R_{20} - R_{02} = \frac{1}{2}cd, \quad R_{21} - 2R_{12} = \frac{1}{2}d^2, \tag{40}$$

wo Vergrösserungs- und Helligkeitsfaktor c und d vorgeschrieben sind. Es ergibt sich also die aus der geometrischen Optik bekannte Tatsache, dass die durch das optische System gegebene Abbildung nur dann «aplanatisch» sein kann, wenn $c = 1, d = 0$ ist.

Es ist jetzt leicht, die Formel (38) geometrisch zu interpretieren. Am besten geschieht dies, indem man die Variablen x, y durch Polarkoordinaten darstellt:

$$x = X \cdot e^{i\varphi}, \qquad y = Y \cdot e^{i\vartheta}.$$

Man kann dann (35) in der Form

$$neZ = u_0 \cdot e^{i\varphi} + v_0 \cdot e^{i\vartheta} + u_1 \cdot e^{i(2\varphi - \vartheta)} + v_1 \cdot e^{i(2\vartheta - \varphi)} \tag{41}$$

schreiben, wobei gesetzt ist

$$\left.\begin{array}{ll} u_0 = L_3 X^3 + (2L_1 + aS)XY^2, & u_1 = L_2 X^2 Y, \\ v_0 = L_0 Y^3 + (S + 2L_2)X^2 Y, & v_1 = L_1 X Y^2. \end{array}\right\} \tag{42}$$

Fällt nun ein paralleles Lichtbündel unter einem Neigungswinkel ψ mit $\operatorname{tg}\psi = Y$ (reell) durch eine ringförmige achsenzentrierte Objektivblende vom Radius X ein, so bilden die gebrochenen Strahlen nach Durchlaufung unseres Systems brechender Flächen eine Regelfläche; deren Schnitt mit der letzten Hauptbildebene ist nach (41) gegeben durch

$$\xi(\varphi) = \xi_0 + \frac{1}{ne}\left(v_0 + (u_0 + v_1)\cos\varphi + u_1\cos 2\varphi\right),$$

$$\eta(\varphi) = \frac{1}{ne}\left((u_0 - v_1)\sin\varphi + u_1\sin 2\varphi\right).$$

Für $X \ll Y$ ist dies eine Ellipse um den Mittelpunkt mit der Ordinate

$$\xi_0 + \frac{1}{ne}v_0$$

(mit $\xi_0 = $ Ordinate des Hauptbildes, $v_0 = L_0 Y^3$). Die Grösse L_0 gibt also ein Mass für die Verzeichnung des Objekts bei der Abbildung durch ein schmales

Strahlenbündel; $L_0 Y^3$ heisst der *Verzeichnungsfehler*. Für $X \gg Y$ erhält man einen Kreis vom Radius $L_3 X^3$, den Eulerschen Unschärfekreis (er ergibt sich aus Eulers «espace de diffusion» durch Umrechnung auf die laterale Aberration). $L_3 X^3$ heisst auch der *Öffnungsfehler*, während die übrigen in (41), (42) auftretenden Terme als *Asymmetrie-* oder *Komafehler* bezeichnet werden.

6   Schlussbemerkungen

Die Näherung erster Ordnung der durch ein rotationssymmetrisches System brechender Kugelflächen gelieferten Abbildung, wie wir sie in Abschnitt 1 dargestellt haben, stellt eine Zusammenfassung der sogenannten Gaussischen Dioptrik dar. C.F. Gauss war nämlich der erste, der die Abbildung durch schmale Strahlenbündel als Kollineation beschrieben hat[6]. Implizit steckt diese Theorie bereits in Eulers Rekursionsformeln, wobei es ihm vor allem um das Problem der Strahlenbegrenzung bei optischen Instrumenten ging.

Bei der Entwicklung der Abbildungsfehler nach Objekt- und Blendenlage treten nur Terme von ungeradem Homogenitätsgrad auf. Euler behandelt von den Fehlern dritter Ordnung, wie wir gesehen haben, nur den Öffnungsfehler für Objekte auf der optischen Achse, wobei er sich auf den Strahlengang in einer Meridianebene beschränkt. Dadurch entgehen ihm die zur Achse windschiefen Strahlengänge und damit die Komafehler. Es ist bemerkenswert, dass bereits zu Eulers Zeiten die Franzosen A. Clairaut und J. d'Alembert die Abbildung eines beliebigen, von einem Objektpunkt ausserhalb der Achse ausgehenden Strahlenbündels durch eine Linse untersucht und dabei auf die Komafehler hingewiesen haben. Eine umfassende Theorie der Bildfehler dritter Ordnung für rotationssymmetrische Systeme wurde dann allerdings erst durch L. Seidel aufgestellt[7]; diese werden heute nach ihm benannt. Schon etwas vor Seidel hatte J. Petzval mit der Untersuchung der Bildfehler begonnen[8] und dabei insbesondere die Grösse S untersucht und als Bildfeldkrümmung gedeutet; sie heisst nach ihm Petzval-Krümmung oder Petzval-Summe.

Schliesslich sei angemerkt, dass schon vor Petzval und Seidel W.R. Hamilton in einer Reihe tiefschürfender Abhandlungen die Grundlagen für eine viel allgemeinere Theorie optischer Abbildungen gelegt hat. Er fasst die Strahlenoptik als spezielles Variationsproblem auf, indem er die Länge des Lichtweges von einem Punkt aus als sogenannte charakteristische Funktion (heute Eikonal genannt) einführt[9]. Der Leser sei in diesem Zusammenhang auf das bekannte Buch über Strahlenoptik von M. Herzberger[10] und die dort aufgeführte Literatur hingewiesen. Für die Geschichte der Strahlenoptik im 18. Jahrhundert verweise ich auf den diesbezüglichen Artikel von E.A. Fellmann im vorliegenden Band.

Anmerkungen

1   Diese wurden in den Bänden O. III, 5-9, publiziert, wobei die chronologische Reihenfolge nicht immer eingehalten wurde. Der Versuch einer chronologischen Einordnung sämtlicher Arbeiten Eulers zur Optik findet sich im historischen Kommentar von E. A. Fellmann zu O. III, 3-9, in O. III, 9, p. 323f., sowie in seinem entsprechenden optikgeschichtlichen Beitrag im vorliegenden Band.
2   Cf. O. III, 7, p. 178-197.
3   Diese Abhandlung steht in enger Beziehung zu E. 363 und dürfte kurz nachher entstanden sein; cf. O. III, 9, p. 1-48.
4   Das dreibändig konzipierte Werk wurde in den *Opera omnia* in zwei Bänden O. III, 3, 4, neu ediert.
5   So M. Herzberger in der Einleitung zu O. III, 8.
6   C. F. Gauss, *Dioptrische Untersuchungen*, Gött. Abh. 1, 1838-1841, p. 1-34.
7   L. Seidel, *Zur Dioptrik*, Astr. Nachr. 37, 1853, p. 105-120; Astr. Nachr. 43, 1856, p. 289-332.
8   J. Petzval, *Bericht über einige dioptrische Untersuchungen*, Pesth, C. A. Hartleben, 1843.
9   W. R. Hamilton, *Theory of systems of rays*, Trans. Irish Acad. 15, 1828, p. 69-178; 16, 1830, p. 1-61, 1830, p. 93-125; 17, 1837, p. 1-144; in: *The mathematical papers of Sir W. R. Hamilton*, Vol. I, *Geometrical optics*, ed. A. W. Conway/J. L. Synge, Cambridge 1931.
10 M. Herzberger, *Strahlenoptik*, Grundlehren der mathematischen Wissenschaften, Bd. 35, Berlin 1931.

Die Figuren 1 und 2 wurden ohne Änderung der Originalabhandlung E. 844 entnommen, lediglich die Beschriftung wurde verdeutlicht.

Emil A. Fellmann

Leonhard Eulers Stellung in der Geschichte der Optik*

Euler, einer von denjenigen Männern, die bestimmt sind, wieder von vorn anzufangen, wenn sie auch in eine noch so reiche Ernte ihrer Vorgänger gerathen, liess die Betrachtung des menschlichen Auges, das für sich keine apparenten Farben erblickt, ob es gleich die Gegenstände durch bedeutende Brechung sieht und gewahr wird, nicht aus dem Sinne und kam darauf, Menisken, mit verschiedenen Feuchtigkeiten angefüllt, zu verbinden, und gelangte durch Versuche und Berechnung dahin, dass er sich zu behaupten getraute, die Farbenerscheinung lasse sich in solchen Fällen aufheben, und es bleibe noch Brechung übrig.

J.W. Goethe

(cf. hier p. 90, Anm. 112)

---

* Die vorliegende Darstellung ist eine revidierte Fassung des gleichlautenden Aufsatzes in O. III, 9, p. 295–328.

Vorbemerkungen

Eulers Engagement in der Wissenschaft der Optik gleicht keineswegs einer «Sonntagsbeschäftigung», sondern vielmehr einer grossen – nicht immer glücklichen – Liebe. Sie erfasste ihn spätestens im dreissigsten Lebensjahr, um ihn beinahe bis zu seinem Tod nicht mehr freizugeben. Es scheint – der Vergleich sei erlaubt – Euler mit der Optik in mancher Hinsicht ähnlich ergangen zu sein wie Goethe mit seiner Farbenlehre, zunächst einmal ganz abgesehen vom Gegensatz beider zu Newton. Kein Wunder, dass eine Monographie zur Würdigung der Leistungen Eulers auf dem weiten Feld der physikalischen wie geometrischen Optik bis heute noch aussteht. Ein solches anspruchsvolles Unterfangen kann auch erst dann auf eine einigermassen verantwortbare Weise durchgeführt werden, wenn die bisher unveröffentlichten Briefe und Manuskripte Eulers textkritisch ediert und allgemein zugänglich sein werden, wie dies in der *Series IV* der *Opera omnia* in Zusammenarbeit mit der Sowjetischen Akademie der Wissenschaften (Akademia Nauk SSSR) geplant und zum Teil realisiert ist[1].

Obwohl bereits einige Briefe Eulers[2] sowie Résumés aus der Materialsammlung des 1975 erschienenen Registerbandes, der die *Series quarta* eröffnet hat, für die vorliegende Darstellung verwendet werden konnten, kann dieser bloss der Charakter einer vorläufigen Skizze zukommen. Die Studie erhebt nicht den Anspruch, ein abgerundetes Kapitel Optikgeschichte zu sein, sondern sie soll das optische Gesamtwerk Eulers in den historischen Zusammenhang stellen. Dabei soll auch auf den Inhalt und die Intentionen einiger wichtiger Werke anderer Gelehrter im Kontext mit dem Eulerschen Problemkreis eingegangen werden. Natürlich war es nicht möglich, Wiederholungen von Sachverhalten aus den Einleitungen und Vorreden der Herausgeber der vorangegangenen Optikbände der *Series* III, 5–8, gänzlich zu vermeiden. Andererseits erwiesen sich Einwände und Klärungen von Widersprüchen zuweilen als notwendig. Dies ist nicht weiter verwunderlich im Hinblick auf die Menge des bis zum heutigen Zeitpunkt erschlossenen Materials einschliesslich der Verwendung der historischen Arbeiten des bedeutenden Forschers Hans Boegehold († 1965), die mir im Jahre 1960 durch diesen selbst bekannt geworden sind und auf welche auch M. Herzberger in O.III, 8, p. XXIII, schon hingewiesen hat.

1   Einführung

Die in [] gesetzten Zahlen im Text verweisen auf die zwei Literaturverzeichnisse A bzw. B am Schluss dieses Beitrags. Das Verzeichnis A erhebt keinen Anspruch auf Vollständigkeit; es enthält lediglich die zur Abfassung der Studie benützten Werke. Ein ziemlich vollständiges Literaturverzeichnis zur Optik (bis 1923) findet man im Standardwerk Czapski-Eppenstein [A 28], das übrigens für den Optikhistoriker eine wahre Fundgrube darstellt.

Die einzigen uns bekannten Beiträge zur Geschichte der Optik mit besonderer Berücksichtigung der Eulerschen Leistungen[3] verdanken wir, wie bereits erwähnt, Hans Boegehold. Seine für unsern Gegenstand bedeutsamsten vier Arbeiten sind [A 10, A 11, A 12] und [A 13]. Diese gründlichen Studien wurden hier weitgehend mitverarbeitet und, wo es nötig schien, berichtigt oder ergänzt.

Es ist kaum zu glauben, wie arg Euler als Theoretiker der Optik in der Literatur – auch in der neueren – vernachlässigt wird. Ronchi [A 71] etwa führt in seinem bekannten Buch bloss Eulers Nachweis an, dass die Refraktion nicht notwendig proportional zur Dispersion sein muss, und belegt dies mit einem bekannten Zitat aus der *Dioptrica* Eulers. A. I. Sabra [A 74] beendigt sein interessantes Opus dort, wo es für uns hinsichtlich unseres Gegenstandes besonders spannend zu werden begänne. Ähnlich ergeht es uns mit dem – schon älteren – Werk von E. Wilde [A 82], dessen zweiter Band vielversprechend überschrieben ist mit *Von Newton bis Euler,* aber leider nur bis «bis» reicht. Hoppe [A 39] nimmt sich hingegen die Mühe einer groben, qualitativen Fixierung von Eulers Leistungen, vor allem was die Lichttheorie anbelangt, ist aber in seinen Angaben oft unzuverlässig – leider nicht nur in bibliographischer Hinsicht. Der bekannte Physikhistoriker, Bio- und Bibliograph Poggendorff [A 64] erwähnt in seiner *Geschichte der Physik* nicht einmal die Kontroverse um die Achromasie und begnügt sich bezüglich Euler mit dem Hinweis auf die *Nova theoria lucis et colorum* von 1746 (E. 88/O. III, 5), ohne auch nur Dollond oder Klingenstjerna zu erwähnen. Nicht einmal in den 8. Band des unentbehrlichen *Handbuchs der Physik* (Geometrische Optik) hat Eulers Werk Eingang gefunden. Für die Kästnersche[4] Übersetzung bzw. Bearbeitung der berühmten Optik von Smith [A 77] kamen die Eulerschen *optica* wohl zu spät – vielleicht aber auch allzuhoch zu Ross, und in dem damals vielgelesenen Lehrbuch des Abbé de la Caille [A 19] sucht man Eulers Namen vergeblich. J. Priestley [A 65], dessen berühmte Optik vom Eulerschüler Georg Simon Klügel [A 50] dem deutschen Publikum zugänglich gemacht wurde, geht zwar keineswegs über Euler hinweg – im Gegenteil –, jedoch hauptsächlich nur, um ihm die vermeintliche gewaltige Überlegenheit der Newtonschen Emissionsüber Eulers Äthertheorie darzutun[5]. Wohlverdienterweise hat Rosenbergers [A 72] *Geschichte der Physik* vor einigen Jahren einen Nachdruck erlebt. Dort findet sich nämlich eine zwar gedrängte, aber erstaunlich präzise Darstellung des Eulerschen Anteils an der Entwicklung der Achromaten (3. Band, p. 319ff.). Überhaupt ist dieses Buch über weite Strecken auch heute noch mit Gewinn zu lesen, und die synchronistischen Tabellen in den Anhängen bestechen geradezu (wenn auch der Neopositivist für solche Dinge bloss ein mitleidiges Lächeln übrig haben mag).

Von englischer Seite hatte Euler im allgemeinen – wohl nicht zuletzt wegen seiner Opposition zu Newton in optischen Belangen – nicht viel Gnade zu erwarten. Eine der rühmlichen Ausnahmen – in neuester Zeit hat sich diesbezüglich einiges gebessert – bildet das Standardwerk zur Geschichte des

Teleskops von H.C. King [A44], ein hervorragendes Buch, das seinesgleichen sucht. In gewissem Sinne als Pendant im deutschen Sprachraum kann Riekher [A67] genannt werden, in dessen Werk Euler auf seine Rechnung kommt – wenigstens was seine Leistungen und Beiträge zum Achromasieproblem betrifft. Doch gerade davor verschliesst sich merkwürdigerweise gänzlich G.E'L. Turner [A79, p.69] in seiner sonst lobenswerten und gründlichen Studie, die dem Optikhistoriker manch verstecktes Türchen zeigt und zu öffnen geneigt ist. Schade auch, dass Turner in seinem Artikel *John Dollond* im *Dictionary of Scientific Biography* [A32], dem modernsten und besten Nachschlagewerk des Wissenschaftshistorikers unserer Zeit, den entscheidenden Einfluss Eulers auf Dollond glatt unterschlägt, obwohl er drei der Boegeholdschen Arbeiten in [A79, p.77] anführt und deshalb wohl kennen dürfte.

Der bekannte Newtonforscher und -editor D.T. Whiteside schrieb mir einmal in einem Brief sehr richtig: «Wir Wissenschaftshistoriker haben unsere Helden in erster Linie zu *kennen,* nicht zu *lieben.*» Beiden Forderungen zusammen zu genügen, ist bei Leonhard Euler besonders schwierig; wer ihn kennt, muss ihm verfallen – seiner Klarheit, seiner Tiefe, seiner Offenheit und Bescheidenheit. Doch werden wir ihm, der am allerwenigsten Euphemismen benötigt, am gerechtesten durch Objektivität. Und so versuchen wir *sine ira et studio* Geschichte zu schreiben, um guten Gewissens mit Augustinus sagen zu können: *tolle, lege!*

2   Von Kepler bis Newton – Marksteine der geometrischen Optik

Erst mit dem öffentlichen Bekanntwerden des nach Snellius benannten Brechungsgesetzes[6], das übrigens bereits 1601 von Thomas Harriot[7] antizipiert wurde, konnte die Optik zu einer eigentlichen Wissenschaft entwickelt werden. Das tragische, weil erfolglose Ringen Keplers um das Brechungsgesetz ist bekannt. Ausgehend von dem «Unglücksraben» Vitello[8] [A81], dem in der zweiten Hälfte des 13.Jahrhunderts wirkenden Kompilator von Euklid (?), Ptolemäus und Al Hazen (alias Ibn Al Haitam) sowie wahrscheinlich beeinflusst von Maurolico, rang sich Kepler mittels «Werkstattformeln» zu erstaunlichen Erkenntnissen durch, die ihren Niederschlag in der *Dioptrica* von 1611 gefunden und zweifellos auch die *Dioptrique* von Descartes (1637) mit angeregt haben[9]. In der Optik war Descartes als Physiker noch am glücklichsten, und tatsächlich gelangte er in der *Dioptrique* zu interessanten neuen Resultaten. So gelingt ihm der strenge Nachweis für die exakt punktförmige Vereinigung parallel zur optischen Achse einfallender Lichtstrahlen (vom chromatischen Fehler natürlich abgesehen), wenn die Linse plan-hyperbolisch (-konvex) ist, wobei die Exzentrizität des Meridianschnittes gleich dem Brechungsindex des Materials ist. In diesem Fall liegt der (aberrationsfreie) Vereinigungspunkt im zweiten Brennpunkt des Hyperboloids. Der entsprechende Effekt wird erzielt, wenn man als konvexe Begrenzungsfläche ein

Rotationsellipsoid und als konkave eine Kugel mit dem entlegenen Brennpunkt des Ellipsoids als Zentrum wählt. Die Pointe der mathematisch-opti-
schen Kunst Descartes' allerdings findet sich nicht in der *Dioptrique*, sondern
in der *Géométrie* von 1637. Dort wird die Meridiankurve einer «Linse», die
irgendeinen im Endlichen liegenden Objektpunkt aberrationsfrei abbilden
soll, als bizirkulare Kurve vierter Ordnung bestimmt – und das sind die
berühmten *cartesischen Ovale*, zu denen man recht einfach gelangen kann
mittels des Prinzips von Fermat $\left(\sum r_\nu n_\nu = \text{const.}\right)$[10]. Andere Herleitungen gaben
später Huygens [A41], dann Newton im 97.Satz des ersten Buches seiner
Principia mathematica (1687), wobei es der grosse Engländer (mit Recht!) nicht
unterlassen konnte zu bemerken, Descartes habe die Entdeckung dieser Ovale
für sehr wichtig gehalten und sie eifrig verborgen. Im Zeitraum zwischen
Descartes und Huygens erwähne ich nur noch Cavalieri [A23] und Barrow
[A6] und verweise im übrigen auf Sabra [A74] und das Literaturverzeichnis.
Cavalieri spürt den funktionalen Zusammenhang zwischen Krümmungsradien
und Brennweiten von (dünnen) sphärischen Linsen

$$f = \frac{2r_1 r_2}{r_1 + r_2}$$

auf, und Barrow, der Lehrer Newtons, bestimmt den meridionalen Bildpunkt
für allgemeinen Einfall eines Meridianstrahls und beliebigen Objektpunkt.
Zur Veröffentlichung der heute nach Halley benannten Linsenformel

$$\frac{1}{f} = (n-1)\left[\frac{1}{r_1} + \frac{1}{r_2}\right] = \frac{1}{b} + \frac{1}{g}$$

kommt es allerdings erst 1693, obwohl Huygens die Hauptresultate dieser
Forschungsrichtung bereits seit 1653 sicher im Griff hatte[11]. Publiziert wurde
seine *Dioptrica* nur auszugsweise und postum 1703 von De Volder und Fulle-
nius[12]. Für die Geschichte der *Linsen*optik ist dieses Werk sogar wichtiger als
Huygens' optisches Meisterwerk *Traité de la lumière* von 1690, dessen Kern-
substanz allerdings schon ein Dutzend Jahre vorher vom Autor selber der
Pariser Akademie vorgetragen worden war. Die *Dioptrica* enthält unter
anderem den – modern gesprochen – ersten Reziprozitätssatz der Abbildungstheorie, und die Huygenssche Gleichung würde (nach Herzberger [A38]
zitiert) «ausreichen, um aus ihr alle Sätze der Gaußschen Optik abzuleiten».
Huygens untersucht den Öffnungsfehler (sphärische Aberration) einer Linse
von endlicher Dicke und führt als *mathematische Dicke* die Differenz von
Mitten- und Randdicke ein. Damit gelangt er für achsenparallele Strahlen zu
einer Näherungsformel für den Öffnungsfehler der Randstrahlen bei beliebiger Linsendicke und stösst zu den Bedingungen für dessen Minimalisierung
vor. Im *Traité* leitet er die cartesischen Ovale mittels des Brechungsgesetzes

direkt aus dem Fermatprinzip ab und gibt ihre geometrischen Konstruktionen. Sein Verfahren weicht auch insofern von demjenigen Descartes' ab, als er einen Kegelschnitt als Meridianschnitt der einen Linsenfläche vorgibt und die zweite Begrenzungsfläche gemäss der Aplanasiebedingung bestimmt. Im Zusammenhang mit diesen Untersuchungen befasste sich Huygens mit der Diakaustik einer massiven Glashalbkugel (Maurolico) sowie mit der Katakaustik des sphärischen Hohlspiegels. Die Katakaustik erkennt er richtig als Epizykloide, gibt eine wunderbar einfache Punktkonstruktion, bewerkstelligt die Rektifikation und leistet die Quadratur der Fläche zwischen der Kaustik und dem reflektierenden Halbkreis. Ebenfalls richtig rektifiziert Huygens die diakaustische Linie und gedenkt in diesem Zusammenhang der zwölften optischen Lektion Barrows. Diese kaustischen Studien wirkten nachhaltig auf Leibniz, Jakob und Johann Bernoulli sowie auf Tschirnhaus ein.

3   Isaac Newton

Mit Newton treten insofern ganz neue Aspekte in der Wissenschaft der Optik auf, als die Farbenerscheinungen auch *quantitativ* in Betracht gezogen werden. Aus diesem Grunde unterbrechen wir unsere bis jetzt rein strahlenoptische Betrachtung und führen den Faden gezwirnt weiter.

Trotz der Bemühungen einiger Vorgänger wie etwa Grimaldi, Marci, Boyle und Hooke stellen Newtons Versuche und Schlussfolgerungen eine Zäsur, um nicht zu sagen eine Revolution dar. Abgesehen von einigen Abhandlungen bzw. Mitteilungen in den *Philosophical Transactions* 1672–1676, wurden Newtons optische Forschungsresultate sehr spät gedruckt: die *Opticks* [A60] 1704 und die *Lectiones opticae* [A61] erst postum 1728/29. Letztere stellen Vorlesungen Newtons aus seiner Dozententätigkeit in Cambridge dar und datieren von 1669 bis 1671. Sie enthalten unter anderem substantiell die bekannte Brennweitenformel für eine dünne Linse $zz' = -f^2$ sowie die Berechnung des Seidelschen Öffnungsfehlers für einen unendlich weit von einer Plankonvexlinse entfernten Objektpunkt. In den *Opticks* – dem weitaus populäreren der beiden Sammelwerke – werden Newtons klassische Untersuchungen über die Dispersion an Prismen und Linsen dargestellt, die ihren Anfang bereits 1665 genommen haben dürften. Es findet sich dort auch die Bedingung für minimale Ablenkung am Prisma (symmetrischer Strahlengang). Höchst bemerkenswert erscheint übrigens die Tatsache, dass Goethe die mathematisch weit anspruchsvolleren *Lectiones* benützt und den *Opticks* vorgezogen hat – er, der doch im allgemeinen der mathematischen Behandlung der Naturwissenschaften eher abgeneigt war[13].

Zentrale Bedeutung für unser eigentliches Problem kommt dem berühmten 8.Versuch im 2.Teil des 1.Buches des *Opticks* [A60] zu. Newton glaubte aus dem Ausgang seiner Versuche mit dem Glas-Wasser-Geradsichtprisma schliessen zu müssen, *dass jede Brechung von (weissen) Lichtstrahlen notwendig mit einer proportionalen Dispersion verbunden sei*, und deutete die beobachteten Erscheinungen nach seinem (falschen) Dispersionsgesetz

$$\frac{\Delta n}{n-1} = \text{const.,} \tag{1}$$

wo n der relative Brechungsindex zweier Medien und Δn die Breite des Spektrums seien – ein Zufallsresultat, das möglicherweise nur dem Umstand zuzuschreiben ist, dass Newton ein Prisma aus einer Glasart verwendet hat, dessen *Abbesche Zahl* $(n-1):\Delta n$ nur unmerklich von derjenigen des Wassers abweicht. In der Tat standen zur Zeit des Newtonschen Experiments – übrigens auch noch einige Jahrzehnte später – nur sehr wenige qualitativ wesentlich verschiedene Glassorten zur Verfügung, die eine sichere Abklärung des Sachverhalts erlaubt hätten[14]. Darauf haben wir weiter unten zurückzukommen. Dazu kommt folgendes:

Die prismatische Ablenkung ε einer mittleren Farbe hängt bei kleinem Prismen- und Einfallswinkel nur vom Brechungsindex n und vom Prismenwinkel a ab in der Weise

$$\varepsilon = (n-1)\,a,$$

und der Unterschied für zwei verschiedene Farben ist

$$\Delta\varepsilon = a \cdot \Delta n.$$

Bei Verwendung zweier Prismen aus verschiedenen Medien verschwindet die Ablenkung für

$$\varepsilon = \varepsilon_1 + \varepsilon_2 = 0 \quad \text{oder} \quad a_2 = -a_1\,\frac{n_1 - 1}{n_2 - 1}.$$

Die Dispersionsbreite wird dann

$$\Delta\varepsilon = a_1 \cdot \Delta n_1 + a_2 \cdot \Delta n_2 = a_1(n_1 - 1)\left[\frac{\Delta n_1}{n_1 - 1} - \frac{\Delta n_2}{n_2 - 1}\right], \tag{2}$$

das heisst, sie verschwindet für

$$\frac{\Delta n_1}{n_1 - 1} = \frac{\Delta n_2}{n_2 - 1},$$

was exakt der Beobachtung Newtons entspricht. Tatsächlich unterscheiden sich die *Abbezahlen* von Wasser und gewöhnlichem Kronglas kaum ($\gamma \sim 55{,}7$), und es ist aus verschiedenen Gründen ganz unwahrscheinlich, dass Newton im 8. Versuch ein Flintprisma benutzt haben könnte[15]. Übrigens hat Newton seine Prismenversuche kaum mit der Absicht durchgeführt, die Möglichkeit der

Hebung des Farbfehlers bei (Teleskop-)Linsen nachzuweisen, sondern er schien erhofft zu haben, eine eindeutige Beziehung zwischen Refraktions- und Dispersionsvermögen zu finden. (Hätte er nicht an diesem Glauben – dem später auch Euler unterliegen sollte – festgehalten, so hätte er vielleicht seinen Versuch einmal so abgeändert, dass er als Flüssigkeitsprisma Öl statt Wasser verwendet hätte, wodurch viele spätere Konfusionen – aber auch fruchtbare Studien! – unterblieben wären. Die Brechungszahlen von Öl und Wasser sind nämlich annähernd gleich, während sich ihre Dispersionszahlen stark unterscheiden.) Von hier aus erst beurteilt Newton die «Vorschläge der Mathematiker» negativ, «die Gestalt der Gläser kegelschnittförmig zu schleifen» [A 60, p. 55 ff.], und tatsächlich erweist sich bei einer gewöhnlichen Linse die chromatische Aberration als störender als die sphärische. Newton hielt ein achromatisches Fernrohr für unmöglich, und deshalb hat er den Refraktor sozusagen übersprungen und zum Reflektor gegriffen. Doch hier nimmt auch eine *Komödie der Irrungen* ihren Anfang, wie man sie ausgeprägter selten findet in der Geschichte der exakten Wissenschaften.

4   Achromasie

Eine der subtilsten und fruchtbarsten Entdeckungen der physikalischen Optik, die Möglichkeit der achromatischen Abbildung durch Linsen, ist eine Folge der völlig falschen Annahme, das menschliche Auge sei frei von Farbfehlern. Obwohl Newton in seinen *Lectiones*[16] bereits auf den chromatischen Fehler des Auges hingewiesen hatte (er wird erkennbar durch partielle Abblendung der Pupille), hat David Gregory, der Neffe des hervorragenden Mathematikers James Gregory, an der «Vollkommenheit» unseres Sehorgans festgehalten, ja sogar dieses geradezu zum Anlass genommen, die Natur in diesem Punkte technisch zu kopieren [A 35, p. 110 ff.][17]:

"Perhaps it would be of Service to make the Object-Lens of a different Medium, as we see done in the Fabric of the Eye, where the cristallyne Humour (whose Power of refracting the Rays of Light differs very little from that of Glass) is by Nature, who never does anything in vain, joined with the aqueous and vitreous Humours (not differing from Water as to their Power of Refraction) in order that the image may be painted as distinct as possible upon the Bottom of the Eye."

Auch der erste Erfinder und Hersteller eines Achromaten, Chester Moor Hall, folgte getreu dieser Idee, und Euler war von ihr geradezu besessen. Sein diesbezüglicher «theologischer Exkurs» in seiner im Hinblick auf unsern Gegenstand zweitwichtigsten Abhandlung [E. 216, p. 180 ff.] wird tatsächlich nur im Kontext mit dem Akademiestreit[18] Koenig-Maupertuis verständlich, in dem Euler mit Maupertuis – einzig gestützt durch Friedrich II. – sozusagen allein in wackliger Sache gegen die ganze Gelehrtenrepublik stehen zu müssen glaubte[19] und in dessen Verlauf die «bösen Freigeister» à la Voltaire und

d'Alembert den frommen Euler förmlich zur Weissglut und den Akademiepräsidenten Maupertuis an den Rand des Grabes brachten.

Euler verliess diesen Standpunkt zwar nie mehr, und noch in der
letzten Zeit seiner Beschäftigung mit der Optik führt er im «Avertissement»
des Dioptrik-Auszuges von Fuss [B 64, p. 202] die vermeintliche Vollkommenheit des Auges als Gottesbeweis an:

«Quelques expériences faites sur des ménisques, dont on pouvoit
remplir la cavité de différentes liqueurs, m'ont parû prouver, que le mauvais
effet de la différente réfrangibilité des rayons pourroit bien être diminué, et
peut être réduit à rien, en employant deux ou plusieurs différentes matières
transparentes; *mais ce qui m'en a entièrement convaincu c'est la merveilleuse
structure de tous les yeux*[20], qui représentent sur leurs fonds les images de tous
les objets dans la plus grande perfection, sans qu'on y puisse remarquer la
moindre confusion, qui devoit être causée par la différente réfraction des
rayons de lumière, si la démonstration prétendue étoit fondée. *C'est ici sans
doute qu'il faut reconnoître la puissance du Créateur autant que sa sagesse
infinie*[20].»

Die Feststellung Newtons in seinen *Lectiones* war lange Zeit vergessen.
Gemäss Maskelyne [A 54] soll *nach* Newton der berühmte Optiker John
Dollond, der bei uns noch als Hauptakteur auftreten wird, die Farbfehlerfrei-
heit des Auges bestritten haben, doch *bewiesen* wurde dieses wichtige negative
Faktum erst 1817 durch den genialen, viel zu früh verstorbenen Joseph
Fraunhofer. Doch folgen wir den Ereignissen:

Bekanntlich gelang Chester Moor Hall etwa im Jahre 1729 die Erfindung des ersten achromatischen Objektivs, das aus einer sammelnden Kron-
glas- und einer zerstreuenden Flintglaslinse bestand. Das erste derartige
Objektiv wurde um 1733 fertiggestellt[21]. Da Hall seine Linsen nicht selbst
schleifen konnte oder wollte, gab er schlauerweise jede der beiden Einzellinsen
einem anderen Optiker in Auftrag, Edward Scarlett in Soho und James Mann
in der Ludgatestreet in London. Vielleicht infolge Konjunkturanstiegs (?)
haben beide Optiker den Auftrag weitergegeben, und zwar zufälligerweise an
ein und denselben Schleifer: George Bass. Diesem musste auffallen, dass
beide Linsen in Grösse und Krümmung zusammenpassten – und erst noch für
denselben Kunden geschliffen werden sollten. Wundert man sich daher, dass
der Achromat nicht allzulange ein Geheimnis bleiben konnte?

Wie aber der Amateur Hall – er war Jurist und Friedensrichter bei
Rochfort in Essex und lebte als Grandseigneur – zu seiner Erfindung gekommen ist, ist mir nicht bekannt; durchaus möglich ist, dass ihr eine Reihe von
subtilen Experimenten und adäquate mathematische Studien vorangegangen
sind. Boegehold [A 13] war der Meinung, dass der kurz vorher ausgetragene
Streit zwischen dem Newtonkritiker Graf Giovanni Rizzetti und dem von der
Royal Society als Apologet eingesetzten bedeutenden Experimentalphysiker
John Theophilus Desaguliers einen wesentlich grösseren Einfluss auf Hall
gehabt haben könnte als die jahrzehntealte Äusserung Gregorys über die

vermeintliche Achromasie des Auges. Wie dem auch sei – Tatsache ist, dass
Hall seine famose Erfindung für sich behielt, so dass es noch etwa ein Vierteljahrhundert dauerte, bis der Achromat 1757 durch John Dollond nachgebaut
und der Royal Society über deren Fellow James Short im Jahre 1758 präsen-
tiert werden konnte. Dollond brachte seine Leistung nicht nur geschäftlichen
Gewinn, sondern die Copley-Medaille und (1761) gar die Fellowship der
Royal Society ein. Den Glanz seiner neuen Stellung als Hofoptikus König
Georgs III. konnte er allerdings nur während kurzer Zeit geniessen, da Dollond noch im selben Jahre an den Folgen eines Schlaganfalles starb. *Wann* er
die Hinweise des Optikers R. Rew über Halls Erfolge wirklich erhalten hat,
wissen wir nicht, sicher aber waren jene von einiger Bedeutung. Doch von
höchst entscheidendem Einfluss auf Dollond war eine Schrift des schwedischen Gelehrten Samuel Klingenstjerna [A46], die *unmittelbar von einer Arbeit
Eulers nicht nur angeregt, sondern veranlasst worden ist.* Wir meinen Eulers
Arbeit [B4]. Diese Abhandlung wurde von Euler 1747 verfasst und erschien
1749 im Druck. *Mit ihr beginnt die Theorie der Achromasie.* Zunächst zeigte
sich Euler mit Newton insofern einer Meinung, als beide an eine eindeutige
Beziehung zwischen Brechungs- und Dispersionsvermögen glaubten. Jedoch
lehnt Euler das (von uns oben besprochene) Newtonsche Dispersionsgesetz ab
und ersetzt es durch sein eigenes: «Das Verhältnis der Logarithmen der
Brechungsindices zweier verschiedener Farben zwischen zwei Medien ist
konstant.» In einer Formel:

$$\frac{\lg n_2}{\lg n_1} = \text{const.}^{22}.$$ (3)

Euler berechnet für diese Konstante – er operiert nur mit den Medien Glas–
Wasser, und das sollte sich (leider) für Jahre nicht ändern – den Wert
$\lg n_2 : \lg n_1 = 0{,}656426$.

Dann gibt er die Ableitung der Bedingungen für die Elimination des
chromatischen Fehlers bei *Linsen* mittels eines Glas-Wasser-Glas-Objektivs,
das durch vier Krümmungsradien gekennzeichnet ist. Zunächst leitet er
Formeln unter Berücksichtigung der Linsendicke ab, lässt beidseitig verschiedene Medien zu, um sich schliesslich auf eine Folge dünner Linsen in Luft zu
beschränken. So erhält Euler für die Bildweite (modern geschrieben)

$$\frac{1}{s'} = \frac{1}{s} + (n_1 - 1)\left[\frac{1}{r_1} - \frac{1}{r_2} + \frac{1}{r_3} - \frac{1}{r_4}\right] + (n_2 - 1)\left[\frac{1}{r_2} - \frac{1}{r_3}\right]$$ (4)

(n_1 ist der relative Brechungsindex einer Farbe für die erste und dritte Linse, n_2
für die zweite). Erfüllen nun die Brechungsindices einer zweiten Farbe N_1, N_2
die Bedingung

$$N_2 = N_1^{\frac{\lg n_2}{\lg n_1}} \tag{5}$$

in Übereinstimmung mit (3), so ergibt sich die Bedingung für die Farbenhebung als

$$(N_1 - n_1)\left[\frac{1}{r_1} - \frac{1}{r_2} + \frac{1}{r_3} - \frac{1}{r_4}\right] + (N_2 - n_2)\left[\frac{1}{r_2} - \frac{1}{r_3}\right] = 0, \tag{6}$$

wobei die Formeln (4) und (6) bei gegebenen Schnittweiten s und s' noch zwei Radien als Parameter freilassen.

Als Beispiel leitet Euler zuerst die Radien für ein symmetrisches Objektiv ab, dann für ein solches mit einer planparallelen Platte als dritter Linse, also $r_1 = -r_4$, $r_2 = -r_3$ bzw. $r_3 = r_4 = \infty$.

Allerdings ergäbe sich nur dann ein Achromat, wenn die Formeln (3) und (5) richtig wären. – In dieser Arbeit berücksichtigt Euler die sphärische Aberration nicht; das erfolgte dann erst in [B 17].

Dollond, der möglicherweise von Short auf Eulers Abhandlung aufmerksam gemacht wurde, reagierte in einem Brief [A 29 ≡ B 9] an diesen zuhanden der Royal Society[23]. Darin verweist Dollond auf die Versuche Newtons und auf das von diesem gefolgte Dispersionsgesetz (bei uns Formel (1)). Dieses legt er den Eulerschen Formeln zugrunde und gelangt so natürlich in Widerspruch zu Eulers Behauptung, die Eliminierung des Farbfehlers durch Objektive von endlicher Brennweite sei möglich. Dollond weist schliesslich auf erfolglose Versuche hin, achromatische Objektive nach Eulers Vorschriften herzustellen. Euler erklärt in seiner Antwort die Misserfolge durch die zu grosse sphärische Aberration der vermutlich verwendeten Linsen, als Folge ihrer allzustarken Flächenkrümmungen, und empfiehlt die Verwendung von asphärischen Linsen nach Vorschlägen seines Akademiekollegen Lieberkuehn. Hier befindet sich Euler allerdings im Irrtum; Boegehold [A 10, p. 15f.] hat ein numerisches Beispiel durchgerechnet und nachgewiesen, dass unter den von Euler gemachten Voraussetzungen die Herstellung achromatischer Linsen im Gegenteil nur mit sehr starken Flächenkrümmungen zu realisieren wäre.

Auch erscheint es uns ungerecht zu sagen, Dollond sei «allerdings nur bis zum Verständnis der ersten 20 Paragraphen gekommen[24]». Dollond verstand genug Mathematik, um in dieser Sache Euler (und Klingenstjerna!) wenigstens passiv zu folgen[25]. Darf man es ihm verargen, dass er – als Praktiker – mehr Vertrauen in die Experimente eines Newton besitzen *musste* als in die Hypothesen – und Eulers Dispersionsgesetz ist eine solche! – eines kontinentalen Mathematikers, selbst wenn er Leonhard Euler heissen sollte? Man erinnert sich unweigerlich – diese Abschweifung sei erlaubt – an die Stelle eines von Leibniz an Huygens gerichteten Briefes, wo es heisst: «J'aime mieux un Leeuwenhoek qui me dit ce qu'il voit qu'un Cartésien qui me dit ce qu'il pense.» Ganz abgesehen von der Unmöglichkeit einer *experimentellen* Entscheidung des Problems *vor* Fraunhofer liegen die beiden Dispersions«gesetze», das Newtonsche wie das Eulersche, recht nahe zusammen, wenn sie auch qualitativ sehr differieren: man braucht in der Eulerschen Formel nur den Logarithmus in eine Taylor-Reihe zu entwickeln und die Glieder höherer Ordnung als der ersten zu vernachlässigen, um das von Newton angenommene Dispersionsgesetz zu bekommen[26].

In der Folgezeit vertrat Euler seinen Standpunkt in den Abhandlungen [B 10; B 12; B 14], wo er seine Auffassungen theoretisch zu begründen versuchte. Er musste feststellen, dass die Messgenauigkeit zur Entscheidung der strittigen Annahmen nicht ausreichte und glaubte (missverständlicherweise), das Newtonsche Dispersionsgesetz führe zu einem inneren Widerspruch. Er fordert zu exakten Messungen sowohl der Refraktion als auch der Dispersion auf, und zwar nicht mit Hilfe von Prismen (wie Newton), sondern mittels Flüssigkeitslinsen unter Verwendung von Kombinationen, bei denen die Änderungen der einen oder anderen Grösse die Fokaldistanz oder deren Farbunterschied stark beeinflussen. In [E.234] haben die Formeln für die Fokaldistanz die Gestalt eines Kettenbruches, ähnlich wie später bei Moebius. In dieser Arbeit schlägt Euler zur Prüfung der Dispersion Linsenkombinationen vor, die man heute nach Rudolph [A 73] als *hyperchromatische* bezeichnet.

5   Klingenstjerna und Dollond

Von grösster Bedeutung für John Dollond sollte das Auftreten des in der allgemeinen Physikgeschichte etwas vernachlässigten Schweden Samuel Klingenstjerna werden. Mit Johann Bernoulli persönlich bekannt, war er seit 1728 Professor an der Universität in Upsala bis etwa 1750, um dann seine Professur aufzugeben und «Informator» des Kronprinzen zu werden. Im Anschluss an die Arbeit Eulers [B 4] von 1747/1749 befasste sich Klingenstjerna mit dem Problem der Achromasie, und schon 1750 stellte er in Gegenwart seines Schülers F. Mallet die Aufgabe, für ein Prisma mit gegebenem Winkel und bekannten beidseitigen(!) Brechwerten den Einfallswinkel derart zu bestimmen, dass der Austrittsstrahl dem Eintrittsstrahl parallel wird (Geradsichtigkeit). 1754 reichte Klingenstjerna bei der Kgl. Schwedischen Akademie einen Aufsatz [A 46] ein, der sich in der Folgezeit als höchst bedeutsam erweisen sollte. Er erschien 1755 im Druck und zeichnet sich durch die ungewöhnliche Schönheit der (weitgehend geometrisch geführten) Beweise aus. Die strengen Schlussfolgerungen Klingenstjernas waren die folgenden:

1. Aus der Newtonschen Beobachtung, dass die Farbenzerstreuung *bei Geradsichtigkeit* seiner Prismenanordnung verschwinde, folge bei endlichem Einfallswinkel *nicht* das von Newton angegebene Dispersionsgesetz.

2. Wenn man davon ausgeht, dass Newtons Dispersionsgesetz richtig

sei, könne *allgemein* seine Beobachtung nicht stimmen. Geradsichtigkeit kann überhaupt nur für ganz spezielle Prismenwinkel eintreten.

3. Für kleine Winkel sei allerdings nichts gegen Newtons Schlüsse einzuwenden. Die Zusammensetzung ist für kleine Winkel geradsichtig, wenn

$$a_2 = -a_1 \frac{n_1 - 1}{n_2 - 1}.$$

Newtons Gesetz, das die Hebung des Farbfehlers ausschliesse, sei in diesem Falle zwar nicht widerlegt, doch seien genauere Untersuchungen notwendig.

Bekanntlich hat Newton den Strahlengang an Prismen nicht allgemein behandelt (obwohl das für ihn zweifellos eine Kleinigkeit gewesen wäre). Er gab lediglich einige Lehrsätze [A 60] für ein einzelnes Prisma und benützte zu seinen Messungen nur das Minimum der Ablenkung bei senkrechtem Ein- oder Austritt. Er ging gar nicht auf Strahlengänge durch mehrere Prismen ein und gab auch keine mathematische Ableitung oder Begründung seines ver- meintlichen Dispersionsgesetzes. Deshalb kann nicht sicher entschieden wer- den, ob Klingenstjerna recht hat mit der Meinung, Newton habe entgegen seinem sonstigen Verfahren nur Prismen mit kleinen Winkeln benützt, oder ob letzterer in Betracht gezogen haben könnte, dass auch bei grösseren Prismen- winkeln sein Dispersionsgesetz die Bedingung für gleichzeitiges Eintreten von Derivationsfreiheit und Achromasie ist.

Inzwischen erhielt Klingenstjerna [A 62] die Hefte der *Philosophical Transactions*, die die Kontroverse zwischen Dollond und Euler enthielten[27]. Er wandte sich im Januar 1755 brieflich an Mallet, der sich gerade in London aufhielt, und ersuchte um Aufschluss über die Person Dollonds. Gleichzeitig sandte er Mallet einen lateinischen Auszug aus seiner Abhandlung [A 46] mit dem Vorschlag, diesen Dollond (falls dessen mathematische Bildung zum Verständnis ausreichen sollte) oder auch dem Mathematiker T. Simpson vorzulegen. Diesen Wunsch wiederholte er in einem zweiten Brief vom 10. Juni 1755 – seine Abhandlung war inzwischen im Druck erschienen – und bat Mallet um genauere Mitteilungen über das Dollondsche Mikrometer und die englische Technik der Linsenherstellung.

Die Abhandlung Klingenstjernas ist nun insofern von entscheidender Bedeutung, als sie Dollond 1757 veranlasste, das Newtonsche Experiment zu wiederholen. Das Experiment ergab ein dem Newtonschen entgegengesetztes Resultat, da Dollond aller Wahrscheinlichkeit nach ein Flintglasprisma be- nützte, das Newton noch nicht zur Verfügung stand, und bewirkte eine radikale Umstellung in Dollonds Haltung. Er widerrief seine frühere Stellung- nahme gegen Euler in seiner berühmt gewordenen Abhandlung [A 30], die am 8. Juni 1758 von Short in der *Royal Society* vorgetragen wurde. Hier folgen wir nun Dollonds eigener Schilderung, wie sie in groben Zügen von Boegehold [A 13] dargestellt wird:

a) Dollond entschloss sich zur Nachprüfung des Newtonschen Glas-Wasser-Versuches und kombinierte ein Glas- mit einem Wasserprisma. Bei gehobener Ablenkung überwog die Dispersion des Glases, bei gehobener Dispersion die Ablenkung des Wassers. Soweit kam er 1757.

b) Beim Versuch, Glas-Wasser-Objektive zu schleifen, musste Dollond feststellen, dass die Flächenkrümmungen zu stark wurden, mit der Konsequenz, dass der Öffnungsfehler zu gross wurde. Er kam auf die Idee, verschiedene Glasarten zu verwenden, doch dauerte es bis zum Jahresende 1757, bis er sich an die Versuche machen konnte.

c) Nun erst stellte Dollond den grossen Unterschied zwischen Kron- und Flintglas fest. Bei der Zusammensetzung von Kron mit Flint war die Dispersion gehoben, wenn sich die Ablenkungen wie 3:2 verhielten.

d) Nach einigen misslungenen Experimenten brachte Dollond achromatische Linsen zustande, die – wie damals bei Hall – aus einer sammelnden Kronglas- und einer zerstreuenden Flintglaslinse bestanden. Die sphärischen Abweichungen wurden je durch die positive und negative Einzellinse einigermassen ausgeglichen[28].

So richtig Dollonds eigene Darstellung *grosso modo* auch ist, so konsequent verschweigt er die Anregungen und Hilfen anderer. Vielleicht mag dieses Verhalten auch auf geschäftliche Rücksichten zurückzuführen sein – auf die anschliessenden Patentstreitigkeiten haben wir schon oben hingewiesen.

Nordenmark und Nordstroem [A 62, p. 42f.] machen auf eine Mitteilung Dollonds von 1757 an Pezenas aufmerksam, der diese allerdings erst in seiner französischen Übersetzung der Smithschen Optik [A 63 II, p. 426ff.] publizierte. Dort teilt Dollond seine neuen Glas-Wasser-Versuche mit und schliesst mit der Bemerkung, das Ergebnis genüge noch nicht, um Newtons Lehre zu stürzen; weitere Versuche seien noch durchzuführen.

Es ist durchaus möglich, ja wahrscheinlich, dass Dollond damals noch nichts von Halls Unternehmen gewusst hat. Dies bestätigt – gemäss [A 62, p. 369] – Jesse Ramsden, der zwar als Schwiegersohn Dollonds nicht unbedingt der unparteiischste Zeuge sein dürfte, zumal er nichts von der Anregung Klingenstjernas, sondern nur Eulers wissen wollte. Möglicherweise hängt dies mit der Trübung der Beziehungen zwischen Dollond und Klingenstjerna im letzten Lebensjahr des ersteren (1761) zusammen, die im Kontext der Beschäftigung beider mit der Hebung des Öffnungsfehlers leider eintrat. Zu einem offenen Zerwürfnis zwischen Dollond und Klingenstjerna scheint es jedoch nicht gekommen zu sein, denn Dollond soll noch am Vortage seines plötzlich eingetretenen Todes am 28. November 1761 Glas an den Schweden gesandt haben [A 62, p. 341]. Bezüglich dieser Spätkontroverse zwischen Dollond und Klingenstjerna, in die auch Maskelyne und Ferner verwickelt waren, verweise ich auf die Darstellung in [A 62] sowie auf Boegehold [A 13, p. 94ff.].

Fassen wir zusammen:

Dollond wurde zur Wiederholung des Newtonschen Experimentes und schliesslich der daraus resultierenden Konstruktion von Achromaten wesentlich angeregt durch

a) Eulers Abhandlung von 1747/1749 [B4],

b) Klingenstjernas Abhandlung von 1754/1755 [A46], die ihrerseits von derselben Arbeit Eulers veranlasst wurde,

c) die Mitteilungen von Rew und Bass über den Erfolg von Chester Moor Hall[29].

Wir haben uns noch mit zwei andern Abhandlungen Klingenstjernas zu befassen. In einem 1760 publizierten Aufsatz [A47; A48] wird hauptsächlich der Öffnungsfehler, in den Schlussabschnitten die Farbenabweichung behandelt. Zuerst leitet Klingenstjerna auf beinahe Eulersche Weise Bildort und Aberration für eine einzelne brechende Fläche ab, setzt dann zwei Flächen zu einer dünnen Linse zusammen und gelangt zu einer Summenformel, mit deren Hilfe er die Linse von kleinster Aberration untersucht. So gelangt er zu genau den gleichen Resultaten wie Euler in seinen Arbeiten [B49; B50], die allerdings erst 1862 veröffentlicht worden sind. Klingenstjerna geht nun über zu Linsen*systemen* und kommt zum Schluss, dass eine Elimination des Öffnungsfehlers nur durch Kombination mehrerer Linsen mit unterschiedlichen Vorzeichen möglich sei. Ob Klingenstjerna *damals* Eulers *Règles générales* ... [B17], die bereits 1759 im Druck zur Verfügung standen, gekannt hat, ist im Hinblick auf die Wirren des Siebenjährigen Krieges zweifelhaft (bekanntlich stand Schweden gegenüber Preussen im Feindeslager). Über diese wichtige Arbeit Eulers – *mit ihr beginnt die moderne Linsentheorie* – schrieb Klingenstjerna zwei Jahre später in seiner Petersburger Preisschrift [A49, p.4], «da sie keine Beweise gibt, scheint sie weniger zur Belehrung der Leser geschrieben zu sein, als um die Mathematiker zu eigenem Herangehen aufzufordern». Tatsächlich hatte Euler dort nur die numerischen Werte der Hilfsgrössen, nicht aber ihre Beziehungen zum Brechungsverhältnis angegeben, und Klingenstjernas Arbeit enthält nichtsdestoweniger eine bemerkenswerte selbständige Leistung, selbst wenn er E.239 gekannt haben sollte. Hingegen muss das Urteil von Nordenmark und Nordstroem [A62], Klingenstjerna habe als erster eine mathematische Theorie des Öffnungsfehlers gegeben, entschieden korrigiert werden – nicht nur im Hinblick auf Eulers Arbeit, sondern auch hinsichtlich der Leistungen von Huygens, Smith und Kästner[30].

Die Petersburger Akademie stellte für das Jahr 1762 die Preisaufgabe, zu untersuchen, «wie weitgehend die Unvollkommenheiten der Fernrohre und Mikroskope, entstehend aus der verschiedenen Brechbarkeit und der Kugelgestalt der Gläser, durch Zusammensetzung mehrerer Linsen gehoben oder vermindert werden können». Sowohl Euler [E.266/O.III, 6, p.115ff.] als auch Klingenstjerna [A49] reichten eine Arbeit ein. Eulers Opus wurde am 17.Mai 1762[31] vorgelegt, jedoch vom Autor (vielleicht aus Rücksicht auf Klingenstjerna?) wieder aus dem Wettbewerb zurückgezogen. Dennoch wurde es im gleichen Jahre in Petersburg gedruckt. Die Schrift von Klingenstjerna wurde am 23.September 1762 preisgekrönt. Sie enthält die Arbeit von 1760 vollständig und bringt darüber hinaus noch wesentlich Neues. Das theoretisch Wichtigste ist wohl die Angabe des ersten Zonengliedes ausser dem ersten Glied für eine einzelne Fläche[32]. Hier gebührt Klingenstjerna die Ehre der Priorität gegenüber Euler. Zur Lösung der Aufgabe, Linsen mit gehobenem Farb- und Öffnungsfehler zu berechnen, bedient sich Klingenstjerna der Angaben Dollonds über die Brechungs- und Dispersionskoeffizienten des Kron- und Flintglases, was ihm bezüglich Euler auf diesem Sektor zur Überlegenheit verhilft. Tatsächlich hat Euler seine alten «Glas-Wasser-Ansichten» erst sehr spät – unter dem Einfluss des Petersburger Glastechnikers Zeiher – zugunsten der Dollondschen Praxis revidiert und den Glauben an sein früher postuliertes Dispersionsgesetz frühestens 1762 aufgegeben[33]. Hingegen hat Euler Klingenstjernas Theorie von der Spaltung der Linsen, mit der dieser seine Preisschrift ausklingen lässt, antizipiert, nur war der Schwede schneller mit der Publikation.

6   Clairaut und d'Alembert

Ein wesentlicher Schritt über Euler hinaus gelang den beiden Franzosen Clairaut und d'Alembert, deren Leistungen auf dem Gebiet der Optik noch nicht voll gewürdigt worden sind, wenn man vom Aufsatz Boegeholds absieht. Da sich ihre optischen Arbeiten auf den gleichen Gegenstand beziehen und sich auch zeitlich überschneiden – Clairaut setzt früher ein –, sollen sie hier simultan besprochen werden[34].

Von Nordenmark und Nordstroem [A 62] wissen wir, dass der bereits oben erwähnte Ferner im Oktober 1760 von London über Antwerpen nach Paris gekommen ist, wo er bis August 1761 verblieb. Clairaut, der in der Folge Klingenstjernas Arbeiten von 1760/1762 für das *Journal des Sçavans* aus dem Schwedischen ins Französische übersetzt hatte[35], führte Ferner in die Akademie ein, die diesen nach seiner Abreise zum korrespondierenden Mitglied ernannte. Es soll Ferner aufgefallen sein, wie viel intensiver man in Frankreich die Mathematik betrieben habe als in England[36], hingegen war man in Paris infolge des Kriegszustandes mit England nicht ganz auf dem laufenden über die Erfindung des Achromaten. Ferner brachte zwar aus England keine Fernrohre mit, jedoch Materialien zur Kontroverse zwischen Dollond und Euler[37], die er am 29. Oktober 1760 in Clairauts Kreisen vorlegte. In diesem Zusammenhang kann bemerkt werden, dass Clairaut sich zuerst auf Dollonds Seite gestellt hat. Auf Wunsch des Direktors der Pariser Sternwarte C. Fr. Cassini de Thury (Cassini III) und des Astronomen J. N. Delisle[38] besorgte Ferner zwei Dollondsche achromatische Fernrohre, die Ende Mai 1761 in Paris eintrafen[39].

Der Hauptgegensatz von Clairaut und d'Alembert zu Euler besteht darin, dass sich Euler zum vornherein auf den Öffnungsfehler von Achsenpunkten beschränkt, während die Franzosen zusätzlich (und neu!) auch die Asymmetrie- bzw. Komafehler entdeckten und studierten. Diese Beschrän-

kung Eulers hat ihre Wurzel in einer – heute fast unverständlichen – Unterschätzung der chromatischen Aberration von Achsenpunktsstrahlen als auch
des speziellen Fehlereffekts von Objektspunkten ausserhalb der Achse. Euler
selbst hat sich in der *Dioptrica*[40] wie folgt dazu geäussert:

«Wie es mit der Brechung der Strahlen steht, wenn der Lichtpunkt
ausser der Achse liegt, ist nicht nur eine schwierige Frage, sondern auch mit so
umständlichen Rechnungen verbunden, dass man kaum etwas schliessen
kann. Bei der Benutzung der Linsen kommt es aber nie auf Punkte an, die
weit von der Achse entfernt sind, daher muss man zufrieden sein, wenn Dinge
in der Achse genau wiedergegeben werden; die Undeutlichkeit achsennaher
Punkte kann dann nicht merklich sein: Weicht nämlich die Wiedergabe eines
Achsenpunktes *E* durch Randstrahlen nicht ab, so kann sich schwerlich eine
merkliche Undeutlichkeit einschleichen, wenn der Punkt ein wenig von der
Achse entfernt ist.»

Das war vielleicht der grösste Irrtum Eulers. Es scheint, dass die Veröffentlichungen von Clairaut und d'Alembert für die Abfassung der *Dioptrica*
viel zu spät kamen[41], und es ist verständlich, dass der schon damals hochgradig
sehschwache Euler seine Konzeptionen nicht mehr ändern wollte.

Da Euler dem Vergrösserungsunterschied gegenüber dem Farbfehler in
der Achse die Priorität einräumt, beschränken sich seine Untersuchungen
nicht auf das Objektiv wie bei Clairaut, sondern er schliesst das ganze Fernrohr in seine Betrachtungen ein. Auch d'Alembert bezieht das Okular mit in
Betracht, doch entgeht ihm erstaunlicherweise der Vergrösserungsunterschied.
Sowohl d'Alembert als auch Clairaut untersuchen die Dispersion des Öffnungsfehlers und weisen gangbare Wege zu deren Hebung, doch beschränkt
sich letzterer auf ein Duplet mit Flint als Front. Clairaut gelangt schliesslich zu
einer Form, die er allerdings sowohl der sich ergebenden übermässigen
Flächenkrümmungen als auch der Komafehler wegen wieder verwirft [A 24,
p. 435f.]. Der grösste Teil seiner letzten Arbeit [A 26] ist dem Asymmetriefehler
gewidmet. Die entsprechende erste Behandlung d'Alemberts in [A 1] entstand
etwa gleichzeitig, jedoch wahrscheinlich unabhängig von Clairaut. Sie enthält
ein Versehen im Asymmetriewert, den d'Alembert erst in [A 3, p. 87] richtig
angibt. Sowohl Clairaut als auch d'Alembert bestimmen den Schnittpunkt
eines windschiefen, durch einen ausseraxialen Punkt gehenden Strahls mit der
Meridianebene.

D'Alembert verwendet cartesische, Clairaut Polarkoordinaten. Beide
gelangen zu den gleichen Formeln, und Clairaut bestimmt den Schnitt des von
einem beliebigen Punkt ausgehenden Strahlenbündels mit einer achsensenk-
rechten Ebene. Beide unterscheiden zwei Arten von Fehlern, die wir heute
Bildfehler und Asymmetriefehler nennen, und formulieren ihre Grössen
algebraisch. Beide erkennen die Unmöglichkeit ihrer Hebung beim Teleskop,
es sei denn für $f \to \infty$. Sowohl bei d'Alembert als auch besonders bei Clairaut
[A 24, p. 606] ist die Bedeutung von $\sum (1/nf')$ (der sog. Petzvalsumme[42]) gut
ersichtlich. Beide empfehlen die Erfüllung der von Seidel nach Fraunhofer

benannten Bedingung. Clairaut gibt für zwei spezielle Brechungsindices (etwa Kron und Flint entsprechend) bei $dn_2 : dn_1 = 3 : 2$ die vier Formen an, wo Asymmetrie, Öffnungsfehler und Farbenabweichung gehoben sind [A24, p. 615, 620]. In [A3, p. 94f.] behandelt d'Alembert dasselbe Problem ganz allgemein (n_1, n_2, $dn_2 : dn_1$) und gelangt zu den Formeln, auf die 120 Jahre später Moser [A58] gestossen ist. Clairaut gibt am Schluss von [A24, p. 624–631] algebraische Formeln für die Fehler bei dreilinsigen Objektiven und für Spezialfälle entsprechende Zahlenwerte, und d'Alembert dehnt entsprechende Untersuchungen auf «gespaltene Linsen» aus. Er berücksichtigt die Linsendikke durch Einführung eines Korrekturgliedes für die Schnittweiten – wie übrigens auch Euler bei seinen entsprechenden Formeln und für die Farblängsabweichung im 1. und 6. Kapitel der *Dioptrica*. Von einer gewissen *formalen* Bedeutung ist die Tatsache, dass beide Franzosen die Schnittweiten und Radien nach heutiger Usanz positiv zählen, was die mathematische Darstellung enorm erleichtert, und man kann nicht umhin, sich der Gaußschen Optik beliebig nahe zu fühlen.

Boegehold hat einige der nach Clairauts Vorschriften von den Optikern Bouriot, Anthéaulme, de l'Estang (auch Étang) und George[43] fabrizierten Achromaten trigonometrisch durchrechnen und zeichnen lassen[44] – das Resultat war enttäuschend. Ein Trost wenigstens bleibt: es lag nicht an der Theorie. Für die Pariser Optiker war es bequemer, Dollondsche Objektive pröbelnd zu kopieren, als die von Clairaut und d'Alembert gegebenen Vorschriften einzuhalten. Das war vielleicht aus zwei Gründen schon gar nicht möglich: erstens lag die Qualität des damals in Frankreich erhältlichen Glases nicht hoch über derjenigen unseres heutigen Flaschenglases, und Flint war ohnehin schwer zu bekommen, und zweitens nützten die besten Messungen nichts, solange man keine festen Stellen im Spektrum hatte (Fraunhofer)[45].

Hier muss noch eine andere Entdeckung von grösster Tragweite erwähnt werden. Nach Nordenmark und Nordstroem [A62, p. 373] sah Ferner in Paris am 15. Mai 1761 den Optiker de Tournières den Glas-Wasser-Versuch wiederholen, und zwar mit einem Wasserprisma, dessen Winkel variiert werden konnte. Clairaut, von de Tournières auf die *Restfarben* aufmerksam gemacht, erklärte sie durch den ungleichen Gang der Dispersion bei Glas und Wasser. Ein Jahr später teilte Clairaut der Öffentlichkeit die Entdeckung mit, die allen Träumen von totaler Achromasie ein Ende setzen sollte: die Entdeckung des *sekundären Spektrums*. Ein wichtiges Hilfsmittel bei Clairauts Versuchen stellte ein Novum dar: ein Prisma mit einer zylindrischen Begrenzungsfläche[46]. Diese erlaubte eine beliebige Änderung des Prismenwinkels durch Verwendung verschiedener Eintrittsstellen dieses «Zylinderprismas». Es sollte denn auch die Untersuchung des sekundären Spektrums sein, die Clairaut einen Platz in Priestleys Optik gesichert hat, doch ist zu bedauern, dass gerade dadurch seine theoretische Hauptleistung, nämlich die erfolgreiche Behandlung Seidelscher Fehler, den Blicken der Physikhistoriker allzuoft entrückt ist.

7   Schlussbetrachtung

Beginnen wir mit der abschliessenden Betrachtung da, wo Euler im wesentlichen seinen Schlusspunkt gesetzt hat: mit der *Dioptrica*[47]. Sie war für die damalige Zeit *das* Lehrbuch der geometrischen Optik und ist als Eulers eigene Synopsis zu betrachten. Im Gegensatz zu seinen Vorgängern, die sämtlich *synthetisch* verfuhren, behandelte Euler die Optik *analytisch*. Freilich beschränkte er sich stets auf Achsenpunkte, doch für diese behandelte er die Öffnungs- und Farbvergrösserungsfehler so gründlich und vollständig wie kein anderer. Vom Farbvergrösserungsfehler weist Euler nach, dass er bei gegebener Farbenlängsabweichung durch geeignete Lage des Auges eliminiert werden kann. Beachtliche Teile des Werkes widmete er der *Strahlenbegrenzung*, die Euler – im Gegensatz zu Smith – ohne künstliche Blenden realisiert haben will. Er fordert die Linsenmasse derart, dass stets die erste Linse als Eintrittspupille wirkt und die andern Linsen – einschliesslich des Auges (!) – das Gesichtsfeld begrenzen.

Im Anhang des ersten Buches behandelte Euler die sogenannten «vollkommenen Linsen» *(lentes perfectae)*, die freilich infolge der besagten Beschränkung im besten Fall als «quasiperfekt» anzusprechen sind. Noch während der Abfassung der Dioptrik scheint Euler geglaubt zu haben, die quasiperfekten Linsen benötige man bloss in Ausnahmefällen, und wohl aus diesem Grunde empfahl er stets zuerst die zusammengesetzten. Wie dem auch sei, mit der *Dioptrica* wurde die Theorie wenigstens des astronomischen Fernrohrs zu einem gewissen Abschluss gebracht.

Dass die *Dioptrica* nicht ganz das gleiche Schicksal erlitten hat wie der *Traité* von Huygens, der (nach Rosenberger) «für die folgenden hundert Jahre gar nicht hätte geschrieben werden müssen», ist wahrscheinlich nur dem Auszug von Klügel [A 50] zu verdanken, der viel billiger zu haben war als das kostspielige Opus Eulers[48]. Allerdings wurde in der Klügelschen Dioptrik fast alles weggelassen, was in der Praxis nicht anwendbar schien. Beispielsweise zeigte Euler im 4. Korollar zum Problem 8 des ersten Buches [B 60, p. 103 ff.], dass der Öffnungsfehler bei Anwendung von vier Linsen mit $n = 1,55$ vollständig gehoben werden kann. Diese Entdeckung wurde nie angewendet, bis sie etwa 150 Jahre später von Koenig und von Rohr nachvollzogen wurde. Diese beiden Forscher operierten auf der gleichen mathematischen Basis wie Euler und fanden, dass für $n = 1,75$ derselbe Effekt schon durch drei und für $n = 2,5$ sogar durch nur zwei Linsen erzielt werden kann [A 69, p. 233]. Dieses Verfahren gewann insofern an Bedeutung, als Mikroskopobjektive ohne Hebung des Farbfehlers wieder zur Anwendung gelangten, seit man monochromatisches Licht herstellen konnte.

Mit der Feststellung, dass Eulers dioptrische Bemühungen in gewissem Sinne von Herschel [A 37] durch seine Berechnung von Dupletten und Teleskopokularen fortgesetzt wurden, verlassen wir Eulers geometrische Optik, deren mathematische Substanz Walter Habicht in der Einleitung zum Band

O.III, 9, sowie in seinem Beitrag zur geometrischen Optik Eulers im vorliegenden Band, so schön gestrafft und schöpferisch umgesetzt hat.

Es sollen nun noch ein paar allgemeine Gesichtspunkte unterstrichen und einige Einzelleistungen Eulers hervorgehoben werden.

In seiner Opposition zur Newtonschen Emissionstheorie, deren Hauptvertreter in Paris in der ersten nacheulerschen Generation Laplace und Biot werden sollten, stand der Huygensianer Euler – wenigstens historisch gesehen – nicht ganz allein. Die Einwände eines Linus und Lucas waren schwach genug und schlecht vertreten, und mit dem Jesuiten Pardies wurden Newton und die Royal Society leicht fertig. Mit der Ausnahme von Hooke trat als erster englischer Physiker von Grossformat jedoch erst Thomas Young in seiner *Bakerian Lecture* [A83, p.140] offen gegen die Emissionstheorie auf – allerdings mit dem gewichtigsten Argument, das Euler noch nicht zur Verfügung stand: der Interferenz. In der Tat lassen sich die Interferenz- und Beugungserscheinungen mit einer bloss longitudinal orientierten Undulationstheorie Huygenscher Prägung nicht befriedigend (und Polarisationsphänomene überhaupt nicht) erklären, und – merkwürdigerweise – kam Euler trotz seiner intensiven Beschäftigung mit der schwingenden Saite nicht auf die Idee der Transversalschwingungen.

In diesem Zusammenhang ist vielleicht eine Erwähnung des originellen Jesuitenpaters Louis-Bertrand Castel gerechtfertigt, der 1754 mit seiner «Farbenorgel» in aller Welt grosses Aufsehen erregte. Es wäre interessant festzustellen, ob und inwiefern Eulers frühe Anschauungen, die uns in seiner *Nova theoria* [B2] entgegentreten («Oktave der Farben», «optische Resonanz» und die daraus resultierende falsche Erklärung der Farben dünner Schichten[49]), von Castel abhängen, der seine ersten Ergebnisse 1731 bekanntgemacht hat[50].

In den Arbeiten Eulers finden sich gelegentlich abseits des eigentlichen Themas liegende Bemerkungen, die nicht selten spätere Arbeiten anderer Forscher befruchtet oder gar antizipiert haben. Als Beispiel diene die Unterscheidung von *Lichtstärke* und *Beleuchtungsstärke* unter Berücksichtigung der Flächenneigung, wie wir sie später in Lamberts *Photometria* [A51] sehen können. Dort finden sich auch bemerkenswerte Äusserungen, die Lamberts Stellung zu Newton und Euler kennzeichnen[51]. Als Ergänzung verweise ich auf den (noch unveröffentlichten) Brief von Lambert an Euler vom 6.Februar 1761, in dem der Autor der Eulerschen Theorie im allgemeinen den Vorzug gibt (cf. O.IVA, 1, R1409, p.243f.).

Euler richtet [B7] das – gemäss Harting [A36] von Fahrenheit erfundene – Sonnenmikroskop auch für undurchsichtige Objekte her. Ferner postuliert er [B3] den *Lichtdruck*, den Kepler aus der Lage der Kometenschweife bereits angedeutet hat, und versucht eine (zwangsläufig unzureichende) Erklärung[52].

Als letztes, weil typisches Beispiel für Eulers Methode, sei das Problem der atmosphärischen Strahlenbrechung berührt [B11], das erstmals von Euler ernstlich aufgegriffen wurde. Er versucht eine Differentialgleichung allgemeinster Form aufzustellen, die natürlich – es wäre ein Wunder – nicht quadrierbar ist. Dann sucht er nach solchen Bedingungen, die eine Lösung gestatten, um schliesslich die Aufgabe für einige Fälle unter plausiblen praktischen Annahmen exakt zu lösen.

Euler hat vielfach der Meinung Ausdruck gegeben, die Erscheinungen im Bereich der Optik, der Elektrizität und des Magnetismus seien eng miteinander verbunden (Ätherzustände!) und sollten deshalb eine gleichwertige und simultane Behandlung erfahren. Dieser prophetische Traum Eulers von der Einheit der Physik konnte aber erst verwirklicht werden nach dem Bau einer damals noch fehlenden Brücke sowohl experimenteller als auch theoretischer Art, nämlich durch Faraday, W. Weber und Maxwell.

Anmerkungen

1   Cf. den Anhang des vorliegenden Bandes: Leonhard Euler, *Opera omnia.*
2   So wurde beispielsweise der bereits gedruckte Briefwechsel Eulers mit Lomonosov (Moskau, Leningrad 1948/1957) mitverwendet. An dieser Stelle sei der Akademia Nauk SSSR und speziell den Herren A.T. Grigorijan und A.P. Juškevič für die Übermittlung des Materials unser Dank ausgesprochen (cf. O.III, 7, p.IX, F.1).
3   Allfällige neue sowjetische Beiträge sind uns nicht bekannt. Menšutkin [A 54] geht in seiner Lomonosov-Biographie kaum auf die Optik ein. Hingegen findet sich eine Würdigung Eulers als Optiker in [A 42, p.10ff.] sowie in [64a].
4   Es handelt sich um Abraham Gotthelf Kästner, dem wir die erste deutsche Geschichte der Mathematik verdanken (Göttingen 1796–1800, 4 Bände, Neudruck Hildesheim, New York 1970, mit Vorwort und Register von J.E. Hofmann). – Euler hat übrigens von Kästner nicht sehr viel gehalten, wovon sein Brief an Lomonosov vom 11.Januar 1755 n.St. zeugt.
5   Die Fussnote von David Speiser in O.III, 5, p.LIV, ist dazu angetan, dieses vielleicht etwas simplifizierende Urteil zu mildern. Priestley war ein verdienstvoller, hochgradig fähiger Mann und hat sich dem *Mathematiker* Euler sicher nicht verschliessen können.
6   Das Brechungsgesetz erschien erstmals 1636 in Mersennes *Harmonie universelle* im Druck. Wahrscheinlich bezweckte Mersenne, seinen Freund Descartes endlich zur Veröffentlichung der *Dioptrique* zu bewegen und ihm die Priorität zu sichern.
7   Cf. J.A. Lohne, *Zur Geschichte des Brechungsgesetzes*, Sudhoffs Archiv, Bd.47/2, Juni 1963.
8   *Vitellionis* περὶ ὀπτικῆς, Nürnberg [1]1535, [2]1551 sowie Basel 1572, zusammen mit Al Hazens Optik ediert von Risner.
9   Cf. die hervorragende und ungewöhnlich gründliche Dissertation von Karl Meyer, *Optische Lehre und Forschung im frühen 17.Jahrhundert, dargestellt vornehmlich an den Arbeiten des Joachim Jungius*, Hamburg 1974, X + 686 p.
10   Cf. E.A. Fellmann, *Über asphärische Linsen*, Physis, Bd.V/2, 1963.
11   Cf. Huygens, *Œuvres complètes*, tome 13, p.88f.
12   *Opuscula postuma*, Leiden 1703 (nicht 1700, wie Lommel in seiner deutschen Ausgabe des *Traité*, Ostwald-Klassiker, Bd.20, p.113, schreibt).
13   Cf. Cotta 1810, XXVIII, p.758.
14   Man vergleiche die numerischen Durchrechnungen Boegeholds von drei Prismenversuchen Newtons in [A 10] und [A 13].
15   Cf. P. Dollond [A 31].

16 Boegehold bemerkt [A 13], dass die Anführung der *Opticks* in [A 28] irrtümlicherweise erfolgt zu sein scheint.

17 Die erste Ausgabe datiert von 1715 und wurde von W. Browne besorgt. Geschrieben hat Gregory sein Buch 1695.

18 An dieser Stelle sei ein Passus (O. III, 6, p. XI) korrigiert, in welchem A. Speiser vom «gefälschten Leibnizbrief» in Sachen J. S. Koenig schrieb. Seit dem Fund von Kabitz (1912) wissen wir, dass es sich bei dem erwähnten Brief *nicht* um eine Fälschung handelt. Cf. O. II, 5, p. XXXIII.

19 Cf. J. H. Graf, *Geschichte der Mathematik und der Naturwissenschaften in Bernischen Landen*, 3. Heft, 1. Abt., insbes. p. 35ff., Bern, Basel 1889; J. O. Fleckenstein, Einleitung zu O. II, 5, p. VII–XLVI; I. Szabó, *Prioritätsstreit um das Prinzip der kleinsten Aktion an der Berliner Akademie im XVIII. Jahrhundert*, in: *Humanismus und Technik*, Vol. 12, Nr. 3 (Oktober 1968), p. 115–134; I. Szabó, *Geschichte der mechanischen Prinzipien und ihrer wichtigsten Anwendungen*, 2. Aufl., Birkhäuser, Basel, Boston, Stuttgart 1979, p. 86–100; *Dictionary of Scientific Biography*, Vol. VII, Artikel «J. S. Koenig» (von E. A. Fellmann).

20 Hervorhebung von E. A. F.

21 Das wenige, was man über Hall und von der Geschichte seiner Erfindung weiss, findet der Leser etwa in [A 44] und [A 67]. Dort wird auch die spannende Geschichte der Patentstreitigkeiten zwischen John Dollond bzw. Sohn Peter und den Londoner Optikern, an denen Hall selbst unbeteiligt blieb, eindrücklich geschildert. Cf. auch den gründlichen Aufsatz von Court und von Rohr [A 27].

22 Cf. O. III, 5, p. XL–XLVII, und III, 6, p. IX–X, wo der Ansatz Eulers dargestellt ist.

23 Dieser Brief samt der Antwort Eulers findet sich in O. III, 6, p. 38ff. Beide Briefe wurden in den *Philosophical Transactions* (1753) 1754, 48 I, veröffentlicht. – An dieser Stelle seien einige Korrekturen angebracht: 1. Der richtige Titel, unter dem die zwei Briefe in den *Phil. Trans.* gedruckt wurden, findet sich in unserem Literaturverzeichnis unter [A 29]. Dort ist auch die Seitenzahl richtig angegeben. 2. In O. III, 6, p. XI, 6. Zeile von unten, muss es statt «Rotationsparaboloid» *Rotationshyperboloid* heissen.

24 So A. Speiser in O. III, 6, p. XI.

25 Die etwas abschätzige Äusserung Eulers über Dollond in seinem Brief an Müller vom 19./30. Mai 1761 [A 42, p. 174] steht nur bei flüchtiger Betrachtung in scheinbarem Widerspruch zu dieser unserer Auffassung.

26 Cf. O. III, 5, p. XLI.

27 Cf. O. III, 6, p. 38ff.

28 Dies geschah allerdings nicht nach den theoretischen Vorschriften Eulers, sondern durch «Pröbeln». Kiltz [A 43] hat an einzelnen Linsen Dollonds eine leichte asphärische Durchbiegung festgestellt!

29 Cf. Rochon [A 68], der zwar nach dem Urteil von Boegehold nicht in allen Einzelheiten richtig reportiert.

30 Klingenstjerna kannte wahrscheinlich die Ableitungen von Smith und Kästner nicht.

31 Unmittelbar nach Friedensschluss zwischen Russland und Preussen am 5. Mai 1762.

32 Boegehold [A 12, p. 238] hat im Zonenglied Klingenstjernas einen Vorzeichenfehler berichtigt. In diesem Zusammenhang sei eine Korrektur zur *Dioptrica*, O. III, 3, p. 16 unten, angebracht: Boegehold [A 12, p. 201] berechnet das Zonenglied in der Eulerschen Form als

$$\frac{(n-1)\,c\,(c-f)\,[3\,(n^2+n+1)\,c^3 + 3\,n^2\,(n+2)\,c^2 f + n^2\,(3\,n-4)\,c f^2 - n^3 f^3]}{24\,n^3 f^4}\,\Phi^4.$$

Ferner sei auf den Fehler in O. III, 9, p. 8 Mitte, hingewiesen, der bereits Boegehold [A 12, p. 238] aufgefallen ist, jedoch erst von W. Habicht korrigiert wurde.

33 Cf. den Kommentar von W. Habicht zu E. 359 in O. III, 7, p. XXIII.
34 Ich muss mich hier auf eine summarische, rein qualitative Darstellung beschränken. Eine kritische Analyse der uns hier interessierenden Originalabhandlungen ist mir nicht bekannt. In diesem Zusammenhang sei auf den 1980 erschienenen Briefwechselband O. IV A, 5, verwiesen, der die Korrespondenz Eulers mit Clairaut und d'Alembert enthält.
35 Clairaut lernte Klingenstjerna anlässlich der berühmten Lapplandexpedition unter Maupertuis persönlich kennen und war der schwedischen Sprache durch den Umgang mit Celsius, der ebenfalls an der Gradmessung teilgenommen hatte, mächtig.
36 Was die Mathematisierung der exakten Naturwissenschaften anbelangt, ist zu bemerken, dass die Engländer sich spürbar im Rückstand befanden, weil sie sich zulange geweigert hatten, die Leibnizsche Notation der Infinitesimalmathematik anzunehmen.
37 Nach der Quellenangabe Boegeholds soll es sich nur um Dollonds ersten Brief an Short und Eulers Antwort gehandelt haben. Es erscheint mir aber fast sicher, dass der Dollondsche Aufsatz von 1758 gemeint ist.
38 Auch De l'Isle.
39 Auf die interessante Geschichte der Achromaten und die vielen Versuche auf dem Kontinent, solche nachzubauen, kann ich hier nicht eingehen. Es sei auf die Darstellungen von King [A 44] und Riekher [A 67] verwiesen.
40 O. III, 3, p. 10. Wir folgen der Übersetzung Boegeholds in [A 12, p. 200].
41 Ich verweise auf das Literaturverzeichnis im Anhang. Die grossen Verzögerungen im Druck der *Mémoires*, sowohl der Berliner als auch der Pariser, finden ihre Erklärung im Siebenjährigen Krieg. Zur Illustration dieser «Phasenverschiebung» diene eine Tabelle bezüglich der Berliner Memoiren. Die zweistelligen Zahlen kennzeichnen die Nummern der Bände und die zugehörigen Jahreszahlen das Bezeichnungs- bzw. das Druckjahr:

11	1755/1757	16	1760/1767	21	1765/1767
12	1756/1758	17	1761/1768	22	1766/1768
13	1757/1759	18	1762/1769	23	1767/1769
14	1758/1765	19	1763/1770	24	1768/1770
15	1759/1766	20	1764/1766	25	1769/1771

42 Cf. O. III, 9, p. XXXIX, Fussnote 4.
43 Cf. Bernoulli Joh. (III), *Lettres astronomiques*, 1781, p. 172f.
44 Cf. Boegehold in [A 11, p. 99–106].
45 Cf. die illustrative Einleitung zu O. III, 8, von M. Herzberger, p. VIII–XIII.
46 In diesem Zusammenhang sei R. J. Boscovič erwähnt, der sich eingehend mit den Restfarben befasst hat [A 16; A 17]. Er verwendete nach dem Vorbild des Franziskanerpaters Abas (auch Abat) eine plankonvexe und eine plankonkave Zylinderlinse gleicher Krümmung, die zusammengesetzt ein ebenes Prisma mit variablen Winkeln ergab. Auf dieser Grundlage baute er sein *Vitrometrum*. Cf. Boegehold [A 10] sowie den Artikel «Boscovich» im *Dictionary of Scientific Biography*, Vol. II (von Markovič).
47 Boegehold hat in [A 12] die drei ersten Kapitel der *Dioptrica* übersetzt und kommentiert. – An dieser Stelle möge ein Druckfehler korrigiert werden: In der Reihenentwicklung für die Gesamtabweichung [A 12], Formel 11, p. 203, müssen im zweiten Glied die Faktoren s_2^2 und $s_1'^2$ vertauscht werden.
48 Cf. Boegehold [A 12, p. 234].
49 Cf. [B 8, p. 156ff.].
50 Castels Buch [A 21] wurde verschiedentlich als Plagiat an Le Blond, den man als Erfinder des Dreifarbendrucks kennt, angesehen.

51 Cf. die Einleitung von David Speiser zu O.III, 5, p.LVf.
52 Die einwandfreie Messung des Lichtdrucks gelang erst Lebedev um die letzte Jahrhundertwende.
53 Man beachte in diesem Zusammenhang die Tabelle in der Anmerkung 41.
54 Die Einordnung dieser Arbeit bereitet besondere Schwierigkeiten. Sie hat auch Boegehold Kopfzerbrechen verursacht [10, p.35].

Literatur A

[1]   Alembert, J.d', *Nouvelles recherches sur les verres optiques ...*, Mém. Paris 1764, p.75–145, lû janvier 1766.
[2]   Alembert, J.d', idem, Mém. Paris 1765, p.53–105, lû mai/juin 1766.
[3]   Alembert, J.d', idem, Mém. Paris 1766, p.43–108, lû mai/juin 1767.
[4]   Alembert, J.d', *Opuscules mathématiques,* tome III, Paris 1764.
[5]   Alembert, J.d', idem, tome IV, Paris 1768.
[6]   Barrow, I., *Lectiones opticae,* London 1669 und 1674.
[7]   Berek, M., *Grundlagen der praktischen Optik,* Berlin 1930/1970.
[8]   Bernoulli, Joh. (III), *Lettres astronomiques,* Berlin 1781.
[9]   Blair, R., *Experiments and observations on the unequal refrangibility of light,* Edinb. Trans. 1791, p.3–76 (übersetzt von M. von Rohr in: Zeitschrift für ophthalmologische Optik 16, 1928, und 17, 1929).
[10] Boegehold, H., *Der Glas-Wasser-Versuch von Newton und Dollond,* Forschungen zur Geschichte der Optik (= FGO) 1, 1928, p.7–40.
[11] Boegehold, H., *Die Leistungen von Clairaut und d'Alembert für die Theorie des Fernrohrobjektivs und die französischen Wettbewerbsversuche gegen England in den letzten Jahrzehnten des 18.Jahrhunderts,* Zeitschrift für Instrumentenkunde (= ZIK) 53/3, 1935, p.97–111.
[12] Boegehold, H., *Zur Vorgeschichte der Monochromate,* ZIK 59, 1939, p.200–207, 221–241.
[13] Boegehold, H., *Zur Vor- und Frühgeschichte der achromatischen Fernrohrobjektive,* FGO 3, 1943, p.81–114.
[14] Boegehold, H., *Zur Behandlung der Strahlenbegrenzung im 17. und 18.Jahrhundert,* Zentralzeitung für Optik und Mechanik 49, 1928, p.94–95, 105–106, 108–109.
[15] Boegehold, H., *Some remarks on old English Objectives,* Trans. Opt. Soc. 30, 1928/29.
[16] Boscovič, R., *Dissertationes quinque ...,* Wien 1766.
[17] Boscovič, R., *Abhandlung von den verbesserten dioptrischen Fernröhren,* Wien 1765 [Übersetzung von (A 16) durch C. Scherffer].
[18] Brewster, D., *A treatise on new philosophical instruments ...,* London, Edinburg 1813.
[19] Caille, N.-L. de la, *Leçons élémentaires d'optique,* 3e éd., Paris 1764.
[20] Castel, L.-B., *Nouvelles expériences d'optique et d'acoustique,* Journal de Trévoux 1735.
[21] Castel, L.-B., *L'optique des couleurs fondées sur les simples observations,* Journal de Trévoux 1740.
[22] Cauchy, A.-L., Comptes rendus 2, 1836.
[23] Cavalieri, B., *Exercitationes geometricae VI,* Bologna 1647.
[24] Clairaut, A.C., *Mémoire sur les moyens de perfectionner les lunettes ...,* Mém. Paris 1756, p.380–437, lû avril 1761.
[25] Clairaut, A.C., idem, Mém. Paris 1757, p.524–550, lû juin 1762.
[26] Clairaut, A.C., idem, Mém. Paris 1762, p.578–631, lû mars/avril 1764.
[27] Court, T.H., von Rohr, M., *A History of the Development of the Telescope ...,* Trans. Opt. Soc. 30, 1928/29, p.207–260.

[28] Czapski, S., Eppenstein, O., *Grundzüge der Theorie der optischen Instrumente nach Abbe*, 3. Aufl., Leipzig 1924.

[29] Dollond, J., *Letters, relating to a theorem of Mr. Euler ...*, Phil. Trans. 1753, 48 I, p. 287 ff.

[30] Dollond, J., *An account of some experiments ...*, Phil. Trans. 1758, 50 II, p. 733–743.

[31] Dollond, P., *Some account of the discovery made by the late John Dollond ...*, London 1789/IV.

[32] *Dictionary of Scientific Biography*, ed. Gillespie, New York 1970 ff.

[33] Fraunhofer, J., *Gesammelte Schriften*, ed. E. Lommel, Bayr. Akad. Wiss. 1888.

[34] Goethe, J. W., *Zur Farbenlehre*, Cotta-Ausgabe, Tübingen 1810.

[35] Gregory, D., *Elements of Catoptricks and Dioptricks*, London 1715/1735.

[36] Harting, P., *Das Mikroskop*, 3 Bände, Braunschweig 1859 (Übersetzung aus dem Holländischen von W. Theile).

[37] Herschel, W., *Vom Licht*, Tübingen, Stuttgart 1831 (Übersetzung von Schmidt).

[38] Herzberger, M., *Geschichtlicher Abriss der Strahlenoptik*, ZIK 52, 1932, p. 429–435, 485–493, 534–542.

[39] Hoppe, E., *Geschichte der Optik*, Leipzig 1926.

[40] Huygens, Ch., *Opuscula postuma*, ed. De Volder/Fullenius, Leiden 1703.

[41] Huygens, Ch., *Traité de la lumière*, Leiden 1690.

[42] Juškevič, A. P., Winter, E., *Die Berliner und die Petersburger Akademie der Wissenschaften im Briefwechsel Leonhard Eulers*, Teil I, Berlin 1959.

[43] Kiltz, G., *Untersuchungen zweier von Dollond und Ramsden hergestellter Fernrohrobjektive*, ZIK 62, 1942, p. 41–46.

[44] King, H. C., *The History of the Telescope*, London 1955.

[45] Klemm, F., *Die Geschichte der Emissionstheorie des Lichtes*, Weimar 1932.

[46] Klingenstjerna, S., *Anmärkning ...*, Svenska Vetensk. Handl. 1754, 15, p. 297–306 (Übersetzung von A. G. Kästner, *Anmerkungen über das Gesetz der Brechung bey Lichtstrahlen von verschiedener Art ...*, Abh. Kgl. Schwed. Ak. 1754, 16, p. 300–309).

[47] Klingenstjerna, S., *Von der Abweichung der Lichtstrahlen, die in Kugelflächen oder Gläsern, die von Kugelflächen begrenzt sind, gebrochen werden*, idem 1760, 22, p. 79–123 (Übersetzung von Kästner).

[48] Klingenstjerna, S., *De aberratione luminis, in superficiebus et lentibus sphaericis refractorum*, Phil. Trans. 1760, 51, p. 944–977.

[49] Klingenstjerna, S., *Tentamen de definiendis et corrigendis aberrationibus radiorum luminis in lentibus sphaericis et de perficiendo telescopio dioptrico*, Petersburg 1762 (Preisschrift).

[50] Klügel, G. S., *Analytische Dioptrik in zwei Teilen*, Leipzig 1778.

[51] Lambert, J. H., *Photometria, sive de mensura et gradibus luminis, colorum et umbrae*, 1760 (deutsche Übersetzung [mit Auslassungen] von E. Anding, Ostwald-Klassiker, Bände 31–33, Leipzig 1892).

[52] Lebedev, *Archives des Sciences*, 8, 1899, p. 784.

[53] Lohne, J., *Geschichte des Brechungsgesetzes*, Sudhoffs Archiv, 47/2, Juni 1963.

[54] Maskelyne, N., *An attempt to explain a difficulty in the theory of vision, depending on the different refrangibility of light*, Phil. Trans. 79 I, 1789, p. 256–264.

[55] Menshutkin, B. N., *Russia's Lomonossov*, Princeton 1952 (Übersetzung aus dem Russischen durch ein Kollektiv).

[56] Mersenne, M., *Harmonie universelle*, Paris, 1636/37.

[57] Montucla, J. E., *Histoire des mathématiques*, tome III, ed. Lalande/Agasse, Paris 1802.

[58] Moser, C., *Über Fernrohrobjektive*, ZIK 7, 1887, p. 225–238, 308–323.

[59] Newton, I., *A new theory about light and colours*, Phil. Trans. 6, 1672.

[60] Newton, I., *Opticks*, London 1704 (deutsche Übersetzung von Abendroth, Ostwald-Klassiker, Bände 96, 97, Leipzig 1898).

[61]   Newton, I., *Lectiones opticae*, London 1729 (Englisch 1728).

[62]   Nordenmark, N. V. E., Nordstroem, S., *Om uppfinningen av den akromatiska och aplanatiska linsen. Med. särskild hansyn till Samuel Klingenstiernas insats*, Lychnos 1938.

[63]   Pezenas, L. (französische Ausgabe der Optik von Smith), Avignon 1767.

[64]   Poggendorff, J. C., *Geschichte der Physik*, Leipzig 1879.

[64a] Погребысская, Е. И., *Дисперсия света, Исторический очерк*, Москва 1980.

[65]   Priestley, J., *History and present state of discoveries relating to vision, light and colours*, 2 Bände, London 1772 (deutsche Ausgabe von Klügel, Leipzig 1776).

[66]   Prosser, *The invention of the achromatic lens*, Notes and Queries 12/3, 1917, p. 334–336.

[67]   Riekher, R., *Fernrohre und ihre Meister*, Berlin 1957.

[68]   Rochon, M. de, *Bemerkungen über die Erfindung der astronomischen Fernröhre und die Vervollkommnung des Flintglases*, Gilb. Ann. IV, 1800, p. 300–307 (Übersetzung von Gilbert).

[69]   Rohr, M. von, *Die Theorie der optischen Instrumente*, Berlin 1904.

[70]   Rohr, M. von, *Der wahre Erfinder der achromatischen Fernrohre*, ZIK 51, 1931, p. 85–91.

[71]   Ronchi, V., *Storia della luce*, Bologna 1952 (2. Ausg.).

[72]   Rosenberger, F., *Geschichte der Physik I–III*, Braunschweig 1882–1890, Nachdruck Hildesheim 1965.

[73]   Rudolph, P., *Sphärisch und chromatisch korrigiertes Objektiv*, D.R.P. 88889 vom 17.3.1896 (Carl Zeiss).

[74]   Sabra, A. I., *Theories of light from Descartes to Newton*, London 1967.

[75]   Sarton, G., *Discovery of the dispersion of light and of the nature of color (1672)*, Isis 14, 1930, p. 326–341.

[76]   Seidel, L., *Zur Dioptrik. Über die Entwicklung der Glieder 3. Ordnung*, Astr. Nachr. 43, 1856.

[77]   Smith, R., Kästner, A. G., *Vollständiger Lehrbegriff der Optik …*, Altenburg 1755.

[78]   Smith, R., *A compleat system of opticks in four books …*, Cambridge 1738.

[79]   Turner, G. E'L., *The History of optical instruments*, History of Science 8, 1969, p. 53–93.

[80]   Verdet, E., *Œuvres*, tomes 5 et 6, Optique, Paris 1869.

[81]   Vitello, *Vitellionis περὶ ὀπτικῆς*, Nürnberg 1535/1551; Basel 1572 (ed. Risner, enthaltend Al Hazens Optik).

[82]   Wilde, E., *Geschichte der Optik*, 2 Bände, Berlin 1838/1843; Wiesbaden 1968.

[83]   Young, T., *Misc. Works I*, London 1855.

Literatur B

Chronologisches Verzeichnis von Leonhard Eulers Schriften optischen Inhalts in den Bänden O. III, 3–9.

Die Wahl der Reihenfolge der optischen Arbeiten Eulers in den Bänden O. III, 3–9 wurde leider oft durch Zufallsmomente bestimmt und ist daher manchmal nicht gerade glücklich getroffen worden. Dieser Mangel soll einigermassen ausgeglichen werden durch eine *chronologische* Darstellung von Eulers *Optica*. Als Kriterium diente der mutmassliche Zeitpunkt der Entstehung eines Werkes, nicht der der Publikation oder Einreichung. Was in der Vorbemerkung zur historischen Einleitung von der Bedeutung der *Series quarta* gesagt wurde, gilt natürlich erst recht für diesen Versuch einer Chronologie – die Geschichte hat nie ihr letztes Wort gesprochen.

Jedes *Opus* erscheint unter der Nummer des Eneström-Verzeichnisses nach dem Buchstaben E., dann mit der Bandbezeichnung der *Opera omnia* nach dem Buchstaben O. und schliesslich unter Angabe des Bezeichnungsjahres (erste Jahreszahl, je nachdem aus zwei Angaben bestehend) und des Druckjahres (zweite Jahreszahl bzw. dritte hinter dem Komma)[53].

[1]	E.127	O.III, 5	1739, 1750		[34]	A.28*	O.III, 5	1762, 1769
[2]	E.88	O.III, 5	1746		[35]	A.28**	O.III, 5	1762, 1769
[3]	E.104	O.III, 5	1746		[37]	A.28***	O.III, 5	1762, 1769
[4]	E.118	O.III, 6	1747, 1749		[38]	A.28****	O.III, 5	1762, 1769
[5]	E.151	O.III, 5	1750		[39]	A.28*****	O.III, 5	1762, 1769
[6]	E.178	O.III, 5	1750, 1752		[40]	E.320	O.III, 6	1762/65, 1766
[7]	E.196	O.III, 6	1750/51, 1753		[41]	E.311	O.III, 6	1764, 1766
[8]	E.209	O.III, 5	1752, 1754		[42]	E.312	O.III, 6	1764, 1766
[9]	E.210	O.III, 6	1753, 1754		[43]	E.316	O.III, 6	1764, 1766
[10]	E.216	O.III, 5	1753, 1755		[44]	E.294	O.III, 6	1765
[11]	E.219	O.III, 5	1754, 1756		[45]	E.359	O.III, 7	1766, 1768
[12]	E.221	O.III, 5	1754, 1756		[46]	E.360	O.III, 7	1766, 1768
[13]	E.846	O.III, 9	1755		[47]	E.361	O.III, 7	1766, 1768
[14]	E.234	O.III, 5	1756, 1758		[48]	E.329	O.III, 5	1765, 1767
[15]	E.267	O.III, 6	1756, 1762		[49]	E.845	O.III, 9	1764/65?, 1862
[16]	E.848	O.III, 9	1756/57?, 1862		[50]	E.844	O.III, 9	1765?, 1862
[17]	E.239	O.III, 6	1757, 1759		[51]	E.363	O.III, 7	1765, 1768
[18]	E.240	O.III, 6	1757/59		[52]	E.844a	O.III, 9	1766, 1766
[19]	E.847	O.III, 9	1760?, 1862		[53]	A.13	O.III, 5	1766
[20]	E.353	O.III, 7	1761, 1768		[54]	E.493	O.III, 5	1777, 1778[54]
[21]	E.354	O.III, 7	1761, 1768		[55]	E.349	O.III, 5	1766/67, 1768
[22]	E.355	O.III, 7	1761, 1768		[56]	E.350	O.III, 6	1766/67, 1768
[23]	E.356	O.III, 7	1761, 1768		[57]	E.351	O.III, 6	1766/67, 1768
[24]	E.357	O.III, 7	1761, 1768		[58]	E.383	O.III.8	1767, 1769
[25]	E.358	O.III, 7	1761, 1768		[59]	E.364	O.III, 7	1768
[26]	A.20	O.III, 6	1761, 1768		[60]	E.367	O.III, 3	1769
[27]	E.376	O.III, 8	1762, 1769		[61]	E.386	O.III, 3/4	1770
[28]	E.377	O.III, 8	1762, 1769		[62]	E.404	O.III, 4	1771
[29]	E.266	O.III, 6	1762		[63]	E.459	O.III, 8	1773, 1774
[30]	E.378	O.III, 8	1762, 1769		[64]	E.460	O.III, 8	1773, 1774
[31]	E.379	O.III, 8	1762, 1769		[65]	E.446	O.III, 7	1774
[32]	E.380	O.III, 8	1762, 1769		[66]	E.487	O.III, 5	1777, 1778
[33]	E.381	O.III, 8	1762, 1769		[67]	E.502	O.III, 5	1777, 1778

Abb. 44
Alexis-Claude Clairaut
(1713–1765).

Abb. 45
Jean Le Rond d'Alembert (1717–1783).

Jim Cross

Euler's Contributions to Potential Theory 1730–1755

Prologue

There is as yet no complete history of potential theory covering the 18th century in detail. There are two major works which deal with it – Bacharach and Sologub – and three minor ones – Cohen Paraira, Becker and Brenneke[1]. Each of these fails: Bacharach is the best but neglects Euler and much pre-1770; Sologub mentions Euler but not anyone else pre-1770; Cohen-Paraira copied too much and analyzed too little besides being incomplete; Becker was a Gaussophile and pedantic but did recognize Euler and Bernoulli; and Brenneke was an Eulerian, with no mention of anyone else. The three minor papers are priority battles, with disastrous consequences for history; the two major sources concentrate on events post-1820 and the 18th century is put to one side.

This description of Euler's contributions to and his place in potential theory attempts to give two views: a review of potential theory ideas up to 1730, and three aspects of the work of Euler and others 1730–1755. Needless to say it is incomplete; it forms part of my history of Green's theorem and associated ideas, 1731–1931, which is in progress. But this paper tries to show that Euler formed a natural part of the development of the calculus of several variables, of the energy equation as integral of the linear momentum equation, and of the foundations of fluid mechanics. However what it will not show, because it cannot, is that Euler did everything before everyone else, either in detail or in principle. Euler is magnificent, he is lucid, he is creative; but so too were the Bernoullis, Clairaut, Maupertuis, d'Alembert, Lagrange and Laplace.

I would like to take this opportunity to acknowledge the great debts of gratitude I owe certain friends: to my original mentors the late Sir Thomas Cherry and Clifford Truesdell, to René Taton for the pleasant visit to the Centre in 1979/80, to Ivor Grattan-Guinness and John Greenberg for the many discussions before this paper was written, and to the many librarians in Göttingen and Paris who were able to deal with my queries despite my poor command of their languages. The virtues of this paper are mainly theirs, the vices and errors solely my own.

1   Potential Theory before Euler

The roots of potential theory lie in the work of Leibniz and the Bernoullis[2] on mechanics and extremization. Euler himself acknowledges the influence that the work of these men and of Jacob Hermann had on him, and we note this in its proper place. Their work passed on directly to Euler in his childhood and student days in Basel to 1727.

The beginning of potential theory, if one must ascribe a date to it, lies in Leibniz's paper of 1686[3]. This paper determined the "moving force" or *vis motrix* of a body to be proportional to the square of its velocity. Further, since he adopted Huygens' pendulum theory in this paper and elsewhere, it is clear that this *vis motrix* is conserved and he said so explicitly. This idea passed into common usage after some controversy[4] and led to the terminology of elementary potential theory in Daniel Bernoulli and Euler. The basic Galilean idea that velocities are proportional to the square root of the distance fallen, and its Leibnizian form in the work of the Bernoullis and Hermann on mechanics, came to Euler and Daniel Bernoulli in a developed form along with an Aristotelian terminology – *vis viva, vis mortua, gravitatis sollicitatio,* ... Here then are the origins of the conservation of energy.

The work of the Bernoullis covered the calculus, its applications to motions on curves, and mechanics. Johann I Bernoulli had been converted[5] to Leibniz's position on *vis viva* in 1695/96 and so passed it on to Euler. From the theory of maxima and minima as practised by the Bernoullis and by Leibniz the idea of a comparison with neighbouring curves was seized on by Fontaine and Euler among others and developed by them into the basis of a calculus of several variables[6].

The work of the Bernoullis was carried on by Jacob Hermann[7]. I have deliberately omitted Newton[8] from this preview and have reduced the attention paid to Leibniz[4] and the Bernoullis[8] in order to include a discussion of Hermann's *Phoronomia*. It is clear from Euler's *Mechanica*[9] (E.15, 16) and the terminology of his earlier papers that the *Phoronomia* had a lasting influence on him as well as on Daniel Bernoulli, as the latter's *Hydrodynamica*[10] shows, although the influence of Leibniz is even more marked in the terminology and concepts of Bernoulli's book.

Hermann called that which excites or stirs up a body into motion the *vis motrix*, and he divided it into the two classes *viva* and *mortua* (p.2). *Vis viva* was tied to actual motion, while *vis mortua* gave rise to no actual motion unless it was continued or repeated, e.g., in gravity of centrifugal tendencies. *Vis viva* he called simply *vis*, and *vis mortua* he called a *sollicitatio;* these were the active forces, or *vires activae*. *Vis passiva* gave rise to no motion or tendency to motion (p.3) but rather opposed it and was called *vis inertiae*.

Further meaning to *vis* was given in §21 (p.4–5). The direction of any *vis motrix* was the line along which this *vis* acted on the body, and it was that line which the *mobile* (body) put in motion by this *vis* described by its movement or at least the line which it tried to describe. Again, Hermann said *sollicitationes seu potentiae* and *sollicitationes vel potentiae* in §35 (p. 10), and there made the words *vis, sollicitatio* and *potentia* equivalent, and all with the meaning "force". Thus Hermann removed the root word *potentia* from its Leibnizian context and gave it the same meaning as Newton did[11].

We have seen that Hermann linked together the words *vis, sollicitatio* and *potentia*. In general this seems to be the Eulerian usage. *It is not that of Leibniz:* Leibniz used *potentia* to mean energy or *vis viva*, and his *vis motrix* of 1686 is clearly energy. The *Beilage*[3] is a contemporary document and in it *potentia* means energy, and by the example given of bodies moving up and down under gravity it means potential energy. *This* is the usage of Daniel Bernoulli in 1738 in his *Hydrodynamica:* he called the height which must be fallen or risen in order to produce kinetic energy of *vis viva* the *descensus vel ascensus potentialis* and he equated it to the *vis viva*. Thus via Daniel Bernoulli we have Leibniz's terminology and ideas appearing in the area of hydrodynamics and a little later in mechanics. But although these terms appeared once or twice in Euler, it was through *his* use of the Newton–Hermann terminology that it came to dominate this area, even in Lagrange and Laplace, and the Leibniz–Bernoulli term for the potential energy vanished from the literature for a century.

We summarize this brief review of potential theory before Euler as follows: the problems tackled in the calculus and mechanics together with the pervasive geometry, especially of curves, meant that when in 1730 Euler began to write on the "family" topics, he inherited (a) the Leibnizian view of mechanics, not the Cartesian, (b) the beginnings of a wider calculus, (c) a unified structure for mechanics from Hermann and Newton, and (d) the twin methods of geometry and differentials.

2   Curves and Mechanics in the Decade 1730–1740

This decade saw several careers begin: those of Euler, Clairaut and Fontaine touch on our topics. The three streams leading to potential theory are shared by this trio: the geometry of curves, the calculus of variations, and the study of mechanics. Clairaut imbibed geometry with his paternal bread, and was inveigled into mechanics during this decade by the influence of Maupertuis' personality[12]. Euler learnt both from the Bernoullis and Jacob Hermann as detailed above. And Fontaine studied the work of the Bernoullis on various motions on curves, and his work is close to that of Euler on the foundations of the calculus of several variables[13]. The third stream is the Bernoullis work on fluid mechanics[14]; we treat that work here as being introductory to Euler's potential theory in his own fluid mechanics and not of it, as there is a gap of a decade between their work and his.

The geometry of curves is most frequently bound to the motion of points in the work of Leibniz, the Bernoullis and Hermann[15]; in 1732 and 1734 Fontaine[16] seems to have followed that tradition. With Clairaut the geometry itself is the essence[17]. For Euler, despite the influence of Hermann acknowledged at the start of *De infinitis curvis* ... (E.44, 45), the reconstruction of one-parameter families of curves from the (parametrized) ordinary differential equations was done by using the commutativity of the second mixed partial derivative – a technique clearer in Euler in 1734 than that of Fontaine was at any stage. Euler's papers *De infinitis curvis* ... (E.44, 45) followed the "Eulerian" pattern: the basic idea is started clearly, with some motivation, then there follows a plethora of examples either special cases or general types. From an equation

$$dz = P(x,a)dx \quad \text{or} \quad z = \int P\,dx$$

where the parameter or modulus a is considered constant, he proceeds to the differential of z when both x and a vary,

$$dz = P\,dx + Q\,da$$

and in a style he was later[18] to turn into an algorithm, he proceeded to show how to find Q, integrate the equation, and find z. Many special cases (for P and Q) follow this idea and its "proof" and they occupy the remainder of the papers.

Fontaine in Paris was developing a similar calculus based on the same tradition but in an unsuitable notation. Clairaut and Maupertuis were proceeding to Lapland to vindicate Newton. Euler became involved with the exploration and cartography of Russia and then began to write the *Mechanica* (E.15, 16/O.II, 1, 2) starting it in 1734 and finishing it in 1736, whereupon it was printed.

In the *Mechanica* he followed the Continental differential style already established rather than the Newtonian geometric style for mechanics or fluxional style for calculus; he abandoned Hermann's geometric style of mechanics but not his terminology. In §195 of tome II, his equation for the tangential force, *vis tangentialis*, developed into the equation $dv = P\,dx$; and with $P\,dx$ vanishing for $x = 0$, where P is a central force dependent on the radius y, a is a constant, $x = a - y$, so that P is a function of x, he got

$$v = b + \int P\,dx$$

where b is the initial ($x = 0$) height and v the current height, each corresponding to the appropriate velocity; here these heights were equal to the squares of the velocities since the mass involved and the units chosen for gravity cancel.

This equation is in the Leibniz tradition and is an example of the energy equation integrated from a transformed linear momentum equation. It is not, for potential theory, as important as the previous paper on curves, but for the energy equation it is a step forward away from simple gravity into general forms of central forces, several special forms of which had been treated in tome I. Extensive use was made of this integral or its extensions to two centres in the next 150 pages, up to the end of his treatment of motion on a curve in a vacuum. While several expressions, for example in §§364 and 430, appear to be identical with those of Clairaut[19] in later work (Taton 25 and 28, 1739–1741, and T 29, 1743), the calculus used by Euler is always that of one variable since motion is on a curve. Since this energy approach of Euler pervades the next chapter (200 p.) on motion on a curve in a resisting medium, we can see how important this integral is.

The last chapter of tome II of the *Mechanica* (ed. 1736, p.457–500) deals with the motion of a point on a surface. His thinking had progressed since his first treatment of geodesics on surfaces in 1728 (E.9); the differential of a differential coefficient appears, in an elementary way rather than in the developed way of *De infinitis curvis* ... (E.44, 45): the equation of the surface is $dz = P\,dx + Q\,dy$, and the differentials "dP" and "dQ" appear in the resulting equations for geodesics (§833), where P and Q here are now functions of two variables. The energy equation is developed but only for very special or very general cases where its integration is trivial or impossible; for gravity (§864) an integral is obtained but subject to the integration of a term depending on the surface, and this case is further developed for circular cylinders, cones and spheres. Potentials similar to those mentioned above do not appear in this chapter.

The *Mechanica* was reviewed in Paris (briefly) and elsewhere in 1737 and then again in Paris in 1740[20]; it did not become well known in Paris until the time of the second review, the same time as Euler's papers E.44 and 45 of 1734 were published. In the meantime Fontaine had written and presented his work on the calculus of several variables[21] which included differentiation under the integral sign and the commutation of second order mixed partial derivatives. His thinking was based on the same Leibniz and Bernoulli ideas as was Euler's but his method, as Clairaut said and Greensberg shows[22], is quite complicated and involved. Euler's method of 1734 was unknown in Paris in 1738/39[23]. But once the result on the mixed derivative was known it was quite easy for Clairaut to give a simple proof based on the (infinite) series in two independent variables; Clairaut had read Fontaine's papers in order to report to the *Académie*, and presented one paper on the 4th and 7th of March 1739 (T 25). This first paper treated Fontaine's commutativity results for two variables, stating the integrability condition for and then integrating the differential equation

$$M\,dx + N\,dy = 0$$

directly or with an integrating factor, and presenting an algorithm to do the integration and giving an example. His remarks on Fontaine's work were laudatory with respect to the theorem but inflammatory with respect to method[24]. Clairaut's second paper (T 28) mentions Fontaine's paper as being read that same day in 1741, Euler's papers as being in press, and some work by Nikolaus Bernoulli; this second paper repeats some of the first and then goes on to the case of more than two variables, the now appropriate integrability conditions, their integrating factor, and some special cases.

The end of this decade saw d'Alembert join the *Académie;* he and Clairaut began to compete in the field of mechanics[25]. Maupertuis began work on the principle of least action, already under discussion in the correspondance between Daniel Bernoulli and Euler[26]. For potential theory, Euler's contributions have been twofold: (1) the energy equation is in use but not as a potential for the force, for we do not see an expression such as $P = dv/dx$ for example; (2) the calculus of several variables and the complete differentials, begun by him in 1734 but developed by Fontaine in 1732–1741 and perfected with partial derivatives by Clairaut in 1739–1741. We do not yet see a potential as such, separate from the calculus and used to specify a force. This is to come with Euler's fluid dynamics to 1755 but not in his celestial mechanics to that time.

Finally, Daniel Bernoulli's *Hydrodynamica* and Johann I Bernoulli's *Hydraulica* appeared at the end of this decade[27]. For potential theory these are important because they give two ideas to fluid mechanics, the one being Johann Bernoulli's application of the principle of linear momentum to the elements of the fluid and the other being Daniel Bernoulli's forceful statement of the conservation of energy. The terminology[28] of Daniel Bernoulli's treatise is Leibnizian, not in the style of Newton, Hermann or Euler. *Vis viva* is energy and corresponds to *ascensus (vel) descensus potentialis (vel actualis),* i.e., to potential energy under gravity as in Leibniz. This usage was adopted once by Euler in his *Methodus inveniendi ...* (E.65/O.I, 24, p.232) and then forgotten.

3   The Decisive Decade 1740–1750

At the beginning of this decade Euler shifted to Berlin. The papers *De infinitis curvis ...* were published in 1740, and Clairaut's papers (T 25 and 28) on the calculus of several variables appeared: the calculus of functions of several variables was fully launched. It is not surprising therefore to find this calculus applied in various contexts: Clairaut used it in his *Théorie de la Figure de la Terre ...* (T 29) published in 1743; he used a field of force and the idea of a "complete" differential to integrate the force equations, where the conservative nature of the forces acting on the fluid was derived from his model of the earth and of its equilibrium as a mass of rotating fluid; again, d'Alembert[29] was to use the complete differential idea at the end of the decade in his solution of the partial differential equations of vibrating cords and in his fluid mechanics; and Euler was to develop these ideas into a full-blown theory of the fluid mechanics of potential flows.

The two ideas which dominated the potential theory of this period were (1) the principle of least action, and (2) the emergence of partial differential equations. In these two areas Euler played a key role.

In the period 1738–1744 Euler corresponded[30] fairly regularly with Daniel Bernoulli, Clairaut and Maupertuis, at least once every month or two. Euler was aware of Clairaut's work on integral calculus and of Maupertuis' work on the principle of least action. However Daniel Bernoulli provided the stimulus to the application of the integral extremization methods to mechanics. His letter[31] of 7 March 1739 forced on Euler the "force vive potentielle" or *vis viva potentialis,* an idea that Euler used in the *Additamenta* to the *Methodus inveniendi ...* (E. 65/O. I, 24, p. 232ff).

It is clear from the text of these Appendices, the one on the form of the static curves which elastic wires or rods take, the other on projectiles, and from the letters, that both Daniel Bernoulli and Euler regarded these integrals as the potential[32], the matrix or generating material for the statics and dynamics of all types of mechanical behaviour[33]. The terminology is revealing: Euler used Daniel Bernoulli's phrase *vis potentialis,* a for him rare use of the word *vis* to mean "energy". Here is the natural development of the concepts of Leibniz and the Bernoullis, together with a new idea: the one process (integral minimization) with various inputs (integrands) was to generate the equations for static positions and for paths of motion. The calculus of several variables is not applied here nor is the calculus of variations in the Lagrangian sense yet present. The methods Euler used were taken from the body of the text of the *Methodus inveniendi ...* and the equations so derived were integrated.

Hence by the middle of this decade two ideas were fixed in Euler's mind: that complete differentials could be used to derive forces in fluid mechanics (from Clairaut) and that all mechanics would flow from suitably chosen integrals (from Daniel Bernoulli). By 1746 he had settled in Berlin and was working steadily; and in that year d'Alembert began a series of researches into the integral calculus after his treatises on mechanics, and then proceeded onto the prize essay on winds and a paper on the vibration of cords[34].

Over the next four years Euler published several papers on celestial mechanics, E. 97, 112, 120, 193. We leave his fluid mechanics to the next section, and concentrate on his lack of use of potential theory in this area in order to present a balanced view of his work. The first of these papers, *De attractione corporum sphaeroidico-ellipticorum* was published in 1747 but dates from 1738; it treated the attraction of an ellipsoid on a point by infinite series and approximation, and there is no hint of potential theory here as in, say, Laplace [G 1776c (16), 1776d, 1785b (48)] for a general case of attraction. The last of these papers, *De perturbatione motus planetarum ab eorum figura non sphaerica oriunda* (E. 193) was written several years later and published in

1753; it attempted to allow for effects caused by the non-spherical shape of the planets, necessary since Newton's point-mass theory of planetary motion is valid only if the planets are spherical. The non-spherical planet was replaced by two globes linked by a rigid massless rod. The idea of a potential receded entirely, and the question of Newton's correctness was left undecided.

The other papers were written about the time that Clairaut made his poor approximation to the motion of the lunar apsides (T 33) and thought that Newton's theory would have to be modified. Hence Euler's paper *Recherches sur le mouvement des corps célestes en général* (E.112) began by taking universal gravitation as "very probable" (O.II, 25, p.2) but subject to certain "irregularities". To help decide this question he turned Newton's laws into calculus form (*loc.cit.*, p.9) and started integrating these ordinary differential equations for the linear momentum in various cases, one being central forces integrated as in the *Mechanica,* tome II. The "planets" were replaced by point masses and various central force laws were treated. The idea of a potential was not used (*loc.cit.*, p.24f.) but the inverse square law was modified either by an extra term or by an increment to the exponent just as Clairaut suggested. A further general approach independent of the form of the force was applied; the motion of the lunar apsides was derived, and was unsatisfactory: the thrust of this paper was in particle mechanics, not the attraction of spheroids.

Euler's works on the inequalities of Jupiter and Saturn (E.120, 384) were successful in the prize competitions of the *Académie* for 1748 and 1750 but were unsuccessful in their object; they are in line with other papers in celestial mechanics of the time, with the planets as points, the differential equations ordinary, series and approximations abundant. While all of these features reappeared in the work of Laplace on these inequalities, Laplace himself used the potential and its partial differential equation in spherical polar coordinates and had the Legendrian machinery of spherical harmonics available to approximate the effect of the non-spherical shapes of the planets and their satellites.

The decade closed with Euler involved in four disputes: the question of priority for the principle of least action[35], the problem of the moon's apsides and the validity of Newton's universal gravitation[36], the doubts about the Berlin *Akademie's* prize for hydrodynamics in 1750[37], and the philosophy of functions, their definition, their existence[38].

For potential theory only the question of Euler's use of d'Alembert's 1750 prize essay concerns us, and then only partly. The borrowing of the so-called Cauchy-Riemann equations from d'Alembert by Euler, once allegedly without acknowledgment and once with, will be discussed in the next section.

4   Fluid Mechanics in the Decade 1745–1755

The best account of the fluid mechanics of this period remains Truesdell's[14] but Szabó has given a different style of treatment which is equally valuable[39]. What we are looking for are Euler's contributions to potential theory and the roots of these ideas. We find that Euler used his own differential treatment of Newton's equations[4], Clairaut's complete differential for the force, d'Alembert's complete differential for the velocity, and his own genius for order and method as well as for generalization, not to make a pastiche but to begin again with a new model of fluids and develop the foundations of general fluid dynamics of potential flows in particular.

Clairaut's *Figure de la Terre* (T 29) was published in 1743 and quickly became known due to the Cartesianism–Newtonianism controversy still present under the surface of Parisian academic life. Its ideas on force fields and the force potential (arising from the balance in his circuit of canals located anywhere in the fluid mass) together with his error that the commutativity of the mixed derivatives is not only a necessary integrability condition but also a sufficient one – all these ideas passed on to Euler but were not used immediately.

In 1745, Prussia was once again at war so Euler's translation[40] of Robin's book was timely. In this Euler integrated the equation of motion to get the force of the resistance, but there is no potential theory in his additions to Robin's original text. During the following decade of peace before the Seven Years' War, Euler began developing the "small rectangle" idea to obtain a pressure potential similar to Clairaut's complete differentials of 1739–1741 and 1743. This potential and the integrability conditions required for it appeared in his *Scientia navalis* (E. 110, 111)[41].

The next steps were clouded by controversy[42]. In essence, d'Alembert wrote a prize essay rejected by Maupertuis as President of the Berlin *Akademie* in 1750. This essay d'Alembert rewrote in 1751/52 and published as *Essai d'une nouvelle théorie ...* in 1752[43]. Euler meanwhile was writing his *Principia motus fluidorum* (E.258) in 1752 and published it in 1761. D'Alembert had developed the two-dimensional velocity field, the (now called) Cauchy-Riemann equations as its integrability conditions, and the complex velocity potential as its integral (in a fashion similar to his solution of the wave equation). Euler, having read Clairaut's *Figure de la terre* (1743) and d'Alembert's confused essay of 1750, proceeded to the foundations of general fluid mechanics using their methods.

In the *Principia motus fluidorum* Euler began with the continuity equation for an incompressible fluid in two-dimensional flow – one Cauchy-Riemann equation – and then used the linear momentum equation and the complete pressure differential to get the second Cauchy-Riemann equation and so the velocity potential. For the three-dimensional case, a similar argument gave the three vorticity components zero and a complete differential for the velocity potential followed since these three relations are the integrability conditions as derived by Clairaut. The only people mentioned by name were Fontaine (§ 12) on the several variable calculus and Clairaut (§ 81) on the complete differential for the equilibrium of the fluid. D'Alembert's complex potential was not used or mentioned but the velocity field and his Cauchy-Riemann equations were. This does not exhaust the potential theory in this paper: the Laplace equation for three variables was stated explicitly (§67), derived from the continuity equation, and the seeds for general solutions were sown. Publication was delayed, and three other papers appeared before this first version of his fluid dynamics[44].

In the first of this new series of papers, *Principes généraux de l'état de l'équilibre des fluides* (E.225), he dealt with equilibrium cases after developing the complete differential for the pressure and its integrability conditions, and did so for cases with or without the need for an integrating factor; the only reference was an almost obligatory one to Maupertuis over the principle of least action.

In the next paper, *Principes généraux du mouvement des fluides* (E.226), he began with the incompressible continuity equation for three-dimensional flow and the linear momentum equations. The force potential was assumed and its integrability conditions stated. The integral was called the "effort of the solliciting forces" (§22) which is equivalent to work by his definition; according to his previous ideas it is of the utmost importance as the statics and dynamics of the fluids make this effort a maximum or minimum "agreeing", so he said, "with Maupertuis' principle of least action". Various other potentials were then introduced in §§22–49, 61–62; while the details of these potentials and their special cases are important for his hydrodynamics, they add little to his potential theory; for example, §26 showed how to extend the results to a time dependent potential and gave the six integrability conditions it required. He noted that not all fluid flows are potential flows as he originally had assumed (§32), but then he modified the motion to make the rigid rotation into one which *is* a potential flow (§33).

In the final paper of this series, *Continuation des recherches sur la théorie du mouvement des fluides* (E.227), he began with an acknowlegment of the work of the Bernoullis, Clairaut and d'Alembert which placed their researches as special cases of his own (§1). For potential theory the new contribution of the article was the application of "la méthode fort ingénieuse de M. d'Alembert" for finding the complex velocity potential as a combination of two arbitrary functions, and these functions were then expressed as infinite Fourier series from assumed power series expansions (§§69–79).

Truly Euler has processed the raw material supplied by a host of other authors and produced a complete and organized corpus out of a motley assembly. Euler's potential theory concentrates on the differential (form) and the *function* to which it integrates or the "Bernoulli" equation in which this function features. Throughout his work to 1755 there is no hint of a triple integral, no differentiation under the integral sign to derive the force from a potential which is an integral over a body, in a word, none of the trappings of the next phase of potential theory. We may characterize the work of Clairaut, d'Alembert and Euler as "elementary potential theory".

Envoy

Euler's contributions to potential theory were threefold: he helped, with Fontaine and Clairaut, develop a logical, well-founded calculus of several variables in a clear notation; he transformed, with Daniel Bernoulli and Clairaut, the Galileo–Leibniz energy equation for a particle falling under gravity into a general principle applicable to continuous bodies and general forces (the principle of least action with Daniel Bernoulli and Maupertuis forms part of this); and he founded, after the attempts of the Bernoullis, d'Alembert, and especially Clairaut, the modern theory of fluid mechanics on complete differentials for forces and velocities. His work was fruitful: the theories of Lagrange grew from his writings on extremization, fluids and sound and mechanics; the work of Laplace followed.

Notes

1   Cf. Max Bacharach, *Abriss der Geschichte der Potentialtheorie*, Thein'sche Druckerei (Stürtz), Würzburg 1883 (it was his Inaugural-Dissertation); G.F. Becker, *"Potential" a Bernoullian term*, American Journal of Science (3) 45, 1893, p.97–100; Rudolf Brenneke, *Die Verdienste Leonhard Eulers um den Potentialbegriff*, Zeitschrift für Physik 25, 1924, p.42–45; Mozes Cohen-Paraira, *Over de methoden ter bepaling van de aantrekking eener ellipsoide op en willekeurig punt*, Gebroeders Binger, Amsterdam 1879 (Akademisch proefschrift); V.S. Sologub, *Razvitie teorii elliptičeskikh uravnenii v XVIII i XIX stoletijakh*, Naukova Dumka, Kiev 1975.

2   Speaking about the Bernoulli family is difficult: to avoid repeating Jacob I, Johann I and Daniel, I use the phrase "the Bernoullis" as a generic term, generally meaning the two brothers to 1730 and the latter two thereafter.

3   *Brevis demonstratio erroris memorabilis Cartesii et aliorum circa legem naturalem, secundum quam volunt a Deo eandem semper quantitatem motus conservari, qua et in re mechanica abutuntur*, in: *Acta eruditorum*, 1686, = p.117–119 of *Mathematische Schriften*, VI, *Die mathematischen Abhandlungen*, originally edited by C.I. Gerhardt in 1860 (with an introduction on p.3–16) and reprinted by Georg Olms, Hildesheim, New York, 1971. There is a *Beilage* to the paper on p.119–123, and the text of his long manuscript text on dynamics on p.281–514. Cf. also vols. V and VII, and note 15 below.

4   Cf. István Szabó, *Geschichte der mechanischen Prinzipien und ihrer wichtigsten Anwendungen*, Birkhäuser, Basel, Stuttgart 1977, 2. Auflage 1979 – a very useful history of the five topics it covers (cf. Truesdell's review in *Centaurus*, vol.23, 1980, p.163–175).

5   Cf. *Der Briefwechsel von Johann Bernoulli*, Bd. I, Birkhäuser, Basel 1955, Otto Spiess (ed.), p.323, footnote 3, and almost the whole of his *Opera omnia*, vol.III, and *De vera notione virium vivarum*, in: *Acta eruditorum*, 1735, p.210 = *Opera Omnia*, vol.IV. The letter from l'Hôpital indicates that while Leibniz's paper was known in Paris its message had not been accepted. The influence of Newton on Paris was as yet minimal, which will have severe implications for Clairaut.

6   Cf. the articles Nos. LXXV and XCIII on p.768–778 and 874–887 in Jacob Bernoulli, *Opera*, tomus I, originaly published by Cramer & Philibert, Geneva 1744, and reprinted in Bruxelles: Culture et Civilisation, 1967. The Bernoullis' ideas are discussed in John L. Greenberg's pair of excellent papers on Fontaine quoted in note 13; the reference to the Bernoullis is Greenberg (1981), p.259. The best source

on these matters is Steven B. Engelsman, *Families of Curves and the Origins of Partial Differentiation*, Meppel 1982 (Proefschrift).

7   Jacob Hermann, *Phoronomia, sive de viribus et motibus corporum solidorum et fluidorum libri duo*, Amstelodami (Amsterdam) 1716. The terminology of this book differs from that of Leibniz substantially, leading to a confusion between *vis* and *potentia*, between the meanings "energy" and "force" for both of them, and this Hermann tradition through Euler leads to *potentia* in the meaning "force" passing into the French school through Lagrange.

8   For Newton and his influence on Euler, cf. Truesdell, *Essays in the History of Mechanics*, Springer, Berlin etc., 1968; for the Bernoullis, see the articles by Truesdell in the *Leonhardi Euleri Opera Omnia* quoted in note 14, the articles by G. Eneström in *Bibliotheca mathematica*, series 2 and 3, 1897–1906, and Otto Spiess's *Leonhard Euler. Ein Beitrag zur Geistesgeschichte des XVIII. Jahrhunderts*, Frauenfeld, Leipzig 1929.

9   To save space I have quoted Euler's works according to the enumeration in Gustaf Eneström's *Verzeichnis der Schriften Leonhard Eulers* (*BV* Eneström, 1910–1913). Usually I add a short title as an aide-memoire. The *Mechanica* was originally published in 1736.

10 Daniel Bernoulli, *Hydrodynamica, sive de viribus et motibus fluidorum commentarii*, Argentorati (Strasbourg) 1738.

11 The corresponding statements in Newton are in the *Philosophiae naturalis principia mathematica* in the first six *definitiones*.

12 The liveliest biography of Maupertuis, checked by several of his contemporaries including Euler, is by Laurent Angliviel de La Beaumelle, *Vie de Maupertuis, suivi de lettres inédites de Frédéric le Grand et de Maupertuis, avec des Notes et un Appendice*, Paris 1856. The description of Maupertuis' influence is given on p. 32–33 and probably stems from an eyewitness account by La Condamine who formed part of the group. The manuscript of the biography was completed before 1769.

13 John L. Greenberg, *Alexis Fontaine's "Fluxio-differential method" and the origins of the calculus of several variables*, Annals of Science 38, 1981, p. 251–290, followed by his *Alexis Fontaine's integration of ordinary differential equations and the origins of the calculus of several variables*, Annals of Science 39, 1982, p. 1–36.

14 We have mentioned the main work in note 10 but full descriptions are given in the following works: Clifford Truesdell, O. II, 11, Sectio secunda: *The Rational Mechanics of Flexible or Elastic Bodies, 1638–1788*. Introduction to O. II, 10, 11, Zürich 1960. We also quote from: Leonard Euler, O. II, 12: *Commentationes mechanicae ad theoriam corporum fluidorum pertinentes edidit Clifford Ambrose Truesdell. Volumen prius* (Editor's introduction entitled: *Rational fluid mechanics, 1687–1765*), Zürich 1964, and from Leonhard Euler, O. II, 13: *Commentationes mechanicae ad theoriam corporum fluidorum pertinentes edidit Clifford Ambrose Truesdell III, Volumen posterius* (Editor's introduction; I. *The first three sections of Euler's treatise on fluid mechanics (1766);* II. *The theory of aerial sound, 1687–1788;* III. *Rational fluid mechanics, 1765–1788)*, Zürich 1965.

15 Cf. *De infinitis curvis* …, E. 44, 45, where the papers of Leibniz and Hermann are quoted in the O. I, 22, p. 36–75. Cf. also S. Engelsman, Historia Mathematica, vol. 8, 1981, p. 71.

16 Cf. Greenberg (1981), p. 255–263 (note 13).

17 A bibliography of Clairaut is given by René Taton, *Inventaire chronologique de l'œuvre d'Alexis-Claude Clairaut (1713–1765)*, Rev. Hist. Sci. 29, 1976, p. 97–122; and *Supplement a l'«Inventaire de l'œuvre de Clairaut» (I)*, ibidem 31, 1978, p. 269–271. From this list, quoted as T, cf. T 1–T 8 for Clairaut's early work on geometry. In addition, for the work of Laplace, we shall quote from Gillispie's useful list, given in Charles C. Gillispie, *Laplace, Pierre-Simon, Marquis de*, in: *Dictionary of Scientific Biography*, vol. XV, Charles Scribner's Sons, New York 1978, p. 387–403, prefixing the dates and numbers by the letter G.

18 Cf. his *Institutiones calculi differentialis* (E.212/O.I, 10), §§ 208–232.
19 Of the type $P\,dx + Q\,dy$, but in Euler P and Q are functions of a single variable (x for P and y for Q) and y is a function of x, while in Clairaut P and Q are functions of both x and y where x and y are independent.
20 Cf. Greenberg (1981), p.283, and Paul Stäckel's Introduction to the *Mechanica* in O.II, 1, p.X.
21 Cf. Greenberg (1981), p.253.
22 Cf. T 25, p.425–426, and Greenberg (note 13), *passim*.
23 Cf. T 28, p.293–294, 322, as well as T 28, p.425–426.
24 Cf. notes 22 and 23 and Greenberg (1982), p.20–34.
25 Cf. Thomas L. Hankins: *Jean d'Alembert: Science and the Enlightenment*, Clarendon Press, Oxford 1970, p.30ff.
26 For the controversy about the principle of least action see J.O. Fleckenstein's Introduction to O.II, 5; for the Euler–Bernoulli correspondence cf. P.H. Fuss, *Correspondance mathématique et physique ...*, tomes I and II, St.Pétersbourg 1843, reprinted by Johnson Reprint Corp., New York, London 1968 (*BV* Fuss, P.H., 1843), and G. Eneström, in: *Bibliotheca mathematica*, (3), 4–8, 1903–1908.
27 Cf. his *Opera omnia*, vol. IV, published in 1743, and also Truesdell, note 14, O.II, 11, Sectio 2. Cf. also notes 10, 14 and 28.
28 The translation of these works given in Hunter Rouse (ed.), *Hydrodynamics by Daniel Bernoulli & Hydraulics by Johann Bernoulli, translated by ...*, Dover, New York 1968, is unfortunate in that it does not comment on this major aspect of the terminology, and Becker (note 1) also fails to comment.
29 Cf. Jean-le-Rond d'Alembert, *Recherches sur la courbe que forme une corde tendue, mise en vibration*, Histoire de l'Académie royale des Sciences et Belles-Lettres de Berlin (1747) 1749, p.214–219, and *Suite des ...*, ibidem, p.220–249.
30 O.IV A, 1, Letters 1503 (10.12.1745), 1506 (24.5.1746), and 1532 (8.5.1748) to Maupertuis, and the letters 387 (30.10.1740) and 388 (26.12.1740) between Euler and Clairaut. They are printed in O.IV A, 5.
31 Cf. Fuss, note 26, p.457 for the French phrase, p.506 for the Latin phrase (20.10.1742); cf. also p.524 (23.4.1743) and 533 (4.9.1743).
32 Cf. Becker (note 1), p.98–99.
33 Cf. E. 65/O.I, 24, p.231–232, 298. Cf. also note 31.
34 Cf. notes 29 and 33, Hankins, op.cit. (note 25, p.46–52), and Truesdell, O.II, 11₂ and 12.
35 Cf. Fleckenstein, O.II, 5.
36 See Hankins, op.cit., p.32–37, and C.B. Waff, *Alexis Clairaut and his proposed modification of Newton's inverse square law of gravitation*, in: *Avant, avec, après Copernic*, Paris: Blanchard, 1975, p.281–288.
37 Cf. Truesdell, O.II, 12, p.L–LVIII, and Hankins, op.cit., p.48–51.
38 Cf. Ivor Grattan-Guiness, *The Development of the Foundations of Mathematical Analysis from Euler to Riemann*, Cambridge (Mass.): The MIT Press, 1970; Adolphe P. Youschkevitch, *The concept of function up to the middle of the 19th century*, Arch. Hist. Exact Sci. 16 (1976–1977), p.37–85.
39 Cf. note 4.
40 *Neue Grundsätze der Artillerie*, 1745 (E.77/O.II, 14).
41 *Scientia navalis*, parts I and II, 1749 (E.110, 111/O.II, 18, 19), edited by Clifford Truesdell.
42 Cf. notes 29 and 34, as well as his *Essai d'une nouvelle théorie de la résistance des fluides*, Paris: David l'ainé, 1752, reprinted in Bruxelles: Culture et Civilisation, 1967, especially §§ 42–47, 57–62, and Figures 13, 16 and 17.
43 Cf. notes 29 and 42.
44 These are heavily quoted in Brenneke (note 1) along with E.289, 375, 396, 409, and 424 which fall outside our period.

Abb. 46

Das Sonnensystem im Kosmos. Man beachte die zwischen Sonne und Merkur verlaufende, punktiert angedeutete Kometenbahn sowie den zugehörigen Kometen (Halley), dessen Schweif richtig von der Sonne wegweist. Die Erde mit ihrem Trabanten sieht man vertikal unter der Sonne, Jupiter und Saturn mit ihren (damals bekannten) je vier Monden rechts bzw. links vom Zentralgestirn. (Kupferstich von Berot nach F. K. Frisch vor dem Titelblatt von Eulers *Theoria motuum planetarum et cometarum*, Berlin 1744.)

Otto Volk

Eulers Beiträge zur Theorie der Bewegungen der Himmelskörper*

Schon sehr früh hat sich Euler mit den Problemen der auf Galileo Galilei zurückgehenden «neuen Mechanik» (Wissenschaft von der Bewegung, *motus scientia*) beschäftigt. Er studierte eifrig neben Galileo Galilei, Huygens, Leibniz und Jakob Bernoulli die damaligen Hauptwerke der Mechanik, Newtons *Philosophiae naturalis principia mathematica* (1687) und Jakob Hermanns *Phoronomia sive de viribus et motibus corporum solidorum et fluidorum, libri duo* (Amsterdam 1716), die beide methodisch in synthetischer Geometrie abgehandelt waren. Im Verkehr mit seinem Lehrer Johann Bernoulli und aus den zahlreichen Werken des P. Varignon[1], die er *gallico idiomate conscripta* nennt, lernte er die neue Analysis des Unendlichen (Leibnizscher *Calculus*)[2] mit Anwendungen auf die neue Mechanik kennen.

«Hinc igitur natus est iste de motu tractatus, in quo cum ea, quae in aliorum scriptis de motu corporum inveni, tum quae ipse sum meditatus, methodo analytica et commodo ordine exposui[3].»

In der Tat – der neue systematische Aufbau der Mechanik unter Anwendung des *Calculus* mit vielen bedeutenden Nebenergebnissen für Geometrie und Analysis: die Einführung von Tangente und Normale als bewegliches Achsenkreuz, der Kreisfunktionen $\arcsin x$ und $\arctan x$ und der Fourierreihenentwicklung, die Popularisierung der Zeichen e und π, um nur einige hervorzuheben, ist das, was das Eulersche Mechanikwerk[4] zum Standardwerk der Mathematik und Physik gemacht hat. Die rechtwinkligen Koordinaten und ihre Darstellung durch den Zeitparameter verwendet er insbesondere in dem für die Himmelsmechanik vorbereitenden *Caput V* des ersten Bandes nicht, wenn er auch in *Propositio* 75 die Beziehungen zwischen diesen rechtwinkligen Koordinaten mühsam aufsucht. Hier kommt er übrigens zu dem Integral

$$\int \frac{du}{\sqrt{1-u^2}},$$

---

* Die relativ häufigen und ausführlichen Zitate im Text scheinen uns notwendig und gerechtfertigt im Hinblick auf den Umstand, dass die entsprechenden Arbeiten Eulers noch nicht in den *Opera omnia* zugänglich sind.

das er über den komplexen Logarithmus in die Kreisfunktionen überführt, und damit eigentlich zu komplexen Funktionen der Form von Cauchy. Durch Einführung der Polarkoordinaten r, φ erhält er für die Kegelschnitte die Darstellung[5]:

$$r = p/(1 - e \cdot \cos\varphi) \quad \text{mit} \quad p = a(1 - e^2),$$
(a grosse Halbachse; e numerische Exzentrizität).

Es ist auch anzumerken, wie das schon der Engländer B. Robins (1707–1751)[6] getan hat, dass Euler nicht, wie Kepler es tat, den Flächensatz an die Spitze stellte, sondern den Energiesatz durch Einführung von $v = c^2/2$ (c = Geschwindigkeit). Die bedeutendsten Leistungen Eulers auf dem Gebiete der Himmelsmechanik sind seine Mondtheorien von 1753 bis 1783, die aber im folgenden nicht zur Diskussion stehen werden.

Eulers erste Versuche in der Himmelsmechanik[7]

Die erste Arbeit, worin Euler die Differentialgleichungen der Mechanik zugrunde legt und erstmals allgemein formuliert, trägt den Titel *Recherches sur le mouvement des corps célestes en général*, vorgelegt der Berliner Akademie am 8. Juni 1747, gedruckt in den *Mémoires de l'Académie des sciences de Berlin*[8]. In den §§ 1–17 bespricht Euler anhand der Planetentafeln, die der Engländer Thomas Street auf der Basis der reinen Keplerbewegungen der Planeten um die Sonne berechnet hat, die beobachteten Irregularitäten (Ungleichheiten, Störungen) und ihre möglichen Ursachen. Die Planetentafeln hatte Thomas Street 1661 in seiner *Astronomia Carolina, A New Theory of the Celestial Motions* veröffentlicht, der Nürnberger Mathematikprofessor Johann Gabriel Doppelmayr (1671–1750) hatte 1705 eine lateinische Ausgabe besorgt. In § 18 formuliert Euler die Differentialgleichungen der Mechanik für den dreidimensionalen Raum in der Form:

$$\frac{2\,ddx}{dt^2} = \frac{X}{M}, \qquad \frac{2\,ddy}{dt^2} = \frac{Y}{M}, \qquad \frac{2\,ddz}{dt^2} = \frac{Z}{M}, \qquad \text{(I), (II), (III)}$$

wo der Nenner $M = m/2$ die halbe Masse des Körpers ist. Diese Schreibweise benutzt Euler bis etwa 1770.

Er behandelt zunächst die kräftefreie Bewegung

$$X = Y = Z = 0$$

mit der allgemeinen Lösung

$$x = at + \alpha; \qquad y = bt + \beta; \qquad z = ct + \gamma$$

und dann die Bewegung unter dem Einfluss einer Zentralkraft $V(r)$:

$$\frac{2ddx}{dt^2} = -\frac{x}{r} \cdot V \quad \text{oder} \quad \frac{rddx}{x} = -\frac{1}{2} \cdot V \cdot dt^2,$$

$$\frac{2ddy}{dt^2} = -\frac{y}{r} \cdot V \quad \text{oder} \quad \frac{rddy}{y} = -\frac{1}{2} \cdot V \cdot dt^2,$$

wo er das Zeitelement dt als konstant ansieht. Die Ebene, in der sich der Körper bewegt und die durch den Mittelpunkt der Zentralkraft hindurchgeht, wählt er als Koordinatenebene x,y mit $z=0$ und führt die Polarkoordinaten r,φ ein:

$$x = r \cdot \cos\varphi \quad \text{und} \quad y = r \cdot \sin\varphi.$$

In seiner Schreibweise erhält er durch zweimalige Differentiation:

$$dx = dr \cdot \cos\varphi - r \cdot d\varphi \cdot \sin\varphi$$
$$dy = dr \cdot \sin\varphi + r \cdot d\varphi \cdot \cos\varphi$$

und

$$ddx = ddr \cdot \cos\varphi - 2 \cdot dr \cdot d\varphi \cdot \sin\varphi - r \cdot dd\varphi \cdot \sin\varphi - r \cdot d\varphi^2 \cdot \cos\varphi$$
$$ddy = ddr \cdot \sin\varphi + 2 \cdot dr \cdot d\varphi \cdot \cos\varphi + r \cdot dd\varphi \cdot \cos\varphi - r \cdot d\varphi^2 \cdot \sin\varphi,$$

somit

$$\frac{rddx}{x} = ddr - 2drd\varphi \cdot \tan\varphi - rdd\varphi \cdot \tan\varphi - rd\varphi^2 = -\frac{1}{2} Vdt^2,$$

$$\frac{rddy}{y} = ddr + 2drd\varphi \cdot \cot\varphi + rdd\varphi \cdot \cot\varphi - rd\varphi^2 = -\frac{1}{2} Vdt^2.$$

Geeignete Additionen und Multiplikationen dieser Gleichungen führen zu:

$$(2drd\varphi + rdd\varphi)(\tan\varphi + \cot\varphi) = 0,$$

folglich

$$2drd\varphi + rdd\varphi = 0 \tag{I}$$

und

$$(ddr - rd\varphi^2)(\cot\varphi + \tan\varphi) = -\frac{1}{2} Vdt^2(\cot\varphi + \tan\varphi),$$

also

$$ddr - rd\varphi^2 = -\frac{1}{2}\,Vdt^2. \tag{II}$$

Aus (I) folgt der Flächensatz (A Flächenkonstante)

$$rrd\varphi = A\,dt$$

und daher mit (II):

$$ddr - \frac{AA\,dt^2}{r^3} = -\frac{1}{2}\,Vdt^2.$$

Durch Integration ergibt sich

$$dr^2 + \frac{AA\,dt^2}{rr} = Bdt^2 - dt^2 \int V dr$$

und somit

$$dt = \frac{rdr}{\sqrt{Brr - AA - rrR}}, \tag{III}$$

$$d\varphi = \frac{A\,dr}{r\sqrt{Brr - AA - rrR}}, \tag{IV}$$

wobei A, B Konstanten und $R = \int V dr$.

An Stelle des Zeitelementes dt verwendet Euler für seine weiteren Rechnungen die mittlere Bewegung der Erde um die Sonne.

In den weitläufigen Betrachtungen zum Planetenproblem ($V = 2\varkappa^2/r^2$) kommt er auf die Einführung der exzentrischen Anomalie v statt der wahren Anomalie φ mittels der Keplerschen Formeln:

$$\cos\varphi = \frac{e + \cos v}{1 + e\cos v}, \qquad \sin\varphi = \frac{\sqrt{1 - e^2}\,\sin v}{1 + e\cos v}$$

und erhält schliesslich die Lösung:

$$r = a(1 + e\cos v) = \frac{a(1 - e^2)}{1 - e\cos\varphi},$$

wo sich a und e leicht durch die obigen Konstanten A und B ausdrücken lassen. Damit hat Euler das Planetenproblem, auch *inverses Newtonsches*

Problem genannt, regularisiert. Für $\varphi = 0$, $v = 0$ ergibt sich also $r = a(1 + e)$, d.h. Euler lässt die Bewegung des Planeten im Aphel beginnen.

Die direkte Lösung der Differentialgleichungen lässt sich durch die Substitution:

$$dt = r\,d\tau, \qquad \frac{d(\ )}{d\tau} = (\ )'$$

(V)

erreichen, die 1895 von der Kopenhagener Schule [N.Th. Thiele (1838–1910) und C. Burrau (1867–1944)] eingeführt wurde.

Setzt man

$$V(r) = \frac{2\varkappa^2}{r^2},$$

so erhält man

$$r'^2 = Br^2 - A^2 + 2\varkappa^2 r$$

(VI)

und hieraus durch Differentiation

$$r'' = Br + \varkappa^2 = B\left(r + \frac{\varkappa^2}{B}\right),$$

somit

$$r + \frac{\varkappa^2}{B} = C\cos\left(\sqrt{-B}\,(\tau - \tau_0)\right).$$

Aus (VI) folgt mit den Bezeichnungen $\varkappa^2/B = -a$ und $C = ae$ das dritte Keplersche Gesetz:

$$A^2 = \varkappa^2 a(1 - e^2), \qquad \frac{A}{\sqrt{p}} = \varkappa$$

und

$$r = a(1 + e\cos v) \quad \text{mit} \quad v = \sqrt{-B}\,(\tau - \tau_0).$$

Euler erhält aus den obigen Formeln die Beziehung

$$d\varphi = \frac{\sqrt{1 - e^2}}{1 + e\cos v}\,dv,$$

woraus er durch Reihenentwicklung und Integration (bzw. später durch Bildung von Fourierkoeffizienten) eine Darstellung der wahren Anomalie φ durch eine trigonometrische Reihe in der exzentrischen Anomalie v gewinnt:

$$\varphi = A + v - 2f\sin v + \frac{2}{2}f^2\sin 2v - \frac{2}{3}f^3\sin 3v + - \cdots,$$

wo

$$f = \frac{1 - \sqrt{1 - e^2}}{e}$$

und A eine beliebige Konstante ist.

Bereits im Brief vom 23.Juni/4.Juli 1744 an Goldbach[9] finden sich derartige Fourierreihen. Sie bilden die Grundlage seiner Störungsrechnungen. Euler zeigt einen gewissen Stolz auf seine Formeln, wenn er beim Newtonschen Gravitationsproblem schreibt: «Lesquelles formules renferment la plus simple manière de déterminer le mouvement du Corps M[10].»

Betrachtet man die Differentialgleichung (III) nach $d\tau$ geschrieben:

$$r^2\left(\frac{dr}{rd\tau}\right)^2 = Br^2 - A^2 - r^2 R$$

und differenziert nach τ:

$$\frac{d^2r}{d\tau^2} = Br - \frac{1}{2}\frac{d}{d\tau}(r^2 R),$$

so sieht man, dass man zu einer Lösung kommt, wenn man

$$r = a(1 + e\cos v) + s$$

setzt. Daraus schliesst Euler, dass man nun durch besondere Wahl von s Lösungen finden kann, die nahe der Keplerlösung sind. Die mühsamen Rechnungen führt er für zwei Fälle durch, wobei er Kraftgesetze annimmt, die leicht vom Newtonschen Gesetz abweichen. Er kommt zu der Feststellung, dass die wesentlichen Störungen in der Bahn eines Himmelskörpers durch die Einwirkung der übrigen Himmelskörper erfolgen, und gelangt schon hier zu der entscheidenden Einsicht, dass es für die Bahnbestimmung der Himmelskörper nur Approximationslösungen gibt. «Sein grösstes Verdienst auf diesem Gebiet bestand vielleicht darin, dass er schon damals die elliptischen Bahnelemente der Planeten als abhängige Variable betrachtete[11].»

Die Störungstheorie beschäftigte ihn nun im einzelnen durch die von der Pariser Akademie gestellte Preisschrift für das Jahr 1748: «Une Théorie de Saturne et de Jupiter, par laquelle on puisse expliquer les inégalités que ces deux Planètes paroissent se causer mutuellement, principalement vers le temps de leur conjonction[12].» Hier hat Euler als erster das Newtonsche Gravitationsgesetz auf die Berechnung von gegenseitigen Planetenstörungen angewandt. Die bisherigen Arbeiten, z.B. von Clairaut und d'Alembert, bezogen sich nur auf die Mondbahn. Euler wurde zwar der Preis zuerkannt, die Preisfrage wurde aber für das Jahr 1750 nochmals ausgeschrieben. Von besonderer Bedeutung war mathematisch die Entwicklung von $(1+g\cos\omega)^{-\mu}$ in eine trigonometrische Reihe (Fourierreihe), deren Einführung durch Euler in die Mechanik bereits oben erwähnt wurde.

In der weiteren Arbeit *De motu corporum coelestium a viribus quibuscunque perturbato*[13] stellt Euler die Gleichungen für die speziellen Elementenstörungen auf. Es schliesst sich die Arbeit seines Sohnes Johann Albrecht Euler *Meditationes de perturbatione motus cometarum ab attractione planetarum orta*[14] an, in der die Betrachtungen des Vaters erfolgreich fortgesetzt werden.

Euler und das Dreikörperproblem

In seiner Abhandlung *Considerationes de motu corporum coelestium* (1764)[15] beginnt Euler als erster das Dreikörperproblem für beliebige Körper unter speziellen Einschränkungen zu behandeln:

1. Das Problem Sonne–Erde–Mond mit der Annahme, dass der Mond in Konjunktion oder Opposition zu Sonne–Erde steht. Dabei wird die Masse des Mondes gleich Null gesetzt.

2. Das lineare Problem mit der Annahme, dass die beiden Massenpunkte m_1 und m_2 sich nach den Gesetzen des Zweikörperproblems bewegen und der dritte Punkt mit beliebig kleiner Masse sich auf der Verbindungslinie von m_1 und m_2 befindet.

Beide Fälle führen auf eine Gleichung 5. Grades, die Euler sehr eingehend behandelt.

Im *Summarium* zu E.304 heisst es:

«*Licet nullum sit dubium, quin leges, quibus corpora coelestia in motibus suis obediunt, a Keplero detectae, a Newtono vero in maximum Astronomiae incrementum demonstratae sint, minime tamen existimandum est theoriam Astronomiae ad summum gradum perfectionis evectam esse. Possumus equidem motum duorum corporum in ratione directa massarum et inversa quadratorum distantiarum in sese agentium perfecte definire: verum si iis accedat tertium, ut unum quodque in reliqua secundum illam legem agat, motui eorum enodando omnia hucusque inventa Analyseos artificia minime sufficiunt. ...*

Quoniam solutio problematis de tribus corporibus, secundum memoratam legem in sese invicem agentibus, sensu generali accepti vires humanas Cel. Auctori merito transcendere videtur, tentavit illud restrictum solvere posita massa unius prae binis reliquis evanescente, ut scilicet incipiendo a casibus particularibus viam sternat ad solutionem problematis sensu generali accepti; verum restricto etiam sic problemate tantae difficultates in solutione eius sese obtulerant, ut ipse Cel. Auctor frustra in evolvendo eo se desudasse fateatur.»

Übersetzung:

«Wenn auch kein Zweifel besteht, dass die Gesetze, nach denen sich die Himmelskörper in ihren Bahnen bewegen, von Kepler entdeckt, von Newton aber zum grössten Nutzen der Astronomie bewiesen worden sind, so darf man dennoch keineswegs meinen, dass die Theorie der Astronomie auf die höchste Stufe der Vollkommenheit geführt worden sei. Freilich können wir die Bewegung zweier Körper, die sich proportional zu ihren Massen und reziprok zum Quadrat ihrer gegenseitigen Entfernung anziehen, vollkommen behandeln: wenn aber irgendein dritter Körper dazukommt, so dass ein jeder die beiden anderen anzieht, versagen für die Bestimmung der Bahnen der einzelnen Körper alle Künste der Analysis. ...

Da ja dem Autor mit Recht die Lösung des Dreikörperproblems im allgemeinen Falle das menschliche Vermögen zu übersteigen scheint, versuchte er jenes *problema restrictum* zu lösen, wo die Masse des dritten gegenüber den beiden anderen verschwindet, sodass, ausgehend von speziellen Fällen, der Weg zur Lösung des allgemeinen Problems gefunden werden möge; aber selbst in diesem Fall des eingeschränkten Problems stellten sich der Lösung so grosse Schwierigkeiten entgegen, dass der Autor gesteht, vergeblich bei der Behandlung desselben viel Schweiss vergossen zu haben.»

In *De motu rectilineo trium corporum se mutuo attrahentium* (1765)[16] behandelt Euler das geradlinige Dreikörperproblem mit den Massen A, B, C in den Punkten A, B, C, die auf einer Geraden durch O liegen: Es sei

$$\overline{OA} = x, \qquad \overline{OB} = y, \qquad \overline{OC} = z \quad \text{mit} \quad z > y > x.$$

Die Bewegungsgleichungen lauten nun

$$\frac{ddx}{dt^2} = \frac{B}{(y-x)^2} + \frac{C}{(z-x)^2}$$

$$\frac{ddy}{dt^2} = \frac{-A}{(y-x)^2} + \frac{C}{(z-y)^2}$$

$$\frac{ddz}{dt^2} = \frac{-A}{(z-x)^2} - \frac{B}{(z-y)^2},$$

woraus er die beiden Gleichungen ableitet:

$$A\,dx + B\,dy + C\,dz = E\,dt,$$

$$\frac{A\,dx^2 + B\,dy^2 + C\,dz^2}{dt^2} = G + \frac{2AB}{y-x} + \frac{2AC}{z-x} + \frac{2BC}{z-y}.$$

Mittels

$$x = y - p, \qquad z = y + q \qquad (p, q > 0)$$

erhält Euler nun

$$\frac{ddp}{dt^2} = \frac{-A-B}{pp} - \frac{C}{(p+q)^2} + \frac{C}{qq}, \qquad \frac{ddq}{dt^2} = \frac{A}{pp} - \frac{A}{(p+q)^2} - \frac{B+C}{qq}.$$

Indem er $q = pu$ einführt und u zunächst als Veränderliche betrachtet, kommt er durch viele Kunstgriffe zu einer Gleichung 5.Grades, wo $u = a$ (also konstant) gesetzt ist:

$$C(1 + 3a + 3aa) = Aa^3(aa + 3a + 3) + B(a+1)^2(a^3 - 1).$$

Er zeigt, dass diese Gleichung bei positiven A, B, C mindestens eine positive Wurzel hat, und betrachtet sie für zwei spezielle Fälle.

Eine weitere Behandlung des linearen Dreikörperproblems findet sich in *De motu trium corporum se mutuo attrahentium super eadem linea recta* (1776, E.626)[17]. Hier behandelt Euler wohl zum letzten Mal das geradlinige Dreikörperproblem: «Le cas le plus simple du fameux Problème des trois Corps.» «Il pèse toutes les difficultés, qui empêchent, qu'on ne le puisse résoudre, et il fait voir par là, combien de progrès on a besoin de faire encore dans l'Analyse, avant que d'oser entreprendre la solution de ce Problème, pris dans toute sa généralité[18].»

Er geht wieder von den Gleichungen in E.327 aus, wo er jetzt ∂ und $\partial\partial$ statt d bzw. dd schreibt. Wie oben stellt er die beiden Integrale auf:

$$Ax + By + Cz = at + \beta$$

mit gleichzeitiger Einführung des Schwerpunktes

$$(A + B + C)v = at + \beta,$$

und erhält das weitere Integral:

$$\frac{A\partial x^2 + B\partial y^2 + C\partial z^2}{2\partial t^2} = \frac{AB}{y-x} + \frac{AC}{z-x} + \frac{BC}{z-y} + \Delta. \tag{VII}$$

Hier schreibt er:

«Haec aequatio continet principium foecundissimum virium vivarum, vel etiam minimae actionis.» Und weiter unten (p.130): *«Unde si quis insuper unicam aequationem integratam eruere posset is certe plurimum praestitisse esset censendus, quanquam tractatio harum aequationum differentialium primi gradus*

adhuc maximis difficultatibus foret involuta, ita ut etiam tum vix ulla solutio idonea expectari posset. Quantumvis autem Geometrae in hac investigatione elaboraverint, nulla tamen etiamnunc aequatio integrabilis deduci potuit. Interim tamen sequenti modo aequationem maxime memorabilem deducere licet, unde haud parum lucis expectari poterit.» Er bringt darin zum Ausdruck, dass die Gleichung (V) das Prinzip der lebendigen Kraft bzw. der geringsten Wirkung beinhalte. Ausserdem weist er den Lorbeer demjenigen zu, dem es gelingt, aus den obigen Gleichungen eine weitere abzuleiten, die zur Lösung des Problems führt.

In der weiteren Ausführung setzt er $AB=p$ und $BC=q$, also

$$y-x=p, \qquad z-y=q \quad \text{und} \quad z-x=p+q$$

und erhält die Differentialgleichungen:

$$\frac{\partial\partial x}{\partial t^2} = \frac{B}{pp} + \frac{C}{(p+q)^2}$$

$$\frac{\partial\partial x + \partial\partial p}{\partial t^2} = -\frac{A}{pp} + \frac{C}{qq}$$

$$\frac{\partial\partial x + \partial\partial p + \partial\partial q}{\partial t^2} = -\frac{A}{(p+q)^2} - \frac{B}{qq}.$$

Somit gilt

$$\frac{\partial\partial p}{\partial t^2} = -\frac{(A+B)}{pp} + \frac{C}{qq} - \frac{C}{(p+q)^2}$$

$$\frac{\partial\partial q}{\partial t^2} = \frac{A}{pp} - \frac{A}{(p+q)^2} - \frac{(B+C)}{qq}$$

wie auch

$$(A+B+C)x + (B+C)p + Cq = \alpha t + \beta.$$

Also können x, y, z durch v, p und q dargestellt werden.
Für die Gleichung der lebendigen Kraft erhält Euler daraus:

$$\frac{AB\partial p^2 + BC\partial q^2 + AC(\partial p + \partial q)^2}{(A+B+C)\partial t^2} = \frac{2AB}{p} + \frac{2AC}{p+q} + \frac{2BC}{q} + \Delta.$$

Und er schreibt ergänzend zu den obigen Bemerkungen:
«Quanquam haec aequatio satis est concinna et elegans, neutiquam tamen ulla via patet, inde solutionem quaestionis derivandi, ita ut ista quaestio merito

profundissimae indaginis sit censenda, et quicunque studium et operam in his aequationibus resolvendis consumere voluerit, mox percipiet, se oleum et operam perdidisse; unde manifesto liquet, quid de iis sit iudicandum, qui se iactant, in solutione problematis generalis de motu trium corporum se mutuo attrahentium satis felici cum successu elaborasse» (p.133).

Euler zieht daraus den Schluss, dass man spezialisieren müsse, und setzt $q = np$:

$$\frac{\partial\partial p}{\partial t^2} = -\frac{A+B}{pp} + \frac{C}{nn\cdot pp} - \frac{C}{(1+n)^2 pp}$$

$$\frac{n\partial\partial p}{\partial t^2} = \frac{A}{pp} - \frac{A}{(1+n)^2 pp} - \frac{B+C}{nn\cdot pp}.$$

Daraus leitet er eine Gleichung 5.Grades für n her:

$$-n(A+B) + \frac{C}{n} - \frac{nC}{(1+n)^2} = A - \frac{A}{(1+n)^2} - \frac{B+C}{nn}.$$

Der Fall, dass AB und BC ständig dasselbe Verhältnis haben, wird ausführlicher betrachtet, ebenso der Fall, wenn eine Masse beliebig klein wird – mit interessanten Kunstgriffen, aber ohne endgültiges Ergebnis.

Schon vorher (1765) hatte sich Euler in der Arbeit *Considérations sur le problème des trois corps* (E.400)[19] in Berlin eingehend mit dem allgemeinen Dreikörperproblem beschäftigt und ganz besonders betont, dass der allgemeine Fall nur gelöst werden könne, wenn das lineare Problem gelöst sei. Es ist interessant zu beobachten, wie er anfangs schreibt, er wolle die Bewegung der drei Körper, die sich nach der *Newtonschen Hypothese* anziehen, behandeln (cf. oben, wo er bei den Planetengesetzen schreibt: entdeckt von Kepler, bewiesen aber von Newton).

Er schreibt in den einleitenden Kapiteln:

1. «... Tout ce qu'on y a fait jusqu'ici est restreint à un cas très particulier, où le mouvement de chacun des trois corps suit à peu près les regles établis par Kepler; & dans ce cas même on s'est borné à déterminer le mouvement par approximation. Dans tous les autres cas, on ne sauroit se vanter qu'on puisse assigner seulement à peu près le mouvement des trois corps, lequel demeure encore pour nous un aussi grand mystere, que si l'on n'avoit jamais pensé à ce probleme.

2. Pour prouver clairement combien on est encore éloigné d'une solution complette de ce probleme, on n'a qu'à le comparer avec le cas où il n'y a que deux corps qui s'attirent mutuellement, & même le cas le plus simple, où il s'agit de déterminer le mouvement d'un corps pesant projeté d'une maniere quelconque dans le vuide. Et on conviendra aisément qu'il auroit été impossible de trouver la parabole qu'un tel corps décrit, sans avoir

connu préalablement la loi suivant laquelle un corps pesant tombe perpendiculairement en bas. Sans la découverte de Galilée, que la vitesse d'un tel corps tombant croît en raison de la racine quarrée de la hauteur, on ne sauroit certainement jamais arrivé à la connoissance de la parabole qu'un corps jetté obliquement décrit dans le vuide.

3. Il en est de même du mouvement de deux corps en général qui s'attirent mutuellement, où il faut aussi commencer par déterminer le mouvement rectiligne dont ces corps s'approchent ou s'éloignent l'un de l'autre, avant qu'on puisse entreprendre de chercher les sections coniques que ces corps décriront étant jettés obliquement. Car, quoique le grand Newton ait suivi un ordre renversé dans ses recherches, personne ne sauroit douter qu'il n'eût jamais réussi à déterminer le mouvement curviligne, sans avoir été en état de déterminer le rectiligne.

4. De là je tire cette conséquence incontestable, qu'on ne sauroit espérer de résoudre le probleme des trois corps en général, à moins qu'on n'ait trouvé moyen de résoudre le cas où les trois corps se meuvent sur une ligne droite; ce qui arrive lorsqu'ils ont été disposés au commencement sur une ligne droite, & qu'ils y ont été, ou en repos, ou poussés selon la même direction. Donc avant que d'entreprendre la solution du probleme des trois corps, tel qu'il est cummunément proposé, il est indispensablement nécessaire de s'appliquer au cas où le mouvement de tous les trois corps se fait sur la même ligne droite, & on peut bien être assuré que, tant que ce dernier probleme se refusera à nos recherches, on se flattera en vain de réussir dans la solution du premier. Dans des recherches si difficiles, il convient toujours de commencer par les cas les plus simples.

5. Or le cas où les trois corps se meuvent sur une même ligne droite, est sans contredit beaucoup plus simple que si ces corps décroivent des lignes courbes, où il pourroit même arriver que ces courbes ne se trouvassent point dans une même plan; ces circonstances doivent nécessairement rendre nos recherches beaucoup plus compliquées. Cela est si évident, qu'on sera bien surpris qu'un chacun des grands Géometres qui se sont occupés de ce probleme, n'ait commencé ses recherches par le cas du mouvement rectiligne; mais la raison est sans doute, qu'un tel mouvement ne se trouve point au monde, & que ces grands hommes se sont un peu hâtés d'appliquer le résultat de leurs travaux aux mouvemens réels du Ciel, sans vouloir entreprendre des recherches qui n'y auroient point un rapport immédiat.

6. Peut-être sera-t-on même tenté de croire que ce cas, à cause de sa simplicité, a été trop au dessous des forces de ces Géometres, & qu'ils en ont voulu laisser le développement à des génies moins élevés: mais ce sentiment seroit bien mal fondé, puisque la solution de ce cas est assujettie à de si grandes difficultés, qu'elles semblent n'avoir pû encore être surmontées par les plus grands Analystes. Il même paroit donc très important de mettre devant les yeux toutes les difficultés, afin que ceux qui voudront encore s'occuper du grand probleme des trois corps puissent réunir leurs forces pour les surmonter,

s'il est possible. Ces efforts seront d'autant plus utiles, qu'on ne sauroit espérer de parvenir jamais à une solution parfaite de ce probleme, à moins qu'on n'ait auparavant trouvé moyen de vaincre toutes les difficultés dont le cas du mouvement rectiligne est enveloppé; & encore alors peut-être ne sera-t-on pas fort avancé à l'égard du probleme général.»

Anschliessend behandelt Euler die Bewegung dreier Körper. Aus den früher hergeleiteten Differentialgleichungen

$$\frac{ddx}{dt^2} = \frac{-A-B}{xx} + \frac{C}{yy} - \frac{C}{(x+y)^2}$$

$$\frac{ddy}{dt^2} = \frac{-B-C}{yy} + \frac{A}{xx} - \frac{A}{(x+y)^2},$$

wo $AB = x$ und $BC = y$ (cf. p und q in E.327), gelingt es ihm, eine Differentialgleichung zweiten Grades zwischen x und y abzuleiten, für deren allgemeine Lösung er aber keine weiteren Schritte findet. Er beschränkt sich nun auf den von ihm bereits früher behandelten Fall der Spezialisierung der Massen: Sonnenmasse B unendlich, eine Masse sehr gross und die andere vernachlässigbar klein. In den Darlegungen will er zeigen, dass auch die Bewegung von drei Körpern auf einer Geraden noch ihre Probleme hat und haben wird. Zum Schluss (p.211) schreibt er:

«On voit par-là qu'on est encore bien éloigné de la solution du cas le plus simple du probleme des trois corps, qui a lieu sans doute lorsque leur mouvement se fait sur la même ligne droite; & partant à plus forte raison il s'en faut beaucoup qu'on soit déjà arrivé à une solution parfaite de ce grand probleme. On comprend plutôt qu'on est encore à peine avancé au delà du premier pas. Ce premier pas renferme quelques propriétés générales, qui conviennent non seulement au mouvement de trois corps qui s'attirent mutuellement, mais qui ont également lieu, quelque grand que soit le nombre des corps. Comme il est très important de connoitre ces propriétés générales, quoiqu'elles ne suffisent pas à la détermination du mouvement, dès que le nombre des corps va au delà de deux, je vais les déduire des premieres formules que les principes mécaniques nous fournissent, afin qu'on voie clairement jusqu'à quel point on est déjà avancé dans ces recherches.»

Im folgenden geht er also auf das allgemeine n-Körperproblem ein. Er schreibt stellvertretend für den allgemeinen Fall die Differentialgleichungen für $n = 4$ an:

Für den Körper A

$$\text{I.} \quad \frac{ddx}{dt^2} = \frac{B(x'-x)}{AB^3} + \frac{C(x''-x)}{AC^3} + \frac{D(x'''-x)}{AD^3}$$

$$\text{II.} \quad \frac{ddy}{dt^2} = \frac{B(y'-y)}{AB^3} + \frac{C(y''-y)}{AC^3} + \frac{D(y'''-y)}{AD^3}$$

III. $\quad \dfrac{ddz}{dt^2} = \dfrac{B(z'-z)}{AB^3} + \dfrac{C(z''-z)}{AC^3} + \dfrac{D(z'''-z)}{AD^3}$

Für den Körper B

IV. $\quad \dfrac{ddx'}{dt^2} = \dfrac{C(x''-x')}{BC^3} + \dfrac{D(x'''-x')}{BD^3} + \dfrac{A(x-x')}{BA^3}$

V. $\quad \dfrac{ddy'}{dt^2} = \dfrac{C(y''-y')}{BC^3} + \dfrac{D(y'''-y')}{BD^3} + \dfrac{A(y-y')}{BA^3}$

VI. $\quad \dfrac{ddz'}{dt^2} = \dfrac{C(z''-z')}{BC^3} + \dfrac{D(z'''-z')}{BD^3} + \dfrac{A(z-z')}{BA^3}$

Für den Körper C

VII. $\quad \dfrac{ddx''}{dt^2} = \dfrac{D(x'''-x'')}{CD^3} + \dfrac{A(x-x'')}{CA^3} + \dfrac{B(x'-x'')}{CB^3}$

VIII. $\quad \dfrac{ddy''}{dt^2} = \dfrac{D(y'''-y'')}{CD^3} + \dfrac{A(y-y'')}{CA^3} + \dfrac{B(y'-y'')}{CB^3}$

IX. $\quad \dfrac{ddz''}{dt^2} = \dfrac{D(z'''-z'')}{CD^3} + \dfrac{A(z-z'')}{CA^3} + \dfrac{B(z'-z'')}{CB^3}$

Für den Körper D

X. $\quad \dfrac{ddx'''}{dt^2} = \dfrac{A(x-x''')}{DA^3} + \dfrac{B(x'-x''')}{DB^3} + \dfrac{C(x''-x''')}{DC^3}$

XI. $\quad \dfrac{ddy'''}{dt^2} = \dfrac{A(y-y''')}{DA^3} + \dfrac{B(y'-y''')}{DB^3} + \dfrac{C(y''-y''')}{DC^3}$

XII. $\quad \dfrac{ddz'''}{dt^2} = \dfrac{A(z-z''')}{DA^3} + \dfrac{B(z'-z''')}{DB^3} + \dfrac{C(z''-z''')}{DC^3}$

Daraus leitet Euler die folgenden zehn Integrale ab:

1. Für die Bewegung des Schwerpunktes:

$Ax + Bx' + Cx'' + Dx''' = \alpha t + \boldsymbol{A}$
$Ay + By' + Cy'' + Dy''' = \beta t + \boldsymbol{B}$
$Az + Bz' + Cz'' + Dz''' = \gamma t + \boldsymbol{C}$

2. Die drei Flächenintegrale:

$$A(ydx - xdy) + B(y'dx' - x'dy') + C(y''dx'' - x''dy'')$$
$$+ D(y'''dx''' - x'''dy''') = \delta dt$$
$$A(zdy - ydz) + B(z'dy' - y'dz') + C(z''dy'' - y''dz'')$$
$$+ D(z'''dy''' - y'''dz''') = \varepsilon dt$$
$$A(xdz - zdx) + B(x'dz' - z'dx') + C(x''dz'' - z''dx'')$$
$$+ D(x'''dz''' - z'''dx''') = \zeta dt$$

3. Dazu kommt noch je das Integral der lebendigen Kraft aller Körper, das er aber nicht explizit anschreibt. Euler schliesst mit den Sätzen:

«La méthode dont je me suis servi ici, en cherchant certaines combinaisons entre les équations principales détaillées dans le §35, qui conduisent à quelque équation intégrable, semble entierement épuisée, & il faudra sans doute chercher une route tout à fait nouvelle. Dans l'état où l'Analyse se trouve, il semble même impossible de dire si l'on en est encore fort éloigné ou non; mais il est bien certain que, dès qu'on sera arrivé à ce point, l'Analyse en retirera de beaucoup plus grands avantages, que l'Astronomie ne sauroit s'en promettre, à cause de la grande complication dont tous les élémens seront entrelacés selon toute apparence, de sorte que pour la pratique on ne pourra presque en espérer aucun secours» (p.220).

Eulers Arbeiten zum Dreikörperproblem sind erst sehr spät beachtet worden; die linearen Lösungen mit der Gleichung 5.Grades wurden und werden teilweise heute noch ohne Hinweis auf Euler als die Lagrangeschen Lösungen des Dreikörperproblems zitiert, nach dessen berühmter Veröffentlichung *Essai d'une nouvelle méthode pour résoudre le problème des trois corps*, die von Lagrange 1772 datiert ist, aber erst 1777 in Paris erschien. Es steht fest, dass Lagrange Eulers diesbezügliche Arbeiten nicht erwähnt[20].

Ganz besondere Berühmtheit hat sich Euler durch seine Störungstheorie erworben, worauf schon oben hingewiesen worden ist. In seiner Arbeit E.398 *Nouvelle méthode de déterminer les dérangemens dans le mouvement des corps célestes, causés par leur action mutuelle* (lû le 8 Juillet 1762)[21] behandelt er die beiden Probleme:

«1. Les forces dont un corps céleste est poussé, étant données, trouver les formules différentio-différentielles qui renferment les changemens causés dans son mouvement.

2. Le lieu et le mouvement du corps étant connus pour une époque donnée, avec les forces qui agissent sur le corps, déterminer pour un temps peu considérable écoulé depuis cette époque, tant le lieu que le mouvement du corps.»

Hier hat Euler zum erstenmal die Störung der einzelnen Elemente der Ellipsenbahn in sukzessiver Iteration bestimmt. Anschliessend überträgt er diese Methode auf die Bestimmung der Bewegung von drei Körpern, die sich gegenseitig anziehen. Mit besonderer Betonung schreibt er am Schluss:

«A l'aide de ces formules on pourra, pour chaque petit intervalle de tems, déterminer les variations causées 1. dans le demiparametre de l'orbite *p*, 2. dans l'excentricité *q*, 3. dans la position de la ligne des absides, 4. dans la position de la ligne des nœuds, 5. dans l'inclinaison de l'orbite, c'est à dire, dans les élémens qui demeureroient constans dans le mouvement régulier. Ensuite, pour le mouvement même du corps, on a d'abord l'angle élémentaire $d\varphi$ avec le changement de la distance dv, & ensuite aussi l'accroissement de l'argument de latitude σ. Tout revient donc à l'intégration de ces formules par des approximations convenables» (p. 177).

Euler weist in seinen späteren Arbeiten immer wieder darauf hin, dass ausser diesen Störungen und den zusätzlichen, die eventuell durch die nicht-sphärische Gestalt der störenden Körper auftreten, keine weiteren Störungen vorkommen können. Es ist wohl eine Tatsache, dass manche Entdeckungen Eulers in der Himmelsmechanik nicht eindeutig hinsichtlich der Urheber-schaft gegenüber Clairaut, d'Alembert und Lagrange zu seinen Gunsten in der Nachwelt geklärt wurden, wie z.B. die schon erwähnte Entdeckung des kollinearen Falles im Dreikörperproblem. Euler war der erste, der das allgemeine Dreikörperproblem betrachtet hat; d'Alembert, Clairaut und die anderen Mathematiker dieser Zeit haben nur das spezielle Dreikörperproblem Sonne-Erde-Mond betrachtet. Euler hat sich schon sehr frühzeitig mit dem Zwei- und Dreikörperproblem beschäftigt. Er wusste aus Newtons *Principia*, dass das Zweikörperproblem und die elliptische Bewegung bei Newtonscher Anziehungskraft äquivalent sind. Aus geometrischen Versuchen (um 1730)[22] glaubte er schliessen zu können, dass das Dreikörperproblem äusserst schwierig *(«maxime difficile»)* zu behandeln sei. Im Hinblick darauf, dass die Massen von Erde und Venus fast gleich sind, sind die folgenden Arbeiten Eulers mathematisch interessant: E.425: *De perturbatione motus Terrae ab actione Veneris oriunda*[23], E.511: *Réflexions sur les inégalités dans le mouvement de la Terre causées par l'action de Venus*[24] und E.512: *Investigatio pertur-bationum, quae in motu Terrae ab actione Veneris producuntur*[25], wo er seine verschiedenen Methoden der Störungsrechnung anwendet. In *De variis motuum generibus, qui in satellitibus planetarum locum habere possunt* (E.548)[26] erfolgt die Anwendung auf die Satelliten der Planeten, und in *De motibus maxime irregularibus qui in systemate mundano locum habere possent una cum methodo hujusmodi motus per temporis spatium quantumvis magnum prosequendi* (E.549)[27] macht Euler Anstrengungen für die Bestimmung von stabilen Grenzen zwischen den Haupt- und den Nebenplaneten, die er nach dem Vor-gehen von Newton durch die Anzahl der Ungleichheiten definiert.

Ich danke Erwin Karl herzlich für seine Mitarbeit sowie dem Euler-Editor Dr. E. A. Fellmann und der Euler-Archivarin Beatrice Bosshart für die Besorgung der Kopien aus Eulers Abhandlungen, die in den *Opera* noch nicht erschienen sind.

Anmerkungen

1 O. Volk, *Miscellanea from the History of Celestial Mechanics*, in: *Celestial Mechanics*, vol. 14, 1973, p. 365–382, hier p. 368, 372, 380.

2 Loc. cit. 1, p. 368.

3 L. Euler, *Mechanica sive motus scientia analytice exposita*, Petropoli 1736; E. 15/O. II, 1, *Praefatio*, p. 8.

4 Loc. cit. 3, E. 15, 16/O. II, 1, 2.

5 Loc. cit. 1, p. 377f., Anm. 5 und 6.

6 Loc. cit. 3, Vorwort des Herausgebers P. Stäckel (1862–1919), p. XII.

7 Loc. cit. 1, p. 371–375.

8 *Recherches sur le mouvement des corps célestes en général*, Mémoires de l'Académie des sciences de Berlin 3 (1747) 1749, p. 93–143; E. 112/O. II, 25, p. 1–44.

9 A. P. Juškevič, E. Winter (eds.), *Leonhard Euler und Christian Goldbach, Briefwechsel 1729–1764*, Akademieverlag, Berlin 1965, p. 195f.

10 Loc. cit. 8, p. 18.

11 Loc. cit. 8, Vorwort, p. VII.

12 *Recherches sur la question des inégalités du mouvement de Saturne et de Jupiter, sujet proposé pour le prix de l'année 1748, par l'Académie Royale des Sciences de Paris*, E. 120/O. II, 25, p. 45–157.

13 *Novi Commentarii academiae scientiarum Petropolitanae*, 4, (1752/53) 1758, p. 161–196; E. 232/O. II, 25, p. 175–209.

14 Preisschrift der Petersburger Akademie, 1762; A 7/O. II, 25, p. 210–245.

15 Loc. cit. 13, 10 (1764), 1766, p. 544–558; E. 304/O. II, 25, p. 246–257.

16 Loc. cit. 13, 11 (1765), 1767, p. 144–151; E. 327/O. II, 25, p. 281–289; *Summarium*, O. II, 6, p. 247–248. An dieses *Summarium* schliesst sich die berühmte Arbeit Eulers *De motu corporis ad duo centra virium fixa attracti* (E. 328) an über die Bewegung eines Massenpunktes bei zwei festen Kraftzentren von Newtonscher Art, die in jedem Mechanikwerk ausführlich behandelt wird.

17 Nova acta Acad. sci. Imp. Petrop. 3, 1788, p. 126–141, Sommaire, p. 180–182.

18 Sommaire, p. 180.

19 *Considérations sur le Problème des Trois Corps*, Mémoires acad. roy. sci. et belles-lettres 19, 1770, p. 194–220.

20 Cf. dazu auch V. Szebehely, *Theory of Orbits*, Academic Press, New York, London 1967, p. 304, Anm. 29 und 31. Hier ist von Euler nur die Arbeit E. 327 erwähnt, nicht dagegen E. 304 und E. 400. Ferner loc. cit. 1, p. 378, Anm. 6.

21 Loc. cit. 19, p. 141–179.

22 *De trium corporum mutua attractione*, um 1730, Archiv der sowjetischen Akademie der Wissenschaften in Leningrad, Nr. 136, 1, 216, 3 Seiten.

23 Loc. cit. 13, 1772, 16, p. 33–35, 426–467.

24 Acta Acad. sci. Imp. Petrop. (1778: I) 1780, p. 297–307.

25 Loc. cit. 24, p. 308–316.

26 Loc. cit. 24 (1780: I), 1783, p. 225–279.

27 Loc. cit. 24, p. 280–302.

Abb. 47
Jakob Hermann (1678–1733).

Nina I. Nevskaja

Euler als Astronom

Leonhard Euler ist in die Geschichte der Wissenschaft als ein hervorragender Mathematiker eingegangen, der auf vielen ihrer Teilgebiete erfolgreich tätig war. Weit bekannt sind auch seine Schriften zu Problemen der Physik und Mechanik. Neben A.C. Clairaut, J.L. d'Alembert, P.S. Laplace und manchen anderen gilt Euler mit Recht als Mitbegründer der modernen Himmelsmechanik. Seine einschlägigen theoretischen Arbeiten sind von M.F. Subbotin eingehend behandelt worden[1]. Auch Eulers Schriften zur Geodäsie und Kartographie[2], zur astronomischen Optik[3,4] und zur Astrophysik[5] haben die Aufmerksamkeit der Fachwelt auf sich gezogen.

All das wies Euler vor allem als genialen Theoretiker auf dem Gebiet der Mathematik aus, der sich gelegentlich auch Problemen der angewandten Wissenschaft zugewandt hatte, darunter auch denen der Astronomie, namentlich der theoretischen. Nun jedoch gestattet eine von der Verfasserin dieses Beitrags kürzlich abgeschlossene Schrift einen Einblick in neue und überraschende Gebiete von Eulers schöpferischer Tätigkeit[6]. So kann Euler nunmehr mit vollstem Recht als Berufsastronom und – was besonders erstaunlich klingen mag – auch als Beobachter und sogar als Experimentator bezeichnet werden!

Zu diesen Schlussfolgerungen berechtigen mancherlei neue Erkenntnisse, gewonnen aus Archivmaterialien der Sternwarte der Petersburger Akademie der Wissenschaften, aus den Sitzungsprotokollen der Akademischen Konferenz und des Geographischen Departements, aus dem handschriftlichen Nachlass der Petersburger Gelehrten des 18.Jahrhunderts sowie aus manchen anderen in der Leningrader Archivfiliale der Akademie der Wissenschaften der UdSSR und zum Teil in der Pariser Sternwarte aufbewahrten Materialien.

So konnte festgestellt werden, dass sich in der Petersburger Akademie der Wissenschaften in der Anfangsperiode ihres Bestehens eine durchaus eigenständige astronomische Schule gebildet hatte. Ihr Begründer war der von Peter I. persönlich nach Petersburg berufene bekannte französische Astronom J.N. Delisle. Dieser Schule gehörten J. Hermann, D. Bernoulli, G.W. Krafft, F.Ch. Mayer, G.W. Richmann, Ch.N. Winsheim, später auch A.D. Krassilnikov, M.W. Lomonosov, N.I. Popov und manche andere Gelehrte an. Einer der glänzendsten Vertreter dieser Schule war Leonhard Euler. Er hatte sich nämlich gründliche Kenntnisse im Umfang des von Delisle aufgestellten und von Peter I. gebilligten Lehrprogramms für den wissenschaftlichen Nachwuchs angeeignet und sich daraufhin eifrig an allen von seinen Petersburger Kollegen durchgeführten Forschungsarbeiten beteiligt[7].

Die aus Archivmaterialien gewonnenen Erkenntnisse wurden von der Verfasserin ihrer Schrift *Die Petersburger astronomische Schule des 18. Jahrhunderts*[6] zugrunde gelegt; diese behandelt ausführlich die Entstehungsgeschichte der genannten wissenschaftlichen Schule und die mannigfaltige wissenschaftliche Tätigkeit aller ihrer Vertreter, unter ihnen auch diejenige Eulers. Es wurde auch das in der Petersburger astronomischen Schule herrschende Unterrichtssystem für den wissenschaftlichen Nachwuchs dargelegt sowie die Studienzeit der einzelnen Vertreter der Schule verfolgt. Hier soll kurz auf die neuen, Euler betreffenden Erkenntnisse eingegangen werden.

Bekanntlich erfolgte Eulers Berufung an die Petersburger Akademie auf Empfehlung seines Landsmanns und Freundes Daniel Bernoulli, der damals bereits zu Delisles Mitarbeitern gehörte. Kein Wunder daher, dass Euler sich, kaum dass die Berufung ihn erreicht hatte, eifrig mit dem Themenkreis der Petersburger Astronomen vertraut zu machen begann.

Vor allem wurde allen Praktikanten in Delisles Sternwarte eine sorgfältig zusammengestellte Liste der empfohlenen Fachschriften vorgelegt; diese wurde von der Verfasserin kürzlich in der Leningrader Archivfiliale der Akademie der Wissenschaften der UdSSR entdeckt[8]. Sie enthält rund 500 Buch- und Handschriftentitel aus Delisles Privatbibliothek; es sind in mehreren Sprachen verfasste Schriften zur Astronomie, Physik, Mathematik, Mechanik, Geschichte und Geschichte der Wissenschaft. Besondere Berücksichtigung fand die Mathematik, denn gründliche mathematische Vorkenntnisse waren eine notwendige Voraussetzung für die Schaffung einer neuen, auf der Lehre von Kopernik–Kepler–Newton aufbauenden Astronomie.

Diesen Standpunkt vertritt Delisle auch in seinem Brief an L. Blumentrost vom 8. September 1721, in dem es heisst: «... je me suis muni d'un grand fond de géométrie et d'algèbre, persuadé que l'astronomie aiant été enrichie de nos jours d'un grand nombre de decouvertes puisées dans ces deux sciences, elle ne pouvait être poussée plus loin que par l'alliage de ces sciences abstraites avec une parfaite intelligence des observations astronomiques qui en sont les veritables fondements[9].»

Delisles Streben galt der Schaffung einer astronomischen Teilwissenschaft, die im Grunde der Zukunft angehörte und später die Bezeichnung «Himmelsmechanik» erhielt. Daher suchte er zu den Forschungsarbeiten in seiner Sternwarte vor allem solche Gelehrte heranzuziehen, die über gründliche mathematische Vorkenntnisse verfügten und sich zu dieser Wissenschaft hingezogen fühlten. So waren die von J. Hermann und D. Bernoulli erhaltenen Hinweise auf Eulers unverkennbare mathematische Begabung und seine gründlichen Kenntnisse auf diesem Gebiet, die er sich in seiner Schweizer Heimat erworben hatte, ausschlaggebend für Eulers Berufung an die Petersburger Akademie der Wissenschaften, wo er alsbald zur Arbeit in der Sternwarte herangezogen wurde.

Die Delisles Meinung nach für die Ausarbeitung der neuen Astronomie besonders wesentlichen Teilgebiete der Mathematik waren die sphärische

Trigonometrie, die eine richtige Vorstellung von den beobachteten Erscheinungen ermöglichte, die Analysis des Unendlichen, auf deren Grundlage die
beim Studium der Planetenbahnen besonders effizienten analytischen Methoden ausgearbeitet werden sollten, und schliesslich die Wahrscheinlichkeitsrechnung, mit deren Hilfe die Ergebnisse astronomischer Beobachtungen und
der Laboratoriumsversuche ausgewertet werden konnten. Daher forderte
Delisle seine Schüler und Mitarbeiter immer wieder zum Studium dieser
mathematischen Teilgebiete auf. Und Euler war es, dessen Wissen sich als
besonders gründlich erwies und der sich daher am besten für die Lösung der
ihm gestellten Aufgaben eignete.

Somit kann festgestellt werden, dass Euler zu Beginn seiner wissenschaftlichen Laufbahn, von der Mathematik ausgehend, sich nicht angewandten Problemen zuwandte, sondern sich vielmehr eingehend mit der sphärischen Trigonometrie, der Analysis des Unendlichen und der Wahrscheinlichkeitsrechnung befasste, dabei vor allem den Endzweck – die astronomischen
Belange – im Auge behaltend. Auch seine Petersburger Kollegen
F. Ch. Mayer, G. W. Krafft u. a. waren den gleichen Weg gegangen. Den Kreis
seiner wissenschaftlichen Interessen hat Euler erst später bedeutend erweitert.

Um eine die Planetenbahnen am genauesten beschreibende mathematische Theorie aufzubauen, mussten die astronomischen Beobachtungen richtig ausgewertet werden. Nach Delisles Meinung konnte dies erst errreicht
werden, wenn sich jeder die Technik der praktischen Beobachtungen angeeignet haben würde. Daher zog er viele Mitarbeiter der Petersburger Akademie
zur Arbeit in der Sternwarte heran.

1977 wurden in der Leningrader Archivfiliale der Akademie der
Wissenschaften der UdSSR die seit dem 19. Jahrhundert verschollen geglaub-
ten Beobachtungsjournale der Petersburger Sternwarte aus den ersten 21
Jahren ihres Bestehens entdeckt[10]. Aus diesen geht hervor, dass an den von
Delisle geleiteten Beobachtungen viele freiwillige Helfer beteiligt waren,
darunter D. Bernoulli, Th. S. Bayer, F. Ch. Mayer, G. W. Krafft, G. W. Richmann, M. V. Lomonosov und sogar G. F. Müller und J. G. Gmelin. Der
Aktivste jedoch war Euler, der fast 10 Jahre lang in der Petersburger Sternwarte regelmässig zweimal täglich (morgens und abends) astronomische Beobachtungen angestellt hatte. Laut den Journaleintragungen war Euler am 11. März
1733 neuen Stils[11] erstmals in die Sternwarte gekommen. Zusammen mit einer
Gruppe Geodäsie-Praktikanten fixierte Euler mittels eines 18-Zoll-Quadranten
morgens und abends die respektiven Höhen des Sonnenoberrandes. Aufgrund
dieser Beobachtungen errechneten Delisle und Euler den Moment des wahren
Mittags und die Mittagsverbesserung. Die Beobachtungen der Sonne fesselten
Euler derart, dass er sie auch später fast täglich bis zu seiner Abreise aus
Russland 1741 fortsetzte.

Eulers Eintragungen in den Journalen der Petersburger Sternwarte
waren so ausführlich und zahlreich, dass sich daraus in allen Einzelheiten
feststellen lässt, wie er allmählich die Technik der astronomischen Beobach-

tungen meistern lernte. So hat Euler fast ein Jahr lang alle Beobachtungen und Berechnungen parallel mit Delisle durchgeführt. Erst gegen Ende April 1734 näherten sich seine Berechnungen denen Delisles an[12]. Seit dem 24. September 1734 führte Euler auf Delisles Anregung Beobachtungen mittels des grossen 3-Fuss-Quadranten von Rownley durch[13], doch erst ab 1. Oktober 1734 wurden Euler selbständige Beobachtungen übertragen[14].

Indem Euler die gewonnenen Erkenntnisse auswertete, fand er eine einfache Methode zur Berechnung von Tabellen der Meridiangleichung der Sonne, mit deren Hilfe er die stündliche Bestimmung der Gleichsonnenhöhen in Petersburg vornehmen konnte[15]. Später stellte er eine Errechnungstabelle für die Meridiansonnenhöhe gemäss seinen zwei vor und nach dem Meridian beobachteten Höhen auf[16]. Alle genannten Tabellen wurden von den Mitarbeitern der Sternwarte sofort verwendet; Euler trug seine Abhandlung *Methodus computandi aequationem meridiei* am 27. und am 31. Januar 1735 auf der Akademischen Konferenz vor[17], worauf sie veröffentlicht wurde[18].

Doch am meisten fesselten Euler die Beobachtungen der Sonnenflecken, die er gemeinsam mit Delisle und Winsheim durchführte. Da die Flecken zahlreich waren, wurden sie nicht nur mittels des grossen 5-Fuss-Mauersextanten im sogenannten «Hoch-Observatorium» (d. i. im unteren Turmgeschoss der Kunstkammer) beobachtet, sondern auch in der Dunkelkammer des «Tief-Observatoriums» mittels des auf einer parallaktischen Maschine aufgestellten 14-Fuss-Fernrohrs. Das Sonnenbild wurde von einem Bildschirm reflektiert, die Entfernung der Sonnenflecken jeweils vom oberen und unteren Sonnenscheibenrand mittels eines grossen Mikrometers aufs genaueste gemessen[19].

Diese Beobachtungen stellten eine Wiederholung und Weiterentwicklung ähnlicher von Delisle noch 1713 in Paris angestellter Beobachtungen dar, die ihn zur Ausarbeitung einer auf Newtons Lehre fussenden geometrischen Bestimmungsmethode der Sonnenfleckenbahnen anregte. Mittels dieser Methode liessen sich die heliozentrischen Koordinaten der Flecken für einen beliebigen Beobachtungsmoment errechnen und somit die Sonnenfleckenbahn im kosmischen Raum bestimmen. Die Beobachtung der Sonnenfleckenbahn ermöglichte es, die Periode der Rotationsbewegungen der Sonne um ihre Achse zu berechnen, die Rotationsgeschwindigkeit zu bestimmen usw. Delisles auf Newtons Lehre fussende Abhandlung konnte in Paris nicht veröffentlicht werden, da die Mehrheit der französischen Astronomen damals der cartesianischen Lehre anhing. Sie wurde erst 1738 in Petersburg gedruckt[20].

Gleich seinen Petersburger Kollegen Krafft, Mayer, Richmann, Lomonosov widmete sich Euler mit Feuereifer der Beobachtung der Sonnenflecken; seine Notizbücher aus dieser Zeit enthalten begeisterte Äusserungen über seine Beobachtungen[21], und sie wurden einer ganzen Reihe von Arbeiten zugrunde gelegt, auf die er später wiederholt zurückgreifen sollte[22]. Im Grunde handelt es sich bei den Beobachtungen der Sonnenflecken und der Berechnung ihrer Bahn nach Delisles Methode um die Anfänge der Himmelsmechanik. Sich der äusserst umständlichen geometrischen Methoden bedienend, forderte Delisle seine Schüler und Mitarbeiter immer wieder dazu auf, die für den praktischen Gebrauch besser geeigneten einfacheren analytischen Methoden auszuarbeiten. Dieser Aufgabe widmete sich Euler auch in der Folgezeit voll Eifer und mit grossem Erfolg. Selbst seine Übersiedlung nach Berlin 1741 führte nicht zur Unterbrechung seiner Forschungen.

Aus den Archivmaterialien geht hervor, dass Euler von Delisle auch zur Ausarbeitung analytischer Bestimmungsmethoden der Kometenbahnen herangezogen wurde. Delisle, der 1742 seine Beobachtungen des periodischen Grant-Grigg-Melisch-Kometen begonnen hatte und sich (zum wievielten Mal schon) von der Umständlichkeit der Newtonschen Methode zur Berechnung der Bahnen überzeugen musste, wandte sich an Euler um Hilfe. Die neuen Versuche, eine Theorie der Kometenbahnen zu schaffen, beschreibt er wie folgt: «Ces n'ont pas été seulement les astronomes de profession, qui ont travaillé à perfectionner ces théories. Le célèbre géomètre Mr. Euler que j'avois invité par lettres, peu après l'apparition de la comète de 1742, d'employer ses profondes connoissances en Géométrie à perfectionner cette partie de l'Astronomie à bienvoulu la faire, aiant trouvé une méthode suivant ce qu'il m'a écrit, avec laquelle il peut par le moyen de quatre observations reconnoitre l'espèce de section conique que chaque comète décrit; et en déterminer les dimensions[23].»

Zwei im Manuskript vorliegende Abhandlungen Delisles zur Kometenastronomie, Eulers einschlägige Arbeiten sowie der Briefwechsel der beiden Gelehrten ermöglichen eine Rekonstruktion der Geschehnisse, die im Zusammenhang stehen mit der Ausarbeitung aller Eulerschen Bestimmungsmethoden der Kometenbahnen, welche in der Folgezeit in die Schatzkammer der Wissenschaft eingegangen sind[23-25].

Da diese Methoden wie auch Eulers andere Arbeiten zur theoretischen Astronomie von Subbotin eingehend untersucht worden sind[1], erübrigt sich hier ein näheres Eintreten. Es sei nur darauf hingewiesen, dass Euler sich bei der Ausarbeitung seiner Bewegungstheorie der Himmelskörper die ihm wohlbekannten, in der Petersburger Sternwarte gewonnenen Forschungsergebnisse zunutze machte; an manchen dieser Forschungsarbeiten hatte er selbst unmittelbar teilgenommen.

Grosses Interesse legte Euler auch für astronomisch-geodätische und kartographische Fragen an den Tag, für deren Lösung bei der Petersburger Akademie der Wissenschaften auf Delisles Anregung eine neue wissenschaftliche Institution ins Leben gerufen wurde – das sogenannte Geographische Departement[26]. Bekanntlich war Euler dort als Delisles Helfer eine Reihe von Jahren tätig[27]. Der vor kurzem gewonnene Einblick in verschiedene Dokumente dieses Departements, vor allem in die Protokolle, brachte viele Einzelheiten über Eulers Tätigkeit auf dem Gebiet der Geodäsie und Kartographie zutage.

So konnte z.B. festgestellt werden, dass Eulers Anstellung im Geographischen Departement am 1.September 1735 alten Stils durchaus seinen Wünschen und wissenschaftlichen Neigungen entsprach. Genauso freiwillig, wie Euler 1733 die keineswegs leichten Aufgaben eines Beobachters in Delisles Sternwarte auf sich nahm, half er Delisle wiederholt bei dessen kartographischen Arbeiten[28]. Durch Eulers offizielle Anstellung im Geographischen Departement wurden seine bereits seit Jahren bestehenden Beziehungen zu Delisle noch enger.

Wie aus Protokollen ersichtlich ist, erschien Euler das erstemal im Geographischen Departement am 25.August 1735 alten Stils (d.h. einige Tage vor seiner offiziellen Anstellung), und in der Folgezeit kam er täglich[29]. Später erhielten Euler und Delisle die Erlaubnis, gelegentlich zu Hause zu arbeiten, doch die Arbeitslast blieb enorm. Die Protokolle fixierten alle von Euler in den Jahren 1735–1741 erfüllten Aufgaben. Ihr Gesamtumfang ist erstaunlich. Man kann nicht umhin, die aussergewöhnliche Arbeitsfähigkeit des Gelehrten, die Vielseitigkeit seiner wissenschaftlichen Interessen zu bewundern.

Die erste Protokolleintragung über Eulers Erscheinen im Geographischen Departement am 25.August 1735 lautet wie folgt: «Mr. le Professeur Euler, qui a été chargé de la part de Mr. le Chambellan (gemeint ist J.A. Korff, Präsident der Akademie – die Verf.), pour aider Mr. de L'Isle à la Composition de la Carte Générale de la Russie, est venu aujourd'hui pour nous être adjoint[30].»

Eulers erste Arbeit war die vom Senat angeforderte Karte von Russlands europäischen Grenzen. Am 2.September beriet sich Euler mit Delisle darüber, wie eine solche Karte am besten zu konstruieren sei. Am nächsten Tag wurden deren Ausmasse festgelegt und drei Blatt Papier dafür bestimmt. Weiter heisst es im Protokoll: «Mr. de L'Isle ayant expliqué Mr. Euler la projection qu'il a employé jusqu'ici dans la composition de ses Cartes, et Mr. Euler l'ayant approuvée, ils sont convenus de l'employer dans la Construction de la Carte demandée. Et comme l'Echelle de la ditte Carte, s'est trouvée à peu près de la même grandeur que celle de la Carte Générale de toute la Russie, et Asie Septentrionale, que Mr. de L'Isle a commencé en quatre grandes feuilles, ces Mrs. sont convenus d'en copier la projection, ce qu'ils ont commencées de faire eux-même[31]..»

Euler beendete die Karte der europäischen Grenzen Russlands am 6.September 1736 und übergab sie an demselben Tage dem Adjunkten V.E. Adodurov zur Korrektur der darauf angegebenen russischen Benennungen (damals reichten Eulers Russischkenntnisse noch nicht dazu aus). Erst am 14.Oktober 1736 war die von Euler und Delisle gemeinsam begonnene Karte endgültig fertiggestellt[32]. Die Protokolleintragungen über alle von Euler in den Jahren 1735–1741, d.h. bis zu seiner Abreise nach Berlin, fertiggestellten Karten anführen, hiesse den Rahmen dieses Beitrags sprengen. Auch aus dem Gesagten geht ja bereits eindeutig hervor, wie viel Wissenswertes über Eulers wissenschaftliche Tätigkeit aus bisher unerschlossenen Archivmaterialien zu gewinnen wäre.

Im Archiv der Petersburger Sternwarte ist eine weitere unveröffentlicht geblieben, der astronomischen Refraktion gewidmete Abhandlung Eulers entdeckt worden: *De refractione radiorum lucis*. Die Handschrift der in lateinischer Sprache verfassten Arbeit wird in der Leningrader Archivfiliale der Akademie der Wissenschaften der UdSSR aufbewahrt[33]. Eine mit Korrekturen und Bemerkungen von Delisle und Krafft versehene Abschrift von der Hand Delisles befindet sich in der Pariser Sternwarte[34].

Am 26. Dezember 1738 neuen Stils hatte Euler seine Abhandlung *De refractione radiorum lucis* abgeschlossen und Delisle vorgelegt, der sie zusammen mit Krafft aufmerksam durchlas und darin eine Reihe von Fehlern und Ungenauigkeiten entdeckte. Am 30. April/11. Mai 1739 bekam Euler sein Manuskript zurück und gab es nach Vornahme der notwendigen Verbesserungen in Druck. Doch aus bisher unbekannten Gründen ist Eulers Abhandlung nicht veröffentlicht worden.

Im Februar 1912 wurde das Leningrader Manuskript nach Zürich an Prof. F. Rudio gesandt, der Eulers Schriften für den Druck vorbereitete. In seinem Begleitschreiben vom 5./18. Februar 1912 erbat sich S. F. Oldenburg, ständiger Sekretär der Petersburger Akademie der Wissenschaften, das Manuskript nach allfällig erfolgter Veröffentlichung zurück[35]. Doch auch diesmal ist Eulers Arbeit nicht im Druck erschienen – zumindest sind uns keine Veröffentlichungen davon bekannt.

Den Problemen der atmosphärischen Refraktion wie übrigens auch der Theorie der Refraktion und Diffraktion des Lichts (und – was erst kürzlich bekannt geworden ist – den entsprechenden Versuchen im Laboratorium) hatte Euler sich wiederholt zugewandt. Mit allen diesen Forschungsarbeiten, die mit denjenigen der Petersburger Astronomen eng verbunden waren, hatte er gleich nach seiner Ankunft in Russland begonnen. Ein ausführlicher Arbeitsplan dafür findet sich in Delisles Notizen, die unter dem Gesamttitel *Utilité des expériences sur l'inflexion de la lumière pour l'Astronomie* in der Pariser Sternwarte aufbewahrt werden[36]. Unter den darin angeführten Versuchen zur Feststellung der Eigenschaften der Lichtrefraktion nennt Delisle wiederholt die oben bereits erwähnten Beobachtungen der Sonnenflecken in der Dunkelkammer, die Euler und seine Petersburger Kollegen mit so grossem Eifer betrieben.

Eulers Manuskript *De refractione radiorum lucis* ist höchst aufschlussreich: Es enthält die Formeln, die notwendig waren, um die Tabelle der Refraktionen an einer beliebigen Stelle errechnen zu können, an der mindestens eine Refraktionsgrösse auf experimentellem Wege bestimmt worden war. Da diese Schrift bisher nirgends veröffentlicht worden ist, ist sie von der Verfasserin für den Druck vorbereitet worden, nachdem beide Handschriften, das Leningrader Original und die Pariser Abschrift, aufs sorgfältigste miteinander verglichen worden sind. Unter den auf Eulers Abhandlung Bezug nehmenden Dokumenten hat sich auch ein unbekannter Brief von ihm an Delisle gefunden; er lautet:

«Monsieur,

Je Vous prie de me communiquer une Table de réfraction, qui est tirée des observations, car je n'ai qu'une copie de la table de Mr. Bouguer et je ne conviens, que ses réfractions pour les hauteurs très petites ne s'accordent pas avec l'expérience. Comme j'ai donc trouvé une formule pour calculer une table des réfractions pour chaque endroit étant donné une seule réfraction par les observations, je la voudrois bien vérifier. Je suis très parfaitement Monsieur Votre très humble et très obéissant serviteur

L. Euler

P.S. Je Vous prie aussi, Monsieur, de me renvoier ce papier que j'ai laissé chez Vous, afin que paisse tout mettre en ordre et d'en faire une pièce[37].»

Dieser undatierte Brief dürfte kurz vor dem 30. April/11. Mai 1739 geschrieben worden sein. An diesem Tag nämlich hatte Delisle, wie aus seinen Eintragungen hervorgeht, Euler dessen Manuskript zurückgegeben, versehen mit seinen und Krafffts Bemerkungen, mitsamt den besten Refraktionstabellen, die aufgrund der damals bekannten Beobachtungsdaten aufgestellt worden waren; auch die von Newton aufgestellten Tabellen befanden sich darunter. Dies ist um so aufschlussreicher, als bisher allgemein angenommen wurde, diese Tabellen Newtons wären bis ins 19. Jahrhundert hinein von den Astronomen nicht beachtet und bei praktischen Beobachtungen unberücksichtigt geblieben[38]!

Anmerkungen

1 M. F. Subbotin, *Astronomičeskije raboty Leonarda Ejlera* (*BV* Sammelband Lavrent'-ev, 1958, p. 268–376).
2 L. Euler, *Izbrannije kartografičeskije statji*, Izdatelstvo geodesičeskoj literatury, Moskva 1959, 80 p.
3 S. I. Vavilov, *Fizičeskaja optika Leonarda Ejlera*, in: *Leonard Ejler, 1707–1783. Sbornik statej i materialov k 150-letju so dnja smerti*, Izdatelstvo Akademii Nauk SSSR, Moskva 1935.
4 G. G. Sljussarev, *«Dioptrica» Ejlera* (*BV* Sammelband Lavrent'ev, 1958, p. 414–422).
5 N. I. Nevskaja, *Pervije raboty po astrofisike v Peterburgskoi Akademii Nauk* (XVIII v.), Istoriko-astronomičeskije issledovanija, vypusk *X*, Nauka, Moskva 1969, p. 121–157; Eadem, *Difrakcija sveta v rabotakh astrofizikov XVIII veka*, Istoriko-astronomičeskije issledovanija, vypusk *XIII*, Nauka, Moskva 1977, p. 339–376.
6 N. I. Nevskaja, *Peterburgskaja astronomičeskaja škola XVIII veka* (im Druck).
7 N. I. Nevskaja, *Joseph Nicolas Delisle i Peterburgskaja Akademia Nauk* (*XVIII* v.), Voprossy istorii astronomii, Moskva 1974, p. 61–93.
8 N. I. Nevskaja, *Nikita Ivanovič Popov (1720–1782)*, Nauka, Leningrad 1977. p. 16.
9 V. N. Gnučeva, *Geografičeskij departament Akademii nauk XVIII veka*, Isdatelstvo Akademii Nauk SSSR, Moskva – Leningrad 1946, p. 105.
10 N. I. Nevskaja, *Žurnaly nabljudenij Peterburgskoi astronomičeskoi observatorii XVIII v.*, in: *Razvitje metodov astronomičeskikh issledovanij*, Moskva – Leningrad 1979, p. 534–535.

11   Cf. 10, p.535, folio 272.
12   Cf. 10, p.535, f.286.
13   Cf. 10, p.535, f.363 v.
14   Cf. 10, p.535, f.366.
15   *Protokoly zasedanij konferencii imp. Akademii nauk* ..., SPb., 1897, tomus *I*, p.142.
16   Ibidem, p.146.
17   Ibidem, p.142, 146.
18   L. Euler, *Methodus computandi aequationem meridiei*, Comm. Acad. scient. imp. Petrop., (1736) 1741, tomus *VIII*, p.48–65 (E.50/O.II,30).
19   Cf. 10, p.535, f.363 v–366.
20   J.N. De L'Isle, *Mémoires pour servir à l'Histoire et au progrès de l'Astronomie, de la Géographie et de la Physique* ...., SPb., 1738, p.143–179.
21   *Leningradskoje otdelenje Arkhiva Akademii Nauk SSSR* (künftig: LO AAN), F.136, op.I, Nr.131ff., 64v, u.a.
22   J.A. Euler, *De rotatione Solis circa axem ex motu macularum apparente determinanda*, Novi Comment. Acad. sc. imp. Petrop., 1768, tomus *XII*, p.273–286 (E.A26/O.II,30).
23   N.I. Nevskaja, *Pervyje v Rossii raboty po teorii komet*, Razvitje metodov astronomičeskikh issledovanij, Moskva-Leningrad 1979, p.495.
24   *Russko-francuskije naučnije svjasi*, Nauka, Leningrad 1968, p.121–279.
25   Cf. 7, p.69–73.
26   Cf. 9, p.23–37.
27   Cf. 9, p.37–39.
28   Cf. 15, p.89 u.a.
29   Somit müssten Gnučevas Angaben überprüft werden, cf. 9, p.37–39 u.a.
30   LO AAN, F.3, op.10, Nr.2/1, f.8.
31   Ibidem, f.9v–10.
32   Ibidem, Nr.2/2, ff.72–77.
33   *Rukopisnye materialy Eulera v Arkhive Akademii nauk SSSR*, Tom *I* (Naučnoje opissanje), Izdatelstvo Akademii Nauk SSSR, Moskva – Leningrad 1962, p.102.
34   Archiv der Pariser Sternwarte, A, 2, 1, f.26–30.
35   LO AAN, F. 136, op.I, Nr.125, f.3.
36   Archiv der Pariser Sternwarte, A, 2, 1, ff.235–238.
37   Ibidem, f.63.
38   S.M. Kosik, *K istorii nevtonovykh tabliz astronomičeskoi refrakcii*, Istoriko-astronomičeskije issledovanija, vypusk *XIV*, Nauka, Moskva 1978, p.259–270.

Abb. 48
Teilansicht der Akademiegebäude in St. Petersburg im 18. Jahrhundert.
(Gestochen von Niquet nach einer Zeichnung von de Lespinasse.)

Judith Kh. Kopelevič

Euler und die Petersburger Akademie der Wissenschaften

Der hier behandelte Gegenstand ist nicht neu. Eulers Beziehungen zur Petersburger Akademie ziehen sich nämlich als Leitfaden durch alle Lebensbeschreibungen Eulers, durch alle Schriften zur Geschichte der Petersburger Akademie der Wissenschaften im 18. Jahrhundert. 56 Jahre seines Lebens, d. h. seine gesamte wissenschaftliche Tätigkeit von den ersten selbständigen Schritten in der Wissenschaft bis zu seinem Tode, sind mit der Akademie zu Petersburg verbunden. In den letzten Jahrzehnten wurden im Archiv der Akademie der Wissenschaften der UdSSR zahlreiche wichtige Materialien entdeckt und wissenschaftlich beschrieben[1]; es wurde eine Beschreibung von Eulers Briefwechsel zunächst in russischer Sprache in Leningrad, später ergänzt und verbessert, in den *Opera omnia*[2] veröffentlicht. Schliesslich erschien eine von Wissenschaftlern der DDR und der UdSSR gemeinsam vorbereitete dreibändige Ausgabe von Eulers Briefwechsel mit der Petersburger Akademie[3]. Man erwarte deshalb nicht, im folgenden etwa ein unbekanntes Manuskript von Euler oder Wichtiges aus seinem Leben zu entdecken. Es soll bloss versucht werden, Eulers Schicksal aus der Sicht seiner engen Beziehungen zur Petersburger Akademie, zu ihrer Geschichte im 18. Jahrhundert, auszuleuchten. Von besonderem Interesse erscheinen in diesem Zusammenhang die ersten vierzehn Jahre von Eulers Aufenthalt in Petersburg, in denen er sich zu einem hervorragenden Gelehrten entwickelt hatte. Wohlbekannt ist Eulers eigene Meinung dazu, geäussert in einem am 18. November 1749 aus Berlin an Schumacher nach Petersburg geschickten Brief: «... ich und alle übrige, welche das Glück gehabt, einige Zeit bey der russisch Kaiserlichen Academie zu stehen, müssen gestehen, dass wir alles, was wir sind, den vortheilhaften Umständen, worin wir uns daselbst befunden, schuldig sind. Dann was mich insbesondere betrifft, so würde ich in Ermanglung dieser herrlichen Gelegenheit genöthiget gewesen seyn, mich auf ein ander Studium hauptsächlich zu legen, worinn ich allem Ansehen nach doch nur ein Stümper würde geworden seyn. Als mich letstens auch Sr. königl. Majestät fragten, wo ich dasjenige, was ich wusste, gelernt hätte, so antwortete ich der Wahrheit gemäss, dass ich alles meinem Aufenthalt bey der Academie in Petersburg zu verdanken hätte[4].» Auf diese Äusserung Eulers soll näher eingegangen werden.

Die Umstände der Berufung Eulers an die Petersburger Akademie und seiner Ankunft in Petersburg sind allgemein bekannt[5]. Es dürfte kaum ein

Zufall gewesen sein, dass dieser begabte neunzehnjährige Jüngling, dem seine Heimat im Sinne einer wissenschaftlichen Laufbahn nichts bieten konnte, sich in die junge russische Metropole begab, an die vor kurzem gegründete Akademie der Wissenschaften. Die Wahl der Mitarbeiter für die Akademie wurde sehr grosszügig betrieben[6], viele namhafte Gelehrte aus ganz Europa wurden zur Mitarbeit herangezogen; kein Wunder daher, dass man auch auf die jungen Basler Mathematiker, Schüler von Johann Bernoulli, aufmerksam geworden war.

Es war eine für die Frühgeschichte der Petersburger Akademie günstige Zeit, zu der Euler nach Petersburg kam. Kaiserin Katharina I. förderte grosszügig die Akademie, eine Schöpfung ihres Gemahls, Peters I. Kein Wunder, dass Christian Wolff, als er von der bevorstehenden Reise Eulers nach Petersburg erfuhr, diesem schrieb, er fahre in ein «Paradies der Gelehrten[7]». Der Bau zweier grosser für die Akademie bestimmter Gebäude an der Neva war bereits dem Abschluss nahe. Es war dies die Kunstkammer samt Bibliothek, Sternwarte und anatomischem Theater und daneben ein Palast mit Sitzungssaal und anderen Diensträumen. Es wurde mit öffentlichen Vorlesungen begonnen, öffentliche Versammlungen wurden sehr feierlich abgehalten. Die Ausstattungsarbeiten in der akademischen Druckerei waren noch in vollem Gange, als die ersten Schriften bereits gedruckt vorlagen. Laurentius Blumentrost, Präsident der Akademie und Leibarzt der Kaiserin, bekleidete am Hof eine einflussreiche Stellung. Die Briefe der Akademiemitglieder sind zu dieser Zeit voll rosiger Hoffnungen[8]. Um diese Zeit kamen vor allem die Vorzüge der Akademie zur Geltung, die Nachteile traten erst später zutage.

Als Euler in Petersburg ankam, herrschten dort Trauer und Bestürzung: Eine Woche zuvor war die Kaiserin gestorben[9]. Ein halbes Jahr später zog der Hofhalt des minderjährigen Kaisers Peter II. nach Moskau um; unter den Höflingen war auch Blumentrost, dem bald darauf Christian Goldbach, Konferenzsekretär der Akademie, folgte. Die Leitung der Akademie fiel an den Bibliothekar J.D. Schumacher, der sich durch Tatkraft und Umsicht auszeichnete und nach dem Prinzip *divide et impera* regierte. Die Akademie besass kein Reglement, ihre Lage war recht unsicher; fast alle Akademiemitglieder, namentlich die älteren, lehnten sich auf gegen Schumachers Willkürherrschaft, dieser jedoch suchte Unterstützung bei den Jüngeren und förderte sie. Die Lage veränderte sich kaum, auch nachdem Anna Iwanowna 1730 den Thron bestiegen hatte und der Hof 1732 wieder nach Petersburg zog. Eine Wendung zum Besseren trat erst ein mit der Ernennung J.A. Korffs zum Präsidenten der Akademie im Oktober 1734. Fünfeinhalb Jahr lang war Korff eifrig in seinem Amt tätig, ihm verdankt die Akademie eine Reihe nützlicher Reformen, doch auch ihm war es nicht gelungen, den Etat der Akademie und eine Stabilisierung ihrer Finanzen durchzusetzen sowie der bürokratischen Willkür Schumachers und der von ihm geschaffenen Kanzlei Zügel anzulegen. Das Gesagte scheint in einem gewissen Widerspruch zu stehen zu Eulers hoher Einschätzung der Bedingungen, unter denen seine wissenschaftliche

Laufbahn begonnen hatte. Doch gerade Eulers Schicksal kann als Zeugnis dienen dafür, wie günstig sich trotz allem die Mitgliedschaft an der Akademie für die wissenschaftliche Forschung erwies. Besonders wichtig war die Rolle der akademischen Konferenz als einer wissenschaftlichen Körperschaft. Zwar waren in der Akademie laut dem «Entwurf» Peters I. elf Fachrichtungen vertreten, die jeweils durch ein Akademiemitglied besetzt werden sollten, doch waren die meisten der ersten Akademiemitglieder vielseitig gebildete und interessierte Gelehrte, die zusammen mit den Adjunkten ein physikalisch-mathematisches Kollektiv bildeten, das zweimal wöchentlich zusammenkam und zu einem Mittelpunkt wissenschaftlichen Meinungsaustausches und wechselseitiger Bereicherung wurde, was für die jüngeren Teilnehmer besonders fruchtbar war. Unter den Akademiemitgliedern hatte sich ein günstiges Altersverhältnis gebildet – mehr als die Hälfte der neuen Mitglieder war nicht älter als dreissig –, doch es gab auch genug namhafte ältere Gelehrte unter ihnen, so etwa den Mathematiker Jakob Hermann, den Astronomen Joseph Nicolas Delisle, den Mechaniker Johann Georg Leitmann. Dabei herrschte während der Konferenz keine so strenge Hierarchie, wie sie etwa in der Pariser Akademie üblich war, deren Mitglieder bei den Sitzungen jedes seinen festen Platz, seinem Rang entsprechend, einnahm – die Adjunkten mussten hinter ihren Betreuern sitzen. In Petersburg dagegen durfte jeder der Konferenz beiwohnen, der zum behandelten Gegenstand etwas beizusteuern hatte. Euler, der als «élève» aufgenommen wurde (das Wort «Adjunkt» kam erst später auf), hielt von Anbeginn Vorträge, an Aktivität alle Akademiemitglieder übertreffend. Bis zu seiner Abreise 1741 hielt Euler durchschnittlich zehn Vorträge im Jahr, die übrigen höchstens einen bis fünf. Und in den in der zweiten Hälfte des Jahres 1735 abgehaltenen Sitzungen der sogenannten Mathematischen Konferenz war es fast ausschliesslich Euler, der mit Vorträgen und Gutachten auftrat (in 21 von insgesamt 23 Sitzungen).

Die Mitglieder der Akademie kamen nicht nur auf Konferenzsitzungen zusammen, sondern es wurden auch gemeinsame Experimente durchgeführt, so. z.B. im August/September 1727, betreffend die Flugbahn einer Kanonenkugel, sowie gemeinsame Untersuchungen unternommen. Waren umfangreiche Aufgaben zu lösen, wie etwa die Schaffung einer Generalkarte Russlands, so wurden Arbeitsgruppen gebildet. (Näheres über gemeinsame Forschungen auf dem Gebiet der Astronomie ist im vorliegenden Band im Beitrag von N.I. Nevskaja zu finden.)

Die Entwicklung vielseitiger Fähigkeiten wurde in der Akademie gefördert durch die dort herrschende Freiheit bei der Wahl des Forschungsgebietes. Keiner war in seiner wissenschaftlichen Tätigkeit durch die von ihm vertretene Fachrichtung beschränkt. So widmete sich Daniel Bernoulli, der in den ersten Jahren die Stellung eines Professors für Physiologie bekleidete, vorwiegend der Physik und Mathematik, und der an demselben Lehrstuhl angestellte Euler hatte von Anfang an die Möglichkeit, seinen wissenschaftlichen Neigungen zu frönen. In der Petersburger Akademie, wo im 18. Jahrhundert die Mitglieder wie an Universitäten kontraktmässig für eine bestimmte Frist angestellt und manche nach deren Ablauf aus verschiedenen Gründen entlassen wurden, hatten die Jüngeren mehr Aufstiegsmöglichkeiten als etwa an der Pariser Akademie, deren Mitglieder auf Lebenszeit gewählt wurden. Es ist deshalb anzunehmen, dass Euler, auch wenn Hermann, Bülfinger und D. Bernoulli Russland nicht verlassen hätten, nicht lange Adjunkt geblieben wäre; er wäre auch dann sicher zum ausserordentlichen Akademiemitglied aufgestiegen, einem im «Entwurf» Peters I. zwar nicht vorgesehenen, doch später geschaffenen akademischen Rang. Gelegentlich wurden auch zwei Mitglieder an ein und denselben Lehrstuhl berufen. Der in Petersburg geschaffene eigenartige Status des Gelehrten, durch den dieser finanziell einem Universitätsprofessor gleichgestellt wurde, was Gehalt, Wohnung, Brennholz und Kerzen anlangt, dessen Lehrauftrag, mit dem des letzteren verglichen, jedoch recht bescheiden war, bot dem Akademiemitglied grössere Möglichkeiten für wissenschaftliche Forschungsarbeit. Zudem machte Euler wiederholt Gebrauch von dem in der Akademie üblichen Gratial- und Vergütungssystem für ausgeführte Einzelaufträge.

Eulers Beitrag zur Einführung des höheren Mathematikunterrichts in Russland bestand vor allem in der Schaffung von Lehrbüchern. Mit Schülern hatte er in dem besprochenen Zeitabschnitt nicht viel Glück. So hatte sein Schüler Vassili Adodurov anfänglich zwar recht gute Forschritte gemacht, später jedoch widmete er sich der Übersetzertätigkeit und dem Schaffen einer russischen Grammatik; der Adjunkt Frédéric Moula, ein Schweizer, hatte bald nach Eulers Abreise aus Russland der Wissenschaft den Rücken gekehrt.

Neue Erkenntnisse hinsichtlich Eulers Tätigkeiten und Pflichten vermittelt uns sein kürzlich entdeckter Rechenschaftsbericht vom 28. August 1737. Auf Verlangen des Präsidenten J. A. Korff sollten die Akademiemitglieder nämlich Rechenschaft ablegen darüber, was sie kontraktmässig zu leisten hatten, was davon erfüllt und was geplant war. Euler schrieb: «Krafft meines Engagements bey der Kaiserl. Academie der Wissenschaften bin ich zu folgenden Stücken verpflichtet. 1. Den ordentlichen Konferenzen beyzuwohnen; welches ich auch fleissig verrichte, und jederzeit Piecen parat halte um in denselben vorzulesen. 2. Den Studiosis lectiones zu halten, über den höheren Theil der Mathematic; welches ich auch, so oft sich dergleichen Studiosi anmelden, die in diesem Studio Unterrichtung verlangen, nach derselben Fähigkeiten verrichte. 3. Ist mir auch aufgetragen worden in der Geographie von Russland mit zu arbeiten; worauf ich mich auch, so viel meine andere Studia zulassen nach aller Möglichkeit befleissige. Was ferner meine jetzige und künftige Occupationes betrifft, so arbeite ich jetzund an der Arithmetic, welche für das hiesige Gymnasium gebraucht werden soll. Hernach bin ich gesinnet wofern ich nicht durch andere Geschäfte daran verhindert werde, andere von mir schon angefangene Werke zu Ende zu bringen, welche von der Music, Static, Analysi infinitorum und Bewegung der Körper in Wasser handeln[10].»

Euler, der mehr zur theoretischen Forschungsarbeit neigte, konnte an der Petersburger Akademie auch seine Fähigkeiten auf dem Gebiet der angewandten Wissenschaften entwickeln. Gefördert wurde dies durch diverse Aufträge, die er von staatlichen Ämtern erhielt. Der erste Auftrag dieser Art dürfte Eulers Gutachten über die von der Seeakademie zugesandte Schrift *(Kurzgefasste) Navigation nach der Carte de Reduction*[11] gewesen sein, verfasst von Stepan Malygin, Leutnant der russischen Flotte. Über die Erfüllung dieses Auftrags berichtete Euler an Schumacher am 14./25. September 1731. Das Gutachten wurde auf der Konferenz am 19./30. Oktober verlesen[12]. Das Gutachten selbst ist verschollen, doch hatte die Akademie Malygin aufgrund desselben einen Attest ausgestellt, der auf der letzten Seite seiner Schrift abgedruckt ist. Darin heisst es: «Die Kaiserliche Akademie der Wissenschaften hatte das vorliegende Büchlein Leonhard Euler, Akademiemitglied und ordentlichem Professor für Physik übergeben, welcher sich mit dem Inhalt desselben vertraut gemacht und dabei festgestellt hatte, dass es nichts die Regeln der Navigationswissenschaft Verletzendes enthält, vielmehr alle Probleme brav und richtig behandelt werden und dass das Büchlein dazu nützlich ist, als Lehrbuch dienen zu können ...»

Dieser Fall ist kennzeichnend für die Frühgeschichte der Akademie, als diese, bemüht um ihr Ansehen unter den staatlichen Institutionen, jeden Auftrag annahm, selbst wenn sie keine Gelehrten der gewünschten Fachrichtung besass. Es ist durchaus nicht ausgeschlossen, dass Euler, bevor er sein wohlbegründetes Gutachten schrieb, erst aus Malygins Schrift sich Einblick in die praktische Navigation verschaffen musste, eine Wissenschaft, in der ihm so Bedeutendes zu vollbringen beschieden war.

Unter Eulers Manuskripten aus den Jahren 1735–1740 haben sich rund 20 Gutachten und Vorschläge zu technischen Fragen erhalten, die von der Überprüfung verschiedener Masse und Gewichte, vom Prüfen der Magnetsteine, der Reiss- und Messinstrumente, der Ankerwinde, der Feuerspritzen usw. handeln. Eine Reihe solcher Gutachten Eulers sind in den *Materialy* zur Geschichte der Kaiserlichen Akademie der Wissenschaften, Bände 3 und 4, veröffentlicht worden, darunter eines über die vom Mechaniker I. Bruckner für die Admiralität gebaute Sägemühle, ein weiteres über eine Vorrichtung zum Hochziehen der grossen Moskauer Glocke. Die technische Seite dieser Gutachten ist noch nicht gebührend gewürdigt worden. Hier sei nur auf die zeitliche Übereinstimmung dieser Gutachten mit einigen theoretischen Schriften Eulers hingewiesen. Es dürfte kaum zufällig sein, dass gerade im Februar 1738, als Euler mit der Überprüfung mehrerer Gewichtssätze für das Petersburger Zollamt zu tun hatte, er der Konferenz seine theoretische Abhandlung *Disquisitio de bilancibus* (E.93/O.II, 17) vorlegte. Auch der von Euler im April desselben Jahres vorgelegten Arbeit *De machinarum tam simplicium quam compositarum usu* (E.96/O.II, 17) war die unter seiner Mitarbeit durchgeführte Überprüfung verschiedener von A. K. Nartov und I. Bruckner konstruierter Mechanismen vorausgegangen. Sie regte Euler zur Schaffung einer neuen

Maschinentheorie an, zum ersten Versuch, dem Funktionieren von Mechanismen die neuesten Erkenntnisse der mathematischen Analyse zugrunde zu legen. Die Anregung zu seiner grossen Abhandlung *Scientia navalis* (E.110, 111/O.II, 18, 19) dürfte Euler durch zwei von ihm im Auftrag der Akademie 1735–1736 angefertigte Gutachten erhalten haben – beide über die Schrift *Extrait du mechanisme des mouvements des corps flottans* (Paris 1735) von De la Croix, Generalkommissar der französischen Flotte. Eulers Aufsätze zur Theorie der Kartographie, dank denen er als Mitbegründer dieser Wissenschaft gilt, fussen, auch wenn sie bedeutend später veröffentlicht wurden, auf seiner praktischen Mitarbeit an der Generalkarte Russlands in den Jahren 1735–1741.

Äusserst fruchtbar für die Mitglieder der Petersburger Akademie erwies sich u.a. auch ihr ausgedehnter Briefwechsel. Im Gegensatz zu ähnlichen Institutionen im Ausland bezahlte die Petersburger Akademie nicht nur den Briefwechsel des Konferenzsekretärs, sondern auch den aller ihrer Mitglieder, sofern deren Briefe wissenschaftliche Fragen behandelten. Solche Briefe wurden auf der Konferenz verlesen und in Abschriften im Archiv aufbewahrt. J.A. Korff war es, der den Briefwechsel mit ausländischen Kollegen besonders eifrig befürwortete. Davon zeugt etwa Eulers Briefwechsel. Bis 1735 beschränkte sich sein brieflicher Verkehr mit dem Ausland fast ausschliesslich auf Basel, wohin er zuerst an Johann, später an Daniel Bernoulli und an Jakob Hermann schrieb. Seit 1735 wächst die Zahl seiner Briefpartner ständig, zu ihnen gehören nun der Astronom G. Poleni in Padua, G.J. Marinoni in Wien, der Londoner Mathematiker J. Stirling, der dänische Seeoffizier F. Weggersløff, die Mathematiker H. Kühn und C.L.G. Ehler in Danzig. Der Briefwechsel ermöglichte einen regeren Austausch von Entdeckungen und Ideen, vermittelte Informationen über den neuesten Stand der europäischen Wissenschaft. Aktuelle Informationen erhielt die Akademie auch von ihren ständigen Partnern im Ausland – den wissenschaftlichen Zeitschriften *Acta eruditorum*, *Neue Zeitungen von gelehrten Sachen* (beide in Leipzig), *Bibliothèque Germanique* (Amsterdam), *Mémoires* (Trévoux, Frankreich) und manch anderen, die miteinander im Referieren und Besprechen der Petersburger Veröffentlichungen wetteiferten. So äusserte sich J. Sousiet, der Herausgeber der *Mémoires*, in einem Brief an Korff[13] äusserst begeistert über Eulers *Mechanica* (E.15, 16/O.II, 1, 2) und brachte in seiner Zeitschrift deren ausführliche Besprechung. Diese Schrift wurde, wie auch andere akademische Veröffentlichungen, nicht nur an viele Buchhändler im Ausland geschickt, sondern auch gratis an Dutzende Adressaten: Botschafter an europäischen Höfen, die grössten Bibliotheken, einzelne wissenschaftliche Vereine und Akademien, Herausgeber von Zeitschriften[14]. Kurz, die Petersburger Wissenschaft machte sich bemerkbar.

In nicht geringem Masse wurde die wissenschaftliche Forschungsarbeit an der Petersburger Akademie auch durch die von ihr gebotenen, so gut wie unbegrenzten Publikationsmöglichkeiten gefördert, wie sie damals an keiner anderen Akademie zu finden waren. Schumacher war es, dem das Hauptverdienst daran gebührt, war er doch massgeblich an der Schaffung des akademischen Verlags und Buchhandels beteiligt, die er mit echtem Engagement leitete. Eine grundsätzliche Neuerung bestand von Anbeginn darin, dass der Verlag nicht als ertragreiches Unternehmen angesehen wurde; die Unkosten seiner Tätigkeit wurden von der Akademie getragen, die wissenschaftlichen Veröffentlichungen zum Selbstkostenpreis, zuweilen auch darunter, verkauft, die dadurch entstehenden Verluste durch den Gewinn vom Verkauf populärer Schriften mit grossen Auflagen kompensiert. In den 30er Jahren erschienen die *Commentarii* zuweilen – wegen finanzieller und sonstiger Mißstände – mit Verspätung, doch von der Konferenz gebilligte Monographien wurden unverzüglich veröffentlicht. Euler hatte zumindest nie Schwierigkeiten mit der Veröffentlichung seiner Schriften gehabt. Über 50 Arbeiten von ihm wurden in Petersburg bis 1741 herausgebracht, weitere 31 hinterlassene Handschriften erschienen ebenda nach seiner Abreise nach Berlin. Im Vergleich zu dem, was Euler in den nachfolgenden Jahren geschaffen hat, scheint es nicht sehr viel zu sein, doch kaum jemand von den Gelehrten seiner Zeit hat mehr veröffentlicht.

Die in Petersburg gedruckten Schriften Eulers sind wohlbekannt, über seine Mitarbeit an der Zeitschrift *Anmerckungen über die Zeitungen* dagegen ist so gut wie nichts bekannt. Diese erschien 1728 bis 1742 in deutscher und in russischer Sprache. Die Beiträge darin erschienen anonym, seit 1738 mit Initialen; die Handschriften haben sich im Archiv nicht erhalten. Nur ein Beitrag trägt Eulers Initialen – *Von der Gestalt der Erde* (1738, p. 27–32, 103–104). Vor kurzem wurde anhand eines Briefes von G. F. Müller an J. D. Schumacher festgestellt, dass die grosse Abhandlung *Über das neuliche grosse Nord-Licht* (1730, St. 14–17, 21, 25, 32, 35, 77, 78) von Müller, Krafft und Euler verfasst wurde; der mittlere Teil dürfte von Euler stammen. Mit voller Gewissheit lässt sich auch Eulers Autorschaft für den Beitrag *Von der Beobachtung der Ebbe und Fluth des Meeres* (1740, St. 9–10) feststellen, die ohne Unterschrift um die Zeit erschien, da Euler an einer dieses Thema behandelnden Preisschrift für die Pariser Akademie der Wissenschaften arbeitete und auf seine Bitte hin Beobachtungen von Ebbe und Flut des Weissen Meeres durchgeführt wurden. Der obenerwähnte Beitrag fällt im Wortlaut mit Eulers Manuskript *Nötige Erinnerungen, welche bei Beobachtungen der Ebbe und Fluth des Meeres in Acht zu nehmen*[15] zusammen; darin sind auch Eulers Zeichnung einer Meßstange und das Modell eines Beobachtungsjournals reproduziert.

Die Gründe von Eulers 1741 erfolgter Übersiedlung nach Berlin sind wohlbekannt. Der drei Bände füllende Briefwechsel Eulers mit der Petersburger Akademie und ihren Gelehrten zeigt die mannigfaltigen Fäden, die Euler mit der Akademie in den 25 Jahren seines Berliner Aufenthalts verbanden. Es sind insgesamt 850 Briefe, voll von wichtigen Gedanken und Informationen. Um den Rahmen dieses Beitrags nicht zu sprengen, soll hier nur ganz kurz auf die Teilgebiete der Wissenschaft eingegangen werden, in denen sich Euler von Berlin aus als aktiver Mitarbeiter der Petersburger Akademie betätigte.

Auch nach seiner Abreise wurde Euler von der Petersburger Akademie als Hauptkonsultant in physikalisch-mathematischen Fragen herangezogen, so z.B. 1745 bei den Meinungsverschiedenheiten zwischen den Akademiemitgliedern G.W. Richmann und J. Weitbrecht betreffend die wissenschaftliche Position des Londoner Newtonianers J. Jurin[16] oder 1753 bei der Auseinandersetzung zwischen Ch.G. Kratzenstein und N. Popov betreffend Kratzensteins Lösung des Problems *(Problema nauticum)* der Wirkung des Windes auf die Meeresgewässer[17]. Euler war es, der praktisch verantwortlich war für die wissenschaftliche Qualität der mathematischen Beiträge für die *Novi Commentarii;* er verfasste auch Gutachten (Resümees) von vielen Beiträgen. Dadurch hat er sich um die russische Wissenschaft verdient gemacht: er förderte M.V. Lomonosov bei dessen ersten Schritten in der wissenschaftlichen Laufbahn und half ihm, seine Stellung an der Akademie zu festigen. Jahrelang, bis zu Lomonosovs Tode, stand Euler im freundschaftlichen Briefwechsel mit ihm[18].

Indem Euler in seiner Berliner Zeit seine Beziehungen zu den europäischen Akademien und zu vielen hervorragenden Gelehrten ausbaute, eröffnete er auch der Petersburger Akademie weitere Möglichkeiten des wissenschaftlichen Austauschs und trug dazu bei, dass die Petersburger Gelehrten über die neuesten Errungenschaften der Wissenschaft und über die wichtigsten Ereignisse in der Welt der Wissenschaft besser informiert wurden.

Seit 1749 schrieb die Petersburger Akademie jährlich Preisfragen aus, und Euler hatte als Jurymitglied die eingereichten Arbeiten zur Astronomie und Physik zu bewerten. Darüber hinaus schlug er zahlreiche Themen für Preisaufgaben vor und schickte solche listenweise[19]. Mehr als die Hälfte aller Themen aus Physik und Astronomie in den Jahren 1749–1783 wurde Eulers Briefen aus Berlin entnommen.

In seiner Petersburger Zeit war es Euler nicht gelungen, wenigstens einen russischen Mathematiker für die Akademie auszubilden, in Berlin dagegen hatte er in den Jahren 1752–1756 bei sich daheim die russischen Studenten S. Kot'elnikov, S. Rumovskij und M. Sofronov unterrichtet; die beiden ersten nahmen in der Folge einen wohlverdienten Platz in der russischen mathematischen Wissenschaft ein und waren auch pädagogisch tätig, während die wissenschaftliche Laufbahn des letzteren nicht besonders erfolgreich war.

Euler betätigte sich auch eifrig als Vermittler und Konsultant bei der Wahl von ausländischen Gelehrten für die an der Akademie freigewordenen Stellungen. Im Briefwechsel werden Dutzende von Anwärtern besprochen. So kam es, dass über die Hälfte aller an die Akademie Berufenen und von ihr Angestellten in der Zeit von Eulers Berliner Aufenthalt auf seine Empfehlung hin und mit seiner Hilfe aufgenommen wurde. Unter ihnen waren nicht nur die Physiker Ch.G. Kratzenstein, J.A. Braun, F.U. Aepinus, sondern auch der Mechaniker J.E. Zeiher, der Chemiker J.G. Lehmann, der Physiologe K.F. Wolff. Aus Eulers Briefen geht hervor, welch hohe Anforderungen er an die Kandidaten für die Petersburger Akademie stellte.

Mannigfaltig und zahlreich waren die Aufträge der Akademie, die Euler erfüllte; unter anderem bestellte und kaufte er Bücher und Instrumente und kümmerte sich um ihre Übersendung nach Petersburg. Alle diese zeitraubenden Aufträge aus Petersburg dürfte Euler nicht nur wegen des Gehalts eines Ehrenmitglieds oder aus Dankbarkeit für das Land und die Akademie, wo er zum Gelehrten geworden war, auf sich genommen haben, sondern wohl auch, weil die Rolle eines «bevollmächtigten Vertreters» der Petersburger Akademie seinem eigenen Ansehen förderlich war und ihm den Ruf einbrachte, massgeblich an der Herstellung von Beziehungen zwischen den europäischen Gelehrten beteiligt zu sein.

Besonders wichtig war für die Akademie bei ihrer Zusammenarbeit mit Euler in seiner Berliner Zeit die Möglichkeit, Eulers Schriften in Petersburg veröffentlichen zu können. Von den sieben umfangreichen, von Euler in dieser Zeit verfassten monographischen Schriften wurden zwei von der Petersburger Akademie veröffentlicht: die bereits erwähnte *Scientia navalis*, Vol. I, II (1749), und die *Theoria motus Lunae* (E.187/O.II, 23) von 1753. Ausserdem erschienen in den *Commentarii* und *Novi Commentarii* rund 100 Beiträge Eulers, von ihm aus Berlin geschickt; etwa die gleiche Zahl von seinen Beiträgen wurde in den *Mémoires* der Berliner Akademie veröffentlicht. Darüber hat sich A.P. Juškevič mit Recht wie folgt geäussert: «Seine Kräfte reichten durchaus für eine vollwertige Tätigkeit an beiden Akademien. Eulers Schriften und Beiträge wurden in diesen Jahren fast zu gleichen Teilen von beiden Akademien veröffentlicht; keine von ihnen hätte allein alle seine Arbeiten herausgeben können, selbst beide zusammen hatten sie es nicht leicht mit der schier unerschöpflichen Flut seiner Produktionen[20].»

Aufschlussreich ist nicht nur die Zahl der von Euler in seiner Berliner Zeit in den Petersburger *Novi Commentarii* veröffentlichten Beiträge, sondern auch ihr Anteil an den Veröffentlichungen dieser Zeitschrift. Hier sei auf die Zusammensetzung der mathematischen Klasse in den *Novi Commentarii* in dem jeweiligen Band hingewiesen (die Zahl links steht für Eulers Beiträge, die rechts für die aller übrigen Autoren): I.4-2, II.2-3, III.7-2, IV.4-1, V.7-1, VI.11-1, VII.5-1, VIII.10-6, IX.10-0, X.9-2, XI.9-0. Unter den in Band VIII erschienenen Beiträgen anderer Autoren finden sich die von Eulers Schülern Kot'elnikov und Rumovskij. Das Gesagte macht klar, welch grosse Bedeutung Eulers Mitarbeit an dieser akademischen Zeitschrift für ihren Ruf einer führenden physikalisch-mathematischen Zeitschrift Europas hatte. Wichtig ist dabei auch ein weiterer Umstand: Ohne die Möglichkeit, die Ergebnisse seiner wissenschaftlichen Forschungtätigkeit in Petersburg veröffentlichen zu können, wären manche von Eulers Entdeckungen wohl unpubliziert, mancher Beitrag gar ungeschrieben geblieben.

Nach 25 Jahren nach Petersburg zurückgekehrt, bekam Euler nun offiziell die Stellung zugewiesen, die er praktisch all die Jahre bekleidet hatte. In der ersten Konferenz, an der er teilnahm, am 7. August 1766, legte er die Handschrift seines dreibändigen Werkes *Institutionum calculi integralis ...*

(E. 342, 366/O. I, 11–13) vor. Seit dieser Zeit und bis zu seinem Tode bildeten seine Schriften einen ununterbrochenen Strom. Zuweilen wurden fünf bis sechs Abhandlungen an einer Sitzung besprochen; einmal, am 18. Mai 1772, waren es sogar deren 13. Über 500 Arbeiten sind von Euler in diesem Zeitabschnitt vorgelegt bzw. in seinem Nachlass entdeckt worden. Dabei sind es nur die von der Akademie bis 1862 veröffentlichten Arbeiten, darunter mehrere fundamentale Werke – eine Leistung, wie sie wohl einmalig in der Geschichte der Wissenschaft dasteht. Mit vollstem Recht gilt Euler als Begründer der russischen mathematischen Schule, deren Traditionen bis heute lebendig geblieben sind. Dabei mussten Eulers Schüler ihm mit der Zeit immer mehr das rapide schwindende Sehvermögen ersetzen: seine Söhne, N. Fuss, W. L. Krafft, M. E. Golovin, A. J. Lexell, P. B. Inokhodzev.

Nach Russland zurückgekehrt, übernahm Euler – wie auch in den ersten Jahren seiner Tätigkeit in Petersburg – die Funktionen eines Experten und Konsultanten bei der Lösung von praktischen Fragen, wie etwa der Errichtung einer Witwenkasse (1769), beim Einschätzen des von I. P. Kulibin eingereichten Entwurfs einer freitragenden Brücke über die Neva (1776), beim Bestimmen von Neigung und Geschwindigkeit der Nevaströmung (1780).

Als dem ältesten unter den Akademiemitgliedern oblag Euler nun die Leitung der Konferenz, zudem war er Mitglied des neuen leitenden Organs – einer dem Direktor unterstellten Kommission – und nahm auch regen Anteil an der Ausrüstung grösserer von der Akademie veranstalteten Expeditionen, namentlich derjenigen von 1769, die den Durchgang der Venus vor der Sonne zu beobachten hatte.

Nicht alle Vorschläge Eulers, die er in seiner Eingabe «Plan d'un Retablissement de l'Académie Impériale de Sciences[21]» dargelegt hatte, erwiesen sich als erfüllbar. Unverwirklicht blieben etwa seine Vorschläge zur Erhöhung der Rentabilität des akademischen Verlags, zur Aufhebung der feststehenden Mitgliederzahl und Gehaltshöhe, was seiner Meinung nach der Akademie ermöglicht hätte, nur hochbegabte Gelehrte anzustellen und ihnen ein hohes Gehalt zu sichern. Eulers Idee einer zumindest beschränkten akademischen Selbstverwaltung liess sich nur für kurze Zeit verwirklichen – der despotische Leitungsstil des Direktors V. G. Orlov veranlasste Euler und seinen Sohn, ihre Tätigkeit in der Leitungskommission aufzugeben. Später hatte Euler wiederholt gegen die Willkür des Direktors S. G. Domašnev anzukämpfen, und erst E. R. Daškova, zur Direktorin der Akademie ernannt, legte die grösste Hochachtung für den Altmeister unter den Akademiemitgliedern an den Tag, ein Lichtblick in den letzten Monaten seines Lebens.

Eulers von der Akademie errichtetes Grabmal, seine Büste im Gebäude des Präsidiums der Akademie der Wissenschaften der UdSSR, die zwei Jahrhunderte umfassenden Bemühungen der Akademie, seinen riesengrossen Nachlass zu pflegen und zu veröffentlichen, zeugen eindeutig davon, dass Eulers Begegnung mit der Petersburger Akademie der Wissenschaften für beide Seiten glückbringend gewesen ist.

Anmerkungen

1 *Рукописные материалы Л. Эйлера в Архиве Академии наук СССР,* tom I, научное описание. Сост. Ю. Х. Копелевич, М. В. Крутикова, Г. К. Михайлов, Н. М. Раскин, Москва 1962.

2 *Леонард Эйлер. Переписка. Аннотированный указатель.* Сост. Т. Н. Кладо, Ю. Х. Копелевич, Т. А. Лукина, И. Г. Мельников, В. И. Смирнов, А. П. Юшкевич, при участии К. Р. Бирмана и Ф. Г. Ланге, под ред. В. И. Смирнова и А. П. Юшкевича. Ленинград 1967; O. IV A, 1.

3 BV Juškevič–Winter, I–III, im folgenden kurz als «Briefwechsel» mit Angabe des Bandes zitiert; А. П. Юшкевич, *Жизнь и математическое творчество Леонарда Эйлера,* Успехи математических наук, tom XII, вып. 4 (76), 1957, с. 3–28; P. Hoffmann, *Zur Verbindung Eulers mit der Petersburger Akademie der Wissenschaften während seiner Berliner Zeit,* in: E. Winter (ed.), *Die deutsch-russische Begegnung und Leonhard Euler,* Berlin 1958, p. 150–156.

4 Briefwechsel, 2, p. 182.

5 Г. К. Михайлов, *К переезду Леонарда Эйлера в Петербург,* Известия АН СССР, Отд. техн. наук, Nr. 3, 1957, с. 1–37.

6 Ю. Х. Копелевич, *Основание Петербургской академии наук,* Ленинград 1977, с. 65–79.

7 AAN, f. 136, op. 2, Nr. 6, fol. 271.

8 *Письма первых академиков из Петербурга,* Вестник АН СССР, Nr. 10, 1973, с. 128–133.

9 In seiner Lebensbeschreibung, verfasst 1767, wird von Euler fehlerhaft darauf hingewiesen, dass er gerade am Tag des Todes von Katharina I. in Petersburg angekommen sei. Cf. *Записки имп. Академии наук,* tom 6, 1864, с. 75–77.

10 AAN, f. 3, op. 1, Nr. 860, fol. 9. Dieser Bericht wurde von M. A. Alexejeva aufgefunden.

11 *Навигация (сокращенная) по карте де редюксион,* СПб. 1733.

12 Briefwechsel, 2, p. 52.

13 AAN, f. 1, op. 3, Nr. 25, fol. 133.

14 Ibidem, Nr. 22, fol. 80–84.

15 Ibidem, f. 136, op. 1, fol. 121.

16 Briefwechsel, 2, p. 31, 32.

17 Ibidem, 2, p. 32, 33, 311, 314.

18 Ibidem, 3, p. 2–4, 187–206.

19 Ibidem, 2, p. 21–22, 437–439; ibidem, 3, p. 236–238.

20 А. П. Юшкевич, op. cit., p. 12.

21 П. П. Пекарский, *История имп. Академии наук в Петербурге,* tom I, СПб. 1870, с. 303–308.

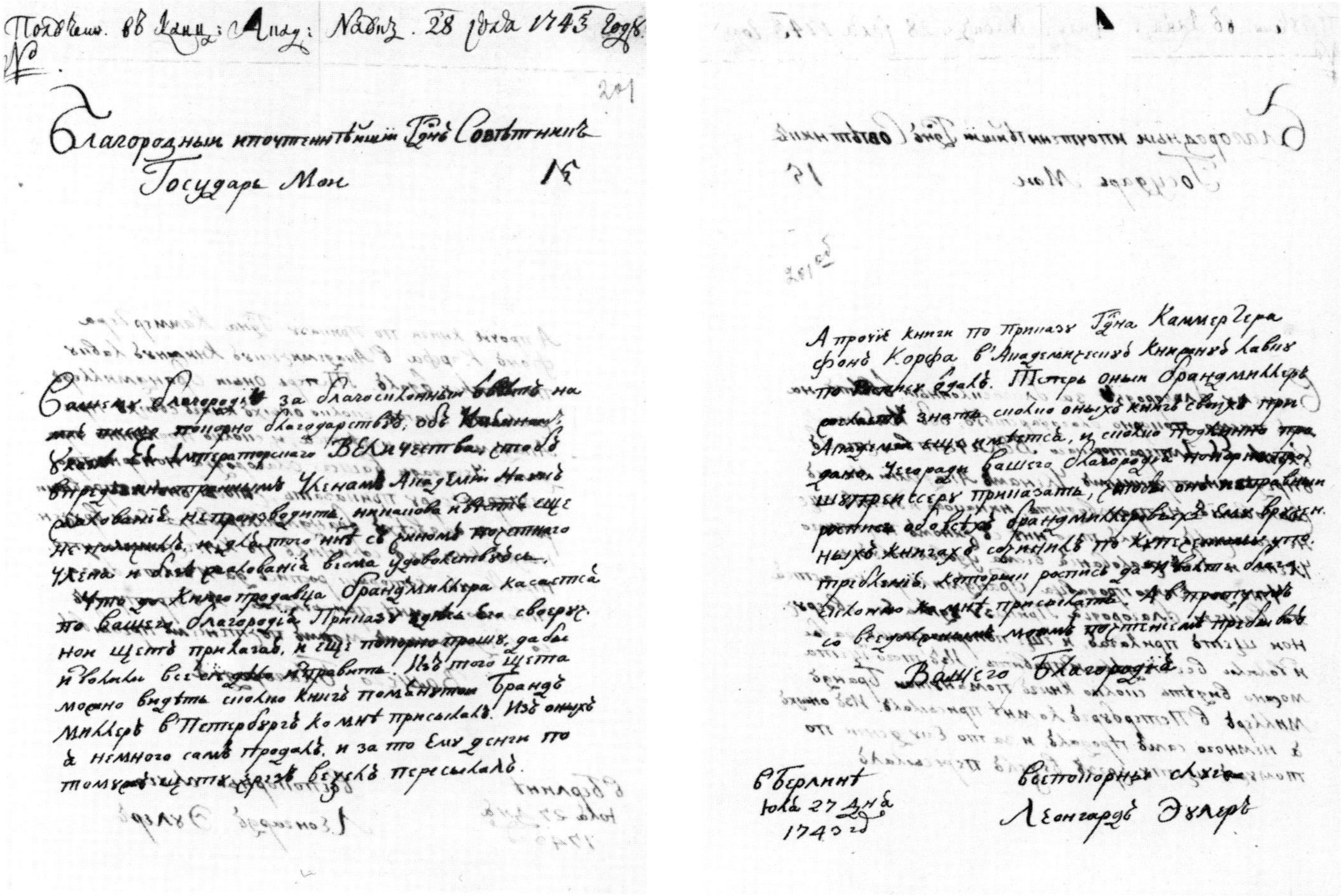

Abb. 49
Russisch geschriebener Brief Eulers vom 27. Juli 1743 an den Staatsrat A. K. Nartov. Der Brief ist veröffentlicht in *BV* Juškevič/Winter, Teil 2. p. 61f.

Ašot T. Grigor'jan
Vladimir S. Kirsanov

Euler's physics in Russia

Leonhard Euler's physical concepts exerted essential influence on the formation of scientific views in Russia at the end of the 18th and beginning of the 19th century. This influence can be traced in three directions. Firstly, the similarity between Euler's and Lomonosov's physical views was of great importance for the further development of science and philosophy in Russia. Secondly, Euler had followers at the Petersburg Academy of Science who played a great part in spreading their teacher's ideas. Thirdly, there were well educated men outside the academical circles, for whom the name Euler symbolized the main scientific achievements of the time, and it was manifested in their works and activity.

To begin with considering principal features of Euler's physical views which would be necessary for the following account. Euler's physical ideas were not original, but he understood clearly the limitation both of the Newtonian and the Cartesian approach to the explanation of phenomena, and in his works he tried to find a reasonable compromise. The hypotheses he used were always Cartesian ones; the main principle of Cartesian physics that all phenomena were determined by matter and its motion was always a guide-line in his studies. Nevertheless, the essence and properties of matter were never described by him in the Cartesian sense. Descartes identified matter and extension; for Euler, on the contrary, it was matter "which told the existing body from plain extension", and "therefore, the Cartesian definition of the body was insufficient[1]".

According to Euler, extension had an intermediate status between the property of pure space and the property of matter. The main properties of matter are extension, impenetrability and inertia. Euler borrowed these ideas from Newton, but he stressed that it was these three properties which were essential for describing matter. (Newton mentioned five properties: extension, hardness, impenetrability, mobility and inertia.) In Euler's opinion, the existence of the material world beyond us is an indisputable fact; he says that those who share the opposite view "should be regarded as deprived of common sense[2]". It is interesting to add that Euler tries to prove immortality of the soul, using the notion of inertia (more precisely, its connection with matter): "No body has a force which is opposite to inertia. Ability to think is the force which is opposite to inertia. Therefore, no body can have ability to think[3]."

The mass, according to Euler, is determined by the quantity of inertia, i.e. by the ability to preserve the state of motion or that of even motion. Euler says that bodies have the ability to be divided *ad infinitum*, and it does not contradict his using indivisible particles because these particles might be divided further if conditions of the experiment were changed.

Another important element of the Eulerian world picture was aether by means of which he tried to explain most physical phenomena. Regarding contact action as the sole source of mechanical forces, Euler reduced all interactions in nature to the contact action of bodies, or to that of aether and bodies. He believed, in particular, elastic force of aether to be the true cause of gravitation, not centrifugal force of Cartesian vortices.

Supposing inertia to be an imprescriptible property of matter, Euler arrived at the conclusion that we should necessarily accept the existence of absolute rest and motion and, therefore, absolute space. "The notion of space we can perceive only by means of abstraction: we must remove all the bodies and what remains after that we call space[4]." The notion of absolute time is analogous to that of absolute space. "Ideas of space and time always have a similar fate; so those who deny the reality of the first deny the reality of the second[5]."

Together with Euler, Lomonosov was a central personality of the Russian science in the 18th century. (They were contemporaries and members of the same Academy, and it is surprising that they should not have known each other personally. Nevertheless, they were well informed about each other's works and corresponded for a long time. From the beginning of his career, Lomonosov had a high regard for Euler; it could not have been otherwise, for Euler was one of the most illustrious men in the Petersburg Academy when Lomonosov was but a student of the Academical gymnasium. For Euler's part, he appreciated the first works of the Russian scientist from the very start. He wrote about Lomonosov's papers: "Toutes ses pièces sont non seulement bonnes, mais très excellentes, car il traite les matières de la Physique et de la Chimie les plus intéressantes, et qui sont tout à fait inconnues et inexplicables aux plus grands Génies, avec tant de solidité que je suis tout à fait convaincu de la justesse de ses explications. A cette occasion je dois faire justice à Monsieur Lomonosow, qu'il possède le plus heureux Génie pour découvrir les phénomènes de la Physique et de la Chimie, et il serait à souhaiter, que toutes autres Académiens fussent en état de produire des découvertes semblables à celles que Monsieur Lomonosow vient de faire[6]."

Lomonosov's and Euler's views on *rerum natura* were not identical, but they had a similarity due to the negative attitude both to monadology and the whole Leibniz-Wolffian school. In a paper entitled *Physical dissertation on the difference of mixted bodies...* (1739) Lomonosov opposed against the Leibniz-Wolffian doctrine the atomistic physics founded on the idea of extended particles. He wrote: "Matter is the extended being impenetrable and divisible into imperceptible parts[7]." Like Euler, he connected extension with the existence of bodies; he believed the world consisted of material bodies the imprescriptible property of which is extension. Lomonosov opposed against action at a distance, a push, a shock, transfer of motion. "Famous Bernoulli", he wrote, "explains most attractions by pushing and, therefore, any attraction becomes doubtful. It will be noted, in addition, that it is impossible to suggest another cause of motion except pushing and attraction[8]."

Though Eulerian tendencies reveal themselves in all Lomonosov's physical concepts, he does not share Euler's views on many phenomena. While Euler explained heat by the motion of caloric, Lomonosov did it by the motion of matter itself; Euler accounted for gravitation through the elastic force of aether, Lomonosov by means of Lesage's aether; Lomonosov did not admit the Eulerian theory of colours, though he did not agree to the Newtonian explanation of this phenomenon. Nevertheless, it is worth while emphasizing the similar approach both of Euler and Lomonosov to many physical problems, and this fact was of great importance for the evolution of science and philosophy in Russia.

There is no doubt that Euler's activity had a great influence on scientific life in the Petersburg Academy. Catherine the Second wrote in connection with Euler's return to Russia in 1766: "I am sure that the Academy will revive due to this important acquisition, and I can congratulate myself on the return of this great man[9]."

Many papers and books have been devoted to the relationship between Euler and the Academy, and to recall, his followers in the Academy were: S.K. Kotel'nikov, S.Ja. Rumovskij, M.E. Golovin and N.I. Fuss. They were all mathematicians like Euler but also occupied with physics as well. S.K. Kotel'nikov[10], as a scientist, was the most outstanding personality among Euler's adherents; in the second half of the 18th century he was a teacher in the Academical gymnasium, delivering lectures on hydrostatics, hydraulics and optics. In 1774, his "Book containing a Doctrine of Equilibrium and Motion of Bodies[11]" was published in Petersburg. The Eulerian influence can be easily traced in the composition and content of this book. Many of its axioms and definitions coincide almost literally with Euler's and, like Euler, Kotel'nikov attached great importance to the notion of impenetrability. Among other Kotel'nikov's works should be mentioned the paper, "On equilibrium of forces[12]", based upon the Maupertuis–Lagrangean dynamical principle, where many questions were treated in the same way as in the book.

The main Rumovskij's[12a] achievement in the spread of Eulerian physical ideas was his Russian translation of "Letters to a German Princess[13]". This translation was the first encyclopedia of physical knowledge written in Russian, and its popularity was very high: the first Russian text books on physics were based upon it.

In 1786, Catherine the Second reformed the educational system in Russia, establishing so-called people's schools. A special committee was appointed for organizing these schools, and physics and mechanics were introduced into its program. For these schools M.E. Golovin composed text-books on physics and mechanics[14]. The text-book on mechanics was the translation of an Austrian text-book, arranged and supplemented by Golovin.

As to the physical works of N.I. Fuss, it is worth while mentioning his papers on dioptrics, based on Euler's results, and, particularly, his computations for an achromatic microscope[15].

At Euler's time in Russia, scientific life existed only in the sole institution, the Petersburg Academy. Most of the academicians were foreigners, and professional training in science faced many problems. During Lomonosov's life, the Academical university was closed twice owing to shortage of students. The situation changed at the end of the 18th century, and the number of students (in schools, institutes and universities) was about 4000; from 1786 to 1825, it rose in Russia to 35,000, the number of university students having increased considerably. The new school statute of 1804 established succession in the system of education from the elementary school to the university. According to this statute, physics was introduced into the program of elementary schools, and the physical course of gymnasia was essentially widened. Similar changes took place in clerical seminaries and academies.

At that time the role of higher education became more evident in the evolution of science. This process was facilitated by the opening of new universities: the Medical Academy (1795), where the standard of teaching physics was high enough, the Derpt University (1802), the Kazan University (1804), the Khar'kov University (1810) and the Petersburg University (1819).

Russian philosophical thought also began to develop under the influence of French encyclopedists and the Petersburg academicians. Euler's specific influence in this process is difficult to define, but it is reasonable to speak about the similarity between many fundamental ideas of Euler and those of Russian writers and philosophers. In this connection, the works of Ja.P. Kozel'skij and A.N. Radiščev are good examples.

Kozel'skij[15a] was the first Russian author to advance a philosophical system in his book *Philosophical Propositions*[16] (1768). He was a well-educated man, well-acquainted with the works of Newton, Huygens, Decartes and, of course, Euler. His text-books on mathematics and mechanics had a wide circulation in the second half of the 18th century. Kozel'skij's views on space and matter were influenced by Helvetius' ideas. Euler pointed out that space was the abstraction which we could not imagine otherwise as by means of matter, while Kozel'skij went further, claiming: "Space considered apart from matter is plain nothing, but that considered in connection with bodies is extension[17]."

Many thoughts, analogous to those of Euler, can be found in the works of another Russian author, A.N. Radiščev[17a]. In his philosophical treatise *On the Man, his Mortality, and Immortality*[18] (1792–1796), Radiščev analyzes notions of matter, space and time. He thinks, like Euler, that impenetrability and extension are the main properties of matter. "Impenetrability and extension are inseparable properties of any being which we are able to perceive[19]." Radiščev claims that moving matter is the cause of natural phenomena; this matter is objective, and independent from consciousness. "Being of things is independent from the force of knowledge, and it exists in itself[20]." Like Euler, he tried to prove immortality of soul; he wrote: "Our soul, or thinking force, is not matter in itself, but a property of a scheme[21]."

Now, we shall discuss the writings of physical character. One of the most interesting books is the text-book on physics, the "Guide in Physics composed by Pjotr Gilarovskij...[22]". This book is of interest because of its anti-Leibnizian tendency which is characteristic of Euler's physics. In the chapter, "On divisibility", Gilarovskij says that some philosophers "led by Leibniz claim monades to be substances without extension and, therefore, indivisible ones. [...] This opinion should be refuted in the following way. If the Leibnizian atom is mentally laid on the end of a geometrical line, it will have no extension to the right, or to the left, or upward, or downward, or onward, or backward; it cannot be distinguished from the point, therefore, it is not matter. For neither a geometrical line, nor a physical body can be originated from the uncountable aggregate of points. The objection taken by the Monadists against infinite divisibility is also useless. It says that if any body were divisible *ad infinitum*, all bodies would be equal among themselves. But, it is worth while remembering the essence of geometrical progression to solve this seeming contradiction: each diminishing geometrical progression is infinite, but nobody knowing its property says that all progressions are equal among themselves. This seeming equality is only the fact that all of them are divisible *ad infinitum* but members of progressions and, therefore, their sums can differ exceedingly among themselves. In the middle of this century, the dispute about monades became almost universal; in order to settle this problem, the Berlin Academy offered its usual reward for the best solution. Many dissertations written by Monadists were reckoned to be insufficient ones and Mr. Justi, one of their opponents, was rewarded[23]."

Author's opinion was based, without any doubt, on anti-Leibnizian ideas concerning space and matter which were dissimilated in Russia by Euler and Lomonosov. It will be recalled that Euler wrote in connection with the prize, offered by the Berlin Academy, that the awarding of the anti-Leibnizian work roused indignation among advocates of monades, headed by Wolff who was believed to be "as infallible as the Pope himself". On the same subject Lomonosov wrote Euler in February 1754: "*Haec ipsa ratio* (i.e. the disinclination to seem indiscrete) *jam longo tempore prohibet, quominus meditationes meas de monadibus erudito orbi proponam discutiendas. Quamvis enim mysticam fere illam doctrinam funditus everti argumentis meis debere confidam; viri tamen cujus erga me officia oblivisci non possum, senectutem aegritudine animi affigere vereor; alias crabrones monadicos per totam Germaniam irritare non perhorrescerem*[24]."

That Gilarovskij was influenced by Euler's physical ideas was obvious, because the explanations of the most difficult problems were given according to them. In the chapter "On light" he wrote, e.g.: "...the matter producing light is exceedingly rare and more elastic than air; it consists of the parts which have no contact with each other, as opposed to the Cartesian point of view; being shaken by the sun and other luminous bodies, this matter transfers it to surfaces of bodies on which it falls. Therefore, the matter of light has no emission, but it hits the organ of sight and produces a sensation. Its action is not instant, but takes some time. Euler calls this matter by the name of Aether. In his opinion light travels like sound, and not like odour[25]."

The comparison with sound pointed out that the author had implied longitudinal vibrations of aether which were characteristic of the Eulerian theory of light. Then he said about it more clearly: "The particles of Aether having got the shock from vibrating parts of a luminous body should transfer the shock along straight lines. [...] Therefore, each luminous point of matter is a centre of the vibrating matter of light; from this centre vibration travels in all directions which are called rays[26]."

It is well known that Euler's theory of colour accounted for colours by means of a specific resonance exitation; among all the Eulerian optical ideas it seems to be the most improbable, nevertheless, Gilarovskij did not hesitate to introduce this theory into his book. In the chapter "On colours" he wrote: "Euler explains colours in the following way: the ray incident upon a surface, or the matter of light hitting the surface, puts the smallest particles of this surface into vibration. Vibration proceeds quicker, the more elastic the particles are so that the same ray produces a different number of vibrations per second. The number of vibrations per second determines the colour like that of a string determines the tone. Thus, the surface of a body put into vibration imparts this motion to surrounding Aether, or the matter of light, however, not to the whole matter, but to that part which is able to have the same vibration[27]."

Euler's merit in creating achromatic optical instruments was mentioned almost in all physical text-books of that time. In Gilarovskij's text-book a special chapter was devoted to the history of this question; the author noted both Euler's fault and the fact that "Mr. d'Ollond, the renowned optician from London[28]", had the priority in constructing achromatic telescopes.

Gilarovskij dwelt on the Eulerian theory of magnetism. He wrote: "Euler's reasoning concerning magnetic force seems to be the most probable", and then the detailed presentation of Euler's theory followed. According to this theory all magnetic properties of bodies were determined by the special kind of porosity and by the existence of the special liquid, so-called magnetic substance. "This substance moves more quickly and easily where there is no Aether to hinder the motion by the smallness of its pores. Among pores of a magnet there are some that are so small that they can be filled only by magnetic substance, and not by Aether[29]." These pores were rectilinear channels along which magnetic liquid can move only in one direction (for this purpose

Euler provided channels with special valves similar to venous ones). Hence, attraction and repulsion of magnets were explained by the hydrodynamical interaction of magnetic liquid and aether.

The author's adherence to Euler's theories did not mean that he took them for gospel truth. If an explanation seemed to him to be insufficient, he turned to another, more probable one. He believed, for example, that "Nollet's theory was more natural and simpler than many other theories explaining electrical force[30]".

Thus, the first Russian text-book on physics was written under the great influence of Euler's ideas and, due to this fact, Eulerian physics became widespread in Russia at the end of the 18th century.

Another interesting text-book of that time was "Physics chosen from the best authors ..." by M.M. Speranskij[31]. Actually, there was no such book at that time: in 1797, Speranskij lectured on physics at the clerical seminary in Petersburg, and notes of these lectures were made by one of his students. Afterwards, it was found in Siberia and published by the Russian Historical Society at the Moscow University in 1872.

The fact that these lectures were delivered by a graduate of the seminary at the age of 20, not by a professional, indicated the beginning of widespread learning in Russia, and again, Euler's ideas were of great value in this process.

In the "Introduction", Speranskij mentioned the dispute between the Leibnizians and their opponents and concluded: "Thus, leaving Leibniz with his monades on his twisted, sombre paths, we shall follow Newton and Euler along the straight and clear way in order to find the true principles of Nature[32]." For Speranskij, Euler was the most reliable authority in this field: discussing the problem of divisibility, Speranskij concluded: "Higher Geometry and Algebra give many proofs of this assertion [i.e. divisibility of matter]; those who cannot understand them should trust Newton and Euler[33]."

His ideas of space and matter were in line with Euler's views; he claimed, "the essence of matter is extension together with resistance", since "matter having extension should have place, figure and divisibility; matter having extension together with resistance should be impenetrable, movable, etc.[34]".

The explanation of the nature of fire given by Speranskij was very like that which Euler described in his paper *Dissertatio de igne* ... (1739)[35]; as to the nature of light, Speranskij said that there existed two points of view: "According to the first opinion which was advanced by Descartes and was revived by Euler, light was nothing other than elastic fine matter shaken by the sun like air by a sounding body. The second opinion implied that light was emitted from the sun like fine parts from flowers and leaves. Both the first and second faced great difficulties[36]." Unlike Gilarovskij, Speranskij was rather sceptical towards Euler's hypotheses and, therefore, he did not insist on the preference of any theory, but gave a critical account of rival views. In the chapter "On light", for example, he discussed at length the arguments pro and contra both the Newtonian emission theory and the Eulerian wave theory. In the chapter "On reflecting rays" he analyzed Euler's theory of reflection; his attitude to it was the most sceptical; therefore, he refuted Euler's explanation of colours derived from the theory.

The chapter "On electrical force" was devoted to the analysis of different views on the nature of electricity. Speranskij wrote: "Judging the validity of the electricity theory from these criteria, only four theories can be regarded as the best ones: 1. of Mr. Nollet, 2. of Mr. Du Fay, 3. of Mr. Jallabert, 4. of Mr. Franklin. We shall present each of them in detail[37]." It should be noted that in the following presentation the author discussed not only these theories, but also Euler's theory: "Euler believes that electrical force is nothing else than the disturbance of the equilibrium in aether, therefore, according to his system to electrify a body means to disturb the equilibrium between the aether in this body and that of surrounding bodies. [...] The properties which he ascribes to aether are well known: the rare, thin, elastic matter dispersed in all bodies, the source of light and fire, such is the aether of Mr. Euler[38]."

Euler's views about electrical phenomena were cited over and over, and, at last, Speranskij concluded (in contrast to his own previous assertion): "It can be said, however, that Mr. Nollet's explanation is more probable, but Mr. Euler's explanation is more understandable[39]."

Only in the chapter "On magnet" the author accepted Euler's opinion unconditionally; he wrote: "These two assumptions: magnetic vortices and channels in magnetic bodies satisfied all the questions put up to now; elaborated by Euler, they became most plausible[40]." In this chapter the author's text was intermitted by remarks: "the reading from Euler's letters", and then the number of a letter followed (references were given to Rumovskij's translation of "Letters to a German Princess"). Thus, Speranskij used to read Euler to his students, indicating once more the popularity of Euler's writings in Russia at the end of the 18th century.

From the beginning of the 19th century, the influence of Euler's physical ideas began to fade, though references to his explanations of different phenomena appeared in books on physics from time to time; this process was determined by the common progress of science and education in Russia.

Notes

Abbreviations: M. = Moskva; L. = Leningrad; Ptb. = SPb. = СПб. = (St.) Petersburg.

1   Эйлер, Л., *Письма о разных физических и философических материях, писанные к некоторой немецкой принцессе, с французского языка на российский переведенные Степаном Румовским*, (E.344A), СПб., 1768–1774, v.I, c.227.
2   Ibidem, p.183.
3   Euler, L., *Enodatio quaestionis: Utrum materia facultas cogitandi tribui possit, nec ne; ex principiis mechanicis petita*, (E.90/O.III,2), Euleri opuscula varii argumenti, tomus II, Berolini 1746, p.286.

4   Эйлер, Л., *Основы динамики точки*, М.-Л. 1967, с.266.

5   Euler, L., *Réflexions sur l'espace et le tems*, (E.149/O. III, 2), Mém. Berlin, 4, 1748, p.331.

6   Ломоносов, М.В., *Сочинения*, т. VIII, М.-Л. 1948, с.282.

7   Ломоносов, М.В., *Полное собрание сочинений*, т. 1, М.-Л. 1950, с.107.

8   Ломонсов, М.В., *Избранные философские произведения*, М. 1950, с.125.

9   Пекарский, П., *Екатерина II и Эйлер. Записки Имп. Акад. Наук*, т. 6, кн. 1, СПб., 1864.

10 Kotel'nikov Semen Kirillovič (1723–1808), a mathematician and member of the Petersburg Academy of Science.

11 *Книга, содержащая в себе учение о равновесии и движении тел, сочинения Семена Котельникова*, В Санктпетербурге, при морском шляхетном корпусе, 1774 года.

12 Kotel'nikov. S.. *De aequilibrio virium corporibus applicatarum commentatio*, Novi Comm. Acad. Sci. Petrop.. tomus VIII, 1763. p.286–303.

12a Rumovskij Stepan Jakovlevič (1732–1815) – first Russian astronomer, a member (then the Vice-president) of the Petersburg Academy. Editor of the Academical Calender. Head of the Geographical Department of the Academy; well known as the editor of the first catalogue for astronomical points in Russia, and as the excellent translator of Tacit's *Annales*.

13 Cf. note 1.

14 *Руководство к механике, издано для народных училищ Российской империи по высочайшему повелению царствующей императрицы Екатерины Второй*, В Санктпетербурге, 1785 года.

15 Fuss, N.. *Instruction détaillée pour porter des Lunettes ....* St.Pétersbourg 1774.

15a Kozel'skij Jakov Pavlovich (1728–after 1793). He served in the army in the rank of captain, and was a teacher of mechanics at the Military School. Then he became a civil servant. Kozel'skij was the author of numerous scientific, historical and philosophical papers.

16 Козельский, Я.П., *Философические предложения*, СПб., 1764. Cf. *Избранные произведения русских мыслителей XVIII века*, М. 1952.

17 Ibidem, p.449.

17a Radiščev Alexandr Nikolaevič (1749–1804) – a famous Russian author. He was educated at the privileged Page College (Пажеский корпус), and was then sent abroad "as the most talented page". He lived in Leipzig where he was occupied with chemistry and medicine. On his return to Russia, Radiščev held a government position; in 1790, he wrote his famous book, *The Journey from Petersburg to Moscow*, in which he revealed the vices of serfhood in Russia. For the cause of this book he was exiled to Siberia, and only ten years later came back to Petersburg. He committed suicide in 1804.

18 Радищев, А.Н., *О человеке, его смертности и бессмертии*, Избранные философские произведения, М.-Л. 1949.

19 Ibidem. p.444.

20 Ibidem. p.423.

21 Ibidem. p.478f.

22 Гиларовский, П.И., *Руководство к физике, сочиненное Петром Гиларовским, учителем математики и физики в учительской гимназии, физики в обществе благородных девиц, российского слога и латинского языка в благородном Пажеском корпусе*. Печатано в типографии Вильковского. В Санктпетербурге 1793 года.

    Gilarovskij Pjotr Ivanovič – a mathematician, physicist and philologist. He lived in Petersburg at the end of the 18th, beginning of the 19th century and was mainly at the so-called Teacher Gymnasium, the institute for preparing teachers of elementary and secondary schools. As Golovin's text-book did not satisfy new curricula and, in particular, the program of this institute, Gilarovskij wrote the new one mentioned above. In 1792, a special committee examined his work, approved it and decided to publish it immediately. The reference of this committee read: "This work is much better than previous ones published; it contains many modern discoveries in Physical Science and, therefore, the committee believes this book will be useful not only for schools, but for everybody who is interested in science and cannot get the information from foreign books." Besides this book, Gilarovskij also wrote the *Epitome of Higher Mathematics* (1796) and the *Greek-Russian dictionary* (1794) which was not published. Russian historian of mathematics, V. V. Bobynin, characterized him as "the most learned man among his contemporaries".

23 Ibidem, § 26.
24 Ломоносов, М. В., *Полное собрание сочинений,* т. 10, М.-Л. 1957, с. 501–502.
25 Gilarovskij, op. cit., § 312.
26 Ibidem, § 317.
27 Ibidem, § 385.
28 Ibidem, § 424.
29 Ibidem, § 513.
30 Ibidem, § 519.
31 Сперанский, М. М., *Физика, выбранная из лучших авторов, расположенная и дополненная Невской семинарии философии и физики учителем Михаилом Сперанским 1797 года в Санктпетербурге,* Издание Императорского Общества Истории и Древностей Российских при Московском Университете, М. 1872.
    Speranskij Mikhail Mikhailovič (1772-1839) – a famous Russian statesman. As Priest's son, he was educated at the Central clerical seminary, being later appointed teacher of mathematics, physics and eloquence at the same seminary. In 1802, he entered the Ministry of the Interior, and Alexander the First entrusted him with the project of reforming governmental and judicatory institutions. As a result Speranskij composed his famous *Introduction to the State Code,* containing ideas of limited monarchy. He had a strong hold over Alexander I for some years (1806-1812), but then fell into disgrace and was exiled. In 1819, he came back to Petersburg, being appointed member of the State Council. Before his death, in 1839, Speranskij was knighted.
32 Speranskij, op. cit., p. 8.
33 Ibidem, p. 17.
34 Ibidem, p. 10.
35 E. 34 / O. III, 10 (in prep.).
36 Speranskij, op. cit., p. 173.
37 Ibidem, p. 209.
38 Ibidem, p. 220.
39 Ibidem, p. 223.
40 Ibidem, p. 199.

Ivor Grattan-Guinness

Euler's Mathematics
in French Science, 1795–1815

It is well known that the founding of the *Ecole Polytechnique* in 1794, and then the mathematical and physical class of the *Institut* in the following year, inaugurated a remarkable range of developments in pure and applied mathematics in France. In this essay I shall briefly survey these developments over the Republican period (1794–1815) with particular reference to the role which Euler's mathematics did, and did not, play.

With a wide range of topics to cover, and a vast and complicated literature, I can do little more than convey impressions, and cite only very few of the relevant texts[1]. Perhaps one day the story will receive the history that it deserves.

1   Education and research in Paris

On aura beau faire, les vrais amateurs devront toujours lire Euler, parce que dans ses écrits tout est clair, bien dit, bien calculé, parce qu'ils *fourmillent* de beaux exemples, et qu'il faut toujours étudier dans les sources ...

Lagrange, about 1813[2]

Some preliminary remarks on the organizations are required. While the *Ecole Polytechnique* and the *Institut* rightly claim their pre-eminent places in the education and research, other institutions played a role. The *Ecole des Ponts et Chaussées*, of which the *Ecole Polytechnique* was something of a daughter institution, is of especial merit; several of the major mathematical *savants*-to-be went there for their specialist engineering training, and the director from 1798, de Prony, was an important figure. Among societies, the *Société Philomatique* deserves detailed study; a society for all the sciences, what it lost to the *Institut* in prestige it made up for in speed of publication in its *Bulletin*, which became a journal that the *savants* actually read and used, rather than the *Mémoires* of the *Institut*, where papers often appeared quite some time later. National organizations such as the *Bureau des Longitudes* and the *Dépôt Générale de la Guerre* are of note, for the research in planetary mechanics and theoretical astronomy which they sponsored.

Finally, here are some remarks about the *savants* themselves. When the *Ecole Polytechnique* was founded, its teachers included Lagrange (soon succeeded by Lacroix), Monge and de Prony, assisted by Fourier and Hachette; the graduation examiners were Bossut and Laplace (soon succeeded by Legendre). Over the period which I am covering the entrants included Biot, Brisson, Francoeur, Malus and Poinsot (founding-year entry, of 1794), Français (1797), Poisson (1798), Dupin (1801), Arago and Navier (1802), Binet and Fresnel (1804), Cauchy (1805), Petit and Poncelet (1807), Coriolis (1808), Olivier and Pontécoulant (1811), S. Carnot and Chasles (1812), Duhamel, Morin, Pambour and Saint-Venant (1813) and Lamé (1814) – not a bad collection of old school ties. Space (and the period of time covered) permits me to deal with a few parts of their achievements – and to omit entirely the many polemics, disagreements and priority disputes which occupy a significant place in the story.

2   Euler and Lagrange on the calculus

Je vois avec beaucoup de plaisir que vous travaillez à un grand ouvrage sur le Calcul intégral. [...] Le rapprochement des Méthodes que vous comptez faire, sert à les éclairer mutuellement, et ce qu'elles ont de commun renferme le plus souvent leur vraie métaphysique: voilà pourquoi cette métaphysique est presque toujours la dernière chose que l'on découvre. Le génie arrive comme par instinct aux résultats; ce n'est qu'en réflechissant sur la route que lui et d'autres on suivie qu'il parvient à généraliser les Méthodes et à en découvrir la métaphysique.

Laplace to Lacroix, 1792[3]

The calculi as developed by Euler and Lagrange have been discussed many times elsewhere, including in this volume, so I need only recall the basic contrasts. Euler worked with infinitesimals, representing minute increments on the variables; Lagrange claimed to eliminate their use in his reliance of power series. Euler's derivative was his "differential coefficient", the ratio $dy \div dx$ evaluated at the appropriate value of x; Lagrange had the "derived function" $f'(x)$ defined as the value of the coefficient of k in the expansion of $f(x+k)$ in powers of k. Euler, characteristically, maintained a geometrical character in his procedures; Lagrange, characteristically, explicitly eschewed diagrams and appealed to the generality of algebra.

These contrasts are quite marked; but readers around 1800 would be forgiven for not grasping the differences. For example, Lacroix's *Traité* on the calculus of 1797–1800, from which the above quotation comes, shows a strong inclination to Lagrange's approach; but in

$$f(x+k)=f(x)+f'(x)k+ \cdots \tag{2.1}$$

he put "dx" for "k" "for uniformity of signs" and so obtained from (2.1) the Eulerian[4]

$$df(x)=f'(x)dx, \tag{2.2}$$

Laplace's mathematical style is also mixed; his *Mécanique céleste* switches from power series to differentials quite frequently.

Other textbooks of the time reveal different preferences. For example, Cousin advocated limits (the least favoured approach of the period) in 1796, while two years later Bossut largely followed Euler[5]. During the 1800s teaching at the *Ecole Polytechnique* seems to have followed a mixture of power series and limits (for which Ampère showed some enthusiasm); but in 1812 the *Conseil de Perfectionnement* of the school decided to return to "les infiniments petits, qui est plus facile et à laquelle on est obligé d'avoir recours dans la mécanique[6]". Accordingly, Poinsot developed a new set of lectures, in which he argued that infinitesimals were "neighbouring quantities" to ordinary numbers and that when Δy and Δx diminished together, their "ultimate ratio", $dy \div dx$, yielded the "differential function[7]".

In other words, the situation around 1815 was no clearer than it had been twenty years earlier. In fact, in Poinsot it was still more mixed, for a reason to which we now turn.

3   Lagrange and the new algebras

[Les infinitésimaux] n'a ni peut avoir de théorie; qu'en pratique c'est un instrument dangereux entre les mains de commençans [...] *anticipant*, sur mon tour, *sur le jugement de la postérité*, j'ôse prédire que cette méthode sera un jour accusée, et avec raison, d'avoir retardé le progrès des sciences mathématiques.

Servois, 1814[8]

Since Lagrange forbad himself the use of infinitesimals and limits, he had to calculate his "derived functions" by purely algebraic means. Poinsot described Lagrange's method of calculating the "derived function" of x^m. Essentially, he assumed that

$$(x+i)^m = x^m + i F(m,x) + \cdots, \tag{3.1}$$

and from (2.1) and the addition property of the exponent m obtained the functional equation

$$F(m,x) + F(n,x) = F(m+n,x), \tag{3.2}$$

which could be solved to yield the required answer

$$F(m,x) = m x^{m-1}. \tag{3.3}$$

Servois, from whom we just heard, saw functional equations as the key to an algebraic founding of the calculus. In particular, in 1814 he defined two properties of functions: if

$$F(x+y+z \cdots) = F(x) + F(y) + F(z) + \cdots, \tag{3.4}$$

then F was "distributive", while if

$$F_1\big(F_2(x)\big) = F_2\big(F_1(x)\big),\tag{3.5}$$

then F_1 and F_2 were "commutative[9]". This is how these now famous terms were introduced into mathematics.

In other respects Servois's proposals were not so useful. In particular, he used Euler's relation

$$dz = \Delta z - \frac{1}{2}\,\Delta^2 z + \frac{1}{3}\,\Delta^3 z \cdots\tag{3.6}$$

to define the differential of z in terms of its forward differences, although it is not valid for periodic functions for which $\Delta z := 0$[10].

Another new algebra which Lagrange helped to encourage was the algebra of operators. One of his early results was an operator form of Taylor's series:

$$\Delta f(x) = (e^{hD} - 1)f(x), \qquad \text{where} \quad \Delta f(x) := f(x+h) - f(x),\tag{3.7}$$

of which (3.6) can be seen as a converse. The derivation of (3.6) from (3.7) would be rather foreign to Euler's procedures; but for Lagrange it showed well the power of algebra, and he, Laplace and others used (3.7) to obtain many formulae for differencing, and summation of series, in the late 18th century.

Arbogast, observing the accumulation of these and other results in power series, conceived the following generalization of Lagrange's approach, in his book *Du calcul des dérivations* (1800). In the expansion

$$F(a+x) = \sum_{r=0}^{\infty} a_r\, x^r/r!\tag{3.8}$$

the coefficients $\{a_r\}$ were defined as

$$a_1 = DF(a), \qquad a_2 = Da_1 = DDF(a) = D^2 F(a), \dots,\tag{3.9}$$

where D was the operation – whatever it was – applied to $F(a)$ to obtain a_1, and then a_2, and so on. His aim was to provide *general* algorithms for finding the "dérivations" (and thus as a special case, the "derived functions") of $F(a)$ for wide classes of functions F; Lagrange's own methods were confined to simple functions such as (3.3). Arbogast found some nice results amidst a mass of dross; his follower Français tried to tidy up the system in 1815[11].

An interesting feature of these new algebras was that much of the work was done by outsiders. Arbogast, Français and Servois never became full members of the *Institut* and had little to do with the *Ecole Polytechnique* (although, as was noted in **1**, Français studied there). Another such figure was Brisson, who published in 1808 a paper on solutions to partial differential equations, in which he cast the equation in the form of a differential operator on the dependent variable, and brought in some basic ideas in the general theory of linear operators[12]. His work serves as a natural prelude to a section on solutions to differential equations.

4   Differential equations and the calculus of variations

> Le mot linéaire est impropre; il est relatif à la Géométrie, et en l'appliquant aux équations on a en vue la ligne droite dans l'équation de laquelle l'ordonnée (et l'abscisse également) ne se trouvent qu'au premier dégré: on ne saurait donc regarder comme linéaires des équations telle que $dy + P y\,dx = Q\,dx$, qui appartiennent le plus souvent à des courbes transcendentes.
>
> Lacroix, 1799[13]

This remark, again from Lacroix's *Traité*, exemplifies two features: an interest, even emphasis, on linear differential equations; and algebra fighting geometry over interpreting the word "linear". In other words, the competition between approaches, described in **2**, carried over to differential equations.

In the 18th century the preferred form of solution to a partial differential equation was the functional form, where the functions could be determined from initial condition functions of the problem, or from some related information. Often a functional solution could not be found directly; and then power series solutions were sought, or mixtures of power series and functional forms. In addition, there was some knowledge of transcendental functions (especially Legendre polynomials, and also some aspects of Bessel functions) and various special methods for solving particular types of differential equations.

Euler, of course, played a major role in all these developments; for example, he knew more bits of Bessel function theory than the rest, and his *Institutiones calculi integralis* (1769–1772), and/or related papers, contain, among other things, the seeds of Laplace's cascades method, the "Laplace transform", and Legendre's transformation (now usually called a "contact transformation")[14]. Whether his French successors knew of these results in his work is another question, rendered largely unanswerable by their frequent forgetfulness about giving references.

On the question of general vis-à-vis particular solutions, Lagrange brought in some important considerations for first-order equations in the 1770s, distinguishing between "general" and "complete" solutions. As often in French mathematics, the terms are difficult to follow – Lagrange changed some round, and Legendre used others anyway – but basically Lagrange considered as the general solution to a first-order equation

$$V(x,y,z,a,b) = 0, \tag{4.1}$$

where a and b are two constants, and derived other solutions from it, by positing a relation between a and b or eliminating one or both of them between V, V_a and V_b. This work seems somewhat to have eclipsed Euler's contributions[15].

While Euler, and other mid-18th-century mathematicians, made much use of variational methods in both mathematics and mechanics, Lagrange gave them especial status. With their aid he was able to extend his algebraic empire, for optimization problems would be expressed via the algebra of δ and its commutativity (as Servois was to say) with $\int$ and d. d? Differentials in Lagrange?

5   Euler and Lagrange on mechanics

Lorsque on a bien conçu l'esprit de ce système, et qu'on s'est convaincu de l'exactitude de ses résultats par la Méthode géométrique des premières et dernières raisons, ou par la méthode analytique des fonctions dérivées, on peut employer les infinement petits comme un instrument sûr et commande pour abréger et simplifier les démonstrations.

Lagrange, 1811[16]

The relationship between Euler's and Lagrange's approaches to mechanics is less clear-cut than that between their treatments of the calculus. As the quotation above shows, Lagrange, in strong contrast to his calculus, allowed differentials in his mechanics; indeed, they appear quite frequently. For example, his derivation of the "Lagrange equations" for the motion of a system of masses starts from relations such as

$$\sum_x (d^2x\,\delta x) = d\left(\sum_x dx\,\delta x\right) - \frac{1}{2}\,\delta\left(\sum_x (dx)^2\right) \tag{5.1}$$

and works with differentials thereafter[17].

The dominant feature of Lagrange's mechanics is the use of variational methods (present, indeed, already in (5.1)); but Euler used, and in fact pioneered, a number of aspects of variational mechanics. Indeed, for him "nothing at all takes place in the universe in which some rule of the maximum or minimum does not appear[18]", so that optimization should always be possible.

The differences between the two approaches may be roughly summarized as follows. While Euler used an Euclidean presentation of *basic* properties (in statics, for example), he was largely concerned with obtaining new results, where appeal to the configuration of the particular case is essential; Lagrange laid much emphasis on systematizing and structuring results already found. Hence Euler made much less use than did Lagrange of variational methods, since their efficiency depends on choosing an appropriate displacement pattern, which in turn often requires knowledge of the answers[19]; Lagrange explicitly avoided diagrams (as in his calculus), and tried to reduce mechanics to algebra. Euler treated statics separately from dynamics, but Lagrange tried to reduce dynamics to statics by means of d'Alembert's principle[20]. Euler was also more aware than was Lagrange of the independence of angular momentum from Newtonian principles[21].

How was this received in Paris?

6   Mechanics teaching at the *Ecole Polytechnique*

Je me suis assujéti [*sic*] exclusivement, ni à la méthode synthétique, ni à la marche analytique: dans un livre destiné à l'instruction, j'ai dû rechercher surtout la clarté et la simplicité [...] trouvera-t-on souvent, mêlées dans une même question les considérations géométriques et les formules de l'Algèbre.

Poisson, 1811[22]

As with the calculus, mixed approaches were also evident in Parisian teaching. One example is de Prony, whose textbook of 1800 shows Lagrangian emphasis on algebra (but trigonometry rather than variations), and a geometrically oriented presentation of the various constructions (but with no diagrams)[23]. In the same year Francoeur published a more elementary textbook in mechanics "edited following the methods of R. Prony", in which the Eulerian elements of de Prony's treatments were favoured over his emphasis on algebra (for example, in Francoeur's use of diagrams)[24]. Francoeur's textbook appeared in five editions up to 1825.

An interesting detail in de Prony's textbook is his praise of a paper by Euler published in 1793 – one of the very few pieces of posthumous Euler to which the French paid attention – which stated in effect that if the torques of a system of forces with respect to the axes of a rectangular coordinate system were P, Q and R, then the torque M relative to the axis through the origin with direction cosines (p,q,r) was given by

$$M = Pp + Qq + Rr\,^{25}.$$
(6.1)

Laplace was quick to use this theorem, when in 1798 he proved the existence of the "invariable plane" with respect to whose normal the angular momentum of a system of mass points is maximal[26].

The two textbooks which showed greatest allegiance to geometrical traditions dealt with statics: Monge's, which had first been published in 1788; and Poinsot's, which came out in 1803 and then, like Monge's, appeared in many editions over the decades[27]. Poinsot's book is very noteworthy, for he introduced there the couple, developing its basic theory in explicit analogy with the elementary geometry of forces. While in other work he wrote with perception on the foundations of Lagrange's mechanics, his inclination was clearly to the Eulerian traditions. His book influenced Binet, who introduced plane quadratic moments, and some related ideas, in a paper of 1813[28].

Poisson had no time for Poinsot's couples; they did not feature in his textbook of 1811 on mechanics (from which comes the quotation at the head of this section). Indeed, the quotation itself shows well the pressure of educational needs on presentation, for the book is markedly geometrical in character[29], with plenty of diagrams and only an expression of intent (rather than action) of the central place of d'Alembert's principle. However, as we shall now see, his *research* interests lay firmly in Lagrange's algebraic tradition.

7   Variational mechanics: the Lagrange and Poisson brackets

[...] la plus profonde découverte de M. Poisson, mais [elle], je crois, n'a été comprise ni par Lagrange, ni par les nombreux géomètres qui l'ont citée, ni par son auteur lui-même.

Jacobi, 1840[30]

Theoretical astronomy from Newton to Euler seemed to allow for catastrophism – that the planetary system might become unstable (when, of course, God would play engineer and put it straight again). But Lagrange felt that the system could be *proved* to be stable, and he developed a proof which Laplace slightly modified and which is sometimes attributed to him[31].

Briefly, the proof used the Lagrangian coordinates

$$h_i = e_i \sin\omega_i \quad \text{and} \quad l_i = e_i \cos\omega_i, \tag{7.1}$$

where e_i was the eccentricity of the orbit of planet m_i and ω_i the longitude of its orbit. The motions of the planets were expressed in k linear ordinary differential equations of the form

$$\dot{h}_i = \sum_{j=1}^{k} A_{ij} l_i - \sum_{j=1}^{k} B_{ij} l_j, \quad j \neq i, \tag{7.2}$$

$$\dot{l}_i = -\sum_{j=1}^{k} A_{ij} h_i + \sum_{j=1}^{k} B_{ij} h_j, \quad j \neq i, \tag{7.3}$$

where A_{ij} and B_{ij} were coefficients associated with the distance function between planets m_i and m_j. For brevity (though at the expense of serious anachronism), I summarize the reasoning in terms of linear algebra. (7.2) and (7.3) can be written

$$\dot{\boldsymbol{h}} = \boldsymbol{Cl} \quad \text{and} \quad \dot{\boldsymbol{l}} = -\boldsymbol{Ch}; \tag{7.4}$$

the proof rested on proving the reality and inequality of the latent roots in the secular determinant

$$|C^2 - \lambda I|$$ (7.5)

by analysing the quadratic form

$$N^T(C^2 - \lambda I)N,$$ (7.6)

where N was the matrix of coefficients of simple-state trigonometric solutions of (7.2) and (7.3), and then deducing that the various variables of the problem would not go unbounded.

    This proof was taken to the first power in the masses of the planets. In 1809, Poisson confirmed stability for second-power terms in the masses, in an analysis which used various expressions of the form

$$P\int Q\,dt - Q\int P\,dt,$$ (7.7)

where P and Q were certain expressions obtained from the perturbation function. Lagrange and Laplace rapidly produced simpler versions of Poisson's analysis, and soon afterwards Lagrange saw the power of the methods used to solve the Lagrange equations of motion for a general system of forces. He found expressions relating the variables $\{\xi_j\}$ in terms of the constants $\{c_i\}$ of integration of the problem while Poisson studied converse quantities, expressing variations of the constants in terms of the variables. Thus were introduced into mathematics the "Lagrange brackets"

$$(b,a) := \sum_j \left((\xi_j)_a (\eta_j)_b - (\eta_j)_a (\xi_j)_b \right)$$ (7.8)

and the "Poisson brackets"

$$[b,a] := \sum_j \left(b_{\xi_j} a_{\eta_j} - b_{\eta_j} a_{\xi_j} \right),$$ (7.9)

where the variables $\{\eta_j\}$ were defined from the kinetic energy function T as

$$\eta_j := T_{\xi_j}.$$ (7.10)

The presence of the form (7.7) in these expressions is clear.

    As Jacobi pointed out, neither Lagrange nor Poisson fully plumbed the significance of their results. In particular, neither realized that if a and b were solutions of the Lagrange equations, then, if $[b,a]$ was not an identity, it would normally furnish a third solution, and so on. But their brilliant work greatly advanced Lagrange's variational mathematics, and Jacobi's esteem of

(7.8) as Poisson's "most profound discovery", while cast in a form of words designed to emphasize his own later achievements, doubtless contains an element of genuine admiration[32].

8   Aspects of Laplacian physics

On voit que ces faits sont extrêmement favorables au système de Newton sur l'émission de la lumière, et semble au contraire détruire le système des ondulations proposé par Huygens, et soutenu depuis par Euler et par d'autres savans célèbres.

Biot, 1806[33]

The decade 1805–1815 saw the hey-day of "Laplacian physics", the view that "all" physical phenomena could be expressed in terms of short-range forces acting between "molecules" of matter. Laplace came to this conception around 1804 and 1805, when studying astronomical refraction in Book 10 of his *Mécanique céleste*; and he developed it further in 1806 and 1807, when he wrote two supplements to volume 3 of the treatise, on capillary action[34].

Laplace's approach received a great boost from Malus's work on double refraction and polarization. Malus, in fact, introduced this latter word; for him it referred to the orientation of the "molecules" of light, like the poles of a magnet, to the "molecules" of matter by which they were attracted or repulsed as they passed by[35]. He also discovered polarization by reflected light, at the end of 1808; and at exactly the same time he proved, via the principle of least action, Huygens's law of ordinary and extraordinary refraction, a piece of work which Laplace shamelessly borrowed, refined and published first[36].

The years to 1815 saw much further work on polarization, especially by Arago and Biot, and from the latter various theories to explain these phenomena in Laplacian molecular form[37]. Biot's remark at the head of this section is typical of the Laplacians' confidence. Not only did they advocate this view; they were sure that the new discoveries refuted *any* wave theory of light, of which Huygens and Euler had previously been advocates.

Laplacians also hoped to explain elasticity in the same "molecular" way. Chladni's demonstration of his sand-pattern method of illustrating the nodal lines on a membrane, in Paris in 1809, excited general interest in vibrations, and a prize problem was quickly announced by the *Institut*. Poisson would have been expected to win the prize, but he never submitted. However, his paper on the subject, when it was eventually presented to the *Institut* in 1814, was suitably Laplacian. Forces acted between the "molecules" of the membrane in a way described by an amazing partial differential equation which reduced to the known form

$$A \nabla^2 \nabla^2 z + B \nabla^2 z + z_{tt} = 0 \qquad (8.1)$$

for small vertical displacements z of a horizontal membrane, where A and B are certain constants of the problem[38].

The prize itself was won by Sophie Germain in 1815, at the third attempt; she published a revised form as a book in 1821[39]. In total contrast to Poisson's Laplacian elasticity, she followed Euler's methods, being especially influenced by his 1782 paper on the vibration of elastic bands and rods[40]. But if Euler needed a friend in Paris in the 1810s it was not this miserable effort, with its incoherent derivations of the equation

$$A \, V^2 V^2 z + z_{tt} = 0 \tag{8.2}$$

from consideration of the principal radii of curvature[41], followed by student howlers when finding the simple modes. Had she not been a woman, she probably would not have received the prize; her essay certainly does not deserve it.

9   Summary and preview

Ceux des Elèves qui se destinent à la carrière de l'enseignement et des sciences, doivent consacrer exclusivement leurs veilles à l'étude de la *mécanique analytique* et de la *mécanique céleste*.

de Prony, 1809[42]

By and large the period 1795–1815 saw a consolidation of the traditions of the late 18th century in the calculus and mechanics. Laplacian physics is probably the most significant innovation, and even there the novelty was in the breadth of conception (together with some mathematical details which I have not had space to describe): "molecular" mechanics in general has a long tradition.

Euler's place in the advances in research is impossible to specify briefly. Firstly, many of his *technical* results and procedures were used and known, either directly or (more probably) from their appearance in Lagrange, Laplace and others. But his *conceptions*, especially as outlined here in **2** and **5**, were substantially overshadowed by Lagrange's. Further, some of the most striking achievements of the period were, in their nature, rather removed from Euler's concerns: the development of operator algebras (**3**); the study of the stability of the planetary system, and the concomitant mathematics (**7**); and the rise of Laplacian physics (**8**).

However, at the educational level, Euler's emphasis on geometry and the place of intuition was more clearly evident (indeed, in more cases than I have space to record, it was explicitly acknowledged as from Euler). And over the decade following 1815, this approach gained some strength at the research level, as Lagrangian mathematics and Laplacian physics tended to fall away.

For we have the following interesting situation. Although the Revolution brought fundamental *social* and *educational* changes in the mid-1790s, the major *intellectual* changes came only twenty years later, after 1815: Fourier's heat diffusion (thought out in provincial Grenoble between 1805 and 1815 but of public importance only after Fourier's move to Paris in 1816); Fresnel's overthrow of Laplacian optics with his wave theory of light; Ampère's (more than Biot's) contributions to electrodynamics and electromagnetism; Fourier's and Cauchy's methods of solving differential equations; and Cauchy's introduction of mathematical analysis, based on limits[43]. Many (though not all) of these developments relied heavily on intuitive procedures and geometrical intuitions *because new results were being found;* the unintuitive elegance of Lagrange's algebra and the unobservable mysteries of Laplacian physics could play only a small role.

I began **1** with a striking quotation from Lagrange's deathbed about Euler. I end with another, which turned out to be something of a prophecy:
"... quand on voulait être géomètre, il fallait étudier Euler[44]."

Notes

1   A superficial, though defensible, survey of these developments is given in my *Mathematical physics in France, 1800–1840: knowledge, activity, and historiography,* in: J. W. Dauben (ed.), *Mathematical perspectives ...,* New York 1981, p. 95–138.
    To save space in later footnotes, the place of publication of books is omitted if it is Paris, and edition numbers are marked by superscripts. Papers are cited from editions of the works of the authors where possible.

2   L.B.M.D.G., *Lettre à M. le Rédacteur ...,* Moniteur universel, 1814, p. 226–228. Cf. my *Recent researches in French mathematical physics of the early 19th century,* Annals of science 38, 1981, p. 663–690, on the nature of this remarkable and totally unknown letter (p. 674–675, 678), and for a transcription of Lagrange's opinions on mathematics and mathematicians expressed there (p. 679).

3   S. F. Lacroix, *Traité du calcul différentiel et du calcul intégral,* vol. 1, ^{1}1797, p. xxiv.

4   Ibidem, p. 95–97.

5   J. A. J. Cousin, *Traité de calcul différentiel et de calcul intégral,* 2 volumes, 1796; C. Bossut, *Traité ...,* 2 volumes, 1798. Note also that Euler's *Introductio* was published in a French translation by Labey, 2 volumes, 1796–1797.

6   *Programme générale de l'Ecole Impériale Polytechnique,* 1812, p. 5.

7   L. Poinsot, *Des principes fondamentaux, et des règles générales du calcul différentiel,* Corr. Ecole Polyt. 3, 1814–1816, p. 111–123.

8   F. J. Servois, *Essai un nouveau mode d'exposition ...* and *Réflexions sur les divers systèmes d'exposition ...,* Ann. math. pures appl. 5, 1814/15, p. 93–140, 141–170 (p. 148).

9   Ibidem, p. 98.

10 Ibidem, p. 108. Euler himself overlooked this exception in his paper *Nouvelle manière de comparer les observations de la lune avec la théorie* (E. 401), Mém. Acad. Berlin (1763), 1770, p. 221–234.

11 J. F. Français, *Du calcul des dérivations ...,* Ann. math. pures appl. 6, 1815/16, p. 61–111.

12 B. Brisson, *Mémoire sur l'intégration des équations différentielles partielles,* Journ. Ecole Polyt. (1) 7, cahier 14, 1808, p. 191–261.

13   Lacroix (note 3), vol. 2, 1799, p. 225. The comment is repeated in some of his other textbooks.

14   Lacroix's treatise (note 3), in this and the second (1810–1819) edition, remains one of the best sources of historical information on these developments.

15   Cf. S. B. Engelsman, *Lagrange's early contributions to the theory of first-order partial differential equations*, Hist. math. 7, 1980, p. 7–23; S. Rothenburg, *Geschichtliche Darstellung der Entwicklung der Theorie der singulären Lösungen …*, Abh. Gesch. Math. 20, 1910, p. 315–404.

16   J. Lagrange, preface to *Mécanique analytique*, vol. 1, [2]1811 (*Œuvres*, vol. 11).

17   J. L. Lagrange, *Méchanique analitique*, 1, 1788, p. 216–232. Lagrange's full, laborious, derivation will surprise readers accustomed to modern textbook derivations. In this work he assumed, without proof, the principle of virtual velocities; he, Fourier and de Prony gave proofs in Journ. Ecole Polyt. (1) 2, cahier 5, 1798, which show interesting mixtures of algebra and geometry.

18   L. Euler, *Methodus inveniendi …*, Lausanne, Geneva 1744, E.65/O.I, 24; cf. art. 1 of "Addition".

19   A good example is elasticity. Euler made splendid use of variations there (in the work just cited, for example), but often worked with geometrical models. His results are of far wider range than Lagrange's (cf. C. Truesdell, *The rational mechanics of flexible or elastic bodies 1638–1788*, in O. II, 11₂).

20   A nice example is Euler's equations for the rotation of a rigid body (*Découverte d'un nouveau principe de mécanique*, 1752, E.177/O.II, 5, p. 81–108), where the reader is invited to think of a body actually rotating. Compare Lagrange's treatment of the (general) rotation of a body where, for example, the moments of inertia come in as constants of variational integration (Lagrange (note 17), p. 116–117).

21   Cf. C. Truesdell, *Essays in the history of mechanics*, Berlin 1968, chap. 5.

22   S. D. Poisson, *Traité de mécanique*, 2 volumes, 1811, preface.

23   R. de Prony, *Mécanique philosophique …*, Journ. Ecole Polyt. (1) 3, cahier 8bis (1800). His later textbooks do contain some diagrams, though the algebraic emphasis remains. Lying largely in trigonometry, it relates to his strong advocacy of difference equations, which in turn connects with his desire to tailor mathematics to fit practical physical and engineering situations. Cf. especially his lectures published in Journ. Ecole Polyt. (1) 1, cahiers 2–4, 1796, *passim*.
Another interesting figure in the balance between algebra and geometry in mechanics is L. Carnot; cf. C. C. Gillispie (ed.), *Lazare Carnot savant* (Princeton 1971).

24   L. B. Francoeur, *Traité de mécanique élémentaire*, [1]1800; cf. some pointedly anti-Lagrangian remarks on p. 64–65.

25   L. Euler, *Methodus facilis omnium virium momenta respectu axis cuiuscunque determinandi*, 1793, E.659/O.II, 9, p. 399–406.

26   P. S. Laplace, *Sur la détermination d'un plan …*, 1798, *Œuvres*, vol. 14, p. 3–7.

27   G. Monge, *Traité élémentaire de statique*, [1]1788, [8]1846; L. Poinsot, *Eléments de statique*, [1]1803, [12]1877. On aspects of Poinsot's contributions to mechanics, cf. P. Bailhache (ed.), *Louis Poinsot. La théorie générale de l'équilibre et du mouvement des systèmes*, 1975.

28   J. P. M. Binet, *Mémoire sur la théorie des axes conjuguées et des moments d'inertie des corps*, Journ. Ecole Polyt. (1) 9, cahier 16, 1813, p. 41–67.

29   I set aside here, as unintelligible, the discussions held at the time on the association of "analysis" with algebra and "synthesis" with geometry. An interesting study, well imbued with self-irony, is J. D. Gergonne, *De l'analyse et de la synthèse dans les sciences mathématiques*, Ann. math. pures appl. 7, 1816/17, p. 345–372.

30   C. G. J. Jacobi, *Lettre adressée à M. le Président de l'Académie des Sciences*, 1840, *Gesammelte Werke*, vol. 4, p. 143–144.

31   Cf. Lagrange (note 17), p. 241–258; and Book 2, articles 55–57 of Laplace's *Mécanique céleste*. Valuable historical background is provided in C. Wilson, *Perturbations*

and solar tables from Lacaille to Delambre ..., Arch. hist. exact sci. 22, 1980, p. 53–304.

32   There is no published history worthy of the name on these important achievements. Lagrange's papers are published in his *Œuvres*, vol. 6, p. 711–816. Laplace's analysis appeared in his 1809 supplement to Vol. 3 of his *Mécanique céleste*. Poisson's principal papers are *Sur les inégalités séculaires des moyens mouvements des planètes* and *Mémoire sur la variation des constantes arbitraires dans les questions de mécanique*, Journ. Ecole Polyt. (1) 8, cahier 15, 1809, p. 1–56, 266–344.
     The use of round and square brackets in these papers is exceedingly chaotic; in summary papers of his and Lagrange's work Poisson used square brackets for both concepts, while Lagrange, who used them as indicated here in his later papers, switched them round when presenting the results in his [2]*Mécanique analytique* (note 17). Further, both types of brackets had been used earlier, to express the coefficients in my (7.2) and (7.3).

33   J. B. Biot, *Mémoire sur les affinités des corps pour la lumière* ..., Moniteur universel, 1806, p. 454.

34   Cf. R. Fox, *The rise and fall of Laplacian physics*, Hist. stud. phys. sci. 4, 1974, p. 81–136.

35   E. L. Malus, *Mémoire sur les nouveaux phénomènes d'optique*, Mém. cl. sci. math. phys. Inst. France, 1810, part 1 (publ. 1814), p. 105–111.

36   P. S. Laplace, *Sur les mouvements de la lumière dans les milieux diaphanes*, 1809, *Œuvres*, vol. 12, p. 265–298. Cf. E. Frankel, *The search for a corpuscular theory of double refraction* ..., Centaurus 18, 1974, p. 223–245.

37   Cf. A. Chappert, *Etienne Louis Malus* ..., 1977; E. Frankel, *Corpuscular optics and the wave theory of light* ..., Soc. stud. sci. 6, 1976, p. 141–184; and his *J. B. Biot and the mathematization of experimental physics in Napoleonic France*, Hist. stud. phys. sci. 8, 1977, p. 33–72.

38   S. D. Poisson, *Mémoire sur les surfaces élastiques*, Mém. cl. sci. math. phys. Inst. France, 1812, part 2 (publ. 1816), p. 167–225.

39   S. Germain, *Recherches sur la théorie des surfaces élastiques*, 1821. The social aspects of Germain's career are described in L. L. Bucciarelli and N. Dworsky, *Sophie Germain* ... (Dordrecht 1980).

40   L. Euler, *Investigatio motuum, quibus laminae et virgae elasticae contremiscunt*, 1782, E. 526/O.II, 11, p. 223–268.

41   Poisson's (8.1) differs from Germain's (8.2) in having in it a second-order term, which arises from Poisson's molecular model by considering the (assumedly constant) tension on the boundary of the membrane.

42   R. de Prony, *Sommaire des leçons ... données à l'Ecole Impériale Polytechnique*, 1809, lectures 31–33, p. 9.

43   My (note 1) will have to do as a reference for these developments; cf. especially the bibliography.

44   Lagrange (note 2).

René Taton

Les relations d'Euler avec Lagrange

La récente publication du volume 5 de la série 4A *(Commercium epistolicum)* des *Opera omnia* de Leonhard Euler[1] a permis d'enrichir et de préciser l'étude des relations que ce savant a entretenues avec trois éminents mathématiciens français contemporains, A.C. Clairaut, J. d'Alembert et J.L. Lagrange. A propos de Joseph-Louis Lagrange (1736–1813) en particulier, si l'on compare l'édition de sa correspondance avec Euler donnée dans ce volume[2] avec la version jusque-là classique, publiée dans le tome XIV des *Œuvres* de ce mathématicien[3], on constate tout d'abord que le nombre de documents édités passe de 30 (dont 29 pièces de la correspondance directe Lagrange-Euler) à 39 (dont 37 pièces de la correspondance directe)[4]. Par ailleurs la version originale en langue latine de chacune des 11 premières lettres y est suivie d'une traduction en langue française, tandis que les dates de deux lettres et d'assez nombreuses erreurs de lecture de l'édition antérieure y sont rectifiées[5]. Enfin une introduction d'une trentaine de pages et de nombreuses notes explicatives[6] précisent les questions évoquées en les replaçant dans leur contexte historique, identifient les personnages, ouvrages et mémoires mentionnés et situent l'intérêt historique de différents passages des documents publiés.

Telle qu'elle se présente actuellement, cette correspondance se compose donc de 39 lettres (dont deux pièces annexes) couvrant une période d'environ 21 ans: du 28 juin 1754 au (3 avril) 23 mars 1775[7] et comportant plusieurs séries continues de lettres, séparées par des périodes d'interruption dans les échanges épistolaires entre les deux savants ou par des lacunes dans la correspondance conservée. Une première série de 8 lettres, échelonnées sur un peu plus de deux années (du 28 juin 1754 au 5 octobre 1756)[8], est suivie d'une coupure de près de 3 ans due à la guerre de Sept Ans (du 5 octobre 1756 au 28 juillet 1759). Au deuxième groupe de 9 lettres, échelonnées sur 11 mois (du 28 juillet 1759 au 24 juin 1760), succède une nouvelle interruption de près de 2 ans due à la guerre (du 24 juin 1760 au 14 juin 1762). Une brève reprise de la correspondance (3 lettres entre le 14 juin 1762 et le 9 novembre 1762) est suivie d'une troisième coupure due, en partie du moins, aux événements militaires[9]. Puis viennent deux lettres isolées d'Euler: 16 février 1765 et 3 mai 1766, qu'entouraient plusieurs lettres de Lagrange qui n'ont pas été retrouvées. Ces deux lettres clôturent la première phase des relations épistolaires entre les deux savants couvrant une période de douze années au cours desquelles Lagrange, jeune savant à la réputation montante, demeure quelque peu isolé dans sa ville natale de Turin tandis qu'Euler, au summum de sa gloire, dirige la classe de mathématique de l'Académie de Frédéric II à Berlin. Les 15 autres pièces de correspondance portent sur la période 1767-1775, où Lagrange est à Berlin où il succède à Euler qui travaille à l'Académie de Pétersbourg à l'invitation de Catherine II. Ces lettres constituent trois séries continues, séparées par des interruptions dans la correspondance ou par l'absence de certaines pièces: une série de 3 lettres (du (20) 9 janvier 1767 au (16) 5 février 1768), un groupe de 9 lettres et 2 pièces annexes[10] (du 22 décembre 1769 au (5 octobre) 24 septembre 1773) et une dernière série de trois lettres (janvier 1775, 10 février 1775 et (3 avril) 23 mars 1775). A cet ensemble manquent de façon certaine plusieurs lettres de Lagrange datant de 1765 et 1766 et, peut-être, quelques pièces complémentaires de 1768-1769 et 1773-1774 ou postérieures au (3 avril) 23 mars 1775. Le fait que 7 lettres de Lagrange aient été retrouvées dans les archives de l'Académie des sciences de l'URSS à Léningrad postérieurement à l'édition du volume XIV des *Œuvres* de Lagrange[11] permet d'espérer que certaines pièces complémentaires pourront encore y être découvertes, dispersées dans différents recueils. Par ailleurs la découverte d'une autre lettre de Lagrange, l'une des plus importantes de l'ensemble[12], dans une série d'autographes conservée à la Bibliothèque de l'Université de Tartu, montre que quelques éléments des papiers d'Euler ont pu être soustraits de l'ensemble à la fin du XVIIIe siècle ou au XIXe siècle et se retrouver aujourd'hui dans d'autres collections que celle de Léningrad. Enfin il est à noter que, pour cette période, une partie assez importante des échanges scientifiques entre Euler et Lagrange a pu se faire par l'intermédiaire de certains de leurs collaborateurs, en particulier Samuel Formey, secrétaire perpétuel de l'Académie de Berlin, Johann Albrecht, fils aîné d'Euler et secrétaire de la conférence de l'Académie de Pétersbourg, et Anders Johan Lexell, membre de cette dernière académie et collaborateur d'Euler pour les mathématiques et l'astronomie. Une recherche complémentaire serait donc à entreprendre dans la volumineuse correspondance Formey–J.A. Euler conservée à Léningrad et à Berlin[13]. Quoiqu'il en soit, malgré ses quelques lacunes, la correspondance Euler–Lagrange, telle qu'elle nous est actuellement connue, permet de retracer de façon assez précise l'évolution des rapports personnels et scientifiques entre Euler et Lagrange et d'apprécier l'influence de ces relations sur le développement des recherches et la genèse des œuvres de ces deux grands savants.

Renvoyant pour une analyse plus détaillée à l'introduction et aux notes de l'édition récente de cette correspondance[14], nous évoquerons ici les aspects les plus marquants de ces relations entre deux des principaux acteurs du progrès des sciences physico-mathématiques dans la partie moyenne du XVIIIe siècle. Pour simplifier les références aux publications d'Euler et de Lagrange, nous nous bornerons le plus souvent à indiquer leurs numéros respectifs dans la bibliographie classique d'Euler établie par Eneström[15] ou dans celle de Lagrange que nous avons récemment publiée[16], et ceci sous la forme E. x ou L. x.

Lorsque le 28 juin 1754 le jeune Lagrange, âgé de 18 ans, écrivait sa première lettre à Euler, il se passionnait déjà pour la recherche mathématique mais ne trouvait pas dans sa ville natale de Turin d'interlocuteur qu'il jugeât capable d'apprécier ses premiers travaux. C'est pourquoi il prit contact avec son compatriote G.C. da Fagnano (1682–1766) qui venait de publier un important recueil de *Produzioni matematiche*[17] et avec Euler dont la réputation était alors à son maximum. L'étude qu'il leur communiqua portait sur l'analogie formelle des structures des puissances du binôme: $(a+b)^m$ et des différentielles d'un produit: $d^m(xy)$, l'exposant m étant un nombre entier quelconque, positif, négatif ou nul. Il était d'ailleurs si satisfait de cette «découverte» qu'il la publia le 23 juillet 1754 dans une brochure de 8 pages dédiée à Fagnano (L. 1). Malheureusement, quelques jours plus tard il apprit que cette analogie avait été mentionnée par Leibniz dès 1695 dans des lettres à Jean I Bernoulli qui avaient été publiées en 1745[18]. Il en fut très touché et écrivit à Fagnano qu'il craignait d'être pris pour un plagiaire et un imposteur. De fait Euler ne répondit pas à cette lettre bien que Lagrange lui ait fait part de son admiration pour ses travaux, en particulier pour sa *Mechanica*, et lui ait annoncé l'envoi ultérieur d'un travail sur la théorie des surfaces et d'observations sur les *maxima* et *minima* qu'on trouve dans les phénomènes de la nature.

Cette dernière allusion se rapporte aux premières réflexions de Lagrange sur les principes du calcul des variations, réflexions suscitées par l'étude attentive de la célèbre *Methodus inveniendi lineas curvas maximi minimive proprietate gaudentes* ... (1744; E.65/O.I, 24) d'Euler. Dans cet ouvrage, ce dernier présentait et appliquait à de nombreux exemples sa célèbre méthode de réduction du problème isopérimétrique, considéré dans le sens le plus large, à l'intégration d'équations différentielles[19]. Ayant réussi à concevoir une nouvelle méthode plus analytique, plus brève et plus simple que celle d'Euler, méthode fondée sur l'introduction d'un nouveau mode de différentiation des fonctions, permutable avec la différentiation ordinaire[20], Lagrange, le 12 août 1755, en communiqua les principes dans sa deuxième lettre à Euler. Bien que cet exposé fût très schématique et manquât de démonstrations et d'explications, Euler comprit à sa lecture la généralité et l'efficacité d'une telle méthode analytique que lui-même avait tenté en vain d'introduire. Dès le 6 septembre 1755, il félicita vivement Lagrange pour cette innovation dont il s'efforça immédiatement de tirer parti[21]. Lagrange qui attendait cette réponse avec impatience lui adressa le 20 novembre 1756 l'exemple de la résolution d'un cas spécial du problème célèbre des brachystochrones qui n'avait pu être abordé jusqu'alors[22]. Et, dans un mémoire annexé à une lettre de fin mars jusqu'au début avril 1756, il aborda le domaine de la dynamique en présentant une généralisation du principe de moindre action d'Euler. Cette dernière lettre et ce mémoire – qui sont aujourd'hui perdus – furent présentés à l'Académie de

Berlin le 6 mai 1756 et transmis à Maupertuis, président de cette Académie. Maupertuis qui, on le sait, portait un intérêt tout particulier au principe de moindre action, proposa à Lagrange de publier son mémoire et de le faire nommer membre de l'Académie de Berlin. Il chargea même Euler de lui demander s'il serait intéressé par une situation auprès de cette Académie[23]. Mais l'état de santé de Maupertuis l'ayant amené à quitter Berlin le 6 juin 1756 pour n'y plus revenir, les pourparlers concernant la venue éventuelle de Lagrange à Berlin n'aboutirent pas[24]. Par ailleurs, si Lagrange fut bien élu membre de l'Académie de Berlin sur proposition de Maupertuis le 2 septembre 1756, son mémoire ne fut pas publié, l'ouverture des hostilités de la guerre de Sept Ans ayant entraîné un brusque ralentissement dans les publications de l'Académie. Dans sa lettre no 8 du 8 octobre 1756, Lagrange montre qu'en poursuivant ses recherches sur les propriétés des différentielles et des intégrales regardées comme de purs opérateurs, il a obtenu une règle pour déterminer les différentielles d'ordre quelconque des fonctions de plusieurs variables et envisagé l'extension du théorème de Taylor à ces fonctions, questions qu'il développera en 1772 dans son mémoire L.33 et qui se retrouveront dans sa théorie des fonctions analytiques. Dans cette lettre, particulièrement importante, le problème des surfaces minimales se trouve posé et examiné pour la première fois; on y trouve également le premier emploi explicite d'intégrales doubles et l'étude de leur variation[25].

Après cette lettre, une interruption de trois ans dans ses relations avec Euler, du fait de la guerre de Sept Ans, amène Lagrange à modifier certains de ses projets. S'il continue la mise au point, pour les *Mémoires* de Berlin, des deux grands mémoires sur le calcul des *maxima* et des *minima* (c.-à-d. le calcul des variations) et sur le principe de moindre action annoncés dans sa lettre no 8, il s'engage parallèlement dans d'autres travaux. Tout d'abord sa nomination le 26 septembre 1755 comme professeur-adjoint à l'Ecole royale d'artillerie de Turin l'oblige à rédiger des cours de mécanique et de calcul différentiel et intégral, premières esquisses de deux ouvrages célèbres, la *Méchanique analytique* (L.97) et la *Théorie des fonctions analytiques* (L.102) qu'il publiera en 1788 et 1797[26]. Par ailleurs il participe activement à la fondation à Turin en 1757 d'une société scientifique privée qui, reconnue par le roi en 1762, deviendra en 1783 l'Académie royale des sciences de Turin[27]. Et c'est dans les trois premiers volumes des *Miscellanea* édités par cette société en 1759, 1762 et 1766 qu'il publiera 10 mémoires ou notes qui constituent les seuls publications de sa période turinoise (L.2 à L.11).

C'est d'ailleurs en adressant à Euler le premier tome de cette série qu'il renoue leur correspondance interrompue depuis trois ans. Dans ses lettres du 28 juillet et du 4 août 1759[28], il insiste sur son grand mémoire sur «la nature et la propagation du son» publié dans ce volume (L.4), sur son intervention dans le débat sur le problème des cordes vibrantes engagé depuis 1749 entre d'Alembert, Euler et Daniel Bernoulli et sur une note concernant d'Alembert (L.5), révélant ainsi le grand intérêt qu'il porte à certaines questions de physique mathématique et aux problèmes d'analyse mathématique dont dépend leur étude. Il signale également à Euler qu'il compte sur l'appui de Maupertuis pour faire publier à Berlin un traité réunissant ses deux mémoires sur le calcul des variations et sur le principe de moindre action annoncés dès 1756. Bien que n'ayant pas encore reçu le volume annoncé, Euler, le 2 octobre 1759, écrit à Lagrange que par suite du décès de Maupertuis et de la situation difficile de l'Académie, il était préférable qu'il cherche à publier son ouvrage ailleurs qu'à Berlin. Il l'informe également de ses démêlés avec d'Alembert et de ses recherches personnelles, lui annonçant en particulier qu'ayant rédigé lui-même un exposé de la méthode analytique du calcul des variations, il attendait pour le diffuser que Lagrange ait publié ses propres réflexions sur ce sujet[29]. Le 23 octobre 1759, ayant reçu le volume attendu, Euler écrit à nouveau à Lagrange, en français pour la première fois, pour le féliciter pour la qualité de ce recueil et lui faire part de l'intérêt qu'il a pris à la lecture de son grand mémoire sur la propagation du son, tant pour les méthodes nouvelles qui y sont présentées que pour l'habileté avec laquelle certaines équations compliquées y sont maniées et pour l'appui apporté à sa solution du problème des cordes vibrantes. Il évoque également les réflexions, les remarques et les orientations nouvelles de recherches que cette lecture lui a suggérées[30]. De fait reprenant par de nouvelles méthodes l'étude de la propagation du son qu'il avait déjà abordée à plusieurs reprises, il réalisa rapidement des progrès considérables dont les résultats furent présentés devant l'Académie de Berlin dans trois importants mémoires entre le 1er novembre et fin décembre 1759[31]. Les lettres suivantes (nos 13–17), échelonnées du 24 novembre 1759 au 24 juin 1760, constituent un passionnant échange d'idées et d'informations sur la propagation du son et les problèmes mathématiques très difficiles posés par son étude, que ce soit sur une droite, dans un plan ou dans l'espace à trois dimensions[32]. Euler et Lagrange qui se passionnent pour cette question collaborent ainsi indirectement dans l'étude d'un secteur important de la physique mathématique et de certains types d'équations aux dérivées partielles.

Mais la guerre de Sept Ans vient à nouveau suspendre leurs échanges épistolaires et interrompre cette collaboration. Leur correspondance reprend en 1762 avec l'envoi par Lagrange du tome II des *Miscellanea* de Turin contenant le mémoire E.268 d'Euler, et, en plus de 2 mémoires sur la propagation du son et d'une note mathématique de Lagrange (L.6, 9 et 10), de son grand mémoire sur le principe de moindre action (L.8) et d'un bref résumé du mémoire sur le calcul des variations qu'il avait espéré publier à Berlin. Lagrange précise d'ailleurs que c'est après avoir appris qu'Euler avait lui-même consacré un traité à sa nouvelle méthode de calcul des variations qu'il avait supprimé celui qu'il avait presque achevé sur ce sujet et se bornait à en exposer les principes dans un mémoire aussi court que possible afin de permettre à Euler de publier le sien[33].

Dans sa réponse, Euler félicite Lagrange pour «la richesse et l'excellence des Mémoires que ce recueil renferme», pour son mémoire sur le principe de moindre action, pour les résultats importants contenus dans ses autres travaux et, spécialement, pour le nouvel appui qu'ils lui apportent dans ses discussions avec d'Alembert; il revient enfin sur l'application du calcul des variations aux surfaces minimales et sur les recherches qui restent à mener sur ce point[34].

Ainsi que nous l'avons noté, après une nouvelle et longue coupure, les trois lettres suivantes, toutes trois d'Euler, sont les seules pièces restantes d'une correspondance plus étendue, à laquelle manquent pour le moins les trois lettres de Lagrange auxquelles celles-ci répondaient. La première lettre de cette série, celle du 16 février 1765[35], fait allusion à la reprise récente de la correspondance entre les deux savants et porte pour l'essentiel sur les discussions avec d'Alembert sur les cordes vibrantes. Elle se situe après le séjour que fit d'Alembert à Potsdam et Berlin en juillet–août 1763 au cours duquel il se réconcilia avec Euler, sans renoncer toutefois à défendre ses positions sur le problème des cordes vibrantes. Elle se situe également après le séjour qu'avait fait Lagrange à Paris de novembre 1763 à mars 1764, au cours duquel il renforça ses relations avec certains mathématiciens français, dont d'Alembert et Condorcet. Elle se situe enfin après que Lagrange eut, le 2 mai 1764, remporté le concours de prix de l'Académie de Paris sur la théorie de la Lune, et en particulier le problème de la libration, concours auquel Euler avait participé mais sans le reconnaître officiellement. Peut-être le refroidissement apparent des relations entre Euler et Lagrange qui apparaît dès lors est-il dû à la crainte d'Euler de voir Lagrange passer dans ce camp français dont il regrettait la trop grande influence auprès de Frédéric II[36]. La seconde lettre, celle du 3 mai 1766, se situe au moment où Euler a enfin obtenu l'autorisation de Frédéric II de préparer son départ pour Pétersbourg et quelques jours avant que Lagrange, pressenti par d'Alembert pour remplacer Euler à son poste de directeur de la classe de mathématique de l'Académie de Berlin, donne son accord définitif (le 10 mai). L'offre faite par Euler à Lagrange de venir travailler auprès de lui à Pétersbourg ne pouvait donc qu'être déclinée. C'est ce que fit Lagrange dans une lettre perdue à laquelle Euler répondra le 20 (9) janvier 1767 par la 3e lettre de cette série qui apparaît surtout comme une nouvelle prise de contact avec son jeune disciple, devenu entre-temps son successeur à Berlin grâce à l'appui de d'Alembert[37].

Les rapports entre les deux savants se situaient dès lors sur un plan différent. Ayant pris en particulier, dès son arrivée à Berlin le 27 octobre 1766, la direction de la partie mathématique des *Mémoires* de l'Académie de Frédéric II sur laquelle Euler avait eu la haute main pendant de longues années, Lagrange eut pour première tâche d'assurer la publication des volumes en retard contenant de nombreux mémoires de son prédécesseur. Il commença également à y insérer ses propres travaux qu'il devait régulièrement présenter à l'Académie. C'est ainsi que dans sa lettre à Euler du 29 décembre 1767, il évoque les sujets de deux mémoires récents, l'un sur le mouvement d'un corps attiré vers deux centres fixes par des forces réciproquement proportionnelles au carré des distances, l'autre sur le problème des tautochrones, question qu'Euler avait déjà étudiée et qu'il reprit à cette occasion[38]. En répondant à Lagrange le (16) 5 février 1768, ce dernier discute d'ailleurs de divers aspects de ces deux problèmes et parle de l'impression en cours de son traité du calcul intégral que Lagrange avait pu lire en manuscrit[39]. Il mentionne également de façon rapide le mémoire de d'Alembert inséré dans le volume des *Mémoires* pour 1765 (publié en 1767), sans insister sur le fait que le savant français reprenait ainsi une collaboration interrompue depuis une quinzaine d'années[40]. Dans sa lettre du 22 décembre 1769 (no 20), Lagrange remercie pour l'envoi des deux premiers tomes de son calcul intégral dont il note l'intérêt du chapitre sur les «intégrales particulières» et sollicite l'avis d'Euler sur deux mémoires récemment parus dans le volume pour l'année 1767 des *Mémoires* de Berlin, en attendant de pouvoir le faire pour un troisième mémoire qu'il destine au 4e volume des *Miscellanea* de Turin[41]. Cette lettre marque en fait la reprise d'une sorte de compétition amicale par voie épistolaire entre Euler et Lagrange sur divers sujets, et en tout premier lieu sur la théorie des nombres.

Euler qui, tout au long de sa carrière, s'était passionné pour cette dernière discipline, et spécialement pour la résolution des équations indéterminées, ne pouvait manquer de s'intéresser au premier mémoire mentionné par Lagrange. Cette étude (L. 14) était consacrée à la résolution de l'équation indéterminée $x^2 - ay^2 = b$ à laquelle peuvent se ramener toutes les équations indéterminées du second degré, et qui généralise l'équation dite de Pell-Fermat, elle-même objet du troisième mémoire évoqué de Lagrange et de travaux contemporains d'Euler[42]. Bien que devenu pratiquement aveugle peu après son retour à Pétersbourg et obligé de ce fait de recourir à l'aide d'un collaborateur[43], Euler avait étudié de près, apprécié et utilisé les méthodes exposées par Lagrange[44], en particulier l'introduction de nombres irrationnels et de nombres «imaginaires» que lui-même avait abordée de façon plus limitée. Mais il avoue avoir été embarrassé pour résoudre l'équation $101 = p^2 - 13q^2$ par la méthode de Lagrange. Il annonce également à ce dernier la publication d'un traité d'algèbre en langue russe[45] et lui signale un problème lié à l'étude des surfaces développables, ainsi qu'une proposition non démontrée et un problème résolu portant tous deux sur la théorie des nombres. Lagrange répondit de façon quasi-immédiate[46] en faisant quelques réserves sur la validité de la proposition évoquée et en donnant une solution détaillée de l'équation qui avait embarrassé Euler, solution qu'il reprit dans un nouveau mémoire (L. 18), publié peu après. Euler poursuivit ce passionnant échange d'idées[47] en précisant diverses questions évoquées dans sa lettre précédente, objet de mémoires récents ou en préparation, dont sa célèbre étude sur les surfaces développables[48]. A son tour Lagrange, le 30 décembre 1770[49], l'informa de ses recherches concernant l'un des problèmes de théorie des nombres précédemment proposé ainsi que de son projet de rédiger des compléments pour une traduction française en préparation du traité d'algèbre d'Euler[50]. Il lui demande également son avis sur un mémoire récent (L. 18) sur la résolution des équations littérales au moyen des séries fondé sur la formule d'inversion dite de Lagrange et fait allusion à certaines difficultés concernant la publication de travaux qu'Euler voudrait insérer dans les *Mémoires* de Berlin[51]. Bien que dans sa lettre suivante, du (31) 20 mai 1771[52], Euler semble considérer ces difficultés comme réglées, en fait ce projet de publication resta sans suite. Euler annonce également la prochaine publication de sa théorie de la Lune, félicite Lagrange pour le théorème principal de son mémoire précédent et mentionne diverses contributions sur ce sujet, de lui-même, de J.H. Lambert et de son collaborateur A.J. Lexell. Dans sa réponse[53], Lagrange donne quelques indications sur ses compléments à l'*Algèbre* d'Euler et s'informe de la démonstration de Lexell évoquée par Euler. Aussi n'est-il pas surprenant que ce soit Lexell lui-même qui, le (16) 5 mars 1772, répondra à cette lettre[54] en citant trois démonstrations de ce théorème, deux d'Euler et une de lui-même. En annonçant le 13 juillet 1773 l'envoi de la traduction française de l'*Algèbre* d'Euler[55], Lagrange félicite ce dernier pour sa théorie de la Lune mais lui annonce que lui-même a mis au point une nouvelle solution du problème des trois corps. Mais cette allusion aux travaux de mécanique céleste des deux savants restera sans suite et, dans sa réponse[56], Euler, après être passé rapidement sur la traduction de son algèbre, commente un mémoire récent de Lagrange sur le théorème de Waring (L.25) dont il donne une nouvelle démonstration et parle d'autres problèmes de théorie des nombres.

Les trois dernières pièces de correspondance[57], datant de 1775, portent sur la valeur de l'intégrale

$$\int \frac{(x-1)dx}{\log x},$$

théorème que Lagrange généralise tout en mettant en lumière un paradoxe qu'Euler expliquera. La dernière lettre, écrite par Euler le (3 avril) 23 mars 1775, est particulièrement intéressante car, en dehors du problème précédent, elle évoque diverses questions suscitées par la lecture de certains des mémoires de Lagrange insérés dans les volumes de 1772 et 1773 des *Mémoires* de Berlin ou dans le 4e volume des *Miscellanea* de Turin récemment arrivés à Pétersbourg. L'exceptionnelle chaleur des compliments adressés par Euler à Lagrange s'explique par le nombre, la variété et l'importance des sujets traités dans ces mémoires[58], sujets dont il entreprend aussitôt, souvent avec succès, de poursuivre l'étude, parallèlement à d'autres recherches en cours sur la mécanique et la théorie des nombres qu'il évoque également.

La richesse du contenu et la chaleur de ton de cette lettre, dernière pièce connue de la correspondance Euler-Lagrange, rendent peu vraisemblable qu'elle puisse marquer une rupture dans les relations entre les deux savants. On peut plutôt penser soit que certaines lettres plus tardives ne nous sont pas parvenues ou n'ont pas été retrouvées, soit que les rapports entre les deux savants aient pris dès lors une forme indirecte[59]. Quoiqu'il en soit, cette correspondance constitue un témoignage d'une valeur exceptionnelle sur l'évolution des relations personnelles entre deux des savants les plus éminents de la période 1754–1775 et sur l'influence de leurs échanges sur l'orientation et le développement de leurs œuvres respectives. Sans que ce bref article permette de dresser le bilan détaillé de l'émulation permanente et de la collaboration indirecte qui s'étaient alors établies entre Euler et Lagrange[60], du moins permet-il d'en apprécier toute l'étendue et toute la richesse.

Notes

1   Leonhard Euler, *Opera omnia*, series quarta A: *Commercium epistolicum*, vol. V, *Correspondance de Leonhard Euler avec A. C. Clairaut, J. d'Alembert et J. L. Lagrange*, publiée par A. P. Juškevič et R. Taton, Birkhäuser Verlag, Basel 1980, 20 × 27,5 cm, VIII–611 p., 7 planches. Abréviation: O. IV A, 5.

2   Op. cit., *Introduction*, p. 34–65, et 359–518 (édition des lettres).

3   *Œuvres de Lagrange*, tome XIV, *Correspondance de Lagrange avec Condorcet, Laplace, Euler et divers savants*, publiée … par L. Lalanne, Gauthier-Villars, Paris 1892, 22,5 × 28 cm, XIV–346 p. La *Correspondance de Lagrange avec Euler* est publiée p. 133–245 et résumée p. 323–327.

4   La nouvelle édition comporte en effet 8 lettres supplémentaires de Lagrange à Euler et une pièce annexe (cf. ci-dessous, notes 9–11).

5   Les lettres dont la date a été rectifiée sont les lettres nos 10 (4 août 1759) et 18 (14 juin 1762) de la nouvelle édition. Les erreurs de lecture corrigées sont signalées en notes.

6   L'introduction est aux p. 34–65 de O. IV A, 5. Le texte de chaque lettre éditée est suivi des références concernant les documents correspondants et les éditions antérieures éventuelles et des différentes notes qui s'y rapportent.

7   Les dates des lettres écrites par Euler de Pétersbourg étant écrites dans le calendrier julien, leur équivalent dans le calendrier grégorien est indiqué entre parenthèses.

8   On verra ci-dessous qu'il manque à cet ensemble une lettre de Lagrange, complétée par un mémoire sur le principe de moindre action, datant de fin mars jusqu'au début avril 1756 (entre les lettres nos 4 et 5).

9   La signature en février 1763 des traités de Paris et Hubertsbourg qui mettaient fin à la guerre de Sept Ans ayant permis un rétablissement rapide des relations internationales, la longue interruption intervenue alors, en apparence du moins, dans la correspondance Euler-Lagrange ne peut s'expliquer uniquement par des raisons d'ordre militaire ou politique. La perte probable de certaines pièces de cette correspondance – une lettre de Lagrange au moins est dans ce cas – s'ajoute peut-être à un certain refroidissement dans les relations entre les deux savants, sur lequel nous reviendrons.

10   Il s'agit d'une lettre de Lagrange à S. Formey de novembre 1770 et d'une lettre de A. J. Lexell à Lagrange du (16) 5 mars 1772.

11   Ce sont les lettres nos 24, 26, 28, 30, 32, 33 et 36 de la nouvelle édition (29 décembre 1767, 22 décembre 1769, 12 février 1770, 30 décembre 1770, 15 février 1772, 13 juillet 1773 et 10 février 1775), c'est-à-dire les seules lettres connues de Lagrange à Euler, postérieures au 28 octobre 1762. Certaines de ces lettres avaient déjà été publiées, en intégralité ou en partie, dans des recueils soviétiques par S. Ja. Lurje à Léningrad en 1935 (lettres nos 30 et 33) ou par J. I. Ljubimenko à Moscou-Léningrad en 1937 (lettres nos 28 et 36).

12   Il s'agit de la longue lettre latine de Lagrange du 5 octobre 1756 qui clôture la première série de la correspondance (lettre no 8: O.IV A, 5, p.396-410).

13   Voir à ce sujet O.IV A, 5, p.482 (note 13), et l'ouvrage de W. Stieda, *Johann Albrecht Euler in seinen Briefen, 1766-1790,* Leipzig 1932. La correspondance mentionnée est conservée aux Archives de l'Académie des sciences de l'URSS à Léningrad et à la Handschriftenabteilung der Staatsbibliothek der DDR à Berlin.

14   Cf. ci-dessus note 1.

15   G. Eneström, *Verzeichnis der Schriften Leonhard Eulers,* B.G. Teubner, Leipzig 1910-1913.

16   R. Taton, *Inventaire chronologique de l'œuvre de Lagrange,* Revue d'histoire des sciences 27, 1974, p.3-36.

17   Voir la notice biographique de Fagnano par A. Natucci, dans: *Dictionary of scientific Biography,* vol.4, 1971, p.515-516. Ses principaux travaux concernant la résolution des équations des 2e, 3e et 4e degrés, l'étude des nombres imaginaires et les intégrales elliptiques sont des œuvres de jeunesse publiées dans les années 1710. Cependant en 1750, Fagnano avait publié un recueil de ses mémoires anciens et de divers textes inédits: *Produzioni matematiche* (2 volumes, Pesaro 1750). Au début de 1752, les recherches de Fagnano sur les théorèmes d'addition des intégrales elliptiques suscitèrent l'intérêt d'Euler qui entreprit avec succès de les poursuivre et de les développer, ouvrant ainsi un des chapitres essentiels de son œuvre (cf. O.IV A, 5, p.220-221, note 3). Les 21 pièces conservées de la correspondance de Lagrange et de Fagnano (du 3 juillet 1754 au 18 mai 1759) sont publiées dans le tome 3 des *Opere matematiche di Fagnano,* Milano, Roma, Napoli 1912, p.179-213.

18   Cf. O.IV A, 5, p.365, note 305. Ce recueil de la correspondance de Leibniz et de Jean I Bernoulli: *Virorum celeberr. G. Leibnitii et J. Bernoullii commercium philosophicum et mathematicum,* 2 volumes, Lausannae et Genevae 1745, était évidemment connu d'Euler qui le mentionna à la fin de sa lettre du 6 septembre 1755.

19   Cf. O.IV A, 5, p.373-374, note 2, et les diverses études qui y sont citées.

20   Idem, p.374, note 3.

21   Il présenta en effet deux mémoires sur ce sujet (E.297 et E.296) qui furent présentés à l'Académie de Berlin les 9 et 16 septembre 1756, mais ne furent publiés qu'en 1766 dans les N. Comm. Ac. Petrop. 10. Nous reviendrons sur les raisons de ce retard dans leur publication.

22   Idem, p.378-386.

23   Voir à ce sujet le dernier paragraphe de la lettre d'Euler à Lagrange du 24 avril 1756 (idem, p.387, 389, et note 4, p.389-390), la réponse de Lagrange du 19 mai 1756 et les notes adjointes (idem, p.390-394).

24   Bien que la correspondance échangée entre Lagrange et Maupertuis ne nous soit parvenue, il est certain que ce dernier avait demandé à Euler d'agir en son absence en faveur de Lagrange, mais qu'Euler avait dû y renoncer. Il écrivit en effet à Maupertuis le 15 janvier 1757. «Nous ne voyons aucune possibilité d'engager M. La Grange puisque dans les circonstances présentes, personne n'oserait faire la proposition au Roy.» Proposant plus tard Lagrange pour un poste à l'Académie de Pétersbourg, Euler évoque encore cette affaire dans une lettre à J. Stählin du 4 mai 1765: «Wann Mr. Maupertuis länger gelebt hätte, so würde er allem Ansehen nach zur hiesigen Akademie gekommen sein.» Cf. *Die Berliner und die Petersburger Akademie der Wissenschaften im Briefwechsel Leonhard Eulers,* tome III, eds. A.P. Juškevič et E. Winter, Berlin 1976, p.234.

25   Cette lettre no 8 du 8 octobre 1756 a été publiée et commentée pour la première fois dans le volume O.IV A, 5, p.396-410.

26   Le 24 novembre 1759, Lagrange écrira à Euler: «J'ai aussi composé moi-même des elemens de Mécanique et de Calcul différentiel et intégral à l'usage de mes écoliers et je crois avoir développé la vraye metaphisique de leurs principes, autant qu'il est possible.» Cf. O.IV A, 5, p.430-431, 432, notes 14 et 15.

27   Voir sur ce sujet diverses notes dans O.IVA, 5: p.417 (note 1), p.431 (notes 2-5), p.445-446 (note 1) et p.501 (note 11).

28   Cf. O.IVA, 5, p.411-414, 414-417 (lettres nos 9 et 10).

29   Idem, p.418-422 (lettre no 11). Les mémoires concernant le calcul des variations que mentionne Euler sont publiés en 1766 (E.297 et E.296), soit quatre ans après la publication des essais correspondants de Lagrange (L.7 et L.8): op.cit., p.422, note 7, et ci-dessus, note 21.

30   Cf. O.IVA, 5, p.423-428 (lettre no 12).

31   Voir l'introduction de C.A. Truesdell au volume O.II, 13, p.XXXIX-IL. Il s'agit des mémoires E.305, 306 et 307 que complète le mémoire E.268 qui sera publié en 1762 dans le tome II des *Miscellanea* de Turin. Lagrange, quant à lui, prépare ses mémoires L.6 et L.9, qui seront publiés dans ce même recueil.

32   Cf. O.IVA, 5, p.429-445: Lettres nos 13 à 17.

33   Cf. la lettre no 19 de Lagrange du (28?) octobre 1762 (O.IVA, 5, p.446-447) et ci-dessus les notes 21 et 29.

34   Cf. O.IVA, 5, p.448-452 (lettre no 20).

35   Idem, p.452-455 (lettre no 21), en particulier la note 1, p.454.

36   Idem, *Introduction*, p.49-50.

37   Cf. O.IVA, 5, p.455-457 (lettre no 22) et 457-459 (lettre no 23). Voir aussi op.cit., *Introduction*, p.50-52.

38   Cf. O.IVA, 5, p.459-461 (lettre no 24), en particulier la note 4 sur les travaux de Lagrange et d'Euler sur le premier problème évoqué et la note 5 sur les tauto-chrones. Voir aussi sur ce sujet la lettre no 25 d'Euler et les notes correspondantes (idem, p.461-464).

39   Idem. La publication des *Institutionum calculi integralis ...*, (E.342, 366, 385/O.I, 11, 12, 13), envisagée depuis longtemps, commença peu après l'arrivée d'Euler à Pétersbourg. Ses trois volumes parurent respectivement en 1768, 1769 et 1770.

40   Le dernier mémoire de d'Alembert publié dans les *Mémoires* de Berlin: *Additions aux recherches sur le calcul intégral*, op.cit. (1750) 1752, p.361-378, était sorti au moment où il était déjà brouillé avec Euler.

41   Il s'agit des mémoires L.14 et L.15, respectivement sur la théorie des nombres et la résolution numérique des équations, publiés à Berlin en 1769 et du mémoire L.27, dont la rédaction est antérieure à celle de L.14, qui ne sera publié qu'en 1773.

42   Voir sur ce sujet l'étude de H. Konen, *Geschichte der Gleichung* $t^2 - D u^2 = 1$, Leipzig 1901, et dans O.IVA, 5, diverses notes annexées aux lettres 26-28, en particulier les notes 7-19, p.470-471.

43   Il s'agissait soit de l'un de ses fils, Johann Albrecht ou Christoph, soit du jeune suédois A.J. Lexell ou de l'Allemand W.L. Krafft.

44   Sa lettre no 27 est du (27) 16 janvier 1770. Cf. O.IVA, 5, p.466-471.

45   Il s'agit de la célèbre *Algèbre* d'Euler publiée d'abord en langue russe à Pétersbourg en 1768-1769, puis en allemand en 1770 (E.387-388). L'édition française réalisée à l'initiative de Lagrange qui l'augmenta d'importants compléments, fut publiée à Lyon en 1773 (E.387c-388c). Elle se trouve évoquée dans plusieurs lettres ulté-rieures.

46   Lettre no 28 du 12 février 1770 (O.IVA, 5, p.471-477).

47   Lettre no 29 du (20) 9 mars 1770 (idem, p.477-482).

48   L'étude consacrée par Euler à ce problème (E.419) fut publiée en 1772. Reprise par voie géométrique par G. Monge dès 1774 (publié en 1780), elle fut l'un des points de départ de son œuvre en géométrie infinitésimale.

49   Lettre no 30 (O.IVA, 5, p.483-487).

50   Cf. ci-dessus note 45.

51   Il s'agit en particulier d'un mémoire concernant la condition d'intégrabilité de l'expression $Z(x, y, y' ...)$, cf.O.IVA, 5, p.487, note 8, et surtout l'Appendice III, 1,

p. 510–512, et d'extraits de lettres qu'Euler voulait insérer, à l'exemple de d'Alembert (idem, p. 487, notes 9–11).

52   Lettre no 31 du (31) 20 mai 1771 (O.IVA, 5, p. 488–491).
53   Lettre no 32 du 15 février 1772 (idem, p. 491–493).
54   Appendice III, 2 (O.IVA, 5, p. 512–518).
55   Lettre no 33 du 13 juillet 1775 (idem, p. 494–496).
56   Lettre no 34 du (5 octobre) 24 septembre 1773 (idem, p. 496–501).
57   Il s'agit d'un cours billet latin d'Euler de janvier 1775 (no 35), d'une lettre de Lagrange du 10 février 1775 (no 36) et de la réponse d'Euler du (3 avril) 23 mars 1775 (no 37) (idem, p. 501–509).
58   Euler a particulièrement apprécié le premier mémoire consacré par Lagrange à la théorie des intégrales elliptiques (L.28), sujet auquel il a déjà apporté de nombreuses contributions et qu'il continue à étudier.
59   Le «Chronologisches Verzeichnis der Briefe» (O.IVA, 1, p. 513–554) mentionne 2829 lettres échangées par Euler pour une période de 58 ans (de 1726 à 1783), dont 28 seulement portent sur la période des 8 années postérieures à sa dernière lettre à Lagrange.
60   Voir sur ce sujet l'introduction, les textes et les annotations, dans: O.IVA, 5, p. 34–63, 360–518.

Abb. 50
Joseph Louis Lagrange (1736–1813).

Abb. 51
Gabriel Cramer (1704–1752).

Pierre Speziali

Léonard Euler et Gabriel Cramer

En automne 1724, à l'Académie de Calvin, la première chaire de mathématiques avait été confiée à deux jeunes savants, Jean-Louis Calandrini (1703–1758) et Gabriel Cramer (1704–1752), qui l'ont occupée à tour de rôle, le Conseil de l'Académie ayant décidé de leur donner ainsi la possibilité de s'absenter pour perfectionner leurs connaissances à l'étranger. Le premier se fera connaître par une réédition commentée des *Principia* de Newton et par ses relations avec Clairaut à propos de la théorie de la Lune. Nommé à la chaire de philosophie en 1734, il abandonnera alors l'enseignement des mathématiques, et Cramer restera seul titulaire d'un poste qu'il occupera avec autant de talent que de distinction jusqu'en 1750.

Fils et petit-fils de médecins, Gabriel Cramer appartenait à une famille originaire de Strasbourg qui s'était établie à Genève vers le milieu du XVIIe siècle. Son frère aîné, Jean, a été avocat et son frère cadet, Jean-Antoine, médecin et membre du Conseil. Après d'excellentes études, Gabriel soutint à dix-huit ans une thèse sur le son[1] et, à vingt ans, dans sa leçon inaugurale, il disserta du rôle des mathématiques dans les arts.

Après deux années d'enseignement à l'Académie, il se rendit à Bâle, chez les Bernoulli, puis à Cambridge et à Londres, où il rencontra Halley, Moivre et Stirling; en juillet 1728, on le trouve chez s'Gravesande, à Leyde, et à la fin de la même année, à Paris, où il est reçu par Fontenelle, Réaumur, Maupertuis, Buffon, de Mairan, Clairaut et d'autres encore, avec lesquels il entretiendra par la suite une correspondance fort nourrie. Il retournera à Paris en 1747.

De son œuvre, il faut retenir l'imposant ouvrage sur les courbes[2] (où figure la règle des déterminants qui porte son nom), des écrits en latin et en français sur les sujets les plus divers[3] et surtout la publication des œuvres d'autres savants, une tâche bien méritoire et dont l'ampleur donne le vertige. Qu'on en juge. Entre 1732 et 1745 ont paru, annotés et commentés par ses soins, les 5 volumes des *Elementa matheseos universae* de Christian Wolff, les *Opera omnia* de Jean Bernoulli en 4 volumes, les *Opera* de Jacques Bernoulli en 2 volumes, suivies des *Postuma varia* et enfin, en collaboration avec Castillon, la correspondance entre Leibniz et Jean Bernoulli, en 2 volumes[4].

En bon citoyen, Cramer s'est intéressé également à ce qu'on appelle la chose publique. Il a fait partie du Conseil des Deux-Cents, il a dirigé de ses conseils ceux qui travaillaient aux fortifications de la ville et aux réparations de la cathédrale. A l'Académie, enfin, il a suscité des vocations scientifiques: Le Sage, Bonnet et Jallabert, par exemple, feront honneur à leur maître.

Revenons à l'année 1727. Au début du mois de mai, Cramer arrive à Bâle, où il va d'abord loger chez Jean-Rodolphe Iselin, docteur en droit; plus tard, nous le trouverons comme pensionnaire dans la famille de Jean Bernoulli. Une longue lettre, datée du 24 mai[5] et adressée à son collègue Calandrini, nous fournit des détails intéressants sur les premières semaines de son séjour. «Je vais régulièrement tous les jours chés Mr. Jean Bernoulli, et presque aussi souvent chés son neveu Nicolas Bernoulli ... Je raisonne principalement avec le premier sur le Calcul différentiel et intégral. Il m'a communiqué ses leçons manuscrites qu'il avoit données au Marquis de l'Hospital.» Avec le second, il est question de jeux de hasard, de lettres échangées avec de Montmort et d'un problème proposé à de Moivre.

Les cinq mois que Cramer a passés dans la cité rhénane marqueront profondément sa carrière scientifique et les amitiés qu'il y a nouées seront conservées et resserrées par un commerce épistolaire des plus actifs et, comme on l'a vu, par les travaux d'édition qui lui seront confiés.

L'arrivée à Bâle, en ce mois de mai 1727, avait pourtant réservé à Cramer une vive déception: le meilleur élève de Jean Bernoulli, celui dont il souhaitait tellement faire la connaissance, n'était pas là. Hélas! Léonard Euler, car c'est de lui qu'il va être question dorénavant, avait quitté sa ville natale le 5 du mois précédent et était en route pour Pétersbourg.

Il faut attendre l'année 1743 pour voir s'établir des relations épistolaires entre Euler et Cramer. Pour le premier, qui se trouve à Berlin depuis deux ans, le mathématicien genevois n'est pas un inconnu: il a certainement entendu parler de lui par Daniel Bernoulli à Pétersbourg et il sait à qui l'on doit la publication des *Œuvres* de Jean Bernoulli qui viennent de sortir de presse. C'est lui qui prend l'initiative d'une correspondance qui ne prendra fin qu'avec la mort de Cramer et qui, pour nous, présente un intérêt scientifique et historique de grande valeur[6].

«Il y a longtems que l'estime pour Vos rares talens m'a inspiré un grand desir d'être en quelque commerce avec Vous», écrit Euler le 21 mai 1743. De fait, il s'adresse à Cramer pour lui demander un service, celui de corriger les épreuves de son travail sur les isopérimètres qui s'imprime à Lausanne[7], chez Marc-Michel Bousquet, et, s'il est d'accord, de rédiger une Préface. «Jugez de l'impression qu'a dû faire sur moi votre Lettre», répond Cramer, «où de la manière du monde la plus obligeante vous m'offrés un commerce que je recherche avec le plus grand empressement, et une amitié qui me sera toujours très précieuse, et dont vous avez la bonté de me donner d'abord des preuves en me fournissant l'occasion de rendre quelque petit service à la personne du monde que je désire le plus d'obliger.»

Il accepte donc ce travail et cela d'autant plus volontiers qu'il est déjà au courant des Mémoires d'Euler sur les isopérimètres parus dans les Commentaires de l'Académie de Pétersbourg[8]. Quant à le Préface, M. Bousquet s'était déjà adressé à Daniel Bernoulli. L'année suivante, l'ouvrage paraître – sans la Préface, toutefois –, à la pleine satisfaction de l'auteur et de son vérificateur. Vers la fin de l'été, le même Bousquet transmet à Cramer dans le même but le texte de l'*Introductio in analysin infinitorum* (E. 102/O.I, 9). Là, Cramer exprime quelques scrupules, car la seconde partie de l'ouvrage traite de courbes, un sujet qui l'occupe depuis plusieurs années et dont il expose à Euler, dans les grandes lignes, la suite des chapitres. (On verra que ce sera Castillon[9] qui se chargera de contrôler l'impression de l'*Introductio*). Deux endroïts de cette missive de Cramer, datée du 30 septembre 1744, sont à retenir.

1. Dans un problème d'optique géométrique relatif à un ensemble de lentilles convexes, Cramer est parvenu à un résultat intéressant qui s'exprime par une fraction continue limitée et, à ce propos, il fait allusion au chapitre sur les fractions continues qui se trouve dans la première partie de l'*Introductio* (il a donc parcouru le manuscrit reçu de Lausanne!).

2. Cramer vient de lire dans les *Philosophical Transactions* (no 436, p. 32) l'article d'un certain Braikenridge[10], où cet auteur affirme qu'il faut n^2+1 points pour déterminer une courbe de degré n. Or, cela est faux, dit-il avec raison, puisque le nombre de points qui déterminent une courbe est égal à celui des coefficients des termes de son équation générale moins un, c'est-à-dire $n(n+3)/2$.

«Cependant», poursuit Cramer, «voici qui favorise la pensée de cet Anglois. Deux lignes du 3e ordre se peuvent couper en 9 points. Ainsi une ligne du 3e ordre n'est pas suffisamment déterminée en la faisant passer par 9 points, et de même pour les ordres supérieurs.» En effet, ce qui semble paradoxal est qu'il faille 9 points pour déterminer une courbe du 3e ordre, pendant que par 9 points il passe deux courbes de cet ordre; pour deux courbes de même degré n, supérieur au troisième, la situation est encore pire, puisque $n^2 > n(n+3)/2$. Et Cramer de demander: «Auriez-vous, Monsieur, vous qui savez si bien approfondir les matières, quelque bonne explication de cette difficulté.» Voilà les origines de ce qu'on appelle aujourd'hui encore le «paradoxe d'Euler-Cramer», dont l'explication a été donnée par Euler dans deux articles de 1748[11]. En définitive, il s'agit de tirer les $n(n+3)/2$ coefficients d'un système d'équations linéaires, dont ces coefficients sont les inconnues, mais encore faut-il que ces équations soient indépendantes. Notons encore que Maclaurin, dans sa *Geometria organica* de 1720, avait déjà signalé la difficulté de la question.

Au mois d'octobre 1744, Cramer se rend à Lausanne pour confier le manuscrit de l'*Introductio* à Castillon, qui a accepté d'en surveiller l'impression. Peu après, il répond à une lettre d'Euler (malheureusement perdue), dans laquelle il était question du point de rebroussement de 2e espèce, un problème qui reviendra souvent sur le tapis et que l'on retrouve dans la correspondance d'Euler avec d'Alembert, en 1747 et en 1748[12] (il s'ensuivra même une polémique à ce sujet entre les deux géomètres). Deux mots d'explication s'imposent ici.

Dans ses recherches sur les développées des courbes ayant des points d'inflexion, L'Hôpital était tombé sur des points singuliers, auxquels il avait donné le nom de points de rebroussement de la 2e espèce[13]. En 1740, J.-P. de Gua de Malves prétendit prouver qu'une ligne algébrique ne peut avoir de tels points[14]. Euler partage d'abord cette opinion et en fait état dans la 2e partie de son ouvrage qui s'imprime à Lausanne, puis il trouve un exemple qui confirme l'assertion de L'Hôpital[15]. Ecoutons Cramer (O.IVA, 1, R.462): «Mais je vous avouerai pourtant que comme vous, j'étois fort prévenu contre l'existence de ces points-là, n'en aiant jamais trouvé avant celui que vous m'indiqués.» L'exemple d'Euler est $y = \sqrt{x} \pm \sqrt[4]{x^3}$ ou $y^2 - 2\sqrt{x} \cdot y + x - x\sqrt{x} = 0$[16].

Cramer l'examine de près, voire même avec des complications super-flues, puisque pour se débarrasser des irrationnelles il parvient à une équation du 8e degré – qui, d'ailleurs, se décompose en deux équations du 4e –, au lieu de procéder comme suit:

$$(y^2 + x)^2 = \left(\sqrt{x^3} + 2\sqrt{x} \cdot y \right)^2$$

d'où, après simplification,

$$(y^2 - x)^2 = x^2(x + 4y).$$

A l'origine des coordonnées, l'axe des y est tangent aux deux branches, qui forment ce qu'Euler appellera un «bec d'oiseau». Signalons que l'étude de la courbe représentative ne manque pas d'intérêt.

De la teneur de la missive de Cramer, il appert qu'Euler a dû lui demander d'insérer dans son livre une note rectificative. Il lui en transmettra le texte exact le 15 décembre 1744 (O.IVA, 1, R.463), un texte que Bousquet ne situera pas au bon endroit et cette erreur sera la cause de quelques malentendus[17].

Dans la même lettre de Cramer du 11 novembre 1744, il y a un long passage qui commence ainsi: «Je viens à la description des lignes algébriques par un nombre de points donnez, ou, ce qui revient au même, à la recherche de plusieurs indéterminées par le moien d'autant d'équations, où ces indéterminées ne montent qu'au premier degré.» Ce qui va suivre n'est pas autre chose que la règle des déterminants qui figurera, six ans plus tard, à la fin de l'ouvrage de Cramer sur les courbes, aux p.656 à 659. Si l'on compare les deux exposés, on s'aperçoit qu'ils sont fort semblables, surtout en ce qui concerne la notion de «dérangement», que l'auteur introduit pour déterminer le signe, positif ou négatif, des termes. Remarquons, en passant, que Cramer ne dit pas à Euler qu'il a adressé quelques mois auparavant à Clairaut un Mémoire sur sa trouvaille, pour qu'il le présente à l'Académie des sciences de Paris[18]. A défaut de documents utiles, il est permis de supposer que Clairaut l'a jugé peu intéressant, voire même incompréhensible, à moins qu'il ne l'ait égaré. Le fait est qu'on n'en trouve pas trace dans les Registres de l'Académie[19].

On sait que dans deux lettres de Leibniz à L'Hôpital de l'année 1693, apparaissait déjà cet outil nouveau, auquel Cauchy donnera le nom de déterminants. Cependant, absorbé par d'autres affaires, Leibniz s'en était désintéressé; quant à L'Hôpital, il n'en avait probablement pas saisi la portée. Un outil nouveau, disions-nous, en tout cas pour l'Occident, car en Chine et au Japon il était connu et appliqué bien avant cette époque[20].

Quoi qu'il en soit, on peut affirmer que Cramer a retrouvé ou réinventé les déterminants, un procédé que Sylvester appellera une «algebra upon algebra». A notre avis, au mérite de cette invention, qui marque les débuts de l'algèbre linéaire, il convient d'associer le nom d'Euler, pour les deux raisons suivantes.

Le passage de Cramer cité plus haut est suivi immédiatement par cette phrase quelque peu surprenante: «Votre remarque ne peut que me paroître très juste, puisqu'elle s'accorde entièrement à ce que j'avois pensé sur ce sujet.» Il est fort regrettable que la lettre d'Euler soit perdue, car elle aurait pu nous dévoiler, qui sait, une règle semblable à celle de Cramer ou une idée originale qui aurait inspiré celui-ci. Et puis, si cette règle porte le nom de Cramer, il est très probable que ce soit grâce à Jean III Bernoulli, qui l'a appelée ainsi dans les *Elemens d'algèbre* d'Euler[21]. Quel autre mathématicien aurait pu lui procurer meilleure audience et plus large diffusion?

A Lausanne, Castillon fait de son mieux pour que l'impression de l'*Introductio* procède régulièrement, mais un voyage de Bousquet à Paris n'arrange pas les choses et retarde momentanément le travail. C'est ce que Cramer s'empresse de communiquer à Euler par sa lettre du 26 avril 1745 (O.IV A, 1, R.464) où, à des questions purement scientifiques déjà rencontrées – points de rebroussement de la 2e espèce et nombre d'intersections de deux courbes –, se mêlent, pour la première fois, d'autres qui le sont moins, une preuve supplémentaire, s'il en était besoin, de l'amitié et de l'estime réciproques entre nos deux savants. Cramer, par exemple, aimerait être renseigné sur l'activité de l'Académie de Berlin et aussi sur celle de l'Académie de Pétersbourg. La réponse d'Euler, très circonstanciée, est intéressante à plus d'un égard. La voici (O.IV A, 1, R.465):

«Pour ce qui regarde l'état présent de notre Académie, je puis vous assurer, qu'il est de beaucoup meilleur que cy devant: mais avant que la guerre soit finie[22], nous n'osons pas espérer une perfection accomplie. Vous saurez déjà, Monsieur, que le Roy a nommé Mr. Maupertuis pour être président de l'Académie, nous l'attendons en peu de tems de retour de France: et je ne doute pas, qu'il ne fera tout son possible pour ôter quelques inconvénients, dont l'état de l'Académie est encore troublée. Or l'Académie de Petersbourg est sur le point d'expirer: la plupart de ses membres étant déjà partis, et les autres congédiés, sans qu'on pense à faire venir des autres.»

Dans la même lettre d'Euler (6 juillet 1745) se trouve une digression pertinente relative à la géométrie et à l'analyse. Il y a des cas où elles peuvent être en désaccord, c'est ce qui arrive quand, pour le même problème, la solution que fournit la première est incomplète. Euler donne l'exemple suivant d'un cercle passant par l'origine et centré sur Ox. Soit M un point du cercle et PM l'ordonnée de ce point; prolongeons PM jusqu'en N, tel que $PN = OM$. Par l'analyse on trouve une parabole comme lieu de N, tandis que la construction géométrique s'arrête une fois arrivés à l'extrémité du diamètre du cercle. De la même manière, dit-il, il peut arriver qu'une construction géométrique fournisse une courbe composée, quoique la construction soit simple, et il applique son raisonnement au cas déjà vu de $y = \sqrt{x} \pm \sqrt[4]{x^3}$.

Passons au domaine de la physique (lettre du 30 août 1746, O.IVA, 1, R.468). Cramer s'intéresse aux phénomènes de l'optique, propagation de la lumière et théorie des couleurs. Il sait qu'Euler est partisan de l'explication par les ondes et il estime lui aussi ce système plus commode à divers égards que celui de l'émission qu'adoptait Newton. Cependant, quand il expose à ses étudiants les deux systèmes, il se garde bien de conclure en faveur de l'un plutôt que de l'autre, car il avoue éprouver des difficultés à expliquer la propagation rectiligne de la lumière. Un concept qui lui est cher est celui de pression; il lui est d'ailleurs familier, depuis sa thèse de 1722, où il jouait un rôle fondamental. Voici comment il croit pouvoir se tirer d'affaire. «La pression dans un fluide non élastique, comme l'eau, se répand certainement en tout sens. Dans un fluide plus élastique comme l'air, elle se répand aussi en tout sens, mais plus fortement selon la direction de la pression. Ainsi, dans une Eglise, on entend moins bien le Prédicateur lorsqu'il y a une colonne entre lui et vous. Peut-être même ne l'entend-on que par réflexion. Ne peut-il pas se faire, que dans un fluide extrêmement élastique, comme celui qui est le véhicule de la lumière [c'est-à-dire l'éther], la pression se propage infiniment mieux suivant une direction que suivant les directions latérales: ce qui suffiroit pour rendre raison de la propagation de la lumière en ligne droite. Mr. Huygens semble avoir eu cette idée: mais je ne suis pas content de la manière dont il la développe.»

Mais une autre difficulté, avec ce système de la pression, se présente avec le phénomène des couleurs, et Cramer se déclare embarrassé devant l'explication qu'à donnée Euler, selon laquelle «les corps colorés produisent, pour ainsi dire, les couleurs en changeant le mouvement de la lumière».

Au XVIIe siècle, certaines notions de physique sont encore bien confuses, et la querelle à propos des forces vives et des forces mortes n'est pas encore résolue. Cela ressort, en tout cas, de ces lignes: «Toute la force du corps se réduit à l'inertie ... Cela n'empêche pas qu'on puisse distinguer la force vive de la force morte, ou selon ma façon de m'exprimer, la force de la pression. J'appelle force, le pouvoir d'agir, et je définis la pression, l'exercice momentané de la force.» Cela est bien vague, et le principe de Newton, force = masse × accélération, ne semble pas encore familier à Cramer. Toutefois, il a, en partie, raison quand il dit que «dans cette dispute [entre forces vives et forces mortes] il y a plus de logomachie que de véritable opposition dans les sentiments». Ce sera aussi l'opinion d'Euler, qui ne tient pas à se mêler dans cette controverse.

Enfin, Cramer vient de recevoir des nouvelles d'Angleterre, lui annonçant que Robins se propose de publier des Tables de balistique, ayant trouvé le moyen de calculer le jet des projectiles avec beaucoup de précision et de facilité. En rapport avec ce sujet, Cramer reproduit un long passage, qu'il traduit de l'anglais, d'une lettre reçue bien des années auparavant de la part de Stirling.

L'ambition n'est pas un sentiment étranger à Cramer et, à vrai dire, nous nous attendions à la demande de la faveur qu'il va adresser à Euler. «C'est de vouloir bien vous intéresser à me faire avoir une place parmi les Membres étrangers de votre illustre Société Royale. Je sens que c'est un honneur fort au dessus de mon mérite. Aussi en aurois-je toute la reconnoissance possible, et je m'efforcerois à m'en rendre digne ...» Tout nous porte à croire qu'Euler serait intervenu auprès de Formey et de Maupertuis sans qu'on le lui demande, mais ne soyons pas sévères envers le mathématicien genevois.

Moins d'un mois après, le 24 septembre 1746 (O.IV A, 1, R.469), celui-ci reçoit une longue missive qui le comble de joie: aucun obstacle ne s'oppose à sa nomination, qui aura lieu prochainement (en effet, le 8 décembre, Cramer sera nommé membre étranger de l'Académie de Berlin). Pour nous, ce document de six pages, le plus long que nous possédions d'Euler, revêt une importance exceptionnelle par la richesse et la variété de son contenu.

D'abord, il nous apprend qu'Euler vient de trouver la solution d'un problème qui le tourmentait depuis longtemps: les nombres négatifs ont-ils un logarithme? et qu'en est-il pour les nombres imaginaires?

Aujourd'hui, il va de soi que tout nombre réel ou imaginaire a une infinité de logarithmes, et plus d'un mathématicien serait surpris en apprenant combien de difficultés, de réticences, de contradictions et d'oppositions a dû surmonter Euler avant de parvenir à ce résultat[23]. On sait que Jean Bernoulli et Leibniz ont échangé plusieurs lettres à ce propos, sans pouvoir se mettre d'accord, le premier prétendant que le logarithme d'un nombre négatif $(-a)$ est égal à celui de $(+a)$. Le même Bernoulli avait dit à Euler qu'on abuse des quantités imaginaires en cherchant leur logarithme, ce qui n'avait pas convaincu Euler.

Son exposé à Cramer est un modèle de perfection qui ferait l'admiration de tout historien des mathématiques. Trop long pour être reproduit ici, nous nous contenterons d'en retenir les points essentiels, en omettant les calculs.

Un des premiers raisonnements d'Euler a été le suivant. On sait que $\log \sqrt[3]{a} = \frac{1}{3}\log a$; or, la racine cubique de a possède trois valeurs différentes, $\sqrt[3]{a}$ et $\frac{1}{2}(-1 \pm \sqrt{-3})\sqrt[3]{a}$, donc $\frac{1}{3}\log a$ doit aussi avoir trois valeurs différentes, une réelle et deux imaginaires. Cela n'est pas encore satisfaisant. «De tous ces doutes j'ai découvert dernièrement la véritable solution: De la même manière qu'à un *sinus* répond une infinité d'arcs différents, j'ai trouvé qu'il en est de même des logarithmes et que chaque nombre a une infinité de logarithmes différents, dont tous sont imaginaires, si le nombre proposé n'est pas réel et affirmatif; mais si le nombre est réel et affirmatif, il n'y en a qu'un qui soit réel, et que nous regardons comme son logarithme unique.»

Ayant démontré que $\log(\cos a + \sqrt{-1} \ \sin a)^k = (ak \ \pm \ 2mk\pi \ \pm \ 2n\pi)\sqrt{-1}$, où a est un angle ou arc quelconque, Euler donne successivement à a les valeurs 0, $\frac{2}{3}\pi$, et π; il trouve ainsi les expressions de

$$\log 1^k, \qquad \log\left(\frac{-1+\sqrt{-3}}{2}\right)^k \quad \text{et} \quad \log(-1)^k.$$

A l'exposant k, il pourra attribuer différentes valeurs intéressantes, comme 1, 3, ½, et achever la démonstration.

Puis, Euler passe aux questions que lui a posées Cramer sur la lumière, le son et les couleurs. Pour lui, on l'a déjà vu, la lumière est un mouvement vibratoire des particules de l'éther. (Il convient de noter qu'Euler a fait progresser la théorie ondulatoire de Huygens en appliquant à l'éther les équations aux dérivées partielles de la théorie des fluides.) Quant à la différence apparente entre la propagation rectiligne de la lumière et celle non rectiligne du son à travers une ouverture, qui devrait infirmer l'analogie entre les deux phénomènes, elle ne prouve rien pour lui, et il en donne les raisons. Et puisqu'une paroi ou une muraille retransmettent les sons, pour faire une comparaison entre lumière et son, il faudrait choisir une chambre dont les parois seraient transparentes, et on constaterait les mêmes phénomènes.

«Pour ce qui regarde les couleurs, je crois qu'elles sont déterminées par un certain nombre de vibrations, qui se font dans le même temps: et comme ce nombre dépend de la tension des particules du corps lumineux, la même couleur doit être inaltérable, car autant de vibrations, que les particules du corps achèvent en une seconde, autant viendront dans le même temps dans mon œil, soit que les rayons souffrent quelque réflexion ou réfraction ou non.»

L'explication continue ainsi, pas à pas, dans le détail, jusqu'à l'endroit où Euler dit: «Je fais quatre classes des corps par rapport à la lumière, la première renferme les corps lumineux, dont les moindres particules ont d'elles-mêmes un mouvement vibratoire, et qui sera pour la plupart extrêmement impétueux, la seconde classe renferme les corps réfléchissants, la troisième les corps réfringents ou transparents, et la quatrième les corps opaques.» Chaque cas est examiné de près, et Euler ne manque pas de souligner les désavantages de la théorie de Newton et les situations où celle-ci serait en défaut[24].

En ce qui concerne les travaux de Robins, Euler constate que Cramer n'est pas au courant de la traduction en allemand qu'il a faite de l'ouvrage de cet auteur, traduction à laquelle il a ajouté quantité de remarques, en particulier sur le résistance de l'air[25].

Dans la lettre d'Euler du 17 mars 1747 (O.IVA, 1, R.471), on retrouve les discussions concernant la lumière, le son et les couleurs. Voici un passage du début: «Je vous ai bien des obligations des réflexions que vous m'avez bien voulu communiquer sur mon idée du son et de la lumière: et j'avoue d'abord que je suis encore fort éloigné d'une connoissance assez complète de ce trémoussement dans l'air et dans l'éther, d'où vient le son et la lumière, pour satisfaire aux demandes que vous me faites. Je suis même aussi peu satisfait, que vous, de la manière dont j'explique la propagation de ce trémoussement: et je suis persuadé qu'il nous manque encore quelques principes de mécanique pour arriver à ce but-là.» A travers ces phrases, si bien rédigées, nous pouvons suivre les cheminements d'une pensée toujours en éveil, en relever les doutes et les efforts et en préciser le moment, ce qu'une œuvre achevée et publiée ne permet plus de faire. A propos de couleurs, notons cette conclusion surprenante: «Je compare l'explication newtonienne au système de Ptolémée et la mienne à celui de Copernic: celui-là étant sans doute plus ingénieux, comme celui-ci est plus vrai.»

Bien d'autres problèmes sont abordés dans cette riche correspondance, par exemple, les queues des comètes et les aurores boréales. Nous nous sommes attardés à ceux qui nous ont paru les plus significatifs. De ces textes il ressort que c'est Cramer qui a tiré le meilleur profit, en amenant parfois Euler à préciser sa pensée; à celui-ci, il a rendu des services auprès de son imprimeur lausannois, mais il a été récompensé par la nomination à l'Académie de Berlin. Même en faisant la part des formules d'extrême politesse en usage à l'époque, ces messages témoignent d'une réelle amitié, que nul malentendu ne vint jamais troubler.

Le 25 septembre 1750, Cramer expédie à Berlin un paquet contenant deux exemplaires de son ouvrage sur les courbes, l'un destiné à son ami et l'autre à Maupertuis. Un parallèle entre ce volume et celui d'Euler traitant du même sujet, terminera notre article. Notons enfin que la dernière lettre, datée de Berlin le 2 novembre 1751 (O.IVA, 1, R.474), est restée sans réponse, car le 4 janvier suivant Cramer mourait subitement près de Nîmes, où il s'était rendu dans l'espoir de rétablir sa santé.

Un des domaines les plus passionnants des mathématiques est sans doute celui des courbes. Les Anciens connaissaient les coniques et leurs principales propriétés; on leur en doit aussi quelques autres aux noms curieux de cissoïde, conchoïde, strophoïde; une spirale porte le nom d'Archimède. Mais il faut attendre le XVIIe siècle pour assister à une véritable floraison de courbes et, pourrait-on dire, à leur triomphe. Elles sont si nombreuses, qu'une classification s'impose, un travail qui rappelle celui des naturalistes. Une terminologie nouvelle se fait jour et, de plus, toute courbe apparaît comme l'image d'une expression algébrique, dont l'étude permet d'en découvrir les propriétés.

L'ouvrage d'Euler sur les courbes (2e tome de l'*Introductio*) et celui de Cramer[26], parus au milieu du XVIIIe siècle, à deux années de distance l'un de l'autre, prennent la relève du mouvement déclenché au siècle précédent, mais ils le font de manière fort différente, et c'est pourquoi il est intéressant d'en faire la comparaison[27].

Euler a écrit le sien en latin et Cramer, en français: cela explique probablement pourquoi l'ouvrage du second a connu une diffusion plus large et une renommée plus durable, ainsi que l'atteste, par exemple, la déclaration de Michel Chasles, dans son *Aperçu historique* (2e éd., Paris 1875): «C'est le traité spécial le plus complet et encore aujourd'hui le plus estimé sur cette vaste et importante branche de la géométrie.» Il faut dire aussi qu'il est deux fois plus long que l'autre et qu'il contient plus de 300 équations de courbes avec les tracés respectifs, dont on retrouvera un certain nombre dans des traités ultérieurs.

Une question a été souvent posée: Cramer a-t-il, oui ou non, tiré profit de l'ouvrage d'Euler? Dans sa Préface, après avoir indiqué comme sources Newton, Stirling, Nicole, Bragelogne, s'Gravesande et de Gua, Cramer nous dit: «J'aurois tiré une grande utilité de l'Introduction à l'Analyse des infiniment petits de Mr. Euler, si ce livre m'avoit été plus tôt connu. Son objet étant presque le même que le mien, il n'est pas surprenant que nous nous soyons souvent rencontrés dans les conclusions.» De l'avis de Cantor, il aurait été difficile à Cramer de modifier son travail en l'espace de deux ans, mais Cantor ne savait pas qu'en 1744 il avait eu entre les mains, pendant un mois environ, le manuscrit d'Euler avant de le remettre à Castillon. Nous persistons, cependant, à croire qu'il n'en a pas fait usage: mis à part les deux premiers chapitres, qui portent les mêmes titres, tous les autres sont différents, tant dans leur ordre que dans les procédés utilisés. La théorie de la courbure, par exemple, est traitée de manière plus complète chez Euler; pour celle des branches infinies, c'est l'inverse, et Euler le reconnaît lui-même dans sa lettre du 15 octobre 1750 (O.IVA, 1, R.473), où l'on trouve aussi ces lignes: «Je vous félicite d'avoir enrichi le public d'un ouvrage accompli sur cette matière qui, étant délivré de tout défaut, explique la théorie des lignes courbes aussi solidement que clairement.»

Un chapitre qui se trouve seulement chez Euler est celui des lignes courbes transcendantes. Retenons les deux fonctions: $x^y = y^x$ et $y = x^x$ (pour $x = 0$, dans la seconde, on a une expression indéterminée peu courante[28]).

Les courbes choisies pour illustrer cet article, ne sont pas dépourvues, à notre avis, d'une certaine beauté. Les trois premières, tirées de l'*Introductio*, représentent la fonction

$$y^2 = \frac{1}{x}(2by + ax^2 + cx + d - nx^3),$$

c'est-à-dire

$$y = \frac{1}{x} \left(b \pm \sqrt{b^2 + dx + cx^2 + ax^3 - n^2 x^4} \right).$$

Les figures 51, 52 et 53 correspondent respectivement aux cas où le polynôme sous le radical possède 2 racines réelles et distinctes, 2 racines égales ou 3 racines égales. L'équation de la quatrième courbe est un peu plus compliquée:

$$2y = \pm \sqrt{6x - x^2} \pm \sqrt{6x + x^2} \pm \sqrt{36 - x^2}.$$

Sur la planche XVIII de Cramer, c'est la figure 137 qui a le plus retenu notre attention. L'équation correspondante s'écrit:

$$x^4 - 2ay^3 - 3a^2y^2 - 2a^2x^2 + a^4 = 0.$$

A celui qui a du goût pour ces matières ou qui aurait besoin d'un bel exemple à présenter lors d'une leçon de mathématiques, l'ouvrage de Cramer et celui d'Euler offrent un choix des plus variés. Dans le premier, l'abondance des matières estompe peut-être ce qui revient en propre à l'auteur, tandis que dans le second, finesse et concision s'allient à une admirable clarté. La différence qui les caractérise le mieux est probablement celle qui existe entre le talent et le génie.

Notes

1 *Dissertatio physico-mathematica de sono*, Genève 1722, 37 p. Une étude récente de la Thèse de Cramer se trouve dans J.T. Cannon and S. Dostrovski, *The evolution of dynamics. Vibration theory from 1687 to 1742*, Springer, New York 1981, p.33–36. Les auteurs, qui examinent aussi les travaux d'Euler, avancent l'hypothèse d'une influence de la Thèse de Cramer sur Euler; il est vrai que celui-ci a composé lui aussi une *Dissertatio physica de sono*, en 1727 (E.2/O.III, 1, p.182–196), mais la supposition précédente me semble manquer de preuves valables.

2 *Introduction à l'analyse des lignes courbes algébriques*, Genève, chez les Frères Cramer et Cl. Philibert, 1750; un volume de XXIII + 680 p. et XII d'index, avec 33 planches.

3 Mentionnons-en trois: *Sur une prétendue irrégularité du Rhône*, Journal helvétique 1, 1741, p.315–341, 411–425, 507–537; *Dissertation sur Hippocrate de Chio*, Mém. Acad. Sci. Belles-lett. Berlin 4, 1748, p.482–498; *Num semen tritici in lolium vertatur?*, Oratio academica, Genève 1750, 26 p.

4 Cantor, dans les *Vorlesungen über Geschichte der Mathematik*, Bd.III, 2.Aufl., 1901, p.506, dit: «Der erste ernsthaft zu nennende Gelehrte, der sich wiederholt der oft mehr arbeitsvollen als dankbaren Mühe unterzog fremde Schriften herauszugeben, war Gabriel Cramer.»

5 Bibliothèque de Genève, Ms.fr.2855, fos.35–36.

6 Ces lettres, au nombre de 17 (9 d'Euler et 8 de Cr.), figureront dans O.IVA, 7, selon les projets des rédacteurs des *Opera omnia*.

7   *Methodus inveniendi lineas curvas* ... (E.65/O.I, 24) qui paraîtra l'année suivante.

8   Cf. C. Carathéodory, *Basel und der Beginn der Variationsrechnung*, Festschrift Speiser, Zürich 1945, p. 1–18.

9   Jean-François Salvemini, dit Castillon (1704–1791), professeur de mathématique, près de Lausanne, puis à Utrecht et astronome à Berlin.

10   William Braikenridge, auteur d'une *Exercitatio geometrica de descriptione linearum curvarum*, Londres 1733.

11   *Sur une contradiction apparente dans la doctrine des lignes courbes*, Hist. Acad. Berlin 4 (1748), 1750, p. 219–233 (E. 147/O. I, 26, p. 33–45) et *Démonstration sur le nombre de points où deux lignes d'un ordre quelconque peuvent se couper*, ibidem, p. 234–248 (E. 148/O. I, 26, p. 46–59).

12   Cf. O. IV A, 5, p. 19–20, 185, note 4; ensuite, lettre no 6 de d'Alembert, notes 5 et 6; lettre no 16, note 8; lettre no 17 d'Euler, note 12.

13   G. de L'Hôpital, *Analyse des infiniments petits*, Paris 1696, art. 109, p. 102.

14   Jean Paul de Gua de Malves, *Usages de l'analyse de Descartes*, etc., Paris 1740. Cf. Préface, p. XVII et 69–73.

15   L. Euler, *Sur le point de rebroussement de la seconde espèce de M. le Marquis de l'Hôpital*, Hist. Acad. Berlin 5, 1749, p. 204–221 (E. 169/O. I, 27, p. 236–256).

16   L'exemple proposé par d'Alembert était $y = x^2 \pm \sqrt{x^5}$.

17   Cf. à ce propos, la note de A. Speiser dans O. I, 9, p. 185.

18   Cf. P. Speziali, *Une correspondance inédite entre Clairaut et Cramer*, Revue hist. sci. 8, 1955, p. 193–237 (en particulier, la lettre no 13).

19   M. René Taton a eu l'obligeance de s'occuper de ces recherches, et je l'en remercie vivement.

20   Le meilleur ouvrage sur la question reste encore celui de Thomas Muir, *The Theory of Determinants in the Historical Order of Development*, 4 volumes, Londres 1890–1923.

21   Dans l'édition de 1796, tome I, p. 502, note.

22   Il s'agit de la guerre de succession d'Autriche et de la campagne de Silésie, qui se termineront par la victoire de Frédéric II et la paix de Dresde en décembre 1745.

23   Cf. A. Gutzmer, *Zum Jubiläum der Logarithmen*, Jahresbericht d. Deutschen Mathematiker-Vereinigung 23, 1914, p. 235–248; aux p. 244–246, il est question d'Euler et des logarithmes des nombres négatifs.

24   Qu'il nous suffise de mentionner la *Nova theoria lucis et colorum* (E. 88/O. III, 5).

25   B. Robins, *New Principles of Gunnery*, Londres 1742; la traduction est *Neue Grundsätze der Artillerie*, etc. (E. 77/O. II, 14).

26   Cf. supra, note 2.

27   Cantor examine l'ouvrage d'Euler dans ses *Vorlesungen* III (cf. note 4), p. 802–818, et celui de Cramer, ibidem, p. 823–840.

28   Cette expression intriguait encore les mathématiciens du siècle passé. Dans le *Journal de Crelle* de 1834, p. ex., trois articles lui sont consacrés, dont le plus intéressant est, à notre avis, celui de A. F. Möbius, *Beweis der Gleichung $0^0 = 1$, nach J. P. Pfaff*, p. 134–136, vol. 12.

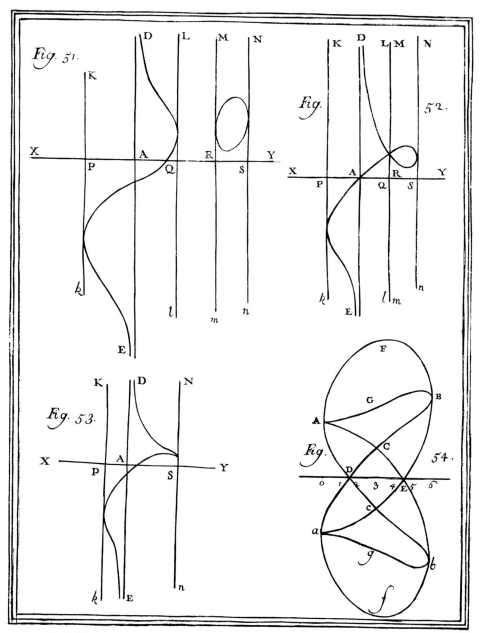

Abb. 52
Figurentafel aus Eulers «Introductio» von 1748.

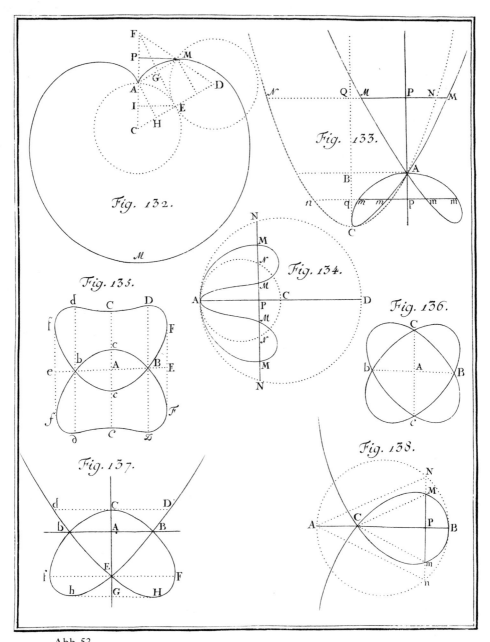

Abb. 53
Figurentafel aus Cramers «Introduction à l'analyse des lignes courbes algébriques» von 1750.

Roger Jaquel

Leonhard Euler, son fils Johann Albrecht et leur ami Jean III Bernoulli jusqu'en 1766

1   Deux proches collègues de L. Euler: son fils aîné[1] et leur ami Jean (Johann) Bernoulli (1744–1807)

Ni le *Dictionnaire de Biographie scientifique*[2] en 1971, ni la *Grande Encyclopédie soviétique*[3] en 1978 n'ont consacré d'article à J.A. Euler (1734–1800) bien qu'il fût un savant très apprécié officiellement de son temps et une personnalité russe et européenne marquante de la vie académique internationale pendant le troisième tiers du XVIIIe siècle; et cela, reconnaissons-le, pour des raisons parfaitement compréhensibles.

L'enfant prodige Jean III Bernoulli, petit-fils de Jean I et fils de Jean II, membre de l'Académie des sciences de Berlin pendant 43 ans (1764–1807), savant remuant et fécond aux talents multiples, connut une notoriété certaine de son vivant. Dès 1780, un auteur bâlois put étaler complaisamment les titres prestigieux de son compatriote âgé de 36 ans à peine: «*J. U. L., Astronomus Regis Borussiae, Academiae Romanae Arcadum, Petropolitanae, Londiniensis, Berolinensis, Bononiensis, Holmiensis, Massiliensis, Dantiscanae, Lugdunensis Gallorum, atque Helveto Basiliensis Sodalis*[4].» Mais de l'avis de tous les spécialistes Jean III est, des huit «grands» Bernoulli, le moins génial. Et Andreas Speiser, orfèvre en la matière, ne lui concède que six lignes dans sa monographie sur les mathématiciens bâlois[5].

Cependant l'étude de ces célébrités dévaluées après leur décès peut se légitimer. L'histoire des sciences, parfois trop axée sur l'étude, voire le culte, des grands hommes, gagne non seulement en étendue, mais aussi en profondeur, à connaître l'ensemble du mouvement scientifique à une époque donnée. C'est fructueux de comprendre les très grands savants et dans leurs communautés scientifiques, et dans leurs milieux généraux et familiaux, en particulier lorsque ceux-ci sont éclairés par des correspondances étendues, comme c'est le cas avec nos deux collaborateurs de L. Euler.

2   Orientation générale sur Johann Albrecht Euler

Dans son ouvrage méritoire sur les savants suisses, Wolf[6] évoque aussi J.A. Euler. Mais il laisse échapper une indication fallacieuse qui risque d'induire en erreur, en signalant ses succès aux concours où il partagea des prix avec son père, Bossut et (celui sur la théorie cométaire) avec Clairaut, ce qui prouverait son niveau élevé («solchen Männern gewachsen zu sein, sagt mehr als genug[7]»). Mais C.G.J. Jacobi avait déjà constaté, dans une lettre à Fuss (publiée seulement en 1908) que les mémoires du fils étaient inspirés si directement du père qu'il fallait envisager de les publier avec les œuvres de Leonhard. Et ce principe fut retenu pour l'édition des *Opera*.

Cela incita P. Stäckel à écrire, en 1910, une étude sur J.A. Euler qui reste la monographie de base[8]. Des auteurs variés ont continué cette entreprise, en particulier W. Stieda qui exploita une partie appréciable de la correspondance de J. Albrecht, avec Formey et bien d'autres[9]. La place des enfants d'Euler et de la descendance de J.A. est étudiée dans l'histoire généalogique des Euler due au théologien Karl Euler[10]. Beaucoup de travaux consacrés surtout depuis 1957, à L. Euler et aux deux académies dont il a accru la gloire, enrichissent aussi la connaissance du fils.

J.A. Euler naquit à Saint-Pétersbourg le (16) 27 novembre 1734 comme fils aîné de Leonhard et de son épouse Catherine Gsell, fille d'un peintre bâlois venu au service de Pierre le Grand. Dans la deuxième (de plus de 200) des lettres de la correspondance d'Euler avec Gerhard Friedrich Müller il écrit à l'historien-explorateur, alors en Sibérie comme participant à l'expédition de Kamtchatka: «Endlich ist auch meine Liebste den 16. Nov. mit einem jungen Sohn nidergekommen, welchen der Herr Kammerherr *Korff* aus der Taufe zu heben und ihm den Nahmen *Joh(ann) Albert* [!] zu geben die Gnade gehabt[11,12].»

Ce parrain nommé ici, Johann Albrecht von Korff (1697–1766) était alors (de 1734 à 1740) le président de l'Académie de Pétersbourg[13]. Par la suite, il devait encore rendre des services à son protégé, par exemple en intervenant en 1740 auprès de l'Académie de Paris pour lui faire accepter le mémoire d'Euler sur les marées (E.57) parvenu à Paris après la date limite[14]. E. Winter signale, d'après le «Goldbachnachlass», que le deuxième parrain de J. Albrecht était Chr. Goldbach, alors secrétaire et membre influent de l'académie russe[15].

3   J.A. Euler et Kot'elnikov, disciples de Leonhard Euler

L. Euler, arrivé à Berlin avec son fils le 25 juillet 1741, s'occupa très activement de son instruction; il veilla en particulier à son perfectionnement mathématique d'une façon à la fois pédagogique et avantageuse. Pour arrondir ses revenus et former des disciples, il prenait chez lui en pension et donnait des leçons particulières à des jeunes gens, soit riches de famille, soit pourvus de bourses, comme Kot'elnikov ou Rumovskij.

Dans une lettre du 8 août 1752 à Schumacher, il relève les progrès rapides de Kot'elnikov, puis explique: «Ich gebe ihm immer die Lectionen in Compagnie meines *Albrechts,* und ich verspühre, dass eine kleine Eyfersucht beyden zu keinem geringen Vortheil gereichet, weil sie ungefehr von gleicher Stärke sind[16].» Kot'elnikov resta pensionnaire apprécié chez les Euler de 1752 à 1756, et assista parfois, comme «Adjunkt» de l'Académie de Pétersbourg, à des séances de l'Académie de Berlin, par exemple le 20 juillet 1752 en même temps que l'*Ext.* (= membre extérieur) de Lalande; ou le 25 avril 1754, en même temps que J. von Stählin et «deux Cavaliers d'Ukraine[17]».

Dans un rapport du 27 août 1754 à G.F. Müller, Euler passe en revue toute une série de mathématiciens, dont certains sont très médiocres. Par contre, il peut «den H. *Kotelnicoff* mit Recht als einen *Archimedem* und *Newton* anpreisen. Dann soviel ist gewiss, dass sich in gantz Teutschland über drey Personen nicht finden werden, welche in Mathematicis dem H. *Kotelnicoff* vorgezogen zu werden verdienten, ... Aus H. *Rumoffsky* – wird auch allem Ansehen nach was Rechts werden, ...[18].» S.K. Kot'elnikov (1723–1806) et S.J. Rumovskij (1734–1812) rentrés en Russie en 1756 se révélèrent effectivement comme de dignes élèves d'Euler[19-21].

4   Les débuts académiques de Johann Albrecht Euler

Leur camarade d'étude J. Albrecht – qui les retrouvera dix ans plus tard en Russie – fut proposé dès le 28 novembre 1754 «pour être reçu à la huitaine en qualité de membre ordinaire de la Classe de Mathématiques» de l'Académie de Berlin[22], et à la séance suivante, le 5 décembre 1754, son élection fut agrée. Pour ce jeune homme de vingt ans c'était sans doute une promotion prestigieuse, mais de peu de valeur au point de vue financier; et pendant douze ans il ne put obtenir une situation exempte de soucis, même pas après son mariage, le 27 avril 1760, avec Sophie Charlotte Hagemeister, une nièce du secrétaire de l'académie J.H.S. Formey.

Pourtant, il fit son possible pour mériter des appointements suffisants, observant avec soin la comète de Halley (1759), fournissant régulièrement des mémoires, obtenant des prix aux concours académiques. Ceux-ci, il faut le reconnaître, étaient remportés grâce à l'inspiration, la collaboration et la direction de son père. Il obtint un prix de la Société royale des sciences de Göttingen dès le 9 novembre 1754[23]. En 1755, il se distingua au niveau international par le prix sur les causes physiques de l'électricité.

5   J.A. Euler et la théorie de l'électricité au milieu du XVIIIe siècle

A ce moment, l'étude de l'électricité posait de multiples problèmes et passionnait les chercheurs, de Musschenbroek et l'abbé Nollet à C.G. Kratzenstein et Aepinus, sans oublier Lomonosov et Franklin[24]. En Russie[25,26] un événement tragique frappa vivement la communauté scientifique: La mort par électrocution, le (26 juillet) 6 août 1753, du remarquable (et généralement prudent) physicien-expérimentateur Richman[27] cherchant à parcer le mystère de l'électricité atmosphérique.

Lui-même et surtout Lomonosov qui étudiait l'électricité en liaison avec lui avaient déjà suggéré à l'Académie de Pétersbourg d'axer son concours de 1753 sur la cause et la théorie générale de l'électricité. Il y eut beaucoup de participants à ce concours. Le prix, proclamé le 6 septembre 1755, revint au mémoire *J0. Alberti Euleri Disquisitio de causa physica electricitatis*[28] qui fut beaucoup admiré, par exemple dans la recension intelligente et approbative de la *Nouvelle Bibliothèque Germanique*[29].

Son auteur écrit: «Le fils ainé du célèbre M. *Euler*, élève et émule de son père ... [renonce à] recourir à des forces attractives et répulsives, et à d'autres qualités encore plus occultes ... Voici le fondement de la Théorie de M. *Euler*. Un corps, suivant lui, devient électrique, lorsque l'éther a été chassé de ses pores, au moins en partie. L'électricité consistera donc dans la privation, ou dans la diminution de la quantité d'éther, dont les pores des corps sont ordinairement remplis dans l'état naturel»; puis il montre que d'après Euler tous les phénomènes électriques se laissant expliquer par cette théorie de l'éther. Cette théorie explicative solide (de l'avis de son auteur) n'est pas sans évoquer, par sa conception de la matière, les vues de L. Euler sur le feu exposées en 1738 dans sa *Dissertatio de igne, in qua ejus natura et proprietates explicantur* (E.34)[30,31]. Elle cadre bien avec les conceptions exprimées quelques années après 1755 dans les *Lettres à une Princesse d'Allemagne* (E.343, 344/O.III, 11,12), écrites en 1760–1762, publiées en 1768–1772[32,33]. Cette théorie de l'électricité est une construction du père Euler, adoptée par son fils. Dans une lettre du 7 octobre 1755 à G.F. Müller[34], Leonhard est contraint de lui préciser que, ne sachant s'il avait le droit – en sa qualité de membre étranger de l'académie – de participer au concours, il avait communiqué ses idées sur les propriétés de l'électricité à son fils, et lui avait laissé le soin de les élaborer («... ihn die überschickte Schrift ausarbeiten lassen»).

Au total, Johann Albrecht obtint sept prix académiques. On ne peut pas les étudier tous dans notre cadre restreint. Mais soulignons encore l'intérêt scientifique et historiographique des deux prix remportés par lui en 1762, à Pétersbourg et à Munich.

6   Un émule de Clairaut pour la théorie des comètes en 1762

Le problème des comètes[35] et de leurs perturbations fut particulièrement d'actualité lors du retour de la comète de Halley[36]. Le prix du concours sur ce thème attribué en 1762 par l'Académie de Pétersbourg fut partagé entre Clairaut et J.A. Euler. On n'a pas besoin d'examiner ici le prix pétropolitain[37] car son enjeu scientifique et ses péripéties ont été analysés d'une façon décisive par R. Taton et A.P. Youschkévitch en 1980[38].

7 Les débuts de l'Académie des sciences de Munich (1759 à 1761/62)

Le bicentenaire de cette académie a donné lieu en et après 1959 à une série de publications de valeur sur la deuxième moitié du XVIIIe siècle qui peuvent enrichir les études eulériennes comme elles ont renouvelé certaines recherches lambertiennes. Sous la direction de Max Spindler, trois auteurs, G. Diepolder, L. Hammermayer et A. Kraus publièrent un important contingent de 254 lettres (de 1758 à 1761) avec tout l'appareil critique souhaitable: «*Electoralis Academiae Scientiarum Boicae Primordia*. Briefe aus der Gründungszeit der Bayerischen Akademie der Wissenschaften[39].»

Une des lettres de J.H. Lambert (d'Augsbourg, 14 novembre 1759) prouve que celui-ci n'a pas été – contrairement à une affirmation fréquente basée sur un passage ambigu de L. Euler – un des membres fondateurs[40]. Mais il en devint rapidement un membre aussi influent que qualifié, qui fut chargé entre autres de la délicate question de thèmes de concours à proposer par la jeune académie, qui voulait à la fois attirer l'intérêt des savants de valeur et s'habiliter parmi les académies déjà vénérables.

La même année 1959, L. Hammermayer utilisant toute la documentation nouvelle rassemblée, écrivit l'ouvrage de base sur les débuts de cette académie. Cette «Gründungs- und Frühgeschichte der Bayerischen Akademie der Wissenschaften[41]» contient une demi-douzaine de passages instructifs (cf. l'index) sur J.A. Euler.

8 Les activités scientifiques de l'Académie électorale – J.A. Euler, vainqueur du concours lunaire de 1762

Pendant la décennie commençant avec le prix de l'Académie de Pétersbourg attribué à Clairaut en 1752, la première théorie de la lune d'Euler et la correspondance Euler – J. Tobias Mayer, la théorie de la lune fut très débattue mais laissa en suspens bien des points. Aussi Lambert songea-t-il à proposer pour le concours de Munich (pour 1762) une question dans ce domaine délicat. Il fallait que le sujet fût assez difficile pour être digne d'intérêt, mais cependant susceptible de pouvoir être traité et d'aboutir à des résultats. Lambert mit son illustre correspondant bâlois de Berlin, L. Euler, au courant de ses préoccupations et lui demanda son avis.

Finalement il aboutit à proposer le sujet (formulé en allemand, langue privilégiée de l'académie munichoise): «Wie ist der Abstand des Mondes mit seiner Schwere gegen die Erde, und diese Schwere mit derjenigen, welche die Körper auf der Erdfläche haben, dergestalt zu vergleichen, dass dadurch dieser

Abstand in einem bestimmten Maass, und, dafern es seyn kann, eben so genau gefunden wird, als er bisher durch die Paralaxen gesucht worden[42,43]?» On demandait donc aux concurrents de calculer si possible la distance de la lune à la terre sans recourir à la méthode traditionnelle de la parallaxe lunaire, mais en se basant uniquement sur les lois de la gravitation newtonienne.

Le fils aîné d'Euler, travaillant de nouveau sous la direction paternelle, obtint le prix en 1762 (il n'y avait d'ailleurs pas eu d'autre candidat), et fut admis cette année même comme membre étranger de l'académie bavaroise. Au «Colloque Lambert (1728-1777)» de Mulhouse-Bâle en 1977[44] ce travail de J. Albrecht fut évoqué dans deux communications complémentaires, celles de Youschkevitch et de Kraus. Le premier situa cet épisode de 1762 dans le cadre des relations scientifiques de Lambert et L. Euler[45]. Ajoutons que les lecteurs de langue russe disposent d'une traduction – légèrement modifiée et complétée – de cette communication dans le volume jubilaire, tome 25, des *Recherches en histoire des mathématiques* soviétiques de 1980[46].

Andreas Kraus, qui s'était chargé de faire connaître aux congressistes *Lambert und die Bayerische Akademie der Wissenschaften*[47] examina ce concours dans son tableau des contributions de Lambert aux activités astronomiques de sa première académie. L'année suivante – en 1978 – cet historien acheva son ouvrage fondamental sur les activités scientifiques de l'Académie de Munich pendant toute la deuxième moitié du XVIIIe siècle[48]. Il reconnait d'ailleurs que dans le domaine des sciences exactes le niveau resta modeste. Mais les spécialistes de Leonhard Euler (ou de Lambert) ne peuvent pas ignorer cette mine de renseignements, qui fournit une cinquantaine de références et au savant bâlois, et à l'autodidacte mulhousien. Et si J. Albrecht n'a droit qu'à 15 citations, on y trouve, entre autres, une analyse détaillée du concours de 1762 et des problèmes qu'il soulève[49].

Mentionnons encore que dans un ouvrage collectif massif insoupçonné des historiens des sciences L. Hammermayer avait déjà donné en 1969 une analyse novatrice des correspondances de l'académie bavaroise avec des savants de l'académie impériale et de la Société libre d'économie de Pétersbourg[50]. Il y avait montré le rôle incontestable et fécond du nouveau membre J.A. Euler[51] dans l'établissement de ces relations épistolaires que lui-même poursuivit pendant douze ans (1762-1774), donc encore longtemps après qu'il fût devenu un membre important de l'académie impériale.

9   Indications préliminaires sur Jean III Bernoulli

La guerre de Sept Ans (1756-1763) a naturellement perturbé profondément la vie de l'Académie de Berlin, et rudement mis à l'épreuve la patience et les espoirs des académiciens. Mais, note Stäckel, «auch nach dem Frieden von Hubertusburg [15 février 1763] fand J.A. Euler Gelegenheit, sich in der Kunst des Wartens zu üben». Le 5 novembre il écrivit à son ami Karsten que le roi, à sa nouvelle demande d'amélioration de son sort, lui avait fait répondre «ich möchte nur biss auf die Ankunfft des jungen Doct. *Bernoulli* Geduld haben, er würde allsdann gewiss suchen, mich zu befriedigen ...[52]». Ce Bernoulli arriva effectivement fin 1763, mais sans bouleverser ou améliorer financièrement le sort de J. Albrecht.

Pour ce Jean III Bernoulli, petit-fils de Jean I et fils de Jean II, nous ne possédons pas plus de monographie de base satisfaisante que pour son futur ami Euler (son aîné de 10 ans) et homologue par sa curiosité tentaculaire, son activité débordante et son indéniable productivité épistolaire. J.O. Flecken-stein, qui lui avait consacré à peine une demi-page condescendante mais utile dans le Dictionnaire de Biographie scientifique[53], évoque aussi «der letzte der einigermassen Bedeutenden aus der Bernoullisippe» dans sa présentation de la famille Bernoulli dans l'encyclopédie bienvenue des «Grands de l'histoire universelle[54]» à laquelle on doit aussi un Leonhard Euler magistral[55].

Un descendant direct, sinon de Jean III, du moins de Jean I et de Jean II, a consacré une généalogie érudite à la famille Bernoulli[56]. Le numéro 140[57] des 648 membres inventoriés jusqu'en 1972 résume la biographie de Johann III et indique, entre autres, les 10+4 enfants issus des deux mariages du savant émigré à Berlin. C'est sans doute souhaitable de rectifier ici un lapsus de cet article précieux qui risquerait de se perpétuer: Jean III ne devint pas directeur de la classe de mathématique de l'Académie de Berlin en 1767, mais seulement en 1791, comme deuxième successeur de Lagrange[58].

Le Supplément au «Poggendorff» (en 1969)[59] ajoute de nombreuses références assez récentes à la bibliographie ancienne. Une orientation géné-rale, courte et axée surtout sur les activités journalistiques du polygraphe, a été tentée encore plus récemment[60]. D'autres études contribuent aussi à la con-naissance de la vie trépidante, de la bibliographie morcelée à souhait du savant cosmopolite et voyageur impénitent, et de la correspondance de Jean III[61-64].

Mais la correspondance, prolifique, est pour l'essentiel postérieure à 1766, et englobera des dizaines de lettres échangées entre Jean et J. Albrecht. On a conservé cependant cinq lettres échangées entre Leonhard et Jean III. Les originaux, en français, de ces lettres se trouvent à la Bibliothèque universi-taire de Bâle[65]; elles sont résumées en O.IV A, 1[66]. Excepté la dernière, qui est de 1772, elles datent de fin 1763 à juillet 1765, et ont surtout trait à la question alors âprement discutée des cordes vibrantes. Nous ne la commenterons pas ici. Inutile d'invoquer notre incompétence en la matière pour expliquer cette abstention, qui se justifie par l'existence de l'extensive et précieuse introduction de Truesdell aux œuvres correspondantes d'Euler[67] et des précisions complé-mentaires dans le dernier volume paru des *Opera*[68].

10   Les premières années berlinoises de Bernoulli (1763–1766)

La source la plus pratique pour étudier la vie académique de Bernoulli était, après 1900, l'histoire classique de l'Académie de Berlin de Harnack[69] qui donne, entre autres, la liste chronologique de ses dizaines de mémoires, tous en français[70]. On y trouve des renseignements variés, par exemple sur l'action de d'Alembert en faveur de Bernoulli[71]. Stieda a publié et commenté[72] les 36 lettres de Bernoulli de la correspondance de Jean III avec Frédéric II et les membres de la famille royale. Ces lettres se trouvaient alors à Gotha, mais sont maintenant à Bâle[73]. Cette correspondance ne commence qu'en 1767, mais est précédée de trois (courtes) lettres du roi à Jean II, éclairant la venue de son fils à Berlin (1763/64)[74].

On peut suivre facilement les débuts du jeune Bernoulli d'après les registres de cette académie, qui ont été publiés jusqu'en 1766[75]. Le 10 novembre 1763 il assiste comme *Etr.* (= étranger) à une séance de l'académie pendant laquelle M. de Prémontval continue sa *Psychocratie*[76]. A l'assemblée extraordinaire du 31 décembre, «Assemblée [qui] a été fort brillante par le nombre des personnes de distinction qui y ont assisté» et où il y eut des Expériences de Chymie et de Physique («M. Euler le fils a exécuté celles d'Electricité»), plusieurs personnes furent proposées comme membres Associés Externes (p. ex. Helvetius) ou Membres ordinaires (comme Bernoulli)[77].

A la séance suivante tous les (cinq) membres proposés furent déclarés élus (5 janvier 1764)[78]. Le 12 janvier Bernoulli lut son discours de remerciement et dès le 2 février 1764 il lut son premier mémoire *Sur la force des fils, et sur l'extension qu'il souffrent, avant que de se rompre*[79] ... Le 10 janvier 1765 – séance à laquelle «Mr. le Directeur Euler a proposé par ordre de Sa Majesté Mr. Lambert pour Membre ordinaire de l'Académie ... Mr. Bernoulli a lu l'Extrait des *Observations Météorologiques faites par Mr Euler le fils dans le cours de l'année passée*[80]», première mention officielle d'une collaboration entre les deux amis.

11   La séparation des destins en 1766

Pendant que le jeune Bernoulli s'installe avec ardeur dans ses fonctions académiques de 1763 à 1766, le mécontentement et le drame de la rupture des Euler progresse inexorablement, et aboutit à leur départ définitif pour Pétersbourg le 1er juin 1766. Mais entre Jean Bernoulli resté à Berlin et J.A. Euler s'établira une correspondance assez suivie dont l'étude a été facilité au cours de la dernière décennie (en 1972) par la réunion, et à la Bibliothèque Universitaire de Bâle, et aux Archives de la Section de Léningrad de l'Académie des sciences de l'U.R.S.S., de l'ensemble de cette correspondance dans l'original ou en copie[81].

En 1778, Jean Bernoulli fit un voyage à Pétersbourg (où il fut l'hôte des Euler) dont il donna un récit détaillé[82], avec des renseignements abondants sur les Euler et la Russie de leur époque. L'étude de nos personnages pendant la période 1766–1783 mériterait d'être entreprise[83].

Notes

1   Nous nous conformons à l'usage international en utilisant la forme «Johann Albrecht» de son prénom en allemand (qui se retrouve dans la transcription russe «Иоганн-Альбрехт»). Mais lui-même signait sa correspondance en français «Jean Albert»; et nous relevons que son père, dans sa lettre de fin 1734 à G.F.Müller, se sert de la forme allemande «Joh(ann) Albert» (Juškevič/Winter, I, p.37).

2   Dans l'article de A.P. Juškevič, *Leonhard Euler*, dans: *Dictionary of Scientific Biography*, tome 4, 1971, p.467–484, le nom de J.A. Euler est naturellement mentionné incidemment.

3   Mais la *Большая Советская Энциклопедия*, 3e éd., tome 29, 1978, présente évidemment L.Euler (avec un renvoi à l'article de la 2e éd.).

4   (Johann Werner Herzog) *Adumbratio Eruditorum Basiliensium meritis apud exteros … celebrium …*, Basel 1780, p.13–26.

5   Andreas Speiser, *Die Basler Mathematiker*, 117. Neujahrsblatt, éd. par le GGG Basel 1939. Sur Jean III cf. p.38.

6   Rudolf Wolf, *Biographien zur Kulturgeschichte der Schweiz*, 4 volumes, Zürich 1858–1862 (Index, tome IV, p.391–435).

7   Op.cit., p.94–95, et note 18.

8   Paul Stäckel, *Johann Albrecht Euler*, Vierteljahrsschrift der Naturforschenden Gesellschaft in Zürich, 55.Jahrg., 1910, p.63–90. 65 travaux du fils sont présentés chronologiquement et décrits, p.76–88.

9   Wilhelm Stieda, *J.A. Euler in seinen Briefen. 1766–1790*, Berichte über die Verhandlungen der Sächsischen Akademie der Wissenschaften zu Leipzig, Phil.-Hist. Klasse, vol.84, 1932, p.1–43.

10   Karl Euler, *Das Geschlecht Euler-Schölpi. Geschichte einer alten Familie*, Giessen 1955. Sur les 8 enfants identifiés (sur 13 au total) de Leonhard, p.266–274. Sur «Die Linie J. Albrechts», qui s'éteignit dès le siècle suivant, p.274–277.

11   Juškevič/Winter, I, p.37. Le point d'exclamation entre crochets après la forme «Albert» du prénom est dû aux éditeurs.

12   O.IV A, 1, p.286, R.1683.

13   La correspondance de Korff avec Euler a été publiée dans Juškevič/Winter, III, p.128–134, Lettres 137–144 (cf. O.IV A, 1, R.1262–1269).

14   Précisions données à propos de la correspondance Euler-Clairaut dans O.IV A, 5, p.78 et 80, notes 2–4.

15   Winter, *Registres*, p.11.

16   Juškevič/Winter, II, p.281. Les deux étaient à peu près de la même force …, mais J.A. avait une dizaine d'années de moins que Kot'elnikov, né en 1723.

17   Winter, *Registres*, p.182, 184, 201.

18   Juškevič/Winter, I, p.57; cf. p.25.

19   А.П.Юшкевич, *История математики в россии до 1917 года*, Москва 1968, surtout le chapitre sur «Les disciples et premiers continuateurs d'Euler» (p.190–215), en particulier p.190–196 et 204–206.

20   *История математики с древнейших времен до начала XIX столетия*, Под редакцией А.П.Юшкевича, tome III, Москва 1972, passim (cf. l'index).

21   O.IV A, 1: références extrêmement nombreuses (index).

22   Winter, *Registres*, p.207.

23   Stäckel, op.cit., en note 8, p.76.

24   Etude approfondie dans la synthèse de J.L. Heilbron, *Electricity in the 17th and 18th Centuries*, University of California Press, Berkeley, Londres 1979, ill., avec bibliographie alphabétique étendue (p.501–569) et index.

25   Heilbron, op.cit., *Electricity in St. Petersburg*, p.390–402.

26   Valentin Boss, *Newton and Russia. The Early Influence, 1698–1796*, Cambridge, Mass., 1972, chap. 16, *Electricity and action at a distance* (p.152–164), etc.

27   Cf. dans E. Winter (éd.), *Die Deutsch-Russische Begegnung und L. Euler* (Akademie-Verlag, Berlin 1958): V.P. Zubov, *Die Begegnung der deutschen und der russischen Naturwissenschaft im 18. Jahrhundert und Euler*, p. 19–48.

28   Stäckel, op. cit., en note 8, p. 76 (= 1er écrit recensé).

29   (Revue dirigée par Formey), tome 21, 1758, p. 255–262.

30   Paraîtra dans O. III, 10 (en préparation).

31   R. Jaquel, *Quatre approches des problèmes de la chaleur et du feu vers le milieu du XVIIIe siècle: Celles d'Euler, de Voltaire, de Kant et de J. H. Lambert*, 105e Congrès national des Sociétés savantes, Caen 1980, Sciences, fasc. V (p. 213–223), surtout p. 214–215.

32   R. Calinger, *Euler's Letters to a Princess of Germany as an Expression of his Mature Scientific Outlook*, Archive for History of Exact Sciences 15, 1976, p. 211–233.

33   R. Calinger, *Kant and Newtonian Science: The Pre-Critical Period*, Isis 70, 1979, p. 349–362.

34   Publiée dans Juškevič/Winter, I, p. 92–93.

35   Cf. Roger Jaquel, *Le Savant et philosophe mulhousien J. H. Lambert (1728–1777). Etudes critiques et documentaires*. Publ. par l'Université du Haut-Rhin, Ophrys, Paris 1977. Sur les comètes au XVIIIe siècle, p. 21–78.

36   R. Taton, *Clairaut et le retour de la comète de Halley*, Arithmos-Arrythmos. Festschrift für J. O. Fleckenstein, éd. par K. Figala/E. H. Berninger, München 1979, p. 253–274.

37   Stäckel, op. cit., en note 8, p. 77, no 7.

38   O. IV A, 5, p. 10–11, 243–244.

39   C. H. Beck, München 1959, XXXII–567 p.

40   Op. cit., lettre 203, p. 335–337 et longue note 3.

41   *Münchener Historische Studien. Abt. Bayerische Geschichte*, 4, 1959, p. XXIV–387.

42   Hammermayer, op. cit., en note 41, p. 377.

43   Cf. Stäckel, op. cit., en note 8, p. 80, no 19. Ce mémoire (E.A. 19) fut publié dans les *Abhandl. der Churfürstl. baier. Akad.*, 4, 2. Theil, München 1767, p. 231–270.

44   *Colloque International et interdisciplinaire J. H. Lambert, Mulhouse, 26–30 septembre 1977*, publ. par l'Université de Haute-Alsace et l'Association J. H. Lambert, Paris, Ophrys «1979» (paru avril 1980), 407., ill.

45   Op. cit., p. 214.

46   Историко-математические исследования, вы. XXV Москва 1980, p. 189–217. Sur J. A. Euler cf. p. 199–200.

47   *Colloque Lambert* (cf. note 44): sur J. A. E., p. 109–110.

48   Andreas Kraus, *Die naturwissenschaftliche Forschung an der Bayerischen Akademie der Wissenschaften im Zeitalter der Aufklärung*, München 1978, in-4°, 285 p., Bayerische Akademie der Wissenschaften, Phil.-Hist. Klasse, Abhandlungen, N.F., Heft 82.

49   Op. cit., p. 257–259.

50   Ludwig Hammermayer, *Süddeutsch-russische Wissenschaftsbeziehungen im 18. Jahrhundert*, Festschrift für Max Spindler ... Beck, München 1969 (X–833 p.), p. 503–528.

51   Op. cit., p. 513–519.

52   Cité par Stäckel (cf. no 8), p. 66.

53   *Dictionary of Scientific Biography*, tome 2, 1970, p. 56.

54   J. O. Fleckenstein, *Die Mathematikerfamilie Bernoulli*, dans: *Die Grossen der Weltgeschichte*, tome 6, éd. par K. Fassmann, Kindler, Zürich 1975 (p. 314–333), p. 324–327.

55   E. A. Fellmann, *Leonhard Euler*, ibidem, tome 6, 1975, p. 496–531.

56   René Bernoulli-Sutter, *Die Familie Bernoulli*, Helbing und Lichtenhahn, Basel 1972, 237 p. en reliure mobile, 3 tableaux généalogiques en pochette.

57   Op. cit., p. 85–88.

58   E. Amburger, *Die Mitglieder der Deutschen Akademie der Wissenschaften zu Berlin,* *1700–1950,* Akademie-Verlag, Berlin 1950, p. 5.

59   J. C. Poggendorff, *Biographisch-literarisches Handwörterbuch der exakten Naturwis-* *senschaften,* tome VIIa, *Supplement,* Akademie-Verlag, Berlin 1971, p. 80–81.

60   R. Jaquel, *Jean III Bernoulli,* Dictionnaire des Journalistes (1600–1789), publ. par J. Sgard. *Supplément I,* préparé par A. M. Chouillet et F. Moureau, Université des Langues, Grenoble 1980, p. 10–19.

61   Otto Spiess, *Der Briefwechsel von Johann Bernoulli,* éd. par Naturf. Gesellschaft in Basel, tome I, Basel 1955, toute l'Introduction (p. 9–85) (index).

62   R. Jaquel, *Vers les Œuvres complètes du savant et philosophe J. H. Lambert (1728–* *1777),* Revue d'Histoire des sciences, tome 22, No 4, octobre 1969 (p. 285–302), p. 286–289, 292.

63   R. Jaquel, *Une source négligée de l'histoire des sciences: La Correspondance inédite de* *Jean III Bernoulli,* Actes du XIIIe congrès internat. d'histoire des sciences (titre aussi en russe …), Moscou 1971 (1974), V, Histoire des mathématiques, p. 65–70.

64   R. Jaquel, *Les Correspondances de L. Euler, de son fils J. A. Euler et de leur ami J. III* *Bernoulli,* Actes du 101e Congrès national des sociétés savantes, Lille 1976, fasc. III, p. 69–78.

65   Section des Manuscrits, cote «Mscr. L Ia, 689».

66   O. IV A, 1, R. 231–233 (p. 52), 230a, 232a (p. 469–470).

67   C. A. Truesdell, *The rational mechanics of flexible or elastic bodies, 1638–1788,* 1960. Sert d'introduction à O. II, 10 et 11 (constitue O. II, 11/2).

68   O. IV A, 5, p. 28–32 et passim.

69   A. Harnack, *Geschichte der Königl. Preussischen Akad. der Wissensch. zu Berlin,* 4 volumes, 1900 (réédition réprograph., Olms Hildesheim 1970).

70   Op. cit., tome III, p. 19–21, 46 numéros; certains groupent plusieurs mémoires (le No 1, pour 1766, 3 mémoires, etc.).

71   Op. cit., tome I, 1, p. 360, longue note 1.

72   W. Stieda, *Johann Bernoulli in seinen Beziehungen zum Preuss. Herrscherhause und* *zur Akademie der Wissenschaften,* Abhandlungen der Preussischen Akademie der Wissenschaften, Jg. 1925, Phil.-Hist. Klasse, Nr. 6, Berlin 1926, 64 p., in-4°.

73   A la Bibl. Univ. de Bâle, cote «Mscr. L Ia 716». Sur l'enrichissement considérable de cette bibliothèque en Bernoulliana au XXe siècle (1936 et 1964), cf. Steinmann, Martin, *Die Handschriften der Universitätsbibliothek Basel,* Basel, Verlag der Biblio-thek, 1979, multigr., surtout p. 25–26.

74   Op. cit., en note 72, p. 29–30. Maintenant, Bâle, Bibl. Univ., Mscr. L Ia 716, f. 2–4.

75   Winter, *Registres,* 1957 (index).

76   Op. cit., p. 291.

77   Op. cit., p. 293.

78   Op. cit., p. 294.

79   Op. cit., p. 295. Bernoulli lut la suite le 12 juillet. Le travail fut publié dans les *Mémoires* (1766), 1768, p. 78–98.

80   Op. cit., p. 306.

81   Op. cit., en note 64, p. 74–75, 78.

82   *Johann Bernoulli's Reisen durch Brandenburg, Pommern, Preussen, Curland, Russ-* *land und Pohlen in den Jahren 1777 und 1778,* 6 volumes, Leipzig 1779–1780.

83   Nous comptons la résumer dans une communication au cours de l'Année Euler 1983.

Abb. 54
Johann Albrecht Euler (1734–1800),
ältester Sohn Leonhard Eulers.
Ölgemälde von Emanuel
Handmann (1756).

Abb. 55
Johann III Bernoulli (1744–1807).

Wolfgang Breidert

Leonhard Euler
und die Philosophie

In einer Abhandlung von 1783 lässt Lichtenberg das 18. Jahrhundert –
etwas voreilig – Inventur machen und all das historisch Bedeutsame zusammenstellen, was es dem folgenden Jahrhundert zu übergeben gedenkt. Es sagt:
«Ich habe Peter den Ersten gesehen und Katharina und Friedrich und Joseph
und Leibniz und Newton und Euler und Winckelmann und Mengs und
Harrison und Cook und Garrick[1].» Es mag verwundern, dass der Maler
Mengs, der Uhrmacher Harrison und der Schauspieler Garrick für kulturge-
schichtlich bemerkenswert gehalten werden, aber noch auffälliger ist, dass so
bedeutende Philosophen wie Locke, Hume, Wolff und Kant, der allerdings
noch kaum gewirkt hatte, ungenannt bleiben. Dadurch wird klar, dass hier die
Philosophie ganz unberücksichtigt blieb und auch Leibniz, Newton und Euler
nur als Wissenschaftler erwähnt wurden, obwohl man das 18. Jahrhundert
auch das «philosophische» genannt hat[2]. Eulers überragende Stellung im
18. Jahrhundert kommt ihm jedenfalls nicht primär als Philosoph zu. Er war
nur nebenbei philosophisch tätig, hielt sich auch selbst nicht für einen Philosophen, weil er die sogenannten Philosophen viel zu sehr verachtete, und er
wurde auch von seinen Zeitgenossen kaum als Philosoph angesehen oder
akzeptiert[3]. Mag vielleicht jede Philosophie in irgendeiner Weise Antwort und
Reaktion auf vorangegangene Philosophie sein, Eulers Philosophieren ist in
ganz besonderem Masse stets Auseinandersetzung mit der Philosophie anderer
Denker. Es gibt keine eigene «Eulersche» Fragestellung in der Philosophie,
kein Problem, das ihn *unmittelbar* umtreibt oder gar quält, sondern nur ein
gleichsam externes Motiv, sich mit den Philosophen und ihren Irrlehren zu
befassen. Das gilt auch im Hinblick auf die von Speiser so bezeichnete
«Euler-Kantische Fragestellung» («Was kann die Physik in der Metaphysik
wecken?»)[4]. Allerdings kann Euler auch in den Antworten seine Originalität
zeigen.

Die philosophiegeschichtliche Situation, in der sich Euler befand, war
vor allem von drei Kontroversen geprägt:

1. Die Probleme des Körper-Geist-Dualismus bei Descartes hatten als
«Lösungen» die monistischen Ontologien des mechanistischen Materialismus
auf der einen Seite und des Spiritualismus (objektiven Idealismus) auf der
anderen Seite hervorgerufen.

2. In der Erkenntnistheorie standen sich der Rationalismus der Leibniz-Wolffschen Schule und der in der Nachfolge Lockes besonders im englischen Sprachraum verbreitete Sensualismus bzw. Empirismus unversöhnlich gegenüber.

3. In der Naturphilosophie musste der kartesianische Körperbegriff, wonach allein die Ausdehnung das Wesen des Körpers ausmacht, dem von Newton und Leibniz propagierten Körperbegriff weichen, der neben der Ausdehnung auch Trägheit bzw. Kraft enthält. Doch der absolute Raum Newtonscher Prägung stand wiederum im Gegensatz zum relativistischen Raumbegriff von Leibniz. – Im folgenden soll Eulers Haltung in diesen Kontroversen dargestellt werden.

Euler hatte sich in einer nicht erhalten gebliebenen Arbeit von 1724 mit dem Unterschied zwischen der Philosophie Descartes' und der Newtons beschäftigt[5] und war (vielleicht daher) von einzelnen Lehren dieser beiden Denker (Dualismus Descartes', absoluter Raum Newtons) geprägt. Schon in Briefen von 1736 und 1738 an C.L.G. Ehler bzw. G.B. Buelfinger (Bilfinger) äussert er sich kritisch über Wolffs *Ontologia* und *Cosmologia*, doch hält er sich mit dieser Kritik noch zurück. In einem Brief von 1741 an Wolff selbst sieht sich Euler jedoch gezwungen, Gerüchten entgegenzuwirken, er wolle Wolffs Ansehen schmälern. Doch zugleich mit dem Ausdruck der Hochachtung für Wolff bringt er seine kritische Haltung gegenüber dessen Monadenlehre zum Ausdruck[6].

Wolffs rationalistische Philosophie hatte mit ihrem Bemühen um logische Strenge die Aufmerksamkeit aller Philosophierenden in der deutschen Aufklärung geweckt. Ihre Breitenwirkung ist kaum zu überschätzen. Auch die Verbannung Wolffs aus Halle unter Friedrich Wilhelm I. bedeutete weiter nichts als einen Ortswechsel für Wolffs Tätigkeit[7]. Als dann Friedrich II. – derselbe, der Euler nach Berlin berief – Wolff wieder nach Halle zurückholen liess, wurde diese Rückkehr sehr zum Ärger aller Pietisten ein wahrer Triumphzug.

Die Berliner Akademie der Wissenschaften stellte daraufhin 1745 für das Jahr 1747 die Preisaufgabe, die Monadenlehre exakt darzustellen, sie zu widerlegen oder zu beweisen und, im Falle eines Beweises, die physikalischen Bewegungsgesetze daraus herzuleiten[8]. Obwohl Euler damals Direktor der mathematischen Klasse der Akademie und nicht ohne Einfluss auf die Aufgabenstellung war, konnte er sein starkes Interesse an dieser Aufgabe nicht unterdrücken, sondern veröffentlichte noch vor der Erledigung des Preisausschreibens seine 20seitige Abhandlung zu diesem Problem anonym unter dem Titel *Gedancken von den Elementen der Cörper* ... (E.81/O.III,2). War dieses Verhalten Eulers schon unfair, so wurde es geradezu peinlich, als die Akademie wegen des starken Echos auf die Preisaufgabe dazu überging, die Entscheidung nicht der philosophischen Klasse allein zu überlassen, sondern einer aus allen Klassen gebildeten Kommission, der auch Euler angehörte. Ein unparteiisches Urteil war von dieser Jury nicht zu erwarten. Euler wurde auch schnell als der Autor der anonymen Schrift erkannt. Seine Anhänger, wie z.B. der Preisträger Justi, verteidigten Euler, denn es sei nötig gewesen, «die Gelehrten in Teutschland noch besonders auf diese Aufgabe aufmerksam zu machen[9]». Auch Speiser vertritt noch die Meinung, Eulers Abhandlung sei nur die Antithese der Monadenlehre, «deren Formulierung er nach der Stellung der Preisfrage nicht mehr zurückhalten durfte. Denn die Einwände mussten klar formuliert sein ...[10]» Wolff sah die Sache wohl mit Recht anders und versuchte, durch Briefe an den Akademiepräsidenten Maupertuis Eulers Einfluss einzudämmen. Immerhin wurden zusammen mit der preisgekrönten Schrift Justis auch einige Preisschriften, die Leibniz verteidigten, gedruckt, und «so wurde der ganze Process dem philosophischen Publicum gleichsam zur Revision vorgelegt[11]». Wolff warf Euler vor, seine berechtigte Anerkennung in der Mathematik auch auf Gebiete ausdehnen zu wollen, in denen er nicht ausreichende Kenntnisse besitze.

Eulers Motive für seine harte Haltung gegenüber den Philosophen seiner Zeit kommen vielleicht am deutlichsten im Titel seiner kurzen theologischen Schrift zum Ausdruck: *Rettung der Göttlichen Offenbahrung gegen die Einwürfe der Freygeister* (1747)[12]. In dieser Abhandlung wird u.a. die Glaubwürdigkeit der Bibel durch einen Vergleich mit der Glaubwürdigkeit der Wissenschaften verteidigt. Auch in den Wissenschaften gäbe es scheinbare Widersprüche, das sei aber für vernünftige Menschen kein Grund, an der Wissenschaft zu zweifeln, selbst wenn man nicht alle Schwierigkeiten beheben könne[13]. Euler ergreift in der Philosophie nur dann das Wort, wenn er meint, die Bibel oder die Wissenschaft gegen die Angriffe oder Irrlehren der Philosophen in Schutz nehmen zu müssen. «Indem er gegen die Monaden ins Feld zog, verteidigte er sein Christentum[14].» Ähnliches sagte Ernst Mach allgemein in bezug auf das 18. Jahrhundert: «Theologische Fragen wurden durch alles angeregt und hatten auf alles Einfluss[15].» Gerade weil sich Mach bemühte, theologische Bemerkungen aus naturwissenschaftlichen Kontexten zu eliminieren, ist er gezwungen, sie aufzuspüren. Auch Euler gehört für ihn zu jenen, die die Sphäre des «innersten Privatlebens» mit dem Bereich der Wissenschaft vermengt haben.

Eulers Kampf ist ontologisch und erkenntnistheoretisch vor allem gegen drei philosophische Positionen gerichtet: gegen die Wolffianer (Monadisten), gegen die mechanistischen Materialisten und gegen die Idealisten (Spiritualisten, Solipsisten). Obwohl er in seinen philosophischen Ausführungen oft Leibniz, die Wolffianer, auch Newton und die Kartesianer nennt, sucht man die Namen einzelner Idealisten oder Materialisten vergeblich bei ihm. Auch wenn in den Publikationen über Euler der Eindruck geweckt werden mag, Euler beziehe sich explizit auf Berkeley[16], so ist es doch fraglich, ob er überhaupt etwas von Berkeley kannte. In Zusammenstellungen der philosophischen Richtungen aus der Mitte des 18. Jahrhunderts findet man allerdings schon den Namen Berkeleys als den des (einzigen) Vertreters des Idealismus, gelegentlich wird auch Malebranche als Repräsentant des Solipsismus genannt[17], doch darf man daraus wohl kaum auf eine allgemeine Kenntnis über Berkeley schliessen, denn auch Kant erwähnt Berkeley in der ersten Ausgabe der «Kritik der reinen Vernunft» (1781) noch nicht, und die in der zweiten Auflage nachgeschobene «Widerlegung des Idealismus» zeugt keineswegs von einer eingehenden Berkeley-Kenntnis. Diesen Philosophen kannte man bestenfalls durch Darstellungen bei seinen Gegnern, Hume, Hamann oder Beattie. Wenn Euler von den «englischen Philosophen» spricht[18], meint er jedenfalls nicht die sensualistischen Philosophen, sondern die Anhänger Newtons. Zu den Materialisten rechnete man vor allem Epikur, Hobbes, Coward, Spinoza und Toland; Knutzen nennt auch den bei Cicero erwähnten Dikaiarchos.

Der Idealismus hatte von jeher mit der Schwierigkeit zu kämpfen, dass er auf den ersten Blick dem Alltagsverständnis von der Welt widerstreitet. Und wo Argumente fehlen, stellt das Gelächter schnell sich ein. Ähnlich wie Diogenes versucht hatte, die Leugnung der Realität von Bewegung durch die Eleaten mit Hilfe eines kleinen Spazierganges zu «widerlegen», so reagierte Samuel Johnson auf den objektiven Idealismus Berkeleys mit einem Fusstritt gegen einen Stein. Nicht weit von diesen informellen «Argumenten» liegt jenes, das behauptet, der Idealismus sei mit den Naturwissenschaften unverträglich. Der Phänomenalist Mach war jedenfalls ein ganz guter Naturwissenschaftler. Es gab aber noch andere Argumente gegen den Idealismus. Eines der interessantesten stammt aus dem entgegengesetzten Lager, nämlich der rationalistischen Metaphysik, und beruht auf dem Leibnizschen Optimismus. Es findet sich in der «Metaphysik» von Baumgarten (§438): Die materielose Welt der Idealisten und Solipsisten ist keine Welt von maximalem Inhalt, also auch keine vollkommenste Welt, obwohl Gott doch die beste aller möglichen Welten schaffen musste. Gott kann also keine Welt im Sinne der Idealisten geschaffen haben. – Die philosophiegeschichtliche Pointe dieses Arguments liegt darin, dass Berkeley gemäss seinem Selbstverständnis den Idealismus doch gerade zugunsten der Theologie eingeführt hatte. Jedenfalls zeigt sich, dass es möglich war, den Idealismus auch aus religiösen Gründen zu bekämpfen. Es ist aber zu vermuten, dass Euler dieses Argument nicht kannte, denn obwohl auch er diese Welt für die beste aller möglichen hielt, findet man jene Konsequenz aus dem Optimismus bei ihm nicht.

Wie auch andere Denker, die den Idealismus ablehnen[19], muss Euler zugeben, dass er keine «hinlänglichen Waffen» zu seiner Widerlegung besitzt, obwohl er ihn gerne schlagen würde und auch nicht bereit ist, ihn zu akzeptieren[20].

Im 76. Brief an eine deutsche Prinzessin stellt Euler die Lehren Wolffs in acht Punkten zusammen: «1. Die Erfahrung zeigt uns, dass alle Körper ständig ihren Zustand ändern. 2. Alles, was fähig ist, den Zustand eines Körpers zu ändern, heisst eine Kraft. 3. Also besitzen alle Körper eine Kraft, ihren Zustand zu ändern. 4. Also macht jeder Körper ständig Anstrengungen, seinen Zustand zu ändern. 5. Also kommt diese Kraft dem Körper nur zu, insofern er Materie enthält. 6. Also ist es eine Eigenschaft der Materie, ständig ihren eigenen Zustand zu ändern. 7. Also ist die Materie etwas aus einer Vielheit von Teilen Zusammengesetztes, die man die Elemente der Materie nennt. 8. Da das Zusammengesetzte nichts besitzt, was nicht in der Natur seiner Elemente begründet ist, muss jedes Element eine Kraft besitzen, seinen eigenen Zustand zu ändern.» Diese Elemente sind einfache Wesen, die Monaden. Euler akzeptiert die beiden ersten Aussagen, in der dritten sieht er eine Unklarheit, die zu den folgenden Fehlern führe. Die Kraft, die den Zustand eines Körpers verändere, komme immer von einem *anderen* Körper.

Durch die komprimierte Darstellung hebt Euler eine Schwäche seiner Gegner hervor. Die rationalistischen Metaphysiker hatten die Ansicht vertreten, die vollständige Teilung eines Dinges – etwas, das Euler für unmöglich hielt – führe notwendigerweise auf Monaden, die nicht mehr teilbar, ja sogar ohne Ausdehnung seien. Man hielt dies nicht für einen empirischen Befund, sondern glaubte, die Vernunft zwinge zu diesem Ergebnis. Die Extension der Monade sei zwar null, aber nicht ihre Intension, sie besitze gewisse Zustände (Aktionen, Perzeptionen). Demgegenüber leugnet Euler, dass es überhaupt Ausdehnungsloses «in der Welt» geben könne und dass Ausgedehntes (Körper) dadurch konstituiert werde. Wie Euler in einem Brief an Goldbach (vom 23.Juni/4.Juli 1747) und auch in den *Lettres* (Nr.123ff.) schreibt, hält er die unendliche Teilbarkeit für unvereinbar mit dem Gedanken einer vollständigen Teilung. Da er die für die Monadologie so wichtige Unterscheidung zwischen den Substanzen und den darauf beruhenden Erscheinungen nicht mitmacht, redet er dogmatisch an den Dogmatikern vorbei, indem er den Begriff der Teilbarkeit schon in den Begriff der Ausdehnung legt und Ausdehnungsloses für nichts erklärt. Eine Folge davon ist, dass Euler meint, der den Monaden eigene ständige spontane Zustandswechsel widerspreche dem Trägheitsprinzip, denn er sieht nicht, dass das Trägheitsprinzip zwar für Körper, d.h. für Monaden*komplexe,* aber nicht für einzelne Monaden gilt. Er musste als Mathematiker wissen, dass die Eigenschaften von Komplexen von den Eigenschaften ihrer Elemente verschieden sein können, und er wusste auch, dass die Wolffianer das Trägheitsprinzip keineswegs in Zweifel zogen, sondern es vielmehr als das wichtigste Naturgesetz ansahen[21].

Die prästabilierte Harmonie ist für Euler ein Anlass, sich lustig zu machen: Falls sein Körper nicht mehr in Übereinstimmung mit seiner Seele wäre, könnte er auch den Körper irgendeines Nashorns annehmen[22]. Dass dieser Fall durch den Leibnizschen Optimismus ausgeschlossen ist, wird dabei verschwiegen, aber es wird wieder eine Schwäche der Leibniz-Wolffschen Philosophie offensichtlich, denn der Leib erweist sich in der Monadenlehre als eigentlich überflüssig. Allerdings ist dies eine Konsequenz, an der Euler nicht viel liegt, da er ja selbst an der Realität der Körper und an der wechselseitigen Beeinflussbarkeit von Körper und Geist festhält. Dabei gibt er im 92. und 93.Brief einen seiner Gründe preis, die ihn zu dieser Haltung veranlassen: die Nobilität des Geistes. Es wird zugleich deutlich, inwiefern er die vor allem in der Freiheit bestehende Nobilität des Geistes durch die Wolffianer bedroht sieht. Er könne nicht glauben, dass seine Seele nichts anderes sei als ein Wesen, das Ähnlichkeit mit den letzten Teilen eines Körpers habe. Hier macht er seinen Gegnern einen Vorwurf dadurch, dass er sie materialistisch interpretiert, nachdem er ihnen im 76. Brief eine Spiritualisierung der Körper vorgeworfen hatte.

Leibniz und die Wolffianer hatten gelehrt, dass die Monaden «fensterlos» seien und dass die Vorstellungen in den Monaden einer durch ihre Schöpfung festgelegten Determination folgten. Die prästabilierte Harmonie sollte zwischen diesen Abläufen eine Übereinstimmung garantieren, die aber überhaupt erst notwendig wird, wenn man den Gedanken der Fensterlosigkeit nicht konsequent durchhält. Den Geist durch einen natürlichen Einfluss *(influxus)* des Leibes auf die Seele in die Abhängigkeit vom Körper zu geben, schien den Rationalisten unannehmbar[23], während sie einen strengen Determinismus unseres Handelns auf der Ebene des Geistes lehren. Dadurch scheinen die Verantwortlichkeit und die Moral untergraben zu werden. Die Angst vor der demoralisierenden Wirkung des Determinismus soll ja gerade zur Verbannung Wolffs durch den preussischen König beigetragen haben[24]. Die gleiche Angst hatte wohl auch Euler ergriffen. Sie war wohl auch einer der Gründe für seine Ablehnung des mechanistischen Materialismus: einerseits sah er durch ihn die Existenz des als Geist gedachten Gottes gefährdet, andererseits die Freiheit des handelnden menschlichen Subjekts. Die Postulate der praktischen Vernunft machen für Euler den Materialismus unannehmbar. Kant hat dann im Rahmen seiner Dialektik in der «Kritik der reinen Vernunft» versucht, den Nachweis zu erbringen, dass sich die vollständig determinierte Naturkausalität *zugleich* mit der Freiheit (im Bereich der *Noumena*) denken lasse[25]. Nicht nur zu Eulers Zeiten und für Euler galt: «Das Kapitel über die Freiheit ist ein Stein des Anstosses in der Philosophie[26].» Er kämpft mit seinem Dualismus vor allem gegen die Vermischung des Bereichs der Selbstbestimmung (Freiheit der Gedanken) mit dem der Fremdbestimmung (Zwangsläufigkeit aufgrund äusserer Kräfte). «Ich selbst bin der Herr meiner Gedanken.»

In einer Verteidigung der Psychoanalyse erklärte Sigmund Freud, der Widerstand gegen diese neue Lehre beruhe auf dem allgemeinen Narzissmus der Menschheit, denn durch die Psychoanalyse sei der Mensch nicht mehr «Herr im Hause» (seiner Seele). Euler gibt diesem Narzissmus fast mit den gleichen Worten Ausdruck. Indem er die Freiheit als Wesenseigenschaft des Geistes postuliert – ebenso wie er Ausdehnung, Trägheit und Undurchdringlichkeit als wesentliche Eigenschaften des Körpers annahm –, glaubt er, dem Problem der Theodizee zu entgehen. Gott habe bei der Schöpfung der Seelen diese selbst seiner Allmacht entzogen, denn sie seien frei zu sündigen. Euler scheint nicht zu sehen, dass das Theodizee-Problem gerade darin besteht, dass die Allmacht Gottes nicht mit der Sünde zugleich bestehen kann. Er hält die Freiheit des Geistes und damit seine Verantwortlichkeit bezüglich der Sünde für unabdingbar, schränkt aber die Allmacht Gottes ein.

Gegen die deterministischen Einwände aus der Theologie und Philosophie verteidigt Euler die Freiheit des Menschen durch Berufung auf seine unmittelbare Empfindung. Über eine potentielle Reise nach Magdeburg schreibt er: «Ich fühle aber sehr wohl, dass ich nicht dazu gezwungen bin, und ich beherrsche es immer, diese Reise zu unternehmen oder in Berlin zu bleiben. Ein gestossener Körper folgt einer gewissen Kraft aber mit Notwendigkeit, und man kann nicht sagen, dass er diesen Gehorsam gebietet oder auch nicht[27].» «Der Geist ist der Herr (der Handlung).» Man kann sich zwar darin irren, dass man einen anderen für frei oder unfrei hält, aber bezüglich der eigenen Freiheit könne es keinen Irrtum geben. «Wer sich frei fühlt, ist in der Tat frei.» Eine Maschine, die sich selbst für frei oder unfrei hielte, hätte ein Gefühl und damit auch eine Seele, die notwendigerweise Freiheit einschliesse. Gottes Voraussicht sei kein Einwand gegen die Freiheit, denn durch sie werde die Handlung nicht bewirkt, sondern *weil* die Handlung erfolgt, sehe Gott sie voraus. Der menschliche Geist kann eine Folge von Ereignissen anfangen, doch die Folge selbst ist eine Wirkung der göttlichen Schöpfungsordnung, so dass Gott der eigentliche Herr aller Ereignisse dieser Welt bleibt. Euler scheint nicht zu bemerken, dass er damit das Problem nur aufgezeigt, aber nicht gelöst hat. Er stimmt in den Chor der Verehrung der unendlichen Vollkommenheiten des Schöpfers ein, dessen Schöpfungsplan unseren Verstand unendlich übersteige. Auch in der Frage nach der Herkunft des Schlechten in der Welt verfährt Euler streckenweise rational argumentierend, doch letztlich beruft er sich auf ein unbegreifliches Geheimnis, das unsere Intelligenz überschreite, aber es ermögliche, dass Gottes Güte und Schöpferkraft mit den Übeln und der Sünde in der Welt verträglich sei[28].

Auch bei einer Einschränkung der Freiheit in der Handlungsausführung bleibt für Euler die Freiheit des Wollens eine Wesensbestimmung des Geistes, die auch Gott nicht aufheben kann: «Der Mensch bleibt immer Herr des Wollens[29].» Euler sieht sich in der Rolle eines Verteidigers der Allmacht Gottes und der Freiheit des Menschen. Ein Geist kann auf Körper einwirken, weil sonst nicht einmal Gott dies könnte, und das würde den Atheismus begünstigen.

Euler wendet sich von den monistischen Philosophien seiner Zeit und von der Monadalogie ab und kehrt zum kartesianischen Leib-Seele-Dualismus zurück, doch ohne den Körperbegriff von Descartes zu übernehmen. Auch die Auffassung, Tiere seien nur Automaten, lehnt er ab und wirft den Wolffianern vor, sogar die Menschen als solche anzusehen. Im 81. Brief erklärt Euler: «Es gibt also einen gewissen Ort im Gehirn, wo alle Nerven sich endigen, und eben da hat die Seele ihren Sitz oder empfindet da alle Eindrücke, welche von den Sinnen darauf gemacht werden.» Im 92. Brief sagt er, dass eine Stunde an keinen Ort gebunden sei. Danach heisst es: «Auf gleiche Art kann ich sagen, dass sich meine Seele weder in meinem Kopfe noch ausser meinem Kopfe, noch irgendwo anders befinde, ... Meine Seele existiert also nicht in einem gewissen Orte, aber sie wirkt an einem gewissen Orte ...».». Während er im

83. Brief die prästabilierte Harmonie durch die Fiktion der Verbindung seiner Seele mit dem Körper eines Nashorns in Afrika lächerlich zu machen versucht, plädiert er im 93. Brief für die Ortsungebundenheit der Seele und hält es für möglich, dass Gott seine Seele unmittelbar nach dem Tode mit einem Körper auf dem Mond verbinde.

Durch Eulers Rückkehr zum Dualismus kehren bei ihm auch jene Probleme wieder, zu deren Lösung bzw. Vermeidung die monistischen Philosophien und das System der prästabilierten Harmonie entwickelt worden waren. Er kennt diese Schwierigkeiten sehr wohl und spricht sie in den *Lettres* auch immer wieder an: Wenn dem Körper und dem Geist zwei völlig disjunkte Substanzen zugrunde liegen, wie ist es dann möglich, dass die Seele im Wahrnehmungsakt etwas von der materiellen Welt in sich «aufnimmt»? Es gibt zwar körperliche Bedingungen für die Wahrnehmung mittels unserer Sinne, trotzdem ist das Bild auf der Retina noch nicht das Objekt der sehenden Seele. Das für alle Erkenntnistheorie, besonders auch für die Kantische, wichtige Problem der Herkunft von Empfindungen wird im 82. Brief aufgegriffen. Euler vergleicht die Seele mit einem Menschen, der in einem dunklen Zimmer mit Hilfe einer *camera obscura* Darstellungen der Dinge ausserhalb des Zimmers betrachtet. Auf dieselbe Art betrachte die Seele die Nervenenden im Gehirn und nehme so die Eindrücke der Sinnesorgane in sich auf. «Obwohl es uns absolut unbekannt ist, worin die Ähnlichkeit der Eindrücke auf die Nervenenden mit den sie verursachenden Objekten besteht, sind sie doch sehr geeignet, der Seele eine sehr angemessene Idee davon zu liefern.» Die Angemessenheit dieser Idee hatte Descartes wenigstens noch durch die Wahrhaftigkeit Gottes zu begründen versucht. Bei Euler steht sie als blosse Behauptung da. Jedenfalls stösst er nicht bis zu der Kantischen Frage vor, *ob* es hierbei überhaupt eine Ähnlichkeit gebe. Dass es eine Verbindung von Körper und Geist geben kann und auch gibt, steht für Euler durch die Allmacht Gottes fest. Und welche Antwort bietet er nun für die zweite erkenntnistheoretische Grundfrage, die schon die antiken Atomisten beschäftigt hat und über die noch moderne Gehirnforscher diskutieren, nämlich die Frage nach dem «Wie»? Euler gibt die lapidare Antwort, dass dies ein «grosses Geheimnis» (grand mystère) sei[30]! Jener Denker, der in bezug auf die Grundlagen der Mathematik und der Naturwissenschaften immer wieder seiner Klarheit und Deutlichkeit wegen gerühmt wird, von dessen diesbezüglichen Darstellungen Schopenhauer sagt: «... hört oder liest man sie, so ist es, als hätte man ein schlechtes Fernrohr gegen ein gutes vertauscht[31]», dieser Denker beruft sich in der Erkenntnistheorie bei dem Punkt, um den die ganze Diskussion geführt wird, auf ein «Geheimnis»!

Auf Lichtenberg wirkten die Ausführungen Eulers jedenfalls nicht überzeugend, denn er schreibt mit einem kritischen Blick auf Eulers «Briefe»: «Mir kommt es immer vor, als wenn der Begriff ‹sein› etwas von unserem Denken Erborgtes wäre, und wenn es keine empfindenden und denkenden Geschöpfe mehr gibt, so ist auch nichts mehr. So einfältig dieses klingt und so sehr ich verlacht werden würde, wenn ich so etwas öffentlich sagte, so halte ich doch, so etwas mutmassen zu können, für einen der grössten Vorzüge, eigentlich für eine der sonderbarsten Einrichtungen des menschlichen Geistes[32].»

Redlicherweise versucht Euler nicht, die Kluft zwischen Körper und Geist zu vertuschen, sondern macht sie bewusst sichtbar, was Kant mit Recht gelobt hat[33]. Durch die Trennung beider Bereiche verschwinden gewisse scholastische Fragen, z.B. die nach Ort und Tageszeit des Letzten Gerichts, auch die, ob ein Engel sich an mehreren Orten gleichzeitig aufhalten könne oder wann Gott die Welt geschaffen habe[34]. Solche Fragen beruhen auf unzulässigen Grenzverletzungen und sind daher sinnlos.

Abgesehen von den erkenntnistheoretischen und ethischen Gründen für Eulers Aversion gegen die Wolffianer gab es auch wissenschaftstheoretische. In den *Reflexions sur l'espace et le tems* (1748, erschienen 1750, E.149/O.III, 2) geht er davon aus, dass die Prinzipien der Mechanik so fest etabliert sind, dass jede Naturphilosophie von ihnen ausgehen müsse. Damit wird das klassische Dienstleistungsverhältnis zwischen Physik und Philosophie umgekehrt. Ausserdem erkennt Euler klar die Sonderstellung von Raum und Zeit im System der Grundbegriffe der Erkenntnistheorie: Zur Raumvorstellung gelangen wir weder durch die sinnliche Anschauung noch durch Abstraktion, denn die Raumstelle bleibt erhalten, auch wenn wir vom gesamten Körper absehen. Zu den Vorstellungen von Raum und Ort kommen wir nur aufgrund der (transzendentalen) Reflexion[35]. Euler hat somit die eine Seite der transzendentalen Ästhetik Kants erreicht, nämlich die empirische Realität des Raumes als einer Bedingung möglicher Erfahrung, aber nicht die andere Seite, nämlich die transzendentale Idealität.

In den «Briefen an eine deutsche Prinzessin» versucht Euler, das Trägheitsprinzip auf den Satz vom zureichenden Grunde zurückzuführen. Er geht von der Hypothese aus, dass es nur einen einzigen Körper gebe und dass dieser Körper ruhe. Ein solcher Körper hätte keinen Grund, sich eher in die eine als in die andere Richtung zu bewegen, also verbleibe er so lange in Ruhe, bis andere Körper auf ihn einwirken[36]. Diese Begründung beruht nicht nur auf dem Satz vom zureichenden Grunde, sondern auch, ohne dass Euler es ausspricht, auf der Realität des absoluten Raumes, denn nur unter dieser Voraussetzung ist es möglich, einen *einzigen* Körper als ruhend anzusehen[37]. Euler scheint nicht zu merken, dass man auf die gleiche Art auch beweisen könnte, dass alles überall oder nirgends etwas existiert, weil es keinen Grund gibt, dass es eher hier (nicht) als dort existiert.

Würdigungen und Beurteilungen sind immer auf Maßstäbe bezogen und hängen von der jeweils verwendeten Brille ab. Es ergeben sich daher verschiedene Bilder, je nachdem, ob man Eulers Wirken als nationale Leistung[38] oder als Vorbereitung Kants[39] betrachtet, ob man ihn als den bedeutenden Anreger und Neuerer[40] oder als den dem Alten verhafteten konservativen Denker[41] versteht, ob man ihn als den Provokateur philosophischer Diskussionen[42] oder als den blossen Apologeten des Christentums[43] ansieht. Sicher wäre es falsch, Euler durch nur einen einzigen dieser Aspekte charakterisieren zu wollen, man sollte sich aber vor Zerrbildern wie etwa dem des «Materialisten» Euler hüten. Trotz Eulers Realismus lässt sich eine «der Sache nach materialistische Antwort Eulers auf die Frage nach dem Verhältnis von Körper und Geist, von Materie und Bewusstsein[44]» nicht erkennen, wenn man in seinem 80. Brief liest, «dass die Geister der vornehmste Teil der Welt sind und dass die Körper bloss zu ihrem Dienste darin sind eingeführt worden». Euler besass nicht nur Geist, er war einer der vornehmsten Geister des 18. Jahrhunderts.

Anmerkungen

1   *Vermischte Gedanken über die aerostatischen Maschinen*, in: G. Chr. Lichtenberg, *Gesammelte Werke*, hrsg. v. W. Grenzmann, Bd. 2, Baden-Baden o. J., p. 349.

2   Andreas Speiser, *Leonhard Euler und die deutsche Philosophie*, Zürich 1934, p. 3.

3   Otto Spiess, *Leonhard Euler*, Frauenfeld, Leipzig 1929, p. 120.

4   Speiser, loc. cit. (Anm. 2), p. 9.

5   Günter Kröber (ed.), *Leonhard Euler, Briefe an eine deutsche Prinzessin*, Leipzig 1965, (Auswahl), p. 13 f.

6   O. IV A, 1, R. 2820.

7   Cf. J. Chr. Schwab, *Welches sind die wirklichen Fortschritte ...*, Preisschriften über die Frage: Welche Fortschritte hat die Metaphysik ..., Berlin 1796, Nachdr. Darmstadt 1971, p. 19 f.

8   O. III, 2, p. XI.

9   Johann Heinrich Gottlob Justi, *Nichtigkeit aller Einwürfe und unhöflichen Anfälle ...*, Frankfurt, Leipzig 1748, p. 5.

10   Loc. cit. (Anm. 8), p. XI.

11   Schwab, loc. cit. (Anm. 7), p. 26.

12   E. 92 / O. III, 12, p. 267 ff.

13   Ibidem, §§ 40–42.

14   Spiess, loc. cit. (Anm. 3).

15   Ernst Mach, *Die Mechanik*, 9. Aufl., Leipzig 1933, Nachdr. Darmstadt 1963, p. 433.

16   A. Speiser in O. III, 11, p. XXIV; A. P. Juškevič, *Euler und Lagrange über die Grundlagen der Analysis* (*BV* Sammelband Schröder, 1959, p. 228); E. A. Fellmann, *Leonhard Euler*, Kindlers Enzyklopädie *Die Grossen der Weltgeschichte*, Zürich 1975, p. 518.

17   Martin Knutzen, *Systema causarum efficientium, Editio altera*, Lipsiae 1745, p. 72: «... cum Berckeleio ceteraque Idealistarum, Egoistarum et Pluralistarum cohorte ...» Jean Deschamps, *Cours abrégé de la philosophie Wolffienne*, tome II, Amsterdam, Leipzig 1747, p. 22: «... le célèbre George Berkeley ...»

18   Z. B. im 68. Brief an eine deutsche Prinzessin, O. III, 11, p. 147.

19   Z. B. Diderot, Beattie, Lenin.

20   Brief 97.

21   Man vgl. z. B. Deschamps, loc. cit. (Anm. 17), tome I, 1743, p. 274, 315–317.

22   Brief 83.

23   Christian Wolff, *Vernünfftige Gedancken von Gott, der Welt und der Seele des Menschen*, Vorrede zur 2. Aufl., zit. nach der 8. Aufl., Halle 1741.

24   Brief 84.

25   A 558 / B 586.

26   Brief 84.

27   Brief 85.

28 Brief 89.
29 Brief 91.
30 Briefe 80 und 97.
31 *Die Welt als Wille und Vorstellung*, Bd. II, Kap. 15.
32 Loc. cit. (Anm. 1), Bd. I, p. 433f.
33 *De mundi sensibilis atque intelligibilis forma et principiis* (1770), §§ 27 und 30, Anm. –
    Während Edmund Hoppe (*Die Philosophie Leonhard Eulers*, Gotha 1904, p. 166)
    noch behaupten konnte, Eulers Name finde sich nicht bei Kant, kennt man heute
    (vor allem durch H. E. Timerding, *Kant und Euler*, Kant-Studien 23, 1919, p. 18–64)
    Kants Verhältnis zu Euler besser und auch die Stellen in Kants Werken und Briefen,
    an denen er Euler (immer zustimmend) erwähnt oder sich indirekt auf ihn bezieht.
    Inzwischen steht sogar der Begleitbrief von Kant an Euler zur Verfügung, den jener
    der Sendung seiner Schrift über «die wahre Schätzung der lebendigen Kräfte»
    beigefügt hat [in Kröbers Ausgabe der *Briefe an eine deutsche Prinzessin* (cf. Anm. 5)
    p. 195f.]. Eine ältere recht ausführliche Darstellung der Philosophie Eulers findet
    sich in: Ernst Cassirer, *Das Erkenntnisproblem*, 3. Aufl. 1922, Nachdr. Darmstadt
    1971, Bd. II, p. 472–485, 501–505.
34 Als Beispiel dafür, dass solche Fragen tatsächlich diskutiert wurden: Albertus
    Magnus, *Ausgewählte Texte*, hrsg. v. A. Fries, Darmstadt 1981, p. 36.
35 Euler behauptet, dass sich der «täusche» (tromperoit), der leugnet, dass wir
    Vorstellungen allein durch die «Reflexion» gewinnen können, und Kant sagt
    dementsprechend, der Leibnizsche Raumbegriff sei aus einer «Täuschung der
    transzendentalen Reflexion» entsprungen (*Kritik der reinen Vernunft*, A 275/B 331;
    cf. auch A 26/B 42).
36 Briefe 71 und 72.
37 Einen ähnlichen Gedanken trägt Berkeley in *De motu*, § 58, vor, um die Relativität
    jeder Bewegung zu beweisen. Dabei nimmt er zwar auch die Existenz eines einzigen
    Körpers an, macht aber nicht gleichzeitig die Annahme, dass er ruhe.
38 Spiess, loc. cit. (Anm. 3), p. 7f.
39 Timerding, loc. cit. (Anm. 33), p. 18f.
40 Fellmann, loc. cit. (Anm. 16), p. 519.
41 A. Schopenhauer, *Die Welt als Wille und Vorstellung*, Bd. I, Buch 2, § 25.
42 Fellmann, loc. cit. (Anm. 16), p. 519.
43 Spiess, loc. cit. (Anm. 3), p. 120.
44 Kröber, loc. cit. (Anm. 5), p. 22.

POSITIONES MATHEMATICÆ
De

RATIONIBVS ET
P ROPORTIONIBVS,

Quas

DEO VOLENTE

&

JVBENTE SAPIENTISSIMO PHILOSOPHORVM
ORDINE

SVB PRÆSIDIO

JACOBI BERNOULLI,
Mathematum Profeſs: Publ:

in conſueto Auditorio
Philoſophico

Ad diem 8. *Octobris* M DC LXXXVIII.

pro virili tuebitur

PAULUS EULERUS, BASIL.

BASILEÆ, Typis JOH. RODOLPHI GENATHII.

Abb. 56
Titelblatt der von Paulus Euler unter Jakob
Bernoullis Vorsitz am 8. Oktober 1688
verteidigten mathematischen Propositionen.

Chriſtliche
Eynweyhungs-
und
Danckſagungs-Predigt/

gehalten
in der Kirchen zu Riechen/ den 29. Julij/ 1731.

Nachdem daſelbſten das neue Schul-Gebäude zum
Ende iſt gebracht/ und verfertiget worden.

Zur Gedächtnuß in Druck gegeben/

von

M. Paulus Ewler/ D. G. W.

Eſaj. 49. v. 23.
Die Könige ſollen deine Pflegere und ihre Fürſten
deine Säug-Ammen ſeyn.

Baſel/
Bey Johann Ludwig Brandmüller/ 1731.

Abb. 57
Titelblatt einer gedruckten Predigt, gehalten
zu Riehen von Paulus Euler zur Einweihung
des neuen Schulhauses am 29. Juli 1731.

Michael Raith

Der Vater Paulus Euler – Beiträge zum Verständnis der geistigen Herkunft Leonhard Eulers*

1   Nachwirkungen

Leonhard Eulers Herkunft aus einem Basler Pfarrhaus der beginnenden Aufklärungszeit hinterliess in seinem Leben deutliche Spuren. Schon in der ersten Biographie, der «Eloge de Monsieur Léonard Euler» von Nikolaus Fuss (1783), findet sich diese Auffassung, und ihr pflichteten alle Autoren bis heute bei. Nicht St. Petersburg und nicht Berlin allein haben also Euler zu dem gemacht, der er war, sein Wesen wurzelt vielmehr im geistigen Urgrund seiner Vaterstadt. Bekannt ist, dass Vater und Sohn Euler Umgang mit Vertretern der Mathematikerdynastie der Bernoulli pflegen, Leonhard wuchs damit gleichsam neben dem berühmtesten Vertreter seines nachmaligen Faches auf, und das zu einer Zeit, als diese Wissenschaft als die Wissenschaft par excellence, ja gar als Weltanschauung galt. Warum wurde Basel mit seiner zur Zeit der Wende vom 17. zum 18. Jahrhundert recht provinziellen Universität vorübergehend zur Kapitale des mathematischen Europas? Die Frage lässt sich hier nur kursorisch beantworten. Sicher spielte die nicht allein bei Leonhard Euler, sondern auch bei den Bernoulli und bei anderen Basler Gelehrten bemerkenswerte Heimatliebe eine wichtige Rolle: Manchen galt ein bescheidenes Amt im Herkunftsort mehr als eine glänzende Laufbahn in der Ferne. So entstand in Basel ein naturwissenschaftlich bewegtes Klima, es zog die studentische Jugend der Stadt in seinen Bann.

Noch galt aber eine umfassende Bildung als erreichbares Ideal, die Beherrschung mehrerer Disziplinen als üblich und ein innerer Zusammenhang *sub specie aeternitatis* allen Wissens als selbstverständlich. Die Symbolträchtigkeit der Mathematik liess die Nähe Gottes erahnen, die Distanz zwischen Theologie und Naturwissenschaft war gering und vom Nutzen letzterer für die Religion durchaus die Rede. Der Durchschnittsakademiker jener Zeit wirkte als Pfarrer, was primär eine Folge des vorhandenen Stellen-

---

* Die Originalfassung der vorliegenden Arbeit befindet sich im Euler-Archiv in Basel. Für die vorliegende Buchausgabe musste der Anmerkungsteil aus Platzgründen stark gekürzt werden, insbesondere erfuhren Literaturhinweise und Quellenvermerke kaum Berücksichtigung.

angebotes darstellte. Dieser Hintergrund lässt Mathematik treibende Pfarrer und theologisierende Mathematiker begreifen.

Theologie und Philosophie der Zeit standen in gegenseitiger Beziehung. Einige Akzente müssen genügen: Der gewaltige Umbruch der Reformation hatte zur Kanonisierung und Konfessionalisierung des Glaubensgutes geführt, Liturgien und formulierte Bekenntnisse hielten die Orthodoxie fest. Das Interesse verlagerte sich dann vom Dogma zur Praxis, Gedanken der Aufklärung und eine neue Wertschätzung des einzelnen begünstigten im Schweizerischen Protestantismus die Entwicklung der «vernünftigen Orthodoxie», sie steht an der Wiege sowohl der für das 18. Jahrhundert typischen Tugendfrömmigkeit als auch des die Wiedergeburt betonenden Pietismus. Diese dem Eidgenossen so vertraute Versöhnung der Gegensätze wirkt in Eulers philosophischen und physikotheologischen Schriften nach.

Bestimmender als die allgemein wissenschaftlichen und die speziell theologisch-philosophischen Voraussetzungen der Zeit dürfte für Leonhard Euler die Gesinnung im väterlichen Pfarrhaus gewesen sein. Dort lernte er eine bestimmte *praxis pietatis* kennen, und ihr blieb er sein Leben lang treu. Wie andere Apologeten des christlichen Glaubens bemerkte er aber nicht, wie sehr er bereits in den Kategorien der von ihm bekämpften «Freigeister» dachte[1]. Leonhard Eulers Jugend war kurz: Vielleicht schon als Fünfjähriger musste er sein Elternhaus verlassen, um eine gute Schule besuchen zu können, als Dreizehnjähriger war er Student, und als Zwanzigjähriger verliess er Basel und wurde Professor in St. Petersburg. Bekanntlich kehrte er nie wieder zurück, obwohl die brieflichen Kontakte mit der alten Heimat lebendig blieben[2]. Vielleicht vertieften gerade sie die prägenden Kindheitserlebnisse.

2   Äussere Umwelt

Die Schweiz bestand vor dreihundert Jahren aus dreizehn Republiken, Basel bildete eine davon. Die Stadt zählte 1726 etwa 17000 Einwohner, viele von ihnen waren Nachkommen aus Frankreich und aus Italien vertriebener Reformierter. Das Leben des Stadtstaates im 18. Jahrhundert war konservativ geprägt, der Zunftzwang herrschte, neue Bürger wurden kaum mehr aufgenommen, und die Macht lag in den Händen einiger weniger Familien.

Die als Folge des Basler Konzils (1431–1448) im Jahr 1460 gegründete Universität erlebte eine grosse Zeit in der Epoche des Humanismus. In ihrem dritten *saeculum* jedoch galt sie als eine der kleinsten Hochschulen des deutschen Sprachgebietes. Die theologische Fakultät bildete die Inhaber der 18 Pfarrstellen der Stadt und der 29 der Landschaft Basel aus (1700). Kirche und Staat wirkten als unbestrittene Einheit, der Gottesdienstbesuch zählte fast in erster Linie als Ausdruck rechter Obrigkeitstreue. Neben konventionellen Formen des Glaubens und Denkens standen unvermittelt aber auch kritische Anfragen und skeptische Distanz.

Riehen, Ort der Kindheit Leonhard Eulers, liegt in einer von badischem Gebiet umschlossenen baslerischen Landzunge nördlich des Rheins, eingebettet in einem von durch vorreformatorische Wallfahrtskapellen bekrönten Höhenzügen gebildeten Tal. Seinen landwirtschaftlichen Ruhm verdankt es seinem Kirschen- und Rebbau, seinen kirchlichen der glaubensmässigen Regsamkeit seiner Bevölkerung. Diese umfasste 1731 ziemlich genau 1112 Seelen[3]. Frühe Schilderer beschreiben das Dorf als anmutig gelegen, sie verurteilen aber den einstündigen Weg nach Basel als langweiligste Strasse der Welt. Trotzdem wird ihn Leonhard Euler als Schüler oft begangen haben.

3   Herkunft

Die Genealogie der Familie Euler erfuhr verschiedene Darstellungen. Sie sollen hier nicht wiederholt werden. Auffällig ist, dass Paulus Euler, der Vater Leonhards, aus in jeder Beziehung recht einfachen Verhältnissen zu stammen scheint. Sein Beruf machte ihn aber für eine Tochter aus gutem Hause ehefähig. So sind denn Leonhards Vorfahren mütterlicherseits recht bemerkenswert[4]. Wir finden unter ihnen vor allem humanistisch gebildete Männer, so den Juristen und Oberstzunftmeister Bernhard Brand (1523–1594), den Hebraisten Johannes Buxtorf (1564–1629), den aus Italien stammenden Latinisten Celio Secondo Curione (1503–1569), den Theologen und Antistes Theodor Zwinger (1597–1654), den Medizin mit klassischer Philologie verbindenden Sohn Jakob Zwinger (1569–1610) und den Vater Theodor Zwinger (1533–1588). Ein Teil dieser Ahnengalerie ist Leonhard Euler und anderen geistesgeschichtlich bedeutsamen Baslern, etwa dem Kulturhistoriker Jakob Burckhardt (1818–1897) oder dem Theologen Karl Barth (1886–1968), gemeinsam. Im Gegensatz zu seinem Vater ist Leonhard darum kein *homo novus* auf dem Gebiet der Wissenschaft, er trägt am Erbe der Humanistenstadt Basel. Doch besassen diese bedeutenden Vorfahren keinen direkten Einfluss auf die Erziehung des später so berühmten Mathematikers: Leonhard erlebte Vater, Mutter und seine beiden Grossmütter, alle anderen Stammeltern waren zur Zeit seiner Geburt bereits tot. Darum verdankt Leonhard die frühe Prägung vor allem dem Vater Paulus Euler, und dieser ist auch ohne bedeutsame Erbmasse eine in verschiedenen Hinsichten respektable Persönlichkeit.

4   Paulus Eulers Lebensweg

Paulus Euler kam als Sohn seines gleichnamigen Vaters in Basel zur Welt und wurde am 16. Februar 1670 in der St.-Martins-Kirche getauft. Paulus Euler senior (*1635, † nach 1697) war der Enkel eines 1594 ins Bürgerrecht aufgenommenen Lindauers, er erlernte gleich seinem Vater und Grossvater das Handwerk eines Strählmachers und trat 1671 in die Safranzunft ein. Im

Jahr 1654 erscheint er in der Matrikel der Universität, von einem Studienab-
schluss weiss man aber nichts. Er heiratete 1669 Anna Maria Gassner (*1642,
†18.Mai 1712 bei ihrem Sohn in Riehen), die Tochter eines aus Vöcklabruck
in Oberösterreich eingewanderten Pastetenbäckers.

Paulus Euler junior immatrikulierte sich 1685, wurde 1689 *Magister
artium* und 1693 *Sacri Ministerii Candidatus* (d.h. als Pfarrer wählbar). Über
seinen Verbleib bis 1701 ist nichts bekannt: Angesichts des herrschenden
Pfarrerüberflusses seiner Zeit musste er warten, bis eine Stelle frei war. Naturgemäss handelte es sich zuerst um schlecht dotierte Pfründen: 1701 um das
Pfarramt am Zucht- und Waisenhaus und 1703 um dasjenige zu St.Jakob an
der Birs. Immerhin konnte er 1706 heiraten: die Tochter Margaretha (*1677,
†1761 bei ihrem Sohn in Berlin) des 1702 verstorbenen Spitalpfarrers Johann
Heinrich Brucker (*1636) wurde seine Frau. Aus der Ehe gingen vier Kinder
hervor, Leonhard war das älteste[5]. Da dem Vater damals nicht einmal ein
Pfarrhaus zustand[6] und er vielleicht irgendwo zur Miete wohnte[7], hat sich
keine Kenntnis davon erhalten, wo Leonhard Eulers Wiege stand. Mit der
Wahl von Paulus Euler zum Pfarrer zu Riehen am 27.Juni 1708[8] veränderten
sich dann die äusseren Verhältnisse entscheidend. Er bezog das alte Leutprie-
sterhaus[9] als ihm zustehende Amtswohnung und verblieb darin bis zu seinem
am 11.März 1745 – rund einen Monat nach dem 75.Geburtstag – erfolgten
Tod. Eine Pensionierung kannte die Epoche nur als Ausnahme.

Nach Höherem als dem Stand eines Landpfarrers scheint Paulus Euler
nicht gestrebt zu haben: Er trat weder mit wissenschaftlichen Publikationen
hervor, noch suchte er übergeordnete kirchliche Ämter[10]. Offensichtlich sagte
ihm sein Wirkungsbereich zu. Als Mann der Ordnung legte er viele Register
an und führte – damals nicht so selbstverständlich wie heute – Statistiken.
Besondere Verdienste erwarb er sich um die Schuljugend: Schule und Schul-
hausbau[11], Kinderlehre und Konfirmation förderte er nach Kräften. Unan-
nehmlichkeiten bereitete ihm der zu jener Zeit aufkommende Pietismus
separatistischer Tendenz, er konnte aber hartes obrigkeitliches Einschreiten
und eine Spaltung der Gemeinde verhindern. Grund dazu bilden wohl
weniger seine barocken Predigten[12] als vielmehr eine glückliche Art – sie hat
sich auf den Sohn vererbt[13] – im Umgang mit den ihm Anvertrauten. Treu
erfüllte er seine vielen Pflichten, etwa Besuche bei Kranken und Gesunden,
und genoss darum die Liebe seiner Gemeinde. Schwer zu verstehen ist daher
der Umstand, dass ihm diese, entgegen den herrschenden Bräuchen, kein
Grabepitaph widmete.

5   Studium

Paulus Euler durchlief den für einen Pfarrer damals üblichen Ausbil-
dungsgang. Einem propädeutischen *studium generale* an der philosophischen
Fakultät schloss sich das eigentliche Fachstudium an. In der ersten Ausbil-

dungsphase beschäftigte sich Paulus intensiv mit Mathematik und verteidigte am 8.Oktober 1688 gedruckt erschienene 50 Propositionen *De rationibus et proportionibus*[14] in einer unter dem Vorsitz des grossen Jakob Bernoulli (1655–1705), damals im zweiten Jahre Professor der Mathematik, gehaltenen Disputation. Nachdem er schon 1687 *Baccalaureus* geworden war, begann er nach dieser Disputation im November 1688 das Studium der Theologie, 1689 erwarb er den Grad eines *Magister artium*. Entscheidendes gab ihm – und später auch seinem Sohn – Samuel Werenfels (1657–1740), seit 1685 Professor auf verschiedenen philosophischen und theologischen Lehrstühlen – mit[15]. Werenfels gilt als einer der Hauptvertreter der bereits erwähnten «vernünftigen Orthodoxie», er grenzte sich von der bisherigen Arbeitsweise ab, schalt sie als formalen Intellektualismus und forderte von der Theologie mehr Einfachheit und Einheit. Gegen die orthodoxe Forderung nach der reinen Lehre gewichtete er Toleranz, Liebe, Friede und Heiligung (*scil.* des Lebens) stärker. Paulus Euler verteidigte zusammen mit fünf Kommilitonen 42 im Sinne dieser Öffnung zur Vernunft abgefasste Thesen *De Sabbathi moralitate*. Diese Disputation fand am 31.Mai 1693 statt. Damit fand sein Theologiestudium ein Ende. Eventuell verbrachte er die folgenden Jahre auf Reisen und im Schuldienst.

6   Kirchliche Entwicklungen

Die geistige Basler Welt des beginnenden 18.Jahrhunderts umfasste einen überschaubaren Kreis von Personen, die untereinander Kontakt pflegten. Die häufige Verbindung von Theologie und Mathematik fällt auf, sie findet sich nicht allein bei Paulus Euler und Jakob Bernoulli, sondern beispielsweise auch bei Jakob Hermann (1678–1733) und Johannes Burckhardt (1691–1743)[16]; die beiden letzten standen mit dem Hause Euler in freundschaftlicher Verbindung, Burckhardt wirkte als einer der mathematischen Lehrer Leonhards und übernahm später Pfarrdienste in der Landschaft Basel.

Johannes Burckhardt arbeitete im Geiste der «vernünftigen Orthodoxie» und übersetzte deswegen den Katechismus des Neuenburgers Jean-Frédéric Ostervald (1663–1747), neben Samuel Werenfels eines der bedeutendsten geistlichen Denker der damaligen Schweiz. Ostervalds Werk erschien 1702 und nach der erwähnten Verdeutschung 1726. Es bewirkte im Zusammenhang mit einer neuen 1725 erlassenen Kirchenordnung für die Landschaft Basel den Durchbruch der Konfirmation in den reformierten Gemeinden: Galt bis anhin die Beherrschung von bestimmten Katechismussätzen als Voraussetzung der Zulassung zum Abendmahl und damit als Eintritt ins Erwachsenenalter, so erfolgte jetzt eine stärkere Gewichtung der Ethik auf Kosten der Dogmatik, die Admission zur Eucharistie geschah nicht mehr in einer Privatfeier im Pfarrhaus, sondern während eines grossen Gottesdienstes in der Kirche, wo die ganze Gemeinde als Zeugin anwesend war. Die Konfirmation entwickelte sich in der Folge zur populärsten kirchlichen Feier. Einer ihrer wesentlichsten Förderer war Paulus Euler[17]. Er scheint auch in der ländlichen Abgeschiedenheit seines Wirkens neuen Entwicklungen gegenüber aufgeschlossen geblieben zu sein. So setzte er sich – einesteils wegen der Konfirmationsfrage, andernteils vielleicht auch, weil Samuel Werenfels ein Freund der Überwindung des Konfessionalismus war – mit der anglikanischen Kirche auseinander. Er kannte in England erschienene Literatur[18] und zitiert auch den «Seelenschatz[19]» des als Vorläufer des Pietismus bekannt gewordenen Christian Scriver (1629–1693).

«Pietisten» ist die Bezeichnung des 18. Jahrhunderts für diejenigen Christen, welche in persönlichem Erlebnis eine Wiedergeburt oder Bekehrung zur Erlösung von Sünde und Schuld erfahren und sich zu brüderlicher Gemeinschaft in geheiligtem Leben mit anderen zu Konventikeln, *collegia pietatis* oder Gemeinschaften geheissenen Gruppen zusammengefunden hatten. Diese Glaubenshaltung stand zwar in Verwandtschaft zur «vernünftigen Orthodoxie», da aber die praktische Betätigung und Bezeugung einer vom staatskirchlichen Bekenntnis und von den Formen des offiziellen Gottesdienstes abweichenden Frömmigkeit als Ungehorsam gegenüber der Obrigkeit bestraft wurde, akzeptierten Werenfels und Ostervald die neue Glaubensform nur im Rahmen der Kirche. Aber vielen erschien gerade die Kirche als Ort sinnlosen Auswendiglernens und als verlängerter Arm staatlicher Polizeigewalt, kurz: als erstarrte Institution. Und diese lehnte der Pietist ab.

Paulus Euler erlebte in seiner Gemeinde die Auseinandersetzung mit diesem «Separatismus» genannten kirchenfeindlichen Pietismus, es gelang ihm, eine Gemeindespaltung zu verhindern. Trotzdem musste er auch Härte walten lassen, was ihn schwer angekommen zu sein scheint.

7   Paulus Euler und die Riehener Pietisten

Anlässlich der am 4. Juni 1716 zu Hölstein auf der Landschaft Basel gehaltenen Provinzialsynode führte Paulus Euler aus, der Riehener Schulmeister habe «grosse Ärgernuss» gegeben, weil er sechsmal nicht am Abendmahl teilnahm. Diese Mitteilung ist einer der ersten Hinweise auf den Pietismus in der Region Basel, was deswegen von Wichtigkeit ist, weil diese Art christlichen Glaubens der 1780 in Basel gegründeten «Deutschen Christentumsgesellschaft» Gevatter stand und im 19. Jahrhundert zum sozial und politisch fast einmaligen Phänomen des erweckten «frommen Basel» führte.

Dass die Sache so ausgehen würde, konnte Euler allerdings nicht ahnen. Der Streit mit dem Lehrer, der übrigens auch studierter Theologe war, belastete ihn, er fand sich von denen beschwert, die ihm behilflich sein sollten, «in welchem Stuck ich mich für den allerunglückseligsten Pfarrer auf der ganzen Landschaft halte[20]».

Der separatistische Pädagoge wollte nicht mit in seinen Augen Gottlosen zum Tisch des Herrn treten. Übrigens stand er nicht allein. Trotzdem setzte ihn die Basler Regierung kurzerhand ab. Aber schon 1718 berichtet man von neuen Umtrieben. In der Folge muss es aber Euler irgendwie gelungen sein, die Widerspenstigen mit der Kirche zu versöhnen; er berichtet 1721, es gebe zwar Pietisten in der Gemeinde, aber «im übrigen sind die so genannten Pietisten in meiner Gemeinde noch immer von den fleissigsten Kirchgängern, und die sich bey jeweiliger Haltung des H Abendmahls eynstellen, auch sich, wie's der Name ausweyset, der Frommkeit befleissigen». Im Jahr 1722 schreibt er sogar: «Allhier hat man mehrere Ursach, darauf bedacht zu seyn, wie man für den Sonntag Morgen die Kirche mit noch mehreren Stühlen anfüllen möge, als über Mangel der Zuhörer zu klagen.» Und noch 1739 teilt er mit: «Separatisten habe er keine, solche welche man vor Zeiten dessen angeklagt seyen nunmehro die frömsten und fleissigsten Zuhörer, es kommen wohl einige bissweilen zusammen, aber nicht zur unzeit.»

Euler muss Geschick im Umgang mit Menschen besessen haben, sonst wäre es ihm nicht gelungen, das glaubensmässige Interesse der Separatisten in kirchliche Bahnen zu lenken. Für dieses Geschick spricht auch sein Bemühen um die Schule.

8   Paulus Eulers Verdienste um die Jugend

Leonhard Euler wirkte in der französisch-reformierten Gemeinde zu Berlin-Friedrichstadt von 1763 bis 1766 als Ältester, er setzte sich in dieser Eigenschaft ein für bestimmte Formen des Katechismusunterrichtes in Frage und Antwort sowie für den Druck dafür geeignet erscheinender Predigten. Beide Vorschläge gehen auf den Vater Paulus Euler zurück. Vier seiner Predigten haben sich in der Universitätsbibliotehk Basel gedruckt erhalten, drei weitere edierte Predigten habe ich hier nicht finden können. Für die Geschichte der Entwicklung der Konfirmation wichtig ist die 1731 erstmals erschienene *Predigt vom Tauff=Gelübde*, sie kam 1742 in zweiter Auflage heraus und enthält in dieser die *Handlung mit Angehenden Communicanten, welchen die Freyheit erteilet wird, das Erste mahl zum Tisch des HErren zu gehen*[21]. Die Handlung besteht aus 89 im Sinn der «vernünftigen Orthodoxie» mit spürbaren pietistischen und moralisch-vernünftigen Einflüssen gestellten Fragen und gegebenen Antworten. Auch wenn das gegenüber früheren Zuständen eine Reform bedeutete, so drängt sich doch dem modernen Menschen die Frage auf, ob hier nicht eine immer noch masslose Überforderung der Jugend stattfand.

Neben den Fragen von Jugendgottesdienst (Kinderlehre[22]) und Konfirmation fanden auch die Anliegen der Riehener Dorfschule rege Förderung durch Paulus Euler, offensichtlich bemühte er sich um gute Lehrer für seine Gemeinde, auch setzte er sich für den Bau eines neuen Schulhauses ein. Er hielt bei dessen Einweihung (1731) eine ebenfalls im Druck erschienene Predigt[23]. Sah schon Werenfels seine Aufgabe weniger in der Pflege wissenschaftlicher Theologie als vielmehr in der Ausbildung von Gemeindepfarrern, so vertrat Paulus Euler diese Sicht auf der nächstunteren Stufe: Die Seelen der Gemeinde sind an diejenige des Pfarrers gebunden, er trägt Verantwortung für sie, und aus dieser Verantwortung wächst das Interesse für die noch prägbare Jugend.

9   Paulus Euler und seine Gemeinde

Im Jahr 1739 beurteilte der Riehener Gemeindevorsteher mit der Amtsbezeichnung «Untervogt» den Pfarrer Euler wie folgt: «Er könne nichts anderes als alles gute sagen, seye ein frommer Herr, der sein Amt treulich verrichte.» Über andere Theologen wird oft weit kritischer gesprochen. Wie schon gesagt, muss der Grund für die Sympathie für Euler von seinem Wesen ausgegangen sein. Die Predigten können kaum der Grund für die Popularität des Pfarrers bilden, zumal es weit ansprechendere zeitgenössische Kanzelreden gibt.

Gewiss bewahrte Leonhard Euler die Erinnerung an das Vaterhaus und an den Pfarrhausgarten, in dem er bekanntlich als Vierjähriger Eier ausbrüten wollte. Die Erinnerung an den berühmten Sohn ist in Riehen – und selbstverständlich in Basel – bis zum heutigen Tag lebendig geblieben[24]. Der Vater und seine Welt, die Leonhard doch, wie ich zu zeigen versuchte, auch entscheidend geprägt haben, sind jedoch ungerechterweise in Vergessenheit geraten.

Anmerkungen

1   Quellen: Leonhard Euler, *Rettung der göttlichen Offenbarung gegen die Einwürfe der Freygeister*, Berlin 1747 (E.92/O.III, 12); *Lettres à une princesse d'Allemagne sur divers sujets de physique & de philosophie*, 3 vols., St.Pétersbourg 1768–1772 (E.343, 344, 417/O.III, 11, 12).
Welche der in Eulers Werken geäusserten theologischen Gedanken auf Paulus Euler, welche auf Basler Universitätslehrer der Zeit zurückgehen und welche anderen Ursprungs sind, lässt sich nicht bestimmen. Immerhin gilt trotz der unterschiedlichen Beurteilung, die Eulers philosophisches Wirken schon von Zeitgenossen erfahren hat, ein Zusammenhang zwischen seinen Auffassungen und seiner Herkunft als sicher. Bemerkenswert ist Leonhard Eulers Verteidigung des Gebets (*Lettre* vom 3.Januar 1761) und der Wunder (*Rettung*, §36). Am ehesten an den Vater erinnert eine Passage über die Predigt (*Lettre* vom 6.Januar 1761).
Zur theologischen Kritik an Leonhard Eulers Apologetik: (Friedrich) August (Gottreu) Tholuck: *Vermischte Schriften grösstentheils apologetischen Inhalts*, 2 Bände, Hamburg 1839, Bd.1, p.351; K(arl) R(udolf) Hagenbach, *Leonhard Euler als Apologet des Christenthums*, in: *Einladungsschrift zur Promotionsfeier des Pädagogiums*, Basel 1851 (cf. *BV*):

Hagenbach nennt Eulers Beitrag ein Fragment, einen ehrenwerten Beitrag zur Apologetik «als einer allseitigen wissenschaftlichen Deduction», er sieht den Mathematiker im Apologeten und findet: «es ist immer ein schlüpfriges Gebiet, auf das die Apologetik sich begiebt, wenn sie den jedesmaligen Stand der Naturwissenschaften als Maßstab an die Dogmen oder die Wunder der Bibel legen will. Sie läuft meist Gefahr, entweder es mit der Wissenschaft oder mit der Bibel nicht genau zu nehmen» (p. 29). Hagenbach wendet sich gegen eine κατάβασις εἰς ἄλλο γένος, d. h. eine Vermischung von religiösem und naturwissenschaftlichem Denken, ihm ist die Bibel kein Lehrbuch der Naturgeschichte, sondern Hinweis auf den Weg des Heils. So findet er den grossen Aufwand an gelehrtem Scharfsinn wenig brauchbar und zieht Albrecht von Hallers 1772 in Bern erschienene *Briefe über die wichtigsten Wahrheiten der Religion* vor, er nennt Euler aber immerhin den ersten antideistischen Apologeten im deutschen Sprachgebiet (p. 7) und weist auf den glaubensverachtenden Geist Friedrich II. von Preussen im damaligen Berlin als Voraussetzung der erwähnten Verteidigungsschriften hin. Aber auch Hagenbach bleibt ein Kind seiner Zeit, misst er doch Leonhard Euler an den für das 19. Jahrhundert typischen Kategorien des Gefühls, des Selbstbewusstseins, der Immanenz und der Offenbarung des Unendlichen in Form des Hegelschen endlichen Geistes.
Die aktuelle Sicht findet sich z. B. bei W(olfgang) Philipp, *Leonhard Euler,* in: *Religion in Geschichte und Gegenwart,* Bd. 2, Tübingen 1958, Spalten 731 f. (dort auch weitere Literatur): Euler stellte sich mit seinem Ansehen hinter die Physikotheologie (= theologische Auswertung von Astronomie, Biologie, Chemie und Physik) seines Jahrhunderts. Unter Verwerfung von Leibniz und Wolff versuchte er die weltanschaulichen Postulate der Deisten und Naturalisten zu entkräften und bekannte sich zur Offenbarung in ihrer biblischen Urkunde. Die in der Neologie verbreitete Vorstellung von der lückenlosen Kette der geschaffenen Wesen findet sich ebenso bei Euler wie die (gleichfalls scholastische) Theorie von in der Schöpfung eingeborgenen «Springfedern» der göttlichen Wunder.

2   a) Der Briefwechsel zwischen Vater Paulus und Sohn Leonhard Euler ist bis auf einen einzigen Brief (datiert St. Petersburg, 25. Mai 1734) verlorengegangen. Leonhard Euler erwähnt seine Eltern in anderen Briefwechseln.
b) Am 14. Juni 1736 wirkte «M. Leonhard Ewler, Prof. Math. Sublimioris auf der Academie zu St Petersbourg» *in absentia* als Pate seines in der Riehener Dorfkirche getauften Neffen Hans Jakob Nörbel (1736–1791).
c) Im Jahr 1737 widmete Leonhard Euler seinen Eltern ein vom Holsteiner Künstler Johann Georg Brucker gemaltes Doppelportrait, das heute leider verloren ist.
d) Margaretha Euler geb. Brucker (1677–1761), Leonhards Mutter, zog nach dem Tod ihres Mannes nach Basel – sie wohnte seit dem 9. Juli 1746 im Haus «zu St. Elsbethen im Winkel» (= Elisabethenstrasse 5) – und lebte dann seit 1750 bei ihrem Sohn in Berlin, wo sie starb.

3   Paulus Euler, *Anzahl Der Gliederen einer Christlichen Gemeinde zu Riechen und Bettigen / Deren Seelen an die Seele des Pfarrers daselbst angebunden sind / aufgezeichnet Bey der Hauss = Besuchung im Jenner 1731. biss den 1. Hornung,* in: *Predigt vom Tauff = Gelübde gehalten zu Riechen / Sonntag = Morgens den 24. Tag Decembris 1730,* Basel 1731, p. 16. – Es handelt sich dabei um die erste Riehener Volkszählung.

4   Über die Familie Merian ist Leonhard Euler verwandt mit seiner zweiten Frau Salome Abigail Gsell (1723–1797), Enkelin der bekannten Aquarellistin Maria Sibylla Merian (1647–1717). Die zweite Frau war bekanntlich die Halbschwester der ersten.

5   Die vier Kinder von Paulus Euler sind folgende:
1. Leonhard Euler (1707–1783) Mathematiker:
∞ (1. Ehe) 1733 Katharina Gsell (1707–1773),
∞ (2. Ehe) 1776 Salomea Abigail Gsell (1723–1797).

2. Anna Maria Euler (1708–1778):
∞ 1731 Christof Gengenbach (1706–1770), Schulmeister, Organist am Münster zu Basel.
3. Maria Magdalena Euler (1711–1799):
∞ 1731 Johann Jakob Nörbel (1703–1758), Schulmeister in Riehen, Pfarrer in Lausen.
4. Johann Heinrich Euler (1719–1750), Kunstmaler, Schüler von Georg Gsell (1673–1740), Schwiegervater Leonhards, in St. Petersburg:
∞ (1. Ehe) 1746 Catharina Im Hof (1724–1747),
∞ (2. Ehe) 1750 Anna Maria Hugelshofer (1716–1750).

6   Leonhard Euler wurde geboren, als sein Vater Pfarrer zu St. Jakob war. Er kam also nicht in Riehen zur Welt. St. Jakob ist eine Häusergruppe ausserhalb der alten Stadtmauern von Basel, sie liegt aber innerhalb der Gemeindegrenzen. Es gibt kein Pfarrhaus zu St. Jakob, wohl aber eine Kirche.

7   Das *Historische Grundbuch der Stadt Basel* erwähnt den Grossvater Paulus Euler (*1635), er wohnte 1686 am Münzgässlein. Vermutlich wohnte die Familie von Paulus Euler (1670–1745) zur Zeit der Geburt von Leonhard in der Nähe der Kirche zu St. Martin in Basel. Dort wurde er am 17. April 1707 getauft.

8   Die Riehener Pfarrstelle wurde frei, weil Eulers Vorgänger Bonifacius Burckhardt (*1656), ein direkter Vorfahr des Kulturhistorikers Jacob Burckhardt, zwei Jahre nach einem auf der Kanzel erlittenen Schlaganfall am 2. Juni 1708 starb.

9   In einer vom 3. Februar 1712 datierten Supplikation weist Paulus Euler die zuständigen Deputaten darauf hin, dass das Pfarrhaus nur zwei statt wie üblich drei Stuben besitze, nämlich ein Studier- und ein Wohnzimmer. Bonifacius Burckhardt (cf. Anm. 8) habe zwei Jahre lang krank mit Familie und Gesinde in einem einzigen Raum hausen müssen, da der zweite dem Vikar zustand. Auch Euler beschäftigte einen Vikar (bzw. Kandidaten = *Sacri Ministerii Candidatus*, SMC), für diesen mietete er ein Zimmer in der Nachbarschaft, da im Pfarrhaus kein Platz war. Ein Ausbau der Jugendarbeit (Vorkinderlehre, Jugendversammlungen) scheiterte ebenfalls an den Platzverhältnissen. Eulers Supplikation schliesst mit der Feststellung, die verlangte zusätzliche Stube würde keine besonderen Kosten, aber «bey der Jugend durch Gottes Gnad merklichen Nutzen und Wachsthum in dem Christenthum verursachen … Ich beyneben würde etwas Anlass bekommen, den allgütigen Gott demütigst anzuflehen, dass er E(uer) Gn(a)d(en) bey guter Gesundheit, Glücklicher Regierung, und allem Selbst-erwünschten Wohl werde gnädig erhalten wolle!»

10   Allerdings diente Paulus Euler dem Liestaler und Münchensteiner Spezialkapitel von 1713 bis 1723 als Schreiber und nachher bis zu seinem Tod als Assessor.

11   Dankbrief von Paulus Euler vom 25. Februar 1729: «Für welche grosse Gnade und sonderbare Guttaht sich die gantze Gemeine unterthänigst bedanket und dadurch sich antreiben lässt, für Ihre so väterliche Obrigkeit noch fleissiger, und brünstiger zu bätten.»

12   Eulers Predigten sind stark gegliedert (in im einzelnen entwickelte Punkte) und wenig gegenwartsbezogen. Seine Ausführungen belegt er mit Bibelstellen (was manchmal geradezu in Form einer Auflistung geschieht) und kaum mit aktuellen Bezügen. Er zitiert in lateinischer, griechischer und hebräischer Sprache. Auch benutzt er gerne Frage- und Antwortschemata. Es finden sich antikatholische Polemik und eine starke Devotion gegenüber der Basler Obrigkeit. Die Alterspredigten sprechen mehr an als die früheren. Auch besitzen die das starre Predigtsystem durchbrechenden persönlichen Bemerkungen Eulers eine originale Individualität. Trotzdem bleibt der Predigterfolg Eulers unverständlich (das auch unter Berücksichtigung der Tatsache, dass die Predigten kaum so, wie sie gedruckt vorliegen, gehalten wurden). Unwillkürlich denkt man sich: das muss ja herauskommen, wenn

ein Mann der Statistik, Registratur und Mathematik Pfarrer wird. Es kann aber keine Rede davon sein, dass Eulers Predigten für die Zeit besonders untypisch waren.

13 Die angenehme Art von Leonhard Euler schildern die meisten Biographen. Otto Spiess (1878-1966) formulierte es für die 1960 in Riehen enthüllte Euler-Gedenktafel (siehe Anm. 24 und Abb. 62) so: «Er war ein grosser Gelehrter und ein gütiger Mensch.»

14 Ob sie von Euler verfasst sind, ist fraglich. Darüber, wie Euler sie verteidigt hat, ist nichts bekannt. Faktisch handelt es sich, modern ausgedrückt, um eine mündliche Maturitätsprüfung im Fach Mathematik. Dass die Propositionen gedruckt wurden, bildet eine erwähnenswerte Ausnahme.

15 Die theologischen Lehrer von Paulus Euler waren:
Peter Werenfels (1627-1703), Antistes und Professor des Alten Testamentes,
Johann Rudolf Wettstein (1647-1711), Professor der Dogmatik,
Johannes Zwinger (1634-1696), Professor des Neuen Testamentes.
Die theologischen Lehrer von Leonhard Euler waren:
Hieronymus Burckhardt (1680-1737), Antistes und Professor des Alten Testamentes,
Jacob Christoph Iselin (1681-1737), Professor der Dogmatik,
Samuel Werenfels (1657-1740), Professor des Neuen Testamentes,
Johann Ludwig Frey (1682-1759), ausserordentlicher Professor.
Ein erster Überblick zeigt, dass deutliche Prägungen von Vater oder Sohn Euler durch bestimmte Theologieprofessorenpersönlichkeiten - vom Samuel Werenfels einmal abgesehen - nicht nachzuweisen sind, allenfalls ist bei Dozenten und Studenten der allgemeine Geist der Zeit, wie er in Disziplin, Fakultät und Stadt wehte, spürbar.

16 Johannes Burckhardt, lic. theol., erst Pfarrer in Kleinhüningen, dann in Oltingen.

17 Hinter Paulus Eulers Engagement für die Konfirmation steckt ein auch anderweitig zu beobachtendes pädagogisches Interesse, es korrespondiert mit demjenigen von Johannes Burckhardt und von Leonhard Euler. Trotzdem kann Paulus Eulers Einstellung noch nicht als aufgeklärt gelten, ging es ihm doch darum, die Bildung der Jugend primär im Interesse der Kirche und diese als Garantin von Zucht und Ordnung im aristokratischen Ständestaat zu fördern.

18 In der *Predigt vom Tauff = Gelübde* weist Paulus Euler auf das Vorbild der anglikanischen Kirche hin. Er lehnt sich inhaltlich an ein wohl 1657 erstmals in London anonym erschienenes Buch an, es erschien 1715 deutsch in Basel: *Die Gantze Pflicht des Menschen.* Vorher scheint Euler die erstmals 1536 erschienene Einleitung des Dominikaners Sanctes Pagninus verwendet zu haben.

19 Christian Scriver, *Der Seelenschatz*, Magdeburg [1]1675-1692.

20 «Von Jugend auf habe ich mich mit jedermann betragen; darum fällts mir sehr verdriesslich, dass ich mich so oft beklage, dass ich mich so vielfältig, nicht ohne Einbüssung der Gesundheit, in meinem Amt, das für sich selbsten schwär, muss betrüben und verhindern lassen; und zwar von eben denjenigen, der mir darinnen an die Hand gehen, behilflich und beförderlich seyn sollte. In welchem Stuck ...» Bericht von Paulus Euler vom 22. August 1716.

21 Es handelt sich um die erste gedruckte Konfirmationsliturgie aus Basel.

22 Paulus Euler schreibt in seiner Pfarrhauseingabe von 1712 (cf. Anm. 9), er habe die Vorkinderlehre eingeführt.

23 Die Predigt sieht aus wie der Text zum Stichwort «Einweihung eines Hauses» in einem biblisch-theologischen Lexikon. Immerhin entwickelt Euler hier seine pädagogische Sicht: Schulen sind «Pflantz = Gärten der Kirchen», deswegen verdienen die *Praeceptores* ein rechtes Einkommen, sie haben es nicht nötig, «dem Land = Volck beschwärlich zu fallen». Euler fordert die Eltern auf, ihre Kinder zum Besuch der Schule anzuhalten. Die Sicht der Schule als Magd der Kirche wird wie folgt

verdeutlicht: «Dissmahlen haben wir zu reden von nideren, ja den nidrigsten Schulen; von solchen welche auch in Flecken und Dörfferen angerichtet werden darinnen die zarte Jugend zum Lesen Schreiben Bätten und Singen angehalten; fürnemlich aber in den Anfängen der Christlichen Religion unterrichtet und hierdurch zu den Catechizationen praeparirt und vorbereitet wird. Hierauss erscheinet dass auch diese nidere Schulen höchst nothwendig seyen und vielfaltigen Nutzen nach sich ziehen.»

24   Am 4. Mai 1960 – im Jahr des 500. Gründungstages der Alma mater Basiliensis – weihte die Gemeinde Riehen eine Leonhard Euler gewidmete Gedenktafel ein. Sie wurde von Rosa Bratteler (1886–1960) geschaffen und ist am Haus Kirchstrasse 8 (das mit Leonhard Euler allerdings nichts zu tun hat) angebracht (cf. Anm. 13).

Literatur

[1]   Burckhardt-Seebass, Christine, *Konfirmation in Stadt und Landschaft Basel*, in: *Schriften der Schweizerischen Gesellschaft für Volkskunde*, Bd. 57, Basel 1975.

[2]   Raith, Michael, *Das kirchliche Leben seit der Reformation*, in: Albert Bruckner (Redaktor), *Riehen – Geschichte eines Dorfes*, Riehen 1972, p. 165–214.

[3]   Raith, Michael, *Leonhard Euler – ein Riehener?*, in: *Riehener-Zeitung*, Nr. 51/52, Riehen, 21. Dezember 1979.

[4]   Staehelin, Andreas, *Geschichte der Universität Basel 1632–1818*, in: *Studien zur Geschichte der Wissenschaften in Basel*, Bd. IV/V, Basel 1957.

[5]   Wernle, Paul, *Der schweizerische Protestantismus im XVIII. Jahrhundert*, 3 Bände, Tübingen 1922–1925.

Abb. 58
Riehen – nach einer Federzeichnung Emanuel Büchels vom 16. Oktober 1752. Das «Pfarr-Hauss» zeigt noch die von Euler erlebte Form.

René Bernoulli

Leonhard Eulers Augenkrankheiten

Über die Augenkrankheiten Leonhard Eulers hat sich eine von legendären Zügen durchsetzte Überlieferung gebildet:

Im Jahre 1735 erledigte Euler in nur drei Tagen eine schwierige Arbeit. Infolge der Überanstrengung ging das rechte Auge zugrunde. Statt nun das linke Auge zu schonen, arbeitete Euler unermüdlich weiter, worauf dieses Auge seine Sehkraft ebenfalls einbüsste. Trotz des anfänglichen Erfolges einer Staroperation erblindete auch das linke Auge definitiv.

In der vorliegenden Studie wird versucht, anhand der zur Verfügung stehenden Quellen die ophthalmologische Krankengeschichte Eulers zu rekonstruieren[1]. Leider sind die Unterlagen recht dürftig; dieser Mißstand betrifft ebenfalls die seltenen Selbstaussagen Eulers.

Trotz der Lückenhaftigkeit der Dokumente lässt sich bei Berücksichtigung aller Zeugnisse doch eine Pathographie mit einem den Verhältnissen entsprechenden Wahrscheinlichkeitsgrad zusammenstellen. Beim gegenwärtigen Stand der Euler-Forschung ist eine letzte Gewissheit allerdings nicht zu erreichen.

I   Pathographie des rechten Auges

Auf dem bekannten Pastellbild von Emanuel Handmann aus dem Jahre 1753, mit dessen Farbreproduktion[2] dieser Gedenkband geziert ist, ist das rechte Auge Eulers pathologisch verändert. Die vorhandenen wichtigsten Quellen werden im Hinblick auf die Pathogenese schrittweise dargelegt und diskutiert.

1   Die Gedenkrede von Nikolaus Fuss

Am 23. Oktober (3. November) 1783 fand die offizielle Trauerfeier der Petersburger Akademie der Wissenschaften für den am 7. (18.) September verstorbenen Euler statt. Es war der aus Basel gebürtige 28jährige Nikolaus Fuss, der die «prächtige, tiefempfundene Lobrede auf seinen unsterblichen Meister[3]» hielt; sie gehört noch heute zu den «wichtigsten rein biographischen Notizen über Leonhard Euler, die wir besitzen[4]». Fuss war während Eulers letzten zehn Lebensjahren dessen engster Mitarbeiter gewesen; wegen des

Vertrauensverhältnisses ist an seine Gedenkrede jedoch ein um so kritischer Maßstab anzulegen, als sie ususgemäss ein *Eloge* zu sein hatte.

In seiner Rede kommt Fuss an zwei Stellen auch auf Eulers Augenleiden zu sprechen. Ein erster Abschnitt betrifft das rechte Auge:

«... il s'agissoit en 1735 de faire un Calcul ... pour lequel les autres Mathématiciens avoient demandé quelque mois de tems. M. Euler s'engagea à le faire en trois jours ... Mais que ce travail lui coûta cher! il lui attira une fièvre chaude qui le mit au bord du tombeau. Il en revint pourtant, mais avec la perte de l'œil droit que lui ravit un abscès survenu pendant la maladie[5].»

Dieser Text wurde schon dahingehend verstanden, Euler habe infolge seiner pausenlosen, die Augen besonders strapazierenden dreitägigen Arbeit das rechte Auge eingebüsst – Euler ein Märtyrer der Wissenschaft! Diese Erklärung der Erblindung des rechten Auges ist mit Sicherheit falsch. Gewiss können die Augen unter gewissen Voraussetzungen rascher ermüden als üblicherweise; es mögen sich auch äussere Reizerscheinungen oder Kopfschmerzen einstellen, ein ernsteres Augenleiden zieht man sich auf diese Weise jedoch nicht zu.

Die im *Eloge* angeführten Ereignisse konnte Fuss nur vom Hörensagen kennen, vermutlich durch Euler selbst (cf. *infra*). So klagt Euler am Beginn seines Briefes vom 21. August 1740 an Goldbach, «die Geographie» sei ihm «fatal», er habe «dabei ein Auge eingebüsst[6]». Hier ist Euler, wie viele Patienten in analogen Fällen heute noch, einem Irrtum erlegen. Und wenn später, zur Zeit von Eulers Berliner Aufenthalt, Friedrich II. bezüglich des grossen Mathematikers von einem «certain géomètre, qui a perdu son œil en calculant[7]» spricht, so zeugt diese respektlose Bemerkung[8] auch von der Kritiklosigkeit, mit der unhaltbare medizinische Theorien herumgeboten wurden.

Im übrigen schildert Fuss die Pathogenese der Erblindung von Eulers rechtem Auge differenzierter, als sie schon dargestellt wurde. Nach dem *Eloge* war die Reihenfolge der Geschehnisse nicht: Überanstrengung→Erblindung, sondern: Überanstrengung→hitziges Fieber→Augenabszess→Erblindung. Dieser Verlauf ist durchaus möglich, wobei einer Streßsituation höchstens eine auslösende Funktion im Hinblick auf die Allgemeinerkrankung («fièvre chaude») zukommen könnte. Da es sich um eine hochfieberhafte Affektion gehandelt haben soll, ist am ehesten an eine Infektionskrankheit zu denken. Der Augenarzt J. Strebel zog Typhus in Erwägung, der damals in Petersburg endemisch gewesen wäre[9]. Doch können nahezu alle Infekte in ein Auge streuen und zu einer Panophthalmie, einer Infektion des ganzen Auges, mit konsekutiver Erblindung führen.

2   Ein Brief von Daniel Bernoulli

Am 4. Mai 1735 sandte der Arzt und Physiker Daniel Bernoulli an den in Petersburg weilenden Euler einen Brief, dessen Anfang uns im Hinblick auf die «fièvre chaude» interessiert:

«Allervorderst gratulire ich Ew. zu Dero wieder so glücklich erlangten Gesundheit und wünsche von Herzen eine lange Continuation derselben. Wie mir Herr Moula schreibt, so war nicht nur Jedermann bei Ihrer Krankheit um Sie bekümmert, sondern sogar auch ohne Hoffnung, Sie widerum von derselben restituiert zu sehn. Es ist gut, dass weder ich noch Dero Ältern etwas darum gewusst, als man dero völlige Genesung vernommen[10].»

Dieser Briefstelle ist zu entnehmen:

a) Euler war in den ersten Monaten des Jahres 1735 lebensgefährlich erkrankt; die kritische «fièvre chaude» des *Eloge* findet sich somit im wesentlichen bestätigt. Leider geht aus dem Schreiben des Basler Arztes nicht hervor, um welche Krankheit es sich gehandelt hatte; man erhält jedenfalls den Eindruck, dass die Erkrankung sich längere Zeit hingezogen hatte. Zu dieser Ansicht war auch der Mathematikhistoriker G. Eneström vor Jahrzehnten gekommen, der anhand anderer Dokumente auch den Nachweis erbrachte, dass die dreitägige Gewaltsleistung, die Euler nach Fuss vollführt haben soll, eine Legende ist[11].

b) Euler hatte seine Krankheit selbst seinen Eltern verschwiegen. Diese Diskretion mag von einem pietätvollen Zartgefühl zeugen, der Medizinhistoriker bedauert allerdings Eulers Verschwiegenheit, die ihn um zuverlässiges Quellenmaterial bringt.

3   Das Schabkunstblatt aus dem Jahre 1737

Die Krankengeschichte des rechten Auges liesse sich somit einigermassen klarstellen, wenn nicht um das Jahr 1954 in Leningrad ein Schabkunstblatt zum Vorschein gekommen wäre, das auf ein verschollenes Porträt Eulers aus dem Jahre 1737 zurückgeht[12].

Diesem Stich (Abb. 59) wird nachgesagt, er sei das einzige Bildnis, das Euler mit zwei gesunden Augen darstellt. Wir können uns dieser Ansicht, was die Gesundheit der Augen angeht, nicht vorbehaltlos anschliessen. Gewiss weist das rechte Auge nicht die schweren Befunde auf, wie sie etwa auf dem Porträt von Handmann (1753) zu sehen sind; die auf dem Schabkunstblatt eruierbaren Symptome sind diskreter[13]:

Die Unterlider sind verdickt, besonders rechts, wo zudem eine leichte Ptose[14] besteht. Beim Fehlen anderweitiger Ursachen lassen sich die Lidveränderungen als Begleiterscheinungen von Entzündungen der vorderen Augenabschnitte, die im Zeitpunkt der Porträtierung nicht mehr akut zu sein brauchten, deuten[15]. Das Schabkunstblatt zeigt jedenfalls, dass der schwere pathologische Zustand des rechten Auges erst nach 1737 und nicht schon 1735 entstanden ist. Auch sei bemerkt, dass für einen 30jährigen Mann das Gesicht etwas pastös wirkt.

4   Die Frage von Daniel Bernoulli (1738)

In einem vom 9. November 1738 datierten Brief von Daniel Bernoulli an seinen Freund Euler findet sich ein Absatz, der über den Zeitpunkt der schweren Erkrankung des rechten Auges nähere Auskunft gibt:

«... Dero Hr. Vatter wird Ihnen vielleicht gemeldet haben, wie stark mir Dero betrübter zufahl zu hertzen ging: Gotte wolle Sie vor fernerem unglück behüten; wir hätten gar gerne eine genawere beschreibung Ihrer Kranckheit gehabt: ob der bulbus oculi gantz verderbt und die humores ausgerunnen, oder ob dem äusserlichen Ansehen nach, der bulbus noch unversehrt seje[16].» Aus dieser Briefstelle geht als einzig sicheres Faktum hervor, dass Euler noch vor dem 9. November 1738 seinen Eltern von einer schweren, den Bestand des Bulbus gefährdenden Augenerkrankung berichtet hatte. Da Euler bezüglich seines Gesundheitszustandes wenig mitteilsam war, ist anzunehmen, dass er auch jetzt sich nicht beeilt hatte, von seinem Augenleiden zu berichten. Man wird kaum fehlgehen, wenn man es auf den Spätsommer 1738 datiert.

Leider fehlt die Antwort Eulers auf die Anfrage des Basler Arztes. Mit Bernoulli möchten auch wir gerne wissen, «ob die humores ausgerunnen», d.h. ob es zu einem Verlust von Augeninhalt – Kammerwasser, Linse, Glaskörper – gekommen war. Dies würde nämlich bedeuten, dass Euler eine Bulbusperforation erlitten hätte. In diesem Falle käme als Ursache einzig eine abszedierende Augenerkrankung – der im *Eloge* erwähnte «abscès» – in Frage. Da Bernoulli, wohl im Hinblick auf Eulers Nachricht, ausdrücklich von einer «Kranckheit» spricht, ist ein perforierendes Trauma kaum anzunehmen.

5   Das Pastellporträt durch Emanuel Handmann (1753)

Im Jahre 1741 nahm Euler einen Ruf nach Berlin an. Hier entstand 1753 jenes Bild, das zu den Dokumenten zählt, die am meisten zur Verbreitung der Kenntnis von Eulers rechtsseitiger Erblindung beigetragen haben. Im «Geist des voraussetzungslos kritischen Denkens» hat Handmann seinen Basler Mitbürger «knapp und phrasenlos[17]» gemalt. Wegen seiner Realistik ist das Werk auch pathographisch kostbar; die Detailanalyse liefert eine Reihe wichtiger Befunde.

a) Das rechte Auge: Das Oberlid ist ptotisch[18], daher die deutlich verengte Lidspalte. Dieser Zustand geht nicht auf ein Zurücksinken des Augapfels in die knöcherne Orbita zurück; für das Bestehen eines Enophthalmus im eigentlichen Sinn fehlt jeder Hinweis. Nämlich: Der im Vergleich zu links deutlich verlängerte Durchmesser der rechten Hornhautbasis beweist, dass die kalottenförmige Cornea (Hornhaut) sich abgeflacht hat[19], d.h. der naturgemässe intraokulare Druck ist herabgesetzt (Hypotonie des Bulbus). Infolgedessen hat das Auge an Spannung und damit an Volumen verloren; es liegt ein hypotoner Pseudoenophthalmus (tiefes Zurücksinken des Augapfels in die Augenhöhle) vor. Dadurch findet das Oberlid am Augapfel nur eine mangelhafte Stütze und sinkt dementsprechend herab. Die Farbnuancen, die das Weisse des Auges wiedergeben, deuten auf einen noch bestehenden mässigen intraokularen Reizzustand hin. Bei diesem Zustand ist zu erwarten, dass der Pseudoenophthalmus im Laufe der Jahre noch auffälliger wird, d.h., dass das Auge von einer Zunahme der zur Zeit noch nicht allzu ausgeprägten Phthise (Schrumpfung) bedroht ist. Die Funktion des Auges ist mit Sicherheit hochgradig herabgesetzt. Sie bestand bestenfalls nur noch in der diffusen Wahrnehmung von Licht, sofern nicht schon totale Blindheit eingetreten war. Da dieses Auge nicht mehr gebraucht werden konnte, kam es zu einem leichten Auswärtsschielen *(Strabismus divergens ex anopsia)*, von dem auf dem Schabkunstblatt (1737) nichts zu bemerken ist.

b) Das linke Auge: Nach dem Porträt ist die Pupille nach oben entrundet, und dies stärker, als es die Perspektive erfordert. Daher die Vermutung, dass dieses Auge schon Entzündungen der Iris durchgemacht hat. Bei genauester Betrachtung erhält man den Eindruck, als hätte Handmann in der unteren Partie der Cornea das Bestehen einer Narbe andeuten wollen (Zustand nach Keratitis). Im übrigen erscheint das Auge äusserlich reizfrei.

c) Die Lider: Sie sind gereizt und besonders rechts verdickt (sclerödemartige Verhärtung des Lidgewebes?). Eine Lidrandentzündung *(Blepharitis)* liegt offensichtlich vor: im linken nasalen Lidwinkel klebt eingetrocknetes Sekret. An den Wimpern der Oberlider vermisst man den normalen Schwung; sie stehen eher borstig nach unten und sind entfärbt, alles Zeichen langdauernder Entzündungen der vorderen Augenabschnitte.

d) Das übrige Gesicht: O. Spiess hebt die «etwas plumpen Züge[20]» hervor. Man hat effektiv den Eindruck, die Gesichtshaut sei leicht pastös gedunsen. Auch sind Nase und Unterlippe verdickt; es ist möglich, dass Euler die auch leicht geschwollene Oberlippe einzieht. Das linke Nasenloch ist von entzündlich gereizter, wulstig verdickter Haut begrenzt – dringender Verdacht auf chronischen Schnupfen mit Entzündung der Nebenhöhlen. Das rechte Nasenloch und die benachbarten Hautpartien sind von Handmann mit dunkler Farbe kaschiert wiedergegeben; ob sich wohl an diesen Stellen entstellende impetiginöse Hauteffloreszenzen befanden? Man hat jedenfalls den Eindruck, dass an der Kinnhaut noch Residuen von Reizungen vorhanden sind.

Als Ganzes betrachtet, zeigt dieses Antlitz Symptome, wie man sie früher bei Skrofulose zu sehen bekam[21].

6   Eine Bemerkung eines Zeitgenossen

In seiner Euler-Biographie erwähnt O. Spiess, dass im Jahre «1749» der «Göttinger Professor Büsching» sich über Eulers rechtes Auge geäussert habe: «... obgleich sein verlorenes rechtes Auge etwas eckelhaft aussieht, so gewöhnt man sich doch bald daran und findet sein Gesicht angenehm[22].» Bezüglich des Datums ist zu präzisieren, dass der Geograph A.F. Büsching erst 1754 Professor in Göttingen wurde. Er wird wohl 1749 auf seiner Reise nach Petersburg Euler in Berlin getroffen haben. Jedenfalls empfand Büsching in einer Zeit, in der entstellende und abstossende Augenaffektionen häufiger waren als heute, Eulers Auge schon 1749 «etwas eckelhaft». Nach Handmanns Porträt (1753) scheint uns dieser Ausdruck jedoch übertrieben. Der Widerspruch bestärkt uns in der Vermutung, dass Eulers rechtes Auge abwechselnd Zeiten der Remission und der Exazerbation durchmachte.

7   Eine erste Staroperation in Berlin?[23]

In seinem *Traité de la Cataracte,* Paris 1786, veröffentlichte Jacques de Wenzel eine Reihe von seinem Vater durchgeführten Staroperationen unter Nennung des Namens der Patienten. Nach der «Vingt-septième Observation» (p. 135–138) soll Euler in Berlin von einem nicht näher bezeichneten «Oculiste» an einem rechtsseitigen überreifen Star operiert worden sein. Bei der Entfernung der zerfallenden Linsenmassen kam sehr viel Glaskörper mit, «de sorte que le malade ne recouvra pas la vue». Die Pupille blieb auch nach der Operation lichtstarr.

Da Wenzel über den Zustand der Linse detaillierte Angaben macht und den Verlust von reichlich Glaskörper erwähnt, fällt der Starstich ausser Betracht. Euler wäre demnach nach der neuen Methode operiert worden, d. h. nach 1750, denn erst um diese Zeit wurden Daviels Erfolge publik. Aus Wenzels Bericht gewinnt man den Eindruck, Euler hätte sich kurz vor seinem Wegzug aus Berlin (1766) der Operation unterzogen. Im Hinblick auf Handmanns Darstellung des rechten Auges kann der unbefriedigende Ausgang nicht überraschen. Trotz aller Fortschritte der ophthalmologischen Operationstechnik würde man auch heute ein Auge, wie es von Handmann dargestellt wurde, nur unter schwersten Bedenken operativ angehen.

Rud. Fueter stellt Wenzels Bericht über die Operation des rechten Auges in Frage[24]. Wohl gibt Wenzel das Todesjahr Eulers falsch an[25], andererseits sind seine medizinischen Angaben recht präzis und sein Bericht erscheint glaubwürdig[26]. Da Euler über seinen Gesundheitszustand wenig mitteilsam war, ist sehr wohl möglich, dass er die damalige missratene Operation mit Schweigen überging.

II   Pathographie des linken Auges

Im Vergleich zum rechten Auge sind die Quellen bezüglich des linken etwas ergiebiger; besonders wertvoll sind die Selbstaussagen Eulers.

1   Eulers Brief vom 21. August 1740 an Goldbach

Von diesem Schreiben war schon weiter oben die Rede. Da der Brief eines der wenigen Selbstzeugnisse Eulers enthält, sei er in extenso zitiert.

«d. 21. August 1740. Die Geographie ist mir fatal. Ew. wissen, dass ich dabei ein Aug eingebüsst habe; und jetzo wäre ich bald in gleicher Gefahr gewesen. Als mir heut Morgen eine Partie Charten um zu examinieren zugesandt wurde, habe ich sogleich neue Anstösse empfunden. Denn diese Arbeit, da man genöthiget ist immer einen grossen Raum auf einmal zu übersehen, greifet das Gesicht weit heftiger an, als nur das simple Lesen oder Schreiben allein. Um dieser Ursachen willen ersuche ich Ew. gehorsamst, für mich die Güte zu haben, und durch Dero kräftige Vorstellung den Herrn Präsidenten dahin zu disponieren, dass ich von dieser Arbeit, welche mich nicht nur von meinen ordentlichen Functionen abhält, sondern auch leicht ganz und gar untüchtig machen kann, in Gnaden befreyet werde. Der ich mit aller Hochachtung und vielem Respect bin u.s.w.   Leonh. Euler[27].»

Das Begutachten von Landkarten kann effektiv eine die Augen anstrengende Tätigkeit sein, besonders wenn man funktionell einäugig ist. Da dieser Zustand bei Euler aber schon zwei Jahre bestand, war die Zeit der Angewöhnung allerdings vorbei. Wenn Euler nun «sogleich neue Anstösse» empfindet, so ist dies eher ungewöhnlich[28]. Sollte also schon damals das linke Auge nicht mehr vollwertig gewesen sein? Euler war damals erst 33 Jahre alt; eine Presbyopie scheidet mithin als Ursache aus[29]. Es wäre auch an eine Refraktionsanomalie zu denken; dann hätte Euler aber auch das «simple Lesen und Schreiben» ständig als «das Gesicht» angreifend empfunden[30]. Da dies anscheinend nicht der Fall war, muss eine andere Ursache vorgelegen haben.

2   Eulers Schreiben an Philippe Naudé (1740)

Dass dem so ist, davon zeugt der Beginn von Eulers Brief vom 12. (23.) September 1740 an Philippe Naudé:

«*Litteras tuas humanissimas, Vir Clarissime, tardius mihi perlegere licuit, ob visus imbecillitatem, qua ab aliquot jam hebdomadis laboraveram; nunc vero recuperatis paulisper viribus, ...[31]*»

Nach dieser Selbstaussage hatte Euler an einer Sehschwäche[32] des linken Auges gelitten, die ihm sogar das Lesen eines Briefes verunmöglichte – das rechte war ja sowieso unbrauchbar. Der Zustand hatte sich jedoch nach mehreren Wochen gebessert, worauf Euler sich beeilte (*«recuperatis paulisper viribus»*), Naudés Brief zu beantworten. Daraus geht eindeutig hervor, dass Eulers linkes Auge schon 1740 Phasen der sozialen Erblindung[33] durchmachte, von denen aber auf Handmanns Porträt (1753) nichts zu bemerken ist. Dies spricht für rezidivierende Prozesse, die im Hinblick auf Eulers damaliges Alter am ehesten entzündlicher Natur waren. Jüngere Patienten erkranken hauptsächlich an entzündlichen Prozessen, ältere eher an Zirkulationsstörungen, wie sie später vermutlich auch bei Euler auftraten.

3   Der Insult vom Jahre 1766

Tempus ruit. Seit den linksseitigen Sehbeschwerden von 1740 war mehr als ein Vierteljahrhundert verstrichen; altersbedingte Komplikationen stellten sich ein. Rud. Fueter war in der glücklichen Lage, über Manuskripte zu verfügen, die ihm von der sowjetischen Akademie zugestellt worden waren. Unter diesen Schriftstücken befand sich ein Brief Eulers vom 15. (26.) Oktober 1766 an seinen Kollegen Prof. Müller. Euler schreibt:

«Meine Unpässlichkeit, wovon Euer Wohlgebornen sind benachrichtiget worden, hat nur etliche Tage gedauert, mein Gesicht aber ist durch diesen Zufall plötzlich so sehr geschwächt worden, dass da ich eines Morgens den Kauf-Contract meines Hauses noch durchgelesen und unterschrieben, ich einige Stund darauf, nicht mehr eine Schrift erkennen, noch weisses Papier von geschriebenem unterscheiden konnte. In diesem Zustand befinde ich mich noch jetzt und kann nicht merken, dass es schlimmer geworden wäre. Inzwischen hintert mich solches nicht an meinen Verrichtungen ...[34].»

Dieser Bericht erinnert den Augenarzt an Anamnesen, wie er sie oft bei älteren Patienten erhebt. Die Untersuchung ergibt meist intraokulare Zirkulationsstörungen mit plötzlich eintretenden, *quoad functionem* deletären Komplikationen[35]. Euler war damals 59 Jahre alt und sein linkes Auge schon vorbeschädigt. Die Kreislaufverhältnisse werden wohl auch kaum mehr optimal gewesen sein. Ein lokaler Insult ins Auge kann daher nicht überraschen. Nikolaus Fuss berichtet zudem über eine «maladie violente», die Euler in dieser Zeit durchmachte und die zur «perte totale de l'œil gauche» geführt habe[36], was allerdings nicht ganz stimmte.

Wie dies oft der Fall ist, blieb der Zustand auch bei Euler weitgehend stationär, wie aus seinem Brief vom 4. (15.) Januar 1767 hervorgeht:

«Wegen meines Zustandes, welcher sich weder verschlimmert noch verbessert, habe ich den Doctor Sanchez um Rath gefraget, welcher mir aus Paris seine Bedenken darüber eröffnet und mir sogar gute Hoffnung machet wiederum zum gäntzlichen Gebrauch meines Gesichts zu gelangen, wenn ich die mir von ihm vorgeschriebenen Mittel gebrauchen würde ...[37].»

Noch heute stehen wir diesen schwer pathologischen Zuständen meist recht hilflos gegenüber; die Mittel des Kollegen Sanchez werden wohl auch nicht den gewünschten Erfolg gehabt haben. Euler blieb jedenfalls am linken Auge schwer geschädigt, war aber nicht ganz erblindet, denn – so Condorcet in seinem *Eloge:* «... il conserva ... la faculté de distinguer encore de grands caractères tracés sur une ardoise avec de la craie[38].» Diese Angabe deckt sich mit den Erfahrungen, die der Augenarzt bei ähnlich gelagerten Fällen macht. Der Grössenordnung nach dürfte der Visus von Eulers linkem Auge maximal

$^1/_{10}$ der normalen Sehschärfe betragen haben, was zum Lesen von Normaldruck längst nicht mehr genügt.

4   Die Staroperation von 1771

Im Band 17 der Zeitschrift *Commentarii de rebus in scientia naturali et medicina gestis* findet sich unter der Rubrik *Nova physico medica* die Mitteilung:

«*Petropoli, die 28. septembris 1771. Cl. LEONHARDO EULERO visus amissus, felici operatione cataractae a Cl. Lib. Baron. AB WENZEL, prorsus restitutus est*[39].»

Aus diesem Entrefilet, das der Angabe entspricht, die Fuss gegen Ende seines *Eloge* macht, geht hervor, dass Euler erblindet war, dank einer durch Wenzel durchgeführten und geglückten Staroperation aber wieder zum Sehen kam. In seinem *Traité de la Cataracte* gibt Jacques de Wenzel einen anschaulichen Bericht über den von seinem Vater ausgeführten Eingriff:

«Mon Père, qui avoit été appellé en 1771 à Pétersbourg ... fut consulté par ce Savant. Ayant examiné son état, il lui conseilla l'opération qui fut acceptée avec empressement. L'incision fut pratiquée dans la partie supérieure de la cornée. Le crystallin qui était mou & sous forme *d'hydatide*, comme celui de l'autre œil, ne sortit que lentement & à la volonté de l'Opérateur, sans qu'il fût nécessaire d'inciser la capsule. Le corps vitré n'eut pas la liberté de s'échapper, & l'opération ne fut accompagnée ni suivie d'aucun accident. La pupille acquit un peu plus de mobilité qu'elle n'en avoit auparavant; le malade recouvra l'usage de cet œil[40].»

Zur Technik der Operation: Wie man sich die Schnittführung bei der Eröffnung des Auges vorzustellen hat, ist aus Wenzels Abbildung am Ende seines *Traité* ersichtlich.

Aus dem Operationsbericht geht hervor, dass die Linse intrakapsulär entbunden wurde, was gewisse Vorteile bezüglich des späteren Sehens bieten kann. Dass kein Glaskörper ausfloss, zeugt für die Sorgfalt, mit der die Operation ausgeführt wurde. Die Angabe, dass das Pupillenspiel nach der Operation besser war als vorher, führt zur Vermutung, dass zwischen Linsenvorderkapsel und Irisrückfläche Adhärenzen bestanden (hintere Synechien, Verklebung und anschliessende Verwachsung der Irisrückfläche mit der Linsenvorderfläche). Dies bedeutet, dass Euler an diesem Auge schon Entzündungen der Iris erlitten hatte – immer wieder Hinweise auf Affektionen im Bereich der vorderen Augenabschnitte! Diese Feststellung führt zur Frage, ob die Katarakt ein Altersstar *(Cataracta senilis)* oder nicht vielmehr eine Linsentrübung infolge früherer Iridozyklitiden war *(Cataracta complicata)*. Es darf jedenfalls angenommen werden, dass die früheren Entzündungen sich auf die Durchsichtigkeit der Linse nachteilig ausgewirkt hatten.

III   Die letzten Jahre

1   Nach der Staroperation

Laut Wenzels Operationsbericht hatte die linksseitige Kataraktoperation Euler wieder zum Sehen verholfen, was von Nikolaus Fuss bestätigt wird. Der Erfolg war jedoch nicht von Dauer:

«... cette opération lui rendit la vue ... mais cette joye fut peu durable: négligé dans la suite de la cure, & trop pressé, peut-être, à faire usage d'un organe qu'il aurait du avoir appris à ménager, il le perdit pour la seconde fois au milieu des souffrances les plus affreuses[41].»

Leider gibt Fuss nicht an, wie lange Euler sich seines wiedergewonnenen Sehvermögens erfreuen konnte. Alles spricht dafür, dass die Komplikationen sich bald nach der Operation einstellten. Zum zweiten Mal zum mindesten sozial erblindet, zog Euler zunächst einige junge Leute als Gehilfen bei; dann «wandte er sich an Daniel Bernoulli mit der Bitte, ihm für eine tüchtige Hilfskraft zu sorgen. Der alte Freund schickte ihm in der Tat einen seiner Schüler, Nikolaus Fuss, der 1773 in Petersburg eintraf[42].»

In pathographischer Hinsicht interessiert hier die Jahreszahl 1773. Sie bezeugt, dass der 1755 geborene Nikolaus Fuss Eulers ganze ophthalmologische Krankengeschichte einzig vom Hörensagen kennen konnte. Beim freundlichen Charakter Eulers darf aber angenommen werden, dass er trotz seiner Schweigsamkeit bezüglich seiner Erkrankungen dem treuen Mitarbeiter dennoch hin und wieder etwas von seinen früheren Leiden mitgeteilt hatte. Dabei ist jedoch zu berücksichtigen, dass auch intellektuell hochstehende Patienten sich oft in der Chronologie ihrer Krankheiten irren; so konnte Fuss etwa die Angabe vom fälschlicherweise ins Jahr 1735 verlegten Verlust des rechten Auges möglicherweise von dem sich nicht mehr richtig erinnernden Euler selbst haben.

Was Eulers neuerliche Sehverschlechterung betrifft, so ist auch jetzt kaum anzunehmen, dass es sein Arbeitseifer war, der die Ursache gewesen wäre[43]. Welchen Grad die Visusabnahme genau erreichte, geht aus dem Text

von Nikolaus Fuss nicht eindeutig hervor. Sein Sohn P.-H. Fuss weiss jedenfalls später zu berichten, dass Euler um 1773 sich einer Schiefertafel bediente,
jenes Hilfsmittels also, das auch Condorcet erwähnte (cf. *supra*).

«Euler avait dans son cabinet une grande table qui occupait tout le
milieu de la pièce et dont le dessus était recouvert d'ardoise. C'est sur cette
table qu'il écrivait, ou plutôt indiquait ses calculs en gros caractères, tracés avec
de la craie ... Quand la table était couverte de calculs, ce qui arrivait souvent,
le maître confiait au disciple ses conceptions toutes fraîches et récentes, et lui
exposait la marche de ses idées et le plan général de la rédaction ...[44].»

Nach diesem Text konnte eine absolute Amaurose nicht bestanden
haben; Euler verfügte noch über einen Sehrest.

2   Das Porträt von 1780

Auf Seite II des ersten Bandes der *Correspondance* findet sich ein
Porträt Eulers (hier Abb. 60), zu dem der Herausgeber P.-H. Fuss bemerkt:

«Le portrait d'Euler est une copie parfaitement fidèle de celui qui fut
peint par Küttner et gravé à Mitau par Darbes, en 1780. J'ai donné la préfé-
rence à ce portrait parce que, selon le témoignage de mon père, il est le plus
ressemblant de tous ceux qui existent[45].»

Dieses nach Nikolaus Fuss originalgetreue Porträt (das Original in Öl
befindet sich in Genf, Musée d'Art et d'Histoire) ist, analog zu Handmanns
Pastellbild, bezüglich Eulers Pathographie recht aufschlussreich:

a) Die Lider des *rechten* Auges sind ganz geschlossen und in die Orbita
zurückgesunken. Wie schon 1753 zu erwarten war, ist die Phthise im Laufe der
Jahre weiter fortgeschritten. Der Durchmesser dieses geschrumpften Auges
wird nur noch einen Bruchteil des normalen (ca. 24 mm) betragen haben.

b) Eine Phthise des *linken* Auges ist nicht zu bemerken. Wohl ist der
Augapfel im Vergleich zu den früheren Porträts etwas in die Orbita zurückgesunken, was sich aber durch den normalen altersbedingten Schwund des
orbitalen Fettgewebes erklären lässt. Die Pupille ist tief schwarz, eine Bestäti-
gung, dass Wenzels ehemalige intrakapsuläre Staroperation geglückt war.
Gegenüber dem Porträt von 1753 ist der Blick weniger lebhaft, die Blickrich-
tung etwas abschweifend.

Beim Fehlen offensichtlicher Schädigungen ist zu vermuten, dass die
schlechte Sehschärfe wie schon 1740 auf Zirkulationsstörungen zurückzuführen ist («schwarzer Star[46]»). Damit sind allerdings die von Nikolaus Fuss
erwähnten «souffrances les plus affreuses» nicht erklärt. Man kann sich daher
fragen, ob Euler nicht auch noch einen akuten Glaukomanfall (etwa nach
einer intraokularen Blutung) erlitten habe; dieses Unglück hätte aber mit
grösster Wahrscheinlichkeit zur absoluten Amaurose geführt.

c) Das von tiefen Falten durchzogene Gesicht erweckt einen eher
depressiven Eindruck. Die von der Nasenwurzel senkrecht nach oben ziehen-

den Hautfurchen lassen auf ein habituelles Runzeln der Augenbrauen schliessen, möglicherweise im Zusammenhang mit Lidblinzeln zum Schutz gegen
Blendung, über das Sehgeschädigte und alte Leute oft klagen.

3   Eulers Ende

Das zunehmende Alter übte auf Eulers wissenschaftliche Tätigkeit trotz
der hochgradigen Sehbehinderung keinen nachteiligen Einfluss aus. Nach
einer von P.-H. Fuss zusammengestellten Statistik war das letzte Lebensjahrzehnt sogar das fruchtbarste[47]. Auch wenn Euler auf den Beistand fähiger
Mitarbeiter zählen konnte, so spricht seine wissenschaftliche Produktivität
gegen einen intellektuellen Altersabbau.

Über Eulers Tod berichtet Nikolaus Fuss in seinem *Eloge:*

«Quelques accès de vertiges dont il fut incommodé les premiers jours
du mois de Septembre passé, ne l'empêchèrent pas de calculer les mouvemens
des globes aerostatiques ... Ces vertiges furent les avant-coureurs de sa mort
qui arriva le 7 de Septembre. Le même jour il s'entretint à table ... avec
M. Lexell ... Il étoit même à badiner avec un de ses petits-fils, quand il fut
atteint, en prenant le thé, d'un coup d'Apoplexie. Je me meurs, nous dit-il,
avant de perdre connaissance, & il termina sa glorieuse vie peu d'heures
après ...[48]»

Condorcet schildert die damaligen Ereignisse in ähnlicher Weise, wobei
er noch präzisiert, Eulers letztes Zusammentreffen mit Lexell habe stattgefun-
den, «après s'être amusé à calculer sur une ardoise les lois du mouvement
ascensionnel des machines aérostatiques[49]». Euler hätte demnach bis zu
seinem Tode immerhin über ein Sehvermögen verfügt, das den Gebrauch der
Schiefertafel noch einigermassen gestattete.

Alle Berichte stimmen darin überein, dass Euler an einem apoplektischen Insult starb, d.h. an einer Kreislaufstörung. In der Augenanamnese des
alternden Euler finden sich ja schon Symptome, die auf Kreislaufkrisen
hinweisen.

IV   Über eine mögliche Genese von Eulers Augenleiden

Aus den bisherigen Erörterungen geht hervor, dass Euler schon in
verhältnismässig jungen Jahren an Augenaffektionen litt. Dieser Umstand
erfordert um so mehr, seine Kindheit in seine Pathographie einzubeziehen, als
sich auf dem Porträt durch Handmann Merkmale eruieren lassen, die skrofu-
loseverdächtig erscheinen.

Euler war wohl in Basel geboren, verbrachte aber seine Kindheit im
Riehener Pfarrhaus, wo die Wohnverhältnisse unzulänglich waren: die zu
kleine Unterkunft war erst noch renovationsbedürftig. Die Vorstellungen von

Eulers Vater bei den Behörden änderten nichts an dem kläglichen Zustand der hygienischen Paupertät[50].

Nun muss man wissen, dass im 17./18.Jahrhundert die alten Seuchenzüge (Pest, Flecktyphus) zurückgingen und die Tuberkulose zur Volksseuche wurde[51]. Angesichts der sozialhygienischen Gegebenheiten, unter denen der kleine Leonhard aufwuchs, scheint es ausgeschlossen, dass er nicht tuberkulös infiziert worden wäre[52].

Des weiteren wurde bemerkt, dass Euler noch 1753 einen etwas pastösen Gesichtshabitus aufwies, was auf eine exsudative Diathese schliessen lässt. Kinder mit dieser Konstitution reagieren, besonders wenn sie unter hygienisch mangelhaften Verhältnissen aufwachsen, auf eine tuberkulöse Infektion häufig mit einer Skrofulose. Diese wegen der Sanierung des hygienischen Pauperismus in unseren Gegenden verschwundene Krankheit[53] war durch einige besonders auffällige Symptome charakterisiert: chronische Hautreizungen, die besonders an Lippen und Nase zur Verdickung des Gewebes führten; chronischer Schnupfen mit granulomartigen Hautinfiltraten an der Nasenöffnung; Schwellung der Halslymphdrüsen (Skrofeln), oft verbunden mit Abszedierung. Besonders tragisch waren die Augenkomplikationen: An Bindehaut und Hornhaut traten knötchenförmige Effloreszenzen (Phlyktänen) auf, die unter Narbenbildung wohl abheilen konnten, aber zu Rezidiven mit entsprechender Komplikationsbereitschaft neigten. Daher gehörte die Skrofulose in früheren Zeiten zu den Hauptursachen der Erblindung.

Die Skrofulose war vorwiegend eine Erkrankung des Kindesalters, rezidivierte aber häufig bei Erwachsenen. Auch wenn auf Eulers Porträt von 1753 die für das Überstehen von Halsdrüsenabszessen typischen Narben fehlen, so kann dies nicht viel aussagen, denn nicht jede Skrofel vereiterte und führte zu Narben. Unter Berücksichtigung aller Umstände, die zur Kenntnis von Eulers Augenerkrankungen beizutragen vermögen, muss mit der Möglichkeit gerechnet werden, Euler habe als Kind an Skrofulose mit Beteiligung der Augen gelitten[54]. Wenn dem so war, dann kam es bei ihm schon frühzeitig zu Schädigungen der vorderen Augenabschnitte, was ihre auffallende Anfälligkeit gegen Infekte aller Art erklären würde. Es versteht sich von selbst, dass vorbeschädigtes Gewebe gegen neue Infekte besonders anfällig ist.

Es bleibt der zukünftigen Euler-Forschung vorbehalten, die vorliegende Darstellung anhand noch aufzufindender Dokumente zu berichtigen und zu ergänzen. Eine endgültige Diagnose zu stellen ist im jetzigen Zeitpunkt nicht möglich.

Wir Ärzte dürfen uns dennoch fragen, ob die Tatsache, dass Euler den grössten Teil seines Lebens unter der Gefahr verbrachte, total zu erblinden, ihn nicht dazu geführt hatte, sich in das Reich der Ideen zurückzuziehen, zu dem die Mathematik gehört. Anders formuliert, ob nicht das Unglück, schwer sehbehindert zu sein, mithalf, das Genie zu fördern und Leonhard Euler zu einem der grössten Mathematiker aller Zeiten werden zu lassen.

Anmerkungen

1   An früheren Pathographien sind zu erwähnen: J. Strebel, *Leonhard Eulers Erblindung*, Neue Zürcher Zeitung, Dienstag, 29. März 1938, Morgenausgabe; Rud. Fueter, *Über eine Eulersche Beweismethode in der Zahlentheorie*, Sondernummer für Herrn Prof. A. Vogt der Schweizerischen Medizinischen Wochenschrift, 69. Jahrg., 1939, Nr. 43, p. 103–111.

2   Das Original befindet sich im Basler Kunstmuseum.

3   Otto Spiess, *Leonhard Euler*, Frauenfeld, Leipzig 1929, p. 199.

4   Gustav Eneström, *Eine Legende von dem eisernen Fleisse Leonhard Eulers*, Bibliotheca Mathematica (3) 10, 1909/10, p. 308.

5   Nicolas Fuss, *Eloge de Monsieur Léonard Euler, Lu à l'Académie le 23 Octobre*, Nova Acta Acad. Scient. Imp. Petrop. I (1783), 1787, p. 166. (Deutsche Ausgabe bei J. Schweighauser, Basel 1787, abgedruckt in O. I, 1, p. XLIII–XCV. N. Fuss hat die Übersetzung selbst angefertigt und den Text mit einigen Zusätzen erweitert.)

6   P.-H. Fuss, *Correspondance mathématique et physique de quelques célèbres géomètres du XVIIIème Siècle*, tome I, St-Pétersbourg, 1843, p. 102 (im weiteren stets als Correspondance zitiert, cf. *BV* Fuss, 1843).

7   Otto Spiess, loc. cit., p. 175.

8   Friedrich II. schätzte Euler nicht vorbehaltlos, weil er die Mathematik nicht verstand; er rächte sich, «indem er sie verhöhnte» (O. Spiess, loc. cit., p. 171f.).

9   J. Strebel, loc. cit.

10 P.-H. Fuss, loc. cit., p. 419.

11 G. Eneström, loc. cit.

12 Das Schabkunstblatt wurde zum ersten Mal von Otto Spiess in den *Basler Nachrichten* vom 19. Mai 1957 unter dem Titel *Ein unbekanntes Jugendbildnis von Leonhard Euler* der schweizerischen Öffentlichkeit vorgestellt.

13 Hierzu eine prinzipielle Bemerkung: Beim Mangel einwandfreier Primärquellen bilden Eulers authentische Porträte das einzige Material, bei dem auf den «Patienten» selbst zurückgegriffen werden kann. Hierbei ist der Pathograph allerdings von der Wirklichkeitstreue des Bildnisses abhängig. Zum Glück waren die damaligen Porträtisten im allgemeinen bestrebt, in ihrer Darstellung möglichst naturgetreu zu sein. Daher sind für uns auch kleine Details wertvoll, besonders wenn sie sich zwanglos in den Verlauf eines pathologischen Geschehens einreihen lassen. Der Ophthalmologe und Medizinhistoriker Pierre Amalric hielt am Internationalen Kongress für Geschichte der Medizin (Paris, 29.8.–3.9.1982) ein Referat über den naturalistischen Maler Georges de La Tour (1593–1652). Amalric wies an Hand von Detailreproduktionen nach, dass bei eingehender Analyse der Augendarstellung selbst subtile Augenerkrankungen sich diagnostizieren lassen.

14 Herabsinken des Oberlides.

15 Wenn unsere Hypothese richtig ist, würde es sich um eine Verdickung des Lidgewebes nach Ödemen bei längerdauernden schweren Entzündungen der vorderen Augenabschnitte handeln.

16 Ich danke Herrn Dr. E.A. Fellmann für die freundliche Überlassung dieses Textes aus einem noch unveröffentlichten Brief.

17 Georg Schmidt, *Kunstmuseum Basel. 150 Gemälde, 12.–20. Jahrhundert*, Basel 1964, p. 74.

18 Herabgesunken.

19 Die Sehne der Kalotte ist kürzer als der Durchmesser der ausgewalzten Kalotte. Infolge der Hypotonie ist bei Euler die Cornea praktisch ausgewalzt, d.h. ihre Krümmung ist geringer, als sie sein sollte.

20 Otto Spiess, loc. cit., p. 159.

21 Zu dieser in unseren Gegenden ausgerotteten Krankheit siehe weiter unten, p. 18f. – Es ist hier darauf hinzuweisen, dass auch Krankheiten ihre Geschichte haben. So wird der heutige Rhinologe in unserem Kulturkreis bei seinen Patienten kaum mehr Hautsymptome an den Nasenorifizien zu sehen bekommen, wie Handmann sie bei Euler vorgefunden hat. Schlägt der Arzt aber ein Lehrbuch der Ohren-Nasen-Heilkunde auf, das auch nur wenige Jahr vor der Antibiotika-Ära erschienen ist (z. B. G. Laurens, M. Aubry, A. Lemariey, *Précis d'oto-rhino-laryngologie*, deuxième édition revue et corrigée, Paris 1940), so findet er noch Krankheitsbilder beschrieben, die Handmanns Darstellung entsprechen. Daher die Forderung an den Pathographen, sich auch in der älteren Literatur umzusehen.

22 Otto Spiess, loc. cit., p. 161.

23 *Medizinhistorische Vorbemerkungen:* Es ist das Verdienst des Basler Stadtarztes Felix Platter (1536–1614), 1583 zum ersten Male in der medizinischen Literatur die fundamentale Tatsache ausgesprochen zu haben, «dass die Netzhaut die bildaufnehmende und somit die physiologisch wichtigste Struktur des Auges ist, während dem *humor crystallinus* der Linse nur die untergeordnete Funktion einer optischen Linse zukommt» (Huldrych M. Koelbing, *Renaissance der Augenheilkunde 1540–1630*, Bern und Stuttgart 1967, p. 71). Bezüglich der Behandlung der Katarakt, des grauen Stars, einer Trübung der Linse, wurden die Konsequenzen aus Platters Erkenntnis erst um die Mitte des 18. Jahrhunderts gezogen. Statt wie bisher die undurchsichtig gewordene Linse mittels einer Nadel aus dem Pupillarbereich in periphere Augenpartien zu verlegen (Starstich), wurde sie von nun an nach Eröffnung des Auges entfernt. Ein besonderes Verdienst erwarb sich hierbei Jacques Daviel (1696–1762). Zu den frühen Anhängern der neuen Operationsmethode gehört der Baron Jean-Baptiste de Wenzel, der als berühmter Staroperateur Europa bereiste und als Hofokulist 1790 in London starb. – Sein Sohn Jacques, ebenfalls ein geschätzter Ophthalmologe, bemühte sich in seinen Werken u. a., seinem Vater zu gewissen Prioritäten zu verhelfen.

24 R. Fueter, loc. cit., p. 105.

25 «Le célèbre *Euler*, que les Sciences ont perdu en 1784, …» (loc. cit., p. 135), statt 1783; es ist denkbar, dass es sich um einen Druckfehler handelt.

26 Es ergäbe eine interessante Studie, Wenzels Bericht über Eulers Augenoperationen kritisch zu durchleuchten. Diese Absicht lässt sich jedoch im Rahmen der vorliegenden Arbeit nicht verwirklichen; die zum Verständnis erforderlichen fachtechnischen Erläuterungen würden allzu umfangreich.

27 P.-H. Fuss, loc. cit., p. 102.

28 Euler hat recht, wenn er betont, dass das Prüfen ausgebreiteter Landkarten besondere Ansprüche an die Augen stellt. Wegen der rasch wechselnden Sehdistanzen wird der intraokulare Akkommodationsapparat besonderen Belastungen ausgesetzt, die aber normalerweise anstandslos vertragen werden. Da Euler die vor allem in Ziliarkörper und Iris sich abspielenden Muskelbewegungen als ausgesprochen unangenehm empfand, muss angenommen werden, dass die vorderen Abschnitte des linken Auges pathologische Veränderungen aufwiesen (Status nach *Iridocyclitis*).

29 Die Presbyopie (Alterssichtigkeit) tritt erst nach dem 40. Lebensjahr ein.

30 Sowohl die Myopie (Kurzsichtigkeit) als auch die Hyperopie (Übersichtigkeit, fälschlich auch Weitsichtigkeit genannt) können, sofern sie nicht durch eine Brille korrigiert werden, bei der Naharbeit Beschwerden verursachen.

31 Ich danke Herrn Dr. Fellmann für die Zusendung dieses Textes, publiziert in einer russischen Briefsammlung 1963 (*BV* Smirnov, 1967); cf. O. IV A, 1, R. 1904.

32 Der von Euler verwendete Ausdruck *visus imbecillitas* ist neben *hebetudo visus* ein in der Ophthalmologie heute noch gelegentlich gebrauchter *Terminus technicus* zur Bezeichnung einer herabgesetzten Sehschärfe.

33   In der Ophthalmologie werden drei Erblindungsgrade unterschieden, cf. F. Rintelen, *Augenheilkunde,* Basel, Freiburg i. Br., New York 1961, p. 387. Soziale Blindheit eines Auges liegt vor, wenn die Sehschärfe nicht genügt, einen Beruf auszuüben, der optischer Kontrolle bedarf. Dies war bei Euler der Fall; dass er seine Augeninvalidität mittels des Gedächtnisses kompensieren konnte, war für die Mathematik ein Glücksfall.

34   *BV* Juškevič/Winter, Briefwechsel, Bd. I, p. 267.

35   Diese Zustände wurden vor der Erfindung des Augenspiegels durch Helmholtz (grundlegende Publikation 1851) unter dem Begriff «schwarzer Star» subsumiert. Es handelt sich bei dieser Form der Erblindung meistens um Netzhautblutungen, die oft in den Glaskörper durchbrechen. Je nach Sitz und Resorption der Blutung kann sich eine gewisse Sehschärfe wiederherstellen. – Bei Euler scheidet eine Netzhautablösung aus, ansonst das Auge endgültig absolut erblindet wäre. Der Lausanner Ophthalmologe Jules Gonin hat erst seit 1916 auf dem Gebiet der Ablatiobehandlung revolutionierend gewirkt.

36   N. Fuss, loc. cit., p. 194. – Euler starb an einem Schlaganfall; die ersten prämonitorischen Anzeichen eines späteren apoplektischen Insults liegen oft Jahre zurück.

37   Cf. Anm. 34, loc. cit., p. 269.

38   Marquis de Condorcet, *Eloge de M. Euler*, Hist. Acad. r. d. Sci. (1783) 1786, p. 37–68.

39   Vol. XVII, pars I, Lipsiae, MDCCLXXI, p. 540.

40   Jacques de Wenzel, loc. cit., p. 137f.

41   N. Fuss, loc. cit., p. 201.

42   O. Spiess, loc. cit., p. 193.

43   Wie N. Fuss, loc. cit., p. 208, selbst mitteilt, hätte Euler bezüglich seiner Arbeit die Augen wohl schonen können: sein Gedächtnis ersetzte das Sehen. Auch ist kaum anzunehmen, dass ein Operateur vom Rang eines Wenzel seinem Patienten Euler nicht Verhaltensregeln für die Zeit nach der Operation gegeben hätte.

44   P.-H. Fuss, loc. cit., p. XLIV.

45   Idem, loc. cit., p. XXV. P.-H. Fuss verwechselt die Namen der beiden Künstler: Darbes ist der Maler, Küt(t)ner der Stecher.

46   Unter der heute in der Ophthalmologie nicht mehr gebräuchlichen Bezeichnung «schwarzer Star» wurden früher alle jene Zustände zusammengefasst, bei denen das Sehen schwerstens geschädigt war, die Pupille aber schwarz erschien.

47   P.-H. Fuss, loc. cit., p. XLI. Cf. die Tabelle im ersten Beitrag des vorliegenden Bandes von E. A. Fellmann, 1. Teil.

48   N. Fuss, loc. cit., p. 206.

49   Condorcet, loc. cit., p. 24.

50   Cf. Michael Raith, *Leonhard Euler – ein Riehener*, in: *Riehener Zeitung*, 21. Dezember 1979, Nr. 51/52.

51   An diesbezüglicher Literatur sei auf das auch dem Laien gut verständliche Werk vom Medizinhistoriker Erwin H. Ackerknecht, *Geschichte und Geographie der wichtigsten Krankheiten*, Stuttgart 1963, verwiesen.

52   Hier ist zu präzisieren, dass die tuberkulöse Primärinfektion nicht unbedingt zu einer tuberkulösen Erkrankung zu führen braucht. Vor der Zeit der aktiven Tuberkuloseschutzimpfung hatte praktisch die gesamte Bevölkerung eine tuberkulöse Primoinfektion erlitten.

53   Die Skrofulose entschwindet immer mehr aus dem Gedächtnis, auch aus dem ärztlichen. Es ist zu bemerken, dass die Skrofulose eine Reaktionsform auf eine tuberkulöse Infektion darstellte und nicht eine Tuberkulose im eigentlichen Sinne des Wortes ist.

54   Michael Raith erwähnt, dass Euler «vielleicht … nur viereinhalb Jahre» (loc. cit.) in Riehen verbrachte und nach Basel zu seiner Grossmutter kam. Ob bei diesem Entschluss nicht auch gesundheitliche Rücksichten im Sinne eines Milieuwechsels

eine Rolle spielten? Otto Spiess berichtet, dass der Vorgänger von Eulers Vater im Riehener Pfarramt «drei Jahre lang krank lag» (loc.cit., p.32). Sollte es sich bei dieser Krankheit vielleicht um eine Tuberkulose gehandelt haben? Sicher wurde die Wohnung nachher nicht desinfiziert. Für den kleinen Leonhard gab es jedenfalls genug Gelegenheiten, sich tuberkulös zu infizieren.

Abb. 59
Leonhard Euler als Dreissigjähriger.
Schabkunstblatt von I. Sokolov
nach dem (verschollenen) Gemälde
von J. G. Brucker. Dies ist die
einzige bekannte Darstellung, die
den Mathematiker mit zwei
gesunden Augen zeigt.

Abb. 60
Altersbildnis Leonhard Eulers. Stich von S. G. Küt(t)ner nach dem Ölportrait von J. Fr. A. Darbes (1778).

Kurt-R. Biermann

Aus der Vorgeschichte der Euler-Ausgabe 1783–1907

«Es ist wunderbar, dass man noch heute jede der Abhandlungen Eulers nicht bloss mit Belehrung, sondern mit Vergnügen liest.» (C. G. J. Jacobi)[1]

Die Geschichte der grossen Editionen weist insofern Ähnlichkeiten auf, als sie in aller Regel eine Geschichte der Unterschätzung des erforderlichen zeitlichen und finanziellen Bedarfs und damit zugleich eine Geschichte der überschrittenen Zeitpläne ist. Die Ursachen hierfür sind einerseits das mehr oder weniger unbewusste Streben nach Minimierung des Aufwandes, um den potentiellen Geldgeber nicht von vornherein abzuschrecken, zum anderen die bei der Projektierung noch fehlende bzw. unvollständige bibliographische Grundlage für eine realistische Abschätzung. Insofern nimmt die Euler-Edition keine Sonderstellung ein; aber sie ist nicht nur hinsichtlich ihres Umfangs eine Jahrhundertausgabe, sondern auch deshalb, weil es erst zu Beginn dieses Jahrhunderts gelang, die ausreichende Übersicht über Eulers Werk zu erhalten[2]. Und das, obwohl bereits unmittelbar nach Eulers Tod der Versuch unternommen worden war, ein «vollständiges Verzeichnis» der Schriften Eulers aufzustellen[3]. Dass rund 125 Jahre hindurch alle Intentionen, eine Werkausgabe Eulers zustande zu bringen, ungeachtet des enthusiastischen Engagements hervorragender Fachleute steckengeblieben sind, räumt der Geschichte dieser Edition auch im Hinblick auf das wiederholte Scheitern eine Sonderstellung ein.

Der hier zur Verfügung stehende Platz reicht bei weitem nicht aus, um etwa einen vollständigen Überblick über die postume Herausgabe der einzelnen, von Euler hinterlassenen Abhandlungen zu liefern. Aus den ersten Jahrzehnten nach Eulers Tod können wir nur die 28 Abhandlungen in den *Opuscula analytica* (1783/1785; der erste Band war noch unter Mitwirkung von Euler selbst zum Druck vorbereitet worden)[4] und den vierten Band der Integralrechnung mit 27 Abhandlungen (1794) nennen[5]. Euler hatte bekanntlich vorhergesagt, seine wissenschaftliche Hinterlassenschaft würde ausreichen, um 20 Jahre hindurch in den Petersburger akademischen Ausgaben publiziert zu werden. Als 1823 nicht 20, sondern 40 Jahre verstrichen waren, harrten immer noch 14 fertige, unpublizierte Abhandlungen der Veröffentlichung[6]. Zur 100-Jahr-Feier der Akademie wurde im Jahre 1826 beschlossen, die von verstorbenen Akademiemitgliedern hinterlassenen druckreifen Manuskripte zu veröffentlichen. Im Ergebnis dieses Beschlusses wurden 1830 auch jene 14 Abhandlungen Eulers publiziert[7]. Damit waren 785 Schriften Eulers der Öffentlichkeit zugänglich gemacht. Wenn man indessen geglaubt haben sollte, nunmehr sei der Nachlass veröffentlicht und es käme eigentlich nur noch darauf an, die zerstreut veröffentlichten Schriften in *einer* Ausgabe zu vereinen, so hatte man sich gründlich getäuscht. Immer wieder sollten noch unbekannte Manuskripte Eulers aufgefunden werden.

Dass, wie wir hören werden, schon früh der Gedanke einer Gesamtausgabe auftauchte und dass der Urheber solcher Zielvorstellungen Nik(o)laus (Nikolaj Ivanovič) Fuss (1755–1826) gewesen ist, nimmt nicht wunder. Fuss, gebürtig aus Basel, war 10 Jahre vor Eulers Tod nach Russland gekommen und dessen persönlicher Sekretär geworden. Er hatte ca. 300 Arbeiten des erblindeten Meisters redigiert, war sein Vorleser und sein «Eckermann» gewesen[8]. Er stand geistig, so darf man wohl sagen, von den Petersburger Weggefährten Euler am nächsten, gewiss näher als dessen Sohn Johann Albrecht Euler (1734–1800), der ein wenig zu sehr dem Wohlleben verpflichtet war, als dass er viel Mühe und Zeit auf die Erbepflege verwendet hätte. So war denn also Fuss quasi der Hauptnachlasspfleger, und er hat diese Funktion mit Eifer und Hingabe erfüllt. Aber noch waren die veröffentlichten Schriften des Meisters den Interessierten zugänglich, so dass eine zusammenfassende Edition sämtlicher Werke noch keine zwingende Notwendigkeit war. Nikolaus' Sohn Paul Heinrich (Pavel Nikolaevič) Fuss (1798–1855), ein direkter Nachkomme Eulers (Nikolaus hatte eine Enkelin Eulers geheiratet), trat in jeder Beziehung in die Fußstapfen des Vaters. Wie sein Vater wurde auch er Ständiger Sekretär der Petersburger Akademie; war jenem aber noch eine gewisse eigene Kreativität zu eigen gewesen, konzentrierte dieser seine Interessen ganz und gar auf die Historie – er widmete sich wissenschaftlich ausschliesslich dem Nachlass des Urgrossvaters. Als P.H. Fuss 1840 ein Blatt aus den Papieren Eulers, wohl ein Fund bei Durchsicht des Nachlasses, an Carl Gustav Jacob Jacobi (1804–1851) verschenkte[9], wurde das der Anlass für einen intensiven Briefwechsel zwischen Jacobi, dem nach Gauss bedeutendsten zeitgenössischen deutschen Mathematiker, und dem Urenkel Eulers[10]. Fuss war zur Zeit des Beginns seiner Korrespondenz mit Jacobi besorgt, eine belgische Association, die seit 1838 eine Ausgabe der *Œuvres complètes en français de L. Euler* erscheinen liess[11], werde der Petersburger Akademie zuvorkommen und eine qualitativ ganz unbefriedigende Edition veranstalten. Jacobi beruhigte ihn mit der prophetischen Voraussage, es handele sich um ein «totgeborenes» Unternehmen[12]. In der Tat blieb es bei fünf Bänden statt der vorgesehenen fünfundzwanzig, die binnen zweier Jahre hätten erscheinen sollen. Jacobi leistete aber Fuss nicht nur ideelle Hilfe, um dessen Eifer wachzuhalten und noch zu verstärken, er sah darüber hinaus die Archivalien der Berliner Akademie durch, was darin von und über Euler vorhanden war[13], teilte seine Funde Fuss mit und gab diesem vor allem wichtige inhaltliche

Hinweise und Ratschläge[14]. Wenn auch der Gedankenaustausch mit Jacobi sicher nicht die alleinige oder die ausschlaggebende Ursache für die 1843 von Fuss vorgenommene Edition von Teilen der Eulerschen Korrespondenz[15] gewesen ist, so kann doch nicht bezweifelt werden, dass Jacobis begeisterte Anteilnahme an dem Vorhaben Fuss ermutigt und beflügelt hat. Ebenso kann zumindest eine moralische Rückenstärkung durch Jacobi bei dem nun zu erwähnenden Schritt von Fuss vermutet werden, hatte jener ihm doch schon 1841 geschrieben, er würde es für eine «grosse Wohltat» an der mathematischen Welt halten, wenn die Petersburger Akademie die Abhandlungen Eulers herausgäbe[16].

Fuss wandte sich am 29. März 1844 an den bekannten russischen Mathematiker Michail Vasil'evič Ostrogradskij (1801–1861) mit einem Schreiben, in dem er berichtete, er habe mit dem Akademiepräsidenten Sergej Semenovič Uvarov (1786–1855), der zugleich den Posten eines Ministers für Volksaufklärung bekleidete, über das Projekt einer vollständigen Ausgabe der Eulerschen Werke gesprochen und sei beauftragt, einen Voranschlag zu erarbeiten. Fuss bat Ostrogradskij, die hierzu erforderliche Einschätzung der wissenschaftlichen Bedeutung der Eulerschen Schriften zu verfassen[17]. Akademiker Ostrogradskij antwortete am 2. April 1844 (n. St.)[18]:

«Euer Excellenz geben mir die Ehre der Priorität des Gedankens einer vollständigen Edition der Werke unseres unsterblichen Euler. Ich bin Ihnen aufrichtig dankbar dafür, aber ich beeile mich zu erklären, dass Ihr Vater diesen Gedanken viel früher geäussert hat, ehe er in den Kopf von einem von uns Eingang finden konnte. Daher besteht unser Verdienst allein darin, dass wir den Vorschlag wieder aufnehmen, den Ihr Vater als erster gemacht hat; aber ein viel grösseres Verdienst besteht darin, ihn zu verwirklichen. Letztenendes, um dem Kaiser zu geben, was des Kaisers ist, müssen wir uns auf unseren berühmten Präsidenten verlassen. Das wissenschaftliche Europa, das seine literarischen Arbeiten schätzt, wird die uneigennützige Fürsorge und Pflege begrüssen, welche er allen Wissenschaften zuteil werden lässt, und mit Dankbarkeit wird es die Werke des unsterblichen Gelehrten, dem es den Titel eines Vaters der gegenwärtigen Analysis zuerkannte[19], unter dem Schutz dieses berühmten Ministers erscheinen sehen.

Dieser Titel eines ‹Vaters› ist völlig verdient, hat doch gerade Euler die moderne Analysis und die gegenwärtige Sprache der Mathematik geschaffen. Versuche man doch, die Arbeiten seiner Vorgänger und Zeitgenossen zu konsultieren, lese man Pascal, Leibniz, Bernoulli, Clairaut, d'Alembert und andere – dies Studium erweist sich als ermüdend, gerade so wie die Lektüre aller Schriften, deren Sprache veraltet, deren Anordnung und Ausdrucksweise uns fremd ist. Offensichtlich muss man dabei mehr auf die Form achten, in der die Ideen vorgetragen werden, als auf die Ideen selbst. Und wenn man heute nicht mehr so schreibt, wie es jene verdientermassen so berühmten Männer getan haben, wenn wir ihre Manier der Behandlung der Dinge verlassen haben, dann deshalb, weil Euler die nächstfolgende Generation mitgerissen, sie gelehrt hat, so zu denken und zu schreiben, wie er dachte und schrieb. Das Studium seiner Arbeiten ist die leichteste und nützlichste Sache. Er vereinte in seiner Person den Ruhm eines Umgestalters mit dem Ruhm eines sehr klaren und sehr eleganten Autors.

Euler schuf die moderne Analysis, er allein bereicherte sie mehr, als alle Nachfolger zusammengenommen, und machte sie zum mächtigsten Instrument des menschlichen Geistes. Er allein verstand es, die Analysis in ihrer Ganzheit zu erfassen, und er fand für sie zahlreiche und verschiedenartige Anwendungen. Er untersuchte schwierigste Fragen der Naturphilosophie, aus dem militärischen und maritimen Bereich, der politischen Ökonomie, der industriellen Mechanik usf. Seine Entdeckungen können den ihm Nachfolgenden mit wenigen Worten bezeichnet werden: Euler schuf die gegenwärtige Analysis, dass heisst, die bedeutendste, ausgedehnteste und schwierigste Wissenschaft; wenn man nähere Einzelheiten wünscht, müsste man sagen, dass Euler die Rechnung mit partiellen Differentialen entdeckte, der Hydrostatik und Hydrodynamik die heutige Gestalt gab, in die Analysis einige transzendente Funktionen einführte, deren Haupteigenschaften entdeckte. Euler lehrte uns, das Problem der Planetenstörungen in angemessener Weise zu behandeln, und er beseitigte die Hauptschwierigkeiten dieser wichtigen Frage. Euler entdeckte achromatische Gläser. Er äusserte theoretische Ansichten vom Licht, die allgemein akzeptiert wurden, usw. usf. Diese Aufzählung wäre noch lange nicht zu beenden.

Alle berühmten Mathematiker, die heute leben, sagt ein ebenso hervorragender wie tiefer Geometer[20], sind Schüler von Euler. Es gibt keinen unter ihnen, der sich nicht unter dem Studium seiner Werke entfaltet, der nicht von ihm die benötigten Formeln und Methoden erhalten hätte, der bei seinen Entdeckungen nicht von seinem Genie geleitet und gestützt worden wäre. Euler kommt die Ehre der Umgestaltung der mathematischen Wissenschaften zu, die er sämtlich der Analysis unterwarf; seine Arbeitskraft erlaubte es ihm, diese Wissenschaften in Gänze zu umfassen; er verwirklichte methodische Ordnung in seinen grossen Werken; seine Formeln sind einfach und elegant; die Klarheit seiner Methoden und Beweise wird noch durch eine grosse Zahl gelungen ausgewählter Beispiele erhöht. Weder Newton noch selbst Descartes, so gross auch ihr Einfluss gewesen ist, haben einen solchen Ruhm errungen, wie ihn von allen Geometern allein Euler ganz und ungeteilt besitzt.

Gelehrte und Wirtschaftler sehen mit Freude und Dankbarkeit der Sammlung der Werke des vielseitigen Genies entgegen, die in einer grossen Zahl von Ausgaben, akademischen Schriften und Journalen zerstreut sind.

Empfangen Euer Excellenz die Versicherung tiefer Verehrung Ihres Ihnen ergebenen M. Ostrogradskij.»

Wir übersetzen diese Stellungnahme des namhaften Mathematikers aus dem Russischen und geben sie in voller Länge wieder, da sie einen bleibenden Wert hat, ganz unabhängig von dem Zweck, für den sie verfasst wurde. Sie zeigt die unverblasste Wertschätzung, die Euler noch nach über 50 Jahren nach seinem Tode in urteilsfähigen Fachkreisen genoss.

Die von der Petersburger Akademie auf Grund der Vorlage von Fuss am 17. April 1844 beschlossene Werkausgabe[21] kam indessen nicht zustande: Ostrogradskij, der im April 1844 von der Physikalisch-Mathematischen Abteilung der Petersburger Akademie als Mitglied einer eingesetzten Euler-Kommission zum Hauptredaktor der beabsichtigten Euler-Edition bestimmt wurde[22], hatte vergeblich an die Eitelkeit des Präsidenten-Ministers appelliert; Uvarov schrieb an den Rand der Vorlage: «Warten!»[23]. Interessant ist, dass Fuss der Eingabe ein Verzeichnis der publizierten und der unveröffentlichten Schriften Eulers sowie derjenigen Manuskripte beifügte, die zwar in der erwähnten, der Eloge von 1783 bzw. 1786 beigegebenen, von seinem Vater aufgestellten Liste[24] enthalten waren, aber nun weder in den Archiven aufzufinden noch inzwischen ediert worden waren[25]. Diese Liste hatte Fuss auch seiner erwähnten Edition von 1843 beigegeben[26]. Das Verzeichnis seines Vaters hatte weniger als 700 Titel erfasst; seine Bibliographie enthielt nun 756 Arbeiten Eulers. Fuss schätzte, viel zu gering, den Umfang der vorgeschlagenen Ausgabe auf 25 bis 28 Quartbände zu je 80 bis 90 Bögen[27]. Noch im Jahr 1844 fand Fuss weitere 61 Manuskripte Eulers.

Über die weitere fragmentarische Realisierung der Editionspläne um die Mitte des vorigen Jahrhunderts unterrichtet uns der Bericht, den Fuss 1848 der Petersburger Akademie abstattete. Wir zitieren daraus hier in deutscher Übersetzung, weil er einen deutlichen Einblick sowohl in die anhaltenden Bemühungen von Fuss und die von ihm zu überwindenden Schwierigkeiten vermittelt als auch seine Zusammenarbeit mit Jacobi widerspiegelt[28]:

«Im Jahre 1844 haben wir an der gleichen Stelle von der Entdeckung einiger postumer Arbeiten unseres unsterblichen Euler Mitteilung gemacht. Wir entschieden uns damals, sie entweder alle zusammen zu publizieren oder sie unverzüglich als Teil in die vollständige Werkausgabe dieses grossen Mathematikers aufzunehmen, eine Ausgabe, die die Akademie schon lange beabsichtigte. Schliesslich wurde letzteres beschlossen, und wir beglückwünschen uns heute dazu, dass der Anfang mit den *Commentationes arithmeticae* gemacht wurde, deren Druck dem Ende zugeht. Diese wertvolle Sammlung von Abhandlungen besteht aus zwei grossen Quartbänden[29] und enthält 89 Abhandlungen, die früher in verschiedenen akademischen Ausgaben veröffentlicht wurden und daher schwer zugänglich sind, ausserdem fünf unveröffentlichte Abhandlungen, ein grosses unvollendetes Traktat zur Zahlentheorie sowie einige höchst interessante Fragmente, die wir mit viel Mühe rekonstruiert haben. [...] Im Verlauf der zwei Jahre, die der Druck dieser Sammlung dauerte, recherchierten und klassifizierten wir den gewaltigen handschriftlichen Nachlass, über den wir schon lange verfügten, nicht ahnend, welche Schatzkammer er in sich birgt.

Wir haben nunmehr die Überzeugung gewonnen, dass all diese Papiere – berücksichtigt man ihre Unordnung – in dem Durcheinander zusammengerafft worden sind, welches bei dem Feuer entstand, dem Eulers Haus 1772 zum Opfer fiel, und dass sie, wenn man so sagen darf, den Flammen entrissen worden sind. Die Ordnung war zeitraubend und schwierig, dafür wurden wir aber durch ganz unerwartete Entdeckungen belohnt. [...] Den Texten fügten wir eine Menge historischer, höchst instruktiver Bemerkungen hinzu, welche sich in unserer Sammlung oder in anderen Familienpapieren fanden bzw. die in alten Protokollen unserer Akademie, an Hand deren sorgfältig die Datierung der verschiedenen Arbeiten unseres Autors zu prüfen war, oder die im Archiv der Berliner Akademie angetroffen wurden, in dem Herr Jacobi mit ausnehmender Liebenswürdigkeit zum gleichen Zweck gründlich nachgeforscht hat.»

Es ist anzumerken, dass Fuss in seinen Vorträgen und Berichten in Petersburg nicht nur ihm von Jacobi gelieferte Argumente benutzt hat, sondern ihn auch *expressis verbis* zitierte[30]. Jacobis tätiges Interesse wirkte anspornend auf Fuss und stellte zugleich eine sehr wertvolle praktische Hilfe dar. Im August 1843 hatten sie sich in der Schweiz auch persönlich kennengelernt und Gefallen aneinander gefunden[31]. Auf jener Auslandsreise, die Fuss auch nach Deutschland und Frankreich führte und auf der er u.a. seine Euler-Studien fortführte, fand er, nebenbei bemerkt, auch bei Carl Friedrich Gauss (1777–1855) grosses Verständnis für sein Anliegen. Gauss suchte für ihn eine anonym an entlegener Stelle erschienene Abhandlung Eulers, fand sie und kopierte sie für Fuss eigenhändig[32].

Übrigens sind solche Referate über Fuss' Euler-Forschungen wie das, aus dem wir eben zitierten, von 1842 bis 1851 fast alljährlich in den *Comptes rendus* der Petersburger Akademie erschienen[33] und machen ersichtlich, dass damals ein Höhepunkt in der Vorbereitung einer Euler-Ausgabe erreicht war. Jacobi, dem Fuss den ersten Band der *Commentationes arithmeticae* als Signalexemplar zugänglich gemacht hatte, gratulierte dem Herausgeber mit herzlichen Worten. Er gab sein und seines Freundes Peter Gustav Lejeune Dirichlet (1805–1859) wärmstes Interesse an einer raschen Fortsetzung bekannt, und er machte in einem im Druck nicht weniger als 26 Seiten umfassenden Brief detaillierte Vorschläge für die Gestaltung der weiteren Bände[34]. Er wünschte, dass nunmehr Bände mit *Commentationes algebraicae* und *Commentationes geometricae* ediert würden. Indessen blieb es bei den beiden Bänden *Commentationes arithmeticae* als erster Abteilung von *L. Euleri Opera minora collecta*[35]. 1862 folgten dann noch zwei Bände *Opera postuma*[36] mit den Funden von 1844, nach dem Tode von Fuss u.a. besorgt von seinem Bruder Nikolaj Nikolaevič Fuss (1810–1867), der ihm schon früher assistiert hatte.

Durch den Tod von Fuss und Jacobi war das Projekt einer Euler-Ausgabe seiner energischsten Förderer beraubt worden, und es wurde nun still um dies Vorhaben. «Immerhin hat», wie Ferdinand Rudio (1856–1929) zu Recht feststellte, «in dieser Zeit die Idee doch nicht gänzlich geruht, und es hat nicht an Erscheinungen gefehlt, die das Bewusstsein für das zu Erstrebende wachgehalten haben[37].» Dazu rechnete er u.a. die Gedächtnisfeier der Basler Naturforschenden Gesellschaft im Jahre 1883 zum 100. Todestag Eulers und das 1896 erfolgte Erscheinen eines neuen Eulerschen Werkverzeichnisses von

J.G. Hagen[38], das ausdrücklich für die Benutzung bei der Edition einer Gesamtausgabe bestimmt war. Es war nicht zuletzt durch die Kritik, die es hervorrief, eine weitere wichtige Vorstufe der späteren, die Grundlage für die *Opera omnia* bildenden Bibliographie von G. Eneström[39]. Auch die 1897 auf dem Internationalen Mathematikerkongress in Zürich von Rudio vorgebrachte Erinnerung daran, dass die mathematische Welt die Ehrenpflicht der Herausgabe der Werke Eulers nicht erfüllt habe, ist in diesem Zusammenhang zu erwähnen[40].

Das Nahen des 200. Geburtstages Eulers 1907 erweckte das Vorhaben im Jahre 1903 zu neuem Leben. Wir sprechen hier nicht von den Schweizer Initiativen – weil sie tatsächlich in Form der *Opera omnia* realisiert wurden und werden, daher in diesem Band an anderer Stelle ihre Darstellung finden –, sondern von einem von der Petersburger Akademie ausgehenden und mit der Berliner Akademie beratenen Projekt, das hier noch zu schildern ist[41].

Am 29. Januar 1903 wandte sich der Botaniker Andrej Sergeevič Famincyn (1835–1918) brieflich an die Berliner Akademie mit folgender Frage: Aus Anlass des 200. Geburtstages Eulers am 15. April 1907 sei in der Petersburger Akademie der Gedanke angeregt worden, ihn durch eine schon früher in Aussicht genommene Gesamtausgabe seiner Schriften zu ehren. Zur Prüfung der Realisierbarkeit wäre unter seinem Vorsitz eine Kommission gebildet worden. Diese sei der Meinung, dass die Ausführung nur dann gesichert wäre, wenn man auf die tätige Mitwirkung anderer wissenschaftlicher Einrichtungen, in erster Linie der Berliner Akademie, rechnen könne. Daher erlaube er sich die Anfrage, ob die Akademie in Berlin geneigt sei, sich an dem Unternehmen zu beteiligen[42]. In Berlin wurden die Mathematiker Georg Frobenius (1849–1917), Friedrich Schottky (1851–1935) und Hermann Amandus Schwarz (1843–1921) mit der Begutachtung beauftragt; sie begrüssten das Vorhaben und empfahlen eine Beteiligung, wenigstens durch Übernahme eines Teils der Kosten. Eine Entscheidung könne aber erst erfolgen, wenn ein detaillierter Plan vorläge[43]. Entsprechend fiel die Antwort aus, die am 24. März nach Petersburg gesandt wurde[44]. Daraufhin schickte Famincyn das Protokoll einer Sitzung der Petersburger Kommission vom 12. Mai (wohl alten Stils). Hierin hiess es u.a.[45], die *Opera minora collecta*[46], von denen noch eine hinreichende Anzahl am Lager sei, sollten als die ersten beiden Bände gelten; zum 200. Geburtstag Eulers solle ein Band der geplanten Ausgabe erscheinen, und man habe zunächst vorgesehen, nur die in Zeitschriften enthaltenen Abhandlungen Eulers herauszugeben, die Frage der Edition der selbständig erschienenen Werke Eulers aber zurückzustellen. Dadurch vermindere sich die Zahl der von Fuss angenommenen 25 Bände (einschliesslich der *Opera minora*).

Da diesem Protokoll zu entnehmen war, dass in erster Linie von der Berliner Seite Physiker und Astronomen an der Ausgabe tätig werden sollten, wurde die eingesetzte Kommission der drei genannten Mathematiker durch Max Planck (1858–1947) und Arthur Auwers (1838–1915) verstärkt[47]. Nach eingehender Beratung der Petersburger Vorschläge erklärte die Berliner Seite am 31. Juli ihr prinzipielles Einverständnis. Einschränkend wurde in der Antwort gesagt[48], keines der Berliner Akademiemitglieder sehe sich in der Lage, die Redaktionsarbeit zu übernehmen. Die Akademie müsse daher je einen Generalredakteur für Physik und Astronomie suchen und diesem Mittel zur Entschädigung für die eigene Mühewaltung und zur Honorierung der weiteren Mitarbeiter zur Verfügung stellen. Es müsse sich erst zeigen, ob geeignete Gelehrte gewonnen werden könnten.

Erst Ende April 1904 sah sich die Petersburger Kommission imstande, das Ersuchen nach einem Kostenanschlag zu erfüllen[49]. Es wurde ermittelt, dass (nach Verzicht der Aufnahme der grösseren, selbständigen Werke in die Ausgabe) für die Gesamtheit der kleineren Schriften Eulers 22 Bände im Format der *Opera minora collecta* mit je 80 Druckbögen zu veranschlagen seien, von denen wie erwähnt zwei Bände bereits vorlägen. Die Kosten für Satz, Druck und Papier würden sich auf etwa 52000 Rubel, rund 112000 Reichsmark, belaufen. Hinzu kämen die Honorare für die Bearbeiter in Höhe von 10 Rubeln, etwa 21,50 Mark je Bogen. Damit würden sich die Gesamtkosten auf 70000 Rubel belaufen, von denen die Petersburger Akademie 40000 Rubel, die Berliner Akademie den Rest zu übernehmen hätte. Da die Ausgaben sich auf 10 Jahre verteilen sollten, entfiele auf die Berliner Akademie ein Anteil von 3000 Rubeln (etwa 6500 Mark) pro Jahr.

Auwers prüfte die Petersburger Kostenpläne und kam zu der Überzeugung, dass die Honorare zu niedrig angesetzt seien. Er schätzte den auf die Berliner Akademie entfallenden Anteil auf 38250 Rubel, die nicht in 10, sondern wohl in 12 bis 15 Jahren aufzubringen sein würden, pro Jahr etwa 6000 bis 8000 Mark. Das aber übersteige die Kräfte der Physikalisch-mathematischen Klasse und es müsse beim preussischen Kultusministerium ein Zuschuss von 3500 Mark für 12 Jahre bzw. bis zur Beendigung des Unternehmers beantragt werden[50]. Auwers trug die Angelegenheit in der Klassensitzung am 14. Juli vor und bemerkte dabei, bisher beliefen sich die laufenden Verpflichtungen der Klasse auf nur 2300 Mark je Jahr, und «für das Fach der Mathematik sei seit langem nur sehr wenig aufgewendet worden[51]». Demgemäss beantragte die Akademie am 28. Juli bei dem Kultusminister einen Zuschuss für Zwecke der Euler-Ausgabe für die folgenden 12 Jahre in Höhe von 3500 Mark jährlich[52]. Entsprechend wurde am gleichen Tage Famincyn unterrichtet.[53]

Aber wenn es in diesem Schreiben hiess, die Akademie sei «durchaus sicher, dass ihr gegenwärtiger Antrag bei ihrem vorgeordneten Ministerium die wohlwollendste Aufnahme finden» werde, so sollte es sich bald erweisen, dass diese Zuversicht trog – am 17. November lehnte das Ministerium ohne nähere Begründung den erbetenen Zuschuss ab[54]. Auwers war in seiner Eigenschaft als derzeit vorsitzenden Sekretär der Klasse in die peinliche Lage versetzt, dies am 10. Dezember dem russischen Verhandlungspartner berichten zu müssen. Den unangenehmen Inhalt der Nachricht etwas abschwächend, fügte er hinzu, die Akademie gäbe die Hoffnung nicht auf, mit einem erneutem Antrag besseren Erfolg zu erzielen, und werde im nächsten Jahr erneut an das Ministerium herantreten[55].

Damit war der Plan, den ersten Band einer gemeinsamen Euler-Ausgabe zum 200. Geburtstag herauszugeben, gescheitert, aber noch hatte das Unternehmen als solches nicht endgültig Schiffbruch erlitten. Famincyn erkundigte sich denn auch zwei Jahre danach, am 4. Januar 1907, ob die Akademie einen zweiten Antrag gestellt habe und wie die Antwort laute. Zugleich bat er um Mitteilung, wie die «jetzige Stimmung» der Berliner Akademie hinsichtlich der gemeinsamen Herausgabe von Eulers Werken sei[56]. Tatsächlich hatte die Akademie ihre Bitte um Zuschuss nicht wiederholt, weil man inzwischen mit der Absicht umging, generell eine Erhöhung des Etats der Akademie zu beantragen, diese Angelegenheit aber noch nicht ausgereift war, zum anderen, weil Auwers der Meinung gewesen war, die Folgen des Russisch-Japanischen Kriegs müssten «auch den Petersburger akademischen Unternehmungen erheblichen Abbruch tun[57]». Überhaupt nahm Auwers nunmehr eine negative Haltung zu dem Projekt ein. Indem er das letzte aus Petersburg eingetroffene Schreiben in der Kommission sowie bei dem Physiker Emil Warburg (1846–1931) und dem Astronomen Hermann Struve (1854–1920, gebürtig auf der Sternwarte Pulkovo) zirkulieren liess, bemerkte er in seinem Begleitschreiben, jetzt nicht mehr unter Zeitdruck stehend, müsse man nun in Ruhe prüfen, ob man die Euler-Ausgabe überhaupt für dermassen nützlich halte, dass sich 12 Jahre Arbeit einer Anzahl von Fachleuten und ein finanzieller Aufwand von 80000 bis 90000 Mark lohne[58]. Es wurde eine Sitzung zur Beratung dieser Gesichtspunkte anberaumt. Max Planck entschuldigte sein Fehlen mit folgendem Schreiben[59]:

«Da ich in der Fakultätssitzung zu thun habe, so bitte ich mich in der Euler-Kommission zu entschuldigen. In der zur Berathung stehenden Angelegenheit kann ich die Erklärung abgeben, dass nach meinem Dafürhalten die Herausgabe der physikalischen Schriften Eulers keinem dringenden Interesse der wissenschaftlichen Physik entspricht und ich für meine Person daher nicht besonders nachdrücklich dafür eintreten kann.

31.I.07   Planck»

Mit diesem Urteil Plancks war das Vorhaben gestorben: Am 7. Februar beschied Auwers Famincyn dahingehend, es herrsche nun in Berlin die Ansicht vor, dass zwar die Herausgabe der Eulerschen Arbeiten ein «wohlverdientes Denkmal» darstellen würde, «dass aber die Wissenschaft daraus nicht einen Nutzen ziehen könnte, der mit dem [...] notwendigen Aufwand an Arbeit und Mitteln einigermassen in Einklang stände[60]».

Das ist die Geschichte des letzten zum Stillstand gekommenen Anlaufs zu einer Ausgabe der Werke Eulers. Jedoch wurden noch im gleichen Jahr durch die Schweizerische Naturforschende Gesellschaft (SNG) die Voraussetzungen für die Edition der *Opera omnia* geschaffen[61]. Das wird, wie erwähnt, hier an anderer Stelle geschildert. Nachzutragen bleibt nur, dass die Berliner ebenso wie die Petersburger und die Pariser Akademie dem Aufruf der SNG vom April 1909 folgte, durch eine grosszügige Subskription die in Aussicht genommene Ausgabe zu unterstützen. Sie erhielt vom Kultusministerium die erforderlichen Mittel erst so spät bewilligt, dass sie die Bestellung von 40 Exemplaren jedes Bandes der Jahresversammlung der SNG in Lausanne am 6. September 1909 nur noch telegraphisch zukommen lassen konnte[62]. Von der Wirkung der Zusage und den Umständen der endgültigen Beschlussfassung der SNG über die Herausgabe der *Gesamten Werke Eulers* berichtete Rudio als Präsident der Euler-Kommission der SNG Auwers brieflich am 12. September 1909[63]:

«Ihre Depesche kam also noch rechtzeitig an und hat ihre Wirkung nicht verfehlt. Die Tatsache, dass die drei grossen Akademien Berlin, Paris und Petersburg mit so übereinstimmender Energie für das Unternehmen eingetreten sind, hat natürlich wesentlich dazu beigetragen, dass der Beschluss ohne Diskussion, einstimmig und mit begeisterter Akklamation gefasst wurde. Ich darf wohl sagen, dass es ein weihevoller Moment gewesen ist und dass durch die ganze Versammlung eine Bewegung hindurchging, die deutlich erkennen liess, dass sich alle der Bedeutung des Beschlusses bewusst waren. Das ist dann auch nachher noch genügend hervorgehoben worden: die Signatur der ganzen Jahresversammlung hiess Euler.»

Damit endet die Vorgeschichte der Euler-Werkausgabe, und es beginnt die nicht weniger interessante und für alle heutigen Editoren lehrreiche Geschichte der *Leonhardi Euleri Opera omnia*. Verlorengegangen ist, wie schon früher bemerkt worden ist[64], die grosse Mühe nicht, die vor allem Paul Heinrich Fuss und Jacobi, aber auch viele andere, hier genannte oder aus Platzmangel unerwähnt gebliebene Gelehrte in harter und entsagungsvoller Arbeit auf die Vorbereitung dieser gewaltigen Ausgabe verwandt haben; ihre Verzeichnisse und Vorschläge, Überlegungen und Planungen sind denen zugute gekommen, die die Ausgabe dann realisieren konnten, als das Projekt reif zur Vollendung war.

Anmerkungen

1   Brief an M.H. Jacobi, 25.1.1849. W. Ahrens (ed.), *Briefwechsel zwischen C.G.J. Jacobi und M.H. Jacobi*, Leipzig 1907, p. 209.
2   G. Eneström, *Verzeichnis der Schriften Leonhard Eulers*, Jahresberichte der Deutschen Mathematikervereinigung, Ergänzungsbd. 4, Leipzig 1910–1913.
3   N. Fuss, *Lobrede auf Herrn Leonhard Euler*, Basel 1786, p. 123–181, abgedruckt in O. I, 1, p. XLIII–XCV; zuvor in französischer Sprache 1783, p. 74–124.
4   L. Euler, *Opuscula analytica*, tomi 1–2, Petropoli 1783–1785.
5   L. Euler, *Institutionum calculi integralis volumen quartum*, Petropoli 1794.
6   V. P. Zubov, *Istoriografija estestvennykh nauk v Rosii*, Moskva 1956, p. 391.
7   *Mémoires posthumes de L. Euler, F. T. Schubert et N. Fuss*, St. Pétersbourg 1830.
8   O. Spiess, *Leonhard Euler*, Frauenfeld und Leipzig 1929, p. 193–194.

 9 *Der Briefwechsel zwischen C.G.J. Jacobi und P.H. von Fuss über die Herausgabe der Werke Leonhard Eulers*, ed. P. Stäckel und W. Ahrens, Leipzig 1908, p.6.

10 Ibidem, p.6–78.

11 *Œuvres complètes de L. Euler, éditées par l'association des capitaux intellectuels pour favoriser le développement des sciences physiques et mathématiques*, tomes 1–5, Bruxelles 1838–1839. – H. Bosmans, *Sur une tentative d'édition des œuvres complètes de L. Euler faite à Bruxelles en 1839*, Louvain 1909.

12 Brief an P.H. Fuss, 16.4.1842. Stäckel/Ahrens, 1908, p.18.

13 Ibidem, insbes. p.21–40, 56–65, 73–74. – K.-R. Biermann, *Einige Euleriana aus dem Archiv der deutschen Akademie der Wissenschaften zu Berlin*, in: *Sammelband Leonhard Euler*, Berlin 1959, insbes. p.22–26.

14 Stäckel/Ahrens, 1908, insbes. p.48 ff.

15 *Correspondance mathématique et physique de quelques célèbres géomètres du XVIIIe siècle*, publ. par P.H. Fuss, tomes 1–2, St-Pétersbourg 1843.

16 Brief an P.H. Fuss, 28.2.1841. Stäckel/Ahrens, 1908, p.6.

17 K.I. Kostrjukov, *Ob odnoj popytke izdat' trudy Leonarda Eulera*, Istoriko-matematičeske issledovanija 7, 1954, p.630–640; hier p.633 (Daten alten Stils werden hier stillschweigend umgestellt auf n. St., KRB).

18 Ibidem, p.634–637 (hier aus dem Russischen übersetzt von KRB).

19 Ostrogradskij zitiert als Beleg in einer Anmerkung Laplace, *Mécanique céleste*, tome 5, p.152.

20 Auch hiermit dürfte Laplace gemeint sein, von dem das Wort stammt: «Lisez Euler, lisez Euler, c'est notre maître à tous.» Vgl. G. Libri, in: *Journal des Savants*, 1846, p.51.

21 Kostrjukov, 1954, p.631.

22 Ibidem, p.630.

23 Ibidem, p.631.

24 Siehe Anm.3.

25 Ibidem, S.632.

26 Siehe Anm.15. Das Verzeichnis wurde, berichtigt und ergänzt, erneut von Stäckel/Ahrens, 1908, p.79–169, abgedruckt.

27 Kostrjukov, 1954, p.631.

28 E.P. Ožigova, *Matematika v Peterburgskoj akademii nauk v konce XVIII-pervoj polovine XIX veka*, Leningrad 1980, p.158–159 (hier aus dem Russischen übersetzt von KRB).

29 L. Euler, *Commentationes arithmeticae collectae*, ed. P.H. et N. Fuss, tomi 1–2, Petropoli 1849 (*Opera minora collecta I*).

30 Ožigova, 1980, p.156–157.

31 Ahrens, 1907, p.108.

32 Brief von Fuss an Jacobi, 20.11.1847. Stäckel/Ahrens, 1908, p.42.

33 Ožigova, 1980, p.202, Nrn. 133–138.

34 März/April 1848. Stäckel/Ahrens, 1908, p.47–73.

35 Siehe Anm.29.

36 L. Euler, *Opera postuma mathematica et physica*, tomi 1–2, Petropoli 1862.

37 F. Rudio, *Vorwort zur Gesamtausgabe der Werke von Leonhard Euler*, O.I., 1, p.IX–XLI; zit. p.XVII.

38 J.G. Hagen, *Index operum Leonardi Euleri*, Berlin 1896.

39 Siehe Anm.2.

40 Rudio, 1911, p.XVIII.

41 K.-R. Biermann, *Versuch einer Leonhard-Euler-Ausgabe von 1903/07 und ihre Beurteilung durch Max Planck*, Forschungen und Fortschritte 37, 1963, p.236–239.

42 Zentrales Archiv der Akademie der Wissenschaften der DDR, II–VIIb2, Band 80, Heft 1 (diese Quelle wird hier künftig mit ZAAW bezeichnet), Blatt 1.

43 ZAAW, Blatt 3.
44 Ibidem.
45 Ibidem, Blatt 4.
46 Siehe Anm. 29.
47 ZAAW, Blatt 5.
48 Ibidem, Blatt 6.
49 Ibidem, Blätter 7–8.
50 Ibidem, Blatt 13.
51 Ibidem.
52 Ibidem, Blatt 14.
53 Ibidem, Blatt 15.
54 Ibidem, Blatt 16.
55 Ibidem.
56 Ibidem, Blatt 17.
57 Ibidem, Blatt 18.
58 Ibidem.
59 Ibidem, Blatt 19. Dieses Dokument wurde bereits in der Abh. Biermann, 1963 (siehe Anm. 41), p. 239, veröffentlicht.
60 ZAAW, Blatt 17. Diese endgültige Absage wurde veröffentlicht in: *Bulletin de l'Académie Impériale des Sciences de St-Pétersbourg 2*, 1908, p. 4–5.
61 Rudio, 1911, p. XIX–XXI.
62 ZAAW, Blatt 44.
63 Ibidem, Blätter 46–47. – Biermann, 1963 (siehe Anm. 41), p. 237.
64 Stäckel/Ahrens, 1908, p. V; Rudio, 1911, p. XIII.

Johann Jakob Burckhardt

Die Euler-Kommission der Schweizerischen Naturforschenden Gesellschaft – ein Beitrag zur Editionsgeschichte

Die Feiern anlässlich des 200. Geburtstages von Leonhard Euler (15. April 1907) gaben den Anlass, endlich, nach vielen Fehlschlägen, die Herausgabe seiner *Opera omnia* neu zu planen und sodann zu beginnen. Ferdinand Rudio war die treibende Kraft; seine begeisternden Aufrufe und sein nie erlahmender Einsatz verhalfen dem Unternehmen zu einem verheissungsvollen Beginn. Unter seiner Führung wurde im Herbst 1907 der Grundstein der Edition gelegt. Weitere Sitzungen galten der Ernennung der Kommission und der Aufstellung der Reglemente. Unterstützt wurde das Unternehmen insbesondere durch die Gründung einer entsprechenden Kommission der Deutschen Mathematiker-Vereinigung. Im Verlaufe der Vorbereitungen wurde die Euler-Kommission zu einer selbständigen Kommission der Schweizerischen Naturforschenden Gesellschaft (SNG). Am 6. September 1909 wurde an deren Jahresversammlung in Lausanne[1] folgender Antrag einstimmig angenommen:

«Die Schweizerische Naturforschende Gesellschaft beschliesst die Herausgabe der gesamten Werke Leonhard Eulers in der Originalsprache, überzeugt, damit der ganzen wissenschaftlichen Welt einen Dienst zu erweisen und mit dem Ausdruck tief gefühlten Dankes an alle Förderer des Unternehmens im In- und Auslande, an die Euler-Kommission und insbesondere an ihren Vorsitzenden, Herrn Ferdinand Rudio, für seine aufopfernde Hingabe zur Verwirklichung des grossen Werkes[2].»

Der Gesamtumfang des Werkes wurde damals auf 2652 Bogen zu je 8 Quartseiten geschätzt und auf 43 Bände verteilt. Dies sollte sich bereits 1912 – nach dem Erscheinen des «Eneström-Verzeichnisses», das zum eigentlichen Rückgrat der Euler-Ausgabe werden sollte – als zu niedrig geschätzt erweisen; man kam schon damals auf 66 Bände, was später nochmals übertroffen werden sollte. Dies führte zu erheblichen Schwierigkeiten mit den Finanzen und den Abonnenten. Die Gesamtkosten waren damals auf Fr. 450000.- geschätzt.

Der Aufruf zur Subskription und zur Sammlung von Geldbeiträgen zeigte einen ungeheuern Erfolg; von der weltweiten Begeisterung für das Unternehmen hören wir aus den damaligen Berichten. Die Akademien in Berlin, Paris und St.Petersburg zeichneten je auf 40 Exemplare, hierzu kamen 154 Abonnemente von verschiedenen Seiten. Leider konnte diese Anzahl im Laufe der Jahre nicht gehalten werden; sie unterlag, entsprechend der Weltlage, starken Schwankungen. An Barspenden gingen aus dem In- und Ausland Fr.125000.– ein, zusammengelegt von Privaten, Behörden, wissenschaftlichen Korporationen, technischen Vereinen und industriellen und kaufmännischen Gesellschaften. So schien das Unternehmen auf soliden finanziellen Grundlagen zu ruhen.

Nach eingehenden Verhandlungen mit verschiedenen Verlagshäusern des In- und Auslandes, nach Prüfung von Formaten und Schrifttypen wurde die Ausgabe in Kommission der Firma B.G. Teubner in Leipzig übergeben. Der Redaktionsplan stützte sich auf einen Entwurf von Paul Stäckel[3].

Bevor wir den Verlauf der Herausgabe schildern, sei kurz der für die gesamte Edition geltende Finanzierungsmodus skizziert:

Der grösste Kostenbetrag wurde durch den Verkauf der Bände bestritten. Vorausbezahlte Abonnements und die Erträge von stets wiederholten Sammlungen und Zuwendungen wurden in einen «Euler-Fonds» gelegt. Dessen Zinsen und, soweit zulässig, Entnahmen aus seinem Bestand bildeten beachtliche Zuschüsse an die Kosten der Herausgabe. Als ausserordentlich wertvoll für moralische und finanzielle Hilfe erwies sich die 1912 gegründete, noch heute existierende freiwillige «Euler-Gesellschaft», deren Unterstützung wesentlich zur Durchführung des Werkes beitrug.

Entsprechend der Begeisterung, mit der das Werk ins Leben gerufen wurde, war zunächst der Gang der Herausgabe: Einem internationalen Mitarbeiterstab gelang es, bis zum Ausbruch des Ersten Weltkrieges 12 Bände herauszugeben. Den ersten Band bildete die von H. Weber edierte weltbekannte *Algebra* (E.387, 388). Von hier weg ging es naturgemäss harzig. Mitarbeiter gingen verloren, neue zu finden war schwierig, Zahlungen blieben aus oder wurden wertlos. So erschien unter Rudio in den zwanziger Jahren nur noch jährlich etwa ein Band.

Im Jahre 1928 wurde Andreas Speiser Generalredaktor; er stand vor fast unüberwindlichen Schwierigkeiten personeller und finanzieller Natur. Sowohl in moralischer wie auch in pekuniärer Hinsicht wirkte sich die am 16.Juli 1931 erfolgte Schliessung der Schalter des Bankhauses Christ-Paravicini aus, dessen Teilhaber Paul Christ Schatzmeister der Euler-Kommission war. Entgegen den Weisungen, das Vermögen mündelsicher anzulegen, befanden sich etwa Fr.100000.– in der Kasse der Bank und kamen in die Konkursmasse. 1936 war ein Liquidationsverlust von Fr.86000.– zu verzeichnen. Rechtliche Schritte, diesen zu verhindern, waren aussichtslos.

Zum Glück normalisierten sich die Beziehungen zu den Akademien: Berlin und Paris kauften je 20, und die *Akademia Nauk* der Sowjetunion 10

Exemplare des Gesamtwerkes. Auch der Versand konnte wieder in Ordnung gebracht und Zahlungen wenigstens teilweise getätigt werden.

Sodann traten aber schwere Differenzen mit dem Teubner Verlag auf, dessen technische Herstellung und die Papierqualität nicht mehr befriedigen konnten. Zog man ausserdem in Betracht, dass die benötigten finanziellen Mittel zu jener Zeit hauptsächlich aus der Schweiz stammten, so drängte sich der Wunsch auf, die Herstellung der Bände hierher zu nehmen. In einem Vertrag von 1934 wurde erreicht, dass nur noch etwa ein Drittel der kommenden Bände bei Teubner erscheinen sollte; 1950 wurde dann der Vertrag mit ihm aufgelöst. Orell Füssli in Zürich übernahm die weitere Herstellung und den Vertrieb in Kommission. So erschienen 1935–1950 die Bände I,16$_2$ bis II,4 gemeinsam bei Teubner und bei Orell Füssli, wurden jedoch bei letzterem gesetzt und gedruckt. Ab 1952 war mit Band I,24 Orell Füssli alleiniger Hersteller und Verleger.

Die Landesausstellung 1939 in Zürich brachte dem Unternehmen einen grossen Publikumserfolg. Die hervorragende graphische Darstellung des Werkes fand gebührende Beachtung; auch finanzieller Erfolg blieb nicht aus. Doch kaum war das Schiff wieder in Fahrt, brach der Zweite Weltkrieg aus und schuf durch den Abbruch der internationalen Verbindungen neue Schwierigkeiten.

1953 war das Werk mit Band I,26 etwa zur Hälfte vollendet, und A. Speiser stellte im Vorwort (p. VII) etwa fest: Dank der Unterstützung von Firmen der Maschinen- und Zementindustrie, von chemischen Fabriken und Versicherungsgesellschaften in der ganzen Schweiz, insbesondere auch der Brown-Boveri & Co. AG in Baden und dem Kommissionsmitglied Dr. h.c. Max Schmidheiny, konnten wieder jährlich zwei bis drei Bände erscheinen.

Den enormen Anstrengungen von Andreas Speiser verdanken wir es, dass vom Kriegsende bis zu seinem Ausscheiden als Generalredaktor (1965) jährlich etwa zwei Bände erscheinen oder zum Druck vorbereitet werden konnten.

Dem neuen Generalredaktor Walter Habicht fiel die schwere Aufgabe zu, das Riesenwerk seinem Ende entgegenzuführen. Er stand vor zwei Schwierigkeiten: Erstens blieben einige Bände übrig, deren Bearbeitung ausserordentliche wissenschaftliche Anforderungen stellte. Einige von diesen hat er in mustergültiger Weise selbst ediert. Dann waren einige ältere Mitarbeiter zu ersetzen. Zu diesen äusseren Umständen traten innere: Die Anforderungen an die Edition hatten sich seit 1907 gründlich geändert. Wurden anfangs die Arbeiten Eulers nur mit Berichtigungen und kurzen Erläuterungen bedacht, so treten in den sechziger Jahren modern edierte Bände auf. Diese erfordern von den Bearbeitern einen ungewöhnlich grossen Einsatz – das Ergebnis gereicht der Edition zur Ehre.

Einen bemerkenswerten – und schwerwiegenden! – Schritt tat die Euler-Kommission mit dem Beschluss, den früheren drei Serien[4] mit einer vierten die Krone aufzusetzen. Diese *Series quarta* zerfällt in zwei Teile A und

B: IVA enthält Eulers wissenschaftlichen Briefwechsel (auf acht Bände veranschlagt), IVB Eulers wissenschaftliche Notiz- und Tagebücher (auf ca. sechs Bände geplant). «Schwerwiegend» nennen wir diesen Entschluss insofern, als die Serien I–III ausschliesslich auf bereits früher gedruckte Bücher und Abhandlungen Eulers abgestützt werden konnten, während die Briefe und Manuskripte, die nur zum kleineren Teil und oft bloss partiell veröffentlicht sind, textkritisch, d.h. aus den handschriftlichen Originalen, fachlich kommentiert herausgegeben werden müssen. Mit dieser Bestimmung wurde im Rahmen eines Abkommens zwischen der SNG und der *Akademia Nauk UdSSR* 1967 ein «Internationales Redaktionskomitee» gebildet, denn das gesteckte Ziel kann nur in enger Zusammenarbeit der Euler-Kommission mit den sowjetischen wissenschaftlichen Instanzen, insbesondere mit dem Archiv der Akademia Nauk in Leningrad, erreicht werden. (Euler lebte über dreissig Jahre in Petersburg, wo er auch verstarb, so dass der Nachlass heute in Leningrad archiviert ist.)

Im Hinblick auf diese neue Aufgabe, die eine disziplinäre Verschiebung auf die wissenschaftsgeschichtliche Ebene impliziert, wurde dem Generalredaktor zu seiner Entlastung ein «stellvertretender Generalredaktor» in der Person von Emil A. Fellmann beigegeben, der für die *Series quarta* verantwortlich zeichnet.

Aus verschiedenen Gründen trat Orell Füssli in den siebziger Jahren den Druck und Vertrieb der *Series IV* an den Birkhäuser Verlag Basel ab, und der Band IVA, 1 erschien 1975 in mustergültiger Präsentation. Nach der Auflösung des Vertragsverhältnisses zwischen der Euler-Kommission und Orell Füssli übernahm das Haus Birkhäuser am 1. Januar 1982 schliesslich die Herstellung und den Vertrieb des gesamten Euler-Werkes.

Im Hinblick auf ihre Verarbeitung und Veröffentlichung wurden der SNG beim Beginn der Euler-Ausgabe 1910/11 Manuskripte und Tagebücher Eulers aus den Beständen der Petersburger Akademie übergeben. Wie schon erwähnt, stellte deren Bearbeitung zunächst zu grosse Anforderungen. Hingegen wurden diese Bestände in den dreissiger Jahren in Zürich mit Hilfe von Arbeitslosen, die von der Volkswirtschaftsdirektion unentgeltlich zur Verfügung gestellt wurden, teils handschriftlich, teils photomechanisch kopiert und im (jetzt in Basel befindlichen) Euler-Archiv deponiert. Diese Aktion war 1936 beinahe beendigt, als die Originale von den sowjetischen Behörden zurückverlangt wurden. Ein Versuch, die *Euleriana* käuflich zu erwerben, war erfolglos, so dass sie 1939 der Akademia Nauk nach Moskau zurückgesandt wurden. Die Kopien leisten zurzeit bei der Herausgabe der *Series IV* wertvolle Dienste, doch können sie natürlich die Originale nie völlig ersetzen.

Nachweise (cf. *BV*)
Sarasin 1908, 1915.
Anonymus, Schweizer Illustrierte 1938.
Fueter, R., NZZ 1938.

Speiser, A., NZZ 1938.
Zoelly, Ch., NZZ 1938.

Ferner:
Protokolle der Sitzungen der Euler-Kommission.
Jahresberichte der SNG 1908 ff.
Reglemente der Euler-Kommission, ibidem.

Anmerkungen

1 Details zur Vorgeschichte erfährt der Leser aus dem Vorwort von F. Rudio zum Band O.I, 1, p.IX–XLI.
2 Verh. SNG 1909. – Über die Präsidenten, Generalredaktoren, Schatzmeister und Mitglieder der Euler-Kommission orientieren die hier beigegebenen Tabellen. Wir führen ferner die Herausgabe der Bände der *Opera omnia* chronologisch wie auch nach ihren Bearbeitern (in alphabetischer Ordnung) an.
3 Cf. *BV* Stäckel 1909.
4 Bis heute stehen nur noch fünf Bände aus, nämlich II, 24, 26, 27, 31 und III, 10. Cf. den Verlagsprospekt Birkhäuser, 1982: Leonhard Euler, *Opera omnia.*

Präsidenten der Euler-Kommission der SNG

1. Ferdinand Rudio	1907–1910
2. Karl Von der Mühll	1910–1911
3. Fritz Sarasin	1912–1927
4. Rudolf Fueter	1927–1950
5. Ernst Miescher	1951–1966
6. Charles Blanc	1967–1975
7. Urs Burckhardt	1976–

Generalredaktoren der Euler-Kommission der SNG

1. Ferdinand Rudio	1910–1928
2. Andreas Speiser	1928–1965
3. Walter Habicht	1965–
(Stellvertreter: Emil A. Fellmann	1980–)

Internationales Redaktionskomitee

Schweiz:	*UdSSR:*
Emil A. Fellmann (Präs.)	Ašot T. Grigor'jan
Walter Habicht (GR)	Adolf P. Juškevič
Charles Blanc	Galina P. Matvievskaja
François Fricker	Gleb K. Mikhailov

Schatzmeister der Euler-Kommission der SNG

1. Eduard His-Schlumberger	1909–1923
2. Paul Christ-Wackernagel	1924–1931
3. Robert La Roche	1931–1936
4. Charles Zoelly	1937–1968
5. Stephan Stoeckli	1968–1972
6. Kurt Stricker	1972–

Mitglieder der Euler-Kommission
(Die aktuellen Mitglieder sind durch halbfetten Druck gekennzeichnet)

Amstein, Hermann	1907–1910
Banderet, Pierre	1968–
Bernoulli, August G.	1916–1924
Blanc, Charles	1942–1979
Boveri, Theodor	1958–1972
Burckhardt, Johann Jakob	1952–1975
Burckhardt, Urs	1975–
Burlet, Oskar	1981–
Cailler, Charles	1907–1911
Chappuis, Pierre	1913–1915
Du Pasquier, Gustave	1912–1957
Crelier, Louis	1932–1935
Dumas, Gustave	1919–1941
Fehr, Henri	1932–1952
Fellmann, Emil A.	1972–
Fleckenstein, Joachim Otto	1966–1971
Fueter, Rudolf K.	1908–1949
Ganter, Heinrich	1909–1915
Gautier, Raoul	1907–1927
Geiser, Carl F.	1907
Graf, Johann Heinrich	1907–1917
Grossmann, Marcel	1912–1926
Habicht, Walter	1964–
Hagenbach-Bischoff, Eduard	1907
Hartmann, Alfred	1968–
Henrici, Peter	1970–1979
La Roche, Robert	1932–1936
Meier, Rudolf W.	1979–
Meyer, Emile	1973–
Mislin, Guido	1980–
Miescher, Ernst	1937–1966

Moser, Christian	1907–1930
Pfluger, Albert	1955–1971
Plancherel, Michel	1920–1954
Renfer, Hermann	1937–1948
Rham, Georges de	1952–1969
Riggenbach, Albert	1907–1909
Rudio, Ferdinand	1907–1927
Sarasin, Fritz	1912–1926
Schärtlin, Georg Gottfried	1925–1936
Scherrer, Willy	1948–1975
Schinz, Hans	1907
Schmidheiny, Max	1948–1975
Siebenthal, Jean de	1971–
Speiser, Andreas	1921–1968
Stöckli, Stefan	1962–1972
Stricker, Kurt	1972–
Tammann, Gustav A.	1983–
Trost, Ernst	1946–1980
Von der Mühll, Karl	1907–1912
Zoelly, Charles	1937–1968
Zwinggi, Ernst	1948–1955

Verzeichnis der Herausgeber von Euler-Bänden

Ackeret, Jakob: II/15
Bernoulli, Eduard: III/1
Bernoulli, Rudolf: III/1
Blanc, Charles: II/3, II/4, II/6, II/7, II/8, II/9, II/16, II/17
Boehm, Carl: I/14, I/16_1, I/16_2
Burckhardt, Johann Jakob: III/2
Carathéodory, Constantin: I/24, I/25
Cherbuliez, Emil: III/3, III/4
Courvoisier, Leo: II/22, II/28, II/29, II/30
Dulac, Henri: I/22, I/23
Du Pasquier, Louis Gustave: I/7
Engel, Friedrich: I/11, I/12, I/13
Faber, Georg: I/14, I/15, I/16_2 (Übersicht über die Bände 14, 15, 16_1, 16_2 der ersten Serie), I/19
Favre, Henry: II/10
Fellmann, Emil Alfred: III/9
Fleckenstein, Otto Joachim: II/5, II/23
Fueter, Rudolf: I/4, I/5
Gutzmer, August: I/17, I/18

Habicht, Walter: II/20, II/21, III/7 (Einleitung), III/9, IV A/1
Haller, Pierre de: II/16, II/17
Herzberger, Max: III/8
Hoppe, Edmund: III/2
Juškevič, Adolf P.: IV A/1, IV A/5
Kowalewski, Gerhard: I/10
Krazer, Adolf: I/6, I/8, I/19, I/20, I/21
Liapounoff, Alexander: I/18, I/19
Matter, Karl: III/2
Rudio, Ferdinand: I/1 (Vorrede zur Gesamtausgabe), I/2, I/3, I/6, I/8, I/18
 (Vorwort), I/19 (Vorwort), II/10 (Vorwort)
Scherrer, Friedrich Robert: II/14
Schlesinger, Ludwig: I/11, I/12, I/13
Schürer, Max: II/25
Smirnov, Vladimir I.: IV A/1
Speiser, Andreas: I/5 (Vorwort der Redaktion), I/9, I/16 (Vorwort), I/24
 (Vorwort), I/25 (Vorwort), I/26, I/27, I/28, I/29, III/1, III/6, III/7, III/
 11, III/12
Speiser, David: III/5
Stäckel, Paul: I/6, II/1, II/2
Stüssi, Fritz: II/10, II/11$_1$
Taton, René: IV A/5
Trost, Ernst: II/11$_1$
Truesdell, Clifford Ambrose: II/11$_2$, II/12, II/13, II/18, II/19
Weber, Heinrich: I/1

Opera omnia nach Erscheinungsjahren geordnet

Folgende Abkürzungen wurden verwendet:
T = Teubner, Leipzig; OF = Orell Füssli, Zürich; B = Birkhäuser, Basel.
Da der Verlag der *Opera omnia* zwischen 1933 und 1952 den beiden Häusern
T und OF gemeinsam oblag, wird das betreffende Druckhaus mit * gekenn-
zeichnet.
Von 1911 bis 1933 wurden alle Bände der Serien I–III bei T gedruckt und
verlegt, von 1952 bis 1981 bei OF. Für diese Jahrgänge wird deshalb auf eine
entsprechende Verlagsangabe verzichtet.

1911: I/1, III/3	1917: I/3	1923: I/7
1912: I/20, II/1, II/2, III/4	1918: –	1924: –
1913: I/10, I/11, I/21	1919: –	1925: I/14
1914: I/12, I/13, I/17	1920: I/18	1926: III/1
1915: I/2	1921: I/6	1927: I/15
1916: –	1922: I/8, II/14	1928: –

1929: –
1930: –
1931: –
1932: I/19
1933: I/16$_1$
1934: –
1935: I/16$_2$ T*/OF
1936: I/22 T/OF*
1937: –
1938: I/23 T/OF*
1939: –
1940: –
1941: I/4 T/OF*
1942: III/2 T/OF*
1943: –
1944: I/5 T/OF*
1945: I/9 T/OF*
1946: –
1947: II/10 T/OF*

1948: II/3 T/OF*
1949: –
1950: II/4 T/OF*
1951: –
1952: I/24, I/25
1953: I/26
1954: I/27, II/12
1955: I/28, II/13
1956: I/29
1957: II/5, II/6, II/11$_1$, II/15
1958: II/7, II/22
1959: II/28
1960: II/11$_2$, II/25, III/11, III/12
1961: II/29
1962: –
1963: III/5, III/6
1964: II/30, III/7
1965: II/8

1966: –
1967: II/18
1968: II/9
1969: II/23, III/8
1970: –
1971: –
1972: II/19
1973: III/9
1974: II/20
1975: IV A/1 B
1976: –
1977: –
1978: II/21
1979: II/16
1980: IV A/5 B
1981: –
1982: –
1983: II/17

Abb. 61
Gustaf Eneström (1852–1923).

Abb. 62
Gedenktafel für Leonhard Euler am «Klösterli» in Riehen, Kirchgasse 8. Sie wurde von Rosa Bratteler in Bronze geschaffen und 1960 anlässlich des 500-Jahr-Jubiläums der Universität Basel feierlich angebracht.

Johann Jakob Burckhardt

Euleriana – Verzeichnis des Schrifttums über Leonhard Euler

Vorbemerkung

Die Zusammenstellung dieses Verzeichnisses haben wir zum eigenen Gebrauch begonnen mit der Absicht, das Manuskript dem Euler-Archiv in Basel zu übergeben. Wenn es hier einem weiteren Kreis zugänglich gemacht wird, so verdanken wir dies der Bereitschaft des Redaktionskomitees des vorliegenden Bandes.

Bei unserer Suche sind wir durch Kollegen, Bibliotheken und akademische Instanzen hilfreich unterstützt worden; ihnen allen gilt unser Dank. Insbesondere danken wir A.P. Juškevič und seinen Kolleginnen und Kollegen für die Übermittlung zahlreicher Hinweise auf russische und sowjetische Zeitschriften, die uns nicht zugänglich waren.

Arbeiten in russischer oder ukrainischer Sprache sind doppelt angeführt:

1. in lateinischer Transliteration (gemäss *American Slavic and East European Review*) der Zeitschrift und in deutscher Übersetzung des Werktitels,

2. mit Werktitel und Zeitschrift in russischer bzw. ukrainischer Sprache in kyrillischer Schrift.

Natürlich ist unser Verzeichnis unvollständig*. Wir hoffen, dass es trotzdem der wissenschaftlichen Erschliessung des Werkes von Leonhard Euler dienen werde.

---

* Ergänzungen werden mit Dank entgegengenommen und an geeigneter Stelle veröffentlicht. Sie sind zu richten an Prof. J.J. Burckhardt, Bergheimstrasse 4, CH–8032 Zürich.

A

Académie des Sciences de l'URSS: *L. Euler, 1707–1783,* ed. A. M. Deborin. Recueil des articles et matériaux en commémoration du 150ᵉ anniversaire du jour de sa mort, Moscou 1935, 239 p. (russisch). Travaux de l'Institut et de l'Histoire de la Science et de la Technique, série II, fasc. 1. Beiträge von (siehe unter diesen Namen): A. N. Krylov, S. I. Vavilov, N. S. Košljakov, S. Ja. Lur'e, V. A. Venkov, Ju. A. Krutkov, V. V. Paevskij, S. N. Černov. Mit Bild aus der Akad. Nauk und Abb. der Euler-Büste von 1784. Zitiert: Académie des Sciences 1935.

Ackeret, Jakob, *Untersuchung einer nach Eulerschen Vorschlägen (1754) gebauten Wasserturbine,* Schweizerische Bauzeitung 123, 1944, p. 9–15.

– *Leonhard Eulers letzte Arbeit* (betr. E. 579, Theorie des Luftballons). Festschrift zum 60. Geburtstag von Andreas Speiser, Orell Füssli Verlag, Zürich 1945, p. 160–168.

– *200 Jahre Turbinentheorie.* Eröffnungsvortrag anlässlich der Strömungstagung 1954 in Zürich (Auszug, Fig.), Technische Rundschau 46, 1954, Nr. 27 = Verein Deutscher Ingenieure. Berichte 3, 1955, Bern (Hallwag).

Agostini, Amedeo, *La teoria dei logaritmi da Mengoli ad Eulero,* Periodico di Matematiche 2, 1922, p. 430–451.

Ahrens, W., *Leonhard Eulers Werke,* Mathematisch-naturwissenschaftliche Blätter 4, 1907, p. 105–106 (abgedruckt aus der Beilage zur Münchner Allgemeinen Zeitung Nr. 94, 3. Mai 1907).

– *In welcher Sprache sollen die Werke Leonhard Eulers herausgegeben werden?* Internationale Wochenschrift für Wissenschaft, 3, 1909, p. 1195–1204.

– *Berichtigung zu dem Aufsatz von F. Rudio,* ibidem 4, 1910, p. 225.

Ahrens, W., Stäckel, P., *Berichtigung zu Felix Müllers ‹Ergänzung des Hagenschen Index und der Fußschen Liste›,* Jahresbericht der Deutschen Mathematiker-Vereinigung 17, 1908, p. 339–340.

Ahrens, W., siehe Stäckel, P.

Aiton, A. J., *The contributions of Newton, Bernoulli and Euler to the theory of tides,* Annals of Science 11, 1956, p. 206–223.

Akademie der Wissenschaften, *Die Berliner und die Petersburger ... im Briefwechsel Leonhard Eulers,* Bd. I, 1959, Bd. II, 1961, Bd. III, 1976, cf. Juškevič, A. P., et al., eds.

Академия наук СССР, cf. Académie des sciences 1935, *Леонард Эйлер, 1707–1783,* сборник статей и материалов к 150-летию со дня смерти. Издательство Академии наук СССР Москва, Ленинград 1935.

Akademija Nauk SSSR, cf. Anonym 1957.

Alasia, C., *Leonardo Eulero,* Rivista di fisica, matematica e scienze naturali (Neapel) 17, 1908, p. 74–83.

Allgemeine Deutsche Biographie, Bd. 6, 1877, p. 422–431: *Euler,* von Moritz Cantor.

Anonym, *Die geplante Euler-Ausgabe* (Beschluss der SNG in Glarus vom 31. August 1908), Bibliotheca Mathematica (3) 9, 1908, p. 191.

Anonym (A. Speiser), *Aus den Panzergewölben der Nationalbank: Leonhard Eulers unbekanntes Erbe,* Zürcher Illustrierte, Nr. 9, 25. Februar 1938, 14. Jahrg., Conzett und Huber, Zürich und Genf, p. 236–239, mit Bildern.

Anonym, *Leonhard Euler* (mit Bildern), Die Tat (Zürich), 13./14. Januar 1940, 5. Jahrg., Nr. 11.

Anonym (Korr), *Die Geschichte der Herausgabe des Werks Leonhard Eulers,* Basler Nachrichten, 26. November 1952, 1. Beilage zu Nr. 505.

Anonym, *Zum 250. Geburtstag Leonhard Eulers,* Izvestija Akademii nauk SSSR. Otdelenie tekhničeskikh nauk, Nr. 3, p. 3–9 (1957). *К 250-летию со дня рождения Леонарда Эйлера,* Известия Академии наук СССР. Отделение технических наук, № 3, 1957, с. 3–9.

– *Leonhard Euler (Zum 250. Geburtstag),* Prikladnaja matematika i mekhanika. Akademija nauk SSSR 21, 1957, p. 153–156.
Леонард Эйлер, к 250-летию со дня его рождения, Прикладная математика и механика 21, 1957, с. 153–156.

Anonym (E.A.Fellmann, R.Frick), «*Euler Note*», Bank Langenthal, November 1979 (mit Bildern).

Anonym, cf. auch: Jahresbericht der Deutschen Mathematiker-Vereinigung.

Archibald, Ralph C., *Goldbach's theorem,* Scripta mathematica 3, 1935, p.44–50.

–   *Euler integrals and Euler's spiral, sometimes called Fresnel integrals and the clothoide or Cornu's spiral,* American Mathematical Monthley 25, 1918, p.276–282.

Aubry, A., *Sur l'identité d'Euler,* El progreso matemático (Madrid) (2) 2, 1900, p.401–413.

–   *Résidus quadratiques,* L'Enseignement mathématique (1) 11, 1909, p.24–38.

–   *Le lemme fondamental de la théorie des nombres,* ibidem, p.286–305.

–   *L'œuvre arithmétique d'Euler,* ibidem, p.329–356.

–   *Etude élémentaire sur le théorème de Fermat,* ibidem, p.417–460.

Ayoub, Raymond, *Euler and the zeta function,* American Mathematical Monthley 81, 1974, p.1067–1086.

B

Backlund, O., *Bericht über die Feier des zweihundertsten Geburtstages Eulers in Basel,* Bulletin der Kaiserlichen Akademie der Wissenschaften zu St.Petersburg 6, 1907, p.476.

Bagratuni, G.V., *L.Euler, ausgewählte kartographische Aufsätze. Drei Aufsätze über mathematische Kartographie, Einleitung:* Tri stat'i po matematičeskoj kartografii, Moskva 1957, p.5–16.

Багратуни, Г.В., *Вступительная статья.* В кн.: Эйлер Л. *Избранные картографические статьи,* Три статьи по математической картографии, Москва, 1957, с.5–16.

Baidaff, B.I., *150 años de la muerte de Leonard Euler,* Boletín matemático (Buenos-Aires) 6, 1933, p.81–88.

Bailey, Robert Lee, *Music and Mathematics: An Interface in the Writings of Leonhard Euler,* Ed. D. State University of New York at Buffalo 1980, 123 p. Page 142 in Volume 41/01-A of Dissertation Abstracts International, July 1980.

Ball, W.R.R., *Euler's output, a historical note,* American Mathematical Monthley 31, 1924, p.83–84.

Barbeau, E.J., Leah, P.J., *Euler's 1760 paper on divergent series,* Historia Mathematica 3, 1976, p.141–160.

–   *Errata and additions to "Euler's 1760 paper on divergent series",* ibidem 5, 1978, p.332.

Barber, Giles, *An example of eighteenth-century Swiss printer's copy: Euler on the calculus of variations,* Library 22, 1967, p.147–149.

Baron, Margaret E., *A Note on the Historical Development of Logic Diagrams: Leibniz, Euler and Venn,* The Mathematical Gazette, May 1969, Vol. LIII, No.383, p.113–125.

Bašmakova, I.G., *Über den Beweis des Fundamentalsatzes der Algebra,* Istoriko-matematičeskie issledovanija 10, 1957, p.229–256.

Башмакова, И.Г., *О доказательстве основной теоремы алгебры,* Историко-математические исследования 10, 1957, с.229–256.

Bašmakova, I.G., *Le théorème fondamental de l'algèbre et la construction des corps algébriques,* Archives Internationales d'Histoire des Sciences 13, 1960, p.211–222.

–   *Diophant und diophantische Gleichungen,* Übersetzung aus dem Russischen, Berlin 1974, VEB Deutscher Verlag der Wissenschaften und Birkhäuser Verlag Basel.

–   *Диофант и диофантовы уравнения,* наука, Москва 1972.

Bašmakova, I.G., & Juškevič, A.P., *Leonhard Euler* (Portr.), Istoriko-matematičeskie issledovanija 7, 1954, p.453–512.

Башмакова И.Г., Юшкевич, А.П., *Леонард Эйлер,* Историко-математические исследования 7, 1954, с.453–512.

Bauer, F., *Von einem Kettenbruch Eulers und einem Theorem von Wallis,* Abhandlungen der Kgl. Bayerischen Akademie der Wissenschaften zu München 9, 1872, II.

Baumgart, Oswald, *Über das quadratische Reziprozitätsgesetz,* Zeitschrift für Mathematik und Physik, historisch-literarische Abteilung 30, 1885, p.169–236, 241–277.

Bell, E.T., *Men of Mathematics,* New York 1937, 9. Analysis Incarnate: Euler, p. 139–152.

Belozerov, S. E., *Die Rolle L. Eulers in der Entwicklung der Theorie der Funktionen einer komplexen Variablen,* Učenye zapiski Rostovskogo-na-Donu universiteta 14, Nr. 1, 1951, p. 13–18.

Белозеров, С.Е., *Роль Л.Эйлера в развитии теории функций комплексного переменного,* Ученые записки Ростовского-на-Дону университета 14, № 1, 1951, с. 13–18.

Belyj, Ju. A., *Unveröffentlichtes Material L. Eulers über Elementargeometrie,* Voprosy istorii fiziko-matematičeskikh nauk, Moskva, Vysšaja škola, 1963, p. 15–19.

Белый, Ю.А., *Неопубликованные материалы Л.Эйлера по элементарной геометрии,* Вопросы истории физико-математических наук, Москва, Высшая школа, 1963, с. 15–19.

Belyj, Ju. A., *Über Eulers Lehrbuch der Elementargeometrie,* Istoriko-matematičeskie issledovanija 14, 1961, p. 237–284.

Белый. Ю.А., *Об учебнике Л.Эйлера по элементарной геометрии,* Историко-математические исследования 14, 1961, с. 237–284.

Belyj, Ju. A., *Zu Eulers Theorem über die Polyeder,* ibidem 16, 1965, p. 181–186.

Белый, Ю.А., *К теореме Эйлера о многогранниках,* ibidem 16, 1965, с. 181–186.

Belyj, Ju. A., *Euler und die Theorie der Parallelen,* NTM, Zeitschrift für die Geschichte der Naturwissenschaften, Technik und Medizin (Leipzig) 5, Heft 12, 1968, p. 116–124.

– *Eulersche Äquivalente des fünften Postulates,* Istoriko-matematičeskie issledovanija 18, 1973, p. 280–288.

Белый, Ю.А., *Эйлеровы эквиваленты пятого постулата,* Историко-математические исследования 18, 1973, с. 280–288.

Beman, W.W., *Euler's use of i to present imaginary,* Bulletin of the American Mathematical Society (2), 4, 1898, p. 274, 551.

Bergmann, G., *Über Eulers Beweis des grossen Fermatschen Satzes für den Exponenten 3,* Mathematische Annalen 164, 1966, p. 159–175.

Bernhardt, H., *Leonhard Euler,* Biographien bedeutender Mathematiker, herausgegeben von H. Wussing und A. Arnold, Berlin 1972, p. 247–257.

Bernoulli, Johann, *Reisen durch Brandenburg, Pommern, Preussen, Curland, Russland und Polen 1777–1778,* 4. Band, Leipzig 1780, p. 10–15 Leonhard Euler, p. 21–22 Joh. Albrecht Euler, p. 35–36 Nicolaus Fuss, p. 36 Michael Golovin (Schüler Eulers, übersetzte dessen «Théorie de la Manœuvre des Vaisseaux» ins Russische), p. 136–137 L. Euler und das Modell einer Brücke über die Neva.

Bertini, E., *Sui poliedri Euleriani,* Annali della Scuola Normale, Pisa 1868/69.

Bertrand, J., *Euler et ses travaux,* Journal des Savants (Paris), mars 1868, p. 133–152.

Besant, W.H., *The deduction of Euler's equation from the Lagrange equation,* The quarterly Journal of pure and applied mathematics 9, 1871, p. 203–205.

Bierens de Haan, D., *La méthode d'Euler pour l'intégration de quelques équations différentielles linéaires démontrée à l'aide de l'équation intégrante,* Archives Néerlandaises des sciences exactes et naturelles, (La Haye) VII, Versl. en Mededeel. (2) 6, 1872, p. 122–139.

Biermann, Kurt-R., *Iteratorik bei Leonhard Euler,* L'Enseignement Mathématique (2) 4, 1958, p. 19–24.

– *Einige Euleriana aus dem Archiv der Deutschen Akademie der Wissenschaften zu Berlin,* cf. Sammelband Schröder, 1959, p. 21–34.

Бирман, К.-Р., *Некоторые эйлеровские материалы в Архиве Германской Академии наук в Берлине.* с. 21–34.

Biermann, Kurt-R., *Versuch einer Leonhard-Euler-Ausgabe von 1903/07 und ihre Beurteilung durch Max Planck,* Forschungen und Fortschritte 37, 1963, p. 236–239.

Bigourdan, G., *Lettres inédites d'Euler à Clairaut...* Comptes-rendus du Congrès des Sociétés Savantes, Lille 1928, Section des sciences, Paris 1930, p. 26–40.

Bjerknes, C.A., *La tentative de Degen de généraliser le théorème d'addition d'Euler,* Bibliotheca Mathematica, N.F., 2, 1888, p. 1–2.

Blanc, Ch., Grigor'jan, A.T., Juškevič, A.P., Habicht, W., *Über die Edition der vollständigen Sammlung von Leonhard Eulers Schriften.* Reden an der öffentlichen Versammlung vom 14.November 1974 in Basel, Voprosy istorii estestvoznanija i tekhniki 51, 1975, p.67–77.

Бланк, Ш., Григорьян, А.Т., Юшкевич, А.П., Габихт, В., *Об издании полного собрания сочинений Леонарда Эйлера.* Речи на публичном собрании 14 ноября 1974 г., в г. Базеле, Вопросы истории естествознания и техники 51, 1975, с.67–77.

Blaschke, W., *Euler und die Kinematik,* cf. Sammelband Schröder, 1959, p.35–41.

Бляшке, В., *Эйлер и кинематика.* Резюме.

Bocher, M., *A bit of mathematical history,* Bulletin of the New York Mathematical Society 2, 1893, p.107–109.

Boegehold, H., *Zur Behandlung der Strahlenbegrenzung im 17. und 18.Jahrhundert,* Zentralzeitung für Optik und Mechanik 49, 1928, p.94–95, 105–106, 108–109.

– *Zur Vorgeschichte der Monochromate,* Zeitschrift für Instrumentenkunde 59, 1939, p.200–207. 234–241.

– *Zur Vor- und Frühgeschichte der achromatischen Fernrohrobjektive,* Forschungen zur Geschichte der Optik 3, 1943, p.81–114.

Bogoljubov, A.N., *Die Grundlagen der Maschinenlehre im Werk Eulers,* Voprosy istorii estestvoznanija i tekhniki 13, 1962, p.124–129.

Boncompagni, B., *Lettres inédites de J.L.Lagrange à Léonard Euler,* St.Petersburg 1877.

– *Intorno a due scritti di Leonardo Euler,* Bullettino di Bibliografia di Storia delle Scienze Matematiche e Fisiche 12, 1879, p.808–811.

Bopp, Karl, *Leonard Eulers und Heinrich Lamberts Briefwechsel,* Abhandlungen der Preussischen Akademie der Wissenschaften, Physikalisch-mathematische Klasse 1924, Nr.2, 1924, p.7–37.

– *Drei Untersuchungen zur Geschichte der Mathematik: L.Eulers und J.H.Lamberts Bemühungen um die Herausgabe der Werke Keplers,* Schriften der Strassburger wissenschaftlichen Gesellschaft in Heidelberg, Neue Folge, 10, Berlin 1929.

Borho, Walter, *Befreundete Zahlen. Ein zweitausend Jahre altes Problem der elementaren Zahlentheorie,* in: Mathematische Miniaturen Bd.1, *Lebendige Zahlen,* Birkhäuser, Basel, Boston, Stuttgart 1981, p.5–38.

Bosmans, H., *Réponse sur la question 137 sur l'édition Belge des œuvres d'Euler,* Bibliotheca Mathematica (3) 9, 1908, p.177–178.

– *Sur une tentative d'édition des œuvres complètes de L.Euler faite à Bruxelles en 1839,* Annales de la Société scientifique de Bruxelles 33 B, 1908/09, p.265–289.

Bouligand, Georges, *L'œuvre d'Euler et la mécanique des fluides au XVIIIᵉ siècle,* Revue d'histoire des sciences et de leurs applications (Paris) 13, 1960, p.105–113.

Boyer, C.B., *The foremost textbook of modern times (Euler's Introductio in analysin infinitorum),* American Mathematical Monthly 58, 1951, p.223–226.

Brauer, E., *Eulers Turbinentheorie,* Jahresbericht der Deutschen Mathematiker-Vereinigung 17, 1908, p.39–46.

Braunmühl, A. von, *Leonhard Euler,* Mitteilungen zur Geschichte der Medizin und der Naturwissenschaften 7, 1908, p.1–14.

Brennecke, Rudolf, *Die Verdienste Leonhard Eulers um den Potentialbegriff,* Zeitschrift für Physik 25, 1924, p.42–45.

Breuer, S., *Das Abelsche Gleichungsproblem bei Euler,* Jahresbericht der Deutschen Mathematiker-Vereinigung 30, 1921, p.158–169.

Bricard, Raoul, *Sur un théorème célèbre d'arithmétique,* L'Enseignement Scientifique 9, 1936, p.240–242.

Brill, A. von, *Zur Einleitung der Euler-Feier,* Jahresbericht der Deutschen Mathematiker-Vereinigung 16, 1907, p.555–558.

Brown, B.H., *The Euler-Diderot anecdote,* American Mathematical Monthley 49, 1942, p.302–303.

Brown, William G., *Historical note on a recurrent combinatorical problem*, American Mathematical Monthley 72, 1965, p. 973–977.

Brückner, Max, *Vielecke und Vielflache*, Leipzig 1900 (§ 49 Der Eulersche Satz, § 56 Geschichtliche Bemerkungen).

Brun, Viggo, *Mehrdimensionale Algorithmen, welche die Eulersche Kettenbruchentwicklung der Zahl e verallgemeinern*, cf. Sammelband Schröder, 1959, p. 87–99.

Брун, В., *Многомерные алгорифмы, обобщающие эйлерово разложение числа е в непрерывную дробь*, Резюме, с. 100.

Brunel, G., *Monographie de la fonction gamma*, Mémoires de la Société des sciences physiques et naturelles de Bordeaux (3) 3, 1886, 184 p.

Brunel, M., *On the history of Euler's constant*, Messenger of mathematics 1, 1872.

Büsching, Anton Friedrich, *Beyträge zur Lebensgeschichte denkwürdiger Personen*, Theil 6, Halle 1789, p. 139.

Burckhardt-Brenner, Fritz, *Leonhard Eulers Lehre vom Licht*, Humanistisches Gymnasium zu Basel, 1869.

–   *Über das Leben von Leonhard Euler*, Verhandlungen der Naturforschenden Gesellschaft zu Basel 7, 1884, Anhang, p. 39–50.

–   *Zur Genealogie der Familie Euler*, Basler Jahrbuch 1908 = Verhandlungen der Naturforschenden Gesellschaft zu Basel 19, 1908, p. 122–138.

Burckhardt, Fritz, und Hagenbach-Bischoff, Ed., *Die Basler Mathematiker Daniel Bernoulli und Leonhard Euler, gefeiert von der Naturforschenden Gesellschaft zu Basel 1884*. Anhang zu Teil VII der Verhandlungen der Naturforschenden Gesellschaft zu Basel; p. 37: Feier zur Erinnerung an Leonhard Euler; p. 39–50: Vortrag von Prof. Fr. Burckhardt; p. 51–71: Vortrag von Prof. H. Kinkelin; p. 72–95: Prof. Ed. Hagenbach-Bischoff, *Leonhard Eulers Verdienste um Astronomie und Physik*.

Burckhardt, Johann Jakob, *Leonhard Euler. Ein neuer Abschnitt in der Edition seines Gesamtwerkes*, Neue Zürcher Zeitung, Mittwoch, 16. April 1975, Nr. 87, p. 61.

–   *Vier Briefe von L. Euler an A. von Haller*, Vierteljahrsschrift der Naturforschenden Gesellschaft in Zürich 121, 1976, p. 363–366.

–   *Leonhard Euler, eine Hörfolge, gesendet am 4. Nov. und am 25. Nov. von Radio Basel*, 1979 (Hektographie).

Busch, Hermann Richard, *Leonhard Eulers Beitrag zur Musiktheorie*, Kölner Beiträge zur Musikforschung 58, Diss. Köln, Regensburg 1970.

C

Cajori, Florian, *History of the exponential and logarithmic concepts. 2. From Leibniz and John Bernoulli I to Euler 1712–1747; 3. The creation of a theory of logarithms of complex number by Euler, 1747–1749; From Euler to Wessel and Argand 1749–about 1800*, American Mathematical Monthley 20, 1913, p. 38–47, 75–84, 107–117.

–   *Generalization in geometry as seen in the history of developable surfaces*, ibidem 36, 1928, p. 431–437.

Calinger, R., *Euler's "Letters to a Princess of Germany" as an Expression of his Mature Scientific Outlook*, Archive for History of Exact Sciences 15, 1976, p. 211–233.

Cantor, Moritz, *Leonhard Euler*, Allgemeine deutsche Biographie 6, 1877, p. 422–431.

–   *Der Briefwechsel zwischen Lagrange und Euler*, Zeitschrift für Mathematik und Physik 23, 1877, Historisch-literarische Abteilung, p. 1–21. Traduzione del A. Favaro in: Bullettino di Bibliografia e di Storia delle Scienze matematiche 11, 1878, p. 197–216.

–   *Vorlesungen über Geschichte der Mathematik*, Bd. 3, 2. Aufl., Leipzig 1901. Euler: cf. Register und Kapitel III, p. 699–721: Eulers *Introductio*.

Carlitz, L., *Eulerian numbers and polynomials*, Mathematics Magazine 33, 1959, p. 247–260.

Catalan, E. C., *Sur les nombres de Bernoulli et d'Euler et sur quelques intégrales définies*, Mémoires de l'Académie Royale des Sciences de Belgique 37, 1869, p. 1–19.

Catalan, E.C.
- *Sur la constante d'Euler et la fonction de Binet,* Comptes rendus hebdomaires des sciences de l'Académie des Sciences, Paris 77, 1873, p.198–201 = Journal de mathématiques pures et appliquées (3) 1, 1875, p.209–241.
- *Une polémique entre Goldbach et Daniel Bernoulli,* Bullettino di bibliografia e di storia delle scienze matematiche e fisiche 18, 1886, p.464–468.
Cauchy, A., *Recherches sur les polyèdres,* Journal de l'Ecole polytechnique 9, 1813, p.76–77: Eulerscher Satz über die Polyeder.
Cayley, A., *Reproduction of Euler's Memoir of 1758 on the Rotation of a Solid Body (Du mouvement de rotation des corps solides entour d'un axe variable),* Mémoires de Berlin 1758, p.154–193. (E.292/O.II, 8). The Quarterly Journal of pure and applied mathematics 9, 1868, p.361–373.
Čenakal, V.L., *Neues Material über den Briefwechsel von Lomonosov mit Leonhard Euler,* in: *Lomonosov. Sbornik statej i materialov,* Moskva–Leningrad, Izdatel'stvo Akademii nauk SSSR 1951, p.249–259.
Ченакал, В.Л., *Новые материалы о переписке Ломоносова с Леонардом Эйлером,* В книге: *Ломоносов. Сборник статей и материалов,* Москва–Ленинград, Издательство Академии наук СССР, 1951, с.249–259.
Čenakal, V.L., *Euler und Lomonosov. Zur Geschichte ihrer wissenschaftlichen Beziehungen* (russisch), cf. Sammelband Lavrent'ev 1958, p.423–464.
Ченакал, В.Л., *Эйлер и Ломоносов (к истории их научных связей).*
Černov, S.N., *Léonard Euler et l'Académie des Sciences,* cf. Académie des Sciences 1935, p.163–238.
Чернов, С.Н., *Леонард Эйлер и Академия Наук.*
Cherbuliez, E., *Über einige physikalische Arbeiten Eulers,* Kantonsschule Bern, 1872.
- *Eulers Arbeiten auf dem Gebiet der Maschinen und Ingenieur-Wissenschaften,* Vierteljahrsschrift der Naturforschenden Gesellschaft in Zürich 56, 1911, p.XVII–XXII.
Correspondance..., cf. Fuss, P.H.
Costabel, P., *Edition de la correspondance Euler–Maupertuis,* Actes de la Journée Maupertuis, Créteil, 1er décembre 1973 (Paris, Vrin 1975).

D

Daniel' M., *Leonhard Euler,* Izvestija Krasnodarskogo inženerno-stroitel'nogo instituta, 1, 1934, p.94–105.
Даниель, М., *Леонард Эйлер,* Известия Краснодарского инженерно-строительного института 1, 1934, с.94–105.
Davis, Philip J., *Leonhard Euler's integral, A historical profile of the gamma function,* American Mathematical Monthly 66, 1959, p.849–869.
Deakin, Michael A.B., *Euler's version of the Laplace Transform,* American Mathematical Monthly 87, 1980, p.264–269.
Deborin, A.M., ed., *Léonard Euler,* cf. Académie des Sciences 1935.
Delone (Delaunay), B.N., *Euler als Geometer* (russisch mit deutscher Zusammenfassung), cf. Sammelband Lavrent'ev, 1958, p.133–183.
Делоне, Б.Н., *Эйлер как геометр.*
Delone, B.N., *Leonhard Euler,* Kvant 5, 1974, p.27–35.
Делоне, Б.Н., *Леонард Эйлер,* Квант 5, 1974, с.27–35.
Delone, B.N., Juškevič, A.P., *Akademiemitglied Leonhard Euler,* Priroda 1, 1974, p.50–60 (Priloženie: perevod neopublikovannogo pis'ma Eulera k D.Bernoulli ot 7.3.1776, p.61–62).
Делоне, Б.Н., Юшкевич, А.П., *Академик Леонард Эйлер,* Природа 1, 1974, с.50–60 (приложение: перевод неопубликованного письма Эйлера к Д.Бернулли от 7.3.1767, с.61–62).

Demidov, S.S., *Die Entwicklung der Theorie der Gleichungen mit partiellen Ableitungen erster Ordnung im 18. bis ins 19.Jahrhundert,* Istoriko-matematičeskie issledovanija 25, 1980, p.71–103.

Демидов, С.С., *Развитие исследований по уравнениям с частными производными первого порядка в XVIII–XIX веках,* Историко-математические исследования 25, 1980, с.71–103.

Denizot, Alfred, *Über ein Pendelproblem von Euler* (E.649/O.II, 9), Zeitschrift für Mathematik und Physik 46, 1901, p.471–479.

Depman, I.Ja., *Zur Biographie Eulers,* Leningradskij Gosudarstvennyj Pedagogičeskij Institut A.I.Gercena, Učenye Zapiski 260, 1965, p.121–123.

Депман, И.Я., *К биографии Эйлера,* Ленинградский Государственный Педагогический Институт А.И. Герцена, Ученые записки 260, 1965, с.121–123.

De Vries, H., *Historische Studien, 13. Euler,* Nieuw Tijdschrift voor Wiskunde 21, 1933–34, p.188–226.

Dingeldey, F., *Ein Rechenfehler in Eulers Institutiones calculi integralis,* Jahresbericht der Deutschen Mathematiker-Vereinigung 45, 1935, p.132–133.

Dobrovol'skij, V., Grave, D.O., *Über die Priorität Eulers in einer Frage der Analysis,* Ist.-matem. zbirnyk 1, 1959, p.105–107.

Добровольский, В., Граве, Д.О., *Про пріоритет Ейлера в одному питанні аналізу,* Іст.-матем. збірник 1, 1959, с.105–107.

Dorfman, Ja.G., *Die physikalischen Anschauungen von Leonhard Euler (russisch mit deutscher Zusammenfassung),* cf. Sammelband Lavrent'ev, 1958, p.377–413.

Дорфман, Я.Г., *Физические воззрения Леонарда Эйлера.*

Dorofeeva, A.V., *Die Methode Eulers zur Abzählung der rationalen Zahlen im Intervall (0,1),* Materialy godičnoj konferencii Leningradskogo otdelenija Sovetskogo nacional'nogo ob'edinenija istorikov estestvoznanija i tekhniki, Leningrad 1970, p.78–79.

Дорофеева, А.В., *Метод Эйлера для пересчета рациональных чисел, расположенных в интервале (0,1),* Материалы годичной конференции Ленинградского отделения Советского национального объединения историков естествознания и техники, Ленинград 1970, с.78–79.

Doublet, E., *Sur l'œuvre d'Euler,* Procès-verbaux des séances de la société des sciences ... de Bordeaux, 1911/12, p.5–7.

— *Une édition complète des œuvres d'Euler,* Bulletin des sciences mathématiques (2) 36, 1912, p.310–319.

Dubois et al., *Œuvres complètes en français de L.Euler,* Bruxelles, Etablissement Géographique, 1839.

Dürr, Karl, *Les diagrammes logiques de Léonard Euler et de John Venn,* Proceedings of the 10.International Congress of Philosophy, Amsterdam, 2, 1948, p.720–721 (1949).

Du Pasquier, Gustave, *Les travaux de Léonard Euler concernant l'assurance,* Journal de statistique 45, et Bulletin des actuaires suisses V, Bern 1909 = Zeitschrift für schweizerische Statistik 45, 1909, und Mitteilungen der Vereinigung schweizerischer Versicherungsmathematiker, Heft 5.

— *Leonhard Eulers Verdienste um das Versicherungswesen,* Vierteljahrsschrift der Naturforschenden Gesellschaft in Zürich 54, 1909, p.217–243.

— *Eine deutsche Abhandlung Leonhard Eulers über Witwenkassen,* ibidem 55, 1910, p.14–22.

— *Léonard Euler et ses amis,* Paris 1927, 125 p.

Dupont, Pascal, *Nuove dimostrazioni della formula di Euler-Savary e suo studio storico,* Atti della Accademia delle Scienze di Torino. Classe di Scienze Fisiche, Matematiche e Naturali 97, 1962/63, p.927–962.

— *Esame storico-critico del contributo di d'Alembert, Eulero, Poisson, Poncelet ed altri al concetto dell'asse instantaneo di rotazione ...,* ibidem 98, 1964, p.537–572.

Durège, H., *Über Körper von vier Dimensionen,* Sitzungsberichte der Kaiserlichen Akademie der Wissenschaften in Wien, Mathematisch-Naturwissenschaftliche Klasse 83, 1881, II.Abteilung, p.1110–1125.

E

Echeverri Dávila, Hernando José, *The Calculus of Variations and the Principle of Least Action before Lagrange: Jakob and Johann Bernoulli, Euler, Maupertuis,* Ph. D., 1978, Columbia University, 345 p. Page 5380 in Volume 39/09-A of Dissertation Abstracts International.

Elkana, Yehuda, *Scientific and Metaphysical Problems. Euler and Kant,* Methodological and Historical Essays in the Natural and Social Sciences, Boston Studies in the Philosophy of Science 14, 1974, p. 277–305, p. 281–291: Euler's Theory of Matter.

Ely, G. S., *Bibliography of Bernoulli's (and Euler's) numbers,* American Journal of mathematics pure and applied 5, 1883, p. 228–236.

The Encyclopaedia Britannica, 7th Edition 1842, Vol. IX, p. 398–400: *Leonhard Euler.*

Encyklopädie der Mathematischen Wissenschaften, Leipzig 1898 ff. *Euler:* cf. Register.

Eneström, Gustaf, *Om opptäckten af den Eulerska summationsformeln,* Stockholm, Vedenskapsakad. Översigt 36, 1879, no 10, 3–17.

– *Lettres inédites de Joseph-Louis Lagrange à Léonard Euler,* Anmälta ag G. Eneström, Tidskrift for Mathematik (4) 3, 1879, p. 33–45. Traduit du Danois: Bulletino di Bibliografia e di Storia delle Scienze Matematiche e Fisiche 12, 1879, p. 828–838.

– *Trois lettres inédites de Jean 1er Bernoulli à Léonard Euler,* Stockholm Vedenskapsakademiens handlingar. Bihang V (1880), Nr. 21 = Bullettino di Bibliografia e di Storia delle Scienze Matematiche e Fisiche 12, 1879, p. 313–314 = *Cartas ineditas de Bernoulli à Euler,* Cronica cientifica revista international de ciencias (Barcelona) 3, 1880, p. 329–335, 353–357, 377–382.

– *Sur le premier emploi du symbole π pour 3,14159 …,* Bibliotheca Mathematica, N.F., 3, 1889, p. 28.

– *Note historique sur la somme des valeurs inverses des nombres carrés,* Bibliotheca Mathematica, N.F., 4, 1890, p. 22–24.

– *Sur la découverte de l'intégrale complète des équations différentielles linéaires à coéfficients constants,* Bibliotheca Mathematica, N.F., 11, 1897, p. 43–50.

– *Sur les lettres de Léonard Euler à Jean I. Bernoulli,* Bibliotheca Mathematica, N.F., 11, 1897, p. 51–56.

– *Sur la découverte de l'équation générale des lignes géodésiques,* Bibliotheca Mathematica, N.F., 13, 1899, p. 19–24.

– *Remarque sur l'origine de la formule i* log *i* = – ½ π, Bibliotheca Mathematica, N.F., 13, 1899, p. 46.

– *Über den Ursprung der Bezeichnung «Pellsche Gleichung»,* Bibliotheca Mathematica (3) 3, 1902, p. 204–207.

– *Der Briefwechsel zwischen Leonhard Euler und Johann I Bernoulli,* Bibliotheca Mathematica (3) 4, 1903, p. 344–388; (3) 5, 1904, p. 248–291; (3) 6, 1905, p. 16–87.

– *Über die Geschichte der Summenformel, die mit der Eulerschen verwandt ist,* Bibliotheca Mathematica (3) 5, 1904, p. 209–210.

– *Über eine von Euler aufgestellte allgemeine Konvergenzbedingung,* Bibliotheca Mathematica (3) 6, 1905, p. 186–189.

– *Der Briefwechsel zwischen Leonhard Euler und Daniel Bernoulli,* Bibliotheca Mathematica (3) 7, 1906, p. 126–156.

– *Über Bildnisse von Leonhard Euler,* Bibliotheca Mathematica (3) 7, 1906, p. 372–374, mit 4 Bildnissen im Titelbild des Bandes.

– *Randnoten zu Felix Müllers bibliographischen Artikeln über Euler,* Jahresbericht der Deutschen Mathematiker-Vereinigung 17, 1908, p. 405–407.

– *Über die Brüsseler Ausgabe von Leonhard Eulers Werken, Anfrage 137* (Antwort siehe H. Bosmans), Bibliotheca Mathematica (3) 9, 1908, p. 80.

– *Über die Zusätze zur zweiten Auflage (1787) von Eulers Differentialrechnung,* Bibliotheca Mathematica (3) 9, 1908, p. 175–176.

– *Rezension von «Felix Müller, Über bahnbrechende Arbeiten Leonhard Eulers aus der reinen Mathematik», Abhandungen zur Geschichte der mathematischen Wissenschaften 25, 1907, 61–116,* Bibliotheca Mathematica (3) 9, 1908, p. 179–183.

Eneström, Gustaf
- *Eine Legende von dem eisernen Fleisse Leonhard Eulers,* Bibliotheca Mathematica (3) 10, 1909, p. 308–316.
- *Verzeichnis der Schriften Leonhard Eulers,* Jahresbericht der Deutschen Mathematiker-Vereinigung, Ergänzungsband 4, 1. Lieferung 1910, 2. Lieferung 1913.
- *Die ersten Untersuchungen Eulers über höhere Differentialgleichungen mit variablen Koeffizienten,* Bibliotheca Mathematica (3) 12, 1912, p. 238–241.
- *Bericht an die Eulerkommission der Schweizerischen Naturforschenden Gesellschaft über die Eulerschen Manuskripte der Petersburger Akademie,* Jahresbericht der Deutschen Mathematiker-Vereinigung 22, 1913, p. 191–205 (kursiv).
- Cf. ferner die vielen Bemerkungen unter der Rubrik «Kleine Bemerkungen zur letzten Auflage von Cantors ‹Vorlesungen über Geschichte der Mathematik›» in der Bibliotheca Mathematica (3), deren viele sich auf Euler beziehen.

Engel, Friedrich, *Rezension des Index von Hagen,* Zeitschrift für Mathematik und Physik 42, 1897, Hist. Lit. Abteilung, p. 200–203.

Engelsman, S.B., *Families of Curves and the Origins of Partial Differentiation,* Proefschrift, Utrecht 1982.

Enzyklopädie der Elementarmathematik, Bd. IV, Geometrie, 2. Aufl. VEB, Berlin 1980; p. 393 ff. W. G. Aschkinuse, *Vielecke und Vielflache.* § 1. *Die grundlegenden Definitionen. Der Eulersche Satz.*

Enzyklopädie, grosse sowjetische, Moskau ³1981 (russisch), cf. insbesondere Bd. 28, Spalten 1708–1718 (P) und Index p. 698. Cf. auch: A. P. Juškevič, 1967, Grosse sowjetische Enzyklopädie 48, p. 335–338.

Ersch, J. S., Gruber, J. G., Allgemeine Encyklopädie der Wissenschaften und Künste: *Euler,* 1. Section, 39. Teil, Leipzig 1843, p. 66–72, gezeichnet (J.C.G.) Gartz.

Euler, Karl, *Das Geschlecht der Euler-Schölpi. Geschichte einer alten Familie,* Giessen 1955, 320 p., 10 Ahnentafeln, 35 Bildbeilagen.

Euler, Leonhard, cf. Sammelband Lavrent'ev, 1958.

Эйлер, Леонард, *Сборник статей в честь 250-летия со дня рождения представленных Германской Академии наук в Берлине под редакцией Курта Шредера,* Берлин 1959, cf. Sammelband Schröder, 1959.

Euler, Leonhard, *Manuscripta Euleriana Archivi Academiae Scientiarum URSS Tomus I: Descriptio scientifica,* Ed. Ju. Ch. Kopelevič, M. V. Krutikova, G. K. Mikhajlov and N. M. Raskin. Moskov, Akademija Nauk SSSR 1962, 427 p., 1 Pl. Acta Archivi Academiae Scientiarum URSS, fasc. 17. *Tomus II: Opera Mechanica, volumen I.* Ed. G. K. Mikhajlov, Moskov, Akademija Nauk SSSR, 1965, 574 p., *Rukopisnye materialy L. Ejlera ...,* Рукописные материалы Л. Эйлера ... (Die Ausgabe ist mehrsprachig.)

Euler, L., *Briefe an Gelehrte, Pis'ma k učenym,* bearbeitet von T. N. Klado, Ju. Ch. Kopelevič, T. A. Lukina, unter Redaktion von Akademiemitglied V. I. Smirnov, Moskau–Leningrad 1963, 397 p. (mit P) (russisch). Beiträge von T. N. Klado, T. A. Lukina, Ju. Kh. Kopelevič, B. V. Rusanov.

Euler, Leonhard, *Briefwechsel, Annotiertes Verzeichnis.* Redaktion: A. P. Juškevič und V. I. Smirnov (russisch), «Nauka», Leningrad 1967, 392 p., Leonard Ejler, *Perepiska, Annotirovannyj Ukazatel', ...* Леонард Эйлер, *Переписка, Аннотированный Указатель, ...*

Euler, L., *Œuvres complètes en français,* Bruxelles, Etablissement Géographique T. 1–5, 1838–1839. Ed. Dubois et al.

Eulervorträge, I. und II. Gruppe (nur Titel), Jahresbericht der Deutschen Mathematiker-Vereinigung 16, 1907, p. 568–569.

F

Fabarius, W., *Leonhard Euler und das Problem Fermat,* Cassel, M. Siering 1914, 12 p.

Fehr H., *Sur l'état actuel de la publication des œuvres d'Euler,* L'Enseignement Mathématique 21, 1921, p. 343–344.

Felber, V., *Leonhard Euler,* Časopis pro pěstování matematyki (Prag) 37, 1908, p.177–192, 289–300.

Fellmann, Emil A., *Über den Zusammenhang der Lemniskatenrektifikation mit speziellen Gammafunktionen,* Janus 51, 1964, p.291–294.

– *Eulersche Integrale und spezielle ebene Kurven. Die Sinusspiralen,* Verhandlungen der Naturforschenden Gesellschaft zu Basel 80, 1970, p.286–302.

– *Leonhard Euler,* in: «Die Grossen der Weltgeschichte», Bd.VI, 1975, p.496–531, Kindler Verlag, Zürich.

– *Leonhard Euler: Mathematiker, Physiker, Astronom,* Space Phil News, 9.Jahrg., Sommer 1979, Nr.34, p.7, Zürich.

– *Die Ausgabe einer neuen Schweizer Zehn-Franken-Note (L. Euler),* ibidem.

– *Euler-Symposium in Basel,* Nationalzeitung (Basel), 29.Nov. 1972, Nr.440.

Festschrift zur Feier des 200.Geburtstages von Leonhard Euler. Herausgegeben von der Berliner Mathematischen Gesellschaft, Leipzig–Berlin 1907, 137 p., 2 Bildnisse = Abhandlungen zur Geschichte der mathematischen Wissenschaften, XXV. Heft. Vorrede von P.Schafheitlin, E.Jahnke, C.Färber. Beiträge cf. unter den Namen: A.Kneser, E.Lampe, F.Müller, G.Valentin.

Fleckenstein, J.O., *Leonhard Euler,* in: «Die grossen Deutschen», Propyläen Verlag, Bd.II. 1957, p.159–171 (P).

Forbes, Eric G., *The Euler-Mayer Correspondence (1751–1755). A new perspective on eighteenth-century advances in lunar theory,* London 1971.

– *Tobias Mayer's dept to Leonhard Euler,* Actes du XIIIᵉ Congrès International d'Histoire des Sciences 6, 1971, p.295–299, Moscou 1974.

Forbes E., Kopelevič, Ju.Kh., *Unbekannte Briefe L.Eulers an T.Mayer,* Istoriko-astronomičeskie issledovanija V, 1959, p.271–444; X, 1969, p.285–310.

Форбес, Е. и Копелевич, Ю.Х., *Неизвестные письма Л.Эйлера к Т.Майеру,* Историко-астрономические исследования V, 1959, с.271–444; X, 1969, с.285–310.

Frankl', F.I., *Über die Priorität Eulers bezüglich der Entdeckung des Ähnlichkeitsgesetzes für den Luftwiderstand bei der Bewegung von Körpern mit grosser Geschwindigkeit,* Doklady Akademii nauk SSSR, Novaja serija 70, Nr.1, 1950, p.39–42.

Франкль, Ф.И., *О приоритете Эйлера в открытии закона подобия для сопротивления воздуха движению тел при больших скоростях.* Доклады Академии наук СССР. Новая серия, 70, № 1, 1950, с.39–42.

Frankl', F.I., *Eulers hydrodynamische Arbeiten,* Uspekhi matematičeskikh nauk, N.S., 5, Nr.4 (38), 1950, p.170–176.

Франкль, Ф.И., *Гидродинамические работы Эйлера,* Успехи математических наук 5, № 4 (38), 1950, с.170–176.

Frankl', F.I., *Über die Entdeckungen Eulers im Gebiet der Theorie der partiellen Differentialgleichungen,* Istoriko-matematičeskie issledovanija 7, 1954, p.596–624.

Франкль, Ф.И., *Об исследованиях Л.Эйлера в области теории уравнений в частных производных,* историко-математические исследования 7, 1954, с.596–624.

Frankl', F.I., *Kommentare: 1. Über die Untersuchungen von L.Euler im Gebiet der partiellen Differentialgleichungen. 2. Über die Arbeit von L.Euler über Variationsrechnung. 3. Zur Arbeit «Darlegung einiger besonderer Fälle der Integration von Differentialgleichungen»,* in: (E.385/O.I, 13). L.Euler, *Integralrechnung,* Bd.3, 1958, p.419–445.

Франкль, Ф.И., *Комментарии: 1. Об исследованиях Л.Эйлера в области теории уравнений в частных производных. 2. О работе Л.Эйлера «О вариационном исчислении».3. К работе «Изложение некоторых особых случаев интегрирования дифференциальных уравнений»,* В кн.: Эйлер, Л., *Интегральное исчисление,* Т.3, 1958, с.419–445.

Frejman, L.S., *Euler und die analytische Methode in der Mechanik,* Voprosy istorii estestvoznanija i tekhniki 1957, Nr.4, p.164–167.

Фрейман, Л.С., *Эйлер и аналитический метод в механике,* Вопросы истории естествознания и техники 1957, № 4, с.164–167.

Friedrich der Grosse, cf. G.Valentin, Festschrift 1907, p.8–18.

Fuchs, Werner, *Gauss'Beitrag zu Eulers Werken,* Mitteilungen der Gauss-Gesellschaft Göttingen 13, 1976, p.5–17.

Fueter, Eduard, *Euler als Ingenieur,* Gesnerus 1, 1944, p.113.

F[ueter], E[duard], *Zu Leonhard Eulers 250. Geburtstag* (mit Bildern). Neue Zürcher Zeitung, 18.Mai 1957, Blatt 5, Nr.1448.

Fueter, Rudolf, *Leonhard Euler* (1707–1783), Beiheft 3 zur Zeitschrift «Elemente der Mathematik», Birkhäuser Verlag, Basel 1948, ²1968, ³1979; 24 p. (2 P).

–   *Leonhard Euler. Zu seinem zweihundertjährigen Geburtstag,* Neue Zürcher Zeitung, 14. und 15.April 1907.

–   *LEONARDI EULERI Opera Omnia und die Eulerkommission der Schweizerischen Naturforschenden Gesellschaft,* Neue Zürcher Zeitung, 20.März 1938, Nr.498.

–   *Über eine Eulersche Beweis-Methode in der Zahlentheorie,* Schweizerische Medizinische Wochenschrift, 69.Jahrg., 1939, Nr.43.

Fueter, Rudolf, et al. *Leonhard Eulers Werke,* 1. An die Mitglieder des SEV und VSE. 2. Aufruf für die Herausgabe der Werke Leonhard Eulers, Schweizerische Bauzeitung 118, 5.Juli 1941, Nr.1, p.1–2.

Fuss, P.H., *Correspondance Mathématique et Physique* …, T. I, II, St.Pétersbourg 1843.

G

Galčenkova, R.I., *Die Algebra in den unveröffentlichten Manuskripten Eulers,* Istorija i metodologija estestvennykh nauk. Matematika 13, 1966, p.45–61.

Галченкова, Р.И., *Алгебра в неопубликованных рукописях Эйлера,* История и методология естественных наук, Математика 13, 1966, с.45–61.

Gans, R., *Euler als Physiker,* Physikalische Zeitschrift 8, 1907, p.859–865.

Gel'fond, A.O., *Über einige charakteristische Züge in den Ideen L.Eulers auf dem Gebiet der mathematischen Analysis und seiner «Einführung in die Analysis des Unendlichen»,* Uspekhi matematičeskikh nauk 12, Nr.4 (76), 1957, p.29–39.

Гельфонд, А.О., *О некоторых характерных чертах идей Л.Эйлера в области математического анализа и его «введении в анализ бесконечно малых»,* Успехи математических наук 12, № 4 (76), 1957, с.29–39.

Gel'fond, A.O., *Die Rolle der Arbeiten L.Eulers in der Entwicklung der Zahlentheorie,* Sammelband Lavrent'ev, 1958, p.80–97.

Гельфонд, А.О., *Роль работ Л.Эйлера в развитии теории чисел.*

Gillings, R.J., *The so-called Euler-Diderot incident,* American Mathematical Monthley 61, 1954, p.77–80.

Glaisher, J.W.L., *On the calculation of Euler's constant,* Proceedings of the Royal Society of London 19, 1871, p.514–524.

–   *On the history of Euler's constant,* The Oxford, Cambridge and Dublin Messenger of Mathematics, n.s., 1, 1872, 25–30.

Glinka, M.E., *Leonhard Euler, Versuch einer Ikonographie* (russisch mit deutscher Zusammenfassung), 2 Tafeln, Sammelband Lavrent'ev, 1958, p.569–589.

Глинка, М.Е., *Леонард Эйлер, (Опыт иконографии).*

Gnedenko, B.V., *Über die Arbeiten L.Eulers zur Wahrscheinlichkeitstheorie, zur Theorie der Auswertung von Beobachtungen zur Demographie und zum Versicherungswesen,* Sammelband Lavrent'ev, 1958, p.184–209.

Гнеденко, Б.В., *О работах Леонарда Эйлера по теории вероятностей, теории обработки наблюдений, демографии и страхованию.*

Gnedenko, B.V., *Über die Untersuchungen Eulers aus der Wahrscheinlichkeitstheorie. Beobachtungsresultate aus der Demographie und dem Versicherungswesen,* Ist. matem. zbirnik 1, 1959, p.71–76.

Гнеденко, Б.В., *Про дослідженя Л.Ейлера з теорії ймовірностей, теорії обробки спосте-режень, демографії та страхування,* Іст. матем. збірник 1, 1959, с.71–76.

Goethe, J.W., *Materialien zur Geschichte der Farbenlehre (1810),* sechste Abteilung: achtzehntes Jahrhundert, zweite Epoche: Von Dollond bis auf unsere Zeit. Archromasie, Abschnitt über L.Euler; in der Artemis-Ausgabe, Bd.16, Ed. A.Speiser, p.644ff.

Goetschi, Kurt, *Über die Eulersche Methode der Verwandlung von Reihen in Kettenbrüche,* Rechenpfennige, Aufsätze zur Wissenschaftsgeschichte, Festschrift für Kurt Vogel, Forschungsinstitut des Deutschen Museums München, 1968, p.175–181.

Graf, Joh.Hch., *Der Basler Mathematiker Leonhard Euler bei Anlass der Feier seines 200.Geburtstages,* Bern 1907, 24 p., Buchdruckerei Berner Tagblatt.

Grattan-Guinness, I., *The Development of the Fondations of Mathematical Analysis from Euler to Riemann,* M.I.T. Press, 1971.

Grave, D.O., cf. Dobrovolskij

Grigor'jan, A.T., *Leonhard Euler,* Trudy instituta istorii estestvoznanija i tekhniki 17, 1957, p.312–319.

Григорьян, А.Т., *Леонард Эйлер,* Труды института истории естествознания и техники 17, 1957, с.312–319.

– Cf. Lavrent'ev.

– Cf. Sammelband Lavrent'ev, 1958.

Grigor'jan, A.T., Juškevič, A.P., *Wissenschaftliche russisch-französische Beziehungen: Korrespondenz von L.Euler und J.N.Delisle 1735–1765* (russisch und französisch), Leningrad 1968, p.119–279.

Grigor'jan, A.T., Polak, L.S., *L.Euler,* Voprosy istorii estestvoznanija i tekhniki, 1957, Nr.4, p.3–14.

Григорьян, А.Т., Полак, Л.С., *Л.Эйлер,* Вопросы истории естествознания и техники, 1957, № 4, с.3–14.

Grube, F., *Über einige Eulersche Sätze aus der Theorie der quadratischen Formen,* Zeitschrift für Mathematik und Physik 19, 1874, p.492–519 (E.708/O.I, 4).

Grunert, Johann August, *Eulers Beweis des Fermatschen Satzes vom Kreise,* Archiv der Mathematik und Physik (Grunert) 27, 1856, p.116–118.

Günther, Siegmund, *Storia dello sviluppo della teoria delle frazioni continue fino all'Euler,* Bullettino di Bibliografia e di Storia delle scienze matematiche (Boncompagni) 7, 1874, p.213–254.

– *L.Eulers Verdienste um die mathematische und physikalische Geographie,* Festschrift Moritz Cantor, herausgegeben von S.Günther und K.Sudhoff, Leipzig 1909 = Archiv für die Geschichte der Naturwissenschaften und der Technik 1, 1909, p.475–490.

Gumbel, E.J., *Eine Darstellung statistischer Reihen durch Euler,* Jahresbericht der Deutschen Mathematiker-Vereinigung 25, 1916/17, p.251–264.

Gusev, A.N., *Einige Fragen der Konvergenz von Reihen in den Arbeiten von L.Euler,* Učenye zapiski Kostromskogo Gosudarstvennogo Pedagogičeskogo Instituta 5, 1959, p.3–22.

Гусев, А.Н., *Некоторые вопросы сходимости рядов в работах Л.Эйлера,* Ученые записки Костромского Государственного Педагогического Института, 5 1959, с.3–22.

Gusev, A.N., *Leonhard Euler und divergente Reihen,* Tam-že, p.23–51.

Гусев, А.Н., *Леонард Эйлер и расходящиеся ряды,* Там-же, с.23–51.

Gussov, V.V., *Die Arbeiten russischer Gelehrter über die Theorie der Gamma-Funktion,* Istoriko-matematičeskie issledovanija 5, 1952, p.421–572.

Гуссов, В.В., *Работы русских ученых по теории гамма-функции,* Историко-математические исследования 5, 1952, с.421–572.

Gussov, V.V., *Die Entwicklung der Theorie der Zylinderfunktionen in Russland und der UdSSR,* Istoriko-matematičeskie issledovanija 6, 1953, p.355–476.

Гуссов, В.В., *Развитие теории цилиндрических функций в России и СССР,* Историко-математические исследования 6, 1953, с.355–476.

Guyot, Charly, *Un grand mathématicien bâlois; un pèlerinage florentien: le monument Euler,* Chesières, Service de Presse Suisse, 3 p., ohne Jahr.

H

Habicht, W., *Über die Arbeiten Leonhard Eulers auf dem Gebiet der Dioptrik,* Voprosy istorii estestvoznanija i tekhniki 4 (45), 1973, p.29–34.

Габихт, В., *О работах Леонарда Эйлера в области диоптрики,* Вопросы истории естествознания и техники 4 (45), 1973, с.29–34.

Habicht, W., *Zu einem Aufsatz Leonhard Eulers über die Mechanik,* Voprosy istorii estestvoznanija i tekhniki 4 (53), 1976, p.31–34.

Габихт, В., *Об одной статье Леонарда Эйлера по механике,* Вопросы истории естествознания и техники 4 (53), 1976, с.31–34.

Habicht, W., *Die Serien I–III der Euler-Edition der Schweizerischen Naturforschenden Gesellschaft: Eine Übersicht,* Verhandlungen der Naturforschenden Gesellschaft in Basel 86, 1977, p.77–85.

– *Leonhard Euler,* Manuskript, Vortrag vor Mitgliedern von Lions-Club und Rotariern in Basel, 1978.

– *Die Serien I–III der Euler-Edition der Schweizerischen Naturforschenden Gesellschaft,* Voprosy istorii estestvoznanija i tekhniki 51, 1979, p.78–86.

Габихт, В., *I–III серии Эйлеровского издания Швейцарского естественнонаучного общества,* Вопросы истории естествознания и техники 2 (51), 1979, с.78–86.

Haentzschel, E., *Euler und die Weierstraßsche Theorie der elliptischen Funktionen,* Jahresbericht der Deutschen Mathematiker-Vereinigung 22, 1913, p.278–284.

Hagen, J.G., *Index Operum Leonardi Euleri,* Berolini, Felix L.Dames 1896, VIII+80 p., 8^0.

– *Über ein neues Verzeichnis der Werke von Leonhard Euler,* Jahresbericht der Deutschen Mathematiker-Vereinigung 5, 1897, p.82–83.

Hagenbach-Bischoff, E., *Eulers Verdienste um Astronomie und Physik,* Nr.5 in: *Die Basler Mathematiker Daniel Bernoulli und Leonhard Euler. Hundert Jahre nach ihrem Tod gefeiert von der Naturforschenden Gesellschaft Basel 1884* (Anhang zu Teil VII der Verhandlungen der Naturforschenden Gesellschaft zu Basel).

Hagenbach, Karl Rud., *Leonhard Euler als Apologet des Christentums,* Einladungsschrift zur Promotionsfeier des Pädagogiums den 28.April 1851, Basel, Schweighausersche Buchdruckerei; p.3–7: Aufsatz von K.R.H.; p.8: Zusatz zu Anmerkung 8 von K.R.H.; p.9–26: Wiederabdruck von «Rettung der Göttlichen Offenbarung gegen die Einwürfe der Freigeister», Berlin 1747, §§ I–LIII; p.27–30: Nachwort von K.R.H.; p.31–32: Anmerkungen zu dem mathematischen Teil der Schrift (mitgeteilt von Herrn Prof. Rud.Merian).

Hamel, Georg, *Die Lagrange-Eulerschen Gleichungen der Mechanik,* Zeitschrift für Mathematik und Physik 50, 1904, p.1–57

Hansted, B., *Deux pièces peu connues de la correspondance d'Euler (Lettre d'Erik Pontoppidan à L.Euler et réponse d'Euler),* Bulletin des sciences mathématiques (Darboux) (2) 3, 1879, p.26–32.

Hartweg, F.G., *Leonhard Eulers Tätigkeit in der französisch-reformierten Kirche von Berlin,* Die Hugenottenkirche 32, 1979, Nr.4, p.14–15; Nr.5, p.17–18.

Heath, Thomas L., *Diophantus of Alexandria,* 1885, ²1910, ³1964, Section VI: *Some solutions by Euler,* p.329–380.

Heller, A., *Geschichte der Physik von Aristoteles bis auf die neueste Zeit,* Bd.2, Stuttgart 1884, p.392–400.

Henry, Ch., *Mémoire de Léonard Euler, publié conformément au manuscrit autographe,* Bulletin des sciences mathématiques (Darboux) (2) IV, 1880, p.207–256.

– *Lettres inédites d'Euler à d'Alembert,* Bullettino di bibliografia e di storia delle scienze matematiche e fisiche 19, 1886, p.136–148.

Herzog, J.W., *Adumbratio Eruditorum Basiliensium …,* Athenae Rauricae 1778, mit Anhang 1780.

Hessel, C., *Nachträge zum Eulerschen Lehrsatze von Polyedern,* Journal für die reine und angewandte Mathematik 8, 1832, p.13–20

Heymann, Walter, *Zum 250. Geburtstage Leonhard Eulers,* Mathematik und Physik in der Schule 4, Heft 4, Berlin: Volk und Wissen 1957.

Historisch-Biographisches Lexikon der Schweiz, *L. Euler,* Bd. 3, Neuenburg 1926, p. 90, gez. C(arl) R(oth).

Hnedenko cf. Gnedenko, B. V.

Hoesli, Rudolf J., *Leonhard Euler zu seinem 250. Geburtstag,* Neue Zürcher Zeitung, 15. April 1957, Nr. 1095.

Hoffmann, P., *Zur Verbindung Eulers mit der Petersburger Akademie der Wissenschaften während seiner Berliner Zeit,* cf. E. Winter 1958, p. 150–156.

Hofmann, J. E., *Von der Magie der mathematischen Zeichensprache. Zur Erinnerung an die Erstausgabe der Eulerschen ‹Introductio› 1748,* Experientia 4, 1948, p. 364–366.

– *Über Eulers erste Studien zur Reihenlehre,* Vortrag DMV-Tagung, Würzburg, 12. IX. 1956.

– *Zur Entwicklungsgeschichte der Eulerschen Summenformel,* Mathematische Zeitschrift 67, 1957, p. 139–146.

– *Leonhard Euler,* Physikalische Blätter 14, 1958, p. 117–122 (LP)

– *Zur Geschichte des sogenannten Sechsquadrateproblems,* Mathematische Nachrichten 18, 1958, p. 152–167.

– *Um Eulers erste Reihenstudien,* Sammelband Schröder, 1959, p. 139–208.

Гофман, И. Э., *О первых исследованиях Эйлера по теории рядов. Резюме.*

Hofmann, J. E., *Über zahlentheoretische Methoden Fermats und Eulers, ihre Zusammenhänge und Bedeutung,* Archive for History of Exact Sciences 1, 1961, p. 122–159.

– *Aus dem Briefwechsel Euler-Goldbach,* Praxis der Mathematik 10, 1968, p. 190–191.

Holenstein, Elmar, *Zur semiotischen Funktion der EULER-Kreise und ihrer historischen Alternativen,* Zeitschrift für Semiotik (Akademische Verlagsgesellschaft Athenaion, Wiesbaden) 2, 1980, p. 397–402.

Holzer, Ludwig, *Eulers Forschungen in seiner Anleitung zur Algebra vom Standpunkt der modernen Zahlentheorie,* cf. Sammelband Schröder, 1959, p. 209–223.

Хольцер, Л., *Исследования Эйлера, содержащиеся в введении в алгебру, с точки зрения современной теории чисел,* Резюме, с. 223.

Home, Roderick W., *On two supposed works by Leonhard Euler on electricity,* Archives Internationales d'Histoire des Sciences 25, 1975, p. 3–7.

Hooykaas, R., *The first kinetic theory of gases (1727),* Actes du Ve Congrès International d'Histoire des Sciences, Lausanne 1947, p. 125–129.

– *The first kinetic theory of gases (1727),* Archives Internationales d'Histoire des Sciences 2, 1948/49, p. 180–184.

Hoppe, E., *Die Philosophie Leonhard Eulers,* herausgegeben von der Berliner Mathematischen Gesellschaft 1907 (P), auch Gotha 1904.

– *Die Verdienste Leonhard Eulers um die Optik,* Jahresbericht der Deutschen Mathematiker-Vereinigung 16, 1907, p. 558–567.

– *Zum Gedächtnis Leonhard Eulers,* Physikalische Zeitschrift 8, 1907, p. 225–232.

– *Die Verdienste L. Eulers um die Optik,* ibidem, p. 856–858.

– *Leonhard Eulers Stellung zur Relativität,* Zeitschrift für den Mathematischen und Naturwissenschaftlichen Unterricht 54, 1923, p. 181–184.

Hotz, Klaus, *Die neue Zehnernote. Ehrung des populären Mathematikers Leonhard Euler,* Panorama, Hauszeitung der Maag-Zahnräder AG, Zürich, Nr. 3, 1979, p. 10–13. Der Artikel ist nicht gezeichnet, er stammt von Kl. Hotz. Bilder: Zehnernote, insbes. Evolventenverzahnung.

Houzel, C., *Euler et l'apparition du formalisme,* Philosophie et calcul de l'infini, Paris 1976, p. 123–156.

Hrave, D. O. (Граве, Д. О.), cf. Dobrovol'skij, V.

Hubig, Christoph, *Replik. Zu Holensteins Bemerkungen über die semiotische Funktion der EULER-Kreise,* Zeitschrift für Semiotik (Akademische Verlagsgesellschaft Athenaion, Wiesbaden) 2, 1980, p. 403–409.

I

Isenkrahe, C., *Eulers Theorie von der Ursache der Gravitation*, Zeitschrift für Mathematik und Physik 26, 1881, Historisch-literarische Abteilung, p. 1–19.
–   *Über die Zurückführung der Schwere auf Absorption und die daraus dargestellten Gesetze*, ibidem 37, 1892, Suppl., p. 161–204.

J

Jacobi, Erwin Reuben, *Nouvelles lettres inédites de Jean-Philippe Rameau. A l'occasion du deuxième centenaire de sa mort 1764–1964* (Portr. Facs.), Recherches sur la musique française classique 1963 (Paris: Picard 1963), p. 145–158.
Jahresbericht der Deutschen Mathematiker-Vereinigung (meist anonym).
–   16, 1907, p. 167: *Euler-Feier der Berliner mathematischen Gesellschaft.*
–   16, 1907, p. 185–195: Felix Müller, *Bibliographisch-Historisches zur Erinnerung an Leonhard Euler.*
–   16, 1907, p. 328–332: *Festakt der Universität Basel zur Feier des zweihundertjährigen Geburtstages Leonhard Eulers.*
–   16, 1907, p. 332–333: *Zum Gedächtnis Leonhard Eulers.*
    Die folgenden Seitenzahlen sind im J'ber. DMV kursiv gesetzt.
–   17, 1908, p. 136–139: *Bericht der Euler-Kommission an den Vorstand der Deutschen Mathematiker-Vereinigung* (gez. Krazer, Pringsheim, Stäckel).
–   18, 1909, p. 47–50: *Der Plan einer Gesamtausgabe von Leonhard Eulers Werken* (gez. Fritz Sarasin, Ferdinand Rudio).
–   18, 1909, p. 82–85: *Die Gesamtausgabe der Werke Leonhard Eulers.*
–   18, 1909, p. 133–141: *Bericht der Schweizerischen Eulerkommission für das Jahr 1908/09* (gez. Der Präsident der Euler-Kommission Ferdinand Rudio).
–   18, 1909, p. 141–143: *Nachtrag vom 6. September.*
–   19, 1910, p. 94–103: *Redaktionsplan für die Eulerausgabe* (gez. F. Rudio, A. Krazer, P. Stäckel).
–   19, 1910, p. 104–116, 129–142: *Einteilung der sämtlichen Werke Leonhard Eulers.*
–   19, 1910, p. 194–196: *Bericht der Schweizerischen Eulerkommission für das Jahr 1909/1910.*
–   20, 1911, p. 171–175: Ferdinand Rudio, *Die zwei ersten Bände der Gesamtausgabe von Leonhard Eulers Werken.*
–   21, 1912, p. 109–110: F. Rudio, *Zur Eulerausgabe: Die Dioptrik.*
–   21, 1912, p. 159–164: *Zur Eulerausgabe: Die Mechanica (1736).*
–   22, 1913, p. 167–168: *Einladung zum Beitritt zu einer Leonhard Euler-Gesellschaft* (gez. Fritz Sarasin, Eduard His-Schlumberger).
–   22, 1913, p. 191–205: G. Eneström, *Bericht an die Eulerkommission der Schweizerischen Naturforschenden Gesellschaft über die Eulerschen Manuskripte der Petersburger Akademie.*
–   23, 1914, p. 26–27: F. Rudio, *Rundschreiben zur Ermittlung verlorener Briefe von und an Leonhard Euler.*
–   23, 1914, p. 125–126: F. Rudio, *Die Eulerausgabe* = Vierteljahrsschrift der Naturforschenden Gesellschaft in Zürich 59, 1914.
–   23, 1914, p. 129: *Leonhard Euler Gesellschaft.*
–   24, 1915, p. 98–99: *Bericht über die Euler-Ausgabe.*
–   24, 1915, p. 101–108: Sarasin, Fritz, *Geschichte des Euler-Unternehmens* = Jubiläumsband der Schweizerischen Naturforschenden Gesellschaft.
–   24, 1915, p. 108–110: *Liste der Mitglieder der Leonhard-Euler-Gesellschaft.*
–   25, 1916/17, p. 106: *Bericht über die Euler-Ausgabe.*
–   26, 1917/18, p. 54: *Bericht über die Euler-Ausgabe.*
–   27, 1918, p. 58: *Euler-Ausgabe.*
–   29, 1920, p. 52–53: *Euler-Kommission der Schweizerischen Naturforschenden Gesellschaft «An unsere Abonnenten»* (gez. Fritz Sarasin, Rudolf Fueter).

Im Jahre 1907 wurde die Euler-Kommission der Deutschen Mathematiker-Vereinigung eingesetzt. Über deren Zusammensetzung wird in den Bänden 25, 1916, bis 31, 1922, auf Seite 1 kursiv berichtet, in Band 33, 1925, auf Seite 4 kursiv, in Band 34, 1926, bis Band 36, 1927, auf Seite 1 kursiv und in Band 37, 1928, und Band 40, 1931, je auf Seite 1.

Jaquel, Roger, *Les correspondances de Léonard Euler (1707–1783), de son fils J.A.Euler (1734–1800) et de leur ami Jean III Bernoulli* (1744–1807), Actes du 101ᵉ Congrès national des sociétés savantes, Sciences, fasc. III, p.69–78, Lille 1976.

– *Quatre approches des problèmes de la chaleur et du feu vers le milieu du XVIIIᵉ siècle: Celles d'Euler, de Voltaire, de Kant et de J.-H. Lambert,* 105ᵉ Congrès national des sociétés savantes, Sciences, fasc. V, p.213–223, Caen 1980.

Jenny, Johann Jakob, *Plauderei über die Basler Mathematiker* (illustr.), Ciba-Blätter, Basel 1966, p.33–40.

Jolly, P., *De Euleri meritis de functionibus circularibus ...,* VI, 32 p. Dissertation Univ. Heidelberg 1834, Sammelband 4.

Jonquière, E. de, *Note sur le théorème d'Euler dans la théorie des polyèdres,* Comptes rendus hebdomaires des séances de l'Académie des sciences Paris 110, 1890, p.169–173.

Jordan, C., *Généralisation du théorème d'Euler sur la courbure des surfaces,* Comptes-rendus hebdomaires des séances de l'Académie des Sciences Paris 79, 1874, p.909–911.

– *Recherches sur les polyèdres,* Journal für die reine und angewandte Mathematik 66, 1866, p.22–85.

– *Second mémoire,* ibidem 68, 1868, p.297–349.

Jurkina, M.I., *Ein Beitrag von Euler und Gauss zur Lösung eines geodätischen Problems,* Istoriko-matematičeskie issledovanija 22, 1977, p.225–228.

Юркина, М.И., *Вклад Эйлера и Гаусса в решение задач о счете высот,* Историко-математические исследования 22, 1977, с.225–228.

Juškevič, A.P., *Feiern zum Eulerjubiläum in der UdSSR und der DDR,* Uspekhi matematičeskikh nauk XII–4, 1957, p.223–225.

Юшкевич, А.П., *Эйлеровские юбилейные торжества в СССР и ГДР,* Успехи математических наук, XII–4, 1957, с.223–225.

Juškevič, A.P., *Euler und Lagrange über die Grundlagen der Analysis, Эйлер и Лагранж об основаниях анализа.* Резюме, Sammelband Schröder, 1959, p.224–244.

– *Euler und die Universität Halle,* Nova Acta Leopoldina, N.F., 27, 1963.

– *Leonhard Euler,* Dictionary of Scientific Biography, Vol.IV, New York 1971, p.467–484.

– *Euler, Leonhard,* Bol'šaja Sovetskaja Enciklopedija, 2.Aufl., Bd.48, 1967, p.335–338.

Юшкевич, А.П., *Эйлер, Леонард,* Большая Советская Энциклопедия, 2-е издание, т.48, 1967, с.335–338.

Juškevič, A.P., *The Concept of Function up to the Middle of the 19th Century,* Archive for History of Exact Sciences 16, 1976, p.37–85; *Le concept de fonction jusqu'au milieu du XIXe siècle,* traduit par J.M.Bellemin, Fragments d'histoire des mathématiques, Paris 1981, p.7–68.

Juškevič, A.P., *Zur frühen Geschichte der mehrfachen Integrale (Zum Werk von Euler und von Lagrange),* Voprosy istorii estestvoznanija i tekhniki 56–57, 1977, p.30–34.

Юшкевич, А.П., Рецензия на книгу: *E. Winter, Die Register der Berliner Akademie der Wissenschaften 1746–1766. Dokumente für das Wirken Leonhard Eulers in Berlin,* Berlin 1957, Вопросы истории естествознания и техники. 5, 1957, с.204.

Juškevič, A.P., *Lambert et Léonard Euler,* Colloque International Jean-Henry Lambert, Université de Haut-Alsace, p.211–223, Editions Ophrys, 10, rue de Nesle, 75006 Paris 1979.

– *J.H.Lambert und L.Euler,* Istoriko-matematičeskie issledovanija 25, 1980, p.189–217.

Юшкевич, А.П., *И.Г.Ламберт и Л.Эйлер,* Историко-математические исследования, 25, 1980, с.189–217.

Juškevič, A.P., *Aus der Korrespondenz von L.Euler und D.Bernoulli. Zum 275.Geburtstag von L.Euler,* Priroda Nr.801, 1982, p.100–108.

Юшкевич, А.П., *Из переписки Л.Эйлера и Д.Бернулли. К 275-летию со дня рождения Л.Эйлера.* Природа 1982, № 801, с.100–108.

Juškevič, A.P., cf. B.N.Delone. Cf. I.G.Bašmakova, M.A.Lavrent'ev, E.Winter, T.N.Klado, A.T.Grigor'jan.

Juškevič, A.P., Bašmakova, I.G., *Leonhard Euler*, in: *Persönlichkeiten der russischen Wissenschaft. Kurze Beschreibung hervorragender Wissenschaftler in Naturwissenschaften und Technik.* Unter der Redaktion von J.V.Kusnecov, Buch 1, p.41–62, Moskva, Fiziko-matematičeskoe izdatel'stvo, 1961.

Юшкевич, А.П., Башмакова, И.Г., *Леонард Эйлер.* В кн.: *Люди русской науки. Очерки о выдающихся деятелях естествознания и техники.* Под редакцией И.В.Кузнецова. Книга I, с.41–62. Москва, Физико-математическое издательство, 1961.

Juškevič, A.P., Grigor'jan, A.T., *Die neue Serie der Opera Omnia von L.Euler und das Euler-Kolloquium in Basel,* Voprosy istorii estestvoznanija i tekhniki 44, 1973, p.98–99.

Юшкевич, А.П., Григорьян, А.Т., *Новая серия сочинений Л.Эйлера и эйлеровский симпозиум в Базеле,* Вопросы истории естествознания и техники 44, 1973, с.98–99.

Juškevič, A.P., Klado, T.N., Kopelevič, Ju.Kh., *L.Euler et J.N.Delisle dans leur correspondance, 1735–1765,* in: Grigor'jan, A.T., Juškevič, A.P., *Russko-francuskie naučnye svjazi* (Relations scientifiques russo-françaises), Leningrad 1968, p.119–279.

Juškevič, A.P., Mandryka, A.P., *Der 250.Geburtstag von Euler,* (Gedenk-Versammlungen in Berlin und in Leningrad), Vestnik Akademii nauk SSSR No.6, 1957, p.121–123.

Юшкевич, А.П., Мандрыка, А.П., *250-летие со дня рождения Эйлера* (памятные собрания в Берлине и Ленинграде), Вестник Академии наук СССР 1957, № 6, с.121–123.

Juškevič, A.P., Winter, E., *Über den Briefwechsel Leonhard Eulers mit der Petersburger Akademie der Wissenschaften in den Jahren 1741–1757* (russisch), Trudy Instituta istorii estestvoznanija i tekhniki Akademii Nauk SSSR 34, 1960, p.428–491.

Юшкевич, А.П., Винтер, Э., *О переписке Леонарда Эйлера с Петербургской академией наук в 1741–1757 гг,* Труды Института истории естествознания и техники Академии наук СССР 34, 1960, с.428–491.

Juškevič, A.P., Winter, E., eds., *Die Berliner und die Petersburger Akademie der Wissenschaften im Briefwechsel Leonhard Eulers. 1. Der Briefwechsel von L.Euler mit G.F.Müller 1735–1767,* 2 Tafeln; VI, 327 p. *2. Der Briefwechsel L.Eulers mit Nartov, Razumovskij, Schumacher, Teplov und der Petersburger Akademie, 1730–1763,* 3 Tafeln; X, 463 p. *3. Wissenschaftliche und wissenschaftsorganisatorische Korrespondenzen 1726–1774,* 4 Tafeln; XII, 408 p., Akademie-Verlag, Berlin 1959, 1961, 1976 = Quellen und Studien zur Geschichte Osteuropas, Bd. III, Teil 1–3, Berlin, Akademie-Verlag.

K

Kästner, G.A., cf. Felix Müller, in: *Festschrift 1907,* p.65, 86.

Kalla-Heger, E., *Leonhard Euler und die Musikwissenschaft,* cf. E.Winter, 1958, p.184–185.

Kelletat, Herbert, *Zur musikalischen Temperatur, insbesondere bei Johann Sebastian Bach,* Kassel 1960.

Kharmac, A.G., *Über das Eulersche Lehrbuch der Arithmetik neuer Art, mit vervollkommneter Theorie,* Učenye zapiski Moskovskogo oblastnogo pedagogičeskogo instituta 202, Nr.6, 1968, p.373–378.

Хармац, А.Г., *Создание Л.Эйлером учебника арифметики нового типа с новышенной в нем ролью теории,* Ученые записки Московского областного педагогического института 202, № 6, 1968, с.373–378.

Kholščevnikov, A., *Euler, Leonhard (1707–1783),* Bol'šja sovetskaja enciklopedija, 1. izdanie, tom 63, 1935, p.146–149.

Холщевников А., *Эйлер Леонард (1707–1783),* Большая советская энциклопедия, 1 издание, том 63, 1935, с.146–149.

Khovanskij, A.N., *Eulers Arbeiten zur Theorie der Kettenbrüche,* Istoriko-matematičeskie issledovanija 10, 1957, p.305–326.

Хованский, А.Н., *Работы Л.Эйлера по теории цепных дробей,* Историко-математические исследования 10, 1957, с.305–326.

Kinkelin, H., cf. Fr. Burckhardt und Ed. Hagenbach.

Kirchner, P., *Ein unveröffentlichter Brief J.A. Eulers an F.J. Bertsch,* cf. E. Winter, 1958, p. 157–163.

Kirillov, I.I., *Zum 200. Jahrestag seit dem Erscheinen der Arbeiten Eulers zur Theorie der Turbomaschinen,* Trudy Bežickogo instituta transportnogo mašinostroenija, vypusk 15, 1955, p. 3–4.

Кириллов, И.И., *К 200-летию со времени выхода в свет трудов Эйлера по теории турбомашин,* Тр. Бежицкого ин-та транспортного машиностроения, вып. 15, 1955, с. 3–4.

Kiselev, A.A., *Einige Fragen der Zahlentheorie aus dem Briefwechsel von Euler mit Goldbach* (russisch), Istorija i metodologija estestvennykh nauk. Matematika 5, 1966, p. 31–34, Moskau, Verlag der Universität.

Киселев, А.А., *Некоторые вопросы теории чисел из переписки Эйлера с Гольдбахом,* История и методология естественных наук, Математика 5, 1966, с. 31–34.

Kiselev, A.A., Matvievskaja, G.P., *Unveröffentlichte Notizen Eulers zur «partitio numerorum»,* Istoriko-matematičeskie issledovanija 16, 1965, p. 145–180.

Киселев, А.А., Матвиевская, Г.П., *Неопубликованные записи Эйлера по partitio numerorum,* Историко-математические исследования 16, 1965, с. 145–180.

Kiselev, A.A., Matvievskaja, G.P., *Unveröffentlichte Handschriften L. Eulers über Zahlentheorie,* Voprosy istorii fiziko-matematičeskikh nauk. Moskva, Vysšaja škola, 1963, p. 26–31.

Киселев, А.А., Матвиевская, Г.П., *Неопубликованные рукописи Л. Эйлера по теории чисел,* Вопросы истории физико-математических наук, Москва, Высшая школа, 1963, с. 26–31.

Kiselev, A.A., cf. Mel'nikov, I.G., 1957.

Klado, T.N., *L. Eulers Briefe an K. Wettstein* (russisch), Istoriko-astronomičeskie issledovanija 10, 1969, p. 253–284.

Кладо, Т.Н., *Письма Л. Эйлера к К. Ветштейну,* Историко-астрономические исследования 10, 1969, с. 253–284.

Klado, T., Wołoszyński, R.W., *Correspondance de Stanislas Auguste avec Léonard Euler et l'Académie des Sciences de Saint Petersbourg, 1766–1783,* Studia i materiały z dziejów nauki polskiej, Ser. C, 10, 1965, p. 3–41 (polnisch, mit russischen und französischen Zusammenfassungen).

Klado, T., Juškevič, A.P., Smirnov, V.I., eds. *Leonard Euler,* Correspondence, annotated catalog 390 p., Leningrad, Nauka 1967, cf. Euler, Leonhard, *Briefwechsel.*

Klado, T.N., cf. *L. Euler, Briefe an Gelehrte,* sowie A.P. Juškevič, 1968.

Klein, Gertrud, *Zur Eulerschen Lösung des isoperimetrischen Problems,* Jahresbericht der Deutschen Mathematiker-Vereinigung 26, 1917/18, p. 344–348.

Klug, L., *Die Entwicklung des Eulerschen Algorithmus,* Archiv der Mathematik und Physik (Grunert) 67, 1882, p. 337–342.

Kneser, Ad., *Euler und die Variationsrechnung,* cf. Festschrift 1907, p. 21–60.

Knjazev, G.A., *Die Silhouettenbildnisse Leonhard Eulers von F. Anting* (russisch mit deutscher Zusammenfassung), Sammelband Lavrent'ev, 1958, p. 590–596.

Князев, Г.А., *Силуэтные портреты Леонарда Эйлера работы Ф. Антинга.*

Knoblauch, J., *Über den Plan der Herausgabe von Leonhard Eulers gesamten Werken,* Sitzungsberichte der Berliner Mathematischen Gesellschaft 6, 1907, p. 69–72.

– *Ein Bildnis Leonhard Eulers in Privatbesitz,* ibidem 11, 1912, p. 2–3 (Portrait).

Körner, Th., *Der Begriff des materiellen Punktes in der Mechanik des achtzehnten Jahrhunderts. III. Euler,* p. 34–47, Bibliotheca Mathematica (3) 5, 1904, p. 15–62.

Kol'man, E., *Eulers Beitrag zur Entwicklung der Mathematik in Russland* (russisch), Voprosy istorii estestvoznanija i tekhniki, Nr. 4, 1957, p. 15–25.

Кольман, Е., *Вклад Эйлера в развитие математики в России,* Вопросы истории естествознания и техники 1957, (4), с. 15–25.

Komarevskij, V.M., *Eine Verallgemeinerung des von von Staudt gegebenen Beweises des Eulerschen Polyedersatzes,* Bulletin der Mittelasiatischen Staatsuniversität, April 1924, Nr. 6, p. 151–153.

Комаревский, В.М., *Обобщение доказательства теоремы Эйлера о многогранниках, данного von Staudt'ом,* Бюллетень 1-го Средне-Азиатского Государственного Университета, апрель 1924 г., № 6, стр. 151–153.

Komarevskij, V., *Ein Satz Eulers über Polyeder. Historisch-kritische Übersicht über die verschiedenen Beweise,* Trudy Turkmenskogo naučnogo obščestva pri Sredneaziatskom universitete, Taškent 2, 1925, p. 141–170. Resümee: *Le théorème d'Euler sur les polyèdres. Aperçu historique et critique de ses différentes démonstrations,* ibidem p. 171–172.

Комаревский, В., *Теорема Эйлера о многогранниках. Историко-критический обзор различных доказательств,* Труды Туркменского научного общества при Среднеазиатском университете (Ташкент) 2, 1925, с. 141–170.

Kopelevič, Ju.Kh., *Zur Geschichte der Publikation eines Aufsatzes Eulers zur Analysis,* Trudy Instituta istorii estestvoznanija i tekhniki Akademii nauk SSSR 19, 1957, p. 282–283.

Копелевич, Ю.Х., *К истории публикации одной статьи Эйлера по анализу,* Труды Института истории естествознания и техники Академии наук СССР 19, 1957, с. 282–283.

Kopelevič, Ju.Kh., *Materialien zur Biographie Leonhard Eulers,* Istoriko-matematičeskie issledovanija 10, 1957, p. 9–66.

Копелевич, Ю.Х., *Материалы к биографии Леонарда Эйлера,* Историко-математические исследования 10, 1957, с. 9–66.

Kopelevič, Ju.Kh., *Der Briefwechsel zwischen L. Euler und J. V. Bruce,* ibidem 10, 1957, p. 95–116.

Копелевич, Ю.Х., *Переписка Л. Эйлера и Я. В. Брюса,* ibidem 10, 1957, p. 95–116.

Kopelevič, Ju.Kh., *Der Briefwechsel zwischen L. Euler und T. Mayer,* Istoriko-astronomičeskie issledovanija 5, 1959, p. 271–444; X, 1969, p. 285–310.

Копелевич, Ю.Х., *Переписка Леонарда Эйлера и Тобиас Майера,* Историко-астрономические исследования 5, 1959, с. 271–444; X, 1969, с. 285–310.

Kopelevič, Ju.Kh., Krasotkina, T.A., *Der briefliche Nachlass Eulers in den Archiven der UdSSR,* Vestnik istorii mirovoj kul'tury, 3, 1957, p. 108–115.

Копелевич, Ю.Х., Красоткина, Т.А., *Эпистолярное наследие Леонарда Эйлера в архивах СССР,* Вестник истории мировой культуры. 3, 1957, с. 108–115.

Kopelevič, Ju.Kh., Krutikova, M.V., Mikhajlov, G.K., Raskin, N.M., eds., *Rukopisnye materialy Leonarda Eulera v Arkhive Akademii Nauk SSSR, Manuscripta Euleriana Academiae Scientiarum URSS,* 2 Bände, Moskau–Leningrad 1962–1965.

Рукописные материалы Л. Эйлера в Архиве Академии Наук, Том I: Научное описание. Составители Ю.Х. Копелевич, М.В. Крутикова, Г.К. Михайлов и Н.М. Раскин, Москва–Ленинград, 1962, с. 427. Том II: Труды по механике, ч. 1. Под ред. Г.К. Михайлова, М.–Л. 1965, с. 574 (на латыни и в русском переводе), cf. Euler, Leonhard, *Manuscripta...*

Kopelevič, Ju.Kh., Raskin, N.M., *Eine Rede Eulers über den Aufbau der Materie,* Voprosy istorii estestvoznanija i tekhniki, 24, 1968, p. 41–44.

Копелевич, Ю.Х., Раскин, Н.М., *Речь Л. Эйлера о строении материи,* Вопросы истории естествознания и техники, 24, 1968, с. 41–44.

Kopelevič, Ju.Kh., cf. L. Euler, *Briefe an Gelehrte,* 1963.

–   Cf. E. Forbes, 1969.

–   Cf. A.P. Juškevič, 1968.

Košljakov, N.S., *Kurzer historischer Abriss der Entstehung der Variationsrechnung.* Im Buch: L. Euler, Methode Kurven zu finden, denen eine Eigenschaft im höchsten oder geringsten Grade zukommt. (E. 65; O. I/24), Moskva–Leningrad. Gosudarstvennoe izdatel'stvo tekhničeskoj literatury, 1934, p. 5–22.

Кошляков, Н.С., *Краткий исторический очерк возникновения вариационного исчисления.* В кн.: Л. Эйлер, Метод нахождения кривых линий, обладающих свойствами максимума, либо минимума или решение изопериметрической задачи, взятой в самом широком смысле, Москва–Ленинград, Государственное издательство технической литературы, 1934, с. 5–22.

Košljakov, N.S., *Le calcul des variations de Euler,* cf. Académie des Sciences 1935, p. 39–50.

Кошляков, Н.С., *Вариационное исчисление Эйлера.*

Kostrjukov, K.L., *Über einen Versuch, die Arbeiten Leonhard Eulers herauszugeben,* Istoriko-matematičeskie issledovanija 7, 1954, p.630–640.

Кострюков, К.Л., *Об одной попытке издать труды Леонарда Эйлера,* Историко-математические исследования, 7, 1954, с.630–640.

Kotek, V.V., *Leonhard Euler (Abriss seines Lebens und seiner wissenschaftlichen Tätigkeit),* Kyjiv 1957, p.84.

Котек, В.В., *Леонард Ейлер (Нарис про життя і науковуе діяльность,* Київ 1957, с.84.

Kotek, V.V., *Über die philosophischen Ansichten Leonhard Eulers,* Ist. matem. zbirnyk 1, 1959.

Котек, В.В., *Про філософські прогляди Леонарда Ейлера,* Іст. матем. збірник 1, 1959.

Kotek, V.V., *Leonhard Euler. Ein Handbuch für Lehrer,* Moskva, Učebno-pedagogičeskoe izdatel'stvo, 1961, p.106.

Котек, В.В., *Леонард Эйлер. Пособие для учителей,* Москва, Учебно-педагогическое издательство, 1961, с.106.

Kotek, V.V., *Die Arbeiten L.Eulers über Zahlentheorie,* Ist. matem. zbirnyk 3, 1962, p.50–57.

Котек, В.В., *Работи Л.Ейлера з теорії чисел,* Ист. Матем. збірник 3, 1962, с.50–57.

Kotek, V.V., *Materialistic tendencies in the Weltanschauung of Leonhard Euler,* Actes du XIᵉ Congrès International d'Histoire des Sciences 3, 1965, p.221–224 (1968).

Kotek, V.V., *Die Weltanschauung Eulers* (in ukrainischer Sprache), Kiev, Izdatel'stvo Kievskogo universiteta, 1971, p.168 (Na ukrainskom jazyke).

Котек, В.В., *Мировоззрение Леонарда Эйлера,* Киев, Издательство Киевского университета, 1971, с.168 (На украинском языке).

Kotov, N.P., *Zur Frage der Präzisierung der Stellung Eulers in der Entwicklung der elementaren Zahlentheorie,* Trudy Irkutskogo universiteta 26, 1968, p.367–377.

Котов, Н.П., *К вопросу об уточнении места Эйлера в развитии элементарной теории чисел,* Труды Иркутского университета 26, 1968, с.367–377.

Krasotkina, T.A., *Der Briefwechsel zwischen L.Euler und J.Stirling,* Istoriko-matematičeskie issledovanija 10, 1957, p.117–158.

Красоткина, Т.А., *Переписка Л.Эйлера и Дж.Стирлинга,* Историко-математические исследования 10, 1957, с.117–158.

Kratzer, A., *Bericht über die Eulerausgabe,* Jahresbericht der Deutschen Mathematiker-Vereinigung 33, 1925, p.125 (kursiv).

Kravčuk, M., *Eulers Einfluss auf die spätere Entwicklung der Mathematik* (ukrainisch), II + 46 p., Verlag der Allukrainischen Akademie der Wissenschaften, Kiev 1935.

Кравчук, М., *Вплив Еўлера на дальший розвиток математики.* Київ.

Kronecker, L., *Bemerkungen zur Geschichte des Reciprocitätsgesetzes,* Monatsberichte der Berliner Akademie der Wissenschaften zu Berlin 1875, p.267–274. = Werke 2, 1897, p.1–10. Übersetzung in: Bulletino di Bibliografia e di Storia delle Scienze Matematiche e Fisiche 18, 1885, p.244–249.

Krutikova, M.V., cf. Ju.Kh. Kopelevič, 1962–1965.

Krutkov, Ju.A., *Apropos de la Theoria motus par Euler,* cf. Académie des Sciences 1935, p.89–94.

Крутков, Ю.А., *Из Эйлеровой Theoriae motus.*

Krutkov, Ju.A., *Sur un problème posé dans la Theoria motus par Euler,* ibidem p.95–102.

Крутков, Ю.А., *Об одной нерешенной задаче Эйлеровой Theoriae motus.*

Krylov, A.N., *Leonhard Euler. Opera omnia,* Priroda, 1, 1974, p.62–63.

Крылов, А.Н., *Leonhard Euler. Opera omnia,* Природа, 1, 1974, с.62–63.

Krylov, A.N., *Leonhard Euler, Beitrag anlässlich der Gedenkfeier der Akademie der Wissenschaften vom 5.Oktober 1933* (P.).

Крылов, А.Н., *Леонард Эйлер. Доклад, прочитанный на торжественном заседании Академии наук СССР 5 октября 1933 г.*

Krylov, A.N., *Léonard Euler.*

Крылов, А.Н., *Леонард Эйлер,* cf. Académie des Sciences 1935, p.1–28.

Krylov, A.N., *Das Schicksal eines berühmten Satzes (Euler-Lambert)*, Trudy instituta istorii nauki, Leningrad, 8, 1936, p.281–299.

Крылов, А.Н., *Судьба одной знаменитой теоремы (Эйлера-Ламберта)*, Труды института истории науки, Ленинград, 8, 1936, с.281–299.

Kudravcev, P.S., *Physical Ideas of Lomonosov and Euler*, Actes du VIIIe Congrès International d'Histoire des Sciences, Florence 1956, p.282–285.

Kudrjašova, L.V., *Die Bildung der Grundgleichungen der Dynamik des starren Körpers in den Arbeiten L.Eulers*, Problemy istorii matematiki i mekhaniki 1, 1972, p.91–99.

Кудряшова, Л.В.,*Формирование основных уравнений динамики твердого тела в работах Л.Эйлера*, Проблемы истории математики и механики 1, 1972, с.91–99.

Kuljabko, E.S., *Die pädagogischen Anschauungen L.Eulers* (russisch mit deutscher Zusammenfassung), cf. Sammelband Lavrent'ev, 1958, p.557–568.

Кулябко, Е.С., *Педагогические воззрения Леонарда Эйлера.*

Kunze, Gottfried, *Die Anfänge einer biomathematisch-biophysikalischen Denkweise in der Physiologie im Spiegel einiger Arbeiten Leonhard Eulers (1707–1783)* (Diss.), Mainz 1981.

Kušnir, E.A., *Leonhard Eulers Lösung von gewöhnlichen Differentialgleichungen mit veränderlichen Koeffizienten nach der Methode der bestimmten Integrale*, Istoriko-matematičeskie issledovanija 10, 1957, p.363–370.

Кушнир, Е.А., *Решение Л.Эйлером разностных обыкновенных уравнений с переменными коэффициентами методом определенных интегралов*, Историко-Математические исследования 10, 1957, с.363–370.

Kuznecov, B.G., *Der absolute Raum in Eulers Mechanik,* Trudy instituta istorii estestvoznanija 1, 1947, p.347–371.

Кузнецов, Б.Г., *Абсолютное пространство в механике Эйлера*, Тр. ин-та истории естествознания 1, 1947, с.347–371.

Kuznecov, B.G., *Die Physik Eulers und die Lehre von Leibniz über die Monaden,* ibidem 2, 1948, p.226–238.

Кузнецов, Б.Г., *Физика Эйлера и учение Лейбница о монадах,* ibidem 2, 1948, с.226–238.

L

Lamontagne, Roland, *Lettres de Bouguer à Euler,* Revue d'Histoire des Sciences et de leurs Applications 19, 1966, p.225–246.

Lampe, E., *Zur Entstehung des Begriffes der Exponentialfunktion und der logarithmischen Funktion eines komplexen Argumentes bei Euler,* cf. Festschrift 1907, p.117–137.

Landau, E., *Euler und die Funktionalgleichung der Riemannschen Zetafunktion,* Bibliotheca Mathematica (3) 7, 1906, p.69–79.

Landré, C.L., *By de sommatie formule van Euler,* Nieuw Archief voor Wiskunde 6, 1880, p.212–215.

Langer, A., *Ein Beweis des Eulerschen Polyedersatzes,* Pr(ivat) Leitmeritz 1873.

Langer, Rudolf E., *The life of Léonard Euler,* Scripta Mathematica 3, 1935, p.61–66, 131–138.

Laugwitz, Detlef, *Unendlich Grosses und unendlich Kleines bei L.Euler,* Technische Hochschule Darmstadt, Preprint Nr.407, 1978.

–   *Euler und das «Cauchysche» Konvergenzkriterium,* Abh. Math. Sem. Univ. Hamburg, Bd.45, April 1976, Göttingen 1976.

Lavrent'ev, M.A., *Einleitende Rede auf der wissenschaftlichen Jubiläumssitzung zu Ehren des 250.Geburtstages von Leonhard Euler,* cf. Sammelband Lavrent'ev, 1958, p.7–19.

Лаврентьев, М.А., *Вступительная речь на юбилейной научной сессии, посвященной 250-летию со дня рождения Леонарда Эйлера.*

Leah, P.J., Cf. E.J.Barbeau.

Lebesgue, Henri, *Remarques sur les deux premières démonstrations du théorème d'Euler, relatif aux polyèdres,* Bulletin de la sociéte mathématique de France 52, 1924, p.315–336.

Lebesgue, Henri
- *Notices d'histoire des mathématiques,* Mémoires de l'Enseignement Mathématique 1958 (Monographies, No 4).
Lefebvre, B., *Euler,* Revue des Questions scientifiques (4) 14, 1928, p.64–83.
Lhuilier, S., *Mémoire sur la polyédrométrie,* Annales de mathématiques pures et appliquées 3, 1812/13, p.169–192.
- *Démonstration immédiate d'un théorème fondamental d'Euler sur les polyèdres et exceptions dont ce théorème est susceptible,* Mémoires de l'Académie impériale des Sciences de Saint-Pétersbourg 4, 1813, p.271–301.
Libri, G., *Besprechung von «Correspondance Mathématique... ed. P. Fuss, Petersburg 1843»,* Journal des savants (Paris), année 1844, Juillet, P.385–390, année 1846, Janvier, p.50–62.
Likhin, V. V., *Theorie der Bernoullischen Zahlen und -Funktionen und ihre Entwicklung in den Arbeiten der vaterländischen Mathematiker,* Istoriko-matematičeskie issledovanija 12, 1959, p.59–134.
Лихин, В. В., *Теория функций и чисел Бернулли и ее развитие в трудах отечественных математиков,* Историко-математические исследования 12, 1959, с.59–134.
Likhin, V. V., *Die Untersuchungen von Euler und Lagrange über die Theorie der endlichen Differenzen,* Istorija i metodologija estestvennykh nauk, Matematika 5, 1966, p.35–44.
Лихин, В. В., *Исследования Эйлера и Лагранжа по теории конечных разностей,* История и методология естественных наук, Математика 5, 1966, с.35–44.
Listing, J. B., *Der Census räumlicher Complexe oder Verallgemeinerung des Eulerschen Satzes von den Polyedern,* Abhandlungen der königlichen Gesellschaft der Wissenschaften zu Göttingen 10, 1862, p.97–180.
Lombardo, Enzo, *Eulero, un antesignano dei modelli matematici della popolazione,* Genus 32, 1976, p.129–139.
Lorey, W., *Leonhard Euler (Vortrag),* Abhandlungen der Naturforschenden Gesellschaft zu Görlitz 25, 1907, 20 p.
- *Zur 150. Wiederkehr des Todestages von Leonhard Euler,* Unterrichtsblätter für Mathematik und Naturwissenschaften 39, 1933, p.265–267.
- *Eine Lücke in Leonhard Eulers Beweis, dass eine ganze rationale Funktion einer Veränderlichen nicht nur Primzahlen darstellen kann,* Journal für die reine und angewandte Mathematik 170, 1933, p.129–132.
Loria, Gino, *Eulero o i neopitagorici? Una questione di priorità,* Studi in onore del Salvatore Ortu Carboni, Roma 1935, p.233–238.
- *La ‹courbe catoptrique› d'Euler,* L'Enseignement Mathématique 38, 1942, p.250–275.
Lucas, Eduard, *Sur le calcul symbolique des nombres de Bernoulli,* Nouvelle correspondance mathématique (Bruxelles) 2, 1876, p.328–338.
- *Théorie nouvelle des nombres de Bernoulli et d'Euler,* C. R. hebdomadaires des séances de l'académie des sciences Paris 83, 1876, p.539–541 = Annali di matematica pura ed applicata (2) 8, 1877, p.56–79.
- *Un problème traité par Euler,* Nouvelle correspondance de mathématiques 5, 1879, p.169, Abdruck der ersten Seite von *Recherches sur une nouvelle espèce de quarrés magiques.* Verhandelingen Vlissingen 9, Middelburg 1782 = Commentationes arithmeticae 2, 1849, p.302–361, (E.530/O.I, 7).
- *Sur un Théorème d'Euler concernant la décomposition d'un nombre en quatre cubes,* Nouvelles Annales de Mathématiques (2) 19, 1880, p.89–91.
Lützen, Jesper, *Funktionsbegrebets udvikling fra Euler til Dirichlet (The development of the concept of function from Euler to Dirichlet),* Nordisk Matematisk Tidsskrift 25–26, 1978, p.5–32.
Lukina, T. A., *Leonhard Euler über Versuche eines wissenschaftlichen Ackerbaues.* Aus: Geschichte der biologischen Wissenschaften 1, 1966, p.51–56. Beilage: Euler, L., *Nachricht von einem neuen Mittel zur Vermehrung des Getreides und dem grossen Nutzen desselben, welcher in einer ausserordentlichen Ersparung des Samens bestehet.* (1767) (E.341/O. III, 2).

Лукина, Т.А., *Леонард Эйлер об опытах научного земледелия,* Из истории биологических наук, 1, 1966, с.51–56. Приложение: Эйлер Л. *Известие о новом средстве к размножению хлеба и о происходящей от него пользеı, которая состоит в том, что сим средством на посев исходит семян гораздо меньше против обыкновенного сеяния* (1767).

Lukina, T.A., cf. L.Euler, *Briefe an Gelehrte.*

Lur'e, S.Ja., *Euler et son «Calcul des zéros»,* cf. Académie des Sciences 1935, p.51–80.

Лурье, С.Я., *Эйлер и его «исчисление нулей».*

Lur'e, S.Ja., *Correspondance scientifique inédit de Léonard Euler.*

Лурье, С.Я., *Неопубликованная научная переписка Леонарда Эйлера.* ibidem, с.111–162.

Lur'e. S.Ja., *Über Eulers «Einführung in die Analysis des Unendlichen»,* im Buch L.Euler, *Einführung in die Analysis des Unendlichen.* (E.101/O. I, 8), Moskva–Leningrad, 1936, p.9–20.

Лурье, С.Я., *Об Эйлеровом «Введении в анализ бесконечно малых».* В кн: Эйлер Л. *Введение в анализ бесконечно малых,* Т. 1, Москва–Ленинград, 1936, с.9–20.

Luzin, N.N., *Euler: Aus Anlass des 150. Todestages,* Socialističeskaja rekonstrukcija i nauka 8, 1933, p.3–24.

Лузин, Н.Н., *Эйлер: По поводу 150-летия со дня смерти,* Социалистическая реконструкция и наука 8, 1933, с.3–24.

Luzin, N.N., *Einführung zu L.Eulers Briefen an Chr.Goldbach,* Istoriko-matematičeskie issledovanija 16, 1965, p.129–143.

Лузин, Н.Н., *Предисловие к письмам Л.Эйлера к Х.Гольдбаху,* Историко-математические исследования 16, 1965, с.129–143.

Lysenko, V.I., *Aus der Geschichte der ersten Petersburger mathematischen Schule. Die geometrische Schule Eulers,* Trudy Instituta istorii estestvoznanija i tekhniki Akademii nauk SSSR 43, 1961, p.182–205.

Лысенко, В.И., *Из истории первой Петербургской математической школы. Геометрическая школа Леонарда Эйлера,* Труды Института истории естествознания и техники Академии наук СССР 43, 1961, с.182–205.

Lysenko, V.I., *Über die Bemerkungen Eulers zu Newtons Principia,* Voprosy istorii estestvoznanija i tekhniki 20, 1966, p.38–46.

Лысенко, В.И., *О замечаниях Эйлера к «Математическим началам натуральной философии» Ньютона,* Вопросы истории естествознания и техники 20, 1966, с.38–46.

Lysenko, V.I., *Über den wissenschaftlichen Briefwechsel zwischen G. W. Krafft und L.Euler,* Istorija i metodologija estestvennykh nauk 9, 1970, p.227–238.

Лысенко, В.И., *О научной переписке между Г.В.Краффтом и Л.Эйлером,* История и методология естественных наук 9, 1970, с.227–238.

M

Maag, cf. Hotz, Klaus.

Maanen, Jan Van, *Euler en Goldbach over de getallen van Fermat: $F_n = 2^{2n} + 1$,* Euclides 57, no.9, 1981/82, p.347–356.

Mädler, J.H.v., *Geschichte der Himmelskunde von der ältesten bis auf die neuste Zeit,* Braunschweig 1873, Bd.1, p.437–443.

Maheu, Gilles, *La vie scientifique au milieu du XVIIIe siècle: Introduction à la publication des lettres de Bouguer à Euler,* Revue d'Histoire des Sciences et de leurs Applications 19, 1966, p.207–224.

Mandryka, A.P., *Die Grundaufgabe der äusseren Ballistik in den Arbeiten Leonhard Eulers,* Voprosy istorii estestvoznanija i tekhniki 1957, Nr.4, p.34–46.

Мандрыка, А.П., *Основная задача внешней баллистики в трудах Леонарда Эйлера,* Вопросы истории естествознания и техники 1957 (4), с.34–46.

Мандрыка, А.П.
– *Eulers Methode zur Bestimmung der Mündungsgeschwindigkeit eines Geschosses und die Theorie der Gase* (E.77/O. II, 14), ibidem 1957, Nr.3, p.200–204.
– метод Эйлера для определения дульной скорости и его теория газов, ibidem 1957, № 3, с.200–204.

Mandryka, A.P., *Die ballistischen Untersuchungen Leonhard Eulers,* Moskau–Leningrad, Verlag der Akademie der Wissenschaften der UdSSR 1958, 185 p.1 Bildnis.

Мандрыка, А.П., *Баллистические исследования Леонарда Эйлера,* Москва–Ленинград 1958.

Mandryka, A.P., *Die Arbeiten L.Eulers auf dem Gebiet der Ballistik,* im Buch: L.Euler, *Neue Grundsätze der Artillerie* (E.77/O. II, 14), Moskva, Fiziko-matematičeskoe izdatel'stvo, 1961, p.529–550.

Мандрыка, А.П., *Труды Л.Эйлера в области баллистики,* в кн: Эйлер Л. *Исследования по баллистике,* Москва, Физико-математическое издательство, 1961, с.529–550.

Marčenko, Ju., *Einige Bemerkungen zur Theorie spezieller Funktionen. Über die Methode, welche von Euler vorgeschlagen wurde,* Ist. matem. zbirnyk 4, 1963, p.131–139.

Марченко, Ю., *Деякі зауваження по теорії спеціальних функцій. О методе предложенном Л.Эйлером,* Іст. матем. збірник 4, 1963, с.131–139.

Marder, Clarence C., *The intrinsic harmony of number. The technique of Leonhard Euler as applied to the Lahireian method of forming magic squares of all sizes,* Brick Row Book Shop, New York 1940, 36 p.

Marie, M., Histoire des sciences mathématiques, Tome VIII, *D'Euler à Lagrange,* Paris, Gauthier-Villars 1885.

Markuševič, A.I., *Skizzen zur Geschichte der Theorie der analytischen Funktionen,* Moskva–Leningrad, Gostekhteoretizdat, 1951 (Deutsche Ausgabe: VEB Deutscher Verlag der Wissenschaften Berlin 1966).

Маркушевич, А.И., *Очерки по истории теории аналитических функций,* М.-Л., Гостехтеоретиздат, 1951.

Markuševič, A.I., *Die Grundbegriffe der Analysis und der Funktionentheorie in den Werken Eulers,* (russisch mit deutscher Zusammenfassung), cf. Sammelband Lavrent'ev, 1958, p.98–132.

Маркушевич, А.И., *Основные понятия математического анализа и теории функций в трудах Эйлера.*

Mascheroni, L., *Adnotationes ad Calculum integralem Euleri,* (1780/91) = O. I, 12, p.415–542.

Matvievskaja, G.P., *Zur Frage der Geschichte der Publikation der zahlentheoretischen Arbeiten L.Eulers,* im Buch: Dritte wissenschaftliche Konferenz der Aspiranten und jüngeren wissenschaftlichen Mitarbeiter des Instituts der Naturwissenschaften und der Technik, Moskau 1957, p.59–65.

Матвиевская, Г.П., *К вопросу об истории публикации работ Л.Эйлера по теории чисел,* В книге: Третья научная конференция аспирантов и младших научных сотрудников Института истории естествознания и техники, Москва 1957, с.59–65.

Matvievskaja, G.P., *Unveröffentlichte Handschriften Leonhard Eulers zur diophantischen Analysis,* Trudy instituta istorii estestvoznanija i tekhniki 22, 1959, p.240–250.

Матвиевская, Г.П., *Неопубликованные рукописи Л.Эйлера по диофантову анализу,* Труды института истории естествознания и техники 22, 1959, с.240–250.

Matvievskaja, G.T., *Bemerkungen über vollkommene Zahlen in Eulers Notizbüchern,* ibidem 34, 1960, p.415–427.

Матвиевская, Г.П., *Заметки о совершенных числах в записных книжках Эйлера,* ibidem 34, 1960, с.415–427.

Matvievskaja, G.P., *Diophantische Analysis in den unveröffentlichten Manuskripten von L.Euler,* Istoriko-matematičeskie issledovanija 13, 1960, p.107–186.

Матвиевская, Г.П., *О неопубликованных рукописях Леонарда Эйлера по диофантову анализу,* Историко-математические исследования 13, 1960, с.107–186.

Matvievskaja, G.P., *Bertrands Postulat in den Notizen Eulers,* ibidem 14, 1961, p. 285–288.

Матвиевская, Г.П., *Постулат Бертрана в записях Эйлера,* ibidem 14, 1961, с. 285–288.

Matvievskaja, G.P., cf. A.A. Kiselev.

Meier, John, *Festakt der Universität Basel zur Feier des 200. Geburtstages Leonhard Eulers,* Basel 1907.

Meister, Leonard, *Helvetiens Berühmte Männer in Bildnissen von Heinrich Pfenninger,* 2. Aufl., 1. Band, Zürich 1799, *Leonhard Euler,* p. 251–264 mit Stich von Heinrich Pfenninger nach dem Gemälde von Darbes. Französische Ausgabe: *Portraits des Hommes Illustres,* Zürich 1792, p. 278–292.

Mel'nikov, I.G., *Leonhard Euler und die Elementarmathematik,* Matematika v škole 4, 1957, p. 1–15.

Мельников, И.Г., *Леонард Эйлер и элементарная математика,* Математика в школе 4, 1957, с. 1–15.

Mel'nikov, I.G., *Euler und seine arithmetischen Arbeiten,* Istoriko-matematičeskie issledovanija 10, 1957, p. 211–228.

Мельников, И.Г., *Эйлер и его арифметические работы,* Историко-математические исследования 10, 1957, с. 211–228.

Mel'nikov, I.G., *Die Entdeckung der «numeri idonei» durch Euler,* ibidem 13, 1960, p. 187–216.

Мельников, И.Г., *Открытие Эйлером удобных чисел,* ibidem 13, 1960, с. 187–216.

Mel'nikov, I.G., *Leonhard Euler über die mathematische Strenge,* ibidem 17, 1966, p. 289–298.

Мельников, И.Г., *Леонард Эйлер о математической строгости,* ibidem 17, 1966, с. 289–298.

Mel'nikov, I.G., *Über einige Fragen der Zahlentheorie im Briefwechsel von Euler mit Goldbach,* Istoria i metodologija estestvennykh nauk 5, 1966, p. 15–30.

Мельников, И.Г., *О некоторых вопросах теории чисел в переписке Эйлера с Гольдбахом,* Историа и методология естественных наук 5, 1966, с. 15–30.

Mel'nikov, I.G., *Probleme der Zahlentheorie bei Fermat und Euler,* Istoriko-matematičeskie issledovanija 19, 1974, p. 9–38.

Мельников, И.Г., *Вопросы теории чисел в творчестве Ферма и Эйлера,* Историко-математические исследования 19, 1974, с. 9–38.

Mel'nikov, I.G., Kiselev, A.A., *Zur Frage nach der Existenz einer Primitivwurzel durch Euler,* ibidem 10, 1957, p. 229–256.

Мельников, И.Г., Киселев, А.А., *К вопросу о доказательстве Эйлером теоремы существования первообразного корня,* ibidem 10, 1957, с. 229–256.

Merian, Peter, *Die Mathematiker Bernoulli,* Jubelschrift zur vierten Säkularfeier der Universität Basel, Basel 1860.

Merian, Rud., cf. K.H. Hagenbach, 1851.

Mikhajlov, G.K., *Leonhard Euler,* Izvestija Akademii Nauk SSSR, Otdelenie tekhničeskikh nauk 1955, Nr. 1, 1955, p. 1–26.

Михайлов, Г.К., *Леонард Эйлер,* Известия Академии наук СССР, Отделение технических наук № 1, 1955, с. 1–26.

Mikhajlov, G.K., *Zum 250. Geburtstag von Leonhard Euler,* ibidem Nr. 3, 1957, p. 1–9, 2 Bilder.

Михайлов, Г.К., *К 250-летию со дня рождения Леонарда Эйлера,* ibidem № 3, 1957, с. 1–9.

Mikhajlov, G.K., *Der Umzug Leonhard Eulers nach Petersburg,* ibidem 1957, No. 3, 1957, p. 10–37, 1 Bild.

Михайлов, Г.К., *К Переезду Леонарда Эйлера в Петербург,* ibidem 1957, № 3, 1957, с. 10–37.

Mikhajlov, G.K., *Leonhard Euler (Zum 250. Geburtstag),* Prikladnaja matematika i mekhanika 21, 1957, p. 153–155, Institut mekhaniki Akademii nauk Sojuza SSR.

Михайлов, Г.К., *Леонард Эйлер (К 250-летию со дня рождения),* Прикладная математика и механика 21, 1957, с. 153–155, Институт механики Академии наук Союза ССР.

Mikhajlov, G.K., *On Leonhard Euler's unpublished notes and manuscripts on mechanics,* Proceedings of the third congress on theoretical and applied mechanics, Bangalore, India, 1957, p. 19–24.

Mikhajlov, G. K., *Leonhard Eulers Notizbücher im Archiv der Wissenschaften der UdSSR* (russisch), Istoriko-matematičeskie issledovanija 10, 1957, p. 67–94.

Михайлов, Г. К., *Записные книжки Леонарда Эйлера в Архиве АН СССР (Общее описание и заметки по механике)*, Историко-математические исследования 10, 1957, с. 67–94.

Mikhajlov, G. K., *Die unveröffentlichten Materialien Leonhard Eulers im Archiv der Wissenschaften der UdSSR*, cf. Sammelband Lavrent'ev, 1958, p. 47–79.

Mikhajlov, G. K., *Notizen über die unveröffentlichten Manuskripte Leonhard Eulers* (20 Abbildungen), cf. Sammelband Schröder, 1959, p. 256–280.

Михайлов, Г. К., *Заметки о неопубликованных рукописях Леонарда Эйлера*. Резюме, с. 256–280.

Mikhajlov, G. K., *Zur Geschichte der Anwendung des Gesetzes von der kinetischen Energie auf das Ausfliessen von Wasser aus Gefässen*, Voprosy istorii estestvoznanija i tekhniki 10, 1960, p. 56–59.

Михайлов, Г. К., *К истории применения закона живых сил к истечению воды из сосудов*, Вопросы истории естествознания и техники, 10, 1960, с. 56–59.

Mikhajlov, G. K., Smirnov, V. I., *Die unveröffentlichten Materialien Leonhard Eulers im Archiv der Akademie der Wissenschaften der UdSSR*, cf. Sammelband Lavrent'ev, 1958, p. 47–79.

Михайлов, Г. К., Смирнов, В. И., *Неопубликованные материалы Леонарда Эйлера в Архиве Академии наук СССР*.

Mikhajlov, G. K., cf. Ju. Kh. Kopelevič, cf. L. Euler, Manuscripta… 1965.

Minčenko, L. S., *Die Physik Eulers*, Trudy instituta estestvoznanija i tekhniki Akademii nauk SSSR 19, 1957, p. 221–270.

Минченко, Л. С., *Физика Эйлера*, Труды Института естествознания и техники Академии наук СССР 19, 1957, с. 221–270.

Minčenko, L. S. *Über eine Dissertation über Elektrizität von L. Euler*, Trudy Instituta Istorii estestvoznanija i tekhniki 28, 1959, p. 188–200.

Минченко, Л. С., *Об одной диссертации Леонарда Эйлера по электричеству*, Труды института истории естествознания и техники 28, 1959, с. 188–200.

Minčenko, L. S., *Eine unbekannte Notiz Eulers über die Arbeiten von Lomonosov*, im Buch: *Lomonosov. Sbornik statej i materialov*, Moskva–Leningrad, Izdatel'stvo Akademii nauk SSSR, Tom 4, 1960, p. 321–325.

Минченко, Л. С., *Неизвестная запись Эйлера о работах Ломоносова*, В кн.: *Ломоносов. Сборник статей и материалов*, Москва–Ленинград, Издательство Академии наук СССР, Том 4, 1960, с. 321–325.

Mitzler, L. Ch., *Rezension von Eulers Musiktheorie (Tentamen novae theoriae musicae*, Petersburg 1739 (E. 33/O. III, 1), in: Zuverlässige Nachrichten von dem gegenwärtigen Stand der Wissenschaften, 22. Teil, Leipzig 1741, p. 722–751.

Mjursepp, P. V., *Die Mondtheorie Eulers*, Trudy Meždunarodnogo kongressa po istorii nauki XIII Sekcija VI, Moskva, Nauka 1974, p. 257–259.

Мюрсепп, П. В., *Теория Луны Эйлера*, Труды Международного конгресса по истории науки XIII, Секция VI, Москва, Наука 1974, с. 257–259 (cf. auch Müürsepp).

Montferrier, A.-S. de, *Euler*, par M. A. Barginet, in: Dictionaire des Sciences Mathématiques, Paris 1835, Bd. 1, p. 570–572.

Montucla, J. F., *Histoire des Mathématiques*, Bände 3 und 4, Paris 1802.

Müller, Felix, *Über bahnbrechende Arbeiten Leonhard Eulers aus der reinen Mathematik*, cf. Festschrift, 1907, p. 61–116.

– *Bibliographisch-Historisches zur Erinnerung an Leonhard Euler*, Jahresbericht der Deutschen Mathematiker-Vereinigung 16, 1907, p. 185–195, 423–424.

– *Leonhard Euler*, Leopoldina, Amtliches Organ der Leopoldino-Carolinischen… Akademie 43, 1907, p. 91–94.

– *Leonhard Euler*, Unterrichtsblätter für Mathematik und Physik 13, 1907, p. 97–104.

– *Über eine Biographie L. Eulers vom Jahre 1780 und Zusätze zur Euler-Literatur*, Jahresbericht der Deutschen Mathematiker-Vereinigung 17, 1908, p. 36–39.

Müller, Felix
- *Umfang der einzelnen Abhandlungen Leonhard Eulers,* ibidem 17, 1908, p.313–318.
- *Über Pläne zur Herausgabe von Abhandlungen Leonhard Eulers,* ibidem 17, 1908, p.333–339.
- *Herrn P.Stäckels Kritik meiner Abhandlung im 17.Bande der Jahresberichte,* ibidem 19, 1910, p.25.

Müürsepp, Peter, *D'Alembert's letter to Euler of 3 March 1766,* Historia Mathematica 2, 1975, p.309–311.

N

Naas, Josef, Schmid, Hermann Ludwig, *Mathematisches Wörterbuch,* Berlin–Stuttgart 1961, Bd.1, p.474–483, ³1972.

Naux, Charles, *Histoire des logarithmes de Napir à Euler,* Tome I, 1966, Tome II, 1971, Paris, A.Planchard. Tome II, Chapitre V: *Évolution des connaissances de Leibniz à Euler,* VI: *Évolution des logarithmes dans le domaine numérique,* VII: *L'œuvre de L.Euler et les logarithmes réels.*

Nevskaja, N.I., *Zur Geschichte der achromatischen Instrumente (Arbeiten von L.Euler),* Trudy Komissii po istorii estestvoznanija i tekhniki Akademii nauk Litovskoj SSR, X–XI, Sekcija istorii fiziki, Moskva 1968, p.3–9.

Невская, Н.И., *К истории ахроматических инструментов (работы Л.Эйлера),* Труды Комиссии по истории естествознания и техники Академии наук Литовской ССР, X–XI, Секция истории физики, Москва 1968, с.3–9.

Nevskaja, N.I., *Das Modell der Planeten-Atmosphäre in den Arbeiten L.Eulers und M.V.Lomonosovs,* Materialy godičnoj konferencii Leningradskogo otdelenija Sovetskogo nacional'nogo ob'edinenija istorikov estestvoznanija i tekhniki, Leningrad 1968, p.38–39.

Невская, Н.И., *Модель планетной атмосферы в трудах Л.Эйлера и М.В.Ломоносова,* Материалы годичной конференции Ленинградского отделения Советского национального объединения историков естествознания и техники, Ленинград 1968, с.38–39.

Nikolai, E.L., *Über die Arbeiten Eulers zur Theorie der Längsknickung,* Učenye zapiski Leningradskogo universiteta 1939, 44.Serija matematičeskikh nauk 8, p.5–19.

Николаи, Е.Л., *О работах Эйлера по теории продольного изгиба,* Ученые записки Ленинградского университета, 1939, 44.Серия математических наук 8, с.5–19.

Nouvelle Biographie Générale, publiée par Mm. Firmin, Diderot Frères, Paris 1856, Bd.15, Spalten 710–717: *Euler.*

Nussbaum, F., *Die genaue Säulenknicklast,* Zeitschrift für Mathematik und Physik 55, 1907, p.134–138.

O

Otradnykh, F.P., *Die Mathematik des 18.Jahrhunderts und das Akademiemitglied Leonhard Euler,* Moskva, Sovetskaja nauka, 1954, ²1964, p.39.

Отрадных, Ф.П., *Математика XVIII века и академик Леонард Эйлер,* Москва, Советская наука, 1954, ²1964, с.39.

Ovaert, J.-L., Sansuc, J.-J., *Introduction aux travaux d'Euler et de Lagrange en analyse,* Philosophie et Calcul de l'Infinie, Bibl. Paris: Maspero, 1976.

P

Pablo, Jean de, *Die Rolle der Französischen Kolonie zu Berlin in der Gelehrtenrepublik des 18.Jahrhunderts,* Hugenottenkirche, Berlin, Nr.4, 1965.

Paevskij, V.V., *Les travaux démographiques de Léonard Euler,* cf. Académie des Sciences 1935, p.103–110.

Паевский, В.В., *Демографические работы Леонарда Эйлера.*

Paplauskas, A.B., *Trigonometrische Reihen von Euler bis Lebesgue,* Moskau, Nauka, 1966, Kap. I.

Паплаускас, А.Б., *Тригонометрические ряды от Эйлера до Лебега,* Москва, Наука, 1966, глава I.

Pavlova, G.E., *Ein vergessenes Zeugnis über den Tod L. Eulers* (russisch mit deutscher Zusammenfassung), cf. Sammelband Lavrent'ev, 1958, p.605–608.

Павлова, Г.Е., *Забытое свидетельство современника о смерти Леонарда Эйлера.*

Pekarskij, P.P., *Katharina II. und Euler,* Schriften der kaiserlichen Akademie der Wissenschaften 6, St. Petersburg 1864, p.59–92.

Пекарский, П.П., *Екатерина II и Эйлер,* Записки имп. Академии наук 6, 1864, с.59–92.

Pelseneer, Jean, *Une lettre inédite d'Euler à Rameau,* Académie Royale de Belgique, Bulletin Classe des Sciences, Mémoires (5) 37, 1951, p.480–482.

Petr, K., *Leonhard Euler,* Časopis pro pěstování matematiky 63, Prag 1933, p.68–71.

Petrov, A.N., *Leonhard Euler: Denkwürdige Stätten in Leningrad* (russisch mit deutscher Zusammenfassung), cf. Sammelband Lavrent'ev, 1958, p.597–604.

Петров, А.Н., *Памятные эйлеровские места в Ленинграде.*

Petrova, S.S., *Über die Summation der Reihe $1 - 1!x + 2!x^2 - 3!x^3 + \ldots$, durch Euler,* Voprosy istorii estestvoznanija i tekhniki 26, 1969, p.30–33.

Петрова, С.С., *О суммировании Эйлером ряда $1 - 1!x + 2!x^2 - 3!x^3 + \ldots$,* Вопросы истории естествознания и техники 26, 1969, с.30–33.

Petrova, S.S., *Sur l'histoire des démonstrations analytiques du théorème fondamental de l'algèbre,* Historia Mathematica 1, 1974, p.255–261.

Pfenninger, Heinrich, *Helvetiens Berühmteste Männer in Bildnissen,* 2. Aufl., I. Band (1799), Leonhard Euler, p.251–264, cf. auch L. Meister.

Pis'ma k učenyt, cf. L. Euler, 1963.

Poggendorff, J.C., *Biographisch-Literarisches Handwörterbuch der exakten Naturwissenschaften,* VIIa Supplement, 1971, p.193–200.

Pogrebysskij, I.B., *Vorwort,* im Buch: *Euler, L., Integralrechnung,* Bd.2 (E.366/O. I, 2). Im Buch: *Euler, L., Integral'noe isčislenie,* T.2, Moskva 1957, p.3–6.

Погребысский, И.Б., *Предисловие.* В кн.: Эйлер Л. Интегральное исчисление, Т.2, М., 1957, с.3–6.

Pogrebysskij, I.B., *Vorwort,* im Buch: *L. Euler, Introductio in analysin infinitorum,* Bd.2, 2.ed. (E.102/O. I, 9). Im Werk: *Euler, L., Vvedenie v analiz beskonečnykh,* 2-e isd., T.2, Moskva 1961, p.3–16.

Погребысский, И.Б., *О втором томе «Введения в анализ бесконечных» Леонарда Эйлера,* В кн.: Эйлер Л. Введение в анализ бесконечных 2-е изд. Т.2. М. 1961, с.3–16.

Pogrebysskij, I.B., *Euler als Theoretiker der Mechanik,* Ist. matem. zbirnyk 1, 1959, p.40–70.

Погребисский, И.Б., *Ейлер як механік,* Іст. матем. збірник 1, 1959, с.40–70.

Poinsot, L., *Sur les polygones et les polyèdres,* Journal de l'Ecole polytechnique 4, 1810. Zusatz: Eulerscher Satz über die Polyeder.

Polak, L.S., *Leonhard Euler und das Prinzip der kleinsten Wirkung,* Trudy Instituta istorii estestvoznanija i tekhniki Akademii nauk SSSR 17, 1957, p.320–362.

Полак, Л.С., *Леонард Эйлер и принцип наименьшего действия,* Труды Института истории естествознания и техники Академии наук СССР 17, 1957, с.320–362.

Polak, L.S., *Einige Fragen der Mechanik Leonhard Eulers, Некоторые вопросы механики Леонарда Эйлера,* Sammelband Lavrent'ev, 1958, p.231–267.

– Cf. Grigor'jan, A.T.

Pont, Jean-Claude, *La topologie algébrique des origines à Poincaré,* Paris 1974. I. § 2. *Descartes et le théorème d'Euler.* II. § 1. *Le problème des ponts de Kœnigsberg.* § 2. *L'histoire du théorème d'Euler dans la perspective topologique.*

Poorten, Alfred van der, *A proof that Euler missed (Apéry's proof of the irrationality of $\zeta(3)$),* The Mathematical Intelligencer 1, Nr.4, 1979, p.195–203.

Pringsheim, A., *Über ein Eulersches Konvergenzkriterium,* Bibliotheca Mathematica (3) 6, 1905, p.252–256.

R

Rabinovič, I.M., *Eine Episode aus dem Schaffen Leonhard Eulers,* (russisch), Voprosy istorii estestvoznanija i tekhniki 1957, Nr.4, p.163–164.

Рабинович, И.М., *Эпизод из творческой деятельности Леонарда Эйлера,* Вопросы истории естествознания и техники 1957, № 4, с.163–164.

Raith, Michael, *Leonhard Euler – ein Riehener?* Riehener Zeitung, 21.Dezember 1979, Nr.51/52, p.9.

Rand, Walter, *Eulerian and Lagrangeian analogy applied to the history of science and technology,* Actes du XIIIe Congrès International d'Histoire des Sciences 1, (1971), Moscou 1974, p.176–182.

Raskin, N.M., *Euler und die Untersuchung der Entwürfe einer Dauerbrücke über die Neva in der Petersburger Akademie der Wissenschaften,* Isvestija Akademii nauk SSSR. Otdelenie tekhničeskikh nauk 3, 1957, p.38–48.

Раскин, Н.М., *Л.Эйлер и рассмотрение проектов постоянного моста через реку Неву в Петербургской академии наук,* Известия Академии наук СССР, Отделение технических наук 3, 1957, с.38–48.

Raskin, N.M., *Euler und die Fragen der Technik,* cf. Sammelband Lavrent'ev, 1958, p.499–556.

Раскин, Н.М., *Вопросы техники у Эйлера.*

Raskin, N.M., *Der handschriftliche Nachlass von L.Euler,* Vestnik Akademii nauk SSSR 7, 1959, p.93–96.

Раскин, Н.М., *Рукописное наследие Л.Эйлера,* Вестник Академии наук СССР, 7, 1959, с.93–96.

Raskin, N.M., cf. Ju.Kh.Kopelevič.

Raskin, N., Ljubarskij, M., *Ein enträtseltes Manuskript (über eine unbekannte Arbeit Eulers),* Nauka i žizn' 7, 1964, p.122–124.

Раскин, Н., Любарский М., *Разгаданная рукопись (О неизвестном труде Эйлера),* Наука и жизнь 7, 1964, с.122–124.

Redaktionskomitee der Werke Eulers: *Einteilung der sämtlichen Werke Leonhard Eulers,* Jahresbericht der Deutschen Mathematiker-Vereinigung 19, 1910, p.104–116, 129–142.

Reidemeister, Kurt, *Über Leonhard Euler,* Mathematisch-Physikalische Semesterberichte 6, 1958, p.4–9.

Reinhard, Kurt, *Er rechnete, wie andere atmen. Leonhard Euler, der berühmteste Mathematiker des 18.Jahrhunderts,* Alpha, Heft 5, 1978, p.100–102, Mathematische Schülerzeitung, Berlin DDR, VEB Verlag.

Robins, B., *Remarks on Mr. Euler's Treatise of Motion...* London 1739, p.1–29.

Rodewald, Bernd, *Leonhard Eulers Entdeckung der Gamma-Funktion. Versuch einer heuristischen Rekonstruktion,* Diplomarbeit, TH Darmstadt 1981.

Rosenberger, F., *Die Geschichte der Physik in den Grundzügen,* 2.Teil, Braunschweig 1884, p.288–300, 319–320, 333–345.

Rozenfel'd, B.A., *Geometrische Transformationen in den Arbeiten Leonhard Eulers,* Istoriko-matematičeskie issledovanija 10, 1957, p.371–422.

Розенфельд, Б.А., *Геометрические преобразования в работах Леонарда Эйлера,* Историко-математические исследования 10, 1957, с.371–422 = Actes du IXe Congrès international d'Histoire des Sciences, Barcelona-Madrid, 1–7 Septembre 1959, p.583–584 (1960).

Rudio, Ferdinand, *Leonhard Euler,* Öffentliche Vorträge, gehalten in der Schweiz VIII/3, Basel (Benno Schwabe) 1884 = Vierteljahrsschrift der Naturforschenden Gesellschaft in Zürich 53, 1908, p.456–470.

– *Der 200jährige Geburtstag von Leonhard Euler,* Vierteljahrsschrift der Naturforschenden Gesellschaft in Zürich 52, 1907, p.537–542.

– *Antrag (betreffend die Herausgabe der Werke Eulers),* Verhandlungen der Schweizerischen Naturforschenden Gesellschaft, Freiburg 1907.

– *Der Plan einer Gesamtausgabe von Leonhard Eulers Werken,* Neue Zürcher Zeitung, 17.Februar 1908.

Rudio, Ferdinand
- *Der Plan einer Gesamtausgabe von Eulers Werken,* Vierteljahrsschrift der Naturforschenden Gesellschaft in Zürich 52, 1907, p.542–546; 53, 1908, p.605.
- Fritz Sarasin, *Aufruf zur Zeichnung von freiwilligen Beiträgen für die von der Schweizerischen Naturforschenden Gesellschaft in Aussicht genommenen Herausgabe der Werke Leonhard Eulers,* Vierteljahrsschrift der Naturforschenden Gesellschaft in Zürich 53, 1908, p.606–609.
- *Zur geplanten Euler-Ausgabe,* Neue Zürcher Zeitung 8.Mai 1908 (drittes Morgenblatt).
- *Herausgabe der Werke von L.Euler, Bericht der Eulerkommission,* Verhandlungen der Schweizerischen Naturforschenden Gesellschaft 1909, Bd.II, p.5–6, 10–12, 48–60.
- *Bericht der Schweizerischen Eulerkommission für das Jahr 1908/09,* Jahresbericht der Deutschen Mathematiker-Vereinigung 18, 1909, p.133–143 (kursiv).
- *Die Herausgabe der sämtlichen Werke Leonhard Eulers,* Internationale Wochenschrift für Wissenschaft 4, 15.Januar 1910, p.86–94, Berlin 1910.
- *Die zwei ersten Bände der Gesamtausgabe von Leonhard Eulers Werken,* Jahresbericht der Deutschen Mathematiker-Vereinigung 20, 1911, p.171–175 (kursiv).
- *Mitteilungen über die Eulerausgabe,* Verhandlungen des 5. Internationalen Mathematiker Kongresses Cambridge 1912, Bd.II, p.529–532.
- *Zur Eulerausgabe: Die Dioptrik,* Jahresbericht der Deutschen Mathematiker-Vereinigung 21, 1912, p.109–110 (kursiv).
- *Aufruf zur Ermittelung verlorener Briefe von und an Leonhard Euler,* Zirkular, Zürich 1913, p.1–3; p.4–8: *Vorläufiges Verzeichnis der Briefe von und an L.E.*
- *L'état actuel de la publication des œuvres de Léonhard Euler,* communication faite à la société mathématique suisse, L'Enseignement mathématique 15, 1913, p.59.
- *Zu Cantors «Vorlesungen... 3, 616–617»,* Bibliotheca Mathematica (3) 14, 1913/14, p.351–354.
- *Paul Stäckels Verdienste um die Gesamtausgabe der Werke von Leonhard Euler,* Jahresbericht der Deutschen Mathematiker Vereinigung 32, 1923, 1.Abteilung p.13–32.
Rudio, F., Sarasin, Fritz, *Der Plan einer Gesamtausgabe von Leonhard Eulers Werken,* Jahresbericht der Deutschen Mathematiker-Vereinigung 18, 1909, p.47–50 (kursiv).
Rudio, Ferdinand, *Notizen zur schweizerischen Kulturgeschichte,* Vierteljahrsschrift der Naturforschenden Gesellschaft in Zürich:
  Nr.21, Bd.52, 1907, p.537–542, *Der zweihundertjährige Geburtstag von Leonhard Euler.*
  Nr.22, Bd.52, 1907, p.542–546, *Der Plan einer Gesamtausgabe von Eulers Werken.*
  Nr.24, Bd.53, 1908, p.605,   *Fortsetzung.*
                     p.605–611, *Aufruf.*
  Nr.26, Bd.54, 1909, p.463–480, *Die Eulerausgabe.*
  Nr.29, Bd.55, 1910, p.541–548, *Die Eulerausgabe.*
  Nr.32, Bd.56, 1911, p.552–557, *Die Eulerausgabe.*
  Nr.34, Bd.57, 1912, p.596–597, *Die Eulerausgabe.*
  Nr.36, Bd.58, 1913, p.431–437, *Die Eulerausgabe.*
  Nr.38, Bd.59, 1914, p.564–565, *Die Eulerausgabe.*
  Nr.41, Bd.60, 1915, p.643,   *Die Eulerausgabe.*
  Nr.43, Bd.61, 1916, p.726–727, *Die Eulerausgabe.*
  Nr.45, Bd.62, 1917, p.690,   *Die Eulerausgabe.*
  Nr.47, Bd.63, 1918, p.566,   *Die Eulerausgabe.*
  Nr.49, Bd.64, 1919, p.837,   *Die Eulerausgabe.*
  Nr.51, Bd.65, 1920, p.605,   *Die Eulerausgabe.*
  Nr.53, Bd.66, 1921, p.347–360, *Die Eulerausgabe.*
  Nr.55, Bd.67, 1922, p.396–399, *Die Eulerausgabe.*
  Nr.59, Bd.68, 1923, p.551–554, *Die Eulerausgabe.*
  Nr.64, Bd.69, 1924, p.308–313, *Die Eulerausgabe.*
  Nr.72, Bd.70, 1925, p.319–321, *Die Eulerausgabe.*
  Nr.75, Bd.71, 1926, p.299–302, *Die Eulerausgabe.*
  Nr.83, Bd.74, 1929, p.309,   *Die Eulerausgabe.*(verfasst von A.Speiser).

Rühlmann, M., *Vorträge über die Geschichte der technischen Mechanik und der damit in Zusammenhang stehenden mathematischen Wissenschaften,* Leipzig 1885, § 19, *L. Euler,* p. 167–181.

Rusanov, B. V., cf. L. Euler, *Briefe an Gelehrte.*

Rybnikov, K. A., *Die ersten Arbeiten Eulers über Variationsrechnung,* Istoriko-matematičeskie issledovanija 2, 1949, p. 437–498.

Рыбников, К. А., *Первые работы Эйлера по вариационному исчислению;* Историко-математические исследования 2, 1949, с. 437–498.

Rybakov, A., *Leonhard Euler (1707–1783),* im Buch: *Astronomischer Kalender. Astronomičeskij kalendar',* Čast' peremennaja 60, 1957, p. 233–239.

Рыбаков, А., *Леонард Эйлер (1707–1783).* В кн.: *Астрономический календарь,* Часть переменная 60, 1957, с. 233–239.

S

Salié, H., *Eulersche Zahlen,* Sammelband Schröder, 1959, p. 239–309.

Салие, Г., *Числа Эйлера,* Резюме, с. 310.

Sammelband der zu Ehren des 250. Geburtstages Leonhard Eulers der Akademie der Wissenschaften der UdSSR vorgelegten Abhandlungen (russisch mit deutschen Zusammenfassungen), Moskau, Izdatel'stvo Akademii Nauk SSSR 1958, 612 p. Herausgegeben von M. A. Lavrent'ev, A. P. Juškevič, A. T. Grigor'jan. Beiträge von (cf. unter diesen Namen): B. N. Delone, Ja. G. Dorfman, A. O. Gel'fond, M. E. Glinka, B. V. Gnedenko, G. A. Knjasev, E. S. Kuljabko, M. A. Lavrent'ev, A. I. Markuševič, G. K. Mikhajlov und V. I. Smirnov, G. E. Pavlova, A. N. Petrov, L. S. Polak, N. M. Raskin, K. Schröder, G. G. Sljusarev, L. N. Sretenskij, M. F. Subbotin, V. L. Čenakal, E. Winter und A. P. Juškevič. Zitiert: Sammelband Lavrent'ev, 1958.

Sammelband der zu Ehren des 250. Geburtstages Leonhard Eulers der Deutschen Akademie der Wissenschaften zu Berlin vorgelegten Abhandlungen. Unter verantwortlicher Redaktion von Kurt Schröder, Akademie-Verlag, Berlin 1959, 336 p. Beiträge von (cf. unter diesen Namen): K.-R. Biermann, W. Blaschke, V. Brun, J. E. Hofmann, L. Holzer, A. P. Juškevič, G. K. Mikhajlov, H. Salié, C. L. Siegel. Zitiert: Sammelband Schröder, 1959.

Sansuc, J.-J., cf. J.-L. Ovaert.

Sarasin, Fritz, *Geschichte des Euler-Unternehmens,* Neue Denkschriften der Schweizerischen Naturforschenden Gesellschaft 50, 1915, p. 216–223 = Separatdruck für die Mitglieder der Freiwilligen Euler-Gesellschaft, p. 1–8.

– *Bericht der Euler-Kommission für das Jahr 1919/20, 1920/21, 1921/22,* Verhandlungen der Schweizerischen Naturforschenden Gesellschaft, 1920, p. 68–70; 1921, p. 48–51; 1922, p. 62–65.

Sarasin, Fritz, Rudio, Ferdinand, *Aufruf zur Zeichnung von freiwilligen Beiträgen für die von der Schweizerischen Naturforschenden Gesellschaft in Aussicht genommene Herausgabe der Werke von Leonhard Euler,* Vierteljahrsschrift der naturforschenden Gesellschaft in Zürich 53, 1908, p. 606–609.

Sarasin, Fritz, Rudio, Ferdinand, *Der Plan einer Gesamtausgabe von Leonhard Eulers Werken,* Jahresbericht der Deutschen Mathematiker-Vereinigung 18, 1909, p. 47–50 (kursiv).

Satkevič, A. A., *Leonhard Euler,* Russisches Altertum 132, 1907, p. 467–506.

Саткевич, А. А., *Леонард Эйлер.* Русская старина 132, 1907, с. 467–506.

Scarpatetti, Beat von, *Briefe aus Petersburg,* Nationalzeitung (Basel), 16. Nov. 1974.

Schafheitlin, P., Herausgeber der Festschrift zur Feier des 200. Geburtstages von L. Euler, Leipzig–Berlin 1907, cf. Festschrift.

– *Eine bisher ungedruckte Jugendarbeit von Leonhard Euler,* Sitzungsberichte der Berliner Mathematischen Gesellschaft 21, 1922, p. 40–44.

– *Eine bisher unbekannte Rede von Leonhard Euler,* ibidem 24, 1925, p. 10–13.

Schenkel, H., *Kritisch-historische Untersuchung über die Theorie der Gammafunktion und Eulersche Integrale,* Dissertation Bern, Uster–Zürich 1894.

Schering, E., *Briefe von Lagrange an Euler ... in Photolithographien,* Nachrichten der Königlichen Gesellschaft der Wissenschaften ... zu Göttingen, 1880, p. 489–491.

Schlesinger, Ludwig, *Über ein Problem der Diophantischen Analysis bei Fermat, Euler, Jacobi und Poincaré,* Jahresbericht der Deutschen Mathematiker-Vereinigung 17, 1908, p. 57–67.

Schlömilch, O., *Einiges über die Eulerschen Integrale zweiter Art,* Archiv der Mathematik 4, 1844, p. 167–174.

– *Ein paar allgemeine Eigenschaften der Eulerschen Integrale zweiter Art,* ibidem 6, 1845, p. 213–222.

Schreiber, Alfred, *Problem und System bei Leonhard Euler,* VDI Nachrichten, 14, Nr. 3, 17. Januar 1973.

Schröder, K., *Bemerkungen zu Leonhard Eulers Arbeiten auf dem Gebiet der Anwendungen* (Text in Deutsch und Russisch), cf. Sammelband Lavrent'ev, 1958, p. 20–46.

Шредер, К., *О трудах Леонарда Эйлера в области прикладных наук (деятельность Эйлера, особенно в годы жизни в Берлине).*

Schröder, K., ed., Sammelband zu Ehren des 250. Geburtstages Leonhard Eulers der deutschen Akademie der Wissenschaften zu Berlin vorgelegten Abhandlungen, Akademie-Verlag, Berlin 1959, cf. Sammelband Schröder, 1959.

Schuh, Gotthard, *Bilder zu «Leonhard Eulers unbekanntes Erbe»,* Zürcher Illustrierte, Nr. 9, 25. Februar 1938, p. 4–7, Conzett & Huber, Zürich und Genf.

Schulz-Euler, S., *Leonhard Euler, Lebensbild zu seinem 200. Geburtstag...,* 39 p., Frankfurt a. M. 1907.

Schumann-Katalog (Paul L. Kebabian), *The Lettres of Two Notable Swiss Scientists Leonhard Euler and Samuel Koenig to Pierre Louis Moreau de Maupertuis 1737–1759,* Catalogue Nr. 507, Hellmut Schumann A.G., Zürich o. J. (1976).

Scriba, Christoph J., *Leonhard Euler und die Berechnung der Tonleiter,* Ars Organi 21, Berlin 1961, p. 526–528.

– *Zur Entwicklung der additiven Zahlentheorie von Fermat bis Jacobi,* Jahresbericht der Deutschen Mathematiker-Vereinigung 72, 1970, p. 122–142.

– *Von Pascals Dreieck zu Eulers Gamma-Funktion. Zur Entwicklung der Methodik der Interpolation,* Mathematical Perspectives, ed. J. W. Dauben, Academic Press, 1981, p. 221–235.

Šejnin, O. B., *Über den Artikel Daniel Bernoullis vom Jahre 1777 und über Eulers Kommentar.* Voprosy istorii estestvoznanija i tekhniki 19, 1965, p. 115–117.

Шейнин, О. Б., *О статье Даниила Бернулли 1777 г и о комментарии Эйлера,* Вопросы истории естествознания и техники 19, 1965, с. 115–117.

Šejnin, O. B., *On the mathematical treatment of observation by L. Euler,* Archive for History of Exact Sciences 9, 1972/73, p. 45–56.

Shanks, W., *Second paper on the numerical value of Euler's constant ...,* Proceedings of the Royal Society of London 19, 1871, p. 29–34.

Siegel, C. L., *Zur Vorgeschichte des Eulerschen Additionstheorems,* cf. Sammelband Schröder, 1959, p. 315–317.

Зигель, К. Л., *К предистории Эйлеровой теоремы сложения,* Резюме, с. 317.

Simonov, N. I., *Über den wissenschaftlichen Nachlass Leonhard Eulers auf dem Gebiet der Differentialgleichungen,* Istoriko-matematičeskie issledovanija 7, 1954, p. 513–595.

Симонов, Н. И., *О научном наследии Леонарда Эйлера в области дифференциальных уравнений,* Историко-математические исследования 7, 1954, с. 513–595.

Simonov, N. I., *Les travaux de Léonard Euler sur la théorie des équations différentielles,* Actes du VIIIe Congrès International d'Histoire des Sciences, Florence 1956, p. 146–148.

Simonov, N. I., *Über die erste Zeit der Untersuchungen L. Eulers im Gebiet der gewöhnlichen Differentialgleichungen,* Uspekhi matematičeskikh nauk 10, Nr. 4/66, 1955, p. 184–187.

Симонов, Н. И., *О первом периоде исследований Л. Эйлера в области обыкновенных дифф. уравнений,* Успехи матем. наук 10, № 4/66, с. 184–187, 1955.

Simonov, N. I., *Über die ersten Untersuchungen von J. d'Alembert und L. Euler über die Theorie linearer Systeme von Differentialgleichungen mit konstanten Koeffizienten,* Istoriko-matematičeskie issledovanija 9, 1956, p. 789–803.

Симонов, Н.И., *О первых исследованиях Ж.Даламбера и Л.Эйлера по теории линейных систем дифференциальных уравнений с постоянным коэффициентом,* Историко-математические исследования 9, 1956, с.789–803.

Simonov, N.I., *Die angewandten Methoden der Analysis bei Euler,* Gosudarstvennyi Izdat. Tekhniko-teoret. Lit-ry Moskov 1957, 167 p. (Staatsverlag für technisch-theoretische Literatur, Moskau 1957). *Прикладные методы анализа у Эйлера.*

–   *Über L.Eulers Untersuchungen zur Integration von Systemen von linearen partiellen Differentialgleichungen,* Istoriko-matematičeskie issledovanija 10, 1957, p.327–362.

Симонов, Н.И., *Об исследованиях Л.Эйлера по интегрированию линейных уравнений и систем линейных уравнений с частными производными,* Историко-математические исследования 10, 1957, с.327–362.

Simonov, N.I., *Die Entwicklung der Theorie der Differentialgleichungen durch Leonhard Euler,* Uspekhi matematičeskikh nauk 13 Nr.5 (83), 1958, p.223–228.

Симонов, Н.И., *Развитие теории дифференциальных уравнений Леонардом Эйлером,* Успехи математических наук 13, № 5 (83), 1958, с.223–228.

Simonov, N.I., *Untersuchungen von Leonhard Euler über gewöhnliche Differentialgleichungen und die Gleichungen der mathematischen Physik,* Trudy Instituta istorii estestvoznanija i tekhniki Akademii nauk SSSR 28, 1959, p.138–187.

Симонов, Н.И., *Исследования Леонарда Эйлера по обыкновенным дифференциальным уравнениям и уравнениям математической физики,* Труды Института истории естествознания и техники Академии наук СССР, 28, 1959, с.138–187.

Simonov, N.I., *Über die Entwicklung der Theorie der linearen Differentialgleichungen von Euler bis Peano,* Istoriko-matematičeskie issledovanija 17, 1966, p.333–338.

Симонов, Н.И., *О развитии теории линейных дифференциальных уравнений от Эйлера до Пеано,* Историко-математические исследования 17, 1966, с.333–338.

Simonov, N.I., *Sur les recherches d'Euler dans le domaine des équations différentielles,* Revue d'Histoire des Sciences et de leurs Applications 21, 1968, p.131–156.

Simonov, N.I., *Über hyperbolische Differentialgleichungen bei Euler und bei Cauchy,* Istoriko-matematičeskie issledovanija 19, 1974, 132–142.

Симонов, Н.И., *О гиперболических дифференциальных уравнениях у Эйлера и у Коши,* Историко-математические исследования, 19, 1974, с.132–142.

–   Cf. Symonov, N.I.

Škerbelis, K., *Leonhard Euler (im Zusammenhang mit dem 250.Geburtstag),* Izvestija Akademii nauk Latvijskoj SSR, 6, 1957, p.159–162.

Шкербелис, К., *Леонард Эйлер (в связи с 250-летием со дня рождения),* Известия Академии наук Латвийской ССР 6, 1957, с.159–162.

Slavutin, E.I., *Die Arbeiten Eulers über elliptische Integrale,* Istorija i metodologija estestvennykh nauk 14, 1973, p.181–189.

Славутин, Е.И., *Работы Эйлера об эллиптических интегралах,* История и методология естественных наук 14, 1973, с.181–189.

Sljusarev, G.G., *Eulers ‹Dioptrik›,* (russisch mit deutscher Zusammenfassung), cf. Sammelband Lavrent'ev, 1958, p.414–422.

Слюсарев, Г.Г., *«Диоптрика» Эйлера.*

Smirnov, V.I., *Angewandte Methoden der Analysis bei Euler,* Moskau 1957.

Smirnov, V.I., *Prikladnye metody analiza u Ejlera,* Moskva 1957.

Smirnov, V.I., *Leonhard Euler. Zum 250.Geburtstag,* Vestnik Akademii nauk SSSR 27, Nr.3, 1957, p.61–68.

Смирнов, В.И., *Леонард Эйлер. К 250-летию со дня его рождения,* Вестник Академии наук 27, № 3, 1957, с.61–68.

Smirnov, V.I., *Die unveröffentlichten Materialien Leonhard Eulers im Archiv der Akademie der Wissenschaften der UdSSR,* cf. Sammelband Lavrent'ev, 1958, p.47–79.

–   Ed., *Euler, Leonhard, Briefe an Gelehrte,* Moskau–Leningrad, Verlag der Akademie der Wissenschaften, 1963, 397 p. und 1 Bildtafel.

Smirnov, V. I.
– A. P. Juškevič, eds., *Leonhard Euler, Perepiska annotirovannyi ukazatel'*, Leningrad 1967.
– Cf. Mel'nikov, I. G., Kopelevič, Ju. Kh., Lukina, T. A., Klado, T. N.

Smith, Charles Samuel, *Leonhard Euler's tentamen novae theoriae musicae*, A Translation and Commentary, 365 p., Ph. D., 1960, Indiana University, p. 642 in Volume 21/03 of Dissertation Abstracts International 1960, Vol. 21, Nr. 3, p. 642.

Smolka, Josef, *The correspondence of Prokopius Divisch with L. Euler and the Academy of Sciences in St. Petersburg* (in Czech, with russian summary), Sborník pro dějiny přírodních věd a techniky, Praha 8, 1963, p. 139–162.

Sofenea, Traian, *Leonhard Euler und seine Schriften über die Versicherung. 250 Jahre nach seiner Geburt*, Verzekerings-Archief 34, Aktuar Bijv., 1957, p. 87–104.

Sokolov, Ju., *Die Hauptarbeiten L. Eulers im Gebiet der Analysis des Unendlichen und der Zahlentheorie*, Ist. matem. zbirnyk 1, 1959, p. 5–19.

Соколов, Ю. Дю., *Основі праці Л. Ейлера в галузі аналізу нескінченно малих та теорії чисел*, Іст. матем. збірник 1, 1959, с. 5–19.

Speiser, Andreas, *Naturphilosophische Untersuchungen von Euler und Riemann*, Journal für die reine und angewandte Mathematik 157, 1927, p. 105–114.
– *Leonhard Euler* (anlässlich des Internationalen Mathematiker Kongresses), Neue Zürcher Zeitung, 5. September 1932, Mittagausgabe.
– *Leonhard Euler und die Deutsche Philosophie*, Aulavortrag, 22. Februar 1934, Orell Füssli Verlag, Zürich, p. 1–16.
– *Report of the Euler commission*, National Mathematics Magazine 12, 1937, p. 122–124, Portrait.
– *Leonhard Eulers Werke und Manuskripte*, Neue Zürcher Zeitung, 20. März 1938, Blatt 8, Nr. 498.
– *Leonhard Euler*, Grosse Schweizer 1938, p. 278–283 (L, P).
– *Die Basler Mathematiker*, 117. Neujahrsblatt, herausgegeben von der Gesellschaft zur Beförderung des Guten und Gemeinnützigen, Basel 1939, p. 1–51.
– *Leonhard Euler*, Grosse Schweizer Forscher, 1941, p. 133 f (P).
– *Der Anteil der Schweiz an der Entwicklung der Mathematik*, in *Die Schweiz und die Forschung*, Bd. I, Wabern–Bern und Freiburg (1941). Radiovortrag vom 17. Mai 1940.
– *Einteilung der sämtlichen Werke Leonhard Eulers*, Commentarii Mathematici Helvetici 20, 1947, p. 288–318.
– *Leonhard Euler*, Vortrag, Neue Zürcher Zeitung, 14. September 1949, Blatt 5, Nr. 1861; Schweizerische Bauzeitung 67, 1949.
– Einleitender Artikel zur Übersetzung von L. Eulers *Introductio in analysin infinitorum*, Moskau 1961.

Speiser, David, *L. Euler, the principle of relativity and the fundamentals of classical mechanics*, Nature 190, 1961, p. 757–759.
– *The distance of the fixed stars and the riddle of the suns's radiation* (Euler's application of his optical investigations to astrophysical problems). Mélanges Alexandre Koyré, Vol. 1, Paris 1964, p. 541–551.

Speziali, Pierre, *Le logogriphe d'Euler*, Stultifera Navis 10, 1953, p. 6–9. (Bulletin de la Société suisse des bibliophiles).

Spiess, Otto, *Leonhard Euler*, Huber, Frauenfeld/Leipzig 1929, 228 p.
– *Die Summe der reziproken Quadratzahlen*, Festschrift zum 60. Geburtstag von Andreas Speiser, Orell Füssli Verlag, Zürich 1945, p. 66–86.
– *Die Familie Euler*, Basler Nachrichten, Sonntagsblatt, 10. November 1957, Nr. 45.
– *Ein unbekanntes Jugendbildnis von Leonhard Euler*, Basler Nachrichten, 19. Mai 1957.

Sretenskij, L. N., *Die Dynamik des festen Körpers in den Arbeiten Eulers* (russisch mit deutscher Zusammenfassung), cf. Sammelband Lavrent'ev, 1958, p. 210–230.

Сретенский, Л. Н., *Динамика твердого тела в работах Эйлера*.

546   Johann Jakob Burckhardt

Stäckel, Paul, *Integration durch imaginäres Gebiet. Ein Beitrag zur Geschichte der Funktionentheorie.* Bibliotheca mathematica (3) 1, 1900, p.109–128.
– *Bemerkungen zur Geschichte der geodätischen Linien,* Berichte der Sächsischen Gesellschaft der Wissenschaften 45, 1893, p.447–467.
– *Beiträge zur Geschichte der Funktionentheorie im achtzehnten Jahrhundert,* Bibliotheca Mathematica (3), 2, 1901, p.111–121.
– *Eulers Verdienste um die elementare Mathematik,* Zeitschrift für den mathematischen und naturwissenschaftlicher Unterricht 38, 1907, p.300–307.
– *Eine vergessene Abhandlung Leonhard Eulers über die Summe der reziproken Quadrate der natürlichen Zahlen,* Bibliotheca Mathematica (3) 8, 1907, p.37–60.
– *Variierte Kurven bei Daniel Bernoulli und Leonhard Euler,* Festschrift Moritz Cantor, herausgegeben von S.Günther und K.Sudhoff, Leipzig 1909 = Archiv für die Geschichte der Naturwissenschaften und der Technik 1, 1909, p.293–300.
– *Entwurf einer Einteilung der sämtlichen Werke Leonhard Eulers,* Vierteljahrsschrift der Naturforschenden Gesellschaft in Zürich 54, 1909, p.261–288.
– *Johann Albrecht Euler,* ibidem 55, 1910, p.63–90.
– *Umfang der einzelnen Abhandlungen Leonhard Eulers,* Jahresbericht der Deutschen Mathematiker-Vereinigung 19, 1910, p.25–29.
– *Ein Brief Leonhard Eulers an d'Alembert,* Bibliotheca Mathematica (3) 11, 1911, p.220–226.
– *Ein Satz Leonhard Eulers über die Rektifikation algebraischer Kurven,* Annales scientificos da academia polytechnica do Porto (Coimbra) 7, 1913, p.207–213.
– *Über die Rektifikation algebraischer Kurven,* Annali die Matematica Pura ed Applicata 20, 1913, p.193–200.
– Ahrens, W., *Der Briefwechsel zwischen C.G.J.Jacobi und P.H. von Fuss über die Herausgabe der Werke Leonhard Eulers,* Bibliotheca Mathematica (3) 8, 1907, p.233–306.
– Cf. W. Ahrens.
Stähelin, W.R., *Basler Proträts aller Jahrhunderte,* I.Band, Basel 1919, ohne Paginierung. 1.Farbiges Titelbild nach dem Pastell von E.Handmann 1753 (Öffentliche Kunstsammlung Basel). 2.Eine Seite Text, kleine Schwarzweiss-Reproduktion eines Euler-Bildes (zweifelhaft).
Steinig, J., *On Euler's idoneal numbers,* Elemente der Mathematik 21, 1966, p.73–88.
Steinitz, E., *Polyeder und Raumeinteilung,* Encyklopädie der Mathematischen Wissenschaften, Bd.II (Geometrie), 1.Teil, 2.Hälfte, p.1 (kursiv), 1916, §§ 9–11: Eulerscher Polyedersatz.
Stieda, W., *Die Übersiedlung Leonhard Eulers von Berlin nach St.Petersburg,* Berichte über die Verhandlungen der Sächsischen Akademie der Wissenschaften zu Leipzig, Philologisch-Historische Klasse, Bd.83, Heft 3, 1931, p.1–62.
– *Johann Albrecht Euler in seinen Briefen 1766–1790. Ein Beitrag zur Geschichte der Kaiserlichen Akademie der Wissenschaften in St.Petersburg,* ibidem 84, Heft 1, 1932, p.1–43.
Stipanič, Ernest, *Leonhard Euler,* Nauka i preroda 5–10, Belgrad 1957, p.142–149 (P).
Stipanič, Ernest, *Ojlerova matematička analiza,* Dialektika VIII, 1, Belgrad 1973, p.101–106.
Strebel, J., *Leonhard Eulers Erblindung,* Neue Zürcher Zeitung, 29.März 1938, Blatt 2, Nr.559.
Struik, Dirk J., *A story concerning Euler and Diderot,* Isis, 31, 1940, p.431–432.
Stüssi, F., *200 Jahre Eulersche Knickformel,* Schweizerische Bauzeitung 123, 1944, p.1–7.
Subbotin, M.F., *Die astronomischen Arbeiten Leonhard Eulers* (russisch mit deutscher Zusammenfassung), cf. Sammelband Lavrent'ev, 1958, p.268–376.
Субботин, М.Ф., *Астрономические работы Леонарда Эйлера.*
Subbotin, M.F., *Leonhard Euler und die astronomischen Probleme zu seiner Zeit,* Voprosy istorii estestvoznanija i tekhniki 7, 1959, p.58–66.
Субботин, М.Ф., *Леонард Эйлер и астрономические проблемы его времени,* Вопросы истории естествознания и техники 7, 1959, с.58–66.
Suchting, W.A., *Euler's «Reflections on space and time»,* Scientia 104, 1969, p.270–278.
Sudakov, S.G., Bagratuni, G.V., *Vorwort,* im Buch: L.Euler, *Ausgewählte kartographische Abhandlungen. Drei Abhandlungen über mathematische Kartographie,* V kn.: Euler, L. *Izbrannye kartografičeskie stat'i. Tri stat'i po matematičeskoj kartografii.* Moskva 1959, p.3–4.

Судаков, С.Г., Багратуни, Г.В., *Предисловие*, В кн.: *Эйлер Л. Избранные картографические статьи. Три статьи по математической картографии*, М. 1959, с.3–4.

Suter, Heinrich, *Geschichte der mathematischen Wissenschaften*, Teil 2, 1875.

Sylvester, J.J., *Démonstration graphique d'un théorème d'Euler concernant les partitions des nombres*, Comptes-rendus hebdomaires des séances de l'Académie des Sciences 96, Paris 1883, p.1110–1112.

– *Preuve graphique du théorème d'Euler sur la partition des nombres pentagonaux*, ibidem 96, 1883, p.743–745.

– *An instantaneous graphical proof of Eulers theorem of the partition of pentagonal and non pentagonal numbers*, John Hopkins University Circulus II, 1883, p.71.

Simonov, N.I., *Untersuchungen Leonhard Eulers über die Theorie der gewöhnlichen Differentialgleichungen*, Ist. matem. zbirnyk 1, 1959, p.20–39.

Симонов, Н.И., *Про дослідження Леонарда Ейлера з теорії звичайних диференціальних рівнянь*, Іст. матем. збірник 1, 1959, с.20–39.

Simonov, N.I., *Über die erste Periode der Entwicklung der Theorie der Gleichungen mit partiellen Ableitungen erster Ordnung*, ibidem 2, 1961, p.5–21.

Симонов, Н.И., *Про перший період розвитку рівянь з частинними похідними першого порядку*, Іст. матем. збірник 2, 1961, с.5–21.

Szabó, István, *Die Vollendung der klassischen Hydromechanik durch Leonhard Euler. Zur Geschichte der Hydromechanik, IV. Mitteilung*. Humanismus und Technik 16 (Berlin 1972), p.148–158.

T

Thiele, Rüdiger, *Eine mathematische Grundlegung der Musik. Eulers Tentamen novae theoriae musicae*. Wurzel, Zeitschrift für Mathematik an Ober- und Spezialschulen 15, Jena 1981, p.162–171.

– *Leonhard Euler*, BSB B.G.Teubner Verlagsgesellschaft, Leipzig 1982, 192 p.

Thiersch, Hermann, *Zur Ikonographie Leonhard und Johann Albrecht Eulers*, Nachrichten (von) der Gesellschaft der Wissenschaften zu Göttingen, Philologisch-Historische Klasse. 1. 1929, Nr.3, p.264–289, 6 Tafeln; 2. 1930, Nr.2, p.193–218, 4 Tafeln und ein Stammbaum; 3. 1930, Nr.3, p.219–249, 6 Tafeln.

– *Zwei vergessene Bildnisse der beiden Mathematiker Euler*, Forschungen und Fortschritte 7, 1931, p.409–410.

Tholuck, Friedrich A.G., *Vermischte Schriften* 1.Teil, Hamburg 1839. III. *Über Apologetik und ihre Literatur, Euler*, p.315–362.

Tietze, Heinrich, *Bemerkungen zu Carathéodorys Einführung in Eulers Arbeiten über Variationsrechnung*, Sitzungsberichte der Bayrischen Akademie, München 1955, 7 p.

Timerding, H.E., *Eulers Arbeiten zur Schiffsmechanik*, Physikalische Zeitschrift 8, 1907, p.865–869.

– *Eulers Theorie des Schiffes und die Bewegungsgleichungen des starren Körpers*, Jahresbericht der Deutschen Mathematiker-Vereinigung 17, 1908, p.84–93.

Tjulina, I.A., *Über Eulers Arbeiten zur Theorie des hydroreaktiven Schiffes und der Wasserturbine* (russisch), Voprosy istorii estestvoznanija i tekhniki 1957, Nr.4, 1957, p.34–46.

Тюлина, И.А., *О работах Эйлера по теории гидрореактивного судна и водяных турбин*, Вопросы истории естествознания и техники 1957, № 4, 1957, с.34–46.

Tjulina, I.A., *Fragen der Kinematik der zusammengesetzten Bewegung eines Punktes in den hydraulischen Arbeiten von L.Euler*, Problemy istorii matematiki i mekhaniki 1, 1972, p.89–90.

Тюлина, И.А., *Вопросы кинематики сложного движения точки в гидравлических работах Л.Эйлера*, Проблемы истории математики и механики 1, 1972, с.89–90.

Tropfke, Johannes, *Geschichte der Elementarmathematik*, 4.Aufl., Bd.1, Arithmetik und Algebra. Vollständig neu bearbeitet von Kurt Vogel, Karin Reich, Helmuth Gericke. Walter de Gruyter, Berlin–New York 1980, *Euler:* cf. Literaturnachweis und Register.

Truesdell, Clifford Ambrose, *Generalization of a Theorem of Euler,* Commentarii Mathematici Helvetici 27, 1953, p.233–234.
– *Eulers Leistungen in der Mechanik,* L'Enseignement Mathématique 3, 1957, p.251–262.
– *Rational Mechanics 1687–1788,* Archive for History of Exact Sciences 1, 1960–1962, p.1–36.
– *The rational mechanics of flexible or elastic bodies 1638–1788,* O. II, 11₂, 1960, 435 p.
– *History of classical mechanics, Part I, to 1800,* Die Naturwissenschaften, 63.Jahrg., 1967, p.53–62, p.59–62: *The Age of Euler* (ca. 1730–1780).
– *Leonhard Euler, Supreme Geometer (1707–1783),* Studies in the eighteenth-century culture, Vol.2, The Press of the Case Western Reserve University, Cleveland and London 1972 (H.E.Pagliaro, ed.) p.51–95.
– *Leonardi Euleri Commercium Epistolicum,* Rezension in: Archives Internationales d'Histoire des Sciences 27, No.101, 1977, p.292–296.
– *The role of mathematics in science as exemplified by the ork of the Bernoullis and Euler,* Verhandlungen der Naturforschenden Gesellschaft in Basel 91, 1981, p.5–22.
Tursov, Ju.D., *Kommentar zu einigen Formeln der diophantischen Analysis in Eulers unveröffentlichten Manuskripten,* Ivanovskij Gosudarstvennyj Pedagogičeskij Institut, Učenye Zapiski 34, vyp. mat., 1963, p.63–66.
Турсов, Ю.Д., Ивановский Государственный Педагогический Институт, Ученые записки 34, вып. мат., 1963, с.63–66.
Tursov, Ju.D., *Bemerkungen zu Eulers unveröffentlichten Manuskripten betreffend Problem XXXII im 5.Buch von Diophant,* ibidem, p.67–70. (Die russischen Originaltitel zu Tursov konnten nicht eruiert werden).

U

Uccello, M., *Eulers «speculum musicum» in Geschichte und Gegenwart.* Mit einem Nachwort von C.Dollhus und einem Anhang, bestehend aus 171 Bildtafeln, Bern 1973.

V

Valentin, G., *Ein Beitrag zur Bibliographie der Eulerschen Schriften,* (bezieht sich auf den Index von J.G.Hagen), Bibliotheca Mathematica (2) 12, 1898, p.41–49.
– *Eulers Wohnhaus in Berlin,* Bolletino di Bibliografia e Storia delle Scienze matematiche 9, 1906, p.95 = Jahresbericht der Deutschen Mathematiker-Vereinigung 15, 1906, p.270–271.
– *Leonhard Euler in Berlin,* Festschrift 1907, p.1–20.
Van den Broek, J.A., *Euler's classic paper "On the strength of columns"* (E.238/O. II, 17), American Journal of Physics 15, 1947, p.309–314, 315–318 (text).
Varvak, P.M., *Euler und die technischen Wissenschaften,* Istoriko-Matematitschnij Sbirnik I, p.77–85, Ukrainische Akademie der Wissenschaften, Mathematisches Institut Kiev 1959 (ukrainisch). Zwischentitel: 1. *Biegefestigkeit der Materialien.* 2. *Theorie der Maschinen und der Mechanismen.* 3. *Hydrodynamik und Angelegenheiten des Meeres.* 4. *Andere technische Probleme.*
Vavilov, S.I., *L'optique physique de Léonard Euler,* cf. Académie des Sciences 1935, p.29–38.
Вавилов, С.И., *Физическая оптика Леонарда Эйлера.*
Vavilov, S.I., *Die physikalische Optik Leonhard Eulers,* Sobranie sočinenij, Moskva, Izdatel'stvo Akademii nauk SSSR 2, 1954, p.138–147.
Вавилов, С.И., *Физическая оптика Леонарда Эйлера,* Собрание сочинений, Москва, Издательство Академии наук СССР, 2, 1954, с.138–147.
Venkov, V.A., *Les travaux de Léonard Euler sur la théorie des nombres,* cf. Académie des Sciences 1935, p.81–88.
Венков, В.А., *О работах Леонарда Эйлера по теории чисел.*
Veselovskij, I.N., *Einige Fragen der Mechanik L.Eulers,* Trudy Instituta istorii estestvoznanija i tekhniki AN SSSR, 19, 1957, p.271–281.

Веселовский, И.Н., *Некоторые вопросы механики Л.Эйлера,* Труды Института истории естествознания и техники АН СССР 19, 1957, с.271–281.

Vivanti, G., *Sulla seconda edizione (1787) del «Calcolo differenziale» di Eulero,* Bibliotheca Mathematica (3) 9, 1908, p.266.

– *Risposta alle questione 139 sulla seconda edizione (1787) del «Calcolo differenziale» di Eulero,* ibidem (3) 9, 1908, p.177–178.

– *Un tentativo di Eulero di evitare le quantità complesse nella integrazione delle equazioni differenziali lineari,* ibidem (3) 10, 1909, p.244–249.

Vogel, M., *Die Zahl Sieben in der spekulativen Musiktheorie,* (Diss.) Frankfurt a.M. 1955.

Volk, Otto, *Das Problem der Regularisierung in der Himmelsmechanik. Der Beitrag Eulers,* Vervielfältigung, o.J.

– *Zur Geschichte der Himmelsmechanik: Johannes Kepler, Leonhard Euler und die Regularisierung,* 2.Aufl. Preprint Nr.4, Würzburg, Mathematische Institute der Universität, 19 p. + Corrigenda, 1975.

– *Miscellanea from the History of Celestial Mechanics,* Celestial Mechanics 14, 1976, p.365–382, speziell p.373–375.

– *Franciscus Vieta und die Eulersche Identität (Quaternionen),* Elemente der Mathematik 36, 1981, p.115–121.

Vonder Mühll, Karl, *Leonhard Euler,* Festvortrag in: *Festakt der Universität Basel zur Feier des zweihundertsten Geburtstages Leonhard Eulers,* Basel 1907, cf. Meier, John.

Vries, H. de, *Historische Studien, 13. Euler,* Niew Tijdschrift voor Wiskunde 21, 1933 p.188–226.

Vygodskij, M.Ja., *Einleitung zur «Differentialrechnung» L.Eulers* (E.212/O. I, 10), im Buch: *Euler, Differencial'noe iščislenie,* Moskva–Leningrad 1949, p.5–34.

Выгодский, М.Я., *Вступительное слово к «Дифференциальному исчислению» Л.Эйлера,* В книге: *Эйлер. Дифференциальное исчисление,* Москва–Ленинград 1949, с.5–34.

Vygodskij, M.Ja., *Vorwort,* im Buch: *L.Euler, Integralrechnung,* 3 Bände (E.342, 366, 385/O. I, 11, 12, 13), Moskva, Gosudarstvennoe tekhničeskoe izdatel'stvo, 1956, Bd.1, p.3–5.

Выгодский, М.Я., *Предисловие,* в кн.: *Эйлер Л. Интегральное исчисление,* в 3-х томах, Москва, Государственное техническое издательство, 1956, Т.1, с.3–5.

W

Wanner, Gustav Adolf, *Leonhard Euler und Basel,* Basler Nachrichten, 11.November 1974, Nr.264, p.9.

– *Markstein auf dem Weg der Euler-Edition,* Basler Nachrichten, 16.November 1974.

Weidhaas, H., *Über west-östliche Kunstbeziehungen im Zusammenhang mit L.Euler und der ihm vorangehenden Generation,* cf. E.Winter, 1958, p.186–189.

Wertheim, G., *Ein von Fermat gefundener Beweis,* Zeitschrift für Mathematik und Physik 44, 1899, Hist.-Lit. Abteilung, p.4–7.

Wildschütz-Jessen, J.L., *On Eulers Kriterium,* Nyt Tidsskrift for Mathematik (B) 24, 1913, p.69–71.

Winkel, F., *Leonhard Euler,* in: *Die Musik in Geschichte und Gegenwart. Allgemeine Enzyklopädie der Musik,* herausgegeben von Friedrich Blume (Kassel und Basel 1949ff.), Bd.III, Spalten 1616–1617 (L, P).

Winter, Eduard, *Das Wirken Leonhard Eulers in der Berliner Akademie der Wissenschaften 1741–1766 und seine Bedeutung für die deutsche und russische Aufklärung,* Zeitschrift für Geschichtswissenschaft, V.Jahrg., 1957, Heft 3, p.526–534.

– *Euler und die Begegnung der deutschen und der russischen Aufklärung,* Wissenschaftliche Annalen, Akademie-Verlag Berlin, 6.Jahrg., Oktober 1957, p.650–660.

Winter, Eduard, ed., *Die Deutsch-Russische Begegnung und Leonhard Euler,* Akademie Verlag, Berlin 1958, 196 p. = Quellen und Studien zur Geschichte Osteuropas, Bd.1, darin: Winter, E., *Euler und die Begegnung der deutschen mit der russischen Aufklärung,* cf. weitere Beiträge unter den Namen: P.Hoffmann, E.Kalla-Heger, P.Kirchner, H.Weidhaas, V.P.Zubov.

Winter, E. und M., eds. *Die Registres der Berliner Akademie der Wissenschaften 1746–1766. Dokumente für das Wirken Leonhard Eulers in Berlin,* Berlin 1957. Mit einer Einleitung von E. Winter.

Winter, E., Juškevič, A. P., *Über den Briefwechsel Leonhard Eulers mit G. F. Müller* (russisch mit deutscher Zusammenfassung), cf. Sammelband Lavrent'ev, 1958, p. 377–413.

Винтер, Э., Юшкевич, А. П., *О переписке Леонарда Эйлера и Г. Ф. Миллера.*

Winter, E., Juškevič, A. P., *Über den Briefwechsel von L. Euler mit der Petersburger Akademie der Wissenschaften, 1726–1774,* Voprosy istorii estestvoznanija i tekhniki 44, 1973, p. 14–19.

Винтер, Э., Юшкевич, А. П., *О переписке Л. Эйлера с Петербургской Академией наук с 1726 по 1774 гг* (к 250-летию Академии наук СССР), Вопросы истории естествознания и техники 44, 1973, с. 14–19.

Winter E., Juškevič, A. P., *Über den Briefwechsel von Leonhard Euler mit G. F. Müller,* Sbornik statej v čest' 250-letija, p. 465–498 (s nemeckim rezjume).

Винтер, Э., Юшкевич, А. П., *О переписке Леонарда Эйлера и Г. Ф. Миллера, Леонард Эйлер. Сборник статей в честь 250-летия,* с. 465–498 (с немецким резюме).

Wolf, Rudolf, *Biographien zur Kulturgeschichte der Schweiz,* Vierter Cyclus, Zürich 1862, *Leonhard Euler,* p. 87–134.

Wołoszyński, Ryszard W., cf. Klado, T.

Wussing, Hans, Arnold, Wolfgang, *Biographien bedeutender Mathematiker,* p. 247–257: *Leonhard Euler,* Volk und Wissen Verlag, Berlin 1975.

Y

Yen Tun-Chieh, *Scientific contributions of Euler available to China before 1900* (chinesisch), K'o-hsueh Shih 1, 1958, p. 20–28.

Youschkévitsch, A. P., cf. Juškevič.

Z

Zaharia, N. O., *Două comemorări: Leonard Euler şi Adrien Marie Legendre,* Revista matematică din Timişoara 13, 1938, p. 61–63.

Žautykov, O. A., *Koryphäen der russischen Mathematik (darunter L. Euler)* (in kasachischer Sprache), Alma-Ata, 248 (1956). Na kazakhskom jazyke. V tom čisle Euler.

Жаутыков, О. А., *Корифеи русской математики,* Алма-Ата, 248 (1956). На казахском языке. В том числе Эйлер.

Žirnov, F. P., *Angenäherte Berechnung der Zahl π in den Arbeiten L. Eulers,* Učenye zapiski Moskovskogo oblastnogo pedagogičeskogo Instituta, t. 150, Nr. 9, 1964, p. 155–180.

Жирнов, Ф. П., *Приближенное вычисление числа π в работах Л. Эйлера,* Ученые записки Московского областного педагогического Института, т. 150, № 9, 1964, с. 155–180.

Žirnov, F. P., *Angenäherte Berechnung von Integralen in den Arbeiten L. Eulers,* Učenye zapiski Moskovskogo oblastnogo pedagogičeskogo Instituta, Bd. 150, Nr. 9, 1964, p. 137–154.

Жирнов, Ф. П., *Приближенное вычисление интегралов в работах л. Эйлера,* Ученые записки Московского областного педагогического Института, т. 150, № 9, 1964, с. 137–154.

Zoelly, Charles, *Die Finanzierung der Herausgabe von Eulers Werken,* Neue Zürcher Zeitung, 20. März 1938, Blatt 8, Nr. 498.

Zubov, V. P., *Die Begegnung der deutschen und der russischen Naturwissenschaft im 18. Jahrhundert und Euler,* cf. E. Winter 1958, p. 19–48.

Zubov, V. P., *Rezension von: Die Berliner und die Petersburger Akademie der Wissenschaften im Briefwechsel Leonhard Eulers. Herausgegeben und eingeleitet von A. P. Juškevič und E. Winter. Teile 1–2, Berlin 1959/60.* Voprosy istorii estestvoznanija i tekhniki 9, 1960, p. 207.

Зубов, В. П., *Рецензия* … Вопросы истории естествознания и техники 9, 1960, с. 207.

Kleine Auswahl von Büchern, in denen grosse Abschnitte Euler gewidmet sind
Маленький выбор книг, в которых большие разделы посвящены Эйлеру

Eulers Briefwechsel. Lesungen in der Gesellschaft für Geschichte und russische Altertümer, 1866, Buch 4, V, p. 130–133.
Эйлерская переписка. Чтения в об-ве истории и древн. российских, 1886, кн. 4, V, с. 130–133.
Geschichte der Sowjetischen Akademie der Wissenschaften, Bd. 1. (1724–1803).
История Академии наук СССР, том 1 (1724–1803), Москва–Ленинград 1958.
Geschichte der vaterländischen Mathematik, Bd. 1, Kiev 1966, Kapitel VII–IX.
История отечественной математики, т. 1, Киев 1966, главы VII–IX.
Bašmakova, I. G., *Diophant und diophantische Gleichungen,* Birkhäuser, Basel 1974 (russische Originalausgabe: Moskau 1972).
Bossut, Ch., *Histoire générale des mathématiques,* vol. II, Paris ²1810.
Boyer, C. B., *The History of the Calculus and its conceptual Development,* Dover Publications, New York 1959 ff.
Cantor, M., *Vorlesungen über Geschichte der Mathematik,* Bd. 3, Leipzig ²1901.
Cantor, M. (Ed.), ibidem, Bd. 4, Leipzig 1908.
Dickson, L. E., *History of the Theory of Numbers,* vol. I–III, Washington ¹1919–1923, New York ²1934.
Edwards, C. H., Jr., *The Historical Development of the Calculus,* New York 1979.
Evgenij (Bolkhovitinov, E. A.), Fortsetzung des neuen Versuches am historischen Wörterbuch russischer Schriftsteller: *Leonhard Euler, Ein Freund der Aufklärung,* Moskau 1806, Teil 3, p. 128–139.
Евгений (Болховитинов, Е. А.), Продолжение нового опыта исторического словаря о российских писателях: *Эйлер Леонард, Друг просвещения,* М., 1806, т. 3, с. 128–139.
Goldstine, H. H., *A History of Numerical Analysis from the 16th to the 19th Century,* New York 1977.
Goldstine, H. H., *A History of the Calculus of Variations from the 17th through the 19th Century,* New York 1980.
Grattan-Guinness, I., *The development of the foundations of mathematical analysis from Euler to Riemann,* Cambridge 1970.
Grigor'jan, A. T., *Abriss der Geschichte der Mechanik in Russland,* Kapitel 4–6, Moskau 1961.
Григорьян, А. Т., *Очерки истории механики в России,* Москва 1961, гл. 4–6.
Geschichte der Mechanik von ältester Zeit bis zum Ende des 18. Jahrhunderts. Unter der Redaktion von A. T. Grigor'jan und I. B. Pogrebysskij, Moskau 1971.
История механики с древнейших времен до конца XVIII столетия. Под редакцией А. Т. Григорьяна и И. Б. Погребысского, Москва 1971.
Hardy, G. H., *Divergent Series,* Oxford 1949.
Hofmann, J. E., *Geschichte der Mathematik,* Bd. 3, Berlin 1957, Sammlung Göschen, Bd. 882.
Juškevič, A. P., *Geschichte der Mathematik in Russland bis zum Jahr 1917,* Kapitel 6–11, Moskau 1968.
Юшкевич, А. П., *История математики в России до 1917 года,* Москва 1968, главы 6–11.
Geschichte der Mathematik von ältester Zeit bis zum Beginn des 19. Jahrhunderts. Unter der Redaktion von A. P. Juškevič, Bd. 3: Mathematik des 18. Jahrhunderts, Moskau 1972.
История математики с древнейших времен до начала XIX столетия. Под редакцией А. П. Юшкевич, Т. 3: Математика XVIII столетия, Москва 1972.
Kline, M., *Mathematical Thought from Ancient to Modern Times,* New York 1972.
Lakatos, Imre, *Proofs and Refutations,* Cambridge University Press, London 1976, (Deutsche Übersetzung: *Beweise und Widerlegungen,* Vieweg, Braunschweig und Wiesbaden 1979).
Litvinova, E. F., *Laplace und Euler,* Sankt-Petersburg 1892.
Литвинова, Е. Ф., *Лаплас и Эйлер,* СПб. 1892.
Majstrov, L. E., *Theorie der Wahrscheinlichkeit,* Historischer Abriss, Kapitel 3, Moskau 1967.

Майстров, Л.Е., *Теория вероятностей,* Исторический очерк, гл. 3, Москва 1967.

Markuševič, A.I., *Abriss der Geschichte der analytischen Funktionen,* Moskau–Leningrad 1951.

Маркушевич, А.И., *Очерки по истории теории аналитических функций,* Москва–Ленинград 1951 (см. очерк 1). Deutsche Ausgabe, VEB Deutscher Verlag der Wissenschaften, Berlin 1955.

Die Entwicklung der Naturwissenschaft in Russland, (18. bis Anfang des 20.Jahrhunderts). Unter der Redaktion von S.R.Mikulinski und A.P.Juškevič, Moskau 1977.

Развитие естествознания в России (XVIII–начало XX века). Под редакцией С.Р.Микулинского и А.П.Юшкевича, Москва 1977.

Molodšij, V.N., *Grundlagen der Zahlenlehre im 18.Jahrhundert,* Moskau, Učpedgiz 1953.

Молодший, В.Н., *Основы учения о числе в XVIII веке,* М., Учпедгиз 1953.

Naas, J., Schmid, H.L., *Mathematisches Wörterbuch,* 2 Bände, Akademie-Verlag, Berlin/Teubner, Stuttgart 1961 ff.

Otradnykh, F.P., *Die Mathematik des 18.Jahrhunderts und das Akademiemitglied Leonhard Euler,* Moskva, Sovetskaja nauka 1954.

Отрадных, Ф.П., *Математика XVIII века и академик Леонард Эйлер,* М. 1954.

Ožigova, E.P., *Die Entwicklung der Zahlentheorie in Russland,* Leningrad 1972, Kapitel 2.

Ожигова, Е.П., *Развитие теории чисел в России,* Ленинград 1972, глава 2.

Ožigova, E.P., *Die Mathematik in der Petersburger Akademie am Ende des 18. bis zur ersten Hälfte des 19.Jahrhunderts.* 16 Abb., 8°. Leningrad 1980.

Ожигова, Е.П., *Математика в Петербургской академии наук в конце XVIII – первой половине XIX века.* Отв. ред. А.П.Юшкевич. Ленинград: «Наука» 1980, 220 с.

Pogrebysskaja, E.I., *Die Dispersion des Lichtes. Ein historischer Abriss.* (Über Euler: Kapitel 1). Izdatel'stvo «Nauka». Moskau 1980.

Погребысская, Е.И., *Дисперсия света. Исторический очерк.* Академия наук СССР, Институт истории естествознания и техники. Издательство «Наука», Москва 1980.

Reiff, R., *Geschichte der unendlichen Reihen,* Tübingen 1889, Neudruck: Wiesbaden 1969.

Rouse Ball, W.W., *A short Account of the History of Mathematics,* Dover Publications, New York 1960 ff.

Smith, D.E., *History of Mathematics,* vol. I–II, Dover Publications, New York 1958 ff.

Spalt, Detlef D., *Vom Mythos der mathematischen Vernunft,* Wiss. Buchgesellschaft, Darmstadt 1981.

Szabó, I., *Geschichte der mechanischen Prinzipien und ihrer wichtigsten Anwendungen,* Birkhäuser, Basel ¹1977, ²1979.

Truesdell, C., *Essays in the History of Mechanics,* Springer, Berlin, Heidelberg 1968.

Vavilov, S.I., *Abriss der Entwicklung der Physik in der Akademie der Wissenschaften der UdSSR in 220 Jahren,* im Sammelband: *Očerki po istorii Akademii nauk, fiziko-matematičeskoj nauki,* izdatel'stvo AN SSSR, 1945, p.3–29.

Вавилов, С.И., *Очерк развития физики в Академии наук СССР за 220 лет,* в кн.: *Очерки по истории Академии наук, физ.-мат. наука* изд.-во АН СССР. 1945, с.3–29.

Wieleitner, H., *Geschichte der Mathematik,* II.Teil, Leipzig 1911.

Wolf, R., *Biographien zur Kulturgeschichte der Schweiz,* 4 Bände, Zürich 1858–1862.

Hauptwerke Leonhard Eulers

(in Kurztiteln), chronologisch nach Druckjahren geordnet

1736   *Mechanica* (2 Bände)

1738
1740   *Rechenkunst* (2 Bände)

1739   *Tentamen novae theoriae musicae* («Musiktheorie»)

1744   *Methodus inveniendi* («Variationsrechnung»)

1744   *Theoria motuum planetarum et cometarum* («Himmelsmechanik»)

1745   *Neue Grundsätze der Artillerie*

1747   *Rettung der göttlichen Offenbarung gegen die Einwürfe der Freygeister*

1748   *Introductio in analysin infinitorum* («Einführung», 2 Bände)

1749   *Scientia navalis* («Schiffstheorie», 2 Bände)

1753   *Theoria motus lunae* («Erste Mondtheorie»)

1755   *Institutiones calculi differentialis* («Differentialrechnung», 2 Bände)

1762   *Constructio lentium objectivarum* («Achromatische Linsen»)

1765   *Theoria motus corporum* («Zweite Mechanik»)

1766   *Théorie générale de la dioptrique* («Linsentheorie»)

1768   *Lettres à une Princesse d'Allemagne* («Philosophische Briefe», 2 Bände)

1768   *Institutiones calculi integralis* («Integralrechnung», 3 Bände bis 1770)

1769   *Dioptrica* («Optik», 3 Bände bis 1771)

1770   *Vollständige Anleitung zur Algebra* («Algebra», 2 Bände, 1768 Vorabdruck einer russischen Übersetzung)

1772   *Theoria motuum lunae* («Zweite Mondtheorie»)

1773   *Théorie complette de la construction et de la manoeuvre des vaisseaux* («Zweite Schiffstheorie»)

Verzeichnis der Abbildungen

Bildnachweis

Öffentliche Kunstsammlung Basel (Kunstmuseum):
Abb. 1

Universitätsbibliothek Basel, Handschriftenabteilung:
Abb. 2, 4, 29–32

Universitätsbibliothek Basel, Portrait- und Kartensammlung:
Abb. 3, 5–15, 17–28, 33, 35, 38–48, 50–53, 55–61

Universität Basel, «Alte Aula» an der Augustinergasse (Naturhistorisches Museum):
Abb. 34

Archiv der Akademia Nauk UdSSR, Leningrad:
Abb. 16, 36, 37, 49

Privatbesitz:
Abb. 54

Gemeinde Riehen:
Abb. 62